韩国"肯定列表"制度

（农产品中农药最大残留限量）研究

Hanguo "Kendingliebiao" Zhidu
(Nongchanpinzhong Nongyao Zuida Canliu Xianliang) Yanjiu

浙江省农业科学院　编著

中国农业出版社
北 京

韩国"肯定列表"制度（农产品中农药最大残留限量）研究

　　提升农产品质量安全水平，是推进当前农业供给侧结构性改革的重要任务，农产品质量安全是最基本也是最重要的民生福祉。农药残留是影响农产品质量安全的重要因素之一，正确对待和科学管理农产品及加工产品中农药最大残留限量，是关系农业发展和消费者安全的重要工作。加入世界贸易组织（WTO）以来，我国不断吸收和借鉴国外农药最大残留限量管理的经验，积极参与国际食品法典委员会（CAC）国际标准的制定和修订，为完善和科学管理我国农药最大残留限量作出不懈的努力。我国食品安全国家标准《食品中农药最大残留限量》（GB 2763）也几经修订、增补，不断完善农产品质量安全的守护防线。

　　包括韩国在内的不同国家和地区的农药最大残留限量管理也在不断完善发展。中韩两国自 1992 年建交以来，农产品贸易发展实现较快增长。2006 年两国农产品贸易总额为31.2 亿美元，截至 2018 年增长至 52.3 亿美元。中国对韩国农产品出口贸易始终处于顺差地位，并呈不断上升趋势：由 2006 年的 26.6 亿美元扩大到 2018 年的 42.1 亿美元。与我国加入 WTO 以来贸易逆差不断扩大的情况对比，韩国的贸易顺差趋势使我们更加有必要加强对韩国农产品质量安全标准的研究和应用，促进我国农产品顺利出口。

　　韩国农药最大残留限量由韩国食品药品部（MFDS）（原韩国食品药品管理局，KF-DA）管理。韩国《食物卫生法》授予了韩国食品药品部制定相关最大残留限量标准的权利，并定期公布《农产品中农药最大残留限量》（Pesticide MRLs for Agricultural Commodities）。2015 年，韩国食品药品管理局颁布了由国会批准的《农药肯定列表制度》（PLS），使其成为韩国最严格的农产品质量安全管理制度。除了已经制定的限量标准之外，《农药肯定列表制度》规定对其他产品均按"一律标准"（残留限量标准为 0.01 mg/kg）进行管理。韩国《农药肯定列表制度》实施以来不断完善和修订，截至 2019 年 11 月，共制定了 502 种农药在 286 种农产品中的最大残留限量，制定了 12 957 项限量标准。相比于日本肯定列表制度，韩国的做法与其主要差异在于对已有限量的定义不完全一致。对未实施农药统一限量的农产品采用临时 MRLs，临时 MRLs 所遵循的原则是：首先采用 CAC 的MRLs，若无 CAC 限量时，采用韩国相似农产品或作物分类中同一类农产品中农药最低

MRLs。同时韩国对豆芽、畜产品和加工农产品中农药限量标准也作了规定，有利于在生产实际中操作和执行，以达到保障农业生产和保护消费者利益的目的。2016 年以来，韩国对《农药残留肯定列表》又进行了多次的修订补充，共发布了 10 余次通报。修订增补的数量也非常大，除少数修订 MRLs 指标，新增了许多暂定标准，以替代 0.01 mg/kg 一律标准。本书编译和研究的是采用由韩方提供的截至 2019 年 11 月底的最新版本。

国外食品安全研究是浙江省农业科学院农产品质量标准研究所的重点研究方向，2001 年以来陆续开展了 CAC、欧盟、日本、美国等国际组织及不同国家和地区的质量安全管理体系研究。本书收集了韩国 2019 年 11 月韩国食品药品管理局最新颁布的《农产品中农药最大残留限量》，是进出口食品检验检疫、卫生防疫、外贸、食品加工企业的检验监督和管理人员必备的工具书，也可供相关科技人员及大专院校师生参考。非常感谢韩国食品药品部 Kwon 博士、Kyunghee、Jinsook Kim 等相关人员的大力支持。由于韩国农药最大残留限量在不断地修改完善，本书提供的数据截止时间为 2019 年 11 月，最新的数据可查询韩国食品药品管理局网站：http://www.foodsafetykorea.go.kr/foodcode/02_0102.jsp。

本书得到了现代农业产业技术体系建设专项资金资助（CARS-29）和浙江省农业农村厅"浙江省农业标准化示范创建（一县一品一策）"项目支持，同时得到了中国农业科学院农业质量标准与检测技术研究所、浙江省标准化研究院、丽水市农业农村局、磐安县中药产业发展促进中心、文成县农业农村局等单位的大力协助。尽管我们对此书的编译做了很大努力，但由于水平所限，加之时间仓促，难免有许多不足之处，欢迎读者批评指正。

编　者

2020 年 2 月

CONTENTS
目　录

CHAPTER ONE

第一章

概　　述

韩国农药最大残留限量由韩国食品药品部管理，借鉴国际农药管理经验和方法，韩国自 2016 年 12 月 31 日开始实施农药残留肯定列表制度（Positive List System，PLS），也称为"一律限量"，即对韩国未制定农药最大残留限量的农产品，采用统一残留限量标准——0.01 mg/kg，适用范围为普通水果、坚果及种子、热带和亚热带水果。自 2019 年 1 月 1 日开始，其适用范围扩大到所有农产品。

韩国建立农药最大残留限量的同时主要完成了以下工作：

——建立了农药残留限量适用的基本原则，采纳国际标准的程序；

——建立了农产品分类标准；

——建立了豁免物质清单；

——建立了加工食品农药残留限量的申请程序；

——建立了畜产品中农药残留的定义。

一、农药最大残留限量标准制定的程序

韩国肯定列表制度实施以来，通过不断地调整和完善，目前，已经制定了 502 种农药在 286 种农产品中的最大残留限量。在实施限量标准时，应首先考虑农药在农产品中的限量标准。如果某一类产品的 MRLs 不存在，则应按照以下原则执行相关的限量指标：

——考虑采纳 codex 的限量标准；

——应考虑同类产品和同组产品中最严格的 MRLs（应首先考虑所划分的类别），蔬菜原料的农药残留限量见本书第二至四章，codex 中农产品的农药最大残留限量；

——如果没有建立坚果、种子、热带和亚热带水果的农药残留最大限量，默认农药最大残留限量应为 0.01 mg/kg；

——如果规定了同类产品中其他农产品的 MRLs，则应按照最严格的执行；

——如果同时规定了某一类别产品的农药最大残留限量和特定产品的限量标准，应首先适用特定产品的限量标准。

二、韩国农产品的分类

建立农产品分类是实施肯定列表制度的基础，韩国农药最大残留限量适用的农产品分类标准见表 1－1。

表 1－1　韩国农产品分类

类　别	分　组	农产品
谷物	—	大米（Rice），大麦（Barley），小麦（Wheat），荞麦（Buckwheat），谷子（Foxtail millet），高粱（Sorghum），玉米（Maize），燕麦（Oats），黑麦（Rye），薏苡（Job's tear），黍（Proso millet），日本黄米（Japanese-barnyard millet），奎奴亚藜（Quinoa），黑小麦（Triticale）等

韩国"肯定列表"制度（农产品中农药最大残留限量）研究

（续）

类　别	分　组	农产品
薯类	—	马铃薯（Potato），甘薯（Sweet potato），芋头（Taro），山药（Yam），木薯［Cassava（tapioca）］，魔芋（Konjac）等
豆类	—	大豆（Soybean），绿豆（Mung bean），豌豆（Pea），四季豆（bean），豇豆（Cowpea），红豆（Red bean），蚕豆（Broad bean），木豆（Pigeon pea），利马豆（Lima bean），鹰嘴豆（Chickpea），毛豆（Green bean），扁豆（Lentils），刀豆（Sword bean）等
坚果及种子	坚果类	栗子（Chestnut），胡桃（Walnut），白果（Gingko nut），松子（Pine nut），花生（Peanut），扁桃仁（Almond），美洲山核桃（Pecan），腰果（Cashew nut），榛子（Hazel nut），夏威夷果（Macadamia），开心果（Pistachio），橡子（Acorn）等
	油籽类	芝麻籽（sesame），棉籽（Cotten seed），葵花籽（Sunflower seed），南瓜籽（Pumpkin seed），紫苏籽（Perilla-seed），橄榄（Olive），月见草籽（Evening primrose seed），油菜籽（Rape seed），棕榈树（Palm tree），红花（Safflower）等
	饮料及糖料	咖啡豆（Coffee bean），可可豆（Cacao bean），可乐果（Cola nut），瓜拉那（Guarana）等
水果类	仁果类水果	苹果（Apple），梨（Pear），榅桲（Quince），柿子（Persimmon），石榴（Pomegranate）等
	柑橘类水果	中国柑橘（Mandarin），橙子（Orange），葡萄柚（Grapefruit），柠檬（包括酸橙）［Lemon（including Lime）］，韩国瓜类（Korean melon），韩国金柑（Oval Kunquat），耐寒柑橘（Hardy orange），枸橼（Citron）等
	核果类水果	桃（Peach），枣（Jujube），杏（Apricot），李子（Plum），梅（Japanese apricot），樱桃（Cherry），韩国樱桃（Korean cherry），山茱萸（San-su-yu），五味子（Maximowiczia chinensis）等
	浆果及其他小水果	葡萄（Grape），草莓（Strawberry），无花果（Fig），桑葚（Mulberry），越橘（Cowberry），黑加仑（Currant），蓝莓（Blueberry），覆盆子（Raspberry），蔓越橘（Cranberry），枸杞（Chinese matrimony vine），野葡萄（Wild grape），覆盆子（包括野草莓，覆盆子）［Rubi fructus（including wild berry, raspberry）］，木通（Akebia）等
	热带和亚热带水果	香蕉（Banana），菠萝（Pineapple），猕猴桃（Kiwifruit），鳄梨（Avocado），番木瓜（Papaya），枣椰子（Date palm），芒果（Mango），番石榴（Guava），椰子（Coconut），荔枝（Litch），百香果（Passion fruit），榴莲果（Durian），山竹（Mangosteen），桂圆（Longan）等
蔬菜类	头状花序芸薹属植物	韩国甘蓝［Korean cabbage（head）］，甘蓝（Cabbage），西兰花（Broccoli）等
	叶类蔬菜	紫甘蓝（Ssam cabbage），莴苣（叶）［Lettuce（leaf）］，莴笋［Lettuce（head）］，菠菜（Spinach），紫苏叶（Perilla leaves），茼蒿（Crown daisy），沼泽锦葵类植物（Marsh mallow），食用甜菜（Chard），菊科蜂斗菜属植物（Butterbur），萝卜（叶）［Radish（leaf）］，野生紫菀（Chwinamul），辣椒叶（Pepper leaves），大叶芹菜（Chamnamul），羽衣甘蓝（Kale），大白菜（Chinese vegetable），芥菜叶（Mustard leaf），荠菜（Shepherd's purse），菊苣（叶）［Chicory（leaf）］，New green，Dachungchae，当归叶（Dong quai leaf），魁蒿（Foremost mugwort），False Solomon's seal leaf，桑叶（Mulberry leaves），油菜叶（Rape leaves），春菜（Chunchae），尖裂假还阳参（Sonchus-leaf），印度莴苣（Indian lettuce），蒲公英（Dandelion），海防风（Beach silvertop），耶蓟（Gondre），Uleungdo aster，大蓟（Ussuri thistle），高山韭菜（Alpine leek），Vitamin，黄花菜（Common day lily），东亚野生欧芹（East Asian wildparsley），景天（Sedum），红萝卜叶（Beat leaves）等

（续）

类　别	分　组	农产品
蔬菜类	茎秆类蔬菜	威尔士洋葱（Welsh onion），韭菜（Chinese chives），水芹（Water dropwort），甘薯茎（Sweet potato stalk），芋头茎（Taro stem），欧洲蕨（Bracken），芦笋（Asparagus），芹菜（Celery），竹笋（Bamboo shoot），大头菜（Kohlrabi），楤木苗（Bud of aralia elater），野生大蒜（Wild garlic），王紫萁（Royal fern），青蒜（包括蒜薹）[Green garlic (including stem of garlic)]，荞头（Allium chinense），拟漆姑（Salt sandspurry），韭葱（Leek），宽叶韭（Allium hookeri）等
	块根和块茎类蔬菜	萝卜（根）[Radish (root)]，洋葱（Onion），大蒜（Garlic），胡萝卜（Carrot），姜（Ginger），莲藕（Lotus root），牛蒡（Burdock），桔梗花（Balloon flower），帽状风铃草（Bonnet bellflower），甜菜（根）[Beet (root)]，甜菜（Sugar beet），芜菁（Turnip），野生欧洲萝卜（Wild parsnip），雪莲果（Yacon），韩国山葵（根）[Korean wasabi (root)]，菊苣（根）[Chicory (root)]，人参（包括木栽培人参）[Ginseng (including wood-cultivated ginseng)]，False solomon's seal rhizome（root）等
	果菜，瓜类	黄瓜（Cucumber），南瓜（Squash），韩国瓜类（Korean melon），西瓜（Watermelon），瓜类（Melon），西葫芦（包括甜瓜）[Zucchini (including sweet pumpkin)]等
	果菜，瓜类除外	番茄（Tomato），圣女果（Cherry tomato），青椒或红椒（新鲜的）[Green & red pepper (fresh)]，甜椒（包括辣椒粉）[Sweet pepper (including paprika)]，茄子（Eggplant），秋葵（Okra），生豆（Unripe bean）等
食用菌	—	平菇（Oyster mushroom），松茸（Pine mushroom），香菇（Oak mushroom），栽培菌（Cultivated mushroom），菜花珊瑚（Cauliflower coral），金针菇（Winter mushroom），木耳（Tree ear），灵芝（Lingzhi mushroom），杏鲍菇（King oyster mushroom），黑蹄菌（Black hoof mushroom），阳伞蘑菇（Parasol mushroom），滑菇（Pholiota nameko），红鸡油菌菇（Cantharellus luteocomus），姬松茸（Almond mushroom），石耳菇（Stone ear mushroom）等
香辛料	—	芥末（Mustard），肉桂枝（Cinnamon branch），肉桂皮（Cinnamon bark），胡荽（Coriander），韩国芥末（Korean wasabi），迷迭香（Rosemary），没药（Myrrh），罗勒（Basil），薄荷（Peppermint），百里香（Thyme），藏红花（Saffron），花椒（Chinese pepper），月桂叶（Bay leaves），肉豆蔻（Nutmeg），丁香（Cloves），紫苏（Perilla fructescens），茴香（Fennel），胡椒（Pepper），枯茗籽（Cumin seed），刺山柑花蕾（Caper buds），姜黄根（Turmeric root），小豆蔻（Cardamom）等
茶叶	—	茶（Tea）
蛇麻草	—	蛇麻草（Hop）
藻类	—	鸡冠菜（Seaweed papulosa），海白菜（Sea lattuce），海草（Seaweed），紫菜（Laver），江蓠（Sea string），海带（Sea tangle），线形软刺藻（Chondracanthus tenellus），圆叶紫菜（Stone laver），鹿角菜（Pelvetia siliquosa），黄褐盒管藻（Seaweed fulvescens），微劳马尾藻（Sargassum fulvellum），裙带菜（Sea mustard），海萝藻（Seaweed furcata），钩凝菜（Campylaephora hypnaeoides），蓝藻（Spirulina），锡兰苔藓（Ceylon moss），角叉菜（Irish moss carragheen），海雄鹿角（Sea staghorn），小球藻（Chlorella），羊栖菜（Sea weed fusiforme），孔石莼（Ulva pertusa）等
其他植物	—	甘蔗（Sugar cane），甜高粱（Sweet sorghum），茉莉（Jasmine），五叶人参叶（Five-leaf ginseng leaf），Matari，Mulbangki，大蕉（Plantains），虎皮百合（Tiger lily）等

三、农产品食品中农药豁免清单

韩国规定《农药防治法》中注册使用或在国外依照国家法律合法使用的农药中含有活性的成分，可以根据以下原因豁免：

——不太可能对人体造成伤害的低毒性成分；

——不存在于食品中的成分；

——难以与食品中组分区分的成分；

——保护天然植物成分的成分。

豁免物质的名单见表 1-2。

表 1-2 农产品食品中豁免物质名单

序 号	活性成分
1	1-Methylcyclopropene 1-甲基环丙烯
2	Machine oil 矿物油
3	Decylalcohol 癸醇
4	*Monacrosporium thaumasium* KBC3017
5	*Bacillus subtilis* DBB1501 枯草芽孢杆菌 DBB1501
6	*Bacillus subtilis* CJ-9 枯草芽孢杆菌 CJ-9
7	*Bacillus subtilis* M 27 枯草芽孢杆菌 M 27
8	*Bacillus subtilis* MBI600 枯草芽孢杆菌 MBI600
9	*Bacillus subtilis* Y1336 枯草芽孢杆菌 Y1336
10	*Bacillus subtilis* EW42-1 枯草芽孢杆菌 EW42-1
11	*Bacillus subtilis* JKK238 枯草芽孢杆菌 JKK238
12	*Bacillus subtilis* GB0365 枯草芽孢杆菌 GB0365
13	*Bacillus subtilis* KB401 枯草芽孢杆菌 KB401
14	*Bacillus subtilis* KBC1010 枯草芽孢杆菌 KBC1010
15	*Bacillus subtilis* QST713 枯草芽孢杆菌 QST713
16	*Bacillus amyloliquefaciens* KBC1121 解淀粉芽孢杆菌 KBC1121
17	*Bacillus pumilus* QST2808 短小芽孢杆菌 QST2808
18	Bordeaux mixture 波尔多液
19	*Beauveria bassiana* GHA 白僵菌 GHA
20	*Beauveria bassiana* TBI-1 白僵菌 TBI-1
21	*Bacillus thuringiensis* subsp. *aizawai* 苏云金芽孢杆菌亚种泽亚
22	*Bacillus thuringiensis* subsp. *aizawai* NT0423 苏云金芽孢杆菌亚种泽亚 NT0423
23	*Bacillus thuringiensis* subsp. *aizawai* GB413 苏云金芽孢杆菌亚种泽亚 GB413
24	*Bacillus thuringiensis* subsp. *kurstaki* 苏云金芽孢杆菌亚种库尔斯塔克亚种
25	*Bacillus thuringiensis* var. *kurstaki* 苏云金芽孢杆菌库尔斯塔克亚种
26	Calcium polysulfide, lime sulfur 多硫化钙，石灰硫
27	*Streptomyces goshikiensis* WYE324 链霉菌 WYE324
28	*Streptomyces colombiensis* WYE20 链霉菌 WYE20
29	Spreader sticker 展着剂
30	Polyethylene methyl siloxane 聚甲基硅氧烷

序　号	活性成分
31	4-indol-3-ylbutyric acid　吲哚丁酸
32	Indol-3-ylacetic acid　吲哚-3-乙酸
33	Sodium salt of alkylsulfonated alkylate　烷基磺化烷基化物的钠盐
34	Alkyl aryl polyethoxylate　烷基芳基聚乙氧基化物
35	*Ampelomyces quisqualis* AQ94013　白粉寄生孢 AQ94013
36	Oxyethylene methyl siloxane　氧乙烯甲基硅氧烷
37	Gibberellin A3，Gibberellin A4+7　赤霉素 A3，赤霉素 A4+7
38	Calcium carbonate　碳酸钙
39	Copper sulfate basic　碱式硫酸铜
40	Copper sulfate tribasic　三元硫酸铜
41	Copper oxychloride　王铜
42	Copper hydroxide　氢氧化铜
43	*Trichoderma harzianum* YC459　哈茨木霉菌 YC459
44	*Paenibacillus polymyxa* AC-1　多黏类芽孢杆菌 AC-1
45	*Paecilomyces fumosoroseus* DBB-2032　拟青霉 DBB-2032
46	Polynaphthyl methane sulfonic acid dialkyl dimethyl ammonium　聚萘甲烷磺酸二烷基二甲基铵
47	Polyether modified polysiloxane　聚醚改性聚硅氧烷
48	Polyoxyethylene methyl polysiloxane　聚氧乙烯甲基聚硅氧烷
49	Polyoxyethylene alkylarylether　聚氧乙烯烷基芳基醚
50	Polyoxyethylene fatty acid ester　聚氧乙烯脂肪酸酯
51	Sulfur　硫黄
52	Polynaphtyl methane sulfonic＋polyoxyethylene fatty acid ester　聚萘甲烷磺酸＋聚氧乙烯脂肪酸酯
53	Sodium ligno sulfonate　木质素磺酸钠
54	*Simplicillium lamellicola* BCP　蜡芥菌 BCP
55	*Trichoderma atroviride* SKT-1　深绿木霉 SKT-1
56	Paraffin，Paraffinic oil　石蜡，石蜡油
57	Pelargonic acid　壬酸
58	Ethyl formate　甲酸乙酯
59	Tea tree oil（to be implemented）　茶树油（即将实施）
60	Copper sulfate, pentahydrate（to be implemented）　无水硫酸铜（即将实施）
61	Polyoxin D（to be implemented）　多氧霉素 D（即将实施）

四、加工农产品中农药残留的暂时限量申请

韩国规定了加工农产品中农药最大残留限量，对于暂时没有残留限量的加工农产品，其限量标准适合于以下程序：

——首先考虑采纳 CAC 的标准；

——如果有加工农产品的 MRLs 首先考虑采纳；若没有加工农产品，只有农产品的 MRLs，应根据折干倍数考虑，如干红辣椒［包括辣椒粉和红花椒丝（Silgochu）］中农药最大残留限量值为红辣椒

5

的 7 倍，绿茶提取物中农药最大残留限量值为绿茶的 6 倍，干参和红参中农药最大残留限量值为鲜人参的 4 倍，而鲜人参提取物（人参提取物和红参提取物）中农药最大残留限量值为鲜人参的 8 倍。

五、畜产品中农药最大残留限量

畜产品中的农药残留适用的范围如下。

哺乳动物肉：动物身体（或其部分）的肌肉组织，包括从牛、猪、绵羊、山羊、兔子、马、鹿或其他动物身上获得的肌肉、脂肪和皮下脂肪（来自海洋动物的除外）。

哺乳动物脂肪：来自牛、猪、绵羊、山羊、兔子、马、鹿或其他动物脂肪组织的未加工脂肪，不包括乳脂。

哺乳动物下水：食用组织和器官，除肉和脂肪外，来自牛、猪、羊、马、山羊、兔子、鹿或其他动物，如肝、肺、心、胃、胰腺、肾、头、尾、蹄、皮肤、血液、骨骼（含肌腱和组织的骨骼）。

家禽肉：家禽上的肌肉组织，包括脂肪和皮肤，如公鸡、野鸡、鸭、鹅、火鸡、鹌鹑或其他。

家禽脂肪：来自家禽脂肪组织的未加工脂肪，如公鸡、野鸡、鸭、鹅、火鸡、鹌鹑或其他。

家禽下水：除了肉类和脂肪外可食用的组织和器官，来自家禽如公鸡、野鸡、鸭、鹅、火鸡、鹌鹑或其他，如肝脏、心脏、砂囊、皮肤、爪或其他。

奶：哺乳动物的生奶，如牛、羊、山羊或其他动物的生奶。

乳制品：牛奶、低脂牛奶、乳糖水解牛奶，加工过的牛奶、羊奶，发酵牛奶、黄油牛奶、炼乳、牛奶奶油、黄油、天然奶酪，加工过的奶酪、奶粉、乳清产品，乳糖，牛奶蛋白水解食物，制造或加工原油用牛奶或其他乳制品为主要原料。

蛋：家禽产出的除去壳的蛋，如鸡蛋、鸭蛋、鹌鹑蛋或其他。

六、豆芽（绿豆芽）中农药最大残留限量

对于豆芽这类特殊农产品，韩国主要规定如下：

——6-苄基嘌呤（6-Benzyl aminopurine）的最大残留限量为 0.1 mg/kg；

——多菌灵、噻苯咪唑、福美双、克菌丹和二氧化硫不得检出；

——如果某一农药规定了大豆（包括绿豆）中农药最大残留限量，则在豆芽中农药的限量标准按照相应数值的 1/10 执行。

CHAPTER TWO

第二章

农产品中农药最大残留限量
（以产品分类）

一、农产品中农药最大残留限量

农产品中农药最大残留限量见表 2-1。

表 2-1　农产品中农药最大残留限量

序号	药品通用名	中文名	最大残留限量 （mg/kg）
1. All crop　所有农作物			
1)	Daminozide	丁酰肼	0.01
2)	Methidathion	杀扑磷	0.01
2. Almond　扁桃仁			
1)	Azinphos-methyl	保棉磷	0.2T
2)	Captan	克菌丹	0.2†
3)	Carbaryl	甲萘威	1.0T
4)	Chlordane	氯丹	0.02T
5)	Chlorothalonil	百菌清	0.05†
6)	Chlorpropham	氯苯胺灵	0.05T
7)	Clofentezine	四螨嗪	0.5T
8)	Cyhalothrin	氯氟氰菊酯	0.5T
9)	Cyprodinil	嘧菌环胺	0.02†
10)	Dichlofluanid	苯氟磺胺	15.0T
11)	Dichlorvos	敌敌畏	0.1T
12)	Dicofol	三氯杀螨醇	1.0T
13)	Dithianon	二氰蒽醌	0.05T
14)	Dithiocarbamates	二硫代氨基甲酸酯	0.1T
15)	Endosulfan	硫丹	0.05T
16)	Ethiofencarb	乙硫苯威	5.0T
17)	Ethion	乙硫磷	0.01T
18)	Etofenprox	醚菊酯	0.05T
19)	Fenazaquin	喹螨醚	0.2T
20)	Fenbutatin oxide	苯丁锡	0.5T
21)	Fenhexamid	环酰菌胺	0.02T
22)	Imazalil	抑霉唑	0.05T
23)	Iprodione	异菌脲	0.2†

（续）

序号	药品通用名	中文名	最大残留限量 （mg/kg）
24)	Malathion	马拉硫磷	0.5T
25)	Maleic hydrazide	抑芽丹	40.0T
26)	Metalaxyl	甲霜灵	0.3†
27)	Oxamyl	杀线威	0.5T
28)	Parathion	对硫磷	0.1T
29)	Parathion-methyl	甲基对硫磷	0.1T
30)	Pendimethalin	二甲戊灵	0.05†
31)	Permethrin（permetrin）	氯菊酯	0.05T
32)	Phosalone	伏杀磷	0.1T
33)	Piperonyl butoxide	增效醚	8.0T
34)	Pirimicarb	抗蚜威	1.0T
35)	Propiconazole	丙环唑	0.1†
36)	Pyrethrins	除虫菊素	1.0T
37)	Pyrimethanil	嘧霉胺	0.2T
38)	Simazine	西玛津	0.25T
39)	Spinosad	多杀霉素	0.07†
40)	Sulfuryl fluoride	硫酰氟	0.08†
3. Alpine leek leaves 高山韭菜叶			
1)	Acetamiprid	啶虫脒	15
2)	Carbendazim	多菌灵	5.0T
3)	Chlorantraniliprole	氯虫苯甲酰胺	10
4)	Deltamethrin	溴氰菊酯	2
5)	Difenoconazole	苯醚甲环唑	5.0T
6)	Emamectin benzoate	甲氨基阿维菌素苯甲酸盐	0.1
7)	Fenpyrazamine	胺苯吡菌酮	15
8)	Fluazinam	氟啶胺	5.0T
9)	Fludioxonil	咯菌腈	0.2
10)	Glufosinate（ammonium）	草铵磷（胺）	0.05T
11)	Iminoctadine	双胍辛胺	5.0T
12)	Metconazole	叶菌唑	20
13)	Oxolinic acid	喹菌酮	10
14)	Phenthoate	稻丰散	9
15)	Pyraclostrobin	吡唑醚菌酯	15
16)	Pyrifluquinazon	吡氟喹虫唑	1.0T
17)	Sulfoxaflor	氟啶虫胺腈	10
18)	Tebuconazole	戊唑醇	0.1
4. Amaranth leaves 苋菜叶			
1)	Abamectin	阿维菌素	0.6
2)	Acequinocyl	灭螨醌	20

序号	药品通用名	中文名	最大残留限量（mg/kg）
3)	Acetamiprid	啶虫脒	10
4)	Ametoctradin	唑嘧菌胺	5.0T
5)	Azoxystrobin	嘧菌酯	10
6)	Bistrifluron	双三氟虫脲	3.0T
7)	Boscalid	啶酰菌胺	5.0T
8)	Buprofezin	噻嗪酮	5.0T
9)	Carbendazim	多菌灵	5.0T
10)	Cartap	杀螟丹	5.0T
11)	Chlorantraniliprole	氯虫苯甲酰胺	10
12)	Chlorfenapyr	虫螨腈	9
13)	Chlorothalonil	百菌清	5.0T
14)	Chlorpyrifos	毒死蜱	0.05T
15)	Chromafenozide	环虫酰肼	15
16)	Clothianidin	噻虫胺	3
17)	Cyantraniliprole	溴氰虫酰胺	9
18)	Cyenopyrafen	腈吡螨酯	3
19)	Cyflumetofen	丁氟螨酯	40
20)	Cyhexatin	三环锡	30
21)	Deltamethrin	溴氰菊酯	2
22)	Dichlorvos	敌敌畏	5.0T
23)	Difenoconazole	苯醚甲环唑	20
24)	Dimethomorph	烯酰吗啉	5
25)	Dinotefuran	呋虫胺	0.1T
26)	Dithianon	二氰蒽醌	0.1T
27)	Dithiocarbamates	二硫代氨基甲酸酯	5.0T
28)	Emamectin benzoate	甲氨基阿维菌素苯甲酸盐	1
29)	Ethoprophos (ethoprop)	灭线磷	0.05T
30)	Etofenprox	醚菊酯	15
31)	Etoxazole	乙螨唑	5.0T
32)	Fenbuconazole	腈苯唑	3.0T
33)	Fenpropathrin	甲氰菊酯	5.0T
34)	Fenpyrazamine	胺苯吡菌酮	15
35)	Fluazifop-butyl	吡氟禾草灵	0.05T
36)	Fluazinam	氟啶胺	2
37)	Fludioxonil	咯菌腈	20
38)	Flufenoxuron	氟虫脲	7
39)	Fluopicolide	氟吡菌胺	1.0T
40)	Fluxapyroxad	氟唑菌酰胺	5.0T
41)	Hymexazol	噁霉灵	0.05T

（续）

序号	药品通用名	中文名	最大残留限量（mg/kg）
42)	Methoxyfenozide	甲氧虫酰肼	15
43)	Novaluron	氟酰脲	15
44)	Oxolinic acid	喹菌酮	20
45)	Pymetrozine	吡蚜酮	0.5T
46)	Pyraclostrobin	吡唑醚菌酯	5
47)	Pyrifluquinazon	吡氟喹虫唑	5.0T
48)	Spinetoram	乙基多杀菌素	10
49)	Tebufenpyrad	吡螨胺	1
50)	Teflubenzuron	氟苯脲	5
51)	Tefluthrin	七氟菊酯	0.05T
52)	Terbufos	特丁硫磷	0.05T
53)	Thiacloprid	噻虫啉	5.0T

5. Apple 苹果

序号	药品通用名	中文名	最大残留限量（mg/kg）
1)	2,4-D，2,4-dichlorophenoxyacetic acid	2,4-滴，2,4-二氯苯氧乙酸	2.0T
2)	6-Benzyladenine，6-Benzyl aminopurine	6-苄基腺嘌呤，6-苄基氨基嘌呤	0.1
3)	Abamectin	阿维菌素	0.02
4)	Acephate	乙酰甲胺磷	5
5)	Acequinocyl	灭螨醌	0.5
6)	Acibenzolar-S-methyl	苯并噻二唑	0.2
7)	Acrinathrin	氟丙菊酯	0.5
8)	Alanycarb	棉铃威	0.5T
9)	Azinphos-methyl	保棉磷	1.0T
10)	Bentazone	灭草松	0.05
11)	Benzoximate	苯螨特	0.5T
12)	Bifenazate	联苯肼酯	1
13)	Bistrifluron	双三氟虫脲	1
14)	Bitertanol	联苯三唑醇	0.6
15)	Bromopropylate	溴螨酯	5.0T
16)	Buprofezin	噻嗪酮	0.5
17)	Captan	克菌丹	5
18)	Carbaryl	甲萘威	1
19)	Carbofuran	克百威	0.2
20)	Carfentrazone-ethyl	唑酮草酯	0.1
21)	Cartap	杀螟丹	0.7T
22)	Chlorantraniliprole	氯虫苯甲酰胺	2
23)	Chlorfluazuron	氟啶脲	0.2
24)	Chlorothalonil	百菌清	2
25)	Chlorpropham	氯苯胺灵	0.05T
26)	Chromafenozide	环虫酰肼	1

（续）

序号	药品通用名	中文名	最大残留限量（mg/kg）
27）	Clofentezine	四螨嗪	1.0T
28）	Cyantraniliprole	溴氰虫酰胺	0.1
29）	Cyclaniliprole	环溴虫酰胺	0.2
30）	Cyenopyrafen	腈吡螨酯	1
31）	Cyflumetofen	丁氟螨酯	0.5
32）	Cyfluthrin	氟氯氰菊酯	0.5
33）	Cyhalothrin	氯氟氰菊酯	0.5
34）	Cyhexatin	三环锡	2
35）	Cypermethrin	氯氰菊酯	1
36）	Cyproconazole	环丙唑醇	0.1
37）	Cyprodinil	嘧菌环胺	1
38）	Diafenthiuron	丁醚脲	0.5T
39）	Diazinon	二嗪磷	0.05T
40）	Dichlobenil	敌草腈	0.15
41）	Dichlofluanid	苯氟磺胺	5.0T
42）	Dichlorprop	2,4-滴丙酸	0.05
43）	Dichlorvos	敌敌畏	0.05
44）	Dicofol	三氯杀螨醇	2.0T
45）	Dimethoate	乐果	1.0T
46）	Diniconazole	烯唑醇	1
47）	Diphenylamine	二苯胺	5.0T
48）	Dithianon	二氰蒽醌	5
49）	Dithiocarbamates	二硫代氨基甲酸酯	2
50）	Dodine	多果定	5.0T
51）	Emamectin benzoate	甲氨基阿维菌素苯甲酸盐	0.2
52）	EPN	苯硫磷	0.2T
53）	Ethephon	乙烯利	5.0T
54）	Ethiofencarb	乙硫苯威	5.0T
55）	Ethoxyquin	乙氧喹啉	3.0T
56）	Etoxazole	乙螨唑	0.5
57）	Fenamiphos	苯线磷	0.2T
58）	Fenazaquin	喹螨醚	0.3
59）	Fenbuconazole	腈苯唑	0.7
60）	Fenbutatin oxide	苯丁锡	2
61）	Fenhexamid	环酰菌胺	1
62）	Fenitrothion	杀螟硫磷	0.5
63）	Fenoxycarb	苯氧威	0.5T
64）	Fenpropathrin	甲氰菊酯	1
65）	Fenpyroximate	唑螨酯	0.5

（续）

序号	药品通用名	中文名	最大残留限量（mg/kg）
66）	Fenthion	倍硫磷	0.2T
67）	Flonicamid	氟啶虫酰胺	0.7
68）	Fluacrypyrim	嘧螨酯	1.0T
69）	Fluazinam	氟啶胺	0.3
70）	Flubendiamide	氟苯虫酰胺	1
71）	Flufenoxuron	氟虫脲	0.7
72）	Flumioxazin	丙炔氟草胺	0.1
73）	Fluopyram	氟吡菌酰胺	0.7
74）	Flupyradifurone	氟吡呋喃酮	0.8†
75）	Fluroxypyr	氯氟吡氧乙酸	0.1T
76）	Fluthiacet-methyl	嗪草酸甲酯	0.05
77）	Flutriafol	粉唑醇	1
78）	Fluxametamide	氟噁唑酰胺	0.5
79）	Fluxapyroxad	氟唑菌酰胺	0.5
80）	Folpet	灭菌丹	5
81）	Forchlorfenuron	氯吡脲	0.05
82）	Fosetyl-aluminium	三乙膦酸铝	25.0T
83）	Glufosinate（ammonium）	草铵膦（胺）	0.05
84）	Hexaflumuron	氟铃脲	0.5T
85）	Hexythiazox	噻螨酮	0.3
86）	Imazalil	抑霉唑	5.0T
87）	Imibenconazole	亚胺唑	0.3
88）	Iminoctadine	双胍辛胺	1
89）	Indaziflam	茚嗪氟草胺	0.05
90）	Indoxacarb	茚虫威	0.3
91）	Iprodione	异菌脲	5
92）	Isofetamid	异丙噻菌胺	0.2
93）	Isoprothiolane	稻瘟灵	0.05
94）	Lufenuron	虱螨脲	0.3
95）	Malathion	马拉硫磷	0.5T
96）	Maleic hydrazide	抑芽丹	40.0T
97）	Mandestrobin	甲氧基丙烯酸酯类杀菌剂	2
98）	MCPA	2甲4氯	0.05
99）	Mecoprop-P	精2甲4氯丙酸	0.05
100）	Mepanipyrim	嘧菌胺	0.5
101）	Meptyldinocap	消螨多	0.1T
102）	Metaflumizone	氰氟虫腙	1
103）	Metalaxyl	甲霜灵	0.05T
104）	Metconazole	叶菌唑	1

（续）

序号	药品通用名	中文名	最大残留限量（mg/kg）
105）	Methamidophos	甲胺磷	0.1
106）	Methomyl	灭多威	2
107）	Methoxychlor	甲氧滴滴涕	14.0T
108）	Metrafenone	苯菌酮	0.1
109）	Mevinphos	速灭磷	0.5T
110）	Milbemectin	弥拜菌素	0.1
111）	Monocrotophos	久效磷	1.0T
112）	Norflurazon	氟草敏	0.1T
113）	Novaluron	氟酰脲	1
114）	Nuarimol	氟苯嘧啶醇	0.1T
115）	Omethoate	氧乐果	0.4T
116）	Ortho-phenyl phenol	邻苯基苯酚	10.0T
117）	Oryzalin	氨磺乐灵	0.05
118）	Oxamyl	杀线威	2.0T
119）	Oxolinic acid	喹菌酮	2
120）	Paclobutrazol	多效唑	0.5T
121）	Parathion	对硫磷	0.3T
122）	Parathion-methyl	甲基对硫磷	0.2T
123）	Penconazole	戊菌唑	0.2T
124）	Pendimethalin	二甲戊灵	0.05
125）	Permethrin（permetrin）	氯菊酯	0.05T
126）	Phenthoate	稻丰散	0.2
127）	Phosalone	伏杀磷	5.0T
128）	Phosphamidone	磷胺	0.5T
129）	Picoxystrobin	啶氧菌酯	0.3T
130）	Pirimicarb	抗蚜威	1.0T
131）	Pirimiphos-methyl	甲基嘧啶磷	0.7
132）	Prochloraz	咪鲜胺	0.5
133）	Procymidone	腐霉利	5.0T
134）	Profenofos	丙溴磷	2.0T
135）	Prohexadione-calcium	调环酸钙	0.05
136）	Propargite	克螨特	5
137）	Propiconazole	丙环唑	1
138）	Prothiofos	丙硫磷	0.05T
139）	Pydiflumetofen	氟啶菌酰羟胺	0.5
140）	Pyflubumide	一种杀螨剂	0.5
141）	Pymetrozine	吡蚜酮	0.3
142）	Pyraclostrobin	吡唑醚菌酯	0.3
143）	Pyraflufen-ethyl	吡草醚	0.1

（续）

序号	药品通用名	中文名	最大残留限量（mg/kg）
144)	Pyraziflumid	新型杀菌剂	1
145)	Pyrazophos	吡菌磷	1.0T
146)	Pyrethrins	除虫菊素	1.0T
147)	Pyribencarb	吡菌苯威	2
148)	Pyridaben	哒螨灵	1
149)	Pyridalyl	三氟甲吡醚	1
150)	Pyridaphenthion	哒嗪硫磷	0.1T
151)	Pyrifluquinazon	吡氟喹虫唑	0.05
152)	Pyrimethanil	嘧霉胺	2
153)	Pyrimidifen	嘧螨醚	0.2T
154)	Saflufenacil	苯嘧磺草胺	0.03†
155)	Sethoxydim	烯禾啶	1.0T
156)	Simazine	西玛津	0.05
157)	Spinetoram	乙基多杀菌素	0.05
158)	Spinosad	多杀霉素	0.05
159)	Spirodiclofen	螺螨酯	2
160)	Spiromesifen	螺虫酯	0.5
161)	Spirotetramat	螺虫乙酯	0.7
162)	Streptomycin	链霉素	0.05
163)	Sulfoxaflor	氟啶虫胺腈	0.4
164)	Tebuconazole	戊唑醇	1
165)	Tebufenpyrad	吡螨胺	0.5
166)	Terbuthylazine	特丁津	0.1T
167)	Tetradifon	三氯杀螨砜	3
168)	Tetraniliprole	氟氰虫酰胺	0.7
169)	Thiabendazole	噻菌灵	5
170)	Tiafenacil	嘧啶二酮类除草剂	0.05
171)	Tolclofos-methyl	甲基立枯磷	0.05
172)	Tolylfluanid	甲苯氟磺胺	5.0T
173)	Triadimefon	三唑酮	0.1
174)	Triadimenol	三唑醇	0.5T
175)	Triazamate	唑蚜威	0.1T
176)	Triazophos	三唑磷	0.2T
177)	Triclopyr	三氯吡氧乙酸	0.05
178)	Triflumizole	氟菌唑	1
179)	Triflumuron	杀铃脲	0.5
180)	Triforine	嗪氨灵	2.0T
181)	Vinclozolin	乙烯菌核利	1.0T

（续）

序号	药品通用名	中文名	最大残留限量 （mg/kg）
6. Apricot 杏			
1)	2,4-D，2,4-dichlorophenoxyacetic acid	2,4-滴，2,4-二氯苯氧乙酸	2.0T
2)	Abamectin	阿维菌素	0.05
3)	Acequinocyl	灭螨醌	2
4)	Acetamiprid	啶虫脒	0.7
5)	Acibenzolar-S-methyl	苯并噻二唑	0.2T
6)	Amitraz	双甲脒	2
7)	Azinphos-methyl	保棉磷	1.0T
8)	Bifenazate	联苯肼酯	0.3T
9)	Bifenthrin	联苯菊酯	0.1T
10)	Bitertanol	联苯三唑醇	1
11)	Buprofezin	噻嗪酮	0.5
12)	Cadusafos	硫线磷	0.05T
13)	Captan	克菌丹	10.0T
14)	Carbendazim	多菌灵	0.3T
15)	Carbophenothion	三硫磷	0.02T
16)	Chlorantraniliprole	氯虫苯甲酰胺	0.7
17)	Chlorfenapyr	虫螨腈	1
18)	Chlorothalonil	百菌清	1.5T
19)	Chlorpropham	氯苯胺灵	0.05T
20)	Chlorpyrifos	毒死蜱	0.5T
21)	Clofentezine	四螨嗪	0.2T
22)	Clothianidin	噻虫胺	0.5T
23)	Cyantraniliprole	溴氰虫酰胺	0.5T
24)	Cyenopyrafen	腈吡螨酯	2
25)	Cyflumetofen	丁氟螨酯	1
26)	Cyfluthrin	氟氯氰菊酯	1.0T
27)	Cyhalothrin	氯氟氰菊酯	0.5
28)	Cyhexatin	三环锡	0.5
29)	Cypermethrin	氯氰菊酯	2.0T
30)	Cyprodinil	嘧菌环胺	2.0T
31)	Deltamethrin	溴氰菊酯	0.5T
32)	Dichlobenil	敌草腈	0.15T
33)	Dichlofluanid	苯氟磺胺	15.0T
34)	Dichlorvos	敌敌畏	0.05T
35)	Dicloran	氯硝胺	10.0T
36)	Dicofol	三氯杀螨醇	1.0T
37)	Difenoconazole	苯醚甲环唑	0.05
38)	Diflubenzuron	除虫脲	1.0T

（续）

序号	药品通用名	中文名	最大残留限量 （mg/kg）
39)	Dimethoate	乐果	2.0T
40)	Dinotefuran	呋虫胺	1
41)	Dithianon	二氰蒽醌	5
42)	Dithiocarbamates	二硫代氨基甲酸酯	3.0T
43)	Emamectin benzoate	甲氨基阿维菌素苯甲酸盐	0.05T
44)	Endosulfan	硫丹	0.1T
45)	Ethiofencarb	乙硫苯威	5.0T
46)	Etofenprox	醚菊酯	1
47)	Etoxazole	乙螨唑	0.4
48)	Fenazaquin	喹螨醚	0.2T
49)	Fenbuconazole	腈苯唑	2.0T
50)	Fenbutatin oxide	苯丁锡	2.0T
51)	Fenitrothion	杀螟硫磷	0.1T
52)	Fenpyroximate	唑螨酯	0.1T
53)	Fenvalerate	氰戊菊酯	10.0T
54)	Flonicamid	氟啶虫酰胺	0.9T
55)	Fluazifop-butyl	吡氟禾草灵	0.05T
56)	Fluazinam	氟啶胺	0.5T
57)	Fludioxonil	咯菌腈	0.3T
58)	Flufenoxuron	氟虫脲	2
59)	Fluxapyroxad	氟唑菌酰胺	0.3T
60)	Glyphosate	草甘膦	0.05T
61)	Hexaconazole	己唑醇	0.05T
62)	Imidacloprid	吡虫啉	0.2T
63)	Iminoctadine	双胍辛胺	0.5T
64)	Indoxacarb	茚虫威	0.3
65)	Iprodione	异菌脲	10.0T
66)	Lufenuron	虱螨脲	0.6
67)	Malathion	马拉硫磷	0.5T
68)	Maleic hydrazide	抑芽丹	40.0T
69)	Meptyldinocap	消螨多	0.1T
70)	Metaflumizone	氰氟虫腙	1.5
71)	Methomyl	灭多威	0.05T
72)	Methoxychlor	甲氧滴滴涕	14.0T
73)	Metolachlor	异丙甲草胺	0.1T
74)	Mevinphos	速灭磷	0.2T
75)	Myclobutanil	腈菌唑	1.5†
76)	Novaluron	氟酰脲	0.2T
77)	Omethoate	氧乐果	0.01T

（续）

序号	药品通用名	中文名	最大残留限量（mg/kg）
78)	Oxadiazon	噁草酮	0.05T
79)	Oxamyl	杀线威	0.5T
80)	Oxolinic acid	喹菌酮	2
81)	Oxyfluorfen	乙氧氟草醚	0.05†
82)	Paclobutrazol	多效唑	0.05T
83)	Parathion	对硫磷	0.3T
84)	Parathion-methyl	甲基对硫磷	0.2T
85)	Pendimethalin	二甲戊灵	0.05T
86)	Permethrin（permetrin）	氯菊酯	2.0T
87)	Phorate	甲拌磷	0.05T
88)	Pirimicarb	抗蚜威	1.0T
89)	Propargite	克螨特	7.0T
90)	Propiconazole	丙环唑	1.0T
91)	Pyflubumide	一种杀螨剂	1.0T
92)	Pymetrozine	吡蚜酮	0.2T
93)	Pyraclostrobin	吡唑醚菌酯	0.7
94)	Pyrethrins	除虫菊素	1.0T
95)	Pyribencarb	吡菌苯威	2.0T
96)	Pyridalyl	三氟甲吡醚	2.0T
97)	Pyrifluquinazon	吡氟喹虫唑	0.05
98)	Sethoxydim	烯禾啶	1.0T
99)	Spinetoram	乙基多杀菌素	0.15T
100)	Spirodiclofen	螺螨酯	5
101)	Spiromesifen	螺虫酯	1
102)	Spirotetramat	螺虫乙酯	2
103)	Streptomycin	链霉素	0.5
104)	Sulfoxaflor	氟啶虫胺腈	0.3
105)	Tebuconazole	戊唑醇	2.0T
106)	Tebufenozide	虫酰肼	1.0T
107)	Tebufenpyrad	吡螨胺	0.5T
108)	Teflubenzuron	氟苯脲	0.3
109)	Tetradifon	三氯杀螨砜	2.0T
110)	Thiacloprid	噻虫啉	0.5
111)	Trifluralin	氟乐灵	0.05T
112)	Vinclozolin	乙烯菌核利	5.0T
7. Arguta kiwifruit　阿古塔猕猴桃			
1)	Abamectin	阿维菌素	0.05T
2)	Acequinocyl	灭螨醌	0.2T
3)	Acetamiprid	啶虫脒	0.3T

（续）

序号	药品通用名	中文名	最大残留限量（mg/kg）
4)	Acibenzolar-S-methyl	苯并噻二唑	2.0T
5)	Bifenazate	联苯肼酯	1.0T
6)	Bifenthrin	联苯菊酯	0.3T
7)	Chromafenozide	环虫酰肼	0.7T
8)	Clothianidin	噻虫胺	0.5T
9)	Cyflumetofen	丁氟螨酯	0.6T
10)	Etofenprox	醚菊酯	1.0T
11)	Fenitrothion	杀螟硫磷	0.3T
12)	Fluazinam	氟啶胺	0.05T
13)	Metconazole	叶菌唑	0.4T
14)	Phenthoate	稻丰散	0.5T
15)	Pyraclostrobin	吡唑醚菌酯	0.7T
16)	Spiromesifen	螺虫酯	1.0T
17)	Spirotetramat	螺虫乙酯	0.2T
18)	Tebuconazole	戊唑醇	0.5T
19)	Thiamethoxam	噻虫嗪	1.0T
20)	Trifloxystrobin	肟菌酯	0.7T

8. Aronia 野樱莓

序号	药品通用名	中文名	最大残留限量（mg/kg）
1)	Abamectin	阿维菌素	0.05T
2)	Acetamiprid	啶虫脒	0.6
3)	Amisulbrom	吲唑磺菌胺	2.0T
4)	Amitraz	双甲脒	0.3T
5)	Azoxystrobin	嘧菌酯	1.0T
6)	Bifenazate	联苯肼酯	1.0T
7)	Bifenthrin	联苯菊酯	0.3T
8)	Bitertanol	联苯三唑醇	1.0T
9)	Boscalid	啶酰菌胺	5.0T
10)	Cadusafos	硫线磷	0.05T
11)	Captan	克菌丹	10
12)	Carbendazim	多菌灵	3
13)	Chlorantraniliprole	氯虫苯甲酰胺	1
14)	Chlorfenapyr	虫螨腈	0.5T
15)	Chlorpyrifos	毒死蜱	0.4T
16)	Clothianidin	噻虫胺	0.5T
17)	Cyantraniliprole	溴氰虫酰胺	0.7T
18)	Cyenopyrafen	腈吡螨酯	1.0T
19)	Cyflumetofen	丁氟螨酯	0.6T
20)	Cyhexatin	三环锡	5
21)	Cyprodinil	嘧菌环胺	1.0T

（续）

序号	药品通用名	中文名	最大残留限量（mg/kg）
22)	Deltamethrin	溴氰菊酯	0.5
23)	Diethofencarb	乙霉威	2.0T
24)	Difenoconazole	苯醚甲环唑	0.5T
25)	Diflubenzuron	除虫脲	2.0T
26)	Dimethomorph	烯酰吗啉	1.0T
27)	Dinotefuran	呋虫胺	1.0T
28)	Dithianon	二氰蒽醌	0.05T
29)	Dithiocarbamates	二硫代氨基甲酸酯	5.0T
30)	Emamectin benzoate	甲氨基阿维菌素苯甲酸盐	0.05T
31)	Etofenprox	醚菊酯	1.0T
32)	Etoxazole	乙螨唑	0.3T
33)	Fenitrothion	杀螟硫磷	0.3T
34)	Fenobucarb	仲丁威	0.05T
35)	Flonicamid	氟啶虫酰胺	0.5T
36)	Fluazinam	氟啶胺	0.05T
37)	Flufenoxuron	氟虫脲	0.3T
38)	Flupyradifurone	氟吡呋喃酮	1.5T
39)	Glufosinate（ammonium）	草铵膦（胺）	0.05T
40)	Imidacloprid	吡虫啉	0.05T
41)	Iminoctadine	双胍辛胺	1.0T
42)	Indoxacarb	茚虫威	0.5T
43)	Iprobenfos	异稻瘟净	0.2T
44)	Iprodione	异菌脲	10T
45)	Isoprothiolane	稻瘟灵	0.05T
46)	Kresoxim-methyl	醚菌酯	1.0T
47)	Metaflumizone	氰氟虫腙	2.0T
48)	Metconazole	叶菌唑	0.4T
49)	Methoxyfenozide	甲氧虫酰肼	0.5T
50)	Milbemectin	弥拜菌素	0.05T
51)	Napropamide	敌草胺	0.05T
52)	Novaluron	氟酰脲	1.0T
53)	Pendimethalin	二甲戊灵	0.05T
54)	Phenthoate	稻丰散	0.5T
55)	Propanil	敌稗	0.05T
56)	Pyraclostrobin	吡唑醚菌酯	2
57)	Pyribencarb	吡菌苯威	5
58)	Pyridalyl	三氟甲吡醚	1.0T
59)	Pyrifluquinazon	吡氟喹虫唑	0.3T
60)	Pyrimethanil	嘧霉胺	15

（续）

序号	药品通用名	中文名	最大残留限量（mg/kg）
61)	Simazine	西玛津	0.25T
62)	Spinosad	多杀霉素	0.2T
63)	Spirodiclofen	螺螨酯	1.0T
64)	Spiromesifen	螺虫酯	1.0T
65)	Spirotetramat	螺虫乙酯	0.2T
66)	Sulfoxaflor	氟啶虫胺腈	1.5
67)	Tebuconazole	戊唑醇	0.5T
68)	Tebufenozide	虫酰肼	2.0T
69)	Tebufenpyrad	吡螨胺	0.5T
70)	Teflubenzuron	氟苯脲	1.0T
71)	Thiacloprid	噻虫啉	1.5
72)	Thiamethoxam	噻虫嗪	1.0T
73)	Thifluzamide	噻呋酰胺	0.2T
74)	Thiobencarb	禾草丹	0.05T
75)	Tricyclazole	三环唑	0.2T
76)	Trifloxystrobin	肟菌酯	0.7T
9. Asparagus 芦笋			
1)	2,4-D，2,4-dichlorophenoxyacetic acid	2,4-滴，2,4-二氯苯氧乙酸	0.1T
2)	Abamectin	阿维菌素	0.3
3)	Acetamiprid	啶虫脒	0.3
4)	Acrinathrin	氟丙菊酯	0.3
5)	Azinphos-methyl	保棉磷	0.3T
6)	Bentazone	灭草松	0.2T
7)	Bifenthrin	联苯菊酯	0.7
8)	Bistrifluron	双三氟虫脲	1
9)	Carbendazim	多菌灵	0.2T
10)	Carbofuran	克百威	0.1T
11)	Chlorantraniliprole	氯虫苯甲酰胺	0.3
12)	Chlorfenapyr	虫螨腈	0.3
13)	Chlorfluazuron	氟啶脲	0.7
14)	Chlorpropham	氯苯胺灵	0.05T
15)	Chromafenozide	环虫酰肼	0.3T
16)	Clothianidin	噻虫胺	0.05
17)	Cyantraniliprole	溴氰虫酰胺	3
18)	Cyfluthrin	氟氯氰菊酯	2.0T
19)	Cyhalothrin	氯氟氰菊酯	0.5T
20)	Cypermethrin	氯氰菊酯	5.0T
21)	Dicamba	麦草畏	3.0T
22)	Dichlofluanid	苯氟磺胺	15.0T

（续）

序号	药品通用名	中文名	最大残留限量 （mg/kg）
23)	Dicofol	三氯杀螨醇	1.0T
24)	Dithianon	二氰蒽醌	5.0T
25)	Diuron	敌草隆	2.0T
26)	Emamectin benzoate	甲氨基阿维菌素苯甲酸盐	0.05
27)	Endosulfan	硫丹	0.1T
28)	Ethiofencarb	乙硫苯威	2.0T
29)	Ethoprophos（ethoprop）	灭线磷	0.05T
30)	Etofenprox	醚菊酯	0.3
31)	Fenamiphos	苯线磷	0.02T
32)	Fenbutatin oxide	苯丁锡	2.0T
33)	Fenitrothion	杀螟硫磷	2
34)	Fenvalerate	氰戊菊酯	0.5T
35)	Fluazifop-butyl	吡氟禾草灵	3.0T
36)	Flupyradifurone	氟吡呋喃酮	9.0T
37)	Folpet	灭菌丹	5.0T
38)	Iminoctadine	双胍辛胺	0.5T
39)	Linuron	利谷隆	3.0T
40)	Lufenuron	虱螨脲	0.5
41)	Malathion	马拉硫磷	0.5T
42)	Maleic hydrazide	抑芽丹	25.0T
43)	Metalaxyl	甲霜灵	0.05T
44)	Metaldehyde	四聚乙醛	0.05T
45)	Methomyl	灭多威	0.5T
46)	Methoxychlor	甲氧滴滴涕	14.0T
47)	Metribuzin	嗪草酮	0.5T
48)	Milbemectin	弥拜菌素	0.1T
49)	Myclobutanil	腈菌唑	1.0T
50)	Novaluron	氟酰脲	1
51)	Oxamyl	杀线威	1.0T
52)	Oxathiapiprolin	氟噻唑吡乙酮	2.0+
53)	Oxolinic acid	喹菌酮	2.0T
54)	Parathion	对硫磷	0.3T
55)	Parathion-methyl	甲基对硫磷	1.0T
56)	Pendimethalin	二甲戊灵	0.2T
57)	Penthiopyrad	吡噻菌胺	5
58)	Permethrin（permetrin）	氯菊酯	1.0T
59)	Phenthoate	稻丰散	0.05
60)	Phoxim	辛硫磷	0.05
61)	Pirimicarb	抗蚜威	2.0T

（续）

序号	药品通用名	中文名	最大残留限量（mg/kg）
62）	Pymetrozine	吡蚜酮	4
63）	Pyraclostrobin	吡唑醚菌酯	1
64）	Pyrethrins	除虫菊素	1.0T
65）	Pyribencarb	吡菌苯威	0.3T
66）	Pyridalyl	三氟甲吡醚	2
67）	Pyrifluquinazon	吡氟喹虫唑	0.05T
68）	Sethoxydim	烯禾啶	10.0T
69）	Simazine	西玛津	10.0T
70）	Spinetoram	乙基多杀菌素	0.1
71）	Spinosad	多杀霉素	0.7T
72）	Spirotetramat	螺虫乙酯	2
73）	Sulfoxaflor	氟啶虫胺腈	0.3
74）	Tebupirimfos	丁基嘧啶磷	0.05
75）	Teflubenzuron	氟苯脲	10
76）	Tefluthrin	七氟菊酯	0.05T
77）	Terbufos	特丁硫磷	0.05T
78）	Tetradifon	三氯杀螨砜	1.0T
79）	Thiobencarb	禾草丹	0.2T
80）	Tolclofos-methyl	甲基立枯磷	0.05T
81）	Trifluralin	氟乐灵	0.05T
10. Aster yomena　一种野菊花			
1）	Dithiocarbamates	二硫代氨基甲酸酯	5.0T
2）	Fluazinam	氟啶胺	1.0T
3）	Glufosinate（ammonium）	草铵膦（胺）	0.05T
11. Avocado　鳄梨			
1）	2,4-D，2,4-dichlorophenoxyacetic acid	2,4-滴，2,4-二氯苯氧乙酸	1.0T
2）	Azinphos-methyl	保棉磷	1.0T
3）	Captan	克菌丹	5.0T
4）	Chlorpropham	氯苯胺灵	0.05T
5）	Clofentezine	四螨嗪	1.0T
6）	Cyhalothrin	氯氟氰菊酯	0.5T
7）	Cypermethrin	氯氰菊酯	2.0T
8）	Dichlobenil	敌草腈	0.15T
9）	Dichlofluanid	苯氟磺胺	15.0T
10）	Dicofol	三氯杀螨醇	1.0T
11）	Ethiofencarb	乙硫苯威	5.0T
12）	Fenbutatin oxide	苯丁锡	2.0T
13）	Fenvalerate	氰戊菊酯	1.0T
14）	Flupyradifurone	氟吡呋喃酮	0.6†

（续）

序号	药品通用名	中文名	最大残留限量（mg/kg）
15）	Folpet	灭菌丹	2.0T
16）	Imazalil	抑霉唑	2.0T
17）	Malathion	马拉硫磷	0.5T
18）	Maleic hydrazide	抑芽丹	40.0T
19）	Metalaxyl	甲霜灵	0.2T
20）	Methomyl	灭多威	1.0T
21）	Methoxyfenozide	甲氧虫酰肼	0.7†
22）	Myclobutanil	腈菌唑	1.0T
23）	Oxamyl	杀线威	0.5T
24）	Oxyfluorfen	乙氧氟草醚	0.05†
25）	Parathion	对硫磷	0.3T
26）	Permethrin（permetrin）	氯菊酯	1.0T
27）	Pirimicarb	抗蚜威	1.0T
28）	Pyrethrins	除虫菊素	1.0T
29）	Sethoxydim	烯禾啶	0.04†
30）	Simazine	西玛津	0.25T
31）	Spinetoram	乙基多杀菌素	0.3†
32）	Spinosad	多杀霉素	0.3†
33）	Spirodiclofen	螺螨酯	0.9†
34）	Spirotetramat	螺虫乙酯	0.6†
35）	Thiabendazole	噻菌灵	10.0T

12. Balsam apple　苦瓜

序号	药品通用名	中文名	最大残留限量（mg/kg）
1）	Abamectin	阿维菌素	0.05
2）	Acetamiprid	啶虫脒	0.2
3）	Azoxystrobin	嘧菌酯	2
4）	Chlorfenapyr	虫螨腈	0.1T
5）	Cyantraniliprole	溴氰虫酰胺	0.3
6）	Cyenopyrafen	腈吡螨酯	0.5
7）	Cyflumetofen	丁氟螨酯	0.7
8）	Difenoconazole	苯醚甲环唑	0.05T
9）	Emamectin benzoate	甲氨基阿维菌素苯甲酸盐	0.05
10）	Flonicamid	氟啶虫酰胺	0.4
11）	Fluxapyroxad	氟唑菌酰胺	2
12）	Imidacloprid	吡虫啉	0.05T
13）	Iprodione	异菌脲	0.2T
14）	Kresoxim-methyl	醚菌酯	0.2T
15）	Pymetrozine	吡蚜酮	0.2
16）	Pyrifluquinazon	吡氟喹虫唑	0.15
17）	Spinetoram	乙基多杀菌素	0.05

（续）

序号	药品通用名	中文名	最大残留限量 （mg/kg）
18)	Spiromesifen	螺虫酯	0.3
19)	Spirotetramat	螺虫乙酯	0.9
20)	Tebuconazole	戊唑醇	1
21)	Tebufenpyrad	吡螨胺	0.1T
13. Banana 香蕉			
1)	Abamectin	阿维菌素	0.01†
2)	Acetamiprid	啶虫脒	0.4†
3)	Aluminium phosphide（hydrogen phosphide）	磷化铝	0.05
4)	Azinphos-methyl	保棉磷	1.0T
5)	Azoxystrobin	嘧菌酯	2.0†
6)	Bifenthrin	联苯菊酯	0.1†
7)	Bitertanol	联苯三唑醇	0.5T
8)	Boscalid	啶酰菌胺	0.6†
9)	Bromopropylate	溴螨酯	5.0T
10)	Buprofezin	噻嗪酮	0.2†
11)	Carbendazim	多菌灵	0.2†
12)	Carbofuran	克百威	0.01†
13)	Chlorantraniliprole	氯虫苯甲酰胺	0.5T
14)	Chlorfenapyr	虫螨腈	0.1T
15)	Chlorothalonil	百菌清	3.0†
16)	Chlorpropham	氯苯胺灵	0.05T
17)	Chlorpyrifos	毒死蜱	2.0†
18)	Clofentezine	四螨嗪	1.0T
19)	Clothianidin	噻虫胺	0.02T
20)	Cyenopyrafen	腈吡螨酯	0.5T
21)	Cyhalothrin	氯氟氰菊酯	0.5T
22)	Cypermethrin	氯氰菊酯	2.0T
23)	Dichlofluanid	苯氟磺胺	15.0T
24)	Dicofol	三氯杀螨醇	1.0T
25)	Diethofencarb	乙霉威	0.09†
26)	Difenoconazole	苯醚甲环唑	0.1†
27)	Dimethoate	乐果	1.0T
28)	Dinotefuran	呋虫胺	0.5T
29)	Dithiocarbamates	二硫代氨基甲酸酯	2.0†
30)	Diuron	敌草隆	0.1T
31)	Emamectin benzoate	甲氨基阿维菌素苯甲酸盐	0.05T
32)	Endosulfan	硫丹	0.1T
33)	Epoxiconazole	氟环唑	0.5†
34)	Ethiofencarb	乙硫苯威	5.0T

（续）

序号	药品通用名	中文名	最大残留限量 (mg/kg)
35)	Ethoprophos (ethoprop)	灭线磷	0.02T
36)	Fenamiphos	苯线磷	0.1T
37)	Fenarimol	氯苯嘧啶醇	0.5T
38)	Fenbuconazole	腈苯唑	$0.02^{\dagger}$
39)	Fenbutatin oxide	苯丁锡	5.0T
40)	Fenpropathrin	甲氰菊酯	0.5T
41)	Fenpropimorph	丁苯吗啉	$2.0^{\dagger}$
42)	Fensulfothion	丰索磷	0.02T
43)	Fenvalerate	氰戊菊酯	1.0T
44)	Flufenoxuron	氟虫脲	0.3T
45)	Fluopyram	氟吡菌酰胺	$0.8^{\dagger}$
46)	Flutriafol	粉唑醇	$0.3^{\dagger}$
47)	Fluxapyroxad	氟唑菌酰胺	$3.0^{\dagger}$
48)	Fosthiazate	噻唑磷	$0.04^{\dagger}$
49)	Glufosinate (ammonium)	草铵膦（胺）	$0.05^{\dagger}$
50)	Hydrogen cyanide	氢氰酸	5
51)	Imazalil	抑霉唑	2.0T
52)	Imidacloprid	吡虫啉	$0.01^{\dagger}$
53)	Iprodione	异菌脲	0.02T
54)	Isofenphos	异柳磷	0.02T
55)	Isopyrazam	吡唑萘菌胺	$0.06^{\dagger}$
56)	Lufenuron	虱螨脲	0.05T
57)	Maleic hydrazide	抑芽丹	40.0T
58)	Methoxyfenozide	甲氧虫酰肼	0.7T
59)	Myclobutanil	腈菌唑	$4.0^{\dagger}$
60)	Omethoate	氧乐果	0.01T
61)	Oxamyl	杀线威	0.2T
62)	Oxyfluorfen	乙氧氟草醚	$0.05^{\dagger}$
63)	Permethrin (permetrin)	氯菊酯	5.0T
64)	Pirimicarb	抗蚜威	1.0T
65)	Pirimiphos-ethyl	嘧啶磷	0.02T
66)	Propiconazole	丙环唑	$0.1^{\dagger}$
67)	Pyraclostrobin	吡唑醚菌酯	$0.02^{\dagger}$
68)	Pyrethrins	除虫菊素	1.0T
69)	Pyrifluquinazon	吡氟喹虫唑	0.05T
70)	Pyrimethanil	嘧霉胺	$0.1^{\dagger}$
71)	Saflufenacil	苯嘧磺草胺	$0.03^{\dagger}$
72)	Sethoxydim	烯禾啶	1.0T
73)	Simazine	西玛津	0.2T

（续）

序号	药品通用名	中文名	最大残留限量（mg/kg）
74）	Spinetoram	乙基多杀菌素	0.3†
75）	Spirotetramat	螺虫乙酯	4.0†
76）	Spiroxamine	螺环菌胺	3.0†
77）	Sulfoxaflor	氟啶虫胺腈	0.3T
78）	Tebuconazole	戊唑醇	0.05†
79）	Tebufenozide	虫酰肼	0.5T
80）	Thiabendazole	噻菌灵	3.0T
81）	Thiamethoxam	噻虫嗪	0.02†
82）	Tridemorph	十三吗啉	1.0†
83）	Trifloxystrobin	肟菌酯	0.05†
84）	Zoxamide	苯酰菌胺	0.5T
14. Barley 大麦			
1）	2,4-D，2,4-dichlorophenoxyacetic acid	2,4-滴，2,4-二氯苯氧乙酸	0.5T
2）	Acetamiprid	啶虫脒	0.3T
3）	Alachlor	甲草胺	0.2T
4）	Aldicarb	涕灭威	0.02T
5）	Anilazine	敌菌灵	0.2T
6）	Azinphos-methyl	保棉磷	0.2T
7）	Bentazone	灭草松	0.05
8）	Benzovindiflupyr	苯并烯氟菌唑	1.5†
9）	Bicyclopyrone	氟吡草酮	0.03†
10）	Bifenox	甲羧除草醚	0.05T
11）	Bifenthrin	联苯菊酯	0.05T
12）	Bitertanol	联苯三唑醇	0.05T
13）	Butachlor	丁草胺	0.1
14）	Captan	克菌丹	0.05
15）	Carbaryl	甲萘威	1.0T
16）	Carbendazim	多菌灵	0.3
17）	Carbofuran	克百威	0.1T
18）	Carboxin	萎锈灵	0.2
19）	Chlorantraniliprole	氯虫苯甲酰胺	0.05T
20）	Chlormequat	矮壮素	5.0T
21）	Chlorpropham	氯苯胺灵	0.05T
22）	Chlorpyrifos-methyl	甲基毒死蜱	4.0†
23）	Chlorsulfuron	磺酰氯	0.1T
24）	Cyfluthrin	氟氯氰菊酯	2.0T
25）	Cyhalothrin	氯氟氰菊酯	0.2T
26）	Cypermethrin	氯氰菊酯	0.5T
27）	Dicamba	麦草畏	0.5T

（续）

序号	药品通用名	中文名	最大残留限量（mg/kg）
28)	Dichlofluanid	苯氟磺胺	0.1T
29)	Diclofop-methyl	禾草灵	0.1T
30)	Difenoconazole	苯醚甲环唑	0.1
31)	Diquat	敌草快	0.02T
32)	Dithiocarbamates	二硫代氨基甲酸酯	1.0†
33)	Diuron	敌草隆	1.0T
34)	Emamectin benzoate	甲氨基阿维菌素苯甲酸盐	0.05T
35)	Endosulfan	硫丹	0.05T
36)	Ethalfluralin	乙丁烯氟灵	0.05
37)	Ethephon	乙烯利	2.0T
38)	Ethiofencarb	乙硫苯威	0.05T
39)	Ethoprophos（ethoprop）	灭线磷	0.005T
40)	Ethylene dibromide	二溴乙烷	0.5T
41)	Fenarimol	氯苯嘧啶醇	0.3
42)	Fenbuconazole	腈苯唑	0.2T
43)	Fenobucarb	仲丁威	0.5T
44)	Fenoxanil	稻瘟酰胺	0.5T
45)	Fenoxaprop-ethyl	噁唑禾草灵	0.05
46)	Fenvalerate	氰戊菊酯	2.0T
47)	Flonicamid	氟啶虫酰胺	0.1T
48)	Fluxapyroxad	氟唑菌酰胺	2.0†
49)	Glufosinate（ammonium）	草铵膦（胺）	0.05T
50)	Glyphosate	草甘膦	20†
51)	Hexaconazole	己唑醇	0.2
52)	Imazalil	抑霉唑	0.05T
53)	Iprodione	异菌脲	2.0T
54)	Lindane，γ-BHC	林丹，γ-六六六	0.01T
55)	Linuron	利谷隆	0.05
56)	Malathion	马拉硫磷	2.0T
57)	Metalaxyl	甲霜灵	0.05T
58)	Methiocarb	甲硫威	0.05T
59)	Methomyl	灭多威	0.5T
60)	Methoprene	烯虫酯	5.0T
61)	Methoxychlor	甲氧滴滴涕	2.0T
62)	Metolachlor	异丙甲草胺	0.1T
63)	Metribuzin	嗪草酮	0.75T
64)	Myclobutanil	腈菌唑	0.5
65)	Omethoate	氧乐果	0.01T
66)	Oxadixyl	噁霜灵	0.1T

（续）

序号	药品通用名	中文名	最大残留限量（mg/kg）
67）	Oxamyl	杀线威	0.02T
68）	Parathion	对硫磷	0.3T
69）	Parathion-methyl	甲基对硫磷	1.0T
70）	Pendimethalin	二甲戊灵	0.2
71）	Penthiopyrad	吡噻菌胺	0.3†
72）	Permethrin（permetrin）	氯菊酯	2.0T
73）	Phenothrin	苯醚菊酯	2.0T
74）	Phorate	甲拌磷	0.05T
75）	Phosphamidone	磷胺	0.1T
76）	Phoxim	辛硫磷	0.05T
77）	Picoxystrobin	啶氧菌酯	0.3†
78）	Pinoxaden	唑啉草酯	0.7T
79）	Pirimicarb	抗蚜威	0.05T
80）	Pirimiphos-methyl	甲基嘧啶磷	5.0T
81）	Propamocarb	霜霉威	0.1T
82）	Propanil	敌稗	0.2T
83）	Pymetrozine	吡蚜酮	0.05
84）	Pyrazophos	吡菌磷	0.05T
85）	Pyrethrins	除虫菊素	3.0T
86）	Pyrifluquinazon	吡氟喹虫唑	0.05T
87）	Quintozene	五氯硝基苯	0.01T
88）	Saflufenacil	苯嘧磺草胺	0.03†
89）	Spinosad	多杀霉素	1.0†
90）	Sulfoxaflor	氟啶虫胺腈	0.4†
91）	Sulfuryl fluoride	硫酰氟	0.05T
92）	Tebufenozide	虫酰肼	0.3T
93）	Terbutryn	特丁净	0.1T
94）	Thiamethoxam	噻虫嗪	0.4
95）	Thifensulfuron-methyl	噻吩磺隆	0.1
96）	Thifluzamide	噻呋酰胺	0.1T
97）	Thiobencarb	禾草丹	0.05
98）	Triadimefon	三唑酮	0.5T
99）	Triadimenol	三唑醇	0.05T
100）	Tri-allate	野燕畏	0.05T
101）	Trifloxystrobin	肟菌酯	1
102）	Triflumizole	氟菌唑	0.5
103）	Trifluralin	氟乐灵	0.05
104）	Triforine	嗪氨灵	0.05

（续）

序号	药品通用名	中文名	最大残留限量（mg/kg）
15. Basil 罗勒			
1)	Oxathiapiprolin	氟噻唑吡乙酮	10†
16. Basil（dried） 罗勒（干）			
1)	Oxathiapiprolin	氟噻唑吡乙酮	80†
17. Beans 豆类			
1)	Alachlor	甲草胺	0.1
2)	Aluminium phosphide（hydrogen phosphide）	磷化铝	0.1
3)	Azinphos-methyl	保棉磷	0.2T
4)	Bentazone	灭草松	0.2T
5)	Benzovindiflupyr	苯并烯氟菌唑	0.2†
6)	BHC	六六六	0.01T
7)	Bitertanol	联苯三唑醇	0.2T
8)	Captan	克菌丹	5.0T
9)	Carbofuran	克百威	0.2T
10)	Carbophenothion	三硫磷	0.02T
11)	Carboxin	萎锈灵	0.2T
12)	Chlorfenvinphos	毒虫畏	0.05T
13)	Chlorobenzilate	乙酯杀螨醇	0.02T
14)	Chlorpropham	氯苯胺灵	0.2T
15)	Cyfluthrin	氟氯氰菊酯	0.5T
16)	Cyhalothrin	氯氟氰菊酯	0.2T
17)	Cyhexatin	三环锡	0.2T
18)	Cypermethrin	氯氰菊酯	0.05T
19)	Dichlofluanid	苯氟磺胺	0.2T
20)	Dicloran	氯硝胺	20.0T
21)	Dicofol	三氯杀螨醇	0.1T
22)	Dimethoate	乐果	2.0T
23)	Diquat	敌草快	0.5T
24)	Ethalfluralin	乙丁烯氟灵	0.05
25)	Ethiofencarb	乙硫苯威	1.0T
26)	Fenamiphos	苯线磷	0.05T
27)	Fenbutatin oxide	苯丁锡	0.5T
28)	Fenvalerate	氰戊菊酯	0.5T
29)	Fluopyram	氟吡菌酰胺	0.3†
30)	Flupyradifurone	氟吡呋喃酮	1.5†
31)	Fluxapyroxad	氟唑菌酰胺	0.3†
32)	Glyphosate	草甘膦	5.0†
33)	Iprodione	异菌脲	0.2T
34)	Malathion	马拉硫磷	0.5T

（续）

序号	药品通用名	中文名	最大残留限量 （mg/kg）
35)	Methomyl	灭多威	0.1T
36)	Methoxychlor	甲氧滴滴涕	14.0T
37)	Methylbromide	溴甲烷	50
38)	Metobromuron	溴谷隆	0.2T
39)	Metolachlor	异丙甲草胺	0.3
40)	Metribuzin	嗪草酮	0.05
41)	Mevinphos	速灭磷	0.1T
42)	Monocrotophos	久效磷	0.2T
43)	Omethoate	氧乐果	0.01T
44)	Parathion	对硫磷	0.3T
45)	Parathion-methyl	甲基对硫磷	1.0T
46)	Pendimethalin	二甲戊灵	0.2
47)	Penthiopyrad	吡噻菌胺	0.09†
48)	Permethrin（permetrin）	氯菊酯	0.2T
49)	Phosphamidone	磷胺	0.2T
50)	Picoxystrobin	啶氧菌酯	0.05†
51)	Pyrethrins	除虫菊素	1.0T
52)	Quizalofop-ethyl	精喹禾灵	0.05†
53)	Saflufenacil	苯嘧磺草胺	0.3†
54)	Sethoxydim	烯禾啶	30.0T
55)	Spirotetramat	螺虫乙酯	2.0†
56)	Thiobencarb	禾草丹	0.2
57)	Trifloxystrobin	肟菌酯	0.01†
58)	Trifluralin	氟乐灵	0.1

18. Beans（fresh）豆类（新鲜）

序号	药品通用名	中文名	最大残留限量 （mg/kg）
1)	Spirotetramat	螺虫乙酯	1.5†

19. Beat（leaf）红萝卜（叶）

序号	药品通用名	中文名	最大残留限量 （mg/kg）
1)	Bistrifluron	双三氟虫脲	10
2)	Chlorantraniliprole	氯虫苯甲酰胺	7
3)	Chromafenozide	环虫酰肼	2
4)	Lufenuron	虱螨脲	3
5)	Pyridalyl	三氟甲吡醚	10
6)	Spinetoram	乙基多杀菌素	0.05

20. Beat（root）红萝卜（根）

序号	药品通用名	中文名	最大残留限量 （mg/kg）
1)	Abamectin	阿维菌素	0.05T
2)	Bistrifluron	双三氟虫脲	0.5
3)	Chlorantraniliprole	氯虫苯甲酰胺	0.2
4)	Chromafenozide	环虫酰肼	0.2
5)	Indoxacarb	茚虫威	0.3

（续）

序号	药品通用名	中文名	最大残留限量 （mg/kg）
6）	Lufenuron	虱螨脲	0.3
7）	Pyridalyl	三氟甲吡醚	0.5
8）	Spinetoram	乙基多杀菌素	0.05
9）	Spinosad	多杀霉素	0.5
21. Beet（leaf） 甜菜（叶）			
1）	Boscalid	啶酰菌胺	0.3T
2）	Cadusafos	硫线磷	0.05T
3）	Carbendazim	多菌灵	0.1T
4）	Cartap	杀螟丹	0.7T
5）	Chlorothalonil	百菌清	5.0T
6）	Chlorpyrifos	毒死蜱	0.05T
7）	Cyantraniliprole	溴氰虫酰胺	0.5T
8）	Cymoxanil	霜脲氰	0.5T
9）	Dichlorvos	敌敌畏	0.5T
10）	Dinotefuran	呋虫胺	0.1T
11）	Dithiocarbamates	二硫代氨基甲酸酯	5.0T
12）	Famoxadone	噁唑菌酮	1.0T
13）	Fluazinam	氟啶胺	0.05T
14）	Fluopicolide	氟吡菌胺	1.0T
15）	Fluxapyroxad	氟唑菌酰胺	0.05T
16）	Hymexazol	噁霉灵	0.05T
17）	Iminoctadine	双胍辛胺	0.05T
18）	Metaldehyde	四聚乙醛	1.0T
19）	Novaluron	氟酰脲	0.05T
20）	Phenthoate	稻丰散	0.05T
21）	Phoxim	辛硫磷	0.05T
22）	Profenofos	丙溴磷	2.0T
23）	Pymetrozine	吡蚜酮	0.5T
24）	Pyrifluquinazon	吡氟喹虫唑	1.0T
25）	Tebupirimfos	丁基嘧啶磷	0.05T
26）	Tefluthrin	七氟菊酯	0.05T
27）	Thiacloprid	噻虫啉	0.5T
22. Beet（root） 甜菜（根）			
1）	Acetamiprid	啶虫脒	0.05T
2）	Alachlor	甲草胺	0.05T
3）	Amisulbrom	吲唑磺菌胺	0.2
4）	Azoxystrobin	嘧菌酯	0.1T
5）	Bifenthrin	联苯菊酯	0.05T
6）	Boscalid	啶酰菌胺	0.05T

（续）

序号	药品通用名	中文名	最大残留限量（mg/kg）
7)	Butachlor	丁草胺	0.1T
8)	Cadusafos	硫线磷	0.05T
9)	Carbendazim	多菌灵	0.05T
10)	Cartap	杀螟丹	0.05T
11)	Chlorfenapyr	虫螨腈	0.1T
12)	Chlorfluazuron	氟啶脲	0.2T
13)	Chlorothalonil	百菌清	0.05T
14)	Chlorpyrifos	毒死蜱	0.05T
15)	Clothianidin	噻虫胺	0.05T
16)	Cyantraniliprole	溴氰虫酰胺	0.05T
17)	Cyazofamid	氰霜唑	0.3T
18)	Cyclaniliprole	环溴虫酰胺	0.2T
19)	Cymoxanil	霜脲氰	0.1T
20)	Cypermethrin	氯氰菊酯	0.05T
21)	Deltamethrin	溴氰菊酯	0.05T
22)	Dichlorvos	敌敌畏	0.05T
23)	Difenoconazole	苯醚甲环唑	0.3
24)	Dimethomorph	烯酰吗啉	0.05T
25)	Diniconazole	烯唑醇	0.05T
26)	Dinotefuran	呋虫胺	0.05T
27)	Dithiocarbamates	二硫代氨基甲酸酯	0.2T
28)	Emamectin benzoate	甲氨基阿维菌素苯甲酸盐	0.05T
29)	Ethaboxam	噻唑菌胺	0.1T
30)	Ethoprophos (ethoprop)	灭线磷	0.02T
31)	Etofenprox	醚菊酯	0.05T
32)	Fenazaquin	喹螨醚	0.05T
33)	Flonicamid	氟啶虫酰胺	0.05T
34)	Fluazinam	氟啶胺	0.05T
35)	Fludioxonil	咯菌腈	0.05T
36)	Flufenoxuron	氟虫脲	0.2T
37)	Fluopicolide	氟吡菌胺	0.1T
38)	Flutolanil	氟酰胺	0.05T
39)	Fluxapyroxad	氟唑菌酰胺	0.05T
40)	Glufosinate (ammonium)	草铵膦（胺）	0.05T
41)	Glyphosate	草甘膦	0.2T
42)	Hexaconazole	己唑醇	0.05T
43)	Hexythiazox	噻螨酮	0.05T
44)	Hymexazol	噁霉灵	0.05T
45)	Imidacloprid	吡虫啉	0.05T

（续）

序号	药品通用名	中文名	最大残留限量（mg/kg）
46)	Iminoctadine	双胍辛胺	0.05T
47)	Iprodione	异菌脲	0.05T
48)	Kresoxim-methyl	醚菌酯	0.05
49)	MCPA	2甲4氯	0.05T
50)	Metaflumizone	氰氟虫腙	0.05T
51)	Metalaxyl	甲霜灵	0.05T
52)	Metaldehyde	四聚乙醛	0.05T
53)	Metconazole	叶菌唑	0.05T
54)	Methoxyfenozide	甲氧虫酰肼	0.05T
55)	Metrafenone	苯菌酮	0.1T
56)	Novaluron	氟酰脲	0.1T
57)	Oxolinic acid	喹菌酮	0.15
58)	Paclobutrazol	多效唑	0.7T
59)	Penthiopyrad	吡噻菌胺	0.05T
60)	Phenthoate	稻丰散	0.03T
61)	Phorate	甲拌磷	0.05T
62)	Phoxim	辛硫磷	0.05T
63)	Profenofos	丙溴磷	0.03T
64)	Propamocarb	霜霉威	0.05T
65)	Pymetrozine	吡蚜酮	0.05T
66)	Pyraclostrobin	吡唑醚菌酯	0.05T
67)	Pyrifluquinazon	吡氟喹虫唑	0.05T
68)	Pyrimethanil	嘧霉胺	0.1T
69)	Spirotetramat	螺虫乙酯	0.05T
70)	Streptomycin	链霉素	0.05
71)	Sulfoxaflor	氟啶虫胺腈	0.05T
72)	Tebuconazole	戊唑醇	0.09
73)	Tebufenozide	虫酰肼	0.1T
74)	Tebupirimfos	丁基嘧啶磷	0.05T
75)	Teflubenzuron	氟苯脲	0.2T
76)	Tefluthrin	七氟菊酯	0.05T
77)	Terbufos	特丁硫磷	0.05T
78)	Thiacloprid	噻虫啉	0.1T
79)	Thiamethoxam	噻虫嗪	0.1T
80)	Trifloxystrobin	肟菌酯	0.1T
23. Berries 浆果类			
1)	Fluopyram	氟吡菌酰胺	6.0†
24. Berries and other small fruits 浆果和其他小型水果			
1)	Endosulfan	硫丹	0.05T

33

（续）

序号	药品通用名	中文名	最大残留限量 （mg/kg）
25. Black hoof mushroom　黑蹄菌			
1)	Bitertanol	联苯三唑醇	0.05T
2)	Tebuconazole	戊唑醇	0.05T
26. Blueberry　蓝莓			
1)	2,4-D, 2,4-dichlorophenoxyacetic acid	2,4-滴，2,4-二氯苯氧乙酸	0.05T
2)	Abamectin	阿维菌素	0.1
3)	Acetamiprid	啶虫脒	0.5
4)	Acrinathrin	氟丙菊酯	1.0T
5)	Amitraz	双甲脒	0.3T
6)	Azinphos-methyl	保棉磷	5.0T
7)	Azoxystrobin	嘧菌酯	7
8)	Bifenazate	联苯肼酯	1.0T
9)	Bifenthrin	联苯菊酯	0.3
10)	Bitertanol	联苯三唑醇	1.0T
11)	Boscalid	啶酰菌胺	$10^\dagger$
12)	Buprofezin	噻嗪酮	1.0T
13)	Captan	克菌丹	$20^\dagger$
14)	Carbaryl	甲萘威	0.5T
15)	Carbendazim	多菌灵	2.0T
16)	Carfentrazone-ethyl	唑酮草酯	0.1T
17)	Chlorantraniliprole	氯虫苯甲酰胺	1
18)	Chlorfenapyr	虫螨腈	1
19)	Chlorothalonil	百菌清	1.0T
20)	Chlorpyrifos	毒死蜱	0.4T
21)	Clethodim	烯草酮	0.05T
22)	Clopyralid	二氯吡啶酸	3.0T
23)	Clothianidin	噻虫胺	1
24)	Cyantraniliprole	溴氰虫酰胺	$4.0^\dagger$
25)	Cyazofamid	氰霜唑	2.0T
26)	Cyenopyrafen	腈吡螨酯	1.0T
27)	Cyhalothrin	氯氟氰菊酯	0.1
28)	Cyhexatin	三环锡	5
29)	Cyprodinil	嘧菌环胺	$4.0^\dagger$
30)	Deltamethrin	溴氰菊酯	0.7
31)	Dichlobenil	敌草腈	0.05T
32)	Diethofencarb	乙霉威	2.0T
33)	Difenoconazole	苯醚甲环唑	4.0T
34)	Diflubenzuron	除虫脲	2.0T
35)	Dimethomorph	烯酰吗啉	1

（续）

序号	药品通用名	中文名	最大残留限量（mg/kg）
36）	Dinotefuran	呋虫胺	1
37）	Diquat	敌草快	0.02T
38）	Dithianon	二氰蒽醌	0.05T
39）	Dithiocarbamates	二硫代氨基甲酸酯	5.0T
40）	Diuron	敌草隆	1.0T
41）	Emamectin benzoate	甲氨基阿维菌素苯甲酸盐	0.05
42）	Ethephon	乙烯利	2.0T
43）	Etofenprox	醚菊酯	5
44）	Etoxazole	乙螨唑	0.3T
45）	Fenbuconazole	腈苯唑	0.5T
46）	Fenhexamid	环酰菌胺	5.0†
47）	Fenitrothion	杀螟硫磷	1.0T
48）	Fenpropathrin	甲氰菊酯	0.5T
49）	Fenpyrazamine	胺苯吡菌酮	4.0†
50）	Fenpyroximate	唑螨酯	0.5T
51）	Flonicamid	氟啶虫酰胺	1
52）	Fluazifop-butyl	吡氟禾草灵	0.2T
53）	Fluazinam	氟啶胺	5
54）	Fludioxonil	咯菌腈	2.0†
55）	Flufenoxuron	氟虫脲	0.3T
56）	Flupyradifurone	氟吡呋喃酮	4.0†
57）	Flutianil	氟噻唑菌腈	0.3T
58）	Fluxapyroxad	氟唑菌酰胺	7.0†
59）	Fosetyl-aluminium	三乙膦酸铝	1.0T
60）	Glufosinate （ammonium）	草铵膦（胺）	0.1†
61）	Glyphosate	草甘膦	0.2T
62）	Hexazinone	环嗪酮	0.05†
63）	Imidacloprid	吡虫啉	4.0†
64）	Iminoctadine	双胍辛胺	1.0T
65）	Indoxacarb	茚虫威	2
66）	Iprodione	异菌脲	10
67）	Isofetamid	异丙噻菌胺	3.0T
68）	Kresoxim-methyl	醚菌酯	1.0T
69）	Lufenuron	虱螨脲	0.3T
70）	Malathion	马拉硫磷	10†
71）	MCPA	2甲4氯	0.05T
72）	Metaflumizone	氰氟虫腙	2.0T
73）	Metalaxyl	甲霜灵	0.2T
74）	Metaldehyde	四聚乙醛	0.05T

（续）

序号	药品通用名	中文名	最大残留限量（mg/kg）
75）	Metconazole	叶菌唑	0.4†
76）	Methiocarb	甲硫威	0.05T
77）	Methomyl	灭多威	1.0T
78）	Methoxyfenozide	甲氧虫酰肼	3.0†
79）	Methylbromide	溴甲烷	20T
80）	Metolachlor	异丙甲草胺	0.1T
81）	Metrafenone	苯菌酮	5.0T
82）	Milbemectin	弥拜菌素	0.05T
83）	Napropamide	敌草胺	0.05T
84）	Norflurazon	氟草敏	0.1T
85）	Novaluron	氟酰脲	7.0T
86）	Oryzalin	氨磺乐灵	0.05T
87）	Paraquat	百草枯	0.05T
88）	Pendimethalin	二甲戊灵	0.05T
89）	Penthiopyrad	吡噻菌胺	0.5T
90）	Phosmet	亚胺硫磷	10†
91）	Picarbutrazox	四唑吡氨酯	0.05T
92）	Piperonyl butoxide	增效醚	0.2T
93）	Propamocarb	霜霉威	0.1T
94）	Propiconazole	丙环唑	0.5T
95）	Propyzamide	炔苯酰草胺	0.05T
96）	Prothiaconazole	丙硫菌唑	2.0T
97）	Pyflubumide	一种杀螨剂	2.0T
98）	Pyraclostrobin	吡唑醚菌酯	4.0†
99）	Pyridalyl	三氟甲吡醚	3
100）	Pyrifluquinazon	吡氟喹虫唑	0.3
101）	Pyrimethanil	嘧霉胺	8.0†
102）	Pyriofenone	甲氧苯啶菌	2.0T
103）	Pyriproxyfen	吡丙醚	1.0T
104）	Simazine	西玛津	0.25T
105）	Spinetoram	乙基多杀菌素	0.2†
106）	Spinosad	多杀霉素	1
107）	Spirodiclofen	螺螨酯	4.0T
108）	Spiromesifen	螺虫酯	1.0T
109）	Spirotetramat	螺虫乙酯	3
110）	Sulfentrazone	甲磺草胺	0.05T
111）	Sulfoxaflor	氟啶虫胺腈	1
112）	Tebuconazole	戊唑醇	0.5T
113）	Tebufenozide	虫酰肼	3.0†

（续）

序号	药品通用名	中文名	最大残留限量（mg/kg）
114)	Tebufenpyrad	吡螨胺	1
115)	Teflubenzuron	氟苯脲	1.0T
116)	Terbacil	特草定	0.1T
117)	Thiacloprid	噻虫啉	0.7T
118)	Thiamethoxam	噻虫嗪	1
119)	Trifloxystrobin	肟菌酯	10
120)	Triflumizole	氟菌唑	2.0T
27. Bracken 欧洲蕨			
1)	Bitertanol	联苯三唑醇	0.02
2)	Buprofezin	噻嗪酮	0.3T
3)	Carbendazim	多菌灵	1.0T
4)	Dinotefuran	呋虫胺	0.3T
5)	Fenitrothion	杀螟硫磷	0.3T
6)	Fluazifop-butyl	吡氟禾草灵	0.2T
7)	Glufosinate（ammonium）	草铵膦（胺）	0.05T
8)	Glyphosate	草甘膦	0.2T
9)	Iprobenfos	异稻瘟净	0.2T
10)	Metolachlor	异丙甲草胺	0.1T
11)	Parathion	对硫磷	0.3T
28. Broad bean 蚕豆			
1)	Bentazone	灭草松	0.05T
2)	Bitertanol	联苯三唑醇	0.2T
3)	Cyfluthrin	氟氯氰菊酯	0.5T
4)	Cyhalothrin	氯氟氰菊酯	0.2T
5)	Dichlofluanid	苯氟磺胺	0.2T
6)	Ethiofencarb	乙硫苯威	1.0T
7)	Fenbutatin oxide	苯丁锡	0.5T
8)	Fenvalerate	氰戊菊酯	0.5T
9)	Parathion-methyl	甲基对硫磷	1.0T
10)	Pendimethalin	二甲戊灵	0.2T
11)	Permethrin（permetrin）	氯菊酯	0.2T
12)	Pyrethrins	除虫菊素	1.0T
13)	Sethoxydim	烯禾啶	10.0T
14)	Thiobencarb	禾草丹	0.2T
15)	Triazophos	三唑磷	0.02T
29. Broccoli 西兰花			
1)	Abamectin	阿维菌素	0.05
2)	Acetamiprid	啶虫脒	1
3)	Ametoctradin	唑嘧菌胺	0.05T

（续）

序号	药品通用名	中文名	最大残留限量（mg/kg）
4)	Amisulbrom	吲唑磺菌胺	2
5)	Azoxystrobin	嘧菌酯	0.05
6)	Bifenthrin	联苯菊酯	1
7)	Boscalid	啶酰菌胺	0.05T
8)	Cadusafos	硫线磷	0.05
9)	Carbendazim	多菌灵	5
10)	Chlorantraniliprole	氯虫苯甲酰胺	3
11)	Chlorfenapyr	虫螨腈	0.5
12)	Chlorfluazuron	氟啶脲	0.5
13)	Chlorothalonil	百菌清	3
14)	Chlorpyrifos	毒死蜱	0.05
15)	Chromafenozide	环虫酰肼	2.0T
16)	Clothianidin	噻虫胺	0.2
17)	Cyantraniliprole	溴氰虫酰胺	0.7
18)	Cyazofamid	氰霜唑	0.7
19)	Cyfluthrin	氟氯氰菊酯	0.05
20)	Cypermethrin	氯氰菊酯	0.3
21)	Deltamethrin	溴氰菊酯	0.2
22)	Diethofencarb	乙霉威	0.3T
23)	Difenoconazole	苯醚甲环唑	0.05T
24)	Dimethomorph	烯酰吗啉	0.05
25)	Diniconazole	烯唑醇	0.07
26)	Dinotefuran	呋虫胺	2
27)	Emamectin benzoate	甲氨基阿维菌素苯甲酸盐	0.1
28)	Ethaboxam	噻唑菌胺	0.5
29)	Ethoprophos（ethoprop）	灭线磷	0.05
30)	Etofenprox	醚菊酯	0.7
31)	Etridiazole	土菌灵	0.07T
32)	Fenitrothion	杀螟硫磷	0.05
33)	Flonicamid	氟啶虫酰胺	0.05
34)	Fluazinam	氟啶胺	0.05
35)	Flubendiamide	氟苯虫酰胺	3
36)	Fludioxonil	咯菌腈	0.7T
37)	Flufenoxuron	氟虫脲	0.07
38)	Fluopicolide	氟吡菌胺	0.3T
39)	Fluopyram	氟吡菌酰胺	0.05
40)	Flupyradifurone	氟吡呋喃酮	6.0†
41)	Flutolanil	氟酰胺	0.1
42)	Fluxametamide	氟噁唑酰胺	0.7

（续）

序号	药品通用名	中文名	最大残留限量 （mg/kg）
43）	Fluxapyroxad	氟唑菌酰胺	2.0†
44）	Fosthiazate	噻唑磷	0.05T
45）	Imicyafos	氰咪唑硫磷	0.1
46）	Imidacloprid	吡虫啉	5
47）	Indoxacarb	茚虫威	4.0†
48）	Iprodione	异菌脲	25T
49）	Lufenuron	虱螨脲	0.2
50）	Mandipropamid	双炔酰菌胺	0.05
51）	Metaflumizone	氰氟虫腙	0.3
52）	Metalaxyl	甲霜灵	0.5T
53）	Methoxyfenozide	甲氧虫酰肼	7
54）	Novaluron	氟酰脲	2
55）	Oxolinic acid	喹菌酮	0.3
56）	Pencycuron	戊菌隆	0.05
57）	Penthiopyrad	吡噻菌胺	5.0†
58）	Phenthoate	稻丰散	0.2
59）	Phorate	甲拌磷	0.05
60）	Phoxim	辛硫磷	0.05
61）	Picarbutrazox	四唑吡氨酯	2.0T
62）	Picoxystrobin	啶氧菌酯	0.05T
63）	Probenazole	烯丙苯噻唑	0.05
64）	Propamocarb	霜霉威	3.0T
65）	Propanil	敌稗	0.05T
66）	Propyzamide	炔苯酰草胺	0.02T
67）	Pymetrozine	吡蚜酮	1
68）	Pyraclostrobin	吡唑醚菌酯	0.05
69）	Pyridalyl	三氟甲吡醚	3
70）	Pyrifluquinazon	吡氟喹虫唑	0.05
71）	Spinetoram	乙基多杀菌素	0.5
72）	Spirotetramat	螺虫乙酯	2
73）	Sulfoxaflor	氟啶虫胺腈	2.0†
74）	Tebupirimfos	丁基嘧啶磷	0.05
75）	Teflubenzuron	氟苯脲	1
76）	Tefluthrin	七氟菊酯	0.05
77）	Terbufos	特丁硫磷	0.05
78）	Thiamethoxam	噻虫嗪	1
79）	Thifluzamide	噻呋酰胺	0.2T
80）	Triadimefon	三唑酮	0.1T
81）	Triflumizole	氟菌唑	0.05T

（续）

序号	药品通用名	中文名	最大残留限量 （mg/kg）
30. Buckwheat　荞麦			
1)	2,4-D，2,4-dichlorophenoxyacetic acid	2,4-滴，2,4-二氯苯氧乙酸	0.5T
2)	Acephate	乙酰甲胺磷	0.3T
3)	Acetamiprid	啶虫脒	0.3T
4)	Alachlor	甲草胺	0.2T
5)	Azinphos-methyl	保棉磷	0.2T
6)	Azoxystrobin	嘧菌酯	0.02T
7)	Bentazone	灭草松	0.2T
8)	Bifenthrin	联苯菊酯	0.05T
9)	Bitertanol	联苯三唑醇	0.1T
10)	Boscalid	啶酰菌胺	0.05T
11)	Carbaryl	甲萘威	1.0T
12)	Chlorantraniliprole	氯虫苯甲酰胺	0.05T
13)	Chlormequat	矮壮素	10.0T
14)	Chlorpropham	氯苯胺灵	0.05T
15)	Chlorpyrifos	毒死蜱	0.05T
16)	Cyantraniliprole	溴氰虫酰胺	0.05T
17)	Cyfluthrin	氟氯氰菊酯	2.0T
18)	Cyhalothrin	氯氟氰菊酯	0.2T
19)	Cypermethrin	氯氰菊酯	1.0T
20)	Dichlofluanid	苯氟磺胺	0.1T
21)	Dimethomorph	烯酰吗啉	2.0T
22)	Emamectin benzoate	甲氨基阿维菌素苯甲酸盐	0.05T
23)	Endosulfan	硫丹	0.05T
24)	Ethiofencarb	乙硫苯威	1.0T
25)	Ethoprophos（ethoprop）	灭线磷	0.005T
26)	Ethylene dibromide	二溴乙烷	0.5T
27)	Fensulfothion	丰索磷	0.1T
28)	Fenvalerate	氰戊菊酯	2.0T
29)	Glufosinate（ammonium）	草铵膦（胺）	0.05T
30)	Glyphosate	草甘膦	0.05T
31)	Hexaconazole	己唑醇	0.2T
32)	Imazalil	抑霉唑	0.05T
33)	Imidacloprid	吡虫啉	0.05T
34)	Linuron	利谷隆	0.2T
35)	Malathion	马拉硫磷	2.0T
36)	Metalaxyl	甲霜灵	0.05T
37)	Methiocarb	甲硫威	0.05T
38)	Methomyl	灭多威	0.5T

（续）

序号	药品通用名	中文名	最大残留限量（mg/kg）
39)	Methoprene	烯虫酯	5.0T
40)	Metolachlor	异丙甲草胺	0.1T
41)	Metribuzin	嗪草酮	0.05T
42)	Napropamide	敌草胺	0.05T
43)	Omethoate	氧乐果	0.01T
44)	Oxadixyl	噁霜灵	0.1T
45)	Oxamyl	杀线威	0.02T
46)	Parathion	对硫磷	0.3T
47)	Parathion-methyl	甲基对硫磷	1.0T
48)	Pendimethalin	二甲戊灵	0.2T
49)	Permethrin（permetrin）	氯菊酯	2.0T
50)	Phosphamidone	磷胺	0.1T
51)	Phoxim	辛硫磷	0.05T
52)	Pirimicarb	抗蚜威	0.05T
53)	Pirimiphos-methyl	甲基嘧啶磷	5.0T
54)	Pymetrozine	吡蚜酮	0.05T
55)	Pyraclostrobin	吡唑醚菌酯	0.02T
56)	Pyrethrins	除虫菊素	3.0T
57)	Thiamethoxam	噻虫嗪	0.05T
58)	Thiobencarb	禾草丹	0.1T

31. Burdock 牛蒡

序号	药品通用名	中文名	最大残留限量（mg/kg）
1)	Abamectin	阿维菌素	0.05T
2)	Acetamiprid	啶虫脒	0.05
3)	Amisulbrom	吲唑磺菌胺	0.2T
4)	Bifenthrin	联苯菊酯	0.07
5)	Bitertanol	联苯三唑醇	2
6)	Cadusafos	硫线磷	0.05
7)	Chlorantraniliprole	氯虫苯甲酰胺	0.05
8)	Chlorfenapyr	虫螨腈	0.1T
9)	Chlorfluazuron	氟啶脲	0.2T
10)	Chlorothalonil	百菌清	0.05T
11)	Chlorpyrifos	毒死蜱	0.05
12)	Cyantraniliprole	溴氰虫酰胺	0.05
13)	Cyazofamid	氰霜唑	0.3T
14)	Cyflufenamid	环氟菌胺	0.1T
15)	Cyhalothrin	氯氟氰菊酯	0.05
16)	Cymoxanil	霜脲氰	0.1T
17)	Deltamethrin	溴氰菊酯	0.05
18)	Difenoconazole	苯醚甲环唑	1

（续）

序号	药品通用名	中文名	最大残留限量（mg/kg）
19)	Dimethomorph	烯酰吗啉	0.05T
20)	Dinotefuran	呋虫胺	0.7
21)	Dithiocarbamates	二硫代氨基甲酸酯	0.2T
22)	Emamectin benzoate	甲氨基阿维菌素苯甲酸盐	0.05T
23)	Ethoprophos（ethoprop）	灭线磷	0.05
24)	Etofenprox	醚菊酯	0.05T
25)	Fenarimol	氯苯嘧啶醇	1
26)	Fenpropathrin	甲氰菊酯	0.2T
27)	Flonicamid	氟啶虫酰胺	0.05
28)	Fluopicolide	氟吡菌胺	0.1T
29)	Flupyradifurone	氟吡呋喃酮	0.7
30)	Fluxapyroxad	氟唑菌酰胺	0.05T
31)	Fosthiazate	噻唑磷	0.05
32)	Imicyafos	氰咪唑硫磷	0.05
33)	Imidacloprid	吡虫啉	0.05T
34)	Lufenuron	虱螨脲	0.05
35)	Metaflumizone	氰氟虫腙	0.09
36)	Novaluron	氟酰脲	0.05T
37)	Phenthoate	稻丰散	0.03T
38)	Phorate	甲拌磷	0.05T
39)	Phoxim	辛硫磷	0.05T
40)	Picoxystrobin	啶氧菌酯	0.05T
41)	Propamocarb	霜霉威	0.05T
42)	Pymetrozine	吡蚜酮	0.05
43)	Pyraclostrobin	吡唑醚菌酯	0.05T
44)	Pyridalyl	三氟甲吡醚	0.4
45)	Pyrifluquinazon	吡氟喹虫唑	0.2
46)	Spinetoram	乙基多杀菌素	0.05T
47)	Spirotetramat	螺虫乙酯	0.05
48)	Sulfoxaflor	氟啶虫胺腈	0.05
49)	Tebuconazole	戊唑醇	0.05T
50)	Tebupirimfos	丁基嘧啶磷	0.05
51)	Teflubenzuron	氟苯脲	0.2T
52)	Tefluthrin	七氟菊酯	0.05
53)	Terbufos	特丁硫磷	0.05
54)	Trifloxystrobin	肟菌酯	0.1T
32. Burdock leaves 牛蒡叶			
1)	Acetamiprid	啶虫脒	0.5
2)	Azoxystrobin	嘧菌酯	3

42

序号	药品通用名	中文名	最大残留限量 （mg/kg）
3）	Bifenthrin	联苯菊酯	8
4）	Cadusafos	硫线磷	0.05T
5）	Carbendazim	多菌灵	0.1T
6）	Chlorantraniliprole	氯虫苯甲酰胺	10
7）	Chlorothalonil	百菌清	5.0T
8）	Chlorpyrifos	毒死蜱	0.05
9）	Cyantraniliprole	溴氰虫酰胺	0.5T
10）	Cyhalothrin	氯氟氰菊酯	0.7
11）	Cymoxanil	霜脲氰	0.5T
12）	Dinotefuran	呋虫胺	20
13）	Dithiocarbamates	二硫代氨基甲酸酯	5.0T
14）	Fenitrothion	杀螟硫磷	0.05T
15）	Fenpropathrin	甲氰菊酯	0.3T
16）	Fluopicolide	氟吡菌胺	1.0T
17）	Fluopyram	氟吡菌酰胺	2.0T
18）	Flupyradifurone	氟吡呋喃酮	15
19）	Fluxapyroxad	氟唑菌酰胺	0.05T
20）	Fosthiazate	噻唑磷	5
21）	Imicyafos	氰咪唑硫磷	2
22）	Lufenuron	虱螨脲	5
23）	Novaluron	氟酰脲	0.05T
24）	Phenthoate	稻丰散	0.05T
25）	Phoxim	辛硫磷	0.05T
26）	Spirotetramat	螺虫乙酯	10
27）	Sulfoxaflor	氟啶虫胺腈	1
28）	Tebupirimfos	丁基嘧啶磷	0.05T

33. Butterbur 菊科蜂斗菜属植物

序号	药品通用名	中文名	最大残留限量（mg/kg）
1）	Abamectin	阿维菌素	0.1
2）	Acequinocyl	灭螨醌	7
3）	Acetamiprid	啶虫脒	2
4）	Alachlor	甲草胺	0.2T
5）	Azoxystrobin	嘧菌酯	10
6）	Benthiavalicarb-isopropyl	苯噻菌胺	5.0T
7）	Bifenthrin	联苯菊酯	1
8）	Carbendazim	多菌灵	0.1T
9）	Carbofuran	克百威	2.0T
10）	Chlorothalonil	百菌清	5.0T
11）	Chlorpyrifos	毒死蜱	0.05T
12）	Chlorpyrifos-methyl	甲基毒死蜱	0.2T

（续）

序号	药品通用名	中文名	最大残留限量（mg/kg）
13）	Cyantraniliprole	溴氰虫酰胺	1
14）	Cyenopyrafen	腈吡螨酯	10
15）	Cyhexatin	三环锡	15
16）	Dazomet	棉隆	0.1T
17）	Deltamethrin	溴氰菊酯	2
18）	Fenitrothion	杀螟硫磷	15
19）	Fenpyroximate	唑螨酯	5
20）	Flonicamid	氟啶虫酰胺	15
21）	Flubendiamide	氟苯虫酰胺	15
22）	Fludioxonil	咯菌腈	20
23）	Flupyradifurone	氟吡呋喃酮	15
24）	Fluxapyroxad	氟唑菌酰胺	5.0T
25）	Imidacloprid	吡虫啉	1
26）	Indanofan	茚草酮	0.1T
27）	Iprobenfos	异稻瘟净	0.2T
28）	Isoprothiolane	稻瘟灵	0.2T
29）	Metaflumizone	氰氟虫腙	10
30）	Novaluron	氟酰脲	10
31）	Pendimethalin	二甲戊灵	0.05
32）	Penthiopyrad	吡噻菌胺	15
33）	Phenthoate	稻丰散	5.0T
34）	Phorate	甲拌磷	0.05T
35）	Pymetrozine	吡蚜酮	0.5
36）	Pyrifluquinazon	吡氟喹虫唑	7
37）	Pyriproxyfen	吡丙醚	5.0T
38）	Spinetoram	乙基多杀菌素	0.2
39）	Spirotetramat	螺虫乙酯	5
40）	Sulfoxaflor	氟啶虫胺腈	20
41）	Tefluthrin	七氟菊酯	0.05T
42）	Terbufos	特丁硫磷	0.05T
43）	Thiacloprid	噻虫啉	15
44）	Tolclofos-methyl	甲基立枯磷	0.05T
45）	Trifluralin	氟乐灵	0.05T
34. Cabbage 甘蓝			
1）	Abamectin	阿维菌素	0.05
2）	Acephate	乙酰甲胺磷	5.0T
3）	Ametoctradin	唑嘧菌胺	0.05
4）	Amisulbrom	吲唑磺菌胺	0.7T
5）	Azinphos-methyl	保棉磷	0.5T

（续）

序号	药品通用名	中文名	最大残留限量（mg/kg）
6）	Azoxystrobin	嘧菌酯	0.05T
7）	Bentazone	灭草松	0.2T
8）	Bifenthrin	联苯菊酯	0.7
9）	Boscalid	啶酰菌胺	0.05T
10）	Cadusafos	硫线磷	0.05
11）	Captan	克菌丹	2.0T
12）	Carbaryl	甲萘威	0.5T
13）	Carbendazim	多菌灵	1
14）	Carbofuran	克百威	0.5T
15）	Cartap	杀螟丹	0.2T
16）	Chlorantraniliprole	氯虫苯甲酰胺	0.3
17）	Chlorfenapyr	虫螨腈	0.5
18）	Chlorfluazuron	氟啶脲	0.1
19）	Chlorothalonil	百菌清	3
20）	Chlorpropham	氯苯胺灵	0.05T
21）	Chlorpyrifos	毒死蜱	0.05
22）	Chromafenozide	环虫酰肼	2.0T
23）	Clothianidin	噻虫胺	0.2T
24）	Cyantraniliprole	溴氰虫酰胺	2
25）	Cyazofamid	氰霜唑	0.7T
26）	Cyenopyrafen	腈吡螨酯	0.05T
27）	Cyfluthrin	氟氯氰菊酯	2.0T
28）	Cyhalothrin	氯氟氰菊酯	0.2T
29）	Cypermethrin	氯氰菊酯	1.0T
30）	Deltamethrin	溴氰菊酯	0.2
31）	Dichlofluanid	苯氟磺胺	15.0T
32）	Dicofol	三氯杀螨醇	1.0T
33）	Diethofencarb	乙霉威	0.05T
34）	Difenoconazole	苯醚甲环唑	0.05T
35）	Dimethenamid	二甲吩草胺	0.07
36）	Dimethoate	乐果	2.0T
37）	Dimethomorph	烯酰吗啉	0.05
38）	Dinotefuran	呋虫胺	0.3
39）	Dithiocarbamates	二硫代氨基甲酸酯	2.0T
40）	Emamectin benzoate	甲氨基阿维菌素苯甲酸盐	0.1
41）	Ethaboxam	噻唑菌胺	0.7T
42）	Ethiofencarb	乙硫苯威	2.0T
43）	Ethoprophos（ethoprop）	灭线磷	0.05
44）	Etofenprox	醚菊酯	0.2

（续）

序号	药品通用名	中文名	最大残留限量（mg/kg）
45）	Fenamiphos	苯线磷	0.05T
46）	Fenbutatin oxide	苯丁锡	2.0T
47）	Fenitrothion	杀螟硫磷	0.05
48）	Fenthion	倍硫磷	0.5T
49）	Fenvalerate	氰戊菊酯	3.0T
50）	Flonicamid	氟啶虫酰胺	0.05
51）	Fluazinam	氟啶胺	0.05
52）	Flubendiamide	氟苯虫酰胺	0.3
53）	Fludioxonil	咯菌腈	2.0T
54）	Flufenoxuron	氟虫脲	0.5
55）	Fluopicolide	氟吡菌胺	7.0T
56）	Fluopyram	氟吡菌酰胺	0.15T
57）	Flupyradifurone	氟吡呋喃酮	1.5†
58）	Fluxametamide	氟噁唑酰胺	0.05
59）	Fluxapyroxad	氟唑菌酰胺	3.0†
60）	Glufosinate（ammonium）	草铵膦（胺）	0.05
61）	Glyphosate	草甘膦	0.2T
62）	Hydrogen cyanide	氢氰酸	5
63）	Hymexazol	噁霉灵	0.05T
64）	Imidacloprid	吡虫啉	0.5T
65）	Iminoctadine	双胍辛胺	0.05T
66）	Indoxacarb	茚虫威	0.2
67）	Iprodione	异菌脲	10
68）	Isofenphos	异柳磷	0.05T
69）	Linuron	利谷隆	0.05T
70）	Lufenuron	虱螨脲	0.2
71）	Malathion	马拉硫磷	0.5T
72）	Maleic hydrazide	抑芽丹	25.0T
73）	Mandipropamid	双炔酰菌胺	3.0T
74）	MCPA	2甲4氯	0.05T
75）	Metaflumizone	氰氟虫腙	0.3
76）	Metalaxyl	甲霜灵	0.5T
77）	Metaldehyde	四聚乙醛	1.0T
78）	Methamidophos	甲胺磷	1.0T
79）	Methiocarb	甲硫威	0.2T
80）	Methomyl	灭多威	0.5T
81）	Methoxychlor	甲氧滴滴涕	14.0T
82）	Methoxyfenozide	甲氧虫酰肼	0.05
83）	Metolachlor	异丙甲草胺	1.0T

（续）

序号	药品通用名	中文名	最大残留限量 （mg/kg）
84）	Metribuzin	嗪草酮	0.5T
85）	Mevinphos	速灭磷	1.0T
86）	Monocrotophos	久效磷	0.2T
87）	Napropamide	敌草胺	0.1
88）	Novaluron	氟酰脲	0.5
89）	Omethoate	氧乐果	0.01T
90）	Oxadixyl	噁霜灵	0.1T
91）	Oxamyl	杀线威	1.0T
92）	Oxolinic acid	喹菌酮	0.7
93）	Oxyfluorfen	乙氧氟草醚	0.05†
94）	Parathion	对硫磷	0.3T
95）	Parathion-methyl	甲基对硫磷	0.2T
96）	Pencycuron	戊菌隆	0.05T
97）	Pendimethalin	二甲戊灵	0.05
98）	Penthiopyrad	吡噻菌胺	4.0T
99）	Permethrin（permetrin）	氯菊酯	5.0T
100）	Phenthoate	稻丰散	2
101）	Phorate	甲拌磷	0.05
102）	Phosphamidone	磷胺	0.2T
103）	Phoxim	辛硫磷	0.05
104）	Picarbutrazox	四唑吡氨酯	2.0T
105）	Pirimicarb	抗蚜威	1.0T
106）	Pirimiphos-methyl	甲基嘧啶磷	1.0T
107）	Probenazole	烯丙苯噻唑	0.05
108）	Propamocarb	霜霉威	0.1T
109）	Prothiaconazole	丙硫菌唑	0.09T
110）	Pymetrozine	吡蚜酮	1
111）	Pyraclofos	吡唑硫磷	0.1T
112）	Pyraclostrobin	吡唑醚菌酯	0.3T
113）	Pyrethrins	除虫菊素	1.0T
114）	Pyribencarb	吡菌苯威	5
115）	Pyridalyl	三氟甲吡醚	0.5
116）	Pyrifluquinazon	吡氟喹虫唑	0.3T
117）	Sethoxydim	烯禾啶	10.0T
118）	Spinetoram	乙基多杀菌素	0.7
119）	Spirotetramat	螺虫乙酯	2
120）	Streptomycin	链霉素	0.2
121）	Sulfoxaflor	氟啶虫胺腈	0.5
122）	Tebuconazole	戊唑醇	5

（续）

序号	药品通用名	中文名	最大残留限量 （mg/kg）
123)	Tebufenozide	虫酰肼	5.0T
124)	Tebufenpyrad	吡螨胺	0.05T
125)	Tebupirimfos	丁基嘧啶磷	0.05T
126)	Teflubenzuron	氟苯脲	0.5
127)	Tefluthrin	七氟菊酯	0.05
128)	Terbufos	特丁硫磷	0.05
129)	Thiacloprid	噻虫啉	0.2T
130)	Thiamethoxam	噻虫嗪	0.5T
131)	Thiobencarb	禾草丹	0.2T
132)	Triadimefon	三唑酮	1.0T
133)	Triazophos	三唑磷	0.1T
134)	Tricyclazole	三环唑	0.2T
135)	Triflumizole	氟菌唑	0.05T
136)	Triflumuron	杀铃脲	0.5T
137)	Valifenalate	磺草灵	0.3T
138)	Vinclozolin	乙烯菌核利	1.0T
35. Cacao bean　可可豆			
1)	2,4-D, 2,4-dichlorophenoxyacetic acid	2,4-滴，2,4-二氯苯氧乙酸	0.08T
2)	Bifenthrin	联苯菊酯	0.05T
3)	Chlorpyrifos	毒死蜱	0.05T
4)	Clothianidin	噻虫胺	$0.02^{\dagger}$
5)	Deltamethrin	溴氰菊酯	0.05T
6)	Diphenylamine	二苯胺	5.0T
7)	Endosulfan	硫丹	$0.15^{\dagger}$
8)	Fenitrothion	杀螟硫磷	0.05T
9)	Fludioxonil	咯菌腈	0.05T
10)	Flumioxazin	丙炔氟草胺	0.1T
11)	Imidacloprid	吡虫啉	0.05T
12)	Metalaxyl	甲霜灵	0.2T
13)	Metconazole	叶菌唑	0.25T
14)	Methylbromide	溴甲烷	50T
15)	Oxyfluorfen	乙氧氟草醚	0.05T
16)	Probenazole	烯丙苯噻唑	0.05T
17)	Thiamethoxam	噻虫嗪	$0.02^{\dagger}$
36. Cardamom　豆蔻干籽			
1)	Cyhalothrin	氯氟氰菊酯	$2.0^{\dagger}$
2)	Cypermethrin	氯氰菊酯	$3.0^{\dagger}$
3)	Dithiocarbamates	二硫代氨基甲酸酯	0.1T
4)	Profenofos	丙溴磷	3.0T

（续）

序号	药品通用名	中文名	最大残留限量（mg/kg）
5)	Triazophos	三唑磷	4.0T
37. Carrot 胡萝卜			
1)	2,4-D，2,4-dichlorophenoxyacetic acid	2,4-滴，2,4-二氯苯氧乙酸	0.1T
2)	Acetamiprid	啶虫脒	0.05
3)	Azinphos-methyl	保棉磷	0.5T
4)	Azoxystrobin	嘧菌酯	0.1T
5)	Bentazone	灭草松	0.2T
6)	Bifenthrin	联苯菊酯	0.05
7)	Boscalid	啶酰菌胺	0.05T
8)	Cadusafos	硫线磷	0.05
9)	Captan	克菌丹	2.0T
10)	Carbendazim	多菌灵	0.2T
11)	Carbofuran	克百威	0.05
12)	Chlorantraniliprole	氯虫苯甲酰胺	0.05
13)	Chlorfenapyr	虫螨腈	0.1T
14)	Chlorfluazuron	氟啶脲	0.2T
15)	Chlorothalonil	百菌清	0.05
16)	Chlorpropham	氯苯胺灵	0.1T
17)	Chlorpyrifos	毒死蜱	0.09†
18)	Chromafenozide	环虫酰肼	0.05
19)	Clothianidin	噻虫胺	0.05
20)	Cyantraniliprole	溴氰虫酰胺	0.05
21)	Cyhalothrin	氯氟氰菊酯	0.5T
22)	Cypermethrin	氯氰菊酯	0.05T
23)	DDT	滴滴涕	0.2T
24)	Deltamethrin	溴氰菊酯	0.05
25)	Dichlofluanid	苯氟磺胺	15.0T
26)	Dicloran	氯硝胺	10.0T
27)	Dicofol	三氯杀螨醇	1.0T
28)	Diethofencarb	乙霉威	0.05T
29)	Difenoconazole	苯醚甲环唑	0.5
30)	Dimethoate	乐果	1.0T
31)	Dimethomorph	烯酰吗啉	0.05T
32)	Diniconazole	烯唑醇	0.05T
33)	Dinotefuran	呋虫胺	0.05T
34)	Dithianon	二氰蒽醌	0.07
35)	Dithiocarbamates	二硫代氨基甲酸酯	0.2
36)	Emamectin benzoate	甲氨基阿维菌素苯甲酸盐	0.05
37)	Ethalfluralin	乙丁烯氟灵	0.05

（续）

序号	药品通用名	中文名	最大残留限量（mg/kg）
38）	Ethiofencarb	乙硫苯威	5.0T
39）	Ethoprophos（ethoprop）	灭线磷	0.05
40）	Etofenprox	醚菊酯	0.05
41）	Fenamiphos	苯线磷	0.2T
42）	Fenbutatin oxide	苯丁锡	2.0T
43）	Fenitrothion	杀螟硫磷	0.05
44）	Fenpropathrin	甲氰菊酯	0.2T
45）	Fenvalerate	氰戊菊酯	0.05T
46）	Flonicamid	氟啶虫酰胺	0.05
47）	Fluazifop-butyl	吡氟禾草灵	0.05
48）	Fludioxonil	咯菌腈	0.7T
49）	Flufenoxuron	氟虫脲	0.05
50）	Flupyradifurone	氟吡呋喃酮	0.9†
51）	Fosthiazate	噻唑磷	0.05T
52）	Glufosinate（ammonium）	草铵膦（胺）	0.05
53）	Glyphosate	草甘膦	0.2T
54）	Hexaconazole	己唑醇	0.05T
55）	Imicyafos	氰咪唑硫磷	0.05T
56）	Imidacloprid	吡虫啉	0.05T
57）	Indoxacarb	茚虫威	0.05T
58）	Iprobenfos	异稻瘟净	0.2T
59）	Iprodione	异菌脲	10T
60）	Isoprothiolane	稻瘟灵	0.2T
61）	Kresoxim-methyl	醚菌酯	0.05
62）	Linuron	利谷隆	0.05
63）	Lufenuron	虱螨脲	0.2
64）	Malathion	马拉硫磷	0.5T
65）	Maleic hydrazide	抑芽丹	25.0T
66）	MCPA	2甲4氯	0.05T
67）	Metaflumizone	氰氟虫腙	0.2
68）	Metalaxyl	甲霜灵	0.05T
69）	Metconazole	叶菌唑	0.05
70）	Methamidophos	甲胺磷	0.05T
71）	Methomyl	灭多威	0.2T
72）	Methoxychlor	甲氧滴滴涕	14.0T
73）	Methoxyfenozide	甲氧虫酰肼	0.05
74）	Metolachlor	异丙甲草胺	0.05T
75）	Metribuzin	嗪草酮	0.5T
76）	Mevinphos	速灭磷	0.1T

（续）

序号	药品通用名	中文名	最大残留限量（mg/kg）
77）	Monocrotophos	久效磷	0.05T
78）	Myclobutanil	腈菌唑	1.0T
79）	Novaluron	氟酰脲	0.05
80）	Omethoate	氧乐果	0.01T
81）	Ortho-phenyl phenol	邻苯基苯酚	10.0T
82）	Oxadixyl	噁霜灵	0.1T
83）	Oxamyl	杀线威	0.2T
84）	Oxolinic acid	喹菌酮	0.15
85）	Parathion	对硫磷	0.3T
86）	Parathion-methyl	甲基对硫磷	1.0T
87）	Pendimethalin	二甲戊灵	0.2
88）	Permethrin（permetrin）	氯菊酯	0.1T
89）	Phenthoate	稻丰散	0.03T
90）	Phorate	甲拌磷	0.05T
91）	Phoxim	辛硫磷	0.05T
92）	Pirimicarb	抗蚜威	2.0T
93）	Pirimiphos-methyl	甲基嘧啶磷	0.5T
94）	Profenofos	丙溴磷	0.03T
95）	Propamocarb	霜霉威	0.05T
96）	Propaquizafop	噁草酸	0.05
97）	Pymetrozine	吡蚜酮	0.05
98）	Pyraclostrobin	吡唑醚菌酯	0.5T
99）	Pyrazophos	吡菌磷	0.2T
100）	Pyrethrins	除虫菊素	1.0T
101）	Pyridalyl	三氟甲吡醚	0.1
102）	Pyrifluquinazon	吡氟喹虫唑	0.05
103）	Pyrimethanil	嘧霉胺	1.0T
104）	Sethoxydim	烯禾啶	0.05
105）	Spinetoram	乙基多杀菌素	0.05
106）	Spiromesifen	螺虫酯	0.05T
107）	Spirotetramat	螺虫乙酯	0.5
108）	Streptomycin	链霉素	0.05
109）	Sulfoxaflor	氟啶虫胺腈	0.05
110）	Tebuconazole	戊唑醇	0.4T
111）	Tebupirimfos	丁基嘧啶磷	0.05
112）	Teflubenzuron	氟苯脲	0.05
113）	Tefluthrin	七氟菊酯	0.05
114）	Terbufos	特丁硫磷	0.05
115）	Thiamethoxam	噻虫嗪	0.1T

（续）

序号	药品通用名	中文名	最大残留限量 （mg/kg）
116)	Thifluzamide	噻呋酰胺	0.05T
117)	Thiobencarb	禾草丹	0.2T
118)	Triadimenol	三唑醇	0.05T
119)	Triazophos	三唑磷	0.5T
120)	Trifloxystrobin	肟菌酯	0.1T
121)	Trifluralin	氟乐灵	1.0T
38. Carrot（dried）胡萝卜（干）			
1)	Azinphos-methyl	保棉磷	3.0T
2)	Captan	克菌丹	3.0T
39. Cassia seed　决明子			
1)	Carbendazim	多菌灵	0.05
2)	Fludioxonil	咯菌腈	0.05
3)	Hexaconazole	己唑醇	0.05
4)	Prochloraz	咪鲜胺	0.05
5)	Tebuconazole	戊唑醇	0.05
6)	Triflumizole	氟菌唑	0.05
40. Celeriac　块根芹			
1)	Azoxystrobin	嘧菌酯	0.1T
2)	Boscalid	啶酰菌胺	0.05T
3)	Cyprodinil	嘧菌环胺	2.0T
4)	Difenoconazole	苯醚甲环唑	0.5T
5)	Fludioxonil	咯菌腈	0.05T
6)	Fluopyram	氟吡菌酰胺	0.3T
7)	Prosulfocarb	苄草丹	0.08T
8)	Pyraclostrobin	吡唑醚菌酯	0.05T
9)	Spinosad	多杀霉素	0.5T
10)	Tebuconazole	戊唑醇	0.05T
11)	Thiacloprid	噻虫啉	0.1T
12)	Trifloxystrobin	肟菌酯	0.1T
41. Celery　芹菜			
1)	2,4-D，2,4-dichlorophenoxyacetic acid	2,4-滴，2,4-二氯苯氧乙酸	0.1T
2)	Abamectin	阿维菌素	0.05
3)	Acephate	乙酰甲胺磷	10.0T
4)	Acequinocyl	灭螨醌	0.3T
5)	Acetamiprid	啶虫脒	7
6)	Azinphos-methyl	保棉磷	0.5T
7)	Bentazone	灭草松	0.2T
8)	Bifenazate	联苯肼酯	2
9)	Bifenthrin	联苯菊酯	0.3

（续）

序号	药品通用名	中文名	最大残留限量（mg/kg）
10)	Cadusafos	硫线磷	0.02T
11)	Captan	克菌丹	5.0T
12)	Carbaryl	甲萘威	1.0T
13)	Carbendazim	多菌灵	2
14)	Carbofuran	克百威	0.1T
15)	Cartap	杀螟丹	2.0T
16)	Chlorantraniliprole	氯虫苯甲酰胺	7.0†
17)	Chlorfenapyr	虫螨腈	1
18)	Chlorfluazuron	氟啶脲	0.7
19)	Chlorpropham	氯苯胺灵	0.05T
20)	Chlorpyrifos	毒死蜱	0.05T
21)	Chlorpyrifos-methyl	甲基毒死蜱	0.05T
22)	Chromafenozide	环虫酰肼	0.3T
23)	Cyantraniliprole	溴氰虫酰胺	15†
24)	Cyflumetofen	丁氟螨酯	0.2T
25)	Cyhalothrin	氯氟氰菊酯	0.5T
26)	Cymoxanil	霜脲氰	0.1T
27)	Cypermethrin	氯氰菊酯	5.0T
28)	Dichlofluanid	苯氟磺胺	15.0T
29)	Dicloran	氯硝胺	10.0T
30)	Dicofol	三氯杀螨醇	1.0T
31)	Dimethoate	乐果	1.0T
32)	Diniconazole	烯唑醇	0.3T
33)	Dithianon	二氰蒽醌	5.0T
34)	Dithiocarbamates	二硫代氨基甲酸酯	0.3T
35)	Emamectin benzoate	甲氨基阿维菌素苯甲酸盐	0.05
36)	Epoxiconazole	氟环唑	0.05T
37)	Ethiofencarb	乙硫苯威	2.0T
38)	Ethoprophos (ethoprop)	灭线磷	0.05T
39)	Etoxazole	乙螨唑	3.0T
40)	Etridiazole	土菌灵	0.05T
41)	Fenbutatin oxide	苯丁锡	2.0T
42)	Fenitrothion	杀螟硫磷	0.05T
43)	Fenobucarb	仲丁威	0.05T
44)	Fenoxanil	稻瘟酰胺	0.5T
45)	Fenpropathrin	甲氰菊酯	0.2T
46)	Fenpyrazamine	胺苯吡菌酮	1.0T
47)	Fenvalerate	氰戊菊酯	2.0T
48)	Fluopicolide	氟吡菌胺	20T

（续）

序号	药品通用名	中文名	最大残留限量（mg/kg）
49）	Flupyradifurone	氟吡呋喃酮	9.0†
50）	Fluxapyroxad	氟唑菌酰胺	10†
51）	Folpet	灭菌丹	5.0T
52）	Imicyafos	氰咪唑硫磷	0.05T
53）	Indoxacarb	茚虫威	8.0†
54）	Iprobenfos	异稻瘟净	0.2T
55）	Isofenphos	异柳磷	0.02T
56）	Isoprothiolane	稻瘟灵	0.2T
57）	Isopyrazam	吡唑萘菌胺	0.1T
58）	Linuron	利谷隆	0.5T
59）	Malathion	马拉硫磷	1.0T
60）	Maleic hydrazide	抑芽丹	25.0T
61）	Mandipropamid	双炔酰菌胺	0.3
62）	Metaflumizone	氰氟虫腙	15
63）	Metaldehyde	四聚乙醛	0.05T
64）	Methamidophos	甲胺磷	1.0T
65）	Methomyl	灭多威	0.5T
66）	Metolachlor	异丙甲草胺	0.1T
67）	Metribuzin	嗪草酮	0.5T
68）	Napropamide	敌草胺	0.05T
69）	Nicosulfuron	烟嘧磺隆	0.3T
70）	Novaluron	氟酰脲	1
71）	Omethoate	氧乐果	0.1T
72）	Oxadixyl	噁霜灵	0.1T
73）	Oxamyl	杀线威	5.0T
74）	Oxolinic acid	喹菌酮	2.0T
75）	Parathion	对硫磷	0.3T
76）	Parathion-methyl	甲基对硫磷	1.0T
77）	Pendimethalin	二甲戊灵	0.2T
78）	Penthiopyrad	吡噻菌胺	15†
79）	Permethrin（permetrin）	氯菊酯	2.0T
80）	Phenthoate	稻丰散	0.05T
81）	Phorate	甲拌磷	0.05T
82）	Picarbutrazox	四唑吡氨酯	3.0T
83）	Pirimicarb	抗蚜威	1.0T
84）	Profenofos	丙溴磷	0.7T
85）	Propamocarb	霜霉威	0.2T
86）	Pymetrozine	吡蚜酮	4
87）	Pyraclostrobin	吡唑醚菌酯	4

（续）

序号	药品通用名	中文名	最大残留限量（mg/kg）
88)	Pyrethrins	除虫菊素	1.0T
89)	Pyribencarb	吡菌苯威	0.07T
90)	Pyrifluquinazon	吡氟喹虫唑	0.05T
91)	Sethoxydim	烯禾啶	10.0T
92)	Spinetoram	乙基多杀菌素	6.0†
93)	Spinosad	多杀霉素	1
94)	Spirodiclofen	螺螨酯	0.5T
95)	Spirotetramat	螺虫乙酯	4.0†
96)	Sulfoxaflor	氟啶虫胺腈	1.5†
97)	Tebupirimfos	丁基嘧啶磷	0.05T
98)	Teflubenzuron	氟苯脲	10
99)	Tefluthrin	七氟菊酯	0.05T
100)	Terbufos	特丁硫磷	0.05T
101)	Tetradifon	三氯杀螨砜	1.0T
102)	Thiobencarb	禾草丹	0.2T
103)	Trifloxystrobin	肟菌酯	5
104)	Trifluralin	氟乐灵	0.05T
105)	Zoxamide	苯酰菌胺	3.0T

42. Cereal Grains　谷物

序号	药品通用名	中文名	最大残留限量（mg/kg）
1)	Aldrin & Dieldrin	艾氏剂，狄氏剂	0.02T
2)	Aluminium phosphide（hydrogen phosphide）	磷化铝	0.1
3)	Azinphos-methyl	保棉磷	0.2T
4)	BHC	六六六	0.02T
5)	Carbophenothion	三硫磷	0.02T
6)	Chlorfenvinphos	毒虫畏	0.05T
7)	Chlorobenzilate	乙酯杀螨醇	0.02T
8)	Chlorpropham	氯苯胺灵	0.05T
9)	DDT	滴滴涕	0.1T
10)	Heptachlor	七氯	0.02T
11)	Malathion	马拉硫磷	2.0T
12)	Methiocarb	甲硫威	0.05T
13)	Methylbromide	溴甲烷	50
14)	Omethoate	氧乐果	0.01T
15)	Phosphamidone	磷胺	0.1T
16)	Pirimiphos-methyl	甲基嘧啶磷	5.0T
17)	Propiconazole	丙环唑	2.0†
18)	Thiabendazole	噻菌灵	0.2T
19)	Triazophos	三唑磷	0.05T
20)	Trifluralin	氟乐灵	0.05T

（续）

序号	药品通用名	中文名	最大残留限量 （mg/kg）
21）	Triforine	嗪氨灵	0.01T
43. Cereal grains（excluding rice） 谷物（除了稻米）			
1）	Flupyradifurone	氟吡呋喃酮	3.0†
44. Cereal grains（excluding wheat） 谷物（不包括小麦）			
1）	Oxadixyl	噁霜灵	0.1T
45. Chamnamul 大叶芹菜			
1）	Alachlor	甲草胺	0.2T
2）	Bifenthrin	联苯菊酯	7
3）	Boscalid	啶酰菌胺	5.0T
4）	Cadusafos	硫线磷	0.1
5）	Carbendazim	多菌灵	2
6）	Cartap	杀螟丹	0.7T
7）	Chlorantraniliprole	氯虫苯甲酰胺	10
8）	Chlorfenapyr	虫螨腈	20
9）	Chlorpyrifos	毒死蜱	0.05T
10）	Chlorpyrifos-methyl	甲基毒死蜱	0.2T
11）	Chromafenozide	环虫酰肼	15
12）	Cyantraniliprole	溴氰虫酰胺	10
13）	Cyflumetofen	丁氟螨酯	30T
14）	Cyfluthrin	氟氯氰菊酯	0.05
15）	Cymoxanil	霜脲氰	5.0T
16）	Cypermethrin	氯氰菊酯	5
17）	Deltamethrin	溴氰菊酯	2
18）	Diethofencarb	乙霉威	5
19）	Emamectin benzoate	甲氨基阿维菌素苯甲酸盐	0.05
20）	Ethoprophos (ethoprop)	灭线磷	0.05T
21）	Etoxazole	乙螨唑	5.0T
22）	Fenitrothion	杀螟硫磷	5.0T
23）	Fenpropathrin	甲氰菊酯	0.3T
24）	Fenpyrazamine	胺苯吡菌酮	15
25）	Fenvalerate	氰戊菊酯	1
26）	Fluazinam	氟啶胺	0.05T
27）	Flufenoxuron	氟虫脲	5
28）	Fluopicolide	氟吡菌胺	5.0T
29）	Flutianil	氟噻唑菌腈	0.7
30）	Fluxapyroxad	氟唑菌酰胺	0.05T
31）	Imidacloprid	吡虫啉	1
32）	Indoxacarb	茚虫威	10
33）	Iprobenfos	异稻瘟净	0.2T

（续）

序号	药品通用名	中文名	最大残留限量 （mg/kg）
34）	Isofetamid	异丙噻菌胺	0.2T
35）	Isoprothiolane	稻瘟灵	0.2T
36）	Lufenuron	虱螨脲	7
37）	Mepanipyrim	嘧菌胺	1
38）	Metaflumizone	氰氟虫腙	9
39）	Metrafenone	苯菌酮	40
40）	Milbemectin	弥拜菌素	5.0T
41）	Napropamide	敌草胺	0.05T
42）	Novaluron	氟酰脲	10
43）	Penthiopyrad	吡噻菌胺	15
44）	Phenthoate	稻丰散	5.0T
45）	Phorate	甲拌磷	3
46）	Phoxim	辛硫磷	0.05
47）	Pymetrozine	吡蚜酮	0.7
48）	Pyribencarb	吡菌苯威	3.0T
49）	Pyridalyl	三氟甲吡醚	20
50）	Pyrifluquinazon	吡氟喹虫唑	7
51）	Spinetoram	乙基多杀菌素	3
52）	Tebupirimfos	丁基嘧啶磷	0.07
53）	Teflubenzuron	氟苯脲	5
54）	Tefluthrin	七氟菊酯	0.05T
55）	Terbufos	特丁硫磷	0.05T
56）	Tricyclazole	三环唑	0.2T
57）	Trifloxystrobin	肟菌酯	15
58）	Zoxamide	苯酰菌胺	3.0T
46. Chard 食用甜菜			
1）	Acetamiprid	啶虫脒	7
2）	Azoxystrobin	嘧菌酯	50
3）	Bifenthrin	联苯菊酯	1
4）	Bistrifluron	双三氟虫脲	10
5）	Boscalid	啶酰菌胺	30
6）	Carbendazim	多菌灵	5.0T
7）	Carbofuran	克百威	2.0T
8）	Cartap	杀螟丹	5.0T
9）	Chlorantraniliprole	氯虫苯甲酰胺	5
10）	Chlorfenapyr	虫螨腈	9
11）	Chlorothalonil	百菌清	50T
12）	Chlorpyrifos	毒死蜱	0.05T
13）	Chromafenozide	环虫酰肼	5

（续）

序号	药品通用名	中文名	最大残留限量（mg/kg）
14)	Cyantraniliprole	溴氰虫酰胺	10
15)	Cyazofamid	氰霜唑	10
16)	Cyenopyrafen	腈吡螨酯	10T
17)	Cyfluthrin	氟氯氰菊酯	0.05
18)	Cymoxanil	霜脲氰	2
19)	Deltamethrin	溴氰菊酯	2
20)	Difenoconazole	苯醚甲环唑	5.0T
21)	Dimethomorph	烯酰吗啉	30
22)	Emamectin benzoate	甲氨基阿维菌素苯甲酸盐	0.15
23)	Epoxiconazole	氟环唑	0.05T
24)	Ethaboxam	噻唑菌胺	20
25)	Ethoprophos（ethoprop）	灭线磷	0.02T
26)	Etofenprox	醚菊酯	15
27)	Fenhexamid	环酰菌胺	15
28)	Fenitrothion	杀螟硫磷	5.0T
29)	Flonicamid	氟啶虫酰胺	7
30)	Fludioxonil	咯菌腈	20
31)	Flufenoxuron	氟虫脲	7
32)	Fluopicolide	氟吡菌胺	5.0T
33)	Flupyradifurone	氟吡呋喃酮	15
34)	Fluquinconazole	氟喹唑	20
35)	Imidacloprid	吡虫啉	1
36)	Indoxacarb	茚虫威	15
37)	Iprovalicarb	缬霉威	2.0T
38)	Isoprothiolane	稻瘟灵	0.2T
39)	Lufenuron	虱螨脲	10
40)	Metaflumizone	氰氟虫腙	9
41)	Metalaxyl	甲霜灵	20
42)	Novaluron	氟酰脲	15
43)	Oxolinic acid	喹菌酮	10
44)	Phenthoate	稻丰散	0.1T
45)	Phorate	甲拌磷	3
46)	Phoxim	辛硫磷	0.05
47)	Prochloraz	咪鲜胺	25
48)	Profenofos	丙溴磷	2.0T
49)	Pymetrozine	吡蚜酮	1
50)	Pyridalyl	三氟甲吡醚	15
51)	Pyrifluquinazon	吡氟喹虫唑	2
52)	Pyrimethanil	嘧霉胺	30

（续）

序号	药品通用名	中文名	最大残留限量（mg/kg）
53）	Pyriproxyfen	吡丙醚	5.0T
54）	Spinetoram	乙基多杀菌素	1
55）	Spirotetramat	螺虫乙酯	5
56）	Sulfoxaflor	氟啶虫胺腈	10
57）	Tebuconazole	戊唑醇	15
58）	Tebupirimfos	丁基嘧啶磷	0.07
59）	Teflubenzuron	氟苯脲	5
60）	Tefluthrin	七氟菊酯	0.05T
61）	Terbufos	特丁硫磷	0.05T
62）	Thiacloprid	噻虫啉	5.0T
63）	Thiamethoxam	噻虫嗪	10
47. Cherry 樱桃			
1）	2,4-D，2,4-dichlorophenoxyacetic acid	2,4-滴，2,4-二氯苯氧乙酸	0.05†
2）	Abamectin	阿维菌素	0.07T
3）	Acequinocyl	灭螨醌	0.5
4）	Acetamiprid	啶虫脒	1.5†
5）	Amitraz	双甲脒	0.5T
6）	Azinphos-methyl	保棉磷	1.0T
7）	Bifenazate	联苯肼酯	0.3T
8）	Bifenthrin	联苯菊酯	0.1T
9）	Bistrifluron	双三氟虫脲	0.7T
10）	Bitertanol	联苯三唑醇	1
11）	Boscalid	啶酰菌胺	4.0†
12）	Bromopropylate	溴螨酯	5.0T
13）	Buprofezin	噻嗪酮	1.9†
14）	Captan	克菌丹	5.0T
15）	Carbaryl	甲萘威	0.5T
16）	Carbendazim	多菌灵	15†
17）	Carfentrazone-ethyl	唑酮草酯	0.1T
18）	Chlorantraniliprole	氯虫苯甲酰胺	0.5
19）	Chlorfenapyr	虫螨腈	1
20）	Chlorfluazuron	氟啶脲	0.5T
21）	Chlorothalonil	百菌清	3.0T
22）	Chlorpropham	氯苯胺灵	0.05T
23）	Chlorpyrifos	毒死蜱	0.5T
24）	Chromafenozide	环虫酰肼	0.3T
25）	Clethodim	烯草酮	0.05T
26）	Clofentezine	四螨嗪	0.2T
27）	Clopyralid	二氯吡啶酸	3.0T

（续）

序号	药品通用名	中文名	最大残留限量（mg/kg）
28）	Clothianidin	噻虫胺	0.5
29）	Cyantraniliprole	溴氰虫酰胺	6.0†
30）	Cyclaniliprole	环溴虫酰胺	0.2T
31）	Cyenopyrafen	腈吡螨酯	2
32）	Cyflufenamid	环氟菌胺	0.6†
33）	Cyflumetofen	丁氟螨酯	0.7
34）	Cyfluthrin	氟氯氰菊酯	1.0T
35）	Cyhalothrin	氯氟氰菊酯	0.3†
36）	Cyhexatin	三环锡	0.05T
37）	Cypermethrin	氯氰菊酯	1
38）	Cyprodinil	嘧菌环胺	2.0T
39）	Deltamethrin	溴氰菊酯	0.5T
40）	Dichlobenil	敌草腈	0.15T
41）	Dichlofluanid	苯氟磺胺	2.0T
42）	Dicloran	氯硝胺	10.0T
43）	Dicofol	三氯杀螨醇	1.0T
44）	Diethofencarb	乙霉威	0.3T
45）	Difenoconazole	苯醚甲环唑	2.0†
46）	Diflubenzuron	除虫脲	1.0T
47）	Dimethoate	乐果	2.0T
48）	Dinotefuran	呋虫胺	2.0T
49）	Diquat	敌草快	0.02T
50）	Dithianon	二氰蒽醌	5
51）	Dithiocarbamates	二硫代氨基甲酸酯	0.2T
52）	Dodine	多果定	2.0T
53）	Emamectin benzoate	甲氨基阿维菌素苯甲酸盐	0.05T
54）	Ethephon	乙烯利	5.0†
55）	Ethiofencarb	乙硫苯威	10.0T
56）	Etofenprox	醚菊酯	1
57）	Etoxazole	乙螨唑	0.5
58）	Etrimfos	乙嘧硫磷	0.01T
59）	Fenamiphos	苯线磷	0.2T
60）	Fenarimol	氯苯嘧啶醇	1.0T
61）	Fenazaquin	喹螨醚	2.0†
62）	Fenbuconazole	腈苯唑	2.0T
63）	Fenbutatin oxide	苯丁锡	5.0T
64）	Fenhexamid	环酰菌胺	5
65）	Fenitrothion	杀螟硫磷	0.1T
66）	Fenobucarb	仲丁威	0.05T

（续）

序号	药品通用名	中文名	最大残留限量（mg/kg）
67)	Fenpropathrin	甲氰菊酯	5.0†
68)	Fenpyrazamine	胺苯吡菌酮	3.0T
69)	Fenpyroximate	唑螨酯	2.0†
70)	Fenthion	倍硫磷	0.5T
71)	Fenvalerate	氰戊菊酯	2.0T
72)	Flonicamid	氟啶虫酰胺	3
73)	Fluazifop-butyl	吡氟禾草灵	0.05T
74)	Fluazinam	氟啶胺	3
75)	Flubendiamide	氟苯虫酰胺	2.0†
76)	Fludioxonil	咯菌腈	4.0†
77)	Flufenoxuron	氟虫脲	1
78)	Fluopyram	氟吡菌酰胺	0.6†
79)	Flutriafol	粉唑醇	0.8T
80)	Fluxapyroxad	氟唑菌酰胺	3.0†
81)	Folpet	灭菌丹	2.0T
82)	Forchlorfenuron	氯吡脲	0.05T
83)	Glufosinate（ammonium）	草铵膦（胺）	0.15†
84)	Glyphosate	草甘膦	0.05T
85)	Hexythiazox	噻螨酮	0.1T
86)	Imidacloprid	吡虫啉	3.0†
87)	Indoxacarb	茚虫威	0.9†
88)	Iprodione	异菌脲	10.0T
89)	Kresoxim-methyl	醚菌酯	1.0T
90)	Lufenuron	虱螨脲	0.5
91)	Malathion	马拉硫磷	0.5T
92)	Maleic hydrazide	抑芽丹	40.0T
93)	Mandestrobin	甲氧基丙烯酸酯类杀菌剂	1.0T
94)	Metaflumizone	氰氟虫腙	1.5
95)	Metalaxyl	甲霜灵	0.05T
96)	Metconazole	叶菌唑	0.5
97)	Methiocarb	甲硫威	5.0T
98)	Methomyl	灭多威	0.05T
99)	Methoxychlor	甲氧滴滴涕	14.0T
100)	Methylbromide	溴甲烷	20T
101)	Metolachlor	异丙甲草胺	0.1T
102)	Metrafenone	苯菌酮	2.0†
103)	Mevinphos	速灭磷	1.0T
104)	Myclobutanil	腈菌唑	2.0†
105)	Norflurazon	氟草敏	0.1T

（续）

序号	药品通用名	中文名	最大残留限量 (mg/kg)
106）	Novaluron	氟酰脲	0.2T
107）	Omethoate	氧乐果	0.01T
108）	Ortho-phenyl phenol	邻苯基苯酚	3.0T
109）	Oryzalin	氨磺乐灵	0.05T
110）	Oxadiazon	噁草酮	0.05T
111）	Oxamyl	杀线威	0.5T
112）	Oxolinic acid	喹菌酮	7
113）	Oxyfluorfen	乙氧氟草醚	0.05†
114）	Paclobutrazol	多效唑	0.05T
115）	Paraquat	百草枯	0.05T
116）	Parathion	对硫磷	0.3T
117）	Parathion-methyl	甲基对硫磷	0.01T
118）	Pendimethalin	二甲戊灵	0.05†
119）	Penthiopyrad	吡噻菌胺	4.0†
120）	Permethrin（permetrin）	氯菊酯	5.0T
121）	Phenthoate	稻丰散	0.2T
122）	Phosalone	伏杀磷	10.0T
123）	Phosmet	亚胺硫磷	0.05T
124）	Phosphamidone	磷胺	0.2T
125）	Piperonyl butoxide	增效醚	0.2T
126）	Pirimicarb	抗蚜威	1.0T
127）	Pirimiphos-methyl	甲基嘧啶磷	1.0T
128）	Prochloraz	咪鲜胺	2
129）	Procymidone	腐霉利	5.0T
130）	Prohexadione-calcium	调环酸钙	0.05T
131）	Propiconazole	丙环唑	2.0†
132）	Propyzamide	炔苯酰草胺	0.02T
133）	Pymetrozine	吡蚜酮	1
134）	Pyraclostrobin	吡唑醚菌酯	2.0†
135）	Pyrethrins	除虫菊素	1.0T
136）	Pyribencarb	吡菌苯威	2.0T
137）	Pyridalyl	三氟甲吡醚	2.0T
138）	Pyrifluquinazon	吡氟喹虫唑	0.05T
139）	Pyrimethanil	嘧霉胺	4.0†
140）	Pyriproxyfen	吡丙醚	0.2T
141）	Quinoxyfen	喹氧灵	0.4†
142）	Saflufenacil	苯嘧磺草胺	0.03†
143）	Sethoxydim	烯禾啶	1.0T
144）	Simazine	西玛津	0.25T

（续）

序号	药品通用名	中文名	最大残留限量（mg/kg）
145)	Simeconazole	硅氟唑	0.5T
146)	Spinetoram	乙基多杀菌素	0.2⁺
147)	Spinosad	多杀霉素	0.2⁺
148)	Spirodiclofen	螺螨酯	2
149)	Spiromesifen	螺虫酯	1.0T
150)	Spirotetramat	螺虫乙酯	3.0⁺
151)	Streptomycin	链霉素	2
152)	Sulfoxaflor	氟啶虫胺腈	1.5⁺
153)	Tebuconazole	戊唑醇	4.0⁺
154)	Tebufenozide	虫酰肼	1.0T
155)	Tebufenpyrad	吡螨胺	0.5T
156)	Teflubenzuron	氟苯脲	0.05
157)	Tetradifon	三氯杀螨砜	2.0T
158)	Tolfenpyrad	唑虫酰胺	2.0⁺
159)	Trifloxystrobin	肟菌酯	0.5
160)	Triflumizole	氟菌唑	1.5⁺
161)	Trifluralin	氟乐灵	0.05T
162)	Triforine	嗪氨灵	2.0T
163)	Vinclozolin	乙烯菌核利	5.0T

48. Cherry Nanking 南京樱桃

序号	药品通用名	中文名	最大残留限量（mg/kg）
1)	Bifenthrin	联苯菊酯	0.1T
2)	Chlorantraniliprole	氯虫苯甲酰胺	0.5
3)	Diflubenzuron	除虫脲	1.0T
4)	Emamectin benzoate	甲氨基阿维菌素苯甲酸盐	0.05T
5)	Etofenprox	醚菊酯	3
6)	Lufenuron	虱螨脲	0.6
7)	Metaflumizone	氰氟虫腙	1.5
8)	Pyridalyl	三氟甲吡醚	2.0T
9)	Tebufenozide	虫酰肼	1.0T

49. Chestnut 栗子

序号	药品通用名	中文名	最大残留限量（mg/kg）
1)	2,4-D, 2,4-dichlorophenoxyacetic acid	2,4-滴，2,4-二氯苯氧乙酸	0.2T
2)	Acetamiprid	啶虫脒	0.05
3)	Bifenthrin	联苯菊酯	0.05
4)	Buprofezin	噻嗪酮	0.05
5)	Carbaryl	甲萘威	0.5T
6)	Carbofuran	克百威	0.05
7)	Cartap	杀螟丹	0.1T
8)	Chlorfluazuron	氟啶脲	0.05
9)	Chlorpropham	氯苯胺灵	0.05T

（续）

序号	药品通用名	中文名	最大残留限量（mg/kg）
10)	Chlorpyrifos	毒死蜱	0.05
11)	Chromafenozide	环虫酰肼	0.05
12)	Clofentezine	四螨嗪	1.0T
13)	Clothianidin	噻虫胺	0.05
14)	Cyfluthrin	氟氯氰菊酯	0.05
15)	Cyhalothrin	氯氟氰菊酯	0.5
16)	Cypermethrin	氯氰菊酯	0.05
17)	Deltamethrin	溴氰菊酯	0.05
18)	Dichlobenil	敌草腈	0.05
19)	Dichlofluanid	苯氟磺胺	15.0T
20)	Dichlorvos	敌敌畏	0.5T
21)	Dicofol	三氯杀螨醇	1.0T
22)	Difenoconazole	苯醚甲环唑	0.05T
23)	Dinotefuran	呋虫胺	0.05
24)	Endosulfan	硫丹	0.05T
25)	Ethiofencarb	乙硫苯威	5.0T
26)	Etofenprox	醚菊酯	0.05
27)	Fenbutatin oxide	苯丁锡	2.0T
28)	Fenhexamid	环酰菌胺	0.05T
29)	Fenitrothion	杀螟硫磷	0.05
30)	Fenobucarb	仲丁威	0.05
31)	Fenvalerate	氰戊菊酯	0.05
32)	Glyphosate	草甘膦	0.05
33)	Malathion	马拉硫磷	2.0T
34)	Maleic hydrazide	抑芽丹	40.0T
35)	Methoxyfenozide	甲氧虫酰肼	0.1
36)	Novaluron	氟酰脲	0.05T
37)	Oxadiazon	噁草酮	0.05T
38)	Oxamyl	杀线威	0.5T
39)	Permethrin（permetrin）	氯菊酯	5.0T
40)	Phenthoate	稻丰散	0.05
41)	Phosalone	伏杀磷	0.1T
42)	Pirimicarb	抗蚜威	1.0T
43)	Pyrethrins	除虫菊素	1.0T
44)	Pyrifluquinazon	吡氟喹虫唑	0.05T
45)	Saflufenacil	苯嘧磺草胺	0.02
46)	Sethoxydim	烯禾啶	1.0T
47)	Teflubenzuron	氟苯脲	0.05
48)	Thiacloprid	噻虫啉	0.05

（续）

序号	药品通用名	中文名	最大残留限量 (mg/kg)
49)	Tiafenacil	嘧啶二酮类非选择性除草剂	0.05
50. Chick peas　鹰嘴豆			
1)	Difenoconazole	苯醚甲环唑	0.07†
51. Chicory　菊苣			
1)	Ametoctradin	唑嘧菌胺	5.0T
2)	Amisulbrom	吲唑磺菌胺	15
3)	Azoxystrobin	嘧菌酯	10
4)	Boscalid	啶酰菌胺	5.0T
5)	Captan	克菌丹	2.0T
6)	Carbendazim	多菌灵	5.0T
7)	Cartap	杀螟丹	5.0T
8)	Chlorantraniliprole	氯虫苯甲酰胺	10
9)	Chlorpyrifos	毒死蜱	0.05T
10)	Chlorpyrifos-methyl	甲基毒死蜱	0.2T
11)	Cyantraniliprole	溴氰虫酰胺	10
12)	Cymoxanil	霜脲氰	5.0T
13)	Cypermethrin	氯氰菊酯	5.0T
14)	Emamectin benzoate	甲氨基阿维菌素苯甲酸盐	0.15
15)	Epoxiconazole	氟环唑	0.05T
16)	Fenhexamid	环酰菌胺	10
17)	Fenitrothion	杀螟硫磷	5.0T
18)	Fenpropathrin	甲氰菊酯	5.0T
19)	Fenpyrazamine	胺苯吡菌酮	15
20)	Fenvalerate	氰戊菊酯	1
21)	Ferimzone	嘧菌腙	0.7T
22)	Flonicamid	氟啶虫酰胺	7
23)	Fludioxonil	咯菌腈	20
24)	Fluopyram	氟吡菌酰胺	2.0T
25)	Fluxapyroxad	氟唑菌酰胺	0.05T
26)	Imidacloprid	吡虫啉	3
27)	Isoprothiolane	稻瘟灵	0.2T
28)	Lufenuron	虱螨脲	7
29)	Metconazole	叶菌唑	20
30)	Napropamide	敌草胺	0.05T
31)	Novaluron	氟酰脲	0.05T
32)	Oxolinic acid	喹菌酮	10
33)	Phenthoate	稻丰散	5.0T
34)	Propyzamide	炔苯酰草胺	0.2T
35)	Pymetrozine	吡蚜酮	1.0T

（续）

序号	药品通用名	中文名	最大残留限量 (mg/kg)
36)	Pyribencarb	吡菌苯威	3.0T
37)	Pyridalyl	三氟甲吡醚	15
38)	Pyrifluquinazon	吡氟喹虫唑	2
39)	Pyriproxyfen	吡丙醚	5.0T
40)	Spinetoram	乙基多杀菌素	3
41)	Streptomycin	链霉素	5
42)	Sulfoxaflor	氟啶虫胺腈	10
43)	Tebupirimfos	丁基嘧啶磷	0.05T
44)	Tefluthrin	七氟菊酯	0.05T
45)	Terbufos	特丁硫磷	0.05T
46)	Trifloxystrobin	肟菌酯	15
52. Chicory（root）菊苣（根）			
1)	Acetamiprid	啶虫脒	0.07
2)	Ametoctradin	唑嘧菌胺	0.05T
3)	Bifenthrin	联苯菊酯	0.05T
4)	Boscalid	啶酰菌胺	0.05T
5)	Buprofezin	噻嗪酮	0.05T
6)	Carbendazim	多菌灵	0.05T
7)	Cartap	杀螟丹	0.05T
8)	Chlorfenapyr	虫螨腈	0.1T
9)	Chlorpyrifos	毒死蜱	0.05T
10)	Chlorpyrifos-methyl	甲基毒死蜱	0.05T
11)	Cyclaniliprole	环溴虫酰胺	0.2T
12)	Cymoxanil	霜脲氰	0.1T
13)	Deltamethrin	溴氰菊酯	0.05T
14)	Difenoconazole	苯醚甲环唑	0.05T
15)	Dimethomorph	烯酰吗啉	0.3
16)	Diniconazole	烯唑醇	0.05T
17)	Dinotefuran	呋虫胺	0.05T
18)	Epoxiconazole	氟环唑	0.05T
19)	Etofenprox	醚菊酯	0.05T
20)	Famoxadone	噁唑菌酮	0.05T
21)	Fenitrothion	杀螟硫磷	0.05T
22)	Fenpropathrin	甲氰菊酯	0.2T
23)	Ferimzone	嘧菌腙	0.7T
24)	Flufenoxuron	氟虫脲	0.05T
25)	Fluopyram	氟吡菌酰胺	0.07T
26)	Fluxapyroxad	氟唑菌酰胺	0.05T
27)	Indoxacarb	茚虫威	0.05T

（续）

序号	药品通用名	中文名	最大残留限量（mg/kg）
28）	Isoprothiolane	稻瘟灵	0.2T
29）	Mandipropamid	双炔酰菌胺	0.05T
30）	Metaflumizone	氰氟虫腙	0.05T
31）	Methoxyfenozide	甲氧虫酰肼	0.05T
32）	Novaluron	氟酰脲	0.05T
33）	Phenthoate	稻丰散	0.05T
34）	Propamocarb	霜霉威	0.05T
35）	Pymetrozine	吡蚜酮	0.05T
36）	Pyridalyl	三氟甲吡醚	0.3T
37）	Pyriproxyfen	吡丙醚	0.2T
38）	Spinetoram	乙基多杀菌素	0.05T
39）	Spiromesifen	螺虫酯	0.05T
40）	Tebufenozide	虫酰肼	0.1T
41）	Tebupirimfos	丁基嘧啶磷	0.05T
42）	Tefluthrin	七氟菊酯	0.05T
43）	Trifloxystrobin	肟菌酯	0.08T

53. Chili pepper 辣椒

序号	药品通用名	中文名	最大残留限量（mg/kg）
1）	2,4-D，2,4-dichlorophenoxyacetic acid	2,4-滴，2,4-二氯苯氧乙酸	0.1T
2）	Abamectin	阿维菌素	0.2
3）	Acephate	乙酰甲胺磷	3
4）	Acequinocyl	灭螨醌	2
5）	Acetamiprid	啶虫脒	2
6）	Acibenzolar-S-methyl	苯并噻二唑	1
7）	Acrinathrin	氟丙菊酯	1
8）	Alachlor	甲草胺	0.2
9）	Ametoctradin	唑嘧菌胺	2
10）	Amisulbrom	吲唑磺菌胺	1
11）	Amitraz	双甲脒	1
12）	Azinphos-methyl	保棉磷	0.3T
13）	Azoxystrobin	嘧菌酯	2
14）	Benalaxyl	苯霜灵	1
15）	Benthiavalicarb-isopropyl	苯噻菌胺	2
16）	Bifenazate	联苯肼酯	3
17）	Bifenthrin	联苯菊酯	1
18）	Bistrifluron	双三氟虫脲	2
19）	Bitertanol	联苯三唑醇	0.7
20）	Boscalid	啶酰菌胺	3
21）	Buprofezin	噻嗪酮	3
22）	Cadusafos	硫线磷	0.05

（续）

序号	药品通用名	中文名	最大残留限量（mg/kg）
23）	Captan	克菌丹	5
24）	Carbaryl	甲萘威	0.4†
25）	Carbendazim	多菌灵	5
26）	Carbofuran	克百威	0.05
27）	Cartap	杀螟丹	0.3
28）	Chlorantraniliprole	氯虫苯甲酰胺	1
29）	Chlorfenapyr	虫螨腈	1
30）	Chlorfluazuron	氟啶脲	0.5
31）	Chlorothalonil	百菌清	5
32）	Chlorpropham	氯苯胺灵	0.05T
33）	Chlorpyrifos	毒死蜱	1
34）	Chromafenozide	环虫酰肼	2
35）	Clomazone	异噁草酮	0.05T
36）	Clothianidin	噻虫胺	2
37）	Cyantraniliprole	溴氰虫酰胺	1
38）	Cyazofamid	氰霜唑	2
39）	Cyclaniliprole	环溴虫酰胺	1
40）	Cyenopyrafen	腈吡螨酯	3
41）	Cyflufenamid	环氟菌胺	0.3
42）	Cyflumetofen	丁氟螨酯	1
43）	Cyfluthrin	氟氯氰菊酯	1
44）	Cyhalothrin	氯氟氰菊酯	0.5
45）	Cymoxanil	霜脲氰	0.5
46）	Cypermethrin	氯氰菊酯	0.5
47）	Cyprodinil	嘧菌环胺	2.0T
48）	Dazomet	棉隆	0.1T
49）	Deltamethrin	溴氰菊酯	0.2
50）	Diazinon	二嗪磷	0.05
51）	Dichlofluanid	苯氟磺胺	2.0T
52）	Dichlorvos	敌敌畏	0.05
53）	Dicofol	三氯杀螨醇	1.0T
54）	Diethofencarb	乙霉威	1
55）	Difenoconazole	苯醚甲环唑	1
56）	Diflubenzuron	除虫脲	2
57）	Dimethenamid	二甲吩草胺	0.05
58）	Dimethoate	乐果	1.0T
59）	Dimethomorph	烯酰吗啉	5
60）	Dinotefuran	呋虫胺	2
61）	Dithianon	二氰蒽醌	2

（续）

序号	药品通用名	中文名	最大残留限量（mg/kg）
62)	Dithiocarbamates	二硫代氨基甲酸酯	7
63)	Emamectin benzoate	甲氨基阿维菌素苯甲酸盐	0.2
64)	Endosulfan	硫丹	0.1T
65)	Ethaboxam	噻唑菌胺	2
66)	Ethalfluralin	乙丁烯氟灵	0.05
67)	Ethoprophos（ethoprop）	灭线磷	0.02
68)	Etofenprox	醚菊酯	2
69)	Etoxazole	乙螨唑	0.3
70)	Etridiazole	土菌灵	0.05
71)	Famoxadone	噁唑菌酮	5
72)	Fenamidone	咪唑菌酮	1
73)	Fenamiphos	苯线磷	0.2T
74)	Fenarimol	氯苯嘧啶醇	1.0T
75)	Fenazaquin	喹螨醚	2
76)	Fenbuconazole	腈苯唑	0.5
77)	Fenhexamid	环酰菌胺	5
78)	Fenitrothion	杀螟硫磷	0.5
79)	Fenoxaprop-ethyl	噁唑禾草灵	0.05
80)	Fenpropathrin	甲氰菊酯	0.5
81)	Fenpyrazamine	胺苯吡菌酮	3
82)	Fenvalerate	氰戊菊酯	2
83)	Fipronil	氟虫腈	0.05
84)	Flonicamid	氟啶虫酰胺	2
85)	Fluacrypyrim	嘧螨酯	3.0T
86)	Fluazifop-butyl	吡氟禾草灵	1.0T
87)	Fluazinam	氟啶胺	3
88)	Flubendiamide	氟苯虫酰胺	1
89)	Fludioxonil	咯菌腈	3
90)	Fluensulfone	联氟砜	0.2
91)	Flufenoxuron	氟虫脲	1
92)	Fluopicolide	氟吡菌胺	1
93)	Fluopyram	氟吡菌酰胺	3
94)	Flupyradifurone	氟吡呋喃酮	1.5†
95)	Fluquinconazole	氟喹唑	2
96)	Flusilazole	氟硅唑	1
97)	Fluthiacet-methyl	嗪草酸甲酯	0.05
98)	Flutianil	氟噻唑菌腈	0.5
99)	Flutolanil	氟酰胺	1
100)	Fluxametamide	氟噁唑酰胺	1

（续）

序号	药品通用名	中文名	最大残留限量（mg/kg）
101)	Fluxapyroxad	氟唑菌酰胺	1
102)	Folpet	灭菌丹	5
103)	Fosetyl-aluminium	三乙膦酸铝	3
104)	Fosthiazate	噻唑磷	0.05
105)	Glufosinate（ammonium）	草铵膦（胺）	0.05
106)	Glyphosate	草甘膦	0.2
107)	Hexaconazole	己唑醇	0.3
108)	Hexythiazox	噻螨酮	2
109)	Hymexazol	噁霉灵	0.05
110)	Imicyafos	氰咪唑硫磷	0.1
111)	Imidacloprid	吡虫啉	1
112)	Iminoctadine	双胍辛胺	2
113)	Indoxacarb	茚虫威	1
114)	Iprodione	异菌脲	5
115)	Iprovalicarb	缬霉威	1
116)	Isofetamid	异丙噻菌胺	7
117)	Isopyrazam	吡唑萘菌胺	2
118)	Isotianil	异噻菌胺	2
119)	Kresoxim-methyl	醚菌酯	2
120)	Lepimectin	雷皮菌素	0.5
121)	Lufenuron	虱螨脲	1
122)	Malathion	马拉硫磷	0.1
123)	Mandestrobin	甲氧基丙烯酸酯类杀菌剂	5
124)	Mandipropamid	双炔酰菌胺	5
125)	Mepanipyrim	嘧菌胺	0.5
126)	Metaflumizone	氰氟虫腙	1
127)	Metalaxyl	甲霜灵	1
128)	Metconazole	叶菌唑	1
129)	Methamidophos	甲胺磷	1
130)	Methomyl	灭多威	5
131)	Methoxychlor	甲氧滴滴涕	14.0T
132)	Methoxyfenozide	甲氧虫酰肼	1
133)	Metolachlor	异丙甲草胺	0.05
134)	Metrafenone	苯菌酮	2
135)	Milbemectin	弥拜菌素	0.1
136)	Myclobutanil	腈菌唑	1
137)	Napropamide	敌草胺	0.1
138)	Novaluron	氟酰脲	0.7
139)	Omethoate	氧乐果	0.01T

（续）

序号	药品通用名	中文名	最大残留限量（mg/kg）
140）	Ortho-phenyl phenol	邻苯基苯酚	10.0T
141）	Oxadiazon	噁草酮	0.1T
142）	Oxadixyl	噁霜灵	2
143）	Oxamyl	杀线威	5.0T
144）	Oxathiapiprolin	氟噻唑吡乙酮	0.7
145）	Oxolinic acid	喹菌酮	3
146）	Paraquat	百草枯	0.1T
147）	Parathion	对硫磷	0.3T
148）	Parathion-methyl	甲基对硫磷	1.0T
149）	Penconazole	戊菌唑	0.3T
150）	Pencycuron	戊菌隆	0.05
151）	Pendimethalin	二甲戊灵	0.05
152）	Penthiopyrad	吡噻菌胺	3
153）	Permethrin（permetrin）	氯菊酯	1.0T
154）	Phosalone	伏杀磷	1.0T
155）	Phoxim	辛硫磷	0.05
156）	Picarbutrazox	四唑吡氨酯	2
157）	Picoxystrobin	啶氧菌酯	1
158）	Pirimicarb	抗蚜威	2.0T
159）	Pirimiphos-methyl	甲基嘧啶磷	0.5T
160）	Probenazole	烯丙苯噻唑	0.07
161）	Prochloraz	咪鲜胺	3
162）	Procymidone	腐霉利	5
163）	Profenofos	丙溴磷	2
164）	Propamocarb	霜霉威	5
165）	Propaquizafop	噁草酸	0.05
166）	Propiconazole	丙环唑	1
167）	Pydiflumetofen	氟啶菌酰羟胺	2
168）	Pyflubumide	一种杀螨剂	1
169）	Pymetrozine	吡蚜酮	2
170）	Pyraclofos	吡唑硫磷	1.0T
171）	Pyraclostrobin	吡唑醚菌酯	1
172）	Pyraflufen-ethyl	吡草醚	0.05T
173）	Pyribencarb	吡菌苯威	2
174）	Pyridaben	哒螨灵	5
175）	Pyridalyl	三氟甲吡醚	2
176）	Pyrifluquinazon	吡氟喹虫唑	0.5
177）	Pyrimethanil	嘧霉胺	1
178）	Pyriofenone	甲氧苯唳菌	2

（续）

序号	药品通用名	中文名	最大残留限量（mg/kg）
179)	Pyriproxyfen	吡丙醚	0.7
180)	Saflufenacil	苯嘧磺草胺	0.02T
181)	Sethoxydim	烯禾啶	0.05
182)	Simeconazole	硅氟唑	2
183)	Spinetoram	乙基多杀菌素	0.5
184)	Spinosad	多杀霉素	0.5
185)	Spirodiclofen	螺螨酯	5
186)	Spiromesifen	螺虫酯	3
187)	Spirotetramat	螺虫乙酯	2
188)	Streptomycin	链霉素	2
189)	Sulfoxaflor	氟啶虫胺腈	0.5
190)	Tebuconazole	戊唑醇	3
191)	Tebufenozide	虫酰肼	1
192)	Tebufenpyrad	吡螨胺	0.5
193)	Tebupirimfos	丁基嘧啶磷	0.05
194)	Teflubenzuron	氟苯脲	0.2
195)	Tefluthrin	七氟菊酯	0.05
196)	Terbufos	特丁硫磷	0.05
197)	Tetraconazole	四氟醚唑	1
198)	Tetradifon	三氯杀螨砜	1.0T
199)	Tetraniliprole	氟氰虫酰胺	2
200)	Thiacloprid	噻虫啉	1
201)	Thiamethoxam	噻虫嗪	1
202)	Thifluzamide	噻呋酰胺	0.05
203)	Thiobencarb	禾草丹	0.05
204)	Tiafenacil	嘧啶二酮类非选择性除草剂	0.05
205)	Tolylfluanid	甲苯氟磺胺	2.0T
206)	Triazamate	唑蚜威	0.05T
207)	Triazophos	三唑磷	0.05T
208)	Tricyclazole	三环唑	3.0T
209)	Trifloxystrobin	肟菌酯	2
210)	Triflumizole	氟菌唑	1
211)	Trifluralin	氟乐灵	0.05T
212)	Triforine	嗪氨灵	2
213)	Valifenalate	磺草灵	2
214)	Vinclozolin	乙烯菌核利	3.0T
215)	Zoxamide	苯酰菌胺	0.3

54. Chili pepper leaves 辣椒叶

1)	Acibenzolar-S-methyl	苯并噻二唑	2

（续）

序号	药品通用名	中文名	最大残留限量（mg/kg）
2）	Azoxystrobin	嘧菌酯	5
3）	Bitertanol	联苯三唑醇	3
4）	Buprofezin	噻嗪酮	5
5）	Cartap	杀螟丹	0.7
6）	Chlorfenapyr	虫螨腈	7
7）	Cyhalothrin	氯氟氰菊酯	10
8）	Cymoxanil	霜脲氰	3
9）	Cypermethrin	氯氰菊酯	3
10）	Deltamethrin	溴氰菊酯	5
11）	Diazinon	二嗪磷	0.05
12）	Diethofencarb	乙霉威	2
13）	Dithianon	二氰蒽醌	3
14）	Fenamidone	咪唑菌酮	5
15）	Fludioxonil	咯菌腈	3
16）	Flufenoxuron	氟虫脲	3
17）	Hymexazol	噁霉灵	0.05
18）	Imicyafos	氰咪唑硫磷	1
19）	Imidacloprid	吡虫啉	1
20）	Malathion	马拉硫磷	1
21）	Metolachlor	异丙甲草胺	0.05
22）	Milbemectin	弥拜菌素	1
23）	Pendimethalin	二甲戊灵	0.05
24）	Propaquizafop	噁草酸	0.05
25）	Pymetrozine	吡蚜酮	1
26）	Pyraclofos	吡唑硫磷	3.0T
27）	Pyridaben	哒螨灵	2
28）	Sethoxydim	烯禾啶	0.05
29）	Tebuconazole	戊唑醇	5
30）	Tebufenpyrad	吡螨胺	2
31）	Tetraconazole	四氟醚唑	1
32）	Thifluzamide	噻呋酰胺	0.05
33）	Triflumizole	氟菌唑	2

55. Chili pepper（dried） 辣椒（干）

序号	药品通用名	中文名	最大残留限量（mg/kg）
1）	Acetamiprid	啶虫脒	10
2）	Azinphos-methyl	保棉磷	1.0T
3）	Azoxystrobin	嘧菌酯	7
4）	Bifenthrin	联苯菊酯	3
5）	Carbendazim	多菌灵	15
6）	Chlorfenapyr	虫螨腈	5

（续）

序号	药品通用名	中文名	最大残留限量（mg/kg）
7)	Chlorothalonil	百菌清	15
8)	Chlorpyrifos	毒死蜱	1
9)	Clothianidin	噻虫胺	10
10)	Cyhalothrin	氯氟氰菊酯	2
11)	Cypermethrin	氯氰菊酯	2
12)	Diazinon	二嗪磷	0.3
13)	Dichlofluanid	苯氟磺胺	5.0T
14)	Diethofencarb	乙霉威	3
15)	Folpet	灭菌丹	25
16)	Imidacloprid	吡虫啉	3
17)	Indoxacarb	茚虫威	5
18)	Iprodione	异菌脲	15
19)	Kresoxim-methyl	醚菌酯	10
20)	Lufenuron	虱螨脲	4
21)	Metalaxyl	甲霜灵	5
22)	Methomyl	灭多威	5
23)	Methoxyfenozide	甲氧虫酰肼	5
24)	Myclobutanil	腈菌唑	5
25)	Procymidone	腐霉利	15
26)	Pyraclofos	吡唑硫磷	5.0T
27)	Pyraclostrobin	吡唑醚菌酯	3
28)	Tebuconazole	戊唑醇	5
29)	Tetraconazole	四氟醚唑	3
30)	Trifloxystrobin	肟菌酯	12

56. Chinese bellflower 中国风铃草

序号	药品通用名	中文名	最大残留限量（mg/kg）
1)	Azoxystrobin	嘧菌酯	0.1
2)	Bifenthrin	联苯菊酯	0.05T
3)	Boscalid	啶酰菌胺	0.05T
4)	Butachlor	丁草胺	0.1T
5)	Cadusafos	硫线磷	0.05T
6)	Carbendazim	多菌灵	0.05T
7)	Chlorfenapyr	虫螨腈	0.1T
8)	Chlorpyrifos	毒死蜱	0.05T
9)	Clethodim	烯草酮	0.05
10)	Clothianidin	噻虫胺	0.05T
11)	Deltamethrin	溴氰菊酯	0.05T
12)	Difenoconazole	苯醚甲环唑	0.05T
13)	Diflubenzuron	除虫脲	0.3T
14)	Dimethomorph	烯酰吗啉	0.05T

（续）

序号	药品通用名	中文名	最大残留限量（mg/kg）
15)	Dithiocarbamates	二硫代氨基甲酸酯	0.2T
16)	Ethalfluralin	乙丁烯氟灵	0.05T
17)	Ethoprophos（ethoprop）	灭线磷	0.05T
18)	Etoxazole	乙螨唑	0.1
19)	Etridiazole	土菌灵	0.05T
20)	Fenhexamid	环酰菌胺	0.05T
21)	Fenpyroximate	唑螨酯	0.1
22)	Flonicamid	氟啶虫酰胺	0.05T
23)	Fluazifop-butyl	吡氟禾草灵	0.05
24)	Flufenoxuron	氟虫脲	0.2
25)	Fluxapyroxad	氟唑菌酰胺	0.05T
26)	Glufosinate（ammonium）	草铵膦（胺）	0.05T
27)	Glyphosate	草甘膦	0.2T
28)	Haloxyfop	氟吡禾灵	0.1
29)	Hexaconazole	己唑醇	0.05T
30)	Hymexazol	噁霉灵	0.05T
31)	Metalaxyl	甲霜灵	0.05T
32)	Milbemectin	弥拜菌素	0.2
33)	Novaluron	氟酰脲	0.1T
34)	Phorate	甲拌磷	0.05T
35)	Prochloraz	咪鲜胺	0.05
36)	Pymetrozine	吡蚜酮	0.05
37)	Pyraclostrobin	吡唑醚菌酯	0.05
38)	Pyrazosulfuron-ethyl	吡嘧磺隆	0.05T
39)	Pyribencarb	吡菌苯威	0.05T
40)	Pyrifluquinazon	吡氟喹虫唑	0.05T
41)	Pyrimethanil	嘧霉胺	0.2
42)	Sethoxydim	烯禾啶	0.05
43)	Sulfoxaflor	氟啶虫胺腈	0.05T
44)	Tebuconazole	戊唑醇	0.05T
45)	Terbufos	特丁硫磷	0.05T
46)	Thiabendazole	噻菌灵	0.05T
47)	Triflumizole	氟菌唑	0.05T
57. Chinese chives 韭菜			
1)	Abamectin	阿维菌素	0.3
2)	Acephate	乙酰甲胺磷	0.1T
3)	Acequinocyl	灭螨醌	0.1T
4)	Acetamiprid	啶虫脒	3
5)	Alachlor	甲草胺	0.05T

（续）

序号	药品通用名	中文名	最大残留限量（mg/kg）
6)	Amisulbrom	吲唑磺菌胺	3
7)	Bentazone	灭草松	0.2T
8)	Bifenthrin	联苯菊酯	0.5
9)	Bistrifluron	双三氟虫脲	3.0T
10)	Boscalid	啶酰菌胺	20
11)	Butachlor	丁草胺	0.1T
12)	Cadusafos	硫线磷	0.5
13)	Carbaryl	甲萘威	0.05T
14)	Carbendazim	多菌灵	1
15)	Chlorfenapyr	虫螨腈	3
16)	Chlorfluazuron	氟啶脲	0.7
17)	Chlorpyrifos-methyl	甲基毒死蜱	0.05
18)	Chromafenozide	环虫酰肼	0.3T
19)	Clothianidin	噻虫胺	2
20)	Cyantraniliprole	溴氰虫酰胺	2
21)	Cyfluthrin	氟氯氰菊酯	2.0T
22)	Cyhalothrin	氯氟氰菊酯	2.0T
23)	Cymoxanil	霜脲氰	0.1T
24)	Cypermethrin	氯氰菊酯	0.5T
25)	Deltamethrin	溴氰菊酯	2
26)	Dichlofluanid	苯氟磺胺	15.0T
27)	Difenoconazole	苯醚甲环唑	0.5
28)	Dimethoate	乐果	0.05T
29)	Dinotefuran	呋虫胺	0.3T
30)	Emamectin benzoate	甲氨基阿维菌素苯甲酸盐	0.4
31)	Ethiofencarb	乙硫苯威	5.0T
32)	Ethoprophos (ethoprop)	灭线磷	0.02T
33)	Etofenprox	醚菊酯	7
34)	Etoxazole	乙螨唑	3
35)	Fenbutatin oxide	苯丁锡	2.0T
36)	Fenitrothion	杀螟硫磷	0.05
37)	Fenoxanil	稻瘟酰胺	0.5T
38)	Fenpropathrin	甲氰菊酯	0.2T
39)	Fenpyrazamine	胺苯吡菌酮	1
40)	Fenvalerate	氰戊菊酯	0.5T
41)	Flonicamid	氟啶虫酰胺	0.7
42)	Fluazifop-butyl	吡氟禾草灵	0.2T
43)	Flubendiamide	氟苯虫酰胺	3
44)	Fludioxonil	咯菌腈	7

（续）

序号	药品通用名	中文名	最大残留限量（mg/kg）
45)	Fluopicolide	氟吡菌胺	0.1T
46)	Flutianil	氟噻唑菌腈	0.3
47)	Flutolanil	氟酰胺	10
48)	Fluxametamide	氟噁唑酰胺	3
49)	Fluxapyroxad	氟唑菌酰胺	5
50)	Fosthiazate	噻唑磷	2
51)	Glufosinate（ammonium）	草铵膦（胺）	0.05T
52)	Imidacloprid	吡虫啉	3
53)	Iminoctadine	双胍辛胺	2
54)	Indoxacarb	茚虫威	3
55)	Iprovalicarb	缬霉威	0.3
56)	Isoprothiolane	稻瘟灵	0.2T
57)	Isopyrazam	吡唑萘菌胺	2
58)	Linuron	利谷隆	0.05T
59)	Lufenuron	虱螨脲	0.2
60)	Maleic hydrazide	抑芽丹	25.0T
61)	Metaflumizone	氰氟虫腙	15
62)	Methoxyfenozide	甲氧虫酰肼	2
63)	Metolachlor	异丙甲草胺	0.1T
64)	Metribuzin	嗪草酮	0.5T
65)	Milbemectin	弥拜菌素	0.1T
66)	Myclobutanil	腈菌唑	1.0T
67)	Napropamide	敌草胺	0.05T
68)	Novaluron	氟酰脲	10
69)	Oxamyl	杀线威	1.0T
70)	Oxolinic acid	喹菌酮	10
71)	Oxyfluorfen	乙氧氟草醚	0.05T
72)	Parathion-methyl	甲基对硫磷	1.0T
73)	Pendimethalin	二甲戊灵	0.2T
74)	Penthiopyrad	吡噻菌胺	2
75)	Permethrin（permetrin）	氯菊酯	0.5T
76)	Phenthoate	稻丰散	0.05T
77)	Phorate	甲拌磷	0.1
78)	Phoxim	辛硫磷	0.05
79)	Pirimicarb	抗蚜威	0.5T
80)	Procymidone	腐霉利	5
81)	Pyraclofos	吡唑硫磷	2.0T
82)	Pyraclostrobin	吡唑醚菌酯	10
83)	Pyrethrins	除虫菊素	1.0T

（续）

序号	药品通用名	中文名	最大残留限量（mg/kg）
84)	Pyribencarb	吡菌苯威	0.7
85)	Pyridalyl	三氟甲吡醚	10
86)	Pyriproxyfen	吡丙醚	0.2T
87)	Sethoxydim	烯禾啶	10.0T
88)	Spinetoram	乙基多杀菌素	0.5
89)	Spinosad	多杀霉素	1
90)	Spiromesifen	螺虫酯	15
91)	Spirotetramat	螺虫乙酯	4.0T
92)	Streptomycin	链霉素	0.3
93)	Tebupirimfos	丁基嘧啶磷	0.05
94)	Teflubenzuron	氟苯脲	15
95)	Tefluthrin	七氟菊酯	2
96)	Terbufos	特丁硫磷	0.05
97)	Thiamethoxam	噻虫嗪	0.1
98)	Thiobencarb	禾草丹	0.2T
99)	Triadimefon	三唑酮	0.3T
100)	Triflumizole	氟菌唑	7
101)	Zoxamide	苯酰菌胺	3

58. Chinese mallow 中国锦葵

序号	药品通用名	中文名	最大残留限量（mg/kg）
1)	Acetamiprid	啶虫脒	10
2)	Bifenthrin	联苯菊酯	1
3)	Butachlor	丁草胺	0.1T
4)	Carbendazim	多菌灵	0.1T
5)	Carbofuran	克百威	1.0T
6)	Chlorantraniliprole	氯虫苯甲酰胺	10
7)	Chlorfenapyr	虫螨腈	9
8)	Chlorothalonil	百菌清	5.0T
9)	Chlorpyrifos	毒死蜱	0.05T
10)	Chromafenozide	环虫酰肼	15
11)	Cyantraniliprole	溴氰虫酰胺	10
12)	Cyenopyrafen	腈吡螨酯	3
13)	Cyflumetofen	丁氟螨酯	40
14)	Cymoxanil	霜脲氰	5.0T
15)	Deltamethrin	溴氰菊酯	2
16)	Difenoconazole	苯醚甲环唑	5.0T
17)	Emamectin benzoate	甲氨基阿维菌素苯甲酸盐	0.15
18)	Ethoprophos (ethoprop)	灭线磷	0.05T
19)	Etofenprox	醚菊酯	15
20)	Etoxazole	乙螨唑	5.0T

（续）

序号	药品通用名	中文名	最大残留限量（mg/kg）
21)	Fenitrothion	杀螟硫磷	5.0T
22)	Flonicamid	氟啶虫酰胺	7
23)	Fluazifop-butyl	吡氟禾草灵	0.05T
24)	Flufenoxuron	氟虫脲	7
25)	Fluopicolide	氟吡菌胺	5.0T
26)	Flupyradifurone	氟吡呋喃酮	15
27)	Glufosinate（ammonium）	草铵膦（胺）	0.05T
28)	Imidacloprid	吡虫啉	1
29)	Iprobenfos	异稻瘟净	0.2T
30)	Isoprothiolane	稻瘟灵	0.2T
31)	Methoxyfenozide	甲氧虫酰肼	15
32)	Metolachlor	异丙甲草胺	0.05T
33)	Novaluron	氟酰脲	15
34)	Oxadixyl	噁霜灵	0.1T
35)	Pencycuron	戊菌隆	7
36)	Pymetrozine	吡蚜酮	1
37)	Pyridalyl	三氟甲吡醚	15
38)	Pyrifluquinazon	吡氟喹虫唑	2
39)	Spinetoram	乙基多杀菌素	3
40)	Spiromesifen	螺虫酯	25
41)	Spirotetramat	螺虫乙酯	5
42)	Sulfoxaflor	氟啶虫胺腈	10
43)	Tebufenpyrad	吡螨胺	1
44)	Tebupirimfos	丁基嘧啶磷	0.05T
45)	Teflubenzuron	氟苯脲	5
46)	Tefluthrin	七氟菊酯	0.05T
47)	Terbufos	特丁硫磷	0.05T
48)	Thiacloprid	噻虫啉	5.0T
49)	Boscalid	啶酰菌胺	0.3T
50)	Fenhexamid	环酰菌胺	10

59. Chwinamul 野生紫菀

序号	药品通用名	中文名	最大残留限量（mg/kg）
1)	Abamectin	阿维菌素	0.7
2)	Acrinathrin	氟丙菊酯	3
3)	Azoxystrobin	嘧菌酯	3
4)	Bifenthrin	联苯菊酯	3
5)	Cadusafos	硫线磷	0.2
6)	Carbendazim	多菌灵	20
7)	Chlorantraniliprole	氯虫苯甲酰胺	7
8)	Chlorfenapyr	虫螨腈	3

79

（续）

序号	药品通用名	中文名	最大残留限量（mg/kg）
9）	Chlorothalonil	百菌清	5.0T
10）	Chromafenozide	环虫酰肼	15
11）	Cyantraniliprole	溴氰虫酰胺	15
12）	Cyfluthrin	氟氯氰菊酯	0.05
13）	Cypermethrin	氯氰菊酯	7
14）	Deltamethrin	溴氰菊酯	2
15）	Difenoconazole	苯醚甲环唑	5
16）	Emamectin benzoate	甲氨基阿维菌素苯甲酸盐	0.2
17）	Ethoprophos（ethoprop）	灭线磷	0.05
18）	Etofenprox	醚菊酯	15
19）	Etridiazole	土菌灵	5.0T
20）	Fenarimol	氯苯嘧啶醇	1
21）	Fenazaquin	喹螨醚	2
22）	Fenbuconazole	腈苯唑	3.0T
23）	Fenitrothion	杀螟硫磷	7
24）	Fenoxaprop-ethyl	噁唑禾草灵	0.05T
25）	Fenpyrazamine	胺苯吡菌酮	15T
26）	Fenvalerate	氰戊菊酯	3
27）	Fluazifop-butyl	吡氟禾草灵	0.05T
28）	Fluazinam	氟啶胺	0.05T
29）	Flubendiamide	氟苯虫酰胺	20
30）	Fludioxonil	咯菌腈	15
31）	Flufenoxuron	氟虫脲	6
32）	Flutolanil	氟酰胺	7
33）	Fluxapyroxad	氟唑菌酰胺	10
34）	Glufosinate（ammonium）	草铵膦（胺）	0.05T
35）	Hexaconazole	己唑醇	1
36）	Imidacloprid	吡虫啉	3
37）	Iminoctadine	双胍辛胺	7
38）	Indoxacarb	茚虫威	10
39）	Kresoxim-methyl	醚菌酯	30
40）	Linuron	利谷隆	0.05T
41）	Lufenuron	虱螨脲	7
42）	MCPA	2甲4氯	0.05T
43）	Mecoprop-P	精2甲4氯丙酸	0.05T
44）	Metaflumizone	氰氟虫腙	10
45）	Methoxyfenozide	甲氧虫酰肼	20
46）	Myclobutanil	腈菌唑	2
47）	Napropamide	敌草胺	0.1

（续）

序号	药品通用名	中文名	最大残留限量（mg/kg）
48)	Novaluron	氟酰脲	5
49)	Phorate	甲拌磷	3
50)	Phoxim	辛硫磷	0.05
51)	Propiconazole	丙环唑	5.0T
52)	Pymetrozine	吡蚜酮	1
53)	Pyraclostrobin	吡唑醚菌酯	20
54)	Pyridalyl	三氟甲吡醚	5
55)	Pyrifluquinazon	吡氟喹虫唑	7
56)	Spinetoram	乙基多杀菌素	3
57)	Spirodiclofen	螺螨酯	20
58)	Tebuconazole	戊唑醇	0.05
59)	Tebufenpyrad	吡螨胺	1.5
60)	Tebupirimfos	丁基嘧啶磷	0.06
61)	Teflubenzuron	氟苯脲	7
62)	Tefluthrin	七氟菊酯	0.05
63)	Terbufos	特丁硫磷	0.5
64)	Thiamethoxam	噻虫嗪	10
65)	Thifluzamide	噻呋酰胺	5
66)	Triadimenol	三唑醇	3.0T
67)	Trifloxystrobin	肟菌酯	15
60. Citrus fruits 柑橘类水果			
1)	2,4-D, 2,4-dichlorophenoxyacetic acid	2,4-滴，2,4-二氯苯氧乙酸	0.15†
2)	Acephate	乙酰甲胺磷	5.0T
3)	Acetamiprid	啶虫脒	0.5†
4)	Aldrin & Dieldrin	艾氏剂，狄氏剂	0.05T
5)	Azinphos-methyl	保棉磷	1.0T
6)	Azoxystrobin	嘧菌酯	10†
7)	Boscalid	啶酰菌胺	2.0†
8)	Bromacil	除草定	0.1T
9)	Bromopropylate	溴螨酯	5.0T
10)	Carbofuran	克百威	2.0T
11)	Chlorantraniliprole	氯虫苯甲酰胺	0.6†
12)	Chlorpropham	氯苯胺灵	0.05T
13)	Chlorpyrifos	毒死蜱	1.0†
14)	Clofentezine	四螨嗪	0.5T
15)	Cyantraniliprole	溴氰虫酰胺	0.7†
16)	Cyflumetofen	丁氟螨酯	0.3†
17)	Cyfluthrin	氟氯氰菊酯	2.0T
18)	Cyhalothrin	氯氟氰菊酯	1

（续）

序号	药品通用名	中文名	最大残留限量（mg/kg）
19)	Cyhexatin	三环锡	2.0T
20)	Cypermethrin	氯氰菊酯	2.0T
21)	Dichlobenil	敌草腈	0.15T
22)	Dichlofluanid	苯氟磺胺	15.0T
23)	Dicofol	三氯杀螨醇	1.0T
24)	Difenoconazole	苯醚甲环唑	0.6†
25)	Dimethoate	乐果	2.0T
26)	Diuron	敌草隆	1.0T
27)	Ethiofencarb	乙硫苯威	5.0T
28)	Ethion	乙硫磷	0.01T
29)	Ethylene dibromide	二溴乙烷	0.2T
30)	Fenbuconazole	腈苯唑	0.5†
31)	Fenbutatin oxide	苯丁锡	5.0T
32)	Fenitrothion	杀螟硫磷	2
33)	Fenpropathrin	甲氰菊酯	2.0†
34)	Fenpyroximate	唑螨酯	0.7†
35)	Fenvalerate	氰戊菊酯	2.0T
36)	Fludioxonil	咯菌腈	10†
37)	Fluopyram	氟吡菌酰胺	1.0†
38)	Flupyradifurone	氟吡呋喃酮	3.0†
39)	Fluxapyroxad	氟唑菌酰胺	1.0†
40)	Folpet	灭菌丹	2.0T
41)	Formothion	安硫磷	0.2T
42)	Glufosinate（ammonium）	草铵膦（胺）	0.05†
43)	Heptachlor	七氯	0.01T
44)	Hexythiazox	噻螨酮	0.6†
45)	Imazalil	抑霉唑	5.0T
46)	Imidacloprid	吡虫啉	0.7†
47)	Isofenphos	异柳磷	0.2T
48)	Maleic hydrazide	抑芽丹	40.0T
49)	Mecarbam	灭蚜磷	0.05T
50)	Methamidophos	甲胺磷	0.5T
51)	Methiocarb	甲硫威	0.05T
52)	Methomyl	灭多威	1.0T
53)	Methoxyfenozide	甲氧虫酰肼	3.0†
54)	Methylbromide	溴甲烷	30
55)	Mevinphos	速灭磷	0.2T
56)	Monocrotophos	久效磷	0.2T
57)	Omethoate	氧乐果	0.2T

（续）

序号	药品通用名	中文名	最大残留限量（mg/kg）
58)	Ortho-phenyl phenol	邻苯基苯酚	10.0T
59)	Oxamyl	杀线威	5.0T
60)	Oxathiapiprolin	氟噻唑吡乙酮	0.05†
61)	Pendimethalin	二甲戊灵	0.05†
62)	Permethrin（permetrin）	氯菊酯	0.5T
63)	Phenthoate	稻丰散	1
64)	Phosalone	伏杀磷	1.0T
65)	Phosmet	亚胺硫磷	3.0†
66)	Phosphamidone	磷胺	0.4T
67)	Pirimicarb	抗蚜威	0.05T
68)	Pirimiphos-methyl	甲基嘧啶磷	1.0T
69)	Propiconazole	丙环唑	8.0†
70)	Pyraclostrobin	吡唑醚菌酯	2.0†
71)	Pyrethrins	除虫菊素	1.0T
72)	Pyrimethanil	嘧霉胺	7.0†
73)	Saflufenacil	苯嘧磺草胺	0.03†
74)	Sethoxydim	烯禾啶	1.0T
75)	Spinosad	多杀霉素	0.3†
76)	Spirodiclofen	螺螨酯	0.4†
77)	Spirotetramat	螺虫乙酯	0.5†
78)	Tetradifon	三氯杀螨砜	2.0T
79)	Thiabendazole	噻菌灵	10.0T
80)	Trifloxystrobin	肟菌酯	0.5†
81)	Trifluralin	氟乐灵	0.05T

61. Coastal hog fennel 小茴香

序号	药品通用名	中文名	最大残留限量（mg/kg）
1)	Abamectin	阿维菌素	0.6
2)	Acequinocyl	灭螨醌	7.0T
3)	Acetamiprid	啶虫脒	7
4)	Azoxystrobin	嘧菌酯	10
5)	Boscalid	啶酰菌胺	5.0T
6)	Cadusafos	硫线磷	0.05T
7)	Carbendazim	多菌灵	5.0T
8)	Chlorothalonil	百菌清	5.0T
9)	Chlorpyrifos	毒死蜱	0.05T
10)	Cyantraniliprole	溴氰虫酰胺	10
11)	Cyenopyrafen	腈吡螨酯	3
12)	Cyflumetofen	丁氟螨酯	40
13)	Cyhexatin	三环锡	30
14)	Dazomet	棉隆	0.1T

（续）

序号	药品通用名	中文名	最大残留限量（mg/kg）
15）	Dithiocarbamates	二硫代氨基甲酸酯	5.0T
16）	Emamectin benzoate	甲氨基阿维菌素苯甲酸盐	0.15
17）	Ethoprophos（ethoprop）	灭线磷	0.05T
18）	Etoxazole	乙螨唑	0.1T
19）	Fenitrothion	杀螟硫磷	5.0T
20）	Fenpropathrin	甲氰菊酯	5.0T
21）	Fluxapyroxad	氟唑菌酰胺	15
22）	Hexythiazox	噻螨酮	5.0T
23）	Hymexazol	恶霉灵	0.07
24）	Iprobenfos	异稻瘟净	0.2T
25）	Linuron	利谷隆	0.05T
26）	Metconazole	叶菌唑	20
27）	Novaluron	氟酰脲	0.05T
28）	Phenthoate	稻丰散	5.0T
29）	Phorate	甲拌磷	0.05T
30）	Pymetrozine	吡蚜酮	0.5T
31）	Pyribencarb	吡菌苯威	3.0T
32）	Pyrifluquinazon	吡氟喹虫唑	15
33）	Spinetoram	乙基多杀菌素	3
34）	Spirodiclofen	螺螨酯	15T
35）	Spirotetramat	螺虫乙酯	5
36）	Sulfoxaflor	氟啶虫胺腈	10
37）	Tebufenpyrad	吡螨胺	1
38）	Terbufos	特丁硫磷	0.05T
39）	Thiacloprid	噻虫啉	20
62. Coconut 椰子			
1）	Azoxystrobin	嘧菌酯	0.7T
63. Coffee bean 咖啡豆			
1）	Aldicarb	涕灭威	0.1T
2）	Azoxystrobin	嘧菌酯	0.02†
3）	Benzovindiflupyr	苯并烯氟菌唑	0.15†
4）	Boscalid	啶酰菌胺	0.05†
5）	Captan	克菌丹	0.2T
6）	Carbendazim	多菌灵	0.03†
7）	Carbofuran	克百威	0.1†
8）	Chlorantraniliprole	氯虫苯甲酰胺	0.03†
9）	Chlorpyrifos	毒死蜱	0.05†
10）	Clothianidin	噻虫胺	0.05†
11）	Cyantraniliprole	溴氰虫酰胺	0.03†

（续）

序号	药品通用名	中文名	最大残留限量（mg/kg）
12)	Cyhalothrin	氯氟氰菊酯	0.05T
13)	Cypermethrin	氯氰菊酯	0.05†
14)	Cyproconazole	环丙唑醇	0.09†
15)	Dicloran	氯硝胺	0.1T
16)	Diphenylamine	二苯胺	5.0T
17)	Disulfoton	乙拌磷	0.2T
18)	Endosulfan	硫丹	0.2†
19)	Epoxiconazole	氟环唑	0.05†
20)	Ethephon	乙烯利	0.1T
21)	Fenamiphos	苯线磷	0.1T
22)	Fenpropathrin	甲氰菊酯	0.02T
23)	Glufosinate（ammonium）	草铵膦（胺）	0.1†
24)	Glyphosate	草甘膦	1.0†
25)	Hexythiazox	噻螨酮	0.09†
26)	Imidacloprid	吡虫啉	0.7†
27)	Metaflumizone	氰氟虫腙	0.05T
28)	Methamidophos	甲胺磷	0.1T
29)	Monocrotophos	久效磷	0.1T
30)	Oxyfluorfen	乙氧氟草醚	0.05†
31)	Phorate	甲拌磷	0.05†
32)	Pirimicarb	抗蚜威	0.05T
33)	Procymidone	腐霉利	0.05T
34)	Profenofos	丙溴磷	0.03†
35)	Propiconazole	丙环唑	0.02†
36)	Pyraclostrobin	吡唑醚菌酯	0.3†
37)	Pyriproxyfen	吡丙醚	0.05†
38)	Saflufenacil	苯嘧磺草胺	0.03†
39)	Spirodiclofen	螺螨酯	0.03†
40)	Tebuconazole	戊唑醇	0.1†
41)	Terbufos	特丁硫磷	0.05†
42)	Thiamethoxam	噻虫嗪	0.1†
43)	Triadimefon	三唑酮	0.5T
44)	Triadimenol	三唑醇	0.15†
45)	Triazophos	三唑磷	0.05T
46)	Trifloxystrobin	肟菌酯	0.01†

64. Coriander leaves 香菜

序号	药品通用名	中文名	最大残留限量（mg/kg）
1)	Alachlor	甲草胺	0.05T
2)	Chlorpyrifos	毒死蜱	0.05T
3)	Ethoprophos（ethoprop）	灭线磷	0.05T

（续）

序号	药品通用名	中文名	最大残留限量（mg/kg）
4)	Etofenprox	醚菊酯	0.05T
5)	Pendimethalin	二甲戊灵	0.05T
6)	Phenthoate	稻丰散	0.05T
7)	Pymetrozine	吡蚜酮	0.3T
8)	Pyrifluquinazon	吡氟喹虫唑	0.05T
9)	Spiromesifen	螺虫酯	0.05T
10)	Sulfoxaflor	氟啶虫胺腈	0.05T
65. Coriander seed　香菜籽			
1)	Dithiocarbamates	二硫代氨基甲酸酯	0.1T
2)	Phorate	甲拌磷	0.1T
66. Cotton seed　棉籽			
1)	2,4-D，2,4-dichlorophenoxyacetic acid	2,4-滴，2,4-二氯苯氧乙酸	0.08†
2)	Acephate	乙酰甲胺磷	2.0T
3)	Acetamiprid	啶虫脒	0.6†
4)	Acetochlor	乙草胺	0.6†
5)	Azinphos-methyl	保棉磷	0.2T
6)	Bromopropylate	溴螨酯	1.0T
7)	Captan	克菌丹	2.0T
8)	Carbaryl	甲萘威	0.5T
9)	Carbendazim	多菌灵	0.2†
10)	Carbofuran	克百威	0.1T
11)	Carboxin	萎锈灵	0.2T
12)	Chlorantraniliprole	氯虫苯甲酰胺	0.3†
13)	Chlormequat	矮壮素	0.5T
14)	Chlorpropham	氯苯胺灵	0.05T
15)	Chlorpyrifos	毒死蜱	0.15†
16)	Clethodim	烯草酮	0.2T
17)	Clofentezine	四螨嗪	1.0T
18)	Clomazone	异噁草酮	0.05T
19)	Cyantraniliprole	溴氰虫酰胺	1.5†
20)	Cyfluthrin	氟氯氰菊酯	0.05T
21)	Cyhalothrin	氯氟氰菊酯	0.01†
22)	Cypermethrin	氯氰菊酯	0.2T
23)	Dicamba	麦草畏	3.0†
24)	Dichlofluanid	苯氟磺胺	15.0T
25)	Dicloran	氯硝胺	0.1T
26)	Dicofol	三氯杀螨醇	0.1T
27)	Dimethipin	噻节因	0.5T
28)	Dimethoate	乐果	0.1T

（续）

序号	药品通用名	中文名	最大残留限量（mg/kg）
29)	Diquat	敌草快	1.0T
30)	Diuron	敌草隆	1.0T
31)	Ethephon	乙烯利	2.0T
32)	Ethiofencarb	乙硫苯威	5.0T
33)	Fenamiphos	苯线磷	0.05T
34)	Fenbutatin oxide	苯丁锡	2.0T
35)	Fenoxaprop-ethyl	噁唑禾草灵	0.05T
36)	Fenpropathrin	甲氰菊酯	1.0T
37)	Fensulfothion	丰索磷	0.02T
38)	Fenvalerate	氰戊菊酯	0.2T
39)	Fluazifop-butyl	吡氟禾草灵	0.1T
40)	Fluopyram	氟吡菌酰胺	0.8†
41)	Fluxapyroxad	氟唑菌酰胺	0.5†
42)	Glufosinate（ammonium）	草铵膦（胺）	3.0†
43)	Glyphosate	草甘膦	15†
44)	Heptachlor	七氯	0.02T
45)	Imazalil	抑霉唑	0.05T
46)	Linuron	利谷隆	0.2T
47)	Malathion	马拉硫磷	2.0T
48)	Maleic hydrazide	抑芽丹	40.0T
49)	Metalaxyl	甲霜灵	0.05T
50)	Metconazole	叶菌唑	0.25†
51)	Methamidophos	甲胺磷	0.1T
52)	Methomyl	灭多威	0.4T
53)	Metolachlor	异丙甲草胺	0.1T
54)	Monocrotophos	久效磷	0.1T
55)	Nitrapyrin	三氯甲基吡啶	1.0T
56)	Oxamyl	杀线威	0.15†
57)	Oxyfluorfen	乙氧氟草醚	0.05†
58)	Paraquat	百草枯	0.2T
59)	Parathion	对硫磷	1.0T
60)	Parathion-methyl	甲基对硫磷	1.0T
61)	Pendimethalin	二甲戊灵	0.1T
62)	Permethrin（permetrin）	氯菊酯	0.5T
63)	Phorate	甲拌磷	0.05T
64)	Phoxim	辛硫磷	0.05T
65)	Pirimicarb	抗蚜威	0.05T
66)	Profenofos	丙溴磷	3.0T
67)	Prometryn	扑草净	0.2T

（续）

序号	药品通用名	中文名	最大残留限量（mg/kg）
68)	Propargite	克螨特	0.1T
69)	Pyraclostrobin	吡唑醚菌酯	0.3†
70)	Pyrethrins	除虫菊素	1.0T
71)	Quintozene	五氯硝基苯	0.01T
72)	Quizalofop-ethyl	精喹禾灵	0.06†
73)	Saflufenacil	苯嘧磺草胺	0.2†
74)	Sethoxydim	烯禾啶	0.05†
75)	Spiromesifen	螺虫酯	0.4†
76)	Sulfoxaflor	氟啶虫胺腈	0.3†
77)	Triazophos	三唑磷	0.1T
78)	Trifluralin	氟乐灵	0.05T
67. Cowpea　豇豆			
1)	Abamectin	阿维菌素	0.05T
2)	Acetamiprid	啶虫脒	0.3T
3)	Bifenthrin	联苯菊酯	0.05T
4)	Chlorfluazuron	氟啶脲	0.05
5)	Cyantraniliprole	溴氰虫酰胺	0.05T
6)	Cyenopyrafen	腈吡螨酯	0.05T
7)	Cyflumetofen	丁氟螨酯	0.1T
8)	Deltamethrin	溴氰菊酯	0.05
9)	Etofenprox	醚菊酯	0.05
10)	Fenitrothion	杀螟硫磷	0.05T
11)	Lufenuron	虱螨脲	0.05T
12)	Metaflumizone	氰氟虫腙	0.05T
13)	Methoxyfenozide	甲氧虫酰肼	5.0T
14)	Pyridalyl	三氟甲吡醚	0.05T
15)	Pyrifluquinazon	吡氟喹虫唑	0.05
16)	Spinetoram	乙基多杀菌素	0.05T
17)	Tebufenpyrad	吡螨胺	0.05T
68. Cranberry　蔓越橘			
1)	2,4-D, 2,4-dichlorophenoxyacetic acid	2,4-滴，2,4-二氯苯氧乙酸	0.05T
2)	Abamectin	阿维菌素	0.1T
3)	Acequinocyl	灭螨醌	0.2T
4)	Acetamiprid	啶虫脒	0.3T
5)	Acibenzolar-S-methyl	苯并噻二唑	0.2T
6)	Azoxystrobin	嘧菌酯	0.5T
7)	Boscalid	啶酰菌胺	5.0T
8)	Carbaryl	甲萘威	5.0T
9)	Chlorantraniliprole	氯虫苯甲酰胺	0.7†

（续）

序号	药品通用名	中文名	最大残留限量（mg/kg）
10)	Chlorothalonil	百菌清	5.0T
11)	Chlorpyrifos	毒死蜱	1.0†
12)	Clethodim	烯草酮	0.05T
13)	Clopyralid	二氯吡啶酸	3.0T
14)	Cyantraniliprole	溴氰虫酰胺	0.7T
15)	Dichlobenil	敌草腈	0.05T
16)	Dinotefuran	呋虫胺	0.15T
17)	Dithiocarbamates	二硫代氨基甲酸酯	5.0†
18)	Fenbuconazole	腈苯唑	1.0T
19)	Fenhexamid	环酰菌胺	2.0T
20)	Flonicamid	氟啶虫酰胺	0.5T
21)	Fluensulfone	联氟砜	0.05T
22)	Fluxapyroxad	氟唑菌酰胺	0.5T
23)	Fosetyl-aluminium	三乙膦酸铝	1.0T
24)	Glyphosate	草甘膦	0.2T
25)	Imidacloprid	吡虫啉	0.04†
26)	Indoxacarb	茚虫威	1.0†
27)	Isofetamid	异丙噻菌胺	3.0T
28)	Malathion	马拉硫磷	0.5T
29)	Metalaxyl	甲霜灵	0.2T
30)	Methoxyfenozide	甲氧虫酰肼	0.5†
31)	Napropamide	敌草胺	0.05T
32)	Norflurazon	氟草敏	0.1T
33)	Novaluron	氟酰脲	1.0T
34)	Penthiopyrad	吡噻菌胺	0.5T
35)	Phosmet	亚胺硫磷	3.0†
36)	Propiconazole	丙环唑	0.3T
37)	Prothioconazole	丙硫菌唑	0.15T
38)	Quinclorac	二氯喹啉酸	1.5†
39)	Simazine	西玛津	0.25T
40)	Spinetoram	乙基多杀菌素	0.2T
41)	Spiromesifen	螺虫酯	1.0T
42)	Spirotetramat	螺虫乙酯	0.2†
43)	Sulfoxaflor	氟啶虫胺腈	0.5T
44)	Tebufenozide	虫酰肼	0.5†

69. Crown daisy 茼蒿

1)	Abamectin	阿维菌素	0.05
2)	Acetamiprid	啶虫脒	10
3)	Alachlor	甲草胺	0.2T

89

（续）

序号	药品通用名	中文名	最大残留限量 （mg/kg）
4)	Ametoctradin	唑嘧菌胺	0.05T
5)	Azoxystrobin	嘧菌酯	30
6)	Benalaxyl	苯霜灵	3.0T
7)	Bentazone	灭草松	0.2T
8)	Bifenthrin	联苯菊酯	3
9)	Boscalid	啶酰菌胺	20
10)	Bromobutide	溴丁酰草胺	0.05T
11)	Butachlor	丁草胺	0.1T
12)	Cadusafos	硫线磷	0.05
13)	Carbaryl	甲萘威	1.0T
14)	Carbendazim	多菌灵	10
15)	Cartap	杀螟丹	1.0T
16)	Chlorantraniliprole	氯虫苯甲酰胺	4
17)	Chlorfenapyr	虫螨腈	2
18)	Chlorfluazuron	氟啶脲	5
19)	Chlorothalonil	百菌清	5.0T
20)	Chlorpyrifos	毒死蜱	0.05T
21)	Chlorpyrifos-methyl	甲基毒死蜱	0.2T
22)	Chromafenozide	环虫酰肼	15
23)	Clothianidin	噻虫胺	0.05
24)	Cyantraniliprole	溴氰虫酰胺	15
25)	Cyazofamid	氰霜唑	15
26)	Cyfluthrin	氟氯氰菊酯	0.05
27)	Cyhalothrin	氯氟氰菊酯	0.5T
28)	Cymoxanil	霜脲氰	1.0T
29)	Cypermethrin	氯氰菊酯	5
30)	Dazomet	棉隆	0.1T
31)	Deltamethrin	溴氰菊酯	0.3
32)	Dichlofluanid	苯氟磺胺	15.0T
33)	Diethofencarb	乙霉威	30
34)	Difenoconazole	苯醚甲环唑	7
35)	Dimethomorph	烯酰吗啉	20
36)	Epoxiconazole	氟环唑	0.05T
37)	Ethiofencarb	乙硫苯威	5.0T
38)	Ethoprophos（ethoprop）	灭线磷	0.1
39)	Etofenprox	醚菊酯	15
40)	Etoxazole	乙螨唑	1.0T
41)	Etridiazole	土菌灵	0.1T
42)	Fenbuconazole	腈苯唑	3.0T

（续）

序号	药品通用名	中文名	最大残留限量（mg/kg）
43)	Fenbutatin oxide	苯丁锡	2.0T
44)	Fenitrothion	杀螟硫磷	0.05
45)	Fenobucarb	仲丁威	0.05T
46)	Fenpropathrin	甲氰菊酯	0.3T
47)	Fenpyrazamine	胺苯吡菌酮	15T
48)	Fenvalerate	氰戊菊酯	3
49)	Fluazifop-butyl	吡氟禾草灵	0.05T
50)	Fludioxonil	咯菌腈	5
51)	Flufenoxuron	氟虫脲	5
52)	Fluopicolide	氟吡菌胺	1.0T
53)	Flupyradifurone	氟吡呋喃酮	15
54)	Fluxapyroxad	氟唑菌酰胺	0.05T
55)	Fosthiazate	噻唑磷	5
56)	Glufosinate (ammonium)	草铵膦（胺）	0.05T
57)	Imicyafos	氰咪唑硫磷	5
58)	Imidacloprid	吡虫啉	2
59)	Iminoctadine	双胍辛胺	1.0T
60)	Indoxacarb	茚虫威	20
61)	Iprobenfos	异稻瘟净	0.2T
62)	Isoprothiolane	稻瘟灵	0.2T
63)	Isopyrazam	吡唑萘菌胺	1.0T
64)	Lufenuron	虱螨脲	5
65)	Malathion	马拉硫磷	0.2T
66)	Maleic hydrazide	抑芽丹	25.0T
67)	Metaflumizone	氰氟虫腙	10
68)	Methiocarb	甲硫威	0.2T
69)	Methomyl	灭多威	0.5T
70)	Methoxyfenozide	甲氧虫酰肼	10
71)	Metribuzin	嗪草酮	0.5T
72)	Myclobutanil	腈菌唑	1.0T
73)	Napropamide	敌草胺	0.05T
74)	Novaluron	氟酰脲	20
75)	Oxadixyl	噁霜灵	0.1T
76)	Oxamyl	杀线威	1.0T
77)	Oxolinic acid	喹菌酮	10
78)	Parathion	对硫磷	0.3T
79)	Parathion-methyl	甲基对硫磷	1.0T
80)	Pendimethalin	二甲戊灵	0.2T
81)	Permethrin (permetrin)	氯菊酯	3.0T

（续）

序号	药品通用名	中文名	最大残留限量 （mg/kg）
82）	Phenthoate	稻丰散	1.0T
83）	Phorate	甲拌磷	0.05T
84）	Phoxim	辛硫磷	0.05
85）	Pirimicarb	抗蚜威	2.0T
86）	Pymetrozine	吡蚜酮	0.7
87）	Pyrethrins	除虫菊素	1.0T
88）	Pyribencarb	吡菌苯威	3.0T
89）	Pyridalyl	三氟甲吡醚	20
90）	Pyrifluquinazon	吡氟喹虫唑	7
91）	Sethoxydim	烯禾啶	10.0T
92）	Simazine	西玛津	10T
93）	Spinetoram	乙基多杀菌素	2
94）	Spirotetramat	螺虫乙酯	5
95）	Sulfoxaflor	氟啶虫胺腈	10
96）	Tebupirimfos	丁基嘧啶磷	0.07
97）	Teflubenzuron	氟苯脲	5
98）	Tefluthrin	七氟菊酯	0.05T
99）	Terbufos	特丁硫磷	1.5
100）	Thiacloprid	噻虫啉	1.0T
101）	Thiamethoxam	噻虫嗪	1
102）	Thiobencarb	禾草丹	0.2T
103）	Tricyclazole	三环唑	0.2T
104）	Trifluralin	氟乐灵	0.05T
105）	Valifenalate	磺草灵	1.0T
106）	Zoxamide	苯酰菌胺	3.0T
70. Cucumber 黄瓜			
1）	Abamectin	阿维菌素	0.05
2）	Acephate	乙酰甲胺磷	2
3）	Acetamiprid	啶虫脒	0.7
4）	Acrinathrin	氟丙菊酯	0.5
5）	Alanycarb	棉铃威	0.1T
6）	Ametoctradin	唑嘧菌胺	0.5
7）	Amisulbrom	吲唑磺菌胺	0.7
8）	Amitraz	双甲脒	0.5
9）	Azinphos-methyl	保棉磷	0.3T
10）	Azoxystrobin	嘧菌酯	0.5
11）	Benalaxyl	苯霜灵	0.3
12）	Bentazone	灭草松	0.2T
13）	Benthiavalicarb-isopropyl	苯噻菌胺	0.3

（续）

序号	药品通用名	中文名	最大残留限量 （mg/kg）
14)	Bifenazate	联苯肼酯	0.5
15)	Bifenthrin	联苯菊酯	0.5
16)	Bistrifluron	双三氟虫脲	0.5
17)	Bitertanol	联苯三唑醇	0.5
18)	Boscalid	啶酰菌胺	0.3
19)	Buprofezin	噻嗪酮	1
20)	Cadusafos	硫线磷	0.05
21)	Captan	克菌丹	5.0T
22)	Carbaryl	甲萘威	0.5T
23)	Carbendazim	多菌灵	1
24)	Carbofuran	克百威	0.05
25)	Cartap	杀螟丹	0.07
26)	Chlorantraniliprole	氯虫苯甲酰胺	0.5
27)	Chlorfenapyr	虫螨腈	0.5
28)	Chlorothalonil	百菌清	5
29)	Chlorpropham	氯苯胺灵	0.05T
30)	Chlorpyrifos	毒死蜱	0.5
31)	Clothianidin	噻虫胺	0.5
32)	Cyantraniliprole	溴氰虫酰胺	0.5
33)	Cyazofamid	氰霜唑	0.5
34)	Cyclaniliprole	环溴虫酰胺	0.2
35)	Cyfluthrin	氟氯氰菊酯	2.0T
36)	Cyhalothrin	氯氟氰菊酯	0.5
37)	Cyhexatin	三环锡	0.5T
38)	Cymoxanil	霜脲氰	0.3
39)	Cypermethrin	氯氰菊酯	0.2
40)	DBEDC	胺磺酮	3
41)	Deltamethrin	溴氰菊酯	0.5
42)	Diafenthiuron	丁醚脲	2
43)	Dichlofluanid	苯氟磺胺	5.0T
44)	Dichlorvos	敌敌畏	0.1
45)	Dicofol	三氯杀螨醇	1.0T
46)	Diethofencarb	乙霉威	0.5
47)	Difenoconazole	苯醚甲环唑	1
48)	Diflubenzuron	除虫脲	1
49)	Dimethoate	乐果	2.0T
50)	Dimethomorph	烯酰吗啉	0.7
51)	Dinotefuran	呋虫胺	1
52)	Dithianon	二氰蒽醌	0.3

（续）

序号	药品通用名	中文名	最大残留限量 （mg/kg）
53)	Dithiocarbamates	二硫代氨基甲酸酯	1
54)	Emamectin benzoate	甲氨基阿维菌素苯甲酸盐	0.05
55)	Ethaboxam	噻唑菌胺	2
56)	Ethephon	乙烯利	0.1T
57)	Ethiofencarb	乙硫苯威	1.0T
58)	Ethoprophos（ethoprop）	灭线磷	0.02T
59)	Etofenprox	醚菊酯	5
60)	Etridiazole	土菌灵	0.2
61)	Famoxadone	噁唑菌酮	0.5
62)	Fenamidone	咪唑菌酮	0.1
63)	Fenarimol	氯苯嘧啶醇	0.5
64)	Fenbuconazole	腈苯唑	0.3
65)	Fenbutatin oxide	苯丁锡	2.0T
66)	Fenhexamid	环酰菌胺	0.5
67)	Fenpropathrin	甲氰菊酯	0.2T
68)	Fenpyrazamine	胺苯吡菌酮	0.5
69)	Fenvalerate	氰戊菊酯	0.2
70)	Fipronil	氟虫腈	0.1T
71)	Flonicamid	氟啶虫酰胺	2
72)	Fluazinam	氟啶胺	0.2
73)	Flubendiamide	氟苯虫酰胺	1
74)	Fludioxonil	咯菌腈	0.7
75)	Flufenoxuron	氟虫脲	0.5
76)	Fluopicolide	氟吡菌胺	0.5
77)	Fluopyram	氟吡菌酰胺	1
78)	Fluquinconazole	氟喹唑	1
79)	Flusilazole	氟硅唑	0.2
80)	Flutianil	氟噻唑菌腈	0.05
81)	Fluxametamide	氟噁唑酰胺	0.3
82)	Fluxapyroxad	氟唑菌酰胺	0.2
83)	Folpet	灭菌丹	0.5
84)	Fosetyl-aluminium	三乙膦酸铝	30
85)	Fosthiazate	噻唑磷	0.5
86)	Glufosinate（ammonium）	草铵膦（胺）	0.05
87)	Hexaconazole	己唑醇	0.05
88)	Hydrogen cyanide	氢氰酸	5
89)	Hymexazol	噁霉灵	0.05
90)	Imazalil	抑霉唑	0.5T
91)	Imicyafos	氰咪唑硫磷	0.2

（续）

序号	药品通用名	中文名	最大残留限量 （mg/kg）
92）	Imidacloprid	吡虫啉	0.5
93）	Iminoctadine	双胍辛胺	0.5
94）	Indoxacarb	茚虫威	0.5
95）	Iprodione	异菌脲	5
96）	Iprovalicarb	缬霉威	1
97）	Isofetamid	异丙噻菌胺	2
98）	Isopyrazam	吡唑萘菌胺	2
99）	Kresoxim-methyl	醚菌酯	0.5
100）	Lepimectin	雷皮菌素	0.2
101）	Lufenuron	虱螨脲	0.2
102）	Malathion	马拉硫磷	0.05
103）	Maleic hydrazide	抑芽丹	25.0T
104）	Mandipropamid	双炔酰菌胺	0.5
105）	Mepanipyrim	嘧菌胺	1
106）	Meptyldinocap	消螨多	0.7
107）	Metaflumizone	氰氟虫腙	0.5
108）	Metalaxyl	甲霜灵	1
109）	Methamidophos	甲胺磷	0.2
110）	Methiocarb	甲硫威	0.3
111）	Methomyl	灭多威	0.2T
112）	Methoxychlor	甲氧滴滴涕	14.0T
113）	Methoxyfenozide	甲氧虫酰肼	0.3
114）	Metrafenone	苯菌酮	0.7
115）	Metribuzin	嗪草酮	0.5T
116）	Mevinphos	速灭磷	0.2T
117）	Milbemectin	弥拜菌素	0.05
118）	Myclobutanil	腈菌唑	1
119）	Novaluron	氟酰脲	0.5
120）	Omethoate	氧乐果	0.01T
121）	Ortho-phenyl phenol	邻苯基苯酚	10.0T
122）	Oxadixyl	噁霜灵	0.3T
123）	Oxamyl	杀线威	2.0T
124）	Oxolinic acid	喹菌酮	0.7
125）	Parathion	对硫磷	0.3T
126）	Parathion-methyl	甲基对硫磷	0.2T
127）	Penconazole	戊菌唑	0.1T
128）	Pendimethalin	二甲戊灵	0.2T
129）	Penthiopyrad	吡噻菌胺	0.5
130）	Permethrin（permetrin）	氯菊酯	0.5T

（续）

序号	药品通用名	中文名	最大残留限量（mg/kg）
131)	Phenthoate	稻丰散	0.2
132)	Phosphamidone	磷胺	0.1T
133)	Picarbutrazox	四唑吡氨酯	0.3
134)	Picoxystrobin	啶氧菌酯	1
135)	Pirimicarb	抗蚜威	1.0T
136)	Pirimiphos-methyl	甲基嘧啶磷	0.5T
137)	Prochloraz	咪鲜胺	1
138)	Procymidone	腐霉利	2
139)	Profenofos	丙溴磷	2.0T
140)	Propamocarb	霜霉威	2
141)	Pydiflumetofen	氟啶菌酰羟胺	0.3
142)	Pyflubumide	一种杀螨剂	0.3
143)	Pymetrozine	吡蚜酮	0.2
144)	Pyraclostrobin	吡唑醚菌酯	0.5
145)	Pyraziflumid	新型杀菌剂	0.3
146)	Pyrazophos	吡菌磷	0.1T
147)	Pyrethrins	除虫菊素	1.0T
148)	Pyribencarb	吡菌苯威	0.5
149)	Pyridaben	哒螨灵	1
150)	Pyridalyl	三氟甲吡醚	0.5
151)	Pyridaphenthion	哒嗪硫磷	0.2T
152)	Pyrifluquinazon	吡氟喹虫唑	0.3
153)	Pyrimethanil	嘧霉胺	2
154)	Pyriofenone	甲氧苯哌菌	0.7
155)	Pyriproxyfen	吡丙醚	0.2
156)	Sethoxydim	烯禾啶	10.0T
157)	Simeconazole	硅氟唑	0.5
158)	Spinetoram	乙基多杀菌素	0.05
159)	Spinosad	多杀霉素	0.3
160)	Spirodiclofen	螺螨酯	0.5
161)	Spiromesifen	螺虫酯	0.5
162)	Spirotetramat	螺虫乙酯	0.3
163)	Streptomycin	链霉素	0.5
164)	Sulfoxaflor	氟啶虫胺腈	0.5
165)	Tebuconazole	戊唑醇	0.2
166)	Tebufenozide	虫酰肼	0.7
167)	Teflubenzuron	氟苯脲	0.2
168)	Tetraconazole	四氟醚唑	1
169)	Tetradifon	三氯杀螨砜	1.0T

（续）

序号	药品通用名	中文名	最大残留限量 (mg/kg)
170）	Tetraniliprole	氟氰虫酰胺	0.3
171）	Thiacloprid	噻虫啉	0.3
172）	Thiamethoxam	噻虫嗪	0.5
173）	Thiobencarb	禾草丹	0.2T
174）	Tolylfluanid	甲苯氟磺胺	2.0T
175）	Triadimefon	三唑酮	0.2
176）	Triadimenol	三唑醇	0.5T
177）	Trifloxystrobin	肟菌酯	0.5
178）	Triflumizole	氟菌唑	1
179）	Trifluralin	氟乐灵	0.05T
180）	Triforine	嗪氨灵	1
181）	Valifenalate	磺草灵	0.3
182）	Vinclozolin	乙烯菌核利	1.0T
183）	Zoxamide	苯酰菌胺	0.5

71. Cumin（seed） 孜然（籽）

序号	药品通用名	中文名	最大残留限量 (mg/kg)
1）	Dithiocarbamates	二硫代氨基甲酸酯	10T

72. Dandelion 蒲公英

序号	药品通用名	中文名	最大残留限量 (mg/kg)
1）	Fenitrothion	杀螟硫磷	1.0T
2）	Fluazifop-butyl	吡氟禾草灵	0.05T
3）	Novaluron	氟酰脲	0.05T
4）	Penthiopyrad	吡噻菌胺	2

73. Danggwi leaves 当归叶

序号	药品通用名	中文名	最大残留限量 (mg/kg)
1）	Acetamiprid	啶虫脒	10
2）	Bifenthrin	联苯菊酯	8
3）	Boscalid	啶酰菌胺	5.0T
4）	Chlorantraniliprole	氯虫苯甲酰胺	4
5）	Chlorfenapyr	虫螨腈	0.7
6）	Cyantraniliprole	溴氰虫酰胺	10
7）	Cyenopyrafen	腈吡螨酯	3
8）	Cyflumetofen	丁氟螨酯	40
9）	Cyhexatin	三环锡	30
10）	Deltamethrin	溴氰菊酯	2
11）	Diflubenzuron	除虫脲	20
12）	Dimethomorph	烯酰吗啉	25
13）	Emamectin benzoate	甲氨基阿维菌素苯甲酸盐	0.15
14）	Etoxazole	乙螨唑	0.1T
15）	Fenitrothion	杀螟硫磷	5.0T
16）	Fenpyroximate	唑螨酯	5.0T
17）	Flonicamid	氟啶虫酰胺	7

（续）

序号	药品通用名	中文名	最大残留限量（mg/kg）
18)	Fluazinam	氟啶胺	2
19)	Flupyradifurone	氟吡呋喃酮	15
20)	Fluxapyroxad	氟唑菌酰胺	0.05T
21)	Glufosinate（ammonium）	草铵膦（胺）	0.05T
22)	Isopyrazam	吡唑萘菌胺	5.0T
23)	Metolachlor	异丙甲草胺	0.05T
24)	Penthiopyrad	吡噻菌胺	15
25)	Phorate	甲拌磷	0.05T
26)	Pymetrozine	吡蚜酮	3
27)	Pyraclostrobin	吡唑醚菌酯	15
28)	Pyribencarb	吡菌苯威	3.0T
29)	Pyridalyl	三氟甲吡醚	15
30)	Pyrifluquinazon	吡氟喹虫唑	2
31)	Spinetoram	乙基多杀菌素	3
32)	Spirotetramat	螺虫乙酯	5
33)	Sulfoxaflor	氟啶虫胺腈	10
34)	Tebufenozide	虫酰肼	10
35)	Tebufenpyrad	吡螨胺	1
36)	Thiacloprid	噻虫啉	5.0T

74. Deodeok 羊乳（桔梗科党参属的植物）

序号	药品通用名	中文名	最大残留限量（mg/kg）
1)	Abamectin	阿维菌素	0.05T
2)	Acequinocyl	灭螨醌	0.1
3)	Acetamiprid	啶虫脒	0.2
4)	Ametoctradin	唑嘧菌胺	0.05T
5)	Amisulbrom	吲唑磺菌胺	0.2T
6)	Azoxystrobin	嘧菌酯	0.1
7)	Bifenthrin	联苯菊酯	0.05
8)	Boscalid	啶酰菌胺	0.05T
9)	Cadusafos	硫线磷	0.05T
10)	Carbendazim	多菌灵	0.05
11)	Chlorantraniliprole	氯虫苯甲酰胺	0.05T
12)	Chlorfenapyr	虫螨腈	0.1
13)	Chlorothalonil	百菌清	0.05T
14)	Chlorpyrifos	毒死蜱	0.05T
15)	Cyazofamid	氰霜唑	0.3T
16)	Cyhexatin	三环锡	0.1T
17)	Deltamethrin	溴氰菊酯	0.05T
18)	Difenoconazole	苯醚甲环唑	0.05
19)	Diflubenzuron	除虫脲	0.3T

（续）

序号	药品通用名	中文名	最大残留限量（mg/kg）
20)	Dimethomorph	烯酰吗啉	0.05T
21)	Dithiocarbamates	二硫代氨基甲酸酯	0.2T
22)	Emamectin benzoate	甲氨基阿维菌素苯甲酸盐	0.05T
23)	Ethoprophos (ethoprop)	灭线磷	0.05T
24)	Etofenprox	醚菊酯	0.05T
25)	Fenazaquin	喹螨醚	0.05T
26)	Fenhexamid	环酰菌胺	0.05T
27)	Fenpropathrin	甲氰菊酯	0.2T
28)	Fenpyroximate	唑螨酯	0.05T
29)	Fluazifop-butyl	吡氟禾草灵	0.05
30)	Fludioxonil	咯菌腈	0.05T
31)	Fluquinconazole	氟喹唑	0.2
32)	Fosetyl-aluminium	三乙膦酸铝	2.0T
33)	Fosthiazate	噻唑磷	0.05T
34)	Glufosinate (ammonium)	草铵膦（胺）	0.05T
35)	Hexaconazole	己唑醇	0.05
36)	Hexythiazox	噻螨酮	0.05T
37)	Hymexazol	噁霉灵	0.05T
38)	Imicyafos	氰咪唑硫磷	0.05T
39)	Imidacloprid	吡虫啉	0.05
40)	Iminoctadine	双胍辛胺	0.05T
41)	Indoxacarb	茚虫威	0.05T
42)	Iprodione	异菌脲	0.05T
43)	Kresoxim-methyl	醚菌酯	0.05
44)	Lufenuron	虱螨脲	0.05T
45)	MCPA	2甲4氯	0.05T
46)	Metalaxyl	甲霜灵	0.05T
47)	Metaldehyde	四聚乙醛	0.05T
48)	Myclobutanil	腈菌唑	0.1
49)	Napropamide	敌草胺	0.1
50)	Oxathiapiprolin	氟噻唑吡乙酮	0.05T
51)	Oxolinic acid	喹菌酮	0.05T
52)	Pendimethalin	二甲戊灵	0.05T
53)	Penthiopyrad	吡噻菌胺	0.05T
54)	Phorate	甲拌磷	0.05T
55)	Phoxim	辛硫磷	0.05T
56)	Prochloraz	咪鲜胺	0.05
57)	Propaquizafop	噁草酸	0.05T
58)	Propiconazole	丙环唑	0.05T

（续）

序号	药品通用名	中文名	最大残留限量（mg/kg）
59)	Pymetrozine	吡蚜酮	1
60)	Pyraclostrobin	吡唑醚菌酯	0.05T
61)	Pyribencarb	吡菌苯威	0.05T
62)	Simeconazole	硅氟唑	0.05
63)	Sulfoxaflor	氟啶虫胺腈	0.05T
64)	Tebuconazole	戊唑醇	0.05
65)	Tebufenozide	虫酰肼	0.1T
66)	Tebufenpyrad	吡螨胺	0.05
67)	Tebupirimfos	丁基嘧啶磷	0.05T
68)	Tefluthrin	七氟菊酯	0.05T
69)	Terbufos	特丁硫磷	0.05T
70)	Thiamethoxam	噻虫嗪	0.1T
71)	Tolclofos-methyl	甲基立枯磷	1.0T
72)	Trifloxystrobin	肟菌酯	0.2
75. Dolnamul 垂盆草/豆瓣菜			
1)	Acetamiprid	啶虫脒	20
2)	Bifenthrin	联苯菊酯	8
3)	Boscalid	啶酰菌胺	30
4)	Carbendazim	多菌灵	10
5)	Chlorpyrifos	毒死蜱	0.05T
6)	Clothianidin	噻虫胺	5.0T
7)	Cyantraniliprole	溴氰虫酰胺	10
8)	Deltamethrin	溴氰菊酯	2
9)	Diethofencarb	乙霉威	20
10)	Emamectin benzoate	甲氨基阿维菌素苯甲酸盐	0.15
11)	Flonicamid	氟啶虫酰胺	7
12)	Flupyradifurone	氟吡呋喃酮	15
13)	Lufenuron	虱螨脲	7
14)	Pymetrozine	吡蚜酮	3
15)	Pyrifluquinazon	吡氟喹虫唑	2
16)	Spinetoram	乙基多杀菌素	3
17)	Spirotetramat	螺虫乙酯	5
18)	Sulfoxaflor	氟啶虫胺腈	10
19)	Thiacloprid	噻虫啉	7
20)	Thiamethoxam	噻虫嗪	5
21)	Triflumizole	氟菌唑	7
76. Dragon fruit 火龙果			
1)	Acetamiprid	啶虫脒	0.5
2)	Bifenthrin	联苯菊酯	0.1

（续）

序号	药品通用名	中文名	最大残留限量（mg/kg）
3)	Chlorantraniliprole	氯虫苯甲酰胺	0.7
4)	Emamectin benzoate	甲氨基阿维菌素苯甲酸盐	0.05
5)	Etofenprox	醚菊酯	0.5T
6)	Flonicamid	氟啶虫酰胺	0.2
7)	Lufenuron	虱螨脲	0.3
8)	Pymetrozine	吡蚜酮	0.5
9)	Pyridalyl	三氟甲吡醚	1.5
10)	Spirotetramat	螺虫乙酯	0.5
77. Dried fruits 干果类			
1)	Aluminium phosphide（hydrogen phosphide）	磷化铝	0.1
2)	Methylbromide	溴甲烷	30
3)	Piperonyl butoxide	增效醚	0.2T
78. Dried ginseng 干参			
1)	Abamectin	阿维菌素	0.05
2)	Acetamiprid	啶虫脒	0.1
3)	Aldrin & Dieldrin	艾氏剂，狄氏剂	0.05T
4)	Aluminium phosphide（hydrogen phosphide）	磷化铝	0.1
5)	Ametoctradin	唑嘧菌胺	0.05
6)	Amisulbrom	吲唑磺菌胺	0.3
7)	Azoxystrobin	嘧菌酯	0.5
8)	Benalaxyl	苯霜灵	0.05
9)	BHC	六六六	0.05T
10)	Bifenthrin	联苯菊酯	0.5
11)	Cadusafos	硫线磷	0.2
12)	Captan	克菌丹	0.2
13)	Carbendazim	多菌灵	0.5
14)	Carbofuran	克百威	0.05
15)	Chlorothalonil	百菌清	0.1
16)	Clethodim	烯草酮	0.05
17)	Cyazofamid	氰霜唑	0.3
18)	Cyfluthrin	氟氯氰菊酯	0.7
19)	Cymoxanil	霜脲氰	0.2
20)	Cypermethrin	氯氰菊酯	0.1
21)	Cyprodinil	嘧菌环胺	2
22)	DDT	滴滴涕	0.05T
23)	Deltamethrin	溴氰菊酯	0.05
24)	Diethofencarb	乙霉威	0.3
25)	Difenoconazole	苯醚甲环唑	0.5
26)	Dimethomorph	烯酰吗啉	15

（续）

序号	药品通用名	中文名	最大残留限量（mg/kg）
27)	Dinotefuran	呋虫胺	0.05
28)	Dithiocarbamates	二硫代氨基甲酸酯	0.3
29)	Emamectin benzoate	甲氨基阿维菌素苯甲酸盐	0.05
30)	Endrin	异狄氏剂	0.05T
31)	Etofenprox	醚菊酯	0.1
32)	Famoxadone	噁唑菌酮	0.3
33)	Fenhexamid	环酰菌胺	0.3
34)	Fenpyrazamine	胺苯吡菌酮	1
35)	Fluazinam	氟啶胺	0.7
36)	Fludioxonil	咯菌腈	4
37)	Fluopicolide	氟吡菌胺	0.1
38)	Fluquinconazole	氟喹唑	0.5
39)	Flutolanil	氟酰胺	5
40)	Fluxametamide	氟噁唑酰胺	0.05
41)	Fluxapyroxad	氟唑菌酰胺	1
42)	Fosthiazate	噻唑磷	0.1
43)	Glufosinate（ammonium）	草铵膦（胺）	0.05
44)	Hexaconazole	己唑醇	0.5
45)	Hymexazol	噁霉灵	0.2
46)	Imidacloprid	吡虫啉	0.05
47)	Iminoctadine	双胍辛胺	0.2
48)	Iprodione	异菌脲	0.7
49)	Iprovalicarb	缬霉威	0.1
50)	Isofetamid	异丙噻菌胺	1
51)	Kresoxim-methyl	醚菌酯	1
52)	Lindane, γ-BHC	林丹，γ-六六六	0.05T
53)	Mandestrobin	甲氧基丙烯酸酯类杀菌剂	0.5
54)	Mandipropamid	双炔酰菌胺	0.1
55)	Metaflumizone	氰氟虫腙	0.3
56)	Metalaxyl	甲霜灵	0.5
57)	Metaldehyde	四聚乙醛	0.05
58)	Metrafenone	苯菌酮	0.3
59)	Oxathiapiprolin	氟噻唑吡乙酮	0.15†
60)	Pencycuron	戊菌隆	0.7
61)	Penthiopyrad	吡噻菌胺	3
62)	Picarbutrazox	四唑吡氨酯	2
63)	Picoxystrobin	啶氧菌酯	0.5
64)	Prochloraz	咪鲜胺	0.7
65)	Propamocarb	霜霉威	1

（续）

序号	药品通用名	中文名	最大残留限量 （mg/kg）
66）	Pyribencarb	吡菌苯威	1
67）	Pyrifluquinazon	吡氟喹虫唑	0.05
68）	Pyrimethanil	嘧霉胺	0.3
69）	Quintozene	五氯硝基苯	0.5T
70）	Sethoxydim	烯禾啶	0.05
71）	Simeconazole	硅氟唑	0.7
72）	Spinetoram	乙基多杀菌素	0.05
73）	Spirotetramat	螺虫乙酯	0.05
74）	Sulfoxaflor	氟啶虫胺腈	0.05
75）	Tebuconazole	戊唑醇	1
76）	Tebupirimfos	丁基嘧啶磷	0.05
77）	Tefluthrin	七氟菊酯	0.1
78）	Terbufos	特丁硫磷	0.3
79）	Thiacloprid	噻虫啉	0.1
80）	Thifluzamide	噻呋酰胺	2
81）	Tolclofos-methyl	甲基立枯磷	2
82）	Tolylfluanid	甲苯氟磺胺	0.2T
83）	Trifloxystrobin	肟菌酯	0.2

79. Dried other plants　干燥的其他植物

序号	药品通用名	中文名	最大残留限量
1）	Aluminium phosphide（hydrogen phosphide）	磷化铝	0.01T

80. Dried vegetables　干菜类

序号	药品通用名	中文名	最大残留限量
1）	Aluminium phosphide（hydrogen phosphide）	磷化铝	0.1
2）	Methylbromide	溴甲烷	30

81. Dureup　刺老芽

序号	药品通用名	中文名	最大残留限量
1）	Carbendazim	多菌灵	1.0T
2）	Chlorpyrifos	毒死蜱	0.05T
3）	Cyenopyrafen	腈吡螨酯	1
4）	Cyflumetofen	丁氟螨酯	5
5）	Cyhexatin	三环锡	0.1T
6）	Dithiocarbamates	二硫代氨基甲酸酯	0.3T
7）	Ethoprophos（ethoprop）	灭线磷	0.05T
8）	Etoxazole	乙螨唑	3
9）	Fenazaquin	喹螨醚	0.1
10）	Milbemectin	弥拜菌素	0.1
11）	Oxolinic acid	喹菌酮	2.0T
12）	Pymetrozine	吡蚜酮	0.3T

82. Durian　榴莲

序号	药品通用名	中文名	最大残留限量
1）	Carbaryl	甲萘威	30†
2）	Chlorpyrifos	毒死蜱	0.4†

序号	药品通用名	中文名	最大残留限量 （mg/kg）
3）	Clothianidin	噻虫胺	0.9†

83. East asian hogweed　东亚猪草

序号	药品通用名	中文名	最大残留限量
1）	Cyflumetofen	丁氟螨酯	30T
2）	Fluazinam	氟啶胺	1.0T
3）	Flutianil	氟噻唑菌腈	1.0T
4）	Oxolinic acid	喹菌酮	5.0T
5）	Pyrifluquinazon	吡氟喹虫唑	1.0T
6）	Sulfoxaflor	氟啶虫胺腈	0.3

84. Edible fungi　食用菌

序号	药品通用名	中文名	最大残留限量
1）	Aluminium phosphide（hydrogen phosphide）	磷化铝	0.01T
2）	Bentazone	灭草松	0.2T
3）	Carbofuran	克百威	0.1T
4）	Chlormequat	矮壮素	0.05T
5）	Chlorpropham	氯苯胺灵	0.05T
6）	Cyhalothrin	氯氟氰菊酯	0.5T
7）	Cypermethrin	氯氰菊酯	0.05T
8）	Deltamethrin	溴氰菊酯	0.05T
9）	Dichlofluanid	苯氟磺胺	15.0T
10）	Ethiofencarb	乙硫苯威	5.0T
11）	Fenbutatin oxide	苯丁锡	2.0T
12）	Fenvalerate	氰戊菊酯	0.5T
13）	Malathion	马拉硫磷	0.5T
14）	Maleic hydrazide	抑芽丹	25.0T
15）	Mepiquat chloride	甲哌鎓	0.5T
16）	Methomyl	灭多威	0.5T
17）	Methoprene	烯虫酯	0.2T
18）	Methoxychlor	甲氧滴滴涕	14.0T
19）	Metrafenone	苯菌酮	0.5T
20）	Metribuzin	嗪草酮	0.5T
21）	Oxamyl	杀线威	1.0T
22）	Parathion-methyl	甲基对硫磷	1.0T
23）	Pendimethalin	二甲戊灵	0.2T
24）	Permethrin（permetrin）	氯菊酯	0.1T
25）	Pirimicarb	抗蚜威	2.0T
26）	Pirimiphos-methyl	甲基嘧啶磷	1.0T
27）	Pyrethrins	除虫菊素	1.0T
28）	Sethoxydim	烯禾啶	10.0T
29）	Teflubenzuron	氟苯脲	0.05
30）	Thiabendazole	噻菌灵	40.0T

（续）

序号	药品通用名	中文名	最大残留限量（mg/kg）
31)	Thiobencarb	禾草丹	0.2T

85. Eggplant 茄子

序号	药品通用名	中文名	最大残留限量（mg/kg）
1)	2,4-D，2,4-dichlorophenoxyacetic acid	2,4-滴，2,4-二氯苯氧乙酸	0.1T
2)	4-CPA，4-Chlorophenoxyacetate	氯苯氧乙酸	0.05
3)	Abamectin	阿维菌素	0.02
4)	Acephate	乙酰甲胺磷	5.0T
5)	Acequinocyl	灭螨醌	1
6)	Acetamiprid	啶虫脒	0.5
7)	Alachlor	甲草胺	0.05T
8)	Amisulbrom	吲唑磺菌胺	1.0T
9)	Amitraz	双甲脒	0.5
10)	Azinphos-methyl	保棉磷	0.3T
11)	Azoxystrobin	嘧菌酯	0.7
12)	Bentazone	灭草松	0.2T
13)	Bifenazate	联苯肼酯	0.5
14)	Bifenthrin	联苯菊酯	0.3
15)	Bitertanol	联苯三唑醇	0.5
16)	Boscalid	啶酰菌胺	0.7
17)	Buprofezin	噻嗪酮	0.3
18)	Cadusafos	硫线磷	0.05
19)	Captan	克菌丹	5.0T
20)	Carbendazim	多菌灵	2
21)	Carbofuran	克百威	0.1T
22)	Chlorantraniliprole	氯虫苯甲酰胺	0.2
23)	Chlorfenapyr	虫螨腈	0.5
24)	Chlorfluazuron	氟啶脲	0.2
25)	Chlorothalonil	百菌清	3
26)	Chlorpropham	氯苯胺灵	0.05T
27)	Chlorpyrifos	毒死蜱	0.1T
28)	Chromafenozide	环虫酰肼	0.3
29)	Clothianidin	噻虫胺	0.3
30)	Cyantraniliprole	溴氰虫酰胺	0.2
31)	Cyazofamid	氰霜唑	0.5
32)	Cyenopyrafen	腈吡螨酯	2
33)	Cyflufenamid	环氟菌胺	0.3
34)	Cyflumetofen	丁氟螨酯	1
35)	Cyfluthrin	氟氯氰菊酯	2.0T
36)	Cyhalothrin	氯氟氰菊酯	0.5T
37)	Cyhexatin	三环锡	0.5

（续）

序号	药品通用名	中文名	最大残留限量（mg/kg）
38)	Cypermethrin	氯氰菊酯	0.2T
39)	Dazomet	棉隆	0.1T
40)	Deltamethrin	溴氰菊酯	0.07
41)	Dichlofluanid	苯氟磺胺	1.0T
42)	Dicofol	三氯杀螨醇	1.0T
43)	Diethofencarb	乙霉威	1
44)	Difenoconazole	苯醚甲环唑	0.5
45)	Dimethomorph	烯酰吗啉	5.0T
46)	Dinotefuran	呋虫胺	0.5
47)	Emamectin benzoate	甲氨基阿维菌素苯甲酸盐	0.05
48)	Ethiofencarb	乙硫苯威	2.0T
49)	Ethoprophos（ethoprop）	灭线磷	0.05T
50)	Etofenprox	醚菊酯	0.5
51)	Etoxazole	乙螨唑	0.1
52)	Fenamiphos	苯线磷	0.1T
53)	Fenarimol	氯苯嘧啶醇	0.3
54)	Fenazaquin	喹螨醚	0.2
55)	Fenbutatin oxide	苯丁锡	2.0T
56)	Fenhexamid	环酰菌胺	2
57)	Fenitrothion	杀螟硫磷	0.5T
58)	Fenpyrazamine	胺苯吡菌酮	1
59)	Fenvalerate	氰戊菊酯	1.0T
60)	Flonicamid	氟啶虫酰胺	0.2
61)	Fludioxonil	咯菌腈	0.3
62)	Flufenoxuron	氟虫脲	1.0T
63)	Fluopicolide	氟吡菌胺	0.2
64)	Fluopyram	氟吡菌酰胺	2
65)	Flupyradifurone	氟吡呋喃酮	1
66)	Fluxapyroxad	氟唑菌酰胺	0.5
67)	Fosthiazate	噻唑磷	0.05
68)	Hexaconazole	己唑醇	0.05
69)	Hydrogen cyanide	氢氰酸	5
70)	Imazalil	抑霉唑	0.5T
71)	Imidacloprid	吡虫啉	1
72)	Iminoctadine	双胍辛胺	0.2
73)	Isopyrazam	吡唑萘菌胺	0.7
74)	Lufenuron	虱螨脲	0.3
75)	Malathion	马拉硫磷	0.5T
76)	Maleic hydrazide	抑芽丹	25.0T

（续）

序号	药品通用名	中文名	最大残留限量（mg/kg）
77）	Mandipropamid	双炔酰菌胺	0.3
78）	Mepanipyrim	嘧菌胺	3
79）	Metaflumizone	氰氟虫腙	0.2
80）	Methamidophos	甲胺磷	1.0T
81）	Methomyl	灭多威	0.2T
82）	Methoxychlor	甲氧滴滴涕	14.0T
83）	Methoxyfenozide	甲氧虫酰肼	0.3
84）	Metolachlor	异丙甲草胺	0.05T
85）	Metrafenone	苯菌酮	0.7
86）	Metribuzin	嗪草酮	0.5T
87）	Milbemectin	弥拜菌素	0.1
88）	Myclobutanil	腈菌唑	1.0T
89）	Novaluron	氟酰脲	0.3
90）	Oxadixyl	噁霜灵	0.1T
91）	Oxamyl	杀线威	2.0T
92）	Parathion	对硫磷	0.3T
93）	Parathion-methyl	甲基对硫磷	1.0T
94）	Pendimethalin	二甲戊灵	0.2T
95）	Penthiopyrad	吡噻菌胺	2
96）	Permethrin（permetrin）	氯菊酯	1.0T
97）	Phorate	甲拌磷	0.05
98）	Phoxim	辛硫磷	0.05T
99）	Picoxystrobin	啶氧菌酯	1.0T
100）	Pirimicarb	抗蚜威	1.0T
101）	Prochloraz	咪鲜胺	2
102）	Procymidone	腐霉利	2.0T
103）	Propamocarb	霜霉威	1.5
104）	Pymetrozine	吡蚜酮	0.2
105）	Pyraclostrobin	吡唑醚菌酯	0.5
106）	Pyrethrins	除虫菊素	1.0T
107）	Pyridaben	哒螨灵	1
108）	Pyridalyl	三氟甲吡醚	2
109）	Pyrifluquinazon	吡氟喹虫唑	0.1
110）	Pyrimethanil	嘧霉胺	2
111）	Pyriofenone	甲氧苯啶菌	0.7
112）	Pyriproxyfen	吡丙醚	1
113）	Sethoxydim	烯禾啶	10.0T
114）	Spinetoram	乙基多杀菌素	0.5
115）	Spinosad	多杀霉素	0.5

（续）

序号	药品通用名	中文名	最大残留限量（mg/kg）
116)	Spirodiclofen	螺螨酯	2
117)	Spirotetramat	螺虫乙酯	0.7
118)	Sulfoxaflor	氟啶虫胺腈	0.2
119)	Tebufenpyrad	吡螨胺	0.5T
120)	Tebupirimfos	丁基嘧啶磷	0.05
121)	Teflubenzuron	氟苯脲	0.2
122)	Tefluthrin	七氟菊酯	0.05T
123)	Terbufos	特丁硫磷	0.05
124)	Tetraconazole	四氟醚唑	0.5
125)	Thiacloprid	噻虫啉	0.5
126)	Thiamethoxam	噻虫嗪	0.2
127)	Thiobencarb	禾草丹	0.2T
128)	Triadimefon	三唑酮	0.2T
129)	Trifloxystrobin	肟菌酯	0.7
130)	Triflumizole	氟菌唑	0.2
131)	Trifluralin	氟乐灵	0.05T
132)	Triforine	嗪氨灵	0.2
86. Elderberry　接骨木果			
1)	Boscalid	啶酰菌胺	5.0T
2)	Spinosad	多杀霉素	0.05T
87. Enoke			
1)	Fludioxonil	咯菌腈	0.05T
88. Fennel（seed）　茴香（籽）			
1)	Dithiocarbamates	二硫代氨基甲酸酯	0.1T
2)	Phorate	甲拌磷	0.1T
89. Fig　无花果			
1)	Abamectin	阿维菌素	0.05
2)	Acequinocyl	灭螨醌	2
3)	Acetamiprid	啶虫脒	0.3
4)	Amitraz	双甲脒	0.3T
5)	Azoxystrobin	嘧菌酯	2
6)	Benthiavalicarb-isopropyl	苯噻菌胺	0.1
7)	Bifenthrin	联苯菊酯	0.3T
8)	Boscalid	啶酰菌胺	5.0T
9)	Buprofezin	噻嗪酮	1
10)	Carbendazim	多菌灵	2.0T
11)	Chlorantraniliprole	氯虫苯甲酰胺	0.7T
12)	Chlorfenapyr	虫螨腈	0.5
13)	Chlorothalonil	百菌清	5

（续）

序号	药品通用名	中文名	最大残留限量（mg/kg）
14)	Clothianidin	噻虫胺	0.5T
15)	Cyenopyrafen	腈吡螨酯	1.0T
16)	Difenoconazole	苯醚甲环唑	0.5T
17)	Diflubenzuron	除虫脲	2.0T
18)	Dimethomorph	烯酰吗啉	3
19)	Dinotefuran	呋虫胺	1
20)	Emamectin benzoate	甲氨基阿维菌素苯甲酸盐	0.05
21)	Ethoprophos（ethoprop）	灭线磷	0.05T
22)	Etofenprox	醚菊酯	1.0T
23)	Etoxazole	乙螨唑	0.3
24)	Fenitrothion	杀螟硫磷	0.3T
25)	Fenpyroximate	唑螨酯	0.5T
26)	Flonicamid	氟啶虫酰胺	0.5
27)	Fluacrypyrim	嘧螨酯	0.5T
28)	Flufenoxuron	氟虫脲	0.3T
29)	Fosetyl-aluminium	三乙膦酸铝	1
30)	Fosthiazate	噻唑磷	0.05T
31)	Imicyafos	氰咪唑硫磷	0.05T
32)	Imidacloprid	吡虫啉	0.3
33)	Indoxacarb	茚虫威	0.5T
34)	Iprovalicarb	缬霉威	1
35)	Kresoxim-methyl	醚菌酯	1.0T
36)	Lufenuron	虱螨脲	0.3T
37)	Metalaxyl	甲霜灵	0.2T
38)	Metconazole	叶菌唑	0.4T
39)	Methoxyfenozide	甲氧虫酰肼	0.5T
40)	Novaluron	氟酰脲	1.0T
41)	Penthiopyrad	吡噻菌胺	0.5T
42)	Picoxystrobin	啶氧菌酯	2.0T
43)	Pymetrozine	吡蚜酮	0.5
44)	Pyraclostrobin	吡唑醚菌酯	0.7
45)	Spinetoram	乙基多杀菌素	0.2T
46)	Spinosad	多杀霉素	1
47)	Spiromesifen	螺虫酯	1.0T
48)	Sulfoxaflor	氟啶虫胺腈	0.5T
49)	Tebuconazole	戊唑醇	0.5T
50)	Tebufenozide	虫酰肼	2.0T
51)	Tebufenpyrad	吡螨胺	0.5T
52)	Tebupirimfos	丁基嘧啶磷	0.05T

（续）

序号	药品通用名	中文名	最大残留限量（mg/kg）
53)	Terbufos	特丁硫磷	0.05T
54)	Tetradifon	三氯杀螨砜	1.0T
55)	Thiacloprid	噻虫啉	0.7T
56)	Thiamethoxam	噻虫嗪	2
57)	Trifloxystrobin	肟菌酯	0.7T
58)	Zoxamide	苯酰菌胺	0.5
90. Flowerhead brassicas 头状花序芸薹属蔬菜			
1)	Acetamiprid	啶虫脒	0.7†
2)	Oxathiapiprolin	氟噻唑吡乙酮	0.9†
3)	Spinosad	多杀霉素	2.0†
4)	Spiromesifen	螺虫酯	3.0†
5)	Tebufenozide	虫酰肼	5.0†
6)	Trifloxystrobin	肟菌酯	0.5†
91. Fresh ginseng 鲜参			
1)	Abamectin	阿维菌素	0.05
2)	Acetamiprid	啶虫脒	0.1
3)	Alachlor	甲草胺	0.05T
4)	Aldrin & Dieldrin	艾氏剂，狄氏剂	0.01T
5)	Aluminium phosphide（hydrogen phosphide）	磷化铝	0.1
6)	Ametoctradin	唑嘧菌胺	0.05
7)	Amisulbrom	吲唑磺菌胺	0.3
8)	Amitraz	双甲脒	0.05
9)	Azoxystrobin	嘧菌酯	0.1
10)	Benalaxyl	苯霜灵	0.05
11)	BHC	六六六	0.02T
12)	Bifenthrin	联苯菊酯	0.5
13)	Boscalid	啶酰菌胺	0.3
14)	Buprofezin	噻嗪酮	0.07
15)	Butachlor	丁草胺	0.1T
16)	Cadusafos	硫线磷	0.05
17)	Captan	克菌丹	0.1
18)	Carbendazim	多菌灵	0.2
19)	Carbofuran	克百威	0.05
20)	Carpropamide	环丙酰菌胺	1.0T
21)	Chlorantraniliprole	氯虫苯甲酰胺	0.05T
22)	Chlorfenapyr	虫螨腈	0.1
23)	Chlorothalonil	百菌清	0.1
24)	Chlorpyrifos	毒死蜱	0.05T
25)	Chlorpyrifos-methyl	甲基毒死蜱	0.05T

（续）

序号	药品通用名	中文名	最大残留限量（mg/kg）
26）	Clethodim	烯草酮	0.05
27）	Clothianidin	噻虫胺	0.2
28）	Cyazofamid	氰霜唑	0.3
29）	Cyfluthrin	氟氯氰菊酯	0.1
30）	Cyhalothrin	氯氟氰菊酯	0.05
31）	Cymoxanil	霜脲氰	0.2
32）	Cypermethrin	氯氰菊酯	0.1
33）	Cyprodinil	嘧菌环胺	2
34）	Dazomet	棉隆	0.1T
35）	DDT	滴滴涕	0.02T
36）	Deltamethrin	溴氰菊酯	0.05
37）	Diethofencarb	乙霉威	0.3
38）	Difenoconazole	苯醚甲环唑	0.5
39）	Dimethomorph	烯酰吗啉	3
40）	Diniconazole	烯唑醇	0.05T
41）	Dinotefuran	呋虫胺	0.05
42）	Dithianon	二氰蒽醌	0.2
43）	Dithiocarbamates	二硫代氨基甲酸酯	0.3
44）	Emamectin benzoate	甲氨基阿维菌素苯甲酸盐	0.05
45）	Endrin	异狄氏剂	0.01T
46）	Ethaboxam	噻唑菌胺	0.2
47）	Ethalfluralin	乙丁烯氟灵	0.05T
48）	Ethoprophos（ethoprop）	灭线磷	0.05T
49）	Etofenprox	醚菊酯	0.05
50）	Etridiazole	土菌灵	3
51）	Famoxadone	噁唑菌酮	0.05
52）	Fenhexamid	环酰菌胺	0.3
53）	Fenitrothion	杀螟硫磷	0.05T
54）	Fenobucarb	仲丁威	0.05T
55）	Fenpropathrin	甲氰菊酯	0.2T
56）	Fenpyrazamine	胺苯吡菌酮	0.5
57）	Ferimzone	嘧菌腙	0.7T
58）	Fluazinam	氟啶胺	0.7
59）	Fludioxonil	咯菌腈	0.5
60）	Flufenoxuron	氟虫脲	0.05T
61）	Fluopicolide	氟吡菌胺	0.1
62）	Fluopyram	氟吡菌酰胺	0.07T
63）	Fluquinconazole	氟喹唑	0.2
64）	Flusilazole	氟硅唑	0.07

（续）

序号	药品通用名	中文名	最大残留限量（mg/kg）
65）	Flutolanil	氟酰胺	1
66）	Fluxametamide	氟噁唑酰胺	0.05
67）	Fluxapyroxad	氟唑菌酰胺	0.3
68）	Fosetyl-aluminium	三乙膦酸铝	2
69）	Fosthiazate	噻唑磷	0.05
70）	Glufosinate（ammonium）	草铵膦（胺）	0.05
71）	Glyphosate	草甘膦	0.2T
72）	Hexaconazole	己唑醇	0.5
73）	Hymexazol	噁霉灵	0.05
74）	Imidacloprid	吡虫啉	0.05
75）	Iminoctadine	双胍辛胺	0.1
76）	Indoxacarb	茚虫威	0.05T
77）	Iprodione	异菌脲	0.2
78）	Iprovalicarb	缬霉威	0.1
79）	Isofetamid	异丙噻菌胺	0.2
80）	Kresoxim-methyl	醚菌酯	0.2
81）	Lindane，γ-BHC	林丹，γ-六六六	0.01T
82）	Mandestrobin	甲氧基丙烯酸酯类杀菌剂	0.2
83）	Mandipropamid	双炔酰菌胺	0.1
84）	Metaflumizone	氰氟虫腙	0.3
85）	Metalaxyl	甲霜灵	0.5
86）	Metaldehyde	四聚乙醛	0.05
87）	Metconazole	叶菌唑	1
88）	Methoxyfenozide	甲氧虫酰肼	0.2
89）	Metolachlor	异丙甲草胺	0.05T
90）	Metrafenone	苯菌酮	0.1
91）	Napropamide	敌草胺	0.05T
92）	Novaluron	氟酰脲	0.05T
93）	Oxyfluorfen	乙氧氟草醚	0.05T
94）	Pencycuron	戊菌隆	0.7
95）	Penthiopyrad	吡噻菌胺	0.7
96）	Phenthoate	稻丰散	0.05T
97）	Phorate	甲拌磷	0.05T
98）	Picarbutrazox	四唑吡氨酯	1
99）	Picoxystrobin	啶氧菌酯	0.3
100）	Prochloraz	咪鲜胺	0.3
101）	Propamocarb	霜霉威	0.5
102）	Propiconazole	丙环唑	0.05T
103）	Pyraclostrobin	吡唑醚菌酯	2

（续）

序号	药品通用名	中文名	最大残留限量（mg/kg）
104）	Pyribencarb	吡菌苯威	0.5
105）	Pyrifluquinazon	吡氟喹虫唑	0.05
106）	Pyrimethanil	嘧霉胺	1
107）	Quintozene	五氯硝基苯	0.1T
108）	Sethoxydim	烯禾啶	0.05
109）	Simazine	西玛津	10T
110）	Simeconazole	硅氟唑	0.7
111）	Spinetoram	乙基多杀菌素	0.05
112）	Spirotetramat	螺虫乙酯	0.05
113）	Sulfoxaflor	氟啶虫胺腈	0.05
114）	Tebuconazole	戊唑醇	0.5
115）	Tebupirimfos	丁基嘧啶磷	0.05
116）	Teflubenzuron	氟苯脲	0.2T
117）	Tefluthrin	七氟菊酯	0.1
118）	Terbufos	特丁硫磷	0.05
119）	Thiacloprid	噻虫啉	0.1
120）	Thiamethoxam	噻虫嗪	0.1
121）	Thifluzamide	噻呋酰胺	1
122）	Tolclofos-methyl	甲基立枯磷	1
123）	Tolylfluanid	甲苯氟磺胺	0.2T
124）	Trifloxystrobin	肟菌酯	0.1
125）	Triflumizole	氟菌唑	0.1

92. Fruiting vegetables 瓜果类蔬菜

1）	Endrin	异狄氏剂	0.05T

93. Fruiting vegetables other than cucurbits 茄果类蔬菜

1）	Pydiflumetofen	氟啶菌酰羟胺	0.5†

94. Fruiting vegetables，cucurbits 瓜类蔬菜

1）	Cyflufenamid	环氟菌胺	0.5
2）	Flupyradifurone	氟吡呋喃酮	0.4†
3）	Oxathiapiprolin	氟噻唑吡乙酮	0.2†
4）	Procymidone	腐霉利	0.05

95. Fruits 水果类

1）	Acephate	乙酰甲胺磷	1.0T
2）	BHC	六六六	0.01T
3）	Carbophenothion	三硫磷	0.02T
4）	chlordane	氯丹	0.02T
5）	Chlorfenvinphos	毒虫畏	0.05T
6）	Chlormequat	矮壮素	1.0T
7）	Chlorobenzilate	乙酯杀螨醇	0.02T

（续）

序号	药品通用名	中文名	最大残留限量 （mg/kg）
8)	Chlorpropham	氯苯胺灵	0.05T
9)	Clofentezine	四螨嗪	1.0T
10)	Cyfluthrin	氟氯氰菊酯	1.0T
11)	Cyhalothrin	氯氟氰菊酯	0.5T
12)	Cypermethrin	氯氰菊酯	2.0T
13)	Dichlofluanid	苯氟磺胺	15.0T
14)	Ethiofencarb	乙硫苯威	5.0T
15)	Fenbutatin oxide	苯丁锡	2.0T
16)	Fenvalerate	氰戊菊酯	3.0T
17)	Maleic hydrazide	抑芽丹	40.0T
18)	Methamidophos	甲胺磷	0.1T
19)	Oxamyl	杀线威	0.5T
20)	Permethrin （permetrin）	氯菊酯	5.0T
21)	Pirimicarb	抗蚜威	1.0T
22)	Pyrethrins	除虫菊素	1.0T
23)	Sethoxydim	烯禾啶	1.0T

96. Garlic 大蒜

序号	药品通用名	中文名	最大残留限量 （mg/kg）
1)	Abamectin	阿维菌素	0.05
2)	Acephate	乙酰甲胺磷	2.0T
3)	Acetamiprid	啶虫脒	0.05
4)	Alachlor	甲草胺	0.05T
5)	Aluminium phosphide （hydrogen phosphide）	磷化铝	0.1
6)	Amitraz	双甲脒	0.05T
7)	Azinphos-methyl	保棉磷	0.3T
8)	Azoxystrobin	嘧菌酯	0.1
9)	Bentazone	灭草松	0.2T
10)	Benthiavalicarb-isopropyl	苯噻菌胺	0.05
11)	Bifenthrin	联苯菊酯	0.05
12)	Boscalid	啶酰菌胺	0.3
13)	Buprofezin	噻嗪酮	0.05
14)	Butachlor	丁草胺	0.1T
15)	Cadusafos	硫线磷	0.05
16)	Captan	克菌丹	5
17)	Carbaryl	甲萘威	0.05
18)	Carbendazim	多菌灵	0.2
19)	Carbofuran	克百威	0.1
20)	Cartap	杀螟丹	0.05
21)	Chlorantraniliprole	氯虫苯甲酰胺	0.05
22)	Chlorfenapyr	虫螨腈	0.1T

（续）

序号	药品通用名	中文名	最大残留限量（mg/kg）
23)	Chlorothalonil	百菌清	0.3
24)	Chlorpropham	氯苯胺灵	0.1T
25)	Chlorpyrifos	毒死蜱	0.05
26)	Chlorpyrifos-methyl	甲基毒死蜱	0.05
27)	Clethodim	烯草酮	0.05
28)	Clothianidin	噻虫胺	0.05
29)	Cyantraniliprole	溴氰虫酰胺	0.05
30)	Cyflumetofen	丁氟螨酯	0.04
31)	Cyfluthrin	氟氯氰菊酯	2
32)	Cyhalothrin	氯氟氰菊酯	0.05
33)	Cyhexatin	三环锡	0.1T
34)	Cypermethrin	氯氰菊酯	0.05
35)	Dazomet	棉隆	0.1
36)	Deltamethrin	溴氰菊酯	0.05
37)	Diazinon	二嗪磷	0.05
38)	Dichlofluanid	苯氟磺胺	15.0T
39)	Dicofol	三氯杀螨醇	1.0T
40)	Difenoconazole	苯醚甲环唑	0.5
41)	Dimethenamid	二甲吩草胺	0.05
42)	Dimethoate	乐果	0.5
43)	Dimethomorph	烯酰吗啉	0.05
44)	Diniconazole	烯唑醇	0.05
45)	Dinotefuran	呋虫胺	0.05
46)	Dithianon	二氰蒽醌	0.1
47)	Dithiocarbamates	二硫代氨基甲酸酯	0.3
48)	Emamectin benzoate	甲氨基阿维菌素苯甲酸盐	0.05
49)	Endosulfan	硫丹	0.1T
50)	Epoxiconazole	氟环唑	0.05
51)	Ethalfluralin	乙丁烯氟灵	0.05
52)	Ethiofencarb	乙硫苯威	5.0T
53)	Ethoprophos (ethoprop)	灭线磷	0.02
54)	Etofenprox	醚菊酯	0.05
55)	Fenamiphos	苯线磷	0.2T
56)	Fenbutatin oxide	苯丁锡	2.0T
57)	Fenhexamid	环酰菌胺	0.1
58)	Fenitrothion	杀螟硫磷	0.03
59)	Fenoxaprop-ethyl	噁唑禾草灵	0.05
60)	Fenpyrazamine	胺苯吡菌酮	0.05
61)	Fenpyroximate	唑螨酯	0.05

（续）

序号	药品通用名	中文名	最大残留限量 （mg/kg）
62）	Fenvalerate	氰戊菊酯	0.5T
63）	Fluazifop-butyl	吡氟禾草灵	0.5
64）	Fluazinam	氟啶胺	0.05
65）	Fludioxonil	咯菌腈	0.05
66）	Flufenoxuron	氟虫脲	0.05
67）	Fluquinconazole	氟喹唑	0.1
68）	Flusilazole	氟硅唑	0.05
69）	Fluthiacet-methyl	嗪草酸甲酯	0.05
70）	Flutolanil	氟酰胺	0.05
71）	Fluxametamide	氟噁唑酰胺	0.05
72）	Fluxapyroxad	氟唑菌酰胺	0.05
73）	Folpet	灭菌丹	2.0T
74）	Fosthiazate	噻唑磷	0.1
75）	Glufosinate （ammonium）	草铵膦（胺）	0.05
76）	Glyphosate	草甘膦	0.2T
77）	Haloxyfop	氟吡禾灵	0.05
78）	Hexaconazole	己唑醇	0.5
79）	Hexythiazox	噻螨酮	0.05
80）	Imicyafos	氰咪唑硫磷	0.05
81）	Iminoctadine	双胍辛胺	0.1
82）	Iprodione	异菌脲	0.1
83）	Iprovalicarb	缬霉威	0.1
84）	Isazofos	氯唑磷	0.01T
85）	Isoprothiolane	稻瘟灵	0.2
86）	Kresoxim-methyl	醚菌酯	0.3
87）	Linuron	利谷隆	1
88）	Lufenuron	虱螨脲	0.3
89）	Malathion	马拉硫磷	2.0T
90）	Maleic hydrazide	抑芽丹	50.0T
91）	Mandestrobin	甲氧基丙烯酸酯类杀菌剂	0.05
92）	MCPA	2甲4氯	0.05T
93）	Metalaxyl	甲霜灵	0.05
94）	Metconazole	叶菌唑	0.1
95）	Methabenzthiazuron	甲基苯噻隆	0.1
96）	Metolachlor	异丙甲草胺	0.05
97）	Metribuzin	嗪草酮	0.5T
98）	Myclobutanil	腈菌唑	1.0T
99）	Napropamide	敌草胺	0.05
100）	Oxadiazon	噁草酮	0.1

（续）

序号	药品通用名	中文名	最大残留限量（mg/kg）
101)	Oxamyl	杀线威	1.0T
102)	Oxolinic acid	喹菌酮	0.05
103)	Oxyfluorfen	乙氧氟草醚	0.05
104)	Parathion	对硫磷	0.3T
105)	Parathion-methyl	甲基对硫磷	1.0T
106)	Pencycuron	戊菌隆	0.1
107)	Pendimethalin	二甲戊灵	0.05
108)	Penthiopyrad	吡噻菌胺	0.05
109)	Permethrin（permetrin）	氯菊酯	3.0T
110)	Phorate	甲拌磷	0.05
111)	Phoxim	辛硫磷	0.05
112)	Picoxystrobin	啶氧菌酯	0.05
113)	Pirimicarb	抗蚜威	2.0T
114)	Pirimiphos-ethyl	嘧啶磷	0.1T
115)	Prochloraz	咪鲜胺	0.05
116)	Prohexadione-calcium	调环酸钙	0.05
117)	Propaquizafop	噁草酸	0.05
118)	Propiconazole	丙环唑	0.05
119)	Propisochlor	异丙草胺	0.1T
120)	Pydiflumetofen	氟啶菌酰羟胺	0.05
121)	Pyraclofos	吡唑硫磷	0.05T
122)	Pyraclostrobin	吡唑醚菌酯	0.05
123)	Pyrethrins	除虫菊素	1.0T
124)	Pyribencarb	吡菌苯威	0.05
125)	Pyridalyl	三氟甲吡醚	0.4
126)	Pyrimethanil	嘧霉胺	0.1
127)	Quizalofop-ethyl	精喹禾灵	0.05T
128)	Sethoxydim	烯禾啶	0.05
129)	Simeconazole	硅氟唑	0.05
130)	Streptomycin	链霉素	0.05
131)	Sulfoxaflor	氟啶虫胺腈	0.05
132)	Tebuconazole	戊唑醇	0.1
133)	Tebupirimfos	丁基嘧啶磷	0.01
134)	Tefluthrin	七氟菊酯	0.1
135)	Terbufos	特丁硫磷	0.05
136)	Thifluzamide	噻呋酰胺	0.05
137)	Thiobencarb	禾草丹	0.05
138)	Trifloxystrobin	肟菌酯	0.5
139)	Triflumizole	氟菌唑	0.05

（续）

序号	药品通用名	中文名	最大残留限量 （mg/kg）
140)	Trifluralin	氟乐灵	0.05T
97. Garlic（dried）大蒜（干）			
1)	Chlorothalonil	百菌清	0.7
2)	Flusilazole	氟硅唑	0.2
98. Ginger 姜			
1)	2,4-D，2,4-dichlorophenoxyacetic acid	2,4-滴，2,4-二氯苯氧乙酸	0.1T
2)	Acephate	乙酰甲胺磷	0.1T
3)	Acetamiprid	啶虫脒	0.05T
4)	Alachlor	甲草胺	0.05T
5)	Ametoctradin	唑嘧菌胺	0.05
6)	Amisulbrom	吲唑磺菌胺	2
7)	Azoxystrobin	嘧菌酯	0.1T
8)	Benalaxyl	苯霜灵	0.05
9)	Bentazone	灭草松	0.2T
10)	Benthiavalicarb-isopropyl	苯噻菌胺	0.05
11)	Bifenthrin	联苯菊酯	0.05
12)	Boscalid	啶酰菌胺	0.05T
13)	Cadusafos	硫线磷	0.05T
14)	Carbaryl	甲萘威	0.05T
15)	Carbendazim	多菌灵	0.05
16)	Cartap	杀螟丹	0.1T
17)	Chlorantraniliprole	氯虫苯甲酰胺	0.05T
18)	Chlorfenapyr	虫螨腈	0.1T
19)	Chlorfluazuron	氟啶脲	0.2T
20)	Chlorothalonil	百菌清	0.05
21)	Chlorpropham	氯苯胺灵	0.05T
22)	Chlorpyrifos	毒死蜱	0.05T
23)	Clothianidin	噻虫胺	0.05T
24)	Cyantraniliprole	溴氰虫酰胺	0.05T
25)	Cyazofamid	氰霜唑	0.5
26)	Cyhalothrin	氯氟氰菊酯	0.5T
27)	Cymoxanil	霜脲氰	0.1T
28)	Cypermethrin	氯氰菊酯	5.0T
29)	Dazomet	棉隆	0.1
30)	Deltamethrin	溴氰菊酯	0.05T
31)	Dichlofluanid	苯氟磺胺	15.0T
32)	Difenoconazole	苯醚甲环唑	0.05T
33)	Diflubenzuron	除虫脲	0.3T
34)	Dimethenamid	二甲吩草胺	0.2

序号	药品通用名	中文名	最大残留限量（mg/kg）
35）	Dimethomorph	烯酰吗啉	0.5
36）	Dinotefuran	呋虫胺	0.05T
37）	Dithiocarbamates	二硫代氨基甲酸酯	0.3
38）	Emamectin benzoate	甲氨基阿维菌素苯甲酸盐	0.05T
39）	Ethaboxam	噻唑菌胺	1
40）	Ethalfluralin	乙丁烯氟灵	0.05
41）	Ethiofencarb	乙硫苯威	5.0T
42）	Ethoprophos（ethoprop）	灭线磷	0.02T
43）	Etofenprox	醚菊酯	0.05T
44）	Fenazaquin	喹螨醚	0.05T
45）	Fenbutatin oxide	苯丁锡	2.0T
46）	Fenitrothion	杀螟硫磷	0.03T
47）	Fenoxanil	稻瘟酰胺	0.5T
48）	Fenpropathrin	甲氰菊酯	0.2T
49）	Fenvalerate	氰戊菊酯	0.5T
50）	Flufenoxuron	氟虫脲	0.2T
51）	Flutolanil	氟酰胺	0.05T
52）	Glufosinate（ammonium）	草铵膦（胺）	0.05
53）	Hexaconazole	己唑醇	0.05T
54）	Imidacloprid	吡虫啉	0.05T
55）	Indoxacarb	茚虫威	0.05
56）	Iprodione	异菌脲	0.05T
57）	Isoprothiolane	稻瘟灵	0.2T
58）	Lufenuron	虱螨脲	0.05T
59）	Maleic hydrazide	抑芽丹	25.0T
60）	Mandipropamid	双炔酰菌胺	0.05T
61）	Metaflumizone	氰氟虫腙	0.05T
62）	Metalaxyl	甲霜灵	0.5
63）	Metaldehyde	四聚乙醛	0.05T
64）	Methomyl	灭多威	0.2T
65）	Methoxyfenozide	甲氧虫酰肼	0.05T
66）	Metolachlor	异丙甲草胺	0.05T
67）	Metribuzin	嗪草酮	0.5T
68）	Novaluron	氟酰脲	0.1T
69）	Oxadixyl	噁霜灵	0.1T
70）	Oxamyl	杀线威	1.0T
71）	Oxolinic acid	喹菌酮	0.09
72）	Oxyfluorfen	乙氧氟草醚	0.05T
73）	Parathion	对硫磷	0.3T

119

（续）

序号	药品通用名	中文名	最大残留限量（mg/kg）
74）	Parathion-methyl	甲基对硫磷	1.0T
75）	Pencycuron	戊菌隆	0.05T
76）	Pendimethalin	二甲戊灵	0.05
77）	Permethrin（permetrin）	氯菊酯	3.0T
78）	Phorate	甲拌磷	0.05
79）	Pirimicarb	抗蚜威	2.0T
80）	Prochloraz	咪鲜胺	0.05
81）	Propamocarb	霜霉威	0.05
82）	Propiconazole	丙环唑	0.05T
83）	Pyraclostrobin	吡唑醚菌酯	0.05T
84）	Pyrethrins	除虫菊素	1.0T
85）	Pyridalyl	三氟甲吡醚	0.3T
86）	Sethoxydim	烯禾啶	10.0T
87）	Spinetoram	乙基多杀菌素	0.05
88）	Sulfoxaflor	氟啶虫胺腈	0.05T
89）	Tebuconazole	戊唑醇	0.05T
90）	Tebufenozide	虫酰肼	0.1T
91）	Tebufenpyrad	吡螨胺	0.05T
92）	Tebupirimfos	丁基嘧啶磷	0.05T
93）	Teflubenzuron	氟苯脲	0.2T
94）	Tefluthrin	七氟菊酯	0.05
95）	Terbufos	特丁硫磷	0.05
96）	Thiacloprid	噻虫啉	0.1T
97）	Thiamethoxam	噻虫嗪	0.1T
98）	Thifluzamide	噻呋酰胺	0.05T
99）	Thiobencarb	禾草丹	0.2T
100）	Tolclofos-methyl	甲基立枯磷	1.0T
101）	Tricyclazole	三环唑	0.2T
102）	Trifluralin	氟乐灵	0.05T
99. Ginger（dried）　干姜			
1）	Ethaboxam	噻唑菌胺	5
2）	Metalaxyl	甲霜灵	2
100. Ginkgo nut　白果			
1）	Chlorpropham	氯苯胺灵	0.05T
2）	Clofentezine	四螨嗪	1.0T
3）	Cyhalothrin	氯氟氰菊酯	0.5T
4）	Cypermethrin	氯氰菊酯	2.0T
5）	Dichlofluanid	苯氟磺胺	15.0T
6）	Ethiofencarb	乙硫苯威	5.0T

（续）

序号	药品通用名	中文名	最大残留限量（mg/kg）
7）	Fenbutatin oxide	苯丁锡	2.0T
8）	Fenvalerate	氰戊菊酯	0.2T
9）	Malathion	马拉硫磷	2.0T
10）	Maleic hydrazide	抑芽丹	40.0T
11）	Oxamyl	杀线威	0.5T
12）	Permethrin（permetrin）	氯菊酯	5.0T
13）	Pirimicarb	抗蚜威	1.0T
14）	Pyrethrins	除虫菊素	1.0T
15）	Sethoxydim	烯禾啶	1.0T
101. Ginseng extract 人参提取物			
1）	Aldrin & Dieldrin	艾氏剂，狄氏剂	0.1T
2）	Azoxystrobin	嘧菌酯	0.5
3）	BHC	六六六	0.1T
4）	Cadusafos	硫线磷	0.1
5）	Carbendazim	多菌灵	2
6）	Carbofuran	克百威	0.7
7）	Chlorothalonil	百菌清	0.1
8）	Clethodim	烯草酮	0.05
9）	Cyazofamid	氰霜唑	1
10）	Cyfluthrin	氟氯氰菊酯	1
11）	Cymoxanil	霜脲氰	0.2
12）	Cypermethrin	氯氰菊酯	0.3
13）	Cyprodinil	嘧菌环胺	5
14）	DDT	滴滴涕	0.1T
15）	Diethofencarb	乙霉威	2
16）	Difenoconazole	苯醚甲环唑	0.5
17）	Dimethomorph	烯酰吗啉	3
18）	Dithiocarbamates	二硫代氨基甲酸酯	0.3
19）	Endrin	异狄氏剂	0.1T
20）	Fenhexamid	环酰菌胺	2
21）	Fludioxonil	咯菌腈	3
22）	Fluquinconazole	氟喹唑	0.5
23）	Flutolanil	氟酰胺	4
24）	Iminoctadine	双胍辛胺	0.5
25）	Kresoxim-methyl	醚菌酯	2
26）	Lindane，γ-BHC	林丹，γ-六六六	0.1T
27）	Metalaxyl	甲霜灵	2
28）	Pencycuron	戊菌隆	0.7
29）	Pyrimethanil	嘧霉胺	1

（续）

序号	药品通用名	中文名	最大残留限量（mg/kg）
30)	Quintozene	五氯硝基苯	1.0T
31)	Tebupirimfos	丁基嘧啶磷	0.05
32)	Tefluthrin	七氟菊酯	0.3
33)	Thifluzamide	噻呋酰胺	2
34)	Tolclofos-methyl	甲基立枯磷	3
35)	Tolylfluanid	甲苯氟磺胺	0.01T
36)	Trifloxystrobin	肟菌酯	0.2
102. Godeulppaegi 一种菊科植物			
1)	Alachlor	甲草胺	0.2T
2)	Dinotefuran	呋虫胺	5.0T
3)	Fluxapyroxad	氟唑菌酰胺	5.0T
103. Gojiberry 枸杞			
1)	Abamectin	阿维菌素	0.05T
2)	Acequinocyl	灭螨醌	0.2T
3)	Amitraz	双甲脒	0.3T
4)	Azoxystrobin	嘧菌酯	1.0T
5)	Buprofezin	噻嗪酮	1.0T
6)	Carbendazim	多菌灵	2.0T
7)	Chlorfenapyr	虫螨腈	0.5T
8)	Clothianidin	噻虫胺	0.5T
9)	Cyflumetofen	丁氟螨酯	0.6T
10)	Cyhexatin	三环锡	2.0T
11)	Dinotefuran	呋虫胺	1.0T
12)	Dithianon	二氰蒽醌	0.05T
13)	Dithiocarbamates	二硫代氨基甲酸酯	5
14)	Etofenprox	醚菊酯	1
15)	Etoxazole	乙螨唑	0.3T
16)	Fenarimol	氯苯嘧啶醇	0.2T
17)	Fenitrothion	杀螟硫磷	2
18)	Ferimzone	嘧菌腙	0.7T
19)	Flufenoxuron	氟虫脲	0.3T
20)	Glufosinate（ammonium）	草铵膦（胺）	0.05T
21)	Iminoctadine	双胍辛胺	3
22)	Indoxacarb	茚虫威	0.5T
23)	Lufenuron	虱螨脲	0.3T
24)	Pendimethalin	二甲戊灵	0.05
25)	Pyridaphenthion	哒嗪硫磷	0.2T
26)	Pyrifluquinazon	吡氟喹虫唑	0.8
27)	Spinetoram	乙基多杀菌素	0.3

（续）

序号	药品通用名	中文名	最大残留限量（mg/kg）
28）	Spinosad	多杀霉素	0.2
29）	Spiromesifen	螺虫酯	3
30）	Spirotetramat	螺虫乙酯	0.2T
31）	Sulfoxaflor	氟啶虫胺腈	1.5
32）	Tebufenpyrad	吡螨胺	0.5T
33）	Teflubenzuron	氟苯脲	1.0T
34）	Tefluthrin	七氟菊酯	0.05T
35）	Thiacloprid	噻虫啉	1.5
36）	Thiamethoxam	噻虫嗪	1.0T
37）	Triadimefon	三唑酮	0.2
38）	Triforine	嗪氨灵	0.5

104. Gojiberry（dried）枸杞（干）

序号	药品通用名	中文名	最大残留限量（mg/kg）
1）	Azoxystrobin	嘧菌酯	10
2）	Chlorfenapyr	虫螨腈	2
3）	Clothianidin	噻虫胺	1
4）	Cyhalothrin	氯氟氰菊酯	2
5）	Cyhexatin	三环锡	4.0T
6）	Cypermethrin	氯氰菊酯	5
7）	Deltamethrin	溴氰菊酯	2
8）	Difenoconazole	苯醚甲环唑	7
9）	Dithiocarbamates	二硫代氨基甲酸酯	5
10）	Emamectin benzoate	甲氨基阿维菌素苯甲酸盐	0.1
11）	Etofenprox	醚菊酯	3
12）	Fenitrothion	杀螟硫磷	3
13）	Flonicamid	氟啶虫酰胺	5
14）	Fluazinam	氟啶胺	15
15）	Imidacloprid	吡虫啉	5
16）	Iminoctadine	双胍辛胺	10
17）	Indoxacarb	茚虫威	10
18）	Novaluron	氟酰脲	5
19）	Pyraclostrobin	吡唑醚菌酯	5
20）	Pyridalyl	三氟甲吡醚	20
21）	Pyridaphenthion	哒嗪硫磷	0.5T
22）	Spinosad	多杀霉素	0.7
23）	Spiromesifen	螺虫酯	3
24）	Tebuconazole	戊唑醇	10
25）	Triadimefon	三唑酮	0.5
26）	Triforine	嗪氨灵	1

（续）

序号	药品通用名	中文名	最大残留限量 (mg/kg)
105. Gondre 耶蓟			
1)	Acetamiprid	啶虫脒	2
2)	Cadusafos	硫线磷	0.05T
3)	Carbaryl	甲萘威	5.0T
4)	Carbendazim	多菌灵	0.1T
5)	Dinotefuran	呋虫胺	0.1T
6)	Dithiocarbamates	二硫代氨基甲酸酯	5.0T
7)	Fenitrothion	杀螟硫磷	5.0T
8)	Fluazinam	氟啶胺	5.0T
9)	Fludioxonil	咯菌腈	20
10)	Flutianil	氟噻唑菌腈	5.0T
11)	Fluxapyroxad	氟唑菌酰胺	2
12)	Glufosinate（ammonium）	草铵膦（胺）	0.05T
13)	Novaluron	氟酰脲	0.05T
14)	Phoxim	辛硫磷	0.05T
15)	Pymetrozine	吡蚜酮	5.0T
16)	Pyribencarb	吡菌苯威	3.0T
17)	Pyrifluquinazon	吡氟喹虫唑	1
18)	Spirotetramat	螺虫乙酯	5
19)	Sulfoxaflor	氟啶虫胺腈	2
20)	Tefluthrin	七氟菊酯	0.05T
21)	Tricyclazole	三环唑	0.2T
106. Grape 葡萄			
1)	2,4-D，2,4-dichlorophenoxyacetic acid	2,4-滴，2,4-二氯苯氧乙酸	0.5T
2)	Acephate	乙酰甲胺磷	2
3)	Acequinocyl	灭螨醌	0.2
4)	Acetamiprid	啶虫脒	1
5)	Acibenzolar-S-methyl	苯并噻二唑	2
6)	Ametoctradin	唑嘧菌胺	5
7)	Amisulbrom	吲唑磺菌胺	3
8)	Azinphos-methyl	保棉磷	1.0T
9)	Azoxystrobin	嘧菌酯	3
10)	Benalaxyl	苯霜灵	0.3
11)	Bentazone	灭草松	0.05
12)	Benthiavalicarb-isopropyl	苯噻菌胺	2
13)	Benzovindiflupyr	苯并烯氟菌唑	1.0†
14)	Bifenazate	联苯肼酯	1
15)	Bifenthrin	联苯菊酯	0.5
16)	Bistrifluron	双三氟虫脲	0.5

124

（续）

序号	药品通用名	中文名	最大残留限量（mg/kg）
17）	Bitertanol	联苯三唑醇	1.0T
18）	Boscalid	啶酰菌胺	5
19）	Bromopropylate	溴螨酯	5.0T
20）	Buprofezin	噻嗪酮	2
21）	Captan	克菌丹	5
22）	Carbaryl	甲萘威	0.5T
23）	Carbendazim	多菌灵	3
24）	Carbofuran	克百威	0.05
25）	Carfentrazone-ethyl	唑酮草酯	0.1T
26）	Cartap	杀螟丹	1.0T
27）	Chlorantraniliprole	氯虫苯甲酰胺	2
28）	Chlorfenapyr	虫螨腈	2
29）	Chlormequat	矮壮素	1
30）	Chlorothalonil	百菌清	5
31）	Chlorpropham	氯苯胺灵	0.05T
32）	Chlorpyrifos	毒死蜱	0.5T
33）	Chlorpyrifos-methyl	甲基毒死蜱	1
34）	Chromafenozide	环虫酰肼	0.7
35）	Clofentezine	四螨嗪	1.0T
36）	Clothianidin	噻虫胺	2
37）	Cyazofamid	氰霜唑	2
38）	Cyclaniliprole	环溴虫酰胺	0.5
39）	Cyenopyrafen	腈吡螨酯	3
40）	Cyflufenamid	环氟菌胺	0.5
41）	Cyflumetofen	丁氟螨酯	0.6†
42）	Cyfluthrin	氟氯氰菊酯	1.0T
43）	Cyhalothrin	氯氟氰菊酯	1
44）	Cyhexatin	三环锡	0.2T
45）	Cymoxanil	霜脲氰	0.5
46）	Cypermethrin	氯氰菊酯	0.5
47）	Cyprodinil	嘧菌环胺	5
48）	Deltamethrin	溴氰菊酯	0.2
49）	Diazinon	二嗪磷	0.05T
50）	Dichlobenil	敌草腈	0.05
51）	Dichlofluanid	苯氟磺胺	15.0T
52）	Dichlorvos	敌敌畏	0.05
53）	Dicloran	氯硝胺	10.0T
54）	Dicofol	三氯杀螨醇	1.0T
55）	Diethofencarb	乙霉威	2

（续）

序号	药品通用名	中文名	最大残留限量 (mg/kg)
56)	Difenoconazole	苯醚甲环唑	1
57)	Diflubenzuron	除虫脲	2
58)	Dimethoate	乐果	1.0T
59)	Dimethomorph	烯酰吗啉	2
60)	Dinotefuran	呋虫胺	5
61)	Diquat	敌草快	0.02T
62)	Dithianon	二氰蒽醌	3
63)	Dithiocarbamates	二硫代氨基甲酸酯	5
64)	Diuron	敌草隆	1.0T
65)	Dodine	多果定	5.0T
66)	Emamectin benzoate	甲氨基阿维菌素苯甲酸盐	0.05
67)	Ethaboxam	噻唑菌胺	3
68)	Ethephon	乙烯利	2
69)	Ethiofencarb	乙硫苯威	5.0T
70)	Ethoprophos（ethoprop）	灭线磷	0.02T
71)	Etofenprox	醚菊酯	3
72)	Etoxazole	乙螨唑	0.5
73)	Famoxadone	噁唑菌酮	2
74)	Fenamidone	咪唑菌酮	0.7
75)	Fenamiphos	苯线磷	0.1T
76)	Fenarimol	氯苯嘧啶醇	0.3
77)	Fenazaquin	喹螨醚	0.5
78)	Fenbuconazole	腈苯唑	1.0T
79)	Fenbutatin oxide	苯丁锡	5.0T
80)	Fenhexamid	环酰菌胺	3
81)	Fenitrothion	杀螟硫磷	0.3
82)	Fenpropathrin	甲氰菊酯	0.5T
83)	Fenpyrazamine	胺苯吡菌酮	5
84)	Fenpyroximate	唑螨酯	2
85)	Fenthion	倍硫磷	0.2T
86)	Fenvalerate	氰戊菊酯	1.0T
87)	Flonicamid	氟啶虫酰胺	0.7
88)	Fluazifop-butyl	吡氟禾草灵	0.2T
89)	Fluazinam	氟啶胺	0.05
90)	Flubendiamide	氟苯虫酰胺	1
91)	Fludioxonil	咯菌腈	5
92)	Fluopicolide	氟吡菌胺	0.7
93)	Fluopyram	氟吡菌酰胺	5
94)	Flupyradifurone	氟吡呋喃酮	3.0†

（续）

序号	药品通用名	中文名	最大残留限量（mg/kg）
95)	Fluquinconazole	氟喹唑	1
96)	Flusilazole	氟硅唑	0.3
97)	Flutriafol	粉唑醇	5
98)	Fluxapyroxad	氟唑菌酰胺	2
99)	Folpet	灭菌丹	5
100)	Forchlorfenuron	氯吡脲	0.05
101)	Fosetyl-aluminium	三乙膦酸铝	25
102)	Glufosinate（ammonium）	草铵膦（胺）	0.05
103)	Glyphosate	草甘膦	0.2
104)	Hexaconazole	己唑醇	0.3
105)	Hexythiazox	噻螨酮	1.0†
106)	Imibenconazole	亚胺唑	0.2
107)	Imidacloprid	吡虫啉	1
108)	Iminoctadine	双胍辛胺	1
109)	Iprodione	异菌脲	10
110)	Iprovalicarb	缬霉威	2
111)	Isofetamid	异丙噻菌胺	7
112)	Isoxaben	异噁酰草胺	0.05T
113)	Kresoxim-methyl	醚菌酯	5
114)	Lufenuron	虱螨脲	2
115)	Malathion	马拉硫磷	2.0T
116)	Maleic hydrazide	抑芽丹	40.0T
117)	Mandestrobin	甲氧基丙烯酸酯类杀菌剂	5
118)	Mandipropamid	双炔酰菌胺	5
119)	MCPA	2甲4氯	0.05
120)	Mepanipyrim	嘧菌胺	5
121)	Mepiquat chloride	甲哌鎓	0.5
122)	Meptyldinocap	消螨多	0.1T
123)	Metaflumizone	氰氟虫腙	2.0T
124)	Metalaxyl	甲霜灵	1
125)	Metconazole	叶菌唑	2
126)	Methamidophos	甲胺磷	0.2
127)	Methomyl	灭多威	1
128)	Methoxychlor	甲氧滴滴涕	14.0T
129)	Methoxyfenozide	甲氧虫酰肼	2
130)	Methylbromide	溴甲烷	20T
131)	Metrafenone	苯菌酮	5
132)	Mevinphos	速灭磷	0.5T
133)	Myclobutanil	腈菌唑	2

（续）

序号	药品通用名	中文名	最大残留限量（mg/kg）
134）	Naled	二溴磷	0.5T
135）	Napropamide	敌草胺	0.05T
136）	Norflurazon	氟草敏	0.1T
137）	Novaluron	氟酰脲	2
138）	Ofurace	呋酰胺	0.3
139）	Omethoate	氧乐果	0.01T
140）	Oryzalin	氨磺乐灵	0.05T
141）	Oxadixyl	噁霜灵	1
142）	Oxamyl	杀线威	0.5T
143）	Oxathiapiprolin	氟噻唑吡乙酮	1
144）	Oxyfluorfen	乙氧氟草醚	0.05
145）	Paraquat	百草枯	0.05T
146）	Parathion	对硫磷	0.3T
147）	Parathion-methyl	甲基对硫磷	0.2T
148）	Penconazole	戊菌唑	$0.2^{\dagger}$
149）	Pendimethalin	二甲戊灵	0.05T
150）	Penthiopyrad	吡噻菌胺	2
151）	Permethrin（permetrin）	氯菊酯	2.0T
152）	Phosalone	伏杀磷	5.0T
153）	Phosmet	亚胺硫磷	10T
154）	Picarbutrazox	四唑吡氨酯	2
155）	Picoxystrobin	啶氧菌酯	5
156）	Piperonyl butoxide	增效醚	0.2T
157）	Pirimicarb	抗蚜威	1.0T
158）	Prochloraz	咪鲜胺	1
159）	Procymidone	腐霉利	2
160）	Propamocarb	霜霉威	2
161）	Propargite	克螨特	10
162）	Propiconazole	丙环唑	0.5
163）	Propyzamide	炔苯酰草胺	0.1T
164）	Pyflubumide	一种杀螨剂	0.7
165）	Pyraclostrobin	吡唑醚菌酯	3
166）	Pyrethrins	除虫菊素	1.0T
167）	Pyribencarb	吡菌苯威	1
168）	Pyridaben	哒螨灵	2
169）	Pyrifluquinazon	吡氟喹虫唑	0.7
170）	Pyrimethanil	嘧霉胺	5
171）	Pyriofenone	甲氧苯啶菌	3
172）	Pyriproxyfen	吡丙醚	1.0T

（续）

序号	药品通用名	中文名	最大残留限量 （mg/kg）
173）	Quinoxyfen	喹氧灵	2.0T
174）	Saflufenacil	苯嘧磺草胺	0.03†
175）	Sethoxydim	烯禾啶	1.0T
176）	Simazine	西玛津	0.25T
177）	Simeconazole	硅氟唑	1
178）	Spinetoram	乙基多杀菌素	1
179）	Spinosad	多杀霉素	0.5
180）	Spirodiclofen	螺螨酯	1
181）	Spiromesifen	螺虫酯	1
182）	Spirotetramat	螺虫乙酯	5
183）	Streptomycin	链霉素	0.05
184）	Sulfentrazone	甲磺草胺	0.05T
185）	Sulfoxaflor	氟啶虫胺腈	2.0†
186）	Sulfur dioxide	二氧化硫	10.0T
187）	Tebuconazole	戊唑醇	5.0†
188）	Tebufenozide	虫酰肼	2.0T
189）	Tebufenpyrad	吡螨胺	0.5T
190）	Tetraconazole	四氟醚唑	2
191）	Tetradifon	三氯杀螨砜	2.0T
192）	Tetraniliprole	氟氰虫酰胺	0.5
193）	Thiacloprid	噻虫啉	1
194）	Thiamethoxam	噻虫嗪	1
195）	Thidiazuron	噻苯隆	0.2
196）	Tiafenacil	嘧啶二酮类非选择性除草剂	0.05
197）	Tolfenpyrad	唑虫酰胺	2.0T
198）	Tolylfluanid	甲苯氟磺胺	2.0T
199）	Triadimefon	三唑酮	0.05
200）	Triadimenol	三唑醇	0.5T
201）	Trifloxystrobin	肟菌酯	3.0†
202）	Triflumizole	氟菌唑	2
203）	Trifluralin	氟乐灵	0.05T
204）	Valifenalate	磺草灵	2
205）	Vinclozolin	乙烯菌核利	5.0T
206）	Zoxamide	苯酰菌胺	3

107. Grapefruit 葡萄柚

序号	药品通用名	中文名	最大残留限量 （mg/kg）
1）	Abamectin	阿维菌素	0.02T
2）	Acephate	乙酰甲胺磷	5.0T
3）	Acequinocyl	灭螨醌	1.0T
4）	Acibenzolar-S-methyl	苯并噻二唑	0.2T

（续）

序号	药品通用名	中文名	最大残留限量（mg/kg）
5)	Aldicarb	涕灭威	0.02T
6)	Amitraz	双甲脒	0.2T
7)	Azinphos-methyl	保棉磷	1.0T
8)	Bifenthrin	联苯菊酯	0.5T
9)	Bromopropylate	溴螨酯	5.0T
10)	Buprofezin	噻嗪酮	0.5T
11)	Carbaryl	甲萘威	0.5T
12)	Carbofuran	克百威	2.0T
13)	Carfentrazone-ethyl	唑酮草酯	0.1T
14)	Chlorpropham	氯苯胺灵	0.05T
15)	Clofentezine	四螨嗪	0.5T
16)	Clothianidin	噻虫胺	1.0T
17)	Cyfluthrin	氟氯氰菊酯	2.0T
18)	Cyhalothrin	氯氟氰菊酯	1.0T
19)	Cyhexatin	三环锡	2.0T
20)	Cypermethrin	氯氰菊酯	2.0T
21)	Cyprodinil	嘧菌环胺	1.0T
22)	Dichlofluanid	苯氟磺胺	15.0T
23)	Dicofol	三氯杀螨醇	1.0T
24)	Diflubenzuron	除虫脲	3.0T
25)	Diquat	敌草快	0.02T
26)	Dithiocarbamates	二硫代氨基甲酸酯	5.0T
27)	Endosulfan	硫丹	0.1T
28)	Ethiofencarb	乙硫苯威	5.0T
29)	Ethylene dibromide	二溴乙烷	0.2T
30)	Etofenprox	醚菊酯	5.0T
31)	Fenamiphos	苯线磷	0.5T
32)	Fenazaquin	喹螨醚	2.0T
33)	Fenbutatin oxide	苯丁锡	5.0T
34)	Fenvalerate	氰戊菊酯	2.0T
35)	Flonicamid	氟啶虫酰胺	1.0T
36)	Fluazifop-butyl	吡氟禾草灵	0.05T
37)	Folpet	灭菌丹	2.0T
38)	Formothion	安硫磷	0.2T
39)	Fosetyl-aluminium	三乙膦酸铝	0.05T
40)	Glyphosate	草甘膦	0.5T
41)	Hydrogen cyanide	氢氰酸	5.0T
42)	Imazalil	抑霉唑	5.0T
43)	Isofenphos	异柳磷	0.2T

（续）

序号	药品通用名	中文名	最大残留限量 （mg/kg）
44）	Malathion	马拉硫磷	0.5T
45）	Maleic hydrazide	抑芽丹	40.0T
46）	MCPA	2甲4氯	0.05T
47）	Metaflumizone	氰氟虫腙	1.0T
48）	Metalaxyl	甲霜灵	0.05T
49）	Metaldehyde	四聚乙醛	0.05T
50）	Methamidophos	甲胺磷	0.5T
51）	Methiocarb	甲硫威	0.05T
52）	Methomyl	灭多威	1.0T
53）	Mevinphos	速灭磷	0.2T
54）	Monocrotophos	久效磷	0.2T
55）	Norflurazon	氟草敏	0.1T
56）	Omethoate	氧乐果	0.01T
57）	Ortho-phenyl phenol	邻苯基苯酚	10.0T
58）	Oryzalin	氨磺乐灵	0.05T
59）	Oxamyl	杀线威	5.0T
60）	Paraquat	百草枯	0.05T
61）	Permethrin（permetrin）	氯菊酯	0.5T
62）	Phosalone	伏杀磷	1.0T
63）	Phosphamidone	磷胺	0.4T
64）	Piperonyl butoxide	增效醚	0.2T
65）	Pirimicarb	抗蚜威	0.05T
66）	Pirimiphos-methyl	甲基嘧啶磷	1.0T
67）	Propargite	克螨特	5.0T
68）	Pyrethrins	除虫菊素	1.0T
69）	Pyriproxyfen	吡丙醚	0.7T
70）	Sethoxydim	烯禾啶	1.0T
71）	Simazine	西玛津	0.25T
72）	Spinetoram	乙基多杀菌素	0.05T
73）	Sulfentrazone	甲磺草胺	0.15T
74）	Sulfoxaflor	氟啶虫胺腈	0.3†
75）	Tebufenozide	虫酰肼	1.0T
76）	Tetradifon	三氯杀螨砜	2.0T
77）	Tolfenpyrad	唑虫酰胺	2.0T

108. Green garlic 青蒜

序号	药品通用名	中文名	最大残留限量 （mg/kg）
1）	Abamectin	阿维菌素	0.05
2）	Acetamiprid	啶虫脒	0.05
3）	Amitraz	双甲脒	0.05T
4）	Azoxystrobin	嘧菌酯	1

（续）

序号	药品通用名	中文名	最大残留限量（mg/kg）
5)	Benthiavalicarb-isopropyl	苯噻菌胺	0.07
6)	Bifenthrin	联苯菊酯	0.2
7)	Boscalid	啶酰菌胺	1
8)	Buprofezin	噻嗪酮	0.05
9)	Cadusafos	硫线磷	0.05
10)	Captan	克菌丹	7
11)	Carbaryl	甲萘威	0.05
12)	Carbendazim	多菌灵	1
13)	Carbofuran	克百威	0.05
14)	Chlorantraniliprole	氯虫苯甲酰胺	0.05
15)	Chlorothalonil	百菌清	2
16)	Chlorpyrifos	毒死蜱	0.05
17)	Chlorpyrifos-methyl	甲基毒死蜱	0.05
18)	Clethodim	烯草酮	0.05
19)	Clothianidin	噻虫胺	0.3
20)	Cyantraniliprole	溴氰虫酰胺	7
21)	Cyhalothrin	氯氟氰菊酯	0.05
22)	Cyhexatin	三环锡	5
23)	Cypermethrin	氯氰菊酯	0.05
24)	Deltamethrin	溴氰菊酯	0.4
25)	Diazinon	二嗪磷	0.05
26)	Difenoconazole	苯醚甲环唑	2
27)	Dimethenamid	二甲吩草胺	0.05
28)	Dimethoate	乐果	1
29)	Diniconazole	烯唑醇	0.3
30)	Dinotefuran	呋虫胺	0.05
31)	Dithianon	二氰蒽醌	5
32)	Dithiocarbamates	二硫代氨基甲酸酯	3
33)	Emamectin benzoate	甲氨基阿维菌素苯甲酸盐	0.05
34)	Epoxiconazole	氟环唑	0.05
35)	Ethalfluralin	乙丁烯氟灵	0.05
36)	Etofenprox	醚菊酯	0.05
37)	Fenitrothion	杀螟硫磷	0.05
38)	Fenpyroximate	唑螨酯	0.05
39)	Fluazifop-butyl	吡氟禾草灵	5
40)	Fluazinam	氟啶胺	0.7
41)	Fludioxonil	咯菌腈	2
42)	Fluquinconazole	氟喹唑	2
43)	Flusilazole	氟硅唑	2

（续）

序号	药品通用名	中文名	最大残留限量（mg/kg）
44）	Fluthiacet-methyl	嗪草酸甲酯	0.05
45）	Flutolanil	氟酰胺	0.05
46）	Fluxametamide	氟噁唑酰胺	0.05
47）	Fluxapyroxad	氟唑菌酰胺	0.5
48）	Glufosinate（ammonium）	草铵膦（胺）	0.05
49）	Hexaconazole	己唑醇	0.5
50）	Hexythiazox	噻螨酮	0.05
51）	Imicyafos	氰咪唑硫磷	0.05
52）	Iminoctadine	双胍辛胺	0.7
53）	Iprodione	异菌脲	2
54）	Kresoxim-methyl	醚菌酯	3
55）	Linuron	利谷隆	0.05
56）	Lufenuron	虱螨脲	0.3
57）	Mandestrobin	甲氧基丙烯酸酯类杀菌剂	0.05
58）	Metalaxyl	甲霜灵	0.05
59）	Metconazole	叶菌唑	0.2
60）	Methabenzthiazuron	甲基苯噻隆	0.05
61）	Metolachlor	异丙甲草胺	0.05
62）	Napropamide	敌草胺	0.05
63）	Oxolinic acid	喹菌酮	5
64）	Oxyfluorfen	乙氧氟草醚	0.05
65）	Pencycuron	戊菌隆	0.05
66）	Pendimethalin	二甲戊灵	0.05
67）	Penthiopyrad	吡噻菌胺	0.05
68）	Phoxim	辛硫磷	0.05
69）	Picoxystrobin	啶氧菌酯	2
70）	Prochloraz	咪鲜胺	2
71）	Prohexadione-calcium	调环酸钙	0.05
72）	Propiconazole	丙环唑	0.5
73）	Pydiflumetofen	氟啶菌酰羟胺	0.7
74）	Pyraclostrobin	吡唑醚菌酯	1
75）	Pyribencarb	吡菌苯威	0.2
76）	Sethoxydim	烯禾啶	0.05
77）	Simeconazole	硅氟唑	0.05
78）	Streptomycin	链霉素	0.05
79）	Tebuconazole	戊唑醇	2
80）	Tebupirimfos	丁基嘧啶磷	0.01
81）	Tefluthrin	七氟菊酯	0.05
82）	Terbufos	特丁硫磷	0.05

（续）

序号	药品通用名	中文名	最大残留限量（mg/kg）
83)	Thifluzamide	噻呋酰胺	0.5
84)	Thiobencarb	禾草丹	0.05
85)	Trifloxystrobin	肟菌酯	1
86)	Triflumizole	氟菌唑	1
109. Green soybean 青豆			
1)	Abamectin	阿维菌素	0.05T
2)	Acephate	乙酰甲胺磷	0.3
3)	Acetamiprid	啶虫脒	0.5
4)	Alachlor	甲草胺	0.05
5)	Azoxystrobin	嘧菌酯	0.5
6)	Bifenthrin	联苯菊酯	0.5
7)	Bistrifluron	双三氟虫脲	1
8)	Boscalid	啶酰菌胺	0.7T
9)	Carbendazim	多菌灵	0.2
10)	Chlorfenapyr	虫螨腈	0.5T
11)	Chlorothalonil	百菌清	3.0T
12)	Chromafenozide	环虫酰肼	0.2
13)	Clethodim	烯草酮	0.05
14)	Clomazone	异恶草酮	0.05
15)	Clothianidin	噻虫胺	0.05
16)	Cyantraniliprole	溴氰虫酰胺	0.5T
17)	Cyazofamid	氰霜唑	0.5T
18)	Cyclaniliprole	环溴虫酰胺	0.3
19)	Cyenopyrafen	腈吡螨酯	1.0T
20)	Cyflumetofen	丁氟螨酯	1.0T
21)	Cyfluthrin	氟氯氰菊酯	0.05
22)	Cyhalothrin	氯氟氰菊酯	0.3
23)	Cyhexatin	三环锡	0.1T
24)	Deltamethrin	溴氰菊酯	0.3
25)	Dichlorvos	敌敌畏	0.05
26)	Diflubenzuron	除虫脲	1
27)	Dimethomorph	烯酰吗啉	5.0T
28)	Dinotefuran	呋虫胺	0.5T
29)	Dithianon	二氰蒽醌	0.5
30)	Dithiocarbamates	二硫代氨基甲酸酯	0.05
31)	Emamectin benzoate	甲氨基阿维菌素苯甲酸盐	0.05T
32)	Ethalfluralin	乙丁烯氟灵	0.05
33)	Etofenprox	醚菊酯	3
34)	Fenitrothion	杀螟硫磷	0.3

（续）

序号	药品通用名	中文名	最大残留限量（mg/kg）
35)	Fenoxaprop-ethyl	噁唑禾草灵	0.05
36)	Flonicamid	氟啶虫酰胺	0.5
37)	Flubendiamide	氟苯虫酰胺	1
38)	Fludioxonil	咯菌腈	0.4†
39)	Fluopyram	氟吡菌酰胺	3.0†
40)	Flutolanil	氟酰胺	0.05
41)	Glufosinate（ammonium）	草铵膦（胺）	0.05
42)	Hexaconazole	己唑醇	0.3
43)	Imidacloprid	吡虫啉	0.2
44)	Indoxacarb	茚虫威	0.7
45)	Kresoxim-methyl	醚菌酯	1
46)	Linuron	利谷隆	0.05
47)	Lufenuron	虱螨脲	0.5
48)	Metaflumizone	氰氟虫腙	0.7
49)	Methamidophos	甲胺磷	0.2
50)	Methiocarb	甲硫威	0.05
51)	Methomyl	灭多威	0.07
52)	Methoxyfenozide	甲氧虫酰肼	0.5
53)	Metolachlor	异丙甲草胺	0.05
54)	Napropamide	敌草胺	0.05
55)	Novaluron	氟酰脲	1
56)	Oxathiapiprolin	氟噻唑吡乙酮	1.0†
57)	Oxolinic acid	喹菌酮	2
58)	Pendimethalin	二甲戊灵	0.05
59)	Phorate	甲拌磷	0.05
60)	Propamocarb	霜霉威	5.0T
61)	Propiconazole	丙环唑	0.7
62)	Pyraclostrobin	吡唑醚菌酯	1
63)	Pyribencarb	吡菌苯威	1
64)	Pyridalyl	三氟甲吡醚	2.0T
65)	Pyrifluquinazon	吡氟喹虫唑	0.05T
66)	Sethoxydim	烯禾啶	0.1
67)	Spinetoram	乙基多杀菌素	0.5T
68)	Spirotetramat	螺虫乙酯	1.5†
69)	Streptomycin	链霉素	0.05
70)	Sulfoxaflor	氟啶虫胺腈	2
71)	Tebuconazole	戊唑醇	0.5
72)	Tebufenozide	虫酰肼	1.0T
73)	Tebufenpyrad	吡螨胺	0.5T

（续）

序号	药品通用名	中文名	最大残留限量（mg/kg）
74）	Tetraconazole	四氟醚唑	2
75）	Thiacloprid	噻虫啉	1
76）	Thiamethoxam	噻虫嗪	0.2T
77）	Tiafenacil	嘧啶二酮类非选择性除草剂	0.05
78）	Trifluralin	氟乐灵	0.05
79）	Valifenalate	磺草灵	2.0T

110. Green tea extract　绿茶提取物

序号	药品通用名	中文名	最大残留限量（mg/kg）
1）	Amitraz	双甲脒	10
2）	Azoxystrobin	嘧菌酯	1
3）	Bifenthrin	联苯菊酯	0.7
4）	Bitertanol	联苯三唑醇	25
5）	Buprofezin	噻嗪酮	2
6）	Carbendazim	多菌灵	5
7）	Chlorfenapyr	虫螨腈	3
8）	Chlorfluazuron	氟啶脲	10
9）	Cyhalothrin	氯氟氰菊酯	2
10）	Fenitrothion	杀螟硫磷	0.2
11）	Fenpyroximate	唑螨酯	20
12）	Fluazinam	氟啶胺	7
13）	Flufenoxuron	氟虫脲	35
14）	Milbemectin	弥拜菌素	2
15）	Pyraclofos	吡唑硫磷	15.0T
16）	Tebuconazole	戊唑醇	10
17）	Tebufenpyrad	吡螨胺	3.0T
18）	Thiamethoxam	噻虫嗪	10
19）	Triflumizole	氟菌唑	5

111. Hemp seed　大麻籽

序号	药品通用名	中文名	最大残留限量（mg/kg）
1）	Hydrogen cyanide	氢氰酸	5.0T

112. Herbs（dried）　香草（干）

序号	药品通用名	中文名	最大残留限量（mg/kg）
1）	Azoxystrobin	嘧菌酯	300T

113. Herbs（fresh）　香草（鲜）

序号	药品通用名	中文名	最大残留限量（mg/kg）
1）	Acephate	乙酰甲胺磷	0.05T
2）	Acetamiprid	啶虫脒	0.05T
3）	Azoxystrobin	嘧菌酯	70T
4）	Bifenthrin	联苯菊酯	0.05T
5）	Boscalid	啶酰菌胺	0.05T
6）	Buprofezin	噻嗪酮	0.05T
7）	Carbaryl	甲萘威	0.05T
8）	Carbendazim	多菌灵	0.15T

（续）

序号	药品通用名	中文名	最大残留限量（mg/kg）
9）	Carbofuran	克百威	0.02T
10）	Chinomethionat	灭螨猛	0.1T
11）	Chlorantraniliprole	氯虫苯甲酰胺	0.02T
12）	Chlorfenapyr	虫螨腈	0.05T
13）	Chlorfenvinphos	毒虫畏	0.05T
14）	Chloridazone	氯草敏	0.1T
15）	Chlorpyrifos	毒死蜱	0.04T
16）	Clomazone	异噁草酮	0.05T
17）	Clothianidin	噻虫胺	0.05T
18）	Cyfluthrin	氟氯氰菊酯	2.0T
19）	Cyhalothrin	氯氟氰菊酯	1.0T
20）	Cypermethrin	氯氰菊酯	0.05T
21）	Cyproconazole	环丙唑醇	0.05T
22）	DDT	滴滴涕	0.05T
23）	Deltamethrin	溴氰菊酯	0.5T
24）	Difenoconazole	苯醚甲环唑	10T
25）	Diflubenzuron	除虫脲	0.05T
26）	Dimethoate	乐果	0.05T
27）	Diphenylamine	二苯胺	5.0T
28）	Dithiocarbamates	二硫代氨基甲酸酯	0.05T
29）	Emamectin benzoate	甲氨基阿维菌素苯甲酸盐	0.05T
30）	Endosulfan	硫丹	0.05T
31）	Ethalfluralin	乙丁烯氟灵	0.05T
32）	Ethion	乙硫磷	0.3T
33）	Fenarimol	氯苯嘧啶醇	0.05T
34）	Fenbutatin oxide	苯丁锡	0.5T
35）	Fenitrothion	杀螟硫磷	0.03T
36）	Fenpropathrin	甲氰菊酯	0.02T
37）	Fenpyroximate	唑螨酯	0.05T
38）	Fenvalerate	氰戊菊酯	0.05T
39）	Fluazifop-butyl	吡氟禾草灵	0.05T
40）	Flubendiamide	氟苯虫酰胺	0.05T
41）	Flusilazole	氟硅唑	0.05T
42）	Flutolanil	氟酰胺	0.05T
43）	Folpet	灭菌丹	0.5T
44）	Glyphosate	草甘膦	0.05T
45）	Heptachlor	七氯	0.03T
46）	Hexaconazole	己唑醇	0.05T
47）	Hexythiazox	噻螨酮	0.02T

（续）

序号	药品通用名	中文名	最大残留限量 （mg/kg）
48）	Imidacloprid	吡虫啉	2.0T
49）	Linuron	利谷隆	0.05T
50）	Lufenuron	虱螨脲	0.05T
51）	Malathion	马拉硫磷	0.05T
52）	Metalaxyl	甲霜灵	0.05T
53）	Methomyl	灭多威	0.05T
54）	Methylbromide	溴甲烷	20T
55）	Metolachlor	异丙甲草胺	0.05T
56）	Myclobutanil	腈菌唑	0.1T
57）	Omethoate	氧乐果	1.0T
58）	Paclobutrazol	多效唑	0.05T
59）	Parathion	对硫磷	0.05T
60）	Parathion-methyl	甲基对硫磷	1.0T
61）	Penconazole	戊菌唑	0.1T
62）	Pencycuron	戊菌隆	0.05T
63）	Pendimethalin	二甲戊灵	0.04T
64）	Permethrin（permetrin）	氯菊酯	0.05T
65）	Phoxim	辛硫磷	0.05T
66）	Piperonyl butoxide	增效醚	0.2T
67）	Pirimiphos-methyl	甲基嘧啶磷	0.05T
68）	Profenofos	丙溴磷	0.03T
69）	Propamocarb	霜霉威	0.05T
70）	Propiconazole	丙环唑	0.02T
71）	Pyrimethanil	嘧霉胺	0.05T
72）	Pyriproxyfen	吡丙醚	2.0T
73）	Quintozene	五氯硝基苯	0.02T
74）	Tebuconazole	戊唑醇	0.05T
75）	Terbuthylazine	特丁津	0.1T
76）	Thiabendazole	噻菌灵	0.2T
77）	Thiacloprid	噻虫啉	0.05T
78）	Thiamethoxam	噻虫嗪	1.5T
79）	Triadimenol	三唑醇	0.05T
80）	Triazophos	三唑磷	0.02T
81）	Trifloxystrobin	肟菌酯	4.0T
82）	Triflumizole	氟菌唑	0.05T
83）	Trifluralin	氟乐灵	0.05T
114. Hooker chives　韭菜			
1）	Carbendazim	多菌灵	1.0T

（续）

序号	药品通用名	中文名	最大残留限量 （mg/kg）
115. Hop　蛇麻草			
1)	2,4-D，2,4-dichlorophenoxyacetic acid	2,4-滴，2,4-二氯苯氧乙酸	0.09†
2)	Abamectin	阿维菌素	0.15T
3)	Acequinocyl	灭螨醌	15†
4)	Ametoctradin	唑嘧菌胺	100†
5)	Azoxystrobin	嘧菌酯	30†
6)	Bifenazate	联苯肼酯	20T
7)	Bifenthrin	联苯菊酯	20T
8)	Boscalid	啶酰菌胺	35†
9)	Bromopropylate	溴螨酯	5.0T
10)	Carbofuran	克百威	0.5T
11)	Carfentrazone-ethyl	唑酮草酯	0.1T
12)	Cartap	杀螟丹	5.0T
13)	Chlorantraniliprole	氯虫苯甲酰胺	40†
14)	Clethodim	烯草酮	0.05T
15)	Clofentezine	四螨嗪	0.2T
16)	Clopyralid	二氯吡啶酸	5.0†
17)	Clothianidin	噻虫胺	0.07†
18)	Cyazofamid	氰霜唑	15†
19)	Cyflufenamid	环氟菌胺	5.0†
20)	Cyhalothrin	氯氟氰菊酯	10T
21)	Cymoxanil	霜脲氰	1.5†
22)	Dichlofluanid	苯氟磺胺	5.0T
23)	Dicofol	三氯杀螨醇	1.0T
24)	Dimethenamid	二甲吩草胺	0.05T
25)	Dimethoate	乐果	3.0T
26)	Dimethomorph	烯酰吗啉	70†
27)	Diquat	敌草快	0.02T
28)	Dithianon	二氰蒽醌	300T
29)	Dithiocarbamates	二硫代氨基甲酸酯	0.05T
30)	Ethoprophos（ethoprop）	灭线磷	0.02T
31)	Etoxazole	乙螨唑	15T
32)	Famoxadone	噁唑菌酮	50†
33)	Fenazaquin	喹螨醚	30T
34)	Fenbutatin oxide	苯丁锡	30.0T
35)	Fenitrothion	杀螟硫磷	0.05T
36)	Fenpyroximate	唑螨酯	15T
37)	Fenvalerate	氰戊菊酯	5.0T
38)	Flonicamid	氟啶虫酰胺	20†

139

（续）

序号	药品通用名	中文名	最大残留限量（mg/kg）
39)	Flumioxazin	丙炔氟草胺	0.1T
40)	Fluopicolide	氟吡菌胺	0.1T
41)	Fluopyram	氟吡菌酰胺	50†
42)	Flupyradifurone	氟吡呋喃酮	10†
43)	Flutriafol	粉唑醇	0.3T
44)	Folpet	灭菌丹	0.5T
45)	Fosetyl-aluminium	三乙膦酸铝	50†
46)	Glufosinate（ammonium）	草铵膦（胺）	0.05T
47)	Glyphosate	草甘膦	0.05T
48)	Hexythiazox	噻螨酮	3.0T
49)	Imidacloprid	吡虫啉	0.2†
50)	Malathion	马拉硫磷	0.5T
51)	Mandipropamid	双炔酰菌胺	90†
52)	Metalaxyl	甲霜灵	10
53)	Metaldehyde	四聚乙醛	0.05T
54)	Methamidophos	甲胺磷	5.0T
55)	Methomyl	灭多威	2.0T
56)	Metrafenone	苯菌酮	70T
57)	Milbemectin	弥拜菌素	0.2†
58)	Monocrotophos	久效磷	1.0T
59)	Myclobutanil	腈菌唑	5.0†
60)	Naled	二溴磷	0.5T
61)	Norflurazon	氟草敏	0.05T
62)	Omethoate	氧乐果	3.0T
63)	Paraquat	百草枯	0.2T
64)	Parathion	对硫磷	0.3T
65)	Parathion-methyl	甲基对硫磷	0.05T
66)	Penconazole	戊菌唑	0.5T
67)	Pendimethalin	二甲戊灵	0.05T
68)	Permethrin（permetrin）	氯菊酯	50.0T
69)	Propargite	克螨特	30
70)	Pymetrozine	吡蚜酮	0.03T
71)	Pyraclostrobin	吡唑醚菌酯	15†
72)	Quinoxyfen	喹氧灵	1.0T
73)	Spinetoram	乙基多杀菌素	0.05T
74)	Spinosad	多杀霉素	0.05T
75)	Spirodiclofen	螺螨酯	40†
76)	Spirotetramat	螺虫乙酯	4.0†
77)	Tebuconazole	戊唑醇	40T

（续）

序号	药品通用名	中文名	最大残留限量（mg/kg）
78)	Tetradifon	三氯杀螨砜	1.0T
79)	Thiamethoxam	噻虫嗪	0.09†
80)	Trifloxystrobin	肟菌酯	40†
81)	Triflumizole	氟菌唑	30T
82)	Trifluralin	氟乐灵	0.05T
83)	Vinclozolin	乙烯菌核利	40.0T
116. Hyssop anise　茴藿香			
1)	Boscalid	啶酰菌胺	0.3T
2)	Cadusafos	硫线磷	0.05T
3)	Cyenopyrafen	腈吡螨酯	0.3T
4)	Glufosinate（ammonium）	草铵膦（胺）	0.05T
5)	Pyraclostrobin	吡唑醚菌酯	0.3T
6)	Pyrifluquinazon	吡氟喹虫唑	0.3T
7)	Spiromesifen	螺虫酯	0.3T
8)	Tebuconazole	戊唑醇	0.3T
9)	Tefluthrin	七氟菊酯	0.05T
117. Indian lettuce　印度莴苣			
1)	Azoxystrobin	嘧菌酯	3
2)	Difenoconazole	苯醚甲环唑	7
3)	Fluxapyroxad	氟唑菌酰胺	5.0T
4)	Kresoxim-methyl	醚菌酯	3
5)	Myclobutanil	腈菌唑	3
6)	Pyrifluquinazon	吡氟喹虫唑	5.0T
7)	Pyriofenone	甲氧苯啶菌	10
8)	Pyriproxyfen	吡丙醚	5.0T
118. Japanese apricot　青梅			
1)	Abamectin	阿维菌素	0.05
2)	Acetamiprid	啶虫脒	1
3)	Amitraz	双甲脒	0.7
4)	Bifenthrin	联苯菊酯	1
5)	Bitertanol	联苯三唑醇	2.0T
6)	Buprofezin	噻嗪酮	1
7)	Carbendazim	多菌灵	0.3
8)	Carbofuran	克百威	0.7T
9)	Chlorantraniliprole	氯虫苯甲酰胺	0.7
10)	Chlorfenapyr	虫螨腈	0.7
11)	Chlorothalonil	百菌清	7
12)	Chlorpyrifos	毒死蜱	1
13)	Clofentezine	四螨嗪	0.2T

（续）

序号	药品通用名	中文名	最大残留限量（mg/kg）
14)	Clothianidin	噻虫胺	0.5
15)	Cyantraniliprole	溴氰虫酰胺	0.5T
16)	Cyclaniliprole	环溴虫酰胺	0.7
17)	Cyenopyrafen	腈吡螨酯	2
18)	Cyflufenamid	环氟菌胺	0.1
19)	Cyfluthrin	氟氯氰菊酯	1.0T
20)	Cyhalothrin	氯氟氰菊酯	0.5
21)	Cyhexatin	三环锡	0.05T
22)	Cypermethrin	氯氰菊酯	2.0T
23)	Deltamethrin	溴氰菊酯	0.5
24)	Dichlofluanid	苯氟磺胺	15.0T
25)	Dichlorvos	敌敌畏	1.0T
26)	Difenoconazole	苯醚甲环唑	1
27)	Diflubenzuron	除虫脲	2
28)	Dinotefuran	呋虫胺	2
29)	Dithianon	二氰蒽醌	5
30)	Emamectin benzoate	甲氨基阿维菌素苯甲酸盐	0.05T
31)	Ethiofencarb	乙硫苯威	5.0T
32)	Etofenprox	醚菊酯	5
33)	Etoxazole	乙螨唑	0.4
34)	Fenbuconazole	腈苯唑	2
35)	Fenbutatin oxide	苯丁锡	5.0T
36)	Fenitrothion	杀螟硫磷	0.2
37)	Fenobucarb	仲丁威	0.05T
38)	Fenvalerate	氰戊菊酯	10.0T
39)	Flonicamid	氟啶虫酰胺	2
40)	Flubendiamide	氟苯虫酰胺	1
41)	Flufenoxuron	氟虫脲	2
42)	Fluxametamide	氟噁唑酰胺	2
43)	Fluxapyroxad	氟唑菌酰胺	1
44)	Imidacloprid	吡虫啉	1
45)	Iminoctadine	双胍辛胺	2
46)	Indaziflam	茚嗪氟草胺	0.05
47)	Iprodione	异菌脲	5
48)	Kresoxim-methyl	醚菌酯	2
49)	Lufenuron	虱螨脲	0.6
50)	Maleic hydrazide	抑芽丹	40.0T
51)	Mandestrobin	甲氧基丙烯酸酯类杀菌剂	5
52)	Metaflumizone	氰氟虫腙	1

（续）

序号	药品通用名	中文名	最大残留限量（mg/kg）
53）	Metconazole	叶菌唑	0.5
54）	Metrafenone	苯菌酮	0.3
55）	Oxamyl	杀线威	0.5T
56）	Oxolinic acid	喹菌酮	2
57）	Pendimethalin	二甲戊灵	0.05T
58）	Penthiopyrad	吡噻菌胺	1
59）	Permethrin（permetrin）	氯菊酯	5.0T
60）	Pirimicarb	抗蚜威	1.0T
61）	Propiconazole	丙环唑	1.0T
62）	Pymetrozine	吡蚜酮	0.5
63）	Pyraclostrobin	吡唑醚菌酯	3
64）	Pyrethrins	除虫菊素	1.0T
65）	Pyridalyl	三氟甲吡醚	2.0T
66）	Pyrifluquinazon	吡氟喹虫唑	0.2
67）	Sethoxydim	烯禾啶	1.0T
68）	Spinetoram	乙基多杀菌素	0.2T
69）	Spirotetramat	螺虫乙酯	3
70）	Streptomycin	链霉素	0.07
71）	Sulfoxaflor	氟啶虫胺腈	0.3
72）	Tebuconazole	戊唑醇	1
73）	Tebufenozide	虫酰肼	1.0T
74）	Tebufenpyrad	吡螨胺	0.7
75）	Tetraconazole	四氟醚唑	0.3
76）	Tiafenacil	嘧啶二酮类非选择性除草剂	0.05
77）	Trifloxystrobin	肟菌酯	3
78）	Triflumizole	氟菌唑	0.1

119. Japanese cornel　日本山茱萸

序号	药品通用名	中文名	最大残留限量（mg/kg）
1）	Abamectin	阿维菌素	0.05T
2）	Acetamiprid	啶虫脒	0.7
3）	Bifenthrin	联苯菊酯	0.1T
4）	Deltamethrin	溴氰菊酯	0.5T
5）	Imidacloprid	吡虫啉	0.2T
6）	Pyrifluquinazon	吡氟喹虫唑	0.05
7）	Sulfoxaflor	氟啶虫胺腈	0.3T

120. Jasmine（fresh）　茉莉（鲜）

序号	药品通用名	中文名	最大残留限量（mg/kg）
1）	Prochloraz	咪鲜胺	0.02T

121. Job's tear　薏苡

序号	药品通用名	中文名	最大残留限量（mg/kg）
1）	Alachlor	甲草胺	0.2T
2）	Azoxystrobin	嘧菌酯	0.02T

（续）

序号	药品通用名	中文名	最大残留限量 （mg/kg）
3）	Carbendazim	多菌灵	0.05T
4）	Chlorpyrifos	毒死蜱	0.1
5）	Cyhalothrin	氯氟氰菊酯	0.05
6）	Difenoconazole	苯醚甲环唑	0.1
7）	Diflubenzuron	除虫脲	0.05T
8）	Dinotefuran	呋虫胺	1.0T
9）	Dithiocarbamates	二硫代氨基甲酸酯	0.05T
10）	Ethalfluralin	乙丁烯氟灵	0.05
11）	Etofenprox	醚菊酯	0.05T
12）	Fenitrothion	杀螟硫磷	0.2T
13）	Flufenoxuron	氟虫脲	0.05T
14）	Glufosinate（ammonium）	草铵膦（胺）	0.05T
15）	Iminoctadine	双胍辛胺	0.1
16）	Iprodione	异菌脲	3
17）	Linuron	利谷隆	0.05
18）	Novaluron	氟酰脲	0.05T
19）	Oxadiazon	噁草酮	0.05T
20）	Pendimethalin	二甲戊灵	0.05T
21）	Phenthoate	稻丰散	0.05T
22）	Pyraclostrobin	吡唑醚菌酯	0.02T
23）	Pyribencarb	吡菌苯威	0.05T
24）	Simazine	西玛津	0.25T
25）	Sulfoxaflor	氟啶虫胺腈	0.08T
26）	Thiobencarb	禾草丹	0.05
122. Jujube 枣			
1）	Abamectin	阿维菌素	0.05
2）	Acequinocyl	灭螨醌	2
3）	Acetamiprid	啶虫脒	0.7
4）	Acibenzolar-S-methyl	苯并噻二唑	0.2T
5）	Amitraz	双甲脒	0.5T
6）	Azoxystrobin	嘧菌酯	3
7）	Bifenazate	联苯肼酯	0.3
8）	Bifenthrin	联苯菊酯	0.5
9）	Boscalid	啶酰菌胺	2
10）	Buprofezin	噻嗪酮	0.5T
11）	Captan	克菌丹	3
12）	Carbendazim	多菌灵	2
13）	Chlorfenapyr	虫螨腈	2
14）	Chlorothalonil	百菌清	0.7

（续）

序号	药品通用名	中文名	最大残留限量（mg/kg）
15)	Chlorpyrifos	毒死蜱	0.5T
16)	Chromafenozide	环虫酰肼	1
17)	Cyantraniliprole	溴氰虫酰胺	1
18)	Cyazofamid	氰霜唑	3
19)	Cyclaniliprole	环溴虫酰胺	0.5
20)	Cyenopyrafen	腈吡螨酯	1
21)	Cyflumetofen	丁氟螨酯	0.1T
22)	Cyhalothrin	氯氟氰菊酯	0.2
23)	Cyhexatin	三环锡	0.05T
24)	Deltamethrin	溴氰菊酯	0.5T
25)	Difenoconazole	苯醚甲环唑	2
26)	Diflubenzuron	除虫脲	1.0T
27)	Dithianon	二氰蒽醌	1
28)	Dithiocarbamates	二硫代氨基甲酸酯	3.0T
29)	Emamectin benzoate	甲氨基阿维菌素苯甲酸盐	0.05
30)	Etoxazole	乙螨唑	0.4
31)	Fenarimol	氯苯嘧啶醇	0.5
32)	Fenazaquin	喹螨醚	0.3
33)	Fenitrothion	杀螟硫磷	2
34)	Fenpyroximate	唑螨酯	0.1T
35)	Flonicamid	氟啶虫酰胺	0.9T
36)	Fluazinam	氟啶胺	1
37)	Flubendiamide	氟苯虫酰胺	2
38)	Fludioxonil	咯菌腈	0.3
39)	Flufenoxuron	氟虫脲	1
40)	Fluquinconazole	氟喹唑	2
41)	Flusilazole	氟硅唑	0.5
42)	Fluxapyroxad	氟唑菌酰胺	3
43)	Glyphosate	草甘膦	0.05T
44)	Hexythiazox	噻螨酮	0.7
45)	Imibenconazole	亚胺唑	2
46)	Imidacloprid	吡虫啉	2
47)	Iminoctadine	双胍辛胺	0.5T
48)	Indaziflam	茚嗪氟草胺	0.05
49)	Indoxacarb	茚虫威	0.5
50)	Iprodione	异菌脲	5
51)	Kresoxim-methyl	醚菌酯	2
52)	Lufenuron	虱螨脲	2
53)	MCPA	2甲4氯	0.05T

（续）

序号	药品通用名	中文名	最大残留限量（mg/kg）
54)	Metaflumizone	氰氟虫腙	2
55)	Metconazole	叶菌唑	1
56)	Methomyl	灭多威	0.05
57)	Milbemectin	弥拜菌素	0.3
58)	Myclobutanil	腈菌唑	1
59)	Novaluron	氟酰脲	0.7
60)	Oxolinic acid	喹菌酮	10
61)	Phorate	甲拌磷	0.05T
62)	Prochloraz	咪鲜胺	3
63)	Pyflubumide	一种杀螨剂	0.7
64)	Pymetrozine	吡蚜酮	0.2T
65)	Pyraclostrobin	吡唑醚菌酯	2
66)	Pyribencarb	吡菌苯威	2
67)	Pyrifluquinazon	吡氟喹虫唑	0.05
68)	Pyrimethanil	嘧霉胺	1
69)	Saflufenacil	苯嘧磺草胺	0.05T
70)	Simeconazole	硅氟唑	2
71)	Spinetoram	乙基多杀菌素	0.7
72)	Spirodiclofen	螺螨酯	5
73)	Spiromesifen	螺虫酯	0.7
74)	Spirotetramat	螺虫乙酯	2
75)	Streptomycin	链霉素	5
76)	Sulfoxaflor	氟啶虫胺腈	0.7
77)	Tebuconazole	戊唑醇	5
78)	Tebufenpyrad	吡螨胺	0.5T
79)	Teflubenzuron	氟苯脲	1
80)	Tefluthrin	七氟菊酯	0.05T
81)	Terbufos	特丁硫磷	0.05T
82)	Tiafenacil	嘧啶二酮类非选择性除草剂	0.05
83)	Trifloxystrobin	肟菌酯	2
84)	Triflumizole	氟菌唑	2
123. Jujube（dried） 枣（干）			
1)	Abamectin	阿维菌素	0.5
2)	Acequinocyl	灭螨醌	2
3)	Azoxystrobin	嘧菌酯	7
4)	Bifenazate	联苯肼酯	0.3
5)	Bifenthrin	联苯菊酯	2
6)	Boscalid	啶酰菌胺	5
7)	Captan	克菌丹	6

序号	药品通用名	中文名	最大残留限量（mg/kg）
8)	Carbendazim	多菌灵	4
9)	Chlorantraniliprole	氯虫苯甲酰胺	1
10)	Chlorfenapyr	虫螨腈	2
11)	Chlorothalonil	百菌清	2
12)	Chromafenozide	环虫酰肼	2
13)	Cyazofamid	氰霜唑	3
14)	Cyclaniliprole	环溴虫酰胺	1
15)	Cyenopyrafen	腈吡螨酯	1
16)	Difenoconazole	苯醚甲环唑	7
17)	Dithianon	二氰蒽醌	10
18)	Emamectin benzoate	甲氨基阿维菌素苯甲酸盐	0.05
19)	Etofenprox	醚菊酯	2
20)	Fenarimol	氯苯嘧啶醇	1.5
21)	Fenazaquin	喹螨醚	1
22)	Fenitrothion	杀螟硫磷	3
23)	Fluazinam	氟啶胺	2
24)	Flubendiamide	氟苯虫酰胺	7
25)	Fludioxonil	咯菌腈	2
26)	Flufenoxuron	氟虫脲	2
27)	Fluquinconazole	氟喹唑	2
28)	Flusilazole	氟硅唑	1
29)	Fluxapyroxad	氟唑菌酰胺	6
30)	Hexythiazox	噻螨酮	0.7
31)	Imibenconazole	亚胺唑	2
32)	Imidacloprid	吡虫啉	2
33)	Indoxacarb	茚虫威	2
34)	Iprodione	异菌脲	10
35)	Kresoxim-methyl	醚菌酯	2
36)	Lufenuron	虱螨脲	2
37)	Metaflumizone	氰氟虫腙	5
38)	Metconazole	叶菌唑	10
39)	Methomyl	灭多威	0.05
40)	Methoxyfenozide	甲氧虫酰肼	2
41)	Milbemectin	弥拜菌素	0.3
42)	Myclobutanil	腈菌唑	2
43)	Novaluron	氟酰脲	1
44)	Oxolinic acid	喹菌酮	25
45)	Prochloraz	咪鲜胺	6
46)	Pyflubumide	一种杀螨剂	1.5

（续）

序号	药品通用名	中文名	最大残留限量 （mg/kg）
47）	Pyraclostrobin	吡唑醚菌酯	5
48）	Pyribencarb	吡菌苯威	7
49）	Pyrimethanil	嘧霉胺	2
50）	Simeconazole	硅氟唑	2
51）	Spinetoram	乙基多杀菌素	0.7
52）	Spirodiclofen	螺螨酯	5
53）	Spiromesifen	螺虫酯	1.5
54）	Streptomycin	链霉素	10
55）	Sulfoxaflor	氟啶虫胺腈	2
56）	Tebuconazole	戊唑醇	5
57）	Teflubenzuron	氟苯脲	1
58）	Thiacloprid	噻虫啉	1.5
59）	Tiafenacil	嘧啶二酮类非选择性除草剂	0.05
60）	Trifloxystrobin	肟菌酯	3
61）	Triflumizole	氟菌唑	5

124. Kale 羽衣甘蓝

序号	药品通用名	中文名	最大残留限量 （mg/kg）
1）	Abamectin	阿维菌素	0.6
2）	Acephate	乙酰甲胺磷	5.0T
3）	Acetamiprid	啶虫脒	10
4）	Amisulbrom	吲唑磺菌胺	15
5）	Azinphos-methyl	保棉磷	0.3T
6）	Azoxystrobin	嘧菌酯	25
7）	Benfuresate	呋草磺	0.1T
8）	Bentazone	灭草松	0.2T
9）	Bifenthrin	联苯菊酯	8
10）	Boscalid	啶酰菌胺	2.0T
11）	Cadusafos	硫线磷	0.05
12）	Captan	克菌丹	2.0T
13）	Carbendazim	多菌灵	50
14）	Chlorantraniliprole	氯虫苯甲酰胺	10
15）	Chlorfenapyr	虫螨腈	5
16）	Chlorothalonil	百菌清	5.0T
17）	Chlorpropham	氯苯胺灵	0.05T
18）	Chlorpyrifos	毒死蜱	0.15
19）	Chromafenozide	环虫酰肼	15
20）	Cyantraniliprole	溴氰虫酰胺	10
21）	Cyfluthrin	氟氯氰菊酯	2.0T
22）	Cyhalothrin	氯氟氰菊酯	0.5T
23）	Cymoxanil	霜脲氰	2.0T

（续）

序号	药品通用名	中文名	最大残留限量 (mg/kg)
24)	Cypermethrin	氯氰菊酯	6
25)	Deltamethrin	溴氰菊酯	2
26)	Dichlofluanid	苯氟磺胺	15.0T
27)	Dicofol	三氯杀螨醇	1.0T
28)	Diethofencarb	乙霉威	40
29)	Dimethoate	乐果	0.5T
30)	Dinotefuran	呋虫胺	2
31)	Emamectin benzoate	甲氨基阿维菌素苯甲酸盐	0.1
32)	Epoxiconazole	氟环唑	0.05T
33)	Ethiofencarb	乙硫苯威	2.0T
34)	Ethoprophos (ethoprop)	灭线磷	0.05
35)	Etofenprox	醚菊酯	15
36)	Fenbutatin oxide	苯丁锡	2.0T
37)	Fenhexamid	环酰菌胺	10
38)	Fenitrothion	杀螟硫磷	0.05
39)	Fenpyrazamine	胺苯吡菌酮	15
40)	Fenvalerate	氰戊菊酯	10.0T
41)	Flonicamid	氟啶虫酰胺	7
42)	Flubendiamide	氟苯虫酰胺	0.7
43)	Flufenoxuron	氟虫脲	6
44)	Fluopicolide	氟吡菌胺	2.0T
45)	Flupyradifurone	氟吡呋喃酮	15
46)	Flutolanil	氟酰胺	2
47)	Hexythiazox	噻螨酮	2.0T
48)	Iprobenfos	异稻瘟净	0.2T
49)	Isofenphos	异柳磷	0.05T
50)	Lufenuron	虱螨脲	2
51)	Malathion	马拉硫磷	2.0T
52)	Maleic hydrazide	抑芽丹	25.0T
53)	Metaflumizone	氰氟虫腙	9
54)	Metconazole	叶菌唑	20
55)	Methomyl	灭多威	5.0T
56)	Methoxychlor	甲氧滴滴涕	14.0T
57)	Methoxyfenozide	甲氧虫酰肼	15
58)	Metribuzin	嗪草酮	0.5T
59)	Mevinphos	速灭磷	1.0T
60)	Novaluron	氟酰脲	15
61)	Omethoate	氧乐果	0.01T
62)	Oxadixyl	噁霜灵	0.1T

（续）

序号	药品通用名	中文名	最大残留限量（mg/kg）
63)	Oxamyl	杀线威	1.0T
64)	Parathion	对硫磷	0.3T
65)	Permethrin（permetrin）	氯菊酯	5.0T
66)	Phenthoate	稻丰散	2.0T
67)	Phorate	甲拌磷	3
68)	Phoxim	辛硫磷	0.05
69)	Picarbutrazox	四唑吡氨酯	9
70)	Pirimicarb	抗蚜威	2.0T
71)	Pymetrozine	吡蚜酮	3
72)	Pyrethrins	除虫菊素	1.0T
73)	Pyribencarb	吡菌苯威	15
74)	Pyridalyl	三氟甲吡醚	15
75)	Pyrifluquinazon	吡氟喹虫唑	2
76)	Sethoxydim	烯禾啶	10.0T
77)	Spinetoram	乙基多杀菌素	3
78)	Spirotetramat	螺虫乙酯	5
79)	Sulfoxaflor	氟啶虫胺腈	10
80)	Tebupirimfos	丁基嘧啶磷	0.07
81)	Teflubenzuron	氟苯脲	7
82)	Tefluthrin	七氟菊酯	0.05
83)	Terbufos	特丁硫磷	0.5
84)	Thiabendazole	噻菌灵	0.05T
85)	Thiacloprid	噻虫啉	2.0T
86)	Thiobencarb	禾草丹	0.2T
87)	Tricyclazole	三环唑	0.2T
125. Kamtchatka goat's beard　山吹升麻			
1)	Dithiocarbamates	二硫代氨基甲酸酯	5.0T
2)	Glufosinate（ammonium）	草铵膦（胺）	0.05T
126. Kidney bean　四季豆			
1)	Abamectin	阿维菌素	0.05T
2)	Acephate	乙酰甲胺磷	3.0T
3)	Bentazone	灭草松	0.2T
4)	Bifenthrin	联苯菊酯	0.05T
5)	Bitertanol	联苯三唑醇	0.2T
6)	Clofentezine	四螨嗪	0.2T
7)	Cyfluthrin	氟氯氰菊酯	0.5T
8)	Cyhalothrin	氯氟氰菊酯	0.2T
9)	Deltamethrin	溴氰菊酯	0.05
10)	Dichlofluanid	苯氟磺胺	0.2T

（续）

序号	药品通用名	中文名	最大残留限量（mg/kg）
11)	Ethiofencarb	乙硫苯威	1.0T
12)	Fenbutatin oxide	苯丁锡	0.5T
13)	Fenvalerate	氰戊菊酯	0.5T
14)	Fludioxonil	咯菌腈	0.4†
15)	Glyphosate	草甘膦	3.0†
16)	Lufenuron	虱螨脲	0.05T
17)	Metaflumizone	氰氟虫腙	0.05T
18)	Methoxyfenozide	甲氧虫酰肼	0.2†
19)	Parathion-methyl	甲基对硫磷	1.0T
20)	Pendimethalin	二甲戊灵	0.2T
21)	Permethrin（permetrin）	氯菊酯	0.1T
22)	Propargite	克螨特	0.2T
23)	Pyrethrins	除虫菊素	1.0T
24)	Sethoxydim	烯禾啶	20.0T
25)	Spinetoram	乙基多杀菌素	0.05T
26)	Tebuconazole	戊唑醇	0.1T
27)	Thiobencarb	禾草丹	0.2T

127. King oyster mushroom 杏鲍菇

1)	Carbendazim	多菌灵	0.7T

128. Kiwifruit 猕猴桃

1)	Acetamiprid	啶虫脒	0.5
2)	Acrinathrin	氟丙菊酯	0.2
3)	Amitraz	双甲脒	1
4)	Azinphos-methyl	保棉磷	1.0T
5)	Azoxystrobin	嘧菌酯	1
6)	Bifenthrin	联苯菊酯	0.05
7)	Bistrifluron	双三氟虫脲	1
8)	Boscalid	啶酰菌胺	5
9)	Buprofezin	噻嗪酮	1
10)	Cadusafos	硫线磷	0.02
11)	Carbaryl	甲萘威	3.0T
12)	Carbendazim	多菌灵	3
13)	Cartap	杀螟丹	3
14)	Chlorantraniliprole	氯虫苯甲酰胺	0.5
15)	Chlorfenapyr	虫螨腈	0.1T
16)	Chlorpropham	氯苯胺灵	0.05T
17)	Clofentezine	四螨嗪	1.0T
18)	Clothianidin	噻虫胺	1
19)	Cyhalothrin	氯氟氰菊酯	0.5T

（续）

序号	药品通用名	中文名	最大残留限量（mg/kg）
20）	Cypermethrin	氯氰菊酯	2.0T
21）	Cyprodinil	嘧菌环胺	3
22）	Deltamethrin	溴氰菊酯	0.05
23）	Dichlofluanid	苯氟磺胺	15.0T
24）	Dicloran	氯硝胺	10.0T
25）	Dicofol	三氯杀螨醇	1.0T
26）	Diethofencarb	乙霉威	3
27）	Difenoconazole	苯醚甲环唑	0.5
28）	Dinotefuran	呋虫胺	1
29）	Endosulfan	硫丹	0.1T
30）	Ethiofencarb	乙硫苯威	5.0T
31）	Etofenprox	醚菊酯	0.5
32）	Fenamiphos	苯线磷	0.05T
33）	Fenbutatin oxide	苯丁锡	2.0T
34）	Fenhexamid	环酰菌胺	15†
35）	Fenpyrazamine	胺苯吡菌酮	3
36）	Fenthion	倍硫磷	0.2T
37）	Fenvalerate	氰戊菊酯	5.0T
38）	Flonicamid	氟啶虫酰胺	0.2T
39）	Flubendiamide	氟苯虫酰胺	1
40）	Fludioxonil	咯菌腈	1
41）	Fluopyram	氟吡菌酰胺	2
42）	Flupyradifurone	氟吡呋喃酮	0.6T
43）	Forchlorfenuron	氯吡脲	0.05
44）	Fosthiazate	噻唑磷	0.05
45）	Glufosinate（ammonium）	草铵膦（胺）	0.05
46）	Imazalil	抑霉唑	2.0T
47）	Imidacloprid	吡虫啉	1
48）	Iminoctadine	双胍辛胺	0.3
49）	Iprodione	异菌脲	5
50）	Lufenuron	虱螨脲	0.05T
51）	Malathion	马拉硫磷	0.5T
52）	Maleic hydrazide	抑芽丹	40.0T
53）	MCPA	2甲4氯	0.05T
54）	Metaflumizone	氰氟虫腙	0.1T
55）	Metconazole	叶菌唑	0.7T
56）	Methomyl	灭多威	1
57）	Methoxyfenozide	甲氧虫酰肼	0.7T
58）	Myclobutanil	腈菌唑	1.0T

（续）

序号	药品通用名	中文名	最大残留限量（mg/kg）
59）	Oxamyl	杀线威	0.5T
60）	Oxolinic acid	喹菌酮	1
61）	Oxyfluorfen	乙氧氟草醚	0.05†
62）	Pendimethalin	二甲戊灵	0.05T
63）	Penthiopyrad	吡噻菌胺	2
64）	Permethrin（permetrin）	氯菊酯	2.0T
65）	Pirimicarb	抗蚜威	1.0T
66）	Pirimiphos-methyl	甲基嘧啶磷	2.0T
67）	Procymidone	腐霉利	7.0T
68）	Pyraclostrobin	吡唑醚菌酯	0.05T
69）	Pyrethrins	除虫菊素	1.0T
70）	Pyribencarb	吡菌苯威	2
71）	Pyridalyl	三氟甲吡醚	1.0T
72）	Pyrifluquinazon	吡氟喹虫唑	0.05T
73）	Sethoxydim	烯禾啶	1.0T
74）	Spinetoram	乙基多杀菌素	0.1
75）	Spinosad	多杀霉素	0.3
76）	Spirodiclofen	螺螨酯	0.9T
77）	Spirotetramat	螺虫乙酯	5
78）	Streptomycin	链霉素	0.2
79）	Sulfoxaflor	氟啶虫胺腈	0.3
80）	Tebuconazole	戊唑醇	2
81）	Tebufenozide	虫酰肼	0.5T
82）	Thiacloprid	噻虫啉	0.2T
83）	Thiamethoxam	噻虫嗪	0.5
84）	Thidiazuron	噻苯隆	0.1
85）	Tiafenacil	嘧啶二酮类非选择性除草剂	0.05
86）	Trifloxystrobin	肟菌酯	2
87）	Triflumizole	氟菌唑	2.0T
88）	Vinclozolin	乙烯菌核利	10.0T

129. Kohlrabi 球茎甘蓝

序号	药品通用名	中文名	最大残留限量（mg/kg）
1）	Alachlor	甲草胺	0.05T
2）	Amisulbrom	吲唑磺菌胺	0.2
3）	Benthiavalicarb-isopropyl	苯噻菌胺	0.05T
4）	Butachlor	丁草胺	0.1T
5）	Cadusafos	硫线磷	0.05
6）	Carbendazim	多菌灵	1.0T
7）	Chlorpyrifos	毒死蜱	0.05
8）	Clothianidin	噻虫胺	0.05

153

（续）

序号	药品通用名	中文名	最大残留限量（mg/kg）
9)	Cyantraniliprole	溴氰虫酰胺	2.0T
10)	Cypermethrin	氯氰菊酯	0.05
11)	Deltamethrin	溴氰菊酯	0.05
12)	Dinotefuran	呋虫胺	0.3T
13)	Dithiocarbamates	二硫代氨基甲酸酯	0.3T
14)	Emamectin benzoate	甲氨基阿维菌素苯甲酸盐	0.05
15)	Ethoprophos（ethoprop）	灭线磷	0.05
16)	Etofenprox	醚菊酯	0.3
17)	Fenitrothion	杀螟硫磷	0.05
18)	Fluazifop-butyl	吡氟禾草灵	0.2T
19)	Fluazinam	氟啶胺	0.4
20)	Glufosinate（ammonium）	草铵膦（胺）	0.05T
21)	Glyphosate	草甘膦	0.2T
22)	Hexythiazox	噻螨酮	0.05T
23)	Hymexazol	噁霉灵	1.5
24)	Indoxacarb	茚虫威	2.0T
25)	MCPA	2甲4氯	0.05T
26)	Metaflumizone	氰氟虫腙	0.09
27)	Metaldehyde	四聚乙醛	0.05T
28)	Novaluron	氟酰脲	0.05
29)	Oxolinic acid	喹菌酮	0.09
30)	Penthiopyrad	吡噻菌胺	0.3T
31)	Phorate	甲拌磷	0.05T
32)	Phoxim	辛硫磷	0.05T
33)	Pymetrozine	吡蚜酮	0.05
34)	Pyribencarb	吡菌苯威	0.3T
35)	Pyridalyl	三氟甲吡醚	0.5
36)	Pyrifluquinazon	吡氟喹虫唑	0.2
37)	Spinetoram	乙基多杀菌素	0.05
38)	Spirotetramat	螺虫乙酯	0.5
39)	Tefluthrin	七氟菊酯	0.05
40)	Terbufos	特丁硫磷	0.05
41)	Thifluzamide	噻呋酰胺	0.05

130. Korean black raspberry　朝鲜黑树莓

序号	药品通用名	中文名	最大残留限量（mg/kg）
1)	Abamectin	阿维菌素	0.05
2)	Acetamiprid	啶虫脒	1
3)	Alachlor	甲草胺	0.05T
4)	Amisulbrom	吲唑磺菌胺	2.0T
5)	Amitraz	双甲脒	0.3T

154

（续）

序号	药品通用名	中文名	最大残留限量（mg/kg）
6）	Azinphos-methyl	保棉磷	0.3T
7）	Azoxystrobin	嘧菌酯	3
8）	Benthiavalicarb-isopropyl	苯噻菌胺	0.1T
9）	Bifenazate	联苯肼酯	7.0T
10）	Bifenthrin	联苯菊酯	0.3T
11）	Boscalid	啶酰菌胺	9.0†
12）	Buprofezin	噻嗪酮	1.0T
13）	Cadusafos	硫线磷	0.05
14）	Captan	克菌丹	5
15）	Carbaryl	甲萘威	0.5T
16）	Carbendazim	多菌灵	2
17）	Carfentrazone-ethyl	唑酮草酯	0.1T
18）	Cartap	杀螟丹	1.0T
19）	Chlorantraniliprole	氯虫苯甲酰胺	1
20）	Chlorfenapyr	虫螨腈	0.5
21）	Chlorfluazuron	氟啶脲	1
22）	Chlorothalonil	百菌清	1
23）	Clothianidin	噻虫胺	1
24）	Cyantraniliprole	溴氰虫酰胺	0.7T
25）	Cyenopyrafen	腈吡螨酯	1.0T
26）	Cyflumetofen	丁氟螨酯	1
27）	Cyhexatin	三环锡	1.5
28）	Cyprodinil	嘧菌环胺	1.0T
29）	Deltamethrin	溴氰菊酯	0.2
30）	Difenoconazole	苯醚甲环唑	0.5T
31）	Dimethomorph	烯酰吗啉	1.0T
32）	Dinotefuran	呋虫胺	2
33）	Dithianon	二氰蒽醌	3
34）	Dithiocarbamates	二硫代氨基甲酸酯	7
35）	Emamectin benzoate	甲氨基阿维菌素苯甲酸盐	0.03
36）	Etofenprox	醚菊酯	1
37）	Etoxazole	乙螨唑	0.3T
38）	Fenazaquin	喹螨醚	0.5T
39）	Fenhexamid	环酰菌胺	15T
40）	Fenitrothion	杀螟硫磷	0.3T
41）	Fenpyroximate	唑螨酯	0.7
42）	Flonicamid	氟啶虫酰胺	0.7
43）	Fluazinam	氟啶胺	0.05T
44）	Fludioxonil	咯菌腈	5.0T

（续）

序号	药品通用名	中文名	最大残留限量（mg/kg）
45）	Flufenoxuron	氟虫脲	0.3T
46）	Flupyradifurone	氟吡呋喃酮	1.5T
47）	Fluquinconazole	氟喹唑	1.0T
48）	Flusilazole	氟硅唑	0.5T
49）	Flutianil	氟噻唑菌腈	0.3T
50）	Fluxametamide	氟噁唑酰胺	0.5T
51）	Fluxapyroxad	氟唑菌酰胺	0.5T
52）	Folpet	灭菌丹	3.0T
53）	Fosetyl-aluminium	三乙膦酸铝	1.0T
54）	Fosthiazate	噻唑磷	0.05
55）	Glufosinate（ammonium）	草铵膦（胺）	0.05
56）	Glyphosate	草甘膦	0.2T
57）	Hexaconazole	己唑醇	0.3
58）	Imicyafos	氰咪唑硫磷	0.05T
59）	Imidacloprid	吡虫啉	1.5†
60）	Iminoctadine	双胍辛胺	1.0T
61）	Indoxacarb	茚虫威	0.5
62）	Iprodione	异菌脲	30T
63）	Kresoxim-methyl	醚菌酯	2
64）	Lufenuron	虱螨脲	0.3
65）	Malathion	马拉硫磷	0.5T
66）	Metaflumizone	氰氟虫腙	2
67）	Metalaxyl	甲霜灵	0.2T
68）	Methoxyfenozide	甲氧虫酰肼	1
69）	Metrafenone	苯菌酮	5.0T
70）	Milbemectin	弥拜菌素	0.05
71）	Novaluron	氟酰脲	2
72）	Penconazole	戊菌唑	0.2T
73）	Penthiopyrad	吡噻菌胺	0.5
74）	Phenthoate	稻丰散	0.5T
75）	Phorate	甲拌磷	0.05T
76）	Picarbutrazox	四唑吡氨酯	0.05T
77）	Prochloraz	咪鲜胺	3
78）	Procymidone	腐霉利	2.0T
79）	Profenofos	丙溴磷	2.0T
80）	Pyraclostrobin	吡唑醚菌酯	3.0†
81）	Pyribencarb	吡菌苯威	0.7
82）	Pyridalyl	三氟甲吡醚	1
83）	Pyrifluquinazon	吡氟喹虫唑	0.3

（续）

序号	药品通用名	中文名	最大残留限量（mg/kg）
84）	Pyrimethanil	嘧霉胺	15†
85）	Simeconazole	硅氟唑	0.3
86）	Spinetoram	乙基多杀菌素	0.7†
87）	Spinosad	多杀霉素	0.5
88）	Spirodiclofen	螺螨酯	1
89）	Spiromesifen	螺虫酯	2
90）	Spirotetramat	螺虫乙酯	3
91）	Sulfoxaflor	氟啶虫胺腈	0.5
92）	Tebuconazole	戊唑醇	0.5T
93）	Tebufenozide	虫酰肼	2.0T
94）	Tebufenpyrad	吡螨胺	0.5T
95）	Teflubenzuron	氟苯脲	2
96）	Tefluthrin	七氟菊酯	0.05T
97）	Thiacloprid	噻虫啉	0.7
98）	Thiamethoxam	噻虫嗪	1
99）	Tiafenacil	嘧啶二酮类非选择性除草剂	0.05
100）	Triadimefon	三唑酮	0.05T
101）	Trifloxystrobin	肟菌酯	1
102）	Triflumizole	氟菌唑	2.0T
103）	Triforine	嗪氨灵	0.5T

131. Korean black raspberry（dried） 朝鲜黑树莓（干）

序号	药品通用名	中文名	最大残留限量（mg/kg）
1）	Chlorfenapyr	虫螨腈	2
2）	Methoxyfenozide	甲氧虫酰肼	6

132. Korean cabbage, head 韩国甘蓝

序号	药品通用名	中文名	最大残留限量（mg/kg）
1）	Abamectin	阿维菌素	0.1
2）	Acephate	乙酰甲胺磷	2
3）	Acetamiprid	啶虫脒	1
4）	Alachlor	甲草胺	0.05T
5）	Ametoctradin	唑嘧菌胺	2
6）	Amisulbrom	吲唑磺菌胺	0.7
7）	Azinphos-methyl	保棉磷	0.2T
8）	Azoxystrobin	嘧菌酯	0.05
9）	Benalaxyl	苯霜灵	0.1
10）	Bentazone	灭草松	0.2T
11）	Benthiavalicarb-isopropyl	苯噻菌胺	2
12）	Bifenthrin	联苯菊酯	0.7
13）	Bistrifluron	双三氟虫脲	1
14）	Boscalid	啶酰菌胺	0.05T
15）	Cadusafos	硫线磷	0.05

（续）

序号	药品通用名	中文名	最大残留限量 （mg/kg）
16）	Captan	克菌丹	3
17）	Carbaryl	甲萘威	0.5T
18）	Carbendazim	多菌灵	0.7
19）	Carbofuran	克百威	0.05
20）	Cartap	杀螟丹	2
21）	Chlorantraniliprole	氯虫苯甲酰胺	1
22）	Chlorfenapyr	虫螨腈	1
23）	Chlorfluazuron	氟啶脲	0.3
24）	Chlorothalonil	百菌清	2
25）	Chlorpropham	氯苯胺灵	0.05T
26）	Chlorpyrifos	毒死蜱	0.2
27）	Chlorpyrifos-methyl	甲基毒死蜱	0.07
28）	Chromafenozide	环虫酰肼	2
29）	Clothianidin	噻虫胺	0.2
30）	Cyantraniliprole	溴氰虫酰胺	0.7
31）	Cyazofamid	氰霜唑	0.7
32）	Cyclaniliprole	环溴虫酰胺	0.2
33）	Cyfluthrin	氟氯氰菊酯	2
34）	Cyhalothrin	氯氟氰菊酯	0.2
35）	Cymoxanil	霜脲氰	0.2
36）	Cypermethrin	氯氰菊酯	2
37）	Dazomet	棉隆	0.1T
38）	Deltamethrin	溴氰菊酯	0.3
39）	Diazinon	二嗪磷	0.05
40）	Dichlofluanid	苯氟磺胺	15.0T
41）	Dichlorvos	敌敌畏	0.2
42）	Dicofol	三氯杀螨醇	1.0T
43）	Diflubenzuron	除虫脲	0.7
44）	Dimethomorph	烯酰吗啉	2
45）	Dimethylvinphos	甲基毒虫畏	0.05T
46）	Diniconazole	烯唑醇	0.1
47）	Dinotefuran	呋虫胺	1
48）	Dithianon	二氰蒽醌	0.05
49）	Dithiocarbamates	二硫代氨基甲酸酯	2.0T
50）	Emamectin benzoate	甲氨基阿维菌素苯甲酸盐	0.02
51）	Endosulfan	硫丹	0.2T
52）	Ethaboxam	噻唑菌胺	0.7
53）	Ethiofencarb	乙硫苯威	5.0T
54）	Ethoprophos（ethoprop）	灭线磷	0.02

（续）

序号	药品通用名	中文名	最大残留限量（mg/kg）
55）	Etofenprox	醚菊酯	0.7
56）	Etridiazole	土菌灵	0.07
57）	Famoxadone	噁唑菌酮	0.3
58）	Fenamiphos	苯线磷	0.05T
59）	Fenbutatin oxide	苯丁锡	2.0T
60）	Fenitrothion	杀螟硫磷	0.05
61）	Fenvalerate	氰戊菊酯	0.3
62）	Fipronil	氟虫腈	0.05
63）	Flonicamid	氟啶虫酰胺	0.7
64）	Fluazifop-butyl	吡氟禾草灵	0.7
65）	Fluazinam	氟啶胺	1
66）	Flubendiamide	氟苯虫酰胺	1
67）	Flufenoxuron	氟虫脲	1
68）	Fluopicolide	氟吡菌胺	0.3
69）	Flupyradifurone	氟吡呋喃酮	5
70）	Flusulfamide	磺菌胺	0.05
71）	Fluthiacet-methyl	嗪草酸甲酯	0.05
72）	Fluxametamide	氟噁唑酰胺	2
73）	Fluxapyroxad	氟唑菌酰胺	0.05
74）	Fosetyl-aluminium	三乙膦酸铝	7
75）	Glufosinate（ammonium）	草铵膦（胺）	0.05
76）	Hexaflumuron	氟铃脲	0.3T
77）	Hydrogen cyanide	氢氰酸	5
78）	Imidacloprid	吡虫啉	0.3
79）	Indoxacarb	茚虫威	0.7
80）	Iprovalicarb	缬霉威	0.7
81）	Isofenphos	异柳磷	0.05T
82）	Kresoxim-methyl	醚菌酯	0.03
83）	Lepimectin	雷皮菌素	0.05
84）	Lufenuron	虱螨脲	0.3
85）	Malathion	马拉硫磷	0.2
86）	Maleic hydrazide	抑芽丹	25.0T
87）	Mandipropamid	双炔酰菌胺	1
88）	Metaflumizone	氰氟虫腙	0.7
89）	Metalaxyl	甲霜灵	0.2
90）	Metaldehyde	四聚乙醛	1
91）	Methamidophos	甲胺磷	0.7
92）	Methomyl	灭多威	1
93）	Methoxyfenozide	甲氧虫酰肼	2

（续）

序号	药品通用名	中文名	最大残留限量（mg/kg）
94）	Metribuzin	嗪草酮	0.5T
95）	Myclobutanil	腈菌唑	1.0T
96）	Napropamide	敌草胺	0.05
97）	Novaluron	氟酰脲	0.7
98）	Oxadixyl	噁霜灵	0.1T
99）	Oxamyl	杀线威	1.0T
100）	Oxathiapiprolin	氟噻唑吡乙酮	0.7
101）	Oxolinic acid	喹菌酮	2
102）	Paclobutrazol	多效唑	0.7
103）	Parathion	对硫磷	0.3T
104）	Parathion-methyl	甲基对硫磷	0.2T
105）	Pendimethalin	二甲戊灵	0.07
106）	Permethrin（permetrin）	氯菊酯	5.0T
107）	Phenthoate	稻丰散	0.03
108）	Phorate	甲拌磷	0.05
109）	Phosalone	伏杀磷	2.0T
110）	Phoxim	辛硫磷	0.05
111）	Picarbutrazox	四唑吡氨酯	2
112）	Pirimicarb	抗蚜威	2.0T
113）	Pirimiphos-methyl	甲基嘧啶磷	0.7T
114）	Probenazole	烯丙苯噻唑	0.07
115）	Profenofos	丙溴磷	0.7
116）	Prohexadione-calcium	调环酸钙	2
117）	Propamocarb	霜霉威	1
118）	Propaquizafop	噁草酸	0.05
119）	Prothiofos	丙硫磷	0.05T
120）	Pymetrozine	吡蚜酮	0.2
121）	Pyraclofos	吡唑硫磷	0.05T
122）	Pyraclostrobin	吡唑醚菌酯	2
123）	Pyrazophos	吡菌磷	0.1T
124）	Pyrethrins	除虫菊素	1.0T
125）	Pyribencarb	吡菌苯威	1
126）	Pyridalyl	三氟甲吡醚	2
127）	Pyrifluquinazon	吡氟喹虫唑	0.3
128）	Pyrimethanil	嘧霉胺	0.1
129）	Sethoxydim	烯禾啶	3
130）	Spinetoram	乙基多杀菌素	0.3
131）	Spinosad	多杀霉素	0.5
132）	Spirotetramat	螺虫乙酯	2

序号	药品通用名	中文名	最大残留限量（mg/kg）
133)	Streptomycin	链霉素	0.3
134)	Sulfoxaflor	氟啶虫胺腈	0.2
135)	Tebuconazole	戊唑醇	2
136)	Tebufenozide	虫酰肼	0.3
137)	Tebupirimfos	丁基嘧啶磷	0.01
138)	Teflubenzuron	氟苯脲	1
139)	Tefluthrin	七氟菊酯	0.1
140)	Terbufos	特丁硫磷	0.05
141)	Tetraniliprole	氟氰虫酰胺	2
142)	Thiacloprid	噻虫啉	0.2
143)	Thiamethoxam	噻虫嗪	0.5
144)	Thifluzamide	噻呋酰胺	0.2
145)	Thiobencarb	禾草丹	0.05
146)	Tiafenacil	嘧啶二酮类非选择性除草剂	0.05
147)	Trifloxystrobin	肟菌酯	0.2
148)	Trifluralin	氟乐灵	0.05
149)	Valifenalate	磺草灵	0.3
150)	Zoxamide	苯酰菌胺	1

133. Korean cabbage，head（dried） 韩国甘蓝（干）

序号	药品通用名	中文名	最大残留限量（mg/kg）
1)	Acetamiprid	啶虫脒	3
2)	Chlorfenapyr	虫螨腈	1
3)	Cymoxanil	霜脲氰	3
4)	Diazinon	二嗪磷	0.3
5)	Dimethomorph	烯酰吗啉	2.5
6)	Etofenprox	醚菊酯	2.5
7)	Flufenoxuron	氟虫脲	2
8)	Indoxacarb	茚虫威	3.5
9)	Lufenuron	虱螨脲	3
10)	Metalaxyl	甲霜灵	5
11)	Methoxyfenozide	甲氧虫酰肼	8
12)	Prothiofos	丙硫磷	0.7T
13)	Tebufenozide	虫酰肼	3
14)	Teflubenzuron	氟苯脲	2
15)	Zoxamide	苯酰菌胺	15

134. Korean melon 韩国瓜类

序号	药品通用名	中文名	最大残留限量（mg/kg）
1)	4-Chlorophenoxyacetate	氯苯氧乙酸	0.05
2)	Abamectin	阿维菌素	0.1
3)	Acetamiprid	啶虫脒	0.5
4)	Acrinathrin	氟丙菊酯	0.3

（续）

序号	药品通用名	中文名	最大残留限量 （mg/kg）
5）	Ametoctradin	唑嘧菌胺	1
6）	Amisulbrom	吲唑磺菌胺	0.5
7）	Amitraz	双甲脒	0.05
8）	Azinphos-methyl	保棉磷	0.3T
9）	Azoxystrobin	嘧菌酯	0.5
10）	Benalaxyl	苯霜灵	1
11）	Benthiavalicarb-isopropyl	苯噻菌胺	0.5
12）	Bifenazate	联苯肼酯	0.7
13）	Bifenthrin	联苯菊酯	0.1
14）	Bistrifluron	双三氟虫脲	0.5
15）	Bitertanol	联苯三唑醇	0.2
16）	Boscalid	啶酰菌胺	5
17）	Buprofezin	噻嗪酮	1
18）	Cadusafos	硫线磷	0.01
19）	Captan	克菌丹	2
20）	Carbaryl	甲萘威	0.5T
21）	Carbendazim	多菌灵	1
22）	Carbofuran	克百威	0.05
23）	Cartap	杀螟丹	0.2
24）	Chlorantraniliprole	氯虫苯甲酰胺	1
25）	Chlorfenapyr	虫螨腈	0.5
26）	Chlorothalonil	百菌清	2
27）	Chlorpropham	氯苯胺灵	0.05T
28）	Clothianidin	噻虫胺	1
29）	Cyantraniliprole	溴氰虫酰胺	0.5
30）	Cyazofamid	氰霜唑	0.5
31）	Cyclaniliprole	环溴虫酰胺	0.1
32）	Cyenopyrafen	腈吡螨酯	0.5
33）	Cyflumetofen	丁氟螨酯	1
34）	Cyhalothrin	氯氟氰菊酯	0.1
35）	Cymoxanil	霜脲氰	0.1
36）	Cyromazine	灭蝇胺	0.5
37）	Dazomet	棉隆	0.1
38）	DBEDC	胺磺酮	2
39）	Diazinon	二嗪磷	0.02
40）	Dichlofluanid	苯氟磺胺	15.0T
41）	Dicofol	三氯杀螨醇	1.0T
42）	Difenoconazole	苯醚甲环唑	0.3
43）	Diflubenzuron	除虫脲	1

（续）

序号	药品通用名	中文名	最大残留限量 （mg/kg）
44）	Dimethomorph	烯酰吗啉	0.5
45）	Dinotefuran	呋虫胺	2
46）	Dithiocarbamates	二硫代氨基甲酸酯	2
47）	Emamectin benzoate	甲氨基阿维菌素苯甲酸盐	0.05
48）	Endosulfan	硫丹	0.1T
49）	Ethaboxam	噻唑菌胺	0.5
50）	Ethiofencarb	乙硫苯威	5.0T
51）	Etofenprox	醚菊酯	1
52）	Etoxazole	乙螨唑	0.3
53）	Famoxadone	噁唑菌酮	0.5
54）	Fenamidone	咪唑菌酮	0.3
55）	Fenamiphos	苯线磷	0.05T
56）	Fenarimol	氯苯嘧啶醇	0.3
57）	Fenbuconazole	腈苯唑	0.2
58）	Fenpyrazamine	胺苯吡菌酮	0.5
59）	Fenpyroximate	唑螨酯	0.1
60）	Flonicamid	氟啶虫酰胺	0.5
61）	Fluazifop-butyl	吡氟禾草灵	0.1
62）	Fluazinam	氟啶胺	0.05
63）	Flubendiamide	氟苯虫酰胺	1
64）	Fludioxonil	咯菌腈	0.5
65）	Fluensulfone	联氟砜	0.05
66）	Flufenoxuron	氟虫脲	0.7
67）	Fluopicolide	氟吡菌胺	0.5
68）	Fluopyram	氟吡菌酰胺	2
69）	Fluquinconazole	氟喹唑	0.5
70）	Flusilazole	氟硅唑	0.2
71）	Flutianil	氟噻唑菌腈	0.05
72）	Fluxametamide	氟噁唑酰胺	0.3
73）	Fluxapyroxad	氟唑菌酰胺	0.3
74）	Folpet	灭菌丹	1.0T
75）	Forchlorfenuron	氯吡脲	0.05
76）	Fosetyl-aluminium	三乙膦酸铝	10
77）	Fosthiazate	噻唑磷	0.5
78）	Haloxyfop	氟吡禾灵	0.1
79）	Hexaconazole	己唑醇	0.1
80）	Imicyafos	氰咪唑硫磷	0.1
81）	Imidacloprid	吡虫啉	0.3
82）	Iminoctadine	双胍辛胺	0.3

（续）

序号	药品通用名	中文名	最大残留限量（mg/kg）
83）	Indoxacarb	茚虫威	1
84）	Iprovalicarb	缬霉威	0.3
85）	Isofetamid	异丙噻菌胺	0.7
86）	Isopyrazam	吡唑萘菌胺	0.5
87）	Kresoxim-methyl	醚菌酯	1
88）	Lepimectin	雷皮菌素	0.1
89）	Lufenuron	虱螨脲	0.3
90）	Malathion	马拉硫磷	0.5T
91）	Mandipropamid	双炔酰菌胺	0.3
92）	Mepanipyrim	嘧菌胺	0.3
93）	Meptyldinocap	消螨多	1
94）	Metaflumizone	氰氟虫腙	0.3
95）	Metalaxyl	甲霜灵	1
96）	Methomyl	灭多威	0.2T
97）	Methoxyfenozide	甲氧虫酰肼	0.3
98）	Metrafenone	苯菌酮	2
99）	Milbemectin	弥拜菌素	0.05
100）	Myclobutanil	腈菌唑	1
101）	Novaluron	氟酰脲	0.5
102）	Nuarimol	氟苯嘧啶醇	0.2T
103）	Oxathiapiprolin	氟噻唑吡乙酮	0.07
104）	Parathion	对硫磷	0.3T
105）	Penconazole	戊菌唑	0.1T
106）	Pendimethalin	二甲戊灵	0.1T
107）	Penthiopyrad	吡噻菌胺	0.5
108）	Picarbutrazox	四唑吡氨酯	0.5
109）	Picoxystrobin	啶氧菌酯	2
110）	Pirimicarb	抗蚜威	1.0T
111）	Prochloraz	咪鲜胺	0.5
112）	Propamocarb	霜霉威	1
113）	Pyflubumide	一种杀螨剂	0.2
114）	Pymetrozine	吡蚜酮	0.1
115）	Pyraclostrobin	吡唑醚菌酯	0.5
116）	Pyraziflumid	新型杀菌剂	0.3
117）	Pyribencarb	吡菌苯威	0.07
118）	Pyridaben	哒螨灵	1
119）	Pyridalyl	三氟甲吡醚	0.5
120）	Pyrifluquinazon	吡氟喹虫唑	0.2
121）	Pyrimethanil	嘧霉胺	0.3

（续）

序号	药品通用名	中文名	最大残留限量（mg/kg）
122)	Pyriofenone	甲氧苯唳菌	2
123)	Pyriproxyfen	吡丙醚	0.05
124)	Sethoxydim	烯禾啶	2.0T
125)	Simeconazole	硅氟唑	0.3
126)	Spinetoram	乙基多杀菌素	0.2
127)	Spinosad	多杀霉素	0.3
128)	Spirodiclofen	螺螨酯	0.5
129)	Spiromesifen	螺虫酯	0.5
130)	Spirotetramat	螺虫乙酯	1
131)	Sulfoxaflor	氟啶虫胺腈	0.5
132)	Tebuconazole	戊唑醇	0.1
133)	Tebufenpyrad	吡螨胺	0.1
134)	Terbufos	特丁硫磷	0.05
135)	Tetraconazole	四氟醚唑	1
136)	Tetradifon	三氯杀螨砜	1.0T
137)	Tetraniliprole	氟氰虫酰胺	0.2
138)	Thiacloprid	噻虫啉	0.5
139)	Thiamethoxam	噻虫嗪	0.5
140)	Thidiazuron	噻苯隆	0.1T
141)	Thifluzamide	噻呋酰胺	0.3
142)	Triadimenol	三唑醇	0.5T
143)	Trifloxystrobin	肟菌酯	1
144)	Triflumizole	氟菌唑	1
145)	Valifenalate	磺草灵	0.3
146)	Vinclozolin	乙烯菌核利	1.0T
147)	Zoxamide	苯酰菌胺	0.5

135. Korean wormwood 朝鲜艾草

序号	药品通用名	中文名	最大残留限量（mg/kg）
1)	Acetamiprid	啶虫脒	0.2
2)	Carbendazim	多菌灵	0.1T
3)	Chlorpyrifos	毒死蜱	0.05T
4)	Chlorpyrifos-methyl	甲基毒死蜱	0.2T
5)	Deltamethrin	溴氰菊酯	0.2
6)	Dinotefuran	呋虫胺	0.3
7)	Ethoprophos (ethoprop)	灭线磷	0.05T
8)	Fenitrothion	杀螟硫磷	0.3
9)	Fenpropathrin	甲氰菊酯	0.3
10)	Imidacloprid	吡虫啉	0.3
11)	Oxadixyl	噁霜灵	0.1T
12)	Phenthoate	稻丰散	0.5

（续）

序号	药品通用名	中文名	最大残留限量 （mg/kg）
13)	Profenofos	丙溴磷	2.0T
14)	Spinetoram	乙基多杀菌素	0.05
15)	Tefluthrin	七氟菊酯	0.05T
16)	Terbufos	特丁硫磷	0.05T
136. Lavender（fresh）薰衣草（鲜）			
1)	Abamectin	阿维菌素	0.05T
2)	Chlorfenapyr	虫螨腈	0.05T
3)	Emamectin benzoate	甲氨基阿维菌素苯甲酸盐	0.05T
4)	Spiromesifen	螺虫酯	0.3T
137. Leafy vegetables 叶类蔬菜			
1)	Abamectin	阿维菌素	0.2
2)	Acetamiprid	啶虫脒	5
3)	Acrinathrin	氟丙菊酯	5
4)	Amisulbrom	吲唑磺菌胺	10
5)	Azoxystrobin	嘧菌酯	20
6)	Bifenthrin	联苯菊酯	2
7)	Bitertanol	联苯三唑醇	3
8)	Chlorantraniliprole	氯虫苯甲酰胺	5
9)	Chlorfenapyr	虫螨腈	5
10)	Chlorfluazuron	氟啶脲	5
11)	Clothianidin	噻虫胺	3
12)	Cyantraniliprole	溴氰虫酰胺	0.05T
13)	Cyazofamid	氰霜唑	10
14)	Cyclaniliprole	环溴虫酰胺	5
15)	Cyflufenamid	环氟菌胺	2
16)	Cyhalothrin	氯氟氰菊酯	2
17)	Cypermethrin	氯氰菊酯	5
18)	Cyprodinil	嘧菌环胺	15
19)	Deltamethrin	溴氰菊酯	1
20)	Diethofencarb	乙霉威	30
21)	Diflubenzuron	除虫脲	2
22)	Dimethomorph	烯酰吗啉	30
23)	Diniconazole	烯唑醇	0.3
24)	Dinotefuran	呋虫胺	0.05T
25)	Emamectin benzoate	甲氨基阿维菌素苯甲酸盐	0.05
26)	Ethaboxam	噻唑菌胺	15
27)	Ethoprophos (ethoprop)	灭线磷	0.05T
28)	Etofenprox	醚菊酯	15
29)	Fenamidone	咪唑菌酮	5

（续）

序号	药品通用名	中文名	最大残留限量（mg/kg）
30)	Fenarimol	氯苯嘧啶醇	2
31)	Fenazaquin	喹螨醚	0.7
32)	Fenhexamid	环酰菌胺	30
33)	Fenpyrazamine	胺苯吡菌酮	0.2T
34)	Fenvalerate	氰戊菊酯	5
35)	Flonicamid	氟啶虫酰胺	5
36)	Flubendiamide	氟苯虫酰胺	0.02T
37)	Fludioxonil	咯菌腈	15
38)	Flufenoxuron	氟虫脲	7
39)	Fluopicolide	氟吡菌胺	0.07T
40)	Fluopyram	氟吡菌酰胺	0.04T
41)	Flupyradifurone	氟吡呋喃酮	0.2T
42)	Flutolanil	氟酰胺	15
43)	Fluxapyroxad	氟唑菌酰胺	0.02T
44)	Fosthiazate	噻唑磷	0.5
45)	Hexaconazole	己唑醇	0.7
46)	Hexythiazox	噻螨酮	0.05T
47)	Imidacloprid	吡虫啉	3
48)	Indoxacarb	茚虫威	3
49)	Iprodione	异菌脲	20
50)	Iprovalicarb	缬霉威	0.03T
51)	Kresoxim-methyl	醚菌酯	25
52)	Lufenuron	虱螨脲	5
53)	Mandestrobin	甲氧基丙烯酸酯类杀菌剂	15
54)	Mandipropamid	双炔酰菌胺	5
55)	Metaflumizone	氰氟虫腙	3
56)	Metalaxyl	甲霜灵	5
57)	Metconazole	叶菌唑	3
58)	Methoxyfenozide	甲氧虫酰肼	20
59)	Metrafenone	苯菌酮	15
60)	Myclobutanil	腈菌唑	2
61)	Oxadixyl	噁霜灵	0.05T
62)	Paclobutrazol	多效唑	2
63)	Pencycuron	戊菌隆	20
64)	Pendimethalin	二甲戊灵	0.05T
65)	Penthiopyrad	吡噻菌胺	15
66)	Phorate	甲拌磷	0.05T
67)	Picoxystrobin	啶氧菌酯	5
68)	Procymidone	腐霉利	0.05T

（续）

序号	药品通用名	中文名	最大残留限量（mg/kg）
69)	Propamocarb	霜霉威	25
70)	Pyraclostrobin	吡唑醚菌酯	15
71)	Pyridalyl	三氟甲吡醚	15
72)	Pyrimethanil	嘧霉胺	10
73)	Spinetoram	乙基多杀菌素	1
74)	Spinosad	多杀霉素	5
75)	Spiromesifen	螺虫酯	12†
76)	Spirotetramat	螺虫乙酯	5.0†
77)	Sulfoxaflor	氟啶虫胺腈	5
78)	Tebuconazole	戊唑醇	3
79)	Tebufenozide	虫酰肼	10
80)	Tebufenpyrad	吡螨胺	0.3
81)	Teflubenzuron	氟苯脲	5
82)	Terbufos	特丁硫磷	0.05T
83)	Thiamethoxam	噻虫嗪	5
84)	Thifluzamide	噻呋酰胺	5
85)	Tricyclazole	三环唑	0.05T
86)	Trifloxystrobin	肟菌酯	20
87)	Triflumizole	氟菌唑	5

138. Leek 韭葱

序号	药品通用名	中文名	最大残留限量（mg/kg）
1)	Ametoctradin	唑嘧菌胺	3.0T
2)	Dithiocarbamates	二硫代氨基甲酸酯	0.5T
3)	Famoxadone	噁唑菌酮	2.0T
4)	Fluopicolide	氟吡菌胺	0.1T
5)	Haloxyfop	氟吡禾灵	0.05T
6)	Methiocarb	甲硫威	0.5T
7)	Prothiaconazole	丙硫菌唑	0.06T
8)	Pyridate	哒草特	1.0T

139. Lemon 柠檬

序号	药品通用名	中文名	最大残留限量（mg/kg）
1)	2,4-D, 2,4-dichlorophenoxyacetic acid	2,4-滴, 2,4-二氯苯氧乙酸	1.0†
2)	Abamectin	阿维菌素	0.02†
3)	Acephate	乙酰甲胺磷	5.0T
4)	Acequinocyl	灭螨醌	1.0T
5)	Acetamiprid	啶虫脒	0.5
6)	Acibenzolar-S-methyl	苯并噻二唑	0.2T
7)	Aldicarb	涕灭威	0.02T
8)	Amitraz	双甲脒	0.2T
9)	Azinphos-methyl	保棉磷	1.0T
10)	Bifenazate	联苯肼酯	0.5T

（续）

序号	药品通用名	中文名	最大残留限量（mg/kg）
11)	Bifenthrin	联苯菊酯	0.5
12)	Bromopropylate	溴螨酯	5.0T
13)	Buprofezin	噻嗪酮	2.5†
14)	Carbaryl	甲萘威	0.5T
15)	Carbendazim	多菌灵	1.0T
16)	Carbofuran	克百威	2.0T
17)	Carfentrazone-ethyl	唑酮草酯	0.1T
18)	Chlorantraniliprole	氯虫苯甲酰胺	1
19)	Chlorfenapyr	虫螨腈	1
20)	Chlorfluazuron	氟啶脲	0.2T
21)	Chlorpropham	氯苯胺灵	0.05T
22)	Clofentezine	四螨嗪	0.5T
23)	Clothianidin	噻虫胺	1.0T
24)	Cyenopyrafen	腈吡螨酯	0.5T
25)	Cyfluthrin	氟氯氰菊酯	2.0T
26)	Cyhalothrin	氯氟氰菊酯	1.0T
27)	Cyhexatin	三环锡	2.0T
28)	Cypermethrin	氯氰菊酯	2.0T
29)	Cyprodinil	嘧菌环胺	1.0T
30)	Deltamethrin	溴氰菊酯	0.2
31)	Dichlofluanid	苯氟磺胺	15.0T
32)	Dicofol	三氯杀螨醇	1.0T
33)	Diethofencarb	乙霉威	0.5T
34)	Diflubenzuron	除虫脲	3.0T
35)	Dinotefuran	呋虫胺	1.0T
36)	Diquat	敌草快	0.02T
37)	Dithiocarbamates	二硫代氨基甲酸酯	5.0T
38)	Emamectin benzoate	甲氨基阿维菌素苯甲酸盐	0.05
39)	Endosulfan	硫丹	0.1T
40)	Ethephon	乙烯利	2.0T
41)	Ethiofencarb	乙硫苯威	5.0T
42)	Ethylene dibromide	二溴乙烷	0.2T
43)	Etofenprox	醚菊酯	2
44)	Etoxazole	乙螨唑	1.0T
45)	Fenamiphos	苯线磷	0.5T
46)	Fenazaquin	喹螨醚	2.0T
47)	Fenbuconazole	腈苯唑	1.0†
48)	Fenbutatin oxide	苯丁锡	5.0T
49)	Fenobucarb	仲丁威	0.05T

（续）

序号	药品通用名	中文名	最大残留限量 （mg/kg）
50）	Fenvalerate	氰戊菊酯	2.0T
51）	Flonicamid	氟啶虫酰胺	1
52）	Fluazifop-butyl	吡氟禾草灵	0.05T
53）	Fluazinam	氟啶胺	0.5T
54）	Flufenoxuron	氟虫脲	1.0T
55）	Flumioxazin	丙炔氟草胺	0.1T
56）	Folpet	灭菌丹	2.0T
57）	Formothion	安硫磷	0.2T
58）	Fosetyl-aluminium	三乙膦酸铝	0.05T
59）	Glyphosate	草甘膦	0.5T
60）	Hydrogen cyanide	氢氰酸	5.0T
61）	Imazalil	抑霉唑	5.0T
62）	Iminoctadine	双胍辛胺	0.5T
63）	Indoxacarb	茚虫威	0.3T
64）	Isofenphos	异柳磷	0.2T
65）	Lufenuron	虱螨脲	1
66）	Malathion	马拉硫磷	0.5T
67）	Maleic hydrazide	抑芽丹	40.0T
68）	MCPA	2甲4氯	0.05T
69）	Metaflumizone	氰氟虫腙	1
70）	Metalaxyl	甲霜灵	0.05T
71）	Metaldehyde	四聚乙醛	0.05T
72）	Metconazole	叶菌唑	1.0T
73）	Methamidophos	甲胺磷	0.5T
74）	Methiocarb	甲硫威	0.05T
75）	Methomyl	灭多威	1.0T
76）	Methoxyfenozide	甲氧虫酰肼	3
77）	Mevinphos	速灭磷	0.2T
78）	Milbemectin	弥拜菌素	0.2T
79）	Monocrotophos	久效磷	0.2T
80）	Norflurazon	氟草敏	0.1T
81）	Omethoate	氧乐果	0.01T
82）	Ortho-phenyl phenol	邻苯基苯酚	10.0T
83）	Oryzalin	氨磺乐灵	0.05T
84）	Oxamyl	杀线威	5.0T
85）	Oxyfluorfen	乙氧氟草醚	0.05T
86）	Paraquat	百草枯	0.05T
87）	Permethrin（permetrin）	氯菊酯	0.5T
88）	Phenthoate	稻丰散	2

（续）

序号	药品通用名	中文名	最大残留限量（mg/kg）
89）	Phosalone	伏杀磷	1.0T
90）	Phosphamidone	磷胺	0.4T
91）	Piperonyl butoxide	增效醚	0.2T
92）	Pirimicarb	抗蚜威	0.05T
93）	Pirimiphos-methyl	甲基嘧啶磷	1.0T
94）	Propargite	克螨特	5.0T
95）	Pymetrozine	吡蚜酮	0.3
96）	Pyrethrins	除虫菊素	1.0T
97）	Pyridalyl	三氟甲吡醚	2
98）	Pyrifluquinazon	吡氟喹虫唑	0.05
99）	Pyriproxyfen	吡丙醚	0.7T
100）	Sethoxydim	烯禾啶	1.0T
101）	Simazine	西玛津	0.25T
102）	Spinetoram	乙基多杀菌素	0.05T
103）	Spirotetramat	螺虫乙酯	2
104）	Sulfentrazone	甲磺草胺	0.15T
105）	Sulfoxaflor	氟啶虫胺腈	0.6†
106）	Tebuconazole	戊唑醇	2.0T
107）	Tebufenozide	虫酰肼	1.0T
108）	Tebufenpyrad	吡螨胺	0.5T
109）	Tetradifon	三氯杀螨砜	2.0T
110）	Thiacloprid	噻虫啉	0.7
111）	Tolfenpyrad	唑虫酰胺	2.0T

140. Lettuce（head）莴苣（顶端）

序号	药品通用名	中文名	最大残留限量（mg/kg）
1）	2,4-D, 2,4-dichlorophenoxyacetic acid	2,4-滴，2,4-二氯苯氧乙酸	0.1T
2）	Abamectin	阿维菌素	0.7
3）	Acibenzolar-S-methyl	苯并噻二唑	0.2†
4）	Acephate	乙酰甲胺磷	5.0T
5）	Acetamiprid	啶虫脒	10
6）	Aluminium phosphide（hydrogen phosphide）	磷化铝	0.05
7）	Ametoctradin	唑嘧菌胺	5.0T
8）	Bentazone	灭草松	0.2T
9）	Benthiavalicarb-isopropyl	苯噻菌胺	5
10）	Bifenthrin	联苯菊酯	3
11）	Boscalid	啶酰菌胺	20
12）	Cadusafos	硫线磷	0.05T
13）	Captan	克菌丹	5.0T
14）	Carbaryl	甲萘威	1.0T
15）	Carbendazim	多菌灵	5

171

（续）

序号	药品通用名	中文名	最大残留限量（mg/kg）
16）	Carbofuran	克百威	0.1T
17）	Cartap	杀螟丹	0.7T
18）	Chlorantraniliprole	氯虫苯甲酰胺	4
19）	Chlorfenapyr	虫螨腈	0.8
20）	Chlorothalonil	百菌清	5.0T
21）	Chlorpropham	氯苯胺灵	0.05T
22）	Chlorpyrifos	毒死蜱	0.05T
23）	Chromafenozide	环虫酰肼	15
24）	Clothianidin	噻虫胺	0.05
25）	Cyantraniliprole	溴氰虫酰胺	5
26）	Cyantraniliprole	溴氰虫酰胺	5.0†
27）	Cyclaniliprole	环溴虫酰胺	20
28）	Cyenopyrafen	腈吡螨酯	10
29）	Cyflumetofen	丁氟螨酯	30
30）	Cyfluthrin	氟氯氰菊酯	2.0T
31）	Cyhalothrin	氯氟氰菊酯	2.0T
32）	Cyhexatin	三环锡	25
33）	Cymoxanil	霜脲氰	4.0†
34）	Cypermethrin	氯氰菊酯	2.0T
35）	Deltamethrin	溴氰菊酯	0.7
36）	Dichlofluanid	苯氟磺胺	10.0T
37）	Dicloran	氯硝胺	10.0T
38）	Dicofol	三氯杀螨醇	1.0T
39）	Dimethoate	乐果	2.0T
40）	Dinotefuran	呋虫胺	1.0T
41）	Dithiocarbamates	二硫代氨基甲酸酯	5.0T
42）	Emamectin benzoate	甲氨基阿维菌素苯甲酸盐	0.1
43）	Ethiofencarb	乙硫苯威	10.0T
44）	Ethoprophos（ethoprop）	灭线磷	0.3
45）	Etofenprox	醚菊酯	20
46）	Etoxazole	乙螨唑	10
47）	Famoxadone	噁唑菌酮	1.0T
48）	Fenbutatin oxide	苯丁锡	2.0T
49）	Fenitrothion	杀螟硫磷	0.05T
50）	Fenpyrazamine	胺苯吡菌酮	15
51）	Fenthion	倍硫磷	0.5T
52）	Fenvalerate	氰戊菊酯	2.0T
53）	Flonicamid	氟啶虫酰胺	10
54）	Fluazinam	氟啶胺	0.05T

172

（续）

序号	药品通用名	中文名	最大残留限量（mg/kg）
55）	Flubendiamide	氟苯虫酰胺	10
56）	Flufenoxuron	氟虫脲	10
57）	Fluopicolide	氟吡菌胺	1.0T
58）	Fluopyram	氟吡菌酰胺	2
59）	Flupyradifurone	氟吡呋喃酮	4.0†
60）	Fluquinconazole	氟喹唑	1
61）	Flutianil	氟噻唑菌腈	1
62）	Flutolanil	氟酰胺	0.7
63）	Fluxapyroxad	氟唑菌酰胺	15
64）	Folpet	灭菌丹	2.0T
65）	Glufosinate（ammonium）	草铵膦（胺）	0.05
66）	Hexaconazole	己唑醇	0.1
67）	Imidacloprid	吡虫啉	7
68）	Iminoctadine	双胍辛胺	0.05T
69）	Iprobenfos	异稻瘟净	0.2T
70）	Iprodione	异菌脲	10.0T
71）	Isoprothiolane	稻瘟灵	0.2T
72）	Lufenuron	虱螨脲	5
73）	Malathion	马拉硫磷	2.0T
74）	Maleic hydrazide	抑芽丹	25.0T
75）	Mandestrobin	甲氧基丙烯酸酯类杀菌剂	30
76）	Mandipropamid	双炔酰菌胺	30
77）	Mepanipyrim	嘧菌胺	3
78）	Metaflumizone	氰氟虫腙	10
79）	Metalaxyl	甲霜灵	2.0T
80）	Metaldehyde	四聚乙醛	1.0T
81）	Methamidophos	甲胺磷	1.0T
82）	Methiocarb	甲硫威	0.2T
83）	Methomyl	灭多威	5.0T
84）	Methoxychlor	甲氧滴滴涕	14.0T
85）	Methoxyfenozide	甲氧虫酰肼	15
86）	Metrafenone	苯菌酮	40
87）	Metribuzin	嗪草酮	0.5T
88）	Mevinphos	速灭磷	0.5T
89）	Novaluron	氟酰脲	4
90）	Omethoate	氧乐果	0.01T
91）	Oxadixyl	噁霜灵	0.1T
92）	Oxamyl	杀线威	1.0T
93）	Oxathiapiprolin	氟噻唑吡乙酮	5

（续）

序号	药品通用名	中文名	最大残留限量（mg/kg）
94）	Oxolinic acid	喹菌酮	50
95）	Parathion	对硫磷	0.3T
96）	Parathion-methyl	甲基对硫磷	0.5T
97）	Pendimethalin	二甲戊灵	0.2T
98）	Penthiopyrad	吡噻菌胺	15
99）	Permethrin（permetrin）	氯菊酯	2.0T
100）	Phenthoate	稻丰散	0.1T
101）	Phorate	甲拌磷	0.05T
102）	Phosphamidone	磷胺	0.1T
103）	Phoxim	辛硫磷	0.1T
104）	Pirimicarb	抗蚜威	1.0T
105）	Pirimiphos-methyl	甲基嘧啶磷	2.0T
106）	Procymidone	腐霉利	5.0T
107）	Propamocarb	霜霉威	10.0T
108）	Pymetrozine	吡蚜酮	5
109）	Pyrethrins	除虫菊素	1.0T
110）	Pyridalyl	三氟甲吡醚	7
111）	Pyrifluquinazon	吡氟喹虫唑	1
112）	Pyrimethanil	嘧霉胺	3
113）	Sethoxydim	烯禾啶	10.0T
114）	Spinetoram	乙基多杀菌素	1.5
115）	Spirotetramat	螺虫乙酯	5
116）	Sulfoxaflor	氟啶虫胺腈	10
117）	Tebuconazole	戊唑醇	0.05
118）	Tebufenpyrad	吡螨胺	4
119）	Tebupirimfos	丁基嘧啶磷	0.07
120）	Tecnazene	四氯硝基苯	2.0T
121）	Teflubenzuron	氟苯脲	7
122）	Thiacloprid	噻虫啉	7
123）	Thifluzamide	噻呋酰胺	0.05
124）	Thiobencarb	禾草丹	0.2T
125）	Tolylfluanid	甲苯氟磺胺	1.0T
126）	Trifloxystrobin	肟菌酯	15[†]
127）	Triflumizole	氟菌唑	2
128）	Trifluralin	氟乐灵	0.05T
129）	Vinclozolin	乙烯菌核利	2.0T
141. Lettuce（leaf） 莴苣（叶）			
1）	Abamectin	阿维菌素	0.7
2）	Acibenzolar-S-methyl	苯并噻二唑	0.25[†]

（续）

序号	药品通用名	中文名	最大残留限量（mg/kg）
3)	Acephate	乙酰甲胺磷	5.0T
4)	Acetamiprid	啶虫脒	5
5)	Amisulbrom	吲唑磺菌胺	10
6)	Azoxystrobin	嘧菌酯	20
7)	Bentazone	灭草松	0.2T
8)	Benthiavalicarb-isopropyl	苯噻菌胺	5
9)	Bifenthrin	联苯菊酯	3
10)	Boscalid	啶酰菌胺	20
11)	Carbendazim	多菌灵	5
12)	Chlorantraniliprole	氯虫苯甲酰胺	7
13)	Chlorfenapyr	虫螨腈	5
14)	Chlorfluazuron	氟啶脲	2
15)	Chromafenozide	环虫酰肼	15
16)	Cyclaniliprole	环溴虫酰胺	20
17)	Cyenopyrafen	腈吡螨酯	10
18)	Cyflumetofen	丁氟螨酯	30
19)	Cyfluthrin	氟氯氰菊酯	2.0T
20)	Cyhalothrin	氯氟氰菊酯	2.0T
21)	Cyhexatin	三环锡	25
22)	Cymoxanil	霜脲氰	19†
23)	Cypermethrin	氯氰菊酯	10
24)	Dazomet	棉隆	0.1
25)	Deltamethrin	溴氰菊酯	0.7
26)	Dichlofluanid	苯氟磺胺	10.0T
27)	Dichlorvos	敌敌畏	0.5T
28)	Diethofencarb	乙霉威	5.0T
29)	Difenoconazole	苯醚甲环唑	5
30)	Dimethomorph	烯酰吗啉	20
31)	Dinotefuran	呋虫胺	10T
32)	Dithiocarbamates	二硫代氨基甲酸酯	10†
33)	Emamectin benzoate	甲氨基阿维菌素苯甲酸盐	0.1
34)	Ethaboxam	噻唑菌胺	1
35)	Ethiofencarb	乙硫苯威	10.0T
36)	Ethoprophos（ethoprop）	灭线磷	0.3
37)	Etofenprox	醚菊酯	20
38)	Etoxazole	乙螨唑	10
39)	Fenbutatin oxide	苯丁锡	2.0T
40)	Fenitrothion	杀螟硫磷	0.05T
41)	Fenpyrazamine	胺苯吡菌酮	15

（续）

序号	药品通用名	中文名	最大残留限量（mg/kg）
42)	Fenvalerate	氰戊菊酯	2
43)	Flonicamid	氟啶虫酰胺	10
44)	Fluazinam	氟啶胺	0.05T
45)	Flubendiamide	氟苯虫酰胺	10
46)	Fludioxonil	咯菌腈	15
47)	Flufenoxuron	氟虫脲	10
48)	Fluopyram	氟吡菌酰胺	2
49)	Flupyradifurone	氟吡呋喃酮	15†
50)	Fluquinconazole	氟喹唑	0.05
51)	Flutianil	氟噻唑菌腈	1
52)	Fluxapyroxad	氟唑菌酰胺	15
53)	Hexaconazole	己唑醇	0.1
54)	Hydrogen cyanide	氢氰酸	5
55)	Imidacloprid	吡虫啉	7
56)	Kresoxim-methyl	醚菌酯	20
57)	Lepimectin	雷皮菌素	1
58)	Lufenuron	虱螨脲	7
59)	Maleic hydrazide	抑芽丹	25.0T
60)	Mandestrobin	甲氧基丙烯酸酯类杀菌剂	30
61)	Mandipropamid	双炔酰菌胺	30
62)	Metaflumizone	氰氟虫腙	10
63)	Metalaxyl	甲霜灵	2.0T
64)	Methamidophos	甲胺磷	1.0T
65)	Methiocarb	甲硫威	0.2T
66)	Methoxyfenozide	甲氧虫酰肼	15
67)	Metrafenone	苯菌酮	20
68)	Metribuzin	嗪草酮	0.5T
69)	Oxamyl	杀线威	1.0T
70)	Oxathiapiprolin	氟噻唑吡乙酮	5
71)	Oxolinic acid	喹菌酮	50
72)	Paclobutrazol	多效唑	7
73)	Parathion-methyl	甲基对硫磷	1.0T
74)	Pendimethalin	二甲戊灵	0.2T
75)	Penthiopyrad	吡噻菌胺	20†
76)	Permethrin（permetrin）	氯菊酯	3.0T
77)	Phoxim	辛硫磷	0.1T
78)	Pirimicarb	抗蚜威	1.0T
79)	Procymidone	腐霉利	5.0T
80)	Propamocarb	霜霉威	10.0T

（续）

序号	药品通用名	中文名	最大残留限量（mg/kg）
81）	Propyzamide	炔苯酰草胺	0.6T
82）	Pymetrozine	吡蚜酮	1
83）	Pyraclostrobin	吡唑醚菌酯	15
84）	Pyrethrins	除虫菊素	1.0T
85）	Pyribencarb	吡菌苯威	15
86）	Pyridalyl	三氟甲吡醚	15
87）	Pyrifluquinazon	吡氟喹虫唑	1
88）	Sethoxydim	烯禾啶	10.0T
89）	Spinetoram	乙基多杀菌素	7
90）	Spirotetramat	螺虫乙酯	30
91）	Sulfoxaflor	氟啶虫胺腈	10
92）	Tebuconazole	戊唑醇	0.05
93）	Tebufenpyrad	吡螨胺	1
94）	Tebupirimfos	丁基嘧啶磷	0.07
95）	Teflubenzuron	氟苯脲	7
96）	Terbufos	特丁硫磷	2
97）	Thiacloprid	噻虫啉	7
98）	Thiamethoxam	噻虫嗪	15
99）	Thifluzamide	噻呋酰胺	0.05
100）	Thiobencarb	禾草丹	0.2T
101）	Tolclofos-methyl	甲基立枯磷	2.0T
102）	Trifloxystrobin	肟菌酯	15
103）	Triflumizole	氟菌唑	2

142. Lima bean（fresh） 利马豆（鲜）

1）	Fludioxonil	咯菌腈	0.4†

143. Longan 桂圆

1）	Amitraz	双甲脒	0.01†
2）	Carbaryl	甲萘威	20†
3）	Chlorpyrifos	毒死蜱	0.9†
4）	Cyhalothrin	氯氟氰菊酯	0.2†
5）	Cypermethrin	氯氰菊酯	1.0†
6）	Dithiocarbamates	二硫代氨基甲酸酯	15†
7）	Imidacloprid	吡虫啉	0.7†

144. Loquat 枇杷

1）	Cartap	杀螟丹	0.3T
2）	Chlorantraniliprole	氯虫苯甲酰胺	2
3）	Chlorfluazuron	氟啶脲	0.1T
4）	Emamectin benzoate	甲氨基阿维菌素苯甲酸盐	0.05
5）	Fenitrothion	杀螟硫磷	0.2T

（续）

序号	药品通用名	中文名	最大残留限量 （mg/kg）
6)	Lufenuron	虱螨脲	0.3T
7)	Metaflumizone	氰氟虫腙	2
8)	Pyridalyl	三氟甲吡醚	3
9)	Spinetoram	乙基多杀菌素	0.1
145. Lotus tuber　莲子块茎			
1)	Bifenthrin	联苯菊酯	0.05T
2)	Flufenoxuron	氟虫脲	0.05T
3)	Imidacloprid	吡虫啉	0.05T
146. Maca　马卡			
1)	Difenoconazole	苯醚甲环唑	0.1T
2)	Emamectin benzoate	甲氨基阿维菌素苯甲酸盐	0.05T
147. Macadamia　澳洲坚果			
1)	Procymidone	腐霉利	0.05T
148. Maize　玉米			
1)	2,4-D，2,4-dichlorophenoxyacetic acid	2,4-滴，2,4-二氯苯氧乙酸	0.05†
2)	Abamectin	阿维菌素	0.05T
3)	Acephate	乙酰甲胺磷	0.5T
4)	Acetamiprid	啶虫脒	0.3T
5)	Acetochlor	乙草胺	0.05†
6)	Alachlor	甲草胺	0.2
7)	Aldicarb	涕灭威	0.05T
8)	Azinphos-methyl	保棉磷	0.2T
9)	Azoxystrobin	嘧菌酯	0.02†
10)	Bentazone	灭草松	0.05
11)	Benzovindiflupyr	苯并烯氟菌唑	0.01†
12)	Bicyclopyrone	氟吡草酮	0.02†
13)	Bifenox	甲羧除草醚	0.05T
14)	Bifenthrin	联苯菊酯	0.05†
15)	Bistrifluron	双三氟虫脲	0.05
16)	Bitertanol	联苯三唑醇	0.05T
17)	Boscalid	啶酰菌胺	0.05†
18)	Butachlor	丁草胺	0.1T
19)	Captan	克菌丹	0.05T
20)	Carbaryl	甲萘威	1.0T
21)	Carbendazim	多菌灵	0.5
22)	Carbofuran	克百威	0.05
23)	Carboxin	萎锈灵	0.2T
24)	Carfentrazone-ethyl	唑酮草酯	0.1T
25)	Cartap	杀螟丹	0.1T

（续）

序号	药品通用名	中文名	最大残留限量（mg/kg）
26)	Chlorantraniliprole	氯虫苯甲酰胺	0.05
27)	chlordane	氯丹	0.02T
28)	Chlorfenapyr	虫螨腈	0.05
29)	Chlormequat	矮壮素	5.0T
30)	Chlorpropham	氯苯胺灵	0.05T
31)	Chlorpyrifos	毒死蜱	$0.05^{\dagger}$
32)	Chlorpyrifos-methyl	甲基毒死蜱	0.1T
33)	Clethodim	烯草酮	0.05T
34)	Clopyralid	二氯吡啶酸	3.0T
35)	Clothianidin	噻虫胺	$0.02^{\dagger}$
36)	Cyclaniliprole	环溴虫酰胺	0.05
37)	Cyfluthrin	氟氯氰菊酯	0.01T
38)	Cyhalothrin	氯氟氰菊酯	0.05
39)	Cypermethrin	氯氰菊酯	0.05T
40)	Deltamethrin	溴氰菊酯	0.1
41)	Dicamba	麦草畏	$0.01^{\dagger}$
42)	Dichlorvos	敌敌畏	0.05T
43)	Difenoconazole	苯醚甲环唑	0.05
44)	Diflubenzuron	除虫脲	0.05
45)	Dimethenamid	二甲吩草胺	0.1
46)	Dimethoate	乐果	0.1T
47)	Diniconazole	烯唑醇	0.05T
48)	Dinotefuran	呋虫胺	1.0T
49)	Diquat	敌草快	0.1T
50)	Disulfoton	乙拌磷	0.02T
51)	Dithiocarbamates	二硫代氨基甲酸酯	$0.1^{\dagger}$
52)	Diuron	敌草隆	1.0T
53)	Emamectin benzoate	甲氨基阿维菌素苯甲酸盐	0.05T
54)	Epoxiconazole	氟环唑	0.3T
55)	Ethiofencarb	乙硫苯威	1.0T
56)	Ethoprophos（ethoprop）	灭线磷	0.02T
57)	Ethylene dibromide	二溴乙烷	0.5T
58)	Etofenprox	醚菊酯	0.1
59)	Fenitrothion	杀螟硫磷	0.2T
60)	Fensulfothion	丰索磷	0.1T
61)	Fenvalerate	氰戊菊酯	2.0T
62)	Flonicamid	氟啶虫酰胺	0.1T
63)	Flubendiamide	氟苯虫酰胺	0.05
64)	Flucythrinate	氟氰戊菊酯	0.05T

（续）

序号	药品通用名	中文名	最大残留限量 （mg/kg）
65）	Fludioxonil	咯菌腈	0.02T
66）	Flufenoxuron	氟虫脲	0.05
67）	Flumioxazin	丙炔氟草胺	0.02†
68）	Flupyradifurone	氟吡呋喃酮	0.05†
69）	Fluxapyroxad	氟唑菌酰胺	0.15†
70）	Glufosinate（ammonium）	草铵膦（胺）	0.05†
71）	Glyphosate	草甘膦	5.0T
72）	Hexaconazole	己唑醇	0.2T
73）	Hexythiazox	噻螨酮	0.02†
74）	Imazalil	抑霉唑	0.05T
75）	Imazapyr	咪唑烟酸	0.05†
76）	Imidacloprid	吡虫啉	0.01†
77）	Iminoctadine	双胍辛胺	0.05
78）	Indoxacarb	茚虫威	0.05
79）	Isofenphos	异柳磷	0.02T
80）	Isopyrazam	吡唑萘菌胺	0.05T
81）	Isoxaflutole	异噁唑草酮	0.02†
82）	Lindane，γ-BHC	林丹，γ-六六六	0.01T
83）	Linuron	利谷隆	0.05
84）	Lufenuron	虱螨脲	0.05T
85）	Malathion	马拉硫磷	2.0T
86）	Mesotrione	硝磺草酮	0.2
87）	Metaflumizone	氰氟虫腙	0.05
88）	Metalaxyl	甲霜灵	0.05T
89）	Metaldehyde	四聚乙醛	0.05T
90）	Metconazole	叶菌唑	0.02†
91）	Methamidophos	甲胺磷	0.05T
92）	Methiocarb	甲硫威	0.05
93）	Methomyl	灭多威	0.05T
94）	Methoprene	烯虫酯	5.0T
95）	Methoxychlor	甲氧滴滴涕	2.0T
96）	Methoxyfenozide	甲氧虫酰肼	0.03†
97）	Metolachlor	异丙甲草胺	0.1
98）	Metribuzin	嗪草酮	0.05T
99）	Monocrotophos	久效磷	0.05T
100）	Nicosulfuron	烟嘧磺隆	0.3
101）	Nitrapyrin	三氯甲基吡啶	0.1T
102）	Novaluron	氟酰脲	0.05T
103）	Omethoate	氧乐果	0.01T

（续）

序号	药品通用名	中文名	最大残留限量（mg/kg）
104)	Oxadixyl	噁霜灵	0.1T
105)	Oxamyl	杀线威	0.05T
106)	Oxyfluorfen	乙氧氟草醚	0.05†
107)	Paclobutrazol	多效唑	0.05T
108)	Paraquat	百草枯	0.1T
109)	Parathion	对硫磷	0.1T
110)	Parathion-methyl	甲基对硫磷	1.0T
111)	Pendimethalin	二甲戊灵	0.2
112)	Permethrin（permetrin）	氯菊酯	0.05T
113)	Phenthoate	稻丰散	0.05
114)	Phorate	甲拌磷	0.05T
115)	Phosmet	亚胺硫磷	0.05T
116)	Phosphamidone	磷胺	0.1T
117)	Phoxim	辛硫磷	0.05T
118)	Picoxystrobin	啶氧菌酯	0.015†
119)	Piperonyl butoxide	增效醚	30†
120)	Pirimicarb	抗蚜威	0.05T
121)	Pirimiphos-methyl	甲基嘧啶磷	5.0T
122)	Profenofos	丙溴磷	0.03T
123)	Prometryn	扑草净	0.2T
124)	Propargite	克螨特	0.1T
125)	Propiconazole	丙环唑	0.05
126)	Propisochlor	异丙草胺	0.05T
127)	Prothiaconazole	丙硫菌唑	0.1T
128)	Pymetrozine	吡蚜酮	0.05T
129)	Pyraclostrobin	吡唑醚菌酯	0.02†
130)	Pyrethrins	除虫菊素	3.0T
131)	Pyrifluquinazon	吡氟喹虫唑	0.05T
132)	Quintozene	五氯硝基苯	0.01T
133)	Saflufenacil	苯嘧磺草胺	0.03†
134)	Sethoxydim	烯禾啶	0.2T
135)	Simazine	西玛津	0.25T
136)	Spinetoram	乙基多杀菌素	0.05T
137)	Spinosad	多杀霉素	1.0†
138)	Spiromesifen	螺虫酯	0.01†
139)	Spirotetramat	螺虫乙酯	3.0T
140)	Sulfentrazone	甲磺草胺	0.15T
141)	Sulfoxaflor	氟啶虫胺腈	0.08T
142)	Sulfuryl fluoride	硫酰氟	0.05T

（续）

序号	药品通用名	中文名	最大残留限量（mg/kg）
143）	Tebuconazole	戊唑醇	0.5†
144）	Thiamethoxam	噻虫嗪	0.05
145）	Thiobencarb	禾草丹	0.1
146）	Tiafenacil	嘧啶二酮类非选择性除草剂	0.05
147）	Triadimefon	三唑酮	0.1T
148）	Triadimenol	三唑醇	0.05T
149）	Trifloxystrobin	肟菌酯	0.02†
150）	Trifluralin	氟乐灵	0.05T
151）	Triforine	嗪氨灵	0.01T
149. Mandarin　中国柑橘			
1）	6-Benzyladenine，6-Benzyl aminopurine	6-苄基腺嘌呤，6-苄基氨基嘌呤	0.2
2）	Abamectin	阿维菌素	0.02
3）	Acephate	乙酰甲胺磷	5
4）	Acequinocyl	灭螨醌	1
5）	Acetamiprid	啶虫脒	0.5
6）	Acibenzolar-S-methyl	苯并噻二唑	0.2
7）	Acrinathrin	氟丙菊酯	1
8）	Ametoctradin	唑嘧菌胺	2
9）	Amitraz	双甲脒	0.2
10）	Azinphos-methyl	保棉磷	2.0T
11）	Azoxystrobin	嘧菌酯	9.0†
12）	Bentazone	灭草松	0.05
13）	Benzoximate	苯螨特	0.5T
14）	Bifenazate	联苯肼酯	1
15）	Bifenthrin	联苯菊酯	0.5
16）	Boscalid	啶酰菌胺	0.5
17）	Buprofezin	噻嗪酮	0.5
18）	Captan	克菌丹	0.5
19）	Carbendazim	多菌灵	5
20）	Carbofuran	克百威	0.5
21）	Cartap	杀螟丹	1
22）	Chlorantraniliprole	氯虫苯甲酰胺	1
23）	Chlorfenapyr	虫螨腈	1
24）	Chlorfluazuron	氟啶脲	0.2
25）	Chlorothalonil	百菌清	5
26）	Chlorpyrifos-methyl	甲基毒死蜱	0.2T
27）	Chromafenozide	环虫酰肼	2
28）	Clofentezine	四螨嗪	0.5T
29）	Clothianidin	噻虫胺	1

（续）

序号	药品通用名	中文名	最大残留限量（mg/kg）
30)	Cyazofamid	氰霜唑	0.5
31)	Cyclaniliprole	环溴虫酰胺	0.3
32)	Cyenopyrafen	腈吡螨酯	0.5
33)	Cyflumetofen	丁氟螨酯	0.5
34)	Cyfluthrin	氟氯氰菊酯	0.5
35)	Cyhalothrin	氯氟氰菊酯	0.5
36)	Cyhexatin	三环锡	1
37)	Cypermethrin	氯氰菊酯	2
38)	Cyprodinil	嘧菌环胺	1
39)	Deltamethrin	溴氰菊酯	0.5
40)	Diafenthiuron	丁醚脲	0.5T
41)	Dichlofluanid	苯氟磺胺	15.0T
42)	Dichlorprop	2,4-滴丙酸	0.05T
43)	Dichlorvos	敌敌畏	0.2
44)	Diethofencarb	乙霉威	0.5
45)	Difenoconazole	苯醚甲环唑	1
46)	Diflubenzuron	除虫脲	3
47)	Dimethomorph	烯酰吗啉	1
48)	Dinotefuran	呋虫胺	1
49)	Dithianon	二氰蒽醌	3
50)	Dithiocarbamates	二硫代氨基甲酸酯	5
51)	Emamectin benzoate	甲氨基阿维菌素苯甲酸盐	0.05
52)	Ethephon	乙烯利	0.5T
53)	Ethiofencarb	乙硫苯威	5.0T
54)	Ethychlozate	吲熟酯	1
55)	Etofenprox	醚菊酯	5
56)	Etoxazole	乙螨唑	1
57)	Fenazaquin	喹螨醚	2
58)	Fenbutatin oxide	苯丁锡	5.0T
59)	Fenhexamid	环酰菌胺	1
60)	Fenothiocarb	苯硫威	1.0T
61)	Fenpropathrin	甲氰菊酯	5
62)	Fenpyrazamine	胺苯吡菌酮	2
63)	Fenvalerate	氰戊菊酯	0.2
64)	Fipronil	氟虫腈	0.05T
65)	Flonicamid	氟啶虫酰胺	1
66)	Fluacrypyrim	嘧螨酯	0.7T
67)	Fluazinam	氟啶胺	0.7
68)	Flubendiamide	氟苯虫酰胺	1

（续）

序号	药品通用名	中文名	最大残留限量 （mg/kg）
69）	Fludioxonil	咯菌腈	10†
70）	Flufenoxuron	氟虫脲	1
71）	Flumioxazin	丙炔氟草胺	0.1
72）	Flupyradifurone	氟吡呋喃酮	2
73）	Fluquinconazole	氟喹唑	2
74）	Flusilazole	氟硅唑	0.2
75）	Flutriafol	粉唑醇	2
76）	Fluxametamide	氟噁唑酰胺	0.3
77）	Glufosinate（ammonium）	草铵膦（胺）	0.1
78）	Glyphosate	草甘膦	0.5
79）	Halfenprox	苄螨醚	1.0T
80）	Hexaconazole	己唑醇	0.1
81）	Hexaflumuron	氟铃脲	0.7T
82）	Hexythiazox	噻螨酮	0.5
83）	Imazalil	抑霉唑	5.0T
84）	Imibenconazole	亚胺唑	1
85）	Iminoctadine	双胍辛胺	0.5
86）	Indaziflam	茚嗪氟草胺	0.05
87）	Indoxacarb	茚虫威	0.5
88）	Iprodione	异菌脲	2
89）	Isofetamid	异丙噻菌胺	2
90）	Kresoxim-methyl	醚菌酯	2
91）	Lufenuron	虱螨脲	0.5
92）	Maleic hydrazide	抑芽丹	40.0T
93）	MCPA	2甲4氯	0.05
94）	Mecoprop-P	精2甲4氯丙酸	0.05
95）	Metaflumizone	氰氟虫腙	1
96）	Metaldehyde	四聚乙醛	0.05
97）	Metconazole	叶菌唑	1
98）	Methamidophos	甲胺磷	0.2
99）	Methiocarb	甲硫威	0.5
100）	Methomyl	灭多威	0.7
101）	Methoxyfenozide	甲氧虫酰肼	1
102）	Milbemectin	弥拜菌素	0.2
103）	Napropamide	敌草胺	0.1
104）	Novaluron	氟酰脲	0.5
105）	Ortho-phenyl phenol	邻苯基苯酚	10.0T
106）	Oxamyl	杀线威	5.0T
107）	Oxolinic acid	喹菌酮	0.5

（续）

序号	药品通用名	中文名	最大残留限量 （mg/kg）
108）	Oxyfluorfen	乙氧氟草醚	0.05
109）	Penthiopyrad	吡噻菌胺	0.7
110）	Permethrin（permetrin）	氯菊酯	0.5T
111）	Phosalone	伏杀磷	1.0T
112）	Picoxystrobin	啶氧菌酯	0.5T
113）	Pirimicarb	抗蚜威	0.05T
114）	Prochloraz	咪鲜胺	1
115）	Propargite	克螨特	5
116）	Prothiofos	丙硫磷	0.2T
117）	Pyflubumide	一种杀螨剂	1
118）	Pymetrozine	吡蚜酮	0.3
119）	Pyraflufen-ethyl	吡草醚	0.05
120）	Pyraziflumid	新型杀菌剂	3
121）	Pyrethrins	除虫菊素	1.0T
122）	Pyribencarb	吡菌苯威	2
123）	Pyridaben	哒螨灵	2
124）	Pyridalyl	三氟甲吡醚	2
125）	Pyrifluquinazon	吡氟喹虫唑	0.1
126）	Pyrimethanil	嘧霉胺	1
127）	Pyrimidifen	嘧螨醚	0.2T
128）	Pyriproxyfen	吡丙醚	0.7
129）	Sethoxydim	烯禾啶	1.0T
130）	Simeconazole	硅氟唑	0.5
131）	Spinetoram	乙基多杀菌素	0.5
132）	Spinosad	多杀霉素	0.3
133）	Spirodiclofen	螺螨酯	2
134）	Spiromesifen	螺虫酯	1
135）	Streptomycin	链霉素	0.05
136）	Sulfoxaflor	氟啶虫胺腈	1
137）	Tebuconazole	戊唑醇	2
138）	Tebufenozide	虫酰肼	1
139）	Tebufenpyrad	吡螨胺	0.5
140）	Teflubenzuron	氟苯脲	0.7
141）	Terbuthylazine	特丁津	0.1T
142）	Tetraconazole	四氟醚唑	2
143）	Tetradifon	三氯杀螨砜	3
144）	Tetraniliprole	氟氰虫酰胺	1.5
145）	Thiabendazole	噻菌灵	10
146）	Thiacloprid	噻虫啉	0.3

（续）

序号	药品通用名	中文名	最大残留限量 （mg/kg）
147）	Thiamethoxam	噻虫嗪	1
148）	Thiazopyr	噻草啶	0.05T
149）	Tiafenacil	嘧啶二酮类非选择性除草剂	0.05
150）	Tolylfluanid	甲苯氟磺胺	5.0T
151）	Triazophos	三唑磷	0.2T
152）	Triclopyr	三氯吡氧乙酸	0.1
153）	Triflumizole	氟菌唑	2
150. Mango 芒果			
1）	Acetamiprid	啶虫脒	0.4T
2）	Acibenzolar-S-methyl	苯并噻二唑	0.2T
3）	Azinphos-methyl	保棉磷	1.0T
4）	Azoxystrobin	嘧菌酯	0.7†
5）	Boscalid	啶酰菌胺	0.6T
6）	Captan	克菌丹	5.0T
7）	Carbaryl	甲萘威	3.0†
8）	Carbendazim	多菌灵	10
9）	Chlorantraniliprole	氯虫苯甲酰胺	0.5T
10）	Chlorfenapyr	虫螨腈	0.1
11）	Chlorfluazuron	氟啶脲	0.2T
12）	Chlorpropham	氯苯胺灵	0.05T
13）	Chlorpyrifos	毒死蜱	0.4T
14）	Clofentezine	四螨嗪	1.0T
15）	Clothianidin	噻虫胺	0.04T
16）	Cyenopyrafen	腈吡螨酯	0.5T
17）	Cyflumetofen	丁氟螨酯	0.1T
18）	Cyhalothrin	氯氟氰菊酯	0.5T
19）	Cypermethrin	氯氰菊酯	2.0T
20）	Cyprodinil	嘧菌环胺	3.0T
21）	Deltamethrin	溴氰菊酯	0.05T
22）	Dichlobenil	敌草腈	0.15T
23）	Dichlofluanid	苯氟磺胺	15.0T
24）	Dicofol	三氯杀螨醇	1.0T
25）	Diethofencarb	乙霉威	0.09T
26）	Difenoconazole	苯醚甲环唑	0.6†
27）	Dimethomorph	烯酰吗啉	1.0T
28）	Dinotefuran	呋虫胺	0.5†
29）	Dithianon	二氰蒽醌	0.3
30）	Emamectin benzoate	甲氨基阿维菌素苯甲酸盐	0.05
31）	Ethiofencarb	乙硫苯威	5.0T

（续）

序号	药品通用名	中文名	最大残留限量（mg/kg）
32）	Ethylene dibromide	二溴乙烷	0.03T
33）	Etofenprox	醚菊酯	0.5T
34）	Etoxazole	乙螨唑	0.1T
35）	Fenbutatin oxide	苯丁锡	2.0T
36）	Fenitrothion	杀螟硫磷	0.1T
37）	Fenpropathrin	甲氰菊酯	0.5T
38）	Fenvalerate	氰戊菊酯	1.0T
39）	Fluazinam	氟啶胺	0.05T
40）	Fludioxonil	咯菌腈	2.0†
41）	Flufenoxuron	氟虫脲	0.3T
42）	Fluxapyroxad	氟唑菌酰胺	0.5†
43）	Glufosinate（ammonium）	草铵膦（胺）	0.05T
44）	Imazalil	抑霉唑	2.0T
45）	Imidacloprid	吡虫啉	0.4†
46）	Iminoctadine	双胍辛胺	0.3T
47）	Iprodione	异菌脲	1.5
48）	Lufenuron	虱螨脲	0.05T
49）	Malathion	马拉硫磷	0.5T
50）	Maleic hydrazide	抑芽丹	40.0T
51）	Metaflumizone	氰氟虫腙	0.5T
52）	Metconazole	叶菌唑	0.7
53）	Methoxyfenozide	甲氧虫酰肼	0.7T
54）	Milbemectin	弥拜菌素	0.05T
55）	Myclobutanil	腈菌唑	1.0T
56）	Oxamyl	杀线威	0.5T
57）	Parathion	对硫磷	0.5T
58）	Permethrin（permetrin）	氯菊酯	5.0T
59）	Pirimicarb	抗蚜威	1.0T
60）	Procymidone	腐霉利	0.01T
61）	Propiconazole	丙环唑	0.05T
62）	Pymetrozine	吡蚜酮	0.5T
63）	Pyraclostrobin	吡唑醚菌酯	0.3
64）	Pyrethrins	除虫菊素	1.0T
65）	Pyridalyl	三氟甲吡醚	1.5
66）	Pyrifluquinazon	吡氟喹虫唑	0.05T
67）	Saflufenacil	苯嘧磺草胺	0.03†
68）	Sethoxydim	烯禾啶	1.0T
69）	Spinetoram	乙基多杀菌素	0.05
70）	Spinosad	多杀霉素	0.1

（续）

序号	药品通用名	中文名	最大残留限量 （mg/kg）
71)	Spirodiclofen	螺螨酯	0.9T
72)	Spiromesifen	螺虫酯	0.05T
73)	Spirotetramat	螺虫乙酯	0.3†
74)	Sulfoxaflor	氟啶虫胺腈	0.3T
75)	Tebuconazole	戊唑醇	0.05T
76)	Thiabendazole	噻菌灵	10.0T
77)	Thiacloprid	噻虫啉	0.2T
78)	Thiamethoxam	噻虫嗪	0.2†
151. Mangosteen　山竹			
1)	Carbofuran	克百威	2.0†
2)	Imidacloprid	吡虫啉	0.4†
152. Mastic-leaf prickly ash　翼柄花椒			
1)	Azoxystrobin	嘧菌酯	0.05T
2)	Flonicamid	氟啶虫酰胺	0.05T
3)	Pyraclostrobin	吡唑醚菌酯	0.05T
153. Melon　瓜类			
1)	Abamectin	阿维菌素	0.05
2)	Acequinocyl	灭螨醌	0.5
3)	Acetamiprid	啶虫脒	0.3
4)	Ametoctradin	唑嘧菌胺	3
5)	Amisulbrom	吲唑磺菌胺	1
6)	Azinphos-methyl	保棉磷	0.3T
7)	Azoxystrobin	嘧菌酯	1
8)	Benthiavalicarb-isopropyl	苯噻菌胺	0.7
9)	Bifenthrin	联苯菊酯	0.05
10)	Bistrifluron	双三氟虫脲	1
11)	Bitertanol	联苯三唑醇	0.2
12)	Boscalid	啶酰菌胺	0.7
13)	Bromopropylate	溴螨酯	0.5T
14)	Buprofezin	噻嗪酮	0.7T
15)	Cadusafos	硫线磷	0.05
16)	Captan	克菌丹	5.0T
17)	Carbendazim	多菌灵	2.0T
18)	Carbofuran	克百威	0.05
19)	Chlorantraniliprole	氯虫苯甲酰胺	0.2
20)	Chlorfenapyr	虫螨腈	0.5
21)	Chlorfluazuron	氟啶脲	0.3T
22)	Chlorothalonil	百菌清	2
23)	Chlorpropham	氯苯胺灵	0.05T

（续）

序号	药品通用名	中文名	最大残留限量（mg/kg）
24）	Chromafenozide	环虫酰肼	0.2
25）	Clofentezine	四螨嗪	1.0T
26）	Clothianidin	噻虫胺	0.05
27）	Cyantraniliprole	溴氰虫酰胺	0.3†
28）	Cyazofamid	氰霜唑	0.5
29）	Cyclaniliprole	环溴虫酰胺	0.2
30）	Cyenopyrafen	腈吡螨酯	0.07
31）	Cyflumetofen	丁氟螨酯	0.2
32）	Cyfluthrin	氟氯氰菊酯	2.0T
33）	Cyhalothrin	氯氟氰菊酯	0.05
34）	Cyhexatin	三环锡	0.5T
35）	Cymoxanil	霜脲氰	0.5
36）	Cypermethrin	氯氰菊酯	2.0T
37）	Cyromazine	灭蝇胺	0.5T
38）	Dazomet	棉隆	0.1
39）	Deltamethrin	溴氰菊酯	0.05
40）	Dichlofluanid	苯氟磺胺	15.0T
41）	Dicofol	三氯杀螨醇	1.0T
42）	Difenoconazole	苯醚甲环唑	0.5
43）	Dimethoate	乐果	1.0T
44）	Dimethomorph	烯酰吗啉	0.7
45）	Dinotefuran	呋虫胺	1
46）	Dithiocarbamates	二硫代氨基甲酸酯	1
47）	Emamectin benzoate	甲氨基阿维菌素苯甲酸盐	0.05
48）	Ethaboxam	噻唑菌胺	0.5T
49）	Ethiofencarb	乙硫苯威	5.0T
50）	Ethoprophos（ethoprop）	灭线磷	0.02T
51）	Etofenprox	醚菊酯	0.5
52）	Etoxazole	乙螨唑	0.5
53）	Famoxadone	噁唑菌酮	0.5
54）	Fenamiphos	苯线磷	0.05T
55）	Fenarimol	氯苯嘧啶醇	0.1T
56）	Fenbutatin oxide	苯丁锡	1.0T
57）	Fenitrothion	杀螟硫磷	0.05T
58）	Fenvalerate	氰戊菊酯	0.2T
59）	Flonicamid	氟啶虫酰胺	1
60）	Flubendiamide	氟苯虫酰胺	1
61）	Fludioxonil	咯菌腈	0.2
62）	Fluensulfone	联氟砜	0.05

（续）

序号	药品通用名	中文名	最大残留限量（mg/kg）
63)	Flufenoxuron	氟虫脲	0.08
64)	Fluopicolide	氟吡菌胺	0.5T
65)	Fluopyram	氟吡菌酰胺	0.6
66)	Flusilazole	氟硅唑	0.1T
67)	Flutianil	氟噻唑菌腈	0.05
68)	Fluxapyroxad	氟唑菌酰胺	0.5
69)	Folpet	灭菌丹	2.0T
70)	Forchlorfenuron	氯吡脲	0.05
71)	Fosthiazate	噻唑磷	0.1
72)	Hexaconazole	己唑醇	0.05
73)	Hexythiazox	噻螨酮	0.5
74)	Imazalil	抑霉唑	2.0T
75)	Imicyafos	氰咪唑硫磷	0.05
76)	Imidacloprid	吡虫啉	0.2
77)	Indoxacarb	茚虫威	0.5†
78)	Isopyrazam	吡唑萘菌胺	1
79)	Kresoxim-methyl	醚菌酯	1
80)	Lepimectin	雷皮菌素	0.05
81)	Lufenuron	虱螨脲	0.2
82)	Malathion	马拉硫磷	0.5T
83)	Maleic hydrazide	抑芽丹	40.0T
84)	Mandipropamid	双炔酰菌胺	0.5
85)	Meptyldinocap	消螨多	0.1T
86)	Metaflumizone	氰氟虫腙	0.2
87)	Metalaxyl	甲霜灵	0.2T
88)	Methamidophos	甲胺磷	0.5T
89)	Methomyl	灭多威	0.2T
90)	Methoxychlor	甲氧滴滴涕	14.0T
91)	Methoxyfenozide	甲氧虫酰肼	0.5
92)	Metrafenone	苯菌酮	2
93)	Mevinphos	速灭磷	0.05T
94)	Milbemectin	弥拜菌素	0.05
95)	Myclobutanil	腈菌唑	1
96)	Novaluron	氟酰脲	1
97)	Nuarimol	氟苯嘧啶醇	0.1T
98)	Oxadixyl	噁霜灵	0.1T
99)	Oxamyl	杀线威	2.0T
100)	Parathion	对硫磷	0.3T
101)	Parathion-methyl	甲基对硫磷	0.2T

（续）

序号	药品通用名	中文名	最大残留限量（mg/kg）
102）	Penthiopyrad	吡噻菌胺	0.7
103）	Permethrin（permetrin）	氯菊酯	0.1T
104）	Phoxim	辛硫磷	0.05T
105）	Picarbutrazox	四唑吡氨酯	0.3
106）	Pirimicarb	抗蚜威	1.0T
107）	Procymidone	腐霉利	1.0T
108）	Propamocarb	霜霉威	1.0T
109）	Pyflubumide	一种杀螨剂	0.3
110）	Pymetrozine	吡蚜酮	0.05
111）	Pyraclostrobin	吡唑醚菌酯	0.3
112）	Pyrethrins	除虫菊素	1.0T
113）	Pyridaben	哒螨灵	1
114）	Pyridalyl	三氟甲吡醚	0.2
115）	Pyrifluquinazon	吡氟喹虫唑	0.1
116）	Pyriofenone	甲氧苯啶菌	0.5
117）	Sethoxydim	烯禾啶	2.0T
118）	Spinetoram	乙基多杀菌素	0.2
119）	Spinosad	多杀霉素	0.1
120）	Spirodiclofen	螺螨酯	2
121）	Spiromesifen	螺虫酯	0.3
122）	Sulfoxaflor	氟啶虫胺腈	$0.4^{\dagger}$
123）	Tebuconazole	戊唑醇	$0.2^{\dagger}$
124）	Tebufenpyrad	吡螨胺	0.1T
125）	Tebupirimfos	丁基嘧啶磷	0.05
126）	Teflubenzuron	氟苯脲	0.3T
127）	Terbufos	特丁硫磷	0.05T
128）	Tetradifon	三氯杀螨砜	1.0T
129）	Thiamethoxam	噻虫嗪	0.3
130）	Tolclofos-methyl	甲基立枯磷	0.05
131）	Triadimefon	三唑酮	0.2T
132）	Triadimenol	三唑醇	0.5T
133）	Triflumizole	氟菌唑	0.05
134）	Trifluralin	氟乐灵	0.05T
135）	Vinclozolin	乙烯菌核利	1.0T
136）	Zoxamide	苯酰菌胺	0.5
154. Millet 粟			
1）	Acetamiprid	啶虫脒	0.3T
2）	Amisulbrom	吲唑磺菌胺	0.05
3）	Azoxystrobin	嘧菌酯	0.02T

（续）

序号	药品通用名	中文名	最大残留限量（mg/kg）
4)	Bentazone	灭草松	0.2T
5)	Bifenthrin	联苯菊酯	0.05T
6)	Bitertanol	联苯三唑醇	0.1T
7)	Carbendazim	多菌灵	0.05T
8)	Chlorantraniliprole	氯虫苯酰胺	0.05
9)	Chlormequat	矮壮素	10.0T
10)	Clothianidin	噻虫胺	0.3
11)	Cyantraniliprole	溴氰虫酰胺	0.05
12)	Cyazofamid	氰霜唑	2
13)	Cyfluthrin	氟氯氰菊酯	2.0T
14)	Cyhalothrin	氯氟氰菊酯	0.2T
15)	Cypermethrin	氯氰菊酯	1.0T
16)	Deltamethrin	溴氰菊酯	0.2
17)	Dichlofluanid	苯氟磺胺	0.1T
18)	Dimethomorph	烯酰吗啉	2
19)	Dinotefuran	呋虫胺	1.0T
20)	Emamectin benzoate	甲氨基阿维菌素苯甲酸盐	0.05T
21)	Ethaboxam	噻唑菌胺	0.1T
22)	Ethiofencarb	乙硫苯威	1.0T
23)	Ethoprophos（ethoprop）	灭线磷	0.005T
24)	Etofenprox	醚菊酯	2
25)	Etridiazole	土菌灵	0.05T
26)	Fenobucarb	仲丁威	0.5T
27)	Fensulfothion	丰索磷	0.1T
28)	Fenthion	倍硫磷	0.05
29)	Fenvalerate	氰戊菊酯	2.0T
30)	Flufenoxuron	氟虫脲	0.5
31)	Glufosinate（ammonium）	草铵膦（胺）	0.05T
32)	Imazalil	抑霉唑	0.05T
33)	Indoxacarb	茚虫威	0.5
34)	MCPA	2甲4氯	0.05T
35)	Metalaxyl	甲霜灵	0.05T
36)	Methoprene	烯虫酯	5.0T
37)	Metolachlor	异丙甲草胺	0.1T
38)	Metribuzin	嗪草酮	0.05T
39)	Oxadixyl	噁霜灵	0.1T
40)	Oxamyl	杀线威	0.02T
41)	Parathion-methyl	甲基对硫磷	1.0T
42)	Pendimethalin	二甲戊灵	0.2T

（续）

序号	药品通用名	中文名	最大残留限量（mg/kg）
43)	Permethrin（permetrin）	氯菊酯	2.0T
44)	Phenthoate	稻丰散	0.05
45)	Phoxim	辛硫磷	0.05T
46)	Picarbutrazox	四唑吡氨酯	0.05
47)	Picoxystrobin	啶氧菌酯	0.05T
48)	Pirimicarb	抗蚜威	0.05T
49)	Pyraclostrobin	吡唑醚菌酯	2
50)	Pyrethrins	除虫菊素	3.0T
51)	Thiobencarb	禾草丹	0.1T
52)	Tricyclazole	三环唑	0.7T
155. Mint 薄荷			
1)	Pymetrozine	吡蚜酮	0.05T
2)	Pyrifluquinazon	吡氟喹虫唑	0.05T
156. Mizuna 日本芜菁（水菜）			
1)	Dinotefuran	呋虫胺	0.1T
157. Mulberry 桑葚			
1)	Abamectin	阿维菌素	0.05T
2)	Acetamiprid	啶虫脒	0.6
3)	Alachlor	甲草胺	0.05T
4)	Amitraz	双甲脒	0.3
5)	Azoxystrobin	嘧菌酯	1.0T
6)	Bifenthrin	联苯菊酯	0.3T
7)	Boscalid	啶酰菌胺	5.0T
8)	Buprofezin	噻嗪酮	1
9)	Cadusafos	硫线磷	0.05T
10)	Captan	克菌丹	5.0T
11)	Carbendazim	多菌灵	5
12)	Chlorantraniliprole	氯虫苯甲酰胺	1
13)	Chlorfenapyr	虫螨腈	0.5T
14)	Chlorfluazuron	氟啶脲	0.3T
15)	Chlorothalonil	百菌清	1.0T
16)	Clothianidin	噻虫胺	0.5T
17)	Cyantraniliprole	溴氰虫酰胺	0.7T
18)	Cyenopyrafen	腈吡螨酯	1.0T
19)	Cyflumetofen	丁氟螨酯	0.6T
20)	Cyhexatin	三环锡	5
21)	Deltamethrin	溴氰菊酯	0.5
22)	Dichlorvos	敌敌畏	0.05T
23)	Diethofencarb	乙霉威	2.0T

（续）

序号	药品通用名	中文名	最大残留限量 (mg/kg)
24)	Difenoconazole	苯醚甲环唑	0.5T
25)	Dimethomorph	烯酰吗啉	1.0T
26)	Dinotefuran	呋虫胺	1
27)	Dithianon	二氰蒽醌	0.05T
28)	Emamectin benzoate	甲氨基阿维菌素苯甲酸盐	0.05
29)	Etofenprox	醚菊酯	1.0T
30)	Etoxazole	乙螨唑	0.3T
31)	Fenitrothion	杀螟硫磷	0.3T
32)	Fenpropathrin	甲氰菊酯	0.5T
33)	Fenpyrazamine	胺苯吡菌酮	2.0T
34)	Fenpyroximate	唑螨酯	0.5T
35)	Flonicamid	氟啶虫酰胺	0.5T
36)	Fludioxonil	咯菌腈	4
37)	Fluopyram	氟吡菌酰胺	5
38)	Fluquinconazole	氟喹唑	2
39)	Flutianil	氟噻唑菌腈	0.3T
40)	Flutolanil	氟酰胺	5
41)	Fluxapyroxad	氟唑菌酰胺	0.5
42)	Fosthiazate	噻唑磷	0.05T
43)	Glufosinate（ammonium）	草铵膦（胺）	0.05T
44)	Hexaconazole	己唑醇	0.5
45)	Imidacloprid	吡虫啉	0.05T
46)	Iminoctadine	双胍辛胺	1.0T
47)	Indoxacarb	茚虫威	0.5T
48)	Isopyrazam	吡唑萘菌胺	0.5
49)	Kresoxim-methyl	醚菌酯	1.0T
50)	Lufenuron	虱螨脲	1.5
51)	Metaflumizone	氰氟虫腙	2.0T
52)	Metconazole	叶菌唑	0.4T
53)	Methoxyfenozide	甲氧虫酰肼	0.5T
54)	Metrafenone	苯菌酮	5.0T
55)	Milbemectin	弥拜菌素	0.05T
56)	Novaluron	氟酰脲	1.0T
57)	Pencycuron	戊菌隆	3
58)	Pendimethalin	二甲戊灵	0.05T
59)	Penthiopyrad	吡噻菌胺	2
60)	Phenthoate	稻丰散	0.5
61)	Pyraclostrobin	吡唑醚菌酯	0.7T
62)	Pyribencarb	吡菌苯威	1

（续）

序号	药品通用名	中文名	最大残留限量（mg/kg）
63)	Pyridalyl	三氟甲吡醚	1.0T
64)	Pyrifluquinazon	吡氟喹虫唑	0.8
65)	Simeconazole	硅氟唑	0.3T
66)	Spinetoram	乙基多杀菌素	0.3
67)	Spinosad	多杀霉素	0.2
68)	Spirodiclofen	螺螨酯	1.0T
69)	Spiromesifen	螺虫酯	1.5
70)	Spirotetramat	螺虫乙酯	0.2T
71)	Sulfoxaflor	氟啶虫胺腈	1
72)	Tebuconazole	戊唑醇	10
73)	Teflubenzuron	氟苯脲	1.0T
74)	Thiacloprid	噻虫啉	1.5
75)	Thiamethoxam	噻虫嗪	1.0T
76)	Thifluzamide	噻呋酰胺	0.2
77)	Trifloxystrobin	肟菌酯	5
78)	Triflumizole	氟菌唑	2

158. Mulberry leaves 桑葚叶

序号	药品通用名	中文名	最大残留限量（mg/kg）
1)	Amitraz	双甲脒	0.5
2)	Buprofezin	噻嗪酮	5
3)	Carbendazim	多菌灵	0.1T
4)	Dinotefuran	呋虫胺	15

159. Mung bean 绿豆

序号	药品通用名	中文名	最大残留限量（mg/kg）
1)	Abamectin	阿维菌素	0.05T
2)	Acephate	乙酰甲胺磷	3.0T
3)	Acetamiprid	啶虫脒	0.3
4)	Azoxystrobin	嘧菌酯	0.07
5)	Bentazone	灭草松	0.2T
6)	Bifenthrin	联苯菊酯	0.05
7)	Bitertanol	联苯三唑醇	0.2T
8)	Carbendazim	多菌灵	0.2
9)	Cartap	杀螟丹	0.05T
10)	Chlorantraniliprole	氯虫苯甲酰胺	0.05T
11)	Chlorfenapyr	虫螨腈	0.05T
12)	Chlorpropham	氯苯胺灵	0.05T
13)	Chlorpyrifos	毒死蜱	0.05T
14)	Clofentezine	四螨嗪	0.2T
15)	Clothianidin	噻虫胺	0.05T
16)	Cyantraniliprole	溴氰虫酰胺	0.03T
17)	Cyfluthrin	氟氯氰菊酯	0.5T

（续）

序号	药品通用名	中文名	最大残留限量（mg/kg）
18）	Cyhalothrin	氯氟氰菊酯	0.2T
19）	Deltamethrin	溴氰菊酯	0.05
20）	Dichlofluanid	苯氟磺胺	0.2T
21）	Difenoconazole	苯醚甲环唑	0.07T
22）	Dimethomorph	烯酰吗啉	0.05T
23）	Dinotefuran	呋虫胺	0.05T
24）	Dithianon	二氰蒽醌	0.05T
25）	Dithiocarbamates	二硫代氨基甲酸酯	0.05T
26）	Ethiofencarb	乙硫苯威	1.0T
27）	Ethoprophos（ethoprop）	灭线磷	0.05T
28）	Etofenprox	醚菊酯	0.3
29）	Fenbutatin oxide	苯丁锡	0.5T
30）	Fenitrothion	杀螟硫磷	0.05
31）	Fenvalerate	氰戊菊酯	0.5T
32）	Ferimzone	嘧菌腙	0.7T
33）	Flonicamid	氟啶虫酰胺	0.05T
34）	Fluazinam	氟啶胺	0.07T
35）	Fluopyram	氟吡菌酰胺	0.5
36）	Glufosinate（ammonium）	草铵膦（胺）	2.0T
37）	Hexaconazole	己唑醇	0.5T
38）	Imidacloprid	吡虫啉	0.05T
39）	Indoxacarb	茚虫威	0.3
40）	Linuron	利谷隆	0.05T
41）	Lufenuron	虱螨脲	0.05T
42）	Malathion	马拉硫磷	0.5T
43）	MCPA	2甲4氯	0.05T
44）	Metaflumizone	氰氟虫腙	0.05T
45）	Metconazole	叶菌唑	0.05T
46）	Methoxyfenozide	甲氧虫酰肼	0.05T
47）	Novaluron	氟酰脲	0.5
48）	Omethoate	氧乐果	0.01T
49）	Parathion-methyl	甲基对硫磷	1.0T
50）	Pendimethalin	二甲戊灵	0.2T
51）	Penthiopyrad	吡噻菌胺	0.05
52）	Permethrin（permetrin）	氯菊酯	0.1T
53）	Phenthoate	稻丰散	0.03T
54）	Propargite	克螨特	0.2T
55）	Pymetrozine	吡蚜酮	0.07
56）	Pyraclostrobin	吡唑醚菌酯	0.05T

（续）

序号	药品通用名	中文名	最大残留限量（mg/kg）
57）	Pyrethrins	除虫菊素	1.0T
58）	Pyridalyl	三氟甲吡醚	0.05T
59）	Pyrifluquinazon	吡氟喹虫唑	0.05
60）	Sethoxydim	烯禾啶	20.0T
61）	Spinetoram	乙基多杀菌素	0.05T
62）	Spirodiclofen	螺螨酯	0.05T
63）	Spirotetramat	螺虫乙酯	2
64）	Tebuconazole	戊唑醇	0.05T
65）	Tebufenozide	虫酰肼	0.04T
66）	Thiobencarb	禾草丹	0.2T
67）	Tricyclazole	三环唑	0.2T
160. Mushroom 蘑菇			
1）	Acetamiprid	啶虫脒	0.05T
2）	Carbendazim	多菌灵	0.7
3）	Chlorfenapyr	虫螨腈	0.05T
4）	Clothianidin	噻虫胺	0.05T
5）	Diethofencarb	乙霉威	0.05T
6）	Difenoconazole	苯醚甲环唑	0.05T
7）	Diflubenzuron	除虫脲	0.3
8）	Etoxazole	乙螨唑	0.1T
9）	Fluazinam	氟啶胺	0.05T
10）	Flufenoxuron	氟虫脲	0.05T
11）	Lufenuron	虱螨脲	0.05T
12）	Prochloraz	咪鲜胺	0.5
13）	Spiromesifen	螺虫酯	0.05T
14）	Terbufos	特丁硫磷	0.05T
161. Mustard green 芥菜			
1）	Boscalid	啶酰菌胺	5.0T
2）	Buprofezin	噻嗪酮	5.0T
3）	Carbendazim	多菌灵	5.0T
4）	Carbofuran	克百威	0.05
5）	Cartap	杀螟丹	5.0T
6）	Chlorpyrifos	毒死蜱	0.15
7）	Cyantraniliprole	溴氰虫酰胺	10
8）	Cyenopyrafen	腈吡螨酯	10T
9）	Cymoxanil	霜脲氰	5.0T
10）	Diazinon	二嗪磷	0.05
11）	Dinotefuran	呋虫胺	2
12）	Epoxiconazole	氟环唑	0.05T

（续）

序号	药品通用名	中文名	最大残留限量（mg/kg）
13)	Ethoprophos（ethoprop）	灭线磷	0.05
14)	Famoxadone	噁唑菌酮	5.0T
15)	Fenitrothion	杀螟硫磷	0.05
16)	Fluopicolide	氟吡菌胺	5.0T
17)	Fluopyram	氟吡菌酰胺	2.0T
18)	Fluxapyroxad	氟唑菌酰胺	5.0T
19)	Imidacloprid	吡虫啉	5
20)	Iprobenfos	异稻瘟净	0.2T
21)	Novaluron	氟酰脲	0.05T
22)	Paclobutrazol	多效唑	3
23)	Phenthoate	稻丰散	3
24)	Phorate	甲拌磷	3
25)	Pymetrozine	吡蚜酮	3
26)	Pyrifluquinazon	吡氟喹虫唑	5.0T
27)	Spinetoram	乙基多杀菌素	3
28)	Tebupirimfos	丁基嘧啶磷	0.07
29)	Tefluthrin	七氟菊酯	0.05
30)	Terbufos	特丁硫磷	0.5
31)	Thiamethoxam	噻虫嗪	5

162. Mustard leaf 芥菜叶

序号	药品通用名	中文名	最大残留限量（mg/kg）
1)	Amisulbrom	吲唑磺菌胺	1
2)	Benthiavalicarb-isopropyl	苯噻菌胺	5
3)	Bifenthrin	联苯菊酯	1
4)	Boscalid	啶酰菌胺	1.0T
5)	Carbendazim	多菌灵	0.1T
6)	Chlorantraniliprole	氯虫苯甲酰胺	4
7)	Chlorfenapyr	虫螨腈	0.8
8)	Chlorfluazuron	氟啶脲	2
9)	Chlorpyrifos	毒死蜱	0.05T
10)	Chlorpyrifos-methyl	甲基毒死蜱	0.2T
11)	Chromafenozide	环虫酰肼	5
12)	Clothianidin	噻虫胺	0.05
13)	Cyantraniliprole	溴氰虫酰胺	3
14)	Cyazofamid	氰霜唑	0.5
15)	Cypermethrin	氯氰菊酯	6
16)	Deltamethrin	溴氰菊酯	1
17)	Dimethomorph	烯酰吗啉	5
18)	Dinotefuran	呋虫胺	0.1
19)	Emamectin benzoate	甲氨基阿维菌素苯甲酸盐	0.05

（续）

序号	药品通用名	中文名	最大残留限量（mg/kg）
20)	Ethoprophos（ethoprop）	灭线磷	0.2
21)	Etofenprox	醚菊酯	7
22)	Famoxadone	噁唑菌酮	1.0T
23)	Fenitrothion	杀螟硫磷	0.05
24)	Fenpropathrin	甲氰菊酯	0.3T
25)	Fenvalerate	氰戊菊酯	4
26)	Fluazinam	氟啶胺	0.05
27)	Flufenoxuron	氟虫脲	6
28)	Flutianil	氟噻唑菌腈	1.0T
29)	Hymexazol	噁霉灵	0.05T
30)	Lufenuron	虱螨脲	5
31)	Metaflumizone	氰氟虫腙	10
32)	Metalaxyl	甲霜灵	1
33)	Napropamide	敌草胺	0.05T
34)	Novaluron	氟酰脲	2
35)	Oxadixyl	噁霜灵	0.1T
36)	Oxolinic acid	喹菌酮	15
37)	Phenthoate	稻丰散	3
38)	Phorate	甲拌磷	3
39)	Profenofos	丙溴磷	2.0T
40)	Propiconazole	丙环唑	1.0T
41)	Pymetrozine	吡蚜酮	0.5T
42)	Pyridalyl	三氟甲吡醚	5
43)	Pyrifluquinazon	吡氟喹虫唑	1.0T
44)	Spinetoram	乙基多杀菌素	0.3
45)	Tebupirimfos	丁基嘧啶磷	0.05
46)	Teflubenzuron	氟苯脲	7
47)	Tefluthrin	七氟菊酯	0.05
48)	Terbufos	特丁硫磷	0.1
49)	Thiacloprid	噻虫啉	0.5T

163. Narrow-head ragwort 窄叶黄菀

序号	药品通用名	中文名	最大残留限量（mg/kg）
1)	Alachlor	甲草胺	0.2T
2)	Boscalid	啶酰菌胺	1.0T
3)	Cadusafos	硫线磷	0.05T
4)	Carbaryl	甲萘威	1.0T
5)	Carbendazim	多菌灵	0.1T
6)	Chlorothalonil	百菌清	5.0T
7)	Chlorpyrifos	毒死蜱	0.05T
8)	Cyhexatin	三环锡	10

（续）

序号	药品通用名	中文名	最大残留限量（mg/kg）
9)	Dazomet	棉隆	0.1T
10)	Emamectin benzoate	甲氨基阿维菌素苯甲酸盐	0.05
11)	Ethoprophos（ethoprop）	灭线磷	0.05T
12)	Fenazaquin	喹螨醚	10
13)	Fenitrothion	杀螟硫磷	1.0T
14)	Fenobucarb	仲丁威	0.05T
15)	Flutianil	氟噻唑菌腈	1.0T
16)	Iprobenfos	异稻瘟净	0.2T
17)	Isoprothiolane	稻瘟灵	0.2T
18)	Napropamide	敌草胺	0.05T
19)	Phorate	甲拌磷	0.05T
20)	Spirodiclofen	螺螨酯	15
21)	Tefluthrin	七氟菊酯	0.05T
22)	Terbufos	特丁硫磷	0.05T
23)	Triadimefon	三唑酮	1.0T

164. Nuts　坚果

序号	药品通用名	中文名	最大残留限量（mg/kg）
1)	2,4-D, 2,4-dichlorophenoxyacetic acid	2,4-滴，2,4-二氯苯氧乙酸	0.2†
2)	Acephate	乙酰甲胺磷	0.1
3)	Acequinocyl	灭螨醌	0.01†
4)	Acetamiprid	啶虫脒	0.06†
5)	Aluminium phosphide（hydrogen phosphide）	磷化铝	0.1
6)	Azoxystrobin	嘧菌酯	0.01†
7)	Bifenazate	联苯肼酯	0.2†
8)	Bifenthrin	联苯菊酯	0.05†
9)	Boscalid	啶酰菌胺	0.05†
10)	Buprofezin	噻嗪酮	0.05†
11)	Carbendazim	多菌灵	0.05†
12)	Chlorantraniliprole	氯虫苯甲酰胺	0.02†
13)	Chlorpyrifos	毒死蜱	0.05†
14)	Clofentezine	四螨嗪	1.0T
15)	Cyantraniliprole	溴氰虫酰胺	0.04†
16)	Cyhalothrin	氯氟氰菊酯	0.5T
17)	Cypermethrin	氯氰菊酯	0.05†
18)	Dichlobenil	敌草腈	0.15T
19)	Dichlofluanid	苯氟磺胺	15.0T
20)	Diflubenzuron	除虫脲	0.15†
21)	Diuron	敌草隆	0.1
22)	Emamectin benzoate	甲氨基阿维菌素苯甲酸盐	0.01†
23)	Ethiofencarb	乙硫苯威	5.0T

（续）

序号	药品通用名	中文名	最大残留限量（mg/kg）
24）	Fenbutatin oxide	苯丁锡	2.0T
25）	Fenpropathrin	甲氰菊酯	0.1†
26）	Fenpyroximate	唑螨酯	0.05†
27）	Fenvalerate	氰戊菊酯	0.15†
28）	Flubendiamide	氟苯虫酰胺	0.1†
29）	Fluopyram	氟吡菌酰胺	0.04†
30）	Flupyradifurone	氟吡呋喃酮	0.02†
31）	Fluxapyroxad	氟唑菌酰胺	0.05†
32）	Glufosinate（ammonium）	草铵膦（胺）	0.1†
33）	Glyphosate	草甘膦	1.0†
34）	Hexythiazox	噻螨酮	0.02†
35）	Maleic hydrazide	抑芽丹	40.0T
36）	Methoxyfenozide	甲氧虫酰肼	0.09†
37）	Methylbromide	溴甲烷	50
38）	Metolachlor	异丙甲草胺	0.1T
39）	Oxadiazon	噁草酮	0.05T
40）	Oxamyl	杀线威	0.5T
41）	Oxyfluorfen	乙氧氟草醚	0.05†
42）	Penthiopyrad	吡噻菌胺	0.05†
43）	Pirimicarb	抗蚜威	1.0T
44）	Propargite	克螨特	0.1†
45）	Pyraclostrobin	吡唑醚菌酯	0.02†
46）	Pyrethrins	除虫菊素	1.0T
47）	Pyriproxyfen	吡丙醚	0.01†
48）	Saflufenacil	苯嘧磺草胺	0.03†
49）	Sethoxydim	烯禾啶	0.05†
50）	Spirodiclofen	螺螨酯	0.05†
51）	Spirotetramat	螺虫乙酯	0.25†
52）	Sulfoxaflor	氟啶虫胺腈	0.02†
53）	Tebuconazole	戊唑醇	0.05†
54）	Tebufenozide	虫酰肼	0.04†
55）	Tolfenpyrad	唑虫酰胺	0.01†
56）	Trifloxystrobin	肟菌酯	0.02†
57）	Trifluralin	氟乐灵	0.05T
165. Oak mushroom 香菇			
1）	Azoxystrobin	嘧菌酯	0.05T
2）	Bentazone	灭草松	0.2T
3）	Bifenthrin	联苯菊酯	0.05T
4）	Carbendazim	多菌灵	0.7T

（续）

序号	药品通用名	中文名	最大残留限量（mg/kg）
5)	Cyhalothrin	氯氟氰菊酯	0.5T
6)	Cypermethrin	氯氰菊酯	5.0T
7)	Dichlofluanid	苯氟磺胺	15.0T
8)	Dichlorvos	敌敌畏	0.05T
9)	Diflubenzuron	除虫脲	0.3T
10)	Ethiofencarb	乙硫苯威	5.0T
11)	Ethoprophos（ethoprop）	灭线磷	0.05T
12)	Fenbutatin oxide	苯丁锡	2.0T
13)	Fenoxanil	稻瘟酰胺	0.5T
14)	Fenvalerate	氰戊菊酯	0.5T
15)	Fluazinam	氟啶胺	0.05T
16)	Glufosinate（ammonium）	草铵膦（胺）	0.05T
17)	Glyphosate	草甘膦	0.05T
18)	Indoxacarb	茚虫威	0.05T
19)	Maleic hydrazide	抑芽丹	25.0T
20)	MCPA	2甲4氯	0.05T
21)	Metribuzin	嗪草酮	0.5T
22)	Oxamyl	杀线威	1.0T
23)	Pendimethalin	二甲戊灵	0.2T
24)	Permethrin（permetrin）	氯菊酯	3.0T
25)	Phenthoate	稻丰散	0.05T
26)	Pirimicarb	抗蚜威	2.0T
27)	Pyrethrins	除虫菊素	1.0T
28)	Sethoxydim	烯禾啶	10.0T
29)	Sulfoxaflor	氟啶虫胺腈	0.05T
30)	Terbufos	特丁硫磷	0.05T
31)	Thiobencarb	禾草丹	0.2T

166. Oat 燕麦

序号	药品通用名	中文名	最大残留限量（mg/kg）
1)	2,4-D，2,4-dichlorophenoxyacetic acid	2,4-滴，2,4-二氯苯氧乙酸	0.5T
2)	Azinphos-methyl	保棉磷	0.2T
3)	Bentazone	灭草松	0.1T
4)	Bifenox	甲羧除草醚	0.05T
5)	Bitertanol	联苯三唑醇	0.1T
6)	Butachlor	丁草胺	0.1T
7)	Captan	克菌丹	0.05T
8)	Carbaryl	甲萘威	1.0T
9)	Carbofuran	克百威	0.1T
10)	Carboxin	萎锈灵	0.05T
11)	chlordane	氯丹	0.02T

（续）

序号	药品通用名	中文名	最大残留限量（mg/kg）
12）	Chlormequat	矮壮素	10.0T
13）	Chlorpropham	氯苯胺灵	0.05T
14）	Chlorsulfuron	磺酰氯	0.1T
15）	Cyfluthrin	氟氯氰菊酯	2.0T
16）	Cyhalothrin	氯氟氰菊酯	0.2T
17）	Cypermethrin	氯氰菊酯	1.0T
18）	Dicamba	麦草畏	0.5T
19）	Dichlofluanid	苯氟磺胺	0.1T
20）	Difenoconazole	苯醚甲环唑	0.05T
21）	Diuron	敌草隆	1.0T
22）	Endosulfan	硫丹	0.05T
23）	Ethalfluralin	乙丁烯氟灵	0.05T
24）	Ethephon	乙烯利	2.0T
25）	Ethiofencarb	乙硫苯威	0.05T
26）	Ethoprophos（ethoprop）	灭线磷	0.005T
27）	Ethylene dibromide	二溴乙烷	0.5T
28）	Fenoxanil	稻瘟酰胺	0.5T
29）	Fensulfothion	丰索磷	0.1T
30）	Fenvalerate	氰戊菊酯	2.0T
31）	Flonicamid	氟啶虫酰胺	0.1T
32）	Glyphosate	草甘膦	20†
33）	Hexaconazole	己唑醇	0.2T
34）	Imazalil	抑霉唑	0.05T
35）	Linuron	利谷隆	0.2T
36）	Malathion	马拉硫磷	2.0T
37）	Metalaxyl	甲霜灵	0.05T
38）	Methiocarb	甲硫威	0.05T
39）	Methomyl	灭多威	0.5T
40）	Methoprene	烯虫酯	5.0T
41）	Methoxychlor	甲氧滴滴涕	2.0T
42）	Metolachlor	异丙甲草胺	0.1T
43）	Metribuzin	嗪草酮	0.05T
44）	Omethoate	氧乐果	0.01T
45）	Orysastrobin	肟醚菌胺	0.3T
46）	Oxadixyl	噁霜灵	0.1T
47）	Oxamyl	杀线威	0.02T
48）	Parathion	对硫磷	0.3T
49）	Parathion-methyl	甲基对硫磷	1.0T
50）	Pendimethalin	二甲戊灵	0.2T

（续）

序号	药品通用名	中文名	最大残留限量（mg/kg）
51）	Permethrin（permetrin）	氯菊酯	2.0T
52）	Phosphamidone	磷胺	0.1T
53）	Phoxim	辛硫磷	0.05T
54）	Pirimicarb	抗蚜威	0.05T
55）	Pirimiphos-methyl	甲基嘧啶磷	5.0T
56）	Propanil	敌稗	0.2T
57）	Pyrethrins	除虫菊素	3.0T
58）	Spinosad	多杀霉素	1.0†
59）	Sulfoxaflor	氟啶虫胺腈	0.08T
60）	Thifensulfuron-methyl	噻吩磺隆	0.1T
61）	Thifluzamide	噻呋酰胺	0.1T
62）	Thiobencarb	禾草丹	0.1T
63）	Trifloxystrobin	肟菌酯	0.02†
167. Oil seed 油料			
1）	Aluminium phosphide（hydrogen phosphide）	磷化铝	0.1
2）	BHC	六六六	0.02T
3）	Carbophenothion	三硫磷	0.02T
4）	Chlorfenvinphos	毒虫畏	0.05T
5）	Chlorobenzilate	乙酯杀螨醇	0.02T
168. Olive 橄榄			
1）	Cyantraniliprole	溴氰虫酰胺	1.5†
2）	Glufosinate（ammonium）	草铵膦（胺）	0.1†
3）	Glyphosate	草甘膦	1.0†
4）	Imidacloprid	吡虫啉	0.5†
5）	Tebuconazole	戊唑醇	0.05†
6）	Trifloxystrobin	肟菌酯	0.3†
169. Onion 洋葱			
1）	Acephate	乙酰甲胺磷	0.5T
2）	Alachlor	甲草胺	0.05
3）	Aldicarb	涕灭威	0.1T
4）	Ametoctradin	唑嘧菌胺	1.5
5）	Amisulbrom	吲唑磺菌胺	0.2
6）	Azinphos-methyl	保棉磷	0.3T
7）	Azoxystrobin	嘧菌酯	0.1
8）	Benalaxyl	苯霜灵	0.05
9）	Bentazone	灭草松	0.1T
10）	Benthiavalicarb-isopropyl	苯噻菌胺	0.5
11）	Bifenthrin	联苯菊酯	0.05
12）	Boscalid	啶酰菌胺	0.05

（续）

序号	药品通用名	中文名	最大残留限量（mg/kg）
13)	Captan	克菌丹	0.05
14)	Carbaryl	甲萘威	0.05
15)	Carbendazim	多菌灵	0.05
16)	Carbofuran	克百威	0.05
17)	Cartap	杀螟丹	0.05
18)	Chlorothalonil	百菌清	0.5
19)	Chlorpropham	氯苯胺灵	0.05T
20)	Chlorpyrifos	毒死蜱	0.05
21)	Chlorpyrifos-methyl	甲基毒死蜱	0.05
22)	Clethodim	烯草酮	0.05
23)	Clothianidin	噻虫胺	0.05
24)	Cyazofamid	氰霜唑	1
25)	Cyfluthrin	氟氯氰菊酯	2.0T
26)	Cyhalothrin	氯氟氰菊酯	0.5
27)	Cymoxanil	霜脲氰	0.1
28)	Cypermethrin	氯氰菊酯	0.05
29)	Dazomet	棉隆	0.1T
30)	Deltamethrin	溴氰菊酯	0.05
31)	Dichlofluanid	苯氟磺胺	0.1T
32)	Dicloran	氯硝胺	10.0T
33)	Dicofol	三氯杀螨醇	1.0T
34)	Diethofencarb	乙霉威	0.05
35)	Difenoconazole	苯醚甲环唑	0.05
36)	Dimethenamid	二甲吩草胺	0.05
37)	Dimethoate	乐果	0.2
38)	Dimethomorph	烯酰吗啉	0.2
39)	Diquat	敌草快	0.1T
40)	Dithianon	二氰蒽醌	0.1
41)	Dithiocarbamates	二硫代氨基甲酸酯	0.5
42)	Epoxiconazole	氟环唑	0.05
43)	Ethaboxam	噻唑菌胺	0.1
44)	Ethalfluralin	乙丁烯氟灵	0.05
45)	Ethiofencarb	乙硫苯威	5.0T
46)	Ethoprophos (ethoprop)	灭线磷	0.02
47)	Etofenprox	醚菊酯	0.1
48)	Etridiazole	土菌灵	0.05
49)	Famoxadone	噁唑菌酮	0.4†
50)	Fenamidone	咪唑菌酮	0.1
51)	Fenarimol	氯苯嘧啶醇	0.05T

（续）

序号	药品通用名	中文名	最大残留限量 （mg/kg）
52）	Fenbutatin oxide	苯丁锡	2.0T
53）	Fenhexamid	环酰菌胺	0.05
54）	Fenitrothion	杀螟硫磷	0.05
55）	Fenoxaprop-ethyl	噁唑禾草灵	0.05
56）	Fenpyrazamine	胺苯吡菌酮	0.05
57）	Fensulfothion	丰索磷	0.1T
58）	Fenthion	倍硫磷	0.1T
59）	Fenvalerate	氰戊菊酯	0.5T
60）	Fluazifop-butyl	吡氟禾草灵	0.05
61）	Fluazinam	氟啶胺	0.05
62）	Fludioxonil	咯菌腈	0.05
63）	Fluopicolide	氟吡菌胺	0.5
64）	Fluopyram	氟吡菌酰胺	0.07T
65）	Fluquinconazole	氟喹唑	0.2
66）	Fluthiacet-methyl	嗪草酸甲酯	0.05
67）	Flutolanil	氟酰胺	0.05
68）	Fluxapyroxad	氟唑菌酰胺	0.05
69）	Folpet	灭菌丹	2.0T
70）	Fosetyl-aluminium	三乙膦酸铝	5.0T
71）	Glufosinate（ammonium）	草铵膦（胺）	0.05
72）	Haloxyfop	氟吡禾灵	0.05
73）	Hexaconazole	己唑醇	0.05
74）	Iminoctadine	双胍辛胺	0.05
75）	Iprodione	异菌脲	0.05
76）	Iprovalicarb	缬霉威	0.5
77）	Isofenphos	异柳磷	0.05T
78）	Isofetamid	异丙噻菌胺	0.05
79）	Isoprothiolane	稻瘟灵	0.2
80）	Kresoxim-methyl	醚菌酯	0.1
81）	Linuron	利谷隆	0.05
82）	Malathion	马拉硫磷	2.0T
83）	Maleic hydrazide	抑芽丹	15.0T
84）	Mandestrobin	甲氧基丙烯酸酯类杀菌剂	0.05
85）	Mandipropamid	双炔酰菌胺	0.05
86）	MCPA	2甲4氯	0.05T
87）	Metalaxyl	甲霜灵	0.05
88）	Metconazole	叶菌唑	0.05
89）	Methomyl	灭多威	0.2T
90）	Metolachlor	异丙甲草胺	0.05

（续）

序号	药品通用名	中文名	最大残留限量（mg/kg）
91）	Metribuzin	嗪草酮	0.5T
92）	Mevinphos	速灭磷	0.1T
93）	Monocrotophos	久效磷	0.1T
94）	Myclobutanil	腈菌唑	1.0T
95）	Omethoate	氧乐果	0.01T
96）	Oxadiargyl	丙炔噁草酮	0.05T
97）	Oxadixyl	噁霜灵	0.5
98）	Oxamyl	杀线威	0.05T
99）	Oxathiapiprolin	氟噻唑吡乙酮	0.05
100）	Oxolinic acid	喹菌酮	0.05
101）	Oxyfluorfen	乙氧氟草醚	0.05
102）	Parathion	对硫磷	0.3T
103）	Parathion-methyl	甲基对硫磷	1.0T
104）	Pencycuron	戊菌隆	0.05
105）	Pendimethalin	二甲戊灵	0.05
106）	Penthiopyrad	吡噻菌胺	0.7†
107）	Permethrin（permetrin）	氯菊酯	3.0T
108）	Phorate	甲拌磷	0.05
109）	Phoxim	辛硫磷	0.05
110）	Picarbutrazox	四唑吡氨酯	0.05
111）	Picoxystrobin	啶氧菌酯	0.05
112）	Pirimicarb	抗蚜威	0.5T
113）	Pirimiphos-methyl	甲基嘧啶磷	1.0T
114）	Prochloraz	咪鲜胺	0.05
115）	Procymidone	腐霉利	0.2
116）	Prohexadione-calcium	调环酸钙	0.05
117）	Propamocarb	霜霉威	0.1
118）	Propaquizafop	噁草酸	0.05
119）	Propiconazole	丙环唑	0.05
120）	Pydiflumetofen	氟啶菌酰羟胺	0.05
121）	Pyraclostrobin	吡唑醚菌酯	0.05
122）	Pyrethrins	除虫菊素	1.0T
123）	Pyribencarb	吡菌苯威	0.05
124）	Pyrimethanil	嘧霉胺	0.1
125）	Quizalofop-ethyl	精喹禾灵	0.05T
126）	Sethoxydim	烯禾啶	0.05
127）	Spirotetramat	螺虫乙酯	0.3†
128）	Streptomycin	链霉素	0.05
129）	Tebuconazole	戊唑醇	0.05

(续)

序号	药品通用名	中文名	最大残留限量（mg/kg）
130)	Tebupirimfos	丁基嘧啶磷	0.05
131)	Tefluthrin	七氟菊酯	0.1
132)	Terbufos	特丁硫磷	0.05
133)	Thiamethoxam	噻虫嗪	0.1T
134)	Thifluzamide	噻呋酰胺	0.05
135)	Thiobencarb	禾草丹	0.05
136)	Triadimefon	三唑酮	0.1T
137)	Triazophos	三唑磷	0.05T
138)	Valifenalate	磺草灵	0.05
139)	Vinclozolin	乙烯菌核利	1.0T
140)	Zoxamide	苯酰菌胺	0.7†

170. Onion（dried）洋葱（干）

序号	药品通用名	中文名	最大残留限量
1)	Azinphos-methyl	保棉磷	0.5T
2)	Methomyl	灭多威	0.2T
3)	Myclobutanil	腈菌唑	1.0T

171. Orange 橙

序号	药品通用名	中文名	最大残留限量
1)	Abamectin	阿维菌素	0.02T
2)	Acephate	乙酰甲胺磷	5.0T
3)	Acequinocyl	灭螨醌	1.0T
4)	Acibenzolar-S-methyl	苯并噻二唑	0.2T
5)	Aldicarb	涕灭威	0.02T
6)	Aluminium phosphide（hydrogen phosphide）	磷化铝	0.01†
7)	Amitraz	双甲脒	0.5T
8)	Azinphos-methyl	保棉磷	1.0T
9)	Bifenthrin	联苯菊酯	0.5T
10)	Bromopropylate	溴螨酯	5.0T
11)	Buprofezin	噻嗪酮	2.5†
12)	Carbaryl	甲萘威	7.0†
13)	Carbendazim	多菌灵	1.0T
14)	Carbofuran	克百威	2.0T
15)	Carfentrazone-ethyl	唑酮草酯	0.1T
16)	Chlorfenapyr	虫螨腈	1.0T
17)	Chlorpropham	氯苯胺灵	0.05T
18)	Chlorpyrifos-methyl	甲基毒死蜱	0.2T
19)	Clofentezine	四螨嗪	0.5T
20)	Clothianidin	噻虫胺	1.0T
21)	Cyfluthrin	氟氯氰菊酯	2.0T
22)	Cyhalothrin	氯氟氰菊酯	1.0T
23)	Cyhexatin	三环锡	2.0T

（续）

序号	药品通用名	中文名	最大残留限量（mg/kg）
24)	Cypermethrin	氯氰菊酯	2.0T
25)	Cyprodinil	嘧菌环胺	1.0T
26)	Dichlofluanid	苯氟磺胺	15.0T
27)	Dichlorprop	2,4-滴丙酸	0.05T
28)	Dicofol	三氯杀螨醇	1.0T
29)	Diflubenzuron	除虫脲	3.0T
30)	Diquat	敌草快	0.02T
31)	Dithiocarbamates	二硫代氨基甲酸酯	2.0T
32)	Ethiofencarb	乙硫苯威	5.0T
33)	Ethylene dibromide	二溴乙烷	0.2T
34)	Etofenprox	醚菊酯	5.0T
35)	Fenamiphos	苯线磷	0.5T
36)	Fenazaquin	喹螨醚	2.0T
37)	Fenbutatin oxide	苯丁锡	5.0T
38)	Fenvalerate	氰戊菊酯	2.0T
39)	Flonicamid	氟啶虫酰胺	1.0T
40)	Fluazifop-butyl	吡氟禾草灵	0.05T
41)	Flufenoxuron	氟虫脲	1.0T
42)	Folpet	灭菌丹	2.0T
43)	Formothion	安硫磷	0.2T
44)	Fosetyl-aluminium	三乙膦酸铝	0.05†
45)	Glyphosate	草甘膦	0.5T
46)	Hydrogen cyanide	氢氰酸	5
47)	Imazalil	抑霉唑	5.0T
48)	Iminoctadine	双胍辛胺	0.5T
49)	Isofenphos	异柳磷	0.2T
50)	Lufenuron	虱螨脲	0.5T
51)	Malathion	马拉硫磷	4.0†
52)	Maleic hydrazide	抑芽丹	40.0T
53)	MCPA	2甲4氯	0.05T
54)	Metaflumizone	氰氟虫腙	1.0T
55)	Metalaxyl	甲霜灵	0.05T
56)	Metaldehyde	四聚乙醛	0.05T
57)	Methamidophos	甲胺磷	0.5T
58)	Methiocarb	甲硫威	0.05T
59)	Methomyl	灭多威	1.0T
60)	Mevinphos	速灭磷	0.2T
61)	Monocrotophos	久效磷	0.2T
62)	Norflurazon	氟草敏	0.1T

（续）

序号	药品通用名	中文名	最大残留限量 （mg/kg）
63)	Novaluron	氟酰脲	0.5T
64)	Omethoate	氧乐果	0.01T
65)	Ortho-phenyl phenol	邻苯基苯酚	10.0T
66)	Oryzalin	氨磺乐灵	0.05T
67)	Oxamyl	杀线威	5.0T
68)	Paraquat	百草枯	0.05T
69)	Permethrin（permetrin）	氯菊酯	0.5T
70)	Phosalone	伏杀磷	1.0T
71)	Phosphamidone	磷胺	0.4T
72)	Piperonyl butoxide	增效醚	0.2T
73)	Pirimicarb	抗蚜威	0.5T
74)	Pirimiphos-methyl	甲基嘧啶磷	1.0T
75)	Propargite	克螨特	5.0T
76)	Pyrethrins	除虫菊素	1.0T
77)	Pyriproxyfen	吡丙醚	0.7T
78)	Sethoxydim	烯禾啶	1.0T
79)	Simazine	西玛津	0.25T
80)	Spinetoram	乙基多杀菌素	0.05†
81)	Spinosad	多杀霉素	0.3†
82)	Sulfentrazone	甲磺草胺	0.15T
83)	Sulfoxaflor	氟啶虫胺腈	0.7†
84)	Tebufenozide	虫酰肼	1.0T
85)	Tebufenpyrad	吡螨胺	0.5T
86)	Tetradifon	三氯杀螨砜	2.0T
87)	Thiacloprid	噻虫啉	0.3T
88)	Tolfenpyrad	唑虫酰胺	2.0T

172. Oriental raisin tree 北枳椇/万寿果

1)	Emamectin benzoate	甲氨基阿维菌素苯甲酸盐	0.05T

173. Other spices 其他香辛料

1)	Acephate	乙酰甲胺磷	0.2T
2)	Azinphos-methyl	保棉磷	0.5T
3)	Dichlorvos	敌敌畏	0.1T
4)	Disulfoton	乙拌磷	0.05T
5)	Methamidophos	甲胺磷	0.1T
6)	Methylbromide	溴甲烷	400T
7)	Vinclozolin	乙烯菌核利	0.05T

174. Oyster mushroom 平菇

1)	Acetamiprid	啶虫脒	0.05T
2)	Carbendazim	多菌灵	1

（续）

序号	药品通用名	中文名	最大残留限量 （mg/kg）
3）	Chlorantraniliprole	氯虫苯甲酰胺	0.05T
4）	Chlorfenapyr	虫螨腈	0.05T
5）	Cyromazine	灭蝇胺	3
6）	Diflubenzuron	除虫脲	1
7）	Imidacloprid	吡虫啉	0.05T
8）	Lufenuron	虱螨脲	0.05T
9）	Prochloraz	咪鲜胺	0.1
10）	Spinetoram	乙基多杀菌素	0.05T
175. Pak choi 小白菜			
1）	Acetamiprid	啶虫脒	10
2）	Amisulbrom	吲唑磺菌胺	0.05
3）	Boscalid	啶酰菌胺	5.0T
4）	Carbendazim	多菌灵	0.1T
5）	Cartap	杀螟丹	5.0T
6）	Chlorothalonil	百菌清	5.0T
7）	Chlorpyrifos	毒死蜱	1.0T
8）	Cyantraniliprole	溴氰虫酰胺	0.5
9）	Cyromazine	灭蝇胺	0.1T
10）	Difenoconazole	苯醚甲环唑	5.0T
11）	Dimethoate	乐果	0.5T
12）	Dimethomorph	烯酰吗啉	20
13）	Emamectin benzoate	甲氨基阿维菌素苯甲酸盐	0.05
14）	Fenpyrazamine	胺苯吡菌酮	15T
15）	Fenvalerate	氰戊菊酯	4
16）	Fluazifop-butyl	吡氟禾草灵	0.05T
17）	Fluazinam	氟啶胺	0.05
18）	Flufenoxuron	氟虫脲	2
19）	Fluopicolide	氟吡菌胺	5.0T
20）	Glufosinate（ammonium）	草铵膦（胺）	0.05T
21）	Mandipropamid	双炔酰菌胺	20
22）	Metalaxyl	甲霜灵	2
23）	Novaluron	氟酰脲	0.05T
24）	Oxolinic acid	喹菌酮	10
25）	Procymidone	腐霉利	5.0T
26）	Pymetrozine	吡蚜酮	5.0T
27）	Pyribencarb	吡菌苯威	3.0T
28）	Pyrifluquinazon	吡氟喹虫唑	5.0T
29）	Tebupirimfos	丁基嘧啶磷	0.05T
30）	Thiacloprid	噻虫啉	7

（续）

序号	药品通用名	中文名	最大残留限量 （mg/kg）
31)	Valifenalate	磺草灵	5.0T
176. Palm　棕榈			
1)	Chlorantraniliprole	氯虫苯甲酰胺	0.1T
177. Papaya　番木瓜			
1)	Azinphos-methyl	保棉磷	1.0T
2)	Carbendazim	多菌灵	0.5†
3)	Chlorothalonil	百菌清	20T
4)	Chlorpropham	氯苯胺灵	0.05T
5)	Clofentezine	四螨嗪	1.0T
6)	Cyhalothrin	氯氟氰菊酯	0.5T
7)	Cypermethrin	氯氰菊酯	2.0T
8)	Dichlofluanid	苯氟磺胺	15.0T
9)	Dicofol	三氯杀螨醇	1.0T
10)	Dinotefuran	呋虫胺	0.5T
11)	Diuron	敌草隆	0.5T
12)	Ethiofencarb	乙硫苯威	5.0T
13)	Ethylene dibromide	二溴乙烷	0.25T
14)	Etofenprox	醚菊酯	0.5T
15)	Fenbutatin oxide	苯丁锡	2.0T
16)	Fenitrothion	杀螟硫磷	0.1T
17)	Fenvalerate	氰戊菊酯	1.0T
18)	Flonicamid	氟啶虫酰胺	0.2T
19)	Fludioxonil	咯菌腈	2.0T
20)	Fluxapyroxad	氟唑菌酰胺	0.6†
21)	Imazalil	抑霉唑	2.0T
22)	Imidacloprid	吡虫啉	0.6†
23)	Malathion	马拉硫磷	0.5T
24)	Maleic hydrazide	抑芽丹	40.0T
25)	Myclobutanil	腈菌唑	1.0T
26)	Oxamyl	杀线威	0.5T
27)	Oxyfluorfen	乙氧氟草醚	0.05T
28)	Permethrin（permetrin）	氯菊酯	1.0T
29)	Pirimicarb	抗蚜威	1.0T
30)	Pyrethrins	除虫菊素	1.0T
31)	Pyrifluquinazon	吡氟喹虫唑	0.05T
32)	Sethoxydim	烯禾啶	1.0T
33)	Spirotetramat	螺虫乙酯	0.4†
34)	Tebuconazole	戊唑醇	2.0T
35)	Thiabendazole	噻菌灵	5.0T

（续）

序号	药品通用名	中文名	最大残留限量 (mg/kg)
36）	Thiacloprid	噻虫啉	0.7
37）	Triadimenol	三唑醇	0.2T
38）	Trifloxystrobin	肟菌酯	0.6†
39）	Triflumizole	氟菌唑	2.0†
178. Parsley 欧芹			
1）	Abamectin	阿维菌素	0.6
2）	Acetamiprid	啶虫脒	10
3）	Alachlor	甲草胺	0.2T
4）	Azoxystrobin	嘧菌酯	30
5）	Bifenthrin	联苯菊酯	8
6）	Boscalid	啶酰菌胺	0.3T
7）	Bromobutide	溴丁酰草胺	0.05T
8）	Buprofezin	噻嗪酮	5.0T
9）	Cadusafos	硫线磷	0.05T
10）	Carbaryl	甲萘威	5.0T
11）	Carbendazim	多菌灵	5.0T
12）	Chlorantraniliprole	氯虫苯甲酰胺	10
13）	Chlorfenapyr	虫螨腈	9
14）	Chlorfluazuron	氟啶脲	7
15）	Chlorothalonil	百菌清	5.0T
16）	Chlorpyrifos	毒死蜱	0.05T
17）	Chromafenozide	环虫酰肼	15
18）	Cyantraniliprole	溴氰虫酰胺	10
19）	Cyhalofop-butyl	氰氟草酯	0.1T
20）	Cymoxanil	霜脲氰	5.0T
21）	Deltamethrin	溴氰菊酯	2
22）	Difenoconazole	苯醚甲环唑	5.0T
23）	Dinotefuran	呋虫胺	5.0T
24）	Dithiocarbamates	二硫代氨基甲酸酯	5.0T
25）	Emamectin benzoate	甲氨基阿维菌素苯甲酸盐	0.1
26）	Epoxiconazole	氟环唑	0.05T
27）	Ethoprophos（ethoprop）	灭线磷	0.05T
28）	Etofenprox	醚菊酯	20
29）	Etridiazole	土菌灵	0.1T
30）	Fenitrothion	杀螟硫磷	0.05T
31）	Flonicamid	氟啶虫酰胺	7
32）	Flufenoxuron	氟虫脲	6
33）	Flupyradifurone	氟吡呋喃酮	15
34）	Fluxapyroxad	氟唑菌酰胺	5.0T

（续）

序号	药品通用名	中文名	最大残留限量（mg/kg）
35)	Indoxacarb	茚虫威	7
36)	Iprobenfos	异稻瘟净	0.2T
37)	Isoprothiolane	稻瘟灵	0.2T
38)	Isopyrazam	吡唑萘菌胺	6
39)	Linuron	利谷隆	0.05T
40)	Lufenuron	虱螨脲	2
41)	Methoxyfenozide	甲氧虫酰肼	30
42)	Novaluron	氟酰脲	15
43)	Oxadixyl	噁霜灵	0.1T
44)	Oxolinic acid	喹菌酮	5.0T
45)	Penthiopyrad	吡噻菌胺	15
46)	Phenthoate	稻丰散	0.05T
47)	Phorate	甲拌磷	0.05T
48)	Profenofos	丙溴磷	2.0T
49)	Pymetrozine	吡蚜酮	3
50)	Pyraclostrobin	吡唑醚菌酯	7
51)	Pyrifluquinazon	吡氟喹虫唑	2
52)	Pyriproxyfen	吡丙醚	5.0T
53)	Spinetoram	乙基多杀菌素	3
54)	Spirotetramat	螺虫乙酯	5
55)	Sulfoxaflor	氟啶虫胺腈	10
56)	Tebupirimfos	丁基嘧啶磷	0.05T
57)	Teflubenzuron	氟苯脲	7
58)	Tefluthrin	七氟菊酯	0.05T
59)	Thiacloprid	噻虫啉	0.5T
60)	Triflumizole	氟菌唑	3
179. Parsnip 欧洲防风草			
1)	Azoxystrobin	嘧菌酯	0.1T
2)	Boscalid	啶酰菌胺	0.05T
3)	Chlorantraniliprole	氯虫苯甲酰胺	0.05T
4)	Difenoconazole	苯醚甲环唑	0.05T
5)	Prosulfocarb	苄草丹	0.08T
6)	Prothiaconazole	丙硫菌唑	0.1T
7)	Tebuconazole	戊唑醇	0.05T
8)	Trifloxystrobin	肟菌酯	0.1T
180. Passion fruit 百香果			
1)	Abamectin	阿维菌素	0.05T
2)	Acequinocyl	灭螨醌	0.2T
3)	Acetamiprid	啶虫脒	0.4T

序号	药品通用名	中文名	最大残留限量（mg/kg）
4）	Amisulbrom	吲唑磺菌胺	2.0T
5）	Azoxystrobin	嘧菌酯	0.7T
6）	Chlorantraniliprole	氯虫苯甲酰胺	0.5T
7）	Chlorfenapyr	虫螨腈	0.1T
8）	Clothianidin	噻虫胺	0.9T
9）	Cyenopyrafen	腈吡螨酯	0.5T
10）	Dinotefuran	呋虫胺	0.5T
11）	Emamectin benzoate	甲氨基阿维菌素苯甲酸盐	0.05T
12）	Etofenprox	醚菊酯	0.5T
13）	Flonicamid	氟啶虫酰胺	0.2T
14）	Imidacloprid	吡虫啉	0.05T
15）	Mandipropamid	双炔酰菌胺	0.1T
16）	Metaflumizone	氰氟虫腙	0.1T
17）	Novaluron	氟酰脲	0.2
18）	Pyraclostrobin	吡唑醚菌酯	0.05T
19）	Pyridalyl	三氟甲吡醚	1.0T
20）	Pyriproxyfen	吡丙醚	0.2T
21）	Spinetoram	乙基多杀菌素	0.05T
22）	Spirotetramat	螺虫乙酯	0.4†
23）	Sulfoxaflor	氟啶虫胺腈	0.3T
24）	Tefluthrin	七氟菊酯	0.05T
25）	Thiacloprid	噻虫啉	0.2T
26）	Thiamethoxam	噻虫嗪	0.05T
27）	Trifloxystrobin	肟菌酯	0.05T
181. Patsoi			
1）	Tebupirimfos	丁基嘧啶磷	0.05T
182. Pawpaw　木瓜			
1）	Cyhalothrin	氯氟氰菊酯	0.5T
2）	Dinotefuran	呋虫胺	0.5T
3）	Etofenprox	醚菊酯	0.5T
4）	Fenitrothion	杀螟硫磷	0.1T
183. Pea　豌豆			
1）	Bentazone	灭草松	0.05T
2）	Bifenthrin	联苯菊酯	0.9T
3）	Bitertanol	联苯三唑醇	0.2T
4）	Captan	克菌丹	2.0T
5）	Carbaryl	甲萘威	1.0T
6）	Chlorpropham	氯苯胺灵	0.05T
7）	Clomazone	异恶草酮	0.05T

（续）

序号	药品通用名	中文名	最大残留限量 （mg/kg）
8）	Cyfluthrin	氟氯氰菊酯	0.5T
9）	Cyhalothrin	氯氟氰菊酯	0.05†
10）	Deltamethrin	溴氰菊酯	0.05
11）	Dichlofluanid	苯氟磺胺	0.2T
12）	Dimethoate	乐果	0.5T
13）	Dinotefuran	呋虫胺	0.05T
14）	Diquat	敌草快	0.1T
15）	Dithiocarbamates	二硫代氨基甲酸酯	0.05T
16）	Diuron	敌草隆	1.0T
17）	Ethiofencarb	乙硫苯威	1.0T
18）	Fenbutatin oxide	苯丁锡	0.5T
19）	Fenitrothion	杀螟硫磷	0.5T
20）	Fenthion	倍硫磷	0.1T
21）	Fenvalerate	氰戊菊酯	0.5T
22）	Flupyradifurone	氟吡呋喃酮	3.0†
23）	Fluxapyroxad	氟唑菌酰胺	0.4†
24）	Lufenuron	虱螨脲	0.05
25）	Malathion	马拉硫磷	0.5T
26）	MCPB	2甲4氯丁酸	0.1T
27）	Metaflumizone	氰氟虫腙	0.05T
28）	Metalaxyl	甲霜灵	0.05T
29）	Methomyl	灭多威	5.0T
30）	Methoxyfenozide	甲氧虫酰肼	5.0T
31）	Metribuzin	嗪草酮	0.05T
32）	Mevinphos	速灭磷	0.1T
33）	Monocrotophos	久效磷	0.1T
34）	Omethoate	氧乐果	0.01T
35）	Oxadixyl	噁霜灵	0.1T
36）	Parathion	对硫磷	0.3†
37）	Parathion-methyl	甲基对硫磷	0.2T
38）	Pendimethalin	二甲戊灵	0.2T
39）	Permethrin（permetrin）	氯菊酯	0.1T
40）	Pirimiphos-methyl	甲基嘧啶磷	0.05T
41）	Pyrethrins	除虫菊素	1.0T
42）	Sethoxydim	烯禾啶	40.0T
43）	Spinetoram	乙基多杀菌素	0.05T
44）	Thiacloprid	噻虫啉	0.05T
45）	Thiamethoxam	噻虫嗪	0.04†
46）	Thiobencarb	禾草丹	0.2T

（续）

序号	药品通用名	中文名	最大残留限量（mg/kg）
47）	Triadimefon	三唑酮	0.1T
48）	Tri-allate	野燕畏	0.05T

184. Pea（fresh） 豌豆（鲜）

序号	药品通用名	中文名	最大残留限量（mg/kg）
1）	Oxathiapiprolin	氟噻唑吡乙酮	0.05†

185. Peach 桃

序号	药品通用名	中文名	最大残留限量（mg/kg）
1）	Abamectin	阿维菌素	0.1
2）	Acephate	乙酰甲胺磷	2
3）	Acequinocyl	灭螨醌	2
4）	Acetamiprid	啶虫脒	1
5）	Acibenzolar-S-methyl	苯并噻二唑	0.2
6）	Acrinathrin	氟丙菊酯	0.2
7）	Amitraz	双甲脒	0.5
8）	Azinphos-methyl	保棉磷	1.0T
9）	Bifenazate	联苯肼酯	0.3
10）	Bifenthrin	联苯菊酯	0.3
11）	Bistrifluron	双三氟虫脲	1
12）	Bitertanol	联苯三唑醇	1
13）	Bromopropylate	溴螨酯	5.0T
14）	Buprofezin	噻嗪酮	1
15）	Captan	克菌丹	5
16）	Carbendazim	多菌灵	2
17）	Carbofuran	克百威	0.05
18）	Chlorfenapyr	虫螨腈	1
19）	Chlorfluazuron	氟啶脲	0.5
20）	Chlorothalonil	百菌清	2
21）	Chlorpropham	氯苯胺灵	0.05T
22）	Chlorpyrifos	毒死蜱	0.5
23）	Chlorpyrifos-methyl	甲基毒死蜱	0.2
24）	Chromafenozide	环虫酰肼	0.5
25）	Clofentezine	四螨嗪	0.2T
26）	Clothianidin	噻虫胺	0.5
27）	Cyantraniliprole	溴氰虫酰胺	1.5†
28）	Cyazofamid	氰霜唑	1
29）	Cyclaniliprole	环溴虫酰胺	0.2
30）	Cyenopyrafen	腈吡螨酯	0.5
31）	Cyflufenamid	环氟菌胺	0.2
32）	Cyflumetofen	丁氟螨酯	1
33）	Cyfluthrin	氟氯氰菊酯	1.0T
34）	Cyhalothrin	氯氟氰菊酯	0.2

（续）

序号	药品通用名	中文名	最大残留限量（mg/kg）
35)	Cyhexatin	三环锡	2
36)	Cypermethrin	氯氰菊酯	1
37)	Cyprodinil	嘧菌环胺	2
38)	Deltamethrin	溴氰菊酯	0.5
39)	Dichlobenil	敌草腈	0.05
40)	Dichlofluanid	苯氟磺胺	5.0T
41)	Dichlorvos	敌敌畏	0.05
42)	Dicloran	氯硝胺	10.0T
43)	Dicofol	三氯杀螨醇	1.0T
44)	Diethofencarb	乙霉威	0.3
45)	Difenoconazole	苯醚甲环唑	2
46)	Diflubenzuron	除虫脲	1
47)	Dimethoate	乐果	2.0T
48)	Dinotefuran	呋虫胺	0.5
49)	Dithianon	二氰蒽醌	5
50)	Dithiocarbamates	二硫代氨基甲酸酯	3
51)	Diuron	敌草隆	0.1T
52)	Emamectin benzoate	甲氨基阿维菌素苯甲酸盐	0.2
53)	Ethiofencarb	乙硫苯威	5.0T
54)	Etoxazole	乙螨唑	0.2
55)	Fenamiphos	苯线磷	0.2T
56)	Fenarimol	氯苯嘧啶醇	0.5
57)	Fenazaquin	喹螨醚	0.2
58)	Fenbuconazole	腈苯唑	2
59)	Fenbutatin oxide	苯丁锡	7.0T
60)	Fenhexamid	环酰菌胺	1
61)	Fenitrothion	杀螟硫磷	0.1
62)	Fenpyrazamine	胺苯吡菌酮	2
63)	Fenpyroximate	唑螨酯	0.3
64)	Fenvalerate	氰戊菊酯	5.0T
65)	Flonicamid	氟啶虫酰胺	1
66)	Fluazifop-butyl	吡氟禾草灵	0.05T
67)	Fluazinam	氟啶胺	1
68)	Flubendiamide	氟苯虫酰胺	0.7
69)	Fludioxonil	咯菌腈	1
70)	Flufenoxuron	氟虫脲	1
71)	Fluopyram	氟吡菌酰胺	0.4
72)	Fluquinconazole	氟喹唑	1
73)	Flusilazole	氟硅唑	0.5

（续）

序号	药品通用名	中文名	最大残留限量（mg/kg）
74）	Flutriafol	粉唑醇	1
75）	Fluxametamide	氟噁唑酰胺	2
76）	Fluxapyroxad	氟唑菌酰胺	0.3
77）	Glyphosate	草甘膦	0.05
78）	Hexaconazole	己唑醇	0.5
79）	Hexythiazox	噻螨酮	0.1
80）	Imibenconazole	亚胺唑	0.3
81）	Imidacloprid	吡虫啉	0.5
82）	Iminoctadine	双胍辛胺	0.5
83）	Indaziflam	茚嗪氟草胺	0.05
84）	Indoxacarb	茚虫威	1
85）	Iprodione	异菌脲	2
86）	Isofetamid	异丙噻菌胺	2
87）	Kresoxim-methyl	醚菌酯	1
88）	Lufenuron	虱螨脲	0.5
89）	Malathion	马拉硫磷	0.5T
90）	Maleic hydrazide	抑芽丹	40.0T
91）	Mandestrobin	甲氧基丙烯酸酯类杀菌剂	1
92）	MCPA	2甲4氯	0.05
93）	Meptyldinocap	消螨多	0.1T
94）	Metaflumizone	氰氟虫腙	0.5
95）	Metconazole	叶菌唑	0.3
96）	Methamidophos	甲胺磷	0.2
97）	Methiocarb	甲硫威	5.0T
98）	Methomyl	灭多威	5
99）	Methoxychlor	甲氧滴滴涕	14.0T
100）	Metolachlor	异丙甲草胺	0.1T
101）	Metrafenone	苯菌酮	0.3
102）	Mevinphos	速灭磷	0.5T
103）	Myclobutanil	腈菌唑	2.0†
104）	Novaluron	氟酰脲	1
105）	Omethoate	氧乐果	0.2T
106）	Ortho-phenyl phenol	邻苯基苯酚	10.0T
107）	Oxadiazon	噁草酮	0.05T
108）	Oxamyl	杀线威	0.5T
109）	Oxolinic acid	喹菌酮	5
110）	Oxyfluorfen	乙氧氟草醚	0.05†
111）	Paclobutrazol	多效唑	0.05T
112）	Penconazole	戊菌唑	0.1T

（续）

序号	药品通用名	中文名	最大残留限量（mg/kg）
113)	Pendimethalin	二甲戊灵	0.05T
114)	Penthiopyrad	吡噻菌胺	0.2
115)	Permethrin（permetrin）	氯菊酯	2.0T
116)	Phenthoate	稻丰散	0.2T
117)	Phosalone	伏杀磷	5.0T
118)	Phosphamidone	磷胺	0.2T
119)	Picoxystrobin	啶氧菌酯	2.0T
120)	Pirimicarb	抗蚜威	0.5T
121)	Prochloraz	咪鲜胺	2
122)	Procymidone	腐霉利	0.5
123)	Propamocarb	霜霉威	1
124)	Propargite	克螨特	7.0T
125)	Propiconazole	丙环唑	1
126)	Pyflubumide	一种杀螨剂	1
127)	Pymetrozine	吡蚜酮	0.5
128)	Pyraclostrobin	吡唑醚菌酯	1
129)	Pyraziflumid	新型杀菌剂	2
130)	Pyrethrins	除虫菊素	1.0T
131)	Pyribencarb	吡菌苯威	2
132)	Pyridaben	哒螨灵	1
133)	Pyridalyl	三氟甲吡醚	3
134)	Pyridaphenthion	哒嗪硫磷	0.3T
135)	Pyrifluquinazon	吡氟喹虫唑	0.05
136)	Pyrimethanil	嘧霉胺	4
137)	Quinmerac	喹草酸	0.05T
138)	Saflufenacil	苯嘧磺草胺	0.03†
139)	Sethoxydim	烯禾啶	1.0T
140)	Simazine	西玛津	0.25T
141)	Simeconazole	硅氟唑	0.5
142)	Spirodiclofen	螺螨酯	0.5
143)	Spiromesifen	螺虫酯	2
144)	Spirotetramat	螺虫乙酯	1
145)	Streptomycin	链霉素	0.7
146)	Sulfoxaflor	氟啶虫胺腈	0.5
147)	Tebuconazole	戊唑醇	1.0†
148)	Tebufenozide	虫酰肼	1
149)	Teflubenzuron	氟苯脲	1
150)	Tetradifon	三氯杀螨砜	2.0T
151)	Tetraniliprole	氟氰虫酰胺	0.5

序号	药品通用名	中文名	最大残留限量（mg/kg）
152）	Tiafenacil	嘧啶二酮类非选择性除草剂	0.05
153）	Triflumizole	氟菌唑	1
154）	Trifluralin	氟乐灵	0.05T
155）	Triforine	嗪氨灵	5.0T
156）	Vinclozolin	乙烯菌核利	5.0T

186. Peanut 花生

序号	药品通用名	中文名	最大残留限量（mg/kg）
1）	Abamectin	阿维菌素	0.05T
2）	Acephate	乙酰甲胺磷	0.2T
3）	Acetamiprid	啶虫脒	0.05T
4）	Acetochlor	乙草胺	0.2†
5）	Alachlor	甲草胺	0.05
6）	Aldicarb	涕灭威	0.02T
7）	Aluminium phosphide（hydrogen phosphide）	磷化铝	0.1
8）	Azoxystrobin	嘧菌酯	0.2T
9）	Benalaxyl	苯霜灵	0.05T
10）	Bentazone	灭草松	0.05T
11）	Bifenthrin	联苯菊酯	0.05†
12）	Bitertanol	联苯三唑醇	0.05
13）	Cadusafos	硫线磷	0.05T
14）	Captan	克菌丹	2.0T
15）	Carbaryl	甲萘威	2.0T
16）	Carbendazim	多菌灵	0.1
17）	Carbofuran	克百威	0.05
18）	Carboxin	萎锈灵	0.2T
19）	Chlorantraniliprole	氯虫苯甲酰胺	0.06†
20）	Chlorfenapyr	虫螨腈	0.05T
21）	Chlorfluazuron	氟啶脲	0.05T
22）	Chlorothalonil	百菌清	0.05
23）	Chlorpropham	氯苯胺灵	0.05T
24）	Chlorpyrifos	毒死蜱	0.05T
25）	Clethodim	烯草酮	5.0T
26）	Clothianidin	噻虫胺	0.05T
27）	Cyantraniliprole	溴氰虫酰胺	0.03T
28）	Cyfluthrin	氟氯氰菊酯	0.5T
29）	Cyhalothrin	氯氟氰菊酯	0.2T
30）	Cypermethrin	氯氰菊酯	0.05T
31）	Dichlofluanid	苯氟磺胺	0.2T
32）	Difenoconazole	苯醚甲环唑	0.05
33）	Diflubenzuron	除虫脲	0.1T

（续）

序号	药品通用名	中文名	最大残留限量（mg/kg）
34）	Dimethomorph	烯酰吗啉	0.05T
35）	Diniconazole	烯唑醇	0.05T
36）	Dinotefuran	呋虫胺	0.05T
37）	Diphenamid	双苯酰草胺	0.05T
38）	Disulfoton	乙拌磷	0.1T
39）	Dithiocarbamates	二硫代氨基甲酸酯	0.1
40）	Emamectin benzoate	甲氨基阿维菌素苯甲酸盐	0.05T
41）	Ethalfluralin	乙丁烯氟灵	0.05T
42）	Ethiofencarb	乙硫苯威	1.0T
43）	Ethoprophos（ethoprop）	灭线磷	0.02
44）	Etofenprox	醚菊酯	0.05T
45）	Fenamiphos	苯线磷	0.05T
46）	Fenazaquin	喹螨醚	0.05T
47）	Fenbuconazole	腈苯唑	0.1T
48）	Fenbutatin oxide	苯丁锡	0.5T
49）	Fenitrothion	杀螟硫磷	0.05
50）	Fenoxaprop-ethyl	噁唑禾草灵	0.05T
51）	Fensulfothion	丰索磷	0.05T
52）	Fentin	三苯锡	0.05T
53）	Fenvalerate	氰戊菊酯	0.1T
54）	Flonicamid	氟啶虫酰胺	0.05T
55）	Fluazifop-butyl	吡氟禾草灵	1.0T
56）	Flumioxazin	丙炔氟草胺	0.02T
57）	Flutriafol	粉唑醇	0.15T
58）	Fluxapyroxad	氟唑菌酰胺	0.01†
59）	Glufosinate（ammonium）	草铵膦（胺）	0.05T
60）	Glyphosate	草甘膦	0.05†
61）	Hexaconazole	己唑醇	0.05
62）	Hexythiazox	噻螨酮	0.02T
63）	Hymexazol	噁霉灵	0.05T
64）	Imazapic	甲咪唑烟酸	0.05†
65）	Imidacloprid	吡虫啉	1.0T
66）	Indoxacarb	茚虫威	0.02T
67）	Iprodione	异菌脲	0.5T
68）	Lufenuron	虱螨脲	0.1T
69）	Malathion	马拉硫磷	0.5T
70）	MCPA	2甲4氯	0.05T
71）	Metalaxyl	甲霜灵	0.1T
72）	Metaldehyde	四聚乙醛	0.05T

（续）

序号	药品通用名	中文名	最大残留限量（mg/kg）
73）	Metconazole	叶菌唑	0.25T
74）	Methomyl	灭多威	0.1T
75）	Methoprene	烯虫酯	2.0T
76）	Methoxychlor	甲氧滴滴涕	14.0T
77）	Metolachlor	异丙甲草胺	0.05
78）	Napropamide	敌草胺	0.1
79）	Norflurazon	氟草敏	0.05T
80）	Novaluron	氟酰脲	2.0T
81）	Omethoate	氧乐果	0.01T
82）	Oxamyl	杀线威	0.04†
83）	Oxolinic acid	喹菌酮	0.05T
84）	Parathion	对硫磷	0.3T
85）	Parathion-methyl	甲基对硫磷	1.0T
86）	Pendimethalin	二甲戊灵	0.2T
87）	Penthiopyrad	吡噻菌胺	0.04†
88）	Permethrin（permetrin）	氯菊酯	0.1T
89）	Phenthoate	稻丰散	0.03T
90）	Phorate	甲拌磷	0.1T
91）	Pirimiphos-ethyl	嘧啶磷	0.1T
92）	Pirimiphos-methyl	甲基嘧啶磷	1.0T
93）	Propamocarb	霜霉威	0.05T
94）	Propargite	克螨特	0.1T
95）	Propiconazole	丙环唑	0.05T
96）	Prothiaconazole	丙硫菌唑	0.02T
97）	Pymetrozine	吡蚜酮	0.03T
98）	Pyraclostrobin	吡唑醚菌酯	0.05T
99）	Pyrethrins	除虫菊素	1.0T
100）	Pyridalyl	三氟甲吡醚	0.05T
101）	Quintozene	五氯硝基苯	0.5T
102）	Sethoxydim	烯禾啶	25.0T
103）	Spirodiclofen	螺螨酯	0.05T
104）	Tebuconazole	戊唑醇	0.05
105）	Tebufenozide	虫酰肼	0.04T
106）	Tefluthrin	七氟菊酯	0.05
107）	Terbufos	特丁硫磷	0.05
108）	Thiamethoxam	噻虫嗪	0.05T
109）	Thiobencarb	禾草丹	0.2T
110）	Trifloxystrobin	肟菌酯	0.02†
111）	Trifluralin	氟乐灵	0.05T

（续）

序号	药品通用名	中文名	最大残留限量 （mg/kg）
187. Peanut or nuts　坚果类			
1)	BHC	六六六	0.01T
2)	Carbophenothion	三硫磷	0.02T
3)	Chlorfenvinphos	毒虫畏	0.05T
4)	Chlorobenzilate	乙酯杀螨醇	0.02T
188. Pear　梨			
1)	2,4-D, 2,4-dichlorophenoxyacetic acid	2,4-滴，2,4-二氯苯氧乙酸	2.0T
2)	6-Benzyladenine, 6-Benzyl aminopurine	6-苄基腺嘌呤，6-苄基氨基嘌呤	0.2
3)	Abamectin	阿维菌素	0.02
4)	Acephate	乙酰甲胺磷	2
5)	Acequinocyl	灭螨醌	0.3
6)	Acetamiprid	啶虫脒	0.5
7)	Acrinathrin	氟丙菊酯	0.2
8)	Azinphos-methyl	保棉磷	1.0T
9)	Bentazone	灭草松	0.05
10)	Bifenazate	联苯肼酯	0.2
11)	Bistrifluron	双三氟虫脲	1
12)	Bitertanol	联苯三唑醇	0.6
13)	Bromopropylate	溴螨酯	5.0T
14)	Buprofezin	噻嗪酮	0.5
15)	Captan	克菌丹	3
16)	Carbaryl	甲萘威	0.5T
17)	Carbofuran	克百威	0.2
18)	Cartap	杀螟丹	0.3
19)	Chlorfluazuron	氟啶脲	0.1
20)	Chlormequat	矮壮素	3.0T
21)	Chlorothalonil	百菌清	2
22)	Chlorpropham	氯苯胺灵	0.05T
23)	Chromafenozide	环虫酰肼	0.2
24)	Clofentezine	四螨嗪	0.5T
25)	Cyantraniliprole	溴氰虫酰胺	0.2
26)	Cyazofamid	氰霜唑	0.2
27)	Cyclaniliprole	环溴虫酰胺	0.2
28)	Cyenopyrafen	腈吡螨酯	1
29)	Cyflumetofen	丁氟螨酯	1
30)	Cyfluthrin	氟氯氰菊酯	1.0T
31)	Cyhalothrin	氯氟氰菊酯	0.5
32)	Cyhexatin	三环锡	2
33)	Cypermethrin	氯氰菊酯	0.5

（续）

序号	药品通用名	中文名	最大残留限量（mg/kg）
34)	Cyproconazole	环丙唑醇	0.1
35)	Cyprodinil	嘧菌环胺	1
36)	Diafenthiuron	丁醚脲	0.2T
37)	Dichlobenil	敌草腈	0.15
38)	Dichlofluanid	苯氟磺胺	5.0T
39)	Dichlorvos	敌敌畏	0.05
40)	Dicofol	三氯杀螨醇	2.0T
41)	Dimethoate	乐果	1.0T
42)	Diniconazole	烯唑醇	1
43)	Diphenylamine	二苯胺	5.0T
44)	Dithianon	二氰蒽醌	2
45)	Dithiocarbamates	二硫代氨基甲酸酯	0.5
46)	Dodine	多果定	5.0T
47)	Emamectin benzoate	甲氨基阿维菌素苯甲酸盐	0.05
48)	EPN	苯硫磷	0.2T
49)	Ethephon	乙烯利	0.05T
50)	Ethiofencarb	乙硫苯威	5.0T
51)	Ethoxyquin	乙氧喹啉	3.0T
52)	Etoxazole	乙螨唑	0.5
53)	Famoxadone	噁唑菌酮	0.5
54)	Fenazaquin	喹螨醚	0.3
55)	Fenbuconazole	腈苯唑	0.5
56)	Fenbutatin oxide	苯丁锡	1
57)	Fenitrothion	杀螟硫磷	1
58)	Fenoxycarb	苯氧威	0.5T
59)	Fenpropathrin	甲氰菊酯	0.5
60)	Fenpyroximate	唑螨酯	0.5
61)	Fenthion	倍硫磷	0.2T
62)	Flonicamid	氟啶虫酰胺	0.3
63)	Fluacrypyrim	嘧螨酯	0.5T
64)	Fluazinam	氟啶胺	1
65)	Flubendiamide	氟苯虫酰胺	1
66)	Flufenoxuron	氟虫脲	0.7
67)	Fluopyram	氟吡菌酰胺	0.7
68)	Flupyradifurone	氟吡呋喃酮	1.5†
69)	Flutriafol	粉唑醇	0.5
70)	Fluxametamide	氟噁唑酰胺	0.2
71)	Fluxapyroxad	氟唑菌酰胺	0.8
72)	Fosetyl-aluminium	三乙膦酸铝	25T

（续）

序号	药品通用名	中文名	最大残留限量（mg/kg）
73)	Hexaconazole	己唑醇	0.3
74)	Hexythiazox	噻螨酮	0.3
75)	Imazalil	抑霉唑	5.0T
76)	Iminoctadine	双胍辛胺	0.1
77)	Indaziflam	茚嗪氟草胺	0.05
78)	Indoxacarb	茚虫威	0.5
79)	Iprodione	异菌脲	5
80)	Lufenuron	虱螨脲	0.5
81)	Malathion	马拉硫磷	0.5T
82)	Maleic hydrazide	抑芽丹	40.0T
83)	Mandestrobin	甲氧基丙烯酸酯类杀菌剂	2
84)	MCPA	2甲4氯	0.05
85)	Mecoprop-P	精2甲4氯丙酸	0.05
86)	Mepanipyrim	嘧菌胺	0.5
87)	Meptyldinocap	消螨多	0.1T
88)	Metaflumizone	氰氟虫腙	0.5
89)	Metconazole	叶菌唑	0.5
90)	Methamidophos	甲胺磷	0.1
91)	Methomyl	灭多威	2
92)	Methoxychlor	甲氧滴滴涕	14.0T
93)	Metrafenone	苯菌酮	0.2
94)	Mevinphos	速灭磷	0.2T
95)	Milbemectin	弥拜菌素	0.1
96)	Monocrotophos	久效磷	1.0T
97)	Novaluron	氟酰脲	1
98)	Nuarimol	氟苯嘧啶醇	0.1T
99)	Omethoate	氧乐果	0.01T
100)	Ortho-phenyl phenol	邻苯基苯酚	10.0T
101)	Oxadiazon	噁草酮	0.05T
102)	Oxamyl	杀线威	2.0T
103)	Oxolinic acid	喹菌酮	0.7
104)	Parathion	对硫磷	0.3T
105)	Parathion-methyl	甲基对硫磷	0.2T
106)	Penconazole	戊菌唑	0.2T
107)	Permethrin（permetrin）	氯菊酯	2.0T
108)	Phenthoate	稻丰散	0.2T
109)	Phosalone	伏杀磷	2.0T
110)	Phosphamidone	磷胺	0.5T
111)	Pirimicarb	抗蚜威	1.0T

（续）

序号	药品通用名	中文名	最大残留限量（mg/kg）
112)	Pirimiphos-methyl	甲基嘧啶磷	1.0T
113)	Prochloraz	咪鲜胺	2
114)	Propargite	克螨特	3.0T
115)	Propiconazole	丙环唑	0.5
116)	Prothiofos	丙硫磷	0.05T
117)	Pydiflumetofen	氟嘧菌酰羟胺	0.5
118)	Pyflubumide	一种杀螨剂	0.5
119)	Pyraclostrobin	吡唑醚菌酯	1
120)	Pyraflufen-ethyl	吡草醚	0.05
121)	Pyraziflumid	新型杀菌剂	1
122)	Pyrethrins	除虫菊素	1.0T
123)	Pyribencarb	吡菌苯威	2
124)	Pyridaben	哒螨灵	0.5
125)	Pyridalyl	三氟甲吡醚	0.3
126)	Pyridaphenthion	哒嗪硫磷	0.3T
127)	Pyrifluquinazon	吡氟喹虫唑	0.05
128)	Pyrimethanil	嘧霉胺	3
129)	Pyrimidifen	嘧螨醚	0.2T
130)	Pyriproxyfen	吡丙醚	0.5
131)	Saflufenacil	苯嘧磺草胺	0.03†
132)	Sethoxydim	烯禾啶	1.0T
133)	Simazine	西玛津	0.05
134)	Spiromesifen	螺虫酯	0.5
135)	Spirotetramat	螺虫乙酯	0.5
136)	Streptomycin	链霉素	0.05
137)	Sulfoxaflor	氟啶虫胺腈	0.4
138)	Tebufenpyrad	吡螨胺	0.5T
139)	Tetradifon	三氯杀螨砜	5
140)	Tetraniliprole	氟氰虫酰胺	0.2
141)	Thiabendazole	噻菌灵	10.0T
142)	Tiafenacil	嘧啶二酮类非选择性除草剂	0.05
143)	Tolylfluanid	甲苯氟磺胺	5.0T
144)	Triadimefon	三唑酮	0.2
145)	Triadimenol	三唑醇	0.1
146)	Triazophos	三唑磷	0.2T
147)	Triflumizole	氟菌唑	1
148)	Vinclozolin	乙烯菌核利	1.0T
149)	Zoxamide	苯酰菌胺	0.5

（续）

序号	药品通用名	中文名	最大残留限量 （mg/kg）
189. Pecan 美洲山核桃			
1)	Azinphos-methyl	保棉磷	0.3T
2)	Benalaxyl	苯霜灵	0.05T
3)	Carbaryl	甲萘威	0.5T
4)	chlordane	氯丹	0.02T
5)	Chlorpropham	氯苯胺灵	0.05T
6)	Clofentezine	四螨嗪	1.0T
7)	Cyhalothrin	氯氟氰菊酯	0.5T
8)	Dichlofluanid	苯氟磺胺	15.0T
9)	Dicofol	三氯杀螨醇	1.0T
10)	Dimethoate	乐果	0.1T
11)	Endosulfan	硫丹	0.05T
12)	Ethephon	乙烯利	0.5T
13)	Ethiofencarb	乙硫苯威	5.0T
14)	Fenarimol	氯苯嘧啶醇	0.1T
15)	Fenbuconazole	腈苯唑	0.1T
16)	Fenbutatin oxide	苯丁锡	0.5T
17)	Fentin	三苯锡	0.05T
18)	Fenvalerate	氰戊菊酯	0.2T
19)	Fluazifop-butyl	吡氟禾草灵	0.05T
20)	Imidacloprid	吡虫啉	$0.01^\dagger$
21)	Malathion	马拉硫磷	2.0T
22)	Maleic hydrazide	抑芽丹	40.0T
23)	Methomyl	灭多威	0.1T
24)	Oxadiazon	噁草酮	0.05T
25)	Oxamyl	杀线威	0.5T
26)	Parathion	对硫磷	0.1T
27)	Parathion-methyl	甲基对硫磷	0.1T
28)	Permethrin（permetrin）	氯菊酯	5.0T
29)	Phosalone	伏杀磷	0.1T
30)	Pirimicarb	抗蚜威	0.05T
31)	Propiconazole	丙环唑	0.05T
32)	Pyrethrins	除虫菊素	1.0T
33)	Simazine	西玛津	0.1T
34)	Sulfuryl fluoride	硫酰氟	$3.0^\dagger$
190. Pepper 辣椒			
1)	Carbendazim	多菌灵	$0.15^\dagger$
2)	Dithiocarbamates	二硫代氨基甲酸酯	0.1T
3)	Folpet	灭菌丹	0.5T

（续）

序号	药品通用名	中文名	最大残留限量（mg/kg）
4)	Prochloraz	咪鲜胺	10T
5)	Propamocarb	霜霉威	0.05T
191. Perilla leaves 紫苏叶			
1)	Abamectin	阿维菌素	0.7
2)	Acequinocyl	灭螨醌	30
3)	Acetamiprid	啶虫脒	10
4)	Alachlor	甲草胺	0.2T
5)	Ametoctradin	唑嘧菌胺	0.05T
6)	Amisulbrom	吲唑磺菌胺	20
7)	Azoxystrobin	嘧菌酯	20
8)	Benthiavalicarb-isopropyl	苯噻菌胺	10
9)	Bifenazate	联苯肼酯	7
10)	Bifenthrin	联苯菊酯	10
11)	Boscalid	啶酰菌胺	30
12)	Bromobutide	溴丁酰草胺	0.05T
13)	Cadusafos	硫线磷	0.05
14)	Carbaryl	甲萘威	0.5T
15)	Carbendazim	多菌灵	20
16)	Cartap	杀螟丹	3.0T
17)	Chlorantraniliprole	氯虫苯甲酰胺	10
18)	Chlorfenapyr	虫螨腈	7
19)	Chlorfluazuron	氟啶脲	2
20)	Chlorothalonil	百菌清	5.0T
21)	Chlorpyrifos	毒死蜱	0.2
22)	Chlorpyrifos-methyl	甲基毒死蜱	0.2T
23)	Chromafenozide	环虫酰肼	15
24)	Clothianidin	噻虫胺	7
25)	Cyantraniliprole	溴氰虫酰胺	15
26)	Cyclaniliprole	环溴虫酰胺	10
27)	Cyenopyrafen	腈吡螨酯	30
28)	Cyflumetofen	丁氟螨酯	40
29)	Cyfluthrin	氟氯氰菊酯	0.05
30)	Cyhalothrin	氯氟氰菊酯	3
31)	Cyhexatin	三环锡	30
32)	Cymoxanil	霜脲氰	7
33)	Cypermethrin	氯氰菊酯	15
34)	Deltamethrin	溴氰菊酯	2
35)	Dichlorvos	敌敌畏	2.0T
36)	Diethofencarb	乙霉威	20

（续）

序号	药品通用名	中文名	最大残留限量（mg/kg）
37）	Difenoconazole	苯醚甲环唑	7
38）	Dimethametryn	异戊乙净	0.1T
39）	Dimethenamid	二甲吩草胺	0.05T
40）	Dimethomorph	烯酰吗啉	20
41）	Dinotefuran	呋虫胺	30
42）	Emamectin benzoate	甲氨基阿维菌素苯甲酸盐	0.7
43）	Ethalfluralin	乙丁烯氟灵	0.05T
44）	Ethoprophos（ethoprop）	灭线磷	0.05
45）	Etofenprox	醚菊酯	15
46）	Etoxazole	乙螨唑	0.1T
47）	Etridiazole	土菌灵	0.1
48）	Famoxadone	噁唑菌酮	1.0T
49）	Fenazaquin	喹螨醚	3
50）	Fenhexamid	环酰菌胺	30
51）	Fenitrothion	杀螟硫磷	0.05
52）	Fenobucarb	仲丁威	0.05T
53）	Fenoxanil	稻瘟酰胺	0.5T
54）	Fenpropathrin	甲氰菊酯	0.3T
55）	Fenpyrazamine	胺苯吡菌酮	20
56）	Fenpyroximate	唑螨酯	7
57）	Ferimzone	嘧菌腙	0.7T
58）	Flonicamid	氟啶虫酰胺	7
59）	Fluazifop-butyl	吡氟禾草灵	0.05
60）	Flubendiamide	氟苯虫酰胺	15
61）	Fludioxonil	咯菌腈	40
62）	Flufenoxuron	氟虫脲	10
63）	Fluopicolide	氟吡菌胺	1.0T
64）	Fluopyram	氟吡菌酰胺	2.0T
65）	Flupyradifurone	氟吡呋喃酮	15
66）	Fluxapyroxad	氟唑菌酰胺	15
67）	Glufosinate（ammonium）	草铵膦（胺）	0.05T
68）	Hexythiazox	噻螨酮	5.0T
69）	Hydrogen cyanide	氢氰酸	5.0T
70）	Hymexazol	噁霉灵	0.05T
71）	Imidacloprid	吡虫啉	7
72）	Iminoctadine	双胍辛胺	5.0T
73）	Indoxacarb	茚虫威	20
74）	Iprobenfos	异稻瘟净	0.2T
75）	Iprodione	异菌脲	20

（续）

序号	药品通用名	中文名	最大残留限量（mg/kg）
76）	Isoprothiolane	稻瘟灵	0.2T
77）	Lepimectin	雷皮菌素	0.7
78）	Linuron	利谷隆	0.05T
79）	Lufenuron	虱螨脲	7
80）	Mandipropamid	双炔酰菌胺	25
81）	MCPA	2甲4氯	0.05T
82）	Metaflumizone	氰氟虫腙	5
83）	Methoxyfenozide	甲氧虫酰肼	30
84）	Metolachlor	异丙甲草胺	0.05T
85）	Milbemectin	弥拜菌素	0.5
86）	Myclobutanil	腈菌唑	20
87）	Napropamide	敌草胺	0.05T
88）	Oxadixyl	噁霜灵	0.1T
89）	Oxyfluorfen	乙氧氟草醚	0.05T
90）	Paclobutrazol	多效唑	5
91）	Penthiopyrad	吡噻菌胺	15
92）	Pentoxazone	环戊草酮	0.05T
93）	Phenthoate	稻丰散	0.05T
94）	Phorate	甲拌磷	0.05
95）	Phoxim	辛硫磷	0.05
96）	Picoxystrobin	啶氧菌酯	25
97）	Prochloraz	咪鲜胺	50
98）	Propiconazole	丙环唑	0.05T
99）	Pymetrozine	吡蚜酮	0.5
100）	Pyraclostrobin	吡唑醚菌酯	20
101）	Pyribencarb	吡菌苯威	3
102）	Pyridalyl	三氟甲吡醚	15
103）	Pyrifluquinazon	吡氟喹虫唑	1
104）	Pyrimethanil	嘧霉胺	10
105）	Pyriproxyfen	吡丙醚	0.2T
106）	Sethoxydim	烯禾啶	0.3
107）	Simeconazole	硅氟唑	0.05T
108）	Spinetoram	乙基多杀菌素	2
109）	Spirodiclofen	螺螨酯	15T
110）	Spiromesifen	螺虫酯	30
111）	Spirotetramat	螺虫乙酯	3
112）	Sulfoxaflor	氟啶虫胺腈	15
113）	Tebuconazole	戊唑醇	15
114）	Tebufenpyrad	吡螨胺	5

（续）

序号	药品通用名	中文名	最大残留限量（mg/kg）
115)	Tebupirimfos	丁基嘧啶磷	0.05
116)	Teflubenzuron	氟苯脲	5
117)	Tefluthrin	七氟菊酯	0.2
118)	Terbufos	特丁硫磷	0.5
119)	Tetraconazole	四氟醚唑	15
120)	Thiacloprid	噻虫啉	20
121)	Thiamethoxam	噻虫嗪	10
122)	Tiadinil	噻酰菌胺	1.0T
123)	Tolclofos-methyl	甲基立枯磷	0.05T
124)	Triadimefon	三唑酮	0.1T
125)	Triadimenol	三唑醇	3.0T
126)	Tricyclazole	三环唑	0.2T
127)	Triflumizole	氟菌唑	5
128)	Zoxamide	苯酰菌胺	3.0T
192. Perilla seed 紫苏籽			
1)	Acetamiprid	啶虫脒	0.5
2)	Azoxystrobin	嘧菌酯	0.1T
3)	Bifenthrin	联苯菊酯	0.3
4)	Fenazaquin	喹螨醚	0.2
5)	Flufenoxuron	氟虫脲	0.3
6)	Lufenuron	虱螨脲	0.1
193. Persimmon 柿子			
1)	Abamectin	阿维菌素	0.05
2)	Acephate	乙酰甲胺磷	1
3)	Acibenzolar-S-methyl	苯并噻二唑	0.3
4)	Bistrifluron	双三氟虫脲	0.07
5)	Bitertanol	联苯三唑醇	0.3
6)	Buprofezin	噻嗪酮	0.5
7)	Captan	克菌丹	0.7
8)	Carbofuran	克百威	0.7T
9)	Cartap	杀螟丹	1
10)	Chlorfluazuron	氟啶脲	0.5
11)	Chlorothalonil	百菌清	0.5
12)	Chlorpropham	氯苯胺灵	0.05T
13)	Chromafenozide	环虫酰肼	0.3
14)	Clofentezine	四螨嗪	1.0T
15)	Cyclaniliprole	环溴虫酰胺	0.05
16)	Cyflumetofen	丁氟螨酯	0.2
17)	Cyfluthrin	氟氯氰菊酯	0.5

（续）

序号	药品通用名	中文名	最大残留限量（mg/kg）
18)	Cyhalothrin	氯氟氰菊酯	0.5
19)	Cypermethrin	氯氰菊酯	1
20)	Cyproconazole	环丙唑醇	0.2
21)	Cyprodinil	嘧菌环胺	1
22)	Diazinon	二嗪磷	0.05T
23)	Dichlobenil	敌草腈	0.05
24)	Dichlofluanid	苯氟磺胺	15.0T
25)	Dichlorvos	敌敌畏	0.05
26)	Dithianon	二氰蒽醌	3
27)	Dithiocarbamates	二硫代氨基甲酸酯	0.5
28)	Emamectin benzoate	甲氨基阿维菌素苯甲酸盐	0.05
29)	Ethephon	乙烯利	5
30)	Ethiofencarb	乙硫苯威	5.0T
31)	Etoxazole	乙螨唑	0.1
32)	Fenazaquin	喹螨醚	0.1
33)	Fenbuconazole	腈苯唑	0.3
34)	Fenbutatin oxide	苯丁锡	2.0T
35)	Fenitrothion	杀螟硫磷	0.2
36)	Fenoxycarb	苯氧威	0.5T
37)	Fenpyroximate	唑螨酯	0.05
38)	Flonicamid	氟啶虫酰胺	0.3
39)	Fluazinam	氟啶胺	0.7
40)	Flubendiamide	氟苯虫酰胺	0.5
41)	Flufenoxuron	氟虫脲	0.5
42)	Fluopyram	氟吡菌酰胺	0.5
43)	Fluoroimide	氟氯菌核利	0.5T
44)	Flutriafol	粉唑醇	0.5
45)	Fluxametamide	氟噁唑酰胺	0.2
46)	Fluxapyroxad	氟唑菌酰胺	0.3
47)	Folpet	灭菌丹	5
48)	Hexaconazole	己唑醇	0.2
49)	Imazalil	抑霉唑	2.0T
50)	Iminoctadine	双胍辛胺	0.3
51)	Indaziflam	茚嗪氟草胺	0.05
52)	Indoxacarb	茚虫威	1
53)	Iprodione	异菌脲	5
54)	Lufenuron	虱螨脲	0.5
55)	Malathion	马拉硫磷	0.5T
56)	Maleic hydrazide	抑芽丹	40.0T

（续）

序号	药品通用名	中文名	最大残留限量 （mg/kg）
57）	Mandestrobin	甲氧基丙烯酸酯类杀菌剂	0.7
58）	Meptyldinocap	消螨多	0.3
59）	Metaflumizone	氰氟虫腙	0.7
60）	Metconazole	叶菌唑	0.5
61）	Methamidophos	甲胺磷	0.5
62）	Methomyl	灭多威	3
63）	Metrafenone	苯菌酮	0.05
64）	Novaluron	氟酰脲	0.5
65）	Nuarimol	氟苯嘧啶醇	0.3T
66）	Oxamyl	杀线威	0.5T
67）	Parathion	对硫磷	0.3T
68）	Parathion-methyl	甲基对硫磷	0.2T
69）	Penconazole	戊菌唑	0.2T
70）	Penthiopyrad	吡噻菌胺	0.7
71）	Permethrin（permetrin）	氯菊酯	5.0T
72）	Phenthoate	稻丰散	0.2T
73）	Picoxystrobin	啶氧菌酯	1.0T
74）	Pirimicarb	抗蚜威	1.0T
75）	Prochloraz	咪鲜胺	2
76）	Propiconazole	丙环唑	0.3
77）	Prothiofos	丙硫磷	0.2T
78）	Pyflubumide	一种杀螨剂	0.5
79）	Pyraclostrobin	吡唑醚菌酯	0.5
80）	Pyraflufen-ethyl	吡草醚	0.05
81）	Pyrethrins	除虫菊素	1.0T
82）	Pyribencarb	吡菌苯威	0.5
83）	Pyridaphenthion	哒嗪硫磷	0.2T
84）	Pyrifluquinazon	吡氟喹虫唑	0.5
85）	Pyrimethanil	嘧霉胺	2
86）	Pyriproxyfen	吡丙醚	0.2
87）	Saflufenacil	苯嘧磺草胺	0.02
88）	Sethoxydim	烯禾啶	1.0T
89）	Silafluofen	氟硅菊酯	1
90）	Spiromesifen	螺虫酯	2
91）	Spirotetramat	螺虫乙酯	0.5
92）	Sulfoxaflor	氟啶虫胺腈	0.3
93）	Tebuconazole	戊唑醇	2
94）	Tetraniliprole	氟氰虫酰胺	0.3
95）	Tiafenacil	嘧啶二酮类非选择性除草剂	0.05

（续）

序号	药品通用名	中文名	最大残留限量 (mg/kg)
96）	Tolylfluanid	甲苯氟磺胺	2.0T
97）	Triclopyr	三氯吡氧乙酸	0.05
98）	Triflumizole	氟菌唑	1
194. Pine nut　松子			
1）	Abamectin	阿维菌素	0.05
2）	Carbofuran	克百威	0.05T
3）	Chlorfluazuron	氟啶脲	0.01
4）	Thiamethoxam	噻虫嗪	0.05T
195. Pineapple　菠萝			
1）	Acetamiprid	啶虫脒	0.4T
2）	Azinphos-methyl	保棉磷	1.0T
3）	Bromacil	除草定	0.1T
4）	Captan	克菌丹	5.0T
5）	Chlorothalonil	百菌清	0.01T
6）	Chlorpropham	氯苯胺灵	0.05T
7）	Clofentezine	四螨嗪	1.0T
8）	Cyhalothrin	氯氟氰菊酯	0.5T
9）	Cypermethrin	氯氰菊酯	2.0T
10）	Dichlofluanid	苯氟磺胺	15.0T
11）	Dicofol	三氯杀螨醇	1.0T
12）	Disulfoton	乙拌磷	0.1T
13）	Diuron	敌草隆	1.0T
14）	Ethephon	乙烯利	1.5†
15）	Ethiofencarb	乙硫苯威	5.0T
16）	Ethoprophos（ethoprop）	灭线磷	0.02T
17）	Fenamiphos	苯线磷	0.05T
18）	Fenazaquin	喹螨醚	0.1T
19）	Fenbutatin oxide	苯丁锡	2.0T
20）	Fensulfothion	丰索磷	0.05T
21）	Fenvalerate	氰戊菊酯	1.0T
22）	Fludioxonil	咯菌腈	20†
23）	Fosetyl-aluminium	三乙膦酸铝	0.05†
24）	Fthalide	一种杀菌剂	0.01T
25）	Heptachlor	七氯	0.01T
26）	Hexazinone	环嗪酮	0.5T
27）	Hydrogen cyanide	氢氰酸	5
28）	Imazalil	抑霉唑	2.0T
29）	Malathion	马拉硫磷	0.5T
30）	Maleic hydrazide	抑芽丹	40.0T

（续）

序号	药品通用名	中文名	最大残留限量（mg/kg）
31）	Methomyl	灭多威	0.2T
32）	Methoxychlor	甲氧滴滴涕	14.0T
33）	Myclobutanil	腈菌唑	1.0T
34）	Ortho-phenyl phenol	邻苯基苯酚	10.0T
35）	Oxamyl	杀线威	1.0T
36）	Parathion	对硫磷	0.3T
37）	Permethrin（permetrin）	氯菊酯	5.0T
38）	Pirimicarb	抗蚜威	1.0T
39）	Pyrethrins	除虫菊素	1.0T
40）	Sethoxydim	烯禾啶	1.0T
41）	Spirotetramat	螺虫乙酯	0.2†
42）	Thiamethoxam	噻虫嗪	0.01†
43）	Triadimefon	三唑酮	3.0T
196. Pistachio 开心果			
1）	Azoxystrobin	嘧菌酯	0.5†
2）	Boscalid	啶酰菌胺	1.0†
3）	Carbaryl	甲萘威	0.5T
4）	Pyraclostrobin	吡唑醚菌酯	0.7†
5）	Sulfuryl fluoride	硫酰氟	0.8†
197. Plum 李子			
1）	2,4-D，2,4-dichlorophenoxyacetic acid	2,4-滴，2,4-二氯苯氧乙酸	0.05†
2）	Abamectin	阿维菌素	0.05
3）	Acequinocyl	灭螨醌	0.5
4）	Acetamiprid	啶虫脒	0.3
5）	Amitraz	双甲脒	0.7
6）	Azinphos-methyl	保棉磷	1.0T
7）	Azoxystrobin	嘧菌酯	1
8）	Bifenthrin	联苯菊酯	0.1
9）	Bistrifluron	双三氟虫脲	0.7
10）	Bitertanol	联苯三唑醇	1.0T
11）	Bromopropylate	溴螨酯	5.0T
12）	Buprofezin	噻嗪酮	1
13）	Captan	克菌丹	5.0T
14）	Carbendazim	多菌灵	0.5
15）	Chlorantraniliprole	氯虫苯甲酰胺	0.5
16）	Chlorfenapyr	虫螨腈	0.7T
17）	Chlorothalonil	百菌清	2
18）	Chlorpropham	氯苯胺灵	0.05T
19）	Chlorpyrifos	毒死蜱	0.5T

（续）

序号	药品通用名	中文名	最大残留限量 (mg/kg)
20)	Chromafenozide	环虫酰肼	0.3
21)	Clofentezine	四螨嗪	0.2T
22)	Clothianidin	噻虫胺	0.5
23)	Cyantraniliprole	溴氰虫酰胺	0.5†
24)	Cyclaniliprole	环溴虫酰胺	0.2
25)	Cyenopyrafen	腈吡螨酯	0.5
26)	Cyflumetofen	丁氟螨酯	0.1
27)	Cyfluthrin	氟氯氰菊酯	1.0T
28)	Cyhalothrin	氯氟氰菊酯	0.1
29)	Cyhexatin	三环锡	0.05
30)	Cypermethrin	氯氰菊酯	1.0T
31)	Cyprodinil	嘧菌环胺	2.0T
32)	Deltamethrin	溴氰菊酯	0.5T
33)	Dichlobenil	敌草腈	0.15T
34)	Dichlofluanid	苯氟磺胺	15.0T
35)	Dicloran	氯硝胺	10.0T
36)	Dicofol	三氯杀螨醇	0.5T
37)	Diethofencarb	乙霉威	0.5
38)	Difenoconazole	苯醚甲环唑	0.3
39)	Diflubenzuron	除虫脲	1
40)	Dimethoate	乐果	0.5T
41)	Dinotefuran	呋虫胺	2
42)	Dithianon	二氰蒽醌	1.0T
43)	Dithiocarbamates	二硫代氨基甲酸酯	3.0T
44)	Emamectin benzoate	甲氨基阿维菌素苯甲酸盐	0.05
45)	Ethiofencarb	乙硫苯威	5.0T
46)	Etoxazole	乙螨唑	0.4
47)	Fenbutatin oxide	苯丁锡	3.0T
48)	Fenhexamid	环酰菌胺	1
49)	Fenitrothion	杀螟硫磷	0.1T
50)	Fenpyroximate	唑螨酯	0.1
51)	Fenthion	倍硫磷	0.5T
52)	Fenvalerate	氰戊菊酯	10.0T
53)	Flonicamid	氟啶虫酰胺	0.9T
54)	Fluazifop-butyl	吡氟禾草灵	0.05T
55)	Fluazinam	氟啶胺	0.5
56)	Flubendiamide	氟苯虫酰胺	1.0†
57)	Fludioxonil	咯菌腈	0.05
58)	Flufenoxuron	氟虫脲	1.0T

（续）

序号	药品通用名	中文名	最大残留限量（mg/kg）
59)	Fluopyram	氟吡菌酰胺	0.5†
60)	Flutriafol	粉唑醇	1
61)	Fluxapyroxad	氟唑菌酰胺	1.5†
62)	Glyphosate	草甘膦	0.05T
63)	Hexaconazole	己唑醇	0.05
64)	Imidacloprid	吡虫啉	0.2
65)	Iminoctadine	双胍辛胺	0.5T
66)	Indaziflam	茚嗪氟草胺	0.05
67)	Indoxacarb	茚虫威	0.5
68)	Iprodione	异菌脲	10.0T
69)	Kresoxim-methyl	醚菌酯	1
70)	Lufenuron	虱螨脲	0.05
71)	Malathion	马拉硫磷	0.5T
72)	Maleic hydrazide	抑芽丹	40.0T
73)	Mecoprop-P	精2甲4氯丙酸	0.05T
74)	Metaflumizone	氰氟虫腙	0.1
75)	Methomyl	灭多威	0.05T
76)	Methoxychlor	甲氧滴滴涕	14.0T
77)	Metolachlor	异丙甲草胺	0.1T
78)	Myclobutanil	腈菌唑	0.5T
79)	Novaluron	氟酰脲	0.2
80)	Omethoate	氧乐果	0.01T
81)	Ortho-phenyl phenol	邻苯基苯酚	10.0T
82)	Oxadiazon	噁草酮	0.05T
83)	Oxamyl	杀线威	0.5T
84)	Oxolinic acid	喹菌酮	2
85)	Oxyfluorfen	乙氧氟草醚	0.05†
86)	Paclobutrazol	多效唑	0.05T
87)	Parathion	对硫磷	0.5T
88)	Parathion-methyl	甲基对硫磷	0.01T
89)	Pendimethalin	二甲戊灵	0.05T
90)	Penthiopyrad	吡噻菌胺	0.2
91)	Permethrin（permetrin）	氯菊酯	2.0T
92)	Phenthoate	稻丰散	0.2T
93)	Phosalone	伏杀磷	5.0T
94)	Phosphamidone	磷胺	0.2T
95)	Pirimicarb	抗蚜威	0.5T
96)	Pirimiphos-methyl	甲基嘧啶磷	1.0T
97)	Prochloraz	咪鲜胺	0.3

（续）

序号	药品通用名	中文名	最大残留限量（mg/kg）
98）	Propargite	克螨特	7.0T
99）	Propiconazole	丙环唑	0.6†
100）	Pymetrozine	吡蚜酮	0.2T
101）	Pyraclostrobin	吡唑醚菌酯	1
102）	Pyrethrins	除虫菊素	1.0T
103）	Pyribencarb	吡菌苯威	0.1
104）	Pyridalyl	三氟甲吡醚	2
105）	Pyrifluquinazon	吡氟喹虫唑	0.05
106）	Pyrimethanil	嘧霉胺	2
107）	Saflufenacil	苯嘧磺草胺	0.03†
108）	Sethoxydim	烯禾啶	1.0T
109）	Simazine	西玛津	0.25T
110）	Simeconazole	硅氟唑	0.2
111）	Spinosad	多杀霉素	0.02†
112）	Spirodiclofen	螺螨酯	2
113）	Spiromesifen	螺虫酯	0.5
114）	Spirotetramat	螺虫乙酯	0.9†
115）	Streptomycin	链霉素	0.2
116）	Sulfoxaflor	氟啶虫胺腈	0.5†
117）	Tebuconazole	戊唑醇	0.9†
118）	Tebufenozide	虫酰肼	1.0T
119）	Tebufenpyrad	吡螨胺	0.5
120）	Teflubenzuron	氟苯脲	0.05T
121）	Tetradifon	三氯杀螨砜	2.0T
122）	Tetraniliprole	氟氰虫酰胺	0.2
123）	Thiacloprid	噻虫啉	0.5
124）	Tiafenacil	嘧啶二酮类非选择性除草剂	0.05
125）	Triflumizole	氟菌唑	0.2
126）	Trifluralin	氟乐灵	0.05T
127）	Triforine	嗪氨灵	2.0T
128）	Vinclozolin	乙烯菌核利	10.0T

198. Plum（dried） 李子（干）

| 1） | Fluxapyroxad | 氟唑菌酰胺 | 3.0† |

199. Polygonatum leaves 黄精叶

1）	Fluazifop-butyl	吡氟禾草灵	0.05T
2）	Glufosinate（ammonium）	草铵膦（胺）	0.05T
3）	Iminoctadine	双胍辛胺	0.05T
4）	Pyribencarb	吡菌苯威	3.0T

（续）

序号	药品通用名	中文名	最大残留限量（mg/kg）
200. Polygonatum root 黄精根			
1)	Fenhexamid	环酰菌胺	0.05T
2)	Iminoctadine	双胍辛胺	0.05T
3)	Metconazole	叶菌唑	0.05T
4)	Pyraclostrobin	吡唑醚菌酯	0.05T
5)	Pyribencarb	吡菌苯威	0.05T
6)	Tebuconazole	戊唑醇	0.05T
201. Pome fruits 仁果类水果			
1)	Acetamiprid	啶虫脒	0.3
2)	Aldrin & Dieldrin	艾氏剂、狄氏剂	0.05T
3)	Amitraz	双甲脒	0.5
4)	Azoxystrobin	嘧菌酯	1
5)	Benzovindiflupyr	苯并烯氟菌唑	0.2†
6)	Bifenthrin	联苯菊酯	0.5
7)	Boscalid	啶酰菌胺	1
8)	Carbendazim	多菌灵	3
9)	Chlorantraniliprole	氯虫苯甲酰胺	1
10)	Chlorfenapyr	虫螨腈	1
11)	Chlorpyrifos	毒死蜱	1
12)	Clothianidin	噻虫胺	1
13)	Cyflufenamid	环氟菌胺	0.2
14)	Deltamethrin	溴氰菊酯	0.5
15)	Difenoconazole	苯醚甲环唑	1
16)	Diflubenzuron	除虫脲	2
17)	Dinotefuran	呋虫胺	0.5
18)	Endosulfan	硫丹	0.05T
19)	Etofenprox	醚菊酯	1
20)	Fenarimol	氯苯嘧啶醇	0.3
21)	Fenvalerate	氰戊菊酯	2
22)	Fludioxonil	咯菌腈	5.0†
23)	Fluquinconazole	氟喹唑	0.5
24)	Flusilazole	氟硅唑	0.3
25)	Glufosinate（ammonium）	草铵膦（胺）	0.05
26)	Glyphosate	草甘膦	0.2
27)	Hexaconazole	己唑醇	0.5
28)	Imidacloprid	吡虫啉	0.5
29)	Kresoxim-methyl	醚菌酯	2
30)	Methoxyfenozide	甲氧虫酰肼	2
31)	Methylbromide	溴甲烷	20

（续）

序号	药品通用名	中文名	最大残留限量（mg/kg）
32)	Myclobutanil	腈菌唑	0.5
33)	Oxyfluorfen	乙氧氟草醚	0.05
34)	Penthiopyrad	吡噻菌胺	0.5†
35)	Simeconazole	硅氟唑	0.5
36)	Spirodiclofen	螺螨酯	1
37)	Tebuconazole	戊唑醇	0.5
38)	Tebufenozide	虫酰肼	1
39)	Teflubenzuron	氟苯脲	1
40)	Tetraconazole	四氟醚唑	1
41)	Thiacloprid	噻虫啉	0.7
42)	Thiamethoxam	噻虫嗪	0.5
43)	Trifloxystrobin	肟菌酯	0.7
202. Pomegranate 石榴			
1)	Acibenzolar-S-methyl	苯并噻二唑	0.2T
2)	Buprofezin	噻嗪酮	0.5T
3)	Chlorantraniliprole	氯虫苯甲酰胺	0.5
4)	Chlorfluazuron	氟啶脲	0.1T
5)	Cyhalothrin	氯氟氰菊酯	0.2
6)	Diflubenzuron	除虫脲	1
7)	Dimethomorph	烯酰吗啉	1.0T
8)	Dithianon	二氰蒽醌	2
9)	Emamectin benzoate	甲氨基阿维菌素苯甲酸盐	0.05
10)	Fenbuconazole	腈苯唑	0.3T
11)	Flonicamid	氟啶虫酰胺	0.05
12)	Fluopyram	氟吡菌酰胺	0.5T
13)	Fluxapyroxad	氟唑菌酰胺	0.3T
14)	Iminoctadine	双胍辛胺	0.1T
15)	Indoxacarb	茚虫威	0.3T
16)	Lufenuron	虱螨脲	0.5
17)	Mandestrobin	甲氧基丙烯酸酯类杀菌剂	0.7T
18)	Metaflumizone	氰氟虫腙	0.5T
19)	Metconazole	叶菌唑	0.3T
20)	Oxolinic acid	喹菌酮	3
21)	Pendimethalin	二甲戊灵	0.05T
22)	Profenofos	丙溴磷	2.0T
23)	Pyraclostrobin	吡唑醚菌酯	0.2T
24)	Pyribencarb	吡菌苯威	0.5T
25)	Pyridalyl	三氟甲吡醚	1
26)	Pyrifluquinazon	吡氟喹虫唑	0.05T

（续）

序号	药品通用名	中文名	最大残留限量 （mg/kg）
27)	Spirotetramat	螺虫乙酯	0.3T
28)	Sulfoxaflor	氟啶虫胺腈	0.2T
29)	Triflumizole	氟菌唑	1.0T
203. Potato 马铃薯			
1)	2,4-D, 2,4-dichlorophenoxyacetic acid	2,4-滴，2,4-二氯苯氧乙酸	0.2†
2)	2,6-DIPN	2,6-二异丙基萘	0.5T
3)	Acephate	乙酰甲胺磷	0.05
4)	Acetamiprid	啶虫脒	0.1
5)	Acetochlor	乙草胺	0.04T
6)	Alachlor	甲草胺	0.2
7)	Ametoctradin	唑嘧菌胺	0.05
8)	Amisulbrom	吲唑磺菌胺	0.05
9)	Azinphos-methyl	保棉磷	0.2T
10)	Azoxystrobin	嘧菌酯	7.0†
11)	Benalaxyl	苯霜灵	0.05
12)	Bentazone	灭草松	0.1T
13)	Benthiavalicarb-isopropyl	苯噻菌胺	0.05
14)	Benzovindiflupyr	苯并烯氟菌唑	0.02†
15)	Bifenazate	联苯肼酯	0.1T
16)	Bifenthrin	联苯菊酯	0.05
17)	Boscalid	啶酰菌胺	0.05T
18)	Cadusafos	硫线磷	0.02
19)	Captafol	敌菌丹	0.02T
20)	Captan	克菌丹	0.05
21)	Carbaryl	甲萘威	0.05
22)	Carbendazim	多菌灵	0.03T
23)	Carbofuran	克百威	0.05
24)	Carfentrazone-ethyl	唑酮草酯	0.1T
25)	Cartap	杀螟丹	0.1T
26)	Chlorantraniliprole	氯虫苯甲酰胺	0.05
27)	Chlorfenapyr	虫螨腈	0.05
28)	Chlormequat	矮壮素	10.0T
29)	Chlorothalonil	百菌清	0.1
30)	Chlorpropham	氯苯胺灵	20
31)	Chlorpyrifos	毒死蜱	2.0T
32)	Clethodim	烯草酮	0.05
33)	Clothianidin	噻虫胺	0.1
34)	Cyantraniliprole	溴氰虫酰胺	0.05†
35)	Cyazofamid	氰霜唑	0.1

（续）

序号	药品通用名	中文名	最大残留限量 （mg/kg）
36）	Cyfluthrin	氟氯氰菊酯	0.1
37）	Cyhalothrin	氯氟氰菊酯	0.02T
38）	Cymoxanil	霜脲氰	0.1
39）	Cypermethrin	氯氰菊酯	0.05T
40）	Cyromazine	灭蝇胺	0.1T
41）	Deltamethrin	溴氰菊酯	0.01
42）	Diazinon	二嗪磷	0.02
43）	Dichlofluanid	苯氟磺胺	0.1T
44）	Dicloran	氯硝胺	0.25T
45）	Difenoconazole	苯醚甲环唑	4.0†
46）	Dimethenamid	二甲吩草胺	0.1
47）	Dimethipin	噻节因	0.05T
48）	Dimethoate	乐果	0.05T
49）	Dimethomorph	烯酰吗啉	0.1
50）	Dinotefuran	呋虫胺	0.1
51）	Diquat	敌草快	0.08†
52）	Dithianon	二氰蒽醌	0.1
53）	Dithiocarbamates	二硫代氨基甲酸酯	0.3
54）	Diuron	敌草隆	1.0T
55）	Emamectin benzoate	甲氨基阿维菌素苯甲酸盐	0.05
56）	Ethaboxam	噻唑菌胺	0.5
57）	Ethalfluralin	乙丁烯氟灵	0.05
58）	Ethiofencarb	乙硫苯威	0.5T
59）	Ethoprophos (ethoprop)	灭线磷	0.02
60）	Etofenprox	醚菊酯	0.01
61）	Famoxadone	噁唑菌酮	0.05
62）	Fenamidone	咪唑菌酮	0.1
63）	Fenamiphos	苯线磷	0.2T
64）	Fenitrothion	杀螟硫磷	0.05
65）	Fenpyroximate	唑螨酯	0.05T
66）	Fensulfothion	丰索磷	0.1T
67）	Fenthion	倍硫磷	0.05T
68）	Fentin	三苯锡	0.1T
69）	Fenvalerate	氰戊菊酯	0.05T
70）	Fipronil	氟虫腈	0.01
71）	Flonicamid	氟啶虫酰胺	0.3
72）	Fluazifop-butyl	吡氟禾草灵	0.05
73）	Fluazinam	氟啶胺	0.05
74）	Flucythrinate	氟氰戊菊酯	0.05T

（续）

序号	药品通用名	中文名	最大残留限量（mg/kg）
75)	Fludioxonil	咯菌腈	5.0†
76)	Flufenacet	氟噻草胺	0.05
77)	Flufenoxuron	氟虫脲	0.05
78)	Flumioxazin	丙炔氟草胺	0.02T
79)	Fluopicolide	氟吡菌胺	0.1
80)	Fluopyram	氟吡菌酰胺	0.1†
81)	Fluoroimide	氟氯菌核利	0.1T
82)	Flupyradifurone	氟吡呋喃酮	0.05†
83)	Flutolanil	氟酰胺	0.15†
84)	Fluvalinate	氟胺氰菊酯	0.01T
85)	Fluxapyroxad	氟唑菌酰胺	0.02†
86)	Folpet	灭菌丹	0.1T
87)	Fomesafen	氟磺胺草醚	0.025T
88)	Fosetyl-aluminium	三乙膦酸铝	20.0T
89)	Glufosinate（ammonium）	草铵膦（胺）	0.05
90)	Glyphosate	草甘膦	0.05T
91)	Haloxyfop	氟吡禾灵	0.05T
92)	Hexythiazox	噻螨酮	0.02T
93)	Imazalil	抑霉唑	5.0T
94)	Imazosulfuron	唑吡嘧磺隆	0.1T
95)	Imidacloprid	吡虫啉	0.3
96)	Indoxacarb	茚虫威	0.05
97)	Iprodione	异菌脲	0.5T
98)	Iprovalicarb	缬霉威	0.5
99)	Isofenphos	异柳磷	0.05T
100)	Linuron	利谷隆	0.05
101)	Malathion	马拉硫磷	0.5T
102)	Maleic hydrazide	抑芽丹	50.0T
103)	Mandipropamid	双炔酰菌胺	0.1
104)	MCPA	2甲4氯	0.05T
105)	Mepronil	灭锈胺	0.05
106)	Metaflumizone	氰氟虫腙	0.02T
107)	Metalaxyl	甲霜灵	0.05
108)	Metconazole	叶菌唑	0.02†
109)	Methamidophos	甲胺磷	0.05
110)	Methiocarb	甲硫威	0.05T
111)	Methomyl	灭多威	0.02†
112)	Methoxychlor	甲氧滴滴涕	1.0T
113)	Metobromuron	溴谷隆	0.2T

（续）

序号	药品通用名	中文名	最大残留限量（mg/kg）
114）	Metolachlor	异丙甲草胺	0.05
115）	Metribuzin	嗪草酮	0.05
116）	Mevinphos	速灭磷	0.1T
117）	Monocrotophos	久效磷	0.05T
118）	Napropamide	敌草胺	0.1
119）	Omethoate	氧乐果	0.01T
120）	Oxadiazon	噁草酮	0.05
121）	Oxadixyl	噁霜灵	0.5
122）	Oxamyl	杀线威	0.1†
123）	Oxathiapiprolin	氟噻唑吡乙酮	0.05
124）	Paraquat	百草枯	0.2T
125）	Parathion	对硫磷	0.05T
126）	Parathion-methyl	甲基对硫磷	0.05T
127）	Pendimethalin	二甲戊灵	0.05
128）	Penthiopyrad	吡噻菌胺	0.05†
129）	Permethrin（permetrin）	氯菊酯	0.05T
130）	Phorate	甲拌磷	0.05
131）	Phosalone	伏杀磷	0.1T
132）	Phosmet	亚胺硫磷	0.05T
133）	Phosphamidone	磷胺	0.05T
134）	Phoxim	辛硫磷	0.05
135）	Picarbutrazox	四唑吡氨酯	0.05
136）	Piperonyl butoxide	增效醚	0.2T
137）	Pirimicarb	抗蚜威	0.05T
138）	Pirimiphos-ethyl	嘧啶磷	0.1T
139）	Pirimiphos-methyl	甲基嘧啶磷	0.05T
140）	Procymidone	腐霉利	0.1T
141）	Profenofos	丙溴磷	0.05T
142）	Prohexadione-calcium	调环酸钙	0.2
143）	Propamocarb	霜霉威	0.3
144）	Propaquizafop	噁草酸	0.05
145）	Propargite	克螨特	0.1T
146）	Prothiaconazole	丙硫菌唑	0.02T
147）	Pymetrozine	吡蚜酮	0.2
148）	Pyraclostrobin	吡唑醚菌酯	0.5
149）	Pyraflufen-ethyl	吡草醚	0.05T
150）	Pyrethrins	除虫菊素	1.0T
151）	Pyrimethanil	嘧霉胺	0.05†
152）	Sedaxane	氟唑环菌胺	0.02†

（续）

序号	药品通用名	中文名	最大残留限量 （mg/kg）
153)	Sethoxydim	烯禾啶	0.05
154)	Spinetoram	乙基多杀菌素	0.05
155)	Spinosad	多杀霉素	0.1
156)	Spiromesifen	螺虫酯	0.01†
157)	Spirotetramat	螺虫乙酯	0.6†
158)	Streptomycin	链霉素	0.05
159)	Sulfentrazone	甲磺草胺	0.2T
160)	Sulfoxaflor	氟啶虫胺腈	0.05
161)	Tebupirimfos	丁基嘧啶磷	0.01
162)	Tecnazene	四氯硝基苯	1.0T
163)	Teflubenzuron	氟苯脲	0.05T
164)	Tefluthrin	七氟菊酯	0.05
165)	Terbufos	特丁硫磷	0.01
166)	Thiabendazole	噻菌灵	15†
167)	Thiacloprid	噻虫啉	0.1
168)	Thiamethoxam	噻虫嗪	0.3†
169)	Thiobencarb	禾草丹	0.05
170)	Thiometon	甲基乙拌磷	0.05T
171)	Tiafenacil	嘧啶二酮类非选择性除草剂	0.05
172)	Tolclofos-methyl	甲基立枯磷	0.05
173)	Triazophos	三唑磷	0.05T
174)	Trifloxystrobin	肟菌酯	0.02†
175)	Trifluralin	氟乐灵	0.05T
176)	Valifenalate	磺草灵	0.05
177)	Vinclozolin	乙烯菌核利	0.1T
178)	Zoxamide	苯酰菌胺	0.2
204. Potatoes 薯类			
1)	Aluminium phosphide (hydrogen phosphide)	磷化铝	0.1
2)	BHC	六六六	0.01T
3)	Carbophenothion	三硫磷	0.02T
4)	Chlorfenvinphos	毒虫畏	0.05T
5)	Chlorobenzilate	乙酯杀螨醇	0.02T
6)	Endosulfan	硫丹	0.03T
7)	Ethiofencarb	乙硫苯威	1.0T
8)	Methylbromide	溴甲烷	30
9)	Phosphamidone	磷胺	0.05T
205. Proso millet 黍			
1)	Acetamiprid	啶虫脒	0.3T
2)	Azoxystrobin	嘧菌酯	7

（续）

序号	药品通用名	中文名	最大残留限量（mg/kg）
3）	Bentazone	灭草松	0.1T
4）	Bifenthrin	联苯菊酯	0.05T
5）	Chlorantraniliprole	氯虫苯甲酰胺	0.3
6）	Cyantraniliprole	溴氰虫酰胺	1
7）	Deltamethrin	溴氰菊酯	0.1T
8）	Difenoconazole	苯醚甲环唑	0.05T
9）	Dinotefuran	呋虫胺	1.0T
10）	Emamectin benzoate	甲氨基阿维菌素苯甲酸盐	0.05
11）	Etofenprox	醚菊酯	0.05T
12）	Fenitrothion	杀螟硫磷	0.3
13）	Flufenoxuron	氟虫脲	0.05T
14）	Glufosinate（ammonium）	草铵膦（胺）	0.05T
15）	Glyphosate	草甘膦	0.05T
16）	Imidacloprid	吡虫啉	0.05T
17）	Iminoctadine	双胍辛胺	0.7
18）	Indoxacarb	茚虫威	2
19）	MCPA	2甲4氯	0.05T
20）	Oxolinic acid	喹菌酮	0.05
21）	Phenthoate	稻丰散	2
22）	Pyraclostrobin	吡唑醚菌酯	0.05T
23）	Tebuconazole	戊唑醇	3
24）	Tebufenozide	虫酰肼	0.3T
25）	Tricyclazole	三环唑	10
206. Pumpkin seed　南瓜籽			
1）	Azoxystrobin	嘧菌酯	0.1T
2）	Benalaxyl	苯霜灵	0.05T
3）	Dicofol	三氯杀螨醇	0.1T
207. Quince　榅桲			
1）	Acetamiprid	啶虫脒	0.3
2）	Azinphos-methyl	保棉磷	1.0T
3）	Bitertanol	联苯三唑醇	0.6T
4）	Carbendazim	多菌灵	2
5）	Chlorantraniliprole	氯虫苯甲酰胺	0.2
6）	Chlorpropham	氯苯胺灵	0.05T
7）	Chlorpyrifos	毒死蜱	1
8）	Clofentezine	四螨嗪	0.5T
9）	Cyfluthrin	氟氯氰菊酯	1.0T
10）	Cyhalothrin	氯氟氰菊酯	0.2
11）	Cypermethrin	氯氰菊酯	2.0T

（续）

序号	药品通用名	中文名	最大残留限量（mg/kg）
12)	Dichlofluanid	苯氟磺胺	15.0T
13)	Dicofol	三氯杀螨醇	1.0T
14)	Difenoconazole	苯醚甲环唑	1
15)	Diflubenzuron	除虫脲	2
16)	Emamectin benzoate	甲氨基阿维菌素苯甲酸盐	0.05T
17)	Ethiofençarb	乙硫苯威	5.0T
18)	Fenbutatin oxide	苯丁锡	5.0T
19)	Fenvalerate	氰戊菊酯	2.0T
20)	Flonicamid	氟啶虫酰胺	0.3
21)	Hexaconazole	己唑醇	0.2
22)	Imazalil	抑霉唑	5.0T
23)	Indoxacarb	茚虫威	0.3T
24)	Lufenuron	虱螨脲	0.5
25)	Maleic hydrazide	抑芽丹	40.0T
26)	Metaflumizone	氰氟虫腙	0.5T
27)	Metconazole	叶菌唑	0.3
28)	Methoxychlor	甲氧滴滴涕	14.0T
29)	Myclobutanil	腈菌唑	0.3
30)	Novaluron	氟酰脲	0.5T
31)	Oxadiazon	噁草酮	0.05T
32)	Oxamyl	杀线威	0.5T
33)	Oxyfluorfen	乙氧氟草醚	0.05T
34)	Parathion-methyl	甲基对硫磷	0.2T
35)	Permethrin（permetrin）	氯菊酯	2.0T
36)	Pirimicarb	抗蚜威	1.0T
37)	Pymetrozine	吡蚜酮	0.3T
38)	Pyraclostrobin	吡唑醚菌酯	0.2T
39)	Pyrethrins	除虫菊素	1.0T
40)	Pyridalyl	三氟甲吡醚	1.0T
41)	Sethoxydim	烯禾啶	1.0T
42)	Spirotetramat	螺虫乙酯	0.3
43)	Sulfoxaflor	氟啶虫胺腈	0.2
44)	Tetradifon	三氯杀螨砜	2.0T
45)	Thiacloprid	噻虫啉	0.2
46)	Triadimenol	三唑醇	0.5T
47)	Vinclozolin	乙烯菌核利	1.0T
208. Quinoa　藜麦			
1)	Acetamiprid	啶虫脒	0.3T
2)	Dimethomorph	烯酰吗啉	0.05

（续）

序号	药品通用名	中文名	最大残留限量（mg/kg）
3）	Mandipropamid	双炔酰菌胺	0.05T
4）	Metalaxyl	甲霜灵	0.05
5）	Picoxystrobin	啶氧菌酯	0.05T
6）	Pyraclostrobin	吡唑醚菌酯	0.05

209. Radish（leaf） 萝卜（叶）

序号	药品通用名	中文名	最大残留限量（mg/kg）
1）	Abamectin	阿维菌素	0.05
2）	Acephate	乙酰甲胺磷	10.0T
3）	Acetamiprid	啶虫脒	3
4）	Alachlor	甲草胺	0.2
5）	Ametoctradin	唑嘧菌胺	15
6）	Azinphos-methyl	保棉磷	0.5T
7）	Bentazone	灭草松	0.2T
8）	Bifenthrin	联苯菊酯	0.05
9）	Boscalid	啶酰菌胺	0.3T
10）	Butachlor	丁草胺	0.1T
11）	Cadusafos	硫线磷	0.05
12）	Carbaryl	甲萘威	0.5T
13）	Carbendazim	多菌灵	1.0T
14）	Carboxin	萎锈灵	0.05T
15）	Cartap	杀螟丹	1.0T
16）	Chlorantraniliprole	氯虫苯甲酰胺	10
17）	Chlorfenapyr	虫螨腈	2
18）	Chlorfluazuron	氟啶脲	7
19）	Chlorpyrifos	毒死蜱	0.05
20）	Chlorpyrifos-methyl	甲基毒死蜱	0.2T
21）	Chromafenozide	环虫酰肼	2
22）	Clethodim	烯草酮	0.05
23）	Clothianidin	噻虫胺	0.05
24）	Cyantraniliprole	溴氰虫酰胺	2
25）	Cyazofamid	氰霜唑	5
26）	Cyclaniliprole	环溴虫酰胺	7
27）	Cyfluthrin	氟氯氰菊酯	0.05
28）	Cyhalothrin	氯氟氰菊酯	1
29）	Cymoxanil	霜脲氰	1.0T
30）	Cypermethrin	氯氰菊酯	5
31）	Cyproconazole	环丙唑醇	0.05T
32）	Dazomet	棉隆	0.1T
33）	Deltamethrin	溴氰菊酯	0.5
34）	Dichlorvos	敌敌畏	1.0T

（续）

序号	药品通用名	中文名	最大残留限量（mg/kg）
35)	Dicofol	三氯杀螨醇	1.0T
36)	Difenoconazole	苯醚甲环唑	5
37)	Dimethoate	乐果	2.0T
38)	Dimethomorph	烯酰吗啉	15
39)	Dinotefuran	呋虫胺	0.7
40)	Dithianon	二氰蒽醌	0.1T
41)	Dithiocarbamates	二硫代氨基甲酸酯	5.0T
42)	Emamectin benzoate	甲氨基阿维菌素苯甲酸盐	0.5
43)	Endosulfan	硫丹	0.1T
44)	Epoxiconazole	氟环唑	0.05T
45)	Ethiofencarb	乙硫苯威	5.0T
46)	Ethoprophos（ethoprop）	灭线磷	0.05
47)	Etofenprox	醚菊酯	7
48)	Famoxadone	噁唑菌酮	1.0T
49)	Fenbuconazole	腈苯唑	3.0T
50)	Fenitrothion	杀螟硫磷	0.05
51)	Fenobucarb	仲丁威	0.05T
52)	Fenoxanil	稻瘟酰胺	0.5T
53)	Fenoxaprop-ethyl	噁唑禾草灵	0.05T
54)	Fenpropathrin	甲氰菊酯	0.3T
55)	Fenpyroximate	唑螨酯	5.0T
56)	Fenvalerate	氰戊菊酯	8.0T
57)	Ferimzone	嘧菌腙	0.7T
58)	Flonicamid	氟啶虫酰胺	2
59)	Fluazifop-butyl	吡氟禾草灵	0.3
60)	Fluazinam	氟啶胺	5
61)	Flubendiamide	氟苯虫酰胺	7
62)	Fludioxonil	咯菌腈	10
63)	Flufenoxuron	氟虫脲	3
64)	Fluopicolide	氟吡菌胺	1.0T
65)	Fluopyram	氟吡菌酰胺	2.0T
66)	Flupyradifurone	氟吡呋喃酮	10
67)	Fluxametamide	氟噁唑酰胺	7
68)	Fluxapyroxad	氟唑菌酰胺	2
69)	Glufosinate（ammonium）	草铵膦（胺）	0.05
70)	Imicyafos	氰咪唑硫磷	1.0T
71)	Indoxacarb	茚虫威	3
72)	Iprobenfos	异稻瘟净	0.2T
73)	Iprodione	异菌脲	10

（续）

序号	药品通用名	中文名	最大残留限量（mg/kg）
74）	Iprovalicarb	缬霉威	2.0T
75）	Isoprothiolane	稻瘟灵	0.2T
76）	Linuron	利谷隆	0.05T
77）	Lufenuron	虱螨脲	3
78）	Malathion	马拉硫磷	0.5T
79）	Metaflumizone	氰氟虫腙	5
80）	Metconazole	叶菌唑	20
81）	Methoxychlor	甲氧滴滴涕	14.0T
82）	Methoxyfenozide	甲氧虫酰肼	15
83）	Metolachlor	异丙甲草胺	0.1
84）	Metribuzin	嗪草酮	0.5T
85）	Napropamide	敌草胺	0.05
86）	Novaluron	氟酰脲	7
87）	Oxamyl	杀线威	1.0T
88）	Oxolinic acid	喹菌酮	20
89）	Oxyfluorfen	乙氧氟草醚	0.05T
90）	Parathion	对硫磷	0.3T
91）	Pendimethalin	二甲戊灵	0.2T
92）	Permethrin（permetrin）	氯菊酯	3.0T
93）	Phenthoate	稻丰散	0.05
94）	Phorate	甲拌磷	0.05
95）	Phoxim	辛硫磷	0.05
96）	Pirimicarb	抗蚜威	2.0T
97）	Probenazole	烯丙苯噻唑	0.05
98）	Prohexadione-calcium	调环酸钙	0.05
99）	Propanil	敌稗	0.05T
100）	Propiconazole	丙环唑	0.05T
101）	Pymetrozine	吡蚜酮	1
102）	Pyraclostrobin	吡唑醚菌酯	7
103）	Pyrethrins	除虫菊素	1.0T
104）	Pyribencarb	吡菌苯威	5
105）	Pyridalyl	三氟甲吡醚	10
106）	Pyrifluquinazon	吡氟喹虫唑	2
107）	Sethoxydim	烯禾啶	0.05
108）	Simazine	西玛津	10T
109）	Spinetoram	乙基多杀菌素	2
110）	Spirotetramat	螺虫乙酯	10
111）	Streptomycin	链霉素	5
112）	Sulfoxaflor	氟啶虫胺腈	1

（续）

序号	药品通用名	中文名	最大残留限量 （mg/kg）
113)	Tebuconazole	戊唑醇	5
114)	Tebufenozide	虫酰肼	15
115)	Tebupirimfos	丁基嘧啶磷	0.1
116)	Teflubenzuron	氟苯脲	0.1
117)	Tefluthrin	七氟菊酯	0.05
118)	Terbufos	特丁硫磷	0.05
119)	Thiacloprid	噻虫啉	0.2
120)	Thiamethoxam	噻虫嗪	2
121)	Thiobencarb	禾草丹	0.05
122)	Tricyclazole	三环唑	0.2T
123)	Trifluralin	氟乐灵	0.05T
124)	Zoxamide	苯酰菌胺	3.0T

210. Radish（root） 萝卜（根）

序号	药品通用名	中文名	最大残留限量 （mg/kg）
1)	2,4-D，2,4-dichlorophenoxyacetic acid	2,4-滴，2,4-二氯苯氧乙酸	0.1T
2)	Abamectin	阿维菌素	0.05
3)	Acephate	乙酰甲胺磷	1.0T
4)	Acetamiprid	啶虫脒	0.07
5)	Alachlor	甲草胺	0.2
6)	Ametoctradin	唑嘧菌胺	0.2
7)	Azinphos-methyl	保棉磷	0.5T
8)	Azoxystrobin	嘧菌酯	0.1
9)	Bentazone	灭草松	0.2T
10)	Bifenthrin	联苯菊酯	0.05
11)	Boscalid	啶酰菌胺	0.05T
12)	Butachlor	丁草胺	0.1T
13)	Cadusafos	硫线磷	0.05
14)	Captan	克菌丹	2.0T
15)	Carbaryl	甲萘威	0.5T
16)	Carbendazim	多菌灵	0.05T
17)	Carboxin	萎锈灵	0.05T
18)	Cartap	杀螟丹	1.0T
19)	Chlorantraniliprole	氯虫苯甲酰胺	0.05
20)	Chlorfenapyr	虫螨腈	0.1T
21)	Chlorfluazuron	氟啶脲	0.2
22)	Chlorothalonil	百菌清	0.05T
23)	Chlorpropham	氯苯胺灵	0.05T
24)	Chlorpyrifos	毒死蜱	0.07
25)	Chlorpyrifos-methyl	甲基毒死蜱	0.05T
26)	Chromafenozide	环虫酰肼	0.1

（续）

序号	药品通用名	中文名	最大残留限量（mg/kg）
27）	Clethodim	烯草酮	0.05
28）	Clothianidin	噻虫胺	0.05
29）	Cyantraniliprole	溴氰虫酰胺	0.05
30）	Cyazofamid	氰霜唑	0.3T
31）	Cyclaniliprole	环溴虫酰胺	0.2
32）	Cyfluthrin	氟氯氰菊酯	0.05
33）	Cyhalothrin	氯氟氰菊酯	0.5
34）	Cymoxanil	霜脲氰	0.1T
35）	Cypermethrin	氯氰菊酯	0.07
36）	Deltamethrin	溴氰菊酯	0.05
37）	Dichlofluanid	苯氟磺胺	15.0T
38）	Difenoconazole	苯醚甲环唑	0.2
39）	Diflubenzuron	除虫脲	0.3T
40）	Dimethoate	乐果	2.0T
41）	Dimethomorph	烯酰吗啉	0.5
42）	Diniconazole	烯唑醇	0.05T
43）	Dinotefuran	呋虫胺	0.05
44）	Dithiocarbamates	二硫代氨基甲酸酯	0.2T
45）	Emamectin benzoate	甲氨基阿维菌素苯甲酸盐	0.05
46）	Endosulfan	硫丹	0.1T
47）	Ethaboxam	噻唑菌胺	0.2
48）	Ethiofencarb	乙硫苯威	0.5T
49）	Ethoprophos（ethoprop）	灭线磷	0.02
50）	Etofenprox	醚菊酯	0.7
51）	Famoxadone	噁唑菌酮	0.05T
52）	Fenbutatin oxide	苯丁锡	2.0T
53）	Fenitrothion	杀螟硫磷	0.05
54）	Fenobucarb	仲丁威	0.05T
55）	Fenoxaprop-ethyl	噁唑禾草灵	0.05T
56）	Fenpropathrin	甲氰菊酯	0.2T
57）	Fenpyroximate	唑螨酯	0.05T
58）	Fensulfothion	丰索磷	0.1T
59）	Fenvalerate	氰戊菊酯	0.05T
60）	Ferimzone	嘧菌腙	0.7T
61）	Flonicamid	氟啶虫酰胺	0.05
62）	Fluazifop-butyl	吡氟禾草灵	0.05
63）	Fluazinam	氟啶胺	0.05
64）	Flubendiamide	氟苯虫酰胺	0.05
65）	Fludioxonil	咯菌腈	0.1

（续）

序号	药品通用名	中文名	最大残留限量（mg/kg）
66)	Flufenoxuron	氟虫脲	0.05
67)	Fluopicolide	氟吡菌胺	0.1T
68)	Flupyradifurone	氟吡呋喃酮	0.15†
69)	Fluxametamide	氟噁唑酰胺	0.2
70)	Fluxapyroxad	氟唑菌酰胺	0.05
71)	Fosthiazate	噻唑磷	0.05T
72)	Glufosinate（ammonium）	草铵膦（胺）	0.05
73)	Glyphosate	草甘膦	0.2T
74)	Hexaconazole	己唑醇	0.05
75)	Imicyafos	氰咪唑硫磷	0.05T
76)	Imidacloprid	吡虫啉	0.05T
77)	Indoxacarb	茚虫威	0.3
78)	Iprobenfos	异稻瘟净	0.2T
79)	Iprodione	异菌脲	0.05T
80)	Isoprothiolane	稻瘟灵	0.2T
81)	Linuron	利谷隆	0.05T
82)	Lufenuron	虱螨脲	0.3
83)	Malathion	马拉硫磷	0.5T
84)	Maleic hydrazide	抑芽丹	25.0T
85)	MCPA	2甲4氯	0.05T
86)	Metaflumizone	氰氟虫腙	0.05
87)	Metalaxyl	甲霜灵	0.05T
88)	Metconazole	叶菌唑	0.05
89)	Methiocarb	甲硫威	0.05T
90)	Methomyl	灭多威	0.2T
91)	Methoxychlor	甲氧滴滴涕	14.0T
92)	Methoxyfenozide	甲氧虫酰肼	0.05
93)	Metolachlor	异丙甲草胺	0.1
94)	Metribuzin	嗪草酮	0.5T
95)	Mevinphos	速灭磷	0.1T
96)	Napropamide	敌草胺	0.05
97)	Novaluron	氟酰脲	0.1T
98)	Oxadixyl	噁霜灵	0.1T
99)	Oxamyl	杀线威	0.1T
100)	Oxolinic acid	喹菌酮	0.3
101)	Parathion	对硫磷	0.3T
102)	Parathion-methyl	甲基对硫磷	0.05T
103)	Pencycuron	戊菌隆	0.05T
104)	Pendimethalin	二甲戊灵	0.2T

（续）

序号	药品通用名	中文名	最大残留限量（mg/kg）
105）	Penthiopyrad	吡噻菌胺	3.0T
106）	Permethrin（permetrin）	氯菊酯	0.1T
107）	Phenthoate	稻丰散	0.05
108）	Phorate	甲拌磷	0.05
109）	Phosphamidone	磷胺	0.05T
110）	Phoxim	辛硫磷	0.05
111）	Picoxystrobin	啶氧菌酯	0.05T
112）	Pirimicarb	抗蚜威	0.05T
113）	Probenazole	烯丙苯噻唑	0.05
114）	Prohexadione-calcium	调环酸钙	0.05
115）	Propamocarb	霜霉威	5.0T
116）	Propaquizafop	噁草酸	0.05T
117）	Propiconazole	丙环唑	0.05T
118）	Pymetrozine	吡蚜酮	0.05
119）	Pyraclostrobin	吡唑醚菌酯	0.5T
120）	Pyrethrins	除虫菊素	1.0T
121）	Pyribencarb	吡菌苯威	0.05
122）	Pyridalyl	三氟甲吡醚	0.3
123）	Pyrifluquinazon	吡氟喹虫唑	0.05
124）	Sethoxydim	烯禾啶	0.05
125）	Spinetoram	乙基多杀菌素	0.3
126）	Spirotetramat	螺虫乙酯	0.7
127）	Streptomycin	链霉素	0.05
128）	Sulfoxaflor	氟啶虫胺腈	0.05
129）	Tebuconazole	戊唑醇	0.2
130）	Tebufenozide	虫酰肼	0.1
131）	Tebupirimfos	丁基嘧啶磷	0.05
132）	Teflubenzuron	氟苯脲	0.07
133）	Tefluthrin	七氟菊酯	0.05
134）	Terbufos	特丁硫磷	0.05
135）	Thiacloprid	噻虫啉	0.1T
136）	Thiamethoxam	噻虫嗪	0.5
137）	Thifluzamide	噻呋酰胺	0.05T
138）	Thiobencarb	禾草丹	0.05
139）	Tricyclazole	三环唑	0.2T
140）	Trifloxystrobin	肟菌酯	0.2
141）	Trifluralin	氟乐灵	0.05T
142）	Zoxamide	苯酰菌胺	0.7T

（续）

序号	药品通用名	中文名	最大残留限量 （mg/kg）
211. Radish（root，dried） 萝卜（根，干）			
1)	Azinphos-methyl	保棉磷	1.0T
2)	Captan	克菌丹	3.0T
212. Raisin 葡萄干			
1)	Captan	克菌丹	5
2)	Carbofuran	克百威	0.5
3)	Fenamiphos	苯线磷	0.3T
4)	Fluxapyroxad	氟唑菌酰胺	5.7†
5)	Malathion	马拉硫磷	0.5T
6)	Methoxychlor	甲氧滴滴涕	14.0T
7)	Simazine	西玛津	0.25T
8)	Spirotetramat	螺虫乙酯	4.0†
9)	Tebuconazole	戊唑醇	6.0†
10)	Tolylfluanid	甲苯氟磺胺	5.0T
213. Rape leaves 油菜叶			
1)	Acetamiprid	啶虫脒	0.7
2)	Bifenthrin	联苯菊酯	3
3)	Bitertanol	联苯三唑醇	0.05T
4)	Boscalid	啶酰菌胺	0.3
5)	Buprofezin	噻嗪酮	5.0T
6)	Butachlor	丁草胺	0.1T
7)	Carbendazim	多菌灵	0.1
8)	Chlorothalonil	百菌清	5.0T
9)	Chlorpyrifos	毒死蜱	0.05T
10)	Cyantraniliprole	溴氰虫酰胺	3
11)	Cymoxanil	霜脲氰	0.5T
12)	Cypermethrin	氯氰菊酯	6
13)	Diethofencarb	乙霉威	0.05
14)	Emamectin benzoate	甲氨基阿维菌素苯甲酸盐	0.05
15)	Ethoprophos（ethoprop）	灭线磷	0.05T
16)	Famoxadone	噁唑菌酮	1.0T
17)	Fenvalerate	氰戊菊酯	4
18)	Fludioxonil	咯菌腈	0.05
19)	Fluopicolide	氟吡菌胺	1.0T
20)	Fluopyram	氟吡菌酰胺	2.0T
21)	Flupyradifurone	氟吡呋喃酮	15
22)	Flutianil	氟噻唑菌腈	0.05T
23)	Fluxapyroxad	氟唑菌酰胺	0.05T
24)	Imidacloprid	吡虫啉	0.05

（续）

序号	药品通用名	中文名	最大残留限量（mg/kg）
25)	Indoxacarb	茚虫威	0.5
26)	Lufenuron	虱螨脲	0.2
27)	Methoxyfenozide	甲氧虫酰肼	0.05
28)	Napropamide	敌草胺	0.05T
29)	Novaluron	氟酰脲	0.05
30)	Penthiopyrad	吡噻菌胺	0.05
31)	Pymetrozine	吡蚜酮	5
32)	Pyridalyl	三氟甲吡醚	0.05
33)	Pyrifluquinazon	吡氟喹虫唑	1.0T
34)	Spinetoram	乙基多杀菌素	1
35)	Spinosad	多杀霉素	0.05
36)	Spirotetramat	螺虫乙酯	5
37)	Sulfoxaflor	氟啶虫胺腈	5
38)	Triadimefon	三唑酮	1.0T
39)	Triflumizole	氟菌唑	0.07

214. Rape seed　油菜籽

序号	药品通用名	中文名	最大残留限量（mg/kg）
1)	Acetamiprid	啶虫脒	0.5
2)	Amisulbrom	吲唑磺菌胺	0.05T
3)	Azoxystrobin	嘧菌酯	0.1T
4)	Benzovindiflupyr	苯并烯氟菌唑	0.15†
5)	Boscalid	啶酰菌胺	2
6)	Buprofezin	噻嗪酮	0.05T
7)	Butachlor	丁草胺	0.1T
8)	Carbendazim	多菌灵	0.5
9)	Chlorantraniliprole	氯虫苯甲酰胺	2.0†
10)	Chlorfenapyr	虫螨腈	0.05T
11)	Chlorothalonil	百菌清	0.2T
12)	Chlorpyrifos	毒死蜱	0.15T
13)	Clothianidin	噻虫胺	0.1
14)	Cyantraniliprole	溴氰虫酰胺	0.8†
15)	Cyazofamid	氰霜唑	0.1T
16)	Cyhalothrin	氯氟氰菊酯	0.3†
17)	Deltamethrin	溴氰菊酯	0.05
18)	Diethofencarb	乙霉威	0.05
19)	Difenoconazole	苯醚甲环唑	0.1†
20)	Dimethomorph	烯酰吗啉	0.5T
21)	Diquat	敌草快	1.5†
22)	Emamectin benzoate	甲氨基阿维菌素苯甲酸盐	0.05
23)	Ethoprophos (ethoprop)	灭线磷	0.05T

257

（续）

序号	药品通用名	中文名	最大残留限量（mg/kg）
24)	Etofenprox	醚菊酯	0.05T
25)	Famoxadone	噁唑菌酮	0.1T
26)	Flonicamid	氟啶虫酰胺	0.5T
27)	Fludioxonil	咯菌腈	0.05
28)	Flufenoxuron	氟虫脲	0.3T
29)	Fluopicolide	氟吡菌胺	0.1T
30)	Fluopyram	氟吡菌酰胺	$1.0^{\dagger}$
31)	Flupyradifurone	氟吡呋喃酮	0.05T
32)	Flutianil	氟噻唑菌腈	0.05
33)	Fluxapyroxad	氟唑菌酰胺	$0.8^{\dagger}$
34)	Glufosinate（ammonium）	草铵膦（胺）	$0.3^{\dagger}$
35)	Glyphosate	草甘膦	$15^{\dagger}$
36)	Imazapyr	咪唑烟酸	$0.05^{\dagger}$
37)	Imidacloprid	吡虫啉	0.05
38)	Indoxacarb	茚虫威	0.5
39)	Kresoxim-methyl	醚菌酯	0.05T
40)	Lufenuron	虱螨脲	0.3
41)	Mandipropamid	双炔酰菌胺	1.0T
42)	Metaflumizone	氰氟虫腙	0.05T
43)	Methoxyfenozide	甲氧虫酰肼	1
44)	Napropamide	敌草胺	0.05T
45)	Novaluron	氟酰脲	2
46)	Penthiopyrad	吡噻菌胺	0.05
47)	Picoxystrobin	啶氧菌酯	$0.08^{\dagger}$
48)	Propiconazole	丙环唑	$0.02^{\dagger}$
49)	Pymetrozine	吡蚜酮	0.05
50)	Pyridalyl	三氟甲吡醚	0.05
51)	Pyrifluquinazon	吡氟喹虫唑	0.05T
52)	Pyrimethanil	嘧霉胺	0.2T
53)	Quinclorac	二氯喹啉酸	$1.5^{\dagger}$
54)	Quizalofop-ethyl	精喹禾灵	$1.5^{\dagger}$
55)	Saflufenacil	苯嘧磺草胺	$0.5^{\dagger}$
56)	Sethoxydim	烯禾啶	$0.05^{\dagger}$
57)	Spinetoram	乙基多杀菌素	0.05T
58)	Spinosad	多杀霉素	0.05
59)	Sulfoxaflor	氟啶虫胺腈	$0.15^{\dagger}$
60)	Tebuconazole	戊唑醇	$0.1^{\dagger}$
61)	Tebufenozide	虫酰肼	2.0T
62)	Thiamethoxam	噻虫嗪	0.05

（续）

序号	药品通用名	中文名	最大残留限量（mg/kg）
63）	Triadimefon	三唑酮	0.5T
64）	Trifloxystrobin	肟菌酯	0.3T
65）	Triflumizole	氟菌唑	0.05
215. Raspberry 覆盆子			
1）	Fenpyrazamine	胺苯吡菌酮	5.0†
2）	Oxathiapiprolin	氟噻唑吡乙酮	0.5†
216. Red bean 红豆			
1）	Acephate	乙酰甲胺磷	3.0T
2）	Azoxystrobin	嘧菌酯	0.07
3）	Bentazone	灭草松	0.2T
4）	Bifenthrin	联苯菊酯	0.05
5）	Bitertanol	联苯三唑醇	0.2T
6）	Carbendazim	多菌灵	0.2T
7）	Cartap	杀螟丹	0.05T
8）	Chlorantraniliprole	氯虫苯甲酰胺	0.05
9）	Chlorfenapyr	虫螨腈	0.05T
10）	Chlorfluazuron	氟啶脲	0.05
11）	Chlorpropham	氯苯胺灵	0.05T
12）	Chlorpyrifos	毒死蜱	0.05
13）	Clofentezine	四螨嗪	0.2T
14）	Clothianidin	噻虫胺	0.05
15）	Cyantraniliprole	溴氰虫酰胺	0.03T
16）	Cyfluthrin	氟氯氰菊酯	0.5T
17）	Cyhalothrin	氯氟氰菊酯	0.2
18）	Cypermethrin	氯氰菊酯	0.05T
19）	Deltamethrin	溴氰菊酯	0.05
20）	Dichlofluanid	苯氟磺胺	0.2T
21）	Dinotefuran	呋虫胺	0.05T
22）	Dithiocarbamates	二硫代氨基甲酸酯	0.05
23）	Ethiofencarb	乙硫苯威	1.0T
24）	Ethoprophos（ethoprop）	灭线磷	0.05
25）	Etofenprox	醚菊酯	0.05
26）	Fenbutatin oxide	苯丁锡	0.5T
27）	Fenitrothion	杀螟硫磷	0.1
28）	Fenvalerate	氰戊菊酯	0.5T
29）	Fluazifop-butyl	吡氟禾草灵	0.05T
30）	Fluazinam	氟啶胺	0.07
31）	Fluopyram	氟吡菌酰胺	0.05
32）	Flutianil	氟噻唑菌腈	0.05T

（续）

序号	药品通用名	中文名	最大残留限量 （mg/kg）
33）	Glufosinate（ammonium）	草铵膦（胺）	2.0T
34）	Imidacloprid	吡虫啉	0.05
35）	Indoxacarb	茚虫威	0.05
36）	Isopyrazam	吡唑萘菌胺	0.05
37）	Linuron	利谷隆	0.05T
38）	Lufenuron	虱螨脲	0.05T
39）	Malathion	马拉硫磷	0.5T
40）	Metaflumizone	氰氟虫腙	0.05T
41）	Metconazole	叶菌唑	0.05T
42）	Methoxyfenozide	甲氧虫酰肼	0.05
43）	Metrafenone	苯菌酮	0.05T
44）	Napropamide	敌草胺	0.05T
45）	Omethoate	氧乐果	0.01T
46）	Parathion-methyl	甲基对硫磷	1.0T
47）	Pendimethalin	二甲戊灵	0.2T
48）	Permethrin（permetrin）	氯菊酯	0.1T
49）	Phenthoate	稻丰散	0.03T
50）	Phorate	甲拌磷	0.05T
51）	Propargite	克螨特	0.2T
52）	Pymetrozine	吡蚜酮	0.05
53）	Pyraclostrobin	吡唑醚菌酯	0.05T
54）	Pyrethrins	除虫菊素	1.0T
55）	Pyridalyl	三氟甲吡醚	0.05T
56）	Sethoxydim	烯禾啶	20.0T
57）	Spinetoram	乙基多杀菌素	0.05T
58）	Spirotetramat	螺虫乙酯	0.05
59）	Sulfoxaflor	氟啶虫胺腈	0.05
60）	Tebufenozide	虫酰肼	0.04T
61）	Tefluthrin	七氟菊酯	0.05
62）	Terbufos	特丁硫磷	0.05
63）	Thiobencarb	禾草丹	0.2T
64）	Trifloxystrobin	肟菌酯	0.07
65）	Triflumizole	氟菌唑	0.05T

217. Red ginseng　红参

序号	药品通用名	中文名	最大残留限量（mg/kg）
1）	Aldrin & Dieldrin	艾氏剂，狄氏剂	0.05T
2）	Azoxystrobin	嘧菌酯	0.5
3）	BHC	六六六	0.05T
4）	Cadusafos	硫线磷	0.05
5）	Carbendazim	多菌灵	0.5

260

（续）

序号	药品通用名	中文名	最大残留限量（mg/kg）
6）	Carbofuran	克百威	0.2
7）	Chlorothalonil	百菌清	0.1
8）	Clethodim	烯草酮	0.05
9）	Cyazofamid	氰霜唑	0.3
10）	Cyfluthrin	氟氯氰菊酯	0.5
11）	Cymoxanil	霜脲氰	0.2
12）	Cypermethrin	氯氰菊酯	0.1
13）	Cyprodinil	嘧菌环胺	2
14）	DDT	滴滴涕	0.05T
15）	Diethofencarb	乙霉威	0.3
16）	Difenoconazole	苯醚甲环唑	0.5
17）	Dimethomorph	烯酰吗啉	10
18）	Dithiocarbamates	二硫代氨基甲酸酯	0.3
19）	Endrin	异狄氏剂	0.05T
20）	Fenhexamid	环酰菌胺	0.3
21）	Fludioxonil	咯菌腈	1
22）	Fluquinconazole	氟喹唑	0.5
23）	Flutolanil	氟酰胺	1
24）	Iminoctadine	双胍辛胺	0.2
25）	Kresoxim-methyl	醚菌酯	0.1
26）	Lindane，γ-BHC	林丹，γ-六六六	0.05T
27）	Metalaxyl	甲霜灵	0.5
28）	Pencycuron	戊菌隆	0.7
29）	Pyrimethanil	嘧霉胺	0.3
30）	Quintozene	五氯硝基苯	0.5T
31）	Tebupirimfos	丁基嘧啶磷	0.05
32）	Tefluthrin	七氟菊酯	0.1
33）	Thifluzamide	噻呋酰胺	1
34）	Tolclofos-methyl	甲基立枯磷	2
35）	Tolylfluanid	甲苯氟磺胺	0.01T
36）	Trifloxystrobin	肟菌酯	0.2

218. Red ginseng extract　红参提取物

序号	药品通用名	中文名	最大残留限量（mg/kg）
1）	Aldrin & Dieldrin	艾氏剂、狄氏剂	0.1T
2）	Azoxystrobin	嘧菌酯	0.5
3）	BHC	六六六	0.1T
4）	Cadusafos	硫线磷	0.1
5）	Carbendazim	多菌灵	2
6）	Carbofuran	克百威	0.3
7）	Chlorothalonil	百菌清	0.1

（续）

序号	药品通用名	中文名	最大残留限量 (mg/kg)
8)	Clethodim	烯草酮	0.05
9)	Cyazofamid	氰霜唑	1
10)	Cyfluthrin	氟氯氰菊酯	0.3
11)	Cymoxanil	霜脲氰	0.2
12)	Cypermethrin	氯氰菊酯	0.3
13)	Cyprodinil	嘧菌环胺	5
14)	DDT	滴滴涕	0.1T
15)	Diethofencarb	乙霉威	2
16)	Difenoconazole	苯醚甲环唑	0.5
17)	Dimethomorph	烯酰吗啉	3
18)	Dithiocarbamates	二硫代氨基甲酸酯	0.3
19)	Endrin	异狄氏剂	0.1T
20)	Fenhexamid	环酰菌胺	2
21)	Fludioxonil	咯菌腈	3
22)	Fluquinconazole	氟喹唑	0.2
23)	Flutolanil	氟酰胺	1
24)	Iminoctadine	双胍辛胺	0.5
25)	Kresoxim-methyl	醚菌酯	1
26)	Lindane，γ-BHC	林丹，γ-六六六	0.1T
27)	Metalaxyl	甲霜灵	2
28)	Pencycuron	戊菌隆	0.7
29)	Pyrimethanil	嘧霉胺	1
30)	Quintozene	五氯硝基苯	1.0T
31)	Tebupirimfos	丁基嘧啶磷	0.05
32)	Tefluthrin	七氟菊酯	0.1
33)	Thifluzamide	噻呋酰胺	2
34)	Tolclofos-methyl	甲基立枯磷	3
35)	Tolylfluanid	甲苯氟磺胺	0.01T
36)	Trifloxystrobin	肟菌酯	0.2
219. Reishi mushroom 灵芝			
1)	Bifenthrin	联苯菊酯	0.05T
2)	Chlorpyrifos	毒死蜱	0.05T
220. Rice 稻米			
1)	2,4-D，2,4-dichlorophenoxyacetic acid	2,4-滴，2,4-二氯苯氧乙酸	0.05
2)	Acephate	乙酰甲胺磷	0.3
3)	Acetamiprid	啶虫脒	0.3
4)	Acibenzolar-S-methyl	苯并噻二唑	0.3
5)	Aldicarb	涕灭威	0.02T
6)	Anilofos	莎稗磷	0.05T

（续）

序号	药品通用名	中文名	最大残留限量（mg/kg）
7）	Azimsulfuron	四唑嘧磺隆	0.1
8）	Azinphos-methyl	保棉磷	0.1T
9）	Azoxystrobin	嘧菌酯	1
10）	Bendiocarb	恶虫威	0.02T
11）	Benfuresate	呋草磺	0.1
12）	Bensulfuron-methyl	苄嘧磺隆	0.02
13）	Bentazone	灭草松	0.05
14）	Benzobicyclon	双环磺草酮	0.1
15）	Bifenox	甲羧除草醚	0.05
16）	Bispyribac-sodium	双草醚	0.1
17）	Bromobutide	溴丁酰草胺	0.05
18）	Buprofezin	噻嗪酮	0.5
19）	Butachlor	丁草胺	0.1
20）	Cafenstrole	唑草胺	0.05
21）	Carbendazim	多菌灵	0.5
22）	Carbofuran	克百威	0.02
23）	Carboxin	萎锈灵	0.05
24）	Carfentrazone-ethyl	唑酮草酯	0.1
25）	Carpropamide	环丙酰菌胺	1
26）	Cartap	杀螟丹	0.1
27）	Chinomethionat	灭螨猛	0.1T
28）	Chlorantraniliprole	氯虫苯甲酰胺	0.5
29）	Chlordane	氯丹	0.02T
30）	Chlormequat	矮壮素	0.05
31）	Chlorpropham	氯苯胺灵	0.1T
32）	Chlorpyrifos	毒死蜱	0.5T
33）	Chlorpyrifos-methyl	甲基毒死蜱	0.1
34）	Chromafenozide	环虫酰肼	0.5
35）	Cinosulfuron	醚磺隆	0.05T
36）	Clomazone	异恶草酮	0.1
37）	Clothianidin	噻虫胺	0.1
38）	Cyantraniliprole	溴氰虫酰胺	0.05
39）	Cycloprothrin	乙氰菊酯	0.05T
40）	Cyclosulfamuron	环丙嘧磺隆	0.1
41）	Cyhalofop-butyl	氰氟草酯	0.1
42）	Cypermethrin	氯氰菊酯	1.0T
43）	Difenoconazole	苯醚甲环唑	0.2
44）	Dimepiperate	哌草丹	0.05T
45）	Dimethametryn	异戊乙净	0.1

（续）

序号	药品通用名	中文名	最大残留限量（mg/kg）
46)	Dimethylvinphos	甲基毒虫畏	0.1T
47)	Dinotefuran	呋虫胺	1
48)	Diquat	敌草快	0.02T
49)	Dithianon	二氰蒽醌	0.1T
50)	Dithiocarbamates	二硫代氨基甲酸酯	0.05T
51)	Dithiopyr	氟硫草定	0.05
52)	Dymron	杀草隆	0.05
53)	Edifenphos	敌瘟磷	0.2
54)	Epoxiconazole	氟环唑	0.3
55)	Esprocarb	戊草丹	0.1
56)	Ethoprophos（ethoprop）	灭线磷	0.005T
57)	Ethoxysulfuron	乙氧磺隆	0.1
58)	Ethylene dibromide	二溴乙烷	0.5T
59)	Etofenprox	醚菊酯	1
60)	Etridiazole	土菌灵	0.05
61)	Fenbuconazole	腈苯唑	0.05
62)	Fenclorim	解草啶	0.1T
63)	Fenitrothion	杀螟硫磷	0.2
64)	Fenobucarb	仲丁威	0.5
65)	Fenoxanil	稻瘟酰胺	1
66)	Fenoxaprop-ethyl	噁唑禾草灵	0.05
67)	Fenoxasulfone	苯磺噁唑草	0.05
68)	Fenthion	倍硫磷	0.5
69)	Fentin	三苯锡	0.05T
70)	Fentrazamide	四唑酰草胺	0.1
71)	Fenvalerate	氰戊菊酯	1.0T
72)	Ferimzone	嘧菌腙	2
73)	Fipronil	氟虫腈	0.01
74)	Flonicamid	氟啶虫酰胺	0.1
75)	Florpyrauxifen-benzyl	氯氟吡啶酯	0.05
76)	Flubendiamide	氟苯虫酰胺	0.5
77)	Flucetosulfuron	氟吡磺隆	0.1
78)	Fludioxonil	咯菌腈	0.02
79)	Fluopyram	氟吡菌酰胺	0.05
80)	Flutolanil	氟酰胺	1
81)	Fluxapyroxad	氟唑菌酰胺	0.05
82)	Fthalide	种杀菌剂	1
83)	Glufosinate（ammonium）	草铵膦（胺）	0.05
84)	Glyphosate	草甘膦	0.05

（续）

序号	药品通用名	中文名	最大残留限量 （mg/kg）
85）	Halosulfuron-methyl	氯吡嘧磺隆	0.05
86）	Hexaconazole	己唑醇	0.3
87）	Hymexazol	噁霉灵	0.05
88）	Imazalil	抑霉唑	0.05T
89）	Imazosulfuron	唑吡嘧磺隆	0.1
90）	Imidacloprid	吡虫啉	0.2
91）	Iminoctadine	双胍辛胺	0.05
92）	Inabenfide	抗倒胺	0.05T
93）	Indanofan	茚草酮	0.1
94）	Indoxacarb	茚虫威	0.1
95）	Ipconazole	种菌唑	0.05
96）	Ipfencarbazone	三唑酰草胺	0.05
97）	Iprobenfos	异稻瘟净	0.2
98）	Iprodione	异菌脲	0.2
99）	Isofenphos	异柳磷	0.05T
100）	Isoprocarb	异丙威	0.3
101）	Isoprothiolane	稻瘟灵	2
102）	Isotianil	异噻菌胺	0.1
103）	Malathion	马拉硫磷	0.3T
104）	MCPA	2甲4氯	0.05
105）	MCPB	2甲4氯丁酸	0.05
106）	Mecoprop-P	精2甲4氯丙酸	0.01T
107）	Mefenacet	苯噻酰草胺	0.01
108）	Mesotrione	硝磺草酮	0.2
109）	Metaflumizone	氰氟虫腙	0.1
110）	Metalaxyl	甲霜灵	0.05
111）	Metamifop	噁唑酰草胺	0.05
112）	Metazosulfuron	嗪吡嘧磺隆	0.05
113）	Metconazole	叶菌唑	0.05
114）	Methamidophos	甲胺磷	0.2
115）	Methiocarb	甲硫威	0.05T
116）	Methomyl	灭多威	0.1T
117）	Methoprene	烯虫酯	5.0T
118）	Methoxychlor	甲氧滴滴涕	2.0T
119）	Methoxyfenozide	甲氧虫酰肼	1
120）	Metolachlor	异丙甲草胺	0.1T
121）	Metolcarb	速灭威	0.05T
122）	Metribuzin	嗪草酮	0.05T
123）	Molinate	禾草敌	0.05

（续）

序号	药品通用名	中文名	最大残留限量 （mg/kg）
124)	Omethoate	氧乐果	0.01T
125)	Orthosulfamuron	嘧苯胺磺隆	0.05
126)	Orysastrobin	肟醚菌胺	0.3
127)	Oxadiargyl	丙炔噁草酮	0.05
128)	Oxadiazon	噁草酮	0.05
129)	Oxadixyl	噁霜灵	0.1
130)	Oxamyl	杀线威	0.02T
131)	Oxaziclomefone	噁嗪草酮	0.1
132)	Oxolinic acid	喹菌酮	0.05
133)	Paraquat	百草枯	0.5T
134)	Parathion	对硫磷	0.1T
135)	Parathion-methyl	甲基对硫磷	1.0T
136)	Pencycuron	戊菌隆	0.3
137)	Pendimethalin	二甲戊灵	0.05
138)	Penflufen	氟唑菌苯胺	0.05
139)	Penoxsulam	五氟磺草胺	0.1
140)	Penthiopyrad	吡噻菌胺	0.05
141)	Pentoxazone	环戊草酮	0.05
142)	Permethrin（permetrin）	氯菊酯	2.0T
143)	Phenothrin	苯醚菊酯	0.1T
144)	Phenthoate	稻丰散	0.05
145)	Phoxim	辛硫磷	0.05T
146)	Piperophos	哌草磷	0.05T
147)	Pirimicarb	抗蚜威	0.05T
148)	Pirimiphos-methyl	甲基嘧啶磷	1.0T
149)	Pretilachlor	丙草胺	0.1
150)	Probenazole	烯丙苯噻唑	0.1
151)	Prochloraz	咪鲜胺	0.02
152)	Procymidone	腐霉利	1.0T
153)	Prohexadione-calcium	调环酸钙	0.05
154)	Propamocarb	霜霉威	0.1T
155)	Propanil	敌稗	0.05
156)	Propiconazole	丙环唑	0.7
157)	Propoxur	残杀威	0.05T
158)	Propyrisulfuron	丙嗪嘧磺隆	0.05
159)	Pydiflumetofen	氟啶菌酰羟胺	0.05
160)	Pymetrozine	吡蚜酮	0.05
161)	Pyraclonil	双唑草腈	0.05
162)	Pyrazolate	吡唑特	0.1

（续）

序号	药品通用名	中文名	最大残留限量（mg/kg）
163）	Pyrazosulfuron-ethyl	吡嘧磺隆	0.05
164）	Pyrazoxyfen	苄草唑	0.05T
165）	Pyrethrins	除虫菊素	3.0T
166）	Pyribencarb	吡菌苯威	0.05
167）	Pyribenzoxim	嘧啶肟草醚	0.05
168）	Pyributicarb	稗草畏	0.05T
169）	Pyridaphenthion	哒嗪硫磷	0.2T
170）	Pyriftalid	环酯草醚	0.1
171）	Pyriminobac-methyl	嘧草醚	0.05
172）	Pyrimisulfan	嘧氟磺草胺	0.05
173）	Pyroquilon	咯喹酮	0.1T
174）	Quinalphos	喹硫磷	0.01T
175）	Quinclorac	二氯喹啉酸	0.05T
176）	Quinoclamine	灭藻醌	0.05
177）	Saflufenacil	苯嘧磺草胺	0.03†
178）	Silafluofen	氟硅菊酯	0.1
179）	Simeconazole	硅氟唑	0.05
180）	Simetryn	西草净	0.05
181）	Spinosad	多杀霉素	0.05
182）	Streptomycin	链霉素	0.05
183）	Sulfoxaflor	氟啶虫胺腈	0.2
184）	Tebuconazole	戊唑醇	0.05
185）	Tebufenozide	虫酰肼	0.3
186）	Tebufloquin	吡唑特	0.2
187）	Tecloftalam	叶枯酞	0.5
188）	Tefuryltrione	呋喃磺草酮	0.05
189）	Tetraniliprole	氟氰虫酰胺	0.2
190）	Thenylchlor	甲氧噻草胺	0.05T
191）	Thiabendazole	噻菌灵	0.2T
192）	Thiacloprid	噻虫啉	0.1
193）	Thiamethoxam	噻虫嗪	0.1
194）	Thifluzamide	噻呋酰胺	0.3
195）	Thiobencarb	禾草丹	0.05
196）	Thiometon	甲基乙拌磷	0.05T
197）	Tiadinil	噻酰菌胺	1
198）	Tiafenacil	嘧啶二酮类非选择性除草剂	0.05
199）	Triafamone	氟酮磺草胺	0.05
200）	Triclopyr	三氯吡氧乙酸	0.3T
201）	Tricyclazole	三环唑	0.7

（续）

序号	药品通用名	中文名	最大残留限量（mg/kg）
202）	Triflumizole	氟菌唑	0.05
203）	Triforine	嗪氨灵	0.01T
204）	Vamidothion	蚜灭磷	0.05T

221. Root and tuber vegetables 块根和块茎类蔬菜

1）	Aldrin & Dieldrin	艾氏剂，狄氏剂	0.1T
2）	Aluminium phosphide（hydrogen phosphide）	磷化铝	0.05
3）	Azoxystrobin	嘧菌酯	0.05T
4）	Boscalid	啶酰菌胺	0.05T
5）	Chlorantraniliprole	氯虫苯甲酰胺	0.02T
6）	Clothianidin	噻虫胺	0.05T
7）	Cyantraniliprole	溴氰虫酰胺	0.05T
8）	Endosulfan	硫丹	0.1T
9）	Ethoprophos（ethoprop）	灭线磷	0.05T
10）	Fenpyrazamine	胺苯吡菌酮	0.2T
11）	Fluopyram	氟吡菌酰胺	0.05T
12）	Flupyradifurone	氟吡呋喃酮	0.2T
13）	Flutolanil	氟酰胺	0.03T
14）	Fluxapyroxad	氟唑菌酰胺	0.02T
15）	Imidacloprid	吡虫啉	0.05T
16）	Iprovalicarb	缬霉威	0.03T
17）	Methoxyfenozide	甲氧虫酰肼	0.05T
18）	Myclobutanil	腈菌唑	0.03T
19）	Pendimethalin	二甲戊灵	0.05T
20）	Phorate	甲拌磷	0.04T
21）	Procymidone	腐霉利	0.05T
22）	Terbufos	特丁硫磷	0.05T
23）	Tricyclazole	三环唑	0.05T

222. Rose（dired） 玫瑰（干）

1）	Difenoconazole	苯醚甲环唑	20T

223. Rosemary（fresh） 迷迭香（鲜）

1）	Dinotefuran	呋虫胺	0.3T
2）	Emamectin benzoate	甲氨基阿维菌素苯甲酸盐	0.3T
3）	Etofenprox	醚菊酯	0.05T
4）	Hexaconazole	己唑醇	0.05T
5）	Kresoxim-methyl	醚菌酯	0.3T
6）	Myclobutanil	腈菌唑	0.3T
7）	Phenthoate	稻丰散	0.05T
8）	Spinosad	多杀霉素	0.05T

（续）

序号	药品通用名	中文名	最大残留限量（mg/kg）
224. Rowan 花楸			
1)	Azoxystrobin	嘧菌酯	1.0T
225. Rye 黑麦			
1)	2,4-D，2,4-dichlorophenoxyacetic acid	2,4-滴，2,4-二氯苯氧乙酸	0.5T
2)	Azinphos-methyl	保棉磷	0.2T
3)	Bentazone	灭草松	0.1T
4)	Bitertanol	联苯三唑醇	0.1T
5)	Butachlor	丁草胺	0.1T
6)	Carbaryl	甲萘威	1.0T
7)	chlordane	氯丹	0.02T
8)	Chlormequat	矮壮素	10.0T
9)	Chlorpropham	氯苯胺灵	0.05T
10)	Cyfluthrin	氟氯氰菊酯	2.0T
11)	Cyhalothrin	氯氟氰菊酯	0.2T
12)	Cypermethrin	氯氰菊酯	1.0T
13)	Dichlofluanid	苯氟磺胺	0.1T
14)	Diuron	敌草隆	1.0T
15)	Endosulfan	硫丹	0.05T
16)	Ethephon	乙烯利	0.5T
17)	Ethiofencarb	乙硫苯威	0.05T
18)	Ethoprophos（ethoprop）	灭线磷	0.005T
19)	Ethylene dibromide	二溴乙烷	0.5T
20)	Etofenprox	醚菊酯	0.05T
21)	Fensulfothion	丰索磷	0.1T
22)	Fenvalerate	氰戊菊酯	2.0T
23)	Imazalil	抑霉唑	0.05T
24)	Malathion	马拉硫磷	2.0T
25)	Metalaxyl	甲霜灵	0.05T
26)	Methiocarb	甲硫威	0.05T
27)	Methomyl	灭多威	0.5T
28)	Methoprene	烯虫酯	5.0T
29)	Methoxychlor	甲氧滴滴涕	2.0T
30)	Metolachlor	异丙甲草胺	0.1T
31)	Metribuzin	嗪草酮	0.05T
32)	Omethoate	氧乐果	0.01T
33)	Oxadixyl	噁霜灵	0.1T
34)	Oxamyl	杀线威	0.02T
35)	Parathion	对硫磷	0.3T
36)	Parathion-methyl	甲基对硫磷	1.0T

（续）

序号	药品通用名	中文名	最大残留限量（mg/kg）
37)	Pendimethalin	二甲戊灵	0.2T
38)	Permethrin（permetrin）	氯菊酯	2.0T
39)	Phosphamidone	磷胺	0.1T
40)	Phoxim	辛硫磷	0.05T
41)	Pirimicarb	抗蚜威	0.05T
42)	Pirimiphos-methyl	甲基嘧啶磷	5.0T
43)	Pyrethrins	除虫菊素	3.0T
44)	Thifensulfuron-methyl	噻吩磺隆	0.1T
45)	Thiobencarb	禾草丹	0.1T

226. Safflower seed　红花籽

序号	药品通用名	中文名	最大残留限量（mg/kg）
1)	Abamectin	阿维菌素	0.05
2)	Acequinocyl	灭螨醌	0.05T
3)	Acetamiprid	啶虫脒	0.05
4)	Azoxystrobin	嘧菌酯	0.1T
5)	Bifenthrin	联苯菊酯	0.3T
6)	Boscalid	啶酰菌胺	2.0T
7)	Carbendazim	多菌灵	0.3
8)	Chlorothalonil	百菌清	0.2T
9)	Clothianidin	噻虫胺	0.1T
10)	Cyhexatin	三环锡	0.05T
11)	Deltamethrin	溴氰菊酯	0.05T
12)	Diethofencarb	乙霉威	0.2
13)	Dithiocarbamates	二硫代氨基甲酸酯	0.3
14)	Emamectin benzoate	甲氨基阿维菌素苯甲酸盐	0.05
15)	Fenazaquin	喹螨醚	0.2
16)	Fenpyroximate	唑螨酯	0.2
17)	Flonicamid	氟啶虫酰胺	0.05T
18)	Fluazinam	氟啶胺	0.5
19)	Flufenoxuron	氟虫脲	0.3
20)	Imidacloprid	吡虫啉	0.2
21)	Iminoctadine	双胍辛胺	0.05
22)	Iprodione	异菌脲	1
23)	Mandipropamid	双炔酰菌胺	1.0T
24)	Methomyl	灭多威	0.4T
25)	Pymetrozine	吡蚜酮	0.05
26)	Pyraclostrobin	吡唑醚菌酯	0.05T
27)	Pyrifluquinazon	吡氟喹虫唑	0.05T
28)	Sulfoxaflor	氟啶虫胺腈	0.15T
29)	Tebuconazole	戊唑醇	0.05T

（续）

序号	药品通用名	中文名	最大残留限量（mg/kg）
227. Salt sandspurry　拟漆姑			
1)	Carbendazim	多菌灵	1.0T
2)	Chlorpyrifos	毒死蜱	0.05T
3)	Chlorpyrifos-methyl	甲基毒死蜱	0.05T
4)	Cyantraniliprole	溴氰虫酰胺	2.0T
5)	Dichlorvos	敌敌畏	0.3T
6)	Ethoprophos（ethoprop）	灭线磷	0.02T
7)	Propiconazole	丙环唑	0.05T
8)	Pymetrozine	吡蚜酮	0.3T
9)	Pyrifluquinazon	吡氟喹虫唑	0.3T
10)	Pyriofenone	甲氧苯啶菌	0.3T
11)	Quinoclamine	灭藻醌	0.05T
12)	Tefluthrin	七氟菊酯	0.05T
13)	Terbufos	特丁硫磷	0.05T
228. Schisandraberry　五味子			
1)	Abamectin	阿维菌素	0.05
2)	Acetamiprid	啶虫脒	0.5
3)	Bifenthrin	联苯菊酯	0.5
4)	Bistrifluron	双三氟虫脲	0.7T
5)	Bitertanol	联苯三唑醇	1.0T
6)	Buprofezin	噻嗪酮	0.5T
7)	Cadusafos	硫线磷	0.05T
8)	Carbendazim	多菌灵	0.3T
9)	Chlorantraniliprole	氯虫苯甲酰胺	0.5
10)	Chlorfenapyr	虫螨腈	1
11)	Chlorfluazuron	氟啶脲	0.5T
12)	Chlorpyrifos	毒死蜱	0.5T
13)	Clothianidin	噻虫胺	3
14)	Cyantraniliprole	溴氰虫酰胺	0.5T
15)	Cyenopyrafen	腈吡螨酯	2
16)	Cyhexatin	三环锡	0.05T
17)	Cyprodinil	嘧菌环胺	2.0T
18)	Deltamethrin	溴氰菊酯	0.5T
19)	Diethofencarb	乙霉威	0.3T
20)	Difenoconazole	苯醚甲环唑	0.3
21)	Diflubenzuron	除虫脲	1.0T
22)	Dimethomorph	烯酰吗啉	1.0T
23)	Dithianon	二氰蒽醌	2
24)	Dithiocarbamates	二硫代氨基甲酸酯	3.0T

（续）

序号	药品通用名	中文名	最大残留限量（mg/kg）
25）	Emamectin benzoate	甲氨基阿维菌素苯甲酸盐	0.05
26）	Etofenprox	醚菊酯	3
27）	Etoxazole	乙螨唑	0.4
28）	Fenbuconazole	腈苯唑	3
29）	Fenhexamid	环酰菌胺	1.0T
30）	Fenitrothion	杀螟硫磷	2
31）	Fenpropathrin	甲氰菊酯	5.0T
32）	Fenpyrazamine	胺苯吡菌酮	2
33）	Flonicamid	氟啶虫酰胺	0.9T
34）	Fludioxonil	咯菌腈	2
35）	Flufenoxuron	氟虫脲	1.0T
36）	Fluopyram	氟吡菌酰胺	0.4T
37）	Fluquinconazole	氟喹唑	3
38）	Fluxapyroxad	氟唑菌酰胺	0.5
39）	Folpet	灭菌丹	2.0T
40）	Haloxyfop	氟吡禾灵	0.05T
41）	Hexaconazole	己唑醇	1
42）	Imidacloprid	吡虫啉	0.2T
43）	Indoxacarb	茚虫威	0.2T
44）	Iprodione	异菌脲	2.0T
45）	Isoprothiolane	稻瘟灵	0.05T
46）	Isopyrazam	吡唑萘菌胺	0.5
47）	Kresoxim-methyl	醚菌酯	1.0T
48）	Lufenuron	虱螨脲	0.05T
49）	Metaflumizone	氰氟虫腙	1.5
50）	Metconazole	叶菌唑	0.3T
51）	Metrafenone	苯菌酮	0.3T
52）	Milbemectin	弥拜菌素	0.3T
53）	Novaluron	氟酰脲	1.5
54）	Oxolinic acid	喹菌酮	2.0T
55）	Pencycuron	戊菌隆	2.0T
56）	Pendimethalin	二甲戊灵	0.05T
57）	Penthiopyrad	吡噻菌胺	0.2T
58）	Phorate	甲拌磷	0.05T
59）	Picoxystrobin	啶氧菌酯	2.0T
60）	Propamocarb	霜霉威	1.0T
61）	Propiconazole	丙环唑	0.6T
62）	Pymetrozine	吡蚜酮	0.2T
63）	Pyridalyl	三氟甲吡醚	2.0T

序号	药品通用名	中文名	最大残留限量（mg/kg）
64）	Pyrifluquinazon	吡氟喹虫唑	0.05T
65）	Pyrimethanil	嘧霉胺	3
66）	Pyriofenone	甲氧苯唳菌	0.7
67）	Spinetoram	乙基多杀菌素	0.5
68）	Spirodiclofen	螺螨酯	0.5T
69）	Spiromesifen	螺虫酯	0.5T
70）	Spirotetramat	螺虫乙酯	0.9T
71）	Sulfoxaflor	氟啶虫胺腈	0.3
72）	Tebuconazole	戊唑醇	0.9T
73）	Tebufenozide	虫酰肼	1.0T
74）	Tebufenpyrad	吡螨胺	0.5T
75）	Teflubenzuron	氟苯脲	0.05T
76）	Terbufos	特丁硫磷	0.05T
77）	Thiacloprid	噻虫啉	0.5
78）	Thidiazuron	噻苯隆	0.1T
79）	Trifloxystrobin	肟菌酯	3
80）	Triflumizole	氟菌唑	2
81）	Triflumuron	杀铃脲	0.5T

229. Schisandraberry（dried） 五味子（干）

序号	药品通用名	中文名	最大残留限量（mg/kg）
1）	Acetamiprid	啶虫脒	2
2）	Amitraz	双甲脒	2
3）	Azoxystrobin	嘧菌酯	2
4）	Buprofezin	噻嗪酮	3
5）	Chlorfenapyr	虫螨腈	2
6）	Difenoconazole	苯醚甲环唑	0.7
7）	Dithianon	二氰蒽醌	5
8）	Dithiocarbamates	二硫代氨基甲酸酯	10
9）	Emamectin benzoate	甲氨基阿维菌素苯甲酸盐	0.2
10）	Fenarimol	氯苯嘧啶醇	2
11）	Fenbuconazole	腈苯唑	3
12）	Fenitrothion	杀螟硫磷	5
13）	Fenpyrazamine	胺苯吡菌酮	5
14）	Fludioxonil	咯菌腈	7
15）	Fluquinconazole	氟喹唑	3
16）	Fluxapyroxad	氟唑菌酰胺	1.5
17）	Iminoctadine	双胍辛胺	1
18）	Isopyrazam	吡唑萘菌胺	2
19）	Methoxyfenozide	甲氧虫酰肼	1
20）	Pyraclostrobin	吡唑醚菌酯	5

（续）

序号	药品通用名	中文名	最大残留限量（mg/kg）
21)	Pyrimethanil	嘧霉胺	3
22)	Pyriofenone	甲氧苯啶菌	2
23)	Spinetoram	乙基多杀菌素	0.7
24)	Trifloxystrobin	肟菌酯	7
25)	Triflumizole	氟菌唑	5
26)	Triforine	嗪氨灵	1
230. Seed for beverage and sweets　饮料和糖料种子			
1)	Aluminium phosphide（hydrogen phosphide）	磷化铝	0.1
231. Seeds　种子类			
1)	Carbofuran	克百威	0.1T
2)	Chlorpropham	氯苯胺灵	0.05T
3)	Clofentezine	四螨嗪	1.0T
4)	Cyhalothrin	氯氟氰菊酯	0.5T
5)	Cypermethrin	氯氰菊酯	0.2T
6)	Dichlofluanid	苯氟磺胺	15.0T
7)	Dimethipin	噻节因	0.2T
8)	Ethiofencarb	乙硫苯威	5.0T
9)	Fenbutatin oxide	苯丁锡	2.0T
10)	Fenvalerate	氰戊菊酯	0.5T
11)	Malathion	马拉硫磷	2.0T
12)	Maleic hydrazide	抑芽丹	40.0T
13)	Methamidophos	甲胺磷	0.1T
14)	Oxamyl	杀线威	0.5T
15)	Parathion-methyl	甲基对硫磷	0.2T
16)	Pendimethalin	二甲戊灵	0.05T
17)	Permethrin（permetrin）	氯菊酯	5.0T
18)	Pirimicarb	抗蚜威	1.0T
19)	Propiconazole	丙环唑	0.05T
20)	Pyrethrins	除虫菊素	1.0T
21)	Sethoxydim	烯禾啶	1.0T
232. Sesame seed　芝麻籽			
1)	2,4-D，2,4-dichlorophenoxyacetic acid	2,4-滴，2,4-二氯苯氧乙酸	0.08T
2)	Acetamiprid	啶虫脒	0.05
3)	Alachlor	甲草胺	0.05
4)	Ametoctradin	唑嘧菌胺	0.05
5)	Amisulbrom	吲唑磺菌胺	0.05
6)	Azoxystrobin	嘧菌酯	0.1
7)	Benalaxyl	苯霜灵	0.05
8)	Bentazone	灭草松	0.05T

（续）

序号	药品通用名	中文名	最大残留限量（mg/kg）
9)	Benthiavalicarb-isopropyl	苯噻菌胺	0.2
10)	Bifenthrin	联苯菊酯	0.05
11)	Butachlor	丁草胺	0.1T
12)	Cadusafos	硫线磷	0.01
13)	Carbendazim	多菌灵	0.5
14)	Carbofuran	克百威	0.1T
15)	Chlorantraniliprole	氯虫苯甲酰胺	0.1
16)	Chlorfenapyr	虫螨腈	0.05T
17)	Chlorfluazuron	氟啶脲	0.07
18)	Chlorothalonil	百菌清	0.2
19)	Chlorpropham	氯苯胺灵	0.05T
20)	Chlorpyrifos	毒死蜱	0.15T
21)	Clethodim	烯草酮	0.05
22)	Clofentezine	四螨嗪	1.0T
23)	Cyantraniliprole	溴氰虫酰胺	0.5T
24)	Cyazofamid	氰霜唑	0.1
25)	Cyfluthrin	氟氯氰菊酯	0.5
26)	Cyhalothrin	氯氟氰菊酯	0.05
27)	Cymoxanil	霜脲氰	0.2
28)	Cypermethrin	氯氰菊酯	0.2T
29)	Deltamethrin	溴氰菊酯	0.5
30)	Dichlofluanid	苯氟磺胺	15.0T
31)	Difenoconazole	苯醚甲环唑	0.1
32)	Dimethomorph	烯酰吗啉	0.5
33)	Dithianon	二氰蒽醌	0.5
34)	Dithiocarbamates	二硫代氨基甲酸酯	2
35)	Emamectin benzoate	甲氨基阿维菌素苯甲酸盐	0.05
36)	Ethaboxam	噻唑菌胺	0.1
37)	Ethiofencarb	乙硫苯威	5.0T
38)	Etridiazole	土菌灵	0.05T
39)	Famoxadone	噁唑菌酮	0.1
40)	Fenamidone	咪唑菌酮	0.2
41)	Fenbutatin oxide	苯丁锡	2.0T
42)	Fenthion	倍硫磷	0.1T
43)	Fenvalerate	氰戊菊酯	0.5T
44)	Flonicamid	氟啶虫酰胺	0.05
45)	Fluazifop-butyl	吡氟禾草灵	0.1
46)	Fluazinam	氟啶胺	0.05
47)	Flufenoxuron	氟虫脲	0.1

（续）

序号	药品通用名	中文名	最大残留限量（mg/kg）
48)	Fluthiacet-methyl	嗪草酸甲酯	0.05
49)	Flutianil	氟噻唑菌腈	0.05
50)	Flutolanil	氟酰胺	0.05
51)	Fluxapyroxad	氟唑菌酰胺	0.3
52)	Fosetyl-aluminium	三乙膦酸铝	2
53)	Fosthiazate	噻唑磷	0.05T
54)	Glufosinate（ammonium）	草铵膦（胺）	0.05
55)	Glyphosate	草甘膦	1.0T
56)	Haloxyfop	氟吡禾灵	0.05T
57)	Imazethapyr	咪唑乙烟酸	0.05T
58)	Imidacloprid	吡虫啉	0.05
59)	Indoxacarb	茚虫威	0.05
60)	Iprovalicarb	缬霉威	0.1
61)	Lufenuron	虱螨脲	0.1T
62)	Maleic hydrazide	抑芽丹	40.0T
63)	Mandipropamid	双炔酰菌胺	1
64)	MCPA	2甲4氯	0.05T
65)	Metalaxyl	甲霜灵	0.1
66)	Methoxyfenozide	甲氧虫酰肼	0.05
67)	Metrafenone	苯菌酮	0.2
68)	Myclobutanil	腈菌唑	0.1T
69)	Napropamide	敌草胺	0.05
70)	Oxadixyl	噁霜灵	1
71)	Oxamyl	杀线威	0.5T
72)	Oxathiapiprolin	氟噻唑吡乙酮	0.2
73)	Pencycuron	戊菌隆	0.05T
74)	Pendimethalin	二甲戊灵	0.05T
75)	Permethrin（permetrin）	氯菊酯	5.0T
76)	Pirimicarb	抗蚜威	1.0T
77)	Profenofos	丙溴磷	3.0T
78)	Propamocarb	霜霉威	0.05T
79)	Pymetrozine	吡蚜酮	0.2
80)	Pyraclostrobin	吡唑醚菌酯	0.05
81)	Pyrethrins	除虫菊素	1.0T
82)	Pyridalyl	三氟甲吡醚	0.05
83)	Pyriofenone	甲氧苯啶菌	0.3
84)	Sethoxydim	烯禾啶	0.05
85)	Spinetoram	乙基多杀菌素	0.05
86)	Spiromesifen	螺虫酯	0.05

（续）

序号	药品通用名	中文名	最大残留限量（mg/kg）
87）	Spirotetramat	螺虫乙酯	0.05
88）	Sulfoxaflor	氟啶虫胺腈	0.7
89）	Teflubenzuron	氟苯脲	0.05T
90）	Thiamethoxam	噻虫嗪	0.05T
91）	Thifluzamide	噻呋酰胺	0.05T
92）	Tiafenacil	嘧啶二酮类非选择性除草剂	0.05
233. Seumbagwi　三叶草			
1）	Pyribencarb	吡菌苯威	3.0T
2）	Pyrifluquinazon	吡氟喹虫唑	1.0T
3）	Pyriproxyfen	吡丙醚	0.2T
234. Shepherd's purse　荠菜			
1）	Bifenthrin	联苯菊酯	0.05
2）	Boscalid	啶酰菌胺	0.3T
3）	Cadusafos	硫线磷	0.05T
4）	Chlorpyrifos	毒死蜱	0.05T
5）	Cyantraniliprole	溴氰虫酰胺	9
6）	Dinotefuran	呋虫胺	1.0T
7）	Ethoprophos（ethoprop）	灭线磷	0.2
8）	Fenitrothion	杀螟硫磷	0.05
9）	Fluxapyroxad	氟唑菌酰胺	0.05T
10）	Metaflumizone	氰氟虫腙	10
11）	Metrafenone	苯菌酮	40
12）	Oxolinic acid	喹菌酮	15
13）	Phenthoate	稻丰散	3
14）	Phorate	甲拌磷	3
15）	Spinetoram	乙基多杀菌素	3
16）	Tebupirimfos	丁基嘧啶磷	0.07
17）	Tefluthrin	七氟菊酯	0.05
18）	Terbufos	特丁硫磷	0.5
235. Shinsuncho　韩国山葵			
1）	Carbendazim	多菌灵	5.0T
2）	Cartap	杀螟丹	5.0T
3）	Chlorpyrifos	毒死蜱	0.05T
4）	Cyenopyrafen	腈吡螨酯	3
5）	Cyflumetofen	丁氟螨酯	40
6）	Cyhexatin	三环锡	30
7）	Etoxazole	乙螨唑	0.1T
8）	Fenazaquin	喹螨醚	3
9）	Pymetrozine	吡蚜酮	5.0T

（续）

序号	药品通用名	中文名	最大残留限量（mg/kg）
10)	Tebufenpyrad	吡螨胺	1
11)	Tebupirimfos	丁基嘧啶磷	0.05T
236. Shiso 日本紫苏			
1)	Bifenthrin	联苯菊酯	0.05
2)	Cadusafos	硫线磷	0.2
3)	Chlorantraniliprole	氯虫苯甲酰胺	10
4)	Chlorfenapyr	虫螨腈	9
5)	Chlorpyrifos	毒死蜱	0.2
6)	Cyenopyrafen	腈吡螨酯	3
7)	Cyflumetofen	丁氟螨酯	40
8)	Cyfluthrin	氟氯氰菊酯	0.05
9)	Cyhexatin	三环锡	30
10)	Deltamethrin	溴氰菊酯	2
11)	Ethoprophos（ethoprop）	灭线磷	0.05
12)	Etoxazole	乙螨唑	0.1T
13)	Lufenuron	虱螨脲	7
14)	Novaluron	氟酰脲	0.05T
15)	Phorate	甲拌磷	0.05
16)	Phoxim	辛硫磷	0.05
17)	Pymetrozine	吡蚜酮	1
18)	Pyridalyl	三氟甲吡醚	15
19)	Pyrifluquinazon	吡氟喹虫唑	1
20)	Tebufenpyrad	吡螨胺	1
21)	Tebupirimfos	丁基嘧啶磷	0.05
22)	Tefluthrin	七氟菊酯	0.05
23)	Terbufos	特丁硫磷	0.5
237. Sorghum 高粱			
1)	2,4-D，2,4-dichlorophenoxyacetic acid	2,4-滴，2,4-二氯苯氧乙酸	0.05†
2)	Acetamiprid	啶虫脒	0.5
3)	Acetochlor	乙草胺	0.05†
4)	Azinphos-methyl	保棉磷	0.2T
5)	Azoxystrobin	嘧菌酯	10T
6)	Bentazone	灭草松	0.1T
7)	Bifenox	甲羧除草醚	0.05T
8)	Bifenthrin	联苯菊酯	0.5
9)	Bitertanol	联苯三唑醇	10
10)	Boscalid	啶酰菌胺	0.05T
11)	Carbendazim	多菌灵	0.05
12)	Carbofuran	克百威	0.1T

278

（续）

序号	药品通用名	中文名	最大残留限量（mg/kg）
13）	Carboxin	萎锈灵	0.2T
14）	Chlorantraniliprole	氯虫苯甲酰胺	0.05T
15）	chlordane	氯丹	0.02T
16）	Chlorfenapyr	虫螨腈	0.5
17）	Chlorfluazuron	氟啶脲	1
18）	Chlormequat	矮壮素	10.0T
19）	Chlorothalonil	百菌清	10
20）	Chlorpropham	氯苯胺灵	0.05T
21）	Chlorpyrifos	毒死蜱	0.5†
22）	Chlorpyrifos-methyl	甲基毒死蜱	0.1T
23）	Cyfluthrin	氟氯氰菊酯	2.0T
24）	Cyhalothrin	氯氟氰菊酯	0.2T
25）	Cypermethrin	氯氰菊酯	1.0T
26）	Deltamethrin	溴氰菊酯	0.3
27）	Dicamba	麦草畏	0.1
28）	Dichlofluanid	苯氟磺胺	0.1T
29）	Difenoconazole	苯醚甲环唑	0.2
30）	Dimethoate	乐果	0.1T
31）	Dinotefuran	呋虫胺	1
32）	Diquat	敌草快	2.0T
33）	Dithiocarbamates	二硫代氨基甲酸酯	0.05
34）	Diuron	敌草隆	1.0T
35）	Endosulfan	硫丹	0.05T
36）	Ethiofencarb	乙硫苯威	1.0T
37）	Ethoprophos（ethoprop）	灭线磷	0.005T
38）	Ethylene dibromide	二溴乙烷	0.5T
39）	Etofenprox	醚菊酯	0.05T
40）	Fenoxanil	稻瘟酰胺	0.5T
41）	Fensulfothion	丰索磷	0.1T
42）	Fenvalerate	氰戊菊酯	2.0T
43）	Fluxapyroxad	氟唑菌酰胺	0.8†
44）	Glufosinate（ammonium）	草铵膦（胺）	0.05T
45）	Glyphosate	草甘膦	30†
46）	Halosulfuron-methyl	氯吡嘧磺隆	0.05T
47）	Hexaconazole	己唑醇	0.5
48）	Imazalil	抑霉唑	0.05T
49）	Indoxacarb	茚虫威	1
50）	Isoprothiolane	稻瘟灵	2.0T
51）	Linuron	利谷隆	0.2T

（续）

序号	药品通用名	中文名	最大残留限量（mg/kg）
52）	Malathion	马拉硫磷	2.0T
53）	Metalaxyl	甲霜灵	0.05T
54）	Methiocarb	甲硫威	0.05T
55）	Methomyl	灭多威	0.2T
56）	Methoprene	烯虫酯	5.0T
57）	Methoxychlor	甲氧滴滴涕	2.0T
58）	Metolachlor	异丙甲草胺	0.3T
59）	Metribuzin	嗪草酮	0.05T
60）	Nitrapyrin	三氯甲基吡啶	0.1T
61）	Omethoate	氧乐果	0.01T
62）	Oxadiargyl	丙炔噁草酮	0.05T
63）	Oxadixyl	噁霜灵	0.1T
64）	Oxamyl	杀线威	0.02T
65）	Paraquat	百草枯	0.5T
66）	Parathion	对硫磷	0.3T
67）	Parathion-methyl	甲基对硫磷	1.0T
68）	Pencycuron	戊菌隆	10
69）	Pendimethalin	二甲戊灵	0.2T
70）	Permethrin（permetrin）	氯菊酯	2.0T
71）	Phenothrin	苯醚菊酯	2.0T
72）	Phenthoate	稻丰散	0.1
73）	Phosphamidone	磷胺	0.1T
74）	Phoxim	辛硫磷	0.05T
75）	Pirimicarb	抗蚜威	0.05T
76）	Pirimiphos-methyl	甲基嘧啶磷	5.0T
77）	Pymetrozine	吡蚜酮	0.1
78）	Pyraclostrobin	吡唑醚菌酯	0.5T
79）	Pyrethrins	除虫菊素	3.0T
80）	Pyribencarb	吡菌苯威	7
81）	Pyridalyl	三氟甲吡醚	5
82）	Quinclorac	二氯喹啉酸	0.05T
83）	Saflufenacil	苯嘧磺草胺	0.03†
84）	Simazine	西玛津	0.25T
85）	Spinosad	多杀霉素	1.0†
86）	Spirotetramat	螺虫乙酯	3
87）	Sulfoxaflor	氟啶虫胺腈	0.08T
88）	Sulfuryl fluoride	硫酰氟	0.05T
89）	Tebuconazole	戊唑醇	0.05T
90）	Thiacloprid	噻虫啉	2

（续）

序号	药品通用名	中文名	最大残留限量 (mg/kg)
91）	Thifluzamide	噻呋酰胺	0.1T
92）	Thiobencarb	禾草丹	0.1T

238. Soybean 大豆

序号	药品通用名	中文名	最大残留限量 (mg/kg)
1）	2,4-D，2,4-dichlorophenoxyacetic acid	2,4-滴，2,4-二氯苯氧乙酸	$0.01^{\dagger}$
2）	Abamectin	阿维菌素	0.05T
3）	Acephate	乙酰甲胺磷	0.05
4）	Acetamiprid	啶虫脒	1
5）	Acetochlor	乙草胺	$0.09^{\dagger}$
6）	Alachlor	甲草胺	0.05
7）	Aldicarb	涕灭威	0.02T
8）	Azinphos-methyl	保棉磷	0.2T
9）	Azoxystrobin	嘧菌酯	$0.5^{\dagger}$
10）	Bentazone	灭草松	0.05T
11）	Benzovindiflupyr	苯并烯氟菌唑	$0.07^{\dagger}$
12）	Bifenox	甲羧除草醚	0.05T
13）	Bifenthrin	联苯菊酯	0.5
14）	Bistrifluron	双三氟虫脲	0.1
15）	Bitertanol	联苯三唑醇	0.2T
16）	Boscalid	啶酰菌胺	0.05T
17）	Captan	克菌丹	2.0T
18）	Carbaryl	甲萘威	1.0T
19）	Carbendazim	多菌灵	0.2
20）	Carbofuran	克百威	0.2T
21）	Carboxin	萎锈灵	0.2T
22）	Carfentrazone-ethyl	唑酮草酯	0.1T
23）	Chlorantraniliprole	氯虫苯甲酰胺	0.05
24）	Chlorfenapyr	虫螨腈	0.05T
25）	Chlorfluazuron	氟啶脲	0.1
26）	Chlorimuron-ethyl	氯嘧磺隆	0.05T
27）	Chlorothalonil	百菌清	$0.02^{\dagger}$
28）	Chlorpropham	氯苯胺灵	0.2T
29）	Chlorpyrifos	毒死蜱	$0.04^{\dagger}$
30）	Chlorpyrifos-methyl	甲基毒死蜱	0.05T
31）	Chromafenozide	环虫酰肼	0.05
32）	Clethodim	烯草酮	0.05
33）	Clomazone	异噁草酮	0.05
34）	Clothianidin	噻虫胺	0.1
35）	Cyantraniliprole	溴氰虫酰胺	0.4T
36）	Cyazofamid	氰霜唑	0.1T

（续）

（续）

序号	药品通用名	中文名	最大残留限量 （mg/kg）
37）	Cyclaniliprole	环溴虫酰胺	0.05
38）	Cyenopyrafen	腈吡螨酯	0.05T
39）	Cyflumetofen	丁氟螨酯	0.1T
40）	Cyfluthrin	氟氯氰菊酯	0.05
41）	Cyhalothrin	氯氟氰菊酯	0.05
42）	Cypermethrin	氯氰菊酯	0.05T
43）	Cyproconazole	环丙唑醇	0.05†
44）	Deltamethrin	溴氰菊酯	0.1
45）	Dicamba	麦草畏	10†
46）	Dichlofluanid	苯氟磺胺	0.2T
47）	Dichlorvos	敌敌畏	0.05
48）	Diclofop-methyl	禾草灵	0.1T
49）	Dicloran	氯硝胺	20.0T
50）	Diclosulam	双氯磺草胺	0.02T
51）	Difenoconazole	苯醚甲环唑	0.15†
52）	Diflubenzuron	除虫脲	0.1
53）	Dimethenamid	二甲吩草胺	0.01
54）	Dimethoate	乐果	0.05T
55）	Dimethomorph	烯酰吗啉	0.05T
56）	Diniconazole	烯唑醇	0.05T
57）	Dinotefuran	呋虫胺	0.05
58）	Diquat	敌草快	0.3†
59）	Dithianon	二氰蒽醌	0.05
60）	Dithiocarbamates	二硫代氨基甲酸酯	0.05
61）	Diuron	敌草隆	1.0T
62）	Emamectin benzoate	甲氨基阿维菌素苯甲酸盐	0.05T
63）	Endosulfan	硫丹	1.0T
64）	Epoxiconazole	氟环唑	0.05T
65）	Ethalfluralin	乙丁烯氟灵	0.05
66）	Ethiofencarb	乙硫苯威	1.0T
67）	Ethoprophos（ethoprop）	灭线磷	0.02T
68）	Ethylene dibromide	二溴乙烷	0.001T
69）	Etofenprox	醚菊酯	0.2
70）	Fenamiphos	苯线磷	0.05T
71）	Fenarimol	氯苯嘧啶醇	0.05T
72）	Fenbutatin oxide	苯丁锡	0.5T
73）	Fenitrothion	杀螟硫磷	0.05
74）	Fenoxaprop-ethyl	恶唑禾草灵	0.05
75）	Fensulfothion	丰索磷	0.02T

（续）

序号	药品通用名	中文名	最大残留限量（mg/kg）
76）	Fenthion	倍硫磷	0.1T
77）	Fenvalerate	氰戊菊酯	0.05T
78）	Flonicamid	氟啶虫酰胺	0.2
79）	Fluazifop-butyl	吡氟禾草灵	0.05
80）	Flubendiamide	氟苯虫酰胺	0.1
81）	Fludioxonil	咯菌腈	0.4T
82）	Flufenacet	氟噻草胺	0.05
83）	Flufenoxuron	氟虫脲	0.05T
84）	Flumioxazin	丙炔氟草胺	$0.02^†$
85）	Flusilazole	氟硅唑	$0.05^†$
86）	Flutolanil	氟酰胺	0.2
87）	Flutriafol	粉唑醇	$0.4^†$
88）	Fluxapyroxad	氟唑菌酰胺	$0.15^†$
89）	Fomesafen	氟磺胺草醚	0.02T
90）	Glufosinate（ammonium）	草铵膦（胺）	$2.0^†$
91）	Glyphosate	草甘膦	20T
92）	Haloxyfop	氟吡禾灵	0.05
93）	Heptachlor	七氯	0.02T
94）	Hexaconazole	己唑醇	0.5
95）	Imazapic	甲咪唑烟酸	$0.3^†$
96）	Imazapyr	咪唑烟酸	$3.0^†$
97）	Imazaquin	咪唑喹啉酸	0.05T
98）	Imazethapyr	咪唑乙烟酸	0.03T
99）	Imidacloprid	吡虫啉	$1.5^†$
100）	Indoxacarb	茚虫威	0.2
101）	Isopyrazam	吡唑萘菌胺	0.05T
102）	Isoxaflutole	异噁唑草酮	$0.02^†$
103）	Kresoxim-methyl	醚菌酯	0.1
104）	Linuron	利谷隆	0.05
105）	Lufenuron	虱螨脲	0.05
106）	Malathion	马拉硫磷	0.5T
107）	MCPA	2甲4氯	0.05T
108）	Metaflumizone	氰氟虫腙	0.05
109）	Metalaxyl	甲霜灵	0.05T
110）	Metaldehyde	四聚乙醛	0.05T
111）	Metconazole	叶菌唑	0.02T
112）	Methamidophos	甲胺磷	0.05
113）	Methiocarb	甲硫威	0.05
114）	Methomyl	灭多威	0.2T

（续）

序号	药品通用名	中文名	最大残留限量（mg/kg）
115)	Methoxyfenozide	甲氧虫酰肼	0.5†
116)	Metolachlor	异丙甲草胺	0.05
117)	Metribuzin	嗪草酮	0.1
118)	Monocrotophos	久效磷	0.05T
119)	Myclobutanil	腈菌唑	0.1T
120)	Napropamide	敌草胺	0.05
121)	Novaluron	氟酰脲	0.05
122)	Oxadixyl	噁霜灵	0.1T
123)	Oxamyl	杀线威	0.1T
124)	Oxolinic acid	喹菌酮	0.5
125)	Oxyfluorfen	乙氧氟草醚	0.05†
126)	Paraquat	百草枯	0.1T
127)	Parathion	对硫磷	0.05T
128)	Parathion-methyl	甲基对硫磷	0.1T
129)	Pendimethalin	二甲戊灵	0.05
130)	Permethrin（permetrin）	氯菊酯	0.05T
131)	Phorate	甲拌磷	0.05
132)	Pirimicarb	抗蚜威	0.05T
133)	Profenofos	丙溴磷	0.05T
134)	Propamocarb	霜霉威	0.05T
135)	Propaquizafop	噁草酸	0.05
136)	Propiconazole	丙环唑	0.06†
137)	Prothiaconazole	丙硫菌唑	0.2T
138)	Pyraclostrobin	吡唑醚菌酯	0.05
139)	Pyrethrins	除虫菊素	1.0T
140)	Pyribencarb	吡菌苯威	0.2
141)	Pyridalyl	三氟甲吡醚	0.05T
142)	Pyrifluquinazon	吡氟喹虫唑	0.05T
143)	Sethoxydim	烯禾啶	0.05†
144)	Spinetoram	乙基多杀菌素	0.05T
145)	Spirotetramat	螺虫乙酯	4.0†
146)	Streptomycin	链霉素	0.05
147)	Sulfentrazone	甲磺草胺	0.05T
148)	Sulfoxaflor	氟啶虫胺腈	0.2†
149)	Tebuconazole	戊唑醇	0.1†
150)	Tebufenozide	虫酰肼	0.05T
151)	Tebufenpyrad	吡螨胺	0.05T
152)	Teflubenzuron	氟苯脲	0.05T
153)	Tepraloxydim	吡喃草酮	5.0T

（续）

序号	药品通用名	中文名	最大残留限量（mg/kg）
154）	Terbufos	特丁硫磷	0.05T
155）	Tetraconazole	四氟醚唑	0.2
156）	Thiabendazole	噻菌灵	0.2T
157）	Thiacloprid	噻虫啉	0.05
158）	Thiamethoxam	噻虫嗪	1
159）	Thiobencarb	禾草丹	0.2
160）	Tiafenacil	嘧啶二酮类非选择性除草剂	0.05
161）	Triadimefon	三唑酮	0.1T
162）	Triadimenol	三唑醇	0.05T
163）	Triazophos	三唑磷	0.05T
164）	Trifloxystrobin	肟菌酯	0.04†
165）	Triflumizole	氟菌唑	0.05
166）	Triflumuron	杀铃脲	0.5T
167）	Trifluralin	氟乐灵	0.05
168）	Valifenalate	磺草灵	0.05T

239. Soybean（fresh） 大豆（鲜）

序号	药品通用名	中文名	最大残留限量（mg/kg）
1）	Chlorantraniliprole	氯虫苯甲酰胺	1
2）	Clothianidin	噻虫胺	1

240. Spices 香辛料

序号	药品通用名	中文名	最大残留限量（mg/kg）
1）	Aluminium phosphide（hydrogen phosphide）	磷化铝	0.1

241. Spices（fruits and berries） 香辛料（水果和浆果类）

序号	药品通用名	中文名	最大残留限量（mg/kg）
1）	Acephate	乙酰甲胺磷	0.2T
2）	Acetamiprid	啶虫脒	0.1†
3）	Aldicarb	涕灭威	0.07T
4）	Azinphos-methyl	保棉磷	0.5T
5）	Bifenthrin	联苯菊酯	0.03T
6）	Carbaryl	甲萘威	0.8T
7）	Carbofuran	克百威	0.05T
8）	Chlorpyrifos	毒死蜱	1.0†
9）	Chlorpyrifos-methyl	甲基毒死蜱	0.3T
10）	Cyfluthrin	氟氯氰菊酯	0.03T
11）	Cyhalothrin	氯氟氰菊酯	0.03T
12）	Cypermethrin	氯氰菊酯	0.5T
13）	Deltamethrin	溴氰菊酯	0.03T
14）	Dichlorvos	敌敌畏	0.1T
15）	Dicofol	三氯杀螨醇	0.1T
16）	Dimethoate	乐果	0.5T
17）	Disulfoton	乙拌磷	0.05T
18）	Endosulfan	硫丹	5.0T

（续）

序号	药品通用名	中文名	最大残留限量（mg/kg）
19)	Ethion	乙硫磷	5.0T
20)	Fenitrothion	杀螟硫磷	1.0T
21)	Fenvalerate	氰戊菊酯	0.03T
22)	Imidacloprid	吡虫啉	0.05T
23)	Malathion	马拉硫磷	1.0T
24)	Metalaxyl	甲霜灵	0.05T
25)	Methamidophos	甲胺磷	0.1T
26)	Methiocarb	甲硫威	0.07T
27)	Methomyl	灭多威	0.07T
28)	Methylbromide	溴甲烷	400T
29)	Oxamyl	杀线威	0.07T
30)	Parathion	对硫磷	0.2T
31)	Parathion-methyl	甲基对硫磷	5.0T
32)	Permethrin（permetrin）	氯菊酯	0.07†
33)	Phorate	甲拌磷	0.1T
34)	Phosalone	伏杀磷	2.0T
35)	Pirimiphos-methyl	甲基嘧啶磷	0.5T
36)	Profenofos	丙溴磷	0.07T
37)	Quintozene	五氯硝基苯	0.02T
38)	Triazophos	三唑磷	0.07T
39)	Vinclozolin	乙烯菌核利	0.05T

242. Spices roots　根类香辛料

序号	药品通用名	中文名	最大残留限量（mg/kg）
1)	Acephate	乙酰甲胺磷	0.2T
2)	Aldicarb	涕灭威	0.02T
3)	Azinphos-methyl	保棉磷	0.5T
4)	Bifenthrin	联苯菊酯	0.05T
5)	Captan	克菌丹	0.05T
6)	Carbaryl	甲萘威	0.1T
7)	Carbendazim	多菌灵	0.1T
8)	Carbofuran	克百威	0.1T
9)	Chlorpyrifos	毒死蜱	1.0T
10)	Chlorpyrifos-methyl	甲基毒死蜱	5.0T
11)	Cyfluthrin	氟氯氰菊酯	0.05T
12)	Cyhalothrin	氯氟氰菊酯	0.05T
13)	Cypermethrin	氯氰菊酯	0.2T
14)	Deltamethrin	溴氰菊酯	0.5T
15)	Dichlorvos	敌敌畏	0.1T
16)	Dicofol	三氯杀螨醇	0.1T
17)	Dimethoate	乐果	0.1T

（续）

序号	药品通用名	中文名	最大残留限量 （mg/kg）
18)	Disulfoton	乙拌磷	0.05T
19)	Endosulfan	硫丹	0.5T
20)	Ethion	乙硫磷	0.3T
21)	Fenitrothion	杀螟硫磷	0.1T
22)	Fenvalerate	氰戊菊酯	0.05T
23)	Iprodione	异菌脲	0.1T
24)	Malathion	马拉硫磷	0.5T
25)	Methamidophos	甲胺磷	0.1T
26)	Methiocarb	甲硫威	0.1T
27)	Methylbromide	溴甲烷	400T
28)	Omethoate	氧乐果	0.05T
29)	Oxamyl	杀线威	0.05T
30)	Parathion	对硫磷	0.2T
31)	Parathion-methyl	甲基对硫磷	3.0T
32)	Phorate	甲拌磷	0.1T
33)	Phosalone	伏杀磷	3.0T
34)	Profenofos	丙溴磷	0.05T
35)	Quintozene	五氯硝基苯	2.0T
36)	Triazophos	三唑磷	0.1T
37)	Vinclozolin	乙烯菌核利	0.05T

243. Spices seeds 种子类香辛料

序号	药品通用名	中文名	最大残留限量 （mg/kg）
1)	Acephate	乙酰甲胺磷	0.2T
2)	Acetamiprid	啶虫脒	0.05T
3)	Azinphos-methyl	保棉磷	0.5T
4)	Azoxystrobin	嘧菌酯	0.3†
5)	Boscalid	啶酰菌胺	0.05T
6)	Carbaryl	甲萘威	0.05T
7)	Carbendazim	多菌灵	0.15T
8)	Carbofuran	克百威	0.05T
9)	Chlorpyrifos	毒死蜱	5.0†
10)	Chlorpyrifos-methyl	甲基毒死蜱	1.0T
11)	Clothianidin	噻虫胺	0.05T
12)	Cypermethrin	氯氰菊酯	0.05T
13)	Deltamethrin	溴氰菊酯	0.1T
14)	Dichlorvos	敌敌畏	0.1T
15)	Dicofol	三氯杀螨醇	0.05T
16)	Difenoconazole	苯醚甲环唑	0.3T
17)	Dimethoate	乐果	5.0T
18)	Disulfoton	乙拌磷	0.05T

（续）

序号	药品通用名	中文名	最大残留限量 (mg/kg)
19)	Endosulfan	硫丹	1.0T
20)	Ethion	乙硫磷	3.0†
21)	Fenitrothion	杀螟硫磷	7.0†
22)	Fenvalerate	氰戊菊酯	0.05T
23)	Imidacloprid	吡虫啉	0.05T
24)	Iprodione	异菌脲	0.05†
25)	Malathion	马拉硫磷	2.0†
26)	Metalaxyl	甲霜灵	5.0†
27)	Methamidophos	甲胺磷	0.1T
28)	Methylbromide	溴甲烷	400T
29)	Parathion	对硫磷	0.1T
30)	Parathion-methyl	甲基对硫磷	5.0†
31)	Pendimethalin	二甲戊灵	0.04†
32)	Phenthoate	稻丰散	7.0T
33)	Phorate	甲拌磷	0.5T
34)	Phosalone	伏杀磷	2.0†
35)	Pirimicarb	抗蚜威	5.0T
36)	Pirimiphos-methyl	甲基嘧啶磷	3.0†
37)	Profenofos	丙溴磷	5.0†
38)	Propiconazole	丙环唑	0.02T
39)	Quintozene	五氯硝基苯	0.1T
40)	Tebuconazole	戊唑醇	0.05T
41)	Thiamethoxam	噻虫嗪	0.05T
42)	Triazophos	三唑磷	0.1†
43)	Tricyclazole	三环唑	0.2T
44)	Trifluralin	氟乐灵	0.05T
45)	Vinclozolin	乙烯菌核利	0.05T
244. Spinach 菠菜			
1)	2,4-D, 2,4-dichlorophenoxyacetic acid	2,4-滴，2,4-二氯苯氧乙酸	0.1T
2)	Abamectin	阿维菌素	0.05
3)	Acequinocyl	灭螨醌	7.0T
4)	Acetamiprid	啶虫脒	5
5)	Alachlor	甲草胺	0.2T
6)	Ametoctradin	唑嘧菌胺	30
7)	Amisulbrom	吲唑磺菌胺	3
8)	Azinphos-methyl	保棉磷	0.5T
9)	Azoxystrobin	嘧菌酯	20
10)	Bentazone	灭草松	0.2T
11)	Benthiavalicarb-isopropyl	苯噻菌胺	1

（续）

序号	药品通用名	中文名	最大残留限量（mg/kg）
12)	Bifenthrin	联苯菊酯	7
13)	Bistrifluron	双三氟虫脲	5
14)	Boscalid	啶酰菌胺	1.0T
15)	Butachlor	丁草胺	0.1T
16)	Cadusafos	硫线磷	0.05
17)	Captan	克菌丹	5.0T
18)	Carbaryl	甲萘威	0.5T
19)	Cartap	杀螟丹	0.7T
20)	Chlorantraniliprole	氯虫苯甲酰胺	5
21)	Chlorfenapyr	虫螨腈	10
22)	Chlorfluazuron	氟啶脲	1
23)	Chlorothalonil	百菌清	5.0T
24)	Chlorpropham	氯苯胺灵	0.2T
25)	Chlorpyrifos	毒死蜱	0.05
26)	Chromafenozide	环虫酰肼	15
27)	Clothianidin	噻虫胺	0.05
28)	Cyantraniliprole	溴氰虫酰胺	3
29)	Cyazofamid	氰霜唑	10
30)	Cyenopyrafen	腈吡螨酯	10T
31)	Cyflumetofen	丁氟螨酯	30T
32)	Cyfluthrin	氟氯氰菊酯	0.1
33)	Cyhalothrin	氯氟氰菊酯	0.5T
34)	Cymoxanil	霜脲氰	19†
35)	Cypermethrin	氯氰菊酯	2.0T
36)	Deltamethrin	溴氰菊酯	0.05
37)	Dichlofluanid	苯氟磺胺	15.0T
38)	Dicofol	三氯杀螨醇	1.0T
39)	Dimethoate	乐果	1.0T
40)	Dimethomorph	烯酰吗啉	20
41)	Dinotefuran	呋虫胺	1.0T
42)	Emamectin benzoate	甲氨基阿维菌素苯甲酸盐	0.05
43)	Ethiofencarb	乙硫苯威	5.0T
44)	Ethoprophos（ethoprop）	灭线磷	0.02
45)	Etofenprox	醚菊酯	0.5
46)	Etoxazole	乙螨唑	0.1T
47)	Fenbutatin oxide	苯丁锡	2.0T
48)	Fenitrothion	杀螟硫磷	0.05
49)	Fenpropathrin	甲氰菊酯	0.3T
50)	Fenpyrazamine	胺苯吡菌酮	15T

（续）

序号	药品通用名	中文名	最大残留限量（mg/kg）
51)	Fenvalerate	氰戊菊酯	0.5T
52)	Flonicamid	氟啶虫酰胺	1
53)	Fluazifop-butyl	吡氟禾草灵	6.0T
54)	Fluazinam	氟啶胺	0.05T
55)	Flubendiamide	氟苯虫酰胺	10
56)	Fludioxonil	咯菌腈	20
57)	Flufenoxuron	氟虫脲	6
58)	Fluopicolide	氟吡菌胺	1.0T
59)	Flupyradifurone	氟吡呋喃酮	30†
60)	Fluxametamide	氟噁唑酰胺	7
61)	Fluxapyroxad	氟唑菌酰胺	0.05T
62)	Isoprothiolane	稻瘟灵	0.2T
63)	Lepimectin	雷皮菌素	0.05
64)	Lufenuron	虱螨脲	5
65)	Malathion	马拉硫磷	0.5T
66)	Maleic hydrazide	抑芽丹	25.0T
67)	Mandipropamid	双炔酰菌胺	25
68)	Metaflumizone	氰氟虫腙	10
69)	Metalaxyl	甲霜灵	5
70)	Methomyl	灭多威	0.5T
71)	Methoxychlor	甲氧滴滴涕	14.0T
72)	Methoxyfenozide	甲氧虫酰肼	20
73)	Metolachlor	异丙甲草胺	0.05T
74)	Metribuzin	嗪草酮	0.5T
75)	Mevinphos	速灭磷	0.5T
76)	Milbemectin	弥拜菌素	0.3
77)	Myclobutanil	腈菌唑	1.0T
78)	Napropamide	敌草胺	0.05T
79)	Novaluron	氟酰脲	5
80)	Omethoate	氧乐果	0.01T
81)	Oxadixyl	噁霜灵	0.1T
82)	Oxamyl	杀线威	2.0T
83)	Oxathiapiprolin	氟噻唑吡乙酮	15†
84)	Oxyfluorfen	乙氧氟草醚	0.05T
85)	Parathion	对硫磷	0.3T
86)	Parathion-methyl	甲基对硫磷	0.5T
87)	Pendimethalin	二甲戊灵	0.2T
88)	Permethrin（permetrin）	氯菊酯	2.0T
89)	Phenthoate	稻丰散	0.1T

（续）

序号	药品通用名	中文名	最大残留限量 （mg/kg）
90）	Phorate	甲拌磷	0.05T
91）	Phosphamidone	磷胺	0.2T
92）	Phoxim	辛硫磷	0.05
93）	Pirimicarb	抗蚜威	1.0T
94）	Pirimiphos-methyl	甲基嘧啶磷	5.0T
95）	Propamocarb	霜霉威	1.0T
96）	Pymetrozine	吡蚜酮	5
97）	Pyraclostrobin	吡唑醚菌酯	10
98）	Pyrethrins	除虫菊素	1.0T
99）	Pyridalyl	三氟甲吡醚	5
100）	Pyrifluquinazon	吡氟喹虫唑	1.0T
101）	Sethoxydim	烯禾啶	10
102）	Spinetoram	乙基多杀菌素	0.5
103）	Spirotetramat	螺虫乙酯	5
104）	Sulfoxaflor	氟啶虫胺腈	3
105）	Tebuconazole	戊唑醇	3
106）	Tebufenozide	虫酰肼	1
107）	Tebufenpyrad	吡螨胺	2
108）	Tebupirimfos	丁基嘧啶磷	0.01
109）	Teflubenzuron	氟苯脲	5
110）	Tefluthrin	七氟菊酯	0.05
111）	Terbufos	特丁硫磷	0.05
112）	Thiobencarb	禾草丹	0.2T
113）	Trifloxystrobin	肟菌酯	20†
114）	Trifluralin	氟乐灵	0.05T
245. Squash 西葫芦			
1）	4-Chlorophenoxyacetate	氯苯氧乙酸	0.05
2）	Abamectin	阿维菌素	0.01
3）	Acetamiprid	啶虫脒	0.5
4）	Alachlor	甲草胺	0.05T
5）	Azinphos-methyl	保棉磷	0.5T
6）	Azoxystrobin	嘧菌酯	0.1
7）	Bentazone	灭草松	0.2T
8）	Bifenthrin	联苯菊酯	0.2
9）	Bistrifluron	双三氟虫脲	0.1
10）	Bitertanol	联苯三唑醇	0.5
11）	Boscalid	啶酰菌胺	2
12）	Buprofezin	噻嗪酮	0.5
13）	Butachlor	丁草胺	0.1T

（续）

序号	药品通用名	中文名	最大残留限量（mg/kg）
14)	Captan	克菌丹	5.0T
15)	Carbaryl	甲萘威	1.0T
16)	Carbendazim	多菌灵	0.5
17)	Carbofuran	克百威	0.5T
18)	Chlorantraniliprole	氯虫苯甲酰胺	0.7
19)	Chlorfenapyr	虫螨腈	0.1
20)	Chlorfluazuron	氟啶脲	0.3T
21)	Chlorpropham	氯苯胺灵	0.05T
22)	Chlorpyrifos	毒死蜱	0.3
23)	Chromafenozide	环虫酰肼	0.2T
24)	Clomazone	异噁草酮	0.1T
25)	Clothianidin	噻虫胺	0.5
26)	Cyantraniliprole	溴氰虫酰胺	0.3
27)	Cyclaniliprole	环溴虫酰胺	0.07
28)	Cyenopyrafen	腈吡螨酯	0.06
29)	Cyflumetofen	丁氟螨酯	0.7
30)	Cyfluthrin	氟氯氰菊酯	2.0T
31)	Cyhalothrin	氯氟氰菊酯	0.5
32)	Cyhexatin	三环锡	0.2
33)	Cypermethrin	氯氰菊酯	5.0T
34)	DBEDC	胺磺酮	3
35)	Deltamethrin	溴氰菊酯	0.05
36)	Dichlofluanid	苯氟磺胺	15.0T
37)	Dicofol	三氯杀螨醇	1.0T
38)	Difenoconazole	苯醚甲环唑	0.5
39)	Dinotefuran	呋虫胺	2
40)	Dithiocarbamates	二硫代氨基甲酸酯	0.5†
41)	Emamectin benzoate	甲氨基阿维菌素苯甲酸盐	0.05
42)	Ethephon	乙烯利	0.1T
43)	Ethiofencarb	乙硫苯威	5.0T
44)	Etofenprox	醚菊酯	0.2T
45)	Etoxazole	乙螨唑	0.15
46)	Fenbutatin oxide	苯丁锡	2.0T
47)	Fenpyrazamine	胺苯吡菌酮	0.2
48)	Fenvalerate	氰戊菊酯	0.5T
49)	Flonicamid	氟啶虫酰胺	3
50)	Fluazifop-butyl	吡氟禾草灵	0.1T
51)	Fludioxonil	咯菌腈	0.2
52)	Fluensulfone	联氟砜	0.05

（续）

序号	药品通用名	中文名	最大残留限量（mg/kg）
53）	Flufenoxuron	氟虫脲	0.1
54）	Fluopyram	氟吡菌酰胺	0.3
55）	Fluquinconazole	氟喹唑	0.5T
56）	Flusilazole	氟硅唑	0.5T
57）	Flutianil	氟噻唑菌腈	0.1
58）	Fluxametamide	氟恶唑酰胺	0.2
59）	Fluxapyroxad	氟唑菌酰胺	0.5
60）	Folpet	灭菌丹	5.0T
61）	Forchlorfenuron	氯吡脲	0.05
62）	Glufosinate（ammonium）	草铵膦（胺）	0.05
63）	Glyphosate	草甘膦	0.2T
64）	Hexaconazole	己唑醇	0.3
65）	Hydrogen cyanide	氢氰酸	5
66）	Imazalil	抑霉唑	2.0T
67）	Imidacloprid	吡虫啉	0.5
68）	Indoxacarb	茚虫威	0.15†
69）	Isopyrazam	吡唑萘菌胺	1
70）	Kresoxim-methyl	醚菌酯	0.5
71）	Lepimectin	雷皮菌素	0.05
72）	Lufenuron	虱螨脲	0.5
73）	Malathion	马拉硫磷	0.5T
74）	Maleic hydrazide	抑芽丹	25.0T
75）	MCPA	2甲4氯	0.05T
76）	Meptyldinocap	消螨多	0.1T
77）	Metaflumizone	氰氟虫腙	0.15
78）	Metalaxyl	甲霜灵	0.2T
79）	Methomyl	灭多威	0.2T
80）	Methoxychlor	甲氧滴滴涕	14.0T
81）	Methoxyfenozide	甲氧虫酰肼	0.3
82）	Metrafenone	苯菌酮	1
83）	Metribuzin	嗪草酮	0.5T
84）	Myclobutanil	腈菌唑	1.0T
85）	Napropamide	敌草胺	0.05T
86）	Novaluron	氟酰脲	0.15
87）	Oxadixyl	恶霜灵	0.1T
88）	Oxamyl	杀线威	2.0T
89）	Parathion	对硫磷	0.3T
90）	Parathion-methyl	甲基对硫磷	1.0T
91）	Pendimethalin	二甲戊灵	0.2T

（续）

序号	药品通用名	中文名	最大残留限量（mg/kg）
92)	Penthiopyrad	吡噻菌胺	0.3
93)	Permethrin（permetrin）	氯菊酯	0.5T
94)	Pirimicarb	抗蚜威	2.0T
95)	Procymidone	腐霉利	0.2T
96)	Pymetrozine	吡蚜酮	0.2
97)	Pyraclostrobin	吡唑醚菌酯	0.5
98)	Pyridaben	哒螨灵	0.5
99)	Pyrifluquinazon	吡氟喹虫唑	0.2
100)	Pyriofenone	甲氧苯啶菌	0.5
101)	Sethoxydim	烯禾啶	10.0T
102)	Spinetoram	乙基多杀菌素	0.2
103)	Spinosad	多杀霉素	0.1
104)	Spirotetramat	螺虫乙酯	0.9
105)	Sulfoxaflor	氟啶虫胺腈	0.2
106)	Tebufenpyrad	吡螨胺	0.1T
107)	Teflubenzuron	氟苯脲	0.2T
108)	Tetraconazole	四氟醚唑	0.2
109)	Tetradifon	三氯杀螨砜	1.0T
110)	Thiamethoxam	噻虫嗪	0.3
111)	Thiobencarb	禾草丹	0.2T
112)	Triadimefon	三唑酮	0.2T
113)	Trifloxystrobin	肟菌酯	0.2
114)	Triflumizole	氟菌唑	1
115)	Trifluralin	氟乐灵	0.05T
116)	Triforine	嗪氨灵	0.3

246. Squash leaves 南瓜叶

序号	药品通用名	中文名	最大残留限量（mg/kg）
1)	4-Chlorophenoxyacetate	氯苯氧乙酸	0.05
2)	Acetamiprid	啶虫脒	10
3)	Bifenthrin	联苯菊酯	8
4)	Bistrifluron	双三氟虫脲	15
5)	Boscalid	啶酰菌胺	30
6)	Buprofezin	噻嗪酮	7
7)	Carbendazim	多菌灵	10
8)	Chlorantraniliprole	氯虫苯甲酰胺	7
9)	Chlorfenapyr	虫螨腈	20
10)	Chromafenozide	环虫酰肼	30
11)	Clothianidin	噻虫胺	1
12)	Cyantraniliprole	溴氰虫酰胺	9
13)	Cyhexatin	三环锡	10T

（续）

序号	药品通用名	中文名	最大残留限量（mg/kg）
14)	Deltamethrin	溴氰菊酯	1
15)	Difenoconazole	苯醚甲环唑	10
16)	Dinotefuran	呋虫胺	5
17)	Flonicamid	氟啶虫酰胺	10
18)	Flufenoxuron	氟虫脲	30
19)	Flupyradifurone	氟吡呋喃酮	10
20)	Fluxametamide	氟噁唑酰胺	15
21)	Lepimectin	雷皮菌素	2
22)	Metaflumizone	氰氟虫腙	15
23)	Pymetrozine	吡蚜酮	10
24)	Pyridaben	哒螨灵	20
25)	Pyrifluquinazon	吡氟喹虫唑	10
26)	Pyriofenone	甲氧苯啶菌	10
27)	Spinetoram	乙基多杀菌素	3
28)	Sulfoxaflor	氟啶虫胺腈	10
29)	Tebufenpyrad	吡螨胺	15
30)	Thiamethoxam	噻虫嗪	3

247. Ssam cabbage 紫甘蓝

序号	药品通用名	中文名	最大残留限量（mg/kg）
1)	Abamectin	阿维菌素	0.3
2)	Acephate	乙酰甲胺磷	5
3)	Acetamiprid	啶虫脒	3
4)	Ametoctradin	唑嘧菌胺	5
5)	Amisulbrom	吲唑磺菌胺	2
6)	Benalaxyl	苯霜灵	3
7)	Benthiavalicarb-isopropyl	苯噻菌胺	5
8)	Bifenthrin	联苯菊酯	2
9)	Bistrifluron	双三氟虫脲	3
10)	Boscalid	啶酰菌胺	0.3T
11)	Cadusafos	硫线磷	0.05
12)	Captan	克菌丹	20
13)	Carbaryl	甲萘威	0.5T
14)	Carbendazim	多菌灵	2
15)	Carbofuran	克百威	0.05
16)	Carpropamide	环丙酰菌胺	1.0T
17)	Cartap	杀螟丹	2
18)	Chlorantraniliprole	氯虫苯甲酰胺	3
19)	Chlorfenapyr	虫螨腈	3
20)	Chlorfluazuron	氟啶脲	1
21)	Chlorothalonil	百菌清	5

（续）

序号	药品通用名	中文名	最大残留限量（mg/kg）
22)	Chlorpyrifos	毒死蜱	0.2
23)	Chlorpyrifos-methyl	甲基毒死蜱	0.2
24)	Chromafenozide	环虫酰肼	5.0T
25)	Cyantraniliprole	溴氰虫酰胺	2
26)	Cyazofamid	氰霜唑	2
27)	Cyclaniliprole	环溴虫酰胺	0.5
28)	Cyfluthrin	氟氯氰菊酯	2
29)	Cyhalothrin	氯氟氰菊酯	0.5
30)	Cymoxanil	霜脲氰	0.5
31)	Cypermethrin	氯氰菊酯	5
32)	Deltamethrin	溴氰菊酯	1
33)	Diazinon	二嗪磷	0.1
34)	Dichlorvos	敌敌畏	0.5
35)	Diflubenzuron	除虫脲	2
36)	Dimethomorph	烯酰吗啉	5
37)	Diniconazole	烯唑醇	0.3
38)	Dinotefuran	呋虫胺	3
39)	Dithianon	二氰蒽醌	0.1
40)	Dithiocarbamates	二硫代氨基甲酸酯	5.0T
41)	Emamectin benzoate	甲氨基阿维菌素苯甲酸盐	0.05
42)	Ethaboxam	噻唑菌胺	2
43)	Ethoprophos（ethoprop）	灭线磷	0.02
44)	Etofenprox	醚菊酯	2
45)	Etridiazole	土菌灵	0.2
46)	Famoxadone	噁唑菌酮	1
47)	Fenitrothion	杀螟硫磷	0.05
48)	Fenpropathrin	甲氰菊酯	0.3T
49)	Fenpyroximate	唑螨酯	5.0T
50)	Fenvalerate	氰戊菊酯	1
51)	Fipronil	氟虫腈	0.05
52)	Flonicamid	氟啶虫酰胺	2
53)	Fluazifop-butyl	吡氟禾草灵	2
54)	Fluazinam	氟啶胺	3
55)	Flubendiamide	氟苯虫酰胺	3
56)	Flufenoxuron	氟虫脲	3
57)	Fluopicolide	氟吡菌胺	1
58)	Fluopyram	氟吡菌酰胺	2.0T
59)	Flusulfamide	磺菌胺	0.05
60)	Fluthiacet-methyl	嗪草酸甲酯	0.05

（续）

序号	药品通用名	中文名	最大残留限量 (mg/kg)
61)	Fluxametamide	氟噁唑酰胺	5
62)	Fluxapyroxad	氟唑菌酰胺	0.05
63)	Fosetyl-aluminium	三乙膦酸铝	20
64)	Glufosinate（ammonium）	草铵膦（胺）	0.05
65)	Hydrogen cyanide	氢氰酸	5
66)	Imidacloprid	吡虫啉	1
67)	Iprobenfos	异稻瘟净	0.2T
68)	Iprovalicarb	缬霉威	2
69)	Isoprothiolane	稻瘟灵	0.2T
70)	Kresoxim-methyl	醚菌酯	0.1
71)	Lepimectin	雷皮菌素	0.05
72)	Linuron	利谷隆	0.05T
73)	Lufenuron	虱螨脲	1
74)	Malathion	马拉硫磷	0.5
75)	Mandipropamid	双炔酰菌胺	3
76)	Metaflumizone	氰氟虫腙	2
77)	Metalaxyl	甲霜灵	0.5
78)	Metaldehyde	四聚乙醛	1
79)	Methamidophos	甲胺磷	2
80)	Methomyl	灭多威	3
81)	Napropamide	敌草胺	0.1
82)	Novaluron	氟酰脲	2
83)	Oxathiapiprolin	氟噻唑吡乙酮	2
84)	Oxolinic acid	喹菌酮	5
85)	Paclobutrazol	多效唑	2
86)	Pendimethalin	二甲戊灵	0.07
87)	Pentoxazone	环戊草酮	0.05T
88)	Phenthoate	稻丰散	0.1
89)	Phorate	甲拌磷	0.05
90)	Phoxim	辛硫磷	0.05
91)	Picarbutrazox	四唑吡氨酯	5
92)	Pirimiphos-methyl	甲基嘧啶磷	2.0T
93)	Probenazole	烯丙苯噻唑	0.07
94)	Profenofos	丙溴磷	2
95)	Prohexadione-calcium	调环酸钙	5
96)	Propamocarb	霜霉威	3
97)	Propaquizafop	噁草酸	0.05
98)	Pymetrozine	吡蚜酮	0.5
99)	Pyraclofos	吡唑硫磷	0.1T

序号	药品通用名	中文名	最大残留限量（mg/kg）
100)	Pyraclostrobin	吡唑醚菌酯	5
101)	Pyribencarb	吡菌苯威	3
102)	Pyridalyl	三氟甲吡醚	5
103)	Pyrifluquinazon	吡氟喹虫唑	1
104)	Pyrimethanil	嘧霉胺	0.1
105)	Sethoxydim	烯禾啶	10
106)	Simazine	西玛津	10T
107)	Spinetoram	乙基多杀菌素	1
108)	Spirotetramat	螺虫乙酯	5
109)	Streptomycin	链霉素	0.7
110)	Sulfoxaflor	氟啶虫胺腈	0.5
111)	Tebuconazole	戊唑醇	5
112)	Tebufenozide	虫酰肼	1
113)	Tebupirimfos	丁基嘧啶磷	0.01
114)	Teflubenzuron	氟苯脲	1
115)	Tefluthrin	七氟菊酯	0.1
116)	Terbufos	特丁硫磷	0.05
117)	Tetraniliprole	氟氰虫酰胺	7
118)	Thiacloprid	噻虫啉	0.5
119)	Thiamethoxam	噻虫嗪	1
120)	Thifluzamide	噻呋酰胺	0.5
121)	Thiobencarb	禾草丹	0.05
122)	Tiafenacil	嘧啶二酮类非选择性除草剂	0.05
123)	Trifloxystrobin	肟菌酯	0.5
124)	Trifluralin	氟乐灵	0.05
125)	Valifenalate	磺草灵	1
126)	Zoxamide	苯酰菌胺	3

248. Ssam cabbage（dried）紫甘蓝（干）

序号	药品通用名	中文名	最大残留限量（mg/kg）
1)	Acetamiprid	啶虫脒	10
2)	Chlorfenapyr	虫螨腈	3
3)	Dimethomorph	烯酰吗啉	7
4)	Etofenprox	醚菊酯	7
5)	Indoxacarb	茚虫威	10
6)	Methoxyfenozide	甲氧虫酰肼	20T
7)	Teflubenzuron	氟苯脲	2

249. Stalk and stem vegetables 茎秆类蔬菜

序号	药品通用名	中文名	最大残留限量（mg/kg）
1)	Abamectin	阿维菌素	0.07
2)	Acetamiprid	啶虫脒	1
3)	Acrinathrin	氟丙菊酯	1

（续）

序号	药品通用名	中文名	最大残留限量（mg/kg）
4)	Amisulbrom	吲唑磺菌胺	2
5)	Azoxystrobin	嘧菌酯	3
6)	Bifenthrin	联苯菊酯	0.07
7)	Bitertanol	联苯三唑醇	10
8)	Boscalid	啶酰菌胺	30
9)	Chlorantraniliprole	氯虫苯甲酰胺	0.7
10)	Chlorfenapyr	虫螨腈	3
11)	Chlorfluazuron	氟啶脲	2
12)	Chlorothalonil	百菌清	2
13)	Clothianidin	噻虫胺	1
14)	Cyantraniliprole	溴氰虫酰胺	0.05T
15)	Cyazofamid	氰霜唑	2
16)	Cyclaniliprole	环溴虫酰胺	0.5
17)	Cyflufenamid	环氟菌胺	0.5
18)	Cyhalothrin	氯氟氰菊酯	0.3
19)	Cypermethrin	氯氰菊酯	3
20)	Cyprodinil	嘧菌环胺	15
21)	Deltamethrin	溴氰菊酯	0.3
22)	Diethofencarb	乙霉威	15
23)	Difenoconazole	苯醚甲环唑	2
24)	Diflubenzuron	除虫脲	3
25)	Dimethomorph	烯酰吗啉	7
26)	Diniconazole	烯唑醇	0.3
27)	Dinotefuran	呋虫胺	0.05T
28)	Emamectin benzoate	甲氨基阿维菌素苯甲酸盐	0.1
29)	Ethaboxam	噻唑菌胺	7
30)	Ethoprophos（ethoprop）	灭线磷	0.05T
31)	Etofenprox	醚菊酯	7
32)	Fenamidone	咪唑菌酮	5
33)	Fenarimol	氯苯嘧啶醇	1
34)	Fenazaquin	喹螨醚	0.7
35)	Fenhexamid	环酰菌胺	10
36)	Fenpyrazamine	胺苯吡菌酮	0.2T
37)	Fenvalerate	氰戊菊酯	2
38)	Flonicamid	氟啶虫酰胺	7
39)	Fluazinam	氟啶胺	7
40)	Flubendiamide	氟苯虫酰胺	5
41)	Fludioxonil	咯菌腈	5
42)	Flufenoxuron	氟虫脲	2

（续）

序号	药品通用名	中文名	最大残留限量（mg/kg）
43)	Fluopicolide	氟吡菌胺	0.07T
44)	Fluopyram	氟吡菌酰胺	0.04T
45)	Flupyradifurone	氟吡呋喃酮	0.3T
46)	Flutolanil	氟酰胺	10
47)	Fluxapyroxad	氟唑菌酰胺	0.02T
48)	Fosthiazate	噻唑磷	1
49)	Hexaconazole	己唑醇	0.2
50)	Hexythiazox	噻螨酮	0.05T
51)	Imidacloprid	吡虫啉	2
52)	Iprodione	异菌脲	20
53)	Iprovalicarb	缬霉威	0.03T
54)	Kresoxim-methyl	醚菌酯	2
55)	Lufenuron	虱螨脲	3
56)	Mandestrobin	甲氧基丙烯酸酯类杀菌剂	7
57)	Mandipropamid	双炔酰菌胺	3
58)	Metaflumizone	氰氟虫腙	2
59)	Metalaxyl	甲霜灵	0.2
60)	Metconazole	叶菌唑	1
61)	Methoxyfenozide	甲氧虫酰肼	2
62)	Metrafenone	苯菌酮	5
63)	Myclobutanil	腈菌唑	0.2
64)	Novaluron	氟酰脲	5
65)	Oxadixyl	噁霜灵	0.05T
66)	Paclobutrazol	多效唑	0.5
67)	Pencycuron	戊菌隆	10
68)	Pendimethalin	二甲戊灵	0.05T
69)	Phorate	甲拌磷	0.05T
70)	Picoxystrobin	啶氧菌酯	3
71)	Procymidone	腐霉利	0.05T
72)	Propamocarb	霜霉威	25
73)	Pyraclostrobin	吡唑醚菌酯	3
74)	Pyridalyl	三氟甲吡醚	7
75)	Pyrimethanil	嘧霉胺	5
76)	Spinetoram	乙基多杀菌素	0.3
77)	Spiromesifen	螺虫酯	7
78)	Sulfoxaflor	氟啶虫胺腈	0.2
79)	Tebuconazole	戊唑醇	5
80)	Tebufenozide	虫酰肼	7
81)	Tebufenpyrad	吡螨胺	1

（续）

序号	药品通用名	中文名	最大残留限量（mg/kg）
82）	Teflubenzuron	氟苯脲	0.5
83）	Terbufos	特丁硫磷	0.05T
84）	Thiacloprid	噻虫啉	1
85）	Thiamethoxam	噻虫嗪	0.5
86）	Thifluzamide	噻呋酰胺	2
87）	Tricyclazole	三环唑	0.05T
88）	Trifloxystrobin	肟菌酯	10
89）	Triflumizole	氟菌唑	3
250. Stone fruits　核果类水果			
1）	Azoxystrobin	嘧菌酯	2
2）	Boscalid	啶酰菌胺	1
3）	Chlorantraniliprole	氯虫苯甲酰胺	1
4）	Endosulfan	硫丹	0.05T
5）	Etofenprox	醚菊酯	2
6）	Flupyradifurone	氟吡呋喃酮	1.5†
7）	Glufosinate （ammonium）	草铵膦（胺）	0.05
8）	Methoxyfenozide	甲氧虫酰肼	2
9）	Thiacloprid	噻虫啉	1
10）	Thiamethoxam	噻虫嗪	1
11）	Trifloxystrobin	肟菌酯	2
251. Strawberry　草莓			
1）	2,4-D，2,4-dichlorophenoxyacetic acid	2,4-滴，2,4-二氯苯氧乙酸	0.05T
2）	Abamectin	阿维菌素	0.1
3）	Acequinocyl	灭螨醌	1
4）	Acetamiprid	啶虫脒	1
5）	Acrinathrin	氟丙菊酯	1
6）	Alachlor	甲草胺	0.05
7）	Ametoctradin	唑嘧菌胺	0.05
8）	Amisulbrom	吲唑磺菌胺	2
9）	Azinphos-methyl	保棉磷	0.3T
10）	Azoxystrobin	嘧菌酯	1
11）	Benthiavalicarb-isopropyl	苯噻菌胺	0.3
12）	Bifenazate	联苯肼酯	1
13）	Bifenthrin	联苯菊酯	0.5
14）	Bistrifluron	双三氟虫脲	0.5
15）	Bitertanol	联苯三唑醇	1.0T
16）	Boscalid	啶酰菌胺	5
17）	Bromopropylate	溴螨酯	5.0T
18）	Cadusafos	硫线磷	0.07

301

（续）

序号	药品通用名	中文名	最大残留限量（mg/kg）
19)	Captan	克菌丹	5
20)	Carbaryl	甲萘威	0.5T
21)	Carbendazim	多菌灵	2
22)	Carbofuran	克百威	0.1T
23)	Chlorantraniliprole	氯虫苯甲酰胺	1
24)	Chlorfenapyr	虫螨腈	0.5
25)	Chlorfluazuron	氟啶脲	0.3
26)	Chlorothalonil	百菌清	1
27)	Chlorpropham	氯苯胺灵	0.05T
28)	Chlorpyrifos	毒死蜱	0.3T
29)	Clethodim	烯草酮	0.05
30)	Clofentezine	四螨嗪	2.0T
31)	Clothianidin	噻虫胺	0.5
32)	Cyantraniliprole	溴氰虫酰胺	0.7
33)	Cyazofamid	氰霜唑	0.2
34)	Cyclaniliprole	环溴虫酰胺	0.2
35)	Cyenopyrafen	腈吡螨酯	1
36)	Cyflufenamid	环氟菌胺	0.5
37)	Cyflumetofen	丁氟螨酯	1
38)	Cyhalothrin	氯氟氰菊酯	0.1
39)	Cyhexatin	三环锡	0.5T
40)	Cymoxanil	霜脲氰	0.5
41)	Cypermethrin	氯氰菊酯	0.5T
42)	Cyprodinil	嘧菌环胺	1
43)	Dazomet	棉隆	0.1T
44)	Deltamethrin	溴氰菊酯	0.2T
45)	Dichlofluanid	苯氟磺胺	10.0T
46)	Dichlorvos	敌敌畏	0.05T
47)	Dicloran	氯硝胺	10.0T
48)	Dicofol	三氯杀螨醇	1.0T
49)	Diethofencarb	乙霉威	5
50)	Difenoconazole	苯醚甲环唑	0.5
51)	Diflubenzuron	除虫脲	2
52)	Dimethoate	乐果	1.0T
53)	Dimethomorph	烯酰吗啉	2
54)	Dinotefuran	呋虫胺	2
55)	Dithianon	二氰蒽醌	0.05
56)	Dithiocarbamates	二硫代氨基甲酸酯	5.0T
57)	Dodine	多果定	5.0T

（续）

序号	药品通用名	中文名	最大残留限量（mg/kg）
58)	Emamectin benzoate	甲氨基阿维菌素苯甲酸盐	0.2
59)	Endosulfan	硫丹	0.2T
60)	Ethiofencarb	乙硫苯威	5.0T
61)	Ethoprophos（ethoprop）	灭线磷	0.02T
62)	Etofenprox	醚菊酯	1
63)	Etoxazole	乙螨唑	0.5
64)	Etridiazole	土菌灵	0.05
65)	Fenamiphos	苯线磷	0.2T
66)	Fenarimol	氯苯嘧啶醇	1
67)	Fenazaquin	喹螨醚	0.7
68)	Fenbuconazole	腈苯唑	0.5
69)	Fenbutatin oxide	苯丁锡	3
70)	Fenhexamid	环酰菌胺	2
71)	Fenpropathrin	甲氰菊酯	0.5
72)	Fenpyrazamine	胺苯吡菌酮	2
73)	Fenpyroximate	唑螨酯	0.5
74)	Fenthion	倍硫磷	0.2T
75)	Fenvalerate	氰戊菊酯	1.0T
76)	Flonicamid	氟啶虫酰胺	1
77)	Fluazifop-butyl	吡氟禾草灵	0.2T
78)	Fluazinam	氟啶胺	5
79)	Flubendiamide	氟苯虫酰胺	1
80)	Fludioxonil	咯菌腈	2
81)	Flufenoxuron	氟虫脲	0.3
82)	Fluopyram	氟吡菌酰胺	3
83)	Flupyradifurone	氟吡呋喃酮	1.5†
84)	Fluquinconazole	氟喹唑	0.5
85)	Flusilazole	氟硅唑	0.5
86)	Flutianil	氟噻唑菌腈	0.3
87)	Flutolanil	氟酰胺	5
88)	Fluxametamide	氟噁唑酰胺	1
89)	Fluxapyroxad	氟唑菌酰胺	2
90)	Folpet	灭菌丹	3
91)	Fosetyl-aluminium	三乙膦酸铝	1.0T
92)	Fosthiazate	噻唑磷	0.05
93)	Glufosinate（ammonium）	草铵膦（胺）	0.05
94)	Hexaconazole	己唑醇	0.3
95)	Hexythiazox	噻螨酮	1
96)	Imazalil	抑霉唑	2.0T

（续）

序号	药品通用名	中文名	最大残留限量（mg/kg）
97）	Imicyafos	氰咪唑硫磷	0.05
98）	Imidacloprid	吡虫啉	0.4†
99）	Iminoctadine	双胍辛胺	2
100）	Indoxacarb	茚虫威	1
101）	Iprodione	异菌脲	10
102）	Isofetamid	异丙噻菌胺	3
103）	Isopyrazam	吡唑萘菌胺	0.5
104）	Kresoxim-methyl	醚菌酯	2
105）	Lepimectin	雷皮菌素	0.3
106）	Lufenuron	虱螨脲	0.5
107）	Malathion	马拉硫磷	0.5T
108）	Maleic hydrazide	抑芽丹	40.0T
109）	Mandipropamid	双炔酰菌胺	0.1
110）	Mepanipyrim	嘧菌胺	3
111）	Meptyldinocap	消螨多	1
112）	Metaflumizone	氰氟虫腙	2
113）	Metalaxyl	甲霜灵	0.2T
114）	Metconazole	叶菌唑	1
115）	Methoxychlor	甲氧滴滴涕	14.0T
116）	Methoxyfenozide	甲氧虫酰肼	0.7
117）	Metrafenone	苯菌酮	5
118）	Mevinphos	速灭磷	1.0T
119）	Milbemectin	弥拜菌素	0.2
120）	Myclobutanil	腈菌唑	1
121）	Napropamide	敌草胺	0.05
122）	Nitrapyrin	三氯甲基吡啶	0.2T
123）	Novaluron	氟酰脲	1
124）	Omethoate	氧乐果	0.01T
125）	Oxamyl	杀线威	2.0T
126）	Oxolinic acid	喹菌酮	5
127）	Parathion	对硫磷	0.3T
128）	Parathion-methyl	甲基对硫磷	0.2T
129）	Penconazole	戊菌唑	0.5T
130）	Pencycuron	戊菌隆	2
131）	Pendimethalin	二甲戊灵	0.05
132）	Penthiopyrad	吡噻菌胺	1
133）	Permethrin（permetrin）	氯菊酯	1.0T
134）	Phosphamidone	磷胺	0.2T
135）	Picarbutrazox	四唑吡氨酯	0.05

（续）

序号	药品通用名	中文名	最大残留限量（mg/kg）
136)	Picoxystrobin	啶氧菌酯	2
137)	Pirimicarb	抗蚜威	0.5T
138)	Pirimiphos-methyl	甲基嘧啶磷	1.0T
139)	Prochloraz	咪鲜胺	2
140)	Procymidone	腐霉利	10
141)	Propamocarb	霜霉威	0.1T
142)	Propargite	克螨特	7.0T
143)	Pydiflumetofen	氟啶菌酰羟胺	2
144)	Pyflubumide	一种杀螨剂	2
145)	Pymetrozine	吡蚜酮	0.5
146)	Pyraclostrobin	吡唑醚菌酯	1
147)	Pyraziflumid	新型杀菌剂	2
148)	Pyrethrins	除虫菊素	1.0T
149)	Pyribencarb	吡菌苯威	0.5
150)	Pyridaben	哒螨灵	1
151)	Pyridalyl	三氟甲吡醚	2
152)	Pyrimethanil	嘧霉胺	3.0†
153)	Pyriofenone	甲氧苯唳菌	2
154)	Pyriproxyfen	吡丙醚	1
155)	Quizalofop-ethyl	精喹禾灵	0.05T
156)	Sethoxydim	烯禾啶	0.05
157)	Simazine	西玛津	0.25T
158)	Simeconazole	硅氟唑	0.3
159)	Spinetoram	乙基多杀菌素	0.2
160)	Spinosad	多杀霉素	1
161)	Spirodiclofen	螺螨酯	2.0T
162)	Spiromesifen	螺虫酯	2
163)	Spirotetramat	螺虫乙酯	3
164)	Streptomycin	链霉素	0.05
165)	Sulfoxaflor	氟啶虫胺腈	0.5
166)	Tebuconazole	戊唑醇	0.5
167)	Tebufenpyrad	吡螨胺	0.5
168)	Teflubenzuron	氟苯脲	1
169)	Tefluthrin	七氟菊酯	0.05
170)	Tetraconazole	四氟醚唑	1
171)	Tetradifon	三氯杀螨砜	2.0T
172)	Tetraniliprole	氟氰虫酰胺	0.7
173)	Thiabendazole	噻菌灵	3.0T
174)	Thiacloprid	噻虫啉	2

（续）

序号	药品通用名	中文名	最大残留限量 （mg/kg）
175)	Thiamethoxam	噻虫嗪	1
176)	Thifluzamide	噻呋酰胺	0.5
177)	Tolclofos-methyl	甲基立枯磷	0.2T
178)	Tolylfluanid	甲苯氟磺胺	3.0T
179)	Triazophos	三唑磷	0.05T
180)	Trifloxystrobin	肟菌酯	0.7
181)	Triflumizole	氟菌唑	2
182)	Triforine	嗪氨灵	2
183)	Vinclozolin	乙烯菌核利	10.0T
252. Sugar beet 甜菜			
1)	Acetochlor	乙草胺	0.15†
2)	Amisulbrom	吲唑磺菌胺	0.3T
3)	Azoxystrobin	嘧菌酯	0.1T
4)	Boscalid	啶酰菌胺	0.05T
5)	Chlorfenapyr	虫螨腈	0.1T
6)	Dinotefuran	呋虫胺	0.05T
7)	Dithiocarbamates	二硫代氨基甲酸酯	0.5†
8)	Fluxapyroxad	氟唑菌酰胺	0.1†
9)	Glyphosate	草甘膦	15T
10)	Lufenuron	虱螨脲	0.05T
11)	Pyridalyl	三氟甲吡醚	0.3T
12)	Tebuconazole	戊唑醇	0.05T
13)	Teflubenzuron	氟苯脲	0.2T
253. Sugar cane 甘蔗			
1)	Fluxapyroxad	氟唑菌酰胺	3.0†
2)	Glyphosate	草甘膦	2.0†
3)	Saflufenacil	苯嘧磺草胺	0.03†
254. Sunflower seed 葵花籽			
1)	Acetamiprid	啶虫脒	0.3
2)	Azinphos-methyl	保棉磷	0.2T
3)	Carbaryl	甲萘威	0.5T
4)	Carbofuran	克百威	0.1T
5)	Chlorantraniliprole	氯虫苯甲酰胺	2.0†
6)	Chlorpropham	氯苯胺灵	0.05T
7)	Clofentezine	四螨嗪	1.0T
8)	Cyantraniliprole	溴氰虫酰胺	0.5†
9)	Cyhalothrin	氯氟氰菊酯	0.5T
10)	Cymoxanil	霜脲氰	0.2T
11)	Cypermethrin	氯氰菊酯	0.2T

（续）

序号	药品通用名	中文名	最大残留限量（mg/kg）
12）	Dichlofluanid	苯氟磺胺	15.0T
13）	Dimethipin	噻节因	0.5T
14）	Dimethomorph	烯酰吗啉	0.5T
15）	Diquat	敌草快	0.5T
16）	Ethaboxam	噻唑菌胺	0.1T
17）	Ethalfluralin	乙丁烯氟灵	0.05T
18）	Ethiofencarb	乙硫苯威	5.0T
19）	Etofenprox	醚菊酯	5
20）	Fenbutatin oxide	苯丁锡	2.0T
21）	Fenvalerate	氰戊菊酯	0.1T
22）	Fluxapyroxad	氟唑菌酰胺	0.2†
23）	Glufosinate（ammonium）	草铵膦（胺）	0.05T
24）	Malathion	马拉硫磷	2.0T
25）	Maleic hydrazide	抑芽丹	40.0T
26）	Metalaxyl	甲霜灵	0.05T
27）	Napropamide	敌草胺	0.05T
28）	Oxamyl	杀线威	0.5T
29）	Paraquat	百草枯	2.0T
30）	Parathion	对硫磷	0.05T
31）	Parathion-methyl	甲基对硫磷	0.2T
32）	Pendimethalin	二甲戊灵	0.1T
33）	Permethrin（permetrin）	氯菊酯	1.0T
34）	Pirimicarb	抗蚜威	1.0T
35）	Procymidone	腐霉利	2.0T
36）	Pyrethrins	除虫菊素	1.0T
37）	Saflufenacil	苯嘧磺草胺	0.7†
38）	Sethoxydim	烯禾啶	0.05†
39）	Trifluralin	氟乐灵	0.05T

255. Sweet pepper 甜椒

序号	药品通用名	中文名	最大残留限量（mg/kg）
1）	Abamectin	阿维菌素	0.2
2）	Acephate	乙酰甲胺磷	3
3）	Acequinocyl	灭螨醌	2
4）	Acetamiprid	啶虫脒	5
5）	Acibenzolar-S-methyl	苯并噻二唑	1
6）	Acrinathrin	氟丙菊酯	1
7）	Alachlor	甲草胺	0.2T
8）	Ametoctradin	唑嘧菌胺	2
9）	Amisulbrom	吲唑磺菌胺	1
10）	Amitraz	双甲脒	1

（续）

序号	药品通用名	中文名	最大残留限量（mg/kg）
11)	Azoxystrobin	嘧菌酯	2
12)	Benalaxyl	苯霜灵	0.05
13)	Bentazone	灭草松	0.2T
14)	Benthiavalicarb-isopropyl	苯噻菌胺	2
15)	Bifenazate	联苯肼酯	2
16)	Bifenthrin	联苯菊酯	1
17)	Bistrifluron	双三氟虫脲	2
18)	Boscalid	啶酰菌胺	3
19)	Buprofezin	噻嗪酮	1
20)	Cadusafos	硫线磷	0.05
21)	Captan	克菌丹	10
22)	Carbendazim	多菌灵	5
23)	Carbofuran	克百威	0.5T
24)	Cartap	杀螟丹	0.3
25)	Chlorantraniliprole	氯虫苯甲酰胺	1
26)	Chlorfenapyr	虫螨腈	0.7
27)	Chlorfluazuron	氟啶脲	0.5
28)	Chlorothalonil	百菌清	7
29)	Chlorpropham	氯苯胺灵	0.05T
30)	Chlorpyrifos	毒死蜱	1
31)	Chromafenozide	环虫酰肼	2
32)	Clomazone	异噁草酮	0.05T
33)	Clothianidin	噻虫胺	2
34)	Cyantraniliprole	溴氰虫酰胺	1
35)	Cyazofamid	氰霜唑	2
36)	Cyclaniliprole	环溴虫酰胺	1
37)	Cyenopyrafen	腈吡螨酯	1
38)	Cyflufenamid	环氟菌胺	0.3
39)	Cyflumetofen	丁氟螨酯	2
40)	Cyfluthrin	氟氯氰菊酯	0.5
41)	Cyhalothrin	氯氟氰菊酯	0.5
42)	Cyhexatin	三环锡	0.5T
43)	Cymoxanil	霜脲氰	0.1
44)	Cypermethrin	氯氰菊酯	0.5
45)	Deltamethrin	溴氰菊酯	0.2
46)	Diazinon	二嗪磷	0.05
47)	Dichlofluanid	苯氟磺胺	2.0T
48)	Dichlorvos	敌敌畏	0.05
49)	Dicofol	三氯杀螨醇	1.0T

（续）

序号	药品通用名	中文名	最大残留限量（mg/kg）
50）	Diethofencarb	乙霉威	5
51）	Difenoconazole	苯醚甲环唑	1
52）	Diflubenzuron	除虫脲	2
53）	Dimethenamid	二甲吩草胺	0.05
54）	Dimethoate	乐果	1.0T
55）	Dimethomorph	烯酰吗啉	5
56）	Dinotefuran	呋虫胺	2
57）	Dithianon	二氰蒽醌	2
58）	Dithiocarbamates	二硫代氨基甲酸酯	7
59）	Emamectin benzoate	甲氨基阿维菌素苯甲酸盐	0.2
60）	Ethaboxam	噻唑菌胺	1
61）	Ethiofencarb	乙硫苯威	5.0T
62）	Ethoprophos（ethoprop）	灭线磷	0.02
63）	Etofenprox	醚菊酯	2
64）	Etoxazole	乙螨唑	0.3
65）	Etridiazole	土菌灵	0.05
66）	Famoxadone	噁唑菌酮	5
67）	Fenamidone	咪唑菌酮	1
68）	Fenarimol	氯苯嘧啶醇	0.5T
69）	Fenazaquin	喹螨醚	2
70）	Fenbuconazole	腈苯唑	0.5
71）	Fenbutatin oxide	苯丁锡	1.0T
72）	Fenhexamid	环酰菌胺	3
73）	Fenitrothion	杀螟硫磷	0.5
74）	Fenpropathrin	甲氰菊酯	1
75）	Fenpyrazamine	胺苯吡菌酮	3
76）	Fenvalerate	氰戊菊酯	2
77）	Fipronil	氟虫腈	0.05
78）	Flonicamid	氟啶虫酰胺	2
79）	Fluacrypyrim	嘧螨酯	3.0T
80）	Fluazinam	氟啶胺	3
81）	Flubendiamide	氟苯虫酰胺	1
82）	Fludioxonil	咯菌腈	3
83）	Fluensulfone	联氟砜	0.2
84）	Flufenoxuron	氟虫脲	1
85）	Fluopicolide	氟吡菌胺	1
86）	Fluopyram	氟吡菌酰胺	3
87）	Flupyradifurone	氟吡呋喃酮	0.8†
88）	Fluquinconazole	氟喹唑	2

（续）

序号	药品通用名	中文名	最大残留限量（mg/kg）
89）	Flusilazole	氟硅唑	1
90）	Fluthiacet-methyl	嗪草酸甲酯	0.05
91）	Flutianil	氟噻唑菌腈	0.5
92）	Flutolanil	氟酰胺	1
93）	Fluxametamide	氟恶唑酰胺	1
94）	Fluxapyroxad	氟唑菌酰胺	1
95）	Fosetyl-aluminium	三乙膦酸铝	3
96）	Fosthiazate	噻唑磷	0.05
97）	Hexaconazole	己唑醇	0.3
98）	Hexythiazox	噻螨酮	2
99）	Hydrogen cyanide	氢氰酸	5
100）	Hymexazol	恶霉灵	0.05
101）	Imazalil	抑霉唑	0.5T
102）	Imicyafos	氰咪唑硫磷	0.1
103）	Imidacloprid	吡虫啉	1
104）	Iminoctadine	双胍辛胺	2
105）	Indoxacarb	茚虫威	1
106）	Iprodione	异菌脲	5
107）	Isofetamid	异丙噻菌胺	7
108）	Isopyrazam	吡唑萘菌胺	2
109）	Isotianil	异噻菌胺	2
110）	Kresoxim-methyl	醚菌酯	2
111）	Lepimectin	雷皮菌素	0.5
112）	Lufenuron	虱螨脲	1
113）	Malathion	马拉硫磷	0.1
114）	Maleic hydrazide	抑芽丹	25.0T
115）	Mandestrobin	甲氧基丙烯酸酯类杀菌剂	5
116）	Mandipropamid	双炔酰菌胺	5
117）	Metaflumizone	氰氟虫腙	1
118）	Metalaxyl	甲霜灵	1
119）	Metconazole	叶菌唑	1
120）	Methamidophos	甲胺磷	1
121）	Methomyl	灭多威	5
122）	Methoxychlor	甲氧滴滴涕	14.0T
123）	Methoxyfenozide	甲氧虫酰肼	1
124）	Metolachlor	异丙甲草胺	0.05T
125）	Metrafenone	苯菌酮	2
126）	Metribuzin	嗪草酮	0.5T
127）	Milbemectin	弥拜菌素	0.1

（续）

序号	药品通用名	中文名	最大残留限量（mg/kg）
128)	Myclobutanil	腈菌唑	1
129)	Novaluron	氟酰脲	0.7
130)	Oxadixyl	噁霜灵	2
131)	Oxamyl	杀线威	2.0T
132)	Oxathiapiprolin	氟噻唑吡乙酮	0.7
133)	Oxolinic acid	喹菌酮	3
134)	Parathion	对硫磷	0.3T
135)	Parathion-methyl	甲基对硫磷	1.0T
136)	Pencycuron	戊菌隆	0.05
137)	Pendimethalin	二甲戊灵	0.2T
138)	Penthiopyrad	吡噻菌胺	3
139)	Permethrin（permetrin）	氯菊酯	1.0T
140)	Picarbutrazox	四唑吡氨酯	2
141)	Picoxystrobin	啶氧菌酯	1
142)	Piperonyl butoxide	增效醚	0.2T
143)	Pirimicarb	抗蚜威	1.0T
144)	Pirimiphos-methyl	甲基嘧啶磷	1.0T
145)	Probenazole	烯丙苯噻唑	0.07
146)	Prochloraz	咪鲜胺	3
147)	Procymidone	腐霉利	5
148)	Profenofos	丙溴磷	2
149)	Propamocarb	霜霉威	5
150)	Pydiflumetofen	氟啶菌酰羟胺	2
151)	Pyflubumide	一种杀螨剂	1
152)	Pymetrozine	吡蚜酮	2
153)	Pyraclofos	吡唑硫磷	1.0T
154)	Pyraclostrobin	吡唑醚菌酯	1
155)	Pyrethrins	除虫菊素	1.0T
156)	Pyribencarb	吡菌苯威	2
157)	Pyridaben	哒螨灵	3
158)	Pyridalyl	三氟甲吡醚	2
159)	Pyrifluquinazon	吡氟喹虫唑	0.5
160)	Pyrimethanil	嘧霉胺	1
161)	Pyriofenone	甲氧苯啶菌	2
162)	Pyriproxyfen	吡丙醚	0.7
163)	Sethoxydim	烯禾啶	0.05T
164)	Simeconazole	硅氟唑	2
165)	Spinetoram	乙基多杀菌素	0.5
166)	Spinosad	多杀霉素	0.5

韩国"肯定列表"制度（农产品中农药最大残留限量）研究

（续）

序号	药品通用名	中文名	最大残留限量（mg/kg）
167）	Spirodiclofen	螺螨酯	5
168）	Spiromesifen	螺虫酯	3
169）	Spirotetramat	螺虫乙酯	2
170）	Streptomycin	链霉素	2
171）	Sulfoxaflor	氟啶虫胺腈	0.5
172）	Tebuconazole	戊唑醇	3
173）	Tebufenozide	虫酰肼	1
174）	Tebufenpyrad	吡螨胺	0.5
175）	Tebupirimfos	丁基嘧啶磷	0.05
176）	Teflubenzuron	氟苯脲	0.2
177）	Tefluthrin	七氟菊酯	0.05
178）	Tetraconazole	四氟醚唑	1
179）	Tetradifon	三氯杀螨砜	1.0T
180）	Tetraniliprole	氟氰虫酰胺	2
181）	Thiacloprid	噻虫啉	1
182）	Thiamethoxam	噻虫嗪	1
183）	Thifluzamide	噻呋酰胺	0.05
184）	Thiobencarb	禾草丹	0.2T
185）	Tolylfluanid	甲苯氟磺胺	2.0T
186）	Triadimefon	三唑酮	0.5T
187）	Trifloxystrobin	肟菌酯	2
188）	Triflumizole	氟菌唑	1
189）	Trifluralin	氟乐灵	0.05T
190）	Triforine	嗪氨灵	2
191）	Valifenalate	磺草灵	2
192）	Vinclozolin	乙烯菌核利	3.0T
193）	Zoxamide	苯酰菌胺	0.3

256. Sweet potato 甘薯

序号	药品通用名	中文名	最大残留限量（mg/kg）
1）	Acetamiprid	啶虫脒	0.1T
2）	Alachlor	甲草胺	0.2
3）	Amisulbrom	吲唑磺菌胺	0.05T
4）	Azinphos-methyl	保棉磷	0.2T
5）	Azoxystrobin	嘧菌酯	0.05
6）	Benfuresate	呋草磺	0.1T
7）	Bifenthrin	联苯菊酯	0.05
8）	Cadusafos	硫线磷	0.05
9）	Carbendazim	多菌灵	0.05T
10）	Carbofuran	克百威	0.02
11）	Chlorantraniliprole	氯虫苯甲酰胺	0.05T

（续）

序号	药品通用名	中文名	最大残留限量（mg/kg）
12)	Chlorfenapyr	虫螨腈	0.05T
13)	Chlorothalonil	百菌清	0.1T
14)	Chlorpropham	氯苯胺灵	0.05T
15)	Chlorpyrifos	毒死蜱	0.05
16)	Clomazone	异噁草酮	0.05T
17)	Clothianidin	噻虫胺	0.05
18)	Cyantraniliprole	溴氰虫酰胺	0.05T
19)	Cyfluthrin	氟氯氰菊酯	0.05
20)	Cyhalothrin	氯氟氰菊酯	0.1
21)	Cypermethrin	氯氰菊酯	0.05T
22)	Deltamethrin	溴氰菊酯	0.05
23)	Dicloran	氯硝胺	10.0T
24)	Difenoconazole	苯醚甲环唑	0.1T
25)	Dimethomorph	烯酰吗啉	0.1T
26)	Dinotefuran	呋虫胺	0.1T
27)	Ethiofencarb	乙硫苯威	1.0T
28)	Ethoprophos（ethoprop）	灭线磷	0.05
29)	Etofenprox	醚菊酯	0.2
30)	Fenamiphos	苯线磷	0.1T
31)	Fenitrothion	杀螟硫磷	0.05
32)	Fenoxanil	稻瘟酰胺	0.5T
33)	Fensulfothion	丰索磷	0.05T
34)	Fenthion	倍硫磷	0.05T
35)	Fenvalerate	氰戊菊酯	0.05T
36)	Fipronil	氟虫腈	0.05
37)	Flonicamid	氟啶虫酰胺	0.3T
38)	Fluazifop-butyl	吡氟禾草灵	0.05
39)	Fluazinam	氟啶胺	0.05T
40)	Fludioxonil	咯菌腈	10T
41)	Flutolanil	氟酰胺	0.15T
42)	Fluxapyroxad	氟唑菌酰胺	0.02T
43)	Fosthiazate	噻唑磷	0.05T
44)	Glufosinate（ammonium）	草铵膦（胺）	0.05
45)	Haloxyfop	氟吡禾灵	0.05T
46)	Hexaconazole	己唑醇	0.05T
47)	Hymexazol	噁霉灵	0.05T
48)	Imidacloprid	吡虫啉	0.05
49)	Iminoctadine	双胍辛胺	0.05T
50)	Iprodione	异菌脲	0.05T

韩国"肯定列表"制度（农产品中农药最大残留限量）研究

（续）

序号	药品通用名	中文名	最大残留限量 （mg/kg）
51)	Isoprothiolane	稻瘟灵	0.05T
52)	Malathion	马拉硫磷	0.5T
53)	Maleic hydrazide	抑芽丹	35.0T
54)	Metalaxyl	甲霜灵	0.05T
55)	Metconazole	叶菌唑	0.02T
56)	Methomyl	灭多威	0.2T
57)	Methoxychlor	甲氧滴滴涕	7.0T
58)	Methoxyfenozide	甲氧虫酰肼	0.2
59)	Metolachlor	异丙甲草胺	0.05T
60)	Metribuzin	嗪草酮	0.5T
61)	Napropamide	敌草胺	0.1T
62)	Novaluron	氟酰脲	0.05T
63)	Ortho-phenyl phenol	邻苯基苯酚	10.0T
64)	Oxadixyl	噁霜灵	0.1T
65)	Oxamyl	杀线威	0.1T
66)	Parathion	对硫磷	0.1T
67)	Parathion-methyl	甲基对硫磷	0.1T
68)	Pencycuron	戊菌隆	0.05T
69)	Pendimethalin	二甲戊灵	0.05
70)	Penthiopyrad	吡噻菌胺	0.05T
71)	Permethrin（permetrin）	氯菊酯	0.2T
72)	Phorate	甲拌磷	0.05
73)	Phosphamidone	磷胺	0.05T
74)	Pirimicarb	抗蚜威	0.1T
75)	Prochloraz	咪鲜胺	0.05
76)	Propaquizafop	噁草酸	0.05
77)	Propiconazole	丙环唑	0.05
78)	Pyraclostrobin	吡唑醚菌酯	0.05
79)	Pyribencarb	吡菌苯威	0.05
80)	Pyridalyl	三氟甲吡醚	0.05T
81)	Sethoxydim	烯禾啶	4.0T
82)	Spinetoram	乙基多杀菌素	0.05T
83)	Spirotetramat	螺虫乙酯	0.6T
84)	Sulfoxaflor	氟啶虫胺腈	0.05T
85)	Tebuconazole	戊唑醇	0.05
86)	Tebufenozide	虫酰肼	0.04T
87)	Tebupirimfos	丁基嘧啶磷	0.05
88)	Tefluthrin	七氟菊酯	0.05
89)	Terbufos	特丁硫磷	0.05

314

（续）

序号	药品通用名	中文名	最大残留限量 （mg/kg）
90）	Thiamethoxam	噻虫嗪	0.1T
91）	Thifluzamide	噻呋酰胺	0.05T
92）	Thiobencarb	禾草丹	0.05T
93）	Trifluralin	氟乐灵	0.05T
257. Sweet potato vines 薯蔓			
1）	Benfuresate	呋草磺	0.1T
2）	Bifenthrin	联苯菊酯	0.05
3）	Buprofezin	噻嗪酮	0.05T
4）	Cadusafos	硫线磷	0.05
5）	Carbendazim	多菌灵	1.0T
6）	Chlorpyrifos	毒死蜱	0.05
7）	Cyantraniliprole	溴氰虫酰胺	2.0T
8）	Cyfluthrin	氟氯氰菊酯	0.05
9）	Cyhalothrin	氯氟氰菊酯	0.05
10）	Dinotefuran	呋虫胺	0.05T
11）	Dithianon	二氰蒽醌	5.0T
12）	Ethoprophos（ethoprop）	灭线磷	0.05
13）	Fenitrothion	杀螟硫磷	0.05T
14）	Fenoxanil	稻瘟酰胺	0.5T
15）	Fluopyram	氟吡菌酰胺	2.0T
16）	Fluxapyroxad	氟唑菌酰胺	0.5T
17）	Glufosinate（ammonium）	草铵膦（胺）	0.05
18）	Haloxyfop	氟吡禾灵	0.05T
19）	Hymexazol	噁霉灵	0.05T
20）	Iminoctadine	双胍辛胺	0.5T
21）	Isoprothiolane	稻瘟灵	0.2T
22）	Penthiopyrad	吡噻菌胺	0.05T
23）	Phorate	甲拌磷	0.1
24）	Prochloraz	咪鲜胺	0.05
25）	Propiconazole	丙环唑	0.05
26）	Pyribencarb	吡菌苯威	0.07T
27）	Spirotetramat	螺虫乙酯	4.0T
28）	Tebuconazole	戊唑醇	0.05
29）	Tebupirimfos	丁基嘧啶磷	0.05T
30）	Tefluthrin	七氟菊酯	0.05T
31）	Terbufos	特丁硫磷	0.3
258. Sword bean 刀豆			
1）	Boscalid	啶酰菌胺	0.05T
2）	Chlorfenapyr	虫螨腈	0.05T

（续）

序号	药品通用名	中文名	最大残留限量 （mg/kg）
3)	Deltamethrin	溴氰菊酯	0.05T
4)	Tebuconazole	戊唑醇	0.1T
259. Taro 芋头			
1)	Acetamiprid	啶虫脒	0.1T
2)	Bifenthrin	联苯菊酯	0.05
3)	Chlorantraniliprole	氯虫苯甲酰胺	0.05T
4)	Chlorfenapyr	虫螨腈	0.05T
5)	Chlorfluazuron	氟啶脲	0.05T
6)	Chlorpropham	氯苯胺灵	0.05T
7)	Clothianidin	噻虫胺	0.05
8)	Cyantraniliprole	溴氰虫酰胺	0.05T
9)	Cyenopyrafen	腈吡螨酯	0.05T
10)	Cyflumetofen	丁氟螨酯	0.1T
11)	Cyfluthrin	氟氯氰菊酯	0.1T
12)	Cyhalothrin	氯氟氰菊酯	0.05T
13)	Cyhexatin	三环锡	0.05T
14)	Cypermethrin	氯氰菊酯	0.05T
15)	Deltamethrin	溴氰菊酯	0.05T
16)	Emamectin benzoate	甲氨基阿维菌素苯甲酸盐	0.05T
17)	Ethiofencarb	乙硫苯威	1.0T
18)	Etofenprox	醚菊酯	0.05T
19)	Etoxazole	乙螨唑	0.1T
20)	Fenitrothion	杀螟硫磷	0.05
21)	Fenpyroximate	唑螨酯	0.05T
22)	Fenvalerate	氰戊菊酯	0.05T
23)	Flonicamid	氟啶虫酰胺	0.3T
24)	Flufenoxuron	氟虫脲	0.05T
25)	Flupyradifurone	氟吡呋喃酮	0.05T
26)	Lufenuron	虱螨脲	0.05T
27)	Malathion	马拉硫磷	0.5T
28)	Maleic hydrazide	抑芽丹	35.0T
29)	Metaflumizone	氰氟虫腙	0.05T
30)	Methoxyfenozide	甲氧虫酰肼	0.2T
31)	Metribuzin	嗪草酮	0.5T
32)	Novaluron	氟酰脲	0.05T
33)	Oxadixyl	噁霜灵	0.1T
34)	Oxamyl	杀线威	0.1T
35)	Oxyfluorfen	乙氧氟草醚	0.05T
36)	Parathion	对硫磷	0.3T

（续）

序号	药品通用名	中文名	最大残留限量（mg/kg）
37）	Parathion-methyl	甲基对硫磷	1.0T
38）	Pendimethalin	二甲戊灵	0.2T
39）	Permethrin（permetrin）	氯菊酯	0.2T
40）	Phosphamidone	磷胺	0.05T
41）	Phoxim	辛硫磷	0.05T
42）	Pirimicarb	抗蚜威	0.1T
43）	Pymetrozine	吡蚜酮	0.2T
44）	Pyrethrins	除虫菊素	1.0T
45）	Pyridalyl	三氟甲吡醚	0.05T
46）	Pyrifluquinazon	吡氟喹虫唑	0.05T
47）	Sethoxydim	烯禾啶	1.0T
48）	Spinetoram	乙基多杀菌素	0.05T
49）	Spirotetramat	螺虫乙酯	0.6T
50）	Tebufenpyrad	吡螨胺	0.05T
51）	Tebupirimfos	丁基嘧啶磷	0.05T
52）	Teflubenzuron	氟苯脲	0.05T
53）	Terbufos	特丁硫磷	0.05
54）	Thiobencarb	禾草丹	0.05T
55）	Trifluralin	氟乐灵	0.05T

260. Taro stem 芋头茎

序号	药品通用名	中文名	最大残留限量（mg/kg）
1）	Cyantraniliprole	溴氰虫酰胺	2.0T
2）	Cyenopyrafen	腈吡螨酯	0.05T
3）	Cyflumetofen	丁氟螨酯	0.2T
4）	Cyhexatin	三环锡	0.1T
5）	Etoxazole	乙螨唑	3.0T
6）	Fenpyroximate	唑螨酯	0.05T
7）	Flupyradifurone	氟吡呋喃酮	9.0T
8）	Phoxim	辛硫磷	0.05T
9）	Pymetrozine	吡蚜酮	0.05T
10）	Pyrifluquinazon	吡氟喹虫唑	0.05T
11）	Spirotetramat	螺虫乙酯	5
12）	Tebupirimfos	丁基嘧啶磷	0.05T
13）	Terbufos	特丁硫磷	0.05

261. Tatsoi 塌棵菜

序号	药品通用名	中文名	最大残留限量（mg/kg）
1）	Carbendazim	多菌灵	5.0T
2）	Cartap	杀螟丹	0.7T
3）	Cyenopyrafen	腈吡螨酯	10T
4）	Dinotefuran	呋虫胺	7
5）	Flonicamid	氟啶虫酰胺	0.5

（续）

序号	药品通用名	中文名	最大残留限量 （mg/kg）
6)	Pymetrozine	吡蚜酮	5.0T
262. Tea　茶			
1)	Abamectin	阿维菌素	0.05
2)	Acequinocyl	灭螨醌	3
3)	Acetamiprid	啶虫脒	7
4)	Amitraz	双甲脒	10
5)	Azoxystrobin	嘧菌酯	1
6)	Bifenazate	联苯肼酯	3
7)	Bifenthrin	联苯菊酯	3
8)	Bitertanol	联苯三唑醇	10
9)	Buprofezin	噻嗪酮	15
10)	Carbendazim	多菌灵	2
11)	Chlorfenapyr	虫螨腈	3
12)	Chlorfluazuron	氟啶脲	10
13)	Chlorpyrifos	毒死蜱	2.0†
14)	Chromafenozide	环虫酰肼	3
15)	Clothianidin	噻虫胺	0.7T
16)	Cyenopyrafen	腈吡螨酯	0.5
17)	Cyflumetofen	丁氟螨酯	2
18)	Cyhalothrin	氯氟氰菊酯	2
19)	Cypermethrin	氯氰菊酯	15†
20)	Deltamethrin	溴氰菊酯	5.0T
21)	Dicofol	三氯杀螨醇	20†
22)	Difenoconazole	苯醚甲环唑	2
23)	Dimethoate	乐果	0.05T
24)	Dinotefuran	呋虫胺	7.0T
25)	Diuron	敌草隆	0.1T
26)	Endosulfan	硫丹	10†
27)	Etofenprox	醚菊酯	10
28)	Etoxazole	乙螨唑	15†
29)	Fenazaquin	喹螨醚	0.05T
30)	Fenitrothion	杀螟硫磷	0.2
31)	Fenpropathrin	甲氰菊酯	3.0†
32)	Fenpyroximate	唑螨酯	10
33)	Fenvalerate	氰戊菊酯	0.05T
34)	Flonicamid	氟啶虫酰胺	10
35)	Fluazinam	氟啶胺	7
36)	Flubendiamide	氟苯虫酰胺	50†
37)	Flufenoxuron	氟虫脲	10

（续）

序号	药品通用名	中文名	最大残留限量（mg/kg）
38)	Glufosinate（ammonium）	草铵膦（胺）	0.05
39)	Hexaflumuron	氟铃脲	5.0T
40)	Hexythiazox	噻螨酮	20
41)	Imibenconazole	亚胺唑	0.2
42)	Imidacloprid	吡虫啉	30†
43)	Iminoctadine	双胍辛胺	1
44)	Mepanipyrim	嘧菌胺	0.3T
45)	Methamidophos	甲胺磷	0.05T
46)	Methomyl	灭多威	0.05T
47)	Methoxyfenozide	甲氧虫酰肼	0.05T
48)	Milbemectin	弥拜菌素	0.5
49)	Monocrotophos	久效磷	0.05T
50)	Novaluron	氟酰脲	5
51)	Pendimethalin	二甲戊灵	0.04T
52)	Permethrin（permetrin）	氯菊酯	20T
53)	Profenofos	丙溴磷	0.5T
54)	Propargite	克螨特	5.0T
55)	Pyraclofos	吡唑硫磷	5.0T
56)	Pyridalyl	三氟甲吡醚	0.05T
57)	Spinetoram	乙基多杀菌素	0.05
58)	Spinosad	多杀霉素	0.1
59)	Spirodiclofen	螺螨酯	5
60)	Tebuconazole	戊唑醇	5
61)	Tebufenpyrad	吡螨胺	2.0T
62)	Thiacloprid	噻虫啉	10†
63)	Thiamethoxam	噻虫嗪	2
64)	Tolfenpyrad	唑虫酰胺	30†
65)	Triazophos	三唑磷	0.02T
66)	Triflumizole	氟菌唑	3

263. Tomato　番茄

序号	药品通用名	中文名	最大残留限量（mg/kg）
1)	2,4-D，2,4-dichlorophenoxyacetic acid	2,4-滴，2,4-二氯苯氧乙酸	0.1T
2)	4-Chlorophenoxyacetate	氯苯氧乙酸	0.05
3)	Abamectin	阿维菌素	0.05
4)	Acephate	乙酰甲胺磷	2
5)	Acetamiprid	啶虫脒	2
6)	Acrinathrin	氟丙菊酯	0.5
7)	Ametoctradin	唑嘧菌胺	2
8)	Amisulbrom	吲唑磺菌胺	1
9)	Amitraz	双甲脒	1

（续）

序号	药品通用名	中文名	最大残留限量 (mg/kg)
10)	Azinphos-methyl	保棉磷	0.3T
11)	Azoxystrobin	嘧菌酯	2
12)	Benalaxyl	苯霜灵	2
13)	Bentazone	灭草松	0.2T
14)	Benthiavalicarb-isopropyl	苯噻菌胺	1
15)	Bifenazate	联苯肼酯	0.3
16)	Bifenthrin	联苯菊酯	0.5
17)	Boscalid	啶酰菌胺	2
18)	Buprofezin	噻嗪酮	3
19)	Cadusafos	硫线磷	0.05
20)	Captan	克菌丹	5
21)	Carbendazim	多菌灵	2
22)	Carbofuran	克百威	0.05
23)	Cartap	杀螟丹	1
24)	Chlorantraniliprole	氯虫苯甲酰胺	1
25)	Chlorfenapyr	虫螨腈	0.5
26)	Chlorothalonil	百菌清	5
27)	Chlorpropham	氯苯胺灵	0.1T
28)	Clothianidin	噻虫胺	1
29)	Cyantraniliprole	溴氰虫酰胺	0.5
30)	Cyazofamid	氰霜唑	0.5
31)	Cyclaniliprole	环溴虫酰胺	0.7
32)	Cyfluthrin	氟氯氰菊酯	0.5T
33)	Cyhalothrin	氯氟氰菊酯	0.5T
34)	Cyhexatin	三环锡	2.0T
35)	Cymoxanil	霜脲氰	0.5
36)	Cypermethrin	氯氰菊酯	0.5T
37)	Dazomet	棉隆	0.1
38)	Dichlofluanid	苯氟磺胺	2.0T
39)	Dicloran	氯硝胺	0.5T
40)	Dicofol	三氯杀螨醇	1.0T
41)	Diethofencarb	乙霉威	3
42)	Difenoconazole	苯醚甲环唑	1
43)	Dimethoate	乐果	1.0T
44)	Dimethomorph	烯酰吗啉	5
45)	Dimethylvinphos	甲基毒虫畏	0.1T
46)	Dinotefuran	呋虫胺	1
47)	Dithianon	二氰蒽醌	2.0T
48)	Dithiocarbamates	二硫代氨基甲酸酯	3

（续）

序号	药品通用名	中文名	最大残留限量（mg/kg）
49)	Emamectin benzoate	甲氨基阿维菌素苯甲酸盐	0.05
50)	Ethaboxam	噻唑菌胺	1
51)	Ethephon	乙烯利	3
52)	Ethiofencarb	乙硫苯威	5.0T
53)	Ethoprophos（ethoprop）	灭线磷	0.02T
54)	Etofenprox	醚菊酯	2
55)	Etridiazole	土菌灵	0.5
56)	Famoxadone	噁唑菌酮	2
57)	Fenamidone	咪唑菌酮	1
58)	Fenamiphos	苯线磷	0.2T
59)	Fenbuconazole	腈苯唑	0.5
60)	Fenbutatin oxide	苯丁锡	1.0T
61)	Fenhexamid	环酰菌胺	2
62)	Fenpropathrin	甲氰菊酯	2
63)	Fenpyrazamine	胺苯吡菌酮	3
64)	Fensulfothion	丰索磷	0.1T
65)	Fenthion	倍硫磷	0.1T
66)	Fenvalerate	氰戊菊酯	1.0T
67)	Flonicamid	氟啶虫酰胺	1
68)	Fluazifop-butyl	吡氟禾草灵	0.4T
69)	Flubendiamide	氟苯虫酰胺	0.7
70)	Fludioxonil	咯菌腈	1
71)	Fluensulfone	联氟砜	0.05
72)	Fluopicolide	氟吡菌胺	0.2
73)	Fluopyram	氟吡菌酰胺	2
74)	Flupyradifurone	氟吡呋喃酮	2
75)	Fluquinconazole	氟喹唑	0.7
76)	Flusilazole	氟硅唑	1
77)	Fluxametamide	氟噁唑酰胺	0.5
78)	Fluxapyroxad	氟唑菌酰胺	1
79)	Folpet	灭菌丹	2.0T
80)	Fosetyl-aluminium	三乙膦酸铝	3.0†
81)	Fosthiazate	噻唑磷	0.05
82)	Glufosinate（ammonium）	草铵膦（胺）	0.05
83)	Hydrogen cyanide	氢氰酸	5
84)	Imazalil	抑霉唑	0.5T
85)	Imicyafos	氰咪唑硫磷	0.05
86)	Imidacloprid	吡虫啉	1
87)	Iminoctadine	双胍辛胺	0.7

（续）

序号	药品通用名	中文名	最大残留限量（mg/kg）
88）	Indoxacarb	茚虫威	0.3†
89）	Iprodione	异菌脲	2
90）	Iprovalicarb	缬霉威	2
91）	Isofetamid	异丙噻菌胺	5
92）	Isopyrazam	吡唑萘菌胺	1
93）	Kresoxim-methyl	醚菌酯	3
94）	Lepimectin	雷皮菌素	0.2
95）	Malathion	马拉硫磷	0.5T
96）	Maleic hydrazide	抑芽丹	25.0T
97）	Mandipropamid	双炔酰菌胺	0.3
98）	Mepanipyrim	嘧菌胺	5
99）	Metaflumizone	氰氟虫腙	0.7
100）	Metalaxyl	甲霜灵	0.5
101）	Metconazole	叶菌唑	0.5
102）	Methamidophos	甲胺磷	0.2
103）	Methomyl	灭多威	0.2T
104）	Methoxychlor	甲氧滴滴涕	14.0T
105）	Methoxyfenozide	甲氧虫酰肼	2
106）	Metrafenone	苯菌酮	2
107）	Metribuzin	嗪草酮	0.05
108）	Mevinphos	速灭磷	0.2T
109）	Milbemectin	弥拜菌素	0.1
110）	Monocrotophos	久效磷	1.0T
111）	Myclobutanil	腈菌唑	1
112）	Napropamide	敌草胺	0.05
113）	Novaluron	氟酰脲	0.5
114）	Ofurace	呋酰胺	2
115）	Omethoate	氧乐果	0.01T
116）	Ortho-phenyl phenol	邻苯基苯酚	10.0T
117）	Oxadixyl	噁霜灵	2
118）	Oxamyl	杀线威	2.0T
119）	Oxathiapiprolin	氟噻唑吡乙酮	0.7
120）	Oxolinic acid	喹菌酮	1.5
121）	Parathion	对硫磷	0.3T
122）	Parathion-methyl	甲基对硫磷	0.2T
123）	Pendimethalin	二甲戊灵	0.2T
124）	Penthiopyrad	吡噻菌胺	2
125）	Permethrin（permetrin）	氯菊酯	1.0T
126）	Phorate	甲拌磷	0.1T

（续）

序号	药品通用名	中文名	最大残留限量（mg/kg）
127)	Phosphamidone	磷胺	0.1T
128)	Phoxim	辛硫磷	0.2T
129)	Picarbutrazox	四唑吡氨酯	2
130)	Pirimicarb	抗蚜威	1.0T
131)	Pirimiphos-methyl	甲基嘧啶磷	1.0T
132)	Prochloraz	咪鲜胺	2
133)	Procymidone	腐霉利	10
134)	Profenofos	丙溴磷	2.0T
135)	Propamocarb	霜霉威	5
136)	Pydiflumetofen	氟啶菌酰羟胺	2
137)	Pymetrozine	吡蚜酮	1
138)	Pyraclostrobin	吡唑醚菌酯	1
139)	Pyrethrins	除虫菊素	1.0T
140)	Pyribencarb	吡菌苯威	2
141)	Pyridaben	哒螨灵	1
142)	Pyridalyl	三氟甲吡醚	3
143)	Pyrifluquinazon	吡氟喹虫唑	0.5
144)	Pyrimethanil	嘧霉胺	1
145)	Pyriofenone	甲氧苯啶菌	3
146)	Pyriproxyfen	吡丙醚	2
147)	Sethoxydim	烯禾啶	10.0T
148)	Spinetoram	乙基多杀菌素	0.5
149)	Spinosad	多杀霉素	1
150)	Spiromesifen	螺虫酯	1
151)	Spirotetramat	螺虫乙酯	1
152)	Streptomycin	链霉素	5
153)	Sulfoxaflor	氟啶虫胺腈	0.5
154)	Tebuconazole	戊唑醇	1
155)	Tebufenozide	虫酰肼	1
156)	Teflubenzuron	氟苯脲	0.2
157)	Terbufos	特丁硫磷	0.01
158)	Tetraconazole	四氟醚唑	2
159)	Tetradifon	三氯杀螨砜	1.0T
160)	Tetraniliprole	氟氰虫酰胺	0.5
161)	Thiacloprid	噻虫啉	1
162)	Thiamethoxam	噻虫嗪	0.2
163)	Thiobencarb	禾草丹	0.2T
164)	Tolylfluanid	甲苯氟磺胺	2.0T
165)	Triadimefon	三唑酮	0.5T

（续）

序号	药品通用名	中文名	最大残留限量（mg/kg）
166）	Trifloxystrobin	肟菌酯	2
167）	Triflumizole	氟菌唑	1
168）	Trifluralin	氟乐灵	0.05T
169）	Triforine	嗪氨灵	0.5T
170）	Vinclozolin	乙烯菌核利	3.0T
171）	Zoxamide	苯酰菌胺	2
264. Triticale　黑小麦			
1）	Butachlor	丁草胺	0.1T
2）	Ethephon	乙烯利	0.5T
3）	Thifensulfuron-methyl	噻吩磺隆	0.1T
265. Tropical fruits　热带水果			
1）	Aluminium phosphide (hydrogen phosphide)	磷化铝	0.05
2）	Cadusafos	硫线磷	0.01†
3）	Glyphosate	草甘膦	0.05†
4）	Methylbromide	溴甲烷	20
5）	Prochloraz	咪鲜胺	5.0†
266. Tumeric root　姜黄根			
1）	Glufosinate (ammonium)	草铵膦（胺）	0.05T
2）	Hexaconazole	己唑醇	0.05T
267. Turnip　芜菁			
1）	Cadusafos	硫线磷	0.05
2）	Imidacloprid	吡虫啉	0.05T
268. Turnip root　芜菁根			
1）	Abamectin	阿维菌素	0.05
2）	Acetamiprid	啶虫脒	0.05T
3）	Azoxystrobin	嘧菌酯	0.1T
4）	Bifenthrin	联苯菊酯	0.05
5）	Chlorantraniliprole	氯虫苯甲酰胺	0.07
6）	Chlorfenapyr	虫螨腈	0.1T
7）	Chlorfluazuron	氟啶脲	0.2T
8）	Chlorpyrifos	毒死蜱	0.05
9）	Chromafenozide	环虫酰肼	0.07
10）	Clothianidin	噻虫胺	0.05
11）	Cyantraniliprole	溴氰虫酰胺	0.05
12）	Cypermethrin	氯氰菊酯	0.05
13）	Deltamethrin	溴氰菊酯	0.05
14）	Difenoconazole	苯醚甲环唑	0.05T
15）	Dinotefuran	呋虫胺	0.05T
16）	Emamectin benzoate	甲氨基阿维菌素苯甲酸盐	0.05

（续）

序号	药品通用名	中文名	最大残留限量 （mg/kg）
17）	Ethoprophos（ethoprop）	灭线磷	0.05
18）	Etofenprox	醚菊酯	0.05T
19）	Fenitrothion	杀螟硫磷	0.05
20）	Flonicamid	氟啶虫酰胺	0.05
21）	Flufenoxuron	氟虫脲	0.05
22）	Flupyradifurone	氟吡呋喃酮	0.15T
23）	Lufenuron	虱螨脲	0.05
24）	Metaflumizone	氰氟虫腙	0.09
25）	Methoxyfenozide	甲氧虫酰肼	0.05
26）	Novaluron	氟酰脲	0.05
27）	Phenthoate	稻丰散	0.15
28）	Phorate	甲拌磷	0.05T
29）	Phoxim	辛硫磷	0.05T
30）	Pymetrozine	吡蚜酮	0.05
31）	Pyridalyl	三氟甲吡醚	0.3T
32）	Pyrifluquinazon	吡氟喹虫唑	0.2
33）	Spinetoram	乙基多杀菌素	0.05
34）	Spirotetramat	螺虫乙酯	0.5
35）	Sulfoxaflor	氟啶虫胺腈	0.05
36）	Tebuconazole	戊唑醇	0.05T
37）	Tebufenozide	虫酰肼	0.1T
38）	Tebupirimfos	丁基嘧啶磷	0.05
39）	Teflubenzuron	氟苯脲	0.05
40）	Tefluthrin	七氟菊酯	0.05
41）	Terbufos	特丁硫磷	0.05

269. Vegetables 蔬菜类

序号	药品通用名	中文名	最大残留限量 （mg/kg）
1）	Acephate	乙酰甲胺磷	3.0T
2）	Bentazone	灭草松	0.2T
3）	BHC	六六六	0.01T
4）	Bromopropylate	溴螨酯	1.0T
5）	Carbophenothion	三硫磷	0.02T
6）	chlordane	氯丹	0.02T
7）	Chlorfenvinphos	毒虫畏	0.05T
8）	Chlorobenzilate	乙酯杀螨醇	0.02T
9）	Chlorpropham	氯苯胺灵	0.05T
10）	Cyfluthrin	氟氯氰菊酯	2.0T
11）	Cyhalothrin	氯氟氰菊酯	0.5T
12）	Cypermethrin	氯氰菊酯	5.0T
13）	Dichlofluanid	苯氟磺胺	15.0T

（续）

序号	药品通用名	中文名	最大残留限量（mg/kg）
14)	Diquat	敌草快	0.05T
15)	Endosulfan	硫丹	0.05T
16)	Ethiofencarb	乙硫苯威	5.0T
17)	Fenbutatin oxide	苯丁锡	2.0T
18)	Fenvalerate	氰戊菊酯	0.5T
19)	Maleic hydrazide	抑芽丹	25.0T
20)	Methylbromide	溴甲烷	30
21)	Metribuzin	嗪草酮	0.5T
22)	Oxamyl	杀线威	1.0T
23)	Paraquat	百草枯	0.05T
24)	Parathion-methyl	甲基对硫磷	1.0T
25)	Pendimethalin	二甲戊灵	0.2T
26)	Permethrin（permetrin）	氯菊酯	3.0T
27)	Pirimicarb	抗蚜威	2.0T
28)	Pyrethrins	除虫菊素	1.0T
29)	Sethoxydim	烯禾啶	10.0T
30)	Thiobencarb	禾草丹	0.2T
270. Walnut 胡桃			
1)	2,4-D，2,4-dichlorophenoxyacetic acid	2,4-滴，2,4-二氯苯氧乙酸	0.2T
2)	Abamectin	阿维菌素	0.05T
3)	Amitraz	双甲脒	0.05T
4)	Azinphos-methyl	保棉磷	0.3T
5)	Benalaxyl	苯霜灵	0.05T
6)	Cadusafos	硫线磷	0.05T
7)	Carbaryl	甲萘威	0.5T
8)	chlordane	氯丹	0.02T
9)	Chlorpropham	氯苯胺灵	0.05T
10)	Clofentezine	四螨嗪	0.02T
11)	Clothianidin	噻虫胺	0.05T
12)	Cyhalothrin	氯氟氰菊酯	0.5T
13)	Cypermethrin	氯氰菊酯	2.0T
14)	Deltamethrin	溴氰菊酯	0.05
15)	Dichlofluanid	苯氟磺胺	15.0T
16)	Dicofol	三氯杀螨醇	1.0T
17)	Difenoconazole	苯醚甲环唑	0.05T
18)	Dinotefuran	呋虫胺	0.05T
19)	Dithianon	二氰蒽醌	0.05T
20)	Dithiocarbamates	二硫代氨基甲酸酯	0.1T
21)	Endosulfan	硫丹	0.05T

（续）

（续）

序号	药品通用名	中文名	最大残留限量（mg/kg）
22）	Ethephon	乙烯利	0.5T
23）	Ethiofencarb	乙硫苯威	5.0T
24）	Etofenprox	醚菊酯	0.05T
25）	Fenarimol	氯苯嘧啶醇	0.1T
26）	Fenbutatin oxide	苯丁锡	0.5T
27）	Fenitrothion	杀螟硫磷	0.5T
28）	Flonicamid	氟啶虫酰胺	0.05T
29）	Fluazinam	氟啶胺	0.05
30）	Flufenoxuron	氟虫脲	0.3T
31）	Folpet	灭菌丹	0.5T
32）	Indoxacarb	茚虫威	0.05T
33）	Isopyrazam	吡唑萘菌胺	0.05T
34）	Lufenuron	虱螨脲	0.1T
35）	Malathion	马拉硫磷	2.0T
36）	Maleic hydrazide	抑芽丹	40.0T
37）	Metaflumizone	氰氟虫腙	0.05T
38）	Novaluron	氟酰脲	2.0T
39）	Oxadiazon	噁草酮	0.05T
40）	Oxamyl	杀线威	0.5T
41）	Parathion	对硫磷	0.1T
42）	Parathion-methyl	甲基对硫磷	0.1T
43）	Permethrin（permetrin）	氯菊酯	0.05T
44）	Phenthoate	稻丰散	0.05T
45）	Phorate	甲拌磷	0.05T
46）	Pirimicarb	抗蚜威	1.0T
47）	Pyraclostrobin	吡唑醚菌酯	0.05
48）	Pyrethrins	除虫菊素	1.0T
49）	Pyridalyl	三氟甲吡醚	0.05T
50）	Sethoxydim	烯禾啶	1.0T
51）	Simazine	西玛津	0.2T
52）	Sulfoxaflor	氟啶虫胺腈	0.05
53）	Sulfuryl fluoride	硫酰氟	3.0†
54）	Teflubenzuron	氟苯脲	0.05T
55）	Terbufos	特丁硫磷	0.05T
56）	Thiacloprid	噻虫啉	0.05
57）	Thiamethoxam	噻虫嗪	0.05T

271. Wasabi leaves 芥末叶

1）	Bifenthrin	联苯菊酯	8
2）	Carbendazim	多菌灵	5.0T

（续）

序号	药品通用名	中文名	最大残留限量 （mg/kg）
3)	Cyantraniliprole	溴氰虫酰胺	9
4)	Flubendiamide	氟苯虫酰胺	20
5)	Hymexazol	噁霉灵	0.05T
6)	Metaflumizone	氰氟虫腙	15
7)	Novaluron	氟酰脲	0.05T
8)	Pymetrozine	吡蚜酮	0.5T
9)	Pyraclostrobin	吡唑醚菌酯	15
10)	Pyridalyl	三氟甲吡醚	15
11)	Spinetoram	乙基多杀菌素	1
12)	Triflumizole	氟菌唑	7
272. Wasabi（root）芥末（根）			
1)	Bifenthrin	联苯菊酯	0.07
2)	Carbendazim	多菌灵	0.05T
3)	Cyantraniliprole	溴氰虫酰胺	0.05
4)	Cypermethrin	氯氰菊酯	0.05
5)	Fluopyram	氟吡菌酰胺	0.07T
6)	Hymexazol	噁霉灵	0.05T
7)	Lufenuron	虱螨脲	0.05T
8)	Metaflumizone	氰氟虫腙	0.09
9)	Myclobutanil	腈菌唑	0.1T
10)	Pymetrozine	吡蚜酮	0.05T
11)	Spinetoram	乙基多杀菌素	0.05
12)	Trifloxystrobin	肟菌酯	0.08T
273. Water dropwort 水芹			
1)	Alachlor	甲草胺	0.05T
2)	Ametoctradin	唑嘧菌胺	0.05T
3)	Azoxystrobin	嘧菌酯	5
4)	Bifenthrin	联苯菊酯	0.3
5)	Bromobutide	溴丁酰草胺	0.05T
6)	Cadusafos	硫线磷	0.05T
7)	Carbendazim	多菌灵	1.0T
8)	Carpropamide	环丙酰菌胺	1.0T
9)	Chlorfenapyr	虫螨腈	1
10)	Chlorfluazuron	氟啶脲	1
11)	Chlorpyrifos	毒死蜱	0.05T
12)	Chlorpyrifos-methyl	甲基毒死蜱	0.05T
13)	Clothianidin	噻虫胺	3.0T
14)	Cyantraniliprole	溴氰虫酰胺	7
15)	Cymoxanil	霜脲氰	0.1T

328

（续）

序号	药品通用名	中文名	最大残留限量 （mg/kg）
16)	Deltamethrin	溴氰菊酯	4
17)	Difenoconazole	苯醚甲环唑	3
18)	Dimethenamid	二甲吩草胺	0.05T
19)	Diniconazole	烯唑醇	0.3T
20)	Dinotefuran	呋虫胺	0.05T
21)	Emamectin benzoate	甲氨基阿维菌素苯甲酸盐	0.4
22)	Ethoprophos（ethoprop）	灭线磷	0.05T
23)	Etofenprox	醚菊酯	2
24)	Famoxadone	噁唑菌酮	2.0T
25)	Fenitrothion	杀螟硫磷	0.3T
26)	Fenobucarb	仲丁威	0.05T
27)	Fenoxanil	稻瘟酰胺	0.5T
28)	Fenpropathrin	甲氰菊酯	0.3T
29)	Fenpyroximate	唑螨酯	0.3T
30)	Ferimzone	嘧菌腙	0.7T
31)	Flusilazole	氟硅唑	0.05T
32)	Fluxapyroxad	氟唑菌酰胺	0.5T
33)	Iprobenfos	异稻瘟净	0.2T
34)	Isoprothiolane	稻瘟灵	0.2T
35)	Kresoxim-methyl	醚菌酯	1
36)	Lufenuron	虱螨脲	0.2
37)	Mefenacet	苯噻酰草胺	0.1T
38)	Metaflumizone	氰氟虫腙	15
39)	Methoxyfenozide	甲氧虫酰肼	2
40)	Metolachlor	异丙甲草胺	0.05T
41)	Napropamide	敌草胺	0.05T
42)	Novaluron	氟酰脲	1
43)	Oxolinic acid	喹菌酮	2.0T
44)	Pentoxazone	环戊草酮	0.05T
45)	Phenthoate	稻丰散	0.3T
46)	Phorate	甲拌磷	0.05T
47)	Phoxim	辛硫磷	0.05
48)	Propiconazole	丙环唑	0.05T
49)	Pymetrozine	吡蚜酮	5
50)	Pyridalyl	三氟甲吡醚	15
51)	Pyrifluquinazon	吡氟喹虫唑	0.05T
52)	Spinetoram	乙基多杀菌素	0.7
53)	Spirotetramat	螺虫乙酯	5
54)	Sulfoxaflor	氟啶虫胺腈	0.3

（续）

序号	药品通用名	中文名	最大残留限量（mg/kg）
55)	Tebupirimfos	丁基嘧啶磷	0.05
56)	Teflubenzuron	氟苯脲	10
57)	Terbufos	特丁硫磷	0.05T
58)	Thiamethoxam	噻虫嗪	2.0T
59)	Tolclofos-methyl	甲基立枯磷	0.05T
60)	Tricyclazole	三环唑	0.2T
274. Watermelon 西瓜			
1)	Abamectin	阿维菌素	0.01
2)	Acephate	乙酰甲胺磷	0.5T
3)	Acequinocyl	灭螨醌	0.2
4)	Acetamiprid	啶虫脒	0.1
5)	Acibenzolar-S-methyl	苯并噻二唑	0.3
6)	Acrinathrin	氟丙菊酯	0.1
7)	Ametoctradin	唑嘧菌胺	0.2
8)	Amisulbrom	吲唑磺菌胺	0.2
9)	Azinphos-methyl	保棉磷	0.2T
10)	Azoxystrobin	嘧菌酯	0.2
11)	Bifenazate	联苯肼酯	0.1
12)	Bifenthrin	联苯菊酯	0.05
13)	Bistrifluron	双三氟虫脲	0.2
14)	Bitertanol	联苯三唑醇	0.5
15)	Boscalid	啶酰菌胺	0.7
16)	Buprofezin	噻嗪酮	0.05
17)	Cadusafos	硫线磷	0.01
18)	Captan	克菌丹	2
19)	Carbendazim	多菌灵	1
20)	Carbofuran	克百威	0.05
21)	Cartap	杀螟丹	0.1T
22)	Chlorantraniliprole	氯虫苯甲酰胺	0.05
23)	Chlorfenapyr	虫螨腈	0.1
24)	Chlorfluazuron	氟啶脲	0.3
25)	Chlorothalonil	百菌清	0.1
26)	Chlorpropham	氯苯胺灵	0.05T
27)	Clofentezine	四螨嗪	1.0T
28)	Clothianidin	噻虫胺	0.5
29)	Cyantraniliprole	溴氰虫酰胺	0.3
30)	Cyazofamid	氰霜唑	1
31)	Cyclaniliprole	环溴虫酰胺	0.1
32)	Cyenopyrafen	腈吡螨酯	0.05

（续）

序号	药品通用名	中文名	最大残留限量（mg/kg）
33)	Cyflumetofen	丁氟螨酯	1
34)	Cyfluthrin	氟氯氰菊酯	2.0T
35)	Cyhalothrin	氯氟氰菊酯	0.05
36)	Cymoxanil	霜脲氰	0.1
37)	Cypermethrin	氯氰菊酯	2.0T
38)	Cyromazine	灭蝇胺	0.1
39)	Dazomet	棉隆	0.1
40)	DBEDC	胺磺酮	0.2
41)	Deltamethrin	溴氰菊酯	0.05
42)	Dichlofluanid	苯氟磺胺	15.0T
43)	Difenoconazole	苯醚甲环唑	0.05
44)	Diflubenzuron	除虫脲	0.3
45)	Dimethomorph	烯酰吗啉	0.1
46)	Dinotefuran	呋虫胺	0.5
47)	Dithianon	二氰蒽醌	0.3
48)	Dithiocarbamates	二硫代氨基甲酸酯	0.5
49)	Emamectin benzoate	甲氨基阿维菌素苯甲酸盐	0.1
50)	Endosulfan	硫丹	0.1T
51)	Ethaboxam	噻唑菌胺	0.5
52)	Ethalfluralin	乙丁烯氟灵	0.05
53)	Ethiofencarb	乙硫苯威	5.0T
54)	Etofenprox	醚菊酯	0.2
55)	Etoxazole	乙螨唑	0.1
56)	Fenamidone	咪唑菌酮	0.2
57)	Fenarimol	氯苯嘧啶醇	0.3
58)	Fenazaquin	喹螨醚	0.05
59)	Fenbuconazole	腈苯唑	0.2
60)	Fenbutatin oxide	苯丁锡	2.0T
61)	Fenpropathrin	甲氰菊酯	0.2
62)	Fenpyrazamine	胺苯吡菌酮	0.05
63)	Fenvalerate	氰戊菊酯	0.5T
64)	Fipronil	氟虫腈	0.01T
65)	Flonicamid	氟啶虫酰胺	0.5
66)	Fluacrypyrim	嘧螨酯	0.5T
67)	Fluazifop-butyl	吡氟禾草灵	0.3
68)	Flubendiamide	氟苯虫酰胺	1
69)	Fludioxonil	咯菌腈	0.2
70)	Fluensulfone	联氟砜	0.05
71)	Flufenoxuron	氟虫脲	0.05

（续）

序号	药品通用名	中文名	最大残留限量（mg/kg）
72)	Fluopicolide	氟吡菌胺	1
73)	Fluopyram	氟吡菌酰胺	0.5
74)	Fluquinconazole	氟喹唑	0.3
75)	Flusilazole	氟硅唑	0.05
76)	Flutianil	氟噻唑菌腈	0.05
77)	Fluxametamide	氟恶唑酰胺	0.07
78)	Fluxapyroxad	氟唑菌酰胺	0.1
79)	Folpet	灭菌丹	0.5
80)	Forchlorfenuron	氯吡脲	0.05
81)	Fosthiazate	噻唑磷	0.1
82)	Glufosinate（ammonium）	草铵膦（胺）	0.05
83)	Hexaconazole	己唑醇	0.2
84)	Hexythiazox	噻螨酮	0.1
85)	Imazalil	抑霉唑	2.0T
86)	Imicyafos	氰咪唑硫磷	0.05
87)	Imidacloprid	吡虫啉	0.05
88)	Iminoctadine	双胍辛胺	0.05
89)	Indoxacarb	茚虫威	0.2
90)	Iprodione	异菌脲	0.2T
91)	Iprovalicarb	缬霉威	0.5
92)	Isofetamid	异丙噻菌胺	0.5
93)	Isopyrazam	吡唑萘菌胺	0.1
94)	Kresoxim-methyl	醚菌酯	0.2
95)	Lepimectin	雷皮菌素	0.05
96)	Lufenuron	虱螨脲	0.2
97)	Malathion	马拉硫磷	0.5T
98)	Maleic hydrazide	抑芽丹	40.0T
99)	Mandestrobin	甲氧基丙烯酸酯类杀菌剂	0.5
100)	Mandipropamid	双炔酰菌胺	1
101)	Meptyldinocap	消螨多	0.1T
102)	Metaflumizone	氰氟虫腙	0.5
103)	Metalaxyl	甲霜灵	0.2
104)	Methomyl	灭多威	1
105)	Methoxyfenozide	甲氧虫酰肼	0.5
106)	Metrafenone	苯菌酮	0.5
107)	Milbemectin	弥拜菌素	0.05
108)	Monocrotophos	久效磷	0.1T
109)	Myclobutanil	腈菌唑	0.5
110)	Novaluron	氟酰脲	0.5

（续）

序号	药品通用名	中文名	最大残留限量（mg/kg）
111)	Oxadixyl	噁霜灵	0.1T
112)	Oxamyl	杀线威	2.0T
113)	Oxolinic acid	喹菌酮	2
114)	Parathion	对硫磷	0.3T
115)	Parathion-methyl	甲基对硫磷	1.0T
116)	Pencycuron	戊菌隆	0.05
117)	Penthiopyrad	吡噻菌胺	0.1
118)	Permethrin（permetrin）	氯菊酯	5.0T
119)	Phosphamidone	磷胺	0.1T
120)	Picoxystrobin	啶氧菌酯	0.3
121)	Pirimicarb	抗蚜威	1.0T
122)	Prochloraz	咪鲜胺	1
123)	Procymidone	腐霉利	0.2
124)	Propamocarb	霜霉威	0.7
125)	Pydiflumetofen	氟啶菌酰羟胺	0.5
126)	Pyflubumide	一种杀螨剂	0.07
127)	Pymetrozine	吡蚜酮	0.03
128)	Pyraclofos	吡唑硫磷	0.05T
129)	Pyraclostrobin	吡唑醚菌酯	0.1
130)	Pyraziflumid	新型杀菌剂	0.5
131)	Pyrazophos	吡菌磷	1.0T
132)	Pyrethrins	除虫菊素	1.0T
133)	Pyribencarb	吡菌苯威	0.2
134)	Pyridaben	哒螨灵	0.05
135)	Pyridalyl	三氟甲吡醚	0.2
136)	Pyrifluquinazon	吡氟喹虫唑	0.05
137)	Pyriofenone	甲氧苯啶菌	0.1
138)	Pyriproxyfen	吡丙醚	0.1
139)	Quizalofop-ethyl	精喹禾灵	0.05T
140)	Sethoxydim	烯禾啶	0.05
141)	Simeconazole	硅氟唑	0.1
142)	Spinetoram	乙基多杀菌素	0.05
143)	Spinosad	多杀霉素	0.1
144)	Spirodiclofen	螺螨酯	0.5
145)	Spiromesifen	螺虫酯	0.2
146)	Spirotetramat	螺虫乙酯	0.3
147)	Streptomycin	链霉素	0.05
148)	Sulfoxaflor	氟啶虫胺腈	0.3
149)	Tebuconazole	戊唑醇	1

（续）

序号	药品通用名	中文名	最大残留限量 （mg/kg）
150）	Tebufenozide	虫酰肼	0.1
151）	Tebufenpyrad	吡螨胺	0.1
152）	Teflubenzuron	氟苯脲	0.2
153）	Tefluthrin	七氟菊酯	0.05
154）	Tetraconazole	四氟醚唑	0.2
155）	Tetradifon	三氯杀螨砜	1.0T
156）	Tetraniliprole	氟氰虫酰胺	0.07
157）	Thiacloprid	噻虫啉	0.2
158）	Thiamethoxam	噻虫嗪	0.1
159）	Thidiazuron	噻苯隆	0.1T
160）	Thifluzamide	噻呋酰胺	0.05
161）	Tolylfluanid	甲苯氟磺胺	0.5T
162）	Triadimefon	三唑酮	0.2T
163）	Tricyclazole	三环唑	0.2T
164）	Trifloxystrobin	肟菌酯	0.5
165）	Triflumizole	氟菌唑	0.5
166）	Trifluralin	氟乐灵	0.05T
167）	Triforine	嗪氨灵	0.5T
168）	Valifenalate	磺草灵	0.1
169）	Zoxamide	苯酰菌胺	0.05

275. Welsh onion 威尔士洋葱

序号	药品通用名	中文名	最大残留限量 （mg/kg）
1）	Abamectin	阿维菌素	0.3
2）	Acephate	乙酰甲胺磷	0.1T
3）	Acetamiprid	啶虫脒	0.7
4）	Acrinathrin	氟丙菊酯	1
5）	Alachlor	甲草胺	0.05T
6）	Ametoctradin	唑嘧菌胺	3
7）	Amisulbrom	吲唑磺菌胺	3
8）	Azinphos-methyl	保棉磷	0.5T
9）	Azoxystrobin	嘧菌酯	2
10）	Bentazone	灭草松	0.2T
11）	Bifenthrin	联苯菊酯	0.7
12）	Bistrifluron	双三氟虫脲	2
13）	Boscalid	啶酰菌胺	7
14）	Buprofezin	噻嗪酮	5
15）	Cadusafos	硫线磷	0.02
16）	Captan	克菌丹	5.0T
17）	Carbendazim	多菌灵	5
18）	Carbofuran	克百威	0.05

（续）

序号	药品通用名	中文名	最大残留限量 （mg/kg）
19)	Cartap	杀螟丹	2
20)	Chlorantraniliprole	氯虫苯甲酰胺	2
21)	Chlorfenapyr	虫螨腈	1
22)	Chlorfluazuron	氟啶脲	0.3
23)	Chlorothalonil	百菌清	2
24)	Chlorpropham	氯苯胺灵	0.05T
25)	Chlorpyrifos	毒死蜱	0.05
26)	Chromafenozide	环虫酰肼	0.3
27)	Clethodim	烯草酮	0.05
28)	Clothianidin	噻虫胺	0.3
29)	Cyantraniliprole	溴氰虫酰胺	2
30)	Cyazofamid	氰霜唑	5
31)	Cyclaniliprole	环溴虫酰胺	0.5
32)	Cyfluthrin	氟氯氰菊酯	2.0T
33)	Cyhalothrin	氯氟氰菊酯	0.3
34)	Cymoxanil	霜脲氰	0.1
35)	Cypermethrin	氯氰菊酯	1
36)	Cyromazine	灭蝇胺	3.0T
37)	Deltamethrin	溴氰菊酯	0.3
38)	Diafenthiuron	丁醚脲	0.5T
39)	Dichlofluanid	苯氟磺胺	15.0T
40)	Dichlorvos	敌敌畏	0.1
41)	Dicofol	三氯杀螨醇	1.0T
42)	Diethofencarb	乙霉威	10
43)	Difenoconazole	苯醚甲环唑	1
44)	Diflubenzuron	除虫脲	0.5
45)	Dimethoate	乐果	0.05
46)	Dimethomorph	烯酰吗啉	3
47)	Dinotefuran	呋虫胺	7
48)	Dithiocarbamates	二硫代氨基甲酸酯	0.3
49)	Emamectin benzoate	甲氨基阿维菌素苯甲酸盐	0.4
50)	Endosulfan	硫丹	0.1T
51)	Ethaboxam	噻唑菌胺	2
52)	Ethiofencarb	乙硫苯威	5.0T
53)	Ethoprophos (ethoprop)	灭线磷	0.02
54)	Etofenprox	醚菊酯	2
55)	Etridiazole	土菌灵	0.05
56)	Famoxadone	噁唑菌酮	2
57)	Fenbutatin oxide	苯丁锡	2.0T

（续）

序号	药品通用名	中文名	最大残留限量（mg/kg）
58)	Fenitrothion	杀螟硫磷	0.3
59)	Fenpyrazamine	胺苯吡菌酮	5
60)	Fenvalerate	氰戊菊酯	0.5T
61)	Fluazifop-butyl	吡氟禾草灵	0.2
62)	Fluazinam	氟啶胺	3
63)	Flubendiamide	氟苯虫酰胺	3
64)	Fludioxonil	咯菌腈	7
65)	Flufenoxuron	氟虫脲	1
66)	Fluquinconazole	氟喹唑	0.3
67)	Flusilazole	氟硅唑	0.05T
68)	Fluthiacet-methyl	嗪草酸甲酯	0.05
69)	Fluxametamide	氟噁唑酰胺	3
70)	Fluxapyroxad	氟唑菌酰胺	2
71)	Folpet	灭菌丹	2.0T
72)	Glufosinate（ammonium）	草铵膦（胺）	0.05
73)	Glyphosate	草甘膦	0.2T
74)	Haloxyfop	氟吡禾灵	0.05
75)	Hexaconazole	己唑醇	0.1
76)	Hexaflumuron	氟铃脲	0.5T
77)	Imidacloprid	吡虫啉	0.5
78)	Iminoctadine	双胍辛胺	0.5
79)	Indoxacarb	茚虫威	2
80)	Kresoxim-methyl	醚菌酯	2
81)	Lepimectin	雷皮菌素	0.05
82)	Lufenuron	虱螨脲	1
83)	Malathion	马拉硫磷	2.0T
84)	Maleic hydrazide	抑芽丹	25.0T
85)	Mandipropamid	双炔酰菌胺	0.7
86)	MCPA	2甲4氯	0.05T
87)	Metaflumizone	氰氟虫腙	15
88)	Metalaxyl	甲霜灵	0.5
89)	Metconazole	叶菌唑	1
90)	Methomyl	灭多威	2
91)	Methoxyfenozide	甲氧虫酰肼	2
92)	Metolachlor	异丙甲草胺	0.1
93)	Metribuzin	嗪草酮	0.5T
94)	Myclobutanil	腈菌唑	0.1
95)	Novaluron	氟酰脲	0.7
96)	Nuarimol	氟苯嘧啶醇	0.1T

（续）

序号	药品通用名	中文名	最大残留限量（mg/kg）
97）	Omethoate	氧乐果	0.1T
98）	Oxadixyl	噁霜灵	0.1T
99）	Oxamyl	杀线威	1.0T
100）	Oxathiapiprolin	氟噻唑吡乙酮	2.0†
101）	Oxolinic acid	喹菌酮	2.0T
102）	Parathion	对硫磷	0.3T
103）	Parathion-methyl	甲基对硫磷	1.0T
104）	Pencycuron	戊菌隆	0.05
105）	Pendimethalin	二甲戊灵	0.05
106）	Penthiopyrad	吡噻菌胺	7
107）	Permethrin（permetrin）	氯菊酯	3.0T
108）	Phorate	甲拌磷	0.05
109）	Phoxim	辛硫磷	0.05
110）	Picarbutrazox	四唑吡氨酯	3
111）	Picoxystrobin	啶氧菌酯	3
112）	Pirimicarb	抗蚜威	0.5T
113）	Pirimiphos-methyl	甲基嘧啶磷	0.5T
114）	Prochloraz	咪鲜胺	1
115）	Procymidone	腐霉利	5.0T
116）	Propaquizafop	噁草酸	0.05T
117）	Propiconazole	丙环唑	1
118）	Pymetrozine	吡蚜酮	0.3
119）	Pyraclostrobin	吡唑醚菌酯	4
120）	Pyrethrins	除虫菊素	1.0T
121）	Pyribencarb	吡菌苯威	2
122）	Pyridalyl	三氟甲吡醚	15
123）	Pyrimethanil	嘧霉胺	3
124）	Sethoxydim	烯禾啶	0.05
125）	Silafluofen	氟硅菊酯	0.3T
126）	Spinetoram	乙基多杀菌素	0.8†
127）	Spinosad	多杀霉素	0.7
128）	Spirotetramat	螺虫乙酯	3
129）	Streptomycin	链霉素	0.07
130）	Sulfoxaflor	氟啶虫胺腈	2
131）	Tebuconazole	戊唑醇	3
132）	Tebufenozide	虫酰肼	2
133）	Tebupirimfos	丁基嘧啶磷	0.05
134）	Teflubenzuron	氟苯脲	0.5
135）	Tefluthrin	七氟菊酯	0.05

（续）

序号	药品通用名	中文名	最大残留限量 （mg/kg）
136）	Terbufos	特丁硫磷	0.05
137）	Tetraconazole	四氟醚唑	5
138）	Tetraniliprole	氟氰虫酰胺	2
139）	Thiacloprid	噻虫啉	1
140）	Thiamethoxam	噻虫嗪	2
141）	Thifluzamide	噻呋酰胺	0.05
142）	Thiobencarb	禾草丹	0.2T
143）	Triadimefon	三唑酮	0.1T
144）	Triadimenol	三唑醇	0.3T
145）	Trifloxystrobin	肟菌酯	2
146）	Triflumizole	氟菌唑	0.5
276. Welsh onion（dried）威尔士洋葱（干）			
1）	Azinphos-methyl	保棉磷	0.7T
2）	Azoxystrobin	嘧菌酯	7
3）	Chlorfenapyr	虫螨腈	0.5
4）	Cypermethrin	氯氰菊酯	20
5）	Dimethomorph	烯酰吗啉	15
6）	Etofenprox	醚菊酯	10
7）	Fluazinam	氟啶胺	10
8）	Imidacloprid	吡虫啉	2
9）	Indoxacarb	茚虫威	2
10）	Lufenuron	虱螨脲	1.5
11）	Methomyl	灭多威	0.4
12）	Methoxyfenozide	甲氧虫酰肼	10
13）	Myclobutanil	腈菌唑	2
14）	Pendimethalin	二甲戊灵	0.7
15）	Pyrimethanil	嘧霉胺	7
277. Wheat 小麦			
1）	2,4-D，2,4-dichlorophenoxyacetic acid	2,4-滴，2,4-二氯苯氧乙酸	2.0†
2）	Acephate	乙酰甲胺磷	0.3T
3）	Acetamiprid	啶虫脒	0.3T
4）	Acetochlor	乙草胺	0.02†
5）	Aldicarb	涕灭威	0.02T
6）	Anilazine	敌菌灵	0.1T
7）	Azinphos-methyl	保棉磷	0.2T
8）	Azoxystrobin	嘧菌酯	0.2†
9）	Bentazone	灭草松	0.1T
10）	Benzovindiflupyr	苯并烯氟菌唑	0.1†
11）	Bicyclopyrone	氟吡草酮	0.03†

（续）

序号	药品通用名	中文名	最大残留限量 （mg/kg）
12)	Bifenox	甲羧除草醚	0.05T
13)	Bifenthrin	联苯菊酯	0.5†
14)	Bioresmethrin	生物苄呋菊酯	1.0T
15)	Bitertanol	联苯三唑醇	0.1T
16)	Boscalid	啶酰菌胺	0.5†
17)	Butachlor	丁草胺	0.1
18)	Captan	克菌丹	5
19)	Carbaryl	甲萘威	2.0†
20)	Carbendazim	多菌灵	0.05†
21)	Carbofuran	克百威	0.1T
22)	Carboxin	萎锈灵	0.2T
23)	Chlorantraniliprole	氯虫苯甲酰胺	0.05T
24)	chlordane	氯丹	0.02T
25)	Chlorfenapyr	虫螨腈	0.05T
26)	Chlormequat	矮壮素	5.0T
27)	Chlorpropham	氯苯胺灵	0.05T
28)	Chlorpyrifos	毒死蜱	0.4†
29)	Chlorpyrifos-methyl	甲基毒死蜱	3.0†
30)	Clopyralid	二氯吡啶酸	3.0†
31)	Chlorsulfuron	磺酰氯	0.1T
32)	Clothianidin	噻虫胺	0.02†
33)	Cyantraniliprole	溴氰虫酰胺	0.05T
34)	Cyfluthrin	氟氯氰菊酯	2.0T
35)	Cyhalothrin	氯氟氰菊酯	0.04†
36)	Cypermethrin	氯氰菊酯	2.0†
37)	Cyproconazole	环丙唑醇	0.08†
38)	Cyprodinil	嘧菌环胺	0.5T
39)	Deltamethrin	溴氰菊酯	2.0†
40)	Dicamba	麦草畏	1.5†
41)	Dichlobenil	敌草腈	0.05T
42)	Dichlofluanid	苯氟磺胺	0.1T
43)	Dichlorvos	敌敌畏	0.05T
44)	Diclofop-methyl	禾草灵	0.1T
45)	Difenoconazole	苯醚甲环唑	0.01†
46)	Diflubenzuron	除虫脲	0.05†
47)	Dimethoate	乐果	0.2T
48)	Diniconazole	烯唑醇	0.05T
49)	Diquat	敌草快	2.0T
50)	Disulfoton	乙拌磷	0.2T

（续）

序号	药品通用名	中文名	最大残留限量 （mg/kg）
51)	Dithiocarbamates	二硫代氨基甲酸酯	1.0†
52)	Diuron	敌草隆	1.0T
53)	Emamectin benzoate	甲氨基阿维菌素苯甲酸盐	0.05T
54)	Epoxiconazole	氟环唑	0.3T
55)	Ethephon	乙烯利	2.0T
56)	Ethiofencarb	乙硫苯威	0.05T
57)	Ethoprophos（ethoprop）	灭线磷	0.005T
58)	Ethylene dibromide	二溴乙烷	0.5T
59)	Famoxadone	噁唑菌酮	0.1T
60)	Fenbuconazole	腈苯唑	0.1†
61)	Fenitrothion	杀螟硫磷	0.2T
62)	Fenoxaprop-ethyl	噁唑禾草灵	0.05T
63)	Fenthion	倍硫磷	0.1T
64)	Fenvalerate	氰戊菊酯	2.0T
65)	Fludioxonil	咯菌腈	0.02†
66)	Flumioxazin	丙炔氟草胺	0.4†
67)	Fluopicolide	氟吡菌胺	0.1T
68)	Fluopyram	氟吡菌酰胺	0.9†
69)	Flupyradifurone	氟吡呋喃酮	1.0†
70)	Fluroxypyr	氯氟吡氧乙酸	0.15†
71)	Flusilazole	氟硅唑	0.05T
72)	Flutriafol	粉唑醇	0.15†
73)	Fluxapyroxad	氟唑菌酰胺	0.3†
74)	Glufosinate（ammonium）	草铵膦（胺）	0.05T
75)	Glyphosate	草甘膦	5.0†
76)	Imazalil	抑霉唑	0.01T
77)	Imazamox	甲氧咪草烟	0.05T
78)	Imazapic	甲咪唑烟酸	0.05†
79)	Imazapyr	咪唑烟酸	0.05†
80)	Imazethapyr	咪唑乙烟酸	0.05T
81)	Imidacloprid	吡虫啉	0.04†
82)	Isopyrazam	吡唑萘菌胺	0.03T
83)	Kresoxim-methyl	醚菌酯	0.05T
84)	Lindane，γ-BHC	林丹，γ-六六六	0.01T
85)	Linuron	利谷隆	0.2T
86)	Lufenuron	虱螨脲	0.05T
87)	Malathion	马拉硫磷	8.0T
88)	MCPA	2甲4氯	0.2†
89)	Metalaxyl	甲霜灵	0.05T

（续）

序号	药品通用名	中文名	最大残留限量（mg/kg）
90）	Metaldehyde	四聚乙醛	0.05T
91）	Metconazole	叶菌唑	0.3T
92）	Methiocarb	甲硫威	0.05T
93）	Methomyl	灭多威	1.5†
94）	Methoprene	烯虫酯	10†
95）	Methoxychlor	甲氧滴滴涕	2.0T
96）	Metolachlor	异丙甲草胺	0.1T
97）	Metrafenone	苯菌酮	0.06T
98）	Metribuzin	嗪草酮	0.75T
99）	Metsulfuron-methyl	甲磺隆	0.1T
100）	Myclobutanil	腈菌唑	0.3T
101）	Nitrapyrin	三氯甲基吡啶	0.1T
102）	Novaluron	氟酰脲	0.05T
103）	Omethoate	氧乐果	0.01T
104）	Oxamyl	杀线威	0.02T
105）	Oxydemeton-methyl	亚砜磷	0.02T
106）	Paraquat	百草枯	0.1T
107）	Parathion	对硫磷	0.3T
108）	Parathion-methyl	甲基对硫磷	1.0T
109）	Pendimethalin	二甲戊灵	0.05†
110）	Penthiopyrad	吡噻菌胺	0.1†
111）	Permethrin（permetrin）	氯菊酯	2.0T
112）	Phenothrin	苯醚菊酯	2.0T
113）	Phenthoate	稻丰散	0.2T
114）	Phorate	甲拌磷	0.05T
115）	Phosphamidone	磷胺	0.1T
116）	Phoxim	辛硫磷	0.05T
117）	Picoxystrobin	啶氧菌酯	0.04†
118）	Pinoxaden	唑啉草酯	0.7T
119）	Piperonyl butoxide	增效醚	0.2T
120）	Pirimicarb	抗蚜威	0.05T
121）	Pirimiphos-methyl	甲基嘧啶磷	7.0†
122）	Prochloraz	咪鲜胺	0.02T
123）	Profenofos	丙溴磷	0.03T
124）	Propanil	敌稗	0.2T
125）	Propiconazole	丙环唑	0.05†
126）	Prothioconazole	丙硫菌唑	0.1T
127）	Pyraclostrobin	吡唑醚菌酯	0.09†
128）	Pyrazophos	吡菌磷	0.05T

（续）

序号	药品通用名	中文名	最大残留限量 (mg/kg)
129)	Pyrethrins	除虫菊素	3.0T
130)	Quintozene	五氯硝基苯	0.01T
131)	Saflufenacil	苯嘧磺草胺	0.5†
132)	Spinosad	多杀霉素	1.0†
133)	Sulfoxaflor	氟啶虫胺腈	0.08†
134)	Sulfuryl fluoride	硫酰氟	0.05†
135)	Tebuconazole	戊唑醇	0.05†
136)	Teflubenzuron	氟苯脲	0.05T
137)	Terbutryn	特丁净	0.1T
138)	Thiabendazole	噻菌灵	0.2T
139)	Thiacloprid	噻虫啉	0.1T
140)	Thiamethoxam	噻虫嗪	0.05†
141)	Thifensulfuron-methyl	噻吩磺隆	0.1T
142)	Thiobencarb	禾草丹	0.1
143)	Triadimefon	三唑酮	0.1T
144)	Triadimenol	三唑醇	0.05†
145)	Tri-allate	野燕畏	0.05T
146)	Triclopyr	三氯吡氧乙酸	0.3T
147)	Trifloxystrobin	肟菌酯	0.15†
148)	Trifluralin	氟乐灵	0.05T
149)	Triforine	嗪氨灵	0.01T
150)	Trinexapac-ethyl	抗倒酯	3.0†

278. Wheat flour　小麦粉

1)	Malathion	马拉硫磷	1.0T

279. Wild chive　野生细香葱

1)	Alachlor	甲草胺	0.05T
2)	Carbendazim	多菌灵	1.0T
3)	Cartap	杀螟丹	2.0T
4)	Chlorpyrifos	毒死蜱	0.05T
5)	Chlorpyrifos-methyl	甲基毒死蜱	0.05T
6)	Dithiocarbamates	二硫代氨基甲酸酯	0.3T
7)	Ethoprophos (ethoprop)	灭线磷	0.05T
8)	Fenitrothion	杀螟硫磷	0.3T
9)	Fenpyrazamine	胺苯吡菌酮	1.5
10)	Fluazifop-butyl	吡氟禾草灵	0.2T
11)	Fluquinconazole	氟喹唑	3
12)	Fluxapyroxad	氟唑菌酰胺	2
13)	Hexaconazole	己唑醇	0.5
14)	Indoxacarb	茚虫威	2.0T

（续）

序号	药品通用名	中文名	最大残留限量（mg/kg）
15）	Isoprothiolane	稻瘟灵	0.2T
16）	Metconazole	叶菌唑	0.1
17）	Oxolinic acid	喹菌酮	2.0T
18）	Pendimethalin	二甲戊灵	0.05
19）	Propiconazole	丙环唑	0.05T
20）	Pyribencarb	吡菌苯威	0.3T
21）	Spinosad	多杀霉素	0.7T
22）	Tebuconazole	戊唑醇	2
23）	Tefluthrin	七氟菊酯	0.05T
24）	Terbufos	特丁硫磷	0.05T

280. Wild grape　野生葡萄

序号	药品通用名	中文名	最大残留限量（mg/kg）
1）	Famoxadone	噁唑菌酮	5.0T
2）	Fluquinconazole	氟喹唑	3.0T
3）	Indoxacarb	茚虫威	0.5
4）	Iprovalicarb	缬霉威	5
5）	Methomyl	灭多威	2
6）	Methoxyfenozide	甲氧虫酰肼	1
7）	Prochloraz	咪鲜胺	3
8）	Simeconazole	硅氟唑	3
9）	Spinosad	多杀霉素	0.05
10）	Tetraconazole	四氟醚唑	3
11）	Trifloxystrobin	肟菌酯	3

281. Wild strawberry　野草莓

序号	药品通用名	中文名	最大残留限量（mg/kg）
1）	Acequinocyl	灭螨醌	0.5

282. Witloof　玉兰菜

序号	药品通用名	中文名	最大残留限量（mg/kg）
1）	Fluopyram	氟吡菌酰胺	0.15T
2）	Thiabendazole	噻菌灵	0.05T

283. Yacon　雪莲果

序号	药品通用名	中文名	最大残留限量（mg/kg）
1）	Methoxyfenozide	甲氧虫酰肼	0.05T

284. Yam　山药

序号	药品通用名	中文名	最大残留限量（mg/kg）
1）	Amisulbrom	吲唑磺菌胺	0.05T
2）	Azoxystrobin	嘧菌酯	0.1
3）	Bifenthrin	联苯菊酯	0.05
4）	Boscalid	啶酰菌胺	0.05T
5）	Cadusafos	硫线磷	0.05
6）	Carbendazim	多菌灵	0.05T
7）	Cartap	杀螟丹	0.05T
8）	Chlorantraniliprole	氯虫苯甲酰胺	0.05T
9）	Chlorfenapyr	虫螨腈	0.05

（续）

序号	药品通用名	中文名	最大残留限量 （mg/kg）
10)	Chlorothalonil	百菌清	0.1
11)	Chlorpyrifos	毒死蜱	0.05T
12)	Clothianidin	噻虫胺	0.05T
13)	Deltamethrin	溴氰菊酯	0.05T
14)	Difenoconazole	苯醚甲环唑	0.1
15)	Diflubenzuron	除虫脲	0.05T
16)	Dimethomorph	烯酰吗啉	0.1T
17)	Dithianon	二氰蒽醌	0.1T
18)	Dithiocarbamates	二硫代氨基甲酸酯	0.05
19)	Emamectin benzoate	甲氨基阿维菌素苯甲酸盐	0.05T
20)	Ethalfluralin	乙丁烯氟灵	0.05
21)	Ethoprophos (ethoprop)	灭线磷	0.05T
22)	Flonicamid	氟啶虫酰胺	0.3T
23)	Flusilazole	氟硅唑	0.05T
24)	Fluxapyroxad	氟唑菌酰胺	0.02T
25)	Fosthiazate	噻唑磷	0.05
26)	Glufosinate (ammonium)	草铵膦（胺）	0.05
27)	Hexaconazole	己唑醇	0.05T
28)	Imicyafos	氰咪唑硫磷	0.05
29)	Imidacloprid	吡虫啉	0.05T
30)	Iminoctadine	双胍辛胺	0.05T
31)	Iprodione	异菌脲	0.05
32)	Isoprothiolane	稻瘟灵	0.05T
33)	Kresoxim-methyl	醚菌酯	0.05T
34)	Linuron	利谷隆	0.2
35)	Metalaxyl	甲霜灵	0.05T
36)	Methomyl	灭多威	0.05T
37)	Novaluron	氟酰脲	0.05T
38)	Pendimethalin	二甲戊灵	0.1
39)	Penthiopyrad	吡噻菌胺	0.05T
40)	Phenthoate	稻丰散	0.03T
41)	Phorate	甲拌磷	0.05T
42)	Picoxystrobin	啶氧菌酯	0.05T
43)	Pyraclostrobin	吡唑醚菌酯	0.05T
44)	Pyribencarb	吡菌苯威	0.05T
45)	Pyridalyl	三氟甲吡醚	0.05
46)	Sulfoxaflor	氟啶虫胺腈	0.05T
47)	Tebuconazole	戊唑醇	0.1
48)	Tebufenozide	虫酰肼	0.04T

（续）

序号	药品通用名	中文名	最大残留限量 （mg/kg）
49）	Tebupirimfos	丁基嘧啶磷	0.05T
50）	Tefluthrin	七氟菊酯	0.05T
51）	Terbufos	特丁硫磷	0.05
52）	Thifluzamide	噻呋酰胺	0.05T
53）	Trifloxystrobin	肟菌酯	0.2
285. Yam（dried） 山药（干）			
1）	Azoxystrobin	嘧菌酯	0.1
2）	Bifenthrin	联苯菊酯	0.05
3）	Cadusafos	硫线磷	0.05
4）	Chlorfenapyr	虫螨腈	0.05
5）	Chlorothalonil	百菌清	0.1
6）	Difenoconazole	苯醚甲环唑	0.1
7）	Dithiocarbamates	二硫代氨基甲酸酯	0.05
8）	Ethalfluralin	乙丁烯氟灵	0.05
9）	Imicyafos	氰咪唑硫磷	0.05
10）	Iprodione	异菌脲	0.05
11）	Linuron	利谷隆	0.2
12）	Pendimethalin	二甲戊灵	0.1
13）	Pyridalyl	三氟甲吡醚	0.05
14）	Tebuconazole	戊唑醇	0.1
15）	Terbufos	特丁硫磷	0.05
16）	Trifloxystrobin	肟菌酯	0.2
286. Yuja 香橙			
1）	Abamectin	阿维菌素	0.02T
2）	Acequinocyl	灭螨醌	1
3）	Acetamiprid	啶虫脒	0.5
4）	Amitraz	双甲脒	0.2T
5）	Bifenazate	联苯肼酯	0.5
6）	Bifenthrin	联苯菊酯	0.5
7）	Buprofezin	噻嗪酮	0.5T
8）	Carbendazim	多菌灵	3
9）	Chlorantraniliprole	氯虫苯甲酰胺	1
10）	Chlorfenapyr	虫螨腈	2
11）	Clothianidin	噻虫胺	1.0T
12）	Cyenopyrafen	腈吡螨酯	0.5T
13）	Cyflumetofen	丁氟螨酯	1
14）	Deltamethrin	溴氰菊酯	0.5
15）	Dichlorvos	敌敌畏	0.2T
16）	Diflubenzuron	除虫脲	3.0T

（续）

序号	药品通用名	中文名	最大残留限量（mg/kg）
17)	Dinotefuran	呋虫胺	1
18)	Dithianon	二氰蒽醌	3
19)	Dithiocarbamates	二硫代氨基甲酸酯	5
20)	Emamectin benzoate	甲氨基阿维菌素苯甲酸盐	0.05
21)	Etofenprox	醚菊酯	2
22)	Etoxazole	乙螨唑	1
23)	Fenazaquin	喹螨醚	2.0T
24)	Fenobucarb	仲丁威	0.05T
25)	Flonicamid	氟啶虫酰胺	1
26)	Fluazinam	氟啶胺	0.5
27)	Flufenoxuron	氟虫脲	1.0T
28)	Flupyradifurone	氟吡呋喃酮	2
29)	Glufosinate（ammonium）	草铵膦（胺）	0.05
30)	Iprodione	异菌脲	2.0T
31)	Lufenuron	虱螨脲	0.3
32)	Metaflumizone	氰氟虫腙	1
33)	Metconazole	叶菌唑	1.0T
34)	Methoxyfenozide	甲氧虫酰肼	3
35)	Novaluron	氟酰脲	0.5T
36)	Oxolinic acid	喹菌酮	0.5T
37)	Phenthoate	稻丰散	2
38)	Phosalone	伏杀磷	2.0T
39)	Profenofos	丙溴磷	2.0T
40)	Prothiofos	丙硫磷	0.05T
41)	Pymetrozine	吡蚜酮	0.3
42)	Pyribencarb	吡菌苯威	3
43)	Pyridalyl	三氟甲吡醚	0.2
44)	Pyrifluquinazon	吡氟喹虫唑	0.05
45)	Simeconazole	硅氟唑	0.2
46)	Spirodiclofen	螺螨酯	2
47)	Spiromesifen	螺虫酯	0.7
48)	Spirotetramat	螺虫乙酯	0.5
49)	Sulfoxaflor	氟啶虫胺腈	0.3
50)	Tebuconazole	戊唑醇	2.0T
51)	Tebufenpyrad	吡螨胺	0.5T
52)	Thiacloprid	噻虫啉	0.7
53)	Tiafenacil	嘧啶二酮类非选择性除草剂	0.05
54)	Trifloxystrobin	肟菌酯	2

二、畜牧产品中农药最大残留限量

畜牧产品中农药最大残留限量见表 2 - 2。

表 2 - 2 畜牧产品中农药最大残留限量

序号	农药英文名	农药中文名	最大残留限量（mg/kg）
1. Cattle by-product 牛肉制品			
1）	Glyphosate	草甘膦	2
2）	Dimethoate	乐果	0.05
3）	Myclobutanil	腈菌唑	0.1
4）	Methidathion	杀扑磷	0.02
5）	Bendiocarb	噁虫威	0.05
6）	Carbofuran	克百威	0.05
7）	Clofentezine	四螨嗪	0.1
8）	Chlorpyrifos-methyl	甲基毒死蜱	0.05
9）	Paraquat	百草枯	0.05
10）	Penconazole	戊菌唑	0.05
11）	Fenpropathrin	甲氰菊酯	0.05
12）	Flusilazole	氟硅唑	0.02
13）	Prochloraz	咪鲜胺	5
14）	Pyriproxyfen	吡丙醚	0.01
2. Cattle fat 牛脂肪			
1）	Methamidophos	甲胺磷	0.01
2）	Methidathion	杀扑磷	0.02
3）	Bendiocarb	噁虫威	0.05
4）	Bifenthrin	联苯菊酯	0.5
5）	Acephate	乙酰甲胺磷	0.1
6）	Carbofuran	克百威	0.05
7）	Chlorpyrifos-methyl	甲基毒死蜱	0.05
8）	Fenbuconazole	腈苯唑	0.05
9）	Prochloraz	咪鲜胺	0.5
10）	Flusilazole	氟硅唑	0.01
3. Cattle kidney 牛肾脏			
1）	Diphenylamine	二苯胺	0.01
2）	Bendiocarb	噁虫威	0.2
3）	Bifenthrin	联苯菊酯	0.05
4）	Chlorpyrifos	毒死蜱	0.01
5）	Paraquat	百草枯	0.5
6）	Fenarimol	氯苯嘧啶醇	0.02
7）	Fenbuconazole	腈苯唑	0.05
8）	Fenpyroximate	唑螨酯	0.01

（续）

序号	农药英文名	农药中文名	最大残留限量（mg/kg）
4. Cattle liver 牛肝脏			
1)	Diphenylamine	二苯胺	0.05
2)	Bifenthrin	联苯菊酯	0.05
3)	Chlorpyrifos	毒死蜱	0.01
4)	Fenarimol	氯苯嘧啶醇	0.02
5)	Fenbuconazole	腈苯唑	0.05
6)	Fenpyroximate	唑螨酯	0.01
5. Cattle meat 牛肉			
1)	Glyphosate	草甘膦	0.1
2)	Diazinon	二嗪磷	0.7（f）
3)	Dimethoate	乐果	0.05
4)	Diphenylamine	二苯胺	0.01（f）
5)	γ-BHC	林丹	2.0（f）
6)	Myclobutanil	腈菌唑	0.1
7)	Mecarbam	灭蚜磷	0.01
8)	Methamidophos	甲胺磷	0.01
9)	Methidathion	杀扑磷	0.02
10)	Methiocarb	甲硫威	0.05
11)	Monocrotophos	久效磷	0.02
12)	Bendiocarb	噁虫威	0.05
13)	Bifenthrin	联苯菊酯	0.5（f）
14)	Vinclozolin	乙烯菌核利	0.05
15)	Acephate	乙酰甲胺磷	0.1
16)	Isofenphos	异柳磷	0.02
17)	Edifenphos	敌瘟磷	0.02
18)	Etrimfos	乙嘧硫磷	0.01
19)	Ethiofencarb	乙硫苯威	0.02
20)	Ethion	乙硫磷	2.5（f）
21)	Endrin	异狄氏剂	0.1
22)	2，4，5-T	2，4，5-涕	0.05
23)	Carbaryl	甲萘威	0.2
24)	Carbendazim	多菌灵	0.1
25)	Carbofuran	克百威	0.05
26)	Chlorfenvinphos	毒虫畏	0.2
27)	Chlorpyrifos	毒死蜱	1.0（f）
28)	Chlorpyrifos-methyl	甲基毒死蜱	0.05
29)	Clofentezine	四螨嗪	0.05
30)	Chinomethionat	灭螨猛	0.05
31)	Terbufos	特丁硫磷	0.05

第二章 \ 农产品中农药最大残留限量（以产品分类）

（续）

序号	农药英文名	农药中文名	最大残留限量 （mg/kg）
32)	Triazophos	三唑磷	0.01
33)	Paraquat	百草枯	0.05
34)	Fenarimol	氯苯嘧啶醇	0.02
35)	Fenbuconazole	腈苯唑	0.05
36)	Fensulfothion	丰索磷	0.02
37)	Penconazole	戊菌唑	0.05
38)	Phenthoate	稻丰散	0.05
39)	Fenthion	倍硫磷	0.1
40)	Fenpropathrin	甲氰菊酯	0.5（f）
41)	Fenpyroximate	唑螨酯	0.02（f）
42)	Phosmet	亚胺硫磷	1
43)	Prochloraz	咪鲜胺	0.1
44)	Flumethrin	氟氯苯菊酯	0.2（f）
45)	Flusilazole	氟硅唑	0.01
46)	Pyriproxyfen	吡丙醚	0.01（f）
6. Chicken by-product 鸡肉制品			
1)	Diazinon	二嗪磷	0.02
2)	Bifenthrin	联苯菊酯	0.05
3)	Quintozene	五氯硝基苯	0.1
4)	Chlorpyrifos-methyl	甲基毒死蜱	0.05
5)	Fenbutatin oxide	苯丁锡	0.05
6)	Flusilazole	氟硅唑	0.01
7. Chicken fat 鸡脂肪			
1)	Bifenthrin	联苯菊酯	0.05
2)	Chlorpyrifos-methyl	甲基毒死蜱	0.05
8. Chicken meat 鸡肉			
1)	Diazinon	二嗪磷	0.02
2)	Bifenthrin	联苯菊酯	0.05（f）
3)	Vinclozolin	乙烯菌核利	0.05
4)	Quintozene	五氯硝基苯	0.1
5)	Chlorpyrifos-methyl	甲基毒死蜱	0.05
6)	Terbufos	特丁硫磷	0.05
7)	Fenbutatin oxide	苯丁锡	0.05
8)	Penconazole	戊菌唑	0.05
9)	Flusilazole	氟硅唑	0.01
9. Chicken's egg 鸡蛋			
1)	Diazinon	二嗪磷	0.02
2)	Disulfoton	乙拌磷	0.02
3)	Bifenthrin	联苯菊酯	0.01

349

（续）

序号	农药英文名	农药中文名	最大残留限量 (mg/kg)
4)	Vinclozolin	乙烯菌核利	0.05
5)	Penconazole	戊菌唑	0.05
6)	Flusilazole	氟硅唑	0.01
10. Cow's milk 牛奶			
1)	Glyphosate	草甘膦	0.1
2)	Myclobutanil	腈菌唑	0.1
3)	Methoprene	烯虫酯	0.05 (F)
4)	Vinclozolin	乙烯菌核利	0.05
5)	Kresoxim-methyl	醚菌酯	0.01
6)	Clofentezine	四螨嗪	0.01
7)	Triazophos	三唑磷	0.01
8)	Fenbuconazole	腈苯唑	0.05
9)	Penconazole	戊菌唑	0.01
10)	Fenpropathrin	甲氰菊酯	0.1 (F)
11)	Fenpyroximate	唑螨酯	0.005 (F)
12)	Flusilazole	氟硅唑	0.01
13)	Flumethrin	氟氯苯菊酯	0.05 (F)
11. Deer meat 鹿肉			
1)	Methidathion	杀扑磷	0.02
2)	Carbofuran	克百威	0.05
12. Eggs 蛋类			
1)	Glyphosate	草甘膦	0.1
2)	Diquat	敌草快	0.05
3)	DDT	滴滴涕	0.1
4)	Dimethoate	乐果	0.05
5)	Dimethipin	噻节因	0.01
6)	Diflubenzuron	除虫脲	0.05
7)	γ-BHC	林丹	0.1
8)	Myclobutanil	腈菌唑	0.1
9)	Methoprene	烯虫酯	0.05
10)	Methoxyfenozide	甲氧虫酰肼	$0.01^{\dagger}$
11)	Methidathion	杀扑磷	0.02
12)	Bendiocarb	恶虫威	0.05
13)	Cyromazine	灭蝇胺	0.2
14)	Cypermethrin	氯氰菊酯	0.05
15)	Sulfoxaflor	氟啶虫胺腈	$0.1^{\dagger}$
16)	Spinetoram	乙基多杀菌素	$0.01^{\dagger}$
17)	Acephate	乙酰甲胺磷	0.1
18)	Aldrin & Dieldrin	艾氏剂，狄氏剂	0.1

（续）

序号	农药英文名	农药中文名	最大残留限量（mg/kg）
19）	2，4-D，2，4-dichlorophenoxyacetic acid	2,4-滴，2,4-二氯苯氧乙酸	0.01
20）	Carbaryl	甲萘威	0.5
21）	Carbendazim	多菌灵	0.1
22）	Quintozene	五氯硝基苯	0.03
23）	Chlordane	氯丹	0.02
24）	Chlorpyrifos	毒死蜱	0.01
25）	Chlorpyrifos-methyl	甲基毒死蜱	0.05
26）	Clofentezine	四螨嗪	0.05
27）	Triadimefon	三唑酮	0.05
28）	Paraquat	百草枯	0.01
29）	Permethrin	氯菊酯	0.1
30）	Fenbuconazole	腈苯唑	0.05
31）	Fenbutatin oxide	苯丁锡	0.05
32）	Fenpropathrin	甲氰菊酯	0.01
33）	Propargite	克螨特	0.1
34）	Profenofos	丙溴磷	0.02
35）	Propiconazole	丙环唑	0.05
36）	Pirimicarb	抗蚜威	0.05
37）	Pirimiphos-methyl	甲基嘧啶磷	0.05
38）	Heptachlor	七氯	0.05

13. Goat by-product 山羊肉制品

序号	农药英文名	农药中文名	最大残留限量（mg/kg）
1）	Methidathion	杀扑磷	0.02
2）	Carbofuran	克百威	0.05
3）	Pyriproxyfen	吡丙醚	0.01

14. Goat fat 山羊脂肪

序号	农药英文名	农药中文名	最大残留限量（mg/kg）
1）	Methamidophos	甲胺磷	0.01
2）	Methidathion	杀扑磷	0.02
3）	Carbofuran	克百威	0.05

15. Goat meat 山羊肉

序号	农药英文名	农药中文名	最大残留限量（mg/kg）
1）	Dimethoate	乐果	0.05
2）	γ-BHC	林丹	2.0 (f)
3）	Methamidophos	甲胺磷	0.01
4）	Methidathion	杀扑磷	0.02
5）	Methiocarb	甲硫威	0.05
6）	Monocrotophos	久效磷	0.02
7）	Isofenphos	异柳磷	0.02
8）	Ethion	乙硫磷	0.2 (f)
9）	Endrin	异狄氏剂	0.1
10）	2，4，5-T	2，4，5-涕	0.05

（续）

序号	农药英文名	农药中文名	最大残留限量 （mg/kg）
11）	Carbaryl	甲萘威	0.2
12）	Carbofuran	克百威	0.05
13）	Chlorfenvinphos	毒虫畏	0.2
14）	Chinomethionat	灭螨猛	0.05
15）	Fensulfothion	丰索磷	0.02
16）	Pyriproxyfen	吡丙醚	0.01（f）

16. Horse by-product 马肉制品

序号	农药英文名	农药中文名	最大残留限量
1）	Carbofuran	克百威	0.05

17. Horse fat 马脂肪

序号	农药英文名	农药中文名	最大残留限量
1）	Carbofuran	克百威	0.05

18. Horse meat 马肉

序号	农药英文名	农药中文名	最大残留限量
1）	Dimethoate	乐果	0.05
2）	Methiocarb	甲硫威	0.05
3）	Isofenphos	异柳磷	0.02
4）	Ethion	乙硫磷	0.2（f）
5）	Endrin	异狄氏剂	0.1
6）	2，4，5-T	2，4，5-涕	0.05
7）	Carbofuran	克百威	0.05
8）	Chlorfenvinphos	毒虫畏	0.2
9）	Chinomethionat	灭螨猛	0.05
10）	Fensulfothion	丰索磷	0.02

19. Mammalia by-product 哺乳动物肉制品

序号	农药英文名	农药中文名	最大残留限量
1）	Diquat	敌草快	0.05
2）	Dimethipin	噻节因	0.01
3）	Methoprene	烯虫酯	0.1
4）	Methoxyfenozide	甲氧虫酰肼	0.2†
5）	Bioresmethrin	生物苄呋菊酯	0.01
6）	Cypermethrin	氯氰菊酯	0.05
7）	Sulfoxaflor	氟啶虫胺腈	0.6†
8）	Spinetoram	乙基多杀菌素	0.01†
9）	Kresoxim-methyl	醚菌酯	0.05
10）	Permethrin	氯菊酯	0.1
11）	Fenvalerate	氰戊菊酯	0.02
12）	Fenbutatin oxide	苯丁锡	0.2
13）	Propiconazole	丙环唑	0.05

20. Mammalia fat 哺乳动物脂肪

序号	农药英文名	农药中文名	最大残留限量
1）	Dimethoate	乐果	0.05
2）	Methoxyfenozide	甲氧虫酰肼	0.3†
3）	Sulfoxaflor	氟啶虫胺腈	0.1†

（续）

序号	农药英文名	农药中文名	最大残留限量（mg/kg）
4)	Spinetoram	乙基多杀菌素	0.2†
5)	Kresoxim-methyl	醚菌酯	0.05

21. Mammalia meat 哺乳动物肉

序号	农药英文名	农药中文名	最大残留限量（mg/kg）
1)	Diquat	敌草快	0.05
2)	DDT	滴滴涕	5.0（f）
3)	Dimethipin	噻节因	0.01
4)	Dichlorvos	敌敌畏	0.05
5)	Diflubenzuron	除虫脲	0.05
6)	Methomyl	灭多威	0.02
7)	Methoprene	烯虫酯	0.2（f）
8)	Methoxyfenozide	甲氧虫酰肼	0.02†
9)	Bioresmethrin	生物苄呋菊酯	0.5（f）
10)	Cypermethrin	氯氰菊酯	0.2（f）
11)	Cyhexatin	三环锡	0.2
12)	Sulfoxaflor	氟啶虫胺腈	0.3†
13)	Spinetoram	乙基多杀菌素	0.01†
14)	Aldrin & Dieldrin	艾氏剂，狄氏剂	0.2（f）
15)	Aldicarb	涕灭威	0.01
16)	Endosulfan	硫丹	0.1
17)	2，4-D，2，4-dichlorophenoxyacetic acid	2,4-滴，2,4-二氯苯氧乙酸	0.05
18)	Kresoxim-methyl	醚菌酯	0.05
19)	Chlordane	氯丹	0.5（f）
20)	Triadimefon	三唑酮	0.05
21)	Permethrin	氯菊酯	1.0（f）
22)	Fenitrothion	杀螟硫磷	0.05（F）
23)	Fenvalerate	氰戊菊酯	1.0（f）
24)	Fenbutatin oxide	苯丁锡	0.05
25)	Phorate	甲拌磷	0.05
26)	Propargite	克螨特	0.1（f）
27)	Profenofos	丙溴磷	0.05
28)	Propoxur	残杀威	0.05
29)	Propiconazole	丙环唑	0.05
30)	Pirimicarb	抗蚜威	0.05
31)	Pirimiphos-methyl	甲基嘧啶磷	0.05
32)	Heptachlor	七氯	0.2（f）

22. Milks 奶类

序号	农药英文名	农药中文名	最大残留限量（mg/kg）
1)	Diazinon	二嗪磷	0.02（F）
2)	Diquat	敌草快	0.01
3)	DDT	滴滴涕	0.02（F）

（续）

序号	农药英文名	农药中文名	最大残留限量（mg/kg）
4)	Dimethoate	乐果	0.05
5)	Dimethipin	噻节因	0.01
6)	Disulfoton	乙拌磷	0.01
7)	Dichlorvos	敌敌畏	0.02
8)	Diflubenzuron	除虫脲	0.05
9)	Methamidophos	甲胺磷	0.01
10)	Methomyl	灭多威	0.02
11)	Methoxyfenozide	甲氧虫酰肼	$0.05^\dagger$
12)	Methidathion	杀扑磷	0.001
13)	Bendiocarb	噁虫威	0.05
14)	Bifenthrin	联苯菊酯	0.05
15)	Cyromazine	灭蝇胺	0.01
16)	Cyhexatin	三环锡	0.05
17)	Sulfoxaflor	氟啶虫胺腈	$0.2^\dagger$
18)	Spinetoram	乙基多杀菌素	$0.01 (F)^\dagger$
19)	Acephate	乙酰甲胺磷	0.1
20)	Aldrin & Dieldrin	艾氏剂，狄氏剂	0.006 (F)
21)	Aldicarb	涕灭威	0.01
22)	Endosulfan	硫丹	0.1
23)	2, 4-D, 2, 4-dichlorophenoxyacetic acid	2,4-滴，2,4-二氯苯氧乙酸	0.01
24)	Carbaryl	甲萘威	0.1
25)	Carbendazim	多菌灵	0.1
26)	Carbofuran	克百威	0.02
27)	Chlordane	氯丹	0.02 (F)
28)	Chlorpyrifos	毒死蜱	0.02
29)	Chlorpyrifos-methyl	甲基毒死蜱	0.01
30)	Triadimefon	三唑酮	0.05
31)	Paraquat	百草枯	0.01
32)	Permethrin	氯菊酯	0.1 (F)
33)	Fenitrothion	杀螟硫磷	0.002
34)	Fenvalerate	氰戊菊酯	0.1 (F)
35)	Fenbutatin oxide	苯丁锡	0.05
36)	Fenthion	倍硫磷	0.01
37)	Prochloraz	咪鲜胺	0.05
38)	Propargite	克螨特	0.1 (F)
39)	Profenofos	丙溴磷	0.01
40)	Propiconazole	丙环唑	0.01
41)	Pirimicarb	抗蚜威	0.05
42)	Pirimiphos-methyl	甲基嘧啶磷	0.05

（续）

序号	农药英文名	农药中文名	最大残留限量 （mg/kg）
43）	Heptachlor	七氯	0.006（F）
23. Milk product　奶制品			
1）	Cyhexatin	三环锡	0.05
2）	Carbaryl	甲萘威	0.1
24. Pig by-product　猪肉制品			
1）	Glyphosate	草甘膦	1
2）	Methidathion	杀扑磷	0.02
3）	Carbofuran	克百威	0.05
4）	Chlorpyrifos	毒死蜱	0.01
5）	Paraquat	百草枯	0.05
25. Pig fat　猪脂肪			
1）	Methidathion	杀扑磷	0.02
2）	Acephate	乙酰甲胺磷	0.1
3）	Carbofuran	克百威	0.05
26. Pig kidney　猪肾脏			
1）	Paraquat	百草枯	0.5
27. Pig meat　猪肉			
1）	Glyphosate	草甘膦	0.1
2）	Diazinon	二嗪磷	0.7（f）
3）	Dimethoate	乐果	0.05
4）	γ-BHC	林丹	2.0（f）
5）	Methidathion	杀扑磷	0.02
6）	Methiocarb	甲硫威	0.05
7）	Monocrotophos	久效磷	0.02
8）	Acephate	乙酰甲胺磷	0.1
9）	Isofenphos	异柳磷	0.02
10）	Ethiofencarb	乙硫苯威	0.02
11）	Ethion	乙硫磷	0.2（f）
12）	Endrin	异狄氏剂	0.1
13）	2，4，5-T	2，4，5-涕	0.05
14）	Carbaryl	甲萘威	0.2
15）	Carbofuran	克百威	0.05
16）	Chlorfenvinphos	毒虫畏	0.2
17）	Chlorpyrifos	毒死蜱	0.02（f）
18）	Chinomethionat	灭螨猛	0.05
19）	Paraquat	百草枯	0.05
20）	Fensulfothion	丰索磷	0.02
21）	Fenthion	倍硫磷	0.1

（续）

序号	农药英文名	农药中文名	最大残留限量（mg/kg）
28. Poultry by-product　家禽肉制品			
1)	Diquat	敌草快	0.05
2)	Dimethoate	乐果	0.05
3)	Dimethipin	噻节因	0.01
4)	Myclobutanil	腈菌唑	0.1
5)	Methoxyfenozide	甲氧虫酰肼	0.01†
6)	Methidathion	杀扑磷	0.02
7)	Bendiocarb	噁虫威	0.05
8)	Sulfoxaflor	氟啶虫胺腈	0.3†
9)	Spinetoram	乙基多杀菌素	0.01†
10)	Chlorpyrifos	毒死蜱	0.01
11)	Clofentezine	四螨嗪	0.05
12)	Fenbuconazole	腈苯唑	0.05
13)	Fenpropathrin	甲氰菊酯	0.01
29. Poultry fat　家禽脂肪			
1)	Dimethoate	乐果	0.05
2)	Methoxyfenozide	甲氧虫酰肼	0.01†
3)	Methidathion	杀扑磷	0.02
4)	Bendiocarb	噁虫威	0.05
5)	Sulfoxaflor	氟啶虫胺腈	0.03†
6)	Spinetoram	乙基多杀菌素	0.01†
7)	Acephate	乙酰甲胺磷	0.1
8)	Fenbuconazole	腈苯唑	0.05
30. Poultry meat　家禽肉			
1)	Glyphosate	草甘膦	0.1
2)	Diquat	敌草快	0.05
3)	DDT	滴滴涕	0.3（f）
4)	Dimethoate	乐果	0.05
5)	Dimethipin	噻节因	0.01
6)	Disulfoton	乙拌磷	0.02
7)	Dichlorvos	敌敌畏	0.05
8)	Diflubenzuron	除虫脲	0.05
9)	γ-BHC	林丹	2.0（f）
10)	Myclobutanil	腈菌唑	0.1
11)	Methacrifos	虫螨畏	0.01
12)	Methoxyfenozide	甲氧虫酰肼	0.01†
13)	Methidathion	杀扑磷	0.02
14)	Methiocarb	甲硫威	0.05
15)	Monocrotophos	久效磷	0.02

（续）

序号	农药英文名	农药中文名	最大残留限量（mg/kg）
16)	Bendiocarb	噁虫威	0.05
17)	Cyromazine	灭蝇胺	0.05
18)	Cypermethrin	氯氰菊酯	0.05
19)	Sulfoxaflor	氟啶虫胺腈	0.1†
20)	Spinetoram	乙基多杀菌素	0.01†
21)	Acephate	乙酰甲胺磷	0.1
22)	Aldrin & Dieldrin	艾氏剂，狄氏剂	0.2（f）
23)	Isofenphos	异柳磷	0.02
24)	Edifenphos	敌瘟磷	0.2
25)	Etrimfos	乙嘧硫磷	0.02
26)	Ethiofencarb	乙硫苯威	0.02
27)	Ethion	乙硫磷	0.2（f）
28)	Endrin	异狄氏剂	1
29)	2，4-D，2，4-dichlorophenoxyacetic acid	2,4-滴，2,4-二氯苯氧乙酸	0.05
30)	Carbaryl	甲萘威	0.5
31)	Carbendazim	多菌灵	0.1
32)	Kresoxim-methyl	醚菌酯	0.05
33)	Chlordane	氯丹	0.5（f）
34)	Chlorpyrifos	毒死蜱	0.01（f）
35)	Clofentezine	四螨嗪	0.05
36)	Triadimefon	三唑酮	0.05
37)	Permethrin	氯菊酯	0.1
38)	Fenbuconazole	腈苯唑	0.05
39)	Fenpropathrin	甲氰菊酯	0.02（f）
40)	Propargite	克螨特	0.1（f）
41)	Propiconazole	丙环唑	0.05
42)	Heptachlor	七氯	0.2（f）

31. Poultry skin　家禽皮

1)	Carbaryl	甲萘威	5

32. Sheep by-product　绵羊肉制品

1)	Dimethoate	乐果	0.05
2)	Methidathion	杀扑磷	0.02
3)	Carbofuran	克百威	0.05
4)	Chlorpyrifos	毒死蜱	0.01
5)	Paraquat	百草枯	0.05

33. Sheep fat　绵羊脂肪

1)	Methamidophos	甲胺磷	0.01
2)	Methidathion	杀扑磷	0.02
3)	Carbofuran	克百威	0.05

（续）

序号	农药英文名	农药中文名	最大残留限量 （mg/kg）
34. Sheep kidney　绵羊肾脏			
1)	Paraquat	百草枯	0.5
35. Sheep meat　绵羊肉			
1)	Diazinon	二嗪磷	0.7（f）
2)	Dimethoate	乐果	0.05
3)	γ-BHC	林丹	2.0（f）
4)	Methamidophos	甲胺磷	0.01
5)	Methidathion	杀扑磷	0.02
6)	Methiocarb	甲硫威	0.05
7)	Monocrotophos	久效磷	0.02
8)	Cyromazine	灭蝇胺	0.05
9)	Isofenphos	异柳磷	0.02
10)	Ethion	乙硫磷	0.2（f）
11)	Endrin	异狄氏剂	0.1
12)	2，4，5-T	2，4，5-涕	0.05
13)	Carbaryl	甲萘威	0.2
14)	Carbendazim	多菌灵	0.1
15)	Carbofuran	克百威	0.05
16)	Chlorfenvinphos	毒虫畏	0.2
17)	Chlorpyrifos	毒死蜱	1.0（f）
18)	Chinomethionat	灭螨猛	0.05
19)	Paraquat	百草枯	0.05
20)	Fensulfothion	丰索磷	0.02
21)	Phosalone	伏杀磷	0.05

CHAPTER THREE

第三章

农产品中农药最大残留限量（以农药分类）

一、农产品中农药最大残留限量

农产品中农药最大残留限量见表 3-1。

表 3-1　农产品中农药最大残留限量

序号	农产品英文名	农产品中文名	最大残留限量（mg/kg）
1. 2,4-D，2,4-dichlorophenoxyacetic acid　2,4-滴，2,4-二氯苯氧乙酸（ADI：0.01 mg/kg bw）			
1)	Apple	苹果	2.0T
2)	Apricot	杏	2.0T
3)	Asparagus	芦笋	0.1T
4)	Avocado	鳄梨	1.0T
5)	Barley	大麦	0.5T
6)	Blueberry	蓝莓	0.05T
7)	Buckwheat	荞麦	0.5T
8)	Cacao bean	可可豆	0.08T
9)	Carrot	胡萝卜	0.1T
10)	Celery	芹菜	0.1T
11)	Cherry	樱桃	0.05†
12)	Chestnut	栗子	0.2T
13)	Chili pepper	辣椒	0.1T
14)	Citrus fruits	柑橘类水果	0.15†
15)	Cotton seed	棉籽	0.08†
16)	Cranberry	蔓越橘	0.05T
17)	Eggplant	茄子	0.1T
18)	Ginger	姜	0.1T
19)	Grape	葡萄	0.5T
20)	Hop	蛇麻草	0.09†
21)	Lemon	柠檬	1.0†
22)	Lettuce（head）	莴苣（顶端）	0.1T
23)	Maize	玉米	0.05†
24)	Nuts	坚果	0.2†
25)	Oat	燕麦	0.5T
26)	Pear	梨	2.0T

（续）

序号	农产品英文名	农产品中文名	最大残留限量 （mg/kg）
27）	Plum	李子	0.05†
28）	Potato	马铃薯	0.2†
29）	Radish（root）	萝卜（根）	0.1T
30）	Rice	稻米	0.05
31）	Rye	黑麦	0.5T
32）	Sesame seed	芝麻籽	0.08T
33）	Sorghum	高粱	0.05†
34）	Soybean	大豆	0.01†
35）	Spinach	菠菜	0.1T
36）	Strawberry	草莓	0.05T
37）	Tomato	番茄	0.1T
38）	Walnut	胡桃	0.2T
39）	Wheat	小麦	2.0†

2. 2，6-DIPN　2，6-二异丙基萘

序号	农产品英文名	农产品中文名	最大残留限量
1）	Potato	马铃薯	0.5T

3. 4-CPA，4-Chlorophenoxyacetate　4-氯苯氧乙酸钠（ADI：0.006 mg/kg bw）

序号	农产品英文名	农产品中文名	最大残留限量
1）	Eggplant	茄子	0.05
2）	Korean melon	韩国瓜类	0.05
3）	Squash	西葫芦	0.05
4）	Squash leaves	南瓜叶	0.05
5）	Tomato	番茄	0.05

4. 6-Benzyladenine，6-Benzyl aminopurine　6-苄基腺嘌呤，6-苄基氨基嘌呤（ADI：0.5 mg/kg bw）

序号	农产品英文名	农产品中文名	最大残留限量
1）	Apple	苹果	0.1
2）	Mandarin	中国柑橘	0.2
3）	Pear	梨	0.2

5. Abamectin　阿维菌素（ADI：0.002 mg/kg bw）　阿维菌素 B1a（Abamectin B1a）和阿维菌素 B1b（Abamectin B1b）的残留量之和

序号	农产品英文名	农产品中文名	最大残留限量
1）	Amaranth leaves	苋菜叶	0.6
2）	Apple	苹果	0.02
3）	Apricot	杏	0.05
4）	Arguta kiwifruit	阿古塔狝猴桃	0.05T
5）	Aronia	野樱莓	0.05T
6）	Asparagus	芦笋	0.3
7）	Balsam apple	苦瓜	0.05
8）	Banana	香蕉	0.01†
9）	Beat（root）	红萝卜（根）	0.05T
10）	Blueberry	蓝莓	0.1
11）	Broccoli	西兰花	0.05
12）	Burdock	牛蒡	0.05T
13）	Butterbur	菊科蜂斗菜属植物	0.1

（续）

序号	农产品英文名	农产品中文名	最大残留限量 （mg/kg）
14）	Cabbage	甘蓝	0.05
15）	Celery	芹菜	0.05
16）	Cherry	樱桃	0.07T
17）	Chili pepper	辣椒	0.2
18）	Chinese chives	韭菜	0.3
19）	Chwinamul	野生紫菀	0.7
20）	Coastal hog fennel	小茴香	0.6
21）	Cowpea	豇豆	0.05T
22）	Cranberry	蔓越橘	0.1T
23）	Crown daisy	茼蒿	0.05
24）	Cucumber	黄瓜	0.05
25）	Deodeok	羊乳（桔梗科党参属的植物）	0.05T
26）	Dried ginseng	干参	0.05
27）	Eggplant	茄子	0.02
28）	Fig	无花果	0.05
29）	Fresh ginseng	鲜参	0.05
30）	Garlic	大蒜	0.05
31）	Gojiberry	枸杞	0.05T
32）	Grapefruit	葡萄柚	0.02T
33）	Green garlic	青蒜	0.05
34）	Green soybean	青豆	0.05T
35）	Hop	蛇麻草	0.15T
36）	Japanese apricot	青梅	0.05
37）	Japanese cornel	日本山茱萸	0.05T
38）	Jujube	枣	0.05
39）	Jujube（dried）	枣（干）	0.5
40）	Kale	羽衣甘蓝	0.6
41）	Kidney bean	四季豆	0.05T
42）	Korean black raspberry	朝鲜黑树莓	0.05
43）	Korean cabbage，head	韩国甘蓝	0.1
44）	Korean melon	韩国瓜类	0.1
45）	Lavender（fresh）	薰衣草（鲜）	0.05T
46）	Leafy vegetables	叶类蔬菜	0.2
47）	Lemon	柠檬	$0.02^{\dagger}$
48）	Lettuce（head）	莴苣（顶端）	0.7
49）	Lettuce（leaf）	莴苣（叶）	0.7
50）	Maize	玉米	0.05T
51）	Mandarin	中国柑橘	0.02
52）	Melon	瓜类	0.05

（续）

序号	农产品英文名	农产品中文名	最大残留限量 (mg/kg)
53)	Mulberry	桑葚	0.05T
54)	Mung bean	绿豆	0.05T
55)	Orange	橙	0.02T
56)	Parsley	欧芹	0.6
57)	Passion fruit	百香果	0.05T
58)	Peach	桃	0.1
59)	Peanut	花生	0.05T
60)	Pear	梨	0.02
61)	Perilla leaves	紫苏叶	0.7
62)	Persimmon	柿子	0.05
63)	Pine nut	松子	0.05
64)	Plum	李子	0.05
65)	Radish（leaf）	萝卜（叶）	0.05
66)	Radish（root）	萝卜（根）	0.05
67)	Safflower seed	红花籽	0.05
68)	Schisandraberry	五味子	0.05
69)	Soybean	大豆	0.05T
70)	Spinach	菠菜	0.05
71)	Squash	西葫芦	0.01
72)	Ssam cabbage	紫甘蓝	0.3
73)	Stalk and stem vegetables	茎秆类蔬菜	0.07
74)	Strawberry	草莓	0.1
75)	Sweet pepper	甜椒	0.2
76)	Tea	茶	0.05
77)	Tomato	番茄	0.05
78)	Turnip root	芜菁根	0.05
79)	Walnut	胡桃	0.05T
80)	Watermelon	西瓜	0.01
81)	Welsh onion	威尔士洋葱	0.3
82)	Yuja	香橙	0.02T

6. Acebenzolar-S-methyl

序号	农产品英文名	农产品中文名	最大残留限量 (mg/kg)
1)	Lettuce（head）	莴苣（顶端）	$0.2^{\dagger}$
2)	Lettuce（leaf）	莴苣（叶）	$0.25^{\dagger}$

7. Acephate 乙酰甲胺磷（ADI：0.03 mg/kg bw）

序号	农产品英文名	农产品中文名	最大残留限量 (mg/kg)
1)	Apple	苹果	5.0
2)	Buckwheat	荞麦	0.3T
3)	Cabbage	甘蓝	5.0T
4)	Celery	芹菜	10.0T
5)	Chili pepper	辣椒	3.0

序号	农产品英文名	农产品中文名	最大残留限量 （mg/kg）
6）	Chinese chives	韭菜	0.1T
7）	Citrus fruits	柑橘类水果	5.0T
8）	Cotton seed	棉籽	2.0T
9）	Cucumber	黄瓜	2.0
10）	Eggplant	茄子	5.0T
11）	Fruits	水果类	1.0T
12）	Garlic	大蒜	2.0T
13）	Ginger	姜	0.1T
14）	Grape	葡萄	2.0
15）	Grapefruit	葡萄柚	5.0T
16）	Green soybean	青豆	0.3
17）	Herbs（fresh）	香草（鲜）	0.05T
18）	Kale	羽衣甘蓝	5.0T
19）	Kidney bean	四季豆	3.0T
20）	Korean cabbage，head	韩国甘蓝	2.0
21）	Lemon	柠檬	5.0T
22）	Lettuce（head）	莴苣（顶端）	5.0T
23）	Lettuce（leaf）	莴苣（叶）	5.0T
24）	Maize	玉米	0.5T
25）	Mandarin	中国柑橘	5.0
26）	Mung bean	绿豆	3.0T
27）	Nuts	坚果	0.1
28）	Onion	洋葱	0.5T
29）	Orange	橙	5.0T
30）	Other spices	其他香辛料	0.2T
31）	Peach	桃	2.0
32）	Peanut	花生	0.2T
33）	Pear	梨	2.0
34）	Persimmon	柿子	1.0
35）	Potato	马铃薯	0.05
36）	Radish（leaf）	萝卜（叶）	10.0T
37）	Radish（root）	萝卜（根）	1.0T
38）	Red bean	红豆	3.0T
39）	Rice	稻米	0.3
40）	Soybean	大豆	0.05
41）	Spices（fruits and berries）	香辛料（水果和浆果类）	0.2T
42）	Spices roots	根类香辛料	0.2T
43）	Spices seeds	种子类香辛料	0.2T
44）	Ssam cabbage	紫甘蓝	5.0

（续）

序号	农产品英文名	农产品中文名	最大残留限量（mg/kg）
45)	Sweet pepper	甜椒	3.0
46)	Tomato	番茄	2.0
47)	Vegetables	蔬菜类	3.0T
48)	Watermelon	西瓜	0.5T
49)	Welsh onion	威尔士洋葱	0.1T
50)	Wheat	小麦	0.3T

8. Acequinocyl 灭螨醌（ADI：0.023 mg/kg bw）

序号	农产品英文名	农产品中文名	最大残留限量（mg/kg）
1)	Amaranth leaves	苋菜叶	20
2)	Apple	苹果	0.5
3)	Apricot	杏	2.0
4)	Arguta kiwifruit	阿古塔猕猴桃	0.2T
5)	Butterbur	菊科蜂斗菜属植物	7.0
6)	Celery	芹菜	0.3T
7)	Cherry	樱桃	0.5
8)	Chili pepper	辣椒	2.0
9)	Chinese chives	韭菜	0.1T
10)	Coastal hog fennel	小茴香	7.0T
11)	Cranberry	蔓越橘	0.2T
12)	Deodeok	羊乳（桔梗科党参属的植物）	0.1
13)	Eggplant	茄子	1.0
14)	Fig	无花果	2.0
15)	Gojiberry	枸杞	0.2T
16)	Grape	葡萄	0.2
17)	Grapefruit	葡萄柚	1.0T
18)	Hop	蛇麻草	15†
19)	Jujube	枣	2.0
20)	Jujube (dried)	枣（干）	2.0
21)	Lemon	柠檬	1.0T
22)	Mandarin	中国柑橘	1.0
23)	Melon	瓜类	0.5
24)	Nuts	坚果	0.01†
25)	Orange	橙	1.0T
26)	Passion fruit	百香果	0.2T
27)	Peach	桃	2.0
28)	Pear	梨	0.3
29)	Perilla leaves	紫苏叶	30
30)	Plum	李子	0.5
31)	Safflower seed	红花籽	0.05T
32)	Spinach	菠菜	7.0T

（续）

序号	农产品英文名	农产品中文名	最大残留限量 (mg/kg)
33）	Strawberry	草莓	1.0
34）	Sweet pepper	甜椒	2.0
35）	Tea	茶	3.0
36）	Watermelon	西瓜	0.2
37）	Wild strawberry	野草莓	0.5
38）	Yuja	香橙	1.0

9. Acetamiprid 啶虫脒（ADI：0.071 mg/kg bw）

序号	农产品英文名	农产品中文名	最大残留限量 (mg/kg)
1）	Alpine leek leaves	高山韭菜叶	15
2）	Amaranth leaves	苋菜叶	10
3）	Apricot	杏	0.7
4）	Arguta kiwifruit	阿古塔猕猴桃	0.3T
5）	Aronia	野樱莓	0.6
6）	Asparagus	芦笋	0.3
7）	Balsam apple	苦瓜	0.2
8）	Banana	香蕉	0.4†
9）	Barley	大麦	0.3T
10）	Beet（root）	甜菜（根）	0.05T
11）	Blueberry	蓝莓	0.5
12）	Broccoli	西兰花	1.0
13）	Buckwheat	荞麦	0.3T
14）	Burdock	牛蒡	0.05
15）	Burdock leaves	牛蒡叶	0.5
16）	Butterbur	菊科蜂斗菜属植物	2.0
17）	Carrot	胡萝卜	0.05
18）	Celery	芹菜	7.0
19）	Chard	食用甜菜	7.0
20）	Cherry	樱桃	1.5†
21）	Chestnut	栗子	0.05
22）	Chicory（root）	菊苣（根）	0.07
23）	Chili pepper	辣椒	2.0
24）	Chili pepper（dried）	辣椒（干）	10.0
25）	Chinese chives	韭菜	3.0
26）	Chinese mallow	中国锦葵	10
27）	Citrus fruits	柑橘类水果	0.5†
28）	Coastal hog fennel	小茴香	7.0
29）	Cotton seed	棉籽	0.6†
30）	Cowpea	豇豆	0.3T
31）	Cranberry	蔓越橘	0.3T
32）	Crown daisy	茼蒿	10

（续）

序号	农产品英文名	农产品中文名	最大残留限量（mg/kg）
33）	Cucumber	黄瓜	0.7
34）	Danggwi leaves	当归叶	10
35）	Deodeok	羊乳（桔梗科党参属的植物）	0.2
36）	Dolnamul	垂盆草/豆瓣菜	20
37）	Dragon fruit	火龙果	0.5
38）	Dried ginseng	干参	0.1
39）	Eggplant	茄子	0.5
40）	Fig	无花果	0.3
41）	Flowerhead brassicas	头状花序芸薹属蔬菜	0.7†
42）	Fresh ginseng	鲜参	0.1
43）	Garlic	大蒜	0.05
44）	Ginger	姜	0.05T
45）	Gondre	耶蓟	2.0
46）	Grape	葡萄	1.0
47）	Green garlic	青蒜	0.05
48）	Green soybean	青豆	0.5
49）	Herbs（fresh）	香草（鲜）	0.05T
50）	Japanese apricot	青梅	1.0
51）	Japanese cornel	日本茱萸	0.7
52）	Jujube	枣	0.7
53）	Kale	羽衣甘蓝	10
54）	Kiwifruit	猕猴桃	0.5
55）	Korean black raspberry	朝鲜黑树莓	1.0
56）	Korean cabbage，head	韩国甘蓝	1.0
57）	Korean cabbage，head（dried）	韩国甘蓝（干）	3.0
58）	Korean melon	韩国瓜类	0.5
59）	Korean wormwood	朝鲜艾草	0.2
60）	Leafy vegetables	叶类蔬菜	5.0
61）	Lemon	柠檬	0.5
62）	Lettuce（head）	莴苣（顶端）	10
63）	Lettuce（leaf）	莴苣（叶）	5.0
64）	Maize	玉米	0.3T
65）	Mandarin	中国柑橘	0.5
66）	Mango	芒果	0.4T
67）	Melon	瓜类	0.3
68）	Millet	粟	0.3T
69）	Mulberry	桑葚	0.6
70）	Mung bean	绿豆	0.3
71）	Mushroom	蘑菇	0.05T

（续）

序号	农产品英文名	农产品中文名	最大残留限量（mg/kg）
72）	Nuts	坚果	0.06†
73）	Oyster mushroom	平菇	0.05T
74）	Pak choi	小白菜	10
75）	Parsley	欧芹	10
76）	Passion fruit	百香果	0.4T
77）	Peach	桃	1.0
78）	Peanut	花生	0.05T
79）	Pear	梨	0.5
80）	Perilla leaves	紫苏叶	10
81）	Perilla seed	紫苏籽	0.5
82）	Pineapple	菠萝	0.4T
83）	Plum	李子	0.3
84）	Pome fruits	仁果类水果	0.3
85）	Potato	马铃薯	0.1
86）	Proso millet	黍	0.3T
87）	Quince	榅桲	0.3
88）	Quinoa	藜麦	0.3T
89）	Radish（leaf）	萝卜（叶）	3.0
90）	Radish（root）	萝卜（根）	0.07
91）	Rape leaves	油菜叶	0.7
92）	Rape seed	油菜籽	0.5
93）	Rice	稻米	0.3
94）	Safflower seed	红花籽	0.05
95）	Schisandraberry	五味子	0.5
96）	Schisandraberry（dried）	五味子（干）	2.0
97）	Sesame seed	芝麻籽	0.05
98）	Sorghum	高粱	0.5
99）	Soybean	大豆	1.0
100）	Spices（fruits and berries）	香辛料（水果和浆果类）	0.1†
101）	Spices seeds	种子类香辛料	0.05T
102）	Spinach	菠菜	5.0
103）	Squash	西葫芦	0.5
104）	Squash leaves	南瓜叶	10
105）	Ssam cabbage	紫甘蓝	3.0
106）	Ssam cabbage（dried）	紫甘蓝（干）	10
107）	Stalk and stem vegetables	茎秆类蔬菜	1.0
108）	Strawberry	草莓	1.0
109）	Sunflower seed	葵花籽	0.3
110）	Sweet pepper	甜椒	5.0

（续）

序号	农产品英文名	农产品中文名	最大残留限量（mg/kg）
111)	Sweet potato	甘薯	0.1T
112)	Taro	芋头	0.1T
113)	Tea	茶	7.0
114)	Tomato	番茄	2.0
115)	Turnip root	芜菁根	0.05T
116)	Watermelon	西瓜	0.1
117)	Welsh onion	威尔士洋葱	0.7
118)	Wheat	小麦	0.3T
119)	Yuja	香橙	0.5

10. Acetochlor　乙草胺（ADI：0.003 6 mg/kg bw）

序号	农产品英文名	农产品中文名	最大残留限量（mg/kg）
1)	Cotton seed	棉籽	0.6†
2)	Maize	玉米	0.05†
3)	Peanut	花生	0.2†
4)	Potato	马铃薯	0.04T
5)	Sorghum	高粱	0.05†
6)	Soybean	大豆	0.09†
7)	Sugar beet	甜菜	0.15†
8)	Wheat	小麦	0.02†

11. Acibenzolar-S-methyl　苯并噻二唑（ADI：0.03 mg/kg bw）　苯并噻二唑（Acibenzolar-S-methyl）和阿拉酸式苯（Acibenzolar acid）总和，表示为苯并噻二唑

序号	农产品英文名	农产品中文名	最大残留限量（mg/kg）
1)	Apple	苹果	0.2
2)	Apricot	杏	0.2T
3)	Arguta kiwifruit	阿古塔狝猴桃	2.0T
4)	Chili pepper	辣椒	1.0
5)	Chili pepper leaves	辣椒叶	2.0
6)	Cranberry	蔓越橘	0.2T
7)	Grape	葡萄	2.0
8)	Grapefruit	葡萄柚	0.2T
9)	Jujube	枣	0.2T
10)	Lemon	柠檬	0.2T
11)	Mandarin	中国柑橘	0.2
12)	Mango	芒果	0.2T
13)	Orange	橙	0.2T
14)	Peach	桃	0.2
15)	Persimmon	柿子	0.3
16)	Pomegranate	石榴	0.2T
17)	Rice	稻米	0.3
18)	Sweet pepper	甜椒	1.0
19)	Watermelon	西瓜	0.3

（续）

序号	农产品英文名	农产品中文名	最大残留限量（mg/kg）
12. Acrinathrin　氟丙菊酯（ADI：0.01 mg/kg bw）			
1)	Apple	苹果	0.5
2)	Asparagus	芦笋	0.3
3)	Blueberry	蓝莓	1.0T
4)	Chili pepper	辣椒	1.0
5)	Chwinamul	野生紫菀	3.0
6)	Cucumber	黄瓜	0.5
7)	Kiwifruit	猕猴桃	0.2
8)	Korean melon	韩国瓜类	0.3
9)	Leafy vegetables	叶类蔬菜	5.0
10)	Mandarin	中国柑橘	1.0
11)	Peach	桃	0.2
12)	Pear	梨	0.2
13)	Stalk and stem vegetables	茎秆类蔬菜	1.0
14)	Strawberry	草莓	1.0
15)	Sweet pepper	甜椒	1.0
16)	Tomato	番茄	0.5
17)	Watermelon	西瓜	0.1
18)	Welsh onion	威尔士洋葱	1.0
13. Alachlor　甲草胺（ADI：0.01 mg/kg bw）			
1)	Barley	大麦	0.2T
2)	Beans	豆类	0.1
3)	Beet（root）	甜菜（根）	0.05T
4)	Buckwheat	荞麦	0.2T
5)	Butterbur	菊科蜂斗菜属植物	0.2T
6)	Chamnamul	大叶芹菜	0.2T
7)	Chili pepper	辣椒	0.2
8)	Chinese chives	韭菜	0.05T
9)	Coriander leaves	香菜	0.05T
10)	Crown daisy	茼蒿	0.2T
11)	Eggplant	茄子	0.05T
12)	Fresh ginseng	鲜参	0.05T
13)	Garlic	大蒜	0.05T
14)	Ginger	姜	0.05T
15)	Godeulppaegi	一种菊科植物	0.2T
16)	Green soybean	青豆	0.05
17)	Job's tear	薏苡	0.2T
18)	Kohlrabi	球茎甘蓝	0.05T
19)	Korean black raspberry	朝鲜黑树莓	0.05T

（续）

序号	农产品英文名	农产品中文名	最大残留限量 （mg/kg）
20)	Korean cabbage，head	韩国甘蓝	0.05T
21)	Maize	玉米	0.2
22)	Mulberry	桑葚	0.05T
23)	Narrow-head ragwort	窄叶黄菀	0.2T
24)	Onion	洋葱	0.05
25)	Parsley	欧芹	0.2T
26)	Peanut	花生	0.05
27)	Perilla leaves	紫苏叶	0.2T
28)	Potato	马铃薯	0.2
29)	Radish（leaf）	萝卜（叶）	0.2
30)	Radish（root）	萝卜（根）	0.2
31)	Sesame seed	芝麻籽	0.05
32)	Soybean	大豆	0.05
33)	Spinach	菠菜	0.2T
34)	Squash	西葫芦	0.05T
35)	Strawberry	草莓	0.05
36)	Sweet pepper	甜椒	0.2T
37)	Sweet potato	甘薯	0.2
38)	Water dropwort	水芹	0.05T
39)	Welsh onion	威尔士洋葱	0.05T
40)	Wild chive	野生细香葱	0.05T

14. Alanycarb 棉铃威

1)	Apple	苹果	0.5T
2)	Cucumber	黄瓜	0.1T

15. Aldicarb 涕灭威（ADI：0.003 mg/kg bw）

1)	Barley	大麦	0.02T
2)	Coffee bean	咖啡豆	0.1T
3)	Grapefruit	葡萄柚	0.02T
4)	Lemon	柠檬	0.02T
5)	Maize	玉米	0.05T
6)	Onion	洋葱	0.1T
7)	Orange	橙	0.02T
8)	Peanut	花生	0.02T
9)	Rice	稻米	0.02T
10)	Soybean	大豆	0.02T
11)	Spices（fruits and berries）	香辛料（水果和浆果类）	0.07T
12)	Spices roots	根类香辛料	0.02T
13)	Wheat	小麦	0.02T

16. Aldrin & Dieldrin 艾氏剂、狄氏剂（ADI：0.000 1 mg/kg bw）

（续）

序号	农产品英文名	农产品中文名	最大残留限量（mg/kg）
1)	Cereal grains	谷物	0.02T
2)	Citrus fruits	柑橘类水果	0.05T
3)	Dried ginseng	干参	0.05T
4)	Fresh ginseng	鲜参	0.01T
5)	Ginseng extract	人参提取物	0.1T
6)	Pome fruits	仁果类水果	0.05T
7)	Red ginseng	红参	0.05T
8)	Red ginseng extract	红参提取物	0.1T
9)	Root and tuber vegetables	块根和块茎类蔬菜	0.1T

17. Aluminium phosphide（hydrogen phosphide）磷化铝（ADI：0.019 mg/kg bw）

序号	农产品英文名	农产品中文名	最大残留限量（mg/kg）
1)	Banana	香蕉	0.05
2)	Beans	豆类	0.1
3)	Cereal grains	谷物	0.1
4)	Dried fruits	干果类	0.1
5)	Dried ginseng	干参	0.1
6)	Dried other plants	干燥的其他植物	0.01T
7)	Dried vegetables	干菜类	0.1
8)	Edible fungi	食用菌	0.01T
9)	Fresh ginseng	鲜参	0.1
10)	Garlic	大蒜	0.1
11)	Lettuce（head）	莴苣（顶端）	0.05
12)	Nuts	坚果	0.1
13)	Oil seed	油料	0.1
14)	Orange	橙	0.01†
15)	Peanut	花生	0.1
16)	Potatoes	薯类	0.1
17)	Root and tuber vegetables	块根和块茎类蔬菜	0.05
18)	Seed for beverage and sweets	饮料和糖料种子	0.1
19)	Spices	香辛料	0.1
20)	Tropical fruits	热带水果	0.05

18. Ametoctradin 唑嘧菌胺（ADI：8.48 mg/kg bw）

序号	农产品英文名	农产品中文名	最大残留限量（mg/kg）
1)	Amaranth leaves	苋菜叶	5.0T
2)	Broccoli	西兰花	0.05T
3)	Cabbage	甘蓝	0.05
4)	Chicory	菊苣	5.0T
5)	Chicory（root）	菊苣（根）	0.05T
6)	Chili pepper	辣椒	2.0
7)	Crown daisy	茼蒿	0.05T
8)	Cucumber	黄瓜	0.5

（续）

序号	农产品英文名	农产品中文名	最大残留限量（mg/kg）
9)	Deodeok	羊乳（桔梗科党参属的植物）	0.05T
10)	Dried ginseng	干参	0.05
11)	Fresh ginseng	鲜参	0.05
12)	Ginger	姜	0.05
13)	Grape	葡萄	5.0
14)	Hop	蛇麻草	100†
15)	Korean cabbage，head	韩国甘蓝	2.0
16)	Korean melon	韩国瓜类	1.0
17)	Leek	韭葱	3.0T
18)	Lettuce（head）	莴苣（顶端）	5.0T
19)	Mandarin	中国柑橘	2.0
20)	Melon	瓜类	3.0
21)	Onion	洋葱	1.5
22)	Perilla leaves	紫苏叶	0.05T
23)	Potato	马铃薯	0.05
24)	Radish（leaf）	萝卜（叶）	15
25)	Radish（root）	萝卜（根）	0.2
26)	Sesame seed	芝麻籽	0.05
27)	Spinach	菠菜	30
28)	Ssam cabbage	紫甘蓝	5.0
29)	Strawberry	草莓	0.05
30)	Sweet pepper	甜椒	2.0
31)	Tomato	番茄	2.0
32)	Water dropwort	水芹	0.05T
33)	Watermelon	西瓜	0.2
34)	Welsh onion	威尔士洋葱	3.0

19. Amisulbrom 吲唑磺菌胺（ADI：0.1 mg/kg bw）

序号	农产品英文名	农产品中文名	最大残留限量（mg/kg）
1)	Aronia	野樱莓	2.0T
2)	Beet（root）	甜菜（根）	0.2
3)	Broccoli	西兰花	2.0
4)	Burdock	牛蒡	0.2T
5)	Cabbage	甘蓝	0.7T
6)	Chicory	菊苣	15
7)	Chili pepper	辣椒	1.0
8)	Chinese chives	韭菜	3.0
9)	Cucumber	黄瓜	0.7
10)	Deodeok	羊乳（桔梗科党参属的植物）	0.2T
11)	Dried ginseng	干参	0.3
12)	Eggplant	茄子	1.0T

（续）

序号	农产品英文名	农产品中文名	最大残留限量（mg/kg）
13)	Fresh ginseng	鲜参	0.3
14)	Ginger	姜	2.0
15)	Grape	葡萄	3.0
16)	Kale	羽衣甘蓝	15
17)	Kohlrabi	球茎甘蓝	0.2
18)	Korean black raspberry	朝鲜黑树莓	2.0T
19)	Korean cabbage，head	韩国甘蓝	0.7
20)	Korean melon	韩国瓜类	0.5
21)	Leafy vegetables	叶类蔬菜	10
22)	Lettuce（leaf）	莴苣（叶）	10
23)	Melon	瓜类	1.0
24)	Millet	粟	0.05
25)	Mustard leaf	芥菜叶	1.0
26)	Onion	洋葱	0.2
27)	Pak choi	小白菜	0.05
28)	Passion fruit	百香果	2.0T
29)	Perilla leaves	紫苏叶	20
30)	Potato	马铃薯	0.05
31)	Rape seed	油菜籽	0.05T
32)	Sesame seed	芝麻籽	0.05
33)	Spinach	菠菜	3.0
34)	Ssam cabbage	紫甘蓝	2.0
35)	Stalk and stem vegetables	茎秆类蔬菜	2.0
36)	Strawberry	草莓	2.0
37)	Sugar beet	甜菜	0.3T
38)	Sweet pepper	甜椒	1.0
39)	Sweet potato	甘薯	0.05T
40)	Tomato	番茄	1.0
41)	Watermelon	西瓜	0.2
42)	Welsh onion	威尔士洋葱	3.0
43)	Yam	山药	0.05T

20. Amitraz 双甲脒（ADI：0.01 mg/kg bw）

序号	农产品英文名	农产品中文名	最大残留限量（mg/kg）
1)	Apricot	杏	2.0
2)	Aronia	野樱莓	0.3T
3)	Blueberry	蓝莓	0.3T
4)	Cherry	樱桃	0.5T
5)	Chili pepper	辣椒	1.0
6)	Cucumber	黄瓜	0.5
7)	Eggplant	茄子	0.5

（续）

序号	农产品英文名	农产品中文名	最大残留限量 （mg/kg）
8)	Fig	无花果	0.3T
9)	Fresh ginseng	鲜参	0.05
10)	Garlic	大蒜	0.05T
11)	Gojiberry	枸杞	0.3T
12)	Grapefruit	葡萄柚	0.2T
13)	Green garlic	青蒜	0.05T
14)	Green tea extract	绿茶提取物	10.0
15)	Japanese apricot	青梅	0.7
16)	Jujube	枣	0.5T
17)	Kiwifruit	猕猴桃	1.0
18)	Korean black raspberry	朝鲜黑树莓	0.3T
19)	Korean melon	韩国瓜类	0.05
20)	Lemon	柠檬	0.2T
21)	Longan	桂圆	0.01†
22)	Mandarin	中国柑橘	0.2
23)	Mulberry	桑葚	0.3
24)	Mulberry leaves	桑葚叶	0.5
25)	Orange	橙	0.5T
26)	Peach	桃	0.5
27)	Plum	李子	0.7
28)	Pome fruits	仁果类水果	0.5
29)	Schisandraberry（dried）	五味子（干）	2.0
30)	Sweet pepper	甜椒	1.0
31)	Tea	茶	10.0
32)	Tomato	番茄	1.0
33)	Walnut	胡桃	0.05T
34)	Yuja	香橙	0.2T

21. Anilazine 敌菌灵（ADI：0.1 mg/kg bw）

序号	农产品英文名	农产品中文名	最大残留限量（mg/kg）
1)	Barley	大麦	0.2T
2)	Wheat	小麦	0.1T

22. Anilofos 莎稗磷

序号	农产品英文名	农产品中文名	最大残留限量（mg/kg）
1)	Rice	稻米	0.05T

23. Azimsulfuron 四唑嘧磺隆（ADI：0.096 mg/kg bw）

序号	农产品英文名	农产品中文名	最大残留限量（mg/kg）
1)	Rice	稻米	0.1

24. Azinphos-methyl 保棉磷

序号	农产品英文名	农产品中文名	最大残留限量（mg/kg）
1)	Almond	扁桃仁	0.2T
2)	Apple	苹果	1.0T
3)	Apricot	杏	1.0T
4)	Asparagus	芦笋	0.3T

（续）

序号	农产品英文名	农产品中文名	最大残留限量（mg/kg）
5）	Avocado	鳄梨	1.0T
6）	Banana	香蕉	1.0T
7）	Barley	大麦	0.2T
8）	Beans	豆类	0.2T
9）	Blueberry	蓝莓	5.0T
10）	Buckwheat	荞麦	0.2T
11）	Cabbage	甘蓝	0.5T
12）	Carrot	胡萝卜	0.5T
13）	Carrot（dried）	胡萝卜（干）	3.0T
14）	Celery	芹菜	0.5T
15）	Cereal grains	谷物	0.2T
16）	Cherry	樱桃	1.0T
17）	Chili pepper	辣椒	0.3T
18）	Chili pepper（dried）	辣椒（干）	1.0T
19）	Citrus fruits	柑橘类水果	1.0T
20）	Cotton seed	棉籽	0.2T
21）	Cucumber	黄瓜	0.3T
22）	Eggplant	茄子	0.3T
23）	Garlic	大蒜	0.3T
24）	Grape	葡萄	1.0T
25）	Grapefruit	葡萄柚	1.0T
26）	Kale	羽衣甘蓝	0.3T
27）	Kiwifruit	猕猴桃	1.0T
28）	Korean black raspberry	朝鲜黑树莓	0.3T
29）	Korean cabbage，head	韩国甘蓝	0.2T
30）	Korean melon	韩国瓜类	0.3T
31）	Lemon	柠檬	1.0T
32）	Maize	玉米	0.2T
33）	Mandarin	中国柑橘	2.0T
34）	Mango	芒果	1.0T
35）	Melon	瓜类	0.3T
36）	Oat	燕麦	0.2T
37）	Onion	洋葱	0.3T
38）	Onion（dried）	洋葱（干）	0.5T
39）	Orange	橙	1.0T
40）	Other spices	其他香辛料	0.5T
41）	Papaya	番木瓜	1.0T
42）	Peach	桃	1.0T
43）	Pear	梨	1.0T

（续）

序号	农产品英文名	农产品中文名	最大残留限量 (mg/kg)
44)	Pecan	美洲山核桃	0.3T
45)	Pineapple	菠萝	1.0T
46)	Plum	李子	1.0T
47)	Potato	马铃薯	0.2T
48)	Quince	榅桲	1.0T
49)	Radish (leaf)	萝卜（叶）	0.5T
50)	Radish (root)	萝卜（根）	0.5T
51)	Radish (root, dried)	萝卜（根，干）	1.0T
52)	Rice	稻米	0.1T
53)	Rye	黑麦	0.2T
54)	Sorghum	高粱	0.2T
55)	Soybean	大豆	0.2T
56)	Spices (fruits and berries)	香辛料（水果和浆果类）	0.5T
57)	Spices roots	根类香辛料	0.5T
58)	Spices seeds	种子类香辛料	0.5T
59)	Spinach	菠菜	0.5T
60)	Squash	西葫芦	0.5T
61)	Strawberry	草莓	0.3T
62)	Sunflower seed	葵花籽	0.2T
63)	Sweet potato	甘薯	0.2T
64)	Tomato	番茄	0.3T
65)	Walnut	胡桃	0.3T
66)	Watermelon	西瓜	0.2T
67)	Welsh onion	威尔士洋葱	0.5T
68)	Welsh onion (dried)	威尔士洋葱（干）	0.7T
69)	Wheat	小麦	0.2T

25. Azocyclotin 三唑锡（ADI：0.003 mg/kg bw）
三唑锡（Azocyclotin）和三环锡（Cyhexatin）的总和，描述为三环锡，详见 100 三环锡

26. Azoxystrobin 嘧菌酯（ADI：0.2 mg/kg bw）

序号	农产品英文名	农产品中文名	最大残留限量 (mg/kg)
1)	Amaranth leaves	苋菜叶	10
2)	Aronia	野樱莓	1.0T
3)	Balsam apple	苦瓜	2.0
4)	Banana	香蕉	2.0+
5)	Beet (root)	甜菜（根）	0.1T
6)	Blueberry	蓝莓	7.0
7)	Broccoli	西兰花	0.05
8)	Buckwheat	荞麦	0.02T
9)	Burdock leaves	牛蒡叶	3.0
10)	Butterbur	菊科蜂斗菜属植物	10

（续）

序号	农产品英文名	农产品中文名	最大残留限量（mg/kg）
11)	Cabbage	甘蓝	0.05T
12)	Carrot	胡萝卜	0.1T
13)	Celeriac	块根芹	0.1T
14)	Chard	食用甜菜	50
15)	Chicory	菊苣	10
16)	Chili pepper	辣椒	2.0
17)	Chili pepper leaves	辣椒叶	5.0
18)	Chili pepper（dried）	辣椒（干）	7.0
19)	Chinese bellflower	中国风铃草	0.1
20)	Chwinamul	野生紫菀	3.0
21)	Citrus fruits	柑橘类水果	10†
22)	Coastal hog fennel	小茴香	10
23)	Coconut	椰子	0.7T
24)	Coffee bean	咖啡豆	0.02†
25)	Cranberry	蔓越橘	0.5T
26)	Crown daisy	茼蒿	30
27)	Cucumber	黄瓜	0.5
28)	Deodeok	羊乳（桔梗科党参属的植物）	0.1
29)	Dried ginseng	干参	0.5
30)	Eggplant	茄子	0.7
31)	Fig	无花果	2.0
32)	Fresh ginseng	鲜参	0.1
33)	Garlic	大蒜	0.1
34)	Ginger	姜	0.1T
35)	Ginseng extract	人参提取物	0.5
36)	Gojiberry	枸杞	1.0T
37)	Gojiberry（dried）	枸杞（干）	10
38)	Grape	葡萄	3.0
39)	Green garlic	青蒜	1.0
40)	Green soybean	青豆	0.5
41)	Green tea extract	绿茶提取物	1.0
42)	Herbs（dried）	香草（干）	300T
43)	Herbs（fresh）	香草（鲜）	70T
44)	Hop	蛇麻草	30†
45)	Indian lettuce	印度莴苣	3.0
46)	Job's tear	薏苡	0.02T
47)	Jujube	枣	3.0
48)	Jujube（dried）	枣（干）	7.0
49)	Kale	羽衣甘蓝	25

（续）

序号	农产品英文名	农产品中文名	最大残留限量 (mg/kg)
50)	Kiwifruit	猕猴桃	1.0
51)	Korean black raspberry	朝鲜黑树莓	3.0
52)	Korean cabbage，head	韩国甘蓝	0.05
53)	Korean melon	韩国瓜类	0.5
54)	Leafy vegetables	叶类蔬菜	20
55)	Lettuce（leaf）	莴苣（叶）	20
56)	Maize	玉米	0.02†
57)	Mandarin	中国柑橘	9.0†
58)	Mango	芒果	0.7†
59)	Mastic-leaf prickly ash	翼柄花椒	0.05T
60)	Melon	瓜类	1.0
61)	Millet	粟	0.02T
62)	Mulberry	桑葚	1.0T
63)	Mung bean	绿豆	0.07
64)	Nuts	坚果	0.01†
65)	Oak mushroom	香菇	0.05T
66)	Onion	洋葱	0.1
67)	Parsley	欧芹	30
68)	Parsnip	欧洲防风草	0.1T
69)	Passion fruit	百香果	0.7T
70)	Peanut	花生	0.2T
71)	Perilla leaves	紫苏叶	20
72)	Perilla seed	紫苏籽	0.1T
73)	Pistachio	开心果	0.5†
74)	Plum	李子	1.0
75)	Pome fruits	仁果类水果	1.0
76)	Potato	马铃薯	7.0†
77)	Proso millet	黍	7.0
78)	Pumpkin seed	南瓜籽	0.1T
79)	Radish（root）	萝卜（根）	0.1
80)	Rape seed	油菜籽	0.1T
81)	Red bean	红豆	0.07
82)	Red ginseng	红参	0.5
83)	Red ginseng extract	红参提取物	0.5
84)	Rice	稻米	1.0
85)	Root and tuber vegetables	块根和块茎类蔬菜	0.05T
86)	Rowan	花楸	1.0T
87)	Safflower seed	红花籽	0.1T
88)	Schisandraberry（dried）	五味子（干）	2.0

（续）

序号	农产品英文名	农产品中文名	最大残留限量 (mg/kg)
89）	Sesame seed	芝麻籽	0.1
90）	Sorghum	高粱	10T
91）	Soybean	大豆	0.5†
92）	Spices seeds	种子类香辛料	0.3†
93）	Spinach	菠菜	20
94）	Squash	西葫芦	0.1
95）	Stalk and stem vegetables	茎秆类蔬菜	3.0
96）	Stone fruits	核果类水果	2.0
97）	Strawberry	草莓	1.0
98）	Sugar beet	甜菜	0.1T
99）	Sweet pepper	甜椒	2.0
100）	Sweet potato	甘薯	0.05
101）	Tea	茶	1.0
102）	Tomato	番茄	2.0
103）	Turnip root	芜菁根	0.1T
104）	Water dropwort	水芹	5.0
105）	Watermelon	西瓜	0.2
106）	Welsh onion	威尔士洋葱	2.0
107）	Welsh onion（dried）	威尔士洋葱（干）	7.0
108）	Wheat	小麦	0.2†
109）	Yam	山药	0.1
110）	Yam（dried）	山药（干）	0.1

27. Benalaxyl 苯霜灵（ADI：0.07 mg/kg bw）

序号	农产品英文名	农产品中文名	最大残留限量 (mg/kg)
1）	Chili pepper	辣椒	1.0
2）	Crown daisy	茼蒿	3.0T
3）	Cucumber	黄瓜	0.3
4）	Dried ginseng	干参	0.05
5）	Fresh ginseng	鲜参	0.05
6）	Ginger	姜	0.05
7）	Grape	葡萄	0.3
8）	Korean cabbage，head	韩国甘蓝	0.1
9）	Korean melon	韩国瓜类	1.0
10）	Onion	洋葱	0.05
11）	Peanut	花生	0.05T
12）	Pecan	美洲山核桃	0.05T
13）	Potato	马铃薯	0.05
14）	Pumpkin seed	南瓜籽	0.05T
15）	Sesame seed	芝麻籽	0.05
16）	Ssam cabbage	紫甘蓝	3.0

（续）

序号	农产品英文名	农产品中文名	最大残留限量 （mg/kg）
17)	Sweet pepper	甜椒	0.05
18)	Tomato	番茄	2.0
19)	Walnut	胡桃	0.05T

28. Bendiocarb 噁虫威（ADI：0.004 mg/kg bw）

1)	Rice	稻米	0.02T

29. Benfuracarb 丙硫克百威（ADI：0.01 mg/kg bw）

残留物：丙硫克百威（Benfuracarb）、克百威（Carbofuran）、3-羟基克百威（3-Hydroxycarbofuran）、丁硫克百威（Carbosulfan）和呋线威（Furathiocarb）的总和，表示为克百威。详见 60 克百威

30. Benfuresate 呋草磺（ADI：0.026 mg/kg bw）

1)	Kale	羽衣甘蓝	0.1T
2)	Rice	稻米	0.1
3)	Sweet potato	甘薯	0.1T
4)	Sweet potato vines	薯蔓	0.1T

31. Benomyl 苯菌灵

苯菌灵（Benomyl）、多菌灵（Carbendazim）和甲基硫菌灵（Thiophanate-methyl）的总和，表示为多菌灵。详见 59 多菌灵

32. Bensulfuron-methyl 苄嘧磺隆（ADI：0.2 mg/kg bw）

1)	Rice	稻米	0.02

33. Bensultap 杀虫磺（ADI：0.034 mg/kg bw）

残留物：沙蚕毒素（Nereistoxin）。详见 66 杀螟丹

34. Bentazone 灭草松（ADI：0.1 mg/kg bw）

1)	Apple	苹果	0.05
2)	Asparagus	芦笋	0.2T
3)	Barley	大麦	0.05
4)	Beans	豆类	0.2T
5)	Broad bean	蚕豆	0.05T
6)	Buckwheat	荞麦	0.2T
7)	Cabbage	甘蓝	0.2T
8)	Carrot	胡萝卜	0.2T
9)	Celery	芹菜	0.2T
10)	Chinese chives	韭菜	0.2T
11)	Crown daisy	茼蒿	0.2T
12)	Cucumber	黄瓜	0.2T
13)	Edible fungi	食用菌	0.2T
14)	Eggplant	茄子	0.2T
15)	Garlic	大蒜	0.2T
16)	Ginger	姜	0.2T
17)	Grape	葡萄	0.05
18)	Kale	羽衣甘蓝	0.2T
19)	Kidney bean	四季豆	0.2T

（续）

序号	农产品英文名	农产品中文名	最大残留限量 （mg/kg）
20）	Korean cabbage，head	韩国甘蓝	0.2T
21）	Lettuce（head）	莴苣（顶端）	0.2T
22）	Lettuce（leaf）	莴苣（叶）	0.2T
23）	Maize	玉米	0.05
24）	Mandarin	中国柑橘	0.05
25）	Millet	粟	0.2T
26）	Mung bean	绿豆	0.2T
27）	Oak mushroom	香菇	0.2T
28）	Oat	燕麦	0.1T
29）	Onion	洋葱	0.1T
30）	Pea	豌豆	0.05T
31）	Peanut	花生	0.05T
32）	Pear	梨	0.05
33）	Potato	马铃薯	0.1T
34）	Proso millet	黍	0.1T
35）	Radish（leaf）	萝卜（叶）	0.2T
36）	Radish（root）	萝卜（根）	0.2T
37）	Red bean	红豆	0.2T
38）	Rice	稻米	0.05
39）	Rye	黑麦	0.1T
40）	Sesame seed	芝麻籽	0.05T
41）	Sorghum	高粱	0.1T
42）	Soybean	大豆	0.05T
43）	Spinach	菠菜	0.2T
44）	Squash	西葫芦	0.2T
45）	Sweet pepper	甜椒	0.2T
46）	Tomato	番茄	0.2T
47）	Vegetables	蔬菜类	0.2T
48）	Welsh onion	威尔士洋葱	0.2T
49）	Wheat	小麦	0.1T

35. Benthiavalicarb-isopropyl 苯噻菌胺（ADI：0.069 mg/kg bw）

序号	农产品英文名	农产品中文名	最大残留限量（mg/kg）
1）	Butterbur	菊科蜂斗菜属植物	5.0T
2）	Chili pepper	辣椒	2.0
3）	Cucumber	黄瓜	0.3
4）	Fig	无花果	0.1
5）	Garlic	大蒜	0.05
6）	Ginger	姜	0.05
7）	Grape	葡萄	2.0
8）	Green garlic	青蒜	0.07

（续）

序号	农产品英文名	农产品中文名	最大残留限量（mg/kg）
9)	Kohlrabi	球茎甘蓝	0.05T
10)	Korean black raspberry	朝鲜黑树莓	0.1T
11)	Korean cabbage，head	韩国甘蓝	2.0
12)	Korean melon	韩国瓜类	0.5
13)	Lettuce（head）	莴苣（顶端）	5.0
14)	Lettuce（leaf）	莴苣（叶）	5.0
15)	Melon	瓜类	0.7
16)	Mustard leaf	芥菜叶	5.0
17)	Onion	洋葱	0.5
18)	Perilla leaves	紫苏叶	10
19)	Potato	马铃薯	0.05
20)	Sesame seed	芝麻籽	0.2
21)	Spinach	菠菜	1.0
22)	Ssam cabbage	紫甘蓝	5.0
23)	Strawberry	草莓	0.3
24)	Sweet pepper	甜椒	2.0
25)	Tomato	番茄	1.0

36. Benzobicyclon 双环磺草酮（ADI：0.016 mg/kg bw）

1)	Rice	稻米	0.1

37. Benzovindiflupyr 苯并烯氟菌唑（ADI：0.049 mg/kg bw）

1)	Barley	大麦	1.5†
2)	Beans	豆类	0.2†
3)	Coffee bean	咖啡豆	0.15†
4)	Grape	葡萄	1.0†
5)	Maize	玉米	0.01†
6)	Pome fruits	仁果类水果	0.2†
7)	Potato	马铃薯	0.02†
8)	Rape seed	油菜籽	0.15†
9)	Soybean	大豆	0.07†
10)	Wheat	小麦	0.1†

38. Benzoximate 苯螨特

1)	Apple	苹果	0.5T
2)	Mandarin	中国柑橘	0.5T

39. BHC 六六六（ADI：0.004 7 mg/kg bw）
残留物：α-BHC、β-BHC 和 δ-BHC 之和

1)	Beans	豆类	0.01T
2)	Cereal grains	谷物	0.02T
3)	Dried ginseng	干参	0.05T
4)	Fresh ginseng	鲜参	0.02T

382

（续）

序号	农产品英文名	农产品中文名	最大残留限量 （mg/kg）
5）	Fruits	水果类	0.01T
6）	Ginseng extract	人参提取物	0.1T
7）	Oil seed	油料	0.02T
8）	Peanut or nuts	坚果类	0.01T
9）	Potatoes	薯类	0.01T
10）	Red ginseng	红参	0.05T
11）	Red ginseng extract	红参提取物	0.1T
12）	Vegetables	蔬菜类	0.01T

40. Bicyclopyrone 氟吡草酮

序号	农产品英文名	农产品中文名	最大残留限量（mg/kg）
1）	Barley	大麦	0.03†
2）	Maize	玉米	0.02†
3）	Wheat	小麦	0.03†

41. Bifenazate 联苯肼酯（ADI：0.01 mg/kg bw）

序号	农产品英文名	农产品中文名	最大残留限量（mg/kg）
1）	Apple	苹果	1.0
2）	Apricot	杏	0.3T
3）	Arguta kiwifruit	阿古塔猕猴桃	1.0T
4）	Aronia	野樱莓	1.0T
5）	Blueberry	蓝莓	1.0T
6）	Celery	芹菜	2.0
7）	Cherry	樱桃	0.3T
8）	Chili pepper	辣椒	3.0
9）	Cucumber	黄瓜	0.5
10）	Eggplant	茄子	0.5
11）	Grape	葡萄	1.0
12）	Hop	蛇麻草	20T
13）	Jujube	枣	0.3
14）	Jujube（dried）	枣（干）	0.3
15）	Korean black raspberry	朝鲜黑树莓	7.0T
16）	Korean melon	韩国瓜类	0.7
17）	Lemon	柠檬	0.5T
18）	Mandarin	中国柑橘	1.0
19）	Nuts	坚果	0.2†
20）	Peach	桃	0.3
21）	Pear	梨	0.2
22）	Perilla leaves	紫苏叶	7.0
23）	Potato	马铃薯	0.1T
24）	Strawberry	草莓	1.0
25）	Sweet pepper	甜椒	2.0
26）	Tea	茶	3.0

（续）

序号	农产品英文名	农产品中文名	最大残留限量（mg/kg）
27）	Tomato	番茄	0.3
28）	Watermelon	西瓜	0.1
29）	Yuja	香橙	0.5

42. Bifenox 甲羧除草醚（ADI：0.3 mg/kg bw）

序号	农产品英文名	农产品中文名	最大残留限量（mg/kg）
1）	Barley	大麦	0.05T
2）	Maize	玉米	0.05T
3）	Oat	燕麦	0.05T
4）	Rice	稻米	0.05
5）	Sorghum	高粱	0.05T
6）	Soybean	大豆	0.05T
7）	Wheat	小麦	0.05T

43. Bifenthrin 联苯菊酯（ADI：0.01 mg/kg bw）

序号	农产品英文名	农产品中文名	最大残留限量（mg/kg）
1）	Apricot	杏	0.1T
2）	Arguta kiwifruit	阿古塔猕猴桃	0.3T
3）	Aronia	野樱莓	0.3T
4）	Asparagus	芦笋	0.7
5）	Banana	香蕉	0.1†
6）	Barley	大麦	0.05T
7）	Beet（root）	甜菜（根）	0.05T
8）	Blueberry	蓝莓	0.3
9）	Broccoli	西兰花	1.0
10）	Buckwheat	荞麦	0.05T
11）	Burdock	牛蒡	0.07
12）	Burdock leaves	牛蒡叶	8.0
13）	Butterbur	菊科蜂斗菜属植物	1.0
14）	Cabbage	甘蓝	0.7
15）	Cacao bean	可可豆	0.05T
16）	Carrot	胡萝卜	0.05
17）	Celery	芹菜	0.3
18）	Chamnamul	大叶芹菜	7.0
19）	Chard	食用甜菜	1.0
20）	Cherry	樱桃	0.1T
21）	Cherry, Nanking	南京樱桃	0.1T
22）	Chestnut	栗子	0.05
23）	Chicory（root）	菊苣（根）	0.05T
24）	Chili pepper	辣椒	1.0
25）	Chili pepper（dried）	辣椒（干）	3.0
26）	Chinese bellflower	中国风铃草	0.05T
27）	Chinese chives	韭菜	0.5

（续）

序号	农产品英文名	农产品中文名	最大残留限量 （mg/kg）
28)	Chinese mallow	中国锦葵	1.0
29)	Chwinamul	野生紫菀	3.0
30)	Cowpea	豇豆	0.05T
31)	Crown daisy	茼蒿	3.0
32)	Cucumber	黄瓜	0.5
33)	Danggwi leaves	当归叶	8.0
34)	Deodeok	羊乳（桔梗科党参属的植物）	0.05
35)	Dolnamul	垂盆草/豆瓣菜	8.0
36)	Dragon fruit	火龙果	0.1
37)	Dried ginseng	干参	0.5
38)	Eggplant	茄子	0.3
39)	Fig	无花果	0.3T
40)	Fresh ginseng	鲜参	0.5
41)	Garlic	大蒜	0.05
42)	Ginger	姜	0.05
43)	Grape	葡萄	0.5
44)	Grapefruit	葡萄柚	0.5T
45)	Green garlic	青蒜	0.2
46)	Green soybean	青豆	0.5
47)	Green tea extract	绿茶提取物	0.7
48)	Herbs（fresh）	香草（鲜）	0.05T
49)	Hop	蛇麻草	20T
50)	Japanese apricot	青梅	1.0
51)	Japanese cornel	日本山茱萸	0.1T
52)	Jujube	枣	0.5
53)	Jujube（dried）	枣（干）	2.0
54)	kale	羽衣甘蓝	8.0
55)	Kidney bean	四季豆	0.05T
56)	Kiwifruit	猕猴桃	0.05
57)	Korean black raspberry	朝鲜黑树莓	0.3T
58)	Korean cabbage，head	韩国甘蓝	0.7
59)	Korean melon	韩国瓜类	0.1
60)	Leafy vegetables	叶类蔬菜	2.0
61)	Lemon	柠檬	0.5
62)	Lettuce（head）	莴苣（顶端）	3.0
63)	Lettuce（leaf）	莴苣（叶）	3.0
64)	Lotus tuber	莲子块茎	0.05T
65)	Maize	玉米	0.05†
66)	Mandarin	中国柑橘	0.5

（续）

序号	农产品英文名	农产品中文名	最大残留限量（mg/kg）
67）	Melon	瓜类	0.05
68）	Millet	粟	0.05T
69）	Mulberry	桑葚	0.3T
70）	Mung bean	绿豆	0.05
71）	Mustard leaf	芥菜叶	1.0
72）	Nuts	坚果	0.05[†]
73）	Oak mushroom	香菇	0.05T
74）	Onion	洋葱	0.05
75）	Orange	橙	0.5T
76）	Parsley	欧芹	8.0
77）	Pea	豌豆	0.9T
78）	Peach	桃	0.3
79）	Peanut	花生	0.05[†]
80）	Perilla leaves	紫苏叶	10
81）	Perilla seed	紫苏籽	0.3
82）	Plum	李子	0.1
83）	Pome fruits	仁果类水果	0.5
84）	Potato	马铃薯	0.05
85）	Proso millet	黍	0.05T
86）	Radish（leaf）	萝卜（叶）	0.05
87）	Radish（root）	萝卜（根）	0.05
88）	Rape leaves	油菜叶	3.0
89）	Red bean	红豆	0.05
90）	Reishi mushroom	灵芝	0.05T
91）	Safflower seed	红花籽	0.3T
92）	Schisandraberry	五味子	0.5
93）	Sesame seed	芝麻籽	0.05
94）	Shepherd's purse	荠菜	0.05
95）	Shiso	日本紫苏	0.05
96）	Sorghum	高粱	0.5
97）	Soybean	大豆	0.5
98）	Spices（fruits and berries）	香辛料（水果和浆果类）	0.03T
99）	Spices roots	根类香辛料	0.05T
100）	Spinach	菠菜	7.0
101）	Squash	西葫芦	0.2
102）	Squash leaves	南瓜叶	8.0
103）	Ssam cabbage	紫甘蓝	2.0
104）	Stalk and stem vegetables	茎秆类蔬菜	0.07
105）	Strawberry	草莓	0.5

（续）

序号	农产品英文名	农产品中文名	最大残留限量（mg/kg）
106)	Sweet pepper	甜椒	1.0
107)	Sweet potato	甘薯	0.05
108)	Sweet potato vines	薯蔓	0.05
109)	Taro	芋头	0.05
110)	Tea	茶	3.0
111)	Tomato	番茄	0.5
112)	Turnip root	芜菁根	0.05
113)	Wasabi leaves	芥末叶	8.0
114)	Wasabi（root）	芥末（根）	0.07
115)	Water dropwort	水芹	0.3
116)	Watermelon	西瓜	0.05
117)	Welsh onion	威尔士洋葱	0.7
118)	Wheat	小麦	0.5†
119)	Yam	山药	0.05
120)	Yam（dried）	山药（干）	0.05
121)	Yuja	香橙	0.5

44. Bioresmethrin　生物苄呋菊酯（ADI：0.03 mg/kg bw）

1)	Wheat	小麦	1.0T

45. Bispyribac-sodium　双草醚（ADI：0.01 mg/kg bw）

1)	Rice	稻米	0.1

46. Bistrifluron　双三氟虫脲（ADI：0.073 mg/kg bw）

1)	Amaranth leaves	苋菜叶	3.0T
2)	Apple	苹果	1.0
3)	Asparagus	芦笋	1.0
4)	Beat（leaf）	红萝卜（叶）	10
5)	Beat（root）	红萝卜（根）	0.5
6)	Chard	食用甜菜	10
7)	Cherry	樱桃	0.7T
8)	Chili pepper	辣椒	2.0
9)	Chinese chives	韭菜	3.0T
10)	Cucumber	黄瓜	0.5
11)	Grape	葡萄	0.5
12)	Green soybean	青豆	1.0
13)	Kiwifruit	猕猴桃	1.0
14)	Korean cabbage，head	韩国甘蓝	1.0
15)	Korean melon	韩国瓜类	0.5
16)	Maize	玉米	0.05
17)	Melon	瓜类	1.0
18)	Peach	桃	1.0

（续）

序号	农产品英文名	农产品中文名	最大残留限量 （mg/kg）
19)	Pear	梨	1.0
20)	Persimmon	柿子	0.07
21)	Plum	李子	0.7
22)	Schisandraberry	五味子	0.7T
23)	Soybean	大豆	0.1
24)	Spinach	菠菜	5.0
25)	Squash	西葫芦	0.1
26)	Squash leaves	南瓜叶	15
27)	Ssam cabbage	紫甘蓝	3.0
28)	Strawberry	草莓	0.5
29)	Sweet pepper	甜椒	2.0
30)	Watermelon	西瓜	0.2
31)	Welsh onion	威尔士洋葱	2.0

47. Bitertanol 联苯三唑醇（ADI：0.01 mg/kg bw）

序号	农产品英文名	农产品中文名	最大残留限量（mg/kg）
1)	Apple	苹果	0.6
2)	Apricot	杏	1.0
3)	Aronia	野樱莓	1.0T
4)	Banana	香蕉	0.5T
5)	Barley	大麦	0.05T
6)	Beans	豆类	0.2T
7)	Black hoof mushroom	黑蹄菌	0.05T
8)	Blueberry	蓝莓	1.0T
9)	Bracken	欧洲蕨	0.02
10)	Broad bean	蚕豆	0.2T
11)	Buckwheat	荞麦	0.1T
12)	Burdock	牛蒡	2.0
13)	Cherry	樱桃	1.0
14)	Chili pepper	辣椒	0.7
15)	Chili pepper leaves	辣椒叶	3.0
16)	Cucumber	黄瓜	0.5
17)	Eggplant	茄子	0.5
18)	Grape	葡萄	1.0T
19)	Green tea extract	绿茶提取物	25.0
20)	Japanese apricot	青梅	2.0T
21)	Kidney bean	四季豆	0.2T
22)	Korean melon	韩国瓜类	0.2
23)	Leafy vegetables	叶类蔬菜	3.0
24)	Maize	玉米	0.05T
25)	Melon	瓜类	0.2

（续）

序号	农产品英文名	农产品中文名	最大残留限量 （mg/kg）
26)	Millet	粟	0.1T
27)	Mung bean	绿豆	0.2T
28)	Oat	燕麦	0.1T
29)	Pea	豌豆	0.2T
30)	Peach	桃	1.0
31)	Peanut	花生	0.05
32)	Pear	梨	0.6
33)	Persimmon	柿子	0.3
34)	Plum	李子	1.0T
35)	Quince	榅桲	0.6T
36)	Rape leaves	油菜叶	0.05T
37)	Red bean	红豆	0.2T
38)	Rye	黑麦	0.1T
39)	Schisandraberry	五味子	1.0T
40)	Sorghum	高粱	10
41)	Soybean	大豆	0.2T
42)	Squash	西葫芦	0.5
43)	Stalk and stem vegetables	茎秆类蔬菜	10
44)	Strawberry	草莓	1.0T
45)	Tea	茶	10.0
46)	Watermelon	西瓜	0.5
47)	Wheat	小麦	0.1T

48. Boscalid 啶酰菌胺（ADI：0.04 mg/kg bw）

序号	农产品英文名	农产品中文名	最大残留限量 （mg/kg）
1)	Amaranth leaves	苋菜叶	5.0T
2)	Aronia	野樱莓	5.0T
3)	Banana	香蕉	0.6†
4)	Beet（leaf）	甜菜（叶）	0.3T
5)	Beet（root）	甜菜（根）	0.05T
6)	Blueberry	蓝莓	10†
7)	Broccoli	西兰花	0.05T
8)	Buckwheat	荞麦	0.05T
9)	Cabbage	甘蓝	0.05T
10)	Carrot	胡萝卜	0.05T
11)	Celeriac	块根芹	0.05T
12)	Chamnamul	大叶芹菜	5.0T
13)	Chard	食用甜菜	30
14)	Cherry	樱桃	4.0†
15)	Chicory	菊苣	5.0T
16)	Chicory（root）	菊苣（根）	0.05T

（续）

序号	农产品英文名	农产品中文名	最大残留限量（mg/kg）
17)	Chili pepper	辣椒	3.0
18)	Chinese bellflower	中国风铃草	0.05T
19)	Chinese chives	韭菜	20
20)	Chinses mallow	中国锦葵	0.3T
21)	Citrus fruits	柑橘类水果	2.0†
22)	Coastal hog fennel	小茴香	5.0T
23)	Coffee bean	咖啡豆	0.05†
24)	Cranberry	蔓越橘	5.0T
25)	Crown daisy	茼蒿	20
26)	Cucumber	黄瓜	0.3
27)	Danggwi leaves	当归叶	5.0T
28)	Deodeok	羊乳（桔梗党参属的植物）	0.05T
29)	Dolnamul	垂盆草/豆瓣菜	30
30)	Eggplant	茄子	0.7
31)	Elderberry	接骨木果	5.0T
32)	Fig	无花果	5.0T
33)	Fresh ginseng	鲜参	0.3
34)	Garlic	大蒜	0.3
35)	Ginger	姜	0.05T
36)	Grape	葡萄	5.0
37)	Green garlic	青蒜	1.0
38)	Green soybean	青豆	0.7T
39)	Herbs（fresh）	香草（鲜）	0.05T
40)	Hop	蛇麻草	35†
41)	Hyssop, anise	茴藿香	0.3T
42)	Jujube	枣	2.0
43)	Jujube（dried）	枣（干）	5.0
44)	Kale	羽衣甘蓝	2.0T
45)	Kiwifruit	猕猴桃	5.0
46)	Korean black raspberry	朝鲜黑树莓	9.0†
47)	Korean cabbage, head	韩国甘蓝	0.05T
48)	Korean melon	韩国瓜类	5.0
49)	Lettuce（head）	莴苣（顶端）	20
50)	Lettuce（leaf）	莴苣（叶）	20
51)	Maize	玉米	0.05†
52)	Mandarin	中国柑橘	0.5
53)	Mango	芒果	0.6T
54)	Melon	瓜类	0.7
55)	Mulberry	桑葚	5.0T

（续）

序号	农产品英文名	农产品中文名	最大残留限量 (mg/kg)
56）	Mustard green	芥菜	5.0T
57）	Mustard leaf	芥菜叶	1.0T
58）	Narrow-head ragwort	窄叶黄菀	1.0T
59）	Nuts	坚果	0.05†
60）	Onion	洋葱	0.05
61）	Pak choi	小白菜	5.0T
62）	Parsley	欧芹	0.3T
63）	Parsnip	欧洲防风草	0.05T
64）	Perilla leaves	紫苏叶	30
65）	Pistachio	开心果	1.0†
66）	Pome fruits	仁果类水果	1.0
67）	Potato	马铃薯	0.05T
68）	Radish（leaf）	萝卜（叶）	0.3T
69）	Radish（root）	萝卜（根）	0.05T
70）	Rape leaves	油菜叶	0.3
71）	Rape seed	油菜籽	2.0
72）	Root and tuber vegetables	块根和块茎类蔬菜	0.05T
73）	Safflower seed	红花籽	2.0T
74）	Shepherd's purse	荠菜	0.3T
75）	Sorghum	高粱	0.05T
76）	Soybean	大豆	0.05T
77）	Spices seeds	种子类香辛料	0.05T
78）	Spinach	菠菜	1.0T
79）	Squash	西葫芦	2.0
80）	Squash leaves	南瓜叶	30
81）	Ssam cabbage	紫甘蓝	0.3T
82）	Stalk and stem vegetables	茎秆类蔬菜	30
83）	Stone fruits	核果类水果	1.0
84）	Strawberry	草莓	5.0
85）	Sugar beet	甜菜	0.05T
86）	Sweet pepper	甜椒	3.0
87）	Sword bean	刀豆	0.05T
88）	Tomato	番茄	2.0
89）	Watermelon	西瓜	0.7
90）	Welsh onion	威尔士洋葱	7.0
91）	Wheat	小麦	0.5†
92）	Yam	山药	0.05T

49. Bromacil 除草定（ADI：0.1 mg/kg bw）

1）	Citrus fruits	柑橘类水果	0.1T

（续）

序号	农产品英文名	农产品中文名	最大残留限量 (mg/kg)
2)	Pineapple	菠萝	0.1T

50. Bromobutide 溴丁酰草胺（ADI：0.017 mg/kg bw）

序号	农产品英文名	农产品中文名	最大残留限量 (mg/kg)
1)	Crown daisy	茼蒿	0.05T
2)	Parsley	欧芹	0.05T
3)	Perilla leaves	紫苏叶	0.05T
4)	Rice	稻米	0.05
5)	Water dropwort	水芹	0.05T

51. Bromopropylate 溴螨酯（ADI：0.03 mg/kg bw）

序号	农产品英文名	农产品中文名	最大残留限量 (mg/kg)
1)	Apple	苹果	5.0T
2)	Banana	香蕉	5.0T
3)	Cherry	樱桃	5.0T
4)	Citrus fruits	柑橘类水果	5.0T
5)	Cotton seed	棉籽	1.0T
6)	Grape	葡萄	5.0T
7)	Grapefruit	葡萄柚	5.0T
8)	Hop	蛇麻草	5.0T
9)	Lemon	柠檬	5.0T
10)	Melon	瓜类	0.5T
11)	Orange	橙	5.0T
12)	Peach	桃	5.0T
13)	Pear	梨	5.0T
14)	Plum	李子	5.0T
15)	Strawberry	草莓	5.0T
16)	Vegetables	蔬菜类	1.0T

52. Buprofezin 噻嗪酮（ADI：0.009 mg/kg bw）

序号	农产品英文名	农产品中文名	最大残留限量 (mg/kg)
1)	Amaranth leaves	苋菜叶	5.0T
2)	Apple	苹果	0.5
3)	Apricot	杏	0.5
4)	Banana	香蕉	0.2†
5)	Blueberry	蓝莓	1.0T
6)	Bracken	欧洲蕨	0.3T
7)	Cherry	樱桃	1.9†
8)	Chestnut	栗子	0.05
9)	Chicory（root）	菊苣（根）	0.05T
10)	Chili pepper	辣椒	3.0
11)	Chili pepper leaves	辣椒叶	5.0
12)	Cucumber	黄瓜	1.0
13)	Eggplant	茄子	0.3
14)	Fig	无花果	1.0

序号	农产品英文名	农产品中文名	最大残留限量（mg/kg）
15)	Fresh ginseng	鲜参	0.07
16)	Garlic	大蒜	0.05
17)	Gojiberry	枸杞	1.0T
18)	Grape	葡萄	2.0
19)	Grapefruit	葡萄柚	0.5T
20)	Green garlic	青蒜	0.05
21)	Green tea extract	绿茶提取物	2.0
22)	Herbs (fresh)	香草（鲜）	0.05T
23)	Japanese apricot	青梅	1.0
24)	Jujube	枣	0.5T
25)	Kiwifruit	猕猴桃	1.0
26)	Korean black raspberry	朝鲜黑树莓	1.0T
27)	Korean melon	韩国瓜类	1.0
28)	Lemon	柠檬	$2.5^{\dagger}$
29)	Mandarin	中国柑橘	0.5
30)	Melon	瓜类	0.7T
31)	Mulberry	桑葚	1.0
32)	Mulberry leaves	桑葚叶	5.0
33)	Mustard green	芥菜	5.0T
34)	Nuts	坚果	$0.05^{\dagger}$
35)	Orange	橙	$2.5^{\dagger}$
36)	Parsley	欧芹	5.0T
37)	Peach	桃	1.0
38)	Pear	梨	0.5
39)	Persimmon	柿子	0.5
40)	Plum	李子	1.0
41)	Pomegranate	石榴	0.5T
42)	Rape leaves	油菜叶	5.0T
43)	Rape seed	油菜籽	0.05T
44)	Rice	稻米	0.5
45)	Schisandraberry	五味子	0.5T
46)	Schisandraberry (dried)	五味子（干）	3.0
47)	Squash	西葫芦	0.5
48)	Squash leaves	南瓜叶	7.0
49)	Sweet pepper	甜椒	1.0
50)	Sweet potato vines	薯蔓	0.05T
51)	Tea	茶	15
52)	Tomato	番茄	3.0
53)	Watermelon	西瓜	0.05

（续）

序号	农产品英文名	农产品中文名	最大残留限量 （mg/kg）
54）	Welsh onion	威尔士洋葱	5.0
55）	Yuja	香橙	0.5T

53. Butachlor 丁草胺（ADI：0.01 mg/kg bw）

1）	Barley	大麦	0.1
2）	Beet（root）	甜菜（根）	0.1T
3）	Chinese bellflower	中国风铃草	0.1T
4）	Chinese chives	韭菜	0.1T
5）	Chinese mallow	中国锦葵	0.1T
6）	Crown daisy	茼蒿	0.1T
7）	Fresh ginseng	鲜参	0.1T
8）	Garlic	大蒜	0.1T
9）	Kohlrabi	球茎甘蓝	0.1T
10）	Maize	玉米	0.1T
11）	Oat	燕麦	0.1T
12）	Radish（leaf）	萝卜（叶）	0.1T
13）	Radish（root）	萝卜（根）	0.1T
14）	Rape leaves	油菜叶	0.1T
15）	Rape seed	油菜籽	0.1T
16）	Rice	稻米	0.1
17）	Rye	黑麦	0.1T
18）	Sesame seed	芝麻籽	0.1T
19）	Spinach	菠菜	0.1T
20）	Squash	西葫芦	0.1T
21）	Triticale	黑小麦	0.1T
22）	Wheat	小麦	0.1

54. Cadusafos 硫线磷（ADI：0.000 4 mg/kg bw）

1）	Apricot	杏	0.05T
2）	Aronia	野樱莓	0.05T
3）	Beet（leaf）	甜菜（叶）	0.05T
4）	Beet（root）	甜菜（根）	0.05T
5）	Broccoli	西兰花	0.05
6）	Burdock	牛蒡	0.05
7）	Burdock leaves	牛蒡叶	0.05T
8）	Cabbage	甘蓝	0.05
9）	Carrot	胡萝卜	0.05
10）	Celery	芹菜	0.02T
11）	Chamnamul	大叶芹菜	0.1
12）	Chili pepper	辣椒	0.05
13）	Chinese bellflower	中国风铃草	0.05T

（续）

序号	农产品英文名	农产品中文名	最大残留限量 （mg/kg）
14）	Chinese chives	韭菜	0.5
15）	Chwinamul	野生紫菀	0.2
16）	Coastal hog fennel	小茴香	0.05T
17）	Crown daisy	茼蒿	0.05
18）	Cucumber	黄瓜	0.05
19）	Deodeok	羊乳（桔梗科党参属的植物）	0.05T
20）	Dried ginseng	干参	0.2
21）	Eggplant	茄子	0.05
22）	Fresh ginseng	鲜参	0.05
23）	Garlic	大蒜	0.05
24）	Ginger	姜	0.05T
25）	Ginseng extract	人参提取物	0.1
26）	Gondre	耶蓟	0.05T
27）	Green garlic	青蒜	0.05
28）	Hyssop，anise	茴藿香	0.05T
29）	Kale	羽衣甘蓝	0.05
30）	Kiwifruit	猕猴桃	0.02
31）	Kohlrabi	球茎甘蓝	0.05
32）	Korean black raspberry	朝鲜黑树莓	0.05
33）	Korean cabbage，head	韩国甘蓝	0.05
34）	Korean melon	韩国瓜类	0.01
35）	Lettuce（head）	莴苣（顶端）	0.05T
36）	Melon	瓜类	0.05
37）	Mulberry	桑葚	0.05T
38）	Narrow-head ragwort	窄叶黄菀	0.05T
39）	Parsley	欧芹	0.05T
40）	Peanut	花生	0.05T
41）	Perilla leaves	紫苏叶	0.05
42）	Potato	马铃薯	0.02
43）	Radish（leaf）	萝卜（叶）	0.05
44）	Radish（root）	萝卜（根）	0.05
45）	Red ginseng	红参	0.05
46）	Red ginseng extract	红参提取物	0.1
47）	Schisandraberry	五味子	0.05T
48）	Sesame seed	芝麻籽	0.01
49）	Shepherd's purse	荠菜	0.05T
50）	Shiso	日本紫苏	0.2
51）	Spinach	菠菜	0.05
52）	Ssam cabbage	紫甘蓝	0.05

（续）

序号	农产品英文名	农产品中文名	最大残留限量 （mg/kg）
53)	Strawberry	草莓	0.07
54)	Sweet pepper	甜椒	0.05
55)	Sweet potato	甘薯	0.05
56)	Sweet potato vines	薯蔓	0.05
57)	Tomato	番茄	0.05
58)	Tropical fruits	热带水果	0.01†
59)	Turnip	芜菁	0.05
60)	Walnut	胡桃	0.05T
61)	Water dropwort	水芹	0.05T
62)	Watermelon	西瓜	0.01
63)	Welsh onion	威尔士洋葱	0.02
64)	Yam	山药	0.05
65)	Yam（dried）	山药（干）	0.05

55. Cafenstrole 唑草胺（ADI：0.003 mg/kg bw）

1)	Rice	稻米	0.05

56. Captafol 敌菌丹

1)	Potato	马铃薯	0.02T

57. Captan 克菌丹（ADI：0.1 mg/kg bw）

1)	Almond	扁桃仁	0.2†
2)	Apple	苹果	5.0
3)	Apricot	杏	10.0T
4)	Aronia	野樱莓	10
5)	Avocado	鳄梨	5.0T
6)	Barley	大麦	0.05
7)	Beans	豆类	5.0T
8)	Blueberry	蓝莓	20†
9)	Cabbage	甘蓝	2.0T
10)	Carrot	胡萝卜	2.0T
11)	Carrot（dried）	胡萝卜（干）	3.0T
12)	Celery	芹菜	5.0T
13)	Cherry	樱桃	5.0T
14)	Chicory	菊苣	2.0T
15)	Chili pepper	辣椒	5.0
16)	Coffee bean	咖啡豆	0.2T
17)	Cotton seed	棉籽	2.0T
18)	Cucumber	黄瓜	5.0T
19)	Dried ginseng	干参	0.2
20)	Eggplant	茄子	5.0T
21)	Fresh ginseng	鲜参	0.1

（续）

序号	农产品英文名	农产品中文名	最大残留限量 （mg/kg）
22)	Garlic	大蒜	5.0
23)	Grape	葡萄	5.0
24)	Green garlic	青蒜	7.0
25)	Jujube	枣	3.0
26)	Jujube（dried）	枣（干）	6.0
27)	Kale	羽衣甘蓝	2.0T
28)	Korean black raspberry	朝鲜黑树莓	5.0
29)	Korean cabbage，head	韩国甘蓝	3.0
30)	Korean melon	韩国瓜类	2.0
31)	Lettuce（head）	莴苣（顶端）	5.0T
32)	Maize	玉米	0.05T
33)	Mandarin	中国柑橘	0.5
34)	Mango	芒果	5.0T
35)	Melon	瓜类	5.0T
36)	Mulberry	桑葚	5.0T
37)	Oat	燕麦	0.05T
38)	Onion	洋葱	0.05
39)	Pea	豌豆	2.0T
40)	Peach	桃	5.0
41)	Peanut	花生	2.0T
42)	Pear	梨	3.0
43)	Persimmon	柿子	0.7
44)	Pineapple	菠萝	5.0T
45)	Plum	李子	5.0T
46)	Potato	马铃薯	0.05
47)	Radish（root）	萝卜（根）	2.0T
48)	Radish（root，dried）	萝卜（根，干）	3.0T
49)	Raisin	葡萄干	5.0
50)	Soybean	大豆	2.0T
51)	Spices roots	根类香辛料	0.05T
52)	Spinach	菠菜	5.0T
53)	Squash	西葫芦	5.0T
54)	Ssam cabbage	紫甘蓝	20
55)	Strawberry	草莓	5.0
56)	Sweet pepper	甜椒	10.0
57)	Tomato	番茄	5.0
58)	Watermelon	西瓜	2.0
59)	Welsh onion	威尔士洋葱	5.0T
60)	Wheat	小麦	5.0

（续）

序号	农产品英文名	农产品中文名	最大残留限量（mg/kg）
58. Carbaryl 甲萘威（ADI：0.007 5 mg/kg bw）			
1）	Almond	扁桃仁	1.0T
2）	Apple	苹果	1.0
3）	Barley	大麦	1.0T
4）	Blueberry	蓝莓	0.5T
5）	Buckwheat	荞麦	1.0T
6）	Cabbage	甘蓝	0.5T
7）	Celery	芹菜	1.0T
8）	Cherry	樱桃	0.5T
9）	Chestnut	栗子	0.5T
10）	Chili pepper	辣椒	0.4†
11）	Chinese chives	韭菜	0.05T
12）	Cotton seed	棉籽	0.5T
13）	Cranberry	蔓越橘	5.0T
14）	Crown daisy	茼蒿	1.0T
15）	Cucumber	黄瓜	0.5T
16）	Durian	榴莲	30†
17）	Garlic	大蒜	0.05
18）	Ginger	姜	0.05T
19）	Gondre	耶蓟	5.0T
20）	Grape	葡萄	0.5T
21）	Grapefruit	葡萄柚	0.5T
22）	Green garlic	青蒜	0.05
23）	Herbs（fresh）	香草（鲜）	0.05T
24）	Kiwifruit	猕猴桃	3.0T
25）	Korean black raspberry	朝鲜黑树莓	0.5T
26）	Korean cabbage，head	韩国甘蓝	0.5T
27）	Korean melon	韩国瓜类	0.5T
28）	Lemon	柠檬	0.5T
29）	Lettuce（head）	莴苣（顶端）	1.0T
30）	Longan	桂圆	20†
31）	Maize	玉米	1.0T
32）	Mango	芒果	3.0†
33）	Narrow-head ragwort	窄叶黄菀	1.0T
34）	Oat	燕麦	1.0T
35）	Onion	洋葱	0.05
36）	Orange	橙	7.0†
37）	Parsley	欧芹	5.0T
38）	Pea	豌豆	1.0T

（续）

序号	农产品英文名	农产品中文名	最大残留限量（mg/kg）
39）	Peanut	花生	2.0T
40）	Pear	梨	0.5T
41）	Pecan	美洲山核桃	0.5T
42）	Perilla leaves	紫苏叶	0.5T
43）	Pistachio	开心果	0.5T
44）	Potato	马铃薯	0.05
45）	Radish（leaf）	萝卜（叶）	0.5T
46）	Radish（root）	萝卜（根）	0.5T
47）	Rye	黑麦	1.0T
48）	Soybean	大豆	1.0T
49）	Spices（fruits and berries）	香辛料（水果和浆果类）	0.8T
50）	Spices roots	根类香辛料	0.1T
51）	Spices seeds	种子类香辛料	0.05T
52）	Spinach	菠菜	0.5T
53）	Squash	西葫芦	1.0T
54）	Ssam cabbage	紫甘蓝	0.5T
55）	Strawberry	草莓	0.5T
56）	Sunflower seed	葵花籽	0.5T
57）	Walnut	胡桃	0.5T
58）	Wheat	小麦	$2.0^{\dagger}$

59. Carbendazim 多菌灵（ADI：0.03 mg/kg bw）

苯菌灵（Benomyl）、多菌灵（Carbendazim）和甲基硫菌灵（Thiophanate-methyl）的总和，表示为多菌灵

序号	农产品英文名	农产品中文名	最大残留限量（mg/kg）
1）	Alpine leek leaves	高山韭菜叶	5.0T
2）	Amaranth leaves	苋菜叶	5.0T
3）	Apricot	杏	0.3T
4）	Aronia	野樱莓	3.0
5）	Asparagus	芦笋	0.2T
6）	Banana	香蕉	$0.2^{\dagger}$
7）	Barley	大麦	0.3
8）	Beet（leaf）	甜菜（叶）	0.1T
9）	Beet（root）	甜菜（根）	0.05T
10）	Blueberry	蓝莓	2.0T
11）	Bracken	欧洲蕨	1.0T
12）	Broccoli	西兰花	5.0
13）	Burdock leaves	牛蒡叶	0.1T
14）	Butterbur	菊科蜂斗菜属植物	0.1T
15）	Cabbage	甘蓝	1.0
16）	Carrot	胡萝卜	0.2T
17）	Cassia seed	决明子	0.05

韩国"肯定列表"制度（农产品中农药最大残留限量）研究

（续）

序号	农产品英文名	农产品中文名	最大残留限量 （mg/kg）
18)	Celery	芹菜	2.0
19)	Chamnamul	大叶芹菜	2.0
20)	Chard	食用甜菜	5.0T
21)	Cherry	樱桃	15†
22)	Chicory	菊苣	5.0T
23)	Chicory（root）	菊苣（根）	0.05T
24)	Chili pepper	辣椒	5.0
25)	Chili pepper（dried）	辣椒（干）	15
26)	Chinese bellflower	中国风铃草	0.05T
27)	Chinese chives	韭菜	1.0
28)	Chinese mallow	中国锦葵	0.1T
29)	Chwinamul	野生紫菀	20
30)	Coastal hog fennel	小茴香	5.0T
31)	Coffee bean	咖啡豆	0.03†
32)	Cotton seed	棉籽	0.2†
33)	Crown daisy	茼蒿	10
34)	Cucumber	黄瓜	1.0
35)	Deodeok	羊乳（桔梗科党参属的植物）	0.05
36)	Dolnamul	垂盆草/豆瓣菜	10
37)	Dried ginseng	干参	0.5
38)	Dureup	刺老芽	1.0T
39)	Eggplant	茄子	2.0
40)	Fig	无花果	2.0T
41)	Fresh ginseng	鲜参	0.2
42)	Garlic	大蒜	0.2
43)	Ginger	姜	0.05
44)	Ginseng extract	人参提取物	2.0
45)	Gojiberry	枸杞	2.0T
46)	Gondre	耶蓟	0.1T
47)	Grape	葡萄	3.0
48)	Green garlic	青蒜	1.0
49)	Green soybean	青豆	0.2
50)	Green tea extract	绿茶提取物	5.0
51)	Herbs（fresh）	香草（鲜）	0.15T
52)	Hooker chives	韭菜	1.0T
53)	Japanese apricot	青梅	0.3
54)	Job's tear	薏苡	0.05T
55)	Jujube	枣	2.0
56)	Jujube（dried）	枣（干）	4.0

（续）

序号	农产品英文名	农产品中文名	最大残留限量 （mg/kg）
57）	Kale	羽衣甘蓝	50
58）	King oyster mushroom	杏鲍菇	0.7T
59）	Kiwifruit	猕猴桃	3.0
60）	Kohlrabi	球茎甘蓝	1.0T
61）	Korean black raspberry	朝鲜黑树莓	2.0
62）	Korean cabbage，head	韩国甘蓝	0.7
63）	Korean melon	韩国瓜类	1.0
64）	Korean wormwood	朝鲜艾草	0.1T
65）	Lemon	柠檬	1.0T
66）	Lettuce（head）	莴苣（顶端）	5.0
67）	Lettuce（leaf）	莴苣（叶）	5.0
68）	Maize	玉米	0.5
69）	Mandarin	中国柑橘	5.0
70）	Mango	芒果	10
71）	Melon	瓜类	2.0T
72）	Millet	粟	0.05T
73）	Mulberry	桑葚	5.0
74）	Mulberry leaves	桑葚叶	0.1T
75）	Mung bean	绿豆	0.2
76）	Mushroom	蘑菇	0.7
77）	Mustard green	芥菜	5.0T
78）	Mustard leaf	芥菜叶	0.1T
79）	Narrow-head ragwort	窄叶黄菀	0.1T
80）	Nuts	坚果	0.05†
81）	Oak mushroom	香菇	0.7T
82）	Onion	洋葱	0.05
83）	Orange	橙	1.0T
84）	Oyster mushroom	平菇	1.0
85）	Pak choi	小白菜	0.1T
86）	Papaya	番木瓜	0.5†
87）	Parsley	欧芹	5.0T
88）	Peach	桃	2.0
89）	Peanut	花生	0.1
90）	Pepper	辣椒	0.15†
91）	Perilla leaves	紫苏叶	20
92）	Plum	李子	0.5
93）	Pome fruits	仁果类水果	3.0
94）	Potato	马铃薯	0.03T
95）	Quince	榅桲	2.0

（续）

序号	农产品英文名	农产品中文名	最大残留限量 （mg/kg）
96)	Radish（leaf）	萝卜（叶）	1.0T
97)	Radish（root）	萝卜（根）	0.05T
98)	Rape leaves	油菜叶	0.1
99)	Rape seed	油菜籽	0.5
100)	Red bean	红豆	0.2T
101)	Red ginseng	红参	0.5
102)	Red ginseng extract	红参提取物	2.0
103)	Rice	稻米	0.5
104)	Safflower seed	红花籽	0.3
105)	Salt sandspurry	拟漆姑	1.0T
106)	Schisandraberry	五味子	0.3T
107)	Sesame seed	芝麻籽	0.5
108)	Shinsuncho	韩国山葵	5.0T
109)	Sorghum	高粱	0.05
110)	Soybean	大豆	0.2
111)	Spices roots	根类香辛料	0.1T
112)	Spices seeds	种子类香辛料	0.15T
113)	Squash	西葫芦	0.5
114)	Squash leaves	南瓜叶	10
115)	Ssam cabbage	紫甘蓝	2.0
116)	Strawberry	草莓	2.0
117)	Sweet pepper	甜椒	5.0
118)	Sweet potato	甘薯	0.05T
119)	Sweet potato vines	薯蔓	1.0T
120)	Tatsoi	塌棵菜	5.0T
121)	Tea	茶	2.0
122)	Tomato	番茄	2.0
123)	Wasabi leaves	芥末叶	5.0T
124)	Wasabi（root）	芥末（根）	0.05T
125)	Water dropwort	水芹	1.0T
126)	Watermelon	西瓜	1.0
127)	Welsh onion	威尔士洋葱	5.0
128)	Wheat	小麦	0.05†
129)	Wild chive	野生细香葱	1.0T
130)	Yam	山药	0.05T
131)	Yuja	香橙	3.0

60. Carbofuran 克百威（ADI：0.001 mg/kg bw）
丙硫克百威（Benfuracarb）、克百威（Carbofuran）、3-羟基克百威（3-Hydroxycarbofuran）、丁硫克百威（Carbosulfan）和呋线威（Furathiocarb）的总和，表示为克百威

1)	Apple	苹果	0.2
2)	Asparagus	芦笋	0.1T

（续）

序号	农产品英文名	农产品中文名	最大残留限量 （mg/kg）
3)	Banana	香蕉	0.01†
4)	Barley	大麦	0.1T
5)	Beans	豆类	0.2T
6)	Butterbur	菊科蜂斗菜属植物	2.0T
7)	Cabbage	甘蓝	0.5T
8)	Carrot	胡萝卜	0.05
9)	Celery	芹菜	0.1T
10)	Chard	食用甜菜	2.0T
11)	Chestnut	栗子	0.05
12)	Chili pepper	辣椒	0.05
13)	Chinese mallow	中国锦葵	1.0T
14)	Citrus fruits	柑橘类水果	2.0T
15)	Coffee bean	咖啡豆	0.1†
16)	Cotton seed	棉籽	0.1
17)	Cucumber	黄瓜	0.05
18)	Dried ginseng	干参	0.05
19)	Edible fungi	食用菌	0.1T
20)	Eggplant	茄子	0.1T
21)	Fresh ginseng	鲜参	0.05
22)	Garlic	大蒜	0.1
23)	Ginseng extract	人参提取物	0.7
24)	Grape	葡萄	0.05
25)	Grapefruit	葡萄柚	2.0T
26)	Green garlic	青蒜	0.05
27)	Herbs（fresh）	香草（鲜）	0.02T
28)	Hop	蛇麻草	0.5T
29)	Japanese apricot	青梅	0.7T
30)	Korean cabbage，head	韩国甘蓝	0.05
31)	Korean melon	韩国瓜类	0.05
32)	Lemon	柠檬	2.0T
33)	Lettuce（head）	莴苣（顶端）	0.1T
34)	Maize	玉米	0.05
35)	Mandarin	中国柑橘	0.5
36)	Mangosteen	山竹	2.0†
37)	Melon	瓜类	0.05
38)	Mustard green	芥菜	0.05
39)	Oat	燕麦	0.1T
40)	Onion	洋葱	0.05
41)	Orange	橙	2.0T

（续）

序号	农产品英文名	农产品中文名	最大残留限量（mg/kg）
42）	Peach	桃	0.05
43）	Peanut	花生	0.05
44）	Pear	梨	0.2
45）	Persimmon	柿子	0.7T
46）	Pine nut	松子	0.05T
47）	Potato	马铃薯	0.05
48）	Raisin	葡萄干	0.5
49）	Red ginseng	红参	0.2
50）	Red ginseng extract	红参提取物	0.3
51）	Rice	稻米	0.02
52）	Seeds	种子类	0.1T
53）	Sesame seed	芝麻籽	0.1T
54）	Sorghum	高粱	0.1T
55）	Soybean	大豆	0.2T
56）	Spices（fruits and berries）	香辛料（水果和浆果类）	0.05T
57）	Spices roots	根类香辛料	0.1T
58）	Spices seeds	种子类香辛料	0.05T
59）	Squash	西葫芦	0.5T
60）	Ssam cabbage	紫甘蓝	0.05
61）	Strawberry	草莓	0.1T
62）	Sunflower seed	葵花籽	0.1T
63）	Sweet pepper	甜椒	0.5T
64）	Sweet potato	甘薯	0.02
65）	Tomato	番茄	0.05
66）	Watermelon	西瓜	0.05
67）	Welsh onion	威尔士洋葱	0.05
68）	Wheat	小麦	0.1T

61. Carbophenothion　三硫磷

序号	农产品英文名	农产品中文名	最大残留限量（mg/kg）
1）	Apricot	杏	0.02T
2）	Beans	豆类	0.02T
3）	Cereal grains	谷物	0.02T
4）	Fruits	水果类	0.02T
5）	Oil seed	油料	0.02T
6）	Peanut or nuts	坚果类	0.02T
7）	Potatoes	薯类	0.02T
8）	Vegetables	蔬菜类	0.02T

62. Carbosulfan　丁硫克百威（ADI：0.01 mg/kg bw）

丙硫克百威（Benfuracarb）、克百威（Carbofuran）、3-羟基克百威（3-Hydroxycarbofuran）、丁硫克百威（Carbosulfan）和呋线威（Furathiocarb）的总和，表示为克百威。详见 60 克百威

63. Carboxin　萎锈灵（ADI：0.008 2 mg/kg bw）

序号	农产品英文名	农产品中文名	最大残留限量（mg/kg）
1）	Barley	大麦	0.2

（续）

序号	农产品英文名	农产品中文名	最大残留限量（mg/kg）
2）	Beans	豆类	0.2T
3）	Cotton seed	棉籽	0.2T
4）	Maize	玉米	0.2T
5）	Oat	燕麦	0.05T
6）	Peanut	花生	0.2T
7）	Radish（leaf）	萝卜（叶）	0.05T
8）	Radish（root）	萝卜（根）	0.05T
9）	Rice	稻米	0.05
10）	Sorghum	高粱	0.2T
11）	Soybean	大豆	0.2T
12）	Wheat	小麦	0.2T

64. Carfentrazone-ethyl 唑酮草酯（ADI：0.03 mg/kg bw）

序号	农产品英文名	农产品中文名	最大残留限量（mg/kg）
1）	Apple	苹果	0.1
2）	Blueberry	蓝莓	0.1T
3）	Cherry	樱桃	0.1T
4）	Grape	葡萄	0.1T
5）	Grapefruit	葡萄柚	0.1T
6）	Hop	蛇麻草	0.1T
7）	Korean black raspberry	朝鲜黑树莓	0.1T
8）	Lemon	柠檬	0.1T
9）	Maize	玉米	0.1T
10）	Orange	橙	0.1T
11）	Potato	马铃薯	0.1T
12）	Rice	稻米	0.1
13）	Soybean	大豆	0.1T

65. Carpropamide 环丙酰菌胺（ADI：0.014 mg/kg bw）

序号	农产品英文名	农产品中文名	最大残留限量（mg/kg）
1）	Fresh ginseng	鲜参	1.0T
2）	Rice	稻米	1.0
3）	Ssam cabbage	紫甘蓝	1.0T
4）	Water dropwort	水芹	1.0T

66. Cartap 杀螟丹（ADI：0.1 mg/kg bw）
残留物：沙蚕毒素（Nereistoxin）

序号	农产品英文名	农产品中文名	最大残留限量（mg/kg）
1）	Amaranth leaves	苋菜叶	5.0T
2）	Apple	苹果	0.7T
3）	Beet（leaf）	甜菜（叶）	0.7T
4）	Beet（root）	甜菜（根）	0.05T
5）	Cabbage	甘蓝	0.2T
6）	Celery	芹菜	2.0T
7）	Chamnamul	大叶芹菜	0.7T

（续）

序号	农产品英文名	农产品中文名	最大残留限量 (mg/kg)
8)	Chard	食用甜菜	5.0T
9)	Chestnut	栗子	0.1T
10)	Chicory	菊苣	5.0T
11)	Chicory（root）	菊苣（根）	0.05T
12)	Chili pepper	辣椒	0.3
13)	Chili pepper leaves	辣椒叶	0.7
14)	Crown daisy	茼蒿	1.0T
15)	Cucumber	黄瓜	0.07
16)	Garlic	大蒜	0.05
17)	Ginger	姜	0.1T
18)	Grape	葡萄	1.0T
19)	Hop	蛇麻草	5.0T
20)	Kiwifruit	猕猴桃	3.0
21)	Korean black raspberry	朝鲜黑树莓	1.0T
22)	Korean cabbage，head	韩国甘蓝	2.0
23)	Korean melon	韩国瓜类	0.2
24)	Lettuce（head）	莴苣（顶端）	0.7T
25)	Loquat	枇杷	0.3T
26)	Maize	玉米	0.1T
27)	Mandarin	中国柑橘	1.0
28)	Mung bean	绿豆	0.05T
29)	Mustard green	芥菜	5.0T
30)	Onion	洋葱	0.05
31)	Pak choi	小白菜	5.0T
32)	Pear	梨	0.3
33)	Perilla leaves	紫苏叶	3.0T
34)	Persimmon	柿子	1.0
35)	Potato	马铃薯	0.1T
36)	Radish（leaf）	萝卜（叶）	1.0T
37)	Radish（root）	萝卜（根）	1.0T
38)	Red bean	红豆	0.05T
39)	Rice	稻米	0.1
40)	Shinsuncho	韩国山葵	5.0T
41)	Spinach	菠菜	0.7T
42)	Ssam cabbage	紫甘蓝	2.0
43)	Sweet pepper	甜椒	0.3
44)	Tatsoi	塌棵菜	0.7T
45)	Tomato	番茄	1.0
46)	Watermelon	西瓜	0.1T

（续）

序号	农产品英文名	农产品中文名	最大残留限量 (mg/kg)
47)	Welsh onion	威尔士洋葱	2.0
48)	Wild chive	野生细香葱	2.0T
49)	Yam	山药	0.05T

67. Chinomethionat 灭螨猛（ADI：0.006 mg/kg bw）

1)	Herbs（fresh）	香草（鲜）	0.1T
2)	Rice	稻米	0.1T

68. Chlorantraniliprole 氯虫苯甲酰胺（ADI：2 mg/kg bw）

1)	Alpine leek leaves	高山韭菜叶	10
2)	Amaranth leaves	苋菜叶	10
3)	Apple	苹果	2.0
4)	Apricot	杏	0.7
5)	Aronia	野樱莓	1.0
6)	Asparagus	芦笋	0.3
7)	Banana	香蕉	0.5T
8)	Barley	大麦	0.05T
9)	Beat（leaf）	红萝卜（叶）	7.0
10)	Beat（root）	红萝卜（根）	0.2
11)	Blueberry	蓝莓	1.0
12)	Broccoli	西兰花	3.0
13)	Buckwheat	荞麦	0.05T
14)	Burdock	牛蒡	0.05
15)	Burdock leaves	牛蒡叶	10
16)	Cabbage	甘蓝	0.3
17)	Carrot	胡萝卜	0.05
18)	Celery	芹菜	7.0†
19)	Chamnamul	大叶芹菜	10
20)	Chard	食用甜菜	5.0
21)	Cherry	樱桃	0.5
22)	Cherry，Nanking	南京樱桃	0.5
23)	Chicory	菊苣	10
24)	Chili pepper	辣椒	1.0
25)	Chinese mallow	中国锦葵	10
26)	Chwinamul	野生紫菀	7.0
27)	Citrus fruits	柑橘类水果	0.6†
28)	Coffee bean	咖啡豆	0.03†
29)	Cotton seed	棉籽	0.3†
30)	Cranberry	蔓越橘	0.7†
31)	Crown daisy	茼蒿	4.0
32)	Cucumber	黄瓜	0.5

（续）

序号	农产品英文名	农产品中文名	最大残留限量 （mg/kg）
33)	Danggwi leaves	当归叶	4.0
34)	Deodeok	羊乳（桔梗科党参属的植物）	0.05T
35)	Dragon fruit	火龙果	0.7
36)	Eggplant	茄子	0.2
37)	Fig	无花果	0.7T
38)	Fresh ginseng	鲜参	0.05T
39)	Garlic	大蒜	0.05
40)	Ginger	姜	0.05T
41)	Grape	葡萄	2.0
42)	Green garlic	青蒜	0.05
43)	Herbs（fresh）	香草（鲜）	0.02T
44)	Hop	蛇麻草	40†
45)	Japanese apricot	青梅	0.7
46)	Jujube（dried）	枣（干）	1.0
47)	Kale	羽衣甘蓝	10
48)	Kiwifruit	猕猴桃	0.5
49)	Korean black raspberry	朝鲜黑树莓	1.0
50)	Korean cabbage，head	韩国甘蓝	1.0
51)	Korean melon	韩国瓜类	1.0
52)	Leafy vegetables	叶类蔬菜	5.0
53)	Lemon	柠檬	1.0
54)	Lettuce（head）	莴苣（顶端）	4.0
55)	Lettuce（leaf）	莴苣（叶）	7.0
56)	Loquat	枇杷	2.0
57)	Maize	玉米	0.05
58)	Mandarin	中国柑橘	1.0
59)	Mango	芒果	0.5T
60)	Melon	瓜类	0.2
61)	Millet	粟	0.05
62)	Mulberry	桑葚	1.0
63)	Mung bean	绿豆	0.05T
64)	Mustard leaf	芥菜叶	4.0
65)	Nuts	坚果	0.02†
66)	Oyster mushroom	平菇	0.05T
67)	Palm	棕榈	0.1T
68)	Parsley	欧芹	10
69)	Parsnip	欧洲防风草	0.05T
70)	Passion fruit	百香果	0.5T
71)	Peanut	花生	0.06†

（续）

序号	农产品英文名	农产品中文名	最大残留限量（mg/kg）
72)	Perilla leaves	紫苏叶	10
73)	Plum	李子	0.5
74)	Pome fruits	仁果类水果	1.0
75)	Pomegranate	石榴	0.5
76)	Potato	马铃薯	0.05
77)	Proso millet	黍	0.3
78)	Quince	榅桲	0.2
79)	Radish（leaf）	萝卜（叶）	10
80)	Radish（root）	萝卜（根）	0.05
81)	Rape seed	油菜籽	2.0†
82)	Red bean	红豆	0.05
83)	Rice	稻米	0.5
84)	Root and tuber vegetables	块根和块茎类蔬菜	0.02T
85)	Schisandraberry	五味子	0.5
86)	Sesame seed	芝麻籽	0.1
87)	Shiso	日本紫苏	10
88)	Sorghum	高粱	0.05T
89)	Soybean	大豆	0.05
90)	Soybean（fresh）	大豆（鲜）	1.0
91)	Spinach	菠菜	5.0
92)	Squash	西葫芦	0.7
93)	Squash leaves	南瓜叶	7.0
94)	Ssam cabbage	紫甘蓝	3.0
95)	Stalk and stem vegetables	茎秆类蔬菜	0.7
96)	Stone fruits	核果类水果	1.0
97)	Strawberry	草莓	1.0
98)	Sunflower seed	葵花籽	2.0†
99)	Sweet pepper	甜椒	1.0
100)	Sweet potato	甘薯	0.05T
101)	Taro	芋头	0.05T
102)	Tomato	番茄	1.0
103)	Turnip root	芜菁根	0.07
104)	Watermelon	西瓜	0.05
105)	Welsh onion	威尔士洋葱	2.0
106)	Wheat	小麦	0.05T
107)	Yam	山药	0.05T
108)	Yuja	香橙	1.0

69. Chlordane 氯丹（ADI：0.000 5 mg/kg bw）

残留物：氯丹的顺式和反式异构体之和

序号	农产品英文名	农产品中文名	最大残留限量（mg/kg）
1)	Almond	扁桃仁	0.02T
2)	Fruits	水果类	0.02T

（续）

序号	农产品英文名	农产品中文名	最大残留限量 （mg/kg）
3）	Maize	玉米	0.02T
4）	Oat	燕麦	0.02T
5）	Pecan	美洲山核桃	0.02T
6）	Rice	稻米	0.02T
7）	Rye	黑麦	0.02T
8）	Sorghum	高粱	0.02T
9）	Vegetables	蔬菜类	0.02T
10）	Walnut	胡桃	0.02T
11）	Wheat	小麦	0.02T

70. Chlorfenapyr 虫螨腈（ADI：0.026 mg/kg bw）

序号	农产品英文名	农产品中文名	最大残留限量 （mg/kg）
1）	Amaranth leaves	苋菜叶	9.0
2）	Apricot	杏	1.0
3）	Aronia	野樱莓	0.5T
4）	Asparagus	芦笋	0.3
5）	Balsam apple	苦瓜	0.1T
6）	Banana	香蕉	0.1T
7）	Beet（root）	甜菜（根）	0.1T
8）	Blueberry	蓝莓	1.0
9）	Broccoli	西兰花	0.5
10）	Burdock	牛蒡	0.1T
11）	Cabbage	甘蓝	0.5
12）	Carrot	胡萝卜	0.1T
13）	Celery	芹菜	1.0
14）	Chamnamul	大叶芹菜	20
15）	Chard	食用甜菜	9.0
16）	Cherry	樱桃	1.0
17）	Chicory（root）	菊苣（根）	0.1T
18）	Chili pepper	辣椒	1.0
19）	Chili pepper leaves	辣椒叶	7.0
20）	Chili pepper（dried）	辣椒（干）	5.0
21）	Chinese bellflower	中国风铃草	0.1T
22）	Chinese chives	韭菜	3.0
23）	Chinese mallow	中国锦葵	9.0
24）	Chwinamul	野生紫菀	3.0
25）	Crown daisy	茼蒿	2.0
26）	Cucumber	黄瓜	0.5
27）	Danggwi leaves	当归叶	0.7
28）	Deodeok	羊乳（桔梗科党参属的植物）	0.1
29）	Eggplant	茄子	0.5

（续）

序号	农产品英文名	农产品中文名	最大残留限量（mg/kg）
30)	Fig	无花果	0.5
31)	Fresh ginseng	鲜参	0.1
32)	Garlic	大蒜	0.1T
33)	Ginger	姜	0.1T
34)	Gojiberry	枸杞	0.5T
35)	Gojiberry（dried）	枸杞（干）	2.0
36)	Grape	葡萄	2.0
37)	Green soybean	青豆	0.5T
38)	Green tea extract	绿茶提取物	3.0
39)	Herbs（fresh）	香草（鲜）	0.05T
40)	Japanese apricot	青梅	0.7
41)	Jujube	枣	2.0
42)	Jujube（dried）	枣（干）	2.0
43)	Kale	羽衣甘蓝	5.0
44)	Kiwifruit	猕猴桃	0.1T
45)	Korean black raspberry	朝鲜黑树莓	0.5
46)	Korean black raspberry（dried）	朝鲜黑树莓（干）	2.0
47)	Korean cabbage，head	韩国甘蓝	1.0
48)	Korean cabbage，head（dried）	韩国甘蓝（干）	1.0
49)	Korean melon	韩国瓜类	0.5
50)	Lavender（fresh）	薰衣草（鲜）	0.05T
51)	Leafy vegetables	叶类蔬菜	5.0
52)	Lemon	柠檬	1.0
53)	Lettuce（head）	莴苣（顶端）	0.8
54)	Lettuce（leaf）	莴苣（叶）	5.0
55)	Maize	玉米	0.05
56)	Mandarin	中国柑橘	1.0
57)	Mango	芒果	0.1
58)	Melon	瓜类	0.5
59)	Mulberry	桑葚	0.5T
60)	Mung bean	绿豆	0.05T
61)	Mushroom	蘑菇	0.05T
62)	Mustard leaf	芥菜叶	0.8
63)	Orange	橙	1.0T
64)	Oyster mushroom	平菇	0.05T
65)	Parsley	欧芹	9.0
66)	Passion fruit	百香果	0.1T
67)	Peach	桃	1.0
68)	Peanut	花生	0.05T

（续）

序号	农产品英文名	农产品中文名	最大残留限量 （mg/kg）
69）	Perilla leaves	紫苏叶	7.0
70）	Plum	李子	0.7T
71）	Pome fruits	仁果类水果	1.0
72）	Potato	马铃薯	0.05
73）	Radish（leaf）	萝卜（叶）	2.0
74）	Radish（root）	萝卜（根）	0.1T
75）	Rape seed	油菜籽	0.05T
76）	Red bean	红豆	0.05T
77）	Schisandraberry	五味子	1.0
78）	Schisandraberry（dried）	五味子（干）	2.0
79）	Sesame seed	芝麻籽	0.05T
80）	Shiso	日本紫苏	9.0
81）	Sorghum	高粱	0.5
82）	Soybean	大豆	0.05T
83）	Spinach	菠菜	10
84）	Squash	西葫芦	0.1
85）	Squash leaves	南瓜叶	20
86）	Ssam cabbage	紫甘蓝	3.0
87）	Ssam cabbage（dried）	紫甘蓝（干）	3.0
88）	Stalk and stem vegetables	茎秆类蔬菜	3.0
89）	Strawberry	草莓	0.5
90）	Sugar beet	甜菜	0.1T
91）	Sweet pepper	甜椒	0.7
92）	Sweet potato	甘薯	0.05T
93）	Sword bean	刀豆	0.05T
94）	Taro	芋头	0.05T
95）	Tea	茶	3.0
96）	Tomato	番茄	0.5
97）	Turnip root	芜菁根	0.1T
98）	Water dropwort	水芹	1.0
99）	Watermelon	西瓜	0.1
100）	Welsh onion	威尔士洋葱	1.0
101）	Welsh onion（dried）	威尔士洋葱（干）	0.5
102）	Wheat	小麦	0.05T
103）	Yam	山药	0.05
104）	Yam（dried）	山药（干）	0.05
105）	Yuja	香橙	2.0

71. Chlorfenvinphos 毒虫畏（ADI：0.000 5 mg/kg bw）

(E)-chlorfenvinphos 和 (Z)-chlorfenvinphos 的残留物之和

1）	Beans	豆类	0.05T
2）	Cereal grains	谷物	0.05T

（续）

序号	农产品英文名	农产品中文名	最大残留限量 （mg/kg）
3)	Fruits	水果类	0.05T
4)	Herbs（fresh）	香草（鲜）	0.05T
5)	Oil seed	油料	0.05T
6)	Peanut or nuts	坚果类	0.05T
7)	Potatoes	薯类	0.05T
8)	Vegetables	蔬菜类	0.05T

72. Chlorfluazuron　氟啶脲（ADI：0.033 mg/kg bw）

序号	农产品英文名	农产品中文名	最大残留限量 （mg/kg）
1)	Apple	苹果	0.2
2)	Asparagus	芦笋	0.7
3)	Beet（root）	甜菜（根）	0.2T
4)	Broccoli	西兰花	0.5
5)	Burdock	牛蒡	0.2T
6)	Cabbage	甘蓝	0.1
7)	Carrot	胡萝卜	0.2T
8)	Celery	芹菜	0.7
9)	Cherry	樱桃	0.5T
10)	Chestnut	栗子	0.05
11)	Chili pepper	辣椒	0.5
12)	Chinese chives	韭菜	0.7
13)	Cowpea	豇豆	0.05
14)	Crown daisy	茼蒿	5.0
15)	Eggplant	茄子	0.2
16)	Ginger	姜	0.2T
17)	Green tea extract	绿茶提取物	10.0
18)	Korean black raspberry	朝鲜黑树莓	1.0
19)	Korean cabbage，head	韩国甘蓝	0.3
20)	Leafy vegetables	叶类蔬菜	5.0
21)	Lemon	柠檬	0.2T
22)	Lettuce（leaf）	莴苣（叶）	2.0
23)	Loquat	枇杷	0.1T
24)	Mandarin	中国柑橘	0.2
25)	Mango	芒果	0.2T
26)	Melon	瓜类	0.3T
27)	Mulberry	桑葚	0.3T
28)	Mustard leaf	芥菜叶	2.0
29)	Parsley	欧芹	7.0
30)	Peach	桃	0.5
31)	Peanut	花生	0.05T
32)	Pear	梨	0.1

（续）

序号	农产品英文名	农产品中文名	最大残留限量 (mg/kg)
33)	Perilla leaves	紫苏叶	2.0
34)	Persimmon	柿子	0.5
35)	Pine nut	松子	0.01
36)	Pomegranate	石榴	0.1T
37)	Radish（leaf）	萝卜（叶）	7.0
38)	Radish（root）	萝卜（根）	0.2
39)	Red bean	红豆	0.05
40)	Schisandraberry	五味子	0.5T
41)	Sesame seed	芝麻籽	0.07
42)	Sorghum	高粱	1.0
43)	Soybean	大豆	0.1
44)	Spinach	菠菜	1.0
45)	Squash	西葫芦	0.3T
46)	Ssam cabbage	紫甘蓝	1.0
47)	Stalk and stem vegetables	茎秆类蔬菜	2.0
48)	Strawberry	草莓	0.3
49)	Sweet pepper	甜椒	0.5
50)	Taro	芋头	0.05T
51)	Tea	茶	10.0
52)	Turnip root	芜菁根	0.2T
53)	Water dropwort	水芹	1.0
54)	Watermelon	西瓜	0.3
55)	Welsh onion	威尔士洋葱	0.3

73. Chloridazone

1)	Herbs（fresh）	香草（鲜）	0.1T

74. Chlorimuron-ethyl　氯嘧磺隆

1)	Soybean	大豆	0.05T

75. Chlormequat　矮壮素（ADI：0.05 mg/kg bw）

1)	Barley	大麦	5.0T
2)	Buckwheat	荞麦	10.0T
3)	Cotton seed	棉籽	0.5T
4)	Edible fungi	食用菌	0.05T
5)	Fruits	水果类	1.0T
6)	Grape	葡萄	1.0
7)	Maize	玉米	5.0T
8)	Millet	粟	10.0T
9)	Oat	燕麦	10.0T
10)	Pear	梨	3.0T
11)	Potato	马铃薯	10.0T

（续）

序号	农产品英文名	农产品中文名	最大残留限量（mg/kg）
12）	Rice	稻米	0.05
13）	Rye	黑麦	10.0T
14）	Sorghum	高粱	10.0T
15）	Wheat	小麦	5.0T

76. Chlorobenzilate 乙酯杀螨醇（ADI：0.02 mg/kg bw）

序号	农产品英文名	农产品中文名	最大残留限量（mg/kg）
1）	Beans	豆类	0.02T
2）	Cereal grains	谷物	0.02T
3）	Fruits	水果类	0.02T
4）	Oil seed	油料	0.02T
5）	Peanut or nuts	坚果类	0.02T
6）	Potatoes	薯类	0.02T
7）	Vegetables	蔬菜类	0.02T

77. Chlorothalonil 百菌清（ADI：0.02 mg/kg bw）

序号	农产品英文名	农产品中文名	最大残留限量（mg/kg）
1）	Almond	扁桃仁	0.05[†]
2）	Amaranth leaves	苋菜叶	5.0T
3）	Apple	苹果	2.0
4）	Apricot	杏	1.5T
5）	Banana	香蕉	3.0[†]
6）	Beet（leaf）	甜菜（叶）	5.0T
7）	Beet（root）	甜菜（根）	0.05T
8）	Blueberry	蓝莓	1.0T
9）	Broccoli	西兰花	3.0
10）	Burdock	牛蒡	0.05T
11）	Burdock leaves	牛蒡叶	5.0T
12）	Butterbur	菊科蜂斗菜属植物	5.0T
13）	Cabbage	甘蓝	3.0
14）	Carrot	胡萝卜	0.05
15）	Chard	食用甜菜	50T
16）	Cherry	樱桃	3.0T
17）	Chili pepper	辣椒	5.0
18）	Chili pepper（dried）	辣椒（干）	15
19）	Chinese mallow	中国锦葵	5.0T
20）	Chwinamul	野生紫菀	5.0T
21）	Coastal hog fennel	小茴香	5.0T
22）	Cranberry	蔓越橘	5.0T
23）	Crown daisy	茼蒿	5.0T
24）	Cucumber	黄瓜	5.0
25）	Deodeok	羊乳（桔梗科党参属的植物）	0.05T
26）	Dried ginseng	干参	0.1

（续）

序号	农产品英文名	农产品中文名	最大残留限量 （mg/kg）
27）	Eggplant	茄子	3.0
28）	Fig	无花果	5.0
29）	Fresh ginseng	鲜参	0.1
30）	Garlic	大蒜	0.3
31）	Garlic（dried）	大蒜（干）	0.7
32）	Ginger	姜	0.05
33）	Ginseng extract	人参提取物	0.1
34）	Grape	葡萄	5.0
35）	Green garlic	青蒜	2.0
36）	Green soybean	青豆	3.0T
37）	Japanese apricot	青梅	7.0
38）	Jujube	枣	0.7
39）	Jujube（dried）	枣（干）	2.0
40）	Kale	羽衣甘蓝	5.0T
41）	Korean black raspberry	朝鲜黑树莓	1.0
42）	Korean cabbage，head	韩国甘蓝	2.0
43）	Korean melon	韩国瓜类	2.0
44）	Lettuce（head）	莴苣（顶端）	5.0T
45）	Mandarin	中国柑橘	5.0
46）	Melon	瓜类	2.0
47）	Mulberry	桑葚	1.0T
48）	Narrow-head ragwort	窄叶黄菀	5.0T
49）	Onion	洋葱	0.5
50）	Pak choi	小白菜	5.0T
51）	Papaya	番木瓜	20T
52）	Parsley	欧芹	5.0T
53）	Peach	桃	2.0
54）	Peanut	花生	0.05
55）	Pear	梨	2.0
56）	Perilla leaves	紫苏叶	5.0T
57）	Persimmon	柿子	0.5
58）	Pineapple	菠萝	0.01T
59）	Plum	李子	2.0
60）	Potato	马铃薯	0.1
61）	Radish（root）	萝卜（根）	0.05T
62）	Rape leaves	油菜叶	5.0T
63）	Rape seed	油菜籽	0.2T
64）	Red ginseng	红参	0.1
65）	Red ginseng extract	红参提取物	0.1

（续）

序号	农产品英文名	农产品中文名	最大残留限量（mg/kg）
66)	Safflower seed	红花籽	0.2T
67)	Sesame seed	芝麻籽	0.2
68)	Sorghum	高粱	10
69)	Soybean	大豆	0.02†
70)	Spinach	菠菜	5.0T
71)	Ssam cabbage	紫甘蓝	5.0
72)	Stalk and stem vegetables	茎秆类蔬菜	2.0
73)	Strawberry	草莓	1.0
74)	Sweet pepper	甜椒	7.0
75)	Sweet potato	甘薯	0.1T
76)	Tomato	番茄	5.0
77)	Watermelon	西瓜	0.1
78)	Welsh onion	威尔士洋葱	2.0
79)	Yam	山药	0.1
80)	Yam (dried)	山药（干）	0.1

78. Chlorpropham 氯苯胺灵（ADI：0.05 mg/kg bw）

序号	农产品英文名	农产品中文名	最大残留限量（mg/kg）
1)	Almond	扁桃仁	0.05T
2)	Apple	苹果	0.05T
3)	Apricot	杏	0.05T
4)	Asparagus	芦笋	0.05T
5)	Avocado	鳄梨	0.05T
6)	Banana	香蕉	0.05T
7)	Barley	大麦	0.05T
8)	Beans	豆类	0.2T
9)	Buckwheat	荞麦	0.05T
10)	Cabbage	甘蓝	0.05T
11)	Carrot	胡萝卜	0.1T
12)	Celery	芹菜	0.05T
13)	Cereal grains	谷物	0.05T
14)	Cherry	樱桃	0.05T
15)	Chestnut	栗子	0.05T
16)	Chili pepper	辣椒	0.05T
17)	Citrus fruits	柑橘类水果	0.05T
18)	Cotton seed	棉籽	0.05T
19)	Cucumber	黄瓜	0.05T
20)	Edible fungi	食用菌	0.05T
21)	Eggplant	茄子	0.05T
22)	Fruits	水果类	0.05T
23)	Garlic	大蒜	0.1T

（续）

序号	农产品英文名	农产品中文名	最大残留限量 （mg/kg）
24）	Ginger	姜	0.05T
25）	Ginkgo nut	白果	0.05T
26）	Grape	葡萄	0.05T
27）	Grapefruit	葡萄柚	0.05T
28）	Kale	羽衣甘蓝	0.05T
29）	Kiwifruit	猕猴桃	0.05T
30）	Korean cabbage，head	韩国甘蓝	0.05T
31）	Korean melon	韩国瓜类	0.05T
32）	Lemon	柠檬	0.05T
33）	Lettuce（head）	莴苣（顶端）	0.05T
34）	Maize	玉米	0.05T
35）	Mango	芒果	0.05T
36）	Melon	瓜类	0.05T
37）	Mung bean	绿豆	0.05T
38）	Oat	燕麦	0.05T
39）	Onion	洋葱	0.05T
40）	Orange	橙	0.05T
41）	Papaya	番木瓜	0.05T
42）	Pea	豌豆	0.05T
43）	Peach	桃	0.05T
44）	Peanut	花生	0.05T
45）	Pear	梨	0.05T
46）	Pecan	美洲山核桃	0.05T
47）	Persimmon	柿子	0.05T
48）	Pineapple	菠萝	0.05T
49）	Plum	李子	0.05T
50）	Potato	马铃薯	20
51）	Quince	榅桲	0.05T
52）	Radish（root）	萝卜（根）	0.05T
53）	Red bean	红豆	0.05T
54）	Rice	稻米	0.1T
55）	Rye	黑麦	0.05T
56）	Seeds	种子类	0.05T
57）	Sesame seed	芝麻籽	0.05T
58）	Sorghum	高粱	0.05T
59）	Soybean	大豆	0.2T
60）	Spinach	菠菜	0.2T
61）	Squash	西葫芦	0.05T
62）	Strawberry	草莓	0.05T

（续）

序号	农产品英文名	农产品中文名	最大残留限量（mg/kg）
63）	Sunflower seed	葵花籽	0.05T
64）	Sweet pepper	甜椒	0.05T
65）	Sweet potato	甘薯	0.05T
66）	Taro	芋头	0.05T
67）	Tomato	番茄	0.1T
68）	Vegetables	蔬菜类	0.05T
69）	Walnut	胡桃	0.05T
70）	Watermelon	西瓜	0.05T
71）	Welsh onion	威尔士洋葱	0.05T
72）	Wheat	小麦	0.05T

79. Chlorpyrifos 毒死蜱 （ADI: 0.01 mg/kg bw）

序号	农产品英文名	农产品中文名	最大残留限量（mg/kg）
1）	Amaranth leaves	苋菜叶	0.05T
2）	Apricot	杏	0.5T
3）	Aronia	野樱莓	0.4T
4）	Banana	香蕉	2.0†
5）	Beet （leaf）	甜菜（叶）	0.05T
6）	Beet （root）	甜菜（根）	0.05T
7）	Blueberry	蓝莓	0.4T
8）	Broccoli	西兰花	0.05
9）	Buckwheat	荞麦	0.05T
10）	Burdock	牛蒡	0.05
11）	Burdock leaves	牛蒡叶	0.05
12）	Butterbur	菊科蜂斗菜属植物	0.05T
13）	Cabbage	甘蓝	0.05
14）	Cacao bean	可可豆	0.05T
15）	Carrot	胡萝卜	0.09†
16）	Celery	芹菜	0.05T
17）	Chamnamul	大叶芹菜	0.05T
18）	Chard	食用甜菜	0.05T
19）	Cherry	樱桃	0.5T
20）	Chestnut	栗子	0.05
21）	Chicory	菊苣	0.05T
22）	Chicory （root）	菊苣（根）	0.05T
23）	Chili pepper	辣椒	1.0
24）	Chili pepper （dried）	辣椒（干）	1.0
25）	Chinese bellflower	中国风铃草	0.05T
26）	Chinese mallow	中国锦葵	0.05T
27）	Citrus fruits	柑橘类水果	1.0†
28）	Coastal hog fennel	小茴香	0.05T

（续）

序号	农产品英文名	农产品中文名	最大残留限量（mg/kg）
29)	Coffee bean	咖啡豆	0.05†
30)	Coriander leaves	香菜	0.05T
31)	Cotton seed	棉籽	0.15†
32)	Cranberry	蔓越橘	1.0†
33)	Crown daisy	茼蒿	0.05T
34)	Cucumber	黄瓜	0.5
35)	Deodeok	羊乳（桔梗科党参属的植物）	0.05T
36)	Dolnamul	垂盆草/豆瓣菜	0.05T
37)	Dureup	刺老芽	0.05T
38)	Durian	榴莲	0.4†
39)	Eggplant	茄子	0.1T
40)	Fresh ginseng	鲜参	0.05T
41)	Garlic	大蒜	0.05
42)	Ginger	姜	0.05T
43)	Grape	葡萄	0.5T
44)	Green garlic	青蒜	0.05
45)	Herbs (fresh)	香草（鲜）	0.04T
46)	Japanese apricot	青梅	1.0
47)	Job's tear	薏苡	0.1
48)	Jujube	枣	0.5T
49)	Kale	羽衣甘蓝	0.15
50)	Kohlrabi	球茎甘蓝	0.05
51)	Korean cabbage，head	韩国甘蓝	0.2
52)	Korean wormwood	朝鲜艾草	0.05T
53)	Lettuce（head）	莴苣（顶端）	0.05T
54)	Longan	桂圆	0.9†
55)	Maize	玉米	0.05†
56)	Mango	芒果	0.4T
57)	Mung bean	绿豆	0.05T
58)	Mustard green	芥菜	0.15
59)	Mustard leaf	芥菜叶	0.05T
60)	Narrow-head ragwort	窄叶黄菀	0.05T
61)	Nuts	坚果	0.05†
62)	Onion	洋葱	0.05
63)	Pak choi	小白菜	1.0T
64)	Parsley	欧芹	0.05T
65)	Peach	桃	0.5
66)	Peanut	花生	0.05T
67)	Perilla leaves	紫苏叶	0.2

（续）

序号	农产品英文名	农产品中文名	最大残留限量 (mg/kg)
68）	Plum	李子	0.5T
69）	Pome fruits	仁果类水果	1.0
70）	Potato	马铃薯	2.0T
71）	Quince	榅桲	1.0
72）	Radish（leaf）	萝卜（叶）	0.05
73）	Radish（root）	萝卜（根）	0.07
74）	Rape leaves	油菜叶	0.05T
75）	Rape seed	油菜籽	0.15T
76）	Red bean	红豆	0.05
77）	Reishi mushroom	灵芝	0.05T
78）	Rice	稻米	0.5T
79）	Salt sandspurry	拟漆姑	0.05T
80）	Schisandraberry	五味子	0.5T
81）	Sesame seed	芝麻籽	0.15T
82）	Shepherd's purse	荠菜	0.05T
83）	Shinsuncho	韩国山葵	0.05T
84）	Shiso	日本紫苏	0.2
85）	Sorghum	高粱	$0.5^{\dagger}$
86）	Soybean	大豆	$0.04^{\dagger}$
87）	Spices（fruits and berries）	香辛料（水果和浆果类）	$1.0^{\dagger}$
88）	Spices roots	根类香辛料	1.0T
89）	Spices seeds	种子类香辛料	$5.0^{\dagger}$
90）	Spinach	菠菜	0.05
91）	Squash	西葫芦	0.3
92）	Ssam cabbage	紫甘蓝	0.2
93）	Strawberry	草莓	0.3T
94）	Sweet pepper	甜椒	1.0
95）	Sweet potato	甘薯	0.05
96）	Sweet potato vines	薯蔓	0.05
97）	Tea	茶	$2.0^{\dagger}$
98）	Turnip root	芜菁根	0.05
99）	Water dropwort	水芹	0.05T
100）	Welsh onion	威尔士洋葱	0.05
101）	Wheat	小麦	$0.4^{\dagger}$
102）	Wild chive	野生细香葱	0.05T
103）	Yam	山药	0.05T

80. Chlorpyrifos-methyl 甲基毒死蜱（ADI：0.01 mg/kg bw）

序号	农产品英文名	农产品中文名	最大残留限量 (mg/kg)
1）	Barley	大麦	$4.0^{\dagger}$
2）	Butterbur	菊科蜂斗菜属植物	0.2T

（续）

序号	农产品英文名	农产品中文名	最大残留限量（mg/kg）
3）	Celery	芹菜	0.05T
4）	Chamnamul	大叶芹菜	0.2T
5）	Chicory	菊苣	0.2T
6）	Chicory（root）	菊苣（根）	0.05T
7）	Chinese chives	韭菜	0.05
8）	Crown daisy	茼蒿	0.2T
9）	Fresh ginseng	鲜参	0.05T
10）	Garlic	大蒜	0.05
11）	Grape	葡萄	1.0
12）	Green garlic	青蒜	0.05
13）	Korean cabbage，head	韩国甘蓝	0.07
14）	Korean wormwood	朝鲜艾草	0.2T
15）	Maize	玉米	0.1T
16）	Mandarin	中国柑橘	0.2T
17）	Mustard leaf	芥菜叶	0.2T
18）	Onion	洋葱	0.05
19）	Orange	橙	0.2T
20）	Peach	桃	0.2
21）	Perilla leaves	紫苏叶	0.2T
22）	Radish（leaf）	萝卜（叶）	0.2T
23）	Radish（root）	萝卜（根）	0.05T
24）	Rice	稻米	0.1
25）	Salt sandspurry	拟漆姑	0.05T
26）	Sorghum	高粱	0.1T
27）	Soybean	大豆	0.05T
28）	Spices（fruits and berries）	香辛料（水果和浆果类）	0.3T
29）	Spices roots	根类香辛料	5.0T
30）	Spices seeds	种子类香辛料	1.0T
31）	Ssam cabbage	紫甘蓝	0.2
32）	Water dropwort	水芹	0.05T
33）	Wheat	小麦	$3.0^{\dagger}$
34）	Wild chive	野生细香葱	0.05T

81. Chromafenozide 环虫酰肼（ADI：0.27 mg/kg bw）

序号	农产品英文名	农产品中文名	最大残留限量（mg/kg）
1）	Amaranth leaves	苋菜叶	15
2）	Apple	苹果	1.0
3）	Arguta kiwifruit	阿古塔猕猴桃	0.7T
4）	Asparagus	芦笋	0.3T
5）	Beat（leaf）	红萝卜（叶）	2.0
6）	Beat（root）	红萝卜（根）	0.2

422

（续）

序号	农产品英文名	农产品中文名	最大残留限量（mg/kg）
7）	Broccoli	西兰花	2.0T
8）	Cabbage	甘蓝	2.0T
9）	Carrot	胡萝卜	0.05
10）	Celery	芹菜	0.3T
11）	Chamnamul	大叶芹菜	15
12）	Chard	食用甜菜	5.0
13）	Cherry	樱桃	0.3T
14）	Chestnut	栗子	0.05
15）	Chili pepper	辣椒	2.0
16）	Chinese chives	韭菜	0.3T
17）	Chinese mallow	中国锦葵	15
18）	Chwinamul	野生紫菀	15
19）	Crown daisy	茼蒿	15
20）	Eggplant	茄子	0.3
21）	Grape	葡萄	0.7
22）	Green soybean	青豆	0.2
23）	Jujube	枣	1.0
24）	Jujube（dried）	枣（干）	2.0
25）	Kale	羽衣甘蓝	15
26）	Korean cabbage，head	韩国甘蓝	2.0
27）	Lettuce（head）	莴苣（顶端）	15
28）	Lettuce（leaf）	莴苣（叶）	15
29）	Mandarin	中国柑橘	2.0
30）	Melon	瓜类	0.2
31）	Mustard leaf	芥菜叶	5.0
32）	Parsley	欧芹	15
33）	Peach	桃	0.5
34）	Pear	梨	0.2
35）	Perilla leaves	紫苏叶	15
36）	Persimmon	柿子	0.3
37）	Plum	李子	0.3
38）	Radish（leaf）	萝卜（叶）	2.0
39）	Radish（root）	萝卜（根）	0.1
40）	Rice	稻米	0.5
41）	Soybean	大豆	0.05
42）	Spinach	菠菜	15
43）	Squash	西葫芦	0.2T
44）	Squash leaves	南瓜叶	30
45）	Ssam cabbage	紫甘蓝	5.0T

（续）

序号	农产品英文名	农产品中文名	最大残留限量 （mg/kg）
46）	Sweet pepper	甜椒	2.0
47）	Tea	茶	3.0
48）	Turnip root	芜菁根	0.07
49）	Welsh onion	威尔士洋葱	0.3
82. Cinosulfuron 醚磺隆			
1）	Rice	稻米	0.05T
83. Clethodim 烯草酮（ADI：0.01 mg/kg bw）			
1）	Blueberry	蓝莓	0.05T
2）	Cherry	樱桃	0.05T
3）	Chinese bellflower	中国风铃草	0.05
4）	Cotton seed	棉籽	0.2T
5）	Cranberry	蔓越橘	0.05T
6）	Dried ginseng	干参	0.05
7）	Fresh ginseng	鲜参	0.05
8）	Garlic	大蒜	0.05
9）	Ginseng extract	人参提取物	0.05
10）	Green garlic	青蒜	0.05
11）	Green soybean	青豆	0.05
12）	Hop	蛇麻草	0.05T
13）	Maize	玉米	0.05T
14）	Onion	洋葱	0.05
15）	Peanut	花生	5.0T
16）	Potato	马铃薯	0.05
17）	Radish（leaf）	萝卜（叶）	0.05
18）	Radish（root）	萝卜（根）	0.05
19）	Red ginseng	红参	0.05
20）	Red ginseng extract	红参提取物	0.05
21）	Sesame seed	芝麻籽	0.05
22）	Soybean	大豆	0.05
23）	Strawberry	草莓	0.05
24）	Welsh onion	威尔士洋葱	0.05
84. Clofentezine 四螨嗪（ADI：0.02 mg/kg bw）			
1）	Almond	扁桃仁	0.5T
2）	Apple	苹果	1.0T
3）	Apricot	杏	0.2T
4）	Avocado	鳄梨	1.0T
5）	Banana	香蕉	1.0T
6）	Cherry	樱桃	0.2T
7）	Chestnut	栗子	1.0T

（续）

序号	农产品英文名	农产品中文名	最大残留限量（mg/kg）
8）	Citrus fruits	柑橘类水果	0.5T
9）	Cotton seed	棉籽	1.0T
10）	Fruits	水果类	1.0T
11）	Ginkgo nut	白果	1.0T
12）	Grape	葡萄	1.0T
13）	Grapefruit	葡萄柚	0.5T
14）	Hop	蛇麻草	0.2T
15）	Japanese apricot	青梅	0.2T
16）	Kidney bean	四季豆	0.2T
17）	Kiwifruit	猕猴桃	1.0T
18）	Lemon	柠檬	0.5T
19）	Mandarin	中国柑橘	0.5T
20）	Mango	芒果	1.0T
21）	Melon	瓜类	1.0T
22）	Mung bean	绿豆	0.2T
23）	Nuts	坚果	1.0T
24）	Orange	橙	0.5T
25）	Papaya	番木瓜	1.0T
26）	Peach	桃	0.2T
27）	Pear	梨	0.5T
28）	Pecan	美洲山核桃	1.0T
29）	Persimmon	柿子	1.0T
30）	Pineapple	菠萝	1.0T
31）	Plum	李子	0.2T
32）	Quince	榅桲	0.5T
33）	Red bean	红豆	0.2T
34）	Seeds	种子类	1.0T
35）	Sesame seed	芝麻籽	1.0T
36）	Strawberry	草莓	2.0T
37）	Sunflower seed	葵花籽	1.0T
38）	Walnut	胡桃	0.02T
39）	Watermelon	西瓜	1.0T

85. Clomazone 异噁草酮（ADI：0.13 mg/kg bw）

序号	农产品英文名	农产品中文名	最大残留限量（mg/kg）
1）	Chili pepper	辣椒	0.05T
2）	Cotton seed	棉籽	0.05T
3）	Green soybean	青豆	0.05
4）	Herbs（fresh）	香草（鲜）	0.05T
5）	Pea	豌豆	0.05T
6）	Rice	稻米	0.1

（续）

序号	农产品英文名	农产品中文名	最大残留限量（mg/kg）
7）	Soybean	大豆	0.05
8）	Squash	西葫芦	0.1T
9）	Sweet pepper	甜椒	0.05T
10）	Sweet potato	甘薯	0.05T
86. Clopyralid 二氯吡啶酸			
1）	Blueberry	蓝莓	3.0T
2）	Cherry	樱桃	3.0T
3）	Cranberry	蔓越橘	3.0T
4）	Hop	蛇麻草	5.0†
5）	Maize	玉米	3.0T
6）	Wheat	小麦	3.0†
87. Chlorsulfuron 氯磺隆 （ADI：0.2 mg/kg bw）			
1）	Barley	大麦	0.1T
2）	Oat	燕麦	0.1T
3）	Wheat	小麦	0.1T
88. Clothianidin 噻虫胺 （ADI：0.097 mg/kg bw）			
1）	Amaranth leaves	苋菜叶	3.0
2）	Apricot	杏	0.5T
3）	Arguta kiwifruit	阿古塔猕猴桃	0.5T
4）	Aronia	野樱莓	0.5T
5）	Asparagus	芦笋	0.05
6）	Banana	香蕉	0.02T
7）	Beet（root）	甜菜（根）	0.05T
8）	Blueberry	蓝莓	1.0
9）	Broccoli	西兰花	0.2
10）	Cabbage	甘蓝	0.2T
11）	Cacao bean	可可豆	0.02†
12）	Carrot	胡萝卜	0.05
13）	Cherry	樱桃	0.5
14）	Chestnut	栗子	0.05
15）	Chili pepper	辣椒	2.0
16）	Chili pepper（dried）	辣椒（干）	10.0
17）	Chinese bellflower	中国风铃草	0.05T
18）	Chinese chives	韭菜	2.0
19）	Coffee bean	咖啡豆	0.05†
20）	Crown daisy	茼蒿	0.05
21）	Cucumber	黄瓜	0.5
22）	Dolnamul	垂盆草/豆瓣菜	5.0T
23）	Durian	榴莲	0.9†

（续）

序号	农产品英文名	农产品中文名	最大残留限量 (mg/kg)
24)	Eggplant	茄子	0.3
25)	Fig	无花果	0.5T
26)	Fresh ginseng	鲜参	0.2
27)	Garlic	大蒜	0.05
28)	Ginger	姜	0.05T
29)	Gojiberry	枸杞	0.5T
30)	Gojiberry (dried)	枸杞（干）	1.0
31)	Grape	葡萄	2.0
32)	Grapefruit	葡萄柚	1.0T
33)	Green garlic	青蒜	0.3
34)	Green soybean	青豆	0.05
35)	Herbs (fresh)	香草（鲜）	0.05T
36)	Hop	蛇麻草	0.07†
37)	Japanese apricot	青梅	0.5
38)	Kiwifruit	猕猴桃	1.0
39)	Kohlrabi	球茎甘蓝	0.05
40)	Korean black raspberry	朝鲜黑树莓	1.0
41)	Korean cabbage，head	韩国甘蓝	0.2
42)	Korean melon	韩国瓜类	1.0
43)	Leafy yegetables	叶类蔬菜	3.0
44)	Lemon	柠檬	1.0T
45)	Lettuce (head)	莴苣（顶端）	0.05
46)	Maize	玉米	0.02†
47)	Mandarin	中国柑橘	1.0
48)	Mango	芒果	0.04T
49)	Melon	瓜类	0.05
50)	Millet	粟	0.3
51)	Mulberry	桑葚	0.5T
52)	Mung bean	绿豆	0.05T
53)	Mushroom	蘑菇	0.05T
54)	Mustard leaf	芥菜叶	0.05
55)	Onion	洋葱	0.05
56)	Orange	橙	1.0T
57)	Passion fruit	百香果	0.9T
58)	Peach	桃	0.5
59)	Peanut	花生	0.05T
60)	Perilla leaves	紫苏叶	7.0
61)	Plum	李子	0.5
62)	Pome fruits	仁果类水果	1.0

（续）

序号	农产品英文名	农产品中文名	最大残留限量 （mg/kg）
63）	Potato	马铃薯	0.1
64）	Radish（leaf）	萝卜（叶）	0.05
65）	Radish（root）	萝卜（根）	0.05
66）	Rape seed	油菜籽	0.1
67）	Red bean	红豆	0.05
68）	Rice	稻米	0.1
69）	Root and tuber vegetables	块根和块茎类蔬菜	0.05T
70）	Safflower seed	红花籽	0.1T
71）	Schisandraberry	五味子	3.0
72）	Soybean	大豆	0.1
73）	Soybean（fresh）	大豆（鲜）	1.0
74）	Spices seeds	种子类香辛料	0.05T
75）	Spinach	菠菜	0.05
76）	Squash	西葫芦	0.5
77）	Squash leaves	南瓜叶	1.0
78）	Stalk and stem vegetables	茎秆类蔬菜	1.0
79）	Strawberry	草莓	0.5
80）	Sweet pepper	甜椒	2.0
81）	Sweet potato	甘薯	0.05
82）	Taro	芋头	0.05
83）	Tea	茶	0.7T
84）	Tomato	番茄	1.0
85）	Turnip root	芜菁根	0.05
86）	Walnut	胡桃	0.05T
87）	Water dropwort	水芹	3.0T
88）	Watermelon	西瓜	0.5
89）	Welsh onion	威尔士洋葱	0.3
90）	Wheat	小麦	0.02†
91）	Yam	山药	0.05T
92）	Yuja	香橙	1.0T

89. Cyantraniliprole　溴氰虫酰胺（ADI：0.057 mg/kg bw）

序号	农产品英文名	农产品中文名	最大残留限量 （mg/kg）
1）	Amaranth leaves	苋菜叶	9.0
2）	Apple	苹果	0.1
3）	Apricot	杏	0.5T
4）	Aronia	野樱莓	0.7T
5）	Asparagus	芦笋	3.0
6）	Balsam apple	苦瓜	0.3
7）	Beet（leaf）	甜菜（叶）	0.5T
8）	Beet（root）	甜菜（根）	0.05T

（续）

序号	农产品英文名	农产品中文名	最大残留限量（mg/kg）
9）	Blueberry	蓝莓	4.0†
10）	Broccoli	西兰花	0.7
11）	Buckwheat	荞麦	0.05T
12）	Burdock	牛蒡	0.05
13）	Burdock leaves	牛蒡叶	0.5T
14）	Butterbur	菊科蜂斗菜属植物	1.0
15）	Cabbage	甘蓝	2.0
16）	Carrot	胡萝卜	0.05
17）	Celery	芹菜	15†
18）	Chamnamul	大叶芹菜	10
19）	Chard	食用甜菜	10
20）	Cherry	樱桃	6.0†
21）	Chicory	菊苣	10
22）	Chili pepper	辣椒	1.0
23）	Chinese chives	韭菜	2.0
24）	Chinese mallow	中国锦葵	10
25）	Chwinamul	野生紫菀	15
26）	Citrus fruits	柑橘类水果	0.7†
27）	Coastal hog fennel	小茴香	10
28）	Coffee bean	咖啡豆	0.03†
29）	Cotton seed	棉籽	1.5†
30）	Cowpea	豇豆	0.05T
31）	Cranberry	蔓越橘	0.7T
32）	Crown daisy	茼蒿	15
33）	Cucumber	黄瓜	0.5
34）	Danggwi leaves	当归叶	10
35）	Dolnamul	垂盆草/豆瓣菜	10
36）	Eggplant	茄子	0.2
37）	Garlic	大蒜	0.05
38）	Ginger	姜	0.05T
39）	Green garlic	青蒜	7.0
40）	Green soybean	青豆	0.5T
41）	Japanese apricot	青梅	0.5T
42）	Jujube	枣	1.0
43）	Kale	羽衣甘蓝	10
44）	Kohlrabi	球茎甘蓝	2.0T
45）	Korean black raspberry	朝鲜黑树莓	0.7T
46）	Korean cabbage，head	韩国甘蓝	0.7
47）	Korean melon	韩国瓜类	0.5

（续）

序号	农产品英文名	农产品中文名	最大残留限量 (mg/kg)
48)	Leafy vegetables	叶类蔬菜	0.05T
49)	Lettuce（head）	莴苣（顶端）	5.0
50)	Lettuce（head）	莴苣（顶端）	5.0†
51)	Melon	瓜类	0.3†
52)	Millet	粟	0.05
53)	Mulberry	桑葚	0.7T
54)	Mung bean	绿豆	0.03T
55)	Mustard green	芥菜	10
56)	Mustard leaf	芥菜叶	3.0
57)	Nuts	坚果	0.04†
58)	Olive	橄榄	1.5†
59)	Pak choi	小白菜	0.5
60)	Parsley	欧芹	10
61)	Peach	桃	1.5†
62)	Peanut	花生	0.03T
63)	Pear	梨	0.2
64)	Perilla leaves	紫苏叶	15
65)	Plum	李子	0.5†
66)	Potato	马铃薯	0.05†
67)	Proso millet	黍	1.0
68)	Radish（leaf）	萝卜（叶）	2.0
69)	Radish（root）	萝卜（根）	0.05
70)	Rape leaves	油菜叶	3.0
71)	Rape seed	油菜籽	0.8†
72)	Red bean	红豆	0.03T
73)	Rice	稻米	0.05
74)	Root and tuber vegetables	块根和块茎类蔬菜	0.05T
75)	Salt sandspurry	拟漆姑	2.0T
76)	Schisandraberry	五味子	0.5T
77)	Sesame seed	芝麻籽	0.5T
78)	Shepherd's purse	荠菜	9.0
79)	Soybean	大豆	0.4T
80)	Spinach	菠菜	3.0
81)	Squash	西葫芦	0.3
82)	Squash leaves	南瓜叶	9.0
83)	Ssam cabbage	紫甘蓝	2.0
84)	Stalk and stem vegetables	茎秆类蔬菜	0.05T
85)	Strawberry	草莓	0.7
86)	Sunflower seed	葵花籽	0.5†

（续）

序号	农产品英文名	农产品中文名	最大残留限量（mg/kg）
87）	Sweet pepper	甜椒	1.0
88）	Sweet potato	甘薯	0.05T
89）	Sweet potato vines	薯蔓	2.0T
90）	Taro	芋头	0.05T
91）	Taro stem	芋头茎	2.0T
92）	Tomato	番茄	0.5
93）	Turnip root	芜菁根	0.05
94）	Wasabi leaves	芥末叶	9.0
95）	Wasabi（root）	芥末（根）	0.05
96）	Water dropwort	水芹	7.0
97）	Watermelon	西瓜	0.3
98）	Welsh onion	威尔士洋葱	2.0
99）	Wheat	小麦	0.05T

90. Cyazofamid 氰霜唑（ADI：0.17 mg/kg bw）

序号	农产品英文名	农产品中文名	最大残留限量（mg/kg）
1）	Beet（root）	甜菜（根）	0.3T
2）	Blueberry	蓝莓	2.0T
3）	Broccoli	西兰花	0.7
4）	Burdock	牛蒡	0.3T
5）	Cabbage	甘蓝	0.7T
6）	Chard	食用甜菜	10
7）	Chili pepper	辣椒	2.0
8）	Crown daisy	茼蒿	15
9）	Cucumber	黄瓜	0.5
10）	Deodeok	羊乳（桔梗科党参属的植物）	0.3T
11）	Dried ginseng	干参	0.3
12）	Eggplant	茄子	0.5
13）	Fresh ginseng	鲜参	0.3
14）	Ginger	姜	0.5
15）	Ginseng extract	人参提取物	1.0
16）	Grape	葡萄	2.0
17）	Green soybean	青豆	0.5T
18）	Hop	蛇麻草	15†
19）	Jujube	枣	3.0
20）	Jujube（dried）	枣（干）	3.0
21）	Korean cabbage，head	韩国甘蓝	0.7
22）	Korean melon	韩国瓜类	0.5
23）	Leafy vegetables	叶类蔬菜	10
24）	Mandarin	中国柑橘	0.5
25）	Melon	瓜类	0.5

（续）

序号	农产品英文名	农产品中文名	最大残留限量（mg/kg）
26)	Millet	粟	2.0
27)	Mustard leaf	芥菜叶	0.5
28)	Onion	洋葱	1.0
29)	Peach	桃	1.0
30)	Pear	梨	0.2
31)	Potato	马铃薯	0.1
32)	Radish（leaf）	萝卜（叶）	5.0
33)	Radish（root）	萝卜（根）	0.3T
34)	Rape seed	油菜籽	0.1T
35)	Red ginseng	红参	0.3
36)	Red ginseng extract	红参提取物	1.0
37)	Sesame seed	芝麻籽	0.1
38)	Soybean	大豆	0.1T
39)	Spinach	菠菜	10
40)	Ssam cabbage	紫甘蓝	2.0
41)	Stalk and stem vegetables	茎秆类蔬菜	2.0
42)	Strawberry	草莓	0.2
43)	Sweet pepper	甜椒	2.0
44)	Tomato	番茄	0.5
45)	Watermelon	西瓜	1.0
46)	Welsh onion	威尔士洋葱	5.0

91. Cyclaniliprole 环溴虫酰胺（ADI：0.27 mg/kg bw）

序号	农产品英文名	农产品中文名	最大残留限量（mg/kg）
1)	Apple	苹果	0.2
2)	Beet（root）	甜菜（根）	0.2T
3)	Cherry	樱桃	0.2T
4)	Chicory（root）	菊苣（根）	0.2T
5)	Chili pepper	辣椒	1.0
6)	Cucumber	黄瓜	0.2
7)	Grape	葡萄	0.5
8)	Green soybean	青豆	0.3
9)	Japanese apricot	青梅	0.7
10)	Jujube	枣	0.5
11)	Jujube（dried）	枣（干）	1.0
12)	Korean cabbage, head	韩国甘蓝	0.2
13)	Korean melon	韩国瓜类	0.1
14)	Leafy vegetables	叶类蔬菜	5.0
15)	Lettuce（head）	莴苣（顶端）	20
16)	Lettuce（leaf）	莴苣（叶）	20

（续）

序号	农产品英文名	农产品中文名	最大残留限量（mg/kg）
17)	Maize	玉米	0.05
18)	Mandarin	中国柑橘	0.3
19)	Melon	瓜类	0.2
20)	Peach	桃	0.2
21)	Pear	梨	0.2
22)	Perilla leaves	紫苏叶	10
23)	Persimmon	柿子	0.05
24)	Plum	李子	0.2
25)	Radish（leaf）	萝卜（叶）	7.0
26)	Radish（root）	萝卜（根）	0.2
27)	Soybean	大豆	0.05
28)	Squash	西葫芦	0.07
29)	Ssam cabbage	紫甘蓝	0.5
30)	Stalk and stem vegetables	茎秆类蔬菜	0.5
31)	Strawberry	草莓	0.2
32)	Sweet pepper	甜椒	1.0
33)	Tomato	番茄	0.7
34)	Watermelon	西瓜	0.1
35)	Welsh onion	威尔士洋葱	0.5

92. Cycloprothrin 乙腈菊酯（ADI：0.085 mg/kg bw）

1)	Rice	稻米	0.05T

93. Cyclosulfamuron 环丙嘧磺隆

1)	Rice	稻米	0.1

94. Cyenopyrafen 腈吡螨酯（ADI：0.051 mg/kg bw）

1)	Amaranth leaves	苋菜叶	3.0
2)	Apple	苹果	1.0
3)	Apricot	杏	2.0
4)	Aronia	野樱莓	1.0T
5)	Balsam apple	苦瓜	0.5
6)	Banana	香蕉	0.5T
7)	Blueberry	蓝莓	1.0T
8)	Butterbur	菊科蜂斗菜属植物	10
9)	Cabbage	甘蓝	0.05T
10)	Chard	食用甜菜	10T
11)	Cherry	樱桃	2.0
12)	Chili pepper	辣椒	3.0
13)	Chinese mallow	中国锦葵	3.0
14)	Coastal hog fennel	小茴香	3.0
15)	Cowpea	豇豆	0.05T

（续）

序号	农产品英文名	农产品中文名	最大残留限量（mg/kg）
16）	Danggwi leaves	当归叶	3.0
17）	Dureup	刺老芽	1.0
18）	Eggplant	茄子	2.0
19）	Fig	无花果	1.0T
20）	Grape	葡萄	3.0
21）	Green soybean	青豆	1.0T
22）	Hyssop，anise	茴藿香	0.3T
23）	Japanese apricot	青梅	2.0
24）	Jujube	枣	1.0
25）	Jujube（dried）	枣（干）	1.0
26）	Korean black raspberry	朝鲜黑树莓	1.0T
27）	Korean melon	韩国瓜类	0.5
28）	Lemon	柠檬	0.5T
29）	Lettuce（head）	莴苣（顶端）	10
30）	Lettuce（leaf）	莴苣（叶）	10
31）	Mandarin	中国柑橘	0.5
32）	Mango	芒果	0.5T
33）	Melon	瓜类	0.07
34）	Mulberry	桑葚	1.0T
35）	Mustard green	芥菜	10T
36）	Passion fruit	百香果	0.5T
37）	Peach	桃	0.5
38）	Pear	梨	1.0
39）	Perilla leaves	紫苏叶	30
40）	Plum	李子	0.5
41）	Schisandraberry	五味子	2.0
42）	Shinsuncho	韩国山葵	3.0
43）	Shiso	日本紫苏	3.0
44）	Soybean	大豆	0.05T
45）	Spinach	菠菜	10T
46）	Squash	西葫芦	0.06
47）	Strawberry	草莓	1.0
48）	Sweet pepper	甜椒	1.0
49）	Taro	芋头	0.05T
50）	Taro stem	芋头茎	0.05T
51）	Tatsoi	塌棵菜	10T
52）	Tea	茶	0.5
53）	Watermelon	西瓜	0.05
54）	Yuja	香橙	0.5T

（续）

序号	农产品英文名	农产品中文名	最大残留限量 （mg/kg）
95. Cyflufenamid 环氟菌胺（ADI：0.041 mg/kg bw）			
1)	Burdock	牛蒡	0.1T
2)	Cherry	樱桃	0.6†
3)	Chili pepper	辣椒	0.3
4)	Eggplant	茄子	0.3
5)	Fruiting vegetables，cucurbits	瓜类蔬菜	0.5
6)	Grape	葡萄	0.5
7)	Hop	蛇麻草	5.0†
8)	Japanese apricot	青梅	0.1
9)	Leafy vegetables	叶类蔬菜	2.0
10)	Peach	桃	0.2
11)	Pome fruits	仁果类水果	0.2
12)	Stalk and stem vegetables	茎秆类蔬菜	0.5
13)	Strawberry	草莓	0.5
14)	Sweet pepper	甜椒	0.3
96. Cyflumetofen 丁氟螨酯（ADI：0.092 mg/kg bw）			
1)	Amaranth leaves	苋菜叶	40
2)	Apple	苹果	0.5
3)	Apricot	杏	1.0
4)	Arguta kiwifruit	阿古塔猕猴桃	0.6T
5)	Aronia	野樱莓	0.6T
6)	Balsam apple	苦瓜	0.7
7)	Celery	芹菜	0.2T
8)	Chamnamul	大叶芹菜	30T
9)	Cherry	樱桃	0.7
10)	Chili pepper	辣椒	1.0
11)	Chinese mallow	中国锦葵	40
12)	Citrus fruits	柑橘类水果	0.3†
13)	Coastal hog fennel	小茴香	40
14)	Cowpea	豇豆	0.1T
15)	Danggwi leaves	当归叶	40
16)	Dureup	刺老芽	5.0
17)	East asian hogweed	东亚猪草	30T
18)	Eggplant	茄子	1.0
19)	Garlic	大蒜	0.04
20)	Gojiberry	枸杞	0.6T
21)	Grape	葡萄	0.6†
22)	Green soybean	青豆	1.0T
23)	Jujube	枣	0.1T

韩国"肯定列表"制度（农产品中农药最大残留限量）研究

（续）

序号	农产品英文名	农产品中文名	最大残留限量 (mg/kg)
24)	Korean black raspberry	朝鲜黑树莓	1.0
25)	Korean melon	韩国瓜类	1.0
26)	Lettuce（head）	莴苣（顶端）	30
27)	Lettuce（leaf）	莴苣（叶）	30
28)	Mandarin	中国柑橘	0.5
29)	Mango	芒果	0.1T
30)	Melon	瓜类	0.2
31)	Mulberry	桑葚	0.6T
32)	Peach	桃	1.0
33)	Pear	梨	1.0
34)	Perilla leaves	紫苏叶	40
35)	Persimmon	柿子	0.2
36)	Plum	李子	0.1
37)	Shinsuncho	韩国山葵	40
38)	Shiso	日本紫苏	40
39)	Soybean	大豆	0.1T
40)	Spinach	菠菜	30T
41)	Squash	西葫芦	0.7
42)	Strawberry	草莓	1.0
43)	Sweet pepper	甜椒	2.0
44)	Taro	芋头	0.1T
45)	Taro stem	芋头茎	0.2T
46)	Tea	茶	2.0
47)	Watermelon	西瓜	1.0
48)	Yuja	香橙	1.0

97. Cyfluthrin 氟氯氰菊酯（ADI：0.04 mg/kg bw）
残留物：氟氯氰菊酯的异构体之和

序号	农产品英文名	农产品中文名	最大残留限量 (mg/kg)
1)	Apple	苹果	0.5
2)	Apricot	杏	1.0T
3)	Asparagus	芦笋	2.0T
4)	Barley	大麦	2.0T
5)	Beans	豆类	0.5T
6)	Broad bean	蚕豆	0.5T
7)	Broccoli	西兰花	0.05
8)	Buckwheat	荞麦	2.0T
9)	Cabbage	甘蓝	2.0T
10)	Chamnamul	大叶芹菜	0.05
11)	Chard	食用甜菜	0.05
12)	Cherry	樱桃	1.0T

436

（续）

序号	农产品英文名	农产品中文名	最大残留限量（mg/kg）
13)	Chestnut	栗子	0.05
14)	Chili pepper	辣椒	1.0
15)	Chinese chives	韭菜	2.0T
16)	Chwinamul	野生紫菀	0.05
17)	Citrus fruits	柑橘类水果	2.0T
18)	Cotton seed	棉籽	0.05T
19)	Crown daisy	茼蒿	0.05
20)	Cucumber	黄瓜	2.0T
21)	Dried ginseng	干参	0.7
22)	Eggplant	茄子	2.0T
23)	Fresh ginseng	鲜参	0.1
24)	Fruits	水果类	1.0T
25)	Garlic	大蒜	2.0
26)	Ginseng extract	人参提取物	1.0
27)	Grape	葡萄	1.0T
28)	Grapefruit	葡萄柚	2.0T
29)	Green soybean	青豆	0.05
30)	Herbs（fresh）	香草（鲜）	2.0T
31)	Japanese apricot	青梅	1.0T
32)	Kale	羽衣甘蓝	2.0T
33)	Kidney bean	四季豆	0.5T
34)	Korean cabbage，head	韩国甘蓝	2.0
35)	Lemon	柠檬	2.0T
36)	Lettuce（head）	莴苣（顶端）	2.0T
37)	Lettuce（leaf）	莴苣（叶）	2.0T
38)	Maize	玉米	0.01T
39)	Mandarin	中国柑橘	0.5
40)	Melon	瓜类	2.0T
41)	Millet	粟	2.0T
42)	Mung bean	绿豆	0.5T
43)	Oat	燕麦	2.0T
44)	Onion	洋葱	2.0T
45)	Orange	橙	2.0T
46)	Pea	豌豆	0.5T
47)	Peach	桃	1.0T
48)	Peanut	花生	0.5T
49)	Pear	梨	1.0T
50)	Perilla leaves	紫苏叶	0.05
51)	Persimmon	柿子	0.5

（续）

序号	农产品英文名	农产品中文名	最大残留限量（mg/kg）
52)	Plum	李子	1.0T
53)	Potato	马铃薯	0.1
54)	Quince	榅桲	1.0T
55)	Radish（leaf）	萝卜（叶）	0.05
56)	Radish（root）	萝卜（根）	0.05
57)	Red bean	红豆	0.5T
58)	Red ginseng	红参	0.5
59)	Red ginseng extract	红参提取物	0.3
60)	Rye	黑麦	2.0T
61)	Sesame seed	芝麻籽	0.5
62)	Shiso	日本紫苏	0.05
63)	Sorghum	高粱	2.0T
64)	Soybean	大豆	0.05
65)	Spices（fruits and berries）	香辛料（水果和浆果类）	0.03T
66)	Spices roots	根类香辛料	0.05T
67)	Spinach	菠菜	0.1
68)	Squash	西葫芦	2.0T
69)	Ssam cabbage	紫甘蓝	2.0
70)	Sweet pepper	甜椒	0.5
71)	Sweet potato	甘薯	0.05
72)	Sweet potato vines	薯蔓	0.05
73)	Taro	芋头	0.1T
74)	Tomato	番茄	0.5T
75)	Vegetables	蔬菜类	2.0T
76)	Watermelon	西瓜	2.0T
77)	Welsh onion	威尔士洋葱	2.0T
78)	Wheat	小麦	2.0T

98. Cyhalofop-butyl 氰氟草酯（ADI：0.01 mg/kg bw）

序号	农产品英文名	农产品中文名	最大残留限量（mg/kg）
1)	Parsley	欧芹	0.1T
2)	Rice	稻米	0.1

99. Cyhalothrin 氯氟氰菊酯（ADI：0.02 mg/kg bw）
残留物：氯氟氰菊酯的异构体之和

序号	农产品英文名	农产品中文名	最大残留限量（mg/kg）
1)	Almond	扁桃仁	0.5T
2)	Apple	苹果	0.5
3)	Apricot	杏	0.5
4)	Asparagus	芦笋	0.5T
5)	Avocado	鳄梨	0.5T
6)	Banana	香蕉	0.5T
7)	Barley	大麦	0.2T

（续）

序号	农产品英文名	农产品中文名	最大残留限量 （mg/kg）
8）	Beans	豆类	0.2T
9）	Blueberry	蓝莓	0.1
10）	Broad bean	蚕豆	0.2T
11）	Buckwheat	荞麦	0.2T
12）	Burdock	牛蒡	0.05
13）	Burdock leaves	牛蒡叶	0.7
14）	Cabbage	甘蓝	0.2T
15）	Cardamom	豆蔻干籽	2.0†
16）	Carrot	胡萝卜	0.5T
17）	Celery	芹菜	0.5T
18）	Cherry	樱桃	0.3†
19）	Chestnut	栗子	0.5
20）	Chili pepper	辣椒	0.5
21）	Chili pepper leaves	辣椒叶	10
22）	Chili pepper（dried）	辣椒（干）	2.0
23）	Chinese chives	韭菜	2.0T
24）	Citrus fruits	柑橘类水果	1.0
25）	Coffee bean	咖啡豆	0.05T
26）	Cotton seed	棉籽	0.01†
27）	Crown daisy	茼蒿	0.5T
28）	Cucumber	黄瓜	0.5
29）	Edible fungi	食用菌	0.5T
30）	Eggplant	茄子	0.5T
31）	Fresh ginseng	鲜参	0.05
32）	Fruits	水果类	0.5T
33）	Garlic	大蒜	0.05
34）	Ginger	姜	0.5T
35）	Ginkgo nut	白果	0.5T
36）	Gojiberry（dried）	枸杞（干）	2.0
37）	Grape	葡萄	1.0
38）	Grapefruit	葡萄柚	1.0T
39）	Green garlic	青蒜	0.05
40）	Green soybean	青豆	0.3
41）	Green tea extract	绿茶提取物	2.0
42）	Herbs（fresh）	香草（鲜）	1.0T
43）	Hop	蛇麻草	10T
44）	Japanese apricot	青梅	0.5
45）	Job's tear	薏苡	0.05
46）	Jujube	枣	0.2

（续）

序号	农产品英文名	农产品中文名	最大残留限量（mg/kg）
47)	Kale	羽衣甘蓝	0.5T
48)	Kidney bean	四季豆	0.2T
49)	Kiwifruit	猕猴桃	0.5T
50)	Korean cabbage，head	韩国甘蓝	0.2
51)	Korean melon	韩国瓜类	0.1
52)	Leafy vegetables	叶类蔬菜	2.0
53)	Lemon	柠檬	1.0T
54)	Lettuce（head）	莴苣（顶端）	2.0T
55)	Lettuce（leaf）	莴苣（叶）	2.0T
56)	Longan	桂圆	0.2†
57)	Maize	玉米	0.05
58)	Mandarin	中国柑橘	0.5
59)	Mango	芒果	0.5T
60)	Melon	瓜类	0.05
61)	Millet	粟	0.2T
62)	Mung bean	绿豆	0.2T
63)	Nuts	坚果	0.5T
64)	Oak mushroom	香菇	0.5T
65)	Oat	燕麦	0.2T
66)	Onion	洋葱	0.5
67)	Orange	橙	1.0T
68)	Papaya	番木瓜	0.5T
69)	Pawpaw	木瓜	0.5T
70)	Pea	豌豆	0.05†
71)	Peach	桃	0.2
72)	Peanut	花生	0.2T
73)	Pear	梨	0.5
74)	Pecan	美洲山核桃	0.5T
75)	Perilla leaves	紫苏叶	3.0
76)	Persimmon	柿子	0.5
77)	Pineapple	菠萝	0.5T
78)	Plum	李子	0.1
79)	Pomegranate	石榴	0.2
80)	Potato	马铃薯	0.02T
81)	Quince	榅桲	0.2
82)	Radish（leaf）	萝卜（叶）	1.0
83)	Radish（root）	萝卜（根）	0.5
84)	Rape seed	油菜籽	0.3†
85)	Red bean	红豆	0.2

（续）

序号	农产品英文名	农产品中文名	最大残留限量 (mg/kg)
86)	Rye	黑麦	0.2T
87)	Seeds	种子类	0.5T
88)	Sesame seed	芝麻籽	0.05
89)	Sorghum	高粱	0.2T
90)	Soybean	大豆	0.05
91)	Spices (fruits and berries)	香辛料（水果和浆果类）	0.03T
92)	Spices roots	根类香辛料	0.05T
93)	Spinach	菠菜	0.5T
94)	Squash	西葫芦	0.5
95)	Ssam cabbage	紫甘蓝	0.5
96)	Stalk and stem vegetables	茎秆类蔬菜	0.3
97)	Strawberry	草莓	0.1
98)	Sunflower seed	葵花籽	0.5T
99)	Sweet pepper	甜椒	0.5
100)	Sweet potato	甘薯	0.1
101)	Sweet potato vines	薯蔓	0.05
102)	Taro	芋头	0.05T
103)	Tea	茶	2.0
104)	Tomato	番茄	0.5T
105)	Vegetables	蔬菜类	0.5T
106)	Walnut	胡桃	0.5T
107)	Watermelon	西瓜	0.05
108)	Welsh onion	威尔士洋葱	0.3
109)	Wheat	小麦	0.04†

100. Cyhexatin 三环锡（ADI：0.007 mg/kg bw）

残留物：三唑锡（Azocyclotin）和三环锡（Cyhexatin）之和，表示为三环锡

序号	农产品英文名	农产品中文名	最大残留限量 (mg/kg)
1)	Amaranth leaves	苋菜叶	30
2)	Apple	苹果	2.0
3)	Apricot	杏	0.5
4)	Aronia	野樱莓	5.0
5)	Beans	豆类	0.2T
6)	Blueberry	蓝莓	5.0
7)	Butterbur	菊科蜂斗菜属植物	15
8)	Cherry	樱桃	0.05T
9)	Citrus fruits	柑橘类水果	2.0T
10)	Coastal hog fennel	小茴香	30
11)	Cucumber	黄瓜	0.5T
12)	Danggwi leaves	当归叶	30
13)	Deodeok	羊乳（桔梗科党参属的植物）	0.1T

（续）

序号	农产品英文名	农产品中文名	最大残留限量（mg/kg）
14)	Dureup	刺老芽	0.1T
15)	Eggplant	茄子	0.5
16)	Garlic	大蒜	0.1T
17)	Gojiberry	枸杞	2.0T
18)	Gojiberry（dried）	枸杞（干）	4.0T
19)	Grape	葡萄	0.2T
20)	Grapefruit	葡萄柚	2.0T
21)	Green garlic	青蒜	5.0
22)	Green soybean	青豆	0.1T
23)	Japanese apricot	青梅	0.05T
24)	Jujube	枣	0.05T
25)	Korean black raspberry	朝鲜黑树莓	1.5
26)	Lemon	柠檬	2.0T
27)	Lettuce（head）	莴苣（顶端）	25
28)	Lettuce（leaf）	莴苣（叶）	25
29)	Mandarin	中国柑橘	1.0
30)	Melon	瓜类	0.5T
31)	Mulberry	桑葚	5.0
32)	Narrow-head ragwort	窄叶黄菀	10
33)	Orange	橙	2.0T
34)	Peach	桃	2.0
35)	Pear	梨	2.0
36)	Perilla leaves	紫苏叶	30
37)	Plum	李子	0.05
38)	Safflower seed	红花籽	0.05T
39)	Schisandraberry	五味子	0.05T
40)	Shinsuncho	韩国山葵	30
41)	Shiso	日本紫苏	30
42)	Squash	西葫芦	0.2
43)	Squash leaves	南瓜叶	10T
44)	Strawberry	草莓	0.5T
45)	Sweet pepper	甜椒	0.5T
46)	Taro	芋头	0.05T
47)	Taro stem	芋头茎	0.1T
48)	Tomato	番茄	2.0T

101. Cymoxanil 霜脲氰（ADI：0.013 mg/kg bw）

1)	Beet（leaf）	甜菜（叶）	0.5T
2)	Beet（root）	甜菜（根）	0.1T
3)	Burdock	牛蒡	0.1T

序号	农产品英文名	农产品中文名	最大残留限量 （mg/kg）
4)	Burdock leaves	牛蒡叶	0.5T
5)	Celery	芹菜	0.1T
6)	Chamnamul	大叶芹菜	5.0T
7)	Chard	食用甜菜	2.0
8)	Chicory	菊苣	5.0T
9)	Chicory（root）	菊苣（根）	0.1T
10)	Chili pepper	辣椒	0.5
11)	Chili pepper leaves	辣椒叶	3.0
12)	Chinese chives	韭菜	0.1T
13)	Chinese mallow	中国锦葵	5.0T
14)	Crown daisy	茼蒿	1.0T
15)	Cucumber	黄瓜	0.3
16)	Dried ginseng	干参	0.2
17)	Fresh ginseng	鲜参	0.2
18)	Ginger	姜	0.1T
19)	Ginseng extract	人参提取物	0.2
20)	Grape	葡萄	0.5
21)	Hop	蛇麻草	1.5†
22)	Kale	羽衣甘蓝	2.0T
23)	Korean cabbage，head	韩国甘蓝	0.2
24)	Korean cabbage，head（dried）	韩国甘蓝（干）	3.0
25)	Korean melon	韩国瓜类	0.1
26)	Lettuce（head）	莴苣（顶端）	4.0†
27)	Lettuce（leaf）	莴苣（叶）	19†
28)	Melon	瓜类	0.5
29)	Mustard green	芥菜	5.0T
30)	Onion	洋葱	0.1
31)	Parsley	欧芹	5.0T
32)	Perilla leaves	紫苏叶	7.0
33)	Potato	马铃薯	0.1
34)	Radish（leaf）	萝卜（叶）	1.0T
35)	Radish（root）	萝卜（根）	0.1T
36)	Rape leaves	油菜叶	0.5T
37)	Red ginseng	红参	0.2
38)	Red ginseng extract	红参提取物	0.2
39)	Sesame seed	芝麻籽	0.2
40)	Spinach	菠菜	19†
41)	Ssam cabbage	紫甘蓝	0.5
42)	Strawberry	草莓	0.5

（续）

序号	农产品英文名	农产品中文名	最大残留限量 （mg/kg）
43)	Sunflower seed	葵花籽	0.2T
44)	Sweet pepper	甜椒	0.1
45)	Tomato	番茄	0.5
46)	Water dropwort	水芹	0.1T
47)	Watermelon	西瓜	0.1
48)	Welsh onion	威尔士洋葱	0.1

102. Cypermethrin 氯氰菊酯（ADI: 0.02 mg/kg bw）
残留物：氯氰菊酯的异构体之和

序号	农产品英文名	农产品中文名	最大残留限量 （mg/kg）
1)	Apple	苹果	1.0
2)	Apricot	杏	2.0T
3)	Asparagus	芦笋	5.0T
4)	Avocado	鳄梨	2.0T
5)	Banana	香蕉	2.0T
6)	Barley	大麦	0.5T
7)	Beans	豆类	0.05T
8)	Beet（root）	甜菜（根）	0.05T
9)	Broccoli	西兰花	0.3
10)	Buckwheat	荞麦	1.0T
11)	Cabbage	甘蓝	1.0T
12)	Cardamom	豆蔻干籽	3.0†
13)	Carrot	胡萝卜	0.05T
14)	Celery	芹菜	5.0T
15)	Chamnamul	大叶芹菜	5.0
16)	Cherry	樱桃	1.0
17)	Chestnut	栗子	0.05
18)	Chicory	菊苣	5.0T
19)	Chili pepper	辣椒	0.5
20)	Chili pepper leaves	辣椒叶	3.0
21)	Chili pepper（dried）	辣椒（干）	2.0
22)	Chinese chives	韭菜	0.5T
23)	Chwinamul	野生紫菀	7.0
24)	Citrus fruits	柑橘类水果	2.0T
25)	Coffee bean	咖啡豆	0.05†
26)	Cotton seed	棉籽	0.2T
27)	Crown daisy	茼蒿	5.0
28)	Cucumber	黄瓜	0.2
29)	Dried ginseng	干参	0.1
30)	Edible fungi	食用菌	0.05T
31)	Eggplant	茄子	0.2T

（续）

序号	农产品英文名	农产品中文名	最大残留限量 （mg/kg）
32)	Fresh ginseng	鲜参	0.1
33)	Fruits	水果类	2.0T
34)	Garlic	大蒜	0.05
35)	Ginger	姜	5.0T
36)	Ginkgo nut	白果	2.0T
37)	Ginseng extract	人参提取物	0.3
38)	Gojiberry（dried）	枸杞（干）	5.0
39)	Grape	葡萄	0.5
40)	Grapefruit	葡萄柚	2.0T
41)	Green garlic	青蒜	0.05
42)	Herbs（fresh）	香草（鲜）	0.05T
43)	Japanese apricot	青梅	2.0T
44)	Kale	羽衣甘蓝	6.0
45)	Kiwifruit	猕猴桃	2.0T
46)	Kohlrabi	球茎甘蓝	0.05
47)	Korean cabbage，head	韩国甘蓝	2.0
48)	Leafy vegetables	叶类蔬菜	5.0
49)	Lemon	柠檬	2.0T
50)	Lettuce（head）	莴苣（顶端）	2.0T
51)	Lettuce（leaf）	莴苣（叶）	10
52)	Longan	桂圆	1.0†
53)	Maize	玉米	0.05T
54)	Mandarin	中国柑橘	2.0
55)	Mango	芒果	2.0T
56)	Melon	瓜类	2.0T
57)	Millet	粟	1.0T
58)	Mustard leaf	芥菜叶	6.0
59)	Nuts	坚果	0.05†
60)	Oak mushroom	香菇	5.0T
61)	Oat	燕麦	1.0T
62)	Onion	洋葱	0.05
63)	Orange	橙	2.0T
64)	Papaya	番木瓜	2.0T
65)	Peach	桃	1.0
66)	Peanut	花生	0.05T
67)	Pear	梨	0.5
68)	Perilla leaves	紫苏叶	15
69)	Persimmon	柿子	1.0
70)	Pineapple	菠萝	2.0T

（续）

序号	农产品英文名	农产品中文名	最大残留限量 （mg/kg）
71)	Plum	李子	1.0T
72)	Potato	马铃薯	0.05T
73)	Quince	榅桲	2.0T
74)	Radish（leaf）	萝卜（叶）	5.0
75)	Radish（root）	萝卜（根）	0.07
76)	Rape leaves	油菜叶	6.0
77)	Red bean	红豆	0.05T
78)	Red ginseng	红参	0.1
79)	Red ginseng extract	红参提取物	0.3
80)	Rice	稻米	1.0T
81)	Rye	黑麦	1.0T
82)	Seeds	种子类	0.2T
83)	Sesame seed	芝麻籽	0.2T
84)	Sorghum	高粱	1.0T
85)	Soybean	大豆	0.05T
86)	Spices（fruits and berries）	香辛料（水果和浆果类）	0.5T
87)	Spices roots	根类香辛料	0.2T
88)	Spices seeds	种子类香辛料	0.05T
89)	Spinach	菠菜	2.0T
90)	Squash	西葫芦	5.0T
91)	Ssam cabbage	紫甘蓝	5.0
92)	Stalk and stem vegetables	茎秆类蔬菜	3.0
93)	Strawberry	草莓	0.5T
94)	Sunflower seed	葵花籽	0.2T
95)	Sweet pepper	甜椒	0.5
96)	Sweet potato	甘薯	0.05T
97)	Taro	芋头	0.05T
98)	Tea	茶	15†
99)	Tomato	番茄	0.5T
100)	Turnip root	芜菁根	0.05
101)	Vegetables	蔬菜类	5.0T
102)	Walnut	胡桃	2.0T
103)	Wasabi（root）	芥末（根）	0.05
104)	Watermelon	西瓜	2.0T
105)	Welsh onion	威尔士洋葱	1.0
106)	Welsh onion（dried）	威尔士洋葱（干）	20.0
107)	Wheat	小麦	2.0†

103. Cyproconazole 环丙唑醇（ADI：0.02 mg/kg bw）

序号	农产品英文名	农产品中文名	最大残留限量
1)	Apple	苹果	0.1

（续）

序号	农产品英文名	农产品中文名	最大残留限量（mg/kg）
2）	Coffee bean	咖啡豆	0.09†
3）	Herbs（fresh）	香草（鲜）	0.05T
4）	Pear	梨	0.1
5）	Persimmon	柿子	0.2
6）	Radish（leaf）	萝卜（叶）	0.05T
7）	Soybean	大豆	0.05†
8）	Wheat	小麦	0.08†

104. Cyprodinil 嘧菌环胺（ADI：0.03 mg/kg bw）

序号	农产品英文名	农产品中文名	最大残留限量（mg/kg）
1）	Almond	扁桃仁	0.02†
2）	Apple	苹果	1.0
3）	Apricot	杏	2.0T
4）	Aronia	野樱莓	1.0T
5）	Blueberry	蓝莓	4.0†
6）	Celeriac	块根芹	2.0T
7）	Cherry	樱桃	2.0T
8）	Chili pepper	辣椒	2.0T
9）	Dried ginseng	干参	2.0
10）	Fresh ginseng	鲜参	2.0
11）	Ginseng extract	人参提取物	5.0
12）	Grape	葡萄	5.0
13）	Grapefruit	葡萄柚	1.0T
14）	Kiwifruit	猕猴桃	3.0
15）	Korean black raspberry	朝鲜黑树莓	1.0T
16）	Leafy vegetables	叶类蔬菜	15
17）	Lemon	柠檬	1.0T
18）	Mandarin	中国柑橘	1.0
19）	Mango	芒果	3.0T
20）	Orange	橙	1.0T
21）	Peach	桃	2.0
22）	Pear	梨	1.0
23）	Persimmon	柿子	1.0
24）	Plum	李子	2.0T
25）	Red ginseng	红参	2.0
26）	Red ginseng extract	红参提取物	5.0
27）	Schisandraberry	五味子	2.0T
28）	Stalk and stem vegetables	茎秆类蔬菜	15
29）	Strawberry	草莓	1.0
30）	Wheat	小麦	0.5T

105. Cyromazine 灭蝇胺（ADI：0.06 mg/kg bw）

序号	农产品英文名	农产品中文名	最大残留限量（mg/kg）
1）	Korean melon	韩国瓜类	0.5

（续）

序号	农产品英文名	农产品中文名	最大残留限量 (mg/kg)
2)	Melon	瓜类	0.5T
3)	Oyster mushroom	平菇	3.0
4)	Pak choi	小白菜	0.1T
5)	Potato	马铃薯	0.1T
6)	Watermelon	西瓜	0.1
7)	Welsh onion	威尔士洋葱	3.0T

106. Daminozide 丁酰肼（ADI：0.5 mg/kg bw）

序号	农产品英文名	农产品中文名	最大残留限量 (mg/kg)
1)	All crop	所有农作物	0.01

107. Dazomet 棉隆（ADI：0.01 mg/kg bw）
残留物：异硫氰酸甲酯（Methyl isothiocyanate），异硫氰酸甲酯来源于棉隆的使用，表示为棉隆

序号	农产品英文名	农产品中文名	最大残留限量 (mg/kg)
1)	Butterbur	菊科蜂斗菜属植物	0.1T
2)	Chili pepper	辣椒	0.1T
3)	Coastal hog fennel	小茴香	0.1T
4)	Crown daisy	茼蒿	0.1T
5)	Eggplant	茄子	0.1T
6)	Fresh ginseng	鲜参	0.1T
7)	Garlic	大蒜	0.1
8)	Ginger	姜	0.1
9)	Korean cabbage, head	韩国甘蓝	0.1T
10)	Korean melon	韩国瓜类	0.1
11)	Lettuce（leaf）	莴苣（叶）	0.1
12)	Melon	瓜类	0.1
13)	Narrow-head ragwort	窄叶黄菀	0.1T
14)	Onion	洋葱	0.1T
15)	Radish（leaf）	萝卜（叶）	0.1T
16)	Strawberry	草莓	0.1T
17)	Tomato	番茄	0.1
18)	Watermelon	西瓜	0.1

108. DBEDC 胺磺酮

序号	农产品英文名	农产品中文名	最大残留限量 (mg/kg)
1)	Cucumber	黄瓜	3.0
2)	Korean melon	韩国瓜类	2.0
3)	Squash	西葫芦	3.0
4)	Watermelon	西瓜	0.2

109. DDT 滴滴涕（ADI：0.01 mg/kg bw）
滴滴涕类总和，包括 p，p'-DDT、o，p'-DDT，p，p'-DDE 和 p，p'-TDE

序号	农产品英文名	农产品中文名	最大残留限量 (mg/kg)
1)	Carrot	胡萝卜	0.2T
2)	Cereal grains	谷物	0.1T
3)	Dried ginseng	干参	0.05T
4)	Fresh ginseng	鲜参	0.02T

（续）

序号	农产品英文名	农产品中文名	最大残留限量 （mg/kg）
5）	Ginseng extract	人参提取物	0.1T
6）	Herbs（fresh）	香草（鲜）	0.05T
7）	Red ginseng	红参	0.05T
8）	Red ginseng extract	红参提取物	0.1T

110. Deltamethrin 溴氰菊酯（ADI：0.01 mg/kg bw）

残留物：溴氰菊酯的异构体之和

序号	农产品英文名	农产品中文名	最大残留限量 （mg/kg）
1）	Alpine leek leaves	高山韭菜叶	2.0
2）	Amaranth leaves	苋菜叶	2.0
3）	Apricot	杏	0.5T
4）	Aronia	野樱莓	0.5
5）	Beet（root）	甜菜（根）	0.05T
6）	Blueberry	蓝莓	0.7
7）	Broccoli	西兰花	0.2
8）	Burdock	牛蒡	0.05
9）	Butterbur	菊科蜂斗菜属植物	2.0
10）	Cabbage	甘蓝	0.2
11）	Cacao bean	可可豆	0.05T
12）	Carrot	胡萝卜	0.05
13）	Chamnamul	大叶芹菜	2.0
14）	Chard	食用甜菜	2.0
15）	Cherry	樱桃	0.5T
16）	Chestnut	栗子	0.05
17）	Chicory（root）	菊苣（根）	0.05T
18）	Chili pepper	辣椒	0.2
19）	Chili pepper leaves	辣椒叶	5.0
20）	Chinese bellflower	中国风铃草	0.05T
21）	Chinese chives	韭菜	2.0
22）	Chinese mallow	中国锦葵	2.0
23）	Chwinamul	野生紫菀	2.0
24）	Cowpea	豇豆	0.05
25）	Crown daisy	茼蒿	0.3
26）	Cucumber	黄瓜	0.5
27）	Danggwi leaves	当归叶	2.0
28）	Deodeok	羊乳（桔梗科党参属的植物）	0.05T
29）	Dolnamul	垂盆草/豆瓣菜	2.0
30）	Dried ginseng	干参	0.05
31）	Edible fungi	食用菌	0.05T
32）	Eggplant	茄子	0.07
33）	Fresh ginseng	鲜参	0.05

（续）

序号	农产品英文名	农产品中文名	最大残留限量 (mg/kg)
34)	Garlic	大蒜	0.05
35)	Ginger	姜	0.05T
36)	Gojiberry (dried)	枸杞（干）	2.0
37)	Grape	葡萄	0.2
38)	Green garlic	青蒜	0.4
39)	Green soybean	青豆	0.3
40)	Herbs (fresh)	香草（鲜）	0.5T
41)	Japanese apricot	青梅	0.5
42)	Japanese cornel	日本茱萸	0.5T
43)	Jujube	枣	0.5T
44)	Kale	羽衣甘蓝	2.0
45)	Kidney bean	四季豆	0.05
46)	Kiwifruit	猕猴桃	0.05
47)	Kohlrabi	球茎甘蓝	0.05
48)	Korean black raspberry	朝鲜黑树莓	0.2
49)	Korean cabbage, head	韩国甘蓝	0.3
50)	Korean wormwood	朝鲜艾草	0.2
51)	Leafy vegetables	叶类蔬菜	1.0
52)	Lemon	柠檬	0.2
53)	Lettuce (head)	莴苣（顶端）	0.7
54)	Lettuce (leaf)	莴苣（叶）	0.7
55)	Maize	玉米	0.1
56)	Mandarin	中国柑橘	0.5
57)	Mango	芒果	0.05T
58)	Melon	瓜类	0.05
59)	Millet	粟	0.2
60)	Mulberry	桑葚	0.5
61)	Mung bean	绿豆	0.05
62)	Mustard leaf	芥菜叶	1.0
63)	Onion	洋葱	0.05
64)	Parsley	欧芹	2.0
65)	Pea	豌豆	0.05
66)	Peach	桃	0.5
67)	Perilla leaves	紫苏叶	2.0
68)	Plum	李子	0.5T
69)	Pome fruits	仁果类水果	0.5
70)	Potato	马铃薯	0.01
71)	Proso millet	黍	0.1T
72)	Radish (leaf)	萝卜（叶）	0.5

（续）

序号	农产品英文名	农产品中文名	最大残留限量 (mg/kg)
73)	Radish (root)	萝卜（根）	0.05
74)	Rape seed	油菜籽	0.05
75)	Red bean	红豆	0.05
76)	Safflower seed	红花籽	0.05T
77)	Schisandraberry	五味子	0.5T
78)	Sesame seed	芝麻籽	0.5
79)	Shiso	日本紫苏	2.0
80)	Sorghum	高粱	0.3
81)	Soybean	大豆	0.1
82)	Spices (fruits and berries)	香辛料（水果和浆果类）	0.03T
83)	Spices roots	根类香辛料	0.5T
84)	Spices seeds	种子类香辛料	0.1T
85)	Spinach	菠菜	0.05
86)	Squash	西葫芦	0.05
87)	Squash leaves	南瓜叶	1.0
88)	Ssam cabbage	紫甘蓝	1.0
89)	Stalk and stem vegetables	茎秆类蔬菜	0.3
90)	Strawberry	草莓	0.2T
91)	Sweet pepper	甜椒	0.2
92)	Sweet potato	甘薯	0.05
93)	Sword bean	刀豆	0.05T
94)	Taro	芋头	0.05T
95)	Tea	茶	5.0T
96)	Turnip root	芜菁根	0.05
97)	Walnut	胡桃	0.05
98)	Water dropwort	水芹	4.0
99)	Watermelon	西瓜	0.05
100)	Welsh onion	威尔士洋葱	0.3
101)	Wheat	小麦	2.0†
102)	Yam	山药	0.05T
103)	Yuja	香橙	0.5
111. Diafenthiuron 丁醚脲			
1)	Apple	苹果	0.5T
2)	Cucumber	黄瓜	2.0
3)	Mandarin	中国柑橘	0.5T
4)	Pear	梨	0.2T
5)	Welsh onion	威尔士洋葱	0.5T
112. Diazinon 二嗪磷（ADI：0.000 2 mg/kg bw）			
1)	Apple	苹果	0.05T

（续）

序号	农产品英文名	农产品中文名	最大残留限量（mg/kg）
2）	Chili pepper	辣椒	0.05
3）	Chili pepper leaves	辣椒叶	0.05
4）	Chili pepper（dried）	辣椒（干）	0.3
5）	Garlic	大蒜	0.05
6）	Grape	葡萄	0.05T
7）	Green garlic	青蒜	0.05
8）	Korean cabbage，head	韩国甘蓝	0.05
9）	Korean cabbage，head（dried）	韩国甘蓝（干）	0.3
10）	Korean melon	韩国瓜类	0.02
11）	Mustard green	芥菜	0.05
12）	Persimmon	柿子	0.05T
13）	Potato	马铃薯	0.02
14）	Ssam cabbage	紫甘蓝	0.1
15）	Sweet pepper	甜椒	0.05

113. Dicamba 麦草畏（ADI：0.3 mg/kg bw）

序号	农产品英文名	农产品中文名	最大残留限量（mg/kg）
1）	Asparagus	芦笋	3.0T
2）	Barley	大麦	0.5T
3）	Cotton seed	棉籽	$3.0^†$
4）	Maize	玉米	$0.01^†$
5）	Oat	燕麦	0.5T
6）	Sorghum	高粱	0.1
7）	Soybean	大豆	$10^†$
8）	Wheat	小麦	$1.5^†$

114. Dichlobenil 敌草腈（ADI：0.01 mg/kg bw）

序号	农产品英文名	农产品中文名	最大残留限量（mg/kg）
1）	Apple	苹果	0.15
2）	Apricot	杏	0.15T
3）	Avocado	鳄梨	0.15T
4）	Blueberry	蓝莓	0.05T
5）	Cherry	樱桃	0.15T
6）	Chestnut	栗子	0.05
7）	Citrus fruits	柑橘类水果	0.15T
8）	Cranberry	蔓越橘	0.05T
9）	Grape	葡萄	0.05
10）	Mango	芒果	0.15T
11）	Nuts	坚果	0.15T
12）	Peach	桃	0.05
13）	Pear	梨	0.15
14）	Persimmon	柿子	0.05
15）	Plum	李子	0.15T

（续）

序号	农产品英文名	农产品中文名	最大残留限量 （mg/kg）
16）	Wheat	小麦	0.05T

115. Dichlofluanid 苯氟磺胺（ADI：0.3 mg/kg bw）

序号	农产品英文名	农产品中文名	最大残留限量 （mg/kg）
1）	Almond	扁桃仁	15.0T
2）	Apple	苹果	5.0T
3）	Apricot	杏	15.0T
4）	Asparagus	芦笋	15.0T
5）	Avocado	鳄梨	15.0T
6）	Banana	香蕉	15.0T
7）	Barley	大麦	0.1T
8）	Beans	豆类	0.2T
9）	Broad bean	蚕豆	0.2T
10）	Buckwheat	荞麦	0.1T
11）	Cabbage	甘蓝	15.0T
12）	Carrot	胡萝卜	15.0T
13）	Celery	芹菜	15.0T
14）	Cherry	樱桃	2.0T
15）	Chestnut	栗子	15.0T
16）	Chili pepper	辣椒	2.0T
17）	Chili pepper （dried）	辣椒（干）	5.0T
18）	Chinese chives	韭菜	15.0T
19）	Citrus fruits	柑橘类水果	15.0T
20）	Cotton seed	棉籽	15.0T
21）	Crown daisy	茼蒿	15.0T
22）	Cucumber	黄瓜	5.0T
23）	Edible fungi	食用菌	15.0T
24）	Eggplant	茄子	1.0T
25）	Fruits	水果类	15.0T
26）	Garlic	大蒜	15.0T
27）	Ginger	姜	15.0T
28）	Ginkgo nut	白果	15.0T
29）	Grape	葡萄	15.0T
30）	Grapefruit	葡萄柚	15.0T
31）	Hop	蛇麻草	5.0T
32）	Japanese apricot	青梅	15.0T
33）	Kale	羽衣甘蓝	15.0T
34）	Kidney bean	四季豆	0.2T
35）	Kiwifruit	猕猴桃	15.0T
36）	Korean cabbage，head	韩国甘蓝	15.0T
37）	Korean melon	韩国瓜类	15.0T

（续）

序号	农产品英文名	农产品中文名	最大残留限量（mg/kg）
38）	Lemon	柠檬	15.0T
39）	Lettuce（head）	莴苣（顶端）	10.0T
40）	Lettuce（leaf）	莴苣（叶）	10.0T
41）	Mandarin	中国柑橘	15.0T
42）	Mango	芒果	15.0T
43）	Melon	瓜类	15.0T
44）	Millet	粟	0.1T
45）	Mung bean	绿豆	0.2T
46）	Nuts	坚果	15.0T
47）	Oak mushroom	香菇	15.0T
48）	Oat	燕麦	0.1T
49）	Onion	洋葱	0.1T
50）	Orange	橙	15.0T
51）	Papaya	番木瓜	15.0T
52）	Pea	豌豆	0.2T
53）	Peach	桃	5.0T
54）	Peanut	花生	0.2T
55）	Pear	梨	5.0T
56）	Pecan	美洲山核桃	15.0T
57）	Persimmon	柿子	15.0T
58）	Pineapple	菠萝	15.0T
59）	Plum	李子	15.0T
60）	Potato	马铃薯	0.1T
61）	Quince	榲桲	15.0T
62）	Radish（root）	萝卜（根）	15.0T
63）	Red bean	红豆	0.2T
64）	Rye	黑麦	0.1T
65）	Seeds	种子类	15.0T
66）	Sesame seed	芝麻籽	15.0T
67）	Sorghum	高粱	0.1T
68）	Soybean	大豆	0.2T
69）	Spinach	菠菜	15.0T
70）	Squash	西葫芦	15.0T
71）	Strawberry	草莓	10.0T
72）	Sunflower seed	葵花籽	15.0T
73）	Sweet pepper	甜椒	2.0T
74）	Tomato	番茄	2.0T
75）	Vegetables	蔬菜类	15.0T
76）	Walnut	胡桃	15.0T

（续）

序号	农产品英文名	农产品中文名	最大残留限量（mg/kg）
77)	Watermelon	西瓜	15.0T
78)	Welsh onion	威尔士洋葱	15.0T
79)	Wheat	小麦	0.1T

116. Dichlorprop 2,4-滴丙酸（ADI：0.06 mg/kg bw）

序号	农产品英文名	农产品中文名	最大残留限量（mg/kg）
1)	Apple	苹果	0.05
2)	Mandarin	中国柑橘	0.05T
3)	Orange	橙	0.05T

117. Dichlorvos 敌敌畏（ADI：0.004 mg/kg bw）

序号	农产品英文名	农产品中文名	最大残留限量（mg/kg）
1)	Almond	扁桃仁	0.1T
2)	Amaranth leaves	苋菜叶	5.0T
3)	Apple	苹果	0.05
4)	Apricot	杏	0.05T
5)	Beet（leaf）	甜菜（叶）	0.5T
6)	Beet（root）	甜菜（根）	0.05T
7)	Chestnut	栗子	0.5T
8)	Chili pepper	辣椒	0.05
9)	Cucumber	黄瓜	0.1
10)	Grape	葡萄	0.05
11)	Green soybean	青豆	0.05
12)	Japanese apricot	青梅	1.0T
13)	Korean cabbage，head	韩国甘蓝	0.2
14)	Lettuce（leaf）	莴苣（叶）	0.5T
15)	Maize	玉米	0.05T
16)	Mandarin	中国柑橘	0.2
17)	Mulberry	桑葚	0.05T
18)	Oak mushroom	香菇	0.05T
19)	Other spices	其他香辛料	0.1T
20)	Peach	桃	0.05
21)	Pear	梨	0.05
22)	Perilla leaves	紫苏叶	2.0T
23)	Persimmon	柿子	0.05
24)	Radish（leaf）	萝卜（叶）	1.0T
25)	Salt sandspurry	拟漆姑	0.3T
26)	Soybean	大豆	0.05
27)	Spices（fruits and berries）	香辛料（水果和浆果类）	0.1T
28)	Spices roots	根类香辛料	0.1T
29)	Spices seeds	种子类香辛料	0.1T
30)	Ssam cabbage	紫甘蓝	0.5
31)	Strawberry	草莓	0.05T

（续）

序号	农产品英文名	农产品中文名	最大残留限量 （mg/kg）
32）	Sweet pepper	甜椒	0.05
33）	Welsh onion	威尔士洋葱	0.1
34）	Wheat	小麦	0.05T
35）	Yuja	香橙	0.2T

118. Diclofop-methyl　禾草灵（ADI：0.001 mg/kg bw）

1）	Barley	大麦	0.1T
2）	Soybean	大豆	0.1T
3）	Wheat	小麦	0.1T

119. Dicloran　氯硝胺（ADI：0.01 mg/kg bw）

1）	Apricot	杏	10.0T
2）	Beans	豆类	20.0T
3）	Carrot	胡萝卜	10.0T
4）	Celery	芹菜	10.0T
5）	Cherry	樱桃	10.0T
6）	Coffee bean	咖啡豆	0.1T
7）	Cotton seed	棉籽	0.1T
8）	Grape	葡萄	10.0T
9）	Kiwifruit	猕猴桃	10.0T
10）	Lettuce（head）	莴苣（顶端）	10.0T
11）	Onion	洋葱	10.0T
12）	Peach	桃	10.0T
13）	Plum	李子	10.0T
14）	Potato	马铃薯	0.25T
15）	Soybean	大豆	20.0T
16）	Strawberry	草莓	10.0T
17）	Sweet potato	甘薯	10.0T
18）	Tomato	番茄	0.5T

120. Diclosulam　双氯磺草胺

1）	Soybean	大豆	0.02T

121. Dicofol　三氯杀螨醇（ADI：0.002 mg/kg bw）

1）	Almond	扁桃仁	1.0T
2）	Apple	苹果	2.0T
3）	Apricot	杏	1.0T
4）	Asparagus	芦笋	1.0T
5）	Avocado	鳄梨	1.0T
6）	Banana	香蕉	1.0T
7）	Beans	豆类	0.1T
8）	Cabbage	甘蓝	1.0T
9）	Carrot	胡萝卜	1.0T

（续）

序号	农产品英文名	农产品中文名	最大残留限量（mg/kg）
10)	Celery	芹菜	1.0T
11)	Cherry	樱桃	1.0T
12)	Chestnut	栗子	1.0T
13)	Chili pepper	辣椒	1.0T
14)	Citrus fruits	柑橘类水果	1.0T
15)	Cotton seed	棉籽	0.1T
16)	Cucumber	黄瓜	1.0T
17)	Eggplant	茄子	1.0T
18)	Garlic	大蒜	1.0T
19)	Grape	葡萄	1.0T
20)	Grapefruit	葡萄柚	1.0T
21)	Hop	蛇麻草	1.0T
22)	Kale	羽衣甘蓝	1.0T
23)	Kiwifruit	猕猴桃	1.0T
24)	Korean cabbage，head	韩国甘蓝	1.0T
25)	Korean melon	韩国瓜类	1.0T
26)	Lemon	柠檬	1.0T
27)	Lettuce（head）	莴苣（顶端）	1.0T
28)	Mango	芒果	1.0T
29)	Melon	瓜类	1.0T
30)	Onion	洋葱	1.0T
31)	Orange	橙	1.0T
32)	Papaya	番木瓜	1.0T
33)	Peach	桃	1.0T
34)	Pear	梨	2.0T
35)	Pecan	美洲山核桃	1.0T
36)	Pineapple	菠萝	1.0T
37)	Plum	李子	0.5T
38)	Pumpkin seed	南瓜籽	0.1T
39)	Quince	榅桲	1.0T
40)	Radish（leaf）	萝卜（叶）	1.0T
41)	Spices（fruits and berries）	香辛料（水果和浆果类）	0.1T
42)	Spices roots	根类香辛料	0.1T
43)	Spices seeds	种子类香辛料	0.05T
44)	Spinach	菠菜	1.0T
45)	Squash	西葫芦	1.0T
46)	Strawberry	草莓	1.0T
47)	Sweet pepper	甜椒	1.0T
48)	Tea	茶	20[+]

（续）

序号	农产品英文名	农产品中文名	最大残留限量 (mg/kg)
49)	Tomato	番茄	1.0T
50)	Walnut	胡桃	1.0T
51)	Welsh onion	威尔士洋葱	1.0T

122. Diethofencarb 乙霉威（ADI：0.43 mg/kg bw）

序号	农产品英文名	农产品中文名	最大残留限量 (mg/kg)
1)	Aronia	野樱莓	2.0T
2)	Banana	香蕉	0.09†
3)	Blueberry	蓝莓	2.0T
4)	Broccoli	西兰花	0.3T
5)	Cabbage	甘蓝	0.05T
6)	Carrot	胡萝卜	0.05T
7)	Chamnamul	大叶芹菜	5.0
8)	Cherry	樱桃	0.3T
9)	Chili pepper	辣椒	1.0
10)	Chili pepper leaves	辣椒叶	2.0
11)	Chili pepper (dried)	辣椒（干）	3.0
12)	Crown daisy	茼蒿	30
13)	Cucumber	黄瓜	0.5
14)	Dolnamul	垂盆草/豆瓣菜	20
15)	Dried ginseng	干参	0.3
16)	Eggplant	茄子	1.0
17)	Fresh ginseng	鲜参	0.3
18)	Ginseng extract	人参提取物	2.0
19)	Grape	葡萄	2.0
20)	Kale	羽衣甘蓝	40
21)	Kiwifruit	猕猴桃	3.0
22)	Leafy vegetables	叶类蔬菜	30
23)	Lemon	柠檬	0.5T
24)	Lettuce (leaf)	莴苣（叶）	5.0T
25)	Mandarin	中国柑橘	0.5
26)	Mango	芒果	0.09T
27)	Mulberry	桑葚	2.0T
28)	Mushroom	蘑菇	0.05T
29)	Onion	洋葱	0.05
30)	Peach	桃	0.3
31)	Perilla leaves	紫苏叶	20
32)	Plum	李子	0.5
33)	Rape leaves	油菜叶	0.05
34)	Rape seed	油菜籽	0.05
35)	Red ginseng	红参	0.3

（续）

序号	农产品英文名	农产品中文名	最大残留限量（mg/kg）
36)	Red ginseng extract	红参提取物	2.0
37)	Safflower seed	红花籽	0.2
38)	Schisandraberry	五味子	0.3T
39)	Stalk and stem vegetables	茎秆类蔬菜	15
40)	Strawberry	草莓	5.0
41)	Sweet pepper	甜椒	5.0
42)	Tomato	番茄	3.0
43)	Welsh onion	威尔士洋葱	10

123. Difenoconazole 苯醚甲环唑 （ADI：0.01 mg/kg bw）

序号	农产品英文名	农产品中文名	最大残留限量（mg/kg）
1)	Alpine leek leaves	高山韭菜叶	5.0T
2)	Amaranth leaves	苋菜叶	20
3)	Apricot	杏	0.05
4)	Aronia	野樱莓	0.5T
5)	Balsam apple	苦瓜	0.05T
6)	Banana	香蕉	0.1†
7)	Barley	大麦	0.1
8)	Beet（root）	甜菜（根）	0.3
9)	Blueberry	蓝莓	4.0T
10)	Broccoli	西兰花	0.05T
11)	Burdock	牛蒡	1.0
12)	Cabbage	甘蓝	0.05T
13)	Carrot	胡萝卜	0.5
14)	Celeriac	块根芹	0.5T
15)	Chard	食用甜菜	5.0T
16)	Cherry	樱桃	2.0†
17)	Chestnut	栗子	0.05T
18)	Chick peas	鹰嘴豆	0.07†
19)	Chicory（root）	菊苣（根）	0.05T
20)	Chili pepper	辣椒	1.0
21)	Chinese bellflower	中国风铃草	0.05T
22)	Chinese chives	韭菜	0.5
23)	Chinese mallow	中国锦葵	5.0T
24)	Chwinamul	野生紫菀	5.0
25)	Citrus fruits	柑橘类水果	0.6†
26)	Crown daisy	茼蒿	7.0
27)	Cucumber	黄瓜	1.0
28)	Deodeok	羊乳（桔梗科党参属的植物）	0.05
29)	Dried ginseng	干参	0.5
30)	Eggplant	茄子	0.5

（续）

序号	农产品英文名	农产品中文名	最大残留限量（mg/kg）
31)	Fig	无花果	0.5T
32)	Fresh ginseng	鲜参	0.5
33)	Garlic	大蒜	0.5
34)	Ginger	姜	0.05T
35)	Ginseng extract	人参提取物	0.5
36)	Gojiberry (dried)	枸杞（干）	7.0
37)	Grape	葡萄	1.0
38)	Green garlic	青蒜	2.0
39)	Herbs (fresh)	香草（鲜）	10T
40)	Indian lettuce	印度莴苣	7.0
41)	Japanese apricot	青梅	1.0
42)	Job's tear	薏苡	0.1
43)	Jujube	枣	2.0
44)	Jujube (dried)	枣（干）	7.0
45)	Kiwifruit	猕猴桃	0.5
46)	Korean black raspberry	朝鲜黑树莓	0.5T
47)	Korean melon	韩国瓜类	0.3
48)	Lettuce (leaf)	莴苣（叶）	5.0
49)	Maca	马卡	0.1T
50)	Maize	玉米	0.05
51)	Mandarin	中国柑橘	1.0
52)	Mango	芒果	$0.6^{\dagger}$
53)	Melon	瓜类	0.5
54)	Mulberry	桑葚	0.5T
55)	Mung bean	绿豆	0.07T
56)	Mushroom	蘑菇	0.05T
57)	Oat	燕麦	0.05T
58)	Onion	洋葱	0.05
59)	Pak choi	小白菜	5.0T
60)	Parsley	欧芹	5.0T
61)	Parsnip	欧洲防风草	0.05T
62)	Peach	桃	2.0
63)	Peanut	花生	0.05
64)	Perilla leaves	紫苏叶	7.0
65)	Plum	李子	0.3
66)	Pome fruits	仁果类水果	1.0
67)	Potato	马铃薯	$4.0^{\dagger}$
68)	Proso millet	黍	0.05T
69)	Quince	榅桲	1.0

（续）

序号	农产品英文名	农产品中文名	最大残留限量 （mg/kg）
70）	Radish（leaf）	萝卜（叶）	5.0
71）	Radish（root）	萝卜（根）	0.2
72）	Rape seed	油菜籽	0.1†
73）	Red ginseng	红参	0.5
74）	Red ginseng extract	红参提取物	0.5
75）	Rice	稻米	0.2
76）	Rose（dried）	玫瑰（干）	20T
77）	Schisandraberry	五味子	0.3
78）	Schisandraberry（dried）	五味子（干）	0.7
79）	Sesame seed	芝麻籽	0.1
80）	Sorghum	高粱	0.2
81）	Soybean	大豆	0.15†
82）	Spices seeds	种子类香辛料	0.3T
83）	Squash	西葫芦	0.5
84）	Squash leaves	南瓜叶	10
85）	Stalk and stem vegetables	茎秆类蔬菜	2.0
86）	Strawberry	草莓	0.5
87）	Sweet pepper	甜椒	1.0
88）	Sweet potato	甘薯	0.1T
89）	Tea	茶	2.0
90）	Tomato	番茄	1.0
91）	Turnip root	芜菁根	0.05T
92）	Walnut	胡桃	0.05T
93）	Water dropwort	水芹	3.0
94）	Watermelon	西瓜	0.05
95）	Welsh onion	威尔士洋葱	1.0
96）	Wheat	小麦	0.01†
97）	Yam	山药	0.1
98）	Yam（dried）	山药（干）	0.1

124. Diflubenzuron 除虫脲（ADI：0.02 mg/kg bw）

序号	农产品英文名	农产品中文名	最大残留限量（mg/kg）
1）	Apricot	杏	1.0T
2）	Aronia	野樱莓	2.0T
3）	Blueberry	蓝莓	2.0T
4）	Cherry	樱桃	1.0T
5）	Cherry，Nanking	南京樱桃	1.0T
6）	Chili pepper	辣椒	2.0
7）	Chinese bellflower	中国风铃草	0.3T
8）	Cucumber	黄瓜	1.0
9）	Danggwi leaves	当归叶	20

（续）

序号	农产品英文名	农产品中文名	最大残留限量 (mg/kg)
10)	Deodeok	羊乳（桔梗科党参属的植物）	0.3T
11)	Fig	无花果	2.0T
12)	Ginger	姜	0.3T
13)	Grape	葡萄	2.0
14)	Grapefruit	葡萄柚	3.0T
15)	Green soybean	青豆	1.0
16)	Herbs（fresh）	香草（鲜）	0.05T
17)	Japanese apricot	青梅	2.0
18)	Job's tear	薏苡	0.05T
19)	Jujube	枣	1.0T
20)	Korean cabbage，head	韩国甘蓝	0.7
21)	Korean melon	韩国瓜类	1.0
22)	Leafy vegetables	叶类蔬菜	2.0
23)	Lemon	柠檬	3.0T
24)	Maize	玉米	0.05
25)	Mandarin	中国柑橘	3.0
26)	Mushroom	蘑菇	0.3
27)	Nuts	坚果	0.15[†]
28)	Oak mushroom	香菇	0.3T
29)	Orange	橙	3.0T
30)	Oyster mushroom	平菇	1.0
31)	Peach	桃	1.0
32)	Peanut	花生	0.1T
33)	Plum	李子	1.0
34)	Pome fruits	仁果类水果	2.0
35)	Pomegranate	石榴	1.0
36)	Quince	榅桲	2.0
37)	Radish（root）	萝卜（根）	0.3T
38)	Schisandraberry	五味子	1.0T
39)	Soybean	大豆	0.1
40)	Ssam cabbage	紫甘蓝	2.0
41)	Stalk and stem vegetables	茎秆类蔬菜	3.0
42)	Strawberry	草莓	2.0
43)	Sweet pepper	甜椒	2.0
44)	Watermelon	西瓜	0.3
45)	Welsh onion	威尔士洋葱	0.5
46)	Wheat	小麦	0.05[†]
47)	Yam	山药	0.05T
48)	Yuja	香橙	3.0T

（续）

序号	农产品英文名	农产品中文名	最大残留限量（mg/kg）
125. Dimepiperate 哌草丹			
1)	Rice	稻米	0.05T
126. Dimethametryn 异戊乙净（ADI：0.009 4 mg/kg bw）			
1)	Perilla leaves	紫苏叶	0.1T
2)	Rice	稻米	0.1
127. Dimethenamid 二甲酚草胺（ADI：0.07 mg/kg bw）			
1)	Cabbage	甘蓝	0.07
2)	Chili pepper	辣椒	0.05
3)	Garlic	大蒜	0.05
4)	Ginger	姜	0.2
5)	Green garlic	青蒜	0.05
6)	Hop	蛇麻草	0.05T
7)	Maize	玉米	0.1
8)	Onion	洋葱	0.05
9)	Perilla leaves	紫苏叶	0.05T
10)	Potato	马铃薯	0.1
11)	Soybean	大豆	0.01
12)	Sweet pepper	甜椒	0.05
13)	Water dropwort	水芹	0.05T
128. Dimethipin 噻节因（ADI：0.02 mg/kg bw）			
1)	Cotton seed	棉籽	0.5T
2)	Potato	马铃薯	0.05T
3)	Seeds	种子类	0.2T
4)	Sunflower seed	葵花籽	0.5T
129. Dimethoate 乐果（ADI：0.002 mg/kg bw）			
1)	Apple	苹果	1.0T
2)	Apricot	杏	2.0T
3)	Banana	香蕉	1.0T
4)	Beans	豆类	2.0T
5)	Cabbage	甘蓝	2.0T
6)	Carrot	胡萝卜	1.0T
7)	Celery	芹菜	1.0T
8)	Cherry	樱桃	2.0T
9)	Chili pepper	辣椒	1.0T
10)	Chinese chives	韭菜	0.05T
11)	Citrus fruits	柑橘类水果	2.0T
12)	Cotton seed	棉籽	0.1T
13)	Cucumber	黄瓜	2.0T

（续）

序号	农产品英文名	农产品中文名	最大残留限量（mg/kg）
14)	Garlic	大蒜	0.5
15)	Grape	葡萄	1.0T
16)	Green garlic	青蒜	1.0
17)	Herbs（fresh）	香草（鲜）	0.05T
18)	Hop	蛇麻草	3.0T
19)	Kale	羽衣甘蓝	0.5T
20)	Lettuce（head）	莴苣（顶端）	2.0T
21)	Maize	玉米	0.1T
22)	Melon	瓜类	1.0T
23)	Onion	洋葱	0.2
24)	Pak choi	小白菜	0.5T
25)	Pea	豌豆	0.5T
26)	Peach	桃	2.0T
27)	Pear	梨	1.0T
28)	Pecan	美洲山核桃	0.1T
29)	Plum	李子	0.5T
30)	Potato	马铃薯	0.05T
31)	Radish（leaf）	萝卜（叶）	2.0T
32)	Radish（root）	萝卜（根）	2.0T
33)	Sorghum	高粱	0.1T
34)	Soybean	大豆	0.05T
35)	Spices（fruits and berries）	香辛料（水果和浆果类）	0.5T
36)	Spices roots	根类香辛料	0.1T
37)	Spices seeds	种子类香辛料	5.0T
38)	Spinach	菠菜	1.0T
39)	Strawberry	草莓	1.0T
40)	Sweet pepper	甜椒	1.0T
41)	Tea	茶	0.05T
42)	Tomato	番茄	1.0T
43)	Welsh onion	威尔士洋葱	0.05
44)	Wheat	小麦	0.2T

130. Dimethomorph 烯酰吗啉（ADI：0.2 mg/kg bw）
烯酰吗啉的 E 型和 Z 型异构体的总和

序号	农产品英文名	农产品中文名	最大残留限量
1)	Amaranth leaves	苋菜叶	5.0
2)	Aronia	野樱莓	1.0T
3)	Beet（root）	甜菜（根）	0.05T
4)	Blueberry	蓝莓	1.0
5)	Broccoli	西兰花	0.05
6)	Buckwheat	荞麦	2.0T

（续）

序号	农产品英文名	农产品中文名	最大残留限量（mg/kg）
7)	Burdock	牛蒡	0.05T
8)	Cabbage	甘蓝	0.05
9)	Carrot	胡萝卜	0.05T
10)	Chard	食用甜菜	30
11)	Chicory（root）	菊苣（根）	0.3
12)	Chili pepper	辣椒	5.0
13)	Chinese bellflower	中国风铃草	0.05T
14)	Crown daisy	茼蒿	20
15)	Cucumber	黄瓜	0.7
16)	Danggwi leaves	当归叶	25
17)	Deodeok	羊乳（桔梗科党参属的植物）	0.05T
18)	Dried ginseng	干参	15
19)	Eggplant	茄子	5.0T
20)	Fig	无花果	3.0
21)	Fresh ginseng	鲜参	3.0
22)	Garlic	大蒜	0.05
23)	Ginger	姜	0.5
24)	Ginseng extract	人参提取物	3.0
25)	Grape	葡萄	2.0
26)	Green soybean	青豆	5.0T
27)	Hop	蛇麻草	70†
28)	Korean black raspberry	朝鲜黑树莓	1.0T
29)	Korean cabbage，head	韩国甘蓝	2.0
30)	Korean cabbage，head（dried）	韩国甘蓝（干）	2.5
31)	Korean melon	韩国瓜类	0.5
32)	Leafy vegetables	叶类蔬菜	30
33)	Lettuce（leaf）	莴苣（叶）	20
34)	Mandarin	中国柑橘	1.0
35)	Mango	芒果	1.0T
36)	Melon	瓜类	0.7
37)	Millet	粟	2.0
38)	Mulberry	桑葚	1.0T
39)	Mung bean	绿豆	0.05T
40)	Mustard leaf	芥菜叶	5.0
41)	Onion	洋葱	0.2
42)	Pak choi	小白菜	20
43)	Peanut	花生	0.05T
44)	Perilla leaves	紫苏叶	20
45)	Pomegranate	石榴	1.0T

（续）

序号	农产品英文名	农产品中文名	最大残留限量 (mg/kg)
46)	Potato	马铃薯	0.1
47)	Quinoa	藜麦	0.05
48)	Radish（leaf）	萝卜（叶）	15
49)	Radish（root）	萝卜（根）	0.5
50)	Rape seed	油菜籽	0.5T
51)	Red ginseng	红参	10
52)	Red ginseng extract	红参提取物	3.0
53)	Schisandraberry	五味子	1.0T
54)	Sesame seed	芝麻籽	0.5
55)	Soybean	大豆	0.05T
56)	Spinach	菠菜	20
57)	Ssam cabbage	紫甘蓝	5.0
58)	Ssam cabbage（dried）	紫甘蓝（干）	7.0
59)	Stalk and stem vegetables	茎秆类蔬菜	7.0
60)	Strawberry	草莓	2.0
61)	Sunflower seed	葵花籽	0.5T
62)	Sweet pepper	甜椒	5.0
63)	Sweet potato	甘薯	0.1T
64)	Tomato	番茄	5.0
65)	Watermelon	西瓜	0.1
66)	Welsh onion	威尔士洋葱	3.0
67)	Welsh onion（dried）	威尔士洋葱（干）	15
68)	Yam	山药	0.1T

131. Dimethyl dithiocarbamates   二甲基二硫代氨基甲酸盐
残留物：总二硫代氨基甲酸酯，参照 140 二硫代氨基甲酸酯

132. Dimethylvinphos   甲基毒虫畏
甲基毒虫畏的 E 型和 Z 型异构体的总和

1)	Korean cabbage，head	韩国甘蓝	0.05T
2)	Rice	稻米	0.1T
3)	Tomato	番茄	0.1T

133. Diniconazole   烯唑醇（ADI：0.002 3 mg/kg bw）

1)	Apple	苹果	1.0
2)	Beet（root）	甜菜（根）	0.05T
3)	Broccoli	西兰花	0.07
4)	Carrot	胡萝卜	0.05T
5)	Celery	芹菜	0.3T
6)	Chicory（root）	菊苣（根）	0.05T
7)	Fresh ginseng	鲜参	0.05T
8)	Garlic	大蒜	0.05

（续）

序号	农产品英文名	农产品中文名	最大残留限量（mg/kg）
9)	Green garlic	青蒜	0.3
10)	Korean cabbage，head	韩国甘蓝	0.1
11)	Leafy vegetables	叶类蔬菜	0.3
12)	Maize	玉米	0.05T
13)	Peanut	花生	0.05T
14)	Pear	梨	1.0
15)	Radish（root）	萝卜（根）	0.05T
16)	Soybean	大豆	0.05T
17)	Ssam cabbage	紫甘蓝	0.3
18)	Stalk and stem vegetables	茎秆类蔬菜	0.3
19)	Water dropwort	水芹	0.3T
20)	Wheat	小麦	0.05T

134. Dinotefuran 呋虫胺（ADI：0.02 mg/kg bw）

序号	农产品英文名	农产品中文名	最大残留限量（mg/kg）
1)	Amaranth leaves	苋菜叶	0.1T
2)	Apricot	杏	1.0
3)	Aronia	野樱莓	1.0T
4)	Banana	香蕉	0.5T
5)	Beet（leaf）	甜菜（叶）	0.1T
6)	Beet（root）	甜菜（根）	0.05T
7)	Blueberry	蓝莓	1.0
8)	Bracken	欧洲蕨	0.3T
9)	Broccoli	西兰花	2.0
10)	Burdock	牛蒡	0.7
11)	Burdock leaves	牛蒡叶	20
12)	Cabbage	甘蓝	0.3
13)	Carrot	胡萝卜	0.05T
14)	Cherry	樱桃	2.0T
15)	Chestnut	栗子	0.05
16)	Chicory（root）	菊苣（根）	0.05T
17)	Chili pepper	辣椒	2.0
18)	Chinese chives	韭菜	0.3T
19)	Cranberry	蔓越橘	0.15T
20)	Cucumber	黄瓜	1.0
21)	Dried ginseng	干参	0.05
22)	Eggplant	茄子	0.5
23)	Fig	无花果	1.0
24)	Fresh ginseng	鲜参	0.05
25)	Garlic	大蒜	0.05
26)	Ginger	姜	0.05T

（续）

序号	农产品英文名	农产品中文名	最大残留限量（mg/kg）
27)	Godeulppaegi	一种菊科植物	5.0T
28)	Gojiberry	枸杞	1.0T
29)	Gondre	耶蓟	0.1T
30)	Grape	葡萄	5.0
31)	Green garlic	青蒜	0.05
32)	Green soybean	青豆	0.5T
33)	Japanese apricot	青梅	2.0
34)	Job's tear	薏苡	1.0T
35)	Kale	羽衣甘蓝	2.0
36)	Kiwifruit	猕猴桃	1.0
37)	Kohlrabi	球茎甘蓝	0.3T
38)	Korean black raspberry	朝鲜黑树莓	2.0
39)	Korean cabbage，head	韩国甘蓝	1.0
40)	Korean melon	韩国瓜类	2.0
41)	Korean wormwood	朝鲜艾草	0.3
42)	Leafy vegetables	叶类蔬菜	0.05T
43)	Lemon	柠檬	1.0T
44)	Lettuce（head）	莴苣（顶端）	1.0T
45)	Lettuce（leaf）	莴苣（叶）	10T
46)	Maize	玉米	1.0T
47)	Mandarin	中国柑橘	1.0
48)	Mango	芒果	0.5†
49)	Melon	瓜类	1.0
50)	Millet	粟	1.0T
51)	Mizuna	日本芜菁（水菜）	0.1T
52)	Mulberry	桑葚	1.0
53)	Mulberry leaves	桑葚叶	15
54)	Mung bean	绿豆	0.05T
55)	Mustard green	芥菜	2.0
56)	Mustard leaf	芥菜叶	0.1
57)	Papaya	番木瓜	0.5T
58)	Parsley	欧芹	5.0T
59)	Passion fruit	百香果	0.5T
60)	Pawpaw	木瓜	0.5T
61)	Pea	豌豆	0.05T
62)	Peach	桃	0.5
63)	Peanut	花生	0.05T
64)	Perilla leaves	紫苏叶	30
65)	Plum	李子	2.0

（续）

序号	农产品英文名	农产品中文名	最大残留限量 （mg/kg）
66）	Pome fruits	仁果类水果	0.5
67）	Potato	马铃薯	0.1
68）	Proso millet	黍	1.0T
69）	Radish（leaf）	萝卜（叶）	0.7
70）	Radish（root）	萝卜（根）	0.05
71）	Red bean	红豆	0.05T
72）	Rice	稻米	1.0
73）	Rosemary（fresh）	迷迭香（鲜）	0.3T
74）	Shepherd's purse	荠菜	1.0T
75）	Sorghum	高粱	1.0
76）	Soybean	大豆	0.05
77）	Spinach	菠菜	1.0T
78）	Squash	西葫芦	2.0
79）	Squash leaves	南瓜叶	5.0
80）	Ssam cabbage	紫甘蓝	3.0
81）	Stalk and stem vegetables	茎秆类蔬菜	0.05T
82）	Strawberry	草莓	2.0
83）	Sugar beet	甜菜	0.05T
84）	Sweet pepper	甜椒	2.0
85）	Sweet potato	甘薯	0.1T
86）	Sweet potato vines	薯蔓	0.05T
87）	Tatsoi	塌棵菜	7.0
88）	Tea	茶	7.0T
89）	Tomato	番茄	1.0
90）	Turnip root	芜菁根	0.05T
91）	Walnut	胡桃	0.05T
92）	Water dropwort	水芹	0.05T
93）	Watermelon	西瓜	0.5
94）	Welsh onion	威尔士洋葱	7.0
95）	Yuja	香橙	1.0

135. Diphenamid 双苯酰草胺

1）	Peanut	花生	0.05T

136. Diphenylamine 二苯胺（ADI：0.08 mg/kg bw）

1）	Apple	苹果	5.0T
2）	Cacao bean	可可豆	5.0T
3）	Coffee bean	咖啡豆	5.0T
4）	Herbs（fresh）	香草（鲜）	5.0T
5）	Pear	梨	5.0T

137. Diquat 敌草快（ADI：0.002 mg/kg bw）

1）	Barley	大麦	0.02T

序号	农产品英文名	农产品中文名	最大残留限量（mg/kg）
2）	Beans	豆类	0.5T
3）	Blueberry	蓝莓	0.02T
4）	Cherry	樱桃	0.02T
5）	Cotton seed	棉籽	1.0T
6）	Grape	葡萄	0.02T
7）	Grapefruit	葡萄柚	0.02T
8）	Hop	蛇麻草	0.02T
9）	Lemon	柠檬	0.02T
10）	Maize	玉米	0.1T
11）	Onion	洋葱	0.1T
12）	Orange	橙	0.02T
13）	Pea	豌豆	0.1T
14）	Potato	马铃薯	0.08†
15）	Rape seed	油菜籽	1.5†
16）	Rice	稻米	0.02T
17）	Sorghum	高粱	2.0T
18）	Soybean	大豆	0.3†
19）	Sunflower seed	葵花籽	0.5T
20）	Vegetables	蔬菜类	0.05T
21）	Wheat	小麦	2.0T

138. Disulfoton　乙拌磷（ADI：0.000 3 mg/kg bw）

残留物：乙拌磷、硫醇式-内吸磷以及亚砜化物和砜化物之和，以乙拌磷表示

序号	农产品英文名	农产品中文名	最大残留限量（mg/kg）
1）	Coffee bean	咖啡豆	0.2T
2）	Maize	玉米	0.02T
3）	Other spices	其他香辛料	0.05T
4）	Peanut	花生	0.1T
5）	Pineapple	菠萝	0.1T
6）	Spices（fruits and berries）	香辛料（水果和浆果类）	0.05T
7）	Spices roots	根类香辛料	0.05T
8）	Spices seeds	种子类香辛料	0.05T
9）	Wheat	小麦	0.2T

139. Dithianon　二氰蒽醌（ADI：0.01 mg/kg bw）

序号	农产品英文名	农产品中文名	最大残留限量（mg/kg）
1）	Almond	扁桃仁	0.05T
2）	Amaranth leaves	苋菜叶	0.1T
3）	Apple	苹果	5.0
4）	Apricot	杏	5.0
5）	Aronia	野樱莓	0.05T
6）	Asparagus	芦笋	5.0T
7）	Blueberry	蓝莓	0.05T

序号	农产品英文名	农产品中文名	最大残留限量（mg/kg）
8)	Carrot	胡萝卜	0.07
9)	Celery	芹菜	5.0T
10)	Cherry	樱桃	5.0
11)	Chili pepper	辣椒	2.0
12)	Chili pepper leaves	辣椒叶	3.0
13)	Cucumber	黄瓜	0.3
14)	Fresh ginseng	鲜参	0.2
15)	Garlic	大蒜	0.1
16)	Gojiberry	枸杞	0.05T
17)	Grape	葡萄	3.0
18)	Green garlic	青蒜	5.0
19)	Green soybean	青豆	0.5
20)	Hop	蛇麻草	300T
21)	Japanese apricot	青梅	5.0
22)	Jujube	枣	1.0
23)	Jujube (dried)	枣（干）	10
24)	Korean black raspberry	朝鲜黑树莓	3.0
25)	Korean cabbage，head	韩国甘蓝	0.05
26)	Mandarin	中国柑橘	3.0
27)	Mango	芒果	0.3
28)	Mulberry	桑葚	0.05T
29)	Mung bean	绿豆	0.05T
30)	Onion	洋葱	0.1
31)	Peach	桃	5.0
32)	Pear	梨	2.0
33)	Persimmon	柿子	3.0
34)	Plum	李子	1.0T
35)	Pomegranate	石榴	2.0
36)	Potato	马铃薯	0.1
37)	Radish (leaf)	萝卜（叶）	0.1T
38)	Rice	稻米	0.1T
39)	Schisandraberry	五味子	2.0
40)	Schisandraberry (dried)	五味子（干）	5.0
41)	Sesame seed	芝麻籽	0.5
42)	Soybean	大豆	0.05
43)	Ssam cabbage	紫甘蓝	0.1
44)	Strawberry	草莓	0.05
45)	Sweet pepper	甜椒	2.0
46)	Sweet potato vines	薯蔓	5.0T

（续）

序号	农产品英文名	农产品中文名	最大残留限量 （mg/kg）
47）	Tomato	番茄	2.0T
48）	Walnut	胡桃	0.05T
49）	Watermelon	西瓜	0.3
50）	Yam	山药	0.1T
51）	Yuja	香橙	3.0
140. Dithiocarbamates 二硫代氨基甲酸酯（ADI：0.03 mg/kg bw）			
1）	Almond	扁桃仁	0.1T
2）	Amaranth leaves	苋菜叶	5.0T
3）	Apple	苹果	2.0
4）	Apricot	杏	3.0T
5）	Aronia	野樱莓	5.0T
6）	Aster yomena	一种野菊花	5.0T
7）	Banana	香蕉	2.0†
8）	Barley	大麦	1.0†
9）	Beet（leaf）	甜菜（叶）	5.0T
10）	Beet（root）	甜菜（根）	0.2T
11）	Blueberry	蓝莓	5.0T
12）	Burdock	牛蒡	0.2T
13）	Burdock leaves	牛蒡叶	5.0T
14）	Cabbage	甘蓝	2.0T
15）	Cardamom	豆蔻干籽	0.1T
16）	Carrot	胡萝卜	0.2
17）	Celery	芹菜	0.3T
18）	Cherry	樱桃	0.2T
19）	Chili pepper	辣椒	7.0
20）	Chinese bellflower	中国风铃草	0.2T
21）	Coastal hog fennel	小茴香	5.0T
22）	Coriander seed	香菜籽	0.1T
23）	Cranberry	蔓越橘	5.0†
24）	Cucumber	黄瓜	1.0
25）	Cumin（seed）	孜然（籽）	10T
26）	Deodeok	羊乳（桔梗科党参属的植物）	0.2T
27）	Dried ginseng	干参	0.3
28）	Dureup	刺老芽	0.3T
29）	Fennel（seed）	茴香（籽）	0.1T
30）	Fresh ginseng	鲜参	0.3
31）	Garlic	大蒜	0.3
32）	Ginger	姜	0.3
33）	Ginseng extract	人参提取物	0.3

（续）

序号	农产品英文名	农产品中文名	最大残留限量 （mg/kg）
34）	Gojiberry	枸杞	5.0
35）	Gojiberry（dried）	枸杞（干）	5.0
36）	Gondre	耶蓟	5.0T
37）	Grape	葡萄	5.0
38）	Grapefruit	葡萄柚	5.0T
39）	Green garlic	青蒜	3.0
40）	Green soybean	青豆	0.05
41）	Herbs（fresh）	香草（鲜）	0.05T
42）	Hop	蛇麻草	0.05T
43）	Job's tear	薏苡	0.05T
44）	Jujube	枣	3.0T
45）	Kamtchatka goat's beard	山吹升麻	5.0T
46）	Kohlrabi	球茎甘蓝	0.3T
47）	Korean black raspberry	朝鲜黑树莓	7.0
48）	Korean cabbage，head	韩国甘蓝	2.0T
49）	Korean melon	韩国瓜类	2.0
50）	Leek	韭葱	0.5T
51）	Lemon	柠檬	5.0T
52）	Lettuce（head）	莴苣（顶端）	5.0T
53）	Lettuce（leaf）	莴苣（叶）	$10^{\dagger}$
54）	Longan	桂圆	$15^{\dagger}$
55）	Maize	玉米	$0.1^{\dagger}$
56）	Mandarin	中国柑橘	5.0
57）	Melon	瓜类	1.0
58）	Mung bean	绿豆	0.05T
59）	Onion	洋葱	0.5
60）	Orange	橙	2.0T
61）	Parsley	欧芹	5.0T
62）	Pea	豌豆	0.05T
63）	Peach	桃	3.0
64）	Peanut	花生	0.1
65）	Pear	梨	0.5
66）	Pepper	辣椒	0.1T
67）	Persimmon	柿子	0.5
68）	Plum	李子	3.0T
69）	Potato	马铃薯	0.3
70）	Radish（leaf）	萝卜（叶）	5.0T
71）	Radish（root）	萝卜（根）	0.2T
72）	Red bean	红豆	0.05

（续）

序号	农产品英文名	农产品中文名	最大残留限量 (mg/kg)
73)	Red ginseng	红参	0.3
74)	Red ginseng extract	红参提取物	0.3
75)	Rice	稻米	0.05T
76)	Safflower seed	红花籽	0.3
77)	Schisandraberry	五味子	3.0T
78)	Schisandraberry (dried)	五味子（干）	10
79)	Sesame seed	芝麻籽	2.0
80)	Sorghum	高粱	0.05
81)	Soybean	大豆	0.05
82)	Squash	西葫芦	0.5†
83)	Ssam cabbage	紫甘蓝	5.0T
84)	Strawberry	草莓	5.0T
85)	Sugar beet	甜菜	0.5†
86)	Sweet pepper	甜椒	7.0
87)	Tomato	番茄	3.0
88)	Walnut	胡桃	0.1T
89)	Watermelon	西瓜	0.5
90)	Welsh onion	威尔士洋葱	0.3
91)	Wheat	小麦	1.0†
92)	Wild chive	野生细香葱	0.3T
93)	Yam	山药	0.05
94)	Yam (dried)	山药（干）	0.05
95)	Yuja	香橙	5.0

141. Dithiopyr 氟硫草定（ADI：0.003 6 mg/kg bw）

序号	农产品英文名	农产品中文名	最大残留限量 (mg/kg)
1)	Rice	稻米	0.05

142. Diuron 敌草隆（ADI：0.007 mg/kg bw）

序号	农产品英文名	农产品中文名	最大残留限量 (mg/kg)
1)	Asparagus	芦笋	2.0T
2)	Banana	香蕉	0.1T
3)	Barley	大麦	1.0T
4)	Blueberry	蓝莓	1.0T
5)	Citrus fruits	柑橘类水果	1.0T
6)	Cotton seed	棉籽	1.0T
7)	Grape	葡萄	1.0T
8)	Maize	玉米	1.0T
9)	Nuts	坚果	0.1T
10)	Oat	燕麦	1.0T
11)	Papaya	番木瓜	0.5T
12)	Pea	豌豆	1.0T
13)	Peach	桃	0.1T

（续）

序号	农产品英文名	农产品中文名	最大残留限量（mg/kg）
14)	Pineapple	菠萝	1.0T
15)	Potato	马铃薯	1.0T
16)	Rye	黑麦	1.0T
17)	Sorghum	高粱	1.0T
18)	Soybean	大豆	1.0T
19)	Tea	茶	0.1T
20)	Wheat	小麦	1.0T

143. Dodine 多果定（ADI：0.1 mg/kg bw）

序号	农产品英文名	农产品中文名	最大残留限量（mg/kg）
1)	Apple	苹果	5.0T
2)	Cherry	樱桃	2.0T
3)	Grape	葡萄	5.0T
4)	Pear	梨	5.0T
5)	Strawberry	草莓	5.0T

144. Dymron 杀草隆（ADI：0.3 mg/kg bw）

序号	农产品英文名	农产品中文名	最大残留限量（mg/kg）
1)	Rice	稻米	0.05

145. Edifenphos 敌瘟磷（ADI：0.003 mg/kg bw）

序号	农产品英文名	农产品中文名	最大残留限量（mg/kg）
1)	Rice	稻米	0.2

146. Emamectin benzoate 甲氨基阿维菌素（ADI：0.002 5 mg/kg bw）
甲氨基阿维菌素苯甲酸盐 B1a（Emamectin benzoate B1a）和甲氨基阿维菌素苯甲酸盐 B1b（Emamectin benzoate B1b）的总和，表示为甲氨基阿维菌素苯甲酸盐

序号	农产品英文名	农产品中文名	最大残留限量（mg/kg）
1)	Alpine leek leaves	高山韭菜叶	0.1
2)	Amaranth leaves	苋菜叶	1.0
3)	Apple	苹果	0.2
4)	Apricot	杏	0.05T
5)	Aronia	野樱莓	0.05T
6)	Asparagus	芦笋	0.05
7)	Balsam apple	苦瓜	0.05
8)	Banana	香蕉	0.05T
9)	Barley	大麦	0.05T
10)	Beet（root）	甜菜（根）	0.05T
11)	Blueberry	蓝莓	0.05
12)	Broccoli	西兰花	0.1
13)	Buckwheat	荞麦	0.05T
14)	Burdock	牛蒡	0.05T
15)	Cabbage	甘蓝	0.1
16)	Carrot	胡萝卜	0.05
17)	Celery	芹菜	0.05
18)	Chamnamul	大叶芹菜	0.05
19)	Chard	食用甜菜	0.15

（续）

序号	农产品英文名	农产品中文名	最大残留限量（mg/kg）
20)	Cherry	樱桃	0.05T
21)	Cherry, Nanking	南京樱桃	0.05T
22)	Chicory	菊苣	0.15
23)	Chili pepper	辣椒	0.2
24)	Chinese chives	韭菜	0.4
25)	Chinese mallow	中国锦葵	0.15
26)	Chwinamul	野生紫菀	0.2
27)	Coastal hog fennel	小茴香	0.15
28)	Cucumber	黄瓜	0.05
29)	Danggwi leaves	当归叶	0.15
30)	Deodeok	羊乳（桔梗科党参属的植物）	0.05T
31)	Dolnamul	垂盆草/豆瓣菜	0.15
32)	Dragon fruit	火龙果	0.05
33)	Dried ginseng	干参	0.05
34)	Eggplant	茄子	0.05
35)	Fig	无花果	0.05
36)	Fresh ginseng	鲜参	0.05
37)	Garlic	大蒜	0.05
38)	Ginger	姜	0.05T
39)	Gojiberry (dried)	枸杞（干）	0.1
40)	Grape	葡萄	0.05
41)	Green garlic	青蒜	0.05
42)	Green soybean	青豆	0.05T
43)	Herbs (fresh)	香草（鲜）	0.05T
44)	Japanese apricot	青梅	0.05T
45)	Jujube	枣	0.05
46)	Jujube (dried)	枣（干）	0.05
47)	Kale	羽衣甘蓝	0.1
48)	Kohlrabi	球茎甘蓝	0.05
49)	Korean black raspberry	朝鲜黑树莓	0.03
50)	Korean cabbage, head	韩国甘蓝	0.02
51)	Korean melon	韩国瓜类	0.05
52)	Lavender (fresh)	薰衣草（鲜）	0.05T
53)	Leafy vegetables	叶类蔬菜	0.05
54)	Lemon	柠檬	0.05
55)	Lettuce (head)	莴苣（顶端）	0.1
56)	Lettuce (leaf)	莴苣（叶）	0.1
57)	Loquat	枇杷	0.05
58)	Maca	马卡	0.05T

（续）

序号	农产品英文名	农产品中文名	最大残留限量 （mg/kg）
59)	Maize	玉米	0.05T
60)	Mandarin	中国柑橘	0.05
61)	Mango	芒果	0.05
62)	Melon	瓜类	0.05
63)	Millet	粟	0.05T
64)	Mulberry	桑葚	0.05
65)	Mustard leaf	芥菜叶	0.05
66)	Narrow-head ragwort	窄叶黄菀	0.05
67)	Nuts	坚果	0.01†
68)	Oriental raisin tree	北枳椇/万寿果	0.05T
69)	Pak choi	小白菜	0.05
70)	Parsley	欧芹	0.1
71)	Passion fruit	百香果	0.05T
72)	Peach	桃	0.2
73)	Peanut	花生	0.05T
74)	Pear	梨	0.05
75)	Perilla leaves	紫苏叶	0.7
76)	Persimmon	柿子	0.05
77)	Plum	李子	0.05
78)	Pomegranate	石榴	0.05
79)	Potato	马铃薯	0.05
80)	Proso millet	黍	0.05
81)	Quince	榅桲	0.05T
82)	Radish（leaf）	萝卜（叶）	0.5
83)	Radish（root）	萝卜（根）	0.05
84)	Rape leaves	油菜叶	0.05
85)	Rape seed	油菜籽	0.05
86)	Rosemary（fresh）	迷迭香（鲜）	0.3T
87)	Safflower seed	红花籽	0.05
88)	Schisandraberry	五味子	0.05
89)	Schisandraberry（dried）	五味子（干）	0.2
90)	Sesame seed	芝麻籽	0.05
91)	Soybean	大豆	0.05T
92)	Spinach	菠菜	0.05
93)	Squash	西葫芦	0.05
94)	Ssam cabbage	紫甘蓝	0.05
95)	Stalk and stem vegetables	茎秆类蔬菜	0.1
96)	Strawberry	草莓	0.2
97)	Sweet pepper	甜椒	0.2

（续）

序号	农产品英文名	农产品中文名	最大残留限量 (mg/kg)
98)	Taro	芋头	0.05T
99)	Tomato	番茄	0.05
100)	Turnip root	芜菁根	0.05
101)	Water dropwort	水芹	0.4
102)	Watermelon	西瓜	0.1
103)	Welsh onion	威尔士洋葱	0.4
104)	Wheat	小麦	0.05T
105)	Yam	山药	0.05T
106)	Yuja	香橙	0.05

147. Endosulfan 硫丹（ADI：0.006 mg/kg bw）

残留物：α-硫丹（α-Endosulfan）、β-硫丹（β-Endosulfan）和硫丹硫酸盐（Endosulfan sulfate）的总和

序号	农产品英文名	农产品中文名	最大残留限量 (mg/kg)
1)	Almond	扁桃仁	0.05T
2)	Apricot	杏	0.1T
3)	Asparagus	芦笋	0.1T
4)	Banana	香蕉	0.1T
5)	Barley	大麦	0.05T
6)	Berries and other small fruits	浆果和其他小型水果	0.05T
7)	Buckwheat	荞麦	0.05T
8)	Cacao bean	可可豆	0.15†
9)	Chestnut	栗子	0.05T
10)	Chili pepper	辣椒	0.1T
11)	Coffee bean	咖啡豆	0.2†
12)	Garlic	大蒜	0.1T
13)	Grapefruit	葡萄柚	0.1T
14)	Herbs (fresh)	香草（鲜）	0.05T
15)	Kiwifruit	猕猴桃	0.1T
16)	Korean cabbage, head	韩国甘蓝	0.2T
17)	Korean melon	韩国瓜类	0.1T
18)	Lemon	柠檬	0.1T
19)	Oat	燕麦	0.05T
20)	Pecan	美洲山核桃	0.05T
21)	Pome fruits	仁果类水果	0.05T
22)	Potatoes	薯类	0.03T
23)	Radish (leaf)	萝卜（叶）	0.1T
24)	Radish (root)	萝卜（根）	0.1T
25)	Root and tuber vegetables	块根和块茎类蔬菜	0.1T
26)	Rye	黑麦	0.05T
27)	Sorghum	高粱	0.05T
28)	Soybean	大豆	1.0T

（续）

序号	农产品英文名	农产品中文名	最大残留限量 (mg/kg)
29)	Spices（fruits and berries）	香辛料（水果和浆果类）	5.0T
30)	Spices roots	根类香辛料	0.5T
31)	Spices seeds	种子类香辛料	1.0T
32)	Stone fruits	核果类水果	0.05T
33)	Strawberry	草莓	0.2T
34)	Tea	茶	10†
35)	Vegetables	蔬菜类	0.05T
36)	Walnut	胡桃	0.05T
37)	Watermelon	西瓜	0.1T
38)	Welsh onion	威尔士洋葱	0.1T

148. Endrin 异狄氏剂（ADI：0.000 2 mg/kg bw）

异狄氏剂（Endrin）和 δ-酮-异狄氏剂（δ-Keto-endrin）的总和

序号	农产品英文名	农产品中文名	最大残留限量 (mg/kg)
1)	Dried ginseng	干参	0.05T
2)	Fresh ginseng	鲜参	0.01T
3)	Fruiting vegetables	瓜果类蔬菜	0.05T
4)	Ginseng extract	人参提取物	0.1T
5)	Red ginseng	红参	0.05T
6)	Red ginseng extract	红参提取物	0.1T

149. EPN 苯硫磷（ADI：0.001 4 mg/kg bw）

序号	农产品英文名	农产品中文名	最大残留限量 (mg/kg)
1)	Apple	苹果	0.2T
2)	Pear	梨	0.2T

150. Epoxiconazole 氟环唑（ADI：0.007 mg/kg bw）

序号	农产品英文名	农产品中文名	最大残留限量 (mg/kg)
1)	Banana	香蕉	0.5†
2)	Celery	芹菜	0.05T
3)	Chard	食用甜菜	0.05T
4)	Chicory	菊苣	0.05T
5)	Chicory（root）	菊苣（根）	0.05T
6)	Coffee bean	咖啡豆	0.05†
7)	Crown daisy	茼蒿	0.05T
8)	Garlic	大蒜	0.05
9)	Green garlic	青蒜	0.05
10)	Kale	羽衣甘蓝	0.05T
11)	Maize	玉米	0.3T
12)	Mustard green	芥菜	0.05T
13)	Onion	洋葱	0.05
14)	Parsley	欧芹	0.05T
15)	Radish（leaf）	萝卜（叶）	0.05T
16)	Rice	稻米	0.3
17)	Soybean	大豆	0.05T

（续）

序号	农产品英文名	农产品中文名	最大残留限量（mg/kg）
18)	Wheat	小麦	0.3T
151. Esprocarb　戊草丹（ADI：0.01 mg/kg bw）			
1)	Rice	稻米	0.1
152. Ethaboxam　噻唑菌胺（ADI：0.055 mg/kg bw）			
1)	Beet（root）	甜菜（根）	0.1T
2)	Broccoli	西兰花	0.5
3)	Cabbage	甘蓝	0.7T
4)	Chard	食用甜菜	20
5)	Chili pepper	辣椒	2.0
6)	Cucumber	黄瓜	2.0
7)	Fresh ginseng	鲜参	0.2
8)	Ginger	姜	1.0
9)	Ginger（dried）	姜（干）	5.0
10)	Grape	葡萄	3.0
11)	Korean cabbage，head	韩国甘蓝	0.7
12)	Korean melon	韩国瓜类	0.5
13)	Leafy vegetables	叶类蔬菜	15
14)	Lettuce（leaf）	莴苣（叶）	1.0
15)	Melon	瓜类	0.5T
16)	Millet	粟	0.1T
17)	Onion	洋葱	0.1
18)	Potato	马铃薯	0.5
19)	Radish（root）	萝卜（根）	0.2
20)	Sesame seed	芝麻籽	0.1
21)	Ssam cabbage	紫甘蓝	2.0
22)	Stalk and stem vegetables	茎秆类蔬菜	7.0
23)	Sunflower seed	葵花籽	0.1T
24)	Sweet pepper	甜椒	1.0
25)	Tomato	番茄	1.0
26)	Watermelon	西瓜	0.5
27)	Welsh onion	威尔士洋葱	2.0
153. Ethalfluralin　乙丁烯氟灵（ADI：0.042 mg/kg bw）			
1)	Barley	大麦	0.05
2)	Beans	豆类	0.05
3)	Carrot	胡萝卜	0.05
4)	Chili pepper	辣椒	0.05
5)	Chinese bellflower	中国风铃草	0.05T
6)	Fresh ginseng	鲜参	0.05T
7)	Garlic	大蒜	0.05

（续）

序号	农产品英文名	农产品中文名	最大残留限量（mg/kg）
8）	Ginger	姜	0.05
9）	Green garlic	青蒜	0.05
10）	Green soybean	青豆	0.05
11）	Herbs（fresh）	香草（鲜）	0.05T
12）	Job's tear	薏苡	0.05
13）	Oat	燕麦	0.05T
14）	Onion	洋葱	0.05
15）	Peanut	花生	0.05T
16）	Perilla leaves	紫苏叶	0.05T
17）	Potato	马铃薯	0.05
18）	Soybean	大豆	0.05
19）	Sunflower seed	葵花籽	0.05T
20）	Watermelon	西瓜	0.05
21）	Yam	山药	0.05
22）	Yam（dried）	山药（干）	0.05

154. Ethephon 乙烯利（ADI：0.05 mg/kg bw）

序号	农产品英文名	农产品中文名	最大残留限量（mg/kg）
1）	Apple	苹果	5.0T
2）	Barley	大麦	2.0T
3）	Blueberry	蓝莓	2.0T
4）	Cherry	樱桃	5.0†
5）	Coffee bean	咖啡豆	0.1T
6）	Cotton seed	棉籽	2.0T
7）	Cucumber	黄瓜	0.1T
8）	Grape	葡萄	2.0
9）	Lemon	柠檬	2.0T
10）	Mandarin	中国柑橘	0.5T
11）	Oat	燕麦	2.0T
12）	Pear	梨	0.05T
13）	Pecan	美洲山核桃	0.5T
14）	Persimmon	柿子	5.0
15）	Pineapple	菠萝	1.5†
16）	Rye	黑麦	0.5T
17）	Squash	西葫芦	0.1T
18）	Tomato	番茄	3.0
19）	Triticale	黑小麦	0.5T
20）	Walnut	胡桃	0.5T
21）	Wheat	小麦	2.0T

155. Ethiofencarb 乙硫苯威（ADI：0.1 mg/kg bw）

序号	农产品英文名	农产品中文名	最大残留限量（mg/kg）
1）	Almond	扁桃仁	5.0T

（续）

序号	农产品英文名	农产品中文名	最大残留限量（mg/kg）
2）	Apple	苹果	5.0T
3）	Apricot	杏	5.0T
4）	Asparagus	芦笋	2.0T
5）	Avocado	鳄梨	5.0T
6）	Banana	香蕉	5.0T
7）	Barley	大麦	0.05T
8）	Beans	豆类	1.0T
9）	Broad bean	蚕豆	1.0T
10）	Buckwheat	荞麦	1.0T
11）	Cabbage	甘蓝	2.0T
12）	Carrot	胡萝卜	5.0T
13）	Celery	芹菜	2.0T
14）	Cherry	樱桃	10.0T
15）	Chestnut	栗子	5.0T
16）	Chinese chives	韭菜	5.0T
17）	Citrus fruits	柑橘类水果	5.0T
18）	Cotton seed	棉籽	5.0T
19）	Crown daisy	茼蒿	5.0T
20）	Cucumber	黄瓜	1.0T
21）	Edible fungi	食用菌	5.0T
22）	Eggplant	茄子	2.0T
23）	Fruits	水果类	5.0T
24）	Garlic	大蒜	5.0T
25）	Ginger	姜	5.0T
26）	Ginkgo nut	白果	5.0T
27）	Grape	葡萄	5.0T
28）	Grapefruit	葡萄柚	5.0T
29）	Japanese apricot	青梅	5.0T
30）	Kale	羽衣甘蓝	2.0T
31）	Kidney bean	四季豆	1.0T
32）	Kiwifruit	猕猴桃	5.0T
33）	Korean cabbage，head	韩国甘蓝	5.0T
34）	Korean melon	韩国瓜类	5.0T
35）	Lemon	柠檬	5.0T
36）	Lettuce （head）	莴苣（顶端）	10.0T
37）	Lettuce （leaf）	莴苣（叶）	10.0T
38）	Maize	玉米	1.0T
39）	Mandarin	中国柑橘	5.0T
40）	Mango	芒果	5.0T

（续）

序号	农产品英文名	农产品中文名	最大残留限量（mg/kg）
41)	Melon	瓜类	5.0T
42)	Millet	粟	1.0T
43)	Mung bean	绿豆	1.0T
44)	Nuts	坚果	5.0T
45)	Oak mushroom	香菇	5.0T
46)	Oat	燕麦	0.05T
47)	Onion	洋葱	5.0T
48)	Orange	橙	5.0T
49)	Papaya	番木瓜	5.0T
50)	Pea	豌豆	1.0T
51)	Peach	桃	5.0T
52)	Peanut	花生	1.0T
53)	Pear	梨	5.0T
54)	Pecan	美洲山核桃	5.0T
55)	Persimmon	柿子	5.0T
56)	Pineapple	菠萝	5.0T
57)	Plum	李子	5.0T
58)	Potato	马铃薯	0.5T
59)	Potatoes	薯类	1.0T
60)	Quince	榅梓	5.0T
61)	Radish（leaf）	萝卜（叶）	5.0T
62)	Radish（root）	萝卜（根）	0.5T
63)	Red bean	红豆	1.0T
64)	Rye	黑麦	0.05T
65)	Seeds	种子类	5.0T
66)	Sesame seed	芝麻籽	5.0T
67)	Sorghum	高粱	1.0T
68)	Soybean	大豆	1.0T
69)	Spinach	菠菜	5.0T
70)	Squash	西葫芦	5.0T
71)	Strawberry	草莓	5.0T
72)	Sunflower seed	葵花籽	5.0T
73)	Sweet pepper	甜椒	5.0T
74)	Sweet potato	甘薯	1.0T
75)	Taro	芋头	1.0T
76)	Tomato	番茄	5.0T
77)	Vegetables	蔬菜类	5.0T
78)	Walnut	胡桃	5.0T
79)	Watermelon	西瓜	5.0T

（续）

序号	农产品英文名	农产品中文名	最大残留限量 （mg/kg）
80）	Welsh onion	威尔士洋葱	5.0T
81）	Wheat	小麦	0.05T
156. Ethion 乙硫磷（ADI：0.002 mg/kg bw）			
1）	Almond	扁桃仁	0.01T
2）	Citrus fruits	柑橘类水果	0.01T
3）	Herbs（fresh）	香草（鲜）	0.3T
4）	Spices（fruits and berries）	香辛料（水果和浆果类）	5.0T
5）	Spices roots	根类香辛料	0.3T
6）	Spices seeds	种子类香辛料	3.0†
157. Ethoprophos（Ethoprop）灭线磷（ADI：0.000 4 mg/kg bw）			
1）	Amaranth leaves	苋菜叶	0.05T
2）	Asparagus	芦笋	0.05T
3）	Banana	香蕉	0.02T
4）	Barley	大麦	0.005T
5）	Beet（root）	甜菜（根）	0.02T
6）	Broccoli	西兰花	0.05
7）	Buckwheat	荞麦	0.005T
8）	Burdock	牛蒡	0.05
9）	Cabbage	甘蓝	0.05
10）	Carrot	胡萝卜	0.05
11）	Celery	芹菜	0.05T
12）	Chamnamul	大叶芹菜	0.05T
13）	Chard	食用甜菜	0.02T
14）	Chili pepper	辣椒	0.02
15）	Chinese bellflower	中国风铃草	0.05T
16）	Chinese chives	韭菜	0.02T
17）	Chinese mallow	中国锦葵	0.05T
18）	Chwinamul	野生紫菀	0.05
19）	Coastal hog fennel	小茴香	0.05T
20）	Coriander leaves	香菜	0.05T
21）	Crown daisy	茼蒿	0.1
22）	Cucumber	黄瓜	0.02T
23）	Deodeok	羊乳（桔梗科党参属的植物）	0.05T
24）	Dureup	刺老芽	0.05T
25）	Eggplant	茄子	0.05T
26）	Fig	无花果	0.05†
27）	Fresh ginseng	鲜参	0.05T
28）	Garlic	大蒜	0.02
29）	Ginger	姜	0.02T

（续）

序号	农产品英文名	农产品中文名	最大残留限量 （mg/kg）
30）	Grape	葡萄	0.02T
31）	Hop	蛇麻草	0.02T
32）	Kale	羽衣甘蓝	0.05
33）	Kohlrabi	球茎甘蓝	0.05
34）	Korean cabbage，head	韩国甘蓝	0.02
35）	Korean wormwood	朝鲜艾草	0.05T
36）	Leafy vegetables	叶类蔬菜	0.05T
37）	Lettuce（head）	莴苣（顶端）	0.3
38）	Lettuce（leaf）	莴苣（叶）	0.3
39）	Maize	玉米	0.02T
40）	Melon	瓜类	0.02T
41）	Millet	粟	0.005T
42）	Mung bean	绿豆	0.05T
43）	Mustard green	芥菜	0.05
44）	Mustard leaf	芥菜叶	0.2
45）	Narrow-head ragwort	窄叶黄菀	0.05T
46）	Oak mushroom	香菇	0.05T
47）	Oat	燕麦	0.005T
48）	Onion	洋葱	0.02
49）	Parsley	欧芹	0.05T
50）	Peanut	花生	0.02
51）	Perilla leaves	紫苏叶	0.05
52）	Pineapple	菠萝	0.02T
53）	Potato	马铃薯	0.02
54）	Radish（leaf）	萝卜（叶）	0.05
55）	Radish（root）	萝卜（根）	0.02
56）	Rape leaves	油菜叶	0.05T
57）	Rape seed	油菜籽	0.05T
58）	Red bean	红豆	0.05
59）	Rice	稻米	0.005T
60）	Root and tuber vegetables	块根和块茎类蔬菜	0.05T
61）	Rye	黑麦	0.005T
62）	Salt sandspurry	拟漆姑	0.02T
63）	Shepherd's purse	荠菜	0.2
64）	Shiso	日本紫苏	0.05
65）	Sorghum	高粱	0.005T
66）	Soybean	大豆	0.02T
67）	Spinach	菠菜	0.02
68）	Ssam cabbage	紫甘蓝	0.02

（续）

序号	农产品英文名	农产品中文名	最大残留限量（mg/kg）
69)	Stalk and stem vegetables	茎秆类蔬菜	0.05T
70)	Strawberry	草莓	0.02T
71)	Sweet pepper	甜椒	0.02
72)	Sweet potato	甘薯	0.05
73)	Sweet potato vines	薯蔓	0.05
74)	Tomato	番茄	0.02T
75)	Turnip root	芜菁根	0.05
76)	Water dropwort	水芹	0.05T
77)	Welsh onion	威尔士洋葱	0.02
78)	Wheat	小麦	0.005T
79)	Wild chive	野生细香葱	0.05T
80)	Yam	山药	0.05T

158. Ethoxyquin 乙氧喹啉（ADI：0.005 mg/kg bw）

序号	农产品英文名	农产品中文名	最大残留限量（mg/kg）
1)	Apple	苹果	3.0T
2)	Pear	梨	3.0T

159. Ethoxysulfuron 乙氧嘧磺隆（ADI：0.039 mg/kg bw）

序号	农产品英文名	农产品中文名	最大残留限量（mg/kg）
1)	Rice	稻米	0.1

160. Ethychlozate 吲熟酯（ADI：0.17 mg/kg bw）

序号	农产品英文名	农产品中文名	最大残留限量（mg/kg）
1)	Mandarin	中国柑橘	1.0

161. Ethylene dibromide：EDB 二溴乙烷（ADI：1.0 mg/kg bw）

序号	农产品英文名	农产品中文名	最大残留限量（mg/kg）
1)	Barley	大麦	0.5T
2)	Buckwheat	荞麦	0.5T
3)	Citrus fruits	柑橘类水果	0.2T
4)	Grapefruit	葡萄柚	0.2T
5)	Lemon	柠檬	0.2T
6)	Maize	玉米	0.5T
7)	Mango	芒果	0.03T
8)	Oat	燕麦	0.5T
9)	Orange	橙	0.2T
10)	Papaya	番木瓜	0.25T
11)	Rice	稻米	0.5T
12)	Rye	黑麦	0.5T
13)	Sorghum	高粱	0.5T
14)	Soybean	大豆	0.001T
15)	Wheat	小麦	0.5T

162. Etofenprox 醚菊酯（ADI：0.03 mg/kg bw）

序号	农产品英文名	农产品中文名	最大残留限量（mg/kg）
1)	Almond	扁桃仁	0.05T
2)	Amaranth leaves	苋菜叶	15
3)	Apricot	杏	1.0

（续）

序号	农产品英文名	农产品中文名	最大残留限量 （mg/kg）
4）	Arguta kiwifruit	阿古塔猕猴桃	1.0T
5）	Aronia	野樱莓	1.0T
6）	Asparagus	芦笋	0.3
7）	Beet（root）	甜菜（根）	0.05T
8）	Blueberry	蓝莓	5.0
9）	Broccoli	西兰花	0.7
10）	Burdock	牛蒡	0.05T
11）	Cabbage	甘蓝	0.2
12）	Carrot	胡萝卜	0.05
13）	Chard	食用甜菜	15
14）	Cherry	樱桃	1.0
15）	Cherry，Nanking	南京樱桃	3.0
16）	Chestnut	栗子	0.05
17）	Chicory（root）	菊苣（根）	0.05T
18）	Chili pepper	辣椒	2.0
19）	Chinese chives	韭菜	7.0
20）	Chinese mallow	中国锦葵	15
21）	Chwinamul	野生紫菀	15
22）	Coriander leaves	香菜	0.05T
23）	Cowpea	豇豆	0.05
24）	Crown daisy	茼蒿	15
25）	Cucumber	黄瓜	5.0
26）	Deodeok	羊乳（桔梗科党参属的植物）	0.05T
27）	Dragon fruit	火龙果	0.5T
28）	Dried ginseng	干参	0.1
29）	Eggplant	茄子	0.5
30）	Fig	无花果	1.0T
31）	Fresh ginseng	鲜参	0.05
32）	Garlic	大蒜	0.05
33）	Ginger	姜	0.05T
34）	Gojiberry	枸杞	1.0
35）	Gojiberry（dried）	枸杞（干）	3.0
36）	Grape	葡萄	3.0
37）	Grapefruit	葡萄柚	5.0T
38）	Green garlic	青蒜	0.05
39）	Green soybean	青豆	3.0
40）	Japanese apricot	青梅	5.0
41）	Job's tear	薏苡	0.05T
42）	Jujube（dried）	枣（干）	2.0

韩国"肯定列表"制度（农产品中农药最大残留限量）研究

（续）

序号	农产品英文名	农产品中文名	最大残留限量（mg/kg）
43)	Kale	羽衣甘蓝	15
44)	Kiwifruit	猕猴桃	0.5
45)	Kohlrabi	球茎甘蓝	0.3
46)	Korean black raspberry	朝鲜黑树莓	1.0
47)	Korean cabbage，head	韩国甘蓝	0.7
48)	Korean cabbage，head（dried）	韩国甘蓝（干）	2.5
49)	Korean melon	韩国瓜类	1.0
50)	Leafy vegetables	叶类蔬菜	15
51)	Lemon	柠檬	2.0
52)	Lettuce（head）	莴苣（顶端）	20
53)	Lettuce（leaf）	莴苣（叶）	20
54)	Maize	玉米	0.1
55)	Mandarin	中国柑橘	5.0
56)	Mango	芒果	0.5T
57)	Melon	瓜类	0.5
58)	Millet	粟	2.0
59)	Mulberry	桑葚	1.0T
60)	Mung bean	绿豆	0.3
61)	Mustard leaf	芥菜叶	7.0
62)	Onion	洋葱	0.1
63)	Orange	橙	5.0T
64)	Papaya	番木瓜	0.5T
65)	Parsley	欧芹	20
66)	Passion fruit	百香果	0.5T
67)	Pawpaw	木瓜	0.5T
68)	Peanut	花生	0.05T
69)	Perilla leaves	紫苏叶	15
70)	Pome fruits	仁果类水果	1.0
71)	Potato	马铃薯	0.01
72)	Proso millet	黍	0.05T
73)	Radish（leaf）	萝卜（叶）	7.0
74)	Radish（root）	萝卜（根）	0.7
75)	Rape seed	油菜籽	0.05T
76)	Red bean	红豆	0.05
77)	Rice	稻米	1.0
78)	Rosemary（fresh）	迷迭香（鲜）	0.05T
79)	Rye	黑麦	0.05T
80)	Schisandraberry	五味子	3.0
81)	Sorghum	高粱	0.05T

（续）

序号	农产品英文名	农产品中文名	最大残留限量 （mg/kg）
82）	Soybean	大豆	0.2
83）	Spinach	菠菜	0.5
84）	Squash	西葫芦	0.2T
85）	Ssam cabbage	紫甘蓝	2.0
86）	Ssam cabbage （dried）	紫甘蓝（干）	7.0
87）	Stalk and stem vegetables	茎秆类蔬菜	7.0
88）	Stone fruits	核果类水果	2.0
89）	Strawberry	草莓	1.0
90）	Sunflower seed	葵花籽	5.0
91）	Sweet pepper	甜椒	2.0
92）	Sweet potato	甘薯	0.2
93）	Taro	芋头	0.05T
94）	Tea	茶	10
95）	Tomato	番茄	2.0
96）	Turnip root	芜菁根	0.05T
97）	Walnut	胡桃	0.05T
98）	Water dropwort	水芹	2.0
99）	Watermelon	西瓜	0.2
100）	Welsh onion	威尔士洋葱	2.0
101）	Welsh onion （dried）	威尔士洋葱（干）	10
102）	Yuja	香橙	2.0

163. Etoxazole 乙螨唑 （ADI：0.04 mg/kg bw）

序号	农产品英文名	农产品中文名	最大残留限量（mg/kg）
1）	Amaranth leaves	苋菜叶	5.0T
2）	Apple	苹果	0.5
3）	Apricot	杏	0.4
4）	Aronia	野樱莓	0.3T
5）	Blueberry	蓝莓	0.3T
6）	Celery	芹菜	3.0T
7）	Chamnamul	大叶芹菜	5.0T
8）	Cherry	樱桃	0.5
9）	Chili pepper	辣椒	0.3
10）	Chinese bellflower	中国风铃草	0.1
11）	Chinese chives	韭菜	3.0
12）	Chinese mallow	中国锦葵	5.0T
13）	Coastal hog fennel	小茴香	0.1T
14）	Crown daisy	茼蒿	1.0T
15）	Danggwi leaves	当归叶	0.1T
16）	Dureup	刺老芽	3.0
17）	Eggplant	茄子	0.1

489

（续）

序号	农产品英文名	农产品中文名	最大残留限量 （mg/kg）
18)	Fig	无花果	0.3
19)	Gojiberry	枸杞	0.3T
20)	Grape	葡萄	0.5
21)	Hop	蛇麻草	15T
22)	Japanese apricot	青梅	0.4
23)	Jujube	枣	0.4
24)	Korean black raspberry	朝鲜黑树莓	0.3T
25)	Korean melon	韩国瓜类	0.3
26)	Lemon	柠檬	1.0T
27)	Lettuce（head）	莴苣（顶端）	10
28)	Lettuce（leaf）	莴苣（叶）	10
29)	Mandarin	中国柑橘	1.0
30)	Mango	芒果	0.1T
31)	Melon	瓜类	0.5
32)	Mulberry	桑葚	0.3T
33)	Mushroom	蘑菇	0.1T
34)	Peach	桃	0.2
35)	Pear	梨	0.5
36)	Perilla leaves	紫苏叶	0.1T
37)	Persimmon	柿子	0.1
38)	Plum	李子	0.4
39)	Schisandraberry	五味子	0.4
40)	Shinsuncho	韩国山葵	0.1T
41)	Shiso	日本紫苏	0.1T
42)	Spinach	菠菜	0.1T
43)	Squash	西葫芦	0.15
44)	Strawberry	草莓	0.5
45)	Sweet pepper	甜椒	0.3
46)	Taro	芋头	0.1T
47)	Taro stem	芋头茎	3.0T
48)	Tea	茶	15†
49)	Watermelon	西瓜	0.1
50)	Yuja	香橙	1.0

164. Etridiazole 土菌灵（ADI: 0.016 mg/kg bw）

序号	农产品英文名	农产品中文名	最大残留限量 （mg/kg）
1)	Broccoli	西兰花	0.07T
2)	Celery	芹菜	0.05T
3)	Chili pepper	辣椒	0.05
4)	Chinese bellflower	中国风铃草	0.05T
5)	Chwinamul	野生紫菀	5.0T

（续）

序号	农产品英文名	农产品中文名	最大残留限量（mg/kg）
6)	Crown daisy	茼蒿	0.1T
7)	Cucumber	黄瓜	0.2
8)	Fresh ginseng	鲜参	3.0
9)	Korean cabbage，head	韩国甘蓝	0.07
10)	Millet	粟	0.05T
11)	Onion	洋葱	0.05
12)	Parsley	欧芹	0.1T
13)	Perilla leaves	紫苏叶	0.1
14)	Rice	稻米	0.05
15)	Sesame seed	芝麻籽	0.05T
16)	Ssam cabbage	紫甘蓝	0.2
17)	Strawberry	草莓	0.05
18)	Sweet pepper	甜椒	0.05
19)	Tomato	番茄	0.5
20)	Welsh onion	威尔士洋葱	0.05

165. Etrimfos 乙嘧硫磷（ADI：0.003 mg/kg bw）

序号	农产品英文名	农产品中文名	最大残留限量（mg/kg）
1)	Cherry	樱桃	0.01T

166. Famoxadone 噁唑菌酮（ADI：0.006 mg/kg bw）

序号	农产品英文名	农产品中文名	最大残留限量（mg/kg）
1)	Beet（leaf）	甜菜（叶）	1.0T
2)	Chicory（root）	菊苣（根）	0.05T
3)	Chili pepper	辣椒	5.0
4)	Cucumber	黄瓜	0.5
5)	Dried ginseng	干参	0.3
6)	Fresh ginseng	鲜参	0.05
7)	Grape	葡萄	2.0
8)	Hop	蛇麻草	50†
9)	Korean cabbage，head	韩国甘蓝	0.3
10)	Korean melon	韩国瓜类	0.5
11)	Leek	韭葱	2.0T
12)	Lettuce（head）	莴苣（顶端）	1.0T
13)	Melon	瓜类	0.5
14)	Mustard green	芥菜	5.0T
15)	Mustard leaf	芥菜叶	1.0T
16)	Onion	洋葱	0.4†
17)	Pear	梨	0.5
18)	Perilla leaves	紫苏叶	1.0T
19)	Potato	马铃薯	0.05
20)	Radish（leaf）	萝卜（叶）	1.0T
21)	Radish（root）	萝卜（根）	0.05T

（续）

序号	农产品英文名	农产品中文名	最大残留限量 （mg/kg）
22)	Rape leaves	油菜叶	1.0T
23)	Rape seed	油菜籽	0.1T
24)	Sesame seed	芝麻籽	0.1
25)	Ssam cabbage	紫甘蓝	1.0
26)	Sweet pepper	甜椒	5.0
27)	Tomato	番茄	2.0
28)	Water dropwort	水芹	2.0T
29)	Welsh onion	威尔士洋葱	2.0
30)	Wheat	小麦	0.1T
31)	Wild grape	野生葡萄	5.0T

167. Fenamidone 咪唑菌酮（ADI：0.028 mg/kg bw）

序号	农产品英文名	农产品中文名	最大残留限量 （mg/kg）
1)	Chili pepper	辣椒	1.0
2)	Chili pepper leaves	辣椒叶	5.0
3)	Cucumber	黄瓜	0.1
4)	Grape	葡萄	0.7
5)	Korean melon	韩国瓜类	0.3
6)	Leafy vegetables	叶类蔬菜	5.0
7)	Onion	洋葱	0.1
8)	Potato	马铃薯	0.1
9)	Sesame seed	芝麻籽	0.2
10)	Stalk and stem vegetables	茎秆类蔬菜	5.0
11)	Sweet pepper	甜椒	1.0
12)	Tomato	番茄	1.0
13)	Watermelon	西瓜	0.2

168. Fenamiphos 苯线磷（ADI：0.000 8 mg/kg bw）
残留物：苯线磷及其氧类似物（亚砜、砜化合物）之和，以苯线磷表示

序号	农产品英文名	农产品中文名	最大残留限量 （mg/kg）
1)	Apple	苹果	0.2T
2)	Asparagus	芦笋	0.02T
3)	Banana	香蕉	0.1T
4)	Beans	豆类	0.05T
5)	Cabbage	甘蓝	0.05T
6)	Carrot	胡萝卜	0.2T
7)	Cherry	樱桃	0.2T
8)	Chili pepper	辣椒	0.2T
9)	Coffee bean	咖啡豆	0.1T
10)	Cotton seed	棉籽	0.05T
11)	Eggplant	茄子	0.1T
12)	Garlic	大蒜	0.2T
13)	Grape	葡萄	0.1T

（续）

序号	农产品英文名	农产品中文名	最大残留限量 (mg/kg)
14)	Grapefruit	葡萄柚	0.5T
15)	Kiwifruit	猕猴桃	0.05T
16)	Korean cabbage，head	韩国甘蓝	0.05T
17)	Korean melon	韩国瓜类	0.05T
18)	Lemon	柠檬	0.5T
19)	Melon	瓜类	0.05T
20)	Orange	橙	0.5T
21)	Peach	桃	0.2T
22)	Peanut	花生	0.05T
23)	Pineapple	菠萝	0.05T
24)	Potato	马铃薯	0.2T
25)	Raisin	葡萄干	0.3T
26)	Soybean	大豆	0.05T
27)	Strawberry	草莓	0.2T
28)	Sweet potato	甘薯	0.1T
29)	Tomato	番茄	0.2T

169. Fenarimol 氯苯嘧啶醇（ADI：0.01 mg/kg bw）

序号	农产品英文名	农产品中文名	最大残留限量 (mg/kg)
1)	Banana	香蕉	0.5T
2)	Barley	大麦	0.3
3)	Burdock	牛蒡	1.0
4)	Cherry	樱桃	1.0T
5)	Chili pepper	辣椒	1.0T
6)	Chwinamul	野生紫菀	1.0
7)	Cucumber	黄瓜	0.5
8)	Eggplant	茄子	0.3
9)	Gojiberry	枸杞	0.2T
10)	Grape	葡萄	0.3
11)	Herbs (fresh)	香草（鲜）	0.05T
12)	Jujube	枣	0.5
13)	Jujube (dried)	枣（干）	1.5
14)	Korean melon	韩国瓜类	0.3
15)	Leafy vegetables	叶类蔬菜	2.0
16)	Melon	瓜类	0.1T
17)	Onion	洋葱	0.05T
18)	Peach	桃	0.5
19)	Pecan	美洲山核桃	0.1T
20)	Pome fruits	仁果类水果	0.3
21)	Schisandraberry (dried)	五味子（干）	2.0
22)	Soybean	大豆	0.05T

（续）

序号	农产品英文名	农产品中文名	最大残留限量 (mg/kg)
23)	Stalk and stem vegetables	茎秆类蔬菜	1.0
24)	Strawberry	草莓	1.0
25)	Sweet pepper	甜椒	0.5T
26)	Walnut	胡桃	0.1T
27)	Watermelon	西瓜	0.3

170. Fenazaquin 喹螨醚（ADI：0.005 mg/kg bw）

序号	农产品英文名	农产品中文名	最大残留限量 (mg/kg)
1)	Almond	扁桃仁	0.2T
2)	Apple	苹果	0.3
3)	Apricot	杏	0.2T
4)	Beet（root）	甜菜（根）	0.05T
5)	Cherry	樱桃	2.0†
6)	Chili pepper	辣椒	2.0
7)	Chwinamul	野生紫菀	2.0
8)	Deodeok	羊乳（桔梗科党参属的植物）	0.05T
9)	Dureup	刺老芽	0.1
10)	Eggplant	茄子	0.2
11)	Ginger	姜	0.05T
12)	Grape	葡萄	0.5
13)	Grapefruit	葡萄柚	2.0T
14)	Hop	蛇麻草	30T
15)	Jujube	枣	0.3
16)	Jujube（dried）	枣（干）	1.0
17)	Korean black raspberry	朝鲜黑树莓	0.5T
18)	Leafy vegetables	叶类蔬菜	0.7
19)	Lemon	柠檬	2.0T
20)	Mandarin	中国柑橘	2.0
21)	Narrow-head ragwort	窄叶黄菀	10
22)	Orange	橙	2.0T
23)	Peach	桃	0.2
24)	Peanut	花生	0.05T
25)	Pear	梨	0.3
26)	Perilla leaves	紫苏叶	3.0
27)	Perilla seed	紫苏籽	0.2
28)	Persimmon	柿子	0.1
29)	Pineapple	菠萝	0.1T
30)	Safflower seed	红花籽	0.2
31)	Shinsuncho	韩国山葵	3.0
32)	Stalk and stem vegetables	茎秆类蔬菜	0.7
33)	Strawberry	草莓	0.7

序号	农产品英文名	农产品中文名	最大残留限量 （mg/kg）
34）	Sweet pepper	甜椒	2.0
35）	Tea	茶	0.05T
36）	Watermelon	西瓜	0.05
37）	Yuja	香橙	2.0T

171. Fenbuconazole 腈苯唑（ADI：0.03 mg/kg bw）

序号	农产品英文名	农产品中文名	最大残留限量
1）	Amaranth leaves	苋菜叶	3.0T
2）	Apple	苹果	0.7
3）	Apricot	杏	2.0T
4）	Banana	香蕉	0.02†
5）	Barley	大麦	0.2T
6）	Blueberry	蓝莓	0.5T
7）	Cherry	樱桃	2.0T
8）	Chili pepper	辣椒	0.5
9）	Chwinamul	野生紫菀	3.0T
10）	Citrus fruits	柑橘类水果	0.5†
11）	Cranberry	蔓越橘	1.0T
12）	Crown daisy	茼蒿	3.0T
13）	Cucumber	黄瓜	0.3
14）	Grape	葡萄	1.0T
15）	Japanese apricot	青梅	2.0
16）	Korean melon	韩国瓜类	0.2
17）	Lemon	柠檬	1.0†
18）	Peach	桃	2.0
19）	Peanut	花生	0.1T
20）	Pear	梨	0.5
21）	Pecan	美洲山核桃	0.1T
22）	Persimmon	柿子	0.3
23）	Pomegranate	石榴	0.3T
24）	Radish（leaf）	萝卜（叶）	3.0T
25）	Rice	稻米	0.05
26）	Schisandraberry	五味子	3.0
27）	Schisandraberry（dried）	五味子（干）	3.0
28）	Strawberry	草莓	0.5
29）	Sweet pepper	甜椒	0.5
30）	Tomato	番茄	0.5
31）	Watermelon	西瓜	0.2
32）	Wheat	小麦	0.1†

172. Fenbutatin oxide 苯丁锡（ADI：0.03 mg/kg bw）

序号	农产品英文名	农产品中文名	最大残留限量
1）	Almond	扁桃仁	0.5T

（续）

序号	农产品英文名	农产品中文名	最大残留限量（mg/kg）
2)	Apple	苹果	2.0
3)	Apricot	杏	2.0T
4)	Asparagus	芦笋	2.0T
5)	Avocado	鳄梨	2.0T
6)	Banana	香蕉	5.0T
7)	Beans	豆类	0.5T
8)	Broad bean	蚕豆	0.5T
9)	Cabbage	甘蓝	2.0T
10)	Carrot	胡萝卜	2.0T
11)	Celery	芹菜	2.0T
12)	Cherry	樱桃	5.0T
13)	Chestnut	栗子	2.0T
14)	Chinese chives	韭菜	2.0T
15)	Citrus fruits	柑橘类水果	5.0T
16)	Cotton seed	棉籽	2.0T
17)	Crown daisy	茼蒿	2.0T
18)	Cucumber	黄瓜	2.0T
19)	Edible fungi	食用菌	2.0T
20)	Eggplant	茄子	2.0T
21)	Fruits	水果类	2.0T
22)	Garlic	大蒜	2.0T
23)	Ginger	姜	2.0T
24)	Ginkgo nut	白果	2.0T
25)	Grape	葡萄	5.0T
26)	Grapefruit	葡萄柚	5.0T
27)	Herbs（fresh）	香草（鲜）	0.5T
28)	Hop	蛇麻草	30.0T
29)	Japanese apricot	青梅	5.0T
30)	Kale	羽衣甘蓝	2.0T
31)	Kidney bean	四季豆	0.5T
32)	Kiwifruit	猕猴桃	2.0T
33)	Korean cabbage，head	韩国甘蓝	2.0T
34)	Lemon	柠檬	5.0T
35)	Lettuce（head）	莴苣（顶端）	2.0T
36)	Lettuce（leaf）	莴苣（叶）	2.0T
37)	Mandarin	中国柑橘	5.0T
38)	Mango	芒果	2.0T
39)	Melon	瓜类	1.0T
40)	Mung bean	绿豆	0.5T

（续）

序号	农产品英文名	农产品中文名	最大残留限量（mg/kg）
41)	Nuts	坚果	2.0T
42)	Oak mushroom	香菇	2.0T
43)	Onion	洋葱	2.0T
44)	Orange	橙	5.0T
45)	Papaya	番木瓜	2.0T
46)	Pea	豌豆	0.5T
47)	Peach	桃	7.0T
48)	Peanut	花生	0.5T
49)	Pear	梨	1.0
50)	Pecan	美洲山核桃	0.5T
51)	Persimmon	柿子	2.0T
52)	Pineapple	菠萝	2.0T
53)	Plum	李子	3.0T
54)	Quince	榅桲	5.0T
55)	Radish（root）	萝卜（根）	2.0T
56)	Red bean	红豆	0.5T
57)	Seeds	种子类	2.0T
58)	Sesame seed	芝麻籽	2.0T
59)	Soybean	大豆	0.5T
60)	Spinach	菠菜	2.0T
61)	Squash	西葫芦	2.0T
62)	Strawberry	草莓	3.0
63)	Sunflower seed	葵花籽	2.0T
64)	Sweet pepper	甜椒	1.0T
65)	Tomato	番茄	1.0T
66)	Vegetables	蔬菜类	2.0T
67)	Walnut	胡桃	0.5T
68)	Watermelon	西瓜	2.0T
69)	Welsh onion	威尔士洋葱	2.0T

173. Fenclorim　解草啶

1)	Rice	稻米	0.1T

174. Fenhexamid　环酰菌胺（ADI：0.2 mg/kg bw）

1)	Almond	扁桃仁	0.02T
2)	Apple	苹果	1.0
3)	Blueberry	蓝莓	5.0†
4)	Chard	食用甜菜	15
5)	Cherry	樱桃	5.0
6)	Chestnut	栗子	0.05T
7)	Chicory	菊苣	10

（续）

序号	农产品英文名	农产品中文名	最大残留限量 (mg/kg)
8)	Chili pepper	辣椒	5.0
9)	Chinese bellflower	中国风铃草	0.05T
10)	Chinses mallow	中国锦葵	10
11)	Cranberry	蔓越橘	2.0T
12)	Cucumber	黄瓜	0.5
13)	Deodeok	羊乳（桔梗科党参属的植物）	0.05T
14)	Dried ginseng	干参	0.3
15)	Eggplant	茄子	2.0
16)	Fresh ginseng	鲜参	0.3
17)	Garlic	大蒜	0.1
18)	Ginseng extract	人参提取物	2.0
19)	Grape	葡萄	3.0
20)	Kale	羽衣甘蓝	10
21)	Kiwifruit	猕猴桃	15†
22)	Korean black raspberry	朝鲜黑树莓	15T
23)	Leafy vegetables	叶类蔬菜	30
24)	Mandarin	中国柑橘	1.0
25)	Onion	洋葱	0.05
26)	Peach	桃	1.0
27)	Perilla leaves	紫苏叶	30
28)	Plum	李子	1.0
29)	Polygonatum root	黄精根	0.05T
30)	Red ginseng	红参	0.3
31)	Red ginseng extract	红参提取物	2.0
32)	Schisandraberry	五味子	1.0T
33)	Stalk and stem vegetables	茎秆类蔬菜	10
34)	Strawberry	草莓	2.0
35)	Sweet pepper	甜椒	3.0
36)	Tomato	番茄	2.0

175. Fenitrothion 杀螟硫磷（ADI: 0.005 mg/kg bw）

序号	农产品英文名	农产品中文名	最大残留限量 (mg/kg)
1)	Apple	苹果	0.5
2)	Apricot	杏	0.1T
3)	Arguta kiwifruit	阿古塔猕猴桃	0.3T
4)	Aronia	野樱莓	0.3T
5)	Asparagus	芦笋	2.0
6)	Blueberry	蓝莓	1.0T
7)	Bracken	欧洲蕨	0.3T
8)	Broccoli	西兰花	0.05
9)	Burdock leaves	牛蒡叶	0.05T

（续）

序号	农产品英文名	农产品中文名	最大残留限量（mg/kg）
10)	Butterbur	菊科蜂斗菜属植物	15
11)	Cabbage	甘蓝	0.05
12)	Cacao bean	可可豆	0.05T
13)	Carrot	胡萝卜	0.05
14)	Celery	芹菜	0.05T
15)	Chamnamul	大叶芹菜	5.0T
16)	Chard	食用甜菜	5.0T
17)	Cherry	樱桃	0.1T
18)	Chestnut	栗子	0.05
19)	Chicory	菊苣	5.0T
20)	Chicory（root）	菊苣（根）	0.05T
21)	Chili pepper	辣椒	0.5
22)	Chinese chives	韭菜	0.05
23)	Chinese mallow	中国锦葵	5.0T
24)	Chwinamul	野生紫菀	7.0
25)	Citrus fruits	柑橘类水果	2.0
26)	Coastal hog fennel	小茴香	5.0T
27)	Cowpea	豇豆	0.05T
28)	Crown daisy	茼蒿	0.05
29)	Dandelion	蒲公英	1.0T
30)	Danggwi leaves	当归叶	5.0T
31)	Eggplant	茄子	0.5T
32)	Fig	无花果	0.3T
33)	Fresh ginseng	鲜参	0.05T
34)	Garlic	大蒜	0.03
35)	Ginger	姜	0.03T
36)	Gojiberry	枸杞	2.0
37)	Gojiberry（dried）	枸杞（干）	3.0
38)	Gondre	耶蓟	5.0T
39)	Grape	葡萄	0.3
40)	Green garlic	青蒜	0.05
41)	Green soybean	青豆	0.3
42)	Green tea extract	绿茶提取物	0.2
43)	Herbs（fresh）	香草（鲜）	0.03T
44)	Hop	蛇麻草	0.05T
45)	Japanese apricot	青梅	0.2
46)	Job's tear	薏苡	0.2T
47)	Jujube	枣	2.0
48)	Jujube（dried）	枣（干）	3.0

（续）

序号	农产品英文名	农产品中文名	最大残留限量 （mg/kg）
49)	Kale	羽衣甘蓝	0.05
50)	Kohlrabi	球茎甘蓝	0.05
51)	Korean black raspberry	朝鲜黑树莓	0.3T
52)	Korean cabbage，head	韩国甘蓝	0.05
53)	Korean wormwood	朝鲜艾草	0.3
54)	Lettuce（head）	莴苣（顶端）	0.05T
55)	Lettuce（leaf）	莴苣（叶）	0.05T
56)	Loquat	枇杷	0.2T
57)	Maize	玉米	0.2T
58)	Mango	芒果	0.1T
59)	Melon	瓜类	0.05T
60)	Mulberry	桑葚	0.3T
61)	Mung bean	绿豆	0.05
62)	Mustard green	芥菜	0.05
63)	Mustard leaf	芥菜叶	0.05
64)	Narrow-head ragwort	窄叶黄菀	1.0T
65)	Onion	洋葱	0.05
66)	Papaya	番木瓜	0.1T
67)	Parsley	欧芹	0.05T
68)	Pawpaw	木瓜	0.1T
69)	Pea	豌豆	0.5T
70)	Peach	桃	0.1
71)	Peanut	花生	0.05
72)	Pear	梨	1.0
73)	Perilla leaves	紫苏叶	0.05
74)	Persimmon	柿子	0.2
75)	Plum	李子	0.1T
76)	Potato	马铃薯	0.05
77)	Proso millet	黍	0.3
78)	Radish（leaf）	萝卜（叶）	0.05
79)	Radish（root）	萝卜（根）	0.05
80)	Red bean	红豆	0.1
81)	Rice	稻米	0.2
82)	Schisandraberry	五味子	2.0
83)	Schisandraberry（dried）	五味子（干）	5.0
84)	Shepherd's purse	荠菜	0.05
85)	Soybean	大豆	0.05
86)	Spices（fruits and berries）	香辛料（水果和浆果类）	1.0T
87)	Spices roots	根类香辛料	0.1T

（续）

序号	农产品英文名	农产品中文名	最大残留限量（mg/kg）
88)	Spices seeds	种子类香辛料	7.0†
89)	Spinach	菠菜	0.05
90)	Ssam cabbage	紫甘蓝	0.05
91)	Sweet pepper	甜椒	0.5
92)	Sweet potato	甘薯	0.05
93)	Sweet potato vines	薯蔓	0.05T
94)	Taro	芋头	0.05
95)	Tea	茶	0.2
96)	Turnip root	芜菁根	0.05
97)	Walnut	胡桃	0.5T
98)	Water dropwort	水芹	0.3T
99)	Welsh onion	威尔士洋葱	0.3
100)	Wheat	小麦	0.2T
101)	Wild chive	野生细香葱	0.3T

176. Fenobucarb　仲丁威（ADI：0.014 mg/kg bw）

序号	农产品英文名	农产品中文名	最大残留限量（mg/kg）
1)	Aronia	野樱莓	0.05T
2)	Barley	大麦	0.5T
3)	Celery	芹菜	0.05T
4)	Cherry	樱桃	0.05T
5)	Chestnut	栗子	0.05
6)	Crown daisy	茼蒿	0.05T
7)	Fresh ginseng	鲜参	0.05T
8)	Japanese apricot	青梅	0.05T
9)	Lemon	柠檬	0.05T
10)	Millet	粟	0.5T
11)	Narrow-head ragwort	窄叶黄菀	0.05T
12)	Perilla leaves	紫苏叶	0.05T
13)	Radish（leaf）	萝卜（叶）	0.05T
14)	Radish（root）	萝卜（根）	0.05T
15)	Rice	稻米	0.5
16)	Water dropwort	水芹	0.05T
17)	Yuja	香橙	0.05T

177. Fenothiocarb　苯硫威（ADI：0.015 mg/kg bw）

序号	农产品英文名	农产品中文名	最大残留限量（mg/kg）
1)	Mandarin	中国柑橘	1.0T

178. Fenoxanil　稻瘟酰胺（ADI：0.007 mg/kg bw）

序号	农产品英文名	农产品中文名	最大残留限量（mg/kg）
1)	Barley	大麦	0.5T
2)	Celery	芹菜	0.5T
3)	Chinese chives	韭菜	0.5T
4)	Ginger	姜	0.5T

（续）

序号	农产品英文名	农产品中文名	最大残留限量 (mg/kg)
5)	Oak mushroom	香菇	0.5T
6)	Oat	燕麦	0.5T
7)	Perilla leaves	紫苏叶	0.5T
8)	Radish（leaf）	萝卜（叶）	0.5T
9)	Rice	稻米	1.0
10)	Sorghum	高粱	0.5T
11)	Sweet potato	甘薯	0.5T
12)	Sweet potato vines	薯蔓	0.5T
13)	Water dropwort	水芹	0.5T
179. Fenoxaprop-ethyl　噁唑禾草灵（ADI：0.011 mg/kg bw）			
1)	Barley	大麦	0.05
2)	Chili pepper	辣椒	0.05
3)	Chwinamul	野生紫菀	0.05T
4)	Cotton seed	棉籽	0.05T
5)	Garlic	大蒜	0.05
6)	Green soybean	青豆	0.05
7)	Onion	洋葱	0.05
8)	Peanut	花生	0.05T
9)	Radish（leaf）	萝卜（叶）	0.05T
10)	Radish（root）	萝卜（根）	0.05T
11)	Rice	稻米	0.05
12)	Soybean	大豆	0.05
13)	Wheat	小麦	0.05T
180. Fenoxasulfone　苯磺噁唑草（ADI：0.018 mg/kg bw）			
1)	Rice	稻米	0.05
181. Fenoxycarb　苯氧威（ADI：0.053 mg/kg bw）			
1)	Apple	苹果	0.5T
2)	Pear	梨	0.5T
3)	Persimmon	柿子	0.5T
182. Fenpropathrin　甲氰菊酯（ADI：0.03 mg/kg bw）			
1)	Amaranth leaves	苋菜叶	5.0T
2)	Apple	苹果	1.0
3)	Banana	香蕉	0.5T
4)	Blueberry	蓝莓	0.5T
5)	Burdock	牛蒡	0.2T
6)	Burdock leaves	牛蒡叶	0.3T
7)	Carrot	胡萝卜	0.2T
8)	Celery	芹菜	0.2T
9)	Chamnamul	大叶芹菜	0.3T

（续）

序号	农产品英文名	农产品中文名	最大残留限量（mg/kg）
10）	Cherry	樱桃	5.0†
11）	Chicory	菊苣	5.0T
12）	Chicory（root）	菊苣（根）	0.2T
13）	Chili pepper	辣椒	0.5
14）	Chinese chives	韭菜	0.2T
15）	Citrus fruits	柑橘类水果	2.0†
16）	Coastal hog fennel	小茴香	5.0T
17）	Coffee bean	咖啡豆	0.02T
18）	Cotton seed	棉籽	1.0T
19）	Crown daisy	茼蒿	0.3T
20）	Cucumber	黄瓜	0.2T
21）	Deodeok	羊乳（桔梗科党参属的植物）	0.2T
22）	Fresh ginseng	鲜参	0.2T
23）	Ginger	姜	0.2T
24）	Grape	葡萄	0.5T
25）	Herbs（fresh）	香草（鲜）	0.02T
26）	Korean wormwood	朝鲜艾草	0.3
27）	Mandarin	中国柑橘	5.0
28）	Mango	芒果	0.5T
29）	Mulberry	桑葚	0.5T
30）	Mustard leaf	芥菜叶	0.3T
31）	Nuts	坚果	0.1†
32）	Pear	梨	0.5
33）	Perilla leaves	紫苏叶	0.3T
34）	Radish（leaf）	萝卜（叶）	0.3T
35）	Radish（root）	萝卜（根）	0.2T
36）	Schisandraberry	五味子	5.0T
37）	Spinach	菠菜	0.3T
38）	Ssam cabbage	紫甘蓝	0.3T
39）	Strawberry	草莓	0.5
40）	Sweet pepper	甜椒	1.0
41）	Tea	茶	3.0†
42）	Tomato	番茄	2.0
43）	Water dropwort	水芹	0.3T
44）	Watermelon	西瓜	0.2

183. Fenpropimorph　丁苯吗啉

1）	Banana	香蕉	2.0†

184. Fenpyrazamine　胺苯吡菌酮（ADI：0.053 mg/kg bw）

1）	Alpine leek leaves	高山韭菜叶	15

（续）

序号	农产品英文名	农产品中文名	最大残留限量（mg/kg）
2)	Amaranth leaves	苋菜叶	15
3)	Blueberry	蓝莓	4.0†
4)	Celery	芹菜	1.0T
5)	Chamnamul	大叶芹菜	15
6)	Cherry	樱桃	3.0T
7)	Chicory	菊苣	15
8)	Chili pepper	辣椒	3.0
9)	Chinese chives	韭菜	1.0
10)	Chwinamul	野生紫菀	15T
11)	Crown daisy	茼蒿	15T
12)	Cucumber	黄瓜	0.5
13)	Dried ginseng	干参	1.0
14)	Eggplant	茄子	1.0
15)	Fresh ginseng	鲜参	0.5
16)	Garlic	大蒜	0.05
17)	Grape	葡萄	5.0
18)	Kale	羽衣甘蓝	15
19)	Kiwifruit	猕猴桃	3.0
20)	Korean melon	韩国瓜类	0.5
21)	Leafy vegetables	叶类蔬菜	0.2T
22)	Lettuce（head）	莴苣（顶端）	15
23)	Lettuce（leaf）	莴苣（叶）	15
24)	Mandarin	中国柑橘	2.0
25)	Mulberry	桑葚	2.0T
26)	Onion	洋葱	0.05
27)	Pak choi	小白菜	15T
28)	Peach	桃	2.0
29)	Perilla leaves	紫苏叶	20
30)	Raspberry	覆盆子	5.0†
31)	Root and tuber vegetables	块根和块茎类蔬菜	0.2T
32)	Schisandraberry	五味子	2.0
33)	Schisandraberry（dried）	五味子（干）	5.0
34)	Spinach	菠菜	15T
35)	Squash	西葫芦	0.2
36)	Stalk and stem vegetables	茎秆类蔬菜	0.2T
37)	Strawberry	草莓	2.0
38)	Sweet pepper	甜椒	3.0
39)	Tomato	番茄	3.0
40)	Watermelon	西瓜	0.05

（续）

序号	农产品英文名	农产品中文名	最大残留限量 （mg/kg）
41）	Welsh onion	威尔士洋葱	5.0
42）	Wild chive	野生细香葱	1.5

185. Fenpyroximate 唑螨酯（ADI：0.01 mg/kg bw）

序号	农产品英文名	农产品中文名	最大残留限量（mg/kg）
1）	Apple	苹果	0.5
2）	Apricot	杏	0.1T
3）	Blueberry	蓝莓	0.5T
4）	Butterbur	菊科蜂斗菜属植物	5.0
5）	Cherry	樱桃	2.0†
6）	Chinese bellflower	中国风铃草	0.1
7）	Citrus fruits	柑橘类水果	0.7†
8）	Danggwi leaves	当归叶	5.0T
9）	Deodeok	羊乳（桔梗科党参属的植物）	0.05T
10）	Fig	无花果	0.5T
11）	Garlic	大蒜	0.05
12）	Grape	葡萄	2.0
13）	Green garlic	青蒜	0.05
14）	Green tea extract	绿茶提取物	20.0
15）	Herbs（fresh）	香草（鲜）	0.05T
16）	Hop	蛇麻草	15T
17）	Jujube	枣	0.1T
18）	Korean black raspberry	朝鲜黑树莓	0.7
19）	Korean melon	韩国瓜类	0.1
20）	Mulberry	桑葚	0.5T
21）	Nuts	坚果	0.05†
22）	Peach	桃	0.3
23）	Pear	梨	0.5
24）	Perilla leaves	紫苏叶	7.0
25）	Persimmon	柿子	0.05
26）	Plum	李子	0.1
27）	Potato	马铃薯	0.05T
28）	Radish（leaf）	萝卜（叶）	5.0T
29）	Radish（root）	萝卜（根）	0.05T
30）	Safflower seed	红花籽	0.2
31）	Ssam cabbage	紫甘蓝	5.0T
32）	Strawberry	草莓	0.5
33）	Taro	芋头	0.05T
34）	Taro stem	芋头茎	0.05T
35）	Tea	茶	10.0
36）	Water dropwort	水芹	0.3T

（续）

序号	农产品英文名	农产品中文名	最大残留限量 （mg/kg）
186. Fensulfothion 丰索磷（ADI：0.000 3 mg/kg bw）			
1)	Banana	香蕉	0.02T
2)	Buckwheat	荞麦	0.1T
3)	Cotton seed	棉籽	0.02T
4)	Maize	玉米	0.1T
5)	Millet	粟	0.1T
6)	Oat	燕麦	0.1T
7)	Onion	洋葱	0.1T
8)	Peanut	花生	0.05T
9)	Pineapple	菠萝	0.05T
10)	Potato	马铃薯	0.1T
11)	Radish（root）	萝卜（根）	0.1T
12)	Rye	黑麦	0.1T
13)	Sorghum	高粱	0.1T
14)	Soybean	大豆	0.02T
15)	Sweet potato	甘薯	0.05T
16)	Tomato	番茄	0.1T
187. Fenthion 倍硫磷（ADI：0.007 mg/kg bw）			
1)	Apple	苹果	0.2T
2)	Cabbage	甘蓝	0.5T
3)	Cherry	樱桃	0.5T
4)	Grape	葡萄	0.2T
5)	Kiwifruit	猕猴桃	0.2T
6)	Lettuce（head）	莴苣（顶端）	0.5T
7)	Millet	粟	0.05
8)	Onion	洋葱	0.1T
9)	Pea	豌豆	0.1T
10)	Pear	梨	0.2T
11)	Plum	李子	0.5T
12)	Potato	马铃薯	0.05T
13)	Rice	稻米	0.5
14)	Sesame seed	芝麻籽	0.1T
15)	Soybean	大豆	0.1T
16)	Strawberry	草莓	0.2T
17)	Sweet potato	甘薯	0.05T
18)	Tomato	番茄	0.1T
19)	Wheat	小麦	0.1T

序号	农产品英文名	农产品中文名	最大残留限量（mg/kg）
188. Fentin　三苯锡（ADI：0.000 5 mg/kg bw）			
三苯锡（Fentin）、三苯基锡氢氧化物（Triphenyltin hydroxide）、乙酸三苯基锡（Triphenyltin acetate）和三苯基氯化锡（Triphenyltin chloride）的总和，表示为三苯锡			
1)	Peanut	花生	0.05T
2)	Pecan	美洲山核桃	0.05T
3)	Potato	马铃薯	0.1T
4)	Rice	稻米	0.05T
189. Fentrazamide　四唑酰草胺（ADI：0.005 2 mg/kg bw）			
1)	Rice	稻米	0.1
190. Fenvalerate　氰戊菊酯（ADI：0.02 mg/kg bw）			
1)	Apricot	杏	10.0T
2)	Asparagus	芦笋	0.5T
3)	Avocado	鳄梨	1.0T
4)	Banana	香蕉	1.0T
5)	Barley	大麦	2.0T
6)	Beans	豆类	0.5T
7)	Broad bean	蚕豆	0.5T
8)	Buckwheat	荞麦	2.0T
9)	Cabbage	甘蓝	3.0T
10)	Carrot	胡萝卜	0.05T
11)	Celery	芹菜	2.0T
12)	Chamnamul	大叶芹菜	1.0
13)	Cherry	樱桃	2.0T
14)	Chestnut	栗子	0.05
15)	Chicory	菊苣	1.0
16)	Chili pepper	辣椒	2.0
17)	Chinese chives	韭菜	0.5T
18)	Chwinamul	野生紫菀	3.0
19)	Citrus fruits	柑橘类水果	2.0T
20)	Cotton seed	棉籽	0.2T
21)	Crown daisy	茼蒿	3.0
22)	Cucumber	黄瓜	0.2
23)	Edible fungi	食用菌	0.5T
24)	Eggplant	茄子	1.0T
25)	Fruits	水果类	3.0T
26)	Garlic	大蒜	0.5T
27)	Ginger	姜	0.5T
28)	Ginkgo nut	白果	0.2T
29)	Grape	葡萄	1.0T

（续）

序号	农产品英文名	农产品中文名	最大残留限量（mg/kg）
30)	Grapefruit	葡萄柚	2.0T
31)	Herbs（fresh）	香草（鲜）	0.05T
32)	Hop	蛇麻草	5.0T
33)	Japanese apricot	青梅	10.0T
34)	Kale	羽衣甘蓝	10.0T
35)	Kidney bean	四季豆	0.5T
36)	Kiwifruit	猕猴桃	5.0T
37)	Korean cabbage，head	韩国甘蓝	0.3
38)	Leafy vegetables	叶类蔬菜	5.0
39)	Lemon	柠檬	2.0T
40)	Lettuce（head）	莴苣（顶端）	2.0T
41)	Lettuce（leaf）	莴苣（叶）	2.0
42)	Maize	玉米	2.0T
43)	Mandarin	中国柑橘	0.2
44)	Mango	芒果	1.0T
45)	Melon	瓜类	0.2T
46)	Millet	粟	2.0T
47)	Mung bean	绿豆	0.5T
48)	Mustard leaf	芥菜叶	4.0
49)	Nuts	坚果	0.15†
50)	Oak mushroom	香菇	0.5T
51)	Oat	燕麦	2.0T
52)	Onion	洋葱	0.5T
53)	Orange	橙	2.0T
54)	Pak choi	小白菜	4.0
55)	Papaya	番木瓜	1.0T
56)	Pea	豌豆	0.5T
57)	Peach	桃	5.0T
58)	Peanut	花生	0.1T
59)	Pecan	美洲山核桃	0.2T
60)	Pineapple	菠萝	1.0T
61)	Plum	李子	10.0T
62)	Pome fruits	仁果类水果	2.0
63)	Potato	马铃薯	0.05T
64)	Quince	榅桲	2.0T
65)	Radish（leaf）	萝卜（叶）	8.0T
66)	Radish（root）	萝卜（根）	0.05T
67)	Rape leaves	油菜叶	4.0
68)	Red bean	红豆	0.5T

（续）

序号	农产品英文名	农产品中文名	最大残留限量 (mg/kg)
69)	Rice	稻米	1.0T
70)	Rye	黑麦	2.0T
71)	Seeds	种子类	0.5T
72)	Sesame seed	芝麻籽	0.5T
73)	Sorghum	高粱	2.0T
74)	Soybean	大豆	0.05T
75)	Spices (fruits and berries)	香辛料（水果和浆果类）	0.03T
76)	Spices roots	根类香辛料	0.05T
77)	Spices seeds	种子类香辛料	0.05T
78)	Spinach	菠菜	0.5T
79)	Squash	西葫芦	0.5T
80)	Ssam cabbage	紫甘蓝	1.0
81)	Stalk and stem vegetables	茎秆类蔬菜	2.0
82)	Strawberry	草莓	1.0T
83)	Sunflower seed	葵花籽	0.1T
84)	Sweet pepper	甜椒	2.0
85)	Sweet potato	甘薯	0.05T
86)	Taro	芋头	0.05T
87)	Tea	茶	0.05T
88)	Tomato	番茄	1.0T
89)	Vegetables	蔬菜类	0.5T
90)	Watermelon	西瓜	0.5T
91)	Welsh onion	威尔士洋葱	0.5T
92)	Wheat	小麦	2.0T

191. Ferbam 福美铁

残留物：二硫代氨基甲酸盐，以二硫化物总量表示

192. Ferimzone 嘧菌腙（ADI：0.019 mg/kg bw）

序号	农产品英文名	农产品中文名	最大残留限量 (mg/kg)
1)	Chicory	菊苣	0.7T
2)	Chicory (root)	菊苣（根）	0.7T
3)	Fresh ginseng	鲜参	0.7T
4)	Gojiberry	枸杞	0.7T
5)	Mung bean	绿豆	0.7T
6)	Perilla leaves	紫苏叶	0.7T
7)	Radish (leaf)	萝卜（叶）	0.7T
8)	Radish (root)	萝卜（根）	0.7T
9)	Rice	稻米	2.0
10)	Water dropwort	水芹	0.7T

193. Fipronil 氟虫腈（ADI：0.000 2 mg/kg bw）

序号	农产品英文名	农产品中文名	最大残留限量 (mg/kg)
1)	Chili pepper	辣椒	0.05

(续)

序号	农产品英文名	农产品中文名	最大残留限量（mg/kg）
2）	Cucumber	黄瓜	0.1T
3）	Korean cabbage，head	韩国甘蓝	0.05
4）	Mandarin	中国柑橘	0.05T
5）	Potato	马铃薯	0.01
6）	Rice	稻米	0.01
7）	Ssam cabbage	紫甘蓝	0.05
8）	Sweet pepper	甜椒	0.05
9）	Sweet potato	甘薯	0.05
10）	Watermelon	西瓜	0.01T
194. Flonicamid 氟啶虫酰胺 ADI：0.025 mg/kg bw			
1）	Apple	苹果	0.7
2）	Apricot	杏	0.9T
3）	Aronia	野樱莓	0.5T
4）	Balsam apple	苦瓜	0.4
5）	Barley	大麦	0.1T
6）	Beet（root）	甜菜（根）	0.05T
7）	Blueberry	蓝莓	1.0
8）	Broccoli	西兰花	0.05
9）	Burdock	牛蒡	0.05
10）	Butterbur	菊科蜂斗菜属植物	15
11）	Cabbage	甘蓝	0.05
12）	Carrot	胡萝卜	0.05
13）	Chard	食用甜菜	7.0
14）	Cherry	樱桃	3.0
15）	Chicory	菊苣	7.0
16）	Chili pepper	辣椒	2.0
17）	Chinese bellflower	中国风铃草	0.05T
18）	Chinese chives	韭菜	0.7
19）	Chinese mallow	中国锦葵	7.0
20）	Cranberry	蔓越橘	0.5T
21）	Cucumber	黄瓜	2.0
22）	Danggwi leaves	当归叶	7.0
23）	Dolnamul	垂盆草/豆瓣菜	7.0
24）	Dragon fruit	火龙果	0.2
25）	Eggplant	茄子	0.2
26）	Fig	无花果	0.5
27）	Gojiberry（dried）	枸杞（干）	5.0
28）	Grape	葡萄	0.7
29）	Grapefruit	葡萄柚	1.0T

（续）

序号	农产品英文名	农产品中文名	最大残留限量（mg/kg）
30)	Green soybean	青豆	0.5
31)	Hop	蛇麻草	20†
32)	Japanese apricot	青梅	2.0
33)	Jujube	枣	0.9T
34)	Kale	羽衣甘蓝	7.0
35)	Kiwifruit	猕猴桃	0.2T
36)	Korean black raspberry	朝鲜黑树莓	0.7
37)	Korean cabbage，head	韩国甘蓝	0.7
38)	Korean melon	韩国瓜类	0.5
39)	Leafy vegetables	叶类蔬菜	5.0
40)	Lemon	柠檬	1.0
41)	Lettuce （head）	莴苣（顶端）	10
42)	Lettuce （leaf）	莴苣（叶）	10
43)	Maize	玉米	0.1T
44)	Mandarin	中国柑橘	1.0
45)	Mastic-leaf prickly ash	翼柄花椒	0.05T
46)	Melon	瓜类	1.0
47)	Mulberry	桑葚	0.5T
48)	Mung bean	绿豆	0.05T
49)	Oat	燕麦	0.1T
50)	Orange	橙	1.0T
51)	Papaya	番木瓜	0.2T
52)	Parsley	欧芹	7.0
53)	Passion fruit	百香果	0.2T
54)	Peach	桃	1.0
55)	Peanut	花生	0.05T
56)	Pear	梨	0.3
57)	Perilla leaves	紫苏叶	7.0
58)	Persimmon	柿子	0.3
59)	Plum	李子	0.9T
60)	Pomegranate	石榴	0.05
61)	Potato	马铃薯	0.3
62)	Quince	榅桲	0.3
63)	Radish （leaf）	萝卜（叶）	2.0
64)	Radish （root）	萝卜（根）	0.05
65)	Rape seed	油菜籽	0.5T
66)	Rice	稻米	0.1
67)	Safflower seed	红花籽	0.05T
68)	Schisandraberry	五味子	0.9T

（续）

序号	农产品英文名	农产品中文名	最大残留限量 （mg/kg）
69）	Sesame seed	芝麻籽	0.05
70）	Soybean	大豆	0.2
71）	Spinach	菠菜	1.0
72）	Squash	西葫芦	3.0
73）	Squash leaves	南瓜叶	10
74）	Ssam cabbage	紫甘蓝	2.0
75）	Stalk and stem vegetables	茎秆类蔬菜	7.0
76）	Strawberry	草莓	1.0
77）	Sweet pepper	甜椒	2.0
78）	Sweet potato	甘薯	0.3T
79）	Taro	芋头	0.3T
80）	Tatsoi	塌棵菜	0.5
81）	Tea	茶	10
82）	Tomato	番茄	1.0
83）	Turnip root	芜菁根	0.05
84）	Walnut	胡桃	0.05T
85）	Watermelon	西瓜	0.5
86）	Yam	山药	0.3T
87）	Yuja	香橙	1.0

195. Florpyrauxifen-benzyl　氯氟吡啶酯

1）	Rice	稻米	0.05

196. Fluacrypyrim　嘧螨酯（ADI：0.059 mg/kg bw）

1）	Apple	苹果	1.0T
2）	Chili pepper	辣椒	3.0T
3）	Fig	无花果	0.5T
4）	Mandarin	中国柑橘	0.7T
5）	Pear	梨	0.5T
6）	Sweet pepper	甜椒	3.0T
7）	Watermelon	西瓜	0.5T

197. Fluazifop-butyl　吡氟禾草灵（ADI：0.01 mg/kg bw）

1）	Amaranth leaves	苋菜叶	0.05T
2）	Apricot	杏	0.05T
3）	Asparagus	芦笋	3.0T
4）	Blueberry	蓝莓	0.2T
5）	Bracken	欧洲蕨	0.2T
6）	Carrot	胡萝卜	0.05
7）	Cherry	樱桃	0.05T
8）	Chili pepper	辣椒	1.0T
9）	Chinese bellflower	中国风铃草	0.05

（续）

序号	农产品英文名	农产品中文名	最大残留限量（mg/kg）
10)	Chinese chives	韭菜	0.2T
11)	Chinese mallow	中国锦葵	0.05T
12)	Chwinamul	野生紫菀	0.05T
13)	Cotton seed	棉籽	0.1T
14)	Crown daisy	茼蒿	0.05T
15)	Dandelion	蒲公英	0.05T
16)	Deodeok	羊乳（桔梗科党参属的植物）	0.05
17)	Garlic	大蒜	0.5
18)	Grape	葡萄	0.2T
19)	Grapefruit	葡萄柚	0.05T
20)	Green garlic	青蒜	5.0
21)	Herbs（fresh）	香草（鲜）	0.05T
22)	Kohlrabi	球茎甘蓝	0.2T
23)	Korean cabbage，head	韩国甘蓝	0.7
24)	Korean melon	韩国瓜类	0.1
25)	Lemon	柠檬	0.05T
26)	Onion	洋葱	0.05
27)	Orange	橙	0.05T
28)	Pak choi	小白菜	0.05T
29)	Peach	桃	0.05T
30)	Peanut	花生	1.0T
31)	Pecan	美洲山核桃	0.05T
32)	Perilla leaves	紫苏叶	0.05
33)	Plum	李子	0.05T
34)	Polygonatum leaves	黄精叶	0.05T
35)	Potato	马铃薯	0.05
36)	Radish（leaf）	萝卜（叶）	0.3
37)	Radish（root）	萝卜（根）	0.05
38)	Red bean	红豆	0.05T
39)	Sesame seed	芝麻籽	0.1
40)	Soybean	大豆	0.05
41)	Spinach	菠菜	6.0T
42)	Squash	西葫芦	0.1T
43)	Ssam cabbage	紫甘蓝	2.0
44)	Strawberry	草莓	0.2T
45)	Sweet potato	甘薯	0.05
46)	Tomato	番茄	0.4T
47)	Watermelon	西瓜	0.3
48)	Welsh onion	威尔士洋葱	0.2

（续）

序号	农产品英文名	农产品中文名	最大残留限量 (mg/kg)
49)	Wild chive	野生细香葱	0.2T

198. Fluazinam　氟啶胺　（ADI：0.01 mg/kg bw）

序号	农产品英文名	农产品中文名	最大残留限量 (mg/kg)
1)	Alpine leek leaves	高山韭菜叶	5.0T
2)	Amaranth leaves	苋菜叶	2.0
3)	Apple	苹果	0.3
4)	Apricot	杏	0.5T
5)	Arguta kiwifruit	阿古塔猕猴桃	0.05T
6)	Aronia	野樱莓	0.05T
7)	Aster yomena	一种野菊花	1.0T
8)	Beet（leaf）	甜菜（叶）	0.05T
9)	Beet（root）	甜菜（根）	0.05T
10)	Blueberry	蓝莓	5.0
11)	Broccoli	西兰花	0.05
12)	Cabbage	甘蓝	0.05
13)	Chamnamul	大叶芹菜	0.05T
14)	Cherry	樱桃	3.0
15)	Chili pepper	辣椒	3.0
16)	Chwinamul	野生紫菀	0.05T
17)	Cucumber	黄瓜	0.2
18)	Danggwi leaves	当归叶	2.0
19)	Dried ginseng	干参	0.7
20)	East asian hogweed	东亚猪草	1.0T
21)	Fresh ginseng	鲜参	0.7
22)	Garlic	大蒜	0.05
23)	Gojiberry（dried）	枸杞（干）	15
24)	Gondre	耶蓟	5.0T
25)	Grape	葡萄	0.05
26)	Green garlic	青蒜	0.7
27)	Green tea extract	绿茶提取物	7.0
28)	Jujube	枣	1.0
29)	Jujube（dried）	枣（干）	2.0
30)	Kohlrabi	球茎甘蓝	0.4
31)	Korean black raspberry	朝鲜黑树莓	0.05T
32)	Korean cabbage，head	韩国甘蓝	1.0
33)	Korean melon	韩国瓜类	0.05
34)	Lemon	柠檬	0.5T
35)	Lettuce（head）	莴苣（顶端）	0.05T
36)	Lettuce（leaf）	莴苣（叶）	0.05T
37)	Mandarin	中国柑橘	0.7

（续）

序号	农产品英文名	农产品中文名	最大残留限量 （mg/kg）
38）	Mango	芒果	0.05T
39）	Mung bean	绿豆	0.07T
40）	Mushroom	蘑菇	0.05T
41）	Mustard leaf	芥菜叶	0.05
42）	Oak mushroom	香菇	0.05T
43）	Onion	洋葱	0.05
44）	Pak choi	小白菜	0.05
45）	Peach	桃	1.0
46）	Pear	梨	1.0
47）	Persimmon	柿子	0.7
48）	Plum	李子	0.5
49）	Potato	马铃薯	0.05
50）	Radish （leaf）	萝卜（叶）	5.0
51）	Radish （root）	萝卜（根）	0.05
52）	Red bean	红豆	0.07
53）	Safflower seed	红花籽	0.5
54）	Sesame seed	芝麻籽	0.05
55）	Spinach	菠菜	0.05T
56）	Ssam cabbage	紫甘蓝	3.0
57）	Stalk and stem vegetables	茎秆类蔬菜	7.0
58）	Strawberry	草莓	5.0
59）	Sweet pepper	甜椒	3.0
60）	Sweet potato	甘薯	0.05T
61）	Tea	茶	7.0
62）	Walnut	胡桃	0.05
63）	Welsh onion	威尔士洋葱	3.0
64）	Welsh onion （dried）	威尔士洋葱（干）	10.0
65）	Yuja	香橙	0.5

199. Flubendiamide 氟苯虫酰胺（ADI：0.017 mg/kg bw）

序号	农产品英文名	农产品中文名	最大残留限量
1）	Apple	苹果	1.0
2）	Broccoli	西兰花	3.0
3）	Butterbur	菊科蜂斗菜属植物	15
4）	Cabbage	甘蓝	0.3
5）	Cherry	樱桃	2.0†
6）	Chili pepper	辣椒	1.0
7）	Chinese chives	韭菜	3.0
8）	Chwinamul	野生紫菀	20
9）	Cucumber	黄瓜	1.0
10）	Grape	葡萄	1.0

（续）

序号	农产品英文名	农产品中文名	最大残留限量 （mg/kg）
11)	Green soybean	青豆	1.0
12)	Herbs（fresh）	香草（鲜）	0.05T
13)	Japanese apricot	青梅	1.0
14)	Jujube	枣	2.0
15)	Jujube（dried）	枣（干）	7.0
16)	Kale	羽衣甘蓝	0.7
17)	Kiwifruit	猕猴桃	1.0
18)	Korean cabbage，head	韩国甘蓝	1.0
19)	Korean melon	韩国瓜类	1.0
20)	Leafy vegetables	叶类蔬菜	0.02T
21)	Lettuce（head）	莴苣（顶端）	10
22)	Lettuce（leaf）	莴苣（叶）	10
23)	Maize	玉米	0.05
24)	Mandarin	中国柑橘	1.0
25)	Melon	瓜类	1.0
26)	Nuts	坚果	0.1†
27)	Peach	桃	0.7
28)	Pear	梨	1.0
29)	Perilla leaves	紫苏叶	15
30)	Persimmon	柿子	0.5
31)	Plum	李子	1.0†
32)	Radish（leaf）	萝卜（叶）	7.0
33)	Radish（root）	萝卜（根）	0.05
34)	Rice	稻米	0.5
35)	Soybean	大豆	0.1
36)	Spinach	菠菜	10
37)	Ssam cabbage	紫甘蓝	3.0
38)	Stalk and stem vegetables	茎秆类蔬菜	5.0
39)	Strawberry	草莓	1.0
40)	Sweet pepper	甜椒	1.0
41)	Tea	茶	50†
42)	Tomato	番茄	0.7
43)	Wasabi leaves	芥末叶	20
44)	Watermelon	西瓜	1.0
45)	Welsh onion	威尔士洋葱	3.0

200. Flucetosulfuron 氟吡磺隆（ADI：0.041 mg/kg bw）

1)	Rice	稻米	0.1

201. Flucythrinate 氟氰戊菊酯（ADI：0.02 mg/kg bw）

1)	Maize	玉米	0.05T

序号	农产品英文名	农产品中文名	最大残留限量 （mg/kg）
2)	Potato	马铃薯	0.05T

202. Fludioxonil 咯菌腈（ADI：0.4 mg/kg bw）

序号	农产品英文名	农产品中文名	最大残留限量 （mg/kg）
1)	Alpine leek leaves	高山韭菜叶	0.2
2)	Amaranth leaves	苋菜叶	20
3)	Apricot	杏	0.3T
4)	Beet（root）	甜菜（根）	0.05T
5)	Blueberry	蓝莓	2.0†
6)	Broccoli	西兰花	0.7T
7)	Butterbur	菊科蜂斗菜属植物	20
8)	Cabbage	甘蓝	2.0T
9)	Cacao bean	可可豆	0.05T
10)	Carrot	胡萝卜	0.7T
11)	Cassia seed	决明子	0.05
12)	Celeriac	块根芹	0.05T
13)	Chard	食用甜菜	20
14)	Cherry	樱桃	4.0†
15)	Chicory	菊苣	20
16)	Chili pepper	辣椒	3.0
17)	Chili pepper leaves	辣椒叶	3.0
18)	Chinese chives	韭菜	7.0
19)	Chwinamul	野生紫菀	15
20)	Citrus fruits	柑橘类水果	10†
21)	Crown daisy	茼蒿	5.0
22)	Cucumber	黄瓜	0.7
23)	Deodeok	羊乳（桔梗科党参属的植物）	0.05T
24)	Dried ginseng	干参	4.0
25)	Eggplant	茄子	0.3
26)	Enoke	Enoke	0.05T
27)	Fresh ginseng	鲜参	0.5
28)	Garlic	大蒜	0.05
29)	Ginseng extract	人参提取物	3.0
30)	Gondre	耶蓟	20
31)	Grape	葡萄	5.0
32)	Green garlic	青蒜	2.0
33)	Green soybean	青豆	0.4†
34)	Jujube	枣	0.3
35)	Jujube（dried）	枣（干）	2.0
36)	Kidney bean	四季豆	0.4†
37)	Kiwifruit	猕猴桃	1.0

（续）

序号	农产品英文名	农产品中文名	最大残留限量（mg/kg）
38)	Korean black raspberry	朝鲜黑树莓	5.0T
39)	Korean melon	韩国瓜类	0.5
40)	Leafy vegetables	叶类蔬菜	15
41)	Lettuce（leaf）	莴苣（叶）	15
42)	Lima bean（fresh）	利马豆（鲜）	0.4†
43)	Maize	玉米	0.02T
44)	Mandarin	中国柑橘	10†
45)	Mango	芒果	2.0†
46)	Melon	瓜类	0.2
47)	Mulberry	桑葚	4.0
48)	Onion	洋葱	0.05
49)	Papaya	番木瓜	2.0T
50)	Peach	桃	1.0
51)	Perilla leaves	紫苏叶	40
52)	Pineapple	菠萝	20†
53)	Plum	李子	0.05
54)	Pome fruits	仁果类水果	5.0†
55)	Potato	马铃薯	5.0†
56)	Radish（leaf）	萝卜（叶）	10
57)	Radish（root）	萝卜（根）	0.1
58)	Rape leaves	油菜叶	0.05
59)	Rape seed	油菜籽	0.05
60)	Red ginseng	红参	1.0
61)	Red ginseng extract	红参提取物	3.0
62)	Rice	稻米	0.02
63)	Schisandraberry	五味子	2.0
64)	Schisandraberry（dried）	五味子（干）	7.0
65)	Soybean	大豆	0.4T
66)	Spinach	菠菜	20
67)	Squash	西葫芦	0.2
68)	Stalk and stem vegetables	茎秆类蔬菜	5.0
69)	Strawberry	草莓	2.0
70)	Sweet pepper	甜椒	3.0
71)	Sweet potato	甘薯	10T
72)	Tomato	番茄	1.0
73)	Watermelon	西瓜	0.2
74)	Welsh onion	威尔士洋葱	7.0
75)	Wheat	小麦	0.02†

（续）

序号	农产品英文名	农产品中文名	最大残留限量（mg/kg）
203. Fluensulfone 联氟砜（ADI：0.014 mg/kg bw）			
1)	Chili pepper	辣椒	0.2
2)	Cranberry	蔓越橘	0.05T
3)	Korean melon	韩国瓜类	0.05
4)	Melon	瓜类	0.05
5)	Squash	西葫芦	0.05
6)	Sweet pepper	甜椒	0.2
7)	Tomato	番茄	0.05
8)	Watermelon	西瓜	0.05
204. Flufenacet 氟噻草胺（ADI：0.005 mg/kg bw）			
1)	Potato	马铃薯	0.05
2)	Soybean	大豆	0.05
205. Flufenoxuron 氟虫脲（ADI：0.037 mg/kg bw）			
1)	Amaranth leaves	苋菜叶	7.0
2)	Apple	苹果	0.7
3)	Apricot	杏	2.0
4)	Aronia	野樱莓	0.3T
5)	Banana	香蕉	0.3T
6)	Beet（root）	甜菜（根）	0.2T
7)	Blueberry	蓝莓	0.3T
8)	Broccoli	西兰花	0.07
9)	Cabbage	甘蓝	0.5
10)	Carrot	胡萝卜	0.05
11)	Chamnamul	大叶芹菜	5.0
12)	Chard	食用甜菜	7.0
13)	Cherry	樱桃	1.0
14)	Chicory（root）	菊苣（根）	0.05T
15)	Chili pepper	辣椒	1.0
16)	Chili pepper leaves	辣椒叶	3.0
17)	Chinese bellflower	中国风铃草	0.2
18)	Chinese mallow	中国锦葵	7.0
19)	Chwinamul	野生紫菀	6.0
20)	Crown daisy	茼蒿	5.0
21)	Cucumber	黄瓜	0.5
22)	Eggplant	茄子	1.0T
23)	Fig	无花果	0.3T
24)	Fresh ginseng	鲜参	0.05T
25)	Garlic	大蒜	0.05
26)	Ginger	姜	0.2T

（续）

序号	农产品英文名	农产品中文名	最大残留限量（mg/kg）
27）	Gojiberry	枸杞	0.3T
28）	Green tea extract	绿茶提取物	35.0
29）	Japanese apricot	青梅	2.0
30）	Job's tear	薏苡	0.05T
31）	Jujube	枣	1.0
32）	Jujube (dried)	枣（干）	2.0
33）	Kale	羽衣甘蓝	6.0
34）	Korean black raspberry	朝鲜黑树莓	0.3T
35）	Korean cabbage, head	韩国甘蓝	1.0
36）	Korean cabbage, head (dried)	韩国甘蓝（干）	2.0
37）	Korean melon	韩国瓜类	0.7
38）	Leafy vegetables	叶类蔬菜	7.0
39）	Lemon	柠檬	1.0T
40）	Lettuce (head)	莴苣（顶端）	10
41）	Lettuce (leaf)	莴苣（叶）	10
42）	Lotus tuber	莲子块茎	0.05T
43）	Maize	玉米	0.05
44）	Mandarin	中国柑橘	1.0
45）	Mango	芒果	0.3T
46）	Melon	瓜类	0.08
47）	Millet	粟	0.5
48）	Mushroom	蘑菇	0.05T
49）	Mustard leaf	芥菜叶	6.0
50）	Orange	橙	1.0T
51）	Pak choi	小白菜	2.0
52）	Parsley	欧芹	6.0
53）	Peach	桃	1.0
54）	Pear	梨	0.7
55）	Perilla leaves	紫苏叶	10
56）	Perilla seed	紫苏籽	0.3
57）	Persimmon	柿子	0.5
58）	Plum	李子	1.0T
59）	Potato	马铃薯	0.05
60）	Proso millet	黍	0.05T
61）	Radish (leaf)	萝卜（叶）	3.0
62）	Radish (root)	萝卜（根）	0.05
63）	Rape seed	油菜籽	0.3T
64）	Safflower seed	红花籽	0.3
65）	Schisandraberry	五味子	1.0T

（续）

序号	农产品英文名	农产品中文名	最大残留限量（mg/kg）
66)	Sesame seed	芝麻籽	0.1
67)	Soybean	大豆	0.05T
68)	Spinach	菠菜	6.0
69)	Squash	西葫芦	0.1
70)	Squash leaves	南瓜叶	30
71)	Ssam cabbage	紫甘蓝	3.0
72)	Stalk and stem vegetables	茎秆类蔬菜	2.0
73)	Strawberry	草莓	0.3
74)	Sweet pepper	甜椒	1.0
75)	Taro	芋头	0.05T
76)	Tea	茶	10.0
77)	Turnip root	芜菁根	0.05
78)	Walnut	胡桃	0.3T
79)	Watermelon	西瓜	0.05
80)	Welsh onion	威尔士洋葱	1.0
81)	Yuja	香橙	1.0T

206. Flumioxazin　丙炔氟草胺（ADI：0.018 mg/kg bw）

序号	农产品英文名	农产品中文名	最大残留限量（mg/kg）
1)	Apple	苹果	0.1
2)	Cacao bean	可可豆	0.1T
3)	Hop	蛇麻草	0.1T
4)	Lemon	柠檬	0.1T
5)	Maize	玉米	$0.02^{\dagger}$
6)	Mandarin	中国柑橘	0.1
7)	Peanut	花生	0.02T
8)	Potato	马铃薯	0.02T
9)	Soybean	大豆	$0.02^{\dagger}$
10)	Wheat	小麦	$0.4^{\dagger}$

207. Fluopicolide　氟吡菌胺（ADI：0.079 mg/kg bw）

序号	农产品英文名	农产品中文名	最大残留限量（mg/kg）
1)	Amaranth leaves	苋菜叶	1.0T
2)	Beet (leaf)	甜菜（叶）	1.0T
3)	Beet (root)	甜菜（根）	0.1T
4)	Broccoli	西兰花	0.3T
5)	Burdock	牛蒡	0.1T
6)	Burdock leaves	牛蒡叶	1.0T
7)	Cabbage	甘蓝	7.0T
8)	Celery	芹菜	20T
9)	Chamnamul	大叶芹菜	5.0T
10)	Chard	食用甜菜	5.0T
11)	Chili pepper	辣椒	1.0

（续）

序号	农产品英文名	农产品中文名	最大残留限量 （mg/kg）
12)	Chinese chives	韭菜	0.1T
13)	Chinese mallow	中国锦葵	5.0T
14)	Crown daisy	茼蒿	1.0T
15)	Cucumber	黄瓜	0.5
16)	Dried ginseng	干参	0.1
17)	Eggplant	茄子	0.2
18)	Fresh ginseng	鲜参	0.1
19)	Grape	葡萄	0.7
20)	Hop	蛇麻草	0.1T
21)	Kale	羽衣甘蓝	2.0T
22)	Korean cabbage，head	韩国甘蓝	0.3
23)	Korean melon	韩国瓜类	0.5
24)	Leafy vegetables	叶类蔬菜	0.07T
25)	Leek	韭葱	0.1T
26)	Lettuce（head）	莴苣（顶端）	1.0T
27)	Melon	瓜类	0.5T
28)	Mustard green	芥菜	5.0T
29)	Onion	洋葱	0.5
30)	Pak choi	小白菜	5.0T
31)	Perilla leaves	紫苏叶	1.0T
32)	Potato	马铃薯	0.1
33)	Radish（leaf）	萝卜（叶）	1.0T
34)	Radish（root）	萝卜（根）	0.1T
35)	Rape leaves	油菜叶	1.0T
36)	Rape seed	油菜籽	0.1T
37)	Spinach	菠菜	1.0T
38)	Ssam cabbage	紫甘蓝	1.0
39)	Stalk and stem vegetables	茎秆类蔬菜	0.07T
40)	Sweet pepper	甜椒	1.0
41)	Tomato	番茄	0.2
42)	Watermelon	西瓜	1.0
43)	Wheat	小麦	0.1T

208. Fluopyram 氟吡菌酰胺（ADI：0.01 mg/kg bw）

序号	农产品英文名	农产品中文名	最大残留限量（mg/kg）
1)	Apple	苹果	0.7
2)	Banana	香蕉	0.8†
3)	Beans	豆类	0.3†
4)	Berries	浆果类	6.0†
5)	Broccoli	西兰花	0.05
6)	Burdock leaves	牛蒡叶	2.0T

（续）

序号	农产品英文名	农产品中文名	最大残留限量（mg/kg）
7）	Cabbage	甘蓝	0.15T
8）	Celeriac	块根芹	0.3T
9）	Cherry	樱桃	0.6†
10）	Chicory	菊苣	2.0T
11）	Chicory（root）	菊苣（根）	0.07T
12）	Chili pepper	辣椒	3.0
13）	Citrus fruits	柑橘类水果	1.0†
14）	Cotton seed	棉籽	0.8†
15）	Cucumber	黄瓜	1.0
16）	Eggplant	茄子	2.0
17）	Fresh ginseng	鲜参	0.07T
18）	Grape	葡萄	5.0
19）	Green soybean	青豆	3.0†
20）	Hop	蛇麻草	50†
21）	Kiwifruit	猕猴桃	2.0
22）	Korean melon	韩国瓜类	2.0
23）	Leafy vegetables	叶类蔬菜	0.04T
24）	Lettuce（head）	莴苣（顶端）	2.0
25）	Lettuce（leaf）	莴苣（叶）	2.0
26）	Melon	瓜类	0.6
27）	Mulberry	桑葚	5.0
28）	Mung bean	绿豆	0.5
29）	Mustard green	芥菜	2.0T
30）	Nuts	坚果	0.04†
31）	Onion	洋葱	0.07T
32）	Peach	桃	0.4
33）	Pear	梨	0.7
34）	Perilla leaves	紫苏叶	2.0T
35）	Persimmon	柿子	0.5
36）	Plum	李子	0.5†
37）	Pomegranate	石榴	0.5T
38）	Potato	马铃薯	0.1†
39）	Radish（leaf）	萝卜（叶）	2.0T
40）	Rape leaves	油菜叶	2.0T
41）	Rape seed	油菜籽	1.0†
42）	Red bean	红豆	0.05
43）	Rice	稻米	0.05
44）	Root and tuber vegetables	块根和块茎类蔬菜	0.05T
45）	Schisandraberry	五味子	0.4T

（续）

序号	农产品英文名	农产品中文名	最大残留限量（mg/kg）
46）	Squash	西葫芦	0.3
47）	Ssam cabbage	紫甘蓝	2.0T
48）	Stalk and stem vegetables	茎秆类蔬菜	0.04T
49）	Strawberry	草莓	3.0
50）	Sweet pepper	甜椒	3.0
51）	Sweet potato vines	薯蔓	2.0T
52）	Tomato	番茄	2.0
53）	Wasabi（root）	芥末（根）	0.07T
54）	Watermelon	西瓜	0.5
55）	Wheat	小麦	0.9†
56）	Witloof	玉兰菜	0.15T

209. Fluoroimide 氟酰亚胺（ADI：0.093 mg/kg bw）

序号	农产品英文名	农产品中文名	最大残留限量（mg/kg）
1）	Persimmon	柿子	0.5T
2）	Potato	马铃薯	0.1T

210. Flupyradifurone 丁烯羟酸内酯杀虫剂（ADI：0.078 mg/kg bw）
氟吡呋喃酮（Flupyradifurone）和二氟乙酸（Difluoroacetic acid）的总和，表示为氟吡呋喃酮

序号	农产品英文名	农产品中文名	最大残留限量（mg/kg）
1）	Apple	苹果	0.8†
2）	Aronia	野樱莓	1.5T
3）	Asparagus	芦笋	9.0T
4）	Avocado	鳄梨	0.6†
5）	Beans	豆类	1.5†
6）	Blueberry	蓝莓	4.0†
7）	Broccoli	西兰花	6.0†
8）	Burdock	牛蒡	0.7
9）	Burdock leaves	牛蒡叶	15
10）	Butterbur	菊科蜂斗菜属植物	15
11）	Cabbage	甘蓝	1.5†
12）	Carrot	胡萝卜	0.9†
13）	Celery	芹菜	9.0†
14）	Cereal grains（excluding rice）	谷物（除了稻米）	3.0†
15）	Chard	食用甜菜	15
16）	Chili pepper	辣椒	1.5†
17）	Chinese mallow	中国锦葵	15
18）	Citrus fruits	柑橘类水果	3.0†
19）	Crown daisy	茼蒿	15
20）	Danggwi leaves	当归叶	15
21）	Dolnamul	垂盆草/豆瓣菜	15
22）	Eggplant	茄子	1.0
23）	Fruiting vegetables, cucurbits	瓜类蔬菜	0.4†

（续）

序号	农产品英文名	农产品中文名	最大残留限量（mg/kg）
24)	Grape	葡萄	3.0†
25)	Hop	蛇麻草	10†
26)	Kale	羽衣甘蓝	15
27)	Kiwifruit	猕猴桃	0.6T
28)	Korean black raspberry	朝鲜黑树莓	1.5T
29)	Korean cabbage，head	韩国甘蓝	5.0
30)	Leafy vegetables	叶类蔬菜	0.2T
31)	Lettuce（head）	莴苣（顶端）	4.0†
32)	Lettuce（leaf）	莴苣（叶）	15†
33)	Maize	玉米	0.05†
34)	Mandarin	中国柑橘	2.0
35)	Nuts	坚果	0.02†
36)	Parsley	欧芹	15
37)	Pea	豌豆	3.0†
38)	Pear	梨	1.5†
39)	Perilla leaves	紫苏叶	15
40)	Potato	马铃薯	0.05†
41)	Radish（leaf）	萝卜（叶）	10
42)	Radish（root）	萝卜（根）	0.15†
43)	Rape leaves	油菜叶	15
44)	Rape seed	油菜籽	0.05T
45)	Root and tuber vegetables	块根和块茎类蔬菜	0.2T
46)	Spinach	菠菜	30†
47)	Squash leaves	南瓜叶	10
48)	Stalk and stem vegetables	茎秆类蔬菜	0.3T
49)	Stone fruits	核果类水果	1.5†
50)	Strawberry	草莓	1.5†
51)	Sweet pepper	甜椒	0.8†
52)	Taro	芋头	0.05T
53)	Taro stem	芋头茎	9.0T
54)	Tomato	番茄	2.0
55)	Turnip root	芜菁根	0.15T
56)	Wheat	小麦	1.0†
57)	Yuja	香橙	2.0

211. Fluquinconazole 氟喹唑 （ADI：0.002 mg/kg bw）

序号	农产品英文名	农产品中文名	最大残留限量（mg/kg）
1)	Chard	食用甜菜	20
2)	Chili pepper	辣椒	2.0
3)	Cucumber	黄瓜	1.0
4)	Deodeok	羊乳（桔梗科党参属的植物）	0.2

（续）

序号	农产品英文名	农产品中文名	最大残留限量 （mg/kg）
5）	Dried ginseng	干参	0.5
6）	Fresh ginseng	鲜参	0.2
7）	Garlic	大蒜	0.1
8）	Ginseng extract	人参提取物	0.5
9）	Grape	葡萄	1.0
10）	Green garlic	青蒜	2.0
11）	Jujube	枣	2.0
12）	Jujube （dried）	枣（干）	2.0
13）	Korean black raspberry	朝鲜黑树莓	1.0T
14）	Korean melon	韩国瓜类	0.5
15）	Lettuce （head）	莴苣（顶端）	1.0
16）	Lettuce （leaf）	莴苣（叶）	0.05
17）	Mandarin	中国柑橘	2.0
18）	Mulberry	桑葚	2.0
19）	Onion	洋葱	0.2
20）	Peach	桃	1.0
21）	Pome fruits	仁果类水果	0.5
22）	Red ginseng	红参	0.5
23）	Red ginseng extract	红参提取物	0.2
24）	Schisandraberry	五味子	3.0
25）	Schisandraberry （dried）	五味子（干）	3.0
26）	Squash	西葫芦	0.5T
27）	Strawberry	草莓	0.5
28）	Sweet pepper	甜椒	2.0
29）	Tomato	番茄	0.7
30）	Watermelon	西瓜	0.3
31）	Welsh onion	威尔士洋葱	0.3
32）	Wild chive	野生细香葱	3.0
33）	Wild grape	野生葡萄	3.0T
212. Fluroxypyr 氯氟吡氧乙酸（ADI：0.8 mg/kg bw）			
1）	Apple	苹果	0.1T
2）	Wheat	小麦	$0.15^{\dagger}$
213. Flusilazole 氟硅唑（ADI：0.007 mg/kg bw）			
1）	Chili pepper	辣椒	1.0
2）	Cucumber	黄瓜	0.2
3）	Fresh ginseng	鲜参	0.07
4）	Garlic	大蒜	0.05
5）	Garlic （dried）	大蒜（干）	0.2
6）	Grape	葡萄	0.3

（续）

序号	农产品英文名	农产品中文名	最大残留限量（mg/kg）
7）	Green garlic	青蒜	2.0
8）	Herbs（fresh）	香草（鲜）	0.05T
9）	Jujube	枣	0.5
10）	Jujube（dried）	枣（干）	1.0
11）	Korean black raspberry	朝鲜黑树莓	0.5T
12）	Korean melon	韩国瓜类	0.2
13）	Mandarin	中国柑橘	0.2
14）	Melon	瓜类	0.1T
15）	Peach	桃	0.5
16）	Pome fruits	仁果类水果	0.3
17）	Soybean	大豆	0.05†
18）	Squash	西葫芦	0.5T
19）	Strawberry	草莓	0.5
20）	Sweet pepper	甜椒	1.0
21）	Tomato	番茄	1.0
22）	Water dropwort	水芹	0.05T
23）	Watermelon	西瓜	0.05
24）	Welsh onion	威尔士洋葱	0.05T
25）	Wheat	小麦	0.05T
26）	Yam	山药	0.05T

214. Flusulfamide 氯苯甲醚

序号	农产品英文名	农产品中文名	最大残留限量（mg/kg）
1）	Korean cabbage，head	韩国甘蓝	0.05
2）	Ssam cabbage	紫甘蓝	0.05

215. Fluthiacet-methyl 嗪草酸甲酯

序号	农产品英文名	农产品中文名	最大残留限量（mg/kg）
1）	Apple	苹果	0.05
2）	Chili pepper	辣椒	0.05
3）	Garlic	大蒜	0.05
4）	Green garlic	青蒜	0.05
5）	Korean cabbage，head	韩国甘蓝	0.05
6）	Onion	洋葱	0.05
7）	Sesame seed	芝麻籽	0.05
8）	Ssam cabbage	紫甘蓝	0.05
9）	Sweet pepper	甜椒	0.05
10）	Welsh onion	威尔士洋葱	0.05

216. Flutianil 新型杀菌剂（ADI：2.49 mg/kg bw）

序号	农产品英文名	农产品中文名	最大残留限量（mg/kg）
1）	Blueberry	蓝莓	0.3T
2）	Chamnamul	大叶芹菜	0.7
3）	Chili pepper	辣椒	0.5
4）	Chinese chives	韭菜	0.3

（续）

序号	农产品英文名	农产品中文名	最大残留限量 (mg/kg)
5)	Cucumber	黄瓜	0.05
6)	East asian hogweed	东亚猪草	1.0T
7)	Gondre	耶蓟	5.0T
8)	Korean black raspberry	朝鲜黑树莓	0.3T
9)	Korean melon	韩国瓜类	0.05
10)	Lettuce（head）	莴苣（顶端）	1.0
11)	Lettuce（leaf）	莴苣（叶）	1.0
12)	Melon	瓜类	0.05
13)	Mulberry	桑葚	0.3T
14)	Mustard leaf	芥菜叶	1.0T
15)	Narrow-head ragwort	窄叶黄菀	1.0T
16)	Rape leaves	油菜叶	0.05T
17)	Rape seed	油菜籽	0.05
18)	Red bean	红豆	0.05T
19)	Sesame seed	芝麻籽	0.05
20)	Squash	西葫芦	0.1
21)	Strawberry	草莓	0.3
22)	Sweet pepper	甜椒	0.5
23)	Watermelon	西瓜	0.05

217. Flutolanil　氟酰胺（ADI: 0.09 mg/kg bw）

序号	农产品英文名	农产品中文名	最大残留限量 (mg/kg)
1)	Beet（root）	甜菜（根）	0.05T
2)	Broccoli	西兰花	0.1
3)	Chili pepper	辣椒	1.0
4)	Chinese chives	韭菜	10
5)	Chwinamul	野生紫菀	7.0
6)	Dried ginseng	干参	5.0
7)	Fresh ginseng	鲜参	1.0
8)	Garlic	大蒜	0.05
9)	Ginger	姜	0.05T
10)	Ginseng extract	人参提取物	4.0
11)	Green garlic	青蒜	0.05
12)	Green soybean	青豆	0.05
13)	Herbs（fresh）	香草（鲜）	0.05T
14)	Kale	羽衣甘蓝	2.0
15)	Leafy vegetables	叶类蔬菜	15
16)	Lettuce（head）	莴苣（顶端）	0.7
17)	Mulberry	桑葚	5.0
18)	Onion	洋葱	0.05
19)	Potato	马铃薯	0.15†

（续）

序号	农产品英文名	农产品中文名	最大残留限量（mg/kg）
20)	Red ginseng	红参	1.0
21)	Red ginseng extract	红参提取物	1.0
22)	Rice	稻米	1.0
23)	Root and tuber vegetables	块根和块茎类蔬菜	0.03T
24)	Sesame seed	芝麻籽	0.05
25)	Soybean	大豆	0.2
26)	Stalk and stem vegetables	茎秆类蔬菜	10
27)	Strawberry	草莓	5.0
28)	Sweet pepper	甜椒	1.0
29)	Sweet potato	甘薯	0.15T

218. Flutriafol 粉唑醇

1)	Apple	苹果	1.0
2)	Banana	香蕉	0.3†
3)	Cherry	樱桃	0.8T
4)	Grape	葡萄	5.0
5)	Hop	蛇麻草	0.3T
6)	Mandarin	中国柑橘	2.0
7)	Peach	桃	1.0
8)	Peanut	花生	0.15T
9)	Pear	梨	0.5
10)	Persimmon	柿子	0.5
11)	Plum	李子	1.0
12)	Soybean	大豆	0.4†
13)	Wheat	小麦	0.15†

219. Fluvalinate 氟胺氰菊酯 （ADI：0.005 mg/kg bw）

1)	Potato	马铃薯	0.01T

220. Fluxametamide 新型杀虫剂

1)	Apple	苹果	0.5
2)	Broccoli	西兰花	0.7
3)	Cabbage	甘蓝	0.05
4)	Chili pepper	辣椒	1.0
5)	Chinese chives	韭菜	3.0
6)	Cucumber	黄瓜	0.3
7)	Dried ginseng	干参	0.05
8)	Fresh ginseng	鲜参	0.05
9)	Garlic	大蒜	0.05
10)	Green garlic	青蒜	0.05
11)	Japanese apricot	青梅	2.0
12)	Korean black raspberry	朝鲜黑树莓	0.5T

（续）

序号	农产品英文名	农产品中文名	最大残留限量 (mg/kg)
13)	Korean cabbage，head	韩国甘蓝	2.0
14)	Korean melon	韩国瓜类	0.3
15)	Mandarin	中国柑橘	0.3
16)	Peach	桃	2.0
17)	Pear	梨	0.2
18)	Persimmon	柿子	0.2
19)	Radish（leaf）	萝卜（叶）	7.0
20)	Radish（root）	萝卜（根）	0.2
21)	Spinach	菠菜	7.0
22)	Squash	西葫芦	0.2
23)	Squash leaves	南瓜叶	15
24)	Ssam cabbage	紫甘蓝	5.0
25)	Strawberry	草莓	1.0
26)	Sweet pepper	甜椒	1.0
27)	Tomato	番茄	0.5
28)	Watermelon	西瓜	0.07
29)	Welsh onion	威尔士洋葱	3.0

221. Fluxapyroxad　氟唑菌酰胺（ADI：0.021 mg/kg bw）

序号	农产品英文名	农产品中文名	最大残留限量 (mg/kg)
1)	Amaranth leaves	苋菜叶	5.0T
2)	Apple	苹果	0.5
3)	Apricot	杏	0.3T
4)	Balsam apple	苦瓜	2.0
5)	Banana	香蕉	3.0†
6)	Barley	大麦	2.0†
7)	Beans	豆类	0.3†
8)	Beet（leaf）	甜菜（叶）	0.05T
9)	Beet（root）	甜菜（根）	0.05T
10)	Blueberry	蓝莓	7.0†
11)	Broccoli	西兰花	2.0†
12)	Burdock	牛蒡	0.05T
13)	Burdock leaves	牛蒡叶	0.05T
14)	Butterbur	菊科蜂斗菜属植物	5.0T
15)	Cabbage	甘蓝	3.0†
16)	Celery	芹菜	10†
17)	Chamnamul	大叶芹菜	0.05T
18)	Cherry	樱桃	3.0†
19)	Chicory	菊苣	0.05T
20)	Chicory（root）	菊苣（根）	0.05T
21)	Chili pepper	辣椒	1.0

（续）

序号	农产品英文名	农产品中文名	最大残留限量（mg/kg）
22)	Chinese bellflower	中国风铃草	0.05T
23)	Chinese chives	韭菜	5.0
24)	Chwinamul	野生紫菀	10
25)	Citrus fruits	柑橘类水果	$1.0^{\dagger}$
26)	Coastal hog fennel	小茴香	15
27)	Cotton seed	棉籽	$0.5^{\dagger}$
28)	Cranberry	蔓越橘	0.5T
29)	Crown daisy	茼蒿	0.05T
30)	Cucumber	黄瓜	0.2
31)	Danggwi leaves	当归叶	0.05T
32)	Dried ginseng	干参	1.0
33)	Eggplant	茄子	0.5
34)	Fresh ginseng	鲜参	0.3
35)	Garlic	大蒜	0.05
36)	Godeulppaegi	一种菊科植物	5.0T
37)	Gondre	耶蓟	2.0
38)	Grape	葡萄	2.0
39)	Green garlic	青蒜	0.5
40)	Indian lettuce	印度莴苣	5.0T
41)	Japanese apricot	青梅	1.0
42)	Jujube	枣	3.0
43)	Jujube（dried）	枣（干）	6.0
44)	Korean black raspberry	朝鲜黑树莓	0.5T
45)	Korean cabbage，head	韩国甘蓝	0.05
46)	Korean melon	韩国瓜类	0.3
47)	Leafy vegetables	叶类蔬菜	0.02T
48)	Lettuce（head）	莴苣（顶端）	15
49)	Lettuce（leaf）	莴苣（叶）	15
50)	Maize	玉米	$0.15^{\dagger}$
51)	Mango	芒果	$0.5^{\dagger}$
52)	Melon	瓜类	0.5
53)	Mulberry	桑葚	0.5
54)	Mustard green	芥菜	5.0T
55)	Nuts	坚果	$0.05^{\dagger}$
56)	Onion	洋葱	0.05
57)	Papaya	番木瓜	$0.6^{\dagger}$
58)	Parsley	欧芹	5.0T
59)	Pea	豌豆	$0.4^{\dagger}$
60)	Peach	桃	0.3

（续）

序号	农产品英文名	农产品中文名	最大残留限量（mg/kg）
61）	Peanut	花生	0.01†
62）	Pear	梨	0.8
63）	Perilla leaves	紫苏叶	15
64）	Persimmon	柿子	0.3
65）	Plum	李子	1.5†
66）	Plum（dried）	李子（干）	3.0†
67）	Pomegranate	石榴	0.3T
68）	Potato	马铃薯	0.02†
69）	Radish（leaf）	萝卜（叶）	2.0
70）	Radish（root）	萝卜（根）	0.05
71）	Raisin	葡萄干	5.7†
72）	Rape leaves	油菜叶	0.05T
73）	Rape seed	油菜籽	0.8†
74）	Rice	稻米	0.05
75）	Root and tuber vegetables	块根和块茎类蔬菜	0.02T
76）	Schisandraberry	五味子	0.5
77）	Schisandraberry（dried）	五味子（干）	1.5
78）	Sesame seed	芝麻籽	0.3
79）	Shepherd's purse	荠菜	0.05T
80）	Sorghum	高粱	0.8†
81）	Soybean	大豆	0.15†
82）	Spinach	菠菜	0.05T
83）	Squash	西葫芦	0.5
84）	Ssam cabbage	紫甘蓝	0.05
85）	Stalk and stem vegetables	茎秆类蔬菜	0.02T
86）	Strawberry	草莓	2.0
87）	Sugar beet	甜菜	0.1†
88）	Sugar cane	甘蔗	3.0†
89）	Sunflower seed	葵花籽	0.2†
90）	Sweet pepper	甜椒	1.0
91）	Sweet potato	甘薯	0.02T
92）	Sweet potato vines	薯蔓	0.5T
93）	Tomato	番茄	1.0
94）	Water dropwort	水芹	0.5T
95）	Watermelon	西瓜	0.1
96）	Welsh onion	威尔士洋葱	2.0
97）	Wheat	小麦	0.3†
98）	Wild chive	野生细香葱	2.0
99）	Yam	山药	0.02T

（续）

序号	农产品英文名	农产品中文名	最大残留限量 （mg/kg）
222. Folpet 灭菌丹（ADI：0.1 mg/kg bw）			
1)	Apple	苹果	5.0
2)	Asparagus	芦笋	5.0T
3)	Avocado	鳄梨	2.0T
4)	Celery	芹菜	5.0T
5)	Cherry	樱桃	2.0T
6)	Chili pepper	辣椒	5.0
7)	Chili pepper（dried）	辣椒（干）	25
8)	Citrus fruits	柑橘类水果	2.0T
9)	Cucumber	黄瓜	0.5
10)	Garlic	大蒜	2.0T
11)	Grape	葡萄	5.0
12)	Grapefruit	葡萄柚	2.0T
13)	Herbs（fresh）	香草（鲜）	0.5T
14)	Hop	蛇麻草	0.5T
15)	Korean black raspberry	朝鲜黑树莓	3.0T
16)	Korean melon	韩国瓜类	1.0T
17)	Lemon	柠檬	2.0T
18)	Lettuce（head）	莴苣（顶端）	2.0T
19)	Melon	瓜类	2.0T
20)	Onion	洋葱	2.0T
21)	Orange	橙	2.0T
22)	Pepper	辣椒	0.5T
23)	Persimmon	柿子	5.0
24)	Potato	马铃薯	0.1T
25)	Schisandraberry	五味子	2.0T
26)	Squash	西葫芦	5.0T
27)	Strawberry	草莓	3.0
28)	Tomato	番茄	2.0T
29)	Walnut	胡桃	0.5T
30)	Watermelon	西瓜	0.5
31)	Welsh onion	威尔士洋葱	2.0T
223. Fomesafen 氟磺胺草醚			
1)	Potato	马铃薯	0.025T
2)	Soybean	大豆	0.02T
224. Forchlorfenuron 氯吡脲（ADI：0.07 mg/kg bw）			
1)	Apple	苹果	0.05
2)	Cherry	樱桃	0.05T
3)	Grape	葡萄	0.05

（续）

序号	农产品英文名	农产品中文名	最大残留限量 （mg/kg）
4)	Kiwifruit	猕猴桃	0.05
5)	Korean melon	韩国瓜类	0.05
6)	Melon	瓜类	0.05
7)	Squash	西葫芦	0.05
8)	Watermelon	西瓜	0.05
225. Formothion　安硫磷（ADI：0.02 mg/kg bw）			
1)	Citrus fruits	柑橘类水果	0.2T
2)	Grapefruit	葡萄柚	0.2T
3)	Lemon	柠檬	0.2T
4)	Orange	橙	0.2T
226. Fosetyl-aluminium　三乙膦酸铝（ADI：3 mg/kg bw）			
1)	Apple	苹果	25.0T
2)	Blueberry	蓝莓	1.0T
3)	Chili pepper	辣椒	3.0
4)	Cranberry	蔓越橘	1.0T
5)	Cucumber	黄瓜	30.0
6)	Deodeok	羊乳（桔梗科党参属的植物）	2.0T
7)	Fig	无花果	1.0
8)	Fresh ginseng	鲜参	2.0
9)	Grape	葡萄	25.0
10)	Grapefruit	葡萄柚	0.05T
11)	Hop	蛇麻草	50†
12)	Korean black raspberry	朝鲜黑树莓	1.0T
13)	Korean cabbage，head	韩国甘蓝	7.0
14)	Korean melon	韩国瓜类	10.0
15)	Lemon	柠檬	0.05T
16)	Onion	洋葱	5.0T
17)	Orange	橙	0.05†
18)	Pear	梨	25T
19)	Pineapple	菠萝	0.05†
20)	Potato	马铃薯	20.0T
21)	Sesame seed	芝麻籽	2.0
22)	Ssam cabbage	紫甘蓝	20
23)	Strawberry	草莓	1.0T
24)	Sweet pepper	甜椒	3.0
25)	Tomato	番茄	3.0†
227. Fosthiazate　噻唑膦（ADI：0.004 2 mg/kg bw）			
1)	Banana	香蕉	0.04†
2)	Broccoli	西兰花	0.05T

（续）

序号	农产品英文名	农产品中文名	最大残留限量（mg/kg）
3)	Burdock	牛蒡	0.05
4)	Burdock leaves	牛蒡叶	5.0
5)	Carrot	胡萝卜	0.05T
6)	Chili pepper	辣椒	0.05
7)	Chinese chives	韭菜	2.0
8)	Crown daisy	茼蒿	5.0
9)	Cucumber	黄瓜	0.5
10)	Deodeok	羊乳（桔梗科党参属的植物）	0.05T
11)	Dried ginseng	干参	0.1
12)	Eggplant	茄子	0.05
13)	Fig	无花果	0.05T
14)	Fresh ginseng	鲜参	0.05
15)	Garlic	大蒜	0.1
16)	Kiwifruit	猕猴桃	0.05
17)	Korean black raspberry	朝鲜黑树莓	0.05
18)	Korean melon	韩国瓜类	0.5
19)	Leafy vegetables	叶类蔬菜	0.5
20)	Melon	瓜类	0.1
21)	Mulberry	桑葚	0.05T
22)	Radish（root）	萝卜（根）	0.05T
23)	Sesame seed	芝麻籽	0.05T
24)	Stalk and stem vegetables	茎秆类蔬菜	1.0
25)	Strawberry	草莓	0.05
26)	Sweet pepper	甜椒	0.05
27)	Sweet potato	甘薯	0.05T
28)	Tomato	番茄	0.05
29)	Watermelon	西瓜	0.1
30)	Yam	山药	0.05

228. Fthalide 四氯苯酞

	Pineapple	菠萝	0.01T
1)	Pineapple	菠萝	0.01T
2)	Rice	稻米	1.0

229. Furathiocarb 呋线威

丙硫克百威（Benfuracarb）、克百威（Carbofuran）、3-羟基克百威（3-Hydroxycarbofuran）、丁硫克百威（Carbosulfan）和呋线威（Furathiocarb）的总和，表示为呋线威。详见 60 克百威

230. Glufosinate (ammonium) 草铵膦（胺）（ADI：0.02 mg/kg bw）

包括草铵膦（含精-草铵膦）、3-羟基（甲基）氧膦基草铵膦，以草铵膦（胺）表示

1)	Citrus fruits	柑橘类水果	0.05†
2)	Mandarin	中国柑橘	0.1

（续）

序号	农产品英文名	农产品中文名	最大残留限量（mg/kg）
3）	Alpine leek leaves	高山韭菜叶	0.05T
4）	Apple	苹果	0.05
5）	Aronia	野樱莓	0.05T
6）	Aster yomena	一种野菊花	0.05T
7）	Banana	香蕉	0.05†
8）	Barley	大麦	0.05T
9）	Beet（root）	甜菜（根）	0.05T
10）	Blueberry	蓝莓	0.1†
11）	Bracken	欧洲蕨	0.05T
12）	Buckwheat	荞麦	0.05T
13）	Cabbage	甘蓝	0.05
14）	Carrot	胡萝卜	0.05
15）	Cherry	樱桃	0.15†
16）	Chili pepper	辣椒	0.05
17）	Chinese bellflower	中国风铃草	0.05T
18）	Chinese chives	韭菜	0.05T
19）	Chinese mallow	中国锦葵	0.05T
20）	Chwinamul	野生紫菀	0.05T
21）	Coffee bean	咖啡豆	0.1†
22）	Cotton seed	棉籽	3.0†
23）	Crown daisy	茼蒿	0.05T
24）	Cucumber	黄瓜	0.05
25）	Danggwi leaves	当归叶	0.05T
26）	Deodeok	羊乳（桔梗科党参属的植物）	0.05T
27）	Dried ginseng	干参	0.05
28）	Fresh ginseng	鲜参	0.05
29）	Garlic	大蒜	0.05
30）	Ginger	姜	0.05
31）	Gojiberry	枸杞	0.05T
32）	Gondre	耶蓟	0.05T
33）	Grape	葡萄	0.05
34）	Green garlic	青蒜	0.05
35）	Green soybean	青豆	0.05
36）	Hop	蛇麻草	0.05T
37）	Hyssop, anise	茴藿香	0.05T
38）	Job's tear	薏苡	0.05T
39）	Kamtchatka goat's beard	山吹升麻	0.05T
40）	Kiwifruit	猕猴桃	0.05
41）	Kohlrabi	球茎甘蓝	0.05T

（续）

序号	农产品英文名	农产品中文名	最大残留限量 （mg/kg）
42)	Korean black raspberry	朝鲜黑树莓	0.05
43)	Korean cabbage，head	韩国甘蓝	0.05
44)	Lettuce（head）	莴苣（顶端）	0.05
45)	Maize	玉米	$0.05^{\dagger}$
46)	Mango	芒果	0.05T
47)	Millet	粟	0.05T
48)	Mulberry	桑葚	0.05T
49)	Mung bean	绿豆	2.0T
50)	Nuts	坚果	$0.1^{\dagger}$
51)	Oak mushroom	香菇	0.05T
52)	Olive	橄榄	$0.1^{\dagger}$
53)	Onion	洋葱	0.05
54)	Pak choi	小白菜	0.05T
55)	Peanut	花生	0.05T
56)	Perilla leaves	紫苏叶	0.05T
57)	Polygonatum leaves	黄精叶	0.05T
58)	Pome fruits	仁果类水果	0.05
59)	Potato	马铃薯	0.05
60)	Proso millet	黍	0.05T
61)	Radish（leaf）	萝卜（叶）	0.05
62)	Radish（root）	萝卜（根）	0.05
63)	Rape seed	油菜籽	$0.3^{\dagger}$
64)	Red bean	红豆	2.0T
65)	Rice	稻米	0.05
66)	Sesame seed	芝麻籽	0.05
67)	Sorghum	高粱	0.05T
68)	Soybean	大豆	$2.0^{\dagger}$
69)	Squash	西葫芦	0.05
70)	Ssam cabbage	紫甘蓝	0.05
71)	Stone fruits	核果类水果	0.05
72)	Strawberry	草莓	0.05
73)	Sunflower seed	葵花籽	0.05T
74)	Sweet potato	甘薯	0.05
75)	Sweet potato vines	薯蔓	0.05
76)	Tea	茶	0.05
77)	Tomato	番茄	0.05
78)	Tumeric root	姜黄根	0.05T
79)	Watermelon	西瓜	0.05
80)	Welsh onion	威尔士洋葱	0.05

（续）

序号	农产品英文名	农产品中文名	最大残留限量 （mg/kg）
81）	Wheat	小麦	0.05T
82）	Yam	山药	0.05
83）	Yuja	香橙	0.05

231. Glyphosate 草甘膦（ADI：1 mg/kg bw）

序号	农产品英文名	农产品中文名	最大残留限量 （mg/kg）
1）	Apricot	杏	0.05T
2）	Barley	大麦	20†
3）	Beans	豆类	5.0†
4）	Beet（root）	甜菜（根）	0.2T
5）	Blueberry	蓝莓	0.2T
6）	Bracken	欧洲蕨	0.2T
7）	Buckwheat	荞麦	0.05T
8）	Cabbage	甘蓝	0.2T
9）	Carrot	胡萝卜	0.2T
10）	Cherry	樱桃	0.05T
11）	Chestnut	栗子	0.05
12）	Chili pepper	辣椒	0.2
13）	Chinese bellflower	中国风铃草	0.2T
14）	Coffee bean	咖啡豆	1.0†
15）	Cotton seed	棉籽	15†
16）	Cranberry	蔓越橘	0.2T
17）	Fresh ginseng	鲜参	0.2T
18）	Garlic	大蒜	0.2T
19）	Grape	葡萄	0.2
20）	Grapefruit	葡萄柚	0.5T
21）	Herbs（fresh）	香草（鲜）	0.05T
22）	Hop	蛇麻草	0.05T
23）	Jujube	枣	0.05T
24）	Kidney bean	四季豆	3.0†
25）	Kohlrabi	球茎甘蓝	0.2T
26）	Korean black raspberry	朝鲜黑树莓	0.2T
27）	Lemon	柠檬	0.5T
28）	Maize	玉米	5.0T
29）	Mandarin	中国柑橘	0.5
30）	Nuts	坚果	1.0†
31）	Oak mushroom	香菇	0.05T
32）	Oat	燕麦	20†
33）	Olive	橄榄	1.0†
34）	Orange	橙	0.5T
35）	Peach	桃	0.05

（续）

序号	农产品英文名	农产品中文名	最大残留限量（mg/kg）
36）	Peanut	花生	0.05†
37）	Plum	李子	0.05T
38）	Pome fruits	仁果类水果	0.2
39）	Potato	马铃薯	0.05T
40）	Proso millet	黍	0.05T
41）	Radish（root）	萝卜（根）	0.2T
42）	Rape seed	油菜籽	15†
43）	Rice	稻米	0.05
44）	Sesame seed	芝麻籽	1.0T
45）	Sorghum	高粱	30†
46）	Soybean	大豆	20T
47）	Squash	西葫芦	0.2T
48）	Sugar beet	甜菜	15T
49）	Sugar cane	甘蔗	2.0†
50）	Tropical fruits	热带水果	0.05†
51）	Welsh onion	威尔士洋葱	0.2T
52）	Wheat	小麦	5.0†

232. Halfenprox　苄螨醚

1）	Mandarin	中国柑橘	1.0T

233. Halosulfuron-methyl　氯吡嘧磺隆（ADI：0.1 mg/kg bw）

1）	Rice	稻米	0.05
2）	Sorghum	高粱	0.05T

234. Haloxyfop　吡氟氯禾灵（ADI：0.000 65 mg/kg bw）

1）	Chinese bellflower	中国风铃草	0.1
2）	Garlic	大蒜	0.05
3）	Korean melon	韩国瓜类	0.1
4）	Leek	韭葱	0.05T
5）	Onion	洋葱	0.05
6）	Potato	马铃薯	0.05T
7）	Schisandraberry	五味子	0.05T
8）	Sesame seed	芝麻籽	0.05T
9）	Soybean	大豆	0.05
10）	Sweet potato	甘薯	0.05T
11）	Sweet potato vines	薯蔓	0.05T
12）	Welsh onion	威尔士洋葱	0.05

235. Heptachlor　七氯（ADI：0.000 5 mg/kg bw）
残留物：七氯（Heptachlor）和七氯环氧化物（Heptachlor epoxide）的总和

1）	Cereal grains	谷物	0.02T
2）	Citrus fruits	柑橘类水果	0.01T

（续）

序号	农产品英文名	农产品中文名	最大残留限量 (mg/kg)
3)	Cotton seed	棉籽	0.02T
4)	Herbs （fresh）	香草（鲜）	0.03T
5)	Pineapple	菠萝	0.01T
6)	Soybean	大豆	0.02T

236. Hexaconazole　己唑醇（ADI：0.005 mg/kg bw）

序号	农产品英文名	农产品中文名	最大残留限量 (mg/kg)
1)	Apricot	杏	0.05T
2)	Barley	大麦	0.2
3)	Beet （root）	甜菜（根）	0.05T
4)	Buckwheat	荞麦	0.2T
5)	Carrot	胡萝卜	0.05T
6)	Cassia seed	决明子	0.05
7)	Chili pepper	辣椒	0.3
8)	Chinese bellflower	中国风铃草	0.05T
9)	Chwinamul	野生紫菀	1.0
10)	Cucumber	黄瓜	0.05
11)	Deodeok	羊乳（桔梗科党参属的植物）	0.05
12)	Dried ginseng	干参	0.5
13)	Eggplant	茄子	0.05
14)	Fresh ginseng	鲜参	0.5
15)	Garlic	大蒜	0.5
16)	Ginger	姜	0.05T
17)	Grape	葡萄	0.3
18)	Green garlic	青蒜	0.5
19)	Green soybean	青豆	0.3
20)	Herbs （fresh）	香草（鲜）	0.05T
21)	Korean black raspberry	朝鲜黑树莓	0.3
22)	Korean melon	韩国瓜类	0.1
23)	Leafy vegetables	叶类蔬菜	0.7
24)	Lettuce （head）	莴苣（顶端）	0.1
25)	Lettuce （leaf）	莴苣（叶）	0.1
26)	Maize	玉米	0.2T
27)	Mandarin	中国柑橘	0.1
28)	Melon	瓜类	0.05
29)	Mulberry	桑葚	0.5
30)	Mung bean	绿豆	0.5T
31)	Oat	燕麦	0.2T
32)	Onion	洋葱	0.05
33)	Peach	桃	0.5
34)	Peanut	花生	0.05

（续）

序号	农产品英文名	农产品中文名	最大残留限量（mg/kg）
35)	Pear	梨	0.3
36)	Persimmon	柿子	0.2
37)	Plum	李子	0.05
38)	Pome fruits	仁果类水果	0.5
39)	Quince	榅桲	0.2
40)	Radish（root）	萝卜（根）	0.05
41)	Rice	稻米	0.3
42)	Rosemary（fresh）	迷迭香（鲜）	0.05T
43)	Schisandraberry	五味子	1.0
44)	Sorghum	高粱	0.5
45)	Soybean	大豆	0.5
46)	Squash	西葫芦	0.3
47)	Stalk and stem vegetables	茎秆类蔬菜	0.2
48)	Strawberry	草莓	0.3
49)	Sweet pepper	甜椒	0.3
50)	Sweet potato	甘薯	0.05T
51)	Tumeric root	姜黄根	0.05T
52)	Watermelon	西瓜	0.2
53)	Welsh onion	威尔士洋葱	0.1
54)	Wild chive	野生细香葱	0.5
55)	Yam	山药	0.05T

237. Hexaflumuron 氟铃脲

序号	农产品英文名	农产品中文名	最大残留限量（mg/kg）
1)	Apple	苹果	0.5T
2)	Korean cabbage，head	韩国甘蓝	0.3T
3)	Mandarin	中国柑橘	0.7T
4)	Tea	茶	5.0T
5)	Welsh onion	威尔士洋葱	0.5T

238. Hexazinone 环嗪酮（ADI：0.049 mg/kg bw）

序号	农产品英文名	农产品中文名	最大残留限量（mg/kg）
1)	Blueberry	蓝莓	0.05†
2)	Pineapple	菠萝	0.5T

239. Hexythiazox 噻螨酮（ADI：0.03 mg/kg bw）

序号	农产品英文名	农产品中文名	最大残留限量（mg/kg）
1)	Apple	苹果	0.3
2)	Beet（root）	甜菜（根）	0.05T
3)	Cherry	樱桃	0.1T
4)	Chili pepper	辣椒	2.0
5)	Citrus fruits	柑橘类水果	0.6†
6)	Coastal hog fennel	小茴香	5.0T
7)	Coffee bean	咖啡豆	0.09†
8)	Deodeok	羊乳（桔梗科党参属的植物）	0.05T

（续）

序号	农产品英文名	农产品中文名	最大残留限量 (mg/kg)
9)	Garlic	大蒜	0.05
10)	Grape	葡萄	1.0†
11)	Green garlic	青蒜	0.05
12)	Herbs（fresh）	香草（鲜）	0.02T
13)	Hop	蛇麻草	3.0T
14)	Jujube	枣	0.7
15)	Jujube（dried）	枣（干）	0.7
16)	Kale	羽衣甘蓝	2.0T
17)	Kohlrabi	球茎甘蓝	0.05T
18)	Leafy vegetables	叶类蔬菜	0.05T
19)	Maize	玉米	0.02†
20)	Mandarin	中国柑橘	0.5
21)	Melon	瓜类	0.5
22)	Nuts	坚果	0.02†
23)	Peach	桃	0.1
24)	Peanut	花生	0.02T
25)	Pear	梨	0.3
26)	Perilla leaves	紫苏叶	5.0T
27)	Potato	马铃薯	0.02T
28)	Stalk and stem vegetables	茎秆类蔬菜	0.05T
29)	Strawberry	草莓	1.0
30)	Sweet pepper	甜椒	2.0
31)	Tea	茶	20.0
32)	Watermelon	西瓜	0.1

240. Hydrogen cyanide 氢氰酸（ADI：0.05 mg/kg bw）

序号	农产品英文名	农产品中文名	最大残留限量
1)	Banana	香蕉	5.0
2)	Cabbage	甘蓝	5.0
3)	Cucumber	黄瓜	5.0
4)	Eggplant	茄子	5.0
5)	Grapefruit	葡萄柚	5.0T
6)	Hemp seed	大麻籽	5.0T
7)	Korean cabbage，head	韩国甘蓝	5.0
8)	Lemon	柠檬	5.0T
9)	Lettuce（leaf）	莴苣（叶）	5.0
10)	Orange	橙	5.0
11)	Perilla leaves	紫苏叶	5.0T
12)	Pineapple	菠萝	5.0
13)	Squash	西葫芦	5.0
14)	Ssam cabbage	紫甘蓝	5.0

（续）

序号	农产品英文名	农产品中文名	最大残留限量 （mg/kg）
15)	Sweet pepper	甜椒	5.0
16)	Tomato	番茄	5.0

241. Hymexazol 噁霉灵（ADI：0.17 mg/kg bw）

序号	农产品英文名	农产品中文名	最大残留限量（mg/kg）
1)	Amaranth leaves	苋菜叶	0.05T
2)	Beet（leaf）	甜菜（叶）	0.05T
3)	Beet（root）	甜菜（根）	0.05T
4)	Cabbage	甘蓝	0.05T
5)	Chili pepper	辣椒	0.05
6)	Chili pepper leaves	辣椒叶	0.05
7)	Chinese bellflower	中国风铃草	0.05T
8)	Coastal hog fennel	小茴香	0.07
9)	Cucumber	黄瓜	0.05
10)	Deodeok	羊乳（桔梗科党参属的植物）	0.05T
11)	Dried ginseng	干参	0.2
12)	Fresh ginseng	鲜参	0.05
13)	Kohlrabi	球茎甘蓝	1.5
14)	Mustard leaf	芥菜叶	0.05T
15)	Peanut	花生	0.05T
16)	Perilla leaves	紫苏叶	0.05T
17)	Rice	稻米	0.05
18)	Sweet pepper	甜椒	0.05
19)	Sweet potato	甘薯	0.05T
20)	Sweet potato vines	薯蔓	0.05T
21)	Wasabi leaves	芥末叶	0.05T
22)	Wasabi（root）	芥末（根）	0.05T

242. Imazalil 抑霉唑（ADI：0.03 mg/kg bw）

序号	农产品英文名	农产品中文名	最大残留限量（mg/kg）
1)	Almond	扁桃仁	0.05T
2)	Apple	苹果	5.0T
3)	Avocado	鳄梨	2.0T
4)	Banana	香蕉	2.0T
5)	Barley	大麦	0.05T
6)	Buckwheat	荞麦	0.05T
7)	Citrus fruits	柑橘类水果	5.0T
8)	Cotton seed	棉籽	0.05T
9)	Cucumber	黄瓜	0.5T
10)	Eggplant	茄子	0.5T
11)	Grapefruit	葡萄柚	5.0T
12)	Kiwifruit	猕猴桃	2.0T
13)	Lemon	柠檬	5.0T

（续）

序号	农产品英文名	农产品中文名	最大残留限量 （mg/kg）
14）	Maize	玉米	0.05T
15）	Mandarin	中国柑橘	5.0T
16）	Mango	芒果	2.0T
17）	Melon	瓜类	2.0T
18）	Millet	粟	0.05T
19）	Oat	燕麦	0.05T
20）	Orange	橙	5.0T
21）	Papaya	番木瓜	2.0T
22）	Pear	梨	5.0T
23）	Persimmon	柿子	2.0T
24）	Pineapple	菠萝	2.0T
25）	Potato	马铃薯	5.0T
26）	Quince	榅桲	5.0T
27）	Rice	稻米	0.05T
28）	Rye	黑麦	0.05T
29）	Sorghum	高粱	0.05T
30）	Squash	西葫芦	2.0T
31）	Strawberry	草莓	2.0T
32）	Sweet pepper	甜椒	0.5T
33）	Tomato	番茄	0.5T
34）	Watermelon	西瓜	2.0T
35）	Wheat	小麦	0.01T

243. Imazamox 甲氧咪草烟

1）	Wheat	小麦	0.05T

244. Imazapic 甲咪唑烟酸（ADI：0.46 mg/kg bw）

1）	Peanut	花生	0.05[†]
2）	Soybean	大豆	0.3[†]
3）	Wheat	小麦	0.05[†]

245. Imazapyr 咪唑烟酸（ADI：3 mg/kg bw）

1）	Maize	玉米	0.05[†]
2）	Rape seed	油菜籽	0.05[†]
3）	Soybean	大豆	3.0[†]
4）	Wheat	小麦	0.05[†]

246. Imazaquin 咪唑喹啉酸

1）	Soybean	大豆	0.05T

247. Imazethapyr 咪唑乙烟酸

1）	Sesame seed	芝麻籽	0.05T
2）	Soybean	大豆	0.03T
3）	Wheat	小麦	0.05T

（续）

序号	农产品英文名	农产品中文名	最大残留限量 (mg/kg)
248. Imazosulfuron　唑吡嘧磺隆（ADI：0. 75 mg/kg bw）			
1)	Potato	马铃薯	0. 1T
2)	Rice	稻米	0. 1
249. Imibenconazole　亚胺唑（ADI：0. 009 8 mg/kg bw）			
1)	Apple	苹果	0. 3
2)	Grape	葡萄	0. 2
3)	Jujube	枣	2. 0
4)	Jujube（dried）	枣（干）	2. 0
5)	Mandarin	中国柑橘	1. 0
6)	Peach	桃	0. 3
7)	Tea	茶	0. 2
250. Imicyafos　百灵威（ADI：0. 000 5 mg/kg bw）			
1)	Broccoli	西兰花	0. 1
2)	Burdock	牛蒡	0. 05
3)	Burdock leaves	牛蒡叶	2. 0
4)	Carrot	胡萝卜	0. 05T
5)	Celery	芹菜	0. 05T
6)	Chili pepper	辣椒	0. 1
7)	Chili pepper leaves	辣椒叶	1. 0
8)	Crown daisy	茼蒿	5. 0
9)	Cucumber	黄瓜	0. 2
10)	Deodeok	羊乳（桔梗科党参属的植物）	0. 05T
11)	Fig	无花果	0. 05T
12)	Garlic	大蒜	0. 05
13)	Green garlic	青蒜	0. 05
14)	Korean black raspberry	朝鲜黑树莓	0. 05T
15)	Korean melon	韩国瓜类	0. 1
16)	Melon	瓜类	0. 05
17)	Radish（leaf）	萝卜（叶）	1. 0T
18)	Radish（root）	萝卜（根）	0. 05T
19)	Strawberry	草莓	0. 05
20)	Sweet pepper	甜椒	0. 1
21)	Tomato	番茄	0. 05
22)	Watermelon	西瓜	0. 05
23)	Yam	山药	0. 05
24)	Yam（dried）	山药（干）	0. 05
251. Imidacloprid　吡虫啉（ADI：0. 06 mg/kg bw）			
1)	Apricot	杏	0. 2T
2)	Aronia	野樱莓	0. 05T

（续）

序号	农产品英文名	农产品中文名	最大残留限量 (mg/kg)
3)	Balsam apple	苦瓜	0.05T
4)	Banana	香蕉	0.01†
5)	Beet（root）	甜菜（根）	0.05T
6)	Blueberry	蓝莓	4.0†
7)	Broccoli	西兰花	5.0
8)	Buckwheat	荞麦	0.05T
9)	Burdock	牛蒡	0.05T
10)	Butterbur	菊科蜂斗菜属植物	1.0
11)	Cabbage	甘蓝	0.5T
12)	Cacao bean	可可豆	0.05T
13)	Carrot	胡萝卜	0.05T
14)	Chamnamul	大叶芹菜	1.0
15)	Chard	食用甜菜	1.0
16)	Cherry	樱桃	3.0†
17)	Chicory	菊苣	3.0
18)	Chili pepper	辣椒	1.0
19)	Chili pepper leaves	辣椒叶	1.0
20)	Chili pepper（dried）	辣椒（干）	3.0
21)	Chinese chives	韭菜	3.0
22)	Chinese mallow	中国锦葵	1.0
23)	Chwinamul	野生紫菀	3.0
24)	Citrus fruits	柑橘类水果	0.7†
25)	Coffee bean	咖啡豆	0.7†
26)	Cranberry	蔓越橘	0.04†
27)	Crown daisy	茼蒿	2.0
28)	Cucumber	黄瓜	0.5
29)	Deodeok	羊乳（桔梗科党参属的植物）	0.05
30)	Dried ginseng	干参	0.05
31)	Eggplant	茄子	1.0
32)	Fig	无花果	0.3
33)	Fresh ginseng	鲜参	0.05
34)	Ginger	姜	0.05T
35)	Gojiberry（dried）	枸杞（干）	5.0
36)	Grape	葡萄	1.0
37)	Green soybean	青豆	0.2
38)	Herbs（fresh）	香草（鲜）	2.0T
39)	Hop	蛇麻草	0.2†
40)	Japanese apricot	青梅	1.0
41)	Japanese cornel	日本山茱萸	0.2T

（续）

序号	农产品英文名	农产品中文名	最大残留限量 （mg/kg）
42)	Jujube	枣	2.0
43)	Jujube（dried）	枣（干）	2.0
44)	Kiwifruit	猕猴桃	1.0
45)	Korean black raspberry	朝鲜黑树莓	1.5†
46)	Korean cabbage，head	韩国甘蓝	0.3
47)	Korean melon	韩国瓜类	0.3
48)	Korean wormwood	朝鲜艾草	0.3
49)	Leafy vegetables	叶类蔬菜	3.0
50)	Lettuce（head）	莴苣（顶端）	7.0
51)	Lettuce（leaf）	莴苣（叶）	7.0
52)	Longan	桂圆	0.7†
53)	Lotus tuber	莲子块茎	0.05T
54)	Maize	玉米	0.01†
55)	Mango	芒果	0.4†
56)	Mangosteen	山竹	0.4†
57)	Melon	瓜类	0.2
58)	Mulberry	桑葚	0.05T
59)	Mung bean	绿豆	0.05T
60)	Mustard green	芥菜	5.0
61)	Olive	橄榄	0.5†
62)	Oyster mushroom	平菇	0.05T
63)	Papaya	番木瓜	0.6†
64)	Passion fruit	百香果	0.05T
65)	Peach	桃	0.5
66)	Peanut	花生	1.0T
67)	Pecan	美洲山核桃	0.01†
68)	Perilla leaves	紫苏叶	7.0
69)	Plum	李子	0.2
70)	Pome fruits	仁果类水果	0.5
71)	Potato	马铃薯	0.3
72)	Proso millet	黍	0.05T
73)	Radish（root）	萝卜（根）	0.05T
74)	Rape leaves	油菜叶	0.05
75)	Rape seed	油菜籽	0.05
76)	Red bean	红豆	0.05
77)	Rice	稻米	0.2
78)	Root and tuber vegetables	块根和块茎类蔬菜	0.05T
79)	Safflower seed	红花籽	0.2
80)	Schisandraberry	五味子	0.2T

（续）

序号	农产品英文名	农产品中文名	最大残留限量（mg/kg）
81)	Sesame seed	芝麻籽	0.05
82)	Soybean	大豆	1.5†
83)	Spices （fruits and berries）	香辛料（水果和浆果类）	0.05T
84)	Spices seeds	种子类香辛料	0.05T
85)	Squash	西葫芦	0.5
86)	Ssam cabbage	紫甘蓝	1.0
87)	Stalk and stem vegetables	茎秆类蔬菜	2.0
88)	Strawberry	草莓	0.4†
89)	Sweet pepper	甜椒	1.0
90)	Sweet potato	甘薯	0.05
91)	Tea	茶	30†
92)	Tomato	番茄	1.0
93)	Turnip	芜菁	0.05T
94)	Watermelon	西瓜	0.05
95)	Welsh onion	威尔士洋葱	0.5
96)	Welsh onion （dried）	威尔士洋葱（干）	2.0
97)	Wheat	小麦	0.04†
98)	Yam	山药	0.05T

252. Iminoctadine 双胍辛胺（ADI：0.004 mg/kg bw）

序号	农产品英文名	农产品中文名	最大残留限量（mg/kg）
1)	Alpine leek leaves	高山韭菜叶	5.0T
2)	Apple	苹果	1.0
3)	Apricot	杏	0.5T
4)	Aronia	野樱莓	1.0T
5)	Asparagus	芦笋	0.5T
6)	Beet （leaf）	甜菜（叶）	0.05T
7)	Beet （root）	甜菜（根）	0.05T
8)	Blueberry	蓝莓	1.0T
9)	Cabbage	甘蓝	0.05T
10)	Chili pepper	辣椒	2.0
11)	Chinese chives	韭菜	2.0
12)	Chwinamul	野生紫菀	7.0
13)	Crown daisy	茼蒿	1.0T
14)	Cucumber	黄瓜	0.5
15)	Deodeok	羊乳（桔梗科党参属的植物）	0.05T
16)	Dried ginseng	干参	0.2
17)	Eggplant	茄子	0.2
18)	Fresh ginseng	鲜参	0.1
19)	Garlic	大蒜	0.1
20)	Ginseng extract	人参提取物	0.5

（续）

序号	农产品英文名	农产品中文名	最大残留限量 （mg/kg）
21)	Gojiberry	枸杞	3.0
22)	Gojiberry （dried）	枸杞（干）	10
23)	Grape	葡萄	1.0
24)	Green garlic	青蒜	0.7
25)	Japanese apricot	青梅	2.0
26)	Job's tear	薏苡	0.1
27)	Jujube	枣	0.5T
28)	Kiwifruit	猕猴桃	0.3
29)	Korean black raspberry	朝鲜黑树莓	1.0T
30)	Korean melon	韩国瓜类	0.3
31)	Lemon	柠檬	0.5T
32)	Lettuce （head）	莴苣（顶端）	0.05T
33)	Maize	玉米	0.05
34)	Mandarin	中国柑橘	0.5
35)	Mango	芒果	0.3T
36)	Mulberry	桑葚	1.0T
37)	Onion	洋葱	0.05
38)	Orange	橙	0.5T
39)	Peach	桃	0.5
40)	Pear	梨	0.1
41)	Perilla leaves	紫苏叶	5.0T
42)	Persimmon	柿子	0.3
43)	Plum	李子	0.5T
44)	Polygonatum leaves	黄精叶	0.05T
45)	Polygonatum root	黄精根	0.05T
46)	Pomegranate	石榴	0.1T
47)	Proso millet	黍	0.7
48)	Red ginseng	红参	0.2
49)	Red ginseng extract	红参提取物	0.5
50)	Rice	稻米	0.05
51)	Safflower seed	红花籽	0.05
52)	Schisandraberry （dried）	五味子（干）	1.0
53)	Strawberry	草莓	2.0
54)	Sweet pepper	甜椒	2.0
55)	Sweet potato	甘薯	0.05T
56)	Sweet potato vines	薯蔓	0.5T
57)	Tea	茶	1.0
58)	Tomato	番茄	0.7
59)	Watermelon	西瓜	0.05

（续）

序号	农产品英文名	农产品中文名	最大残留限量 （mg/kg）
60)	Welsh onion	威尔士洋葱	0.5
61)	Yam	山药	0.05T
253. Inabenfide 抗倒胺			
1)	Rice	稻米	0.05T
254. Indanofan 茚草酮（ADI：0.003 5 mg/kg bw）			
1)	Butterbur	菊科蜂斗菜属植物	0.1T
2)	Rice	稻米	0.1
255. Indaziflam 茚嗪氟草胺（ADI：0.02 mg/kg bw）			
1)	Apple	苹果	0.05
2)	Japanese apricot	青梅	0.05
3)	Jujube	枣	0.05
4)	Mandarin	中国柑橘	0.05
5)	Peach	桃	0.05
6)	Pear	梨	0.05
7)	Persimmon	柿子	0.05
8)	Plum	李子	0.05
256. Indoxacarb 茚虫威（ADI：0.01 mg/kg bw）			
1)	Apple	苹果	0.3
2)	Apricot	杏	0.3
3)	Aronia	野樱莓	0.5T
4)	Beat（root）	红萝卜（根）	0.3
5)	Blueberry	蓝莓	2.0
6)	Broccoli	西兰花	4.0†
7)	Cabbage	甘蓝	0.2
8)	Carrot	胡萝卜	0.05T
9)	Celery	芹菜	8.0†
10)	Chamnamul	大叶芹菜	10
11)	Chard	食用甜菜	15
12)	Cherry	樱桃	0.9†
13)	Chicory（root）	菊苣（根）	0.05T
14)	Chili pepper	辣椒	1.0
15)	Chili pepper（dried）	辣椒（干）	5.0
16)	Chinese chives	韭菜	3.0
17)	Chwinamul	野生紫菀	10
18)	Cranberry	蔓越橘	1.0†
19)	Crown daisy	茼蒿	20
20)	Cucumber	黄瓜	0.5
21)	Deodeok	羊乳（桔梗科党参属的植物）	0.05T
22)	Fig	无花果	0.5T

（续）

序号	农产品英文名	农产品中文名	最大残留限量 （mg/kg）
23)	Fresh ginseng	鲜参	0.05T
24)	Ginger	姜	0.05
25)	Gojiberry	枸杞	0.5T
26)	Gojiberry（dried）	枸杞（干）	10
27)	Green soybean	青豆	0.7
28)	Jujube	枣	0.5
29)	Jujube（dried）	枣（干）	2.0
30)	Kohlrabi	球茎甘蓝	2.0T
31)	Korean black raspberry	朝鲜黑树莓	0.5
32)	Korean cabbage，head	韩国甘蓝	0.7
33)	Korean cabbage，head（dried）	韩国甘蓝（干）	3.5
34)	Korean melon	韩国瓜类	1.0
35)	Leafy vegetables	叶类蔬菜	3.0
36)	Lemon	柠檬	0.3T
37)	Maize	玉米	0.05
38)	Mandarin	中国柑橘	0.5
39)	Melon	瓜类	0.5†
40)	Millet	粟	0.5
41)	Mulberry	桑葚	0.5T
42)	Mung bean	绿豆	0.3
43)	Oak mushroom	香菇	0.05T
44)	Parsley	欧芹	7.0
45)	Peach	桃	1.0
46)	Peanut	花生	0.02T
47)	Pear	梨	0.5
48)	Perilla leaves	紫苏叶	20
49)	Persimmon	柿子	1.0
50)	Plum	李子	0.5
51)	Pomegranate	石榴	0.3T
52)	Potato	马铃薯	0.05
53)	Proso millet	黍	2.0
54)	Quince	榅桲	0.3T
55)	Radish（leaf）	萝卜（叶）	3.0
56)	Radish（root）	萝卜（根）	0.3
57)	Rape leaves	油菜叶	0.5
58)	Rape seed	油菜籽	0.5
59)	Red bean	红豆	0.05
60)	Rice	稻米	0.1
61)	Schisandraberry	五味子	0.2T

（续）

序号	农产品英文名	农产品中文名	最大残留限量 （mg/kg）
62)	Sesame seed	芝麻籽	0.05
63)	Sorghum	高粱	1.0
64)	Soybean	大豆	0.2
65)	Squash	西葫芦	0.15†
66)	Ssam cabbage（dried）	紫甘蓝（干）	10
67)	Strawberry	草莓	1.0
68)	Sweet pepper	甜椒	1.0
69)	Tomato	番茄	0.3†
70)	Walnut	胡桃	0.05T
71)	Watermelon	西瓜	0.2
72)	Welsh onion	威尔士洋葱	2.0
73)	Welsh onion（dried）	威尔士洋葱（干）	2.0
74)	Wild chive	野生细香葱	2.0T
75)	Wild grape	野生葡萄	0.5

257. Ipconazole 种菌唑（ADI：0.015 mg/kg bw）

序号	农产品英文名	农产品中文名	最大残留限量（mg/kg）
1)	Rice	稻米	0.05

258. Ipfencarbazone 三唑酰草胺（ADI：0.001 mg/kg bw）

序号	农产品英文名	农产品中文名	最大残留限量（mg/kg）
1)	Rice	稻米	0.05

259. Iprobenfos 异稻瘟净（ADI：0.035 mg/kg bw）

序号	农产品英文名	农产品中文名	最大残留限量（mg/kg）
1)	Aronia	野樱莓	0.2T
2)	Bracken	欧洲蕨	0.2T
3)	Butterbur	菊科蜂斗菜属植物	0.2T
4)	Carrot	胡萝卜	0.2T
5)	Celery	芹菜	0.2T
6)	Chamnamul	大叶芹菜	0.2T
7)	Chinese mallow	中国锦葵	0.2T
8)	Coastal hog fennel	小茴香	0.2T
9)	Crown daisy	茼蒿	0.2T
10)	Kale	羽衣甘蓝	0.2T
11)	Lettuce（head）	莴苣（顶端）	0.2T
12)	Mustard green	芥菜	0.2T
13)	Narrow-head ragwort	窄叶黄菀	0.2T
14)	Parsley	欧芹	0.2T
15)	Perilla leaves	紫苏叶	0.2T
16)	Radish（leaf）	萝卜（叶）	0.2T
17)	Radish（root）	萝卜（根）	0.2T
18)	Rice	稻米	0.2
19)	Ssam cabbage	紫甘蓝	0.2T
20)	Water dropwort	水芹	0.2T

（续）

序号	农产品英文名	农产品中文名	最大残留限量 （mg/kg）
260. Iprodione 异菌脲（ADI：0.06 mg/kg bw）			
1)	Almond	扁桃仁	0.2†
2)	Apple	苹果	5.0
3)	Apricot	杏	10.0T
4)	Aronia	野樱莓	10T
5)	Balsam apple	苦瓜	0.2T
6)	Banana	香蕉	0.02T
7)	Barley	大麦	2.0T
8)	Beans	豆类	0.2T
9)	Beet（root）	甜菜（根）	0.05T
10)	Blueberry	蓝莓	10
11)	Broccoli	西兰花	25T
12)	Cabbage	甘蓝	10
13)	Carrot	胡萝卜	10T
14)	Cherry	樱桃	10.0T
15)	Chili pepper	辣椒	5.0
16)	Chili pepper（dried）	辣椒（干）	15
17)	Cucumber	黄瓜	5.0
18)	Deodeok	羊乳（桔梗科党参属的植物）	0.05T
19)	Dried ginseng	干参	0.7
20)	Fresh ginseng	鲜参	0.2
21)	Garlic	大蒜	0.1
22)	Ginger	姜	0.05T
23)	Grape	葡萄	10.0
24)	Green garlic	青蒜	2.0
25)	Japanese apricot	青梅	5.0
26)	Job's tear	薏苡	3.0
27)	Jujube	枣	5.0
28)	Jujube（dried）	枣（干）	10
29)	Kiwifruit	猕猴桃	5.0
30)	Korean black raspberry	朝鲜黑树莓	30T
31)	Leafy vegetables	叶类蔬菜	20
32)	Lettuce（head）	莴苣（顶端）	10.0T
33)	Mandarin	中国柑橘	2.0
34)	Mango	芒果	1.5
35)	Onion	洋葱	0.05
36)	Peach	桃	2.0
37)	Peanut	花生	0.5T
38)	Pear	梨	5.0

（续）

序号	农产品英文名	农产品中文名	最大残留限量（mg/kg）
39）	Perilla leaves	紫苏叶	20
40）	Persimmon	柿子	5.0
41）	Plum	李子	10.0T
42）	Potato	马铃薯	0.5T
43）	Radish（leaf）	萝卜（叶）	10
44）	Radish（root）	萝卜（根）	0.05T
45）	Rice	稻米	0.2
46）	Safflower seed	红花籽	1.0
47）	Schisandraberry	五味子	2.0T
48）	Spices roots	根类香辛料	0.1T
49）	Spices seeds	种子类香辛料	0.05†
50）	Stalk and stem vegetables	茎秆类蔬菜	20
51）	Strawberry	草莓	10.0
52）	Sweet pepper	甜椒	5.0
53）	Sweet potato	甘薯	0.05T
54）	Tomato	番茄	2.0
55）	Watermelon	西瓜	0.2T
56）	Yam	山药	0.05
57）	Yam（dried）	山药（干）	0.05
58）	Yuja	香橙	2.0T

261. Iprovalicarb　缬霉威（ADI：0.026 mg/kg bw）

序号	农产品英文名	农产品中文名	最大残留限量（mg/kg）
1）	Chard	食用甜菜	2.0T
2）	Chili pepper	辣椒	1.0
3）	Chinese chives	韭菜	0.3
4）	Cucumber	黄瓜	1.0
5）	Dried ginseng	干参	0.1
6）	Fig	无花果	1.0
7）	Fresh ginseng	鲜参	0.1
8）	Garlic	大蒜	0.1
9）	Grape	葡萄	2.0
10）	Korean cabbage, head	韩国甘蓝	0.7
11）	Korean melon	韩国瓜类	0.3
12）	Leafy vegetables	叶类蔬菜	0.03T
13）	Onion	洋葱	0.5
14）	Potato	马铃薯	0.5
15）	Radish（leaf）	萝卜（叶）	2.0T
16）	Root and tuber vegetables	块根和块茎类蔬菜	0.03T
17）	Sesame seed	芝麻籽	0.1
18）	Ssam cabbage	紫甘蓝	2.0

（续）

序号	农产品英文名	农产品中文名	最大残留限量 （mg/kg）
19)	Stalk and stem vegetables	茎秆类蔬菜	0.03T
20)	Tomato	番茄	2.0
21)	Watermelon	西瓜	0.5
22)	Wild grape	野生葡萄	5.0

262. Isazofos 氯唑磷

1)	Garlic	大蒜	0.01T

263. Isofenphos 异柳磷（ADI：0.001 mg/kg bw）

1)	Banana	香蕉	0.02T
2)	Cabbage	甘蓝	0.05T
3)	Celery	芹菜	0.02T
4)	Citrus fruits	柑橘类水果	0.2T
5)	Grapefruit	葡萄柚	0.2T
6)	Kale	羽衣甘蓝	0.05T
7)	Korean cabbage, head	韩国甘蓝	0.05T
8)	Lemon	柠檬	0.2T
9)	Maize	玉米	0.02T
10)	Onion	洋葱	0.05T
11)	Orange	橙	0.2T
12)	Potato	马铃薯	0.05T
13)	Rice	稻米	0.05T

264. Isofetamid 琥珀酸脱氢酶杀菌剂（ADI：0.053 mg/kg bw）
琥珀盐脱氧氢酶杀菌剂和 GPTC 的总和，以琥珀酸脱氧氢酶杀菌剂表示

1)	Apple	苹果	0.2
2)	Blueberry	蓝莓	3.0T
3)	Chamnamul	大叶芹菜	0.2T
4)	Chili pepper	辣椒	7.0
5)	Cranberry	蔓越橘	3.0T
6)	Cucumber	黄瓜	2.0
7)	Dried ginseng	干参	1.0
8)	Fresh ginseng	鲜参	0.2
9)	Grape	葡萄	7.0
10)	Korean melon	韩国瓜类	0.7
11)	Mandarin	中国柑橘	2.0
12)	Onion	洋葱	0.05
13)	Peach	桃	2.0
14)	Strawberry	草莓	3.0
15)	Sweet pepper	甜椒	7.0
16)	Tomato	番茄	5.0
17)	Watermelon	西瓜	0.5

（续）

序号	农产品英文名	农产品中文名	最大残留限量（mg/kg）
265. Isoprocarb 异丙威			
1)	Rice	稻米	0.3
266. Isoprothiolane 稻瘟灵（ADI：0.1 mg/kg bw）			
1)	Apple	苹果	0.05
2)	Aronia	野樱莓	0.05T
3)	Butterbur	菊科蜂斗菜属植物	0.2T
4)	Carrot	胡萝卜	0.2T
5)	Celery	芹菜	0.2T
6)	Chamnamul	大叶芹菜	0.2T
7)	Chard	食用甜菜	0.2T
8)	Chicory	菊苣	0.2T
9)	Chicory（root）	菊苣（根）	0.2T
10)	Chinese chives	韭菜	0.2T
11)	Chinese mallow	中国锦葵	0.2T
12)	Crown daisy	茼蒿	0.2T
13)	Garlic	大蒜	0.2
14)	Ginger	姜	0.2T
15)	Lettuce（head）	莴苣（顶端）	0.2T
16)	Narrow-head ragwort	窄叶黄菀	0.2T
17)	Onion	洋葱	0.2
18)	Parsley	欧芹	0.2T
19)	Perilla leaves	紫苏叶	0.2T
20)	Radish（leaf）	萝卜（叶）	0.2T
21)	Radish（root）	萝卜（根）	0.2T
22)	Rice	稻米	2.0
23)	Schisandraberry	五味子	0.05T
24)	Sorghum	高粱	2.0T
25)	Spinach	菠菜	0.2T
26)	Ssam cabbage	紫甘蓝	0.2T
27)	Sweet potato	甘薯	0.05T
28)	Sweet potato vines	薯蔓	0.2T
29)	Water dropwort	水芹	0.2T
30)	Wild chive	野生细香葱	0.2T
31)	Yam	山药	0.05T
267. Isopyrazam 吡唑萘菌胺（ADI：0.055 mg/kg bw）			
1)	Banana	香蕉	0.06†
2)	Celery	芹菜	0.1T
3)	Chili pepper	辣椒	2.0
4)	Chinese chives	韭菜	2.0

（续）

序号	农产品英文名	农产品中文名	最大残留限量（mg/kg）
5)	Crown daisy	茼蒿	1.0T
6)	Cucumber	黄瓜	2.0
7)	Danggwi leaves	当归叶	5.0T
8)	Eggplant	茄子	0.7
9)	Korean melon	韩国瓜类	0.5
10)	Maize	玉米	0.05T
11)	Melon	瓜类	1.0
12)	Mulberry	桑葚	0.5
13)	Parsley	欧芹	6.0
14)	Red bean	红豆	0.05
15)	Schisandraberry	五味子	0.5
16)	Schisandraberry（dried）	五味子（干）	2.0
17)	Soybean	大豆	0.05T
18)	Squash	西葫芦	1.0
19)	Strawberry	草莓	0.5
20)	Sweet pepper	甜椒	2.0
21)	Tomato	番茄	1.0
22)	Walnut	胡桃	0.05T
23)	Watermelon	西瓜	0.1
24)	Wheat	小麦	0.03T

268. Isotianil　异噻菌胺（ADI：0.028 mg/kg bw）

1)	Chili pepper	辣椒	2.0
2)	Rice	稻米	0.1
3)	Sweet pepper	甜椒	2.0

269. Isoxaben　异噁酰草胺

1)	Grape	葡萄	0.05T

270. Isoxaflutole　异噁唑草酮（ADI：0.02 mg/kg bw）

异噁唑草酮（Isoxaflutole）和异噁唑草酮二酮腈（Isoxaflutole diketonitrile）的总和，表示为异噁唑草酮

1)	Maize	玉米	$0.02^{\dagger}$
2)	Soybean	大豆	$0.02^{\dagger}$

271. Kresoxim-methyl　醚菌酯（ADI：0.4 mg/kg bw）

1)	Aronia	野樱莓	1.0T
2)	Balsam apple	苦瓜	0.2T
3)	Beet（root）	甜菜（根）	0.05
4)	Blueberry	蓝莓	1.0T
5)	Carrot	胡萝卜	0.05
6)	Cherry	樱桃	1.0T
7)	Chili pepper	辣椒	2.0

（续）

序号	农产品英文名	农产品中文名	最大残留限量（mg/kg）
8）	Chili pepper（dried）	辣椒（干）	10
9）	Chwinamul	野生紫菀	30
10）	Cucumber	黄瓜	0.5
11）	Deodeok	羊乳（桔梗科党参属的植物）	0.05
12）	Dried ginseng	干参	1.0
13）	Fig	无花果	1.0T
14）	Fresh ginseng	鲜参	0.2
15）	Garlic	大蒜	0.3
16）	Ginseng extract	人参提取物	2.0
17）	Grape	葡萄	5.0
18）	Green garlic	青蒜	3.0
19）	Green soybean	青豆	1.0
20）	Indian lettuce	印度莴苣	3.0
21）	Japanese apricot	青梅	2.0
22）	Jujube	枣	2.0
23）	Jujube（dried）	枣（干）	2.0
24）	Korean black raspberry	朝鲜黑树莓	2.0
25）	Korean cabbage，head	韩国甘蓝	0.03
26）	Korean melon	韩国瓜类	1.0
27）	Leafy vegetables	叶类蔬菜	25
28）	Lettuce（leaf）	莴苣（叶）	20
29）	Mandarin	中国柑橘	2.0
30）	Melon	瓜类	1.0
31）	Mulberry	桑葚	1.0T
32）	Onion	洋葱	0.1
33）	Peach	桃	1.0
34）	Plum	李子	1.0
35）	Pome fruits	仁果类水果	2.0
36）	Rape seed	油菜籽	0.05T
37）	Red ginseng	红参	0.1
38）	Red ginseng extract	红参提取物	1.0
39）	Rosemary（fresh）	迷迭香（鲜）	0.3T
40）	Schisandraberry	五味子	1.0T
41）	Soybean	大豆	0.1
42）	Squash	西葫芦	0.5
43）	Ssam cabbage	紫甘蓝	0.1
44）	Stalk and stem vegetables	茎秆类蔬菜	2.0
45）	Strawberry	草莓	2.0
46）	Sweet pepper	甜椒	2.0

（续）

序号	农产品英文名	农产品中文名	最大残留限量（mg/kg）
47）	Tomato	番茄	3.0
48）	Water dropwort	水芹	1.0
49）	Watermelon	西瓜	0.2
50）	Welsh onion	威尔士洋葱	2.0
51）	Wheat	小麦	0.05T
52）	Yam	山药	0.05T

272. Lepimectin 雷皮菌素（ADI：0.02 mg/kg bw）

序号	农产品英文名	农产品中文名	最大残留限量（mg/kg）
1）	Chili pepper	辣椒	0.5
2）	Cucumber	黄瓜	0.2
3）	Korean cabbage，head	韩国甘蓝	0.05
4）	Korean melon	韩国瓜类	0.1
5）	Lettuce（leaf）	莴苣（叶）	1.0
6）	Melon	瓜类	0.05
7）	Perilla leaves	紫苏叶	0.7
8）	Spinach	菠菜	0.05
9）	Squash	西葫芦	0.05
10）	Squash leaves	南瓜叶	2.0
11）	Ssam cabbage	紫甘蓝	0.05
12）	Strawberry	草莓	0.3
13）	Sweet pepper	甜椒	0.5
14）	Tomato	番茄	0.2
15）	Watermelon	西瓜	0.05
16）	Welsh onion	威尔士洋葱	0.05

273. Lindane，γ-BHC 林丹（ADI：0.005 mg/kg bw）

序号	农产品英文名	农产品中文名	最大残留限量（mg/kg）
1）	Barley	大麦	0.01T
2）	Dried ginseng	干参	0.05T
3）	Fresh ginseng	鲜参	0.01T
4）	Ginseng extract	人参提取物	0.1T
5）	Maize	玉米	0.01T
6）	Red ginseng	红参	0.05T
7）	Red ginseng extract	红参提取物	0.1T
8）	Wheat	小麦	0.01T

274. Linuron 利谷隆（ADI：0.007 7 mg/kg bw）

序号	农产品英文名	农产品中文名	最大残留限量（mg/kg）
1）	Asparagus	芦笋	3.0T
2）	Barley	大麦	0.05
3）	Buckwheat	荞麦	0.2T
4）	Cabbage	甘蓝	0.05T
5）	Carrot	胡萝卜	0.05

（续）

序号	农产品英文名	农产品中文名	最大残留限量 （mg/kg）
6）	Celery	芹菜	0.5T
7）	Chinese chives	韭菜	0.05T
8）	Chwinamul	野生紫菀	0.05T
9）	Coastal hog fennel	小茴香	0.05T
10）	Cotton seed	棉籽	0.2T
11）	Garlic	大蒜	1.0
12）	Green garlic	青蒜	0.05
13）	Green soybean	青豆	0.05
14）	Herbs（fresh）	香草（鲜）	0.05T
15）	Job's tear	薏苡	0.05
16）	Maize	玉米	0.05
17）	Mung bean	绿豆	0.05T
18）	Oat	燕麦	0.2T
19）	Onion	洋葱	0.05
20）	Parsley	欧芹	0.05T
21）	Perilla leaves	紫苏叶	0.05T
22）	Potato	马铃薯	0.05
23）	Radish（leaf）	萝卜（叶）	0.05T
24）	Radish（root）	萝卜（根）	0.05T
25）	Red bean	红豆	0.05T
26）	Sorghum	高粱	0.2T
27）	Soybean	大豆	0.05
28）	Ssam cabbage	紫甘蓝	0.05T
29）	Wheat	小麦	0.2T
30）	Yam	山药	0.2
31）	Yam（dried）	山药（干）	0.2

275. Lufenuron 虱螨脲（ADI：0.015 mg/kg bw）

序号	农产品英文名	农产品中文名	最大残留限量 （mg/kg）
1）	Apple	苹果	0.3
2）	Apricot	杏	0.6
3）	Asparagus	芦笋	0.5
4）	Banana	香蕉	0.05T
5）	Beat（leaf）	红萝卜（叶）	3.0
6）	Beat（root）	红萝卜（根）	0.3
7）	Blueberry	蓝莓	0.3T
8）	Broccoli	西兰花	0.2
9）	Burdock	牛蒡	0.05
10）	Burdock leaves	牛蒡叶	5.0
11）	Cabbage	甘蓝	0.2
12）	Carrot	胡萝卜	0.2

（续）

序号	农产品英文名	农产品中文名	最大残留限量（mg/kg）
13）	Chamnamul	大叶芹菜	7.0
14）	Chard	食用甜菜	10
15）	Cherry	樱桃	0.5
16）	Cherry，Nanking	南京樱桃	0.6
17）	Chicory	菊苣	7.0
18）	Chili pepper	辣椒	1.0
19）	Chili pepper（dried）	辣椒（干）	4.0
20）	Chinese chives	韭菜	0.2
21）	Chwinamul	野生紫菀	7.0
22）	Cowpea	豇豆	0.05T
23）	Crown daisy	茼蒿	5.0
24）	Cucumber	黄瓜	0.2
25）	Deodeok	羊乳（桔梗科党参属的植物）	0.05T
26）	Dolnamul	垂盆草/豆瓣菜	7.0
27）	Dragon fruit	火龙果	0.3
28）	Eggplant	茄子	0.3
29）	Fig	无花果	0.3T
30）	Garlic	大蒜	0.3
31）	Ginger	姜	0.05T
32）	Gojiberry	枸杞	0.3T
33）	Grape	葡萄	2.0
34）	Green garlic	青蒜	0.3
35）	Green soybean	青豆	0.5
36）	Herbs（fresh）	香草（鲜）	0.05T
37）	Japanese apricot	青梅	0.6
38）	Jujube	枣	2.0
39）	Jujube（dried）	枣（干）	2.0
40）	Kale	羽衣甘蓝	2.0
41）	Kidney bean	四季豆	0.05T
42）	Kiwifruit	猕猴桃	0.05T
43）	Korean black raspberry	朝鲜黑树莓	0.3
44）	Korean cabbage，head	韩国甘蓝	0.3
45）	Korean cabbage，head（dried）	韩国甘蓝（干）	3.0
46）	Korean melon	韩国瓜类	0.3
47）	Leafy vegetables	叶类蔬菜	5.0
48）	Lemon	柠檬	1.0
49）	Lettuce（head）	莴苣（顶端）	5.0
50）	Lettuce（leaf）	莴苣（叶）	7.0
51）	Loquat	枇杷	0.3T

（续）

序号	农产品英文名	农产品中文名	最大残留限量（mg/kg）
52)	Maize	玉米	0.05T
53)	Mandarin	中国柑橘	0.5
54)	Mango	芒果	0.05T
55)	Melon	瓜类	0.2
56)	Mulberry	桑葚	1.5
57)	Mung bean	绿豆	0.05T
58)	Mushroom	蘑菇	0.05T
59)	Mustard leaf	芥菜叶	5.0
60)	Orange	橙	0.5T
61)	Oyster mushroom	平菇	0.05T
62)	Parsley	欧芹	2.0
63)	Pea	豌豆	0.05
64)	Peach	桃	0.5
65)	Peanut	花生	0.1T
66)	Pear	梨	0.5
67)	Perilla leaves	紫苏叶	7.0
68)	Perilla seed	紫苏籽	0.1
69)	Persimmon	柿子	0.5
70)	Plum	李子	0.05
71)	Pomegranate	石榴	0.5
72)	Quince	榅桲	0.5
73)	Radish（leaf）	萝卜（叶）	3.0
74)	Radish（root）	萝卜（根）	0.3
75)	Rape leaves	油菜叶	0.2
76)	Rape seed	油菜籽	0.3
77)	Red bean	红豆	0.05T
78)	Schisandraberry	五味子	0.05T
79)	Sesame seed	芝麻籽	0.1T
80)	Shiso	日本紫苏	7.0
81)	Soybean	大豆	0.05
82)	Spinach	菠菜	5.0
83)	Squash	西葫芦	0.5
84)	Ssam cabbage	紫甘蓝	1.0
85)	Stalk and stem vegetables	茎秆类蔬菜	3.0
86)	Strawberry	草莓	0.5
87)	Sugar beet	甜菜	0.05T
88)	Sweet pepper	甜椒	1.0
89)	Taro	芋头	0.05T
90)	Turnip root	芜菁根	0.05

（续）

序号	农产品英文名	农产品中文名	最大残留限量 （mg/kg）
91）	Walnut	胡桃	0.1T
92）	Wasabi（root）	芥末（根）	0.05T
93）	Water dropwort	水芹	0.2
94）	Watermelon	西瓜	0.2
95）	Welsh onion	威尔士洋葱	1.0
96）	Welsh onion（dried）	威尔士洋葱（干）	1.5
97）	Wheat	小麦	0.05T
98）	Yuja	香橙	0.3

276. Malathion 马拉硫磷（ADI：0.029 mg/kg bw）

序号	农产品英文名	农产品中文名	最大残留限量
1）	Almond	扁桃仁	0.5T
2）	Apple	苹果	0.5T
3）	Apricot	杏	0.5T
4）	Asparagus	芦笋	0.5T
5）	Avocado	鳄梨	0.5T
6）	Barley	大麦	2.0T
7）	Beans	豆类	0.5T
8）	Blueberry	蓝莓	10†
9）	Buckwheat	荞麦	2.0T
10）	Cabbage	甘蓝	0.5T
11）	Carrot	胡萝卜	0.5T
12）	Celery	芹菜	1.0T
13）	Cereal grains	谷物	2.0T
14）	Cherry	樱桃	0.5T
15）	Chestnut	栗子	2.0T
16）	Chili pepper	辣椒	0.1
17）	Chili pepper leaves	辣椒叶	1.0
18）	Cotton seed	棉籽	2.0T
19）	Cranberry	蔓越橘	0.5T
20）	Crown daisy	茼蒿	0.2T
21）	Cucumber	黄瓜	0.05
22）	Edible fungi	食用菌	0.5T
23）	Eggplant	茄子	0.5T
24）	Garlic	大蒜	2.0T
25）	Ginkgo nut	白果	2.0T
26）	Grape	葡萄	2.0T
27）	Grapefruit	葡萄柚	0.5T
28）	Herbs（fresh）	香草（鲜）	0.05T
29）	Hop	蛇麻草	0.5T
30）	Kale	羽衣甘蓝	2.0T

韩国"肯定列表"制度（农产品中农药最大残留限量）研究

（续）

序号	农产品英文名	农产品中文名	最大残留限量 （mg/kg）
31）	Kiwifruit	猕猴桃	0.5T
32）	Korean black raspberry	朝鲜黑树莓	0.5T
33）	Korean cabbage，head	韩国甘蓝	0.2
34）	Korean melon	韩国瓜类	0.5T
35）	Lemon	柠檬	0.5T
36）	Lettuce（head）	莴苣（顶端）	2.0T
37）	Maize	玉米	2.0T
38）	Mango	芒果	0.5T
39）	Melon	瓜类	0.5T
40）	Mung bean	绿豆	0.5T
41）	Oat	燕麦	2.0T
42）	Onion	洋葱	2.0T
43）	Orange	橙	4.0†
44）	Papaya	番木瓜	0.5T
45）	Pea	豌豆	0.5T
46）	Peach	桃	0.5T
47）	Peanut	花生	0.5T
48）	Pear	梨	0.5T
49）	Pecan	美洲山核桃	2.0T
50）	Persimmon	柿子	0.5T
51）	Pineapple	菠萝	0.5T
52）	Plum	李子	0.5T
53）	Potato	马铃薯	0.5T
54）	Radish（leaf）	萝卜（叶）	0.5T
55）	Radish（root）	萝卜（根）	0.5T
56）	Raisin	葡萄干	0.5T
57）	Red bean	红豆	0.5T
58）	Rice	稻米	0.3T
59）	Rye	黑麦	2.0T
60）	Seeds	种子类	2.0T
61）	Sorghum	高粱	2.0T
62）	Soybean	大豆	0.5T
63）	Spices（fruits and berries）	香辛料（水果和浆果类）	1.0T
64）	Spices roots	根类香辛料	0.5T
65）	Spices seeds	种子类香辛料	2.0†
66）	Spinach	菠菜	0.5T
67）	Squash	西葫芦	0.5T
68）	Ssam cabbage	紫甘蓝	0.5
69）	Strawberry	草莓	0.5T

序号	农产品英文名	农产品中文名	最大残留限量（mg/kg）
70）	Sunflower seed	葵花籽	2.0T
71）	Sweet pepper	甜椒	0.1
72）	Sweet potato	甘薯	0.5T
73）	Taro	芋头	0.5T
74）	Tomato	番茄	0.5T
75）	Walnut	胡桃	2.0T
76）	Watermelon	西瓜	0.5T
77）	Welsh onion	威尔士洋葱	2.0T
78）	Wheat	小麦	8.0T
79）	Wheat flour	小麦粉	1.0T

277. Maleic hydrazide 抑芽丹（ADI：0.3 mg/kg bw）

序号	农产品英文名	农产品中文名	最大残留限量（mg/kg）
1）	Almond	扁桃仁	40.0T
2）	Apple	苹果	40.0T
3）	Apricot	杏	40.0T
4）	Asparagus	芦笋	25.0T
5）	Avocado	鳄梨	40.0T
6）	Banana	香蕉	40.0T
7）	Cabbage	甘蓝	25.0T
8）	Carrot	胡萝卜	25.0T
9）	Celery	芹菜	25.0T
10）	Cherry	樱桃	40.0T
11）	Chestnut	栗子	40.0T
12）	Chinese chives	韭菜	25.0T
13）	Citrus fruits	柑橘类水果	40.0T
14）	Cotton seed	棉籽	40.0T
15）	Crown daisy	茼蒿	25.0T
16）	Cucumber	黄瓜	25.0T
17）	Edible fungi	食用菌	25.0T
18）	Eggplant	茄子	25.0T
19）	Fruits	水果类	40.0T
20）	Garlic	大蒜	50.0T
21）	Ginger	姜	25.0T
22）	Ginkgo nut	白果	40.0T
23）	Grape	葡萄	40.0T
24）	Grapefruit	葡萄柚	40.0T
25）	Japanese apricot	青梅	40.0T
26）	Kale	羽衣甘蓝	25.0T
27）	Kiwifruit	猕猴桃	40.0T
28）	Korean cabbage，head	韩国甘蓝	25.0T

（续）

序号	农产品英文名	农产品中文名	最大残留限量（mg/kg）
29)	Lemon	柠檬	40.0T
30)	Lettuce（head）	莴苣（顶端）	25.0T
31)	Lettuce（leaf）	莴苣（叶）	25.0T
32)	Mandarin	中国柑橘	40.0T
33)	Mango	芒果	40.0T
34)	Melon	瓜类	40.0T
35)	Nuts	坚果	40.0T
36)	Oak mushroom	香菇	25.0T
37)	Onion	洋葱	15.0T
38)	Orange	橙	40.0T
39)	Papaya	番木瓜	40.0T
40)	Peach	桃	40.0T
41)	Pear	梨	40.0T
42)	Pecan	美洲山核桃	40.0T
43)	Persimmon	柿子	40.0T
44)	Pineapple	菠萝	40.0T
45)	Plum	李子	40.0T
46)	Potato	马铃薯	50.0T
47)	Quince	榅桲	40.0T
48)	Radish（root）	萝卜（根）	25.0T
49)	Seeds	种子类	40.0T
50)	Sesame seed	芝麻籽	40.0T
51)	Spinach	菠菜	25.0T
52)	Squash	西葫芦	25.0T
53)	Strawberry	草莓	40.0T
54)	Sunflower seed	葵花籽	40.0T
55)	Sweet pepper	甜椒	25.0T
56)	Sweet potato	甘薯	35.0T
57)	Taro	芋头	35.0T
58)	Tomato	番茄	25.0T
59)	Vegetables	蔬菜类	25.0T
60)	Walnut	胡桃	40.0T
61)	Watermelon	西瓜	40.0T
62)	Welsh onion	威尔士洋葱	25.0T

278. Mancozeb 代森锰锌（ADI：0.03 mg/kg bw）

279. Mandestrobin 甲氧基丙烯酸酯类杀菌剂（ADI：0.19 mg/kg bw）

序号	农产品英文名	农产品中文名	最大残留限量
1)	Apple	苹果	2.0
2)	Cherry	樱桃	1.0T
3)	Chili pepper	辣椒	5.0

（续）

序号	农产品英文名	农产品中文名	最大残留限量（mg/kg）
4)	Dried ginseng	干参	0.5
5)	Fresh ginseng	鲜参	0.2
6)	Garlic	大蒜	0.05
7)	Grape	葡萄	5.0
8)	Green garlic	青蒜	0.05
9)	Japanese apricot	青梅	5.0
10)	Leafy vegetables	叶类蔬菜	15
11)	Lettuce（head）	莴苣（顶端）	30
12)	Lettuce（leaf）	莴苣（叶）	30
13)	Onion	洋葱	0.05
14)	Peach	桃	1.0
15)	Pear	梨	2.0
16)	Persimmon	柿子	0.7
17)	Pomegranate	石榴	0.7T
18)	Stalk and stem vegetables	茎秆类蔬菜	7.0
19)	Sweet pepper	甜椒	5.0
20)	Watermelon	西瓜	0.5

280. Mandipropamid 双炔酰菌胺（ADI：0.05 mg/kg bw）

序号	农产品英文名	农产品中文名	最大残留限量（mg/kg）
1)	Broccoli	西兰花	0.05
2)	Cabbage	甘蓝	3.0T
3)	Celery	芹菜	0.3
4)	Chicory（root）	菊苣（根）	0.05T
5)	Chili pepper	辣椒	5.0
6)	Cucumber	黄瓜	0.5
7)	Dried ginseng	干参	0.1
8)	Eggplant	茄子	0.3
9)	Fresh ginseng	鲜参	0.1
10)	Ginger	姜	0.05T
11)	Grape	葡萄	5.0
12)	Hop	蛇麻草	90†
13)	Korean cabbage，head	韩国甘蓝	1.0
14)	Korean melon	韩国瓜类	0.3
15)	Leafy vegetables	叶类蔬菜	5.0
16)	Lettuce（head）	莴苣（顶端）	30
17)	Lettuce（leaf）	莴苣（叶）	30
18)	Melon	瓜类	0.5
19)	Onion	洋葱	0.05
20)	Pak choi	小白菜	20
21)	Passion fruit	百香果	0.1T

（续）

序号	农产品英文名	农产品中文名	最大残留限量（mg/kg）
22)	Perilla leaves	紫苏叶	25
23)	Potato	马铃薯	0.1
24)	Quinoa	藜麦	0.05T
25)	Rape seed	油菜籽	1.0T
26)	Safflower seed	红花籽	1.0T
27)	Sesame seed	芝麻籽	1.0
28)	Spinach	菠菜	25
29)	Ssam cabbage	紫甘蓝	3.0
30)	Stalk and stem vegetables	茎秆类蔬菜	3.0
31)	Strawberry	草莓	0.1
32)	Sweet pepper	甜椒	5.0
33)	Tomato	番茄	0.3
34)	Watermelon	西瓜	1.0
35)	Welsh onion	威尔士洋葱	0.7

281. Maneb　代森锰（ADI：0.03 mg/kg bw）

282. MCPA　2甲4氯（ADI：0.001 9 mg/kg bw）

序号	农产品英文名	农产品中文名	最大残留限量（mg/kg）
1)	Apple	苹果	0.05
2)	Beet（root）	甜菜（根）	0.05T
3)	Blueberry	蓝莓	0.05T
4)	Cabbage	甘蓝	0.05T
5)	Carrot	胡萝卜	0.05T
6)	Chwinamul	野生紫菀	0.05T
7)	Deodeok	羊乳（桔梗科党参属的植物）	0.05T
8)	Garlic	大蒜	0.05T
9)	Grape	葡萄	0.05
10)	Grapefruit	葡萄柚	0.05T
11)	Jujube	枣	0.05T
12)	Kiwifruit	猕猴桃	0.05T
13)	Kohlrabi	球茎甘蓝	0.05T
14)	Lemon	柠檬	0.05T
15)	Mandarin	中国柑橘	0.05
16)	Millet	粟	0.05T
17)	Mung bean	绿豆	0.05T
18)	Oak mushroom	香菇	0.05T
19)	Onion	洋葱	0.05T
20)	Orange	橙	0.05T
21)	Peach	桃	0.05
22)	Peanut	花生	0.05T

（续）

序号	农产品英文名	农产品中文名	最大残留限量（mg/kg）
23）	Pear	梨	0.05
24）	Perilla leaves	紫苏叶	0.05T
25）	Potato	马铃薯	0.05T
26）	Proso millet	黍	0.05T
27）	Radish（root）	萝卜（根）	0.05T
28）	Rice	稻米	0.05
29）	Sesame seed	芝麻籽	0.05T
30）	Soybean	大豆	0.05T
31）	Squash	西葫芦	0.05T
32）	Welsh onion	威尔士洋葱	0.05T
33）	Wheat	小麦	0.2†

283. MCPB 2甲4氯丁酸（ADI：0.015 mg/kg bw）

序号	农产品英文名	农产品中文名	最大残留限量（mg/kg）
1）	Pea	豌豆	0.1T
2）	Rice	稻米	0.05

284. Mecarbam 灭蚜磷（ADI：0.002 mg/kg bw）

序号	农产品英文名	农产品中文名	最大残留限量（mg/kg）
1）	Citrus fruits	柑橘类水果	0.05T

285. Mecoprop-P 精2甲4氯丙酸（ADI：0.01 mg/kg bw）

序号	农产品英文名	农产品中文名	最大残留限量（mg/kg）
1）	Apple	苹果	0.05
2）	Chwinamul	野生紫菀	0.05T
3）	Mandarin	中国柑橘	0.05
4）	Pear	梨	0.05
5）	Plum	李子	0.05T
6）	Rice	稻米	0.01T

286. Mefenacet 苯噻酰草胺（ADI：0.007 mg/kg bw）

序号	农产品英文名	农产品中文名	最大残留限量（mg/kg）
1）	Rice	稻米	0.01
2）	Water dropwort	水芹	0.1T

287. Mepanipyrim 嘧菌胺（ADI：0.02 mg/kg bw）

序号	农产品英文名	农产品中文名	最大残留限量（mg/kg）
1）	Apple	苹果	0.5
2）	Chamnamul	大叶芹菜	1.0
3）	Chili pepper	辣椒	0.5
4）	Cucumber	黄瓜	1.0
5）	Eggplant	茄子	3.0
6）	Grape	葡萄	5.0
7）	Korean melon	韩国瓜类	0.3
8）	Lettuce（head）	莴苣（顶端）	3.0
9）	Pear	梨	0.5
10）	Strawberry	草莓	3.0
11）	Tea	茶	0.3T
12）	Tomato	番茄	5.0

（续）

序号	农产品英文名	农产品中文名	最大残留限量 （mg/kg）
288. Mepiquat chloride　甲哌鎓（ADI：0.2 mg/kg bw）			
1）	Edible fungi	食用菌	0.5T
2）	Grape	葡萄	0.5
289. Mepronil　灭锈胺（ADI：0.05 mg/kg bw）			
1）	Potato	马铃薯	0.05
290. Meptyldinocap　消螨多（ADI：0.02 mg/kg bw）			
1）	Apple	苹果	0.1T
2）	Apricot	杏	0.1T
3）	Cucumber	黄瓜	0.7
4）	Grape	葡萄	0.1T
5）	Korean melon	韩国瓜类	1.0
6）	Melon	瓜类	0.1T
7）	Peach	桃	0.1T
8）	Pear	梨	0.1T
9）	Persimmon	柿子	0.3
10）	Squash	西葫芦	0.1T
11）	Strawberry	草莓	1.0
12）	Watermelon	西瓜	0.1T
291. Mesotrione　硝磺草酮（ADI：0.003 mg/kg bw）			
1）	Maize	玉米	0.2
2）	Rice	稻米	0.2
292. Metaflumizone　氰氟虫腙（ADI：0.1 mg/kg bw）			
1）	Apple	苹果	1.0
2）	Apricot	杏	1.5
3）	Aronia	野樱莓	2.0T
4）	Beet（root）	甜菜（根）	0.05T
5）	Blueberry	蓝莓	2.0T
6）	Broccoli	西兰花	0.3
7）	Burdock	牛蒡	0.09
8）	Butterbur	菊科蜂斗菜属植物	10
9）	Cabbage	甘蓝	0.3
10）	Carrot	胡萝卜	0.2
11）	Celery	芹菜	15
12）	Chamnamul	大叶芹菜	9.0
13）	Chard	食用甜菜	9.0
14）	Cherry	樱桃	1.5
15）	Cherry, Nanking	南京樱桃	1.5
16）	Chicory（root）	菊苣（根）	0.05T

（续）

序号	农产品英文名	农产品中文名	最大残留限量 （mg/kg）
17）	Chili pepper	辣椒	1.0
18）	Chinese chives	韭菜	15
19）	Chwinamul	野生紫菀	10
20）	Coffee bean	咖啡豆	0.05T
21）	Cowpea	豇豆	0.05T
22）	Crown daisy	茼蒿	10
23）	Cucumber	黄瓜	0.5
24）	Dried ginseng	干参	0.3
25）	Eggplant	茄子	0.2
26）	Fresh ginseng	鲜参	0.3
27）	Ginger	姜	0.05T
28）	Grape	葡萄	2.0T
29）	Grapefruit	葡萄柚	1.0T
30）	Green soybean	青豆	0.7
31）	Japanese apricot	青梅	1.0
32）	Jujube	枣	2.0
33）	Jujube（dried）	枣（干）	5.0
34）	Kale	羽衣甘蓝	9.0
35）	Kidney bean	四季豆	0.05T
36）	Kiwifruit	猕猴桃	0.1T
37）	Kohlrabi	球茎甘蓝	0.09
38）	Korean black raspberry	朝鲜黑树莓	2.0
39）	Korean cabbage，head	韩国甘蓝	0.7
40）	Korean melon	韩国瓜类	0.3
41）	Leafy vegetables	叶类蔬菜	3.0
42）	Lemon	柠檬	1.0
43）	Lettuce（head）	莴苣（顶端）	10
44）	Lettuce（leaf）	莴苣（叶）	10
45）	Loquat	枇杷	2.0
46）	Maize	玉米	0.05
47）	Mandarin	中国柑橘	1.0
48）	Mango	芒果	0.5T
49）	Melon	瓜类	0.2
50）	Mulberry	桑葚	2.0T
51）	Mung bean	绿豆	0.05T
52）	Mustard leaf	芥菜叶	10
53）	Orange	橙	1.0T
54）	Passion fruit	百香果	0.1T
55）	Pea	豌豆	0.05T

（续）

序号	农产品英文名	农产品中文名	最大残留限量（mg/kg）
56)	Peach	桃	0.5
57)	Pear	梨	0.5
58)	Perilla leaves	紫苏叶	5.0
59)	Persimmon	柿子	0.7
60)	Plum	李子	0.1
61)	Pomegranate	石榴	0.5T
62)	Potato	马铃薯	0.02T
63)	Quince	榅桲	0.5T
64)	Radish（leaf）	萝卜（叶）	5.0
65)	Radish（root）	萝卜（根）	0.05
66)	Rape seed	油菜籽	0.05T
67)	Red bean	红豆	0.05T
68)	Rice	稻米	0.1
69)	Schisandraberry	五味子	1.5
70)	Shepherd's purse	荠菜	10
71)	Soybean	大豆	0.05
72)	Spinach	菠菜	10
73)	Squash	西葫芦	0.15
74)	Squash leaves	南瓜叶	15
75)	Ssam cabbage	紫甘蓝	2.0
76)	Stalk and stem vegetables	茎秆类蔬菜	2.0
77)	Strawberry	草莓	2.0
78)	Sweet pepper	甜椒	1.0
79)	Taro	芋头	0.05T
80)	Tomato	番茄	0.7
81)	Turnip root	芜菁根	0.09
82)	Walnut	胡桃	0.05T
83)	Wasabi leaves	芥末叶	15
84)	Wasabi（root）	芥末（根）	0.09
85)	Water dropwort	水芹	15
86)	Watermelon	西瓜	0.5
87)	Welsh onion	威尔士洋葱	15
88)	Yuja	香橙	1.0

293. Metalaxyl 甲霜灵（ADI：0.08 mg/kg bw）

序号	农产品英文名	农产品中文名	最大残留限量（mg/kg）
1)	Almond	扁桃仁	0.3†
2)	Apple	苹果	0.05T
3)	Asparagus	芦笋	0.05T
4)	Avocado	鳄梨	0.2T
5)	Barley	大麦	0.05T

（续）

序号	农产品英文名	农产品中文名	最大残留限量（mg/kg）
6）	Beet（root）	甜菜（根）	0.05T
7）	Blueberry	蓝莓	0.2T
8）	Broccoli	西兰花	0.5T
9）	Buckwheat	荞麦	0.05T
10）	Cabbage	甘蓝	0.5T
11）	Cacao bean	可可豆	0.2T
12）	Carrot	胡萝卜	0.05T
13）	Chard	食用甜菜	20
14）	Cherry	樱桃	0.05T
15）	Chili pepper	辣椒	1.0
16）	Chili pepper（dried）	辣椒（干）	5.0
17）	Chinese bellflower	中国风铃草	0.05T
18）	Cotton seed	棉籽	0.05T
19）	Cranberry	蔓越橘	0.2T
20）	Cucumber	黄瓜	1.0
21）	Deodeok	羊乳（桔梗科党参属的植物）	0.05T
22）	Dried ginseng	干参	0.5
23）	Fig	无花果	0.2T
24）	Fresh ginseng	鲜参	0.5
25）	Garlic	大蒜	0.05
26）	Ginger	姜	0.5
27）	Ginger（dried）	姜（干）	2.0
28）	Ginseng extract	人参提取物	2.0
29）	Grape	葡萄	1.0
30）	Grapefruit	葡萄柚	0.05T
31）	Green garlic	青蒜	0.05
32）	Herbs（fresh）	香草（鲜）	0.05T
33）	Hop	蛇麻草	10.0
34）	Korean black raspberry	朝鲜黑树莓	0.2T
35）	Korean cabbage，head	韩国甘蓝	0.2
36）	Korean cabbage，head（dried）	韩国甘蓝（干）	5.0
37）	Korean melon	韩国瓜类	1.0
38）	Leafy vegetables	叶类蔬菜	5.0
39）	Lemon	柠檬	0.05T
40）	Lettuce（head）	莴苣（顶端）	2.0T
41）	Lettuce（leaf）	莴苣（叶）	2.0T
42）	Maize	玉米	0.05T
43）	Melon	瓜类	0.2T
44）	Millet	粟	0.05T

（续）

序号	农产品英文名	农产品中文名	最大残留限量 （mg/kg）
45)	Mustard leaf	芥菜叶	1.0
46)	Oat	燕麦	0.05T
47)	Onion	洋葱	0.05
48)	Orange	橙	0.05T
49)	Pak choi	小白菜	2.0
50)	Pea	豌豆	0.05T
51)	Peanut	花生	0.1T
52)	Potato	马铃薯	0.05
53)	Quinoa	藜麦	0.05
54)	Radish（root）	萝卜（根）	0.05T
55)	Red ginseng	红参	0.5
56)	Red ginseng extract	红参提取物	2.0
57)	Rice	稻米	0.05
58)	Rye	黑麦	0.05T
59)	Sesame seed	芝麻籽	0.1
60)	Sorghum	高粱	0.05T
61)	Soybean	大豆	0.05T
62)	Spices（fruits and berries）	香辛料（水果和浆果类）	0.05T
63)	Spices seeds	种子类香辛料	5.0†
64)	Spinach	菠菜	5.0
65)	Squash	西葫芦	0.2T
66)	Ssam cabbage	紫甘蓝	0.5
67)	Stalk and stem vegetables	茎秆类蔬菜	0.2
68)	Strawberry	草莓	0.2T
69)	Sunflower seed	葵花籽	0.05T
70)	Sweet pepper	甜椒	1.0
71)	Sweet potato	甘薯	0.05T
72)	Tomato	番茄	0.5
73)	Watermelon	西瓜	0.2
74)	Welsh onion	威尔士洋葱	0.5
75)	Wheat	小麦	0.05T
76)	Yam	山药	0.05T

294. Metaldehyde 四聚乙醛（ADI：0.02 mg/kg bw）

序号	农产品英文名	农产品中文名	最大残留限量
1)	Asparagus	芦笋	0.05T
2)	Beet（leaf）	甜菜（叶）	1.0T
3)	Beet（root）	甜菜（根）	0.05T
4)	Blueberry	蓝莓	0.05T
5)	Cabbage	甘蓝	1.0T
6)	Celery	芹菜	0.05T

序号	农产品英文名	农产品中文名	最大残留限量（mg/kg）
7)	Deodeok	羊乳（桔梗科党参属的植物）	0.05T
8)	Dried ginseng	干参	0.05
9)	Fresh ginseng	鲜参	0.05
10)	Ginger	姜	0.05T
11)	Grapefruit	葡萄柚	0.05T
12)	Hop	蛇麻草	0.05T
13)	Kohlrabi	球茎甘蓝	0.05T
14)	Korean cabbage，head	韩国甘蓝	1.0
15)	Lemon	柠檬	0.05T
16)	Lettuce（head）	莴苣（顶端）	1.0T
17)	Maize	玉米	0.05T
18)	Mandarin	中国柑橘	0.05
19)	Orange	橙	0.05T
20)	Peanut	花生	0.05T
21)	Soybean	大豆	0.05T
22)	Ssam cabbage	紫甘蓝	1.0
23)	Wheat	小麦	0.05T

295. Metamifop 噁唑酰草胺（ADI：0.017 mg/kg bw）

序号	农产品英文名	农产品中文名	最大残留限量（mg/kg）
1)	Rice	稻米	0.05

296. Metazosulfuron 嗪吡嘧磺隆（ADI：0.023 mg/kg bw）

序号	农产品英文名	农产品中文名	最大残留限量（mg/kg）
1)	Rice	稻米	0.05

297. Metconazole 叶菌唑（ADI：0.04 mg/kg bw）

序号	农产品英文名	农产品中文名	最大残留限量（mg/kg）
1)	Alpine leek leaves	高山韭菜叶	20
2)	Apple	苹果	1.0
3)	Arguta kiwifruit	阿古塔猕猴桃	0.4T
4)	Aronia	野樱莓	0.4T
5)	Beet（root）	甜菜（根）	0.05T
6)	Blueberry	蓝莓	0.4†
7)	Cacao bean	可可豆	0.25T
8)	Carrot	胡萝卜	0.05
9)	Cherry	樱桃	0.5
10)	Chicory	菊苣	20
11)	Chili pepper	辣椒	1.0
12)	Coastal hog fennel	小茴香	20
13)	Cotton seed	棉籽	0.25†
14)	Fig	无花果	0.4T
15)	Fresh ginseng	鲜参	1.0
16)	Garlic	大蒜	0.1
17)	Grape	葡萄	2.0

（续）

序号	农产品英文名	农产品中文名	最大残留限量（mg/kg）
18)	Green garlic	青蒜	0.2
19)	Japanese apricot	青梅	0.5
20)	Jujube	枣	1.0
21)	Jujube（dried）	枣（干）	10
22)	Kale	羽衣甘蓝	20
23)	Kiwifruit	猕猴桃	0.7T
24)	Leafy vegetables	叶类蔬菜	3.0
25)	Lemon	柠檬	1.0T
26)	Maize	玉米	0.02†
27)	Mandarin	中国柑橘	1.0
28)	Mango	芒果	0.7
29)	Mulberry	桑葚	0.4T
30)	Mung bean	绿豆	0.05T
31)	Onion	洋葱	0.05
32)	Peach	桃	0.3
33)	Peanut	花生	0.25T
34)	Pear	梨	0.5
35)	Persimmon	柿子	0.5
36)	Polygonatum root	黄精根	0.05T
37)	Pomegranate	石榴	0.3T
38)	Potato	马铃薯	0.02†
39)	Quince	榅桲	0.3
40)	Radish（leaf）	萝卜（叶）	20
41)	Radish（root）	萝卜（根）	0.05
42)	Red bean	红豆	0.05T
43)	Rice	稻米	0.05
44)	Schisandraberry	五味子	0.3T
45)	Soybean	大豆	0.02T
46)	Stalk and stem vegetables	茎秆类蔬菜	1.0
47)	Strawberry	草莓	1.0
48)	Sweet pepper	甜椒	1.0
49)	Sweet potato	甘薯	0.02T
50)	Tomato	番茄	0.5
51)	Welsh onion	威尔士洋葱	1.0
52)	Wheat	小麦	0.3T
53)	Wild chive	野生细香葱	0.1
54)	Yuja	香橙	1.0T

298. Methabenzthiazuron 甲基苯噻隆

1)	Garlic	大蒜	0.1

（续）

序号	农产品英文名	农产品中文名	最大残留限量 （mg/kg）
2)	Green garlic	青蒜	0.05

299. Methamidophos 甲胺磷（ADI：0.004 mg/kg bw）

序号	农产品英文名	农产品中文名	最大残留限量（mg/kg）
1)	Apple	苹果	0.1
2)	Cabbage	甘蓝	1.0T
3)	Carrot	胡萝卜	0.05T
4)	Celery	芹菜	1.0T
5)	Chili pepper	辣椒	1.0
6)	Citrus fruits	柑橘类水果	0.5T
7)	Coffee bean	咖啡豆	0.1T
8)	Cotton seed	棉籽	0.1T
9)	Cucumber	黄瓜	0.2
10)	Eggplant	茄子	1.0T
11)	Fruits	水果类	0.1T
12)	Grape	葡萄	0.2
13)	Grapefruit	葡萄柚	0.5T
14)	Green soybean	青豆	0.2
15)	Hop	蛇麻草	5.0T
16)	Korean cabbage，head	韩国甘蓝	0.7
17)	Lemon	柠檬	0.5T
18)	Lettuce（head）	莴苣（顶端）	1.0T
19)	Lettuce（leaf）	莴苣（叶）	1.0T
20)	Maize	玉米	0.05T
21)	Mandarin	中国柑橘	0.2
22)	Melon	瓜类	0.5T
23)	Orange	橙	0.5T
24)	Other spices	其他香辛料	0.1T
25)	Peach	桃	0.2
26)	Pear	梨	0.1
27)	Persimmon	柿子	0.5
28)	Potato	马铃薯	0.05
29)	Rice	稻米	0.2
30)	Seeds	种子类	0.1T
31)	Soybean	大豆	0.05
32)	Spices（fruits and berries）	香辛料（水果和浆果类）	0.1T
33)	Spices roots	根类香辛料	0.1T
34)	Spices seeds	种子类香辛料	0.1T
35)	Ssam cabbage	紫甘蓝	2.0
36)	Sweet pepper	甜椒	1.0
37)	Tea	茶	0.05T

（续）

序号	农产品英文名	农产品中文名	最大残留限量 (mg/kg)
38)	Tomato	番茄	0.2

300. Methidathion 杀扑磷（ADI：0.001 mg/kg bw）

序号	农产品英文名	农产品中文名	最大残留限量 (mg/kg)
1)	All crop	所有农作物	0.01

301. Methiocarb 甲硫威（ADI：0.02 mg/kg bw）

序号	农产品英文名	农产品中文名	最大残留限量 (mg/kg)
1)	Barley	大麦	0.05T
2)	Blueberry	蓝莓	0.05T
3)	Buckwheat	荞麦	0.05T
4)	Cabbage	甘蓝	0.2T
5)	Cereal grains	谷物	0.05T
6)	Cherry	樱桃	5.0T
7)	Citrus fruits	柑橘类水果	0.05T
8)	Crown daisy	茼蒿	0.2T
9)	Cucumber	黄瓜	0.3
10)	Grapefruit	葡萄柚	0.05T
11)	Green soybean	青豆	0.05
12)	Leek	韭葱	0.5T
13)	Lemon	柠檬	0.05T
14)	Lettuce（head）	莴苣（顶端）	0.2T
15)	Lettuce（leaf）	莴苣（叶）	0.2T
16)	Maize	玉米	0.05
17)	Mandarin	中国柑橘	0.5
18)	Oat	燕麦	0.05T
19)	Orange	橙	0.05T
20)	Peach	桃	5.0T
21)	Potato	马铃薯	0.05T
22)	Radish（root）	萝卜（根）	0.05T
23)	Rice	稻米	0.05T
24)	Rye	黑麦	0.05T
25)	Sorghum	高粱	0.05T
26)	Soybean	大豆	0.05
27)	Spices（fruits and berries）	香辛料（水果和浆果类）	0.07T
28)	Spices roots	根类香辛料	0.1T
29)	Wheat	小麦	0.05T

302. Methomyl 灭多威（ADI：0.02 mg/kg bw）

残留物：灭多威（Methomyl）和硫双威（Thiodicarb）之和，表示为灭多威

序号	农产品英文名	农产品中文名	最大残留限量 (mg/kg)
1)	Apple	苹果	2.0
2)	Apricot	杏	0.05T
3)	Asparagus	芦笋	0.5T
4)	Avocado	鳄梨	1.0T

（续）

序号	农产品英文名	农产品中文名	最大残留限量 （mg/kg）
5)	Barley	大麦	0.5T
6)	Beans	豆类	0.1T
7)	Blueberry	蓝莓	1.0T
8)	Buckwheat	荞麦	0.5T
9)	Cabbage	甘蓝	0.5T
10)	Carrot	胡萝卜	0.2T
11)	Celery	芹菜	0.5T
12)	Cherry	樱桃	0.05T
13)	Chili pepper	辣椒	5.0
14)	Chili pepper（dried）	辣椒（干）	5.0
15)	Citrus fruits	柑橘类水果	1.0T
16)	Cotton seed	棉籽	0.4T
17)	Crown daisy	茼蒿	0.5T
18)	Cucumber	黄瓜	0.2T
19)	Edible fungi	食用菌	0.5T
20)	Eggplant	茄子	0.2T
21)	Ginger	姜	0.2T
22)	Grape	葡萄	1.0
23)	Grapefruit	葡萄柚	1.0T
24)	Green soybean	青豆	0.07
25)	Herbs（fresh）	香草（鲜）	0.05T
26)	Hop	蛇麻草	2.0T
27)	Jujube	枣	0.05
28)	Jujube（dried）	枣（干）	0.05
29)	Kale	羽衣甘蓝	5.0T
30)	Kiwifruit	猕猴桃	1.0
31)	Korean cabbage，head	韩国甘蓝	1.0
32)	Korean melon	韩国瓜类	0.2T
33)	Lemon	柠檬	1.0T
34)	Lettuce（head）	莴苣（顶端）	5.0T
35)	Maize	玉米	0.05T
36)	Mandarin	中国柑橘	0.7
37)	Melon	瓜类	0.2T
38)	Oat	燕麦	0.5T
39)	Onion	洋葱	0.2T
40)	Onion（dried）	洋葱（干）	0.2T
41)	Orange	橙	1.0T
42)	Pea	豌豆	5.0T
43)	Peach	桃	5.0

（续）

序号	农产品英文名	农产品中文名	最大残留限量 （mg/kg）
44)	Peanut	花生	0.1T
45)	Pear	梨	2.0
46)	Pecan	美洲山核桃	0.1T
47)	Persimmon	柿子	3.0
48)	Pineapple	菠萝	0.2T
49)	Plum	李子	0.05T
50)	Potato	马铃薯	0.02†
51)	Radish（root）	萝卜（根）	0.2T
52)	Rice	稻米	0.1T
53)	Rye	黑麦	0.5T
54)	Safflower seed	红花籽	0.4T
55)	Sorghum	高粱	0.2T
56)	Soybean	大豆	0.2T
57)	Spices（fruits and berries）	香辛料（水果和浆果类）	0.07T
58)	Spinach	菠菜	0.5T
59)	Squash	西葫芦	0.2T
60)	Ssam cabbage	紫甘蓝	3.0
61)	Sweet pepper	甜椒	5.0
62)	Sweet potato	甘薯	0.2T
63)	Tea	茶	0.05T
64)	Tomato	番茄	0.2T
65)	Watermelon	西瓜	1.0
66)	Welsh onion	威尔士洋葱	2.0
67)	Welsh onion（dried）	威尔士洋葱（干）	0.4
68)	Wheat	小麦	1.5†
69)	Wild grape	野生葡萄	2.0
70)	Yam	山药	0.05T

303. Methoprene　烯虫酯（ADI：0.09 mg/kg bw）

残留物：烯虫酯的顺式和反式异构体之和

序号	农产品英文名	农产品中文名	最大残留限量（mg/kg）
1)	Barley	大麦	5.0T
2)	Buckwheat	荞麦	5.0T
3)	Edible fungi	食用菌	0.2T
4)	Maize	玉米	5.0T
5)	Millet	粟	5.0T
6)	Oat	燕麦	5.0T
7)	Peanut	花生	2.0T
8)	Rice	稻米	5.0T
9)	Rye	黑麦	5.0T
10)	Sorghum	高粱	5.0T

（续）

序号	农产品英文名	农产品中文名	最大残留限量（mg/kg）
11）	Wheat	小麦	10†

304. Methoxychlor 甲氧滴滴涕（ADI：0.1 mg/kg bw）

序号	农产品英文名	农产品中文名	最大残留限量（mg/kg）
1）	Apple	苹果	14.0T
2）	Apricot	杏	14.0T
3）	Asparagus	芦笋	14.0T
4）	Barley	大麦	2.0T
5）	Beans	豆类	14.0T
6）	Cabbage	甘蓝	14.0T
7）	Carrot	胡萝卜	14.0T
8）	Cherry	樱桃	14.0T
9）	Chili pepper	辣椒	14.0T
10）	Cucumber	黄瓜	14.0T
11）	Edible fungi	食用菌	14.0T
12）	Eggplant	茄子	14.0T
13）	Grape	葡萄	14.0T
14）	Kale	羽衣甘蓝	14.0T
15）	Lettuce （head）	莴苣（顶端）	14.0T
16）	Maize	玉米	2.0T
17）	Melon	瓜类	14.0T
18）	Oat	燕麦	2.0T
19）	Peach	桃	14.0T
20）	Peanut	花生	14.0T
21）	Pear	梨	14.0T
22）	Pineapple	菠萝	14.0T
23）	Plum	李子	14.0T
24）	Potato	马铃薯	1.0T
25）	Quince	榅桲	14.0T
26）	Radish （leaf）	萝卜（叶）	14.0T
27）	Radish （root）	萝卜（根）	14.0T
28）	Raisin	葡萄干	14.0T
29）	Rice	稻米	2.0T
30）	Rye	黑麦	2.0T
31）	Sorghum	高粱	2.0T
32）	Spinach	菠菜	14.0T
33）	Squash	西葫芦	14.0T
34）	Strawberry	草莓	14.0T
35）	Sweet pepper	甜椒	14.0T
36）	Sweet potato	甘薯	7.0T
37）	Tomato	番茄	14.0T

（续）

序号	农产品英文名	农产品中文名	最大残留限量（mg/kg）
38）	Wheat	小麦	2.0T

305. Methoxyfenozide 甲氧虫酰肼（ADI：0.1 mg/kg bw）

序号	农产品英文名	农产品中文名	最大残留限量（mg/kg）
1）	Amaranth leaves	苋菜叶	15
2）	Aronia	野樱莓	0.5T
3）	Avocado	鳄梨	0.7†
4）	Banana	香蕉	0.7T
5）	Beet（root）	甜菜（根）	0.05T
6）	Blueberry	蓝莓	3.0†
7）	Broccoli	西兰花	7.0
8）	Cabbage	甘蓝	0.05
9）	Carrot	胡萝卜	0.05
10）	Chestnut	栗子	0.1
11）	Chicory（root）	菊苣（根）	0.05T
12）	Chili pepper	辣椒	1.0
13）	Chili pepper（dried）	辣椒（干）	5.0
14）	Chinese chives	韭菜	2.0
15）	Chinese mallow	中国锦葵	15
16）	Chwinamul	野生紫菀	20
17）	Citrus fruits	柑橘类水果	3.0†
18）	Cowpea	豇豆	5.0T
19）	Cranberry	蔓越橘	0.5†
20）	Crown daisy	茼蒿	10
21）	Cucumber	黄瓜	0.3
22）	Eggplant	茄子	0.3
23）	Fig	无花果	0.5T
24）	Fresh ginseng	鲜参	0.2
25）	Ginger	姜	0.05T
26）	Grape	葡萄	2.0
27）	Green soybean	青豆	0.5
28）	Jujube（dried）	枣（干）	2.0
29）	Kale	羽衣甘蓝	15
30）	Kidney bean	四季豆	0.2†
31）	Kiwifruit	猕猴桃	0.7T
32）	Korean black raspberry	朝鲜黑树莓	1.0
33）	Korean black raspberry（dried）	朝鲜黑树莓（干）	6.0
34）	Korean cabbage，head	韩国甘蓝	2.0
35）	Korean cabbage，head（dried）	韩国甘蓝（干）	8.0
36）	Korean melon	韩国瓜类	0.3
37）	Leafy vegetables	叶类蔬菜	20

（续）

序号	农产品英文名	农产品中文名	最大残留限量（mg/kg）
38)	Lemon	柠檬	3.0
39)	Lettuce（head）	莴苣（顶端）	15
40)	Lettuce（leaf）	莴苣（叶）	15
41)	Maize	玉米	0.03†
42)	Mandarin	中国柑橘	1.0
43)	Mango	芒果	0.7T
44)	Melon	瓜类	0.5
45)	Mulberry	桑葚	0.5T
46)	Mung bean	绿豆	0.05T
47)	Nuts	坚果	0.09†
48)	Parsley	欧芹	30
49)	Pea	豌豆	5.0T
50)	Perilla leaves	紫苏叶	30
51)	Pome fruits	仁果类水果	2.0
52)	Radish（leaf）	萝卜（叶）	15
53)	Radish（root）	萝卜（根）	0.05
54)	Rape leaves	油菜叶	0.05
55)	Rape seed	油菜籽	1.0
56)	Red bean	红豆	0.05
57)	Rice	稻米	1.0
58)	Root and tuber vegetables	块根和块茎类蔬菜	0.05T
59)	Schisandraberry（dried）	五味子（干）	1.0
60)	Sesame seed	芝麻籽	0.05
61)	Soybean	大豆	0.5†
62)	Spinach	菠菜	20
63)	Squash	西葫芦	0.3
64)	Ssam cabbage（dried）	紫甘蓝（干）	20
65)	Stalk and stem vegetables	茎秆类蔬菜	2.0
66)	Stone fruits	核果类水果	2.0
67)	Strawberry	草莓	0.7
68)	Sweet pepper	甜椒	1.0
69)	Sweet potato	甘薯	0.2
70)	Taro	芋头	0.2T
71)	Tea	茶	0.05T
72)	Tomato	番茄	2.0
73)	Turnip root	芜菁根	0.05
74)	Water dropwort	水芹	2.0
75)	Watermelon	西瓜	0.5
76)	Welsh onion	威尔士洋葱	2.0

（续）

序号	农产品英文名	农产品中文名	最大残留限量 （mg/kg）
77）	Welsh onion（dried）	威尔士洋葱（干）	10.0
78）	Wild grape	野生葡萄	1.0
79）	Yacon	菊薯	0.05T
80）	Yuja	香橙	3.0

306. Methyl bromide 溴甲烷（ADI：0.001 3 mg/kg bw）

残留物：溴甲烷［作为溴离子（bromide ion）］

序号	农产品英文名	农产品中文名	最大残留限量
1）	Beans	豆类	50
2）	Blueberry	蓝莓	20T
3）	Cacao bean	可可豆	50T
4）	Cereal grains	谷物	50
5）	Cherry	樱桃	20T
6）	Citrus fruits	柑橘类水果	30
7）	Dried fruits	干果类	30
8）	Dried vegetables	干菜类	30
9）	Grape	葡萄	20T
10）	Herbs（fresh）	香草（鲜）	20T
11）	Nuts	坚果	50
12）	Other spices	其他香辛料	400T
13）	Pome fruits	仁果类水果	20
14）	Potatoes	薯类	30
15）	Spices（fruits and berries）	香辛料（水果和浆果类）	400T
16）	Spices roots	根类香辛料	400T
17）	Spices seeds	种子类香辛料	400T
18）	Tropical fruits	热带水果	20
19）	Vegetables	蔬菜类	30

307. Metiram 代森联

308. Metobromuron 溴谷隆（ADI：0.008 mg/kg bw）

序号	农产品英文名	农产品中文名	最大残留限量
1）	Beans	豆类	0.2T
2）	Potato	马铃薯	0.2T

309. Metolachlor 异丙甲草胺（ADI：0.097 mg/kg bw）

序号	农产品英文名	农产品中文名	最大残留限量
1）	Apricot	杏	0.1T
2）	Barley	大麦	0.1T
3）	Beans	豆类	0.3
4）	Blueberry	蓝莓	0.1T
5）	Bracken	欧洲蕨	0.1T
6）	Buckwheat	荞麦	0.1T
7）	Cabbage	甘蓝	1.0T
8）	Carrot	胡萝卜	0.05T
9）	Celery	芹菜	0.1T

（续）

序号	农产品英文名	农产品中文名	最大残留限量（mg/kg）
10)	Cherry	樱桃	0.1T
11)	Chili pepper	辣椒	0.05
12)	Chili pepper leaves	辣椒叶	0.05
13)	Chinese chives	韭菜	0.1T
14)	Chinese mallow	中国锦葵	0.05T
15)	Cotton seed	棉籽	0.1T
16)	Danggwi leaves	当归叶	0.05T
17)	Eggplant	茄子	0.05T
18)	Fresh ginseng	鲜参	0.05T
19)	Garlic	大蒜	0.05
20)	Ginger	姜	0.05T
21)	Green garlic	青蒜	0.05
22)	Green soybean	青豆	0.05
23)	Herbs（fresh）	香草（鲜）	0.05T
24)	Maize	玉米	0.1
25)	Millet	粟	0.1T
26)	Nuts	坚果	0.1T
27)	Oat	燕麦	0.1T
28)	Onion	洋葱	0.05
29)	Peach	桃	0.1T
30)	Peanut	花生	0.05
31)	Perilla leaves	紫苏叶	0.05T
32)	Plum	李子	0.1T
33)	Potato	马铃薯	0.05
34)	Radish（leaf）	萝卜（叶）	0.1
35)	Radish（root）	萝卜（根）	0.1
36)	Rice	稻米	0.1T
37)	Rye	黑麦	0.1T
38)	Sorghum	高粱	0.3T
39)	Soybean	大豆	0.05
40)	Spinach	菠菜	0.05T
41)	Sweet pepper	甜椒	0.05T
42)	Sweet potato	甘薯	0.05T
43)	Water dropwort	水芹	0.05T
44)	Welsh onion	威尔士洋葱	0.1
45)	Wheat	小麦	0.1T

310. Metolcarb 速灭威

1)	Rice	稻米	0.05T

（续）

序号	农产品英文名	农产品中文名	最大残留限量（mg/kg）
311. Metrafenone 苯菌酮（ADI：0.25 mg/kg bw）			
1)	Apple	苹果	0.1
2)	Beet（root）	甜菜（根）	0.1T
3)	Blueberry	蓝莓	5.0T
4)	Chamnamul	大叶芹菜	40
5)	Cherry	樱桃	2.0†
6)	Chili pepper	辣椒	2.0
7)	Cucumber	黄瓜	0.7
8)	Dried ginseng	干参	0.3
9)	Edible fungi	食用菌	0.5T
10)	Eggplant	茄子	0.7
11)	Fresh ginseng	鲜参	0.1
12)	Grape	葡萄	5.0
13)	Hop	蛇麻草	70T
14)	Japanese apricot	青梅	0.3
15)	Korean black raspberry	朝鲜黑树莓	5.0T
16)	Korean melon	韩国瓜类	2.0
17)	Leafy vegetables	叶类蔬菜	15
18)	Lettuce（head）	莴苣（顶端）	40
19)	Lettuce（leaf）	莴苣（叶）	20
20)	Melon	瓜类	2.0
21)	Mulberry	桑葚	5.0T
22)	Peach	桃	0.3
23)	Pear	梨	0.2
24)	Persimmon	柿子	0.05
25)	Red bean	红豆	0.05T
26)	Schisandraberry	五味子	0.3T
27)	Sesame seed	芝麻籽	0.2
28)	Shepherd's purse	荠菜	40
29)	Squash	西葫芦	1.0
30)	Stalk and stem vegetables	茎秆类蔬菜	5.0
31)	Strawberry	草莓	5.0
32)	Sweet pepper	甜椒	2.0
33)	Tomato	番茄	2.0
34)	Watermelon	西瓜	0.5
35)	Wheat	小麦	0.06T
312. Metribuzin 嗪草酮（ADI：0.013 mg/kg bw）			
1)	Asparagus	芦笋	0.5T
2)	Barley	大麦	0.75T

（续）

序号	农产品英文名	农产品中文名	最大残留限量（mg/kg）
3）	Beans	豆类	0.05
4）	Buckwheat	荞麦	0.05T
5）	Cabbage	甘蓝	0.5T
6）	Carrot	胡萝卜	0.5T
7）	Celery	芹菜	0.5T
8）	Chinese chives	韭菜	0.5T
9）	Crown daisy	茼蒿	0.5T
10）	Cucumber	黄瓜	0.5T
11）	Edible fungi	食用菌	0.5T
12）	Eggplant	茄子	0.5T
13）	Garlic	大蒜	0.5T
14）	Ginger	姜	0.5T
15）	Kale	羽衣甘蓝	0.5T
16）	Korean cabbage，head	韩国甘蓝	0.5T
17）	Lettuce （head）	莴苣（顶端）	0.5T
18）	Lettuce （leaf）	莴苣（叶）	0.5T
19）	Maize	玉米	0.05T
20）	Millet	粟	0.05T
21）	Oak mushroom	香菇	0.5T
22）	Oat	燕麦	0.05T
23）	Onion	洋葱	0.5T
24）	Pea	豌豆	0.05T
25）	Potato	马铃薯	0.05
26）	Radish （leaf）	萝卜（叶）	0.5T
27）	Radish （root）	萝卜（根）	0.5T
28）	Rice	稻米	0.05T
29）	Rye	黑麦	0.05T
30）	Sorghum	高粱	0.05T
31）	Soybean	大豆	0.1
32）	Spinach	菠菜	0.5T
33）	Squash	西葫芦	0.5T
34）	Sweet pepper	甜椒	0.5T
35）	Sweet potato	甘薯	0.5T
36）	Taro	芋头	0.5T
37）	Tomato	番茄	0.05
38）	Vegetables	蔬菜类	0.5T
39）	Welsh onion	威尔士洋葱	0.5T
40）	Wheat	小麦	0.75T

（续）

序号	农产品英文名	农产品中文名	最大残留限量 （mg/kg）
313. Metsulfuron-methyl　甲磺隆			
1)	Wheat	小麦	0.1T
314. Mevinphos　速灭磷（ADI：0.000 25 mg/kg bw）			
1)	Apple	苹果	0.5T
2)	Apricot	杏	0.2T
3)	Beans	豆类	0.1T
4)	Cabbage	甘蓝	1.0T
5)	Carrot	胡萝卜	0.1T
6)	Cherry	樱桃	1.0T
7)	Citrus fruits	柑橘类水果	0.2T
8)	Cucumber	黄瓜	0.2T
9)	Grape	葡萄	0.5T
10)	Grapefruit	葡萄柚	0.2T
11)	Kale	羽衣甘蓝	1.0T
12)	Lemon	柠檬	0.2T
13)	Lettuce（head）	莴苣（顶端）	0.5T
14)	Melon	瓜类	0.05T
15)	Onion	洋葱	0.1T
16)	Orange	橙	0.2T
17)	Pea	豌豆	0.1T
18)	Peach	桃	0.5T
19)	Pear	梨	0.2T
20)	Potato	马铃薯	0.1T
21)	Radish（root）	萝卜（根）	0.1T
22)	Spinach	菠菜	0.5T
23)	Strawberry	草莓	1.0T
24)	Tomato	番茄	0.2T
315. Milbemectin　弥拜菌素（ADI：0.03 mg/kg bw） **弥拜菌素 A3（Milbemectin A3）和弥拜菌素 A4（Milbemectin A4）之和**			
1)	Apple	苹果	0.1
2)	Aronia	野樱莓	0.05T
3)	Asparagus	芦笋	0.1T
4)	Blueberry	蓝莓	0.05T
5)	Chamnamul	大叶芹菜	5.0T
6)	Chili pepper	辣椒	0.1
7)	Chili pepper leaves	辣椒叶	1.0
8)	Chinese bellflower	中国风铃草	0.2
9)	Chinese chives	韭菜	0.1T
10)	Cucumber	黄瓜	0.05

（续）

序号	农产品英文名	农产品中文名	最大残留限量 （mg/kg）
11)	Dureup	刺老芽	0.1
12)	Eggplant	茄子	0.1
13)	Green tea extract	绿茶提取物	2.0
14)	Hop	蛇麻草	0.2†
15)	Jujube	枣	0.3
16)	Jujube（dried）	枣（干）	0.3
17)	Korean black raspberry	朝鲜黑树莓	0.05
18)	Korean melon	韩国瓜类	0.05
19)	Lemon	柠檬	0.2T
20)	Mandarin	中国柑橘	0.2
21)	Mango	芒果	0.05T
22)	Melon	瓜类	0.05
23)	Mulberry	桑葚	0.05T
24)	Pear	梨	0.1
25)	Perilla leaves	紫苏叶	0.5
26)	Schisandraberry	五味子	0.3T
27)	Spinach	菠菜	0.3
28)	Strawberry	草莓	0.2
29)	Sweet pepper	甜椒	0.1
30)	Tea	茶	0.5
31)	Tomato	番茄	0.1
32)	Watermelon	西瓜	0.05

316. Molinate 禾草敌（ADI：0.002 1 mg/kg bw）

1)	Rice	稻米	0.05

317. Monocrotophos 久效磷（ADI：0.000 6 mg/kg bw）

1)	Apple	苹果	1.0T
2)	Beans	豆类	0.2T
3)	Cabbage	甘蓝	0.2T
4)	Carrot	胡萝卜	0.05T
5)	Citrus fruits	柑橘类水果	0.2T
6)	Coffee bean	咖啡豆	0.1T
7)	Cotton seed	棉籽	0.1T
8)	Grapefruit	葡萄柚	0.2T
9)	Hop	蛇麻草	1.0T
10)	Lemon	柠檬	0.2T
11)	Maize	玉米	0.05T
12)	Onion	洋葱	0.1T
13)	Orange	橙	0.2T
14)	Pea	豌豆	0.1T

（续）

序号	农产品英文名	农产品中文名	最大残留限量 （mg/kg）
15)	Pear	梨	1.0T
16)	Potato	马铃薯	0.05T
17)	Soybean	大豆	0.05T
18)	Tea	茶	0.05T
19)	Tomato	番茄	1.0T
20)	Watermelon	西瓜	0.1T

318. Myclobutanil 腈菌唑（ADI：0.03 mg/kg bw）

序号	农产品英文名	农产品中文名	最大残留限量 （mg/kg）
1)	Apricot	杏	1.5†
2)	Asparagus	芦笋	1.0T
3)	Avocado	鳄梨	1.0T
4)	Banana	香蕉	4.0†
5)	Barley	大麦	0.5
6)	Carrot	胡萝卜	1.0T
7)	Cherry	樱桃	2.0†
8)	Chili pepper	辣椒	1.0
9)	Chili pepper（dried）	辣椒（干）	5.0
10)	Chinese chives	韭菜	1.0T
11)	Chwinamul	野生紫菀	2.0
12)	Crown daisy	茼蒿	1.0T
13)	Cucumber	黄瓜	1.0
14)	Deodeok	羊乳（桔梗科党参属的植物）	0.1
15)	Eggplant	茄子	1.0T
16)	Garlic	大蒜	1.0T
17)	Grape	葡萄	2.0
18)	Herbs（fresh）	香草（鲜）	0.1T
19)	Hop	蛇麻草	5.0†
20)	Indian lettuce	印度莴苣	3.0
21)	Jujube	枣	1.0
22)	Jujube（dried）	枣（干）	2.0
23)	Kiwifruit	猕猴桃	1.0T
24)	Korean cabbage，head	韩国甘蓝	1.0T
25)	Korean melon	韩国瓜类	1.0
26)	Leafy vegetables	叶类蔬菜	2.0
27)	Mango	芒果	1.0T
28)	Melon	瓜类	1.0
29)	Onion	洋葱	1.0T
30)	Onion（dried）	洋葱（干）	1.0T
31)	Papaya	番木瓜	1.0T
32)	Peach	桃	2.0†

（续）

序号	农产品英文名	农产品中文名	最大残留限量 （mg/kg）
33)	Perilla leaves	紫苏叶	20
34)	Pineapple	菠萝	1.0T
35)	Plum	李子	0.5T
36)	Pome fruits	仁果类水果	0.5
37)	Quince	榅桲	0.3
38)	Root and tuber vegetables	块根和块茎类蔬菜	0.03T
39)	Rosemary（fresh）	迷迭香（鲜）	0.3T
40)	Sesame seed	芝麻籽	0.1T
41)	Soybean	大豆	0.1T
42)	Spinach	菠菜	1.0T
43)	Squash	西葫芦	1.0T
44)	Stalk and stem vegetables	茎秆类蔬菜	0.2
45)	Strawberry	草莓	1.0
46)	Sweet pepper	甜椒	1.0
47)	Tomato	番茄	1.0
48)	Wasabi（root）	芥末（根）	0.1T
49)	Watermelon	西瓜	0.5
50)	Welsh onion	威尔士洋葱	0.1
51)	Welsh onion（dried）	威尔士洋葱（干）	2.0
52)	Wheat	小麦	0.3T

319. Nabam 代森钠
残留物：二硫代氨基甲酸盐的总和（以二硫化碳表示）

320. Naled 二溴磷

| 1) | Grape | 葡萄 | 0.5T |
| 2) | Hop | 蛇麻草 | 0.5T |

321. Napropamide 敌草胺（ADI：0.3 mg/kg bw）

1)	Aronia	野樱莓	0.05T
2)	Blueberry	蓝莓	0.05T
3)	Buckwheat	荞麦	0.05T
4)	Cabbage	甘蓝	0.1
5)	Celery	芹菜	0.05T
6)	Chamnamul	大叶芹菜	0.05T
7)	Chicory	菊苣	0.05T
8)	Chili pepper	辣椒	0.1
9)	Chinese chives	韭菜	0.05T
10)	Chwinamul	野生紫菀	0.1
11)	Cranberry	蔓越橘	0.05T
12)	Crown daisy	茼蒿	0.05T
13)	Deodeok	羊乳（桔梗科党参属的植物）	0.1

（续）

序号	农产品英文名	农产品中文名	最大残留限量（mg/kg）
14)	Fresh ginseng	鲜参	0.05T
15)	Garlic	大蒜	0.05
16)	Grape	葡萄	0.05T
17)	Green garlic	青蒜	0.05
18)	Green soybean	青豆	0.05
19)	Korean cabbage，head	韩国甘蓝	0.05
20)	Mandarin	中国柑橘	0.1
21)	Mustard leaf	芥菜叶	0.05T
22)	Narrow-head ragwort	窄叶黄菀	0.05T
23)	Peanut	花生	0.1
24)	Perilla leaves	紫苏叶	0.05T
25)	Potato	马铃薯	0.1
26)	Radish（leaf）	萝卜（叶）	0.05
27)	Radish（root）	萝卜（根）	0.05
28)	Rape leaves	油菜叶	0.05T
29)	Rape seed	油菜籽	0.05T
30)	Red bean	红豆	0.05T
31)	Sesame seed	芝麻籽	0.05
32)	Soybean	大豆	0.05
33)	Spinach	菠菜	0.05T
34)	Squash	西葫芦	0.05T
35)	Ssam cabbage	紫甘蓝	0.1
36)	Strawberry	草莓	0.05
37)	Sunflower seed	葵花籽	0.05T
38)	Sweet potato	甘薯	0.1T
39)	Tomato	番茄	0.05
40)	Water dropwort	水芹	0.05T
322. Nicosulfuron　烟嘧磺隆（ADI：2 mg/kg bw）			
1)	Celery	芹菜	0.3T
2)	Maize	玉米	0.3
323. Nitrapyrin　三氯甲基吡啶（ADI：0.03 mg/kg bw）			
1)	Cotton seed	棉籽	1.0T
2)	Maize	玉米	0.1T
3)	Sorghum	高粱	0.1T
4)	Strawberry	草莓	0.2T
5)	Wheat	小麦	0.1T
324. Norflurazon　氟草敏（ADI：0.015 mg/kg bw）			
1)	Apple	苹果	0.1T
2)	Blueberry	蓝莓	0.1T

（续）

序号	农产品英文名	农产品中文名	最大残留限量（mg/kg）
3)	Cherry	樱桃	0.1T
4)	Cranberry	蔓越橘	0.1T
5)	Grape	葡萄	0.1T
6)	Grapefruit	葡萄柚	0.1T
7)	Hop	蛇麻草	0.05T
8)	Lemon	柠檬	0.1T
9)	Orange	橙	0.1T
10)	Peanut	花生	0.05T

325. Novaluron 氟酰脲 （ADI：0.01 mg/kg bw）

序号	农产品英文名	农产品中文名	最大残留限量（mg/kg）
1)	Amaranth leaves	苋菜叶	15
2)	Apple	苹果	1.0
3)	Apricot	杏	0.2T
4)	Aronia	野樱莓	1.0T
5)	Asparagus	芦笋	1.0
6)	Beet （leaf）	甜菜（叶）	0.05T
7)	Beet （root）	甜菜（根）	0.1T
8)	Blueberry	蓝莓	7.0T
9)	Broccoli	西兰花	2.0
10)	Burdock	牛蒡	0.05T
11)	Burdock leaves	牛蒡叶	0.05T
12)	Butterbur	菊科蜂斗菜属植物	10
13)	Cabbage	甘蓝	0.5
14)	Carrot	胡萝卜	0.05
15)	Celery	芹菜	1.0
16)	Chamnamul	大叶芹菜	10
17)	Chard	食用甜菜	15
18)	Cherry	樱桃	0.2T
19)	Chestnut	栗子	0.05T
20)	Chicory	菊苣	0.05T
21)	Chicory （root）	菊苣（根）	0.05T
22)	Chili pepper	辣椒	0.7
23)	Chinese bellflower	中国风铃草	0.1T
24)	Chinese chives	韭菜	10
25)	Chinese mallow	中国锦葵	15
26)	Chwinamul	野生紫菀	5.0
27)	Coastal hog fennel	小茴香	0.05T
28)	Cranberry	蔓越橘	1.0T
29)	Crown daisy	茼蒿	20
30)	Cucumber	黄瓜	0.5

（续）

序号	农产品英文名	农产品中文名	最大残留限量 （mg/kg）
31）	Dandelion	蒲公英	0.05T
32）	Eggplant	茄子	0.3
33）	Fig	无花果	1.0T
34）	Fresh ginseng	鲜参	0.05T
35）	Ginger	姜	0.1T
36）	Gojiberry （dried）	枸杞（干）	5.0
37）	Gondre	耶蓟	0.05T
38）	Grape	葡萄	2.0
39）	Green soybean	青豆	1.0
40）	Job's tear	薏苡	0.05T
41）	Jujube	枣	0.7
42）	Jujube （dried）	枣（干）	1.0
43）	Kale	羽衣甘蓝	15
44）	Kohlrabi	球茎甘蓝	0.05
45）	Korean black raspberry	朝鲜黑树莓	2.0
46）	Korean cabbage，head	韩国甘蓝	0.7
47）	Korean melon	韩国瓜类	0.5
48）	Lettuce （head）	莴苣（顶端）	4.0
49）	Maize	玉米	0.05T
50）	Mandarin	中国柑橘	0.5
51）	Melon	瓜类	1.0
52）	Mulberry	桑葚	1.0T
53）	Mung bean	绿豆	0.5
54）	Mustard green	芥菜	0.05T
55）	Mustard leaf	芥菜叶	2.0
56）	Orange	橙	0.5T
57）	Pak choi	小白菜	0.05T
58）	Parsley	欧芹	15
59）	Passion fruit	百香果	0.2
60）	Peach	桃	1.0
61）	Peanut	花生	2.0T
62）	Pear	梨	1.0
63）	Persimmon	柿子	0.5
64）	Plum	李子	0.2
65）	Quince	榅桲	0.5T
66）	Radish （leaf）	萝卜（叶）	7.0
67）	Radish （root）	萝卜（根）	0.1T
68）	Rape leaves	油菜叶	0.05
69）	Rape seed	油菜籽	2.0

（续）

序号	农产品英文名	农产品中文名	最大残留限量（mg/kg）
70)	Schisandraberry	五味子	1.5
71)	Shiso	日本紫苏	0.05T
72)	Soybean	大豆	0.05
73)	Spinach	菠菜	5.0
74)	Squash	西葫芦	0.15
75)	Ssam cabbage	紫甘蓝	2.0
76)	Stalk and stem vegetables	茎秆类蔬菜	5.0
77)	Strawberry	草莓	1.0
78)	Sweet pepper	甜椒	0.7
79)	Sweet potato	甘薯	0.05T
80)	Taro	芋头	0.05T
81)	Tea	茶	5.0
82)	Tomato	番茄	0.5
83)	Turnip root	芜菁根	0.05
84)	Walnut	胡桃	2.0T
85)	Wasabi leaves	芥末叶	0.05T
86)	Water dropwort	水芹	1.0
87)	Watermelon	西瓜	0.5
88)	Welsh onion	威尔士洋葱	0.7
89)	Wheat	小麦	0.05T
90)	Yam	山药	0.05T
91)	Yuja	香橙	0.5T

326. Nuarimol 氟苯嘧啶醇

序号	农产品英文名	农产品中文名	最大残留限量（mg/kg）
1)	Apple	苹果	0.1T
2)	Korean melon	韩国瓜类	0.2T
3)	Melon	瓜类	0.1T
4)	Pear	梨	0.1T
5)	Persimmon	柿子	0.3T
6)	Welsh onion	威尔士洋葱	0.1T

327. Ofurace 呋酰胺

序号	农产品英文名	农产品中文名	最大残留限量（mg/kg）
1)	Grape	葡萄	0.3
2)	Tomato	番茄	2.0

328. Omethoate 氧乐果（ADI：0.000 3 mg/kg bw）

序号	农产品英文名	农产品中文名	最大残留限量（mg/kg）
1)	Apple	苹果	0.4T
2)	Apricot	杏	0.01T
3)	Banana	香蕉	0.01T
4)	Barley	大麦	0.01T
5)	Beans	豆类	0.01T
6)	Buckwheat	荞麦	0.01T

（续）

序号	农产品英文名	农产品中文名	最大残留限量（mg/kg）
7)	Cabbage	甘蓝	0.01T
8)	Carrot	胡萝卜	0.01T
9)	Celery	芹菜	0.1T
10)	Cereal grains	谷物	0.01T
11)	Cherry	樱桃	0.01T
12)	Chili pepper	辣椒	0.01T
13)	Citrus fruits	柑橘类水果	0.2T
14)	Cucumber	黄瓜	0.01T
15)	Grape	葡萄	0.01T
16)	Grapefruit	葡萄柚	0.01T
17)	Herbs（fresh）	香草（鲜）	1.0T
18)	Hop	蛇麻草	3.0T
19)	Kale	羽衣甘蓝	0.01T
20)	Lemon	柠檬	0.01T
21)	Lettuce（head）	莴苣（顶端）	0.01T
22)	Maize	玉米	0.01T
23)	Mung bean	绿豆	0.01T
24)	Oat	燕麦	0.01T
25)	Onion	洋葱	0.01T
26)	Orange	橙	0.01T
27)	Pea	豌豆	0.01T
28)	Peach	桃	0.2T
29)	Peanut	花生	0.01T
30)	Pear	梨	0.01T
31)	Plum	李子	0.01T
32)	Potato	马铃薯	0.01T
33)	Red bean	红豆	0.01T
34)	Rice	稻米	0.01T
35)	Rye	黑麦	0.01T
36)	Sorghum	高粱	0.01T
37)	Spices roots	根类香辛料	0.05T
38)	Spinach	菠菜	0.01T
39)	Strawberry	草莓	0.01T
40)	Tomato	番茄	0.01T
41)	Welsh onion	威尔士洋葱	0.1T
42)	Wheat	小麦	0.01T

329. Ortho-phenyl phenol　邻苯基苯酚（ADI：0.39 mg/kg bw）

| 1) | Apple | 苹果 | 10.0T |
| 2) | Carrot | 胡萝卜 | 10.0T |

（续）

序号	农产品英文名	农产品中文名	最大残留限量 （mg/kg）
3)	Cherry	樱桃	3.0T
4)	Chili pepper	辣椒	10.0T
5)	Citrus fruits	柑橘类水果	10.0T
6)	Cucumber	黄瓜	10.0T
7)	Grapefruit	葡萄柚	10.0T
8)	Lemon	柠檬	10.0T
9)	Mandarin	中国柑橘	10.0T
10)	Orange	橙	10.0T
11)	Peach	桃	10.0T
12)	Pear	梨	10.0T
13)	Pineapple	菠萝	10.0T
14)	Plum	李子	10.0T
15)	Sweet potato	甘薯	10.0T
16)	Tomato	番茄	10.0T
330. Orthosulfamuron 嘧苯胺磺隆（ADI：0.05 mg/kg bw）			
1)	Rice	稻米	0.05
331. Orysastrobin 肟醚菌胺（ADI：0.052 mg/kg bw）			
1)	Oat	燕麦	0.3T
2)	Rice	稻米	0.3
332. Oryzalin 氨磺乐灵（ADI：0.12 mg/kg bw）			
1)	Apple	苹果	0.05
2)	Blueberry	蓝莓	0.05T
3)	Cherry	樱桃	0.05T
4)	Grape	葡萄	0.05T
5)	Grapefruit	葡萄柚	0.05T
6)	Lemon	柠檬	0.05T
7)	Orange	橙	0.05T
333. Oxadiargyl 丙炔噁草酮（ADI：0.008 mg/kg bw）			
1)	Onion	洋葱	0.05T
2)	Rice	稻米	0.05
3)	Sorghum	高粱	0.05T
334. Oxadiazon 噁草酮（ADI：0.003 6 mg/kg bw）			
1)	Apricot	杏	0.05T
2)	Cherry	樱桃	0.05T
3)	Chestnut	栗子	0.05T
4)	Chili pepper	辣椒	0.1T
5)	Garlic	大蒜	0.1
6)	Job's tear	薏苡	0.05T
7)	Nuts	坚果	0.05T

（续）

序号	农产品英文名	农产品中文名	最大残留限量 （mg/kg）
8)	Peach	桃	0.05T
9)	Pear	梨	0.05T
10)	Pecan	美洲山核桃	0.05T
11)	Plum	李子	0.05T
12)	Potato	马铃薯	0.05
13)	Quince	榅桲	0.05T
14)	Rice	稻米	0.05
15)	Walnut	胡桃	0.05T

335. Oxadixyl　噁霜灵（ADI：0.11 mg/kg bw）

序号	农产品英文名	农产品中文名	最大残留限量 （mg/kg）
1)	Barley	大麦	0.1T
2)	Buckwheat	荞麦	0.1T
3)	Cabbage	甘蓝	0.1T
4)	Carrot	胡萝卜	0.1T
5)	Celery	芹菜	0.1T
6)	Cereal grains（excluding wheat）	谷物（不包括小麦）	0.1T
7)	Chili pepper	辣椒	2.0
8)	Chinese mallow	中国锦葵	0.1T
9)	Crown daisy	茼蒿	0.1T
10)	Cucumber	黄瓜	0.3T
11)	Eggplant	茄子	0.1T
12)	Ginger	姜	0.1T
13)	Grape	葡萄	1.0
14)	Kale	羽衣甘蓝	0.1T
15)	Korean cabbage，head	韩国甘蓝	0.1T
16)	Korean wormwood	朝鲜艾草	0.1T
17)	Leafy vegetables	叶类蔬菜	0.05T
18)	Lettuce（head）	莴苣（顶端）	0.1T
19)	Maize	玉米	0.1T
20)	Melon	瓜类	0.1T
21)	Millet	粟	0.1T
22)	Mustard leaf	芥菜叶	0.1T
23)	Oat	燕麦	0.1T
24)	Onion	洋葱	0.5
25)	Parsley	欧芹	0.1T
26)	Pea	豌豆	0.1T
27)	Perilla leaves	紫苏叶	0.1T
28)	Potato	马铃薯	0.5
29)	Radish（root）	萝卜（根）	0.1T
30)	Rice	稻米	0.1

序号	农产品英文名	农产品中文名	最大残留限量 （mg/kg）
31）	Rye	黑麦	0.1T
32）	Sesame seed	芝麻籽	1.0
33）	Sorghum	高粱	0.1T
34）	Soybean	大豆	0.1T
35）	Spinach	菠菜	0.1T
36）	Squash	西葫芦	0.1T
37）	Stalk and stem vegetables	茎秆类蔬菜	0.05T
38）	Sweet pepper	甜椒	2.0
39）	Sweet potato	甘薯	0.1T
40）	Taro	芋头	0.1T
41）	Tomato	番茄	2.0
42）	Watermelon	西瓜	0.1T
43）	Welsh onion	威尔士洋葱	0.1T

336. Oxamyl 杀线威（ADI：0.009 mg/kg bw）

序号	农产品英文名	农产品中文名	最大残留限量 （mg/kg）
1）	Almond	扁桃仁	0.5T
2）	Apple	苹果	2.0T
3）	Apricot	杏	0.5T
4）	Asparagus	芦笋	1.0T
5）	Avocado	鳄梨	0.5T
6）	Banana	香蕉	0.2T
7）	Barley	大麦	0.02T
8）	Buckwheat	荞麦	0.02T
9）	Cabbage	甘蓝	1.0T
10）	Carrot	胡萝卜	0.2T
11）	Celery	芹菜	5.0T
12）	Cherry	樱桃	0.5T
13）	Chestnut	栗子	0.5T
14）	Chili pepper	辣椒	5.0T
15）	Chinese chives	韭菜	1.0T
16）	Citrus fruits	柑橘类水果	5.0T
17）	Cotton seed	棉籽	0.15†
18）	Crown daisy	茼蒿	1.0T
19）	Cucumber	黄瓜	2.0T
20）	Edible fungi	食用菌	1.0T
21）	Eggplant	茄子	2.0T
22）	Fruits	水果类	0.5T
23）	Garlic	大蒜	1.0T
24）	Ginger	姜	1.0T
25）	Ginkgo nut	白果	0.5T

（续）

序号	农产品英文名	农产品中文名	最大残留限量（mg/kg）
26)	Grape	葡萄	0.5T
27)	Grapefruit	葡萄柚	5.0T
28)	Japanese apricot	青梅	0.5T
29)	Kale	羽衣甘蓝	1.0T
30)	Kiwifruit	猕猴桃	0.5T
31)	Korean cabbage，head	韩国甘蓝	1.0T
32)	Lemon	柠檬	5.0T
33)	Lettuce（head）	莴苣（顶端）	1.0T
34)	Lettuce（leaf）	莴苣（叶）	1.0T
35)	Maize	玉米	0.05T
36)	Mandarin	中国柑橘	5.0T
37)	Mango	芒果	0.5T
38)	Melon	瓜类	2.0T
39)	Millet	粟	0.02T
40)	Nuts	坚果	0.5T
41)	Oak mushroom	香菇	1.0T
42)	Oat	燕麦	0.02T
43)	Onion	洋葱	0.05T
44)	Orange	橙	5.0T
45)	Papaya	番木瓜	0.5T
46)	Peach	桃	0.5T
47)	Peanut	花生	$0.04^{\dagger}$
48)	Pear	梨	2.0T
49)	Pecan	美洲山核桃	0.5T
50)	Persimmon	柿子	0.5T
51)	Pineapple	菠萝	1.0T
52)	Plum	李子	0.5T
53)	Potato	马铃薯	$0.1^{\dagger}$
54)	Quince	榅桲	0.5T
55)	Radish（leaf）	萝卜（叶）	1.0T
56)	Radish（root）	萝卜（根）	0.1T
57)	Rice	稻米	0.02T
58)	Rye	黑麦	0.02T
59)	Seeds	种子类	0.5T
60)	Sesame seed	芝麻籽	0.5T
61)	Sorghum	高粱	0.02T
62)	Soybean	大豆	0.1T
63)	Spices（fruits and berries）	香辛料（水果和浆果类）	0.07T
64)	Spices roots	根类香辛料	0.05T

（续）

序号	农产品英文名	农产品中文名	最大残留限量（mg/kg）
65)	Spinach	菠菜	2.0T
66)	Squash	西葫芦	2.0T
67)	Strawberry	草莓	2.0T
68)	Sunflower seed	葵花籽	0.5T
69)	Sweet pepper	甜椒	2.0T
70)	Sweet potato	甘薯	0.1T
71)	Taro	芋头	0.1T
72)	Tomato	番茄	2.0T
73)	Vegetables	蔬菜类	1.0T
74)	Walnut	胡桃	0.5T
75)	Watermelon	西瓜	2.0T
76)	Welsh onion	威尔士洋葱	1.0T
77)	Wheat	小麦	0.02T

337. Oxathiapiprolin 新型杀菌剂（ADI：1.04 mg/kg bw）

序号	农产品英文名	农产品中文名	最大残留限量（mg/kg）
1)	Asparagus	芦笋	2.0[†]
2)	Basil	罗勒	10[†]
3)	Basil（dried）	罗勒（干）	80[†]
4)	Chili pepper	辣椒	0.7
5)	Citrus fruits	柑橘类水果	0.05[†]
6)	Deodeok	羊乳（桔梗科党参属的植物）	0.05T
7)	Dried ginseng	干参	0.15[†]
8)	Flowerhead brassicas	头状花序芸薹属蔬菜	0.9[†]
9)	Fruiting vegetables，cucurbits	瓜类蔬菜	0.2[†]
10)	Grape	葡萄	1.0
11)	Green soybean	青豆	1.0[†]
12)	Korean cabbage，head	韩国甘蓝	0.7
13)	Korean melon	韩国瓜类	0.07
14)	Lettuce（head）	莴苣（顶端）	5.0
15)	Lettuce（leaf）	莴苣（叶）	5.0
16)	Onion	洋葱	0.05
17)	Pea（fresh）	豌豆（鲜）	0.05[†]
18)	Potato	马铃薯	0.05
19)	Raspberry	覆盆子	0.5[†]
20)	Sesame seed	芝麻籽	0.2
21)	Spinach	菠菜	15[†]
22)	Ssam cabbage	紫甘蓝	2.0
23)	Sweet pepper	甜椒	0.7
24)	Tomato	番茄	0.7
25)	Welsh onion	威尔士洋葱	2.0[†]

（续）

序号	农产品英文名	农产品中文名	最大残留限量 （mg/kg）
338. Oxaziclomefone 噁嗪草酮（ADI：0.009 1 mg/kg bw）			
1）	Rice	稻米	0.1
339. Oxolinic acid 喹菌酮（ADI：0.021 mg/kg bw）			
1）	Alpine leek leaves	高山韭菜叶	10
2）	Amaranth leaves	苋菜叶	20
3）	Apple	苹果	2.0
4）	Apricot	杏	2.0
5）	Asparagus	芦笋	2.0T
6）	Beet（root）	甜菜（根）	0.15
7）	Broccoli	西兰花	0.3
8）	Cabbage	甘蓝	0.7
9）	Carrot	胡萝卜	0.15
10）	Celery	芹菜	2.0T
11）	Chard	食用甜菜	10
12）	Cherry	樱桃	7.0
13）	Chicory	菊苣	10
14）	Chili pepper	辣椒	3.0
15）	Chinese chives	韭菜	10
16）	Crown daisy	茼蒿	10
17）	Cucumber	黄瓜	0.7
18）	Deodeok	羊乳（桔梗科党参属的植物）	0.05T
19）	Dureup	刺老芽	2.0T
20）	East asian hogweed	东亚猪草	5.0T
21）	Garlic	大蒜	0.05
22）	Ginger	姜	0.09
23）	Green garlic	青蒜	5.0
24）	Green soybean	青豆	2.0
25）	Japanese apricot	青梅	2.0
26）	Jujube	枣	10
27）	Jujube (dried)	枣（干）	25
28）	Kiwifruit	猕猴桃	1.0
29）	Kohlrabi	球茎甘蓝	0.09
30）	Korean cabbage，head	韩国甘蓝	2.0
31）	Lettuce（head）	莴苣（顶端）	50
32）	Lettuce（leaf）	莴苣（叶）	50
33）	Mandarin	中国柑橘	0.5
34）	Mustard leaf	芥菜叶	15
35）	Onion	洋葱	0.05
36）	Pak choi	小白菜	10

（续）

序号	农产品英文名	农产品中文名	最大残留限量（mg/kg）
37）	Parsley	欧芹	5.0T
38）	Peach	桃	5.0
39）	Peanut	花生	0.05T
40）	Pear	梨	0.7
41）	Plum	李子	2.0
42）	Pomegranate	石榴	3.0
43）	Proso millet	黍	0.05
44）	Radish（leaf）	萝卜（叶）	20
45）	Radish（root）	萝卜（根）	0.3
46）	Rice	稻米	0.05
47）	Schisandraberry	五味子	2.0T
48）	Shepherd's purse	荠菜	15
49）	Soybean	大豆	0.5
50）	Ssam cabbage	紫甘蓝	5.0
51）	Strawberry	草莓	5.0
52）	Sweet pepper	甜椒	3.0
53）	Tomato	番茄	1.5
54）	Water dropwort	水芹	2.0T
55）	Watermelon	西瓜	2.0
56）	Welsh onion	威尔士洋葱	2.0T
57）	Wild chive	野生细香葱	2.0T
58）	Yuja	香橙	0.5T

340. Oxydemeton-methyl 亚砜磷

序号	农产品英文名	农产品中文名	最大残留限量（mg/kg）
1）	Wheat	小麦	0.02T

341. Oxyfluorfen 乙氧氟草醚（ADI：0.003 mg/kg bw）

序号	农产品英文名	农产品中文名	最大残留限量（mg/kg）
1）	Apricot	杏	0.05†
2）	Avocado	鳄梨	0.05†
3）	Banana	香蕉	0.05†
4）	Cabbage	甘蓝	0.05†
5）	Cacao bean	可可豆	0.05T
6）	Cherry	樱桃	0.05†
7）	Chinese chives	韭菜	0.05T
8）	Coffee bean	咖啡豆	0.05†
9）	Cotton seed	棉籽	0.05†
10）	Fresh ginseng	鲜参	0.05T
11）	Garlic	大蒜	0.05
12）	Ginger	姜	0.05T
13）	Grape	葡萄	0.05
14）	Green garlic	青蒜	0.05

（续）

序号	农产品英文名	农产品中文名	最大残留限量（mg/kg）
15)	Kiwifruit	猕猴桃	0.05†
16)	Lemon	柠檬	0.05T
17)	Maize	玉米	0.05†
18)	Mandarin	中国柑橘	0.05
19)	Nuts	坚果	0.05†
20)	Onion	洋葱	0.05
21)	Papaya	番木瓜	0.05T
22)	Peach	桃	0.05†
23)	Perilla leaves	紫苏叶	0.05T
24)	Plum	李子	0.05†
25)	Pome fruits	仁果类水果	0.05
26)	Quince	榅桲	0.05T
27)	Radish（leaf）	萝卜（叶）	0.05T
28)	Soybean	大豆	0.05†
29)	Spinach	菠菜	0.05T
30)	Taro	芋头	0.05T

342. Paclobutrazol　多效唑（ADI：0.022 mg/kg bw）

序号	农产品英文名	农产品中文名	最大残留限量（mg/kg）
1)	Apple	苹果	0.5T
2)	Apricot	杏	0.05T
3)	Beet（root）	甜菜（根）	0.7T
4)	Cherry	樱桃	0.05T
5)	Herbs（fresh）	香草（鲜）	0.05T
6)	Korean cabbage，head	韩国甘蓝	0.7
7)	Leafy vegetables	叶类蔬菜	2.0
8)	Lettuce（leaf）	莴苣（叶）	7.0
9)	Maize	玉米	0.05T
10)	Mustard green	芥菜	3.0
11)	Peach	桃	0.05T
12)	Perilla leaves	紫苏叶	5.0
13)	Plum	李子	0.05T
14)	Ssam cabbage	紫甘蓝	2.0
15)	Stalk and stem vegetables	茎秆类蔬菜	0.5

343. Paraquat　百草枯（ADI：0.005 mg/kg bw）

序号	农产品英文名	农产品中文名	最大残留限量（mg/kg）
1)	Blueberry	蓝莓	0.05T
2)	Cherry	樱桃	0.05T
3)	Chili pepper	辣椒	0.1T
4)	Cotton seed	棉籽	0.2T
5)	Grape	葡萄	0.05T
6)	Grapefruit	葡萄柚	0.05T

（续）

序号	农产品英文名	农产品中文名	最大残留限量（mg/kg）
7）	Hop	蛇麻草	0.2T
8）	Lemon	柠檬	0.05T
9）	Maize	玉米	0.1T
10）	Orange	橙	0.05T
11）	Potato	马铃薯	0.2T
12）	Rice	稻米	0.5T
13）	Sorghum	高粱	0.5T
14）	Soybean	大豆	0.1T
15）	Sunflower seed	葵花籽	2.0T
16）	Vegetables	蔬菜类	0.05T
17）	Wheat	小麦	0.1T

344. Parathion 对硫磷（ADI：0.004 mg/kg bw）

序号	农产品英文名	农产品中文名	最大残留限量（mg/kg）
1）	Almond	扁桃仁	0.1T
2）	Apple	苹果	0.3T
3）	Apricot	杏	0.3T
4）	Asparagus	芦笋	0.3T
5）	Avocado	鳄梨	0.3T
6）	Barley	大麦	0.3T
7）	Beans	豆类	0.3T
8）	Bracken	欧洲蕨	0.3T
9）	Buckwheat	荞麦	0.3T
10）	Cabbage	甘蓝	0.3T
11）	Carrot	胡萝卜	0.3T
12）	Celery	芹菜	0.3T
13）	Cherry	樱桃	0.3T
14）	Chili pepper	辣椒	0.3T
15）	Cotton seed	棉籽	1.0T
16）	Crown daisy	茼蒿	0.3T
17）	Cucumber	黄瓜	0.3T
18）	Eggplant	茄子	0.3T
19）	Garlic	大蒜	0.3T
20）	Ginger	姜	0.3T
21）	Grape	葡萄	0.3T
22）	Herbs（fresh）	香草（鲜）	0.05T
23）	Hop	蛇麻草	0.3T
24）	Kale	羽衣甘蓝	0.3T
25）	Korean cabbage，head	韩国甘蓝	0.3T
26）	Korean melon	韩国瓜类	0.3T
27）	Lettuce（head）	莴苣（顶端）	0.3T

（续）

序号	农产品英文名	农产品中文名	最大残留限量（mg/kg）
28)	Maize	玉米	0.1T
29)	Mango	芒果	0.5T
30)	Melon	瓜类	0.3T
31)	Oat	燕麦	0.3T
32)	Onion	洋葱	0.3T
33)	Pea	豌豆	0.3T
34)	Peanut	花生	0.3T
35)	Pear	梨	0.3T
36)	Pecan	美洲山核桃	0.1T
37)	Persimmon	柿子	0.3T
38)	Pineapple	菠萝	0.3T
39)	Plum	李子	0.5T
40)	Potato	马铃薯	0.05T
41)	Radish（leaf）	萝卜（叶）	0.3T
42)	Radish（root）	萝卜（根）	0.3T
43)	Rice	稻米	0.1T
44)	Rye	黑麦	0.3T
45)	Sorghum	高粱	0.3T
46)	Soybean	大豆	0.05T
47)	Spices（fruits and berries）	香辛料（水果和浆果类）	0.2T
48)	Spices roots	根类香辛料	0.2T
49)	Spices seeds	种子类香辛料	0.1T
50)	Spinach	菠菜	0.3T
51)	Squash	西葫芦	0.3T
52)	Strawberry	草莓	0.3T
53)	Sunflower seed	葵花籽	0.05T
54)	Sweet pepper	甜椒	0.3T
55)	Sweet potato	甘薯	0.1T
56)	Taro	芋头	0.3T
57)	Tomato	番茄	0.3T
58)	Walnut	胡桃	0.1T
59)	Watermelon	西瓜	0.3T
60)	Welsh onion	威尔士洋葱	0.3T
61)	Wheat	小麦	0.3T

345. Parathion-methyl 甲基对硫磷（ADI：0.003 mg/kg bw）

序号	农产品英文名	农产品中文名	最大残留限量（mg/kg）
1)	Almond	扁桃仁	0.1T
2)	Apple	苹果	0.2T
3)	Apricot	杏	0.2T
4)	Asparagus	芦笋	1.0T

（续）

序号	农产品英文名	农产品中文名	最大残留限量（mg/kg）
5)	Barley	大麦	1.0T
6)	Beans	豆类	1.0T
7)	Broad bean	蚕豆	1.0T
8)	Buckwheat	荞麦	1.0T
9)	Cabbage	甘蓝	0.2T
10)	Carrot	胡萝卜	1.0T
11)	Celery	芹菜	1.0T
12)	Cherry	樱桃	0.01T
13)	Chili pepper	辣椒	1.0T
14)	Chinese chives	韭菜	1.0T
15)	Cotton seed	棉籽	1.0T
16)	Crown daisy	茼蒿	1.0T
17)	Cucumber	黄瓜	0.2T
18)	Edible fungi	食用菌	1.0T
19)	Eggplant	茄子	1.0T
20)	Garlic	大蒜	1.0T
21)	Ginger	姜	1.0T
22)	Grape	葡萄	0.2T
23)	Herbs（fresh）	香草（鲜）	1.0T
24)	Hop	蛇麻草	0.05T
25)	Kidney bean	四季豆	1.0T
26)	Korean cabbage，head	韩国甘蓝	0.2T
27)	Lettuce（head）	莴苣（顶端）	0.5T
28)	Lettuce（leaf）	莴苣（叶）	1.0T
29)	Maize	玉米	1.0T
30)	Melon	瓜类	0.2T
31)	Millet	粟	1.0T
32)	Mung bean	绿豆	1.0T
33)	Oat	燕麦	1.0T
34)	Onion	洋葱	1.0T
35)	Pea	豌豆	0.2T
36)	Peanut	花生	1.0T
37)	Pear	梨	0.2T
38)	Pecan	美洲山核桃	0.1T
39)	Persimmon	柿子	0.2T
40)	Plum	李子	0.01T
41)	Potato	马铃薯	0.05T
42)	Quince	榅桲	0.2T
43)	Radish（root）	萝卜（根）	0.05T

（续）

序号	农产品英文名	农产品中文名	最大残留限量（mg/kg）
44)	Red bean	红豆	1.0T
45)	Rice	稻米	1.0T
46)	Rye	黑麦	1.0T
47)	Seeds	种子类	0.2T
48)	Sorghum	高粱	1.0T
49)	Soybean	大豆	0.1T
50)	Spices (fruits and berries)	香辛料（水果和浆果类）	5.0T
51)	Spices roots	根类香辛料	3.0T
52)	Spices seeds	种子类香辛料	5.0†
53)	Spinach	菠菜	0.5T
54)	Squash	西葫芦	1.0T
55)	Strawberry	草莓	0.2T
56)	Sunflower seed	葵花籽	0.2T
57)	Sweet pepper	甜椒	1.0T
58)	Sweet potato	甘薯	0.1T
59)	Taro	芋头	1.0T
60)	Tomato	番茄	0.2T
61)	Vegetables	蔬菜类	1.0T
62)	Walnut	胡桃	0.1T
63)	Watermelon	西瓜	1.0T
64)	Welsh onion	威尔士洋葱	1.0T
65)	Wheat	小麦	1.0T

346. Penconazole 戊菌唑（ADI：0.03 mg/kg bw）

序号	农产品英文名	农产品中文名	最大残留限量（mg/kg）
1)	Apple	苹果	0.2T
2)	Chili pepper	辣椒	0.3T
3)	Cucumber	黄瓜	0.1T
4)	Grape	葡萄	0.2†
5)	Herbs (fresh)	香草（鲜）	0.1T
6)	Hop	蛇麻草	0.5T
7)	Korean black raspberry	朝鲜黑树莓	0.2T
8)	Korean melon	韩国瓜类	0.1T
9)	Peach	桃	0.1T
10)	Pear	梨	0.2T
11)	Persimmon	柿子	0.2T
12)	Strawberry	草莓	0.5T

347. Pencycuron 戊菌隆（ADI：0.2 mg/kg bw）

序号	农产品英文名	农产品中文名	最大残留限量（mg/kg）
1)	Dried ginseng	干参	0.7
2)	Sweet Potato	甘薯	0.05T
3)	Chili pepper	辣椒	0.05

（续）

序号	农产品英文名	农产品中文名	最大残留限量（mg/kg）
4）	Strawberry	草莓	2.0
5）	Garlic	大蒜	0.1
6）	Radish（root）	萝卜（根）	0.05T
7）	Broccoli	西兰花	0.05
8）	Ginger	姜	0.05T
9）	Watermelon	西瓜	0.05
10）	Fresh ginseng	鲜参	0.7
11）	Sorghum	高粱	10
12）	Rice	稻米	0.3
13）	Chinese mallow	中国锦葵	7.0
14）	Cabbage	甘蓝	0.05T
15）	Onion	洋葱	0.05
16）	Stalk and stem vegetables	茎秆类蔬菜	10
17）	Leafy vegetables	叶类蔬菜	20
18）	Mulberry	桑葚	3.0
19）	Schisandraberry	五味子	2.0T
20）	Ginseng extract	人参提取物	0.7
21）	Sesame seed	芝麻籽	0.05T
22）	Welsh onion	威尔士洋葱	0.05
23）	Green garlic	青蒜	0.05
24）	Sweet pepper	甜椒	0.05
25）	Herbs（fresh）	香草（鲜）	0.05T
26）	Red ginseng	红参	0.7
27）	Red ginseng extract	红参提取物	0.7

348. Pendimethalin 二甲戊灵（ADI：0.13 mg/kg bw）

序号	农产品英文名	农产品中文名	最大残留限量（mg/kg）
1）	Almond	扁桃仁	0.05†
2）	Apple	苹果	0.05
3）	Apricot	杏	0.05T
4）	Aronia	野樱莓	0.05T
5）	Asparagus	芦笋	0.2T
6）	Barley	大麦	0.2
7）	Beans	豆类	0.2
8）	Blueberry	蓝莓	0.05T
9）	Broad bean	蚕豆	0.2T
10）	Buckwheat	荞麦	0.2T
11）	Butterbur	菊科蜂斗菜属植物	0.05
12）	Cabbage	甘蓝	0.05
13）	Carrot	胡萝卜	0.2
14）	Celery	芹菜	0.2T

（续）

序号	农产品英文名	农产品中文名	最大残留限量（mg/kg）
15)	Cherry	樱桃	0.05†
16)	Chili pepper	辣椒	0.05
17)	Chili pepper leaves	辣椒叶	0.05
18)	Chinese chives	韭菜	0.2T
19)	Citrus fruits	柑橘类水果	0.05†
20)	Coriander leaves	香菜	0.05T
21)	Cotton seed	棉籽	0.1T
22)	Crown daisy	茼蒿	0.2T
23)	Cucumber	黄瓜	0.2T
24)	Deodeok	羊乳（桔梗科党参属的植物）	0.05T
25)	Edible fungi	食用菌	0.2T
26)	Eggplant	茄子	0.2T
27)	Garlic	大蒜	0.05
28)	Ginger	姜	0.05
29)	Gojiberry	枸杞	0.05
30)	grape	葡萄	0.05T
31)	Green garlic	青蒜	0.05
32)	Green soybean	青豆	0.05
33)	Herbs（fresh）	香草（鲜）	0.04T
34)	Hop	蛇麻草	0.05T
35)	Japanese apricot	青梅	0.05T
36)	Job's tear	薏苡	0.05T
37)	Kidney bean	四季豆	0.2T
38)	Kiwifruit	猕猴桃	0.05T
39)	Korean cabbage，head	韩国甘蓝	0.07
40)	Korean melon	韩国瓜类	0.1T
41)	Leafy vegetables	叶类蔬菜	0.05T
42)	Lettuce（head）	莴苣（顶端）	0.2T
43)	Lettuce（leaf）	莴苣（叶）	0.2T
44)	Maize	玉米	0.2
45)	Millet	粟	0.2T
46)	Mulberry	桑葚	0.05T
47)	Mung bean	绿豆	0.2T
48)	Oak mushroom	香菇	0.2T
49)	Oat	燕麦	0.2T
50)	Onion	洋葱	0.05
51)	Pea	豌豆	0.2T
52)	Peach	桃	0.05T
53)	Peanut	花生	0.2T

（续）

序号	农产品英文名	农产品中文名	最大残留限量（mg/kg）
54）	Plum	李子	0.05T
55）	Pomegranate	石榴	0.05T
56）	Potato	马铃薯	0.05
57）	Radish（leaf）	萝卜（叶）	0.2T
58）	Radish（root）	萝卜（根）	0.2T
59）	Red bean	红豆	0.2T
60）	Rice	稻米	0.05
61）	Root and tuber vegetables	块根和块茎类蔬菜	0.05T
62）	Rye	黑麦	0.2T
63）	Schisandraberry	五味子	0.05T
64）	Seeds	种子类	0.05T
65）	Sesame seed	芝麻籽	0.05T
66）	Sorghum	高粱	0.2T
67）	Soybean	大豆	0.05
68）	Spices seeds	种子类香辛料	0.04†
69）	Spinach	菠菜	0.2T
70）	Squash	西葫芦	0.2T
71）	Ssam cabbage	紫甘蓝	0.07
72）	Stalk and stem vegetables	茎秆类蔬菜	0.05T
73）	Strawberry	草莓	0.05
74）	Sunflower seed	葵花籽	0.1T
75）	Sweet pepper	甜椒	0.2T
76）	Sweet potato	甘薯	0.05
77）	Taro	芋头	0.2T
78）	Tea	茶	0.04T
79）	Tomato	番茄	0.2T
80）	Vegetables	蔬菜类	0.2T
81）	Welsh onion	威尔士洋葱	0.05
82）	Welsh onion（dried）	威尔士洋葱（干）	0.7
83）	Wheat	小麦	0.05†
84）	Wild chive	野生细香葱	0.05
85）	Yam	山药	0.1
86）	Yam（dried）	山药（干）	0.1

349. Penflufen 氟唑菌苯胺（ADI：0.04 mg/kg bw）

1）	Rice	稻米	0.05

350. Penoxsulam 五氟磺草胺（ADI：0.05 mg/kg bw）

1）	Rice	稻米	0.1

351. Penthiopyrad 吡噻菌胺（ADI：0.081 mg/kg bw）

1）	Asparagus	芦笋	5.0

（续）

序号	农产品英文名	农产品中文名	最大残留限量 (mg/kg)
2）	Barley	大麦	0.3†
3）	Beans	豆类	0.09†
4）	Beet（root）	甜菜（根）	0.05T
5）	Blueberry	蓝莓	0.5T
6）	Broccoli	西兰花	5.0†
7）	Butterbur	菊科蜂斗菜属植物	15
8）	Cabbage	甘蓝	4.0T
9）	Celery	芹菜	15†
10）	Chamnamul	大叶芹菜	15
11）	Cherry	樱桃	4.0†
12）	Chili pepper	辣椒	3.0
13）	Chinese chives	韭菜	2.0
14）	Cranberry	蔓越橘	0.5T
15）	Cucumber	黄瓜	0.5
16）	Dandelion	蒲公英	2.0
17）	Danggwi leaves	当归叶	15
18）	Deodeok	羊乳（桔梗科党参属的植物）	0.05T
19）	Dried ginseng	干参	3.0
20）	Eggplant	茄子	2.0
21）	Fig	无花果	0.5T
22）	Fresh ginseng	鲜参	0.7
23）	Garlic	大蒜	0.05
24）	Grape	葡萄	2.0
25）	Green garlic	青蒜	0.05
26）	Japanese apricot	青梅	1.0
27）	Kiwifruit	猕猴桃	2.0
28）	Kohlrabi	球茎甘蓝	0.3T
29）	Korean black raspberry	朝鲜黑树莓	0.5
30）	Korean melon	韩国瓜类	0.5
31）	Leafy vegetables	叶类蔬菜	15
32）	Lettuce（head）	莴苣（顶端）	15
33）	Lettuce（leaf）	莴苣（叶）	20†
34）	Mandarin	中国柑橘	0.7
35）	Melon	瓜类	0.7
36）	Mulberry	桑葚	2.0
37）	Mung bean	绿豆	0.05
38）	Nuts	坚果	0.05†
39）	Onion	洋葱	0.7†
40）	Parsley	欧芹	15

（续）

序号	农产品英文名	农产品中文名	最大残留限量（mg/kg）
41）	Peach	桃	0.2
42）	Peanut	花生	0.04†
43）	Perilla leaves	紫苏叶	15
44）	Persimmon	柿子	0.7
45）	Plum	李子	0.2
46）	Pome fruits	仁果类水果	0.5†
47）	Potato	马铃薯	0.05†
48）	Radish（root）	萝卜（根）	3.0T
49）	Rape leaves	油菜叶	0.05
50）	Rape seed	油菜籽	0.05
51）	Rice	稻米	0.05
52）	Schisandraberry	五味子	0.2T
53）	Squash	西葫芦	0.3
54）	Strawberry	草莓	1.0
55）	Sweet pepper	甜椒	3.0
56）	Sweet potato	甘薯	0.05T
57）	Sweet potato vines	薯蔓	0.05T
58）	Tomato	番茄	2.0
59）	Watermelon	西瓜	0.1
60）	Welsh onion	威尔士洋葱	7.0
61）	Wheat	小麦	0.1†
62）	Yam	山药	0.05T

352. Pentoxazone 环戊草酮（ADI：0.23 mg/kg bw）

序号	农产品英文名	农产品中文名	最大残留限量（mg/kg）
1）	Perilla leaves	紫苏叶	0.05T
2）	Rice	稻米	0.05
3）	Ssam cabbage	紫甘蓝	0.05T
4）	Water dropwort	水芹	0.05T

353. Permethrin（Permetrin） 氯菊酯（ADI：0.05 mg/kg bw）
顺式氯菊酯和反式氯菊酯的总和

序号	农产品英文名	农产品中文名	最大残留限量（mg/kg）
1）	Almond	扁桃仁	0.05T
2）	Apple	苹果	0.05T
3）	Apricot	杏	2.0T
4）	Asparagus	芦笋	1.0T
5）	Avocado	鳄梨	1.0T
6）	Banana	香蕉	5.0T
7）	Barley	大麦	2.0T
8）	Beans	豆类	0.2T
9）	Broad bean	蚕豆	0.2T
10）	Buckwheat	荞麦	2.0T

（续）

序号	农产品英文名	农产品中文名	最大残留限量（mg/kg）
11)	Cabbage	甘蓝	5.0T
12)	Carrot	胡萝卜	0.1T
13)	Celery	芹菜	2.0T
14)	Cherry	樱桃	5.0T
15)	Chestnut	栗子	5.0T
16)	Chili pepper	辣椒	1.0T
17)	Chinese chives	韭菜	0.5T
18)	Citrus fruits	柑橘类水果	0.5T
19)	Cotton seed	棉籽	0.5T
20)	Crown daisy	茼蒿	3.0T
21)	Cucumber	黄瓜	0.5T
22)	Edible fungi	食用菌	0.1T
23)	Eggplant	茄子	1.0T
24)	Fruits	水果类	5.0T
25)	Garlic	大蒜	3.0T
26)	Ginger	姜	3.0T
27)	Ginkgo nut	白果	5.0T
28)	Grape	葡萄	2.0T
29)	Grapefruit	葡萄柚	0.5T
30)	Herbs（fresh）	香草（鲜）	0.05T
31)	Hop	蛇麻草	50.0T
32)	Japanese apricot	青梅	5.0T
33)	Kale	羽衣甘蓝	5.0T
34)	Kidney bean	四季豆	0.1T
35)	Kiwifruit	猕猴桃	2.0T
36)	Korean cabbage，head	韩国甘蓝	5.0T
37)	Lemon	柠檬	0.5T
38)	Lettuce（head）	莴苣（顶端）	2.0T
39)	Lettuce（leaf）	莴苣（叶）	3.0T
40)	Maize	玉米	0.05T
41)	Mandarin	中国柑橘	0.5T
42)	Mango	芒果	5.0T
43)	Melon	瓜类	0.1T
44)	Millet	粟	2.0T
45)	Mung bean	绿豆	0.1T
46)	Oak mushroom	香菇	3.0T
47)	Oat	燕麦	2.0T
48)	Onion	洋葱	3.0T
49)	Orange	橙	0.5T

（续）

序号	农产品英文名	农产品中文名	最大残留限量（mg/kg）
50）	Papaya	番木瓜	1.0T
51）	Pea	豌豆	0.1T
52）	Peach	桃	2.0T
53）	Peanut	花生	0.1T
54）	Pear	梨	2.0T
55）	Pecan	美洲山核桃	5.0T
56）	Persimmon	柿子	5.0T
57）	Pineapple	菠萝	5.0T
58）	Plum	李子	2.0T
59）	Potato	马铃薯	0.05T
60）	Quince	榲桲	2.0T
61）	Radish（leaf）	萝卜（叶）	3.0T
62）	Radish（root）	萝卜（根）	0.1T
63）	Red bean	红豆	0.1T
64）	Rice	稻米	2.0T
65）	Rye	黑麦	2.0T
66）	Seeds	种子类	5.0T
67）	Sesame seed	芝麻籽	5.0T
68）	Sorghum	高粱	2.0T
69）	Soybean	大豆	0.05T
70）	Spices（fruits and berries）	香辛料（水果和浆果类）	0.07†
71）	Spinach	菠菜	2.0T
72）	Squash	西葫芦	0.5T
73）	Strawberry	草莓	1.0T
74）	Sunflower seed	葵花籽	1.0T
75）	Sweet pepper	甜椒	1.0T
76）	Sweet potato	甘薯	0.2T
77）	Taro	芋头	0.2T
78）	Tea	茶	20T
79）	Tomato	番茄	1.0T
80）	Vegetables	蔬菜类	3.0T
81）	Walnut	胡桃	0.05T
82）	Watermelon	西瓜	5.0T
83）	Welsh onion	威尔士洋葱	3.0T
84）	Wheat	小麦	2.0T

354. Phenothrin 苯醚菊酯（ADI：0.007 mg/kg bw）

苯醚菊酯顺式异构体和反式异构体之和

1）	Barley	大麦	2.0T
2）	Rice	稻米	0.1T

（续）

序号	农产品英文名	农产品中文名	最大残留限量 (mg/kg)
3)	Sorghum	高粱	2.0T
4)	Wheat	小麦	2.0T

355. Phenthoate 稻丰散（ADI：0.003 mg/kg bw）

序号	农产品英文名	农产品中文名	最大残留限量 (mg/kg)
1)	Alpine leek leaves	高山韭菜叶	9.0
2)	Apple	苹果	0.2
3)	Arguta kiwifruit	阿古塔猕猴桃	0.5T
4)	Aronia	野樱莓	0.5T
5)	Asparagus	芦笋	0.05
6)	Beet（leaf）	甜菜（叶）	0.05T
7)	Beet（root）	甜菜（根）	0.03T
8)	Broccoli	西兰花	0.2
9)	Burdock	牛蒡	0.03T
10)	Burdock leaves	牛蒡叶	0.05T
11)	Butterbur	菊科蜂斗菜属植物	5.0T
12)	Cabbage	甘蓝	2.0
13)	Carrot	胡萝卜	0.03T
14)	Celery	芹菜	0.05T
15)	Chamnamul	大叶芹菜	5.0T
16)	Chard	食用甜菜	0.1T
17)	Cherry	樱桃	0.2T
18)	Chestnut	栗子	0.05
19)	Chicory	菊苣	5.0T
20)	Chicory（root）	菊苣（根）	0.05T
21)	Chinese chives	韭菜	0.05T
22)	Citrus fruits	柑橘类水果	1.0
23)	Coastal hog fennel	小茴香	5.0T
24)	Coriander leaves	香菜	0.05T
25)	Crown daisy	茼蒿	1.0T
26)	Cucumber	黄瓜	0.2
27)	Fresh ginseng	鲜参	0.05T
28)	Job's tear	薏苡	0.05T
29)	Kale	羽衣甘蓝	2.0T
30)	Korean black raspberry	朝鲜黑树莓	0.5T
31)	Korean cabbage，head	韩国甘蓝	0.03
32)	Korean wormwood	朝鲜艾草	0.5
33)	Lemon	柠檬	2.0
34)	Lettuce（head）	莴苣（顶端）	0.1T
35)	Maize	玉米	0.05
36)	Millet	粟	0.05

（续）

序号	农产品英文名	农产品中文名	最大残留限量（mg/kg）
37)	Mulberry	桑葚	0.5
38)	Mung bean	绿豆	0.03T
39)	Mustard green	芥菜	3.0
40)	Mustard leaf	芥菜叶	3.0
41)	Oak mushroom	香菇	0.05T
42)	Parsley	欧芹	0.05T
43)	Peach	桃	0.2T
44)	Peanut	花生	0.03T
45)	Pear	梨	0.2T
46)	Perilla leaves	紫苏叶	0.05T
47)	Persimmon	柿子	0.2T
48)	Plum	李子	0.2T
49)	Proso millet	黍	2.0
50)	Radish（leaf）	萝卜（叶）	0.05
51)	Radish（root）	萝卜（根）	0.05
52)	Red bean	红豆	0.03T
53)	Rice	稻米	0.05
54)	Rosemary（fresh）	迷迭香（鲜）	0.05T
55)	Shepherd's purse	荠菜	3.0
56)	Sorghum	高粱	0.1
57)	Spices seeds	种子类香辛料	7.0T
58)	Spinach	菠菜	0.1T
59)	Ssam cabbage	紫甘蓝	0.1
60)	Turnip root	芜菁根	0.15
61)	Walnut	胡桃	0.05T
62)	Water dropwort	水芹	0.3T
63)	Wheat	小麦	0.2T
64)	Yam	山药	0.03T
65)	Yuja	香橙	2.0

356. Phorate 甲拌磷（ADI：0.000 7 mg/kg bw）

残留物：甲拌磷及其氧类似物（亚砜、砜）之和，以甲拌磷表示

序号	农产品英文名	农产品中文名	最大残留限量（mg/kg）
1)	Apricot	杏	0.05T
2)	Barley	大麦	0.05T
3)	Beet（root）	甜菜（根）	0.05T
4)	Broccoli	西兰花	0.05
5)	Burdock	牛蒡	0.05T
6)	Butterbur	菊科蜂斗菜属植物	0.05T
7)	Cabbage	甘蓝	0.05
8)	Carrot	胡萝卜	0.05T

（续）

序号	农产品英文名	农产品中文名	最大残留限量 （mg/kg）
9)	Celery	芹菜	0.05T
10)	Chamnamul	大叶芹菜	3.0
11)	Chard	食用甜菜	3.0
12)	Chinese bellflower	中国风铃草	0.05T
13)	Chinese chives	韭菜	0.1
14)	Chwinamul	野生紫菀	3.0
15)	Coastal hog fennel	小茴香	0.05T
16)	Coffee bean	咖啡豆	0.05†
17)	Coriander seed	香菜籽	0.1T
18)	Cotton seed	棉籽	0.05T
19)	Crown daisy	茼蒿	0.05T
20)	Danggwi leaves	当归叶	0.05T
21)	Deodeok	羊乳（桔梗科党参属的植物）	0.05T
22)	Eggplant	茄子	0.05
23)	Fennel（seed）	茴香（籽）	0.1T
24)	Fresh ginseng	鲜参	0.05T
25)	Garlic	大蒜	0.05
26)	Ginger	姜	0.05
27)	Green soybean	青豆	0.05
28)	Jujube	枣	0.05T
29)	Kale	羽衣甘蓝	3.0
30)	Kohlrabi	球茎甘蓝	0.05T
31)	Korean black raspberry	朝鲜黑树莓	0.05T
32)	Korean cabbage，head	韩国甘蓝	0.05
33)	Leafy vegetables	叶类蔬菜	0.05T
34)	Lettuce（head）	莴苣（顶端）	0.05T
35)	Maize	玉米	0.05T
36)	Mustard green	芥菜	3.0
37)	Mustard leaf	芥菜叶	3.0
38)	Narrow-head ragwort	窄叶黄菀	0.05T
39)	Onion	洋葱	0.05
40)	Parsley	欧芹	0.05T
41)	Peanut	花生	0.1T
42)	Perilla leaves	紫苏叶	0.05
43)	Potato	马铃薯	0.05
44)	Radish（leaf）	萝卜（叶）	0.05
45)	Radish（root）	萝卜（根）	0.05
46)	Red bean	红豆	0.05T
47)	Root and tuber vegetables	块根和块茎类蔬菜	0.04T

（续）

序号	农产品英文名	农产品中文名	最大残留限量 （mg/kg）
48）	Schisandraberry	五味子	0.05T
49）	Shepherd's purse	荠菜	3.0
50）	Shiso	日本紫苏	0.05
51）	Soybean	大豆	0.05
52）	Spices（fruits and berries）	香辛料（水果和浆果类）	0.1T
53）	Spices roots	根类香辛料	0.1T
54）	Spices seeds	种子类香辛料	0.5T
55）	Spinach	菠菜	0.05T
56）	Ssam cabbage	紫甘蓝	0.05
57）	Stalk and stem vegetables	茎秆类蔬菜	0.05T
58）	Sweet potato	甘薯	0.05
59）	Sweet potato vines	薯蔓	0.1
60）	Tomato	番茄	0.1T
61）	Turnip root	芜菁根	0.05T
62）	Walnut	胡桃	0.05T
63）	Water dropwort	水芹	0.05T
64）	Welsh onion	威尔士洋葱	0.05
65）	Wheat	小麦	0.05T
66）	Yam	山药	0.05T

357. Phosalone 伏杀磷（ADI：0.002 mg/kg bw）

序号	农产品英文名	农产品中文名	最大残留限量（mg/kg）
1）	Almond	扁桃仁	0.1T
2）	Apple	苹果	5.0T
3）	Cherry	樱桃	10.0T
4）	Chestnut	栗子	0.1T
5）	Chili pepper	辣椒	1.0T
6）	Citrus fruits	柑橘类水果	1.0T
7）	Grape	葡萄	5.0T
8）	Grapefruit	葡萄柚	1.0T
9）	Korean cabbage，head	韩国甘蓝	2.0T
10）	Lemon	柠檬	1.0T
11）	Mandarin	中国柑橘	1.0T
12）	Orange	橙	1.0T
13）	Peach	桃	5.0T
14）	Pear	梨	2.0T
15）	Pecan	美洲山核桃	0.1T
16）	Plum	李子	5.0T
17）	Potato	马铃薯	0.1T
18）	Spices（fruits and berries）	香辛料（水果和浆果类）	2.0T
19）	Spices roots	根类香辛料	3.0T
20）	Spices seeds	种子类香辛料	2.0†

（续）

序号	农产品英文名	农产品中文名	最大残留限量（mg/kg）
21)	Yuja	香橙	2.0T

358. Phosmet 亚胺硫磷（ADI：0.01 mg/kg bw）

序号	农产品英文名	农产品中文名	最大残留限量（mg/kg）
1)	Blueberry	蓝莓	10†
2)	Cherry	樱桃	0.05T
3)	Citrus fruits	柑橘类水果	3.0†
4)	Cranberry	蔓越橘	3.0†
5)	Grape	葡萄	10T
6)	Maize	玉米	0.05T
7)	Potato	马铃薯	0.05T

359. Phosphamidone 磷胺（ADI：0.000 5 mg/kg bw）
E-磷胺（E-Phosphamidone）和 Z-磷胺（Z-Phosphamidone）之和

序号	农产品英文名	农产品中文名	最大残留限量（mg/kg）
1)	Apple	苹果	0.5T
2)	Barley	大麦	0.1T
3)	Beans	豆类	0.2T
4)	Buckwheat	荞麦	0.1T
5)	Cabbage	甘蓝	0.2T
6)	Cereal grains	谷物	0.1T
7)	Cherry	樱桃	0.2T
8)	Citrus fruits	柑橘类水果	0.4T
9)	Cucumber	黄瓜	0.1T
10)	Grapefruit	葡萄柚	0.4T
11)	Lemon	柠檬	0.4T
12)	Lettuce（head）	莴苣（顶端）	0.1T
13)	Maize	玉米	0.1T
14)	Oat	燕麦	0.1T
15)	Orange	橙	0.4T
16)	Peach	桃	0.2T
17)	Pear	梨	0.5T
18)	Plum	李子	0.2T
19)	Potato	马铃薯	0.05T
20)	Potatoes	薯类	0.05T
21)	Radish（root）	萝卜（根）	0.05T
22)	Rye	黑麦	0.1T
23)	Sorghum	高粱	0.1T
24)	Spinach	菠菜	0.2T
25)	Strawberry	草莓	0.2T
26)	Sweet potato	甘薯	0.05T
27)	Taro	芋头	0.05T
28)	Tomato	番茄	0.1T

（续）

序号	农产品英文名	农产品中文名	最大残留限量 （mg/kg）
29)	Watermelon	西瓜	0.1T
30)	Wheat	小麦	0.1T

360. Phoxim 辛硫磷（ADI：0.004 mg/kg bw）

序号	农产品英文名	农产品中文名	最大残留限量 （mg/kg）
1)	Asparagus	芦笋	0.05
2)	Barley	大麦	0.05T
3)	Beet（leaf）	甜菜（叶）	0.05T
4)	Beet（root）	甜菜（根）	0.05T
5)	Broccoli	西兰花	0.05
6)	Buckwheat	荞麦	0.05T
7)	Burdock	牛蒡	0.05T
8)	Burdock leaves	牛蒡叶	0.05T
9)	Cabbage	甘蓝	0.05
10)	Carrot	胡萝卜	0.05T
11)	Chamnamul	大叶芹菜	0.05
12)	Chard	食用甜菜	0.05
13)	Chili pepper	辣椒	0.05
14)	Chinese chives	韭菜	0.05
15)	Chwinamul	野生紫菀	0.05
16)	Cotton seed	棉籽	0.05T
17)	Crown daisy	茼蒿	0.05
18)	Deodeok	羊乳（桔梗科党参属的植物）	0.05T
19)	Eggplant	茄子	0.05T
20)	Garlic	大蒜	0.05
21)	Gondre	耶蓟	0.05T
22)	Green garlic	青蒜	0.05
23)	Herbs（fresh）	香草（鲜）	0.05T
24)	Kale	羽衣甘蓝	0.05
25)	Kohlrabi	球茎甘蓝	0.05T
26)	Korean cabbage，head	韩国甘蓝	0.05
27)	Lettuce（head）	莴苣（顶端）	0.1T
28)	Lettuce（leaf）	莴苣（叶）	0.1T
29)	Maize	玉米	0.05T
30)	Melon	瓜类	0.05T
31)	Millet	粟	0.05T
32)	Oat	燕麦	0.05T
33)	Onion	洋葱	0.05
34)	Perilla leaves	紫苏叶	0.05
35)	Potato	马铃薯	0.05
36)	Radish（leaf）	萝卜（叶）	0.05

（续）

序号	农产品英文名	农产品中文名	最大残留限量 (mg/kg)
37)	Radish（root）	萝卜（根）	0.05
38)	Rice	稻米	0.05T
39)	Rye	黑麦	0.05T
40)	Shiso	日本紫苏	0.05
41)	Sorghum	高粱	0.05T
42)	Spinach	菠菜	0.05
43)	Ssam cabbage	紫甘蓝	0.05
44)	Taro	芋头	0.05T
45)	Taro stem	芋头茎	0.05T
46)	Tomato	番茄	0.2T
47)	Turnip root	芜菁根	0.05T
48)	Water dropwort	水芹	0.05
49)	Welsh onion	威尔士洋葱	0.05
50)	Wheat	小麦	0.05T
361. Picabutrazox 一种杀菌剂			
1)	Blueberry	蓝莓	0.05T
2)	Broccoli	西兰花	2.0T
3)	Cabbage	甘蓝	2.0T
4)	Celery	芹菜	3.0T
5)	Chili pepper	辣椒	2.0
6)	Cucumber	黄瓜	0.3
7)	Dried ginseng	干参	2.0
8)	Fresh ginseng	鲜参	1.0
9)	Grape	葡萄	2.0
10)	Kale	羽衣甘蓝	9.0
11)	Korean Black Raspberry	朝鲜黑树莓	0.05T
12)	Korean cabbage，head	韩国甘蓝	2.0
13)	Korean melon	韩国瓜类	0.5
14)	Melon	瓜类	0.3
15)	Millet	粟	0.05
16)	Onion	洋葱	0.05
17)	Potato	马铃薯	0.05
18)	Ssam cabbage	紫甘蓝	5.0
19)	Strawberry	草莓	0.05
20)	Sweet pepper	甜椒	2.0
21)	Tomato	番茄	2.0
22)	Welsh onion	威尔士洋葱	3.0
362. Picoxystrobin 啶氧菌酯（ADI：0.043 mg/kg bw）			
1)	Apple	苹果	0.3T

（续）

序号	农产品英文名	农产品中文名	最大残留限量（mg/kg）
2)	Barley	大麦	0.3†
3)	Beans	豆类	0.05†
4)	Broccoli	西兰花	0.05T
5)	Burdock	牛蒡	0.05T
6)	Chili pepper	辣椒	1.0
7)	Cucumber	黄瓜	1.0
8)	Dried ginseng	干参	0.5
9)	Eggplant	茄子	1.0T
10)	Fig	无花果	2.0T
11)	Fresh ginseng	鲜参	0.3
12)	Garlic	大蒜	0.05
13)	Grape	葡萄	5.0
14)	Green garlic	青蒜	2.0
15)	Korean melon	韩国瓜类	2.0
16)	Leafy vegetables	叶类蔬菜	5.0
17)	Maize	玉米	0.015†
18)	Mandarin	中国柑橘	0.5T
19)	Millet	粟	0.05T
20)	Onion	洋葱	0.05
21)	Peach	桃	2.0T
22)	Perilla leaves	紫苏叶	25.0
23)	Persimmon	柿子	1.0T
24)	Quinoa	藜麦	0.05T
25)	Radish（root）	萝卜（根）	0.05T
26)	Rape seed	油菜籽	0.08†
27)	Schisandraberry	五味子	2.0T
28)	Stalk and stem vegetables	茎秆类蔬菜	3.0
29)	Strawberry	草莓	2.0
30)	Sweet pepper	甜椒	1.0
31)	Watermelon	西瓜	0.3
32)	Welsh onion	威尔士洋葱	3.0
33)	Wheat	小麦	0.04†
34)	Yam	山药	0.05T

363. Pinoxaden 唑啉草酯

1)	Barley	大麦	0.7T
2)	Wheat	小麦	0.7T

364. Piperonyl butoxide 增效醚（ADI：0.2 mg/kg bw）

1)	Almond	扁桃仁	8.0T
2)	Blueberry	蓝莓	0.2T

（续）

序号	农产品英文名	农产品中文名	最大残留限量（mg/kg）
3)	Cherry	樱桃	0.2T
4)	Dried fruits	干果类	0.2T
5)	Grape	葡萄	0.2T
6)	Grapefruit	葡萄柚	0.2T
7)	Herbs（fresh）	香草（鲜）	0.2T
8)	Lemon	柠檬	0.2T
9)	Maize	玉米	$30^{\dagger}$
10)	Orange	橙	0.2T
11)	Potato	马铃薯	0.2T
12)	Sweet pepper	甜椒	0.2T
13)	Wheat	小麦	0.2T

365. Piperophos 哌草磷

序号	农产品英文名	农产品中文名	最大残留限量（mg/kg）
1)	Rice	稻米	0.05T

366. Pirimicarb 抗蚜威（ADI：0.02 mg/kg bw）

序号	农产品英文名	农产品中文名	最大残留限量（mg/kg）
1)	Almond	扁桃仁	1.0T
2)	Apple	苹果	1.0T
3)	Apricot	杏	1.0T
4)	Asparagus	芦笋	2.0T
5)	Avocado	鳄梨	1.0T
6)	Banana	香蕉	1.0T
7)	Barley	大麦	0.05T
8)	Buckwheat	荞麦	0.05T
9)	Cabbage	甘蓝	1.0T
10)	Carrot	胡萝卜	2.0T
11)	Celery	芹菜	1.0T
12)	Cherry	樱桃	1.0T
13)	Chestnut	栗子	1.0T
14)	Chili pepper	辣椒	2.0T
15)	Chinese chives	韭菜	0.5T
16)	Citrus fruits	柑橘类水果	0.05T
17)	Coffee bean	咖啡豆	0.05T
18)	Cotton seed	棉籽	0.05T
19)	Crown daisy	茼蒿	2.0T
20)	Cucumber	黄瓜	1.0T
21)	Edible fungi	食用菌	2.0T
22)	Eggplant	茄子	1.0T
23)	Fruits	水果类	1.0T
24)	Garlic	大蒜	2.0T
25)	Ginger	姜	2.0T

（续）

序号	农产品英文名	农产品中文名	最大残留限量（mg/kg）
26)	Ginkgo nut	白果	1.0T
27)	Grape	葡萄	1.0T
28)	Grapefruit	葡萄柚	0.05T
29)	Japanese apricot	青梅	1.0T
30)	Kale	羽衣甘蓝	2.0T
31)	Kiwifruit	猕猴桃	1.0T
32)	Korean cabbage，head	韩国甘蓝	2.0T
33)	Korean melon	韩国瓜类	1.0T
34)	Lemon	柠檬	0.05T
35)	Lettuce（head）	莴苣（顶端）	1.0T
36)	Lettuce（leaf）	莴苣（叶）	1.0T
37)	Maize	玉米	0.05T
38)	Mandarin	中国柑橘	0.05T
39)	Mango	芒果	1.0T
40)	Melon	瓜类	1.0T
41)	Millet	粟	0.05T
42)	Nuts	坚果	1.0T
43)	Oak mushroom	香菇	2.0T
44)	Oat	燕麦	0.05T
45)	Onion	洋葱	0.5T
46)	Orange	橙	0.5T
47)	Papaya	番木瓜	1.0T
48)	Peach	桃	0.5T
49)	Pear	梨	1.0T
50)	Pecan	美洲山核桃	0.05T
51)	Persimmon	柿子	1.0T
52)	Pineapple	菠萝	1.0T
53)	Plum	李子	0.5T
54)	Potato	马铃薯	0.05T
55)	Quince	榅桲	1.0T
56)	Radish（leaf）	萝卜（叶）	2.0T
57)	Radish（root）	萝卜（根）	0.05T
58)	Rice	稻米	0.05T
59)	Rye	黑麦	0.05T
60)	Seeds	种子类	1.0T
61)	Sesame seed	芝麻籽	1.0T
62)	Sorghum	高粱	0.05T
63)	Soybean	大豆	0.05T
64)	Spices seeds	种子类香辛料	5.0T

（续）

序号	农产品英文名	农产品中文名	最大残留限量 (mg/kg)
65)	Spinach	菠菜	1.0T
66)	Squash	西葫芦	2.0T
67)	Strawberry	草莓	0.5T
68)	Sunflower seed	葵花籽	1.0T
69)	Sweet pepper	甜椒	1.0T
70)	Sweet potato	甘薯	0.1T
71)	Taro	芋头	0.1T
72)	Tomato	番茄	1.0T
73)	Vegetables	蔬菜类	2.0T
74)	Walnut	胡桃	1.0T
75)	Watermelon	西瓜	1.0T
76)	Welsh onion	威尔士洋葱	0.5T
77)	Wheat	小麦	0.05T
367. Pirimiphos-ethyl　嘧啶磷			
1)	Banana	香蕉	0.02T
2)	Garlic	大蒜	0.1T
3)	Peanut	花生	0.1T
4)	Potato	马铃薯	0.1T
368. Pirimiphos-methyl　甲基嘧啶磷（ADI：0.03 mg/kg bw）			
1)	Apple	苹果	0.7
2)	Barley	大麦	5.0T
3)	Buckwheat	荞麦	5.0T
4)	Cabbage	甘蓝	1.0T
5)	Carrot	胡萝卜	0.5T
6)	Cereal grains	谷物	5.0T
7)	Cherry	樱桃	1.0T
8)	Chili pepper	辣椒	0.5T
9)	Citrus fruits	柑橘类水果	1.0T
10)	Cucumber	黄瓜	0.5T
11)	Edible fungi	食用菌	1.0T
12)	Grapefruit	葡萄柚	1.0T
13)	Herbs (fresh)	香草（鲜）	0.05T
14)	Kiwifruit	猕猴桃	2.0T
15)	Korean cabbage, head	韩国甘蓝	0.7T
16)	Lemon	柠檬	1.0T
17)	Lettuce (head)	莴苣（顶端）	2.0T
18)	Maize	玉米	5.0T
19)	Oat	燕麦	5.0T
20)	Onion	洋葱	1.0T

（续）

序号	农产品英文名	农产品中文名	最大残留限量（mg/kg）
21)	Orange	橙	1.0T
22)	Pea	豌豆	0.05T
23)	Peanut	花生	1.0T
24)	Pear	梨	1.0T
25)	Plum	李子	1.0T
26)	Potato	马铃薯	0.05T
27)	Rice	稻米	1.0T
28)	Rye	黑麦	5.0T
29)	Sorghum	高粱	5.0T
30)	Spices（fruits and berries）	香辛料（水果和浆果类）	0.5T
31)	Spices seeds	种子类香辛料	3.0†
32)	Spinach	菠菜	5.0T
33)	Ssam cabbage	紫甘蓝	2.0T
34)	Strawberry	草莓	1.0T
35)	Sweet pepper	甜椒	1.0T
36)	Tomato	番茄	1.0T
37)	Welsh onion	威尔士洋葱	0.5T
38)	Wheat	小麦	7.0†

369. Pretilachlor 丙草胺（ADI：0.018 mg/kg bw）

1)	Rice	稻米	0.1

370. Probenazole 烯丙苯噻唑

1)	Broccoli	西兰花	0.05
2)	Cabbage	甘蓝	0.05
3)	Cacao bean	可可豆	0.05T
4)	Chili pepper	辣椒	0.07
5)	Korean cabbage, head	韩国甘蓝	0.07
6)	Radish（leaf）	萝卜（叶）	0.05
7)	Radish（root）	萝卜（根）	0.05
8)	Rice	稻米	0.1
9)	Ssam cabbage	紫甘蓝	0.07
10)	Sweet pepper	甜椒	0.07

371. Prochloraz 咪鲜胺（ADI：0.01 mg/kg bw）
残留物：咪鲜胺及其含有 2，4，6-三氯苯酚部分的代谢物的总和，表示为咪鲜胺

1)	Apple	苹果	0.5
2)	Cassia seed	决明子	0.05
3)	Chard	食用甜菜	25
4)	Cherry	樱桃	2.0
5)	Chili pepper	辣椒	3.0
6)	Chinese bellflower	中国风铃草	0.05

（续）

序号	农产品英文名	农产品中文名	最大残留限量 （mg/kg）
7）	Cucumber	黄瓜	1.0
8）	Deodeok	羊乳（桔梗科党参属的植物）	0.05
9）	Dried ginseng	干参	0.7
10）	Eggplant	茄子	2.0
11）	Fresh ginseng	鲜参	0.3
12）	Garlic	大蒜	0.05
13）	Ginger	姜	0.05
14）	Grape	葡萄	1.0
15）	Green garlic	青蒜	2.0
16）	Jasmine（fresh）	茉莉（鲜）	0.02T
17）	Jujube	枣	3.0
18）	Jujube（dried）	枣（干）	6.0
19）	Korean black raspberry	朝鲜黑树莓	3.0
20）	Korean melon	韩国瓜类	0.5
21）	Mandarin	中国柑橘	1.0
22）	Mushroom	蘑菇	0.5
23）	Onion	洋葱	0.05
24）	Oyster mushroom	平菇	0.1
25）	Peach	桃	2.0
26）	Pear	梨	2.0
27）	Pepper	辣椒	10.0T
28）	Perilla leaves	紫苏叶	50
29）	Persimmon	柿子	2.0
30）	Plum	李子	0.3
31）	Rice	稻米	0.02
32）	Strawberry	草莓	2.0
33）	Sweet pepper	甜椒	3.0
34）	Sweet potato	甘薯	0.05
35）	Sweet potato vines	薯蔓	0.05
36）	Tomato	番茄	2.0
37）	Tropical fruits	热带水果	5.0†
38）	Watermelon	西瓜	1.0
39）	Welsh onion	威尔士洋葱	1.0
40）	Wheat	小麦	0.02T
41）	Wild grape	野生葡萄	3.0

372. Procymidone 腐霉利（ADI：0.1 mg/kg bw）

1）	Apple	苹果	5.0T
2）	Cherry	樱桃	5.0T
3）	Chili pepper	辣椒	5.0

（续）

序号	农产品英文名	农产品中文名	最大残留限量（mg/kg）
4)	Chili pepper（dried）	辣椒（干）	15
5)	Chinese chives	韭菜	5.0
6)	Coffee bean	咖啡豆	0.05T
7)	Cucumber	黄瓜	2.0
8)	Eggplant	茄子	2.0T
9)	Fruiting vegetables，cucurbits	瓜类蔬菜	0.05
10)	Grape	葡萄	2.0
11)	Kiwifruit	猕猴桃	7.0T
12)	Korean black raspberry	朝鲜黑树莓	2.0T
13)	Leafy vegetables	叶类蔬菜	0.05T
14)	Lettuce（head）	莴苣（顶端）	5.0T
15)	Lettuce（leaf）	莴苣（叶）	5.0T
16)	Macadamia	澳洲坚果	0.05T
17)	Mango	芒果	0.01T
18)	Melon	瓜类	1.0T
19)	Onion	洋葱	0.2
20)	Pak choi	小白菜	5.0T
21)	Peach	桃	0.5
22)	Potato	马铃薯	0.1T
23)	Rice	稻米	1.0T
24)	Root and tuber vegetables	块根和块茎类蔬菜	0.05T
25)	Squash	西葫芦	0.2T
26)	Stalk and stem vegetables	茎秆类蔬菜	0.05T
27)	Strawberry	草莓	10.0
28)	Sunflower seed	葵花籽	2.0T
29)	Sweet pepper	甜椒	5.0
30)	Tomato	番茄	10
31)	Watermelon	西瓜	0.2
32)	Welsh onion	威尔士洋葱	5.0T

373. Profenofos 丙溴磷（ADI：0.03 mg/kg bw）

序号	农产品英文名	农产品中文名	最大残留限量（mg/kg）
1)	Apple	苹果	2.0T
2)	Beet（leaf）	甜菜（叶）	2.0T
3)	Beet（root）	甜菜（根）	0.03T
4)	Cardamom	豆蔻干籽	3.0T
5)	Carrot	胡萝卜	0.03T
6)	Celery	芹菜	0.7T
7)	Chard	食用甜菜	2.0T
8)	Chili pepper	辣椒	2.0
9)	Coffee bean	咖啡豆	0.03†

（续）

序号	农产品英文名	农产品中文名	最大残留限量 (mg/kg)
10)	Cotton seed	棉籽	3.0T
11)	Cucumber	黄瓜	2.0T
12)	Herbs（fresh）	香草（鲜）	0.03T
13)	Korean black raspberry	朝鲜黑树莓	2.0T
14)	Korean cabbage，head	韩国甘蓝	0.7
15)	Korean wormwood	朝鲜艾草	2.0T
16)	Maize	玉米	0.03T
17)	Mustard leaf	芥菜叶	2.0T
18)	Parsley	欧芹	2.0T
19)	Pomegranate	石榴	2.0T
20)	Potato	马铃薯	0.05T
21)	Sesame seed	芝麻籽	3.0T
22)	Soybean	大豆	0.05T
23)	Spices（fruits and berries）	香辛料（水果和浆果类）	0.07T
24)	Spices roots	根类香辛料	0.05T
25)	Spices seeds	种子类香辛料	5.0†
26)	Ssam cabbage	紫甘蓝	2.0
27)	Sweet pepper	甜椒	2.0
28)	Tea	茶	0.5T
29)	Tomato	番茄	2.0T
30)	Wheat	小麦	0.03T
31)	Yuja	香橙	2.0T

374. Prohexadione-Calcium 调环酸钙（ADI：0.2 mg/kg bw）
调环酸（Prohexadione）和调环酸钙（Prohexazione-calcium）的总和，表示为调环酸钙

序号	农产品英文名	农产品中文名	最大残留限量
1)	Apple	苹果	0.05
2)	Cherry	樱桃	0.05T
3)	Garlic	大蒜	0.05
4)	Green garlic	青蒜	0.05
5)	Korean cabbage，head	韩国甘蓝	2.0
6)	Onion	洋葱	0.05
7)	Potato	马铃薯	0.2
8)	Radish（leaf）	萝卜（叶）	0.05
9)	Radish（root）	萝卜（根）	0.05
10)	Rice	稻米	0.05
11)	Ssam cabbage	紫甘蓝	5.0

375. Prometryn 扑草净（ADI：0.04 mg/kg bw）

序号	农产品英文名	农产品中文名	最大残留限量
1)	Cotton seed	棉籽	0.2T
2)	Maize	玉米	0.2T

序号	农产品英文名	农产品中文名	最大残留限量（mg/kg）
376. Propamocarb 霜霉威（ADI：0.4 mg/kg bw）			
1)	Barley	大麦	0.1T
2)	Beet（root）	甜菜（根）	0.05T
3)	Blueberry	蓝莓	0.1T
4)	Broccoli	西兰花	3.0T
5)	Burdock	牛蒡	0.05T
6)	Cabbage	甘蓝	0.1T
7)	Carrot	胡萝卜	0.05T
8)	Celery	芹菜	0.2T
9)	Chicory（root）	菊苣（根）	0.05T
10)	Chili pepper	辣椒	5.0
11)	Cucumber	黄瓜	2.0
12)	Dried ginseng	干参	1.0
13)	Eggplant	茄子	1.5
14)	Fresh ginseng	鲜参	0.5
15)	Ginger	姜	0.05
16)	Grape	葡萄	2.0
17)	Green soybean	青豆	5.0T
18)	Herbs（fresh）	香草（鲜）	0.05T
19)	Korean cabbage，head	韩国甘蓝	1.0
20)	Korean melon	韩国瓜类	1.0
21)	Leafy vegetables	叶类蔬菜	25
22)	Lettuce（head）	莴苣（顶端）	10.0T
23)	Lettuce（leaf）	莴苣（叶）	10.0T
24)	Melon	瓜类	1.0T
25)	Onion	洋葱	0.1
26)	Peach	桃	1.0
27)	Peanut	花生	0.05T
28)	Pepper	辣椒	0.05T
29)	Potato	马铃薯	0.3
30)	Radish（root）	萝卜（根）	5.0T
31)	Rice	稻米	0.1T
32)	Schisandraberry	五味子	1.0T
33)	Sesame seed	芝麻籽	0.05T
34)	Soybean	大豆	0.05T
35)	Spinach	菠菜	1.0T
36)	Ssam cabbage	紫甘蓝	3.0
37)	Stalk and stem vegetables	茎秆类蔬菜	25
38)	Strawberry	草莓	0.1T

（续）

序号	农产品英文名	农产品中文名	最大残留限量 （mg/kg）
39)	Sweet pepper	甜椒	5.0
40)	Tomato	番茄	5.0
41)	Watermelon	西瓜	0.7

377. Propanil　敌稗（ADI：0.02 mg/kg bw）

序号	农产品英文名	农产品中文名	最大残留限量 （mg/kg）
1)	Aronia	野樱莓	0.05T
2)	Barley	大麦	0.2T
3)	Broccoli	西兰花	0.05T
4)	Oat	燕麦	0.2T
5)	Radish（leaf）	萝卜（叶）	0.05T
6)	Rice	稻米	0.05
7)	Wheat	小麦	0.2T

378. Propaquizafop　噁草酸（ADI：0.015 mg/kg bw）

序号	农产品英文名	农产品中文名	最大残留限量 （mg/kg）
1)	Carrot	胡萝卜	0.05
2)	Chili pepper	辣椒	0.05
3)	Chili pepper leaves	辣椒叶	0.05
4)	Deodeok	羊乳（桔梗科党参属的植物）	0.05T
5)	Garlic	大蒜	0.05
6)	Korean cabbage，head	韩国甘蓝	0.05
7)	Onion	洋葱	0.05
8)	Potato	马铃薯	0.05
9)	Radish（root）	萝卜（根）	0.05T
10)	Soybean	大豆	0.05
11)	Ssam cabbage	紫甘蓝	0.05
12)	Sweet potato	甘薯	0.05
13)	Welsh onion	威尔士洋葱	0.05T

379. Propargite　克螨特（ADI：0.01 mg/kg bw）

序号	农产品英文名	农产品中文名	最大残留限量 （mg/kg）
1)	Apple	苹果	5.0
2)	Apricot	杏	7.0T
3)	Cotton seed	棉籽	0.1T
4)	Grape	葡萄	10.0
5)	Grapefruit	葡萄柚	5.0T
6)	Hop	蛇麻草	30.0
7)	Kidney bean	四季豆	0.2T
8)	Lemon	柠檬	5.0T
9)	Maize	玉米	0.1T
10)	Mandarin	中国柑橘	5.0
11)	Mung bean	绿豆	0.2T
12)	Nuts	坚果	0.1†
13)	Orange	橙	5.0T

序号	农产品英文名	农产品中文名	最大残留限量（mg/kg）
14）	Peach	桃	7.0T
15）	Peanut	花生	0.1T
16）	Pear	梨	3.0T
17）	Plum	李子	7.0T
18）	Potato	马铃薯	0.1T
19）	Red bean	红豆	0.2T
20）	Strawberry	草莓	7.0T
21）	Tea	茶	5.0T

380. Propiconazole 丙环唑（ADI：0.07 mg/kg bw）

序号	农产品英文名	农产品中文名	最大残留限量（mg/kg）
1）	Almond	扁桃仁	0.1†
2）	Apple	苹果	1.0
3）	Apricot	杏	1.0T
4）	Banana	香蕉	0.1†
5）	Blueberry	蓝莓	0.5T
6）	Cereal grains	谷物	2.0†
7）	Cherry	樱桃	2.0†
8）	Chili pepper	辣椒	1.0
9）	Chwinamul	野生紫菀	5.0T
10）	Citrus fruits	柑橘类水果	8.0†
11）	Coffee bean	咖啡豆	0.02†
12）	Cranberry	蔓越橘	0.3T
13）	Deodeok	羊乳（桔梗科党参属的植物）	0.05T
14）	Fresh ginseng	鲜参	0.05T
15）	Garlic	大蒜	0.05
16）	Ginger	姜	0.05T
17）	Grape	葡萄	0.5
18）	Green garlic	青蒜	0.5
19）	Green soybean	青豆	0.7
20）	Herbs（fresh）	香草（鲜）	0.02T
21）	Japanese apricot	青梅	1.0T
22）	Maize	玉米	0.05
23）	Mango	芒果	0.05T
24）	Mustard leaf	芥菜叶	1.0T
25）	Onion	洋葱	0.05
26）	Peach	桃	1.0
27）	Peanut	花生	0.05T
28）	Pear	梨	0.5
29）	Pecan	美洲山核桃	0.05T
30）	Perilla leaves	紫苏叶	0.05T

（续）

序号	农产品英文名	农产品中文名	最大残留限量（mg/kg）
31)	Persimmon	柿子	0.3
32)	Plum	李子	0.6†
33)	Radish（leaf）	萝卜（叶）	0.05T
34)	Radish（root）	萝卜（根）	0.05T
35)	Rape seed	油菜籽	0.02†
36)	Rice	稻米	0.7
37)	Salt sandspurry	拟漆姑	0.05T
38)	Schisandraberry	五味子	0.6T
39)	Seeds	种子类	0.05T
40)	Soybean	大豆	0.06†
41)	Spices seeds	种子类香辛料	0.02T
42)	Sweet potato	甘薯	0.05
43)	Sweet potato vines	薯蔓	0.05
44)	Water dropwort	水芹	0.05T
45)	Welsh onion	威尔士洋葱	1.0
46)	Wheat	小麦	0.05†
47)	Wild chive	野生细香葱	0.05T

381. Propineb 丙森锌（ADI：0.007 mg/kg bw）

382. Propisochlor 异丙草胺（ADI：0.025 mg/kg bw）

1)	Garlic	大蒜	0.1T
2)	Maize	玉米	0.05T

383. Propoxur 残杀威（ADI：0.005 mg/kg bw）

1)	Rice	稻米	0.05T

384. Propyrisulfuron 丙嗪嘧磺隆（ADI：0.011 mg/kg bw）

1)	Rice	稻米	0.05

385. Propyzamide 炔苯酰草胺

1)	Blueberry	蓝莓	0.05T
2)	Broccoli	西兰花	0.02T
3)	Cherry	樱桃	0.02T
4)	Chicory	菊苣	0.2T
5)	Grape	葡萄	0.1T
6)	Lettuce（leaf）	莴苣（叶）	0.6T

386. Prosulfocarb 苄草丹

1)	Celeriac	块根芹	0.08T
2)	Parsnip	欧洲防风草	0.08T

387. Prothiaconazole 一种杀菌剂

1)	Blueberry	蓝莓	2.0T
2)	Cabbage	甘蓝	0.09T
3)	Cranberry	蔓越橘	0.15T

（续）

序号	农产品英文名	农产品中文名	最大残留限量（mg/kg）
4)	Leek	韭葱	0.06T
5)	Maize	玉米	0.1T
6)	Parsnip	欧洲防风草	0.1T
7)	Peanut	花生	0.02T
8)	Potato	马铃薯	0.02T
9)	Soybean	大豆	0.2T
10)	Wheat	小麦	0.1T

388. Prothiofos 丙硫磷

序号	农产品英文名	农产品中文名	最大残留限量（mg/kg）
1)	Apple	苹果	0.05T
2)	Korean cabbage, head	韩国甘蓝	0.05T
3)	Korean cabbage, head (dried)	韩国甘蓝（干）	0.7T
4)	Mandarin	中国柑橘	0.2T
5)	Pear	梨	0.05T
6)	Persimmon	柿子	0.2T
7)	Yuja	香橙	0.05T

389. Pydiflumetofen 氟唑菌酰羟胺

序号	农产品英文名	农产品中文名	最大残留限量（mg/kg）
1)	Apple	苹果	0.5
2)	Chili pepper	辣椒	2.0
3)	Cucumber	黄瓜	0.3
4)	Fruiting vegetables other than cucurbits	茄果类蔬菜	0.5†
5)	Garlic	大蒜	0.05
6)	Green garlic	青蒜	0.7
7)	Onion	洋葱	0.05
8)	Pear	梨	0.5
9)	Rice	稻米	0.05
10)	Strawberry	草莓	2.0
11)	Sweet pepper	甜椒	2.0
12)	Tomato	番茄	2.0
13)	Watermelon	西瓜	0.5

390. Pyflubumide 一种杀螨剂（ADI：0.007 4 mg/kg bw）
一种新型杀螨剂及其亚氨基的总和

序号	农产品英文名	农产品中文名	最大残留限量（mg/kg）
1)	Apple	苹果	0.5
2)	Apricot	杏	1.0T
3)	Blueberry	蓝莓	2.0T
4)	Chili pepper	辣椒	1.0
5)	Cucumber	黄瓜	0.3
6)	Grape	葡萄	0.7
7)	jujube	枣	0.7
8)	Jujube (dried)	枣（干）	1.5

（续）

序号	农产品英文名	农产品中文名	最大残留限量（mg/kg）
9)	Korean melon	韩国瓜类	0.2
10)	Mandarin	中国柑橘	1.0
11)	Melon	瓜类	0.3
12)	Peach	桃	1.0
13)	Pear	梨	0.5
14)	Persimmon	柿子	0.5
15)	Strawberry	草莓	2.0
16)	Sweet pepper	甜椒	1.0
17)	Watermelon	西瓜	0.07

391. Pymetrozine 吡蚜酮 （ADI：0.03 mg/kg bw）

序号	农产品英文名	农产品中文名	最大残留限量（mg/kg）
1)	Amaranth leaves	苋菜叶	0.5T
2)	Apple	苹果	0.3
3)	Apricot	杏	0.2T
4)	Asparagus	芦笋	4.0
5)	Balsam apple	苦瓜	0.2
6)	Barley	大麦	0.05
7)	Beet（leaf）	甜菜（叶）	0.5T
8)	Beet（root）	甜菜（根）	0.05T
9)	Broccoli	西兰花	1.0
10)	Buckwheat	荞麦	0.05T
11)	Burdock	牛蒡	0.05
12)	Butterbur	菊科蜂斗菜属植物	0.5
13)	Cabbage	甘蓝	1.0
14)	Carrot	胡萝卜	0.05
15)	Celery	芹菜	4.0
16)	Chamnamul	大叶芹菜	0.7
17)	Chard	食用甜菜	1.0
18)	Cherry	樱桃	1.0
19)	Chicory	菊苣	1.0T
20)	Chicory（root）	菊苣（根）	0.05T
21)	Chili pepper	辣椒	2.0
22)	Chili pepper leaves	辣椒叶	1.0
23)	Chinese bellflower	中国风铃草	0.05
24)	Chinese mallow	中国锦葵	1.0
25)	Chwinamul	野生紫菀	1.0
26)	Coastal hog fennel	小茴香	0.5T
27)	Coriander leaves	香菜	0.3T
28)	Crown daisy	茼蒿	0.7
29)	Cucumber	黄瓜	0.2

（续）

序号	农产品英文名	农产品中文名	最大残留限量（mg/kg）
30)	Danggwi leaves	当归叶	3.0
31)	Deodeok	羊乳（桔梗科党参属的植物）	1.0
32)	Dolnamul	垂盆草/豆瓣菜	3.0
33)	Dragon fruit	火龙果	0.5
34)	Dureup	刺老芽	0.3T
35)	Eggplant	茄子	0.2
36)	Fig	无花果	0.5
37)	Gondre	耶蓟	5.0T
38)	Hop	蛇麻草	0.03T
39)	Japanese apricot	青梅	0.5
40)	Jujube	枣	0.2T
41)	Kale	羽衣甘蓝	3.0
42)	Kohlrabi	球茎甘蓝	0.05
43)	Korean cabbage，head	韩国甘蓝	0.2
44)	Korean melon	韩国瓜类	0.1
45)	Lemon	柠檬	0.3
46)	Lettuce（head）	莴苣（顶端）	5.0
47)	Lettuce（leaf）	莴苣（叶）	1.0
48)	Maize	玉米	0.05T
49)	Mandarin	中国柑橘	0.3
50)	Mango	芒果	0.5T
51)	Melon	瓜类	0.05
52)	Mint	薄荷	0.05T
53)	Mung bean	绿豆	0.07
54)	Mustard green	芥菜	3.0
55)	Mustard leaf	芥菜叶	0.5T
56)	Pak choi	小白菜	5.0T
57)	Parsley	欧芹	3.0
58)	Peach	桃	0.5
59)	Peanut	花生	0.03T
60)	Perilla leaves	紫苏叶	0.5
61)	Plum	李子	0.2T
62)	Potato	马铃薯	0.2
63)	Quince	榅桲	0.3T
64)	Radish（leaf）	萝卜（叶）	1.0
65)	Radish（root）	萝卜（根）	0.05
66)	Rape leaves	油菜叶	5.0
67)	Rape seed	油菜籽	0.05
68)	Red bean	红豆	0.05

（续）

序号	农产品英文名	农产品中文名	最大残留限量 （mg/kg）
69）	Rice	稻米	0.05
70）	Safflower seed	红花籽	0.05
71）	Salt sandspurry	拟漆姑	0.3T
72）	Schisandraberry	五味子	0.2T
73）	Sesame seed	芝麻籽	0.2
74）	Shinsuncho	韩国山葵	5.0T
75）	Shiso	日本紫苏	1.0
76）	Sorghum	高粱	0.1
77）	Spinach	菠菜	5.0
78）	Squash	西葫芦	0.2
79）	Squash leaves	南瓜叶	10
80）	Ssam cabbage	紫甘蓝	0.5
81）	Strawberry	草莓	0.5
82）	Sweet pepper	甜椒	2.0
83）	Taro	芋头	0.2T
84）	Taro stem	芋头茎	0.05T
85）	Tatsoi	塌棵菜	5.0T
86）	Tomato	番茄	1.0
87）	Turnip root	芜菁根	0.05
88）	Wasabi leaves	芥末叶	0.5T
89）	Wasabi（root）	芥末（根）	0.05T
90）	Water dropwort	水芹	5.0
91）	Watermelon	西瓜	0.03
92）	Welsh onion	威尔士洋葱	0.3
93）	Yuja	香橙	0.3

392. Pyraclofos　吡唑硫磷

序号	农产品英文名	农产品中文名	最大残留限量（mg/kg）
1）	Cabbage	甘蓝	0.1T
2）	Chili pepper	辣椒	1.0T
3）	Chili pepper leaves	辣椒叶	3.0T
4）	Chili pepper（dried）	辣椒（干）	5.0T
5）	Chinese chives	韭菜	2.0T
6）	Garlic	大蒜	0.05T
7）	Green tea extract	绿茶提取物	15.0T
8）	Korean cabbage, head	韩国甘蓝	0.05T
9）	Ssam cabbage	紫甘蓝	0.1T
10）	Sweet pepper	甜椒	1.0T
11）	Tea	茶	5.0T
12）	Watermelon	西瓜	0.05T

（续）

序号	农产品英文名	农产品中文名	最大残留限量 （mg/kg）
393. Pyraclonil 双唑草腈（ADI：0.004 4 mg/kg bw）			
1）	Rice	稻米	0.05
394. Pyraclostrobin 唑菌胺酯（ADI：0.03 mg/kg bw）			
1）	Alpine leek leaves	高山韭菜叶	15
2）	Amaranth leaves	苋菜叶	5.0
3）	Apple	苹果	0.3
4）	Apricot	杏	0.7
5）	Arguta kiwifruit	阿古塔猕猴桃	0.7T
6）	Aronia	野樱莓	2.0
7）	Asparagus	芦笋	1.0
8）	Banana	香蕉	0.02†
9）	Beet（root）	甜菜（根）	0.05T
10）	Blueberry	蓝莓	4.0†
11）	Broccoli	西兰花	0.05
12）	Buckwheat	荞麦	0.02T
13）	Burdock	牛蒡	0.05T
14）	Cabbage	甘蓝	0.3T
15）	Carrot	胡萝卜	0.5T
16）	Celeriac	块根芹	0.05T
17）	Celery	芹菜	4.0
18）	Cherry	樱桃	2.0†
19）	Chili pepper	辣椒	1.0
20）	Chili pepper（dried）	辣椒（干）	3.0
21）	Chinese bellflower	中国风铃草	0.05
22）	Chinese chives	韭菜	10
23）	Chwinamul	野生紫菀	20
24）	Citrus fruits	柑橘类水果	2.0†
25）	Coffee bean	咖啡豆	0.3†
26）	Cotton seed	棉籽	0.3†
27）	Cucumber	黄瓜	0.5
28）	Danggwi leaves	当归叶	15
29）	Deodeok	羊乳（桔梗科党参属的植物）	0.05T
30）	Eggplant	茄子	0.5
31）	Fig	无花果	0.7
32）	Fresh ginseng	鲜参	2.0
33）	Garlic	大蒜	0.05
34）	Ginger	姜	0.05T
35）	Gojiberry（dried）	枸杞（干）	5.0
36）	Grape	葡萄	3.0

（续）

序号	农产品英文名	农产品中文名	最大残留限量 （mg/kg）
37）	Green garlic	青蒜	1.0
38）	Green soybean	青豆	1.0
39）	Hop	蛇麻草	15†
40）	Hyssop, anise	茴藿香	0.3T
41）	Japanese apricot	青梅	3.0
42）	Job's tear	薏苡	0.02T
43）	Jujube	枣	2.0
44）	Jujube（dried）	枣（干）	5.0
45）	Kiwifruit	猕猴桃	0.05T
46）	Korean black raspberry	朝鲜黑树莓	3.0†
47）	Korean cabbage, head	韩国甘蓝	2.0
48）	Korean melon	韩国瓜类	0.5
49）	Leafy vegetables	叶类蔬菜	15
50）	Lettuce（leaf）	莴苣（叶）	15
51）	Maize	玉米	0.02†
52）	Mango	芒果	0.3
53）	Mastic-leaf prickly ash	翼柄花椒	0.05T
54）	Melon	瓜类	0.3
55）	Millet	粟	2.0
56）	Mulberry	桑葚	0.7T
57）	Mung bean	绿豆	0.05T
58）	Nuts	坚果	0.02†
59）	Onion	洋葱	0.05
60）	Parsley	欧芹	7.0
61）	Passion fruit	百香果	0.05T
62）	Peach	桃	1.0
63）	Peanut	花生	0.05T
64）	Pear	梨	1.0
65）	Perilla leaves	紫苏叶	20
66）	Persimmon	柿子	0.5
67）	Pistachio	开心果	0.7†
68）	Plum	李子	1.0
69）	Polygonatum root	黄精根	0.05T
70）	Pomegranate	石榴	0.2T
71）	Potato	马铃薯	0.5
72）	Proso millet	黍	0.05T
73）	Quince	榅桲	0.2T
74）	Quinoa	藜麦	0.05
75）	Radish（leaf）	萝卜（叶）	7.0

序号	农产品英文名	农产品中文名	最大残留限量（mg/kg）
76）	Radish（root）	萝卜（根）	0.5T
77）	Red bean	红豆	0.05T
78）	Safflower seed	红花籽	0.05T
79）	Schisandraberry（dried）	五味子（干）	5.0
80）	Sesame seed	芝麻籽	0.05
81）	Sorghum	高粱	0.5T
82）	Soybean	大豆	0.05
83）	Spinach	菠菜	10
84）	Squash	西葫芦	0.5
85）	Ssam cabbage	紫甘蓝	5.0
86）	Stalk and stem vegetables	茎秆类蔬菜	3.0
87）	Strawberry	草莓	1.0
88）	Sweet pepper	甜椒	1.0
89）	Sweet potato	甘薯	0.05
90）	Tomato	番茄	1.0
91）	Walnut	胡桃	0.05
92）	Wasabi leaves	芥末叶	15
93）	Watermelon	西瓜	0.1
94）	Welsh onion	威尔士洋葱	4.0
95）	Wheat	小麦	0.09†
96）	Yam	山药	0.05T

395. Pyraflufen-ethyl 吡草醚（ADI：0.17 mg/kg bw）

1）	Apple	苹果	0.1
2）	Chili pepper	辣椒	0.05T
3）	Mandarin	中国柑橘	0.05
4）	Pear	梨	0.05
5）	Persimmon	柿子	0.05
6）	Potato	马铃薯	0.05T

396. Pyraziflumid

1）	Apple	苹果	1.0
2）	Cucumber	黄瓜	0.3
3）	Korean melon	韩国瓜类	0.3
4）	Mandarin	中国柑橘	3.0
5）	Peach	桃	2.0
6）	Pear	梨	1.0
7）	Strawberry	草莓	2.0
8）	Watermelon	西瓜	0.5

397. Pyrazolate 吡唑特

1）	Rice	稻米	0.1

（续）

序号	农产品英文名	农产品中文名	最大残留限量 (mg/kg)
398. Pyrazophos 吡嘧磷 (ADI：0.004 mg/kg bw)			
1)	Apple	苹果	1.0T
2)	Barley	大麦	0.05T
3)	Carrot	胡萝卜	0.2T
4)	Cucumber	黄瓜	0.1T
5)	Korean cabbage，head	韩国甘蓝	0.1T
6)	Watermelon	西瓜	1.0T
7)	Wheat	小麦	0.05T
399. Pyrazosulfuron-ethyl 吡嘧磺隆 (ADI：0.01 mg/kg bw)			
1)	Chinese bellflower	中国风铃草	0.05T
2)	Rice	稻米	0.05
400. Pyrazoxyfen 苄草唑			
1)	Rice	稻米	0.05T

401. Pyrethrins 除虫菊酯 (ADI：0.04 mg/kg bw)

除虫菊素Ⅰ（Pyrethrins Ⅰ）、除虫菊素Ⅱ（Pyrethrins Ⅱ）、瓜叶菊素Ⅰ（Cinerin Ⅰ）、瓜叶菊素Ⅱ（Cinerin Ⅱ）、茉酮菊素Ⅰ（Jasmolin Ⅰ）和茉酮菊素Ⅱ（Jasmolin Ⅰ）的总和

序号	农产品英文名	农产品中文名	最大残留限量 (mg/kg)
1)	Almond	扁桃仁	1.0T
2)	Apple	苹果	1.0T
3)	Apricot	杏	1.0T
4)	Asparagus	芦笋	1.0T
5)	Avocado	鳄梨	1.0T
6)	Banana	香蕉	1.0T
7)	Barley	大麦	3.0T
8)	Beans	豆类	1.0T
9)	Broad bean	蚕豆	1.0T
10)	Buckwheat	荞麦	3.0T
11)	Cabbage	甘蓝	1.0T
12)	Carrot	胡萝卜	1.0T
13)	Celery	芹菜	1.0T
14)	Cherry	樱桃	1.0T
15)	Chestnut	栗子	1.0T
16)	Chinese chives	韭菜	1.0T
17)	Citrus fruits	柑橘类水果	1.0T
18)	Cotton seed	棉籽	1.0T
19)	Crown daisy	茼蒿	1.0T
20)	Cucumber	黄瓜	1.0T
21)	Edible fungi	食用菌	1.0T
22)	Eggplant	茄子	1.0T
23)	Fruits	水果类	1.0T

（续）

序号	农产品英文名	农产品中文名	最大残留限量 （mg/kg）
24）	Garlic	大蒜	1.0T
25）	Ginger	姜	1.0T
26）	Ginkgo nut	白果	1.0T
27）	Grape	葡萄	1.0T
28）	Grapefruit	葡萄柚	1.0T
29）	Japanese apricot	青梅	1.0T
30）	Kale	羽衣甘蓝	1.0T
31）	Kidney bean	四季豆	1.0T
32）	Kiwifruit	猕猴桃	1.0T
33）	Korean cabbage，head	韩国甘蓝	1.0T
34）	Lemon	柠檬	1.0T
35）	Lettuce（head）	莴苣（顶端）	1.0T
36）	Lettuce（leaf）	莴苣（叶）	1.0T
37）	Maize	玉米	3.0T
38）	Mandarin	中国柑橘	1.0T
39）	Mango	芒果	1.0T
40）	Melon	瓜类	1.0T
41）	Millet	粟	3.0T
42）	Mung bean	绿豆	1.0T
43）	Nuts	坚果	1.0T
44）	Oak mushroom	香菇	1.0T
45）	Oat	燕麦	3.0T
46）	Onion	洋葱	1.0T
47）	Orange	橙	1.0T
48）	Papaya	番木瓜	1.0T
49）	Pea	豌豆	1.0T
50）	Peach	桃	1.0T
51）	Peanut	花生	1.0T
52）	Pear	梨	1.0T
53）	Pecan	美洲山核桃	1.0T
54）	Persimmon	柿子	1.0T
55）	Pineapple	菠萝	1.0T
56）	Plum	李子	1.0T
57）	Potato	马铃薯	1.0T
58）	Quince	榅桲	1.0T
59）	Radish（leaf）	萝卜（叶）	1.0T
60）	Radish（root）	萝卜（根）	1.0T
61）	Red bean	红豆	1.0T
62）	Rice	稻米	3.0T

（续）

序号	农产品英文名	农产品中文名	最大残留限量 （mg/kg）
63)	Rye	黑麦	3.0T
64)	Seeds	种子类	1.0T
65)	Sesame seed	芝麻籽	1.0T
66)	Sorghum	高粱	3.0T
67)	Soybean	大豆	1.0T
68)	Spinach	菠菜	1.0T
69)	Strawberry	草莓	1.0T
70)	Sunflower seed	葵花籽	1.0T
71)	Sweet pepper	甜椒	1.0T
72)	Taro	芋头	1.0T
73)	Tomato	番茄	1.0T
74)	Vegetables	蔬菜类	1.0T
75)	Walnut	胡桃	1.0T
76)	Watermelon	西瓜	1.0T
77)	Welsh onion	威尔士洋葱	1.0T
78)	Wheat	小麦	3.0T

402. Pyribencarb 一种杀菌剂（ADI：0.039 mg/kg bw）

序号	农产品英文名	农产品中文名	最大残留限量 （mg/kg）
1)	Apple	苹果	2.0
2)	Apricot	杏	2.0T
3)	Aronia	野樱莓	5.0
4)	Asparagus	芦笋	0.3T
5)	Cabbage	甘蓝	5.0
6)	Celery	芹菜	0.07T
7)	Chamnamul	大叶芹菜	3.0T
8)	Cherry	樱桃	2.0T
9)	Chicory	菊苣	3.0T
10)	Chili pepper	辣椒	2.0
11)	Chinese bellflower	中国风铃草	0.05T
12)	Chinese chives	韭菜	0.7
13)	Coastal hog fennel	小茴香	3.0T
14)	Crown daisy	茼蒿	3.0T
15)	Cucumber	黄瓜	0.5
16)	Danggwi leaves	当归叶	3.0T
17)	Deodeok	羊乳（桔梗科党参属的植物）	0.05T
18)	Dried ginseng	干参	1.0
19)	Fresh ginseng	鲜参	0.5
20)	Garlic	大蒜	0.05
21)	Gondre	耶蓟	3.0T
22)	Grape	葡萄	1.0

（续）

序号	农产品英文名	农产品中文名	最大残留限量（mg/kg）
23）	Green garlic	青蒜	0.2
24）	Green soybean	青豆	1.0
25）	Job's tear	薏苡	0.05T
26）	Jujube	枣	2.0
27）	Jujube（dried）	枣（干）	7.0
28）	Kale	羽衣甘蓝	15
29）	Kiwifruit	猕猴桃	2.0
30）	Kohlrabi	球茎甘蓝	0.3T
31）	Korean black raspberry	朝鲜黑树莓	0.7
32）	Korean cabbage，head	韩国甘蓝	1.0
33）	Korean melon	韩国瓜类	0.07
34）	Lettuce（leaf）	莴苣（叶）	15
35）	Mandarin	中国柑橘	2.0
36）	Mulberry	桑葚	1.0
37）	Onion	洋葱	0.05
38）	Pak choi	小白菜	3.0T
39）	Peach	桃	2.0
40）	Pear	梨	2.0
41）	Perilla leaves	紫苏叶	3.0
42）	Persimmon	柿子	0.5
43）	Plum	李子	0.1
44）	Polygonatum leaves	黄精叶	3.0T
45）	Polygonatum root	黄精根	0.05T
46）	Pomegranate	石榴	0.5T
47）	Radish（leaf）	萝卜（叶）	5.0
48）	Radish（root）	萝卜（根）	0.05
49）	Rice	稻米	0.05
50）	Seumbagwi	三叶草	3.0T
51）	Sorghum	高粱	7.0
52）	Soybean	大豆	0.2
53）	Ssam cabbage	紫甘蓝	3.0
54）	Strawberry	草莓	0.5
55）	Sweet pepper	甜椒	2.0
56）	Sweet potato	甘薯	0.05
57）	Sweet potato vines	薯蔓	0.07T
58）	Tomato	番茄	2.0
59）	Watermelon	西瓜	0.2
60）	Welsh onion	威尔士洋葱	2.0
61）	Wild chive	野生细香葱	0.3T

（续）

序号	农产品英文名	农产品中文名	最大残留限量 （mg/kg）
62）	Yam	山药	0.05T
63）	Yuja	香橙	3.0

403. Pyribenzoxim 嘧啶肟草醚

1）	Rice	稻米	0.05

404. Pyributicarb 稗草畏（ADI：0.008 8 mg/kg bw）

1）	Rice	稻米	0.05T

405. Pyridaben 哒螨灵（ADI：0.005 mg/kg bw）

1）	Apple	苹果	1.0
2）	Chili pepper	辣椒	5.0
3）	Chili pepper leaves	辣椒叶	2.0
4）	Cucumber	黄瓜	1.0
5）	Eggplant	茄子	1.0
6）	Grape	葡萄	2.0
7）	Korean melon	韩国瓜类	1.0
8）	Mandarin	中国柑橘	2.0
9）	Melon	瓜类	1.0
10）	Peach	桃	1.0
11）	Pear	梨	0.5
12）	Squash	西葫芦	0.5
13）	Squash leaves	南瓜叶	20
14）	Strawberry	草莓	1.0
15）	Sweet pepper	甜椒	3.0
16）	Tomato	番茄	1.0
17）	Watermelon	西瓜	0.05

406. Pyridalyl 啶虫丙醚（ADI：0.028 mg/kg bw）

1）	Apple	苹果	1.0
2）	Apricot	杏	2.0T
3）	Aronia	野樱莓	1.0T
4）	Asparagus	芦笋	2.0
5）	Beat（leaf）	红萝卜（叶）	10
6）	Beat（root）	红萝卜（根）	0.5
7）	Blueberry	蓝莓	3.0
8）	Broccoli	西兰花	3.0
9）	Burdock	牛蒡	0.4
10）	Cabbage	甘蓝	0.5
11）	Carrot	胡萝卜	0.1
12）	Chamnamul	大叶芹菜	20
13）	Chard	食用甜菜	15
14）	Cherry	樱桃	2.0T

（续）

序号	农产品英文名	农产品中文名	最大残留限量 （mg/kg）
15)	Cherry，Nanking	南京樱桃	2.0T
16)	Chicory	菊苣	15
17)	Chicory（root）	菊苣（根）	0.3T
18)	Chili pepper	辣椒	2.0
19)	Chinese chives	韭菜	10
20)	Chinese mallow	中国锦葵	15
21)	Chwinamul	野生紫菀	5.0
22)	Cowpea	豇豆	0.05T
23)	Crown daisy	茼蒿	20
24)	Cucumber	黄瓜	0.5
25)	Danggwi leaves	当归叶	15
26)	Dragon fruit	火龙果	1.5
27)	Eggplant	茄子	2.0
28)	Garlic	大蒜	0.4
29)	Ginger	姜	0.3T
30)	Gojiberry（dried）	枸杞（干）	20
31)	Green soybean	青豆	2.0T
32)	Japanese apricot	青梅	2.0T
33)	Kale	羽衣甘蓝	15
34)	Kiwifruit	猕猴桃	1.0T
35)	Kohlrabi	球茎甘蓝	0.5
36)	Korean black raspberry	朝鲜黑树莓	1.0
37)	Korean cabbage，head	韩国甘蓝	2.0
38)	Korean melon	韩国瓜类	0.5
39)	Leafy vegetables	叶类蔬菜	15
40)	Lemon	柠檬	2.0
41)	Lettuce（head）	莴苣（顶端）	7.0
42)	Lettuce（leaf）	莴苣（叶）	15
43)	Loquat	枇杷	3.0
44)	Mandarin	中国柑橘	2.0
45)	Mango	芒果	1.5
46)	Melon	瓜类	0.2
47)	Mulberry	桑葚	1.0T
48)	Mung bean	绿豆	0.05T
49)	Mustard leaf	芥菜叶	5.0
50)	Passion fruit	百香果	1.0T
51)	Peach	桃	3.0
52)	Peanut	花生	0.05T
53)	Pear	梨	0.3

（续）

序号	农产品英文名	农产品中文名	最大残留限量（mg/kg）
54)	Perilla leaves	紫苏叶	15
55)	Plum	李子	2.0
56)	Pomegranate	石榴	1.0
57)	Quince	榅桲	1.0T
58)	Radish（leaf）	萝卜（叶）	10
59)	Radish（root）	萝卜（根）	0.3
60)	Rape leaves	油菜叶	0.05
61)	Rape seed	油菜籽	0.05
62)	Red bean	红豆	0.05T
63)	Schisandraberry	五味子	2.0T
64)	Sesame seed	芝麻籽	0.05
65)	Shiso	日本紫苏	15
66)	Sorghum	高粱	5.0
67)	Soybean	大豆	0.05T
68)	Spinach	菠菜	5.0
69)	Ssam cabbage	紫甘蓝	5.0
70)	Stalk and stem vegetables	茎秆类蔬菜	7.0
71)	Strawberry	草莓	2.0
72)	Sugar beet	甜菜	0.3T
73)	Sweet pepper	甜椒	2.0
74)	Sweet potato	甘薯	0.05T
75)	Taro	芋头	0.05T
76)	Tea	茶	0.05T
77)	Tomato	番茄	3.0
78)	Turnip root	芜菁根	0.3T
79)	Walnut	胡桃	0.05T
80)	Wasabi leaves	芥末叶	15
81)	Water dropwort	水芹	15
82)	Watermelon	西瓜	0.2
83)	Welsh onion	威尔士洋葱	15
84)	Yam	山药	0.05
85)	Yam（dried）	山药（干）	0.05
86)	Yuja	香橙	0.2

407. Pyridaphenthion　哒嗪硫磷

序号	农产品英文名	农产品中文名	最大残留限量（mg/kg）
1)	Apple	苹果	0.1T
2)	Cucumber	黄瓜	0.2T
3)	Gojiberry	枸杞	0.2T
4)	Gojiberry（dried）	枸杞（干）	0.5T
5)	Peach	桃	0.3T

（续）

序号	农产品英文名	农产品中文名	最大残留限量（mg/kg）
6)	Pear	梨	0.3T
7)	Persimmon	柿子	0.2T
8)	Rice	稻米	0.2T

408. Pyridate　哒草特

1)	Leek	韭葱	1.0T

409. Pyrifluquinazon　吡氟喹虫唑（ADI：0.005 mg/kg bw）

1)	Alpine leek leaves	高山韭菜叶	1.0T
2)	Amaranth leaves	苋菜叶	5.0T
3)	Apple	苹果	0.05
4)	Apricot	杏	0.05
5)	Aronia	野樱莓	0.3T
6)	Asparagus	芦笋	0.05T
7)	Balsam apple	苦瓜	0.15
8)	Banana	香蕉	0.05T
9)	Barley	大麦	0.05T
10)	Beet（leaf）	甜菜（叶）	1.0T
11)	Beet（root）	甜菜（根）	0.05T
12)	Blueberry	蓝莓	0.3
13)	Broccoli	西兰花	0.05
14)	Burdock	牛蒡	0.2
15)	Butterbur	菊科蜂斗菜属植物	7.0
16)	Cabbage	甘蓝	0.3T
17)	Carrot	胡萝卜	0.05
18)	Celery	芹菜	0.05T
19)	Chamnamul	大叶芹菜	7.0
20)	Chard	食用甜菜	2.0
21)	Cherry	樱桃	0.05T
22)	Chestnut	栗子	0.05T
23)	Chicory	菊苣	2.0
24)	Chili pepper	辣椒	0.5
25)	Chinese bellflower	中国风铃草	0.05T
26)	Chinese mallow	中国锦葵	2.0
27)	Chwinamul	野生紫菀	7.0
28)	Coastal hog fennel	小茴香	15
29)	Coriander leaves	香菜	0.05T
30)	Cowpea	豇豆	0.05
31)	Crown daisy	茼蒿	7.0
32)	Cucumber	黄瓜	0.3
33)	Danggwi leaves	当归叶	2.0

（续）

序号	农产品英文名	农产品中文名	最大残留限量（mg/kg）
34）	Dolnamul	垂盆草/豆瓣菜	2.0
35）	Dried ginseng	干参	0.05
36）	East asian hogweed	东亚猪草	1.0T
37）	Eggplant	茄子	0.1
38）	Fresh ginseng	鲜参	0.05
39）	Gojiberry	枸杞	0.8
40）	Gondre	耶蓟	1.0
41）	Grape	葡萄	0.7
42）	Green soybean	青豆	0.05T
43）	Hyssop, anise	茴藿香	0.3T
44）	Indian lettuce	印度莴苣	5.0T
45）	Japanese apricot	青梅	0.2
46）	Japanese cornel	日本山茱萸	0.05
47）	Jujube	枣	0.05
48）	Kale	羽衣甘蓝	2.0
49）	Kiwifruit	猕猴桃	0.05T
50）	Kohlrabi	球茎甘蓝	0.2
51）	Korean black raspberry	朝鲜黑树莓	0.3
52）	Korean cabbage, head	韩国甘蓝	0.3
53）	Korean melon	韩国瓜类	0.2
54）	Lemon	柠檬	0.05
55）	Lettuce（head）	莴苣（顶端）	1.0
56）	Lettuce（leaf）	莴苣（叶）	1.0
57）	Maize	玉米	0.05T
58）	Mandarin	中国柑橘	0.1
59）	Mango	芒果	0.05T
60）	Melon	瓜类	0.1
61）	Mint	薄荷	0.05T
62）	Mulberry	桑葚	0.8
63）	Mung bean	绿豆	0.05
64）	Mustard green	芥菜	5.0T
65）	Mustard leaf	芥菜叶	1.0T
66）	Pak choi	小白菜	5.0T
67）	Papaya	番木瓜	0.05T
68）	Parsley	欧芹	2.0
69）	Peach	桃	0.05
70）	Pear	梨	0.05
71）	Perilla leaves	紫苏叶	1.0
72）	Persimmon	柿子	0.5

（续）

序号	农产品英文名	农产品中文名	最大残留限量（mg/kg）
73）	Plum	李子	0.05
74）	Pomegranate	石榴	0.05T
75）	Radish（leaf）	萝卜（叶）	2.0
76）	Radish（root）	萝卜（根）	0.05
77）	Rape leaves	油菜叶	1.0T
78）	Rape seed	油菜籽	0.05T
79）	Safflower seed	红花籽	0.05T
80）	Salt sandspurry	拟漆姑	0.3T
81）	Schisandraberry	五味子	0.05T
82）	Seumbagwi	三叶草	1.0T
83）	Shiso	日本紫苏	1.0
84）	Soybean	大豆	0.05T
85）	Spinach	菠菜	1.0T
86）	Squash	西葫芦	0.2
87）	Squash leaves	南瓜叶	10
88）	Ssam cabbage	紫甘蓝	1.0
89）	Sweet pepper	甜椒	0.5
90）	Taro	芋头	0.05T
91）	Taro stem	芋头茎	0.05T
92）	Tomato	番茄	0.5
93）	Turnip root	芜菁根	0.2
94）	Water dropwort	水芹	0.05T
95）	Watermelon	西瓜	0.05
96）	Yuja	香橙	0.05

410. Pyriftalid 环酯草醚（ADI：0.005 6 mg/kg bw）

1）	Rice	稻米	0.1

411. Pyrimethanil 嘧霉胺（ADI：0.2 mg/kg bw）

1）	Almond	扁桃仁	0.2T
2）	Apple	苹果	2.0
3）	Aronia	野樱莓	15
4）	Banana	香蕉	0.1†
5）	Beet（root）	甜菜（根）	0.1T
6）	Blueberry	蓝莓	8.0†
7）	Carrot	胡萝卜	1.0T
8）	Chard	食用甜菜	30
9）	Cherry	樱桃	4.0†
10）	Chili pepper	辣椒	1.0
11）	Chinese bellflower	中国风铃草	0.2
12）	Citrus fruits	柑橘类水果	7.0†

（续）

序号	农产品英文名	农产品中文名	最大残留限量（mg/kg）
13）	Cucumber	黄瓜	2.0
14）	Dried ginseng	干参	0.3
15）	Eggplant	茄子	2.0
16）	Fresh ginseng	鲜参	1.0
17）	Garlic	大蒜	0.1
18）	Ginseng extract	人参提取物	1.0
19）	Grape	葡萄	5.0
20）	Herbs（fresh）	香草（鲜）	0.05T
21）	Jujube	枣	1.0
22）	Jujube（dried）	枣（干）	2.0
23）	Korean black raspberry	朝鲜黑树莓	15†
24）	Korean cabbage，head	韩国甘蓝	0.1
25）	Korean melon	韩国瓜类	0.3
26）	Leafy vegetables	叶类蔬菜	10
27）	Lettuce（head）	莴苣（顶端）	3.0
28）	Mandarin	中国柑橘	1.0
29）	Onion	洋葱	0.1
30）	Peach	桃	4.0
31）	Pear	梨	3.0
32）	Perilla leaves	紫苏叶	10
33）	Persimmon	柿子	2.0
34）	Plum	李子	2.0
35）	Potato	马铃薯	0.05†
36）	Rape seed	油菜籽	0.2T
37）	Red ginseng	红参	0.3
38）	Red ginseng extract	红参提取物	1.0
39）	Schisandraberry	五味子	3.0
40）	Schisandraberry（dried）	五味子（干）	3.0
41）	Ssam cabbage	紫甘蓝	0.1
42）	Stalk and stem vegetables	茎秆类蔬菜	5.0
43）	Strawberry	草莓	3.0†
44）	Sweet pepper	甜椒	1.0
45）	Tomato	番茄	1.0
46）	Welsh onion	威尔士洋葱	3.0
47）	Welsh onion（dried）	威尔士洋葱（干）	7.0

412. Pyrimidifen 嘧螨醚（ADI：0.001 5 mg/kg bw）

序号	农产品英文名	农产品中文名	最大残留限量（mg/kg）
1）	Apple	苹果	0.2T
2）	Mandarin	中国柑橘	0.2T
3）	Pear	梨	0.2T

（续）

序号	农产品英文名	农产品中文名	最大残留限量 （mg/kg）
413. Pyriminobac-methyl　嘧草醚（ADI：0.02 mg/kg bw）			
E-嘧草醚（E-pyriminobac-methyl）和 Z-嘧草醚（Z-pyriminobac-methyl）的总和			
1）	Rice	稻米	0.05
414. Pyrimisulfan　吡丙醚（ADI：0.1 mg/kg bw）			
1）	Rice	稻米	0.05
415. Pyriofenone　苯甲酰吡啶类杀菌剂（ADI：0.091 mg/kg bw）			
1）	Blueberry	蓝莓	2.0T
2）	Chili pepper	辣椒	2.0
3）	Cucumber	黄瓜	0.7
4）	Eggplant	茄子	0.7
5）	Grape	葡萄	3.0
6）	Indian lettuce	印度莴苣	10
7）	Korean melon	韩国瓜类	2.0
8）	Melon	瓜类	0.5
9）	Salt sandspurry	拟漆姑	0.3T
10）	Schisandraberry	五味子	0.7
11）	Schisandraberry（dried）	五味子（干）	2.0
12）	Sesame seed	芝麻籽	0.3
13）	Squash	西葫芦	0.5
14）	Squash leaves	南瓜叶	10
15）	Strawberry	草莓	2.0
16）	Sweet pepper	甜椒	2.0
17）	Tomato	番茄	3.0
18）	Watermelon	西瓜	0.1
416. Pyriproxyfen　吡丙醚（ADI：0.1 mg/kg bw）			
1）	Blueberry	蓝莓	1.0T
2）	Butterbur	菊科蜂斗菜属植物	5.0T
3）	Chard	食用甜菜	5.0T
4）	Cherry	樱桃	0.2T
5）	Chicory	菊苣	5.0T
6）	Chicory（root）	菊苣（根）	0.2T
7）	Chili pepper	辣椒	0.7
8）	Chinese chives	韭菜	0.2T
9）	Coffee bean	咖啡豆	0.05†
10）	Cucumber	黄瓜	0.2
11）	Eggplant	茄子	1.0
12）	Grape	葡萄	1.0T
13）	Grapefruit	葡萄柚	0.7T
14）	Herbs（fresh）	香草（鲜）	2.0T

（续）

序号	农产品英文名	农产品中文名	最大残留限量（mg/kg）
15)	Indian lettuce	印度莴苣	5.0T
16)	Korean melon	韩国瓜类	0.05
17)	Lemon	柠檬	0.7T
18)	Mandarin	中国柑橘	0.7
19)	Nuts	坚果	0.01†
20)	Orange	橙	0.7T
21)	Parsley	欧芹	5.0T
22)	Passion fruit	百香果	0.2T
23)	Pear	梨	0.5
24)	Perilla leaves	紫苏叶	0.2T
25)	Persimmon	柿子	0.2
26)	Seumbagwi	三叶草	0.2T
27)	Strawberry	草莓	1.0
28)	Sweet pepper	甜椒	0.7
29)	Tomato	番茄	2.0
30)	Watermelon	西瓜	0.1

417. Pyroquilon 咯喹酮（ADI：0.019 mg/kg bw）

序号	农产品英文名	农产品中文名	最大残留限量（mg/kg）
1)	Rice	稻米	0.1T

418. Quinalphos 喹硫磷

序号	农产品英文名	农产品中文名	最大残留限量（mg/kg）
1)	Rice	稻米	0.01T

419. Quinclorac 二氯喹啉酸（ADI：0.42 mg/kg bw）

序号	农产品英文名	农产品中文名	最大残留限量（mg/kg）
1)	Cranberry	蔓越橘	1.5†
2)	Rape seed	油菜籽	1.5†
3)	Rice	稻米	0.05T
4)	Sorghum	高粱	0.05T

420. Quinmerac 喹草酸（ADI：0.079 mg/kg bw）

序号	农产品英文名	农产品中文名	最大残留限量（mg/kg）
1)	Peach	桃	0.05T

421. Quinoclamine 灭藻醌（ADI：0.002 1 mg/kg bw）

序号	农产品英文名	农产品中文名	最大残留限量（mg/kg）
1)	Rice	稻米	0.05
2)	Salt sandspurry	拟漆姑	0.05T

422. Quinoxyfen 喹氧灵

序号	农产品英文名	农产品中文名	最大残留限量（mg/kg）
1)	Cherry	樱桃	0.4†
2)	Grape	葡萄	2.0T
3)	Hop	蛇麻草	1.0T

423. Quintozene 五氯硝基苯（ADI：0.01 mg/kg bw）

序号	农产品英文名	农产品中文名	最大残留限量（mg/kg）
1)	Barley	大麦	0.01T
2)	Cotton seed	棉籽	0.01T
3)	Dried ginseng	干参	0.5T
4)	Fresh ginseng	鲜参	0.1T

（续）

序号	农产品英文名	农产品中文名	最大残留限量 （mg/kg）
5）	Ginseng extract	人参提取物	1.0T
6）	Herbs（fresh）	香草（鲜）	0.02T
7）	Maize	玉米	0.01T
8）	Peanut	花生	0.5T
9）	Red ginseng	红参	0.5T
10）	Red ginseng extract	红参提取物	1.0T
11）	Spices（fruits and berries）	香辛料（水果和浆果类）	0.02T
12）	Spices roots	根类香辛料	2.0T
13）	Spices seeds	种子类香辛料	0.1T
14）	Wheat	小麦	0.01T
424. Quizalofop 喹禾灵			
1）	Beans	豆类	0.05†
2）	Cotton seed	棉籽	0.06†
3）	Garlic	大蒜	0.05T
4）	Onion	洋葱	0.05T
5）	Rape seed	油菜籽	1.5†
6）	Strawberry	草莓	0.05T
7）	Watermelon	西瓜	0.05T
425. Saflufenacil 苯嘧磺草胺（ADI：0.046 mg/kg bw）			
1）	Apple	苹果	0.03†
2）	Banana	香蕉	0.03†
3）	Barley	大麦	0.03†
4）	Beans	豆类	0.3†
5）	Cherry	樱桃	0.03†
6）	Chestnut	栗子	0.02
7）	Chili pepper	辣椒	0.02T
8）	Citrus fruits	柑橘类水果	0.03†
9）	Coffee bean	咖啡豆	0.03†
10）	Cotton seed	棉籽	0.2†
11）	Grape	葡萄	0.03†
12）	Jujube	枣	0.05T
13）	Maize	玉米	0.03†
14）	Mango	芒果	0.03†
15）	Nuts	坚果	0.03†
16）	Peach	桃	0.03†
17）	Pear	梨	0.03†
18）	Persimmon	柿子	0.02
19）	Plum	李子	0.03†
20）	Rape seed	油菜籽	0.5†

（续）

序号	农产品英文名	农产品中文名	最大残留限量 (mg/kg)
21)	Rice	稻米	0.03†
22)	Sorghum	高粱	0.03†
23)	Sugar cane	甘蔗	0.03†
24)	Sunflower seed	葵花籽	0.7†
25)	Wheat	小麦	0.5†

426. Sedaxane 氟唑环菌胺

序号	农产品英文名	农产品中文名	最大残留限量 (mg/kg)
1)	Potato	马铃薯	0.02†

427. Sethoxydim 烯禾啶（ADI：0.14 mg/kg bw）

序号	农产品英文名	农产品中文名	最大残留限量 (mg/kg)
1)	Apple	苹果	1.0T
2)	Apricot	杏	1.0T
3)	Asparagus	芦笋	10.0T
4)	Avocado	鳄梨	0.04†
5)	Banana	香蕉	1.0T
6)	Beans	豆类	30.0T
7)	Broad bean	蚕豆	10.0T
8)	Cabbage	甘蓝	10.0T
9)	Carrot	胡萝卜	0.05
10)	Celery	芹菜	10.0T
11)	Cherry	樱桃	1.0T
12)	Chestnut	栗子	1.0T
13)	Chili pepper	辣椒	0.05
14)	Chili pepper leaves	辣椒叶	0.05
15)	Chinese bellflower	中国风铃草	0.05
16)	Chinese chives	韭菜	10.0T
17)	Citrus fruits	柑橘类水果	1.0T
18)	Cotton seed	棉籽	0.05†
19)	Crown daisy	茼蒿	10.0T
20)	Cucumber	黄瓜	10.0T
21)	Dried ginseng	干参	0.05
22)	Edible fungi	食用菌	10.0T
23)	Eggplant	茄子	10.0T
24)	Fresh ginseng	鲜参	0.05
25)	Fruits	水果类	1.0T
26)	Garlic	大蒜	0.05
27)	Ginger	姜	10.0T
28)	Ginkgo nut	白果	1.0T
29)	Grape	葡萄	1.0T
30)	Grapefruit	葡萄柚	1.0T
31)	Green garlic	青蒜	0.05

（续）

序号	农产品英文名	农产品中文名	最大残留限量（mg/kg）
32)	Green soybean	青豆	0.1
33)	Japanese apricot	青梅	1.0T
34)	Kale	羽衣甘蓝	10.0T
35)	Kidney bean	四季豆	20.0T
36)	Kiwifruit	猕猴桃	1.0T
37)	Korean cabbage，head	韩国甘蓝	3.0
38)	Korean melon	韩国瓜类	2.0T
39)	Lemon	柠檬	1.0T
40)	Lettuce（head）	莴苣（顶端）	10.0T
41)	Lettuce（leaf）	莴苣（叶）	10.0T
42)	Maize	玉米	0.2T
43)	Mandarin	中国柑橘	1.0T
44)	Mango	芒果	1.0T
45)	Melon	瓜类	2.0T
46)	Mung bean	绿豆	20.0T
47)	Nuts	坚果	0.05†
48)	Oak mushroom	香菇	10.0T
49)	Onion	洋葱	0.05
50)	Orange	橙	1.0T
51)	Papaya	番木瓜	1.0T
52)	Pea	豌豆	40.0T
53)	Peach	桃	1.0T
54)	Peanut	花生	25.0T
55)	Pear	梨	1.0T
56)	Perilla leaves	紫苏叶	0.3
57)	Persimmon	柿子	1.0T
58)	Pineapple	菠萝	1.0T
59)	Plum	李子	1.0T
60)	Potato	马铃薯	0.05
61)	Quince	榅桲	1.0T
62)	Radish（leaf）	萝卜（叶）	0.05
63)	Radish（root）	萝卜（根）	0.05
64)	Rape seed	油菜籽	0.05†
65)	Red bean	红豆	20.0T
66)	Seeds	种子类	1.0T
67)	Sesame seed	芝麻籽	0.05
68)	Soybean	大豆	0.05†
69)	Spinach	菠菜	10.0
70)	Squash	西葫芦	10.0T

（续）

序号	农产品英文名	农产品中文名	最大残留限量 （mg/kg）
71)	Ssam cabbage	紫甘蓝	10
72)	Strawberry	草莓	0.05
73)	Sunflower seed	葵花籽	0.05†
74)	Sweet pepper	甜椒	0.05T
75)	Sweet potato	甘薯	4.0T
76)	Taro	芋头	1.0T
77)	Tomato	番茄	10.0T
78)	Vegetables	蔬菜类	10.0T
79)	Walnut	胡桃	1.0T
80)	Watermelon	西瓜	0.05
81)	Welsh onion	威尔士洋葱	0.05

428. Silafluofen　氟硅菊酯（ADI：0.11 mg/kg bw）

1)	Persimmon	柿子	1.0
2)	Rice	稻米	0.1
3)	Welsh onion	威尔士洋葱	0.3T

429. Simazine　西玛津（ADI：0.018 mg/kg bw）

1)	Almond	扁桃仁	0.25T
2)	Apple	苹果	0.05
3)	Aronia	野樱莓	0.25T
4)	Asparagus	芦笋	10.0T
5)	Avocado	鳄梨	0.25T
6)	Banana	香蕉	0.2T
7)	Blueberry	蓝莓	0.25T
8)	Cherry	樱桃	0.25T
9)	Cranberry	蔓越橘	0.25T
10)	Crown daisy	茼蒿	10T
11)	Fresh ginseng	鲜参	10T
12)	Grape	葡萄	0.25T
13)	Grapefruit	葡萄柚	0.25T
14)	Job's tear	薏苡	0.25T
15)	Lemon	柠檬	0.25T
16)	Maize	玉米	0.25T
17)	Orange	橙	0.25T
18)	Peach	桃	0.25T
19)	Pear	梨	0.05
20)	Pecan	美洲山核桃	0.1T
21)	Plum	李子	0.25T
22)	Radish（leaf）	萝卜（叶）	10T
23)	Raisin	葡萄干	0.25T

（续）

序号	农产品英文名	农产品中文名	最大残留限量 (mg/kg)
24)	Sorghum	高粱	0.25T
25)	Ssam cabbage	紫甘蓝	10T
26)	Strawberry	草莓	0.25T
27)	Walnut	胡桃	0.2T

430. Simeconazole 硅氟唑 （ADI：0.008 5 mg/kg bw）

序号	农产品英文名	农产品中文名	最大残留限量 (mg/kg)
1)	Cherry	樱桃	0.5T
2)	Chili pepper	辣椒	2.0
3)	Cucumber	黄瓜	0.5
4)	Deodeok	羊乳（桔梗科党参属的植物）	0.05
5)	Dried ginseng	干参	0.7
6)	Fresh ginseng	鲜参	0.7
7)	Garlic	大蒜	0.05
8)	Grape	葡萄	1.0
9)	Green garlic	青蒜	0.05
10)	Jujube	枣	2.0
11)	Jujube （dried）	枣（干）	2.0
12)	Korean black raspberry	朝鲜黑树莓	0.3
13)	Korean melon	韩国瓜类	0.3
14)	Mandarin	中国柑橘	0.5
15)	Mulberry	桑葚	0.3T
16)	Peach	桃	0.5
17)	Perilla leaves	紫苏叶	0.05T
18)	Plum	李子	0.2
19)	Pome fruits	仁果类水果	0.5
20)	Rice	稻米	0.05
21)	Strawberry	草莓	0.3
22)	Sweet pepper	甜椒	2.0
23)	Watermelon	西瓜	0.1
24)	Wild grape	野生葡萄	3.0
25)	Yuja	香橙	0.2

431. Simetryn 西草净

序号	农产品英文名	农产品中文名	最大残留限量 (mg/kg)
1)	Rice	稻米	0.05

432. Spinetoram 乙基多杀菌素 （ADI：0.05 mg/kg bw）

序号	农产品英文名	农产品中文名	最大残留限量 (mg/kg)
1)	Amaranth leaves	苋菜叶	10
2)	Apple	苹果	0.05
3)	Apricot	杏	0.15T
4)	Asparagus	芦笋	0.1
5)	Avocado	鳄梨	0.3†
6)	Balsam apple	苦瓜	0.05

（续）

序号	农产品英文名	农产品中文名	最大残留限量 (mg/kg)
7)	Banana	香蕉	0.3†
8)	Beat（leaf）	红萝卜（叶）	0.05
9)	Beat（root）	红萝卜（根）	0.05
10)	Blueberry	蓝莓	0.2†
11)	Broccoli	西兰花	0.5
12)	Burdock	牛蒡	0.05T
13)	Butterbur	菊科蜂斗菜属植物	0.2
14)	Cabbage	甘蓝	0.7
15)	Carrot	胡萝卜	0.05
16)	Celery	芹菜	6.0†
17)	Chamnamul	大叶芹菜	3.0
18)	Chard	食用甜菜	1.0
19)	Cherry	樱桃	0.2†
20)	Chicory	菊苣	3.0
21)	Chicory（root）	菊苣（根）	0.05T
22)	Chili pepper	辣椒	0.5
23)	Chinese chives	韭菜	0.5
24)	Chinese mallow	中国锦葵	3.0
25)	Chwinamul	野生紫菀	3.0
26)	Coastal hog fennel	小茴香	3.0
27)	Cowpea	豇豆	0.05T
28)	Cranberry	蔓越橘	0.2T
29)	Crown daisy	茼蒿	2.0
30)	Cucumber	黄瓜	0.05
31)	Danggwi leaves	当归叶	3.0
32)	Dolnamul	垂盆草/豆瓣菜	3.0
33)	Dried ginseng	干参	0.05
34)	Eggplant	茄子	0.5
35)	Fig	无花果	0.2T
36)	Fresh ginseng	鲜参	0.05
37)	Ginger	姜	0.05
38)	Gojiberry	枸杞	0.3
39)	Grape	葡萄	1.0
40)	Grapefruit	葡萄柚	0.05T
41)	Green soybean	青豆	0.5T
42)	Hop	蛇麻草	0.05T
43)	Japanese apricot	青梅	0.2T
44)	Jujube	枣	0.7
45)	Jujube（dried）	枣（干）	0.7

（续）

序号	农产品英文名	农产品中文名	最大残留限量（mg/kg）
46）	Kale	羽衣甘蓝	3.0
47）	Kidney bean	四季豆	0.05T
48）	Kiwifruit	猕猴桃	0.1
49）	Kohlrabi	球茎甘蓝	0.05
50）	Korean black raspberry	朝鲜黑树莓	0.7†
51）	Korean cabbage，head	韩国甘蓝	0.3
52）	Korean melon	韩国瓜类	0.2
53）	Korean wormwood	朝鲜艾草	0.05
54）	Leafy vegetables	叶类蔬菜	1.0
55）	Lemon	柠檬	0.05T
56）	Lettuce（head）	莴苣（顶端）	1.5
57）	Lettuce（leaf）	莴苣（叶）	7.0
58）	Loquat	枇杷	0.1
59）	Maize	玉米	0.05T
60）	Mandarin	中国柑橘	0.5
61）	Mango	芒果	0.05
62）	Melon	瓜类	0.2
63）	Mulberry	桑葚	0.3
64）	Mung bean	绿豆	0.05T
65）	Mustard green	芥菜	3.0
66）	Mustard leaf	芥菜叶	0.3
67）	Orange	橙	0.05†
68）	Oyster mushroom	平菇	0.05T
69）	Parsley	欧芹	3.0
70）	Passion fruit	百香果	0.05T
71）	Pea	豌豆	0.05T
72）	Perilla leaves	紫苏叶	2.0
73）	Potato	马铃薯	0.05
74）	Radish（leaf）	萝卜（叶）	2.0
75）	Radish（root）	萝卜（根）	0.3
76）	Rape leaves	油菜叶	1.0
77）	Rape seed	油菜籽	0.05T
78）	Red bean	红豆	0.05T
79）	Schisandraberry	五味子	0.5
80）	Schisandraberry（dried）	五味子（干）	0.7
81）	Sesame seed	芝麻籽	0.05
82）	Shepherd's purse	荠菜	3.0
83）	Soybean	大豆	0.05T
84）	Spinach	菠菜	0.5

（续）

序号	农产品英文名	农产品中文名	最大残留限量 (mg/kg)
85)	Squash	西葫芦	0.2
86)	Squash leaves	南瓜叶	3.0
87)	Ssam cabbage	紫甘蓝	1.0
88)	Stalk and stem vegetables	茎秆类蔬菜	0.3
89)	Strawberry	草莓	0.2
90)	Sweet pepper	甜椒	0.5
91)	Sweet potato	甘薯	0.05T
92)	Taro	芋头	0.05T
93)	Tea	茶	0.05
94)	Tomato	番茄	0.5
95)	Turnip root	芜菁根	0.05
96)	Wasabi leaves	芥末叶	1.0
97)	Wasabi（root）	芥末（根）	0.05
98)	Water dropwort	水芹	0.7
99)	Watermelon	西瓜	0.05
100)	Welsh onion	威尔士洋葱	0.8†

433. Spinosad 多杀菌素（ADI：0.02 mg/kg bw）

多杀菌素 A（Spinosyn A）和多杀菌素 D（Spinosyn D）的总和

序号	农产品英文名	农产品中文名	最大残留限量 (mg/kg)
1)	Almond	扁桃仁	0.07†
2)	Apple	苹果	0.05
3)	Aronia	野樱莓	0.2T
4)	Asparagus	芦笋	0.7T
5)	Avocado	鳄梨	0.3†
6)	Barley	大麦	1.0†
7)	Beat（root）	红萝卜（根）	0.5
8)	Blueberry	蓝莓	1.0
9)	Celeriac	块根芹	0.5T
10)	Celery	芹菜	1.0
11)	Cherry	樱桃	0.2†
12)	Chili pepper	辣椒	0.5
13)	Chinese chives	韭菜	1.0
14)	Citrus fruits	柑橘类水果	0.3†
15)	Cucumber	黄瓜	0.3
16)	Eggplant	茄子	0.5
17)	Elderberry	接骨木果	0.05T
18)	Fig	无花果	1.0
19)	Flowerhead brassicas	头状花序芸薹属蔬菜	2.0†
20)	Gojiberry	枸杞	0.2
21)	Gojiberry（dried）	枸杞（干）	0.7

序号	农产品英文名	农产品中文名	最大残留限量（mg/kg）
22)	Grape	葡萄	0.5
23)	Hop	蛇麻草	0.05T
24)	Kiwifruit	猕猴桃	0.3
25)	Korean black raspberry	朝鲜黑树莓	0.5
26)	Korean cabbage，head	韩国甘蓝	0.5
27)	Korean melon	韩国瓜类	0.3
28)	Leafy vegetables	叶类蔬菜	5.0
29)	Maize	玉米	$1.0^\dagger$
30)	Mandarin	中国柑橘	0.3
31)	Mango	芒果	0.1
32)	Melon	瓜类	0.1
33)	Mulberry	桑葚	0.2
34)	Oat	燕麦	$1.0^\dagger$
35)	Orange	橙	$0.3^\dagger$
36)	Plum	李子	$0.02^\dagger$
37)	Potato	马铃薯	0.1
38)	Rape leaves	油菜叶	0.05
39)	Rape seed	油菜籽	0.05
40)	Rice	稻米	0.05
41)	Rosemary（fresh）	迷迭香（鲜）	0.05T
42)	Sorghum	高粱	$1.0^\dagger$
43)	Squash	西葫芦	0.1
44)	Strawberry	草莓	1.0
45)	Sweet pepper	甜椒	0.5
46)	Tea	茶	0.1
47)	Tomato	番茄	1.0
48)	Watermelon	西瓜	0.1
49)	Welsh onion	威尔士洋葱	0.7
50)	Wheat	小麦	$1.0^\dagger$
51)	Wild chive	野生细香葱	0.7T
52)	Wild grape	野生葡萄	0.05

434. Spirodiclofen 螺螨酯（ADI：0.01 mg/kg bw）

序号	农产品英文名	农产品中文名	最大残留限量（mg/kg）
1)	Apple	苹果	2.0
2)	Apricot	杏	5.0
3)	Aronia	野樱莓	1.0T
4)	Avocado	鳄梨	$0.9^\dagger$
5)	Blueberry	蓝莓	4.0T
6)	Celery	芹菜	0.5T
7)	Cherry	樱桃	2.0

（续）

序号	农产品英文名	农产品中文名	最大残留限量（mg/kg）
8)	Chili pepper	辣椒	5.0
9)	Chwinamul	野生紫菀	20
10)	Citrus fruits	柑橘类水果	0.4†
11)	Coastal hog fennel	小茴香	15T
12)	Coffee bean	咖啡豆	0.03†
13)	Cucumber	黄瓜	0.5
14)	Eggplant	茄子	2.0
15)	Grape	葡萄	1.0
16)	Hop	蛇麻草	40†
17)	Jujube	枣	5.0
18)	Jujube (dried)	枣（干）	5.0
19)	Kiwifruit	猕猴桃	0.9T
20)	Korean black raspberry	朝鲜黑树莓	1.0
21)	Korean melon	韩国瓜类	0.5
22)	Mandarin	中国柑橘	2.0
23)	Mango	芒果	0.9T
24)	Melon	瓜类	2.0
25)	Mulberry	桑葚	1.0T
26)	Mung bean	绿豆	0.05T
27)	Narrow-head ragwort	窄叶黄菀	15
28)	Nuts	坚果	0.05†
29)	Peach	桃	0.5
30)	Peanut	花生	0.05T
31)	Perilla leaves	紫苏叶	15T
32)	Plum	李子	2.0
33)	Pome fruits	仁果类水果	1.0
34)	Schisandraberry	五味子	0.5T
35)	Strawberry	草莓	2.0T
36)	Sweet pepper	甜椒	5.0
37)	Tea	茶	5.0
38)	Watermelon	西瓜	0.5
39)	Yuja	香橙	2.0

435. Spiromesifen 螺甲螨酯（ADI：0.03 mg/kg bw）

序号	农产品英文名	农产品中文名	最大残留限量（mg/kg）
1)	Apple	苹果	0.5
2)	Apricot	杏	1.0
3)	Arguta kiwifruit	阿古塔猕猴桃	1.0T
4)	Aronia	野樱莓	1.0T
5)	Balsam apple	苦瓜	0.3
6)	Blueberry	蓝莓	1.0T

（续）

序号	农产品英文名	农产品中文名	最大残留限量 （mg/kg）
7）	Carrot	胡萝卜	0.05T
8）	Cherry	樱桃	1.0T
9）	Chicory（root）	菊苣（根）	0.05T
10）	Chili pepper	辣椒	3.0
11）	Chinese chives	韭菜	15
12）	Chinese mallow	中国锦葵	25
13）	Coriander leaves	香菜	0.05T
14）	Cotton seed	棉籽	0.4†
15）	Cranberry	蔓越橘	1.0T
16）	Cucumber	黄瓜	0.5
17）	Fig	无花果	1.0T
18）	Flowerhead brassicas	头状花序芸薹属蔬菜	3.0†
19）	Gojiberry	枸杞	3.0
20）	Gojiberry（dried）	枸杞（干）	3.0
21）	Grape	葡萄	1.0
22）	Hyssop，anise	茴藿香	0.3T
23）	Jujube	枣	0.7
24）	Jujube（dried）	枣（干）	1.5
25）	Korean black raspberry	朝鲜黑树莓	2.0
26）	Korean melon	韩国瓜类	0.5
27）	Lavender（fresh）	薰衣草（鲜）	0.3T
28）	Leafy vegetables	叶类蔬菜	12†
29）	Maize	玉米	0.01†
30）	Mandarin	中国柑橘	1.0
31）	Mango	芒果	0.05T
32）	Melon	瓜类	0.3
33）	Mulberry	桑葚	1.5
34）	Mushroom	蘑菇	0.05T
35）	Peach	桃	2.0
36）	Pear	梨	0.5
37）	Perilla leaves	紫苏叶	30
38）	Persimmon	柿子	2.0
39）	Plum	李子	0.5
40）	Potato	马铃薯	0.01†
41）	Schisandraberry	五味子	0.5T
42）	Sesame seed	芝麻籽	0.05
43）	Stalk and stem vegetables	茎秆类蔬菜	7.0
44）	Strawberry	草莓	2.0
45）	Sweet pepper	甜椒	3.0

（续）

序号	农产品英文名	农产品中文名	最大残留限量（mg/kg）
46）	Tomato	番茄	1.0
47）	Watermelon	西瓜	0.2
48）	Yuja	香橙	0.7

436. Spirotetramat 螺虫乙酯（ADI：0.05 mg/kg bw）

序号	农产品英文名	农产品中文名	最大残留限量（mg/kg）
1）	Apple	苹果	0.7
2）	Apricot	杏	2.0
3）	Arguta kiwifruit	阿古塔猕猴桃	0.2T
4）	Aronia	野樱莓	0.2T
5）	Asparagus	芦笋	2.0
6）	Avocado	鳄梨	0.6†
7）	Balsam apple	苦瓜	0.9
8）	Banana	香蕉	4.0†
9）	Beans	豆类	2.0†
10）	Beans（fresh）	豆类（新鲜）	1.5†
11）	Beet（root）	甜菜（根）	0.05T
12）	Blueberry	蓝莓	3.0
13）	Broccoli	西兰花	2.0
14）	Burdock	牛蒡	0.05
15）	Burdock leaves	牛蒡叶	10
16）	Butterbur	菊科蜂斗菜属植物	5.0
17）	Cabbage	甘蓝	2.0
18）	Carrot	胡萝卜	0.5
19）	Celery	芹菜	4.0†
20）	Chard	食用甜菜	5.0
21）	Cherry	樱桃	3.0†
22）	Chili pepper	辣椒	2.0
23）	Chinese chives	韭菜	4.0T
24）	Chinese mallow	中国锦葵	5.0
25）	Citrus fruits	柑橘类水果	0.5†
26）	Coastal hog fennel	小茴香	5.0
27）	Cranberry	蔓越橘	0.2†
28）	Crown daisy	茼蒿	5.0
29）	Cucumber	黄瓜	0.3
30）	Danggwi leaves	当归叶	5.0
31）	Dolnamul	垂盆草/豆瓣菜	5.0
32）	Dragon fruit	火龙果	0.5
33）	Dried ginseng	干参	0.05
34）	Eggplant	茄子	0.7

（续）

序号	农产品英文名	农产品中文名	最大残留限量（mg/kg）
35)	Fresh ginseng	鲜参	0.05
36)	Gojiberry	枸杞	0.2T
37)	Gondre	耶蓟	5.0
38)	Grape	葡萄	5.0
39)	Green soybean	青豆	1.5†
40)	Hop	蛇麻草	4.0†
41)	Japanese apricot	青梅	3.0
42)	Jujube	枣	2.0
43)	Kale	羽衣甘蓝	5.0
44)	Kiwifruit	狝猴桃	5.0
45)	Kohlrabi	球茎甘蓝	0.5
46)	Korean black raspberry	朝鲜黑树莓	3.0
47)	Korean cabbage，head	韩国甘蓝	2.0
48)	Korean melon	韩国瓜类	1.0
49)	Leafy vegetables	叶类蔬菜	5.0†
50)	Lemon	柠檬	2.0
51)	Lettuce（head）	莴苣（顶端）	5.0
52)	Lettuce（leaf）	莴苣（叶）	30
53)	Maize	玉米	3.0T
54)	Mango	芒果	0.3†
55)	Mulberry	桑葚	0.2T
56)	Mung bean	绿豆	2.0
57)	Nuts	坚果	0.25†
58)	Onion	洋葱	0.3†
59)	Papaya	番木瓜	0.4†
60)	Parsley	欧芹	5.0
61)	Passion fruit	百香果	0.4†
62)	Peach	桃	1.0
63)	Pear	梨	0.5
64)	Perilla leaves	紫苏叶	3.0
65)	Persimmon	柿子	0.5
66)	Pineapple	菠萝	0.2†
67)	Plum	李子	0.9†
68)	Pomegranate	石榴	0.3T
69)	Potato	马铃薯	0.6†
70)	Quince	榅桲	0.3
71)	Radish（leaf）	萝卜（叶）	10
72)	Radish（root）	萝卜（根）	0.7
73)	Raisin	葡萄干	4.0†

（续）

序号	农产品英文名	农产品中文名	最大残留限量 （mg/kg）
74）	Rape leaves	油菜叶	5.0
75）	Red bean	红豆	0.05
76）	Schisandraberry	五味子	0.9T
77）	Sesame seed	芝麻籽	0.05
78）	Sorghum	高粱	3.0
79）	Soybean	大豆	4.0†
80）	Spinach	菠菜	5.0
81）	Squash	西葫芦	0.9
82）	Ssam cabbage	紫甘蓝	5.0
83）	Strawberry	草莓	3.0
84）	Sweet pepper	甜椒	2.0
85）	Sweet potato	甘薯	0.6T
86）	Sweet potato vines	薯蔓	4.0T
87）	Taro	芋头	0.6T
88）	Taro stem	芋头茎	5.0
89）	Tomato	番茄	1.0
90）	Turnip root	芜菁根	0.5
91）	Water dropwort	水芹	5.0
92）	Watermelon	西瓜	0.3
93）	Welsh onion	威尔士洋葱	3.0
94）	Yuja	香橙	0.5

437. Spiroxamine　螺环菌胺（ADI：0.025 mg/kg bw）

序号	农产品英文名	农产品中文名	最大残留限量（mg/kg）
1）	Banana	香蕉	3.0†

438. Streptomycin　链霉素

序号	农产品英文名	农产品中文名	最大残留限量（mg/kg）
1）	Apple	苹果	0.05
2）	Apricot	杏	0.5
3）	Beet（root）	甜菜（根）	0.05
4）	Cabbage	甘蓝	0.2
5）	Carrot	胡萝卜	0.05
6）	Cherry	樱桃	2.0
7）	Chicory	菊苣	5.0
8）	Chili pepper	辣椒	2.0
9）	Chinese chives	韭菜	0.3
10）	Cucumber	黄瓜	0.5
11）	Garlic	大蒜	0.05
12）	Grape	葡萄	0.05
13）	Green garlic	青蒜	0.05
14）	Green soybean	青豆	0.05
15）	Japanese apricot	青梅	0.07

（续）

序号	农产品英文名	农产品中文名	最大残留限量 （mg/kg）
16)	Jujube	枣	5.0
17)	Jujube（dried）	枣（干）	10
18)	Kiwifruit	猕猴桃	0.2
19)	Korean cabbage，head	韩国甘蓝	0.3
20)	Mandarin	中国柑橘	0.05
21)	Onion	洋葱	0.05
22)	Peach	桃	0.7
23)	Pear	梨	0.05
24)	Plum	李子	0.2
25)	Potato	马铃薯	0.05
26)	Radish（leaf）	萝卜（叶）	5.0
27)	Radish（root）	萝卜（根）	0.05
28)	Rice	稻米	0.05
29)	Soybean	大豆	0.05
30)	Ssam cabbage	紫甘蓝	0.7
31)	Strawberry	草莓	0.05
32)	Sweet pepper	甜椒	2.0
33)	Tomato	番茄	5.0
34)	Watermelon	西瓜	0.05
35)	Welsh onion	威尔士洋葱	0.07

439. Sulfentrazone　甲磺草胺

序号	农产品英文名	农产品中文名	最大残留限量 （mg/kg）
1)	Blueberry	蓝莓	0.05T
2)	Grape	葡萄	0.05T
3)	Grapefruit	葡萄柚	0.15T
4)	Lemon	柠檬	0.15T
5)	Maize	玉米	0.15T
6)	Orange	橙	0.15T
7)	Potato	马铃薯	0.2T
8)	Soybean	大豆	0.05T

440. Sulfoxaflor　氟啶虫胺腈（ADI：0.05 mg/kg bw）

序号	农产品英文名	农产品中文名	最大残留限量 （mg/kg）
1)	Alpine leek leaves	高山韭菜叶	10
2)	Apple	苹果	0.4
3)	Apricot	杏	0.3
4)	Aronia	野樱莓	1.5
5)	Asparagus	芦笋	0.3
6)	Banana	香蕉	0.3T
7)	Barley	大麦	0.4[†]
8)	Beet（root）	甜菜（根）	0.05T
9)	Blueberry	蓝莓	1.0

（续）

序号	农产品英文名	农产品中文名	最大残留限量 (mg/kg)
10)	Broccoli	西兰花	2.0†
11)	Burdock	牛蒡	0.05
12)	Burdock leaves	牛蒡叶	1.0
13)	Butterbur	菊科蜂斗菜属植物	20
14)	Cabbage	甘蓝	0.5
15)	Carrot	胡萝卜	0.05
16)	Celery	芹菜	1.5†
17)	Chard	食用甜菜	10
18)	Cherry	樱桃	1.5†
19)	Chicory	菊苣	10
20)	Chili pepper	辣椒	0.5
21)	Chinese bellflower	中国风铃草	0.05T
22)	Chinese mallow	中国锦葵	10
23)	Coastal hog fennel	小茴香	10
24)	Coriander leaves	香菜	0.05T
25)	Cotton seed	棉籽	0.3†
26)	Cranberry	蔓越橘	0.5T
27)	Crown daisy	茼蒿	10
28)	Cucumber	黄瓜	0.5
29)	Danggwi leaves	当归叶	10
30)	Deodeok	羊乳（桔梗科党参属的植物）	0.05T
31)	Dolnamul	垂盆草/豆瓣菜	10
32)	Dried ginseng	干参	0.05
33)	East asian hogweed	东亚猪草	0.3
34)	Eggplant	茄子	0.2
35)	Fig	无花果	0.5T
36)	Fresh ginseng	鲜参	0.05
37)	Garlic	大蒜	0.05
38)	Ginger	姜	0.05T
39)	Gojiberry	枸杞	1.5
40)	Gondre	耶蓟	2.0
41)	Grape	葡萄	2.0†
42)	Grapefruit	葡萄柚	0.3†
43)	Green soybean	青豆	2.0
44)	Japanese apricot	青梅	0.3
45)	Japanese cornel	日本山茱萸	0.3T
46)	Job's tear	薏苡	0.08T
47)	Jujube	枣	0.7
48)	Jujube (dried)	枣（干）	2.0

（续）

序号	农产品英文名	农产品中文名	最大残留限量 （mg/kg）
49)	Kale	羽衣甘蓝	10
50)	Kiwifruit	猕猴桃	0.3
51)	Korean black raspberry	朝鲜黑树莓	0.5
52)	Korean cabbage，head	韩国甘蓝	0.2
53)	Korean melon	韩国瓜类	0.5
54)	Leafy vegetables	叶类蔬菜	5.0
55)	Lemon	柠檬	0.6†
56)	Lettuce（head）	莴苣（顶端）	10
57)	Lettuce（leaf）	莴苣（叶）	10
58)	Maize	玉米	0.08T
59)	Mandarin	中国柑橘	1.0
60)	Mango	芒果	0.3T
61)	Melon	瓜类	0.4†
62)	Mulberry	桑葚	1.0
63)	Nuts	坚果	0.02†
64)	Oak mushroom	香菇	0.05T
65)	Oat	燕麦	0.08T
66)	Orange	橙	0.7†
67)	Parsley	欧芹	10
68)	Passion fruit	百香果	0.3T
69)	Peach	桃	0.5
70)	Pear	梨	0.4
71)	Perilla leaves	紫苏叶	15
72)	Persimmon	柿子	0.3
73)	Plum	李子	0.5†
74)	Pomegranate	石榴	0.2T
75)	Potato	马铃薯	0.05
76)	Quince	榅桲	0.2
77)	Radish（leaf）	萝卜（叶）	1.0
78)	Radish（root）	萝卜（根）	0.05
79)	Rape leaves	油菜叶	5.0
80)	Rape seed	油菜籽	0.15†
81)	Red bean	红豆	0.05
82)	Rice	稻米	0.2
83)	Safflower seed	红花籽	0.15T
84)	Schisandraberry	五味子	0.3
85)	Sesame seed	芝麻籽	0.7
86)	Sorghum	高粱	0.08T
87)	Soybean	大豆	0.2†

（续）

序号	农产品英文名	农产品中文名	最大残留限量 （mg/kg）
88)	Spinach	菠菜	3.0
89)	Squash	西葫芦	0.2
90)	Squash leaves	南瓜叶	10
91)	Ssam cabbage	紫甘蓝	0.5
92)	Stalk and stem vegetables	茎秆类蔬菜	0.2
93)	Strawberry	草莓	0.5
94)	Sweet pepper	甜椒	0.5
95)	Sweet potato	甘薯	0.05T
96)	Tomato	番茄	0.5
97)	Turnip root	芜菁根	0.05
98)	Walnut	胡桃	0.05
99)	Water dropwort	水芹	0.3
100)	Watermelon	西瓜	0.3
101)	Welsh onion	威尔士洋葱	2.0
102)	Wheat	小麦	0.08†
103)	Yam	山药	0.05T
104)	Yuja	香橙	0.3

441. Sulfur dioxide 二氧化硫

1)	Grape	葡萄	10.0T

442. Sulfuryl fluoride 硫酰氟（ADI：0.01 mg/kg bw）

1)	Almond	扁桃仁	0.08†
2)	Barley	大麦	0.05T
3)	Maize	玉米	0.05T
4)	Pecan	美洲山核桃	3.0†
5)	Pistachio	开心果	0.8†
6)	Sorghum	高粱	0.05T
7)	Walnut	胡桃	3.0†
8)	Wheat	小麦	0.05†

443. Tebuconazole 戊唑醇（ADI：0.03 mg/kg bw）

1)	Alpine leek leaves	高山韭菜叶	0.1
2)	Apple	苹果	1.0
3)	Apricot	杏	2.0T
4)	Arguta kiwifruit	阿古塔猕猴桃	0.5T
5)	Aronia	野樱莓	0.5T
6)	Balsam apple	苦瓜	1.0
7)	Banana	香蕉	0.05†
8)	Beet（root）	甜菜（根）	0.09
9)	Black hoof mushroom	黑蹄菌	0.05T
10)	Blueberry	蓝莓	0.5T

（续）

序号	农产品英文名	农产品中文名	最大残留限量（mg/kg）
11)	Burdock	牛蒡	0.05T
12)	Cabbage	甘蓝	5.0
13)	Carrot	胡萝卜	0.4T
14)	Cassia seed	决明子	0.05
15)	Celeriac	块根芹	0.05T
16)	Chard	食用甜菜	15
17)	Cherry	樱桃	4.0†
18)	Chili pepper	辣椒	3.0
19)	Chili pepper leaves	辣椒叶	5.0
20)	Chili pepper（dried）	辣椒（干）	5.0
21)	Chinese bellflower	中国风铃草	0.05T
22)	Chwinamul	野生紫菀	0.05
23)	Coffee bean	咖啡豆	0.1†
24)	Cucumber	黄瓜	0.2
25)	Deodeok	羊乳（桔梗科党参属的植物）	0.05
26)	Dried ginseng	干参	1.0
27)	Fig	无花果	0.5T
28)	Fresh ginseng	鲜参	0.5
29)	Garlic	大蒜	0.1
30)	Ginger	姜	0.05T
31)	Gojiberry（dried）	枸杞（干）	10
32)	Grape	葡萄	5.0†
33)	Green garlic	青蒜	2.0
34)	Green soybean	青豆	0.5
35)	Green tea extract	绿茶提取物	10.0
36)	Herbs（fresh）	香草（鲜）	0.05T
37)	Hop	蛇麻草	40T
38)	Hyssop, anise	茴藿香	0.3T
39)	Japanese apricot	青梅	1.0
40)	Jujube	枣	5.0
41)	Jujube（dried）	枣（干）	5.0
42)	Kidney bean	四季豆	0.1T
43)	Kiwifruit	猕猴桃	2.0
44)	Korean black raspberry	朝鲜黑树莓	0.5T
45)	Korean cabbage，head	韩国甘蓝	2.0
46)	Korean melon	韩国瓜类	0.1
47)	Leafy vegetables	叶类蔬菜	3.0
48)	Lemon	柠檬	2.0T
49)	Lettuce（head）	莴苣（顶端）	0.05

（续）

序号	农产品英文名	农产品中文名	最大残留限量 (mg/kg)
50)	Lettuce（leaf）	莴苣（叶）	0.05
51)	Maize	玉米	0.5†
52)	Mandarin	中国柑橘	2.0
53)	Mango	芒果	0.05T
54)	Melon	瓜类	0.2†
55)	Mulberry	桑葚	10
56)	Mung bean	绿豆	0.05T
57)	Nuts	坚果	0.05†
58)	Olive	橄榄	0.05†
59)	Onion	洋葱	0.05
60)	Papaya	番木瓜	2.0T
61)	Parsnip	欧洲防风草	0.05T
62)	Peach	桃	1.0†
63)	Peanut	花生	0.05
64)	Perilla leaves	紫苏叶	15
65)	Persimmon	柿子	2.0
66)	Plum	李子	0.9†
67)	Polygonatum root	黄精根	0.05T
68)	Pome fruits	仁果类水果	0.5
69)	Proso millet	黍	3.0
70)	Radish（leaf）	萝卜（叶）	5.0
71)	Radish（root）	萝卜（根）	0.2
72)	Raisin	葡萄干	6.0†
73)	Rape seed	油菜籽	0.1†
74)	Rice	稻米	0.05
75)	Safflower seed	红花籽	0.05T
76)	Schisandraberry	五味子	0.9T
77)	Sorghum	高粱	0.05T
78)	Soybean	大豆	0.1†
79)	Spices seeds	种子类香辛料	0.05T
80)	Spinach	菠菜	3.0
81)	Ssam cabbage	紫甘蓝	5.0
82)	Stalk and stem vegetables	茎秆类蔬菜	5.0
83)	Strawberry	草莓	0.5
84)	Sugar beet	甜菜	0.05T
85)	Sweet pepper	甜椒	3.0
86)	Sweet potato	甘薯	0.05
87)	Sweet potato vines	薯蔓	0.05
88)	Sword bean	刀豆	0.1T

（续）

序号	农产品英文名	农产品中文名	最大残留限量 （mg/kg）
89)	Tea	茶	5.0
90)	Tomato	番茄	1.0
91)	Turnip root	芜菁根	0.05T
92)	Watermelon	西瓜	1.0
93)	Welsh onion	威尔士洋葱	3.0
94)	Wheat	小麦	0.05†
95)	Wild chive	野生细香葱	2.0
96)	Yam	山药	0.1
97)	Yam（dried）	山药（干）	0.1
98)	Yuja	香橙	2.0T

444. Tebufenozide 虫酰肼（ADI：0.02 mg/kg bw）

序号	农产品英文名	农产品中文名	最大残留限量 （mg/kg）
1)	Apricot	杏	1.0T
2)	Aronia	野樱莓	2.0T
3)	Banana	香蕉	0.5T
4)	Barley	大麦	0.3T
5)	Beet（root）	甜菜（根）	0.1T
6)	Blueberry	蓝莓	3.0†
7)	Cabbage	甘蓝	5.0T
8)	Cherry	樱桃	1.0T
9)	Cherry，Nanking	南京樱桃	1.0T
10)	Chicory（root）	菊苣（根）	0.1T
11)	Chili pepper	辣椒	1.0
12)	Cranberry	蔓越橘	0.5†
13)	Cucumber	黄瓜	0.7
14)	Danggwi leaves	当归叶	10
15)	Deodeok	羊乳（桔梗科党参属的植物）	0.1T
16)	Fig	无花果	2.0T
17)	Flowerhead brassicas	头状花序芸薹属蔬菜	5.0†
18)	Ginger	姜	0.1T
19)	Grape	葡萄	2.0T
20)	Grapefruit	葡萄柚	1.0T
21)	Green soybean	青豆	1.0T
22)	Japanese apricot	青梅	1.0T
23)	Kiwifruit	猕猴桃	0.5T
24)	Korean black raspberry	朝鲜黑树莓	2.0T
25)	Korean cabbage，head	韩国甘蓝	0.3
26)	Korean cabbage，head（dried）	韩国甘蓝（干）	3.0
27)	Leafy vegetables	叶类蔬菜	10
28)	Lemon	柠檬	1.0T

（续）

序号	农产品英文名	农产品中文名	最大残留限量（mg/kg）
29）	Mandarin	中国柑橘	1.0
30）	Mung bean	绿豆	0.04T
31）	Nuts	坚果	0.04†
32）	Orange	橙	1.0T
33）	Peach	桃	1.0
34）	Peanut	花生	0.04T
35）	Plum	李子	1.0T
36）	Pome fruits	仁果类水果	1.0
37）	Proso millet	黍	0.3T
38）	Radish（leaf）	萝卜（叶）	15
39）	Radish（root）	萝卜（根）	0.1
40）	Rape seed	油菜籽	2.0T
41）	Red bean	红豆	0.04T
42）	Rice	稻米	0.3
43）	Schisandraberry	五味子	1.0T
44）	Soybean	大豆	0.05T
45）	Spinach	菠菜	1.0
46）	Ssam cabbage	紫甘蓝	1.0
47）	Stalk and stem vegetables	茎秆类蔬菜	7.0
48）	Sweet pepper	甜椒	1.0
49）	Sweet potato	甘薯	0.04T
50）	Tomato	番茄	1.0
51）	Turnip root	芜菁根	0.1T
52）	Watermelon	西瓜	0.1
53）	Welsh onion	威尔士洋葱	2.0
54）	Yam	山药	0.04T

445. Tebufenpyrad 吡螨胺（ADI：0.01 mg/kg bw）

	农产品英文名	农产品中文名	最大残留限量
1）	Amaranth leaves	苋菜叶	1.0
2）	Apple	苹果	0.5
3）	Apricot	杏	0.5T
4）	Aronia	野樱莓	0.5T
5）	Balsam apple	苦瓜	0.1T
6）	Blueberry	蓝莓	1.0
7）	Cabbage	甘蓝	0.05T
8）	Cherry	樱桃	0.5T
9）	Chili pepper	辣椒	0.5
10）	Chili pepper leaves	辣椒叶	2.0
11）	Chinese mallow	中国锦葵	1.0
12）	Chwinamul	野生紫菀	1.5

（续）

序号	农产品英文名	农产品中文名	最大残留限量（mg/kg）
13)	Coastal hog fennel	小茴香	1.0
14)	Cowpea	豇豆	0.05T
15)	Danggwi leaves	当归叶	1.0
16)	Deodeok	羊乳（桔梗科党参属的植物）	0.05
17)	Eggplant	茄子	0.5T
18)	Fig	无花果	0.5T
19)	Ginger	姜	0.05T
20)	Gojiberry	枸杞	0.5T
21)	Grape	葡萄	0.5T
22)	Green soybean	青豆	0.5T
23)	Green tea extract	绿茶提取物	3.0T
24)	Japanese apricot	青梅	0.7
25)	Jujube	枣	0.5T
26)	Korean black raspberry	朝鲜黑树莓	0.5T
27)	Korean melon	韩国瓜类	0.1
28)	Leafy vegetables	叶类蔬菜	0.3
29)	Lemon	柠檬	0.5T
30)	Lettuce（head）	莴苣（顶端）	4.0
31)	Lettuce（leaf）	莴苣（叶）	1.0
32)	Mandarin	中国柑橘	0.5
33)	Melon	瓜类	0.1T
34)	Orange	橙	0.5T
35)	Pear	梨	0.5T
36)	Perilla leaves	紫苏叶	5.0
37)	Plum	李子	0.5
38)	Schisandraberry	五味子	0.5T
39)	Shinsuncho	韩国山葵	1.0
40)	Shiso	日本紫苏	1.0
41)	Soybean	大豆	0.05T
42)	Spinach	菠菜	2.0
43)	Squash	西葫芦	0.1T
44)	Squash leaves	南瓜叶	15
45)	Stalk and stem vegetables	茎秆类蔬菜	1.0
46)	Strawberry	草莓	0.5
47)	Sweet pepper	甜椒	0.5
48)	Taro	芋头	0.05T
49)	Tea	茶	2.0T
50)	Watermelon	西瓜	0.1
51)	Yuja	香橙	0.5T

（续）

序号	农产品英文名	农产品中文名	最大残留限量 （mg/kg）
446. Tebufloquin 喹啉类杀菌剂（ADI：0.041 mg/kg bw）			
1)	Rice	稻米	0.2
447. Tebupirimfos 丁基嘧啶磷（ADI：0.000 2 mg/kg bw）			
1)	Asparagus	芦笋	0.05
2)	Beet（leaf）	甜菜（叶）	0.05T
3)	Beet（root）	甜菜（根）	0.05T
4)	Broccoli	西兰花	0.05
5)	Burdock	牛蒡	0.05
6)	Burdock leaves	牛蒡叶	0.05T
7)	Cabbage	甘蓝	0.05T
8)	Carrot	胡萝卜	0.05
9)	Celery	芹菜	0.05T
10)	Chamnamul	大叶芹菜	0.07
11)	Chard	食用甜菜	0.07
12)	Chicory	菊苣	0.05T
13)	Chicory（root）	菊苣（根）	0.05T
14)	Chili pepper	辣椒	0.05
15)	Chinese chives	韭菜	0.05
16)	Chinese mallow	中国锦葵	0.05T
17)	Chwinamul	野生紫菀	0.06
18)	Crown daisy	茼蒿	0.07
19)	Deodeok	羊乳（桔梗科党参属的植物）	0.05T
20)	Dried ginseng	干参	0.05
21)	Eggplant	茄子	0.05
22)	Fig	无花果	0.05T
23)	Fresh ginseng	鲜参	0.05
24)	Garlic	大蒜	0.01
25)	Ginger	姜	0.05T
26)	Ginseng extract	人参提取物	0.05
27)	Green garlic	青蒜	0.01
28)	Kale	羽衣甘蓝	0.07
29)	Korean cabbage，head	韩国甘蓝	0.01
30)	Lettuce（head）	莴苣（顶端）	0.07
31)	Lettuce（leaf）	莴苣（叶）	0.07
32)	Melon	瓜类	0.05
33)	Mustard green	芥菜	0.07
34)	Mustard leaf	芥菜叶	0.05
35)	Onion	洋葱	0.05
36)	Pak choi	小白菜	0.05T

（续）

序号	农产品英文名	农产品中文名	最大残留限量（mg/kg）
37)	Parsley	欧芹	0.05T
38)	Perilla leaves	紫苏叶	0.05
39)	Potato	马铃薯	0.01
40)	Radish（leaf）	萝卜（叶）	0.1
41)	Radish（root）	萝卜（根）	0.05
42)	Red ginseng	红参	0.05
43)	Red ginseng extract	红参提取物	0.05
44)	Shepherd's purse	荠菜	0.07
45)	Shinsuncho	韩国山葵	0.05T
46)	Shiso	日本紫苏	0.05
47)	Spinach	菠菜	0.01
48)	Ssam cabbage	紫甘蓝	0.01
49)	Sweet pepper	甜椒	0.05
50)	Sweet potato	甘薯	0.05
51)	Sweet potato vines	薯蔓	0.05T
52)	Taro	芋头	0.05T
53)	Taro stem	芋头茎	0.05T
54)	Turnip root	芜菁根	0.05
55)	Water dropwort	水芹	0.05
56)	Welsh onion	威尔士洋葱	0.05
57)	Yam	山药	0.05T

448. Tecloftalam 叶枯酞

1)	Rice	稻米	0.5

449. Tecnazene 四氯硝基苯（ADI：0.02 mg/kg bw）

1)	Lettuce（head）	莴苣（顶端）	2.0T
2)	Potato	马铃薯	1.0T

450. Teflubenzuron 氟苯脲（ADI：0.01 mg/kg bw）

1)	Amaranth leaves	苋菜叶	5.0
2)	Apricot	杏	0.3
3)	Aronia	野樱莓	1.0T
4)	Asparagus	芦笋	10
5)	Beet（root）	甜菜（根）	0.2T
6)	Blueberry	蓝莓	1.0T
7)	Broccoli	西兰花	1.0
8)	Burdock	牛蒡	0.2T
9)	Cabbage	甘蓝	0.5
10)	Carrot	胡萝卜	0.05
11)	Celery	芹菜	10
12)	Chamnamul	大叶芹菜	5.0

（续）

序号	农产品英文名	农产品中文名	最大残留限量 （mg/kg）
13)	Chard	食用甜菜	5.0
14)	Cherry	樱桃	0.05
15)	Chestnut	栗子	0.05
16)	Chili pepper	辣椒	0.2
17)	Chinese chives	韭菜	15
18)	Chinese mallow	中国锦葵	5.0
19)	Chwinamul	野生紫菀	7.0
20)	Crown daisy	茼蒿	5.0
21)	Cucumber	黄瓜	0.2
22)	Edible fungi	食用菌	0.05
23)	Eggplant	茄子	0.2
24)	Fresh ginseng	鲜参	0.2T
25)	Ginger	姜	0.2T
26)	Gojiberry	枸杞	1.0T
27)	Jujube	枣	1.0
28)	Jujube（dried）	枣（干）	1.0
29)	Kale	羽衣甘蓝	7.0
30)	Korean black raspberry	朝鲜黑树莓	2.0
31)	Korean cabbage，head	韩国甘蓝	1.0
32)	Korean cabbage，head（dried）	韩国甘蓝（干）	2.0
33)	Leafy vegetables	叶类蔬菜	5.0
34)	Lettuce（head）	莴苣（顶端）	7.0
35)	Lettuce（leaf）	莴苣（叶）	7.0
36)	Mandarin	中国柑橘	0.7
37)	Melon	瓜类	0.3T
38)	Mulberry	桑葚	1.0T
39)	Mustard leaf	芥菜叶	7.0
40)	Parsley	欧芹	7.0
41)	Peach	桃	1.0
42)	Perilla leaves	紫苏叶	5.0
43)	Plum	李子	0.05T
44)	Pome fruits	仁果类水果	1.0
45)	Potato	马铃薯	0.05T
46)	Radish（leaf）	萝卜（叶）	0.1
47)	Radish（root）	萝卜（根）	0.07
48)	Schisandraberry	五味子	0.05T
49)	Sesame seed	芝麻籽	0.05T
50)	Soybean	大豆	0.05T
51)	Spinach	菠菜	5.0

（续）

序号	农产品英文名	农产品中文名	最大残留限量 （mg/kg）
52)	Squash	西葫芦	0.2T
53)	Ssam cabbage	紫甘蓝	1.0
54)	Ssam cabbage（dried）	紫甘蓝（干）	2.0
55)	Stalk and stem vegetables	茎秆类蔬菜	0.5
56)	Strawberry	草莓	1.0
57)	Sugar beet	甜菜	0.2T
58)	Sweet pepper	甜椒	0.2
59)	Taro	芋头	0.05T
60)	Tomato	番茄	0.2
61)	Turnip root	芜菁根	0.05
62)	Walnut	胡桃	0.05T
63)	Water dropwort	水芹	10
64)	Watermelon	西瓜	0.2
65)	Welsh onion	威尔士洋葱	0.5
66)	Wheat	小麦	0.05T

451. Tefluthrin 七氟菊酯（ADI：0.005 mg/kg bw）

序号	农产品英文名	农产品中文名	最大残留限量（mg/kg）
1)	Amaranth leaves	苋菜叶	0.05T
2)	Asparagus	芦笋	0.05T
3)	Beet（leaf）	甜菜（叶）	0.05T
4)	Beet（root）	甜菜（根）	0.05T
5)	Broccoli	西兰花	0.05
6)	Burdock	牛蒡	0.05
7)	Butterbur	菊科蜂斗菜属植物	0.05T
8)	Cabbage	甘蓝	0.05
9)	Carrot	胡萝卜	0.05
10)	Celery	芹菜	0.05T
11)	Chamnamul	大叶芹菜	0.05T
12)	Chard	食用甜菜	0.05T
13)	Chicory	菊苣	0.05T
14)	Chicory（root）	菊苣（根）	0.05T
15)	Chili pepper	辣椒	0.05
16)	Chinese chives	韭菜	2.0
17)	Chinese mallow	中国锦葵	0.05T
18)	Chwinamul	野生紫菀	0.05
19)	Crown daisy	茼蒿	0.05T
20)	Deodeok	羊乳（桔梗科党参属的植物）	0.05T
21)	Dried ginseng	干参	0.1
22)	Eggplant	茄子	0.05T
23)	Fresh ginseng	鲜参	0.1

（续）

序号	农产品英文名	农产品中文名	最大残留限量（mg/kg）
24)	Garlic	大蒜	0.1
25)	Ginger	姜	0.05
26)	Ginseng extract	人参提取物	0.3
27)	Gojiberry	枸杞	0.05T
28)	Gondre	耶蓟	0.05T
29)	Green garlic	青蒜	0.05
30)	Hyssop，anise	茴藿香	0.05T
31)	Jujube	枣	0.05T
32)	Kale	羽衣甘蓝	0.05
33)	Kohlrabi	球茎甘蓝	0.05
34)	Korean black raspberry	朝鲜黑树莓	0.05T
35)	Korean cabbage，head	韩国甘蓝	0.1
36)	Korean wormwood	朝鲜艾草	0.05T
37)	Mustard green	芥菜	0.05
38)	Mustard leaf	芥菜叶	0.05
39)	Narrow-head ragwort	窄叶黄菀	0.05T
40)	Onion	洋葱	0.1
41)	Parsley	欧芹	0.05T
42)	Passion fruit	百香果	0.05T
43)	Peanut	花生	0.05
44)	Perilla leaves	紫苏叶	0.2
45)	Potato	马铃薯	0.05
46)	Radish（leaf）	萝卜（叶）	0.05
47)	Radish（root）	萝卜（根）	0.05
48)	Red bean	红豆	0.05
49)	Red ginseng	红参	0.1
50)	Red ginseng extract	红参提取物	0.1
51)	Salt sandspurry	拟漆姑	0.05T
52)	Shepherd's purse	荠菜	0.05
53)	Shiso	日本紫苏	0.05
54)	Spinach	菠菜	0.05
55)	Ssam cabbage	紫甘蓝	0.1
56)	Strawberry	草莓	0.05
57)	Sweet pepper	甜椒	0.05
58)	Sweet potato	甘薯	0.05
59)	Sweet potato vines	薯蔓	0.05T
60)	Turnip root	芜菁根	0.05
61)	Watermelon	西瓜	0.05
62)	Welsh onion	威尔士洋葱	0.05

（续）

序号	农产品英文名	农产品中文名	最大残留限量（mg/kg）
63）	Wild chive	野生细香葱	0.05T
64）	Yam	山药	0.05T

452. Tefuryltrione 呋喃磺草酮（ADI：0.000 8 mg/kg bw）

1）	Rice	稻米	0.05

453. Tepraloxydim 吡喃草酮

1）	Soybean	大豆	5.0T

454. Terbacil 特草定

1）	Blueberry	蓝莓	0.1T

455. Terbufos 特丁硫磷（ADI：0.000 6 mg/kg bw）
残留物：特丁硫磷及其氧类似物（亚砜、砜）之和，以特丁硫磷表示

1）	Amaranth leaves	苋菜叶	0.05T
2）	Asparagus	芦笋	0.05T
3）	Beet（root）	甜菜（根）	0.05T
4）	Broccoli	西兰花	0.05
5）	Burdock	牛蒡	0.05
6）	Butterbur	菊科蜂斗菜属植物	0.05T
7）	Cabbage	甘蓝	0.05
8）	Carrot	胡萝卜	0.05
9）	Celery	芹菜	0.05T
10）	Chamnamul	大叶芹菜	0.05T
11）	Chard	食用甜菜	0.05T
12）	Chicory	菊苣	0.05T
13）	Chili pepper	辣椒	0.05
14）	Chinese bellflower	中国风铃草	0.05T
15）	Chinese chives	韭菜	0.05
16）	Chinese mallow	中国锦葵	0.05T
17）	Chwinamul	野生紫菀	0.5
18）	Coastal hog fennel	小茴香	0.05T
19）	Coffee bean	咖啡豆	0.05†
20）	Crown daisy	茼蒿	1.5
21）	Deodeok	羊乳（桔梗科党参属的植物）	0.05T
22）	Dried ginseng	干参	0.3
23）	Eggplant	茄子	0.05
24）	Fig	无花果	0.05T
25）	Fresh ginseng	鲜参	0.05
26）	Garlic	大蒜	0.05
27）	Ginger	姜	0.05
28）	Green garlic	青蒜	0.05
29）	Jujube	枣	0.05T

（续）

序号	农产品英文名	农产品中文名	最大残留限量（mg/kg）
30)	Kale	羽衣甘蓝	0.5
31)	Kohlrabi	球茎甘蓝	0.05
32)	Korean cabbage，head	韩国甘蓝	0.05
33)	Korean melon	韩国瓜类	0.05
34)	Korean wormwood	朝鲜艾草	0.05T
35)	Leafy vegetables	叶类蔬菜	0.05T
36)	Lettuce（leaf）	莴苣（叶）	2.0
37)	Lettuce（leaf）	莴苣（叶）	1.5
38)	Melon	瓜类	0.05T
39)	Mushroom	蘑菇	0.05T
40)	Mustard green	芥菜	0.5
41)	Mustard leaf	芥菜叶	0.1
42)	Narrow-head ragwort	窄叶黄菀	0.05T
43)	Oak mushroom	香菇	0.05T
44)	Onion	洋葱	0.05
45)	Peanut	花生	0.05
46)	Perilla leaves	紫苏叶	0.5
47)	Potato	马铃薯	0.01
48)	Radish（leaf）	萝卜（叶）	0.05
49)	Radish（root）	萝卜（根）	0.05
50)	Red bean	红豆	0.05
51)	Root and tuber vegetables	块根和块茎类蔬菜	0.05T
52)	Salt sandspurry	拟漆姑	0.05T
53)	Schisandraberry	五味子	0.05T
54)	Shepherd's purse	荠菜	0.5
55)	Shiso	日本紫苏	0.5
56)	Soybean	大豆	0.05T
57)	Spinach	菠菜	0.05
58)	Ssam cabbage	紫甘蓝	0.05
59)	Stalk and stem vegetables	茎秆类蔬菜	0.05T
60)	Sweet potato	甘薯	0.05
61)	Sweet potato vines	薯蔓	0.3
62)	Taro	芋头	0.05
63)	Taro stem	芋头茎	0.05
64)	Tomato	番茄	0.01
65)	Turnip root	芜菁根	0.05
66)	Walnut	胡桃	0.05T
67)	Water dropwort	水芹	0.05T
68)	Welsh onion	威尔士洋葱	0.05

（续）

序号	农产品英文名	农产品中文名	最大残留限量 （mg/kg）
69）	Wild chive	野生细香葱	0.05T
70）	Yam	山药	0.05
71）	Yam（dried）	山药（干）	0.05

456. Terbuthylazine 特丁津 （ADI：0.004 mg/kg bw）

序号	农产品英文名	农产品中文名	最大残留限量
1）	Apple	苹果	0.1T
2）	Herbs（fresh）	香草（鲜）	0.1T
3）	Mandarin	中国柑橘	0.1T

457. Terbutryn 特丁净

序号	农产品英文名	农产品中文名	最大残留限量
1）	Barley	大麦	0.1T
2）	Wheat	小麦	0.1T

458. Tetraconazole 氟醚唑 （ADI：0.004 mg/kg bw）

序号	农产品英文名	农产品中文名	最大残留限量
1）	Chili pepper	辣椒	1.0
2）	Chili pepper leaves	辣椒叶	1.0
3）	Chili pepper（dried）	辣椒（干）	3.0
4）	Cucumber	黄瓜	1.0
5）	Eggplant	茄子	0.5
6）	Grape	葡萄	2.0
7）	Green soybean	青豆	2.0
8）	Japanese apricot	青梅	0.3
9）	Korean melon	韩国瓜类	1.0
10）	Mandarin	中国柑橘	2.0
11）	Perilla leaves	紫苏叶	15
12）	Pome fruits	仁果类水果	1.0
13）	Soybean	大豆	0.2
14）	Squash	西葫芦	0.2
15）	Strawberry	草莓	1.0
16）	Sweet pepper	甜椒	1.0
17）	Tomato	番茄	2.0
18）	Watermelon	西瓜	0.2
19）	Welsh onion	威尔士洋葱	5.0
20）	Wild grape	野生葡萄	3.0

459. Tetradifon 三氯杀螨砜

序号	农产品英文名	农产品中文名	最大残留限量
1）	Apple	苹果	3.0
2）	Apricot	杏	2.0T
3）	Asparagus	芦笋	1.0T
4）	Celery	芹菜	1.0T
5）	Cherry	樱桃	2.0T
6）	Chili pepper	辣椒	1.0T
7）	Citrus fruits	柑橘类水果	2.0T

（续）

序号	农产品英文名	农产品中文名	最大残留限量（mg/kg）
8)	Cucumber	黄瓜	1.0T
9)	Fig	无花果	1.0T
10)	Grape	葡萄	2.0T
11)	Grapefruit	葡萄柚	2.0T
12)	Hop	蛇麻草	1.0T
13)	Korean melon	韩国瓜类	1.0T
14)	Lemon	柠檬	2.0T
15)	Mandarin	中国柑橘	3.0
16)	Melon	瓜类	1.0T
17)	Orange	橙	2.0T
18)	Peach	桃	2.0T
19)	Pear	梨	5.0
20)	Plum	李子	2.0T
21)	Quince	榅桲	2.0T
22)	Squash	西葫芦	1.0T
23)	Strawberry	草莓	2.0T
24)	Sweet pepper	甜椒	1.0T
25)	Tomato	番茄	1.0T
26)	Watermelon	西瓜	1.0T

460. Tetraniliprole 氟氰虫酰胺

序号	农产品英文名	农产品中文名	最大残留限量（mg/kg）
1)	Apple	苹果	0.7
2)	Chili pepper	辣椒	2.0
3)	Cucumber	黄瓜	0.3
4)	Grape	葡萄	0.5
5)	Korean cabbage，head	韩国甘蓝	2.0
6)	Korean melon	韩国瓜类	0.2
7)	Mandarin	中国柑橘	1.5
8)	Peach	桃	0.5
9)	Pear	梨	0.2
10)	Persimmon	柿子	0.3
11)	Plum	李子	0.2
12)	Rice	稻米	0.2
13)	Ssam cabbage	紫甘蓝	7.0
14)	Strawberry	草莓	0.7
15)	Sweet pepper	甜椒	2.0
16)	Tomato	番茄	0.5
17)	Watermelon	西瓜	0.07
18)	Welsh onion	威尔士洋葱	2.0

（续）

序号	农产品英文名	农产品中文名	最大残留限量（mg/kg）
461. Thenylchlor 甲氧噻草胺			
1）	Rice	稻米	0.05T
462. Thiabendazole 噻菌灵（ADI：0.1 mg/kg bw）			
1）	Apple	苹果	5.0
2）	Avocado	鳄梨	10.0T
3）	Banana	香蕉	3.0T
4）	Cereal grains	谷物	0.2T
5）	Chinese bellflower	中国风铃草	0.05T
6）	Citrus fruits	柑橘类水果	10.0T
7）	Edible fungi	食用菌	40.0T
8）	Herbs（fresh）	香草（鲜）	0.2T
9）	Kale	羽衣甘蓝	0.05T
10）	Mandarin	中国柑橘	10
11）	Mango	芒果	10.0T
12）	Papaya	番木瓜	5.0T
13）	Pear	梨	10.0T
14）	Potato	马铃薯	15†
15）	Rice	稻米	0.2T
16）	Soybean	大豆	0.2T
17）	Strawberry	草莓	3.0T
18）	Wheat	小麦	0.2T
19）	Witloof	玉兰菜	0.05T
463. Thiacloprid 噻虫啉（ADI：0.01 mg/kg bw）			
1）	Amaranth leaves	苋菜叶	5.0T
2）	Apricot	杏	0.5
3）	Aronia	野樱莓	1.5
4）	Beet（leaf）	甜菜（叶）	0.5T
5）	Beet（root）	甜菜（根）	0.1T
6）	Blueberry	蓝莓	0.7T
7）	Butterbur	菊科蜂斗菜属植物	15
8）	Cabbage	甘蓝	0.2T
9）	Celeriac	块根芹	0.1T
10）	Chard	食用甜菜	5.0T
11）	Chestnut	栗子	0.05
12）	Chili pepper	辣椒	1.0
13）	Chinese mallow	中国锦葵	5.0T
14）	Coastal hog fennel	小茴香	20
15）	Crown daisy	茼蒿	1.0T
16）	Cucumber	黄瓜	0.3

（续）

序号	农产品英文名	农产品中文名	最大残留限量（mg/kg）
17)	Danggwi leaves	当归叶	5.0T
18)	Dolnamul	垂盆草/豆瓣菜	7.0
19)	Dried ginseng	干参	0.1
20)	Eggplant	茄子	0.5
21)	Fig	无花果	0.7T
22)	Fresh ginseng	鲜参	0.1
23)	Ginger	姜	0.1T
24)	Gojiberry	枸杞	1.5
25)	Grape	葡萄	1.0
26)	Green soybean	青豆	1.0
27)	Herbs（fresh）	香草（鲜）	0.05T
28)	Jujube（dried）	枣（干）	1.5
29)	Kale	羽衣甘蓝	2.0T
30)	Kiwifruit	猕猴桃	0.2T
31)	Korean black raspberry	朝鲜黑树莓	0.7
32)	Korean cabbage，head	韩国甘蓝	0.2
33)	Korean melon	韩国瓜类	0.5
34)	Lemon	柠檬	0.7
35)	Lettuce（head）	莴苣（顶端）	7.0
36)	Lettuce（leaf）	莴苣（叶）	7.0
37)	Mandarin	中国柑橘	0.3
38)	Mango	芒果	0.2T
39)	Mulberry	桑葚	1.5
40)	Mustard leaf	芥菜叶	0.5T
41)	Orange	橙	0.3T
42)	Pak choi	小白菜	7.0
43)	Papaya	番木瓜	0.7
44)	Parsley	欧芹	0.5T
45)	Passion fruit	百香果	0.2T
46)	Pea	豌豆	0.05T
47)	Perilla leaves	紫苏叶	20
48)	Plum	李子	0.5
49)	Pome fruits	仁果类水果	0.7
50)	Potato	马铃薯	0.1
51)	Quince	榅桲	0.2
52)	Radish（leaf）	萝卜（叶）	0.2
53)	Radish（root）	萝卜（根）	0.1T
54)	Rice	稻米	0.1
55)	Schisandraberry	五味子	0.5

（续）

序号	农产品英文名	农产品中文名	最大残留限量（mg/kg）
56）	Sorghum	高粱	2.0
57）	Soybean	大豆	0.05
58）	Ssam cabbage	紫甘蓝	0.5
59）	Stalk and stem vegetables	茎秆类蔬菜	1.0
60）	Stone fruits	核果类水果	1.0
61）	Strawberry	草莓	2.0
62）	Sweet pepper	甜椒	1.0
63）	Tea	茶	10[†]
64）	Tomato	番茄	1.0
65）	Walnut	胡桃	0.05
66）	Watermelon	西瓜	0.2
67）	Welsh onion	威尔士洋葱	1.0
68）	Wheat	小麦	0.1T
69）	Yuja	香橙	0.7

464. Thiamethoxam 噻虫嗪（ADI：0.08 mg/kg bw）

序号	农产品英文名	农产品中文名	最大残留限量（mg/kg）
1）	Arguta kiwifruit	阿古塔猕猴桃	1.0T
2）	Aronia	野樱莓	1.0T
3）	Banana	香蕉	0.02[†]
4）	Barley	大麦	0.4
5）	Beet（root）	甜菜（根）	0.1T
6）	Blueberry	蓝莓	1.0
7）	Broccoli	西兰花	1.0
8）	Buckwheat	荞麦	0.05T
9）	Cabbage	甘蓝	0.5T
10）	Cacao bean	可可豆	0.02[†]
11）	Carrot	胡萝卜	0.1T
12）	Chard	食用甜菜	10
13）	Chili pepper	辣椒	1.0
14）	Chinese chives	韭菜	0.1
15）	Chwinamul	野生紫菀	10
16）	Crown daisy	茼蒿	1.0
17）	Cucumber	黄瓜	0.5
18）	Deodeok	羊乳（桔梗科党参属的植物）	0.1T
19）	Dolnamul	垂盆草/豆瓣菜	5.0
20）	Eggplant	茄子	0.2
21）	Fig	无花果	2.0
22）	Fresh ginseng	鲜参	0.1
23）	Ginger	姜	0.1T
24）	Gojiberry	枸杞	1.0T

（续）

序号	农产品英文名	农产品中文名	最大残留限量（mg/kg）
25）	Grape	葡萄	1.0
26）	Green soybean	青豆	0.2T
27）	Green tea extract	绿茶提取物	10.0
28）	Herbs（fresh）	香草（鲜）	1.5T
29）	Hop	蛇麻草	0.09†
30）	Kiwifruit	猕猴桃	0.5
31）	Korean black raspberry	朝鲜黑树莓	1.0
32）	Korean cabbage，head	韩国甘蓝	0.5
33）	Korean melon	韩国瓜类	0.5
34）	Leafy vegetables	叶类蔬菜	5.0
35）	Lettuce（leaf）	莴苣（叶）	15
36）	Maize	玉米	0.05
37）	Mandarin	中国柑橘	1.0
38）	Mango	芒果	0.2†
39）	Melon	瓜类	0.3
40）	Mulberry	桑葚	1.0T
41）	Mustard green	芥菜	5.0
42）	Onion	洋葱	0.1T
43）	Passion fruit	百香果	0.05T
44）	Pea	豌豆	0.04†
45）	Peanut	花生	0.05T
46）	Perilla leaves	紫苏叶	10
47）	Pine nut	松子	0.05T
48）	Pineapple	菠萝	0.01†
49）	Pome fruits	仁果类水果	0.5
50）	Potato	马铃薯	0.3†
51）	Radish（leaf）	萝卜（叶）	2.0
52）	Radish（root）	萝卜（根）	0.5
53）	Rape seed	油菜籽	0.05
54）	Rice	稻米	0.1
55）	Sesame seed	芝麻籽	0.05T
56）	Soybean	大豆	1.0
57）	Spices seeds	种子类香辛料	0.05T
58）	Squash	西葫芦	0.3
59）	Squash leaves	南瓜叶	3.0
60）	Ssam cabbage	紫甘蓝	1.0
61）	Stalk and stem vegetables	茎秆类蔬菜	0.5
62）	Stone fruits	核果类水果	1.0
63）	Strawberry	草莓	1.0

（续）

序号	农产品英文名	农产品中文名	最大残留限量 （mg/kg）
64）	Sweet pepper	甜椒	1.0
65）	Sweet potato	甘薯	0.1T
66）	Tea	茶	2.0
67）	Tomato	番茄	0.2
68）	Walnut	胡桃	0.05T
69）	Water dropwort	水芹	2.0T
70）	Watermelon	西瓜	0.1
71）	Welsh onion	威尔士洋葱	2.0
72）	Wheat	小麦	0.05†
73）	Coffee bean	咖啡豆	0.1†

465. Thiazopyr　噻唑烟酸（ADI：0.008 mg/kg bw）

1）	Mandarin	中国柑橘	0.05T

466. Thidiazuron　苯基噻二唑脲（ADI：0.039 mg/kg bw）

1）	Grape	葡萄	0.2
2）	Kiwifruit	猕猴桃	0.1
3）	Korean melon	韩国瓜类	0.1T
4）	Schisandraberry	五味子	0.1T
5）	Watermelon	西瓜	0.1T

467. Thifensulfuron-methyl　噻吩磺隆（ADI：0.01 mg/kg bw）

1）	Barley	大麦	0.1
2）	Oat	燕麦	0.1T
3）	Rye	黑麦	0.1T
4）	Triticale	黑小麦	0.1T
5）	Wheat	小麦	0.1T

468. Thifluzamide　噻呋酰胺（ADI：0.014 mg/kg bw）

1）	Aronia	野樱莓	0.2T
2）	Barley	大麦	0.1T
3）	Broccoli	西兰花	0.2T
4）	Carrot	胡萝卜	0.05T
5）	Chili pepper	辣椒	0.05
6）	Chili pepper leaves	辣椒叶	0.05
7）	Chwinamul	野生紫菀	5.0
8）	Dried ginseng	干参	2.0
9）	Fresh ginseng	鲜参	1.0
10）	Garlic	大蒜	0.05
11）	Ginger	姜	0.05T
12）	Ginseng extract	人参提取物	2.0
13）	Green garlic	青蒜	0.5
14）	Kohlrabi	球茎甘蓝	0.05

（续）

序号	农产品英文名	农产品中文名	最大残留限量（mg/kg）
15）	Korean cabbage，head	韩国甘蓝	0.2
16）	Korean melon	韩国瓜类	0.3
17）	Leafy vegetables	叶类蔬菜	5.0
18）	Lettuce（head）	莴苣（顶端）	0.05
19）	Lettuce（leaf）	莴苣（叶）	0.05
20）	Mulberry	桑葚	0.2
21）	Oat	燕麦	0.1T
22）	Onion	洋葱	0.05
23）	Radish（root）	萝卜（根）	0.05T
24）	Red ginseng	红参	1.0
25）	Red ginseng extract	红参提取物	2.0
26）	Rice	稻米	0.3
27）	Sesame seed	芝麻籽	0.05T
28）	Sorghum	高粱	0.1T
29）	Ssam cabbage	紫甘蓝	0.5
30）	Stalk and stem vegetables	茎秆类蔬菜	2.0
31）	Strawberry	草莓	0.5
32）	Sweet pepper	甜椒	0.05
33）	Sweet potato	甘薯	0.05T
34）	Watermelon	西瓜	0.05
35）	Welsh onion	威尔士洋葱	0.05
36）	Yam	山药	0.05T

469. Thiobencarb 禾草丹（ADI：0.009 mg/kg bw）

序号	农产品英文名	农产品中文名	最大残留限量（mg/kg）
1）	Aronia	野樱莓	0.05T
2）	Asparagus	芦笋	0.2T
3）	Barley	大麦	0.05
4）	Beans	豆类	0.2
5）	Broad bean	蚕豆	0.2T
6）	Buckwheat	荞麦	0.1T
7）	Cabbage	甘蓝	0.2T
8）	Carrot	胡萝卜	0.2T
9）	Celery	芹菜	0.2T
10）	Chili pepper	辣椒	0.05
11）	Chinese chives	韭菜	0.2T
12）	Crown daisy	茼蒿	0.2T
13）	Cucumber	黄瓜	0.2T
14）	Edible fungi	食用菌	0.2T
15）	Eggplant	茄子	0.2T
16）	Garlic	大蒜	0.05

692

（续）

序号	农产品英文名	农产品中文名	最大残留限量（mg/kg）
17)	Ginger	姜	0.2T
18)	Green garlic	青蒜	0.05
19)	Job's tear	薏苡	0.05
20)	Kale	羽衣甘蓝	0.2T
21)	Kidney bean	四季豆	0.2T
22)	Korean cabbage，head	韩国甘蓝	0.05
23)	Lettuce（head）	莴苣（顶端）	0.2T
24)	Lettuce（leaf）	莴苣（叶）	0.2T
25)	Maize	玉米	0.1
26)	Millet	粟	0.1T
27)	Mung bean	绿豆	0.2T
28)	Oak mushroom	香菇	0.2T
29)	Oat	燕麦	0.1T
30)	Onion	洋葱	0.05
31)	Pea	豌豆	0.2T
32)	Peanut	花生	0.2T
33)	Potato	马铃薯	0.05
34)	Radish（leaf）	萝卜（叶）	0.05
35)	Radish（root）	萝卜（根）	0.05
36)	Red bean	红豆	0.2T
37)	Rice	稻米	0.05
38)	Rye	黑麦	0.1T
39)	Sorghum	高粱	0.1T
40)	Soybean	大豆	0.2
41)	Spinach	菠菜	0.2T
42)	Squash	西葫芦	0.2T
43)	Ssam cabbage	紫甘蓝	0.05
44)	Sweet pepper	甜椒	0.2T
45)	Sweet potato	甘薯	0.05T
46)	Taro	芋头	0.05T
47)	Tomato	番茄	0.2T
48)	Vegetables	蔬菜类	0.2T
49)	Welsh onion	威尔士洋葱	0.2T
50)	Wheat	小麦	0.1

470. Thiocyclam 杀虫环（ADI：0.019 mg/kg bw）
残留物：沙蚕毒素（Nereistoxin）。详见 66 杀螟丹

471. Thiodicarb 硫双威（ADI：0.03 mg/kg bw）
硫双威（Thiodicarb）和灭多威（Methomyl）的总和。详见 302 灭多威

472. Thiometon 甲基乙拌磷 ADI：0.003 mg/kg bw

1)	Potato	马铃薯	0.05T
2)	Rice	稻米	0.05T

（续）

序号	农产品英文名	农产品中文名	最大残留限量(mg/kg)
473. Thiophanate-methyl 甲基硫菌灵（ADI：0.08 mg/kg bw）			
苯菌灵（Benomyl）、多菌灵（Carbendazim）和甲基硫菌灵（Thiophanate-methyl）的总和，表示为多菌灵。详见59 多菌灵			
474. Thiram 福美双			
475. Tiadinil 噻酰菌胺（ADI：0.04 mg/kg bw）			
1)	Perilla leaves	紫苏叶	1.0T
2)	Rice	稻米	1.0
476. Tiafenacil 嘧啶二酮类非选择性除草剂			
1)	Apple	苹果	0.05
2)	Chestnut	栗子	0.05
3)	Chili pepper	辣椒	0.05
4)	Grape	葡萄	0.05
5)	Green soybean	青豆	0.05
6)	Japanese apricot	青梅	0.05
7)	Jujube	枣	0.05
8)	Jujube（dried）	枣（干）	0.05
9)	Kiwifruit	猕猴桃	0.05
10)	Korean black raspberry	朝鲜黑树莓	0.05
11)	Korean cabbage，head	韩国甘蓝	0.05
12)	Maize	玉米	0.05
13)	Mandarin	中国柑橘	0.05
14)	Peach	桃	0.05
15)	Pear	梨	0.05
16)	Persimmon	柿子	0.05
17)	Plum	李子	0.05
18)	Potato	马铃薯	0.05
19)	Rice	稻米	0.05
20)	Sesame seed	芝麻籽	0.05
21)	Soybean	大豆	0.05
22)	Ssam cabbage	紫甘蓝	0.05
23)	Yuja	香橙	0.05
477. Tolclofos-methyl 甲基立枯磷（ADI：0.07 mg/kg bw）			
1)	Apple	苹果	0.05
2)	Asparagus	芦笋	0.05T
3)	Butterbur	菊科蜂斗菜属植物	0.05T
4)	Deodeok	羊乳（桔梗科党参属的植物）	1.0T
5)	Dried ginseng	干参	2.0
6)	Fresh ginseng	鲜参	1.0
7)	Ginger	姜	1.0T
8)	Ginseng extract	人参提取物	3.0

694

（续）

序号	农产品英文名	农产品中文名	最大残留限量（mg/kg）
9）	Lettuce（leaf）	莴苣（叶）	2.0T
10）	Melon	瓜类	0.05
11）	Perilla leaves	紫苏叶	0.05T
12）	Potato	马铃薯	0.05
13）	Red ginseng	红参	2.0
14）	Red ginseng extract	红参提取物	3.0
15）	Strawberry	草莓	0.2T
16）	Water dropwort	水芹	0.05T

478. Tolfenpyrad 唑虫酰胺（ADI：0.005 6 mg/kg bw）

序号	农产品英文名	农产品中文名	最大残留限量（mg/kg）
1）	Cherry	樱桃	2.0[+]
2）	Grape	葡萄	2.0T
3）	Grapefruit	葡萄柚	2.0T
4）	Lemon	柠檬	2.0T
5）	Nuts	坚果	0.01[+]
6）	Orange	橙	2.0T
7）	Tea	茶	30[+]

479. Tolylfluanid 甲苯氟磺胺（ADI：0.08 mg/kg bw）

序号	农产品英文名	农产品中文名	最大残留限量（mg/kg）
1）	Apple	苹果	5.0T
2）	Chili pepper	辣椒	2.0T
3）	Cucumber	黄瓜	2.0T
4）	Dried ginseng	干参	0.2T
5）	Fresh ginseng	鲜参	0.2T
6）	Ginseng extract	人参提取物	0.01T
7）	Lettuce（head）	莴苣（顶端）	1.0T
8）	Mandarin	中国柑橘	5.0T
9）	Pear	梨	5.0T
10）	Persimmon	柿子	2.0T
11）	Raisin	葡萄干	5.0T
12）	Strawberry	草莓	3.0T
13）	Watermelon	西瓜	0.5T
14）	Grape	葡萄	2.0T
15）	Red ginseng	红参	0.01T
16）	Red ginseng extract	红参提取物	0.01T
17）	Sweet pepper	甜椒	2.0T
18）	Tomato	番茄	2.0T

480. Tralomethrin 四溴菊酯 ADI：0.007 5 mg/kg bw

残留物：溴氰菊酯（Deltamethrin）（异构体总和）。详见 110 溴氰菊酯

481. Triadimefon 三唑酮（ADI：0.03 mg/kg bw）

序号	农产品英文名	农产品中文名	最大残留限量（mg/kg）
1）	Apple	苹果	0.1

（续）

序号	农产品英文名	农产品中文名	最大残留限量 （mg/kg）
2)	Barley	大麦	0.5T
3)	Broccoli	西兰花	0.1T
4)	Cabbage	甘蓝	1.0T
5)	Chinese chives	韭菜	0.3T
6)	Coffee bean	咖啡豆	0.5T
7)	Cucumber	黄瓜	0.2
8)	Eggplant	茄子	0.2T
9)	Gojiberry	枸杞	0.2
10)	Gojiberry（dried）	枸杞（干）	0.5
11)	Grape	葡萄	0.05
12)	Korean black raspberry	朝鲜黑树莓	0.05T
13)	Maize	玉米	0.1T
14)	Melon	瓜类	0.2T
15)	Narrow-head ragwort	窄叶黄菀	1.0T
16)	Onion	洋葱	0.1T
17)	Pea	豌豆	0.1T
18)	Pear	梨	0.2
19)	Perilla leaves	紫苏叶	0.1T
20)	Pineapple	菠萝	3.0T
21)	Rape leaves	油菜叶	1.0T
22)	Rape seed	油菜籽	0.5T
23)	Soybean	大豆	0.1T
24)	Squash	西葫芦	0.2T
25)	Sweet pepper	甜椒	0.5T
26)	Tomato	番茄	0.5T
27)	Watermelon	西瓜	0.2T
28)	Welsh onion	威尔士洋葱	0.1T
29)	Wheat	小麦	0.1T

482. Triadimenol 三唑醇（ADI：0.03 mg/kg bw）

序号	农产品英文名	农产品中文名	最大残留限量 （mg/kg）
1)	Apple	苹果	0.5T
2)	Barley	大麦	0.05T
3)	Carrot	胡萝卜	0.05T
4)	Chwinamul	野生紫菀	3.0T
5)	Coffee bean	咖啡豆	0.15†
6)	Cucumber	黄瓜	0.5T
7)	Grape	葡萄	0.5T
8)	Herbs（fresh）	香草（鲜）	0.05T
9)	Korean melon	韩国瓜类	0.5T
10)	Maize	玉米	0.05T

（续）

序号	农产品英文名	农产品中文名	最大残留限量（mg/kg）
11)	Melon	瓜类	0.5T
12)	Papaya	番木瓜	0.2T
13)	Pear	梨	0.1
14)	Perilla leaves	紫苏叶	3.0T
15)	Quince	榅桲	0.5T
16)	Soybean	大豆	0.05T
17)	Welsh onion	威尔士洋葱	0.3T
18)	Wheat	小麦	0.05†

483. Triafamone 氟酮磺草胺（ADI：0.02 mg/kg bw）

序号	农产品英文名	农产品中文名	最大残留限量（mg/kg）
1)	Rice	稻米	0.05

484. Tri-allate 野麦畏（ADI：0.025 mg/kg bw）

序号	农产品英文名	农产品中文名	最大残留限量（mg/kg）
1)	Barley	大麦	0.05T
2)	Pea	豌豆	0.05T
3)	Wheat	小麦	0.05T

485. Triazamate 唑蚜威

序号	农产品英文名	农产品中文名	最大残留限量（mg/kg）
1)	Apple	苹果	0.1T
2)	Chili pepper	辣椒	0.05T

486. Triazophos 三唑磷（ADI：0.001 mg/kg bw）

序号	农产品英文名	农产品中文名	最大残留限量（mg/kg）
1)	Apple	苹果	0.2T
2)	Broad bean	蚕豆	0.02T
3)	Cabbage	甘蓝	0.1T
4)	Cardamom	豆蔻干籽	4.0T
5)	Carrot	胡萝卜	0.5T
6)	Cereal grains	谷物	0.05T
7)	Chili pepper	辣椒	0.05T
8)	Coffee bean	咖啡豆	0.05T
9)	Cotton seed	棉籽	0.1T
10)	Herbs（fresh）	香草（鲜）	0.02T
11)	Mandarin	中国柑橘	0.2T
12)	Onion	洋葱	0.05T
13)	Pear	梨	0.2T
14)	Potato	马铃薯	0.05T
15)	Soybean	大豆	0.05T
16)	Spices（fruits and berries）	香辛料（水果和浆果类）	0.07T
17)	Spices roots	根类香辛料	0.1T
18)	Spices seeds	种子类香辛料	0.1†
19)	Strawberry	草莓	0.05T
20)	Tea	茶	0.02T

（续）

序号	农产品英文名	农产品中文名	最大残留限量（mg/kg）
487. Trichlorfon（DEP）敌百虫（ADI：0.002 mg/kg bw）			
残留物：敌敌畏（Dichlorvos）。详见 117 敌敌畏			
488. Triclopyr 三氯吡氧乙酸（ADI：0.05 mg/kg bw）			
1)	Mandarin	中国柑橘	0.1
2)	Apple	苹果	0.05
3)	Persimmon	柿子	0.05
4)	Rice	稻米	0.3T
5)	Wheat	小麦	0.3T
489. Tricyclazole 三环唑（ADI：0.05 mg/kg bw）			
1)	Aronia	野樱莓	0.2T
2)	Cabbage	甘蓝	0.2T
3)	Chamnamul	大叶芹菜	0.2T
4)	Chili pepper	辣椒	3.0T
5)	Crown daisy	茼蒿	0.2T
6)	Ginger	姜	0.2T
7)	Gondre	耶蓟	0.2T
8)	Kale	羽衣甘蓝	0.2T
9)	Leafy vegetables	叶类蔬菜	0.05T
10)	Millet	粟	0.7T
11)	Mung bean	绿豆	0.2T
12)	Perilla leaves	紫苏叶	0.2T
13)	Proso millet	黍	10
14)	Radish（leaf）	萝卜（叶）	0.2T
15)	Radish（root）	萝卜（根）	0.2T
16)	Rice	稻米	0.7
17)	Root and tuber vegetables	块根和块茎类蔬菜	0.05T
18)	Spices seeds	种子类香辛料	0.2T
19)	Stalk and stem vegetables	茎秆类蔬菜	0.05T
20)	Water dropwort	水芹	0.2T
21)	Watermelon	西瓜	0.2T
490. Tridemorph 十三吗啉			
1)	Banana	香蕉	1.0†
491. Trifloxystrobin 肟菌酯（ADI：0.04 mg/kg bw）			
1)	Arguta kiwifruit	阿古塔猕猴桃	0.7T
2)	Aronia	野樱莓	0.7T
3)	Banana	香蕉	0.05†
4)	Barley	大麦	1.0
5)	Beans	豆类	0.01†
6)	Beet（root）	甜菜（根）	0.1T

（续）

序号	农产品英文名	农产品中文名	最大残留限量（mg/kg）
7）	Blueberry	蓝莓	10
8）	Burdock	牛蒡	0.1T
9）	Carrot	胡萝卜	0.1T
10）	Celeriac	块根芹	0.1T
11）	Celery	芹菜	5.0
12）	Chamnamul	大叶芹菜	15
13）	Cherry	樱桃	0.5
14）	Chicory	菊苣	15
15）	Chicory（root）	菊苣（根）	0.08T
16）	Chili pepper	辣椒	2.0
17）	Chili pepper（dried）	辣椒（干）	12
18）	Chwinamul	野生紫菀	15
19）	Citrus fruits	柑橘类水果	0.5†
20）	Coffee bean	咖啡豆	0.01†
21）	Cucumber	黄瓜	0.5
22）	Deodeok	羊乳（桔梗科党参属的植物）	0.2
23）	Dried ginseng	干参	0.2
24）	Eggplant	茄子	0.7
25）	Fig	无花果	0.7T
26）	Flowerhead brassicas	头状花序芸薹属蔬菜	0.5†
27）	Fresh ginseng	鲜参	0.1
28）	Garlic	大蒜	0.5
29）	Ginseng extract	人参提取物	0.2
30）	Grape	葡萄	3.0†
31）	Green garlic	青蒜	1.0
32）	Herbs（fresh）	香草（鲜）	4.0T
33）	Hop	蛇麻草	40†
34）	Japanese apricot	青梅	3.0
35）	Jujube	枣	2.0
36）	Jujube（dried）	枣（干）	3.0
37）	Kiwifruit	猕猴桃	2.0
38）	Korean black raspberry	朝鲜黑树莓	1.0
39）	Korean cabbage，head	韩国甘蓝	0.2
40）	Korean melon	韩国瓜类	1.0
41）	Leafy vegetables	叶类蔬菜	20
42）	Lettuce（head）	莴苣（顶端）	15†
43）	Lettuce（leaf）	莴苣（叶）	15
44）	Maize	玉米	0.02†
45）	Mulberry	桑葚	5.0

（续）

序号	农产品英文名	农产品中文名	最大残留限量（mg/kg）
46）	Nuts	坚果	0.02†
47）	Oat	燕麦	0.02†
48）	Olive	橄榄	0.3†
49）	Papaya	番木瓜	0.6†
50）	Parsnip	欧洲防风草	0.1T
51）	Passion fruit	百香果	0.05T
52）	Peanut	花生	0.02†
53）	Pome fruits	仁果类水果	0.7
54）	Potato	马铃薯	0.02†
55）	Radish（root）	萝卜（根）	0.2
56）	Rape seed	油菜籽	0.3T
57）	Red bean	红豆	0.07
58）	Red ginseng	红参	0.2
59）	Red ginseng extract	红参提取物	0.2
60）	Schisandraberry	五味子	3.0
61）	Schisandraberry（dried）	五味子（干）	7.0
62）	Soybean	大豆	0.04†
63）	Spinach	菠菜	20†
64）	Squash	西葫芦	0.2
65）	Ssam cabbage	紫甘蓝	0.5
66）	Stalk and stem vegetables	茎秆类蔬菜	10
67）	Stone fruits	核果类水果	2.0
68）	Strawberry	草莓	0.7
69）	Sweet pepper	甜椒	2.0
70）	Tomato	番茄	2.0
71）	Wasabi（root）	芥末（根）	0.08T
72）	Watermelon	西瓜	0.5
73）	Welsh onion	威尔士洋葱	2.0
74）	Wheat	小麦	0.15†
75）	Wild grape	野生葡萄	3.0
76）	Yam	山药	0.2
77）	Yam（dried）	山药（干）	0.2
78）	Yuja	香橙	2.0

492. Triflumizole 氟菌唑（ADI：0.048 mg/kg bw）

序号	农产品英文名	农产品中文名	最大残留限量（mg/kg）
1）	Apple	苹果	1.0
2）	Barley	大麦	0.5
3）	Blueberry	蓝莓	2.0T
4）	Broccoli	西兰花	0.05T
5）	Cabbage	甘蓝	0.05T

（续）

序号	农产品英文名	农产品中文名	最大残留限量（mg/kg）
6)	Cassia seed	决明子	0.05
7)	Cherry	樱桃	1.5†
8)	Chili pepper	辣椒	1.0
9)	Chili pepper leaves	辣椒叶	2.0
10)	Chinese bellflower	中国风铃草	0.05T
11)	Chinese chives	韭菜	7.0
12)	Cucumber	黄瓜	1.0
13)	Dolnamul	垂盆草/豆瓣菜	7.0
14)	Eggplant	茄子	0.2
15)	Fresh ginseng	鲜参	0.1
16)	Garlic	大蒜	0.05
17)	Grape	葡萄	2.0
18)	Green garlic	青蒜	1.0
19)	Green tea extract	绿茶提取物	5.0
20)	Herbs (fresh)	香草（鲜）	0.05T
21)	Hop	蛇麻草	30T
22)	Japanese apricot	青梅	0.1
23)	Jujube	枣	2.0
24)	Jujube (dried)	枣（干）	5.0
25)	Kiwifruit	猕猴桃	2.0T
26)	Korean black raspberry	朝鲜黑树莓	2.0T
27)	Korean melon	韩国瓜类	1.0
28)	Leafy vegetables	叶类蔬菜	5.0
29)	Lettuce (head)	莴苣（顶端）	2.0
30)	Lettuce (leaf)	莴苣（叶）	2.0
31)	Mandarin	中国柑橘	2.0
32)	Melon	瓜类	0.05
33)	Mulberry	桑葚	2.0
34)	Papaya	番木瓜	2.0†
35)	Parsley	欧芹	3.0
36)	Peach	桃	1.0
37)	Pear	梨	1.0
38)	Perilla leaves	紫苏叶	5.0
39)	Persimmon	柿子	1.0
40)	Plum	李子	0.2
41)	Pomegranate	石榴	1.0T
42)	Rape leaves	油菜叶	0.07
43)	Rape seed	油菜籽	0.05
44)	Red bean	红豆	0.05T

（续）

序号	农产品英文名	农产品中文名	最大残留限量（mg/kg）
45）	Rice	稻米	0.05
46）	Schisandraberry	五味子	2.0
47）	Schisandraberry（dried）	五味子（干）	5.0
48）	Soybean	大豆	0.05
49）	Squash	西葫芦	1.0
50）	Stalk and stem vegetables	茎秆类蔬菜	3.0
51）	Strawberry	草莓	2.0
52）	Sweet pepper	甜椒	1.0
53）	Tea	茶	3.0
54）	Tomato	番茄	1.0
55）	Wasabi leaves	芥末叶	7.0
56）	Watermelon	西瓜	0.5
57）	Welsh onion	威尔士洋葱	0.5

493. Triflumuron 杀铃脲（ADI：0.008 2 mg/kg bw）

序号	农产品英文名	农产品中文名	最大残留限量（mg/kg）
1）	Apple	苹果	0.5
2）	Cabbage	甘蓝	0.5T
3）	Schisandraberry	五味子	0.5T
4）	Soybean	大豆	0.5T

494. Trifluralin 氟乐灵（ADI：0.015 mg/kg bw）

序号	农产品英文名	农产品中文名	最大残留限量（mg/kg）
1）	Apricot	杏	0.05T
2）	Asparagus	芦笋	0.05T
3）	Barley	大麦	0.05
4）	Beans	豆类	0.1
5）	Butterbur	菊科蜂斗菜属植物	0.05T
6）	Carrot	胡萝卜	1.0T
7）	Celery	芹菜	0.05T
8）	Cereal grains	谷物	0.05T
9）	Cherry	樱桃	0.05T
10）	Chili pepper	辣椒	0.05T
11）	Citrus fruits	柑橘类水果	0.05T
12）	Cotton seed	棉籽	0.05T
13）	Crown daisy	茼蒿	0.05T
14）	Cucumber	黄瓜	0.05T
15）	Eggplant	茄子	0.05T
16）	Garlic	大蒜	0.05T
17）	Ginger	姜	0.05T
18）	Grape	葡萄	0.05T
19）	Green soybean	青豆	0.05
20）	Herbs（fresh）	香草（鲜）	0.05T

（续）

序号	农产品英文名	农产品中文名	最大残留限量（mg/kg）
21)	Hop	蛇麻草	0.05T
22)	Korean cabbage，head	韩国甘蓝	0.05
23)	Lettuce（head）	莴苣（顶端）	0.05T
24)	Maize	玉米	0.05T
25)	Melon	瓜类	0.05T
26)	Nuts	坚果	0.05T
27)	Peach	桃	0.05T
28)	Peanut	花生	0.05T
29)	Plum	李子	0.05T
30)	Potato	马铃薯	0.05T
31)	Radish（leaf）	萝卜（叶）	0.05T
32)	Radish（root）	萝卜（根）	0.05T
33)	Soybean	大豆	0.05
34)	Spices seeds	种子类香辛料	0.05T
35)	Spinach	菠菜	0.05T
36)	Squash	西葫芦	0.05T
37)	Ssam cabbage	紫甘蓝	0.05
38)	Sunflower seed	葵花籽	0.05T
39)	Sweet pepper	甜椒	0.05T
40)	Sweet potato	甘薯	0.05T
41)	Taro	芋头	0.05T
42)	Tomato	番茄	0.05T
43)	Watermelon	西瓜	0.05T
44)	Wheat	小麦	0.05T

495. Triforine　嗪铵灵（ADI：0.02 mg/kg bw）

序号	农产品英文名	农产品中文名	最大残留限量（mg/kg）
1)	Apple	苹果	2.0T
2)	Barley	大麦	0.05
3)	Cereal grains	谷物	0.01T
4)	Cherry	樱桃	2.0T
5)	Chili pepper	辣椒	2.0
6)	Cucumber	黄瓜	1.0
7)	Eggplant	茄子	0.2
8)	Gojiberry	枸杞	0.5
9)	Gojiberry（dried）	枸杞（干）	1.0
10)	Korean black raspberry	朝鲜黑树莓	0.5T
11)	Maize	玉米	0.01T
12)	Peach	桃	5.0T
13)	Plum	李子	2.0T
14)	Rice	稻米	0.01T

（续）

序号	农产品英文名	农产品中文名	最大残留限量（mg/kg）
15)	Schisandraberry（dried）	五味子（干）	1.0
16)	Squash	西葫芦	0.3
17)	Strawberry	草莓	2.0
18)	Sweet pepper	甜椒	2.0
19)	Tomato	番茄	0.5T
20)	Watermelon	西瓜	0.5T
21)	Wheat	小麦	0.01T

496. Trinexapac-ethyl　抗倒酯（ADI：0.005 9 mg/kg bw）

序号	农产品英文名	农产品中文名	最大残留限量（mg/kg）
1)	Wheat	小麦	3.0†

497. Valifenalate　磺草灵（ADI：0.07 mg/kg bw）

序号	农产品英文名	农产品中文名	最大残留限量（mg/kg）
1)	Cabbage	甘蓝	0.3T
2)	Chili pepper	辣椒	2.0
3)	Crown daisy	茼蒿	1.0T
4)	Cucumber	黄瓜	0.3
5)	Grape	葡萄	2.0
6)	Green soybean	青豆	2.0T
7)	Korean cabbage，head	韩国甘蓝	0.3
8)	Korean melon	韩国瓜类	0.3
9)	Onion	洋葱	0.05
10)	Pak choi	小白菜	5.0T
11)	Potato	马铃薯	0.05
12)	Soybean	大豆	0.05T
13)	Ssam cabbage	紫甘蓝	1.0
14)	Sweet pepper	甜椒	2.0
15)	Watermelon	西瓜	0.1

498. Vamidothion　蚜灭磷（ADI：0.008 mg/kg bw）

序号	农产品英文名	农产品中文名	最大残留限量（mg/kg）
1)	Rice	稻米	0.05T

499. Vinclozolin　乙烯菌核利（ADI：0.01 mg/kg bw）

序号	农产品英文名	农产品中文名	最大残留限量（mg/kg）
1)	Apple	苹果	1.0T
2)	Apricot	杏	5.0T
3)	Cabbage	甘蓝	1.0T
4)	Cherry	樱桃	5.0T
5)	Chili pepper	辣椒	3.0T
6)	Cucumber	黄瓜	1.0T
7)	Grape	葡萄	5.0T
8)	Hop	蛇麻草	40.0T
9)	Kiwifruit	猕猴桃	10.0T
10)	Korean melon	韩国瓜类	1.0T

（续）

序号	农产品英文名	农产品中文名	最大残留限量（mg/kg）
11)	Lettuce（head）	莴苣（顶端）	2.0T
12)	Melon	瓜类	1.0T
13)	Onion	洋葱	1.0T
14)	Other spices	其他香辛料	0.05T
15)	Peach	桃	5.0T
16)	Pear	梨	1.0T
17)	Plum	李子	10.0T
18)	Potato	马铃薯	0.1T
19)	Quince	榲桲	1.0T
20)	Spices（fruits and berries）	香辛料（水果和浆果类）	0.05T
21)	Spices roots	根类香辛料	0.05T
22)	Spices seeds	种子类香辛料	0.05T
23)	Strawberry	草莓	10.0T
24)	Sweet pepper	甜椒	3.0T
25)	Tomato	番茄	3.0T

500. Zineb 代森锌

残留物：二硫代氨基甲酸酯。详见 140 二硫代氨基甲酸酯

501. Ziram 福美锌

残留物：二硫代氨基甲酸酯。详见 140 二硫代氨基甲酸酯

502. Zoxamide 苯酰菌胺（ADI：0.48 mg/kg bw）

序号	农产品英文名	农产品中文名	最大残留限量（mg/kg）
1)	Banana	香蕉	0.5T
2)	Celery	芹菜	3.0T
3)	Chamnamul	大叶芹菜	3.0T
4)	Chili pepper	辣椒	0.3
5)	Chinese chives	韭菜	3.0
6)	Crown daisy	茼蒿	3.0T
7)	Cucumber	黄瓜	0.5
8)	Fig	无花果	0.5
9)	Grape	葡萄	3.0
10)	Korean cabbage，head	韩国甘蓝	1.0
11)	Korean cabbage，head（dried）	韩国甘蓝（干）	15.0
12)	Korean melon	韩国瓜类	0.5
13)	Melon	瓜类	0.5
14)	Onion	洋葱	0.7†
15)	Pear	梨	0.5
16)	Perilla leaves	紫苏叶	3.0T
17)	Potato	马铃薯	0.2
18)	Radish（leaf）	萝卜（叶）	3.0T

（续）

序号	农产品英文名	农产品中文名	最大残留限量（mg/kg）
19)	Radish （root）	萝卜（根）	0.7T
20)	Ssam cabbage	紫甘蓝	3.0
21)	Sweet pepper	甜椒	0.3
22)	Tomato	番茄	2.0
23)	Watermelon	西瓜	0.05

注：①小麦粉是指经过选择、清洗、研磨、筛分和提纯等一系列过程而获得的可食用粉末（100%），通过研磨全麦而制得的全麦面粉中农药最大残留限量要以小麦中农药残留限量为标准；②干菜类中农药最大残留限量可作为食品中的成分，其最大残留限量值参照韩国国家药品法第44章条例制定的"农药最大残留限量的手册和药草中农药的试验方法"中的第1章，并以第2章为基础实施；③绿茶提取物是指通过用水或酒精浸提茶叶，精制提取物后将其加工制成粉末状的食品；④当在红辣椒丝和红辣椒粉中检测到农药时，农药残留限量应参照干燥的红辣椒中残留限量标准；⑤农产品中的"大豆"在第二章中设定了农药最大残留限量。"大豆（鲜）"表示非干燥状态；⑥带有"†"的农产品中农药最大残留限量是根据出口商制定的最大残留限量要求制定的，进口和国产农产品都可以适用相同的最大残留限量；⑦T表示暂定的农药最大残留限量（待实施）。

二、畜牧产品中农药最大残留限量

畜牧产品中农药最大残留限量见表 3-2。

表 3-2 畜牧产品中农药最大残留限量

序号	畜牧产品英文名	畜牧产品中文名	最大残留限量（mg/kg）
1. 2，4，5-T，2，4，5-trichlorophenoxyacetic acid 2，4，5-涕			
1)	Pig meat	猪肉	0.05
2)	Horse meat	马肉	0.05
3)	Cattle meat	牛肉	0.05
4)	Sheep meat	绵羊肉	0.05
5)	Goat meat	山羊肉	0.05
2. 2,4-D，2,4-dichlorophenoxyacetic acid 2,4-滴，2,4-二氯苯氧乙酸			
1)	Poultry meat	家禽肉	0.05
2)	Mammalia meat	哺乳动物肉	0.05
3)	Milk	奶类	0.01
4)	Eggs	蛋类	0.01
3. Acephate 乙酰甲胺磷			
1)	Poultry meat	家禽肉	0.1
2)	Poultry fat	家禽脂肪	0.1
3)	Pig meat	猪肉	0.1
4)	Pig fat	猪脂肪	0.1
5)	Cattle meat	牛肉	0.1
6)	Cattle fat	牛脂肪	0.1
7)	Milk	奶类	0.1
8)	Eggs	蛋类	0.1

（续）

序号	畜牧产品英文名	畜牧产品中文名	最大残留限量 （mg/kg）
4. Aldicarb 涕灭威			
1)	Mammalia meat	哺乳动物肉	0.01
2)	Milk	奶类	0.01
5. Aldrin & Dieldrin 艾氏剂、狄氏剂			
1)	Poultry meat	家禽肉	0.2（f）
2)	Mammalia meat	哺乳动物肉	0.2（f）
3)	Milk	奶类	0.006（F）
4)	Eggs	蛋类	0.1
6. Azocyclotin 三唑锡			
残留物：三唑锡（Azocyclotin）和三环锡（Cyhexatin）之和，表示为三环锡			
7. Bendiocarb 噁虫威			
1)	Poultry meat	家禽肉	0.05
2)	Poultry by-product	家禽肉制品	0.05
3)	Poultry fat	家禽脂肪	0.05
4)	Cattle meat	牛肉	0.05
5)	Cattle by-product	牛肉制品	0.05
6)	Cattle kidney	牛肾脏	0.2
7)	Cattle fat	牛脂肪	0.05
8)	Milk	奶类	0.05
9)	Eggs	蛋类	0.05
8. Bifenthrin 联苯菊酯			
1)	Chicken meat	鸡肉	0.05（f）
2)	Chicken by-product	鸡肉制品	0.05
3)	Chicken fat	鸡脂肪	0.05
4)	Cattle liver	牛肝脏	0.05
5)	Cattle meat	牛肉	0.5（f）
6)	Cattle kidney	牛肾脏	0.05
7)	Cattle fat	牛脂肪	0.5
8)	Milk	奶类	0.05
9)	Chicken's egg	鸡蛋	0.01
9. Bioresmethrin 生物苄呋菊酯			
1)	Mammalia meat	哺乳动物肉	0.5（f）
2)	Mammalia by-product	哺乳动物肉制品	0.01
10. Carbaryl 甲萘威			
1)	Poultry meat	家禽肉	0.5
2)	Poultry skin	家禽皮	5
3)	Goat meat	山羊肉	0.2
4)	Milk	奶类	0.1
5)	Pig meat	猪肉	0.2

（续）

序号	畜牧产品英文名	畜牧产品中文名	最大残留限量 （mg/kg）
6)	Cattle meat	牛肉	0.2
7)	Sheep meat	绵羊肉	0.2
8)	Milk product	奶制品	0.1
9)	Eggs	蛋类	0.5
11. Carbendazim　多菌灵			
1)	Poultry meat	家禽肉	0.1
2)	Cattle meat	牛肉	0.1
3)	Sheep meat	绵羊肉	0.1
4)	Milk	奶类	0.1
5)	Eggs	蛋类	0.1
12. Carbofuran　克百威			
1)	Pig meat	猪肉	0.05
2)	Pig by-product	猪肉制品	0.05
3)	Pig fat	猪脂肪	0.05
4)	Horse meat	马肉	0.05
5)	Horse by-product	马肉制品	0.05
6)	Horse fat	马脂肪	0.05
7)	Deer meat	鹿肉	0.05
8)	Cattle meat	牛肉	0.05
9)	Cattle by-product	牛肉制品	0.05
10)	Cattle fat	牛脂肪	0.05
11)	Sheep meat	绵羊肉	0.05
12)	Sheep by-product	绵羊肉制品	0.05
13)	Sheep fat	绵羊脂肪	0.05
14)	Goat meat	山羊肉	0.05
15)	Goat by-product	山羊肉制品	0.05
16)	Goat fat	山羊脂肪	0.05
17)	Milk	奶类	0.02
13. Chinomethionat　灭螨猛			
1)	Pig meat	猪肉	0.05
2)	Horse meat	马肉	0.05
3)	Cattle meat	牛肉	0.05
4)	Sheep meat	绵羊肉	0.05
5)	Goat meat	山羊肉	0.05
14. Chlordane　氯丹 **残留物：氯丹的顺式和反式异构体之和**			
1)	Poultry meat	家禽肉	0.5（f）
2)	Mammalia meat	哺乳动物肉	0.5（f）
3)	Milk	奶类	0.02（F）

（续）

序号	畜牧产品英文名	畜牧产品中文名	最大残留限量（mg/kg）
4)	Eggs	蛋类	0.02

15. Chlorfenvinphos 毒虫畏
残留物：异构体之和

序号	畜牧产品英文名	畜牧产品中文名	最大残留限量
1)	Pig meat	猪肉	0.2
2)	Horse meat	马肉	0.2
3)	Cattle meat	牛肉	0.2
4)	Sheep meat	绵羊肉	0.2
5)	Goat meat	山羊肉	0.2

16. Chlorpyrifos 毒死蜱

序号	畜牧产品英文名	畜牧产品中文名	最大残留限量
1)	Poultry meat	家禽肉	0.01 (f)
2)	Poultry by-product	家禽肉制品	0.01
3)	Pig meat	猪肉	0.02 (f)
4)	Pig by-product	猪肉制品	0.01
5)	Cattle liver	牛肝脏	0.01
6)	Cattle meat	牛肉	1.0 (f)
7)	Cattle kidney	牛肾脏	0.01
8)	Sheep meat	绵羊肉	1.0 (f)
9)	Sheep by-product	绵羊肉制品	0.01
10)	Milk	奶类	0.02
11)	Eggs	蛋类	0.01

17. Chlorpyrifos-methyl 甲基毒死蜱

序号	畜牧产品英文名	畜牧产品中文名	最大残留限量
1)	Chicken meat	鸡肉	0.05
2)	Chicken by-product	鸡肉制品	0.05
3)	Chicken fat	鸡脂肪	0.05
4)	Cattle meat	牛肉	0.05
5)	Cattle by-product	牛肉制品	0.05
6)	Cattle fat	牛脂肪	0.05
7)	Milk	奶类	0.01
8)	Eggs	蛋类	0.05

18. Clofentezine 四螨嗪

序号	畜牧产品英文名	畜牧产品中文名	最大残留限量
1)	Poultry meat	家禽肉	0.05
2)	Poultry by-product	家禽肉制品	0.05
3)	Cattle meat	牛肉	0.05
4)	Cattle by-product	牛肉制品	0.1
5)	Cow's milk	牛奶	0.01
6)	Eggs	蛋类	0.05

19. Cyhexatin 三环锡
残留物：三唑锡（Azocyclotin）和三环锡（Cyhexatin）之和，表示为三环锡

序号	畜牧产品英文名	畜牧产品中文名	最大残留限量
1)	Mammalia meat	哺乳动物肉	0.2

（续）

序号	畜牧产品英文名	畜牧产品中文名	最大残留限量（mg/kg）
2）	Milk	奶类	0.05
3）	Milk product	奶制品	0.05

20. Cypermethrin　氯氰菊酯

残留物：氯氰菊酯的异构体之和

1）	Poultry meat	家禽肉	0.05
2）	Mammalia meat	哺乳动物肉	0.2（f）
3）	Eggs	蛋类	0.05
4）	Mammalia by-product	哺乳动物肉制品	0.05

21. Cyromazine　灭蝇胺

1）	Poultry meat（excluding chicken）	家禽肉（不包括鸡肉）	0.05
2）	Sheep meat	绵羊肉	0.05
3）	Milk	奶类	0.01
4）	Eggs	蛋类	0.2

22. DDT　滴滴涕

滴滴涕类总和，包括 p，p′-DDT，o，p′-DDT，p，p′-DDD 和 p，p′-DDE

1）	Poultry meat	家禽肉	0.3（f）
2）	Mammalia meat	哺乳动物肉	5.0（f）
3）	Milk	奶类	0.02（F）
4）	Eggs	蛋类	0.1

23. Diazinon　二嗪磷

1）	Chicken meat	鸡肉	0.02
2）	Chicken by-product	鸡肉制品	0.02
3）	Pig meat	猪肉	0.7（f）
4）	Cattle meat	牛肉	0.7（f）
5）	Sheep meat	绵羊肉	0.7（f）
6）	Milk	奶类	0.02（F）
7）	Chicken's egg	鸡蛋	0.02

24. Dichlorvos　敌敌畏

1）	Poultry meat（excluding chicken）	家禽肉（不包括鸡肉）	0.05
2）	Milk	奶类	0.02
3）	Mammalia meat（excluding cattle，pig）	哺乳动物肉（不包括牛肉和猪肉）	0.05

25. Diflubenzuron　除虫脲

1）	Poultry meat	家禽肉	0.05
2）	Mammalia meat	哺乳动物肉	0.05
3）	Milk	奶类	0.05
4）	Eggs	蛋类	0.05

26. Dimethipin　噻节因

1）	Poultry meat	家禽肉	0.01
2）	Poultry by-product	家禽肉制品	0.01

（续）

序号	畜牧产品英文名	畜牧产品中文名	最大残留限量（mg/kg）
3)	Mammalia meat	哺乳动物肉	0.01
4)	Mammalia by-product	哺乳动物肉制品	0.01
5)	Milk	奶类	0.01
6)	Eggs	蛋类	0.01

27. Dimethoate 乐果

1)	Poultry meat	家禽肉	0.05
2)	Poultry by-product	家禽肉制品	0.05
3)	Poultry fat	家禽脂肪	0.05
4)	Pig meat	猪肉	0.05
5)	Horse meat	马肉	0.05
6)	Cattle meat	牛肉	0.05
7)	Cattle by-product	牛肉制品	0.05
8)	Sheep meat	绵羊肉	0.05
9)	Sheep by-product	绵羊肉制品	0.05
10)	Goat meat	山羊肉	0.05
11)	Mammalia fat	哺乳动物脂肪	0.05
12)	Milk	奶类	0.05
13)	Eggs	蛋类	0.05

28. Diphenylamine 二苯胺

1)	Cattle liver	牛肝脏	0.05
2)	Cattle meat	牛肉	0.01 (f)
3)	Cattle kidney	牛肾脏	0.01

29. Diquat 敌草快

1)	Poultry meat	家禽肉	0.05
2)	Poultry by-product	家禽肉制品	0.05
3)	Mammalia meat	哺乳动物肉	0.05
4)	Mammalia by-product	哺乳动物肉制品	0.05
5)	Milk	奶类	0.01
6)	Eggs	蛋类	0.05

30. Disulfoton 乙拌磷

1)	Poultry meat	家禽肉	0.02
2)	Milk	奶类	0.01
3)	Chicken's egg	鸡蛋	0.02

31. Edifenphos 敌瘟磷

1)	Poultry meat	家禽肉	0.2
2)	Cattle meat	牛肉	0.02

32. Endosulfan 硫丹

残留物：α-硫丹（α-Endosulfan）、β-硫丹（β-Endosulfan）和硫丹硫酸盐（Endosulfan sulfate）的总和

1)	Mammalia meat	哺乳动物肉	0.1
2)	Milk	奶类	0.1

（续）

序号	畜牧产品英文名	畜牧产品中文名	最大残留限量 （mg/kg）
33. Endrin 异狄氏剂			
1)	Poultry meat	家禽肉	1
2)	Pig meat	猪肉	0.1
3)	Horse meat	马肉	0.1
4)	Cattle meat	牛肉	0.1
5)	Sheep meat	绵羊肉	0.1
6)	Goat meat	山羊肉	0.1
34. Ethiofencarb 乙硫苯威			
1)	Poultry meat	家禽肉	0.02
2)	Pig meat	猪肉	0.02
3)	Cattle meat	牛肉	0.02
35. Ethion 乙硫磷			
1)	Poultry meat	家禽肉	0.2（f）
2)	Pig meat	猪肉	0.2（f）
3)	Horse meat	马肉	0.2（f）
4)	Cattle meat	牛肉	2.5（f）
5)	Sheep meat	绵羊肉	0.2（f）
6)	Goat meat	山羊肉	0.2（f）
36. Etrimfos 乙嘧硫磷			
1)	Poultry meat	家禽肉	0.02
2)	Cattle meat	牛肉	0.01
37. Fenarimol 氯苯嘧啶醇			
1)	Cattle liver	牛肝脏	0.02
2)	Cattle meat	牛肉	0.02
3)	Cattle kidney	牛肾脏	0.02
38. Fenbuconazole 腈苯唑			
1)	Poultry meat	家禽肉	0.05
2)	Poultry by-product	家禽肉制品	0.05
3)	Poultry fat	家禽脂肪	0.05
4)	Cattle liver	牛肝脏	0.05
5)	Cattle meat	牛肉	0.05
6)	Cattle kidney	牛肾脏	0.05
7)	Cattle fat	牛脂肪	0.05
8)	Cow's milk	牛奶	0.05
9)	Eggs	蛋类	0.05
39. Fenbutatin oxide 苯丁锡			
1)	Chicken meat	鸡肉	0.05
2)	Chicken by-product	鸡肉制品	0.05
3)	Mammalia meat	哺乳动物肉	0.05

（续）

序号	畜牧产品英文名	畜牧产品中文名	最大残留限量（mg/kg）
4)	Mammalia by-product	哺乳动物肉制品	0.2
5)	Milk	奶类	0.05
6)	Eggs	蛋类	0.05

40. Fenitrothion 杀螟硫磷

1)	Mammalia meat	哺乳动物肉	0.05（F）
2)	Milk	奶类	0.002

41. Fenpropathrin 甲氰菊酯

1)	Poultry meat	家禽肉	0.02（f）
2)	Poultry by-product	家禽肉制品	0.01
3)	Cattle meat	牛肉	0.5（f）
4)	Cattle by-product	牛肉制品	0.05
5)	Cow's milk	牛奶	0.1（F）
6)	Eggs	蛋类	0.01

42. Fenpyroximate 唑螨酯

1)	Cattle liver	牛肝脏	0.01
2)	Cattle meat	牛肉	0.02（f）
3)	Cattle kidney	牛肾脏	0.01
4)	Cow's milk	牛奶	0.005（F）

43. Fensulfothion 丰索磷

1)	Pig meat	猪肉	0.02
2)	Horse meat	马肉	0.02
3)	Cattle meat	牛肉	0.02
4)	Sheep meat	绵羊肉	0.02
5)	Goat meat	山羊肉	0.02

44. Fenthion 倍硫磷

1)	Pig meat	猪肉	0.1
2)	Cattle meat	牛肉	0.1
3)	Milk	奶类	0.01

45. Fenvalerate 氰戊菊酯

残留物：异构体之和

1)	Mammalia meat	哺乳动物肉	1.0（f）
2)	Mammalia by-product	哺乳动物肉制品	0.02
3)	Milk	奶类	0.1（F）

46. Flumethrin 氟氯苯菊酯

1)	Cattle meat	牛肉	0.2（f）
2)	Cow's milk	牛奶	0.05（F）

47. Flusilazole 氟硅唑

1)	Chicken meat	鸡肉	0.01
2)	Chicken by-product	鸡肉制品	0.01

（续）

序号	畜牧产品英文名	畜牧产品中文名	最大残留限量（mg/kg）
3)	Cattle meat	牛肉	0.01
4)	Cattle by-product	牛肉制品	0.02
5)	Cattle fat	牛脂肪	0.01
6)	Cow's milk	牛奶	0.01
7)	Chicken's egg	鸡蛋	0.01

48. Glyphosate　草甘膦

序号	畜牧产品英文名	畜牧产品中文名	最大残留限量（mg/kg）
1)	Poultry meat	家禽肉	0.1
2)	Pig meat	猪肉	0.1
3)	Pig by-product	猪肉制品	1
4)	Cattle meat	牛肉	0.1
5)	Cattle by-product	牛肉制品	2
6)	Cow's milk	牛奶	0.1
7)	Eggs	蛋类	0.1

49. Heptachlor　七氯
残留物：七氯（Heptachlor）和七氯环氧化物（Heptachlor epoxide）的总和

序号	畜牧产品英文名	畜牧产品中文名	最大残留限量（mg/kg）
1)	Poultry meat	家禽肉	0.2 (f)
2)	Mammalia meat	哺乳动物肉	0.2 (f)
3)	Milk	奶类	0.006 (F)
4)	Eggs	蛋类	0.05

50. Isofenphos　异柳磷

序号	畜牧产品英文名	畜牧产品中文名	最大残留限量（mg/kg）
1)	Poultry meat	家禽肉	0.02
2)	Pig meat	猪肉	0.02
3)	Horse meat	马肉	0.02
4)	Cattle meat	牛肉	0.02
5)	Sheep meat	绵羊肉	0.02
6)	Goat meat	山羊肉	0.02

51. Kresoxim-methyl　醚菌酯

序号	畜牧产品英文名	畜牧产品中文名	最大残留限量（mg/kg）
1)	Poultry meat	家禽肉	0.05
2)	Mammalia meat	哺乳动物肉	0.05
3)	Mammalia by-product	哺乳动物肉制品	0.05
4)	Mammalia fat	哺乳动物脂肪	0.05
5)	Cow's milk	牛奶	0.01

52. Lindane，γ-BHC　林丹

序号	畜牧产品英文名	畜牧产品中文名	最大残留限量（mg/kg）
1)	Poultry meat	家禽肉	2.0 (f)
2)	Pig meat	猪肉	2.0 (f)
3)	Cattle meat	牛肉	2.0 (f)
4)	Sheep meat	绵羊肉	2.0 (f)
5)	Goat meat	山羊肉	2.0 (f)
6)	Eggs	蛋类	0.1

（续）

序号	畜牧产品英文名	畜牧产品中文名	最大残留限量（mg/kg）
53. Mecarbam 灭蚜磷			
1)	Cattle meat	牛肉	0.01
54. Methacrifos 虫螨畏			
1)	Poultry meat	家禽肉	0.01
55. Methamidophos 甲胺磷			
1)	Cattle meat	牛肉	0.01
2)	Cattle fat	牛脂肪	0.01
3)	Sheep meat	绵羊肉	0.01
4)	Sheep fat	绵羊脂肪	0.01
5)	Goat meat	山羊肉	0.01
6)	Goat fat	山羊脂肪	0.01
7)	Milk	奶类	0.01
56. Methidathion 杀扑磷			
1)	Poultry meat	家禽肉	0.02
2)	Poultry by-product	家禽肉制品	0.02
3)	Poultry fat	家禽脂肪	0.02
4)	Pig meat	猪肉	0.02
5)	Pig by-product	猪肉制品	0.02
6)	Pig fat	猪脂肪	0.02
7)	Deer meat	鹿肉	0.02
8)	Cattle meat	牛肉	0.02
9)	Cattle by-product	牛肉制品	0.02
10)	Cattle fat	牛脂肪	0.02
11)	Sheep meat	绵羊肉	0.02
12)	Sheep by-product	绵羊肉制品	0.02
13)	Sheep fat	绵羊脂肪	0.02
14)	Goat meat	山羊肉	0.02
15)	Goat by-product	山羊肉制品	0.02
16)	Goat fat	山羊脂肪	0.02
17)	Milk	奶类	0.001
18)	Eggs	蛋类	0.02
57. Methiocarb 甲硫威			
1)	Poultry meat	家禽肉	0.05
2)	Pig meat	猪肉	0.05
3)	Horse meat	马肉	0.05
4)	Cattle meat	牛肉	0.05
5)	Sheep meat	绵羊肉	0.05
6)	Goat meat	山羊肉	0.05

（续）

序号	畜牧产品英文名	畜牧产品中文名	最大残留限量（mg/kg）
58. Methomyl　灭多威			
1)	Mammalia meat (excluding cattle，pig)	哺乳动物肉（不包括牛肉和猪肉）	0.02
2)	Milk	奶类	0.02
59. Methoprene　烯虫酯			
1)	Mammalia meat	哺乳动物肉	0.2 (f)
2)	Mammalia by-product	哺乳动物肉制品	0.1
3)	Cow's milk	牛奶	0.05 (F)
4)	Eggs	蛋类	0.05
60. Methoxyfenozide　甲氧虫酰肼			
1)	Poultry meat	家禽肉	0.01†
2)	Poultry by-product	家禽肉制品	0.01†
3)	Poultry fat	家禽脂肪	0.01†
4)	Eggs	蛋类	0.01†
5)	Milk	奶类	0.05†
6)	Mammalia meat	哺乳动物肉	0.02†
7)	Mammalia by-product	哺乳动物肉制品	0.2†
8)	Mammalia fat	哺乳动物脂肪	0.3†
61. Monocrotophos　久效磷			
1)	Poultry meat	家禽肉	0.02
2)	Pig meat	猪肉	0.02
3)	Cattle meat	牛肉	0.02
4)	Sheep meat	绵羊肉	0.02
5)	Goat meat	山羊肉	0.02
62. Myclobutanil　腈菌唑			
1)	Poultry meat	家禽肉	0.1
2)	Poultry by-product	家禽肉制品	0.1
3)	Cattle meat	牛肉	0.1
4)	Cattle by-product	牛肉制品	0.1
5)	Cow's milk	牛奶	0.1
6)	Eggs	蛋类	0.1
63. Paraquat　百草枯			
残留物：百草枯阳离子（Paraquat cation）			
1)	Pig meat	猪肉	0.05
2)	Pig by-product	猪肉制品	0.05
3)	Pig kidney	猪肾脏	0.5
4)	Cattle meat	牛肉	0.05
5)	Cattle by-product	牛肉制品	0.05
6)	Cattle kidney	牛肾脏	0.5
7)	Sheep meat	绵羊肉	0.05
8)	Sheep by-product	绵羊肉制品	0.05

（续）

序号	畜牧产品英文名	畜牧产品中文名	最大残留限量 （mg/kg）
9)	Sheep kidney	绵羊肾脏	0.5
10)	Milk	奶类	0.01
11)	Eggs	蛋类	0.01

64. Penconazole 戊菌唑

1)	Chicken meat	鸡肉	0.05
2)	Cattle meat	牛肉	0.05
3)	Cattle by-product	牛肉制品	0.05
4)	Cow's milk	牛奶	0.01
5)	Chicken's egg	鸡蛋	0.05

65. Permethrin 氯菊酯

1)	Poultry meat	家禽肉	0.1
2)	Mammalia meat	哺乳动物肉	1.0（f）
3)	Mammalia by-product	哺乳动物肉制品	0.1
4)	Milk	奶类	0.1（F）
5)	Eggs	蛋类	0.1

66. Phenthoate 稻丰散

1)	Cattle meat	牛肉	0.05

67. Phorate 甲拌磷

1)	Mammalia meat	哺乳动物肉	0.05

68. Phosalone 伏杀磷

1)	Sheep meat	绵羊肉	0.05

69. Phosmet 亚胺硫磷

1)	Cattle meat	牛肉	1

70. Pirimicarb 抗蚜威

1)	Mammalia meat	哺乳动物肉	0.05
2)	Milk	奶类	0.05
3)	Eggs	蛋类	0.05

71. Pirimiphos-methyl 甲基嘧啶磷

1)	Mammalia meat	哺乳动物肉	0.05
2)	Milk	奶类	0.05
3)	Eggs	蛋类	0.05

72. Prochloraz 咪鲜胺

残留物：咪鲜胺及其含有2，4，6-三氯苯酚部分的代谢物的总和，表示为咪鲜胺

1)	Cattle meat	牛肉	0.1
2)	Cattle by-product	牛肉制品	5
3)	Cattle fat	牛脂肪	0.5
4)	Milk	奶类	0.05

73. Profenofos 丙溴磷

1)	Mammalia meat	哺乳动物肉	0.05

（续）

序号	畜牧产品英文名	畜牧产品中文名	最大残留限量 (mg/kg)
2)	Milk	奶类	0.01
3)	Eggs	蛋类	0.02
74. Propargite 克螨特			
1)	Poultry meat	家禽肉	0.1 (f)
2)	Mammalia meat	哺乳动物肉	0.1 (f)
3)	Milk	奶类	0.1 (F)
4)	Eggs	蛋类	0.1
75. Propiconazole 丙环唑			
1)	Poultry meat	家禽肉	0.05
2)	Mammalia meat	哺乳动物肉	0.05
3)	Mammalia by-product	哺乳动物肉制品	0.05
4)	Milk	奶类	0.01
5)	Eggs	蛋类	0.05
76. Propoxur 残杀威			
1)	Mammalia meat (excluding cattle, pig)	哺乳动物肉（不包括牛，猪）	0.05
77. Pyriproxyfen 吡丙醚			
1)	Cattle meat	牛肉	0.01 (f)
2)	Cattle by-product	牛肉制品	0.01
3)	Goat meat	山羊肉	0.01 (f)
4)	Goat by-product	山羊肉制品	0.01
78. Quintozene 五氯硝基苯			
1)	Chicken meat	鸡肉	0.1
2)	Chicken by-product	鸡肉制品	0.1
3)	Eggs	蛋类	0.03
79. Spinetoram 乙基多杀菌素			
1)	Poultry meat	家禽肉	0.01†
2)	Poultry by-product	家禽肉制品	0.01†
3)	Poultry fat	家禽脂肪	0.01†
4)	Eggs	蛋类	0.01†
5)	Milk	奶类	0.01 (F)†
6)	Mammalia meat	哺乳动物肉	0.01†
7)	Mammalia by-product	哺乳动物肉制品	0.01†
8)	Mammalia fat	哺乳动物脂肪	0.2†
80. Sulfoxaflor 氟啶虫胺腈			
1)	Poultry meat	家禽肉	0.1†
2)	Poultry by-product	家禽肉制品	0.3†
3)	Poultry fat	家禽脂肪	0.03†
4)	Eggs	蛋类	0.1†
5)	Milk	奶类	0.2†

（续）

序号	畜牧产品英文名	畜牧产品中文名	最大残留限量（mg/kg）
6)	Mammalia meat	哺乳动物肉	0.3[†]
7)	Mammalia by-product	哺乳动物肉制品	0.6[†]
8)	Mammalia fat	哺乳动物脂肪	0.1[†]

81. Terbufos　特丁硫磷

序号	畜牧产品英文名	畜牧产品中文名	最大残留限量（mg/kg）
1)	Chicken meat	鸡肉	0.05
2)	Cattle meat	牛肉	0.05

82. Triadimefon　三唑酮

残留物：三唑酮（Triadimefon）和三唑醇（Triadimenol）的总和，表示为三唑酮

序号	畜牧产品英文名	畜牧产品中文名	最大残留限量（mg/kg）
1)	Poultry meat	家禽肉	0.05
2)	Mammalia meat	哺乳动物肉	0.05
3)	Milk	奶类	0.05
4)	Eggs	蛋类	0.05

83. Triadimenol　三唑醇

残留物：三唑酮（Triadimefon）和三唑醇（Triadimenol）之和，详见 82 三唑酮

84. Triazophos　三唑磷

序号	畜牧产品英文名	畜牧产品中文名	最大残留限量（mg/kg）
1)	Cattle meat	牛肉	0.01
2)	Cow's milk	牛奶	0.01

85. Vinclozolin　乙烯菌核利

序号	畜牧产品英文名	畜牧产品中文名	最大残留限量（mg/kg）
1)	Chicken meat	鸡肉	0.05
2)	Cattle meat	牛肉	0.05
3)	Cow's milk	牛奶	0.05
4)	Chicken's egg	鸡蛋	0.05

注：（f）脂肪基础（脂肪组织或脂肪切块肉中的残留含量）；（F）脂肪含量在 2% 或以上的奶类产品以脂肪为基础，其 MRLs 是牛奶 MRLs 的 25 倍；脂肪含量低于 2% 的奶类产品的 MRLs 被认为是奶类价值的 1/2，并以整个产品来表示；带有 "†" 的畜产品中农药最大残留限量是根据出口商制定的最大残留限量要求制定的，进口和国产畜产品都可以适用相同的最大残留限量。。

CHAPTER FOUR

第四章

加工农产品和饲料中农药
最大残留限量

加工农产品和饲料中农药最大残留限量

加工农产品和饲料中农药最大残留限量见表4-1。

表4-1　加工农产品和饲料中农药最大残留限量

序号	加工农产品和饲料的英文名	加工农产品和饲料的中文名	最大残留限量（mg/kg）	采纳年份	符号	备注
1. 2,4-D，2,4-dichlorophenoxyacetic acid　2，4-二氯苯氧乙酸						
1)	Berries and other small fruits	浆果及其他小水果	0.1	2003		
2)	Citrus fruits	柑橘类水果	1	2004	Po	
3)	Edible offal (mammalian)	食用内脏（哺乳动物）	5	2003		
4)	Eggs	蛋类	0.01	2001	(*)	
5)	Hay or fodder (dry) of grasses	干草或干草饲料	400	2003		
6)	Maize	玉米	0.05	2001		
7)	Maize fodder (dry)	玉米饲料（干）	40	2001		
8)	Meat (from mammals other than marine mammals)	肉类（除海洋哺乳类外的哺乳类动物）	0.2	2003		
9)	Milks	奶类	0.01	2003		
10)	Pome fruits	仁果类水果	0.01	2003	(*)	
11)	Potato	马铃薯	0.2			
12)	Poultry meat	家禽肉	0.05	2003	(*)	
13)	Poultry, edible offal of	可食用家禽内脏	0.05	2003	(*)	
14)	Rice straw and fodder (dry)	稻草和饲料（干）	10	2001		
15)	Rice husked	糙米	0.1	2001		
16)	Rye	黑麦	2	2001		
17)	Sorghum	高粱	0.01	2003	(*)	
18)	Soya bean (dry)	大豆（干）	0.01	2003	(*)	
19)	Soya bean fodder	大豆饲料	0.01	2003	(*)	
20)	Stone fruits	核果类水果	0.05	2001	(*)	
21)	Sugar cane	甘蔗	0.05	2001		
22)	Sweet corn (corn-on-the-cob)	甜玉米（棒）	0.05	2001	(*)	
23)	Tree nuts	树坚果	0.2	2001		

（续）

序号	加工农产品和饲料的英文名	加工农产品和饲料的中文名	最大残留限量（mg/kg）	采纳年份	符号	备注
24）	Wheat	小麦	2	2001		
25）	Wheat straw and fodder（dry）	小麦秸秆和饲料（干）	100	2001		

2. Abamectin 阿维菌素

序号	加工农产品和饲料的英文名	加工农产品和饲料的中文名	最大残留限量（mg/kg）	采纳年份	符号	备注
1）	Almond hulls	杏仁皮	0.2	2016		
2）	Avocado	鳄梨	0.01	2016		
3）	Beans（dry）	豆类（干）	0.005	2016		
4）	Beans（except broad bean and soya bean）	豆类（蚕豆和黄豆除外）	0.08	2016		带豆荚的未成熟豆类
5）	Blackberries	黑莓	0.05	2016		
6）	Celery	芹菜	0.03	2016		
7）	Cherries（includes all commodities in this subgroup）	樱桃（包含此子组中的所有种类）	0.07	2016		
8）	Citrus fruits	柑橘类水果	0.02	2016		
9）	Cotton seed	棉籽	0.01	2016		
10）	Cucumber	黄瓜	0.03	2016		
11）	Dried grapes（including currants, raisins and sultanas）	葡萄干（包括黑加仑干、提子干和小葡萄干）	0.03	2016		
12）	Eggplant	茄子	0.05	2016		
13）	Garlic	大蒜	0.005	2016		
14）	Gherkin	小黄瓜	0.03	2016		
15）	Grape juice	葡萄汁	0.01	2016		
16）	Grapes	葡萄	0.01	2016		
17）	Hop（dry）	蛇麻草（干）	0.15	2016		
18）	Leek	韭菜	0.005	2016		
19）	Lettuce（head）	莴笋	0.15	2016		
20）	Mango	芒果	0.01	2016		
21）	Melon（except watermelon）	瓜类（不包括西瓜）	0.01	2016		
22）	Onion，bulb	洋葱头	0.005	2016		
23）	Papaya	番木瓜	0.01	2016		
24）	Peaches（including nectarine and apricots）（includes all commodities in this subgroup）	桃（包括油桃和杏桃）（包括本子类的所有种类）	0.03	2016		
25）	Peanut	花生	0.005	2016	（＊）	
26）	Peppers chili	辣椒	0.005	2016	（＊）	
27）	Peppers chili，dried	干辣椒	0.5	2016		
28）	Peppers，sweet（including pimento or pimiento）	甜椒（包括红辣椒）	0.09	2016		

（续）

序号	加工农产品和饲料的英文名	加工农产品和饲料的中文名	最大残留限量（mg/kg）	采纳年份	符号	备注
29)	Plums (including all commodities in this subgroup)	李子（包括该子类的所有种类）	0.005	2016		
30)	Pome fruits	仁果类水果	0.01	2016		
31)	Potato	马铃薯	0.005	2016	(*)	
32)	Raspberries (red and black)	覆盆子（红色和黑色）	0.05	2016		
33)	Rice straw and fodder (dry)	稻草和饲料（干）	0.001	2 016		
34)	Rice husked	糙米	0.002	2016		
35)	Shallot	葱	0.005	2016		
36)	Strawberry	草莓	0.15	2016		
37)	Sweet potato	甘薯	0.005	2016	(*)	
38)	Tomato	番茄	0.05	2016		
39)	Tree nuts	树坚果	0.005	2016	(*)	
40)	Yams	山药	0.005	2016	(*)	

3. Acephate　乙酰甲胺磷

序号	加工农产品和饲料的英文名	加工农产品和饲料的中文名	最大残留限量（mg/kg）	采纳年份	符号	备注
1)	Artichoke globe	全球朝鲜蓟	0.3	2005		
2)	Beans (except broad bean and soya bean)	豆类（蚕豆和黄豆除外）	5	2006		
3)	Cabbages (head)	甘蓝（头）	2	1999		
4)	Cranberry	蔓越橘	0.5	2007		
5)	Edible offal (mammalian)	食用内脏（哺乳动物）	0.05	2005		
6)	Eggs	蛋类	0.01	2005	(*)	
7)	Meat (from mammals other than marine mammals)	肉类（除海洋哺乳类外的哺乳类动物）	0.05	2005		
8)	Milks	奶类	0.02	2005		
9)	Peppers chili, dried	干辣椒	50	2006		
10)	Poultry fats	家禽脂肪	0.1			
11)	Poultry meat	家禽肉	0.01	2005	(*)	
12)	Poultry, edible offal of	可食用家禽内脏	0.01	2005	(*)	
13)	Rice straw and fodder (dry)	稻草和饲料（干）	0.3	2012		
14)	Rice husked	糙米	1	2012		
15)	Soya bean (dry)	大豆（干）	0.3	2005		
16)	Spices	香辛料	0.2	2005	(*)	
17)	Tomato	番茄	1	1999		

4. Acetamiprid　啶虫脒

序号	加工农产品和饲料的英文名	加工农产品和饲料的中文名	最大残留限量（mg/kg）	采纳年份	符号	备注
1)	Asparagus	芦笋	0.8	2016		
2)	Beans (except broad bean and soya bean)	豆类（蚕豆和黄豆除外）	0.4	2012		

（续）

序号	加工农产品和饲料的英文名	加工农产品和饲料的中文名	最大残留限量 (mg/kg)	采纳年份	符号	备注
3）	Beans, shelled	去壳豆类	0.3	2012		
4）	Berries and other small fruits	浆果及其他小水果	2	2012		除了葡萄和草莓
5）	Cabbages（head）	甘蓝（头）	0.7	2012		
6）	Cardamom	小豆蔻	0.1	2016		
7）	Celery	芹菜	1.5	2012		
8）	Cherries（includes all commodities in this subgroup）	樱桃（包含此子组中的所有种类）	1.5	2012		
9）	Citrus fruits	柑橘类水果	1	2012		
10）	Cotton seed	棉籽	0.7	2012		
11）	Cucumber	黄瓜	0.3	2016		
12）	Edible offal（mammalian）	食用内脏（哺乳动物）	1	2016		
13）	Eggs	蛋类	0.01	2012	（＊）	
14）	Flowerhead brassicas（includes broccoli, Chinese broccoli and cauliflower）	十字花科植物（包括西兰花、中国菜花和花椰菜）	0.4	2012		
15）	Fruiting vegetables other than cucurbits	瓜类蔬菜（不包括葫芦科植物）	0.2	2012		除了甜玉米和蘑菇
16）	Fruiting vegetables, cucurbits	瓜类蔬菜	0.2	2016		除了黄瓜
17）	Garlic	大蒜	0.02	2012		
18）	Grapes	葡萄	0.5	2012		
19）	Mammalian fats（except milk fats）	哺乳动物脂肪（牛奶脂肪除外）	0.3	2016		
20）	Meat（from mammals other than marine mammals）	肉类（除海洋哺乳类外的哺乳类动物）	0.5	2016		
21）	Milks	奶类	0.2	2016		
22）	Nectarine	蜜桃	0.7	2012		
23）	Onion, bulb	洋葱头	0.02	2012		
24）	Peach	桃	0.7	2012		
25）	Peas, shelled（succulent seeds）	去壳豌豆（多汁种子）	0.3	2012		
26）	Peppers（black, white）	辣椒（黑色、白色）	0.1	2016		
27）	Peppers chili, dried	干辣椒	2	2012		
28）	Plums（including prunes）（including all commodities in this subgroup）	李子（包括李子干）（包含此子组中的所有种类）	0.2	2012		除了李子
29）	Pome fruits	仁果类水果	0.8	2012		
30）	Poultry meat	家禽肉	0.01	2012	（＊）	
31）	Poultry, edible offal of	可食用家禽内脏	0.05	2012	（＊）	
32）	Prunes, dried	李子干	0.6	2012		
33）	Spring onion	大葱	5	2012		
34）	Strawberry	草莓	0.5	2012		

（续）

序号	加工农产品和饲料的英文名	加工农产品和饲料的中文名	最大残留限量（mg/kg）	采纳年份	符号	备注
35)	Sweet corn (corn-on-the-cob)	甜玉米（棒）	0.01	2016	(*)	
36)	Sweet corn fodder	甜玉米饲料	40	2016		
37)	Tree nuts	树坚果	0.06	2012		

5. Acetochlor 乙草胺

1)	Barley	大麦	0.04	2016	(*)	
2)	Barley straw and fodder (dry)	大麦秸秆和饲料（干）	0.3	2016		
3)	Beans (except broad bean and soya bean)	豆类（蚕豆和黄豆除外）	0.02	2016	(*)	
4)	Broad bean (dry)	蚕豆（干）	0.15	2016		
5)	Buckwheat	荞麦	0.04	2016	(*)	
6)	Buckwheat fodder	荞麦饲料	0.3	2016		
7)	Chick-pea (dry)	鹰嘴豆（干）	0.15	2016		
8)	Edible offal (mammalian)	食用内脏（哺乳动物）	0.02	2016	(*)	
9)	Eggs	蛋类	0.02	2016	(*)	
10)	Hyacinth bean (dry)	扁豆（干）	0.15	2016		
11)	Legume animal feeds	豆科动物饲料	3	2016		
12)	Lentil (dry)	扁豆（干）	0.15	2016		
13)	Lupin (dry)	羽扇豆（干）	0.15	2016		
14)	Maize	玉米	0.02	2016		
15)	Mammalian fats (except milk fats)	哺乳动物脂肪（牛奶脂肪除外）	0.02	2016	(*)	
16)	Meat (from mammals other than marine mammals)	肉类（除海洋哺乳类外的哺乳类动物）	0.02	2016	(*)	
17)	Milks	奶类	0.02	2016	(*)	
18)	Millet fodder (dry)	小米饲料（干）	0.3	2016		
19)	Millet (including barnyard, bulrush, common, finger, foxtail and little millet)	小米（包括谷子、芦苇、普通小米、人参米、狐尾小米、小米）	0.04	2016	(*)	
20)	Oat straw and fodder (dry)	燕麦秸秆和饲料（干）	0.3	2016		
21)	Oats	燕麦	0.04	2016	(*)	
22)	Peas (dry)	豌豆（干）	0.02	2016	(*)	
23)	Pigeon pea (dry)	木豆（干）	0.15	2016		
24)	Potato	马铃薯	0.04	2016	(*)	
25)	Poultry meat	家禽肉	0.02	2016	(*)	
26)	Poultry, edible offal of	可食用家禽内脏	0.02	2016	(*)	
27)	Rye	黑麦	0.04	2016	(*)	
28)	Rye straw and fodder (dry)	黑麦秸秆和饲料（干）	0.3	2016		
29)	Sugar beet	甜菜	0.15	2016		

（续）

序号	加工农产品和饲料的英文名	加工农产品和饲料的中文名	最大残留限量（mg/kg）	采纳年份	符号	备注
30)	Sugar beet leaves or tops (dry)	甜菜叶或甜菜头（干）	3	2016		
31)	Sugar beet molasses	甜菜糖蜜	0.3	2016		
32)	Sugar beet pulp (dry)	甜菜粕（干）	0.3	2016		
33)	Sunflower seed	葵花籽	0.04	2016	（*）	
34)	Sweet corn (corn-on-the-cob)	甜玉米（棒）	0.04	2016		
35)	Sweet corn fodder	甜玉米饲料	1.5	2016		
36)	Teosinte	蜀黍	0.04	2016	（*）	
37)	Teosinte fodder	蜀黍饲料	0.3	2016		
38)	Triticale	小黑麦	0.04	2016	（*）	
39)	Wheat	小麦	0.02	2016	（*）	
40)	Wheat straw and fodder (dry)	小麦秸秆和饲料（干）	0.2	2016		
41)	Wild rice	野生稻米	0.04	2016	（*）	

6. Aldicarb 涕灭威

序号	加工农产品和饲料的英文名	加工农产品和饲料的中文名	最大残留限量（mg/kg）	采纳年份	符号	备注
1)	Barley	大麦	0.02	1997		
2)	Barley straw and fodder (dry)	大麦秸秆和饲料（干）	0.05	1997		
3)	Beans (dry)	豆类（干）	0.1			
4)	Brussels sprouts	球芽甘蓝	0.1	1997		
5)	Citrus fruits	柑橘类水果	0.2			
6)	Coffee beans	咖啡豆	0.1			
7)	Cotton seed	棉籽	0.1			
8)	Cotton seed oil，edible	可食用棉籽油	0.01	1997	（*）	
9)	Grapes	葡萄	0.2	1997		
10)	Maize	玉米	0.05			
11)	Maize fodder (dry)	玉米饲料（干）	0.5	1997		
12)	Meat (from mammals other than marine mammals)	肉类（除海洋哺乳类外的哺乳类动物）	0.01		（*）	
13)	Milks	奶类	0.01		（*）	
14)	Onion，bulb	洋葱头	0.1	1997		
15)	Peanut	花生	0.02	1997		
16)	Peanut oil，edible	可食用花生油	0.01	1997	（*）	
17)	Pecan	美洲山核桃	1	1997		
18)	Sorghum	高粱	0.1	1997		
19)	Sorghum straw and fodder (dry)	高粱秸秆和饲料（干）	0.5			
20)	Soya bean (dry)	大豆（干）	0.02		（*）	
21)	Spices (fruits and berries)	香辛料（水果和浆果类）	0.07	2011		

（续）

序号	加工农产品和饲料的英文名	加工农产品和饲料的中文名	最大残留限量 （mg/kg）	采纳 年份	符号	备注
22)	Spices （roots and rhizomes）	香辛料（根和根茎类）	0.02	2011		
23)	Sugar beet	甜菜	0.05		（＊）	
24)	Sugar cane	甘蔗	0.1	1997		
25)	Sunflower seed	葵花籽	0.05	1997	（＊）	
26)	Sweet potato	甘薯	0.1			
27)	Wheat	小麦	0.02	1997		
28)	Wheat straw and fodder （dry）	小麦秸秆和饲料（干）	0.05	1997		

7. Aldrin & Dieldrin 艾氏剂、狄氏剂

序号	加工农产品和饲料的英文名	加工农产品和饲料的中文名	最大残留限量 （mg/kg）	采纳 年份	符号	备注
1)	Bulb vegetables	鳞茎类蔬菜	0.05	1997	E	
2)	Cereal grains	谷物	0.02		E	
3)	Citrus fruits	柑橘类水果	0.05	1997	E	
4)	Eggs	蛋类	0.1		E	
5)	Fruiting vegetables, cucurbits	瓜类蔬菜	0.1	1997	E	
6)	Garden pea, shelled （succulent seeds）	带壳豌豆（多汁种子）	1		E	
7)	Leafy vegetables	叶用蔬菜	0.05	1997	E	
8)	Legume vegetables	豆科蔬菜	0.05	1997	E	
9)	Meat （from mammals other than marine mammals）	肉类（除海洋哺乳类外的哺乳类动物）	0.2		(fat)E	
10)	Milks	奶类	0.006		FE	
11)	Pome fruits	仁果类水果	0.05	1997	E	
12)	Poultry meat	家禽肉	0.2	1997	E	
13)	Pulses	干豆	0.05	1997	E	
14)	Root and tuber vegetables	块根和块茎类蔬菜	0.1	1997	E	

8. Ametoctradin 唑嘧菌胺

序号	加工农产品和饲料的英文名	加工农产品和饲料的中文名	最大残留限量 （mg/kg）	采纳 年份	符号	备注
1)	Brassicas （cole or cabbage） vegetables, head cabbage, flowerh ead brassicas	十字花科蔬菜（油菜或卷心菜）	9	2013		
2)	Celery	芹菜	20	2013		
3)	Cucumber	黄瓜	0.4	2013		
4)	Dried grapes （including currants, raisins and sultanas）	葡萄干（包括黑加仑干、提子干和小葡萄干）	20	2013		
5)	Eggs	蛋类	0.03	2013	（＊）	
6)	Fruiting vegetables other than cucurbits	瓜类蔬菜（不包括葫芦科植物）	1.5	2013		除了甜玉米和蘑菇

（续）

序号	加工农产品和饲料的英文名	加工农产品和饲料的中文名	最大残留限量（mg/kg）	采纳年份	符号	备注
7）	Fruiting vegetables，cucurbits	瓜类蔬菜	3	2013		除了黄瓜
8）	Garlic	大蒜	1.5	2013		
9）	Grapes	葡萄	6	2013		
10）	Hop（dry）	蛇麻草（干）	30	2013		
11）	Leafy vegetables	叶用蔬菜	50	2013		
12）	Onion，bulb	洋葱头	1.5	2013		
13）	Peppers chili，dried	干辣椒	15	2013		
14）	Potato	马铃薯	0.05	2013		
15）	Poultry fats	家禽脂肪	0.03	2013	（＊）	
16）	Poultry meat	家禽肉	0.03	2013	（＊）	
17）	Poultry，edible offal of	可食用家禽内脏	0.03	2013	（＊）	
18）	Shallot	葱	1.5	2013		
19）	Spring onion	大葱	20	2013		

9. Aminocyclopyrachlor 氯丙嘧啶酸

序号	加工农产品和饲料的英文名	加工农产品和饲料的中文名	最大残留限量（mg/kg）	采纳年份	符号	备注
1）	Edible offal（mammalian）	食用内脏（哺乳动物）	0.3	2015		
2）	Hay or fodder（dry）of grasses	干草或干草饲料	150	2015		
3）	Mammalian fats（except milk fats）	哺乳动物脂肪（牛奶脂肪除外）	0.03	2015		
4）	Meat（from mammals other than marine mammals）	肉类（除海洋哺乳类外的哺乳类动物）	0.01	2015		
5）	Milks	奶类	0.02	2015		

10. Aminopyralid 氨草啶

序号	加工农产品和饲料的英文名	加工农产品和饲料的中文名	最大残留限量（mg/kg）	采纳年份	符号	备注
1）	Barley	大麦	0.1	2008		
2）	Edible offal（mammalian）	食用内脏（哺乳动物）	0.05	2008		除了肾脏
3）	Eggs	蛋类	0.01	2008	（＊）	
4）	Fodder（dry）ofcereal grains	谷物饲料（干）	3	2008		
5）	Hay or fodder（dry）of grasses	干草或干草料	70	2008		
6）	Kidney of cattle，goats pigs and sheep	牛、山羊、猪和绵羊的肾脏	1	2008		
7）	Meat（from mammals other than marine mammals）	肉类（除海洋哺乳类外的哺乳类动物）	0.1	2008		
8）	Milks	奶类	0.02	2008		
9）	Oats	燕麦	0.1	2008		
10）	Poultry meat	家禽肉	0.01	2008	（＊）	
11）	Poultry，edible offal of	可食用家禽内脏	0.01	2008	（＊）	
12）	straw ofcereal grains	谷物秸秆	0.3	2008		
13）	Triticale	小黑麦	0.1	2008		
14）	Wheat	小麦	0.1	2008		
15）	Wheat bran（unprocessed）	小麦麸（未加工的）	0.3	2008		

韩国"肯定列表"制度（农产品中农药最大残留限量）研究

（续）

序号	加工农产品和饲料的英文名	加工农产品和饲料的中文名	最大残留限量（mg/kg）	采纳年份	符号	备注
11. Amitraz 双甲脒						
1)	Cattle meat	牛肉	0.05			MRLs 适用于劳力性动物食品
2)	Cherries（includes all commodities in this subgroup）	樱桃（包含此子组中的所有种类）	0.5			
3)	Cotton seed	棉籽	0.5			
4)	Cotton seed oil，crude	粗制棉籽油	0.05			
5)	Cucumber	黄瓜	0.5			
6)	Edible offal cattle, pigs and sheep	牛、猪、羊的可食用内脏	0.2			MRLs 适用于劳力性动物食品
7)	Milks	奶类	0.01		（＊）	MRLs 适用于劳力性动物食品
8)	Oranges，sweet，sour（including orange-like hybrids）：several cultivars	橙，甜的，酸的（包括类橙杂交种）	0.5			
9)	Peach	桃	0.5			
10)	Pig meat	猪肉	0.05			MRLs 适用于劳力性动物食品
11)	Pome fruits	仁果类水果	0.5			
12)	Sheep meat	绵羊肉	0.1			MRLs 适用于劳力性动物食品
13)	Tomato	番茄	0.5	1991		
12. Amitrole 杀草强						
1)	Grapes	葡萄	0.05	2004		
2)	Pome fruits	仁果类水果	0.05	2004	（＊）	
3)	Stone fruits	核果类水果	0.05	2004	（＊）	
13. Azinphos-methyl 保棉磷						
1)	Alfalfa fodder	苜蓿饲料	10	1995		
2)	Almond hulls	杏仁皮	5	1997		
3)	Almonds	杏仁	0.05	1997		
4)	Apple	苹果	0.05	1997		
5)	Blueberries	蓝莓	5	1995		
6)	Broccoli	西兰花	1	1995		
7)	Cherries（includes all commodities in this subgroup）	樱桃（包含此子组中的所有种类）	2	1997		

（续）

序号	加工农产品和饲料的英文名	加工农产品和饲料的中文名	最大残留限量（mg/kg）	采纳年份	符号	备注
8)	Clover hay or fodder	三叶草干草或饲料	5	1995		
9)	Cotton seed	棉籽	0.2	1995		
10)	Cranberry	蔓越橘	0.1	1995		
11)	Cucumber	黄瓜	0.2	1995		
12)	Fruits (except as otherwise listed)	水果（除另有说明）	1	1995		
13)	Melon (except watermelon)	瓜类（不包括西瓜）	0.2	1995		
14)	Nectarine	蜜桃	2	1997		
15)	Peach	桃	2	1997		
16)	Pear	梨	2	1997		
17)	Pecan	美洲山核桃	0.3	1995		
18)	Peppers chili, dried	干辣椒	10	2006		
19)	Peppers, sweet (including pimento or pimiento)	甜椒（包括红辣椒）	1	1995		
20)	Plums (including prunes) (including all commodities in this subgroup)	李子（包括李子干）（包括此子组中的所有种类）	2	1997		
21)	Potato	马铃薯	0.05	1995	(*)	
22)	Soya bean (dry)	大豆（干）	0.05	1995	(*)	
23)	Spices	香辛料	0.5	2005	(*)	
24)	Sugar cane	甘蔗	0.2	1995		
25)	Tomato	番茄	1	1997		
26)	Vegetables (except as otherwise listed)	蔬菜（除另有说明）	0.5	1995		
27)	Walnuts	核桃	0.3	1995		
28)	Watermelon	西瓜	0.2	1995		

14. Azocyclotin 三唑锡

序号	加工农产品和饲料的英文名	加工农产品和饲料的中文名	最大残留限量（mg/kg）	采纳年份	符号	备注
1)	Apple	苹果	0.2	2006		
2)	Currants, black, red, white	黑醋栗，红醋栗，白醋栗	0.1	2006		
3)	Grapes	葡萄	0.3	2006		
4)	Oranges, sweet, sour (including orange-like hybrids): several cultivars	橙，甜的，酸的（包括类橙杂交种）	0.2	2006		
5)	Pear	梨	0.2	2006		

15. Azoxystrobin 嘧菌酯

序号	加工农产品和饲料的英文名	加工农产品和饲料的中文名	最大残留限量（mg/kg）	采纳年份	符号	备注
1)	Almond hulls	杏仁皮	7	2009		
2)	Artichoke, globe	全球朝鲜蓟	5	2009		
3)	Asparagus	芦笋	0.01	2009	(*)	
4)	Banana	香蕉	2	2009		
5)	Barley	大麦	1.5	2014		
6)	Berries and other small fruits	浆果及其他小水果	5	2009		除了蔓越莓，葡萄和草莓

（续）

序号	加工农产品和饲料的英文名	加工农产品和饲料的中文名	最大残留限量（mg/kg）	采纳年份	符号	备注
7)	Brassicas (cole or cabbage) vegetables, head cabbage, flowerh ead brassicas	十字花科蔬菜（油菜或卷心菜）	5	2009		
8)	Bulb vegetables	鳞茎类蔬菜	10	2009		
9)	Carambola	杨桃	0.1	2013		
10)	Celery	芹菜	5	2009		
11)	Citrus fruits	柑橘类水果	15	2009		
12)	Coffee beans	咖啡豆	0.03	2014		
13)	Cotton seed	棉籽	0.7	2009		
14)	Cranberry	蔓越橘	0.5	2009		
15)	Dried herbs	干草药	300	2009		除了蛇麻草（干）
16)	Edible offal (mammalian)	食用内脏（哺乳动物）	0.07	2009		
17)	Eggs	蛋类	0.01	2009	(*)	
18)	Fruiting vegetables other than cucurbits	瓜类蔬菜（不包括葫芦科植物）	3	2009		除了甜玉米和蘑菇
19)	Fruiting vegetables, cucurbits	瓜类蔬菜	1	2009		
20)	Ginseng	人参	0.1	2012		
21)	Ginseng, dried including red ginseng	干制人参（包括红参）	0.3	2013		
22)	Ginseng extracts	参类提取物	0.5	2013		
23)	Grapes	葡萄	2	2009		
24)	Herbs	药草	70	2009		
25)	Hop (dry)	蛇麻草（干）	30	2009		
26)	Legume vegetables	豆科蔬菜	3	2009		
27)	Lettuce (head)	莴笋	3	2009		
28)	Lettuce, leaf	莴苣叶	3	2009		
29)	Maize	玉米	0.02	2009		
30)	Maize fodder (dry)	玉米饲料（干）	40		dry wt	
31)	Maize oil, edible	可食玉米油	0.1	2009		
32)	Mango	芒果	0.7	2009		
33)	Meat (from mammals other than marine mammals)	肉类（除海洋哺乳类外的哺乳类动物）	0.05	2009	(fat)	
34)	Milk fats	乳脂	0.03	2009		
35)	Milks	奶类	0.01	2009		
36)	Oats	燕麦	1.5	2014		
37)	Papaya	番木瓜	0.3	2009		
38)	Pea hay or pea fodder (dry)	豌豆草或豌豆饲料（干）	20	2014	dry wt	
39)	Peanut	花生	0.2	2009		
40)	Peanut fodder	花生饲料	30	2009		
41)	Peppers chili, dried	干辣椒	30	2009		

（续）

序号	加工农产品和饲料的英文名	加工农产品和饲料的中文名	最大残留限量（mg/kg）	采纳年份	符号	备注
42)	Pistachio nuts	开心果	1	2009		
43)	Plantain	车前草	2	2009		
44)	Potato	马铃薯	7	2014	Po	
45)	Poultry meat	家禽肉	0.01	2009	（＊）	
46)	Poultry, edible offal of	可食用家禽内脏	0.01	2009	（＊）	
47)	Pulses	干豆	0.07	2014		除了大豆
48)	Rice	稻米	5	2009		
49)	Root and tuber vegetables	块根和块茎类蔬菜	1	2014		除了马铃薯
50)	Rye	黑麦	0.2	2009		
51)	Sorghum	高粱	10	2014		
52)	Sorghum straw and fodder（dry）	高粱秸秆和饲料（干）	30	2014	dry wt	
53)	Soya bean（dry）	大豆（干）	0.5	2009		
54)	Soya bean fodder	大豆饲料	100	2009		
55)	Stone fruits	核果类水果	2	2009		
56)	Straw and fodder（dry）of cereal grains	谷物的稻草和饲料（干）	15	2014	dry wt	除了玉米和高粱
57)	Strawberry	草莓	10	2009		
58)	Sunflower seed	葵花籽	0.5	2009		
59)	Tree nuts	树坚果	0.01	2009		
60)	Triticale	小黑麦	0.2	2009		
61)	Wheat	小麦	0.2	2009		
62)	Witloof chicory（sprouts）	苦苣（芽）	0.3	2009		

16. Benalaxyl　苯霜灵

序号	加工农产品和饲料的英文名	加工农产品和饲料的中文名	最大残留限量（mg/kg）	采纳年份	符号	备注
1)	Grapes	葡萄	0.3	2010		
2)	Lettuce（head）	莴笋	1	2010		
3)	Melon（except watermelon）	瓜类（不包括西瓜）	0.3	2010		
4)	Onion, bulb	洋葱头	0.02	2010	（＊）	
5)	Potato	马铃薯	0.02	2010	（＊）	
6)	Tomato	番茄	0.2	2010		
7)	Watermelon	西瓜	0.1	2010		

17. Bentazone　灭草松

序号	加工农产品和饲料的英文名	加工农产品和饲料的中文名	最大残留限量（mg/kg）	采纳年份	符号	备注
1)	Alfalfa fodder	苜蓿饲料	0.5	2014		
2)	Barley straw and fodder（dry）	大麦秸秆和饲料（干）	0.3	2014		
3)	Beans（dry）	豆类（干）	0.04	2014		
4)	Beans（except broad bean and soya bean）	豆类（蚕豆和黄豆除外）	0.01	2014	（＊）	绿豆荚和未成熟豆类
5)	Beans, shelled	去壳豆类	0.01	2014	（＊）	未成熟豆类
6)	Cereal grains	谷物	0.01	2014	（＊）	

（续）

序号	加工农产品和饲料的英文名	加工农产品和饲料的中文名	最大残留限量（mg/kg）	采纳年份	符号	备注
7）	Eggs	蛋类	0.01	2014	（*）	
8）	Field pea（dry）	紫花豌豆（干）	1	1997		
9）	Hay or fodder（dry）of grasses	干草或干草料	2	2014		
10）	Herbs	药草	0.1	2014		
11）	Linseed	亚麻籽	0.02	2014	（*）	
12）	Maize fodder（dry）	玉米饲料（干）	0.4	2014		
13）	Milks	奶类	0.01	2014	（*）	
14）	Millet fodder（dry）	小米饲料（干）	0.3	2014		
15）	Oat straw and fodder（dry）	燕麦秸秆和饲料（干）	0.3	2014		
16）	Onion，bulb	洋葱头	0.04	2014		
17）	Peanut	花生	0.05	2014	（*）	
18）	Peas（pods and succulent immature seeds）	豌豆（豆荚和未成熟的种子）	1.5	2014		
19）	Potato	马铃薯	0.1	2014		
20）	Poultry meat	家禽肉	0.03	2014	（fat）	
21）	Poultry，edible offal of	可食用家禽内脏	0.07	2014		
22）	Rye straw and fodder（dry）	黑麦秸秆和饲料（干）	0.3	2014		
23）	Soya bean（dry）	大豆（干）	0.01	2014	（*）	
24）	Spring onion	大葱	0.08	2014		
25）	Sweet corn（corn-on-the-cob）	甜玉米（棒）	0.01	2014	（*）	
26）	Triticale straw and fodder（dry）	小黑麦麦秆和饲料（干）	0.3	2014		
27）	Wheat straw and fodder（dry）	小麦秸秆和饲料（干）	0.3	2014		

18. Benzovindiflupyr　苯丙烯氟菌唑

序号	加工农产品和饲料的英文名	加工农产品和饲料的中文名	最大残留限量（mg/kg）	采纳年份	符号	备注
1）	Edible offal（mammalian）	食用内脏（哺乳动物）	0.01	2015	（*）	
2）	Eggs	蛋类	0.01	2015	（*）	
3）	Mammalian fats（except milk fats）	哺乳动物脂肪（牛奶脂肪除外）	0.01	2015	（*）	
4）	Meat（from mammals other than marine mammals）	肉类（除海洋哺乳类外的哺乳类动物）	0.01	2015	（*）	
5）	Milks	奶类	0.01	2015	（*）	
6）	Poultry fats	家禽脂肪	0.01	2015	（*）	
7）	Poultry meat	家禽肉	0.01	2015	（*）	
8）	Poultry，edible offal of	可食用家禽内脏	0.01	2015	（*）	
9）	Soya bean（dry）	大豆（干）	0.05	2015		

19. Bifenazate　联苯肼酯

序号	加工农产品和饲料的英文名	加工农产品和饲料的中文名	最大残留限量（mg/kg）	采纳年份	符号	备注
1）	Almond hulls	杏仁皮	10	2007		
2）	Beans（dry）	豆类（干）	0.3	2011		
3）	Blackberries	黑莓	7	2011		
4）	Cotton seed	棉籽	0.3	2007		

序号	加工农产品和饲料的英文名	加工农产品和饲料的中文名	最大残留限量（mg/kg）	采纳年份	符号	备注
5)	Dewberries (including boysenberry and loganberry)	北美洲露莓（包括博伊森莓和罗甘莓）	7	2011		
6)	Dried grapes (including currants, raisins and sultanas)	葡萄干（包括黑加仑干、提子干和小葡萄干）	2	2007		
7)	Edible offal (mammalian)	食用内脏（哺乳动物）	0.01	2007	(*)	
8)	Eggs	蛋类	0.01	2007	(*)	
9)	Fruiting vegetables, cucurbits	瓜类蔬菜	0.5	2007		
10)	Grapes	葡萄	0.7	2007		
11)	Hop (dry)	蛇麻草（干）	20	2007		
12)	Legume vegetable	豆类蔬菜	7	2011		
13)	Meat (from mammals other than marine mammals)	肉类（除海洋哺乳类外的哺乳类动物）	0.05	2008	(fat)	
14)	Milk fats	乳脂	0.05	2007		
15)	Milks	奶类	0.01	2007	(*)	
16)	Mints	薄荷	40	2007		
17)	Peppers chili	辣椒	3	2007		
18)	Peppers, sweet (including pimento or pimiento)	甜椒（包括红辣椒）	2	2007		
19)	Pome fruits	仁果类水果	0.7	2007		
20)	Poultry meat	家禽肉	0.01	2007	(*) (fat)	
21)	Poultry, edible offal of	可食用家禽内脏	0.01	2007	(*)	
22)	Raspberries (red, black)	覆盆子（红色和黑色）	7	2011		
23)	Stone fruits	核果类水果	2	2007		
24)	Strawberry	草莓	2	2007		
25)	Tomato	番茄	0.5	2007		
26)	Tree nuts	树坚果	0.2	2007		

20. Bifenthrin 联苯菊酯

序号	加工农产品和饲料的英文名	加工农产品和饲料的中文名	最大残留限量（mg/kg）	采纳年份	符号	备注
1)	Banana	香蕉	0.1	2011		
2)	Barley	大麦	0.05	1999	(*)	
3)	Barley straw and fodder (dry)	大麦秸秆和饲料（干）	0.5	1995		
4)	Blackberries	黑莓	1	2011		
5)	Blueberries	蓝莓	3	2016		
6)	Brassicas (cole or cabbage) vegetables, head cabbage, flowerh ead brassicas	十字花科蔬菜（油菜或卷心菜）	0.4	2011		
7)	Citrus fruits	柑橘类水果	0.05	2011		
8)	Cotton seed	棉籽	0.5	2011		
9)	Dewberries (including boysenberry and loganberry)	北美洲露莓（包括博伊森莓和罗甘莓）	1	2011		
10)	Edible offal (mammalian)	食用内脏（哺乳动物）	0.2	2011		

（续）

序号	加工农产品和饲料的英文名	加工农产品和饲料的中文名	最大残留限量（mg/kg）	采纳年份	符号	备注
11)	Eggplant	茄子	0.3	2011		
12)	Grapes	葡萄	0.3	2016		
13)	Hop（dry）	蛇麻草（干）	20	2011		
14)	Maize	玉米	0.05	2011	（*）	
15)	Maize fodder（dry）	玉米饲料（干）	15	2011		
16)	Meat（from mammals other than marine mammals）	肉类（除海洋哺乳类外的哺乳类动物）	3	2011	（fat）	
17)	Milk fats	乳脂	3	2011		
18)	Milks	奶类	0.2	2011		
19)	Mustard greens	芥菜	4	2011		
20)	Pea hay or pea fodder（dry）	豌豆草或豌豆饲料（干）	0.7	2011		
21)	Peas（pods and succulent immature seeds）	豌豆（豆荚和未成熟的种子）	0.9	2016		
22)	Peas，shelled（succulent seeds）	去壳豌豆（多汁种子）	0.05	2016	（*）	
23)	Peppers	胡椒	0.5	2011		
24)	Peppers chili，dried	干辣椒	5	2011		
25)	Pulses	干豆	0.3	2011		
26)	Radish leaves（including radish tops）	萝卜叶（包括萝卜尖）	4	2011		
27)	Rape seed	油菜籽	0.05	2011		
28)	Rape seed oil，edible	可食用菜籽油	0.1	2011		
29)	Raspberries（red，black）	覆盆子（红色和黑色）	1	2011		
30)	Root and tuber vegetables	块根和块茎类蔬菜	0.05	2011		
31)	Spices（fruits and berries）	香辛料（水果和浆果类）	0.03	2011		
32)	Spices（roots and rhizomes）	香辛料（根和根茎类）	0.05	2011		
33)	Strawberry	草莓	1	1995		
34)	Tea，green，black（black，fermented and dried）	绿茶，黑茶（黑茶指发酵的和干燥的）	30	2011		
35)	Tomato	番茄	0.3	2011		
36)	Tree nuts	树坚果	0.05	2011		
37)	Wheat	小麦	0.5	2011	Po	
38)	Wheat bran，unprocessed	小麦麸，未加工的	2	2011	PoP	
39)	Wheat germ	小麦胚芽	1	2011	Po	

21. Bitertanol 联苯三唑醇

序号	加工农产品和饲料的英文名	加工农产品和饲料的中文名	最大残留限量（mg/kg）	采纳年份	符号	备注
1)	Apricot	杏	1			
2)	Banana	香蕉	0.5			
3)	Barley	大麦	0.05	2001	（*）	
4)	Barley straw and fodder（dry）	大麦秸秆和饲料（干）	0.05	2001	（*）	
5)	Cherries（includes all commodities in this subgroup）	樱桃（包含此子组中的所有种类）	1	2001		

（续）

序号	加工农产品和饲料的英文名	加工农产品和饲料的中文名	最大残留限量（mg/kg）	采纳年份	符号	备注
6)	Cucumber	黄瓜	0.5			
7)	Edible offal (mammalian)	食用内脏（哺乳动物）	0.05	2001	(*)	
8)	Eggs	蛋类	0.01	2001	(*)	
9)	Meat (from mammals other than marine mammals)	肉类（除海洋哺乳类外的哺乳类动物）	0.05	2001	(*)(fat)	
10)	Milks	奶类	0.05	2001	(*)	
11)	Nectarine	蜜桃	1			
12)	Oat straw and fodder (dry)	燕麦秸秆和饲料（干）	0.05	2001	(*)	
13)	Oats	燕麦	0.05	2001	(*)	
14)	Peach	桃	1			
15)	Plums (including prunes) (including all commodities in this subgroup)	李子（包括李子干）（包括此子组中的所有种类）	2			
16)	Pome fruits	仁果类水果	2			
17)	Poultry meat	家禽肉	0.01	2001	(*)	
18)	Poultry, edible offal of	可食用家禽内脏	0.01	2001	(*)	
19)	Rye	黑麦	0.05	2001	(*)	
20)	Rye straw and fodder (dry)	黑麦秸秆和饲料（干）	0.05	2001	(*)	
21)	Tomato	番茄	3	2003		
22)	Triticale	小黑麦	0.05	2001	(*)	
23)	Triticale straw and fodder (dry)	小黑麦麦秆和饲料（干）	0.05	2001	(*)	
24)	Wheat	小麦	0.05	2001	(*)	
25)	Wheat straw and fodder (dry)	小麦秸秆和饲料（干）	0.05	2001	(*)	

22. Boscalid 啶酰菌胺

序号	加工农产品和饲料的英文名	加工农产品和饲料的中文名	最大残留限量（mg/kg）	采纳年份	符号	备注
1)	Almond hulls	杏仁皮	15	2010		
2)	Apple	苹果	2	2010		
3)	Banana	香蕉	0.6	2010		
4)	Barley	大麦	0.5	2010		
5)	Barley straw and fodder (dry)	大麦秸秆和饲料（干）	50	2010	dry wt	
6)	Berries and other small fruits	浆果及其他小水果	10	2010		除了葡萄和草莓
7)	Brassicas (cole or cabbage) vegetables, head cabbage, flowerhead brassicas	十字花科蔬菜（油菜或卷心菜）	5	2010		
8)	Bulb vegetables	鳞茎类蔬菜	5	2010		
9)	Cereal grains	谷物	0.1	2010		除了大麦，燕麦，黑麦，小麦
10)	Citrus fruits	柑橘类水果	2	2011		
11)	Citrus oil, edible	可食用柑橘油	50	2011		
12)	Citrus pulp (dry)	柑橘渣（干）	6	2011		

韩国"肯定列表"制度（农产品中农药最大残留限量）研究

（续）

序号	加工农产品和饲料的英文名	加工农产品和饲料的中文名	最大残留限量（mg/kg）	采纳年份	符号	备注
13)	Coffee beans	咖啡豆	0.05	2010	（*）	
14)	Dried grapes（including currants, raisins and sultanas）	葡萄干（包括黑加仑干、提子干和小葡萄干）	10	2010		
15)	Edible offal（mammalian）	食用内脏（哺乳动物）	0.2	2010		
16)	Eggs	蛋类	0.02	2010		
17)	Fruiting vegetables other than cucurbits	瓜类蔬菜（不包括葫芦科植物）	3	2010		除了真菌、蘑菇和甜玉米
18)	Fruiting vegetables，cucurbits	瓜类蔬菜	3	2010		
19)	Grapes	葡萄	5	2010		
20)	Hop（dry）	蛇麻草（干）	60	2011		
21)	Kiwifruit	猕猴桃	5	2010		
22)	Leafy vegetables	叶用蔬菜	40	2011		
23)	Legume vegetable	豆类蔬菜	3	2010		
24)	Meat（from mammals other than marine mammals）	肉类（除海洋哺乳类外的哺乳类动物）	0.7	2010	（fat）	
25)	Milk fats	乳脂	2	2010		
26)	Milks	奶类	0.1	2010		
27)	Oat straw and fodder（dry）	燕麦秸秆和饲料（干）	50	2010	dry wt	
28)	Oats	燕麦	0.5	2010		
29)	Oilseed	含油种子	1	2010		
30)	Peppers chili，dried	干辣椒	10	2010		
31)	Pistachio nuts	开心果	1	2010		
32)	Poultry fats	家禽脂肪	0.02	2010		
33)	Poultry meat	家禽肉	0.02	2010		
34)	Poultry，edible offal of	可食用家禽内脏	0.02	2010		
35)	Prunes	梅子	10	2010		
36)	Pulses	干豆	3	2010		
37)	Root and tuber vegetables	块根和块茎类蔬菜	2	2010		
38)	Rye	黑麦	0.5	2010		
39)	Rye straw and fodder（dry）	黑麦秸秆和饲料（干）	50	2010	dry wt	
40)	Stalk and stem vegetables	茎秆类蔬菜	30	2011		
41)	Stone fruits	核果类水果	3	2010		
42)	Straw and fodder（dry）of cereal grains	谷物的稻草和饲料（干）	5	2010	dry wt	
43)	Strawberry	草莓	3	2010		
44)	Tree nuts	树坚果	0.05	2010	（*）	除了开心果
45)	Wheat	小麦	0.5	2010		

（续）

序号	加工农产品和饲料的英文名	加工农产品和饲料的中文名	最大残留限量（mg/kg）	采纳年份	符号	备注
46）	Wheat straw and fodder （dry）	小麦秸秆和饲料（干）	50	2010	dry wt	

23. Bromide Ion 溴离子

序号	加工农产品和饲料的英文名	加工农产品和饲料的中文名	最大残留限量（mg/kg）	采纳年份	符号	备注
1）	Avocado	鳄梨	75			
2）	Broad bean （green pods and immature seeds）	蚕豆（绿色豆荚和未成熟的种子）	500	1997		
3）	Broccoli	西兰花	30	1997		
4）	Cabbages （head）	甘蓝（头）	100	1991		
5）	Celery	芹菜	300	1991		
6）	Cereal grains	谷物	50	1991		
7）	Citrus fruits	柑橘类水果	30			
8）	Cucumber	黄瓜	100	1997		
9）	Dates，dried or dried and candied	干枣、蜜枣	100			
10）	Dried fruits	蜜饯、果干	30			
11）	Dried grapes （including currants，raisins and sultanas）	葡萄干（包括黑加仑干、提子干和小葡萄干）	100			
12）	Dried herbs	干草药	400			
13）	Figs，dried or dried and candied	干无花果、无花果蜜饯	250			
14）	Fruits （except as otherwise listed）	水果（除另有说明）	20			
15）	Garden pea （young pods） （succulent，immature seeds）	豌豆（幼荚）（种子）	500	1997		
16）	Lettuce （head）	莴笋	100			
17）	Okra	秋葵	200	1997		
18）	Peach，dried	桃干	50			
19）	Peppers chili，dried	干辣椒	200	2006		
20）	Peppers，sweet （including pimento or pimiento）	甜椒（包括红辣椒）	20	1997		
21）	Prunes	梅子	20			
22）	Radish	萝卜	200	1997		
23）	Spices	香辛料	400			
24）	Squash，summer	西葫芦	200			
25）	Strawberry	草莓	30			
26）	Tomato	番茄	75			
27）	Turnip greens	萝卜叶	1 000	1997		
28）	Turnip，garden	园艺萝卜	200	1997		
29）	Wheat wholemeal	小麦全麦	50			

24. Bromopropylate 溴螨酯

序号	加工农产品和饲料的英文名	加工农产品和饲料的中文名	最大残留限量（mg/kg）	采纳年份	符号	备注
1）	Citrus fruits	柑橘类水果	2	1997		
2）	Common bean （pods and/or immature seeds）	菜豆（豆荚和/或未成熟的种子）	3	1997		

（续）

序号	加工农产品和饲料的英文名	加工农产品和饲料的中文名	最大残留限量（mg/kg）	采纳年份	符号	备注
3)	Cucumber	黄瓜	0.5	1997		
4)	Grapes	葡萄	2	1997		
5)	Melon（except watermelon）	瓜类（不包括西瓜）	0.5	1997		
6)	Plums（including prunes）（including all commodities in this subgroup）	李子（包括李子干）（包括此子组中的所有种类）	2	1997		
7)	Pome fruits	仁果类水果	2	1997		
8)	Squash，summer	西葫芦	0.5	1997		
9)	Strawberry	草莓	2	1997		
25. Buprofezin 噻嗪酮						
1)	Almond hulls	杏仁皮	2	2010		
2)	Almonds	杏仁	0.05		（＊）	
3)	Apple	苹果	3	2010		
4)	Banana	香蕉	0.3	2013		
5)	Cherries（includes all commodities in this subgroup）	樱桃（包含此子组中的所有种类）	2			
6)	Citrus fruits	柑橘类水果	1	2013		
7)	Citrus pulp（dry）	柑橘渣（干）	2	2009		
8)	Coffee beans	咖啡豆	0.4	2015		
9)	Dried grapes（including currants, raisins and sultanas）	葡萄干（包括黑加仑干、提子干和小葡萄干）	2	2010		
10)	Edible offal（mammalian）	食用内脏（哺乳动物）	0.05	2010	（＊）	
11)	Fruiting vegetables，cucurbits	瓜类蔬菜	0.7	2010		
12)	Grapes	葡萄	1	2010		
13)	Mango	芒果	0.1	2009		
14)	Meat（from mammals other than marine mammals）	肉类（除海洋哺乳类外的哺乳类动物）	0.05	2010	（＊）	
15)	Milks	奶类	0.01	2010	（＊）	
16)	Nectarine	蜜桃	9	2010		
17)	Peach	桃	9	2010		
18)	Pear	梨	6	2010		
19)	Peppers	胡椒	2	2010		
20)	Peppers chili	辣椒	10	2010		
21)	Peppers chili，dried	干辣椒	10	2009		
22)	Plums（including prunes）（including all commodities in this subgroup）	李子（包括李子干）（包括此子组中的所有种类）	2	2010		
23)	Strawberry	草莓	3	2010		
24)	Table olives	餐用油橄榄	5	2010		
25)	Tea，green	绿茶	30	2013		
26)	Tomato	番茄	1	2009		

（续）

序号	加工农产品和饲料的英文名	加工农产品和饲料的中文名	最大残留限量（mg/kg）	采纳年份	符号	备注
26. Cadusafos 硫线磷						
1)	Banana	香蕉	0.01	2011		
27. Captan 克菌丹						
1)	Almonds	杏仁	0.3	2003		
2)	Blueberries	蓝莓	20	2005		
3)	Cherries（includes all commodities in this subgroup）	樱桃（包含此子组中的所有种类）	25	2008		
4)	Cucumber	黄瓜	3	2005		
5)	Dried grapes（including currants, raisins and sultanas）	葡萄干（包括黑加仑干、提子干和小葡萄干）	50	2008		
6)	Grapes	葡萄	25	2008		
7)	Melon（except watermelon）	瓜类（不包括西瓜）	10	2008		
8)	Nectarine	蜜桃	3	2005		
9)	Peach	桃	20	2008		
10)	Plums（including prunes）（including all commodities in this subgroup）	李子（包括李子干）（包括此子组中的所有种类）	10	2008		
11)	Pome fruits	仁果类水果	15	2008	Po	
12)	Potato	马铃薯	0.05	2003		
13)	Raspberries（red，black）	覆盆子（红色和黑色）	20	2008		
14)	Spices（roots and rhizomes）	香辛料（根和根茎类）	0.05	2011		
15)	Strawberry	草莓	15	2008		
16)	Tomato	番茄	5	2008		
28. Carbaryl 甲萘威						
1)	Almond hulls	杏仁皮	50	2004		
2)	Asparagus	芦笋	15	2004		
3)	Beetroot	甜菜根	0.1	2004		
4)	Carrot	胡萝卜	0.5	2004		
5)	Citrus fruits	柑橘类水果	15	2013		
6)	Cranberry	蔓越橘	5	2008		
7)	Eggplant	茄子	1	2004		
8)	Kidney of cattle, goats pigs and sheep	牛、山羊、猪和绵羊的肾脏	3	2004		
9)	Liver of cattle, goats, pigs and sheep	牛、山羊、猪和绵羊的肝脏	1	2004		
10)	Maize	玉米	0.02	2004	（＊）	
11)	Maize fodder（dry）	玉米饲料（干）	250	2004		
12)	Maize oil, crude	玉米原油	0.1	2004		
13)	Meat（from mammals other than marine mammals）	肉类（除海洋哺乳类外的哺乳类动物）	0.05	2004		
14)	Milks	奶类	0.05	2004		
15)	Olive oil, virgin	初榨橄榄油	25	2004		

（续）

序号	加工农产品和饲料的英文名	加工农产品和饲料的中文名	最大残留限量 （mg/kg）	采纳 年份	符号	备注
16)	Peppers chili	辣椒	0.5	2008		
17)	Peppers chili, dried	干辣椒	2	2008		
18)	Peppers, sweet（including pimento or pimiento)	甜椒（包括红辣椒）	5	2004		
19)	Rice bran, unprocessed	水稻麸，未加工的	170	2004		
20)	Rice hulls	稻壳	50	2004		
21)	Rice straw and fodder（dry)	稻草和饲料（干）	120	2004		
22)	Rice, polished	精白米	1	2004		
23)	Sorghum	高粱	10	1999	Po	
24)	Sorghum forage（dry)	高粱饲料（干）	50	2004		
25)	Soya bean（dry)	大豆（干）	0.2	2003		
26)	Soya bean fodder	大豆饲料	15	2004		
27)	Soya bean hulls	大豆外壳	0.3	2004		
28)	Soya bean oil, crude	粗制大豆油	0.2	2004		
29)	Spices（fruits and berries)	香辛料（水果和浆果类）	0.8	2011		
30)	Spices（roots and rhizomes)	香辛料（根和根茎类）	0.1	2011		
31)	Sunflower seed	葵花籽	0.2	2004		
32)	Sunflower seed oil, crude	葵花籽原油	0.05	2004		
33)	Sweet corn（corn-on-the-cob)	甜玉米（棒）	0.1	2004		
34)	Sweet corn cannery waste	甜玉米罐头废料	7.4	2004		
35)	Sweet potato	甘薯	0.02	2004	（＊）	
36)	Table olives	餐用油橄榄	30	2004		
37)	Tomato	番茄	5	2004		
38)	Tomato juice	番茄汁	3	2004		
39)	Tomato paste	番茄酱	10	2004		
40)	Tree nuts	树坚果	1	2004		
41)	Turnip, garden	园艺萝卜	1	2004		
42)	Wheat	小麦	2	2004		
43)	Wheat bran, unprocessed	小麦麸，未加工的	2	2004		
44)	Wheat flour	小麦粉	0.2	2004		
45)	Wheat germ	小麦胚芽	1	2004		
46)	Wheat straw and fodder（dry)	小麦秸秆和饲料（干）	30	2004		

29. Carbendazim 多菌灵

1)	Apricot	杏	2	2001		
2)	Asparagus	芦笋	0.2	2006		
3)	Banana	香蕉	0.2	2006		
4)	Barley	大麦	0.5	2006		
5)	Barley straw and fodder（dry)	大麦秸秆和饲料（干）	2	2006		
6)	Beans（dry)	豆类（干）	0.5	2006		

（续）

序号	加工农产品和饲料的英文名	加工农产品和饲料的中文名	最大残留限量（mg/kg）	采纳年份	符号	备注
7）	Berries and other small fruits	浆果及其他小水果	1	2006		除了葡萄
8）	Brussels sprouts	球芽甘蓝	0.5	1991		
9）	Carrot	胡萝卜	0.2	2006		
10）	Cattle meat	牛肉	0.05	2006	（＊）	
11）	Cherries (includes all commodities in this subgroup)	樱桃（包含此子组中的所有种类）	10	2008		
12）	Chicken fat	鸡脂肪	0.05	2006	（＊）	
13）	Coffee beans	咖啡豆	0.1	2001		
14）	Common bean (pods and/or immature seeds)	菜豆（豆荚和/或未成熟的种子）	0.5	2006		
15）	Cucumber	黄瓜	0.05	2006	（＊）	
16）	Edible offal (mammalian)	食用内脏（哺乳动物）	0.05	2006	（＊）	
17）	Eggs	蛋类	0.05	2006	（＊）	
18）	Garden pea, shelled (succulent seeds)	带壳豌豆（多汁种子）	0.02	2006		
19）	Gherkin	小黄瓜	0.05	2006	（＊）	
20）	Grapes	葡萄	3	2008		
21）	Lettuce (head)	莴笋	5	2008		
22）	Mango	芒果	5	2008		
23）	Milks	奶类	0.05	2006	（＊）	
24）	Nectarine	蜜桃	2	2001		
25）	Oranges, sweet, sour (including orange-like hybrids): several cultivars	橙，甜的，酸的（包括类橙杂交种）	1	2008		
26）	Peach	桃	2	2001		
27）	Peanut	花生	0.1	2006	（＊）	
28）	Peanut fodder	花生饲料	3	2006		
29）	Peppers chili	辣椒	2	2006		
30）	Peppers chili, dried	干辣椒	20	2006		
31）	Pineapple	菠萝	5	2003		
32）	Plums (including prunes) (including all commodities in this subgroup)	李子（包括李子干）（包括此子组中的所有种类）	0.5	2001		
33）	Pome fruits	仁果类水果	3	2001		
34）	Poultry meat	家禽肉	0.05	2006	（＊）	
35）	Rape seed	油菜籽	0.05	2006	（＊）	
36）	Rice straw and fodder (dry)	稻草和饲料（干）	15	2006		
37）	Rice husked	糙米	2	2006	（＊）	
38）	Rye	黑麦	0.1	2006		
39）	Soya bean (dry)	大豆（干）	0.5	2006		
40）	Soya bean fodder	大豆饲料	0.1	2001		
41）	Spices (fruits and berries)	香辛料（水果和浆果类）	0.1	2011		

（续）

序号	加工农产品和饲料的英文名	加工农产品和饲料的中文名	最大残留限量（mg/kg）	采纳年份	符号	备注
42)	Spices（roots and rhizomes）	香辛料（根和根茎类）	0.1	2011		
43)	Squash, summer	西葫芦	0.5	2006		
44)	Sugar beet	甜菜	0.1	2006	(＊)	
45)	Tomato	番茄	0.5	2001		
46)	Tree nuts	树坚果	0.1	2001	(＊)	
47)	Wheat	小麦	0.05	2006	(＊)	
48)	Wheat straw and fodder（dry）	小麦秸秆和饲料（干）	1	2006		

30. Carbofuran　卡巴呋喃

序号	加工农产品和饲料的英文名	加工农产品和饲料的中文名	最大残留限量（mg/kg）	采纳年份	符号	备注
1)	Banana	香蕉	0.01	2013	(＊)	
2)	Cattle meat	牛肉	0.05	1999	(＊)	
3)	Citrus pulp（dry）	柑橘渣（干）	2	2001		根据丁硫克百威的使用
4)	Coffee beans	咖啡豆	1	1999		
5)	Cotton seed	棉籽	0.1	2004		
6)	Edible offal of cattle, goats, horses, pigs and sheep	牛、山羊、马、猪、绵羊的可食用内脏	0.05	1999	(＊)	
7)	Goat fat	山羊脂肪	0.05	1999	(＊)	
8)	Horse fat	马脂肪	0.05	1999	(＊)	
9)	Maize	玉米	0.05	2005	(＊)	根据丁硫克百威的使用
10)	Mandarin	中国柑橘	0.5	2010		根据丁硫克百威的使用
11)	Meat of cattle, goats, horses, pigs and sheep	牛肉、山羊肉、马肉、猪肉和绵羊肉	0.05	1999	(＊)	
12)	Oranges, sweet, sour（including orange-like hybrids）；several cultivars	橙，甜的，酸的（包括类橙杂交种）	0.5	2010		
13)	Pig fat	猪脂肪	0.05	1999	(＊)	
14)	Rape seed	油菜籽	0.05	2004	(＊)	
15)	Rice straw and fodder（dry）	稻草和饲料（干）	1	2004		
16)	Rice husked	糙米	0.1	2004		
17)	Sheep fat	绵羊脂肪	0.05	1999	(＊)	
18)	Sorghum	高粱	0.1	1999	(＊)	
19)	Sorghum straw and fodder（dry）	高粱秸秆和饲料（干）	0.5	2001		
20)	Spices（roots and rhizomes）	香辛料（根和根茎类）	0.1	2011		
21)	Sugar beet	甜菜	0.2	2005		根据丁硫克百威的使用
22)	Sugar cane	甘蔗	0.1	1999	(＊)	
23)	Sunflower seed	葵花籽	0.1	1999	(＊)	

（续）

序号	加工农产品和饲料的英文名	加工农产品和饲料的中文名	最大残留限量（mg/kg）	采纳年份	符号	备注
31. Carbosulfan 丁硫克百威						
1)	Citrus pulp（dry）	柑橘渣（干）	0.1	2005		
2)	Cotton seed	棉籽	0.05	2005		
3)	Edible offal（mammalian）	食用内脏（哺乳动物）	0.05	2005	（＊）	
4)	Eggs	蛋类	0.05	2005	（＊）	
5)	Maize	玉米	0.05	2005	（＊）	
6)	Mandarin	中国柑橘	0.1	2010		
7)	Meat（from mammals other than marine mammals）	肉类（除海洋哺乳类外的哺乳类动物）	0.05	2005	（＊）（fat）	
8)	Oranges，sweet，sour（including orange-like hybrids）：several cultivars	橙，甜的，酸的（包括类橙杂交种）	0.1	2010		
9)	Poultry meat	家禽肉	0.05	2005	（＊）	
10)	Poultry，edible offal of	可食用家禽内脏	0.05	2005	（＊）	
11)	Rice straw and fodder（dry）	稻草和饲料（干）	0.05	2005	（＊）	
12)	Spices（fruits and berries）	香辛料（水果和浆果类）	0.07	2011		
13)	Spices（roots and rhizomes）	香辛料（根和根茎类）	0.1	2011		
14)	Sugar beet	甜菜	0.3	2005		
32. Chlorantraniliprole 氯虫苯甲酰胺						
1)	Alfalfa fodder	苜蓿饲料	50	2011		
2)	Artichoke globe	全球朝鲜蓟	2	2014		
3)	Beans（except broad bean and soya bean）	豆类（蚕豆和黄豆除外）	0.8	2014		绿豆荚和未成熟豆类
4)	Berries and other small fruits	浆果及其他小水果	1	2011		
5)	Brassicas（cole or cabbage）vegetables，head cabbage，flowerh ead brassicas	十字花科蔬菜（油菜或卷心菜）	2	2011		
6)	Carrot	胡萝卜	0.08	2014		
7)	Celery	芹菜	7	2009		
8)	Cereal grains	谷物	0.02	2014		除了大米
9)	Citrus fruits	柑橘类水果	0.7	2015		
10)	Coffee beans	咖啡豆	0.05	2014		
11)	Cotton seed	棉籽	0.3	2009		
12)	Edible offal（mammalian）	食用内脏（哺乳动物）	0.2	2011		
13)	Eggs	蛋类	0.2	2014		
14)	Fruiting vegetables other than cucurbits	瓜类蔬菜（不包括葫芦科植物）	0.6	2009		
15)	Fruiting vegetables，cucurbits	瓜类蔬菜	0.3	2009		
16)	Hop（dry）	蛇麻草（干）	40	2014		
17)	Leafy vegetables	叶用蔬菜	20	2014		除了萝卜叶
18)	Maize fodder（dry）	玉米饲料（干）	25	2011		

（续）

序号	加工农产品和饲料的英文名	加工农产品和饲料的中文名	最大残留限量（mg/kg）	采纳年份	符号	备注
19)	Mammalian fats（except milk fats）	哺乳动物脂肪（牛奶脂肪除外）	0.2	2015		
20)	Meat（from mammals other than marine mammals）	肉类（除海洋哺乳类外的哺乳类动物）	0.2	2011	(fat)	
21)	Milk fats	乳脂	0.2	2011		
22)	Milks	奶类	0.05	2011		
23)	Mints	薄荷	15	2011		
24)	Peas（pods and succulent immature seeds）	豌豆（豆荚和未成熟的种子）	2	2014		
25)	Peas, shelled（succulent seeds）	去壳豌豆（多汁种子）	0.05	2014		
26)	Peppers chili, dried	干辣椒	5	2009		
27)	Pome fruits	仁果类水果	0.4	2009		
28)	Pomegranate	石榴	0.4	2014		
29)	Poultry fats	家禽脂肪	0.01	2015	(*)	
30)	Poultry meat	家禽肉	0.01	2014	(*)(fat)	
31)	Poultry, edible offal of	可食用家禽内脏	0.01	2014	(*)	
32)	Radish	萝卜	0.5	2014		
33)	Radish leaves（including radish tops）	萝卜叶（包括萝卜尖）	40	2014		
34)	Rape seed	油菜籽	2	2014		
35)	Rice	稻米	0.4	2014		
36)	Rice, polished	精白米	0.04	2014		
37)	Root and tuber vegetables	块根和块茎类蔬菜	0.02	2014		除了萝卜和胡萝卜
38)	Soya bean（dry）	大豆（干）	0.05	2015		
39)	Stone fruits	核果类水果	1	2009		
40)	Straw and fodder（dry）of cereal grains	谷物的稻草和饲料（干）	0.3	2009		
41)	Sugar cane	甘蔗	0.5	2011		
42)	Sunflower seed	葵花籽	2	2014		
43)	Sweet corn（corn-on-the-cob）	甜玉米（棒）	0.01	2011	(*)	
44)	Tree nuts	树坚果	0.02	2011		

33. Chlordane 氯丹

序号	加工农产品和饲料的英文名	加工农产品和饲料的中文名	最大残留限量（mg/kg）	采纳年份	符号	备注
1)	Almonds	杏仁	0.02		E	
2)	Cotton seed oil, crude	粗制棉籽油	0.05		E	
3)	Eggs	蛋类	0.02		E	
4)	Fruits and vegetables	水果和蔬菜	0.02		(*)E	
5)	Hazelnuts	榛子	0.02		E	
6)	Linseed oil, crude	粗制亚麻籽油	0.05		E	
7)	Maize	玉米	0.02		E	

（续）

序号	加工农产品和饲料的英文名	加工农产品和饲料的中文名	最大残留限量（mg/kg）	采纳年份	符号	备注
8)	Meat（from mammals other than marine mammals）	肉类（除海洋哺乳类外的哺乳类动物）	0.05		(fat)E	
9)	Milks	奶类	0.002		E	
10)	Oats	燕麦	0.02		E	
11)	Pecan	美洲山核桃	0.02		E	
12)	Poultry meat	家禽肉	0.5		(fat)E	
13)	Rice，polished	精白米	0.02		E	
14)	Rye	黑麦	0.02		E	
15)	Sorghum	高粱	0.02		E	
16)	Sorghum bean oil，crude	高粱豆原油	0.05		E	
17)	Soya bean oil，refined	精制豆油	0.02		E	
18)	Walnuts	核桃	0.02		E	
19)	Wheat	小麦	0.02		E	

34. Chlorfenapyr 溴虫腈

序号	加工农产品和饲料的英文名	加工农产品和饲料的中文名	最大残留限量（mg/kg）	采纳年份	符号	备注
1)	Acerola	樱桃	99			

35. Chlormequat 矮壮素

序号	加工农产品和饲料的英文名	加工农产品和饲料的中文名	最大残留限量（mg/kg）	采纳年份	符号	备注
1)	Barley	大麦	2	2003		
2)	Cotton seed	棉籽	0.5	2003		
3)	Eggs	蛋类	0.1	2003		
4)	Goat meat	山羊肉	0.2	2003		
5)	Kidney of cattle, goats pigs and sheep	牛、山羊、猪和绵羊的肾脏	0.5	2003		
6)	Liver of cattle, goats, pigs and sheep	牛、山羊、猪和绵羊的肝脏	0.1	2003		
7)	Maize fodder（dry）	玉米饲料（干）	7	2003		
8)	Meat of cattle, pigs and sheep	牛肉、猪肉和绵羊肉	0.2	2003		
9)	Meat of cattle, goats and sheep	牛肉、山羊肉和绵羊肉	0.5	2003		
10)	Oats	燕麦	10			
11)	Poultry meat	家禽肉	0.04	2003	(＊)	
12)	Poultry，edible offal of	可食用家禽内脏	0.1	2003		
13)	Rape seed	油菜籽	5	2003		
14)	Rape seed oil，crude	粗制菜籽油	0.1	2003	(＊)	
15)	Rye	黑麦	3	2003		
16)	Rye bran，unprocessed	黑麦麸（未加工的）	10	2003		
17)	Rye flour	黑麦粉	3	2003		
18)	Rye wholemeal	黑麦全麦	4	2003		
19)	Straw and fodder（dry）of cereal grains	谷物的稻草和饲料（干）	30	2003		
20)	Triticale	小黑麦	3	2003		

（续）

序号	加工农产品和饲料的英文名	加工农产品和饲料的中文名	最大残留限量 (mg/kg)	采纳年份	符号	备注
21)	Wheat	小麦	3	2003		
22)	Wheat bran, unprocessed	小麦麸，未加工的	10	2003		
23)	Wheat flour	小麦粉	2	2003		
24)	Wheat wholemeal	小麦全麦	5	2003		
36. Chlorothalonil 百菌清						
1)	Banana	香蕉	15	2013		
2)	Brussels sprouts	球芽甘蓝	6	2011		
3)	Celery	芹菜	20	2011		
4)	Chard	莙荙菜	50	2013		
5)	Cherries (includes all commodities in this subgroup)	樱桃（包含此子组中的所有种类）	0.5	1995		
6)	Common bean (pods and/or immature seeds)	菜豆（豆荚和/或未成熟的种子）	5			
7)	Cranberry	蔓越橘	5			
8)	Cucumber	黄瓜	3	2011		
9)	Currants, black, red, white	黑醋栗，红醋栗，白醋栗	20	2011		
10)	Edible offal (mammalian)	食用内脏（哺乳动物）	0.2	2011		
11)	Flowerhead brassicas (includes broccoli, Chinese broccoli and cauliflower)	十字花科植物（包括西兰花、中国菜花和花椰菜）	5	2011		
12)	Gherkin	小黄瓜	3	2011		
13)	Gooseberry	醋栗	20	2011		
14)	Grapes	葡萄	3	2011		
15)	Leek	韭菜	40	2011		
16)	Mammalian fats (except milk fats)	哺乳动物脂肪（牛奶脂肪除外）	0.07	2011		
17)	Meat (from mammals other than marine mammals)	肉类（除海洋哺乳类外的哺乳类动物）	0.02	2011		
18)	Melon (except watermelon)	瓜类（不包括西瓜）	2	2011		
19)	Milks	奶类	0.07	2011		
20)	Onion, bulb	洋葱头	0.5	1995		
21)	Onion, chinese	中国洋葱	10	2011		
22)	Onion, welsh	威尔士洋葱	10	2011		
23)	Papaya	番木瓜	20	2011		
24)	Peach	桃	0.2	1999		
25)	Peanut	花生	0.1	2011		
26)	Peppers chili, dried	干辣椒	70	2006		
27)	Peppers, sweet (including pimento or pimiento)	甜椒（包括红辣椒）	7	1999		
28)	Poultry fats	家禽脂肪	0.01	2011		
29)	Poultry meat	家禽肉	0.01	2011		

（续）

序号	加工农产品和饲料的英文名	加工农产品和饲料的中文名	最大残留限量（mg/kg）	采纳年份	符号	备注
30)	Poultry skin	家禽皮	0.01	2011		
31)	Poultry，edible offal of	可食用家禽内脏	0.07	2011		
32)	Pulses	干豆	1	2011		
33)	Root and tuber vegetables	块根和块茎类蔬菜	0.3	2011		
34)	Spring onion	大葱	10	2011		
35)	Squash，summer	西葫芦	3	2011		
36)	Strawberry	草莓	5	2011		
37)	Tomato	番茄	5	2011		

37. Chlorpropham 氯苯胺灵

序号	加工农产品和饲料的英文名	加工农产品和饲料的中文名	最大残留限量（mg/kg）	采纳年份	符号	备注
1)	Cattle meat	牛肉	0.1	2006	(fat)	
2)	Cattle，edible offal of	可食用牛内脏	0.01	2006	(＊)	
3)	Milk fats	乳脂	0.02	2009		
4)	Milks	奶类	0.01	2009	(＊)	
5)	Potato	马铃薯	30	2006	Po	

38. Chlorpyrifos 毒死蜱

序号	加工农产品和饲料的英文名	加工农产品和饲料的中文名	最大残留限量（mg/kg）	采纳年份	符号	备注
1)	Alfalfa fodder	苜蓿饲料	5	2003		
2)	Almonds	杏仁	0.05	2003		
3)	Banana	香蕉	2	2003		
4)	Broccoli	西兰花	2	2003		
5)	Cabbages（head）	甘蓝（头）	1	2003		
6)	Carrot	胡萝卜	0.1	2003		
7)	Cattle kidney	牛肾	0.01	2003		
8)	Cattle liver	牛肝	0.01	2003		
9)	Cattle meat	牛肉	1	2003	(fat)	
10)	Cauliflower	青花菜	0.05	2003		
11)	Chinese cabbage（type petsai）	大白菜	1			
12)	Citrus fruits	柑橘类水果	1	2013		
13)	Coffee beans	咖啡豆	0.05	2003		
14)	Common bean（pods and/or immature seeds）	菜豆（豆荚和/或未成熟的种子）	0.01	2003		
15)	Cotton seed	棉籽	0.3	2005		
16)	Cotton seed oil, edible	可食用棉籽油	0.05	2005	(＊)	
17)	Cranberry	蔓越橘	1	2007		
18)	Dried grapes（including currants, raisins and sultanas）	葡萄干（包括黑加仑干、提子干和小葡萄干）	0.1	2003		
19)	Eggs	蛋类	0.01	2003	(＊)	
20)	Grapes	葡萄	0.5	2003		
21)	Maize	玉米	0.05	2003		
22)	Maize fodder（dry）	玉米饲料（干）	10	2003		

（续）

序号	加工农产品和饲料的英文名	加工农产品和饲料的中文名	最大残留限量（mg/kg）	采纳年份	符号	备注
23)	Maize oil，edible	可食玉米油	0.2	2003		
24)	Milk of cattle，goats and sheep	牛奶，山羊奶和绵羊奶	0.02	2003		
25)	Onion，bulb	洋葱头	0.2	2003		
26)	Peach	桃	0.5	2003		
27)	Peas（pods and succulent immature seeds）	豌豆（豆荚和未成熟的种子）	0.01	2003		
28)	Pecan	美洲山核桃	0.05	2003	(＊)	
29)	Peppers chili，dried	干辣椒	20	2003		
30)	Peppers，sweet（including pimento or pimiento）	甜椒（包括红辣椒）	2	2003		
31)	Pig meat	猪肉	0.02	2003		
32)	pig，edible offal of	可食用的猪内脏	0.01	2003		
33)	Plums（including prunes）（including all commodities in this subgroup）	李子（包括李子干）（包括此子组中的所有种类）	0.5	2003		
34)	Pome fruits	仁果类水果	1	2003		
35)	Potato	马铃薯	2	2005		
36)	Poultry meat	家禽肉	0.01	2003	(fat)	
37)	Poultry，edible offal of	可食用家禽内脏	0.01	2003	(＊)	
38)	Rice	稻米	0.5	2005		
39)	Sheep meat	绵羊肉	1	2003	(fat)	
40)	Sheep，edible offal of	可食用的绵羊内脏	0.01	2003		
41)	Sorghum	高粱	0.5	2003		
42)	Sorghum straw and fodder（dry）	高粱秸秆和饲料（干）	2	2003		
43)	Soya bean（dry）	大豆（干）	0.1	2005		
44)	Soya bean oil，refined	精制豆油	0.03	2005		
45)	Spices（fruits and berries）	香辛料（水果和浆果类）	1	2005		
46)	Spices（roots and rhizomes）	香辛料（根和根茎类）	1	2005		
47)	Spices seeds	香辛料（种子类）	5	2005		
48)	Strawberry	草莓	0.3	2003		
49)	Sugar beet	甜菜	0.05	2003		
50)	Sweet corn（corn-on-the-cob）	甜玉米（棒）	0.01	2003		
51)	Tea，green，black（black，fermented and dried）	绿茶，黑茶（黑茶指发酵的和干燥的）	2	2005		
52)	Walnuts	核桃	0.05	2003	(＊)	
53)	Wheat	小麦	0.5	2003		
54)	Wheat flour	小麦粉	0.1	2003		
55)	Wheat straw and fodder（dry）	小麦秸秆和饲料（干）	5	2003		

39. Chlorpyrifos-methyl　甲基毒死蜱

序号	加工农产品和饲料的英文名	加工农产品和饲料的中文名	最大残留限量（mg/kg）	采纳年份	符号	备注
1)	Citrus fruits	柑橘类水果	2	2013		

（续）

序号	加工农产品和饲料的英文名	加工农产品和饲料的中文名	最大残留限量（mg/kg）	采纳年份	符号	备注
2)	Edible offal（mammalian）	食用内脏（哺乳动物）	0.01	2011		
3)	Eggplant	茄子	1	2010		
4)	Eggs	蛋类	0.01	2011	（＊）	
5)	Grape pomace（dry）	葡萄渣（干）	5	2011		
6)	grapes	葡萄	1	2010		
7)	Meat（from mammals other than marine mammals）	肉类（除海洋哺乳类外的哺乳类动物）	0.1	2011	（fat）	
8)	Milk fats	乳脂	0.01	2011	（＊）	
9)	Milks	奶类	0.01	2011	（＊）	
10)	Peppers	胡椒	1	2010		
11)	Peppers chili, dried	干辣椒	10	2010		
12)	Pome fruits	仁果类水果	1	2010		
13)	Potato	马铃薯	0.01	2010	（＊）	
14)	Poultry meat	家禽肉	0.01	2011	（fat）	
15)	Poultry, edible offal of	可食用家禽内脏	0.01	2011	（＊）	
16)	Rice	稻米	0.1			
17)	Sorghum	高粱	10		Po	
18)	Spices（fruits and berries）	香辛料（水果和浆果类）	0.3	2005		
19)	Spices（roots and rhizomes）	香辛料（根和根茎类）	5	2005		
20)	Spices seeds	香辛料（种子类）	1	2005		
21)	Stone fruits	核果类水果	0.5	2010		
22)	Strawberry	草莓	0.06	2010		
23)	Tomato	番茄	1	2010		
24)	Wheat	小麦	10		Po	
25)	Wheat bran, unprocessed	小麦麸，未加工的	20		PoP	

40. Clethodim 烯草酮

序号	加工农产品和饲料的英文名	加工农产品和饲料的中文名	最大残留限量（mg/kg）	采纳年份	符号	备注
1)	Alfalfa fodder	苜蓿饲料	10	2003		
2)	Bean fodder	豆饲料	10	2003		
3)	Beans（dry）	豆类（干）	2	2003		
4)	Beans（except broad bean and soya bean）	豆类（蚕豆和黄豆除外）	0.5	2003	（＊）	
5)	Cotton seed	棉籽	0.5	2003		
6)	Cotton seed oil, crude	粗制棉籽油	0.5	2003	（＊）	
7)	Cotton seed oil, edible	可食用棉籽油	0.5	2003	（＊）	
8)	Edible offal（mammalian）	食用内脏（哺乳动物）	0.2	2003	（＊）	
9)	Eggs	蛋类	0.05	2003	（＊）	
10)	Field pea（dry）	紫花豌豆（干）	2	2003		
11)	Fodder beet	饲用甜菜	0.1	2003	（＊）	
12)	Garlic	大蒜	0.5	2003		

（续）

序号	加工农产品和饲料的英文名	加工农产品和饲料的中文名	最大残留限量（mg/kg）	采纳年份	符号	备注
13)	Meat（from mammals other than marine mammals）	肉类（除海洋哺乳类外的哺乳类动物）	0.2	2003	（＊）	
14)	Milks	奶类	0.05	2003	（＊）	
15)	Onion, bulb	洋葱头	0.5	2003		
16)	Peanut	花生	5	2003		
17)	Potato	马铃薯	0.5	2003		
18)	Poultry meat	家禽肉	0.2	2003	（＊）	
19)	Poultry, edible offal of	可食用家禽内脏	0.2	2003	（＊）	
20)	Rape seed	油菜籽	0.5	2003		
21)	Rape seed oil, crude	粗制菜籽油	0.5	2003	（＊）	
22)	Rape seed oil, edible	可食用菜籽油	0.5	2003	（＊）	
23)	Soya bean（dry）	大豆（干）	10	2003		
24)	Soya bean oil, crude	粗制大豆油	1	2003		
25)	Soya bean oil, refined	精制豆油	0.5	2003	（＊）	
26)	Sugar beet	甜菜	0.1	2003		
27)	Sunflower seed	葵花籽	0.5	2003		
28)	Sunflower seed oil, crude	葵花籽原油	0.1	2003	（＊）	
29)	Tomato	番茄	1	2003		

41. Clofentezine 四螨嗪

序号	加工农产品和饲料的英文名	加工农产品和饲料的中文名	最大残留限量（mg/kg）	采纳年份	符号	备注
1)	Almond hulls	杏仁皮	5	2008		
2)	Citrus fruits	柑橘类水果	0.5	2008		
3)	Cucumber	黄瓜	0.5	2008		
4)	Currants, black, red, white	黑醋栗，红醋栗，白醋栗	0.2	2008		
5)	Dried grapes（including currants, raisins and sultanas）	葡萄干（包括黑加仑干、提子干和小葡萄干）	2	2008		
6)	Edible offal（mammalian）	食用内脏（哺乳动物）	0.05	2008	（＊）	
7)	Eggs	蛋类	0.05	2008	（＊）	
8)	Grapes	葡萄	2	2008		
9)	Meat（from mammals other than marine mammals）	肉类（除海洋哺乳类外的哺乳类动物）	0.05	2008	（＊）	
10)	Melon（except watermelon）	瓜类（不包括西瓜）	0.1	2008		
11)	Milks	奶类	0.05	2008	（＊）	
12)	Pome fruits	仁果类水果	0.5	2008		
13)	Poultry meat	家禽肉	0.05	2008	（＊）	
14)	Poultry, edible offal of	可食用家禽内脏	0.05	2008	（＊）	
15)	Stone fruits	核果类水果	0.5	2008		
16)	Strawberry	草莓	2	2008		
17)	Tomato	番茄	0.5	2008		
18)	Tree nuts	树坚果	0.5	2008		

（续）

序号	加工农产品和饲料的英文名	加工农产品和饲料的中文名	最大残留限量 （mg/kg）	采纳 年份	符号	备注
42. Clothianidin　噻虫胺						
1）	Artichoke globe	全球朝鲜蓟	0.05	2011		
2）	Avocado	鳄梨	0.03	2015		
3）	Banana	香蕉	0.02	2012		
4）	Barley	大麦	0.04	2011		
5）	Barley straw and fodder （dry）	大麦秸秆和饲料（干）	0.2	2011	dry wt	
6）	Beans （except broad bean and soya bean）	豆类（蚕豆和黄豆除外）	0.2	2015		
7）	Berries and other small fruits	浆果及其他小水果	0.07	2011		除了葡萄
8）	Brassicas （cole or cabbage） vegetables, head cabbage, flowerh ead brassicas	十字花科蔬菜（油菜或卷心菜）	0.2	2011		
9）	Cacao beans	可可豆	0.02	2011	（＊）	
10）	Celery	芹菜	0.04	2011		
11）	Citrus fruits	柑橘类水果	0.07	2013		
12）	Coffee beans	咖啡豆	0.05	2011		
13）	Dried grapes （including currants, raisins and sultanas）	葡萄干（包括黑加仑干、提子干和小葡萄干）	1	2012		
14）	Edible offal （mammalian）	食用内脏（哺乳动物）	0.02	2012	（＊）	除了肝脏
15）	Eggs	蛋类	0.01	2012	（＊）	
16）	Fruiting vegetables other than cucurbits	瓜类蔬菜（不包括葫芦科植物）	0.05	2011		除了甜玉米
17）	Fruiting vegetables, cucurbits	瓜类蔬菜	0.02	2011	（＊）	
18）	Grape juice	葡萄汁	0.2	2012		
19）	Grapes	葡萄	0.7	2012		
20）	Hop （dry）	蛇麻草（干）	0.07	2015		
21）	Leafy vegetables	叶用蔬菜	2	2011		
22）	Legume vegetables	豆科蔬菜	0.01	2011	（＊）	
23）	Liver of cattle, goats, pigs and sheep	牛、山羊、猪和绵羊的肝脏	0.2	2011		
24）	Maize	玉米	0.02	2011		
25）	Maize fodder （dry）	玉米饲料（干）	0.01	2011	（＊） dry wt	
26）	Mammalian fats （except milk fats）	哺乳动物脂肪（牛奶脂肪除外）	0.02	2012	（＊）	
27）	Mango	芒果	0.04	2015		
28）	Meat （from mammals other than marine mammals）	肉类（除海洋哺乳类外的哺乳类动物）	0.02	2012	（＊）	
29）	Milks	奶类	0.02	2012		
30）	Mints	薄荷	0.3	2015		
31）	Oilseed	含油种子	0.02	2011	（＊）	
32）	Papaya	番木瓜	0.01	2011	（＊）	

（续）

序号	加工农产品和饲料的英文名	加工农产品和饲料的中文名	最大残留限量（mg/kg）	采纳年份	符号	备注
33)	Pea hay or pea fodder（dry）	豌豆草或豌豆饲料（干）	0.2	2011	dry wt	
34)	Pecan	美洲山核桃	0.01	2011	（*）	
35)	Peppers chili, dried	干辣椒	0.5	2011		
36)	Pineapple	菠萝	0.01	2011	（*）	
37)	Pome fruits	仁果类水果	0.4	2012		
38)	Popcorn	玉米花	0.01	2011	（*）	
39)	Poultry fats	家禽脂肪	0.01	2012	（*）	
40)	Poultry meat	家禽肉	0.01	2012	（*）	
41)	Poultry, edible offal of	可食用家禽内脏	0.1	2011		
42)	Prunes	梅子	0.2	2011		
43)	Pulses	干豆	0.02	2011		
44)	Rice	稻米	0.5	2012		
45)	Root and tuber vegetables	块根和块茎类蔬菜	0.2	2014		
46)	Sorghum	高粱	0.01	2012	（*）	
47)	Sorghum straw and fodder（dry）	高粱秸秆和饲料（干）	0.01	2012	（*）dry wt	
48)	Stalk and stem vegetables	茎秆类蔬菜	0.04	2012		除了朝鲜蓟和芹菜
49)	Stone fruits	核果类水果	0.2	2011		
50)	Sugar cane	甘蔗	0.4	2012		
51)	Sweet corn（corn-on-the-cob）	甜玉米（棒）	0.01	2012	（*）	
52)	Tea, green, black（black, fermented and dried）	绿茶，黑茶（黑茶指发酵的和干燥的）	0.7	2011		
53)	Wheat	小麦	0.02	2011		
54)	Wheat straw and fodder（dry）	小麦秸秆和饲料（干）	0.2	2011	（*）	

43. Cyantraniliprole 溴氰虫酰胺

序号	加工农产品和饲料的英文名	加工农产品和饲料的中文名	最大残留限量（mg/kg）	采纳年份	符号	备注
1)	Brassicas（cole or cabbage）vegetables, head cabbage, flowerh ead brassicas	十字花科蔬菜（油菜或卷心菜）	2	2014		
2)	Bush berries	灌木浆果	4	2014		
3)	Celery	芹菜	15	2014		
4)	Cherries（includes all commodities in this subgroup）	樱桃（包含此子组中的所有种类）	6	2014		
5)	Coffee beans	咖啡豆	0.03	2014		
6)	Edible offal（mammalian）	食用内脏（哺乳动物）	0.05	2014		
7)	Eggs	蛋类	0.01	2014		
8)	Fodder beet	饲用甜菜	0.02	2014		
9)	Fruiting vegetables other than cucurbits	瓜类蔬菜（不包括葫芦科植物）	0.5	2014		除了甜玉米和蘑菇
10)	Fruiting vegetables, cucurbits	瓜类蔬菜	0.3	2014		

（续）

序号	加工农产品和饲料的英文名	加工农产品和饲料的中文名	最大残留限量（mg/kg）	采纳年份	符号	备注
11)	Garlic	大蒜	0.05	2014		
12)	Leafy vegetables	叶用蔬菜	20	2014		除了莴苣头
13)	Legume animal feeds	豆科动物饲料	0.8	2014	dry wt	
14)	Lettuce（head）	莴笋	5	2014		
15)	Mammalian fats（except milk fats）	哺乳动物脂肪（牛奶脂肪除外）	0.01	2014		
16)	Meat（from mammals other than marine mammals）	肉类（除海洋哺乳类外的哺乳类动物）	0.01	2014		
17)	Milks	奶类	0.02	2014		
18)	Onion，bulb	洋葱头	0.05	2014		
19)	Onion，Welsh	威尔士洋葱	8	2014		
20)	Peach	桃	1.5	2014		
21)	Peppers chili，dried	干辣椒	5	2014		
22)	Plums（including prunes）（including all commodities in this subgroup）	李子（包括李子干）（包括此子组中的所有种类）	0.5	2014		
23)	Pome fruits	仁果类水果	0.8	2014		
24)	Potato	马铃薯	0.05	2014		
25)	Poultry fats	家禽脂肪	0.01	2014		
26)	Poultry meat	家禽肉	0.01	2014		
27)	Poultry，edible offal of	可食用家禽内脏	0.01	2014		
28)	Prunes	梅子	0.8	2014		
29)	Root and tuber vegetables	块根和块茎类蔬菜	0.05	2014		除了马铃薯
30)	Shallot	葱	0.05	2014		
31)	Spring onion	大葱	8	2014		
32)	Straw，fodder（dry）and hay ofcereal grains and other grass-like plants	稻草、饲料（干）和谷物及其他草状植物干草	0.2	2014	dry wt	
33)	Turnip fodder	饲用芜菁	0.02	2014		

44. Cyazofamid 氰霜唑

序号	加工农产品和饲料的英文名	加工农产品和饲料的中文名	最大残留限量（mg/kg）	采纳年份	符号	备注
1)	Beans（except broad bean and soya bean）	豆类（蚕豆和黄豆除外）	0.4	2016		
2)	Beans，shelled	去壳豆类	0.07	2016		
3)	Brassicas（cole or cabbage）vegetables，head cabbage，flowerh ead brassicas	十字花科蔬菜（油菜或卷心菜）	1.5	2016		
4)	Broccoli leafy vegetables	西兰花叶菜	15	2016		
5)	Eggplant	茄子	0.2	2016		
6)	Fruiting vegetables，cucurbits	瓜类蔬菜	0.09	2016		
7)	Grapes	葡萄	1.5	2016		
8)	Hop（dry）	蛇麻草（干）	15	2016		
9)	Leafy vegetables	叶用蔬菜	10	2016		除了芸薹属植物的叶用蔬菜

（续）

序号	加工农产品和饲料的英文名	加工农产品和饲料的中文名	最大残留限量（mg/kg）	采纳年份	符号	备注
10)	Peppers chili	辣椒	0.8	2016		
11)	Peppers, sweet（including pimento or pimiento）	甜椒（包括红辣椒）	0.4	2016		
12)	Potato	马铃薯	0.01	2016	（＊）	
13)	Tomato	番茄	0.2	2016		
45. Cycloxydim 草噻喃						
1)	Beans（dry）	豆类（干）	30	2013		
2)	Beans（except broad bean and soya bean）	豆类（蚕豆和黄豆除外）	15	2013		绿豆荚和未成熟豆类
3)	Beetroot	甜菜根	0.2	2013		
4)	Brassicas（cole or cabbage）vegetables, head cabbage, flowerh ead brassicas	十字花科蔬菜（油菜或卷心菜）	9	2013		
5)	Carrot	胡萝卜	5	2013		
6)	Celeriac	块根芹	1	2013		
7)	Edible offal（mammalian）	食用内脏（哺乳动物）	0.5	2013		
8)	Eggs	蛋类	0.15	2013		
9)	Grapes	葡萄	0.3	2013		
10)	Kale curly	羽衣甘蓝	3	2013		
11)	Leek	韭菜	4	2013		
12)	Lettuce（head）	莴笋	1.5	2013		
13)	Lettuce, leaf	莴苣叶	1.5	2013		
14)	Linseed	亚麻籽	7	2013		
15)	Maize	玉米	0.2	2013		
16)	Maize fodder（dry）	玉米饲料（干）	2	2013		
17)	Mammalian fats（except milk fats）	哺乳动物脂肪（牛奶脂肪除外）	0.1	2013		
18)	Meat（from mammals other than marine mammals）	肉类（除海洋哺乳类外的哺乳类动物）	0.06	2013		
19)	Milks	奶类	0.02	2013		
20)	Onion, bulb	洋葱头	3	2013		
21)	Peas（dry）	豌豆（干）	30	2013		
22)	Peas, shelled（succulent seeds）	去壳豌豆（多汁种子）	15	2013		
23)	Peppers	胡椒	9	2013		
24)	Peppers chili, dried	干辣椒	90	2013		
25)	Pome fruits	仁果类水果	0.09	2013	（＊）	
26)	Potato	马铃薯	3	2013		
27)	Poultry fats	家禽脂肪	0.03	2013	（＊）	
28)	Poultry meat	家禽肉	0.03	2013	（＊）	
29)	Poultry, edible offal of	可食用家禽内脏	0.02	2013		
30)	Rape seed	油菜籽	7	2013		

（续）

序号	加工农产品和饲料的英文名	加工农产品和饲料的中文名	最大残留限量（mg/kg）	采纳年份	符号	备注
31）	Rice	稻米	0.09	2013	（＊）	
32）	Rice straw and fodder（dry）	稻草和饲料（干）	0.09	2013		
33）	Soya bean（dry）	大豆（干）	80	2013		
34）	Stone fruits	核果类水果	0.09	2013	（＊）	
35）	Strawberry	草莓	3	2013		
36）	Sugar beet	甜菜	0.2	2013		
37）	Sunflower seed	葵花籽	6	2013		
38）	Swede	瑞典甘蓝	0.2	2013		
39）	Tomato	番茄	1.5	2013		
46. Cyflumetofen　丁氟螨酯						
1）	Almond hulls	杏仁皮	4	2015		
2）	Citrus fruits	柑橘类水果	0.3	2015		
3）	Citrus oil，edible	可食用柑橘油	36	2015		
4）	Dried grapes（including currants, raisins and sultanas）	葡萄干（包括黑加仑干、提子干和小葡萄干）	1.5	2015		
5）	Edible offal（mammalian）	食用内脏（哺乳动物）	0.02	2015		
6）	Grapes	葡萄	0.6	2015		
7）	Mammalian fats（except milk fats）	哺乳动物脂肪（牛奶脂肪除外）	0.01	2015	（＊）	
8）	Meat（from mammals other than marine mammals）	肉类（除海洋哺乳类外的哺乳类动物）	0.01	2015	（＊）	
9）	Milks	奶类	0.01	2015	（＊）	
10）	Pome fruits	仁果类水果	0.4	2015		
11）	Strawberry	草莓	0.6	2015		
12）	Tomato	番茄	0.3	2015		
13）	Tree nuts	树坚果	0.01	2015	（＊）	
47. Cyfluthrin/beta-cyfluthrin　氟氯氰菊酯/高效氟氯氰菊酯						
1）	Apple	苹果	0.1	2008		
2）	Cabbages（head）	甘蓝（头）	0.08	2013		
3）	Cauliflower	青花菜	2	2008		
4）	Citrus fruits	柑橘类水果	0.3	2008		
5）	Citrus pulp（dry）	柑橘渣（干）	2	2008		
6）	Cotton seed	棉籽	0.7	2008		
7）	Cotton seed oil，crude	粗制棉籽油	1	2008		
8）	Edible offal（mammalian）	食用内脏（哺乳动物）	0.02	2013		
9）	Eggplant	茄子	0.2	2008		
10）	Eggs	蛋类	0.01	2008	（＊）	
11）	Meat（from mammals other than marine mammals）	肉类（除海洋哺乳类外的哺乳类动物）	0.2	2013	（fat）	
12）	Milks	奶类	0.01	2013		

（续）

序号	加工农产品和饲料的英文名	加工农产品和饲料的中文名	最大残留限量 (mg/kg)	采纳年份	符号	备注
13)	Pear	梨	0.1	2008		
14)	Peppers	胡椒	0.2	2008		
15)	Peppers chili, dried	干辣椒	1	2008		
16)	Potato	马铃薯	0.01	2008	(＊)	
17)	Poultry meat	家禽肉	0.01	2008	(＊) (fat)	
18)	Poultry, edible offal of	可食用家禽内脏	0.01	2008	(＊)	
19)	Rape seed	油菜籽	0.07	2008		
20)	Soya bean (dry)	大豆（干）	0.03	2013		
21)	Soya bean fodder	大豆饲料	4	2013		
22)	Spices (fruits and berries)	香辛料（水果和浆果类）	0.03	2011		
23)	Spices (roots and rhizomes)	香辛料（根和根茎类）	0.05	2011		
24)	Tomato	番茄	0.2	2008		
48. Cyhalothrin (includes lambda-cyhalothrin)　氯氟氰菊酯						
1)	Almond hulls	杏仁皮	2	2009		
2)	Apricot	杏	0.5	2009		
3)	Asparagus	芦笋	0.02	2009		
4)	Barley	大麦	0.5	2009		
5)	Berries and other small fruits	浆果及其他小水果	0.2	2009		
6)	Bulb vegetables	鳞茎类蔬菜	0.2	2009		
7)	Cabbages (head)	甘蓝（头）	0.3	2009		
8)	Cherries (includes all commodities in this subgroup)	樱桃（包含此子组中的所有种类）	0.3	2009		
9)	Citrus fruits	柑橘类水果	0.2	2013		
10)	Dried grapes (including currants, raisins and sultanas)	葡萄干（包括黑加仑干、提子干和小葡萄干）	0.3	2009		
11)	Flowerhead brassicas (includes broccoli, Chinese broccoli and cauliflower)	十字花科植物（包括西兰花、中国菜花和花椰菜）	0.5	2009		
12)	Fruiting vegetables other than cucurbits	瓜类蔬菜（不包括葫芦科植物）	0.3	2009		除了蘑菇
13)	Fruiting vegetables, cucurbits	瓜类蔬菜	0.05	2009		
14)	Kidney of cattle, goats pigs and sheep	牛、山羊、猪和绵羊的肾脏	0.2	2009		
15)	Legume vegetable	豆类蔬菜	0.2	2009		
16)	Liver of cattle, goats, pigs and sheep	牛、山羊、猪和绵羊的肝脏	0.05	2009		
17)	Maize	玉米	0.02	2009		
18)	Mango	芒果	0.2	2009		

（续）

序号	加工农产品和饲料的英文名	加工农产品和饲料的中文名	最大残留限量（mg/kg）	采纳年份	符号	备注
19）	Meat（from mammals other than marine mammals）	肉类（除海洋哺乳类外的哺乳类动物）	3	2009		
20）	Milks	奶类	0.2	2009		
21）	Nectarine	蜜桃	0.5	2009		
22）	Oats	燕麦	0.05	2009		
23）	Oilseed	含油种子	0.2	2009		
24）	Peach	桃	0.5	2009		
25）	Peppers chili，dried	干辣椒	3	2009		
26）	Plums（including prunes）（including all commodities in this subgroup）	李子（包括李子干）（包括此子组中的所有种类）	0.2	2009		除了李子
27）	Pome fruits	仁果类水果	0.2	2009		
28）	Pulses	干豆	0.05	2009		
29）	Rice	稻米	1	2009		
30）	Root and tuber vegetables	块根和块茎类蔬菜	0.01	2009		
31）	Rye	黑麦	0.05	2009		
32）	Spices（fruits and berries）	香辛料（水果和浆果类）	0.03	2011		
33）	Spices（roots and rhizomes）	香辛料（根和根茎类）	0.05	2005		
34）	Straw and fodder（dry）of cereal grains	谷物的稻草和饲料（干）	2	2009		
35）	Sugar cane	甘蔗	0.05	2009		
36）	Table olives	餐用油橄榄	1	2009		
37）	Tree nuts	树坚果	0.01	2009		
38）	Triticale	小黑麦	0.05	2009		
39）	Wheat	小麦	0.05	2009		
40）	Wheat bran，unprocessed	小麦麸，未加工的	0.1	2009		

49. Cyhexatin 三环锡

序号	加工农产品和饲料的英文名	加工农产品和饲料的中文名	最大残留限量（mg/kg）	采纳年份	符号	备注
1）	Apple	苹果	0.2	2006		
2）	Currants，black，red，white	黑醋栗，红醋栗，白醋栗	0.1	2006		
3）	Grapes	葡萄	0.3	2006		
4）	Oranges，sweet，sour（including orange-like hybrids）：several cultivars	橙，甜的，酸的（包括类橙杂交种）	0.2	2006		
5）	Pear	梨	0.2	2006		
6）	Peppers chili，dried	干辣椒	5	2006		

50. Cypermethrins（including alpha-cypermethrin and zata-cypermethrin） 氯氰菊酯（包括顺式氯氰菊酯和 Z-氯氰菊酯）

序号	加工农产品和饲料的英文名	加工农产品和饲料的中文名	最大残留限量（mg/kg）	采纳年份	符号	备注
1）	Alfalfa fodder	苜蓿饲料	30	2009		
2）	Artichoke globe	全球朝鲜蓟	0.1	2009		
3）	Asparagus	芦笋	0.4	2012		
4）	Barley	大麦	2	2010		

韩国"肯定列表"制度（农产品中农药最大残留限量）研究

（续）

序号	加工农产品和饲料的英文名	加工农产品和饲料的中文名	最大残留限量（mg/kg）	采纳年份	符号	备注
5)	Bean fodder	豆饲料	2	2009		
6)	Brassicas (cole or cabbage) vegetables, head cabbage, flowerh ead brassicas	十字花科蔬菜（油菜或卷心菜）	1	2009		
7)	Carambola	杨桃	0.2	2009		
8)	Cereal grains	谷物	0.3	2010		除了水稻、大麦、燕麦、黑麦和小麦
9)	Citrus fruits	柑橘类水果	0.3	2013		除了柚子和红心柚
10)	Coffee beans	咖啡豆	0.05	2009		
11)	Dried grapes (including currants, raisins and sultanas)	葡萄干（包括黑加仑干、提子干和小葡萄干）	0.5	2009		
12)	Durian	榴莲果	1	2009		
13)	Edible offal (mammalian)	食用内脏（哺乳动物）	0.05	2009		MRLs 适用于劳力性动物食品
14)	Eggplant	茄子	0.03	2009		
15)	Eggs	蛋类	0.01	2012		
16)	Fruiting vegetables, cucurbits	瓜类蔬菜	0.07	2009		
17)	Grapes	葡萄	0.2	2009		
18)	Leafy vegetables	叶用蔬菜	0.7	2009		
19)	Leek	韭菜	0.05	2009		
20)	Legume vegetable	豆类蔬菜	0.7	2009		
21)	Litchi	荔枝	2	2009		
22)	Longan	桂圆	1	2009		
23)	Mango	芒果	0.7	2009		
24)	Meat (from mammals other than marine mammals)	肉类（除海洋哺乳类外的哺乳类动物）	2	2009		MRLs 适用于劳力性动物食品
25)	Milk fats	乳脂	0.5	2009		
26)	Milks	奶类	0.05	2009		MRLs 适用于劳力性动物食品
27)	Oats	燕麦	2	2010		
28)	Oilseed	含油种子	0.1	2009		
29)	Okra	秋葵	0.5	2009		
30)	Olive oil, refined	精制橄榄油	0.5	2009		
31)	Olive oil, virgin	初榨橄榄油	0.5	2009		
32)	Onion, bulb	洋葱头	0.01	2009		

（续）

序号	加工农产品和饲料的英文名	加工农产品和饲料的中文名	最大残留限量（mg/kg）	采纳年份	符号	备注
33）	Papaya	番木瓜	0.5	2009		
34）	Pea hay or pea fodder（dry）	豌豆草或豌豆饲料（干）	2	2009		
35）	Peppers chili	辣椒	2	2009		
36）	Peppers chili, dried	干辣椒	10	2009		
37）	Peppers, sweet（including pimento or pimiento）	甜椒（包括红辣椒）	0.1	2009		
38）	Pome fruits	仁果类水果	0.7	2009		
39）	Poultry fats	家禽脂肪	0.1	2012		
40）	Poultry meat	家禽肉	0.1	2012		
41）	Poultry, edible offal of	可食用家禽内脏	0.05	2012		
42）	Pulses	干豆	0.05	2009		
43）	Pummelo and grapefruits（including shaddoch-like hybrids, among others grapefruit）	柚子（包括杂交品种）	0.5	2012		
44）	Rice	稻米	2	2009		
45）	Root and tuber vegetables	块根和块茎类蔬菜	0.01	2009		除了甜菜
46）	Rye	黑麦	2	2010		
47）	Spices（fruits and berries）	香辛料（水果和浆果类）	0.5	2011		
48）	Spices（roots and rhizomes）	香辛料（根和根茎类）	0.2	2005		
49）	Stone fruits	核果类水果	2	2009		
50）	Straw and fodder（dry）of cereal grains	谷物的稻草和饲料（干）	10	2009		
51）	Strawberry	草莓	0.07	2009		
52）	Sugar beet	甜菜	0.1	2009		
53）	Sugar cane	甘蔗	0.2	2009		
54）	Sweet corn（corn-on-the-cob）	甜玉米（棒）	0.05	2009		
55）	Table olives	餐用油橄榄	0.05	2009		
56）	Tea, green, black（black, fermented and dried）	绿茶，黑茶（黑茶指发酵的和干燥的）	15	2012		
57）	Tomato	番茄	0.2	2009		
58）	Tree nuts	树坚果	0.05	2012		
59）	Wheat	小麦	2	2010		
60）	Wheat bran, unprocessed	小麦麸，未加工的	5	2010		

51. Cyproconazole 环丙唑醇

序号	加工农产品和饲料的英文名	加工农产品和饲料的中文名	最大残留限量（mg/kg）	采纳年份	符号	备注
1）	Beans（dry）	豆类（干）	0.02	2011	（*）	
2）	Cereal grains	谷物	0.08	2011		除了玉米、水稻和高粱
3）	Coffee beans	咖啡豆	0.07	2014		
4）	Coffee beans, roasted	焙烤咖啡豆	0.1	2014		

（续）

序号	加工农产品和饲料的英文名	加工农产品和饲料的中文名	最大残留限量（mg/kg）	采纳年份	符号	备注
5)	Edible offal (mammalian)	食用内脏（哺乳动物）	0.5	2011		
6)	Eggs	蛋类	0.01	2011	(*)	
7)	Maize	玉米	0.01	2011	(*)	
8)	Maize fodder (dry)	玉米饲料（干）	2	2011		
9)	Meat (from mammals other than marine mammals)	肉类（除海洋哺乳类外的哺乳类动物）	0.02	2011	(fat)	
10)	Milks	奶类	0.01	2011		
11)	Peas (dry)	豌豆（干）	0.02	2011	(*)	
12)	Peas, shelled (succulent seeds)	去壳豌豆（多汁种子）	0.01	2011		
13)	Poultry meat	家禽肉	0.01	2011	(*)	
14)	Poultry, edible offal of	可食用家禽内脏	0.01	2011	(*)	
15)	Rape seed	油菜籽	0.4	2011		
16)	Soya bean (dry)	大豆（干）	0.07	2011		
17)	Soya bean fodder	大豆饲料	3	2011		
18)	Soya bean oil, refined	精制豆油	0.1	2011		
19)	Straw and fodder (dry) of cereal grains	谷物的稻草和饲料（干）	5	2011		除了玉米、水稻和高粱
20)	Sugar beet	甜菜	0.05	2011		

52. Cyprodinil　嘧菌环胺

序号	加工农产品和饲料的英文名	加工农产品和饲料的中文名	最大残留限量（mg/kg）	采纳年份	符号	备注
1)	Almond hulls	杏仁皮				
2)	Almonds	杏仁				
3)	Avocado	鳄梨				
4)	Barley	大麦				
5)	Beans (dry)	豆类（干）				
6)	Beans (except broad bean and soya bean)	豆类（蚕豆和黄豆除外）				绿豆荚和未成熟豆类
7)	Beans, shelled	去壳豆类				
8)	Berries and other small fruits	浆果及其他小水果				除了葡萄
9)	Brassicas leafy vegetables	芸薹属植物叶用蔬菜				
10)	Cabbages (head)	甘蓝（头）				
11)	Carrot	胡萝卜				
12)	Dried grapes (including currants, raisins and sultanas)	葡萄干（包括黑加仑干、提子干和小葡萄干）				
13)	Dried herbs	干草药				除了蛇麻草（干）
14)	Edible offal (mammalian)	食用内脏（哺乳动物）				
15)	Eggs	蛋类				
16)	Flowerhead brassicas (includes broccoli, Chinese broccoli and cauliflower)	十字花科植物（包括西兰花、中国菜花和花椰菜）				

（续）

序号	加工农产品和饲料的英文名	加工农产品和饲料的中文名	最大残留限量（mg/kg）	采纳年份	符号	备注
17)	Fruiting vegetables other than cucurbits	瓜类蔬菜（不包括葫芦科植物）				除了甜玉米和蘑菇
18)	Fruiting vegetables, cucurbits	瓜类蔬菜				
19)	Grapes	葡萄				
20)	Herbs	药草				
21)	Leafy vegetables	叶用蔬菜				除了芸苔属植物的叶用蔬菜
22)	Meat（from mammals other than marine mammals）	肉类（除海洋哺乳类外的哺乳类动物）				
23)	Milks	奶类				MRLs计算为乳脂LOQ的4%（0.01 mg/kg），乳脂是被分析的乳脂比例
24)	Onion，bulb	洋葱头				
25)	Parsnip	欧洲萝卜				
26)	Peppers chili，dried	干辣椒				
27)	Pome fruits	仁果类水果				
28)	Poultry meat	家禽肉				
29)	Poultry，edible offal of	可食用家禽内脏				
30)	Prunes	梅子				
31)	Radish	萝卜				
32)	Stone fruits	核果类水果				
33)	Straw and fodder（dry）of cereal grains	谷物的稻草和饲料（干）				
34)	Wheat	小麦				
35)	Wheat bran，unprocessed	小麦麸，未加工的				

53. Cyromazine 灭蝇胺

序号	加工农产品和饲料的英文名	加工农产品和饲料的中文名	最大残留限量（mg/kg）	采纳年份	符号	备注
1)	Artichoke globe	全球朝鲜蓟	3	2008		
2)	Beans（dry）	豆类（干）	3	2008		
3)	Broccoli	西兰花	1	2008		
4)	Celery	芹菜	4	2008		
5)	Chick-pea（dry）	鹰嘴豆（干）	3	2013		
6)	Cucumber	黄瓜	2	2008		
7)	Edible offal（mammalian）	食用内脏（哺乳动物）	0.3	2008		
8)	Eggs	蛋类	0.3	2008		

（续）

序号	加工农产品和饲料的英文名	加工农产品和饲料的中文名	最大残留限量量（mg/kg）	采纳年份	符号	备注
9）	Fruiting vegetables other than cucurbits	瓜类蔬菜（不包括葫芦科植物）	1	2008		除了蘑菇和甜玉米棒
10）	Lentil（dry）	扁豆（干）	3	2013		
11）	Lettuce（head）	莴笋	4	2008		
12）	Lettuce，leaf	莴苣叶	4	2008		
13）	lima bean（young pods and/or immature beans）	青豆（豆荚和/或未成熟的豆子）	1	2008		
14）	Lupin（dry）	羽扇豆（干）	3	2013		
15）	Mango	芒果	0.5	2008		
16）	Meat（from mammals other than marine mammals）	肉类（除海洋哺乳类外的哺乳类动物）	0.3	2008		
17）	Melon（except watermelon）	瓜类（不包括西瓜）	0.5	2008		
18）	Milks	奶类	0.01	2008		
19）	Mushrooms	蘑菇	7	2008		
20）	Mustard greens	芥菜	10	2008		
21）	Onion，bulb	洋葱头	0.1	2008		
22）	Peppers chili，dried	干辣椒	10	2008		
23）	Poultry meat	家禽肉	0.1	2008		
24）	Poultry，edible offal of	可食用家禽内脏	0.2	2008		
25）	Spring onion	大葱	3	2008		
26）	Squash，summer	西葫芦	2	2008		

54. DDT 滴滴涕

序号	加工农产品和饲料的英文名	加工农产品和饲料的中文名	最大残留限量量（mg/kg）	采纳年份	符号	备注
1）	Carrot	胡萝卜	0.2	1997	E	
2）	Cereal grains	谷物	0.1		E	
3）	Eggs	蛋类	0.1	1997	E	
4）	Meat（from mammals other than marine mammals）	肉类（除海洋哺乳类外的哺乳类动物）	5	2001	（fat）E	EMRL：1～5 mg/kg
5）	Milks	奶类	0.02	1997	FE	
6）	Poultry meat	家禽肉	0.3	2003	（fat）E	EMRL：0.1～0.3 mg/kg

55. Deltamethrin 溴氰菊酯

序号	加工农产品和饲料的英文名	加工农产品和饲料的中文名	最大残留限量量（mg/kg）	采纳年份	符号	备注
1）	Apple	苹果	0.2	2004		
2）	Carrot	胡萝卜	0.02	2004		
3）	Cereal grains	谷物	2	2004	Po	
4）	Citrus fruits	柑橘类水果	0.02	2004		
5）	Eggs	蛋类	0.02	2004	（＊）	
6）	Flowerhead brassicas（includes broccoli, Chinese broccoli and cauliflower）	十字花科植物（包括西兰花、中国菜花和花椰菜）	0.1	2004		

（续）

序号	加工农产品和饲料的英文名	加工农产品和饲料的中文名	最大残留限量（mg/kg）	采纳年份	符号	备注
7)	Fruiting vegetables, cucurbits	瓜类蔬菜	0.2	2004		
8)	Grapes	葡萄	0.2	2004		
9)	Hazelnuts	榛子	0.02	2004	(＊)	
10)	Kidney of cattle, goats pigs and sheep	牛、山羊、猪和绵羊的肾脏	0.03	2004	(＊)	
11)	Leafy vegetables	叶用蔬菜	2	2006		
12)	Leek	韭菜	0.2	2004		
13)	Legume vegetable	豆类蔬菜	0.2	2004		
14)	Liver of cattle, goats, pigs and sheep	牛、山羊、猪和绵羊的肝脏	0.03	2004	(＊)	
15)	Meat (from mammals other than marine mammals)	肉类（除海洋哺乳类外的哺乳类动物）	0.5	2004	(fat)	MRLs 适用于劳力性动物食品
16)	Milks	奶类	0.05	2004	F	
17)	Mushrooms	蘑菇	0.05	2004	F	
18)	Nectarine	蜜桃	0.05	2004		
19)	Onion, bulb	洋葱头	0.05	2004		
20)	Peach	桃	0.05	2004		
21)	Plums (including prunes) (including all commodities in this subgroup)	李子（包括李子干）（包括此子组中的所有种类）	0.05	2004		
22)	Potato	马铃薯	0.01	2004	(＊)	
23)	Poultry meat	家禽肉	0.1	2004	(fat)	
24)	Poultry, edible offal of	可食用家禽内脏	0.02	2004	(＊)	
25)	Pulses	干豆	1	2004	Po	
26)	Radish	萝卜	0.01	2004	(＊)	
27)	Spices (fruits and berries)	香辛料（水果和浆果类）	0.03	2011		
28)	Spices (roots and rhizomes)	香辛料（根和根茎类）	0.5	2011		
29)	Strawberry	草莓	0.2	2004		
30)	Sunflower seed	葵花籽	0.05	2004	(＊)	
31)	Sweet corn (corn-on-the-cob)	甜玉米（棒）	0.02	2004	(＊)	
32)	Table olives	餐用油橄榄	1	2004		
33)	Tea, green, black (black, fermented and dried)	绿茶，黑茶（黑茶指发酵的和干燥的）	5	2004		
34)	Tomato	番茄	0.3	2004		
35)	Walnuts	核桃	0.02	2004	(＊)	
36)	Wheat bran, unprocessed	小麦麸，未加工的	5	1995	PoP	
37)	Wheat flour	小麦粉	0.3	2004	PoP	
38)	Wheat wholemeal	小麦全麦	2	2004	PoP	

（续）

序号	加工农产品和饲料的英文名	加工农产品和饲料的中文名	最大残留限量（mg/kg）	采纳年份	符号	备注
56. Diazinon　二嗪磷						
1)	Almond hulls	杏仁皮	5	1995		
2)	Almonds	杏仁	0.05	1995		
3)	Blackberries	黑莓	0.1	1997		
4)	Boysenberry	博伊森莓	0.1	1997		
5)	Broccoli	西兰花	0.5	1997		
6)	Cabbages（head）	甘蓝（头）	0.5	2005		
7)	Cantaloupe	哈密瓜	0.2	1997		
8)	Carrot	胡萝卜	0.5	1997		
9)	Cherries（includes all commodities in this subgroup）	樱桃（包含此子组中的所有种类）	1	1997		
10)	Chicken eggs	鸡蛋	0.02	1999	（＊）	
11)	Chicken meat	鸡肉	0.02	1999	（＊）	
12)	Chicken，edible offal of	可食用的鸡内脏	0.02	1999	（＊）	
13)	Chinese cabbage（type petsai）	大白菜	0.05	1997		
14)	Common bean（pods and/or immature seeds）	菜豆（豆荚和/或未成熟的种子）	0.2	1997		
15)	Cranberry	蔓越橘	0.2	2007		
16)	Cucumber	黄瓜	0.1	1997		
17)	Currants，black，red，white	黑醋栗，红醋栗，白醋栗	0.2	1997		
18)	Garden pea，shelled（succulent seeds）	带壳豌豆（多汁种子）	0.2	1997		
19)	Goat meat	山羊肉	2	2004	（fat）	MRLs 适用于劳力性动物食品
20)	Hop（dry）	蛇麻草（干）	0.5	1997		
21)	Kale（including：collards，curly，sootch，thousand-headed kale，not including marrow-stem kele）	羽衣甘蓝（包括无头甘蓝，卷曲羽衣甘蓝，烟熏羽衣甘蓝，千头羽衣甘蓝，不含箭梗甘蓝）	0.05	1995		
22)	Kidney of cattle，goats pigs and sheep	牛、山羊、猪和绵羊的肾脏	0.03	2004		MRLs 适用于劳力性动物食品
23)	Kiwifruit	猕猴桃	0.2	1997		
24)	Kohlrabi	大头菜	0.2	1997		
25)	Lettuce（head）	莴笋	0.5	1997		
26)	Lettuce，leaf	莴苣叶	0.5	1997		
27)	Liver of cattle，goats，pigs and sheep	牛、山羊、猪和绵羊的肝脏	0.03	2004		MRLs 适用于劳力性动物食品
28)	Maize	玉米	0.02	1995	（＊）	

（续）

序号	加工农产品和饲料的英文名	加工农产品和饲料的中文名	最大残留限量（mg/kg）	采纳年份	符号	备注
29)	Meat of cattle, pigs and sheep	牛肉、猪肉和绵羊肉	2	2004	(fat)	MRLs 适用于劳力性动物食品
30)	Milks	奶类	0.02	1995	F	MRLs 适用于劳力性动物食品
31)	Onion, bulb	洋葱头	0.05	1995		
32)	Peach	桃	0.2	1997		
33)	Peppers chili, dried	干辣椒	0.5	2006		
34)	Peppers, sweet (including pimento or pimiento)	甜椒（包括红辣椒）	0.05	1995		
35)	Pineapple	菠萝	0.1	1997		
36)	Plums (including prunes) (including all commodities in this subgroup)	李子（包括李子干）（包括此子组中的所有种类）	1	1997		
37)	Pome fruits	仁果类水果	0.3	2004		
38)	Potato	马铃薯	0.01	1995	(*)	
39)	Prunes	梅子	2	1997		
40)	Radish	萝卜	0.1	1997		
41)	Raspberries (red, black)	覆盆子（红色和黑色）	0.2	1997		
42)	Spices (fruits and berries)	香辛料（水果和浆果类）	0.1	2005	(*)	
43)	Spices (roots and rhizomes)	香辛料（根和根茎类）	0.5	2005		
44)	Spices seeds	香辛料（种子类）	5	2005		
45)	Spinach	菠菜	0.5	1997		
46)	Spring onion	大葱	1	1997		
47)	Squash, summer	西葫芦	0.05	1997		
48)	Strawberry	草莓	0.1	1997		
49)	Sugar beet	甜菜	0.1	1995		
50)	Sweet corn (corn-on-the-cob)	甜玉米（棒）	0.02	1995		
51)	Tomato	番茄	0.5	1997		
52)	Walnuts	核桃	0.01	1995	(*)	

57. Dicamba 麦草畏

序号	加工农产品和饲料的英文名	加工农产品和饲料的中文名	最大残留限量（mg/kg）	采纳年份	符号	备注
1)	Asparagus	芦笋	5	2011		
2)	Barley	大麦	7	2011		
3)	Barley straw and fodder (dry)	大麦秸秆和饲料（干）	50	2011		
4)	Cotton seed	棉籽	0.04	2011		
5)	Edible offal (mammalian)	食用内脏（哺乳动物）	0.7	2011		
6)	Eggs	蛋类	0.01	2011		
7)	Hay or fodder (dry) of grasses	干草或干草料	30	2011		
8)	Maize	玉米	0.01	2011		

（续）

序号	加工农产品和饲料的英文名	加工农产品和饲料的中文名	最大残留限量（mg/kg）	采纳年份	符号	备注
9)	Maize fodder （dry）	玉米饲料（干）	0.6	2011		
10)	Mammalian fats （except milk fats）	哺乳动物脂肪（牛奶脂肪除外）	0.07	2011		
11)	Meat （from mammals other than marine mammals）	肉类（除海洋哺乳类外的哺乳类动物）	0.03	2011		
12)	Milks	奶类	0.2	2011		
13)	Poultry fats	家禽脂肪	0.04	2011		
14)	Poultry meat	家禽肉	0.02	2011		
15)	Poultry, edible offal of	可食用家禽内脏	0.07	2011		
16)	Sorghum	高粱	4	2011		
17)	Sorghum straw and fodder （dry）	高粱秸秆和饲料（干）	8	2011		
18)	Soya bean （dry）	大豆（干）	10	2014		
19)	Sugar cane	甘蔗	1	2011		
20)	Sweet corn （kernels）	甜玉米粒	0.02	2011		
21)	Wheat	小麦	2	2011		
22)	Wheat straw and fodder （dry）	小麦秸秆和饲料（干）	50	2011		

58. Dichlobenil 敌草腈

序号	加工农产品和饲料的英文名	加工农产品和饲料的中文名	最大残留限量（mg/kg）	采纳年份	符号	备注
1)	Brassicas （cole or cabbage） vegetables, head cabbage, flowerh ead brassicas	十字花科蔬菜（油菜或卷心菜）				
2)	Cane berries	蔓藤类浆果	0.2	2015		
3)	Celery	芹菜	0.07	2015		
4)	Cereal grains	谷物	0.01	2015	（＊）	
5)	Dried grapes （including currants, raisins and sultanas）	葡萄干（包括黑加仑干、提子干和小葡萄干）	0.15	2015		
6)	Edible offal （mammalian）	食用内脏（哺乳动物）	0.04	2015		
7)	Eggs	蛋类	0.03	2015		
8)	Fruiting vegetables other than cucurbits	瓜类蔬菜（不包括葫芦科植物）	0.01	2015	（＊）	除了甜玉米和蘑菇
9)	Fruiting vegetables, cucurbits	瓜类蔬菜	0.01	2015	（＊）	
10)	Grape juice	葡萄汁	0.07	2015		
11)	Grapes	葡萄	0.05	2015		
12)	Leafy vegetables	叶用蔬菜	0.3	2015		
13)	Mammalian fats （except milk fats）	哺乳动物脂肪（牛奶脂肪除外）	0.01	2015	（＊）	
14)	Meat （from mammals other than marine mammals）	肉类（除海洋哺乳类外的哺乳类动物）	0.01	2015	（＊）	
15)	Milks	奶类	0.01	2015	（＊）	
16)	Onion, bulb	洋葱头	0.01	2015	（＊）	
17)	Onion, Welsh	威尔士洋葱	0.02	2015		
18)	Peppers chili, dried	干辣椒	0.01	2015	（＊）	

（续）

序号	加工农产品和饲料的英文名	加工农产品和饲料的中文名	最大残留限量（mg/kg）	采纳年份	符号	备注
19）	Poultry fats	家禽脂肪	0.02	2015		
20）	Poultry meat	家禽肉	0.03	2015		
21）	Poultry, edible offal of	可食用家禽内脏	0.1	2015		
22）	Pulses	干豆	0.01	2015	（＊）	
23）	Straw and fodder (dry) of cereal grains	谷物的稻草和饲料（干）	0.4	2015		

59. Dichloran　氯硝胺

序号						
1）	Carrot	胡萝卜	15	2003	Po	
2）	Grapes	葡萄	7	2004		
3）	Nectarine	蜜桃	7	2004	Po	
4）	Onion, bulb	洋葱头	0.2	2001		
5）	Peach	桃	7	2004	Po	

60. Dichlorvos　敌敌畏

序号						
1）	Edible offal (mammalian)	食用内脏（哺乳动物）	0.01	2013	（＊）	
2）	Eggs	蛋类	0.01	2013	（＊）	
3）	Mammalian fats (except milk fats)	哺乳动物脂肪（牛奶脂肪除外）	0.01	2013	（＊）	
4）	Meat (from mammals other than marine mammals)	肉类（除海洋哺乳类外的哺乳类动物）	0.01	2013	（＊）	
5）	Milks	奶类	0.01	2013	（＊）	
6）	Poultry fats	家禽脂肪	0.01	2013	（＊）	
7）	Poultry meat	家禽肉	0.01	2013	（＊）	
8）	Poultry, edible offal of	可食用家禽内脏	0.01	2013	（＊）	
9）	Rice	稻米	7	2013	（＊）	
10）	Rice bran, unprocessed	水稻麸，未加工的	15	2013	PoP	
11）	Rice husked	糙米	1.5	2013	PoP	
12）	Rice, polished	精白米	0.15	2013	PoP	
13）	Spices	香辛料	0.1	2005	（＊）	
14）	Wheat	小麦	7	2013	Po	
15）	Wheat bran, unprocessed	小麦麸，未加工的	15	2013	PoP	
16）	Wheat flour	小麦粉	0.7	2013	PoP	
17）	Wheat wholemeal	小麦全麦	3	2013	PoP	

61. Dicofol　三氯杀螨醇

序号						
1）	Spices (fruits and berries)	香辛料（水果和浆果类）	0.1	2005		
2）	Spices (roots and rhizomes)	香辛料（根和根茎类）	0.1	2005		
3）	Spices seeds	香辛料（种子类）	0.05	2005	（＊）	
4）	Tea, green, black (black, fermented and dried)	绿茶，黑茶（黑茶指发酵的和干燥的）	40	2013		

（续）

序号	加工农产品和饲料的英文名	加工农产品和饲料的中文名	最大残留限量（mg/kg）	采纳年份	符号	备注
62. Difenoconazole 苯醚甲环唑						
1)	Asparagus	芦笋	0.03	2008		
2)	Banana	香蕉	0.1	2008		
3)	Beans (except broad bean and soya bean)	豆类（蚕豆和黄豆除外）	0.7	2011		
4)	Brassicas (cole or cabbage) vegetables, head cabbage, flowerh ead brassicas	十字花科蔬菜（油菜或卷心菜）	2	2014		
5)	Carrot	胡萝卜	0.2	2008		
6)	Celeriac	块根芹	0.5	2008		
7)	Celery	芹菜	3	2008		
8)	Cherries (includes all commodities in this subgroup)	樱桃（包含此子组中的所有种类）	0.2	2008		
9)	Citrus fruits	柑橘类水果	0.6	2014		
10)	Cucumber	黄瓜	0.2	2014		
11)	Dried grapes (including currants, raisins and sultanas)	葡萄干（包括黑加仑干、提子干和小葡萄干）	6	2014		
12)	Edible offal (mammalian)	食用内脏（哺乳动物）	1.5	2014		
13)	Eggs	蛋类	0.03	2014		
14)	Fruiting vegetables other than cucurbits	瓜类蔬菜（不包括葫芦科植物）	0.6	2014		除了蘑菇和甜玉米
15)	Garlic	大蒜	0.02	2008	(＊)	
16)	Gherkin	小黄瓜	0.2	2014		
17)	Ginseng	人参	0.08	2014		
18)	Ginseng, dried including red ginseng	干制人参（包括红参）	0.2	2014		
19)	Ginseng extracts	参类提取物	0.6	2014		
20)	Grapes	葡萄	3	2014		
21)	Leek	韭菜	0.3	2008		
22)	Lettuce (head)	莴笋	2	2008		
23)	Lettuce, leaf	莴苣叶	2	2008		
24)	Mango	芒果	0.07	2008		
25)	Meat (from mammals other than marine mammals)	肉类（除海洋哺乳类外的哺乳类动物）	0.2	2014	(fat)	
26)	Melon (except watermelon)	瓜类（不包括西瓜）	0.7	2014		
27)	Milks	奶类	0.02	2014		
28)	Nectarine	蜜桃	0.5	2008		
29)	Onion, bulb	洋葱头	0.1	2014		
30)	Papaya	番木瓜	0.2	2008		
31)	Passion fruit	百香果	0.05	2011		

序号	加工农产品和饲料的英文名	加工农产品和饲料的中文名	最大残留限量（mg/kg）	采纳年份	符号	备注
32）	Peach	桃	0.5	2008		
33）	Peas（pods and succulent immature seeds）	豌豆（豆荚和未成熟的种子）	0.7	2011		
34）	Peppers chili，dried	干辣椒	5	2014		
35）	Plums（including prunes）（including all commodities in this subgroup）	李子（包括李子干）（包括此子组中的所有种类）	0.2	2008		
36）	Pome fruits	仁果类水果	0.8	2014		
37）	Potato	马铃薯	4	2014	Po	
38）	Poultry meat	家禽肉	0.01	2008	（＊）（fat）	
39）	Poultry，edible offal of	可食用家禽内脏	0.01	2008	（＊）	
40）	Rape seed	油菜籽	0.05	2008		
41）	Soya bean（dry）	大豆（干）	0.02	2008	（＊）	
42）	Spring onion	大葱	9	2014		
43）	Squash，summer	西葫芦	0.2	2014		
44）	Sugar beet	甜菜	0.2	2008		
45）	Sunflower seed	葵花籽	0.02	2008		
46）	Table olives	餐用油橄榄	2	2008		
47）	Tree nuts	树坚果	0.03	2011		
48）	Wheat	小麦	0.02	2008	（＊）	
49）	Wheat straw and fodder（dry）	小麦秸秆和饲料（干）	3	2008		

63. Diflubenzuron　除虫脲

序号	加工农产品和饲料的英文名	加工农产品和饲料的中文名	最大残留限量（mg/kg）	采纳年份	符号	备注
1）	Barley	大麦	0.05	2013	（＊）	
2）	Citrus fruits	柑橘类水果	0.5	2004		
3）	Edible offal（mammalian）	食用内脏（哺乳动物）	0.1	2004	（＊）	
4）	Eggs	蛋类	0.05		（＊）	
5）	Hay or fodder（dry）of grasses	干草或干草料	3	2013		
6）	Meat（from mammals other than marine mammals）	肉类（除海洋哺乳类外的哺乳类动物）	0.1	2004	（fat）	
7）	Milks	奶类	0.02	2004	（＊）F	
8）	Mushrooms	蘑菇	0.3	2004		
9）	Mustard greens	芥菜	10	2013		
10）	Nectarine	蜜桃	0.5	2013		
11）	Oats	燕麦	0.05	2013	（＊）	
12）	Peach	桃	0.5	2013		
13）	Peanut	花生	0.1	2013		
14）	Peanut fodder	花生饲料	40	2013		
15）	Peppers chili	辣椒	3	2013		
16）	Peppers chili，dried	干辣椒	20	2013		

（续）

序号	加工农产品和饲料的英文名	加工农产品和饲料的中文名	最大残留限量（mg/kg）	采纳年份	符号	备注
17)	Peppers, sweet (including pimento or pimiento)	甜椒（包括红辣椒）	0.7	2013		
18)	Plums (including prunes) (including all commodities in this subgroup)	李子（包括李子干）（包括此子组中的所有种类）	0.5	2013		
19)	Pome fruits	仁果类水果	5	2004		
20)	Poultry meat	家禽肉	0.05	2004	(＊) (fat)	
21)	Rice	稻米	0.01	2004	(＊)	
22)	Rice straw and fodder (dry)	稻草和饲料（干）	0.7	2004		
23)	Straw and fodder (dry) of cereal grains	谷物的稻草和饲料（干）	1.5	2013		
24)	Tree nuts	树坚果	0.2	2013		
25)	Triticale	小黑麦	0.05	2013	(＊)	
26)	Wheat	小麦	0.05	2013	(＊)	

64. Dimethenamid-P 高效二甲吩草胺

序号	加工农产品和饲料的英文名	加工农产品和饲料的中文名	最大残留限量（mg/kg）	采纳年份	符号	备注
1)	Bean fodder	豆饲料	0.01	2006	(＊)	
2)	Beans (dry)	豆类（干）	0.01	2006	(＊)	
3)	Beetroot	甜菜根	0.01	2006	(＊)	
4)	Eggs	蛋类	0.01	2006	(＊)	
5)	Fodder beet	饲用甜菜	0.01	2006	(＊)	
6)	Garlic	大蒜	0.01	2006	(＊)	
7)	Maize	玉米	0.01	2006	(＊)	
8)	Maize fodder (dry)	玉米饲料（干）	0.01	2006	(＊)	
9)	Meat (from mammals other than marine mammals)	肉类（除海洋哺乳类外的哺乳类动物）	0.01	2006	(＊)	
10)	Milks	奶类	0.01	2006	(＊)	
11)	Onion, bulb	洋葱头	0.01	2006	(＊)	
12)	Peanut	花生	0.01	2006	(＊)	
13)	Peanut fodder	花生饲料	0.01	2006	(＊)	
14)	Potato	马铃薯	0.01	2006	(＊)	
15)	Poultry meat	家禽肉	0.01	2006	(＊)	
16)	Poultry, edible offal of	可食用家禽内脏	0.01	2006	(＊)	
17)	Shallot	葱	0.01	2006	(＊)	
18)	Sorghum	高粱	0.01	2006	(＊)	
19)	Sorghum straw and fodder (dry)	高粱秸秆和饲料（干）	0.01	2006	(＊)	
20)	Soya bean (dry)	大豆（干）	0.01	2006	(＊)	
21)	Sugar beet	甜菜	0.01	2006	(＊)	
22)	Sweet corn (corn-on-the-cob)	甜玉米（棒）	0.01	2006	(＊)	
23)	Sweet potato	甘薯	0.01	2006	(＊)	

（续）

序号	加工农产品和饲料的英文名	加工农产品和饲料的中文名	最大残留限量（mg/kg）	采纳年份	符号	备注
65. Dimethipin 噻节因						
1)	Cotton seed	棉籽	1	2003		
2)	Cotton seed oil，crude	粗制棉籽油	0.1	2003		
3)	Cotton seed oil，edible	可食用棉籽油	0.1	2003		
4)	Edible offal（mammalian）	食用内脏（哺乳动物）	0.01	2003	（＊）	
5)	Eggs	蛋类	0.01	2003	（＊）	
6)	Meat（from mammals other than marine mammals）	肉类（除海洋哺乳类外的哺乳类动物）	0.01	2003	（＊）	
7)	Milks	奶类	0.01	2003	（＊）	
8)	Potato	马铃薯	0.01	2003	（＊）	
9)	Poultry meat	家禽肉	0.05	2003	（＊）	
10)	Poultry，edible offal of	可食用家禽内脏	0.01	2003	（＊）	
11)	Rape seed	油菜籽	0.2	2003		
12)	Sunflower seed	葵花籽	1	2003		
66. Dimethoate 乐果						
1)	Artichoke，globe	全球朝鲜蓟	0.05	2005		
2)	Asparagus	芦笋	0.05	2003	（＊）	
3)	Barley	大麦	2	2006		
4)	Brussels sprouts	球芽甘蓝	0.2	2005		
5)	Cabbages，savoy	皱叶甘蓝	0.05	2003	（＊）	
6)	Cattle，edible offal of	可食用牛内脏	0.05	2003	（＊）	
7)	Cauliflower	青花菜	0.2	2005		
8)	Celery	芹菜	0.5	2005		
9)	Cherries（includes all commodities in this subgroup）	樱桃（包含此子组中的所有种类）	2			
10)	Citrus fruits	柑橘类水果	5	2013		除了金橘
11)	Eggs	蛋类	0.05	2003	（＊）	
12)	Lettuce（head）	莴笋	0.3	2009		
13)	Mammalian fats（except milk fats）	哺乳动物脂肪（牛奶脂肪除外）	0.05	2003	（＊）	
14)	Mango	芒果	1	2005	Po	
15)	Meat of cattle，goats，horses，pigs & sheep	牛肉、山羊肉、马肉、猪肉和绵羊肉	0.05	2003	（＊）	
16)	Milk of cattle，goats and sheep	牛奶、山羊奶和绵羊奶	0.05	2003	（＊）	
17)	Pear	梨	1	1991		
18)	Peas（pods and succulent immature seeds）	豌豆（豆荚和未成熟的种子）	1	2005		
19)	Peppers chili，dried	干辣椒	3	2009		
20)	Peppers，sweet（including pimento or pimiento）	甜椒（包括红辣椒）	0.5	2009		

（续）

序号	加工农产品和饲料的英文名	加工农产品和饲料的中文名	最大残留限量（mg/kg）	采纳年份	符号	备注
21)	Potato	马铃薯	0.05			
22)	Poultry fats	家禽脂肪	0.05	2003	（＊）	
23)	Poultry meat	家禽肉	0.05	2003	（＊）	
24)	Poultry, edible offal of	可食用家禽内脏	0.05	2003	（＊）	
25)	Sheep, edible offal of	可食用的绵羊内脏	0.05	2003	（＊）	
26)	Spices (fruits and berries)	香辛料（水果和浆果类）	0.5	2005		
27)	Spices (roots and rhizomes)	香辛料（根和根茎类）	0.1	2005	（＊）	
28)	Spices seeds	香辛料（种子类）	5	2005		
29)	Sugar beet	甜菜	0.05			
30)	Table olives	餐用油橄榄	0.5	2005		
31)	Turnip greens	萝卜叶	1	2005		
32)	Turnip, garden	园艺萝卜	0.1	2005		
33)	Wheat	小麦	0.05	2005		
34)	Wheat straw and fodder (dry)	小麦秸秆和饲料（干）	1	2005		

67. Dimethomorph　烯酰吗啉

序号	加工农产品和饲料的英文名	加工农产品和饲料的中文名	最大残留限量（mg/kg）	采纳年份	符号	备注
1)	Artichoke, globe	全球朝鲜蓟	2	2015		
2)	Beans, shelled	去壳豆类	0.7	2015		
3)	Broccoli	西兰花	4	2015		
4)	Cabbages (head)	甘蓝（头）	6	2015		
5)	Celery	芹菜	15	2015		
6)	Corn salad	莴苣缬草	10	2008		
7)	Dried grapes (including currants, raisins and sultanas)	葡萄干（包括黑加仑干、提子干和小葡萄干）	5	2015		
8)	Edible offal (mammalian)	食用内脏（哺乳动物）	0.01	2008	（＊）	
9)	Eggs	蛋类	0.01	2008	（＊）	
10)	Fruiting vegetables other than cucurbits	瓜类蔬菜（不包括葫芦科植物）	1.5	2015		
11)	Fruiting vegetables, cucurbits	瓜类蔬菜	0.5	2008		
12)	Garlic	大蒜	0.6	2015		
13)	Grapes	葡萄	3	2015		
14)	Hop (dry)	蛇麻草（干）	80	2008		
15)	Kohlrabi	大头菜	0.02	2008		
16)	Leek	韭菜	0.8	2015		
17)	Lettuce (head)	莴笋	10	2008		
18)	Meat (from mammals other than marine mammals)	肉类（除海洋哺乳类外的哺乳类动物）	0.01	2008	（＊）	
19)	Milks	奶类	0.01	2008	（＊）	
20)	Onion, bulb	洋葱头	0.6	2015		
21)	Onion, Welsh	威尔士洋葱	9	2015		

（续）

序号	加工农产品和饲料的英文名	加工农产品和饲料的中文名	最大残留限量（mg/kg）	采纳年份	符号	备注
22)	Peas, shelled（succulent seeds）	去壳豌豆（多汁种子）	0.15	2015		
23)	Peppers chili, dried	干辣椒	5	2015		
24)	Pineapple	菠萝	0.01	2008	（＊）	
25)	Potato	马铃薯	0.05	2008		
26)	Poultry meat	家禽肉	0.01	2008	（＊）	
27)	Poultry, edible offal of	可食用家禽内脏	0.01	2008	（＊）	
28)	Shallot	葱	0.6	2015		
29)	Spinach	菠菜	30	2015		
30)	Spring onion	大葱	9	2015		
31)	Strawberry	草莓	0.5	2015		
32)	Taro leaves	芋头叶	10	2015		

68. Dinocap 消螨多

序号	加工农产品和饲料的英文名	加工农产品和饲料的中文名	最大残留限量（mg/kg）	采纳年份	符号	备注
1)	Apple	苹果	0.2	2003		
2)	Cucumber	黄瓜	0.7	2011		
3)	Fruiting vegetables, cucurbits	瓜类蔬菜	0.05	2003	（＊）	
4)	Grapes	葡萄	0.5	2003		
5)	Melon（except watermelon）	瓜类（不包括西瓜）	0.5	2011		
6)	Peach	桃	0.1	2003		
7)	Peppers	胡椒	0.2	2003		
8)	Peppers chili, dried	干辣椒	2	2006		
9)	Squash, summer	西葫芦	0.07	2011		
10)	Strawberry	草莓	0.5	2003		除了温室种植草莓
11)	Tomato	番茄	0.3	2003		

69. Dinotefuran 呋虫胺

序号	加工农产品和饲料的英文名	加工农产品和饲料的中文名	最大残留限量（mg/kg）	采纳年份	符号	备注
1)	Brassicas（cole or cabbage）vegetables, head cabbage, flowerh ead brassicas	十字花科蔬菜（油菜或卷心菜）	2	2013		
2)	Celery	芹菜	0.6	2013		
3)	Cotton seed	棉籽	0.2	2013		
4)	Cranberry	蔓越橘	0.15	2013		
5)	Dried grapes（including currants, raisins and sultanas）	葡萄干（包括黑加仑干、提子干和小葡萄干）	3	2013		
6)	Edible offal（mammalian）	食用内脏（哺乳动物）	0.1	2013		
7)	Eggs	蛋类	0.02	2013	（＊）	
8)	Fruiting vegetables other than cucurbits	瓜类蔬菜（不包括葫芦科植物）	0.5	2013		除了蘑菇和甜玉米
9)	Fruiting vegetables, cucurbits	瓜类蔬菜	0.5	2013		
10)	Grapes	葡萄	0.9	2013		
11)	Leafy vegetables	叶用蔬菜	6	2013		除了水芹菜

（续）

序号	加工农产品和饲料的英文名	加工农产品和饲料的中文名	最大残留限量（mg/kg）	采纳年份	符号	备注
12)	Meat（from mammals other than marine mammals）	肉类（除海洋哺乳类外的哺乳类动物）	0.1	2013		
13)	Milks	奶类	0.1	2013		
14)	Nectarine	蜜桃	0.8	2013		
15)	Onion，bulb	洋葱头	0.1	2013		
16)	Peach	桃	0.8	2013		
17)	Peppers chili，dried	干辣椒	5	2013		
18)	Poultry meat	家禽肉	0.02	2013	(＊)	
19)	Poultry，edible offal of	可食用家禽内脏	0.02	2013	(＊)	
20)	Rice	稻米	8	2013		
21)	Rice straw and fodder（dry）	稻草和饲料（干）	6	2013		
22)	Rice，polished	精白米	0.3	2013		
23)	Spring onion	大葱	4	2013		
24)	Watercress	水芹菜	7	2013		
70. Diphenylamine　二苯胺						
1)	Apple	苹果	10	2003	Po	
2)	Apple juice	苹果汁	0.5	2003	PoP	
3)	Cattle kidney	牛肾	0.01	2003	(＊)	
4)	Cattle liver	牛肝	0.05	2003		
5)	Cattle meat	牛肉	0.01	2003	(＊)(fat)	
6)	Milk fats	乳脂	0.01	2009		
7)	Milks	奶类	0.01	2009	(＊)	
8)	Pear	梨	5	2004	Po	
71. Diquat　敌草快						
1)	Banana	香蕉	0.02	2014	(＊)	
2)	Barley	大麦	5	1999		
3)	Beans（dry）	豆类（干）	0.2	1999		
4)	Cajous（pseudofruit）	Cajous（pseudofruit）	0.02	2014	(＊)	
5)	Cashew apple	果梨	0.02	2014	(＊)	
6)	Cashew nut	腰果	0.02	2014	(＊)	
7)	Citrus fruits	柑橘类水果	0.02	2014	(＊)	
8)	Coffee beans	咖啡豆	0.02	2014	(＊)	
9)	Edible offal（mammalian）	食用内脏（哺乳动物）	0.05	1999	(＊)	
10)	Eggs	蛋类	0.05	1999	(＊)	
11)	Fruiting vegetables other than cucurbits	瓜类蔬菜（不包括葫芦科植物）	0.01	2014	(＊)	除了真菌、蘑菇和甜玉米
12)	Lentil（dry）	扁豆（干）	0.2	1999		

（续）

序号	加工农产品和饲料的英文名	加工农产品和饲料的中文名	最大残留限量（mg/kg）	采纳年份	符号	备注
13）	Meat（from mammals other than marine mammals）	肉类（除海洋哺乳类外的哺乳类动物）	0.05	1999	（＊）	
14）	Milks	奶类	0.01	1999	（＊）	
15）	Oats	燕麦	2	1999		
16）	Pea hay or pea fodder（dry）	豌豆草或豌豆饲料（干）	50	2014		
17）	Peas（dry）	豌豆（干）	0.3	2014		
18）	Pome fruits	仁果类水果	0.02	2014	（＊）	
19）	Potato	马铃薯	0.1	2014		
20）	Poultry meat	家禽肉	0.05	1999	（＊）	
21）	Poultry, edible offal of	可食用家禽内脏	0.05	1999	（＊）	
22）	Rape seed	油菜籽	1.5	2014		
23）	Soya bean（dry）	大豆（干）	0.3	2014		
24）	Stone fruits	核果类水果	0.02	2014	（＊）	
25）	Strawberry	草莓	0.05	2014	（＊）	
26）	Sunflower seed	葵花籽	0.9	2014		
27）	Wheat	小麦	2	1999		
28）	Wheat bran, unprocessed	小麦麸，未加工的	2	1999		
29）	Wheat flour	小麦粉	0.5	1999		
30）	Wheat wholemeal	小麦全麦	2	1999		

72. Disulfoton　乙拌磷

序号	加工农产品和饲料的英文名	加工农产品和饲料的中文名	最大残留限量（mg/kg）	采纳年份	符号	备注
1）	Alfalfa fodder	苜蓿饲料	5	1995	dry wt	
2）	Asparagus	芦笋	0.02	2003	（＊）	
3）	Barley	大麦	0.2	2003		
4）	Barley straw and fodder（dry）	大麦秸秆和饲料（干）	3	1995		
5）	Beans（dry）	豆类（干）	0.2	2003		
6）	Chicken eggs	鸡蛋	0.02	2003	（＊）	
7）	Clover hay or fodder	三叶草干草或饲料	10			
8）	Coffee beans	咖啡豆	0.2	1995		
9）	Common bean（pods and/or immature seeds）	菜豆（豆荚和/或未成熟的种子）	0.2	2003		
10）	Cotton seed	棉籽	0.1	2003		
11）	Garden pea（young pods）（succulent, immature seeds）	豌豆（幼荚）（种子）	0.1	2003	（＊）	
12）	Garden pea, shelled（succulent seeds）	带壳豌豆（多汁种子）	0.02	2003		
13）	Maize	玉米	0.02	2003		
14）	Maize fodder（dry）	玉米饲料（干）	3	1995		
15）	Milk of cattle, goats and sheep	牛奶，山羊奶和绵羊奶	0.01	2003		
16）	Oat straw and fodder（dry）	燕麦秸秆和饲料（干）	0.05	2003		

（续）

序号	加工农产品和饲料的英文名	加工农产品和饲料的中文名	最大残留限量（mg/kg）	采纳年份	符号	备注
17）	Oats	燕麦	0.02	2003	（＊）	
18）	Peanut	花生	0.1			
19）	Pecan	美洲山核桃	0.1			
20）	Pineapple	菠萝	0.1			
21）	Poultry meat	家禽肉	0.02	2003	（＊）	
22）	Spices	香辛料	0.05	2005	（＊）	
23）	Sugar beet	甜菜	0.2	1995		
24）	Sweet corn（corn-on-the-cob）	甜玉米（棒）	0.02	2003	（＊）	
25）	Sweet corn（kernels）	甜玉米粒	0.02	2003	（＊）	
26）	Wheat	小麦	0.2	2003		
27）	Wheat straw and fodder（dry）	小麦秸秆和饲料（干）	5	2003		

73. Dithianon　二氰蒽醌

序号	加工农产品和饲料的英文名	加工农产品和饲料的中文名	最大残留限量（mg/kg）	采纳年份	符号	备注
1）	Almonds	杏仁	0.05	2014		
2）	Currants, black, red, white	黑醋栗, 红醋栗, 白醋栗	2	2014		
3）	Dried grapes（including currants, raisins and sultanas）	葡萄干（包括黑加仑干、提子干和小葡萄干）	3.5	2014		
4）	Edible offal（mammalian）	食用内脏（哺乳动物）	0.01	2014	（＊）	
5）	Eggs	蛋类	0.01	2014	（＊）	
6）	Hop（dry）	蛇麻草（干）	300	2014		
7）	Mandarin	中国柑橘	3	1995		
8）	Meat（from mammals other than marine mammals）	肉类（除海洋哺乳类外的哺乳类动物）	0.01	2014	（＊）	
9）	Milks	奶类	0.01	2014	（＊）	
10）	Pome fruits	仁果类水果	1	2014		
11）	Poultry meat	家禽肉	0.01	2014	（＊）	
12）	Poultry, edible offal of	可食用家禽内脏	0.01	2014	（＊）	
13）	Pummelo and grapefruits（including shaddoch-like hybrids, among others grapefruit）	柚子（包括杂交品种）	3	1995		
14）	Stone fruits	核果类水果	2	2014		
15）	Table-grapes	鲜食葡萄	2	2014		
16）	Wine-grapes	酿酒葡萄	5	2014		

74. Dimethyl dithiocarbamates　二甲基二硫代氨基甲酸盐

序号	加工农产品和饲料的英文名	加工农产品和饲料的中文名	最大残留限量（mg/kg）	采纳年份	符号	备注
1）	Almond hulls	杏仁皮	20	1999		
2）	Almonds	杏仁	0.1	1999	（＊）	
3）	Asparagus	芦笋	0.1	1999		
4）	Banana	香蕉	2	1999		
5）	Barley	大麦	1	1999		
6）	Barley straw and fodder（dry）	大麦秸秆和饲料（干）	25	1999		

（续）

序号	加工农产品和饲料的英文名	加工农产品和饲料的中文名	最大残留限量（mg/kg）	采纳年份	符号	备注
7)	Cabbages（head）	甘蓝（头）	5	1999		
8)	Cardamom	小豆蔻	0.1	2015		
9)	Carrot	胡萝卜	1	1999		
10)	Cherries（includes all commodities in this subgroup）	樱桃（包含此子组中的所有种类）	0.2	2006		
11)	Coriander，seed	胡荽籽	0.1	2015		
12)	Cos lettuce	长叶莴苣	10	1999		
13)	Cranberry	蔓越橘	5	1999		
14)	Cucumber	黄瓜	2	2005		
15)	Cumin seed	小茴香籽	10	2015		
16)	Currants，black，red，white	黑醋栗，红醋栗，白醋栗	10	1999		
17)	Edible offal（mammalian）	食用内脏（哺乳动物）	0.1	2005		
18)	Eggs	蛋类	0.05	2005	（＊）	
19)	Fennel，seed	茴香籽	1	2015		
20)	Garlic	大蒜	0.5	1999		
21)	Ginseng	人参	0.3	2015		
22)	Ginseng，dried including red ginseng	干制人参（包括红参）	1.5	2015		
23)	Grapes	葡萄	5	2005		
24)	Hop（dry）	蛇麻草（干）	30	1999		
25)	Kale（including：collards，curly，sootch，thousand-headed kale，not including marrow-stem kele）	羽衣甘蓝（包括无头甘蓝、卷曲羽衣甘蓝、烟熏羽衣甘蓝、千头羽衣甘蓝，不含箭梗甘蓝）	15	1999		
26)	Leek	韭菜	0.5	1999		
27)	Lettuce（head）	莴笋	0.5	1999		
28)	Maize fodder（dry）	玉米饲料（干）	2	1999		
29)	mandarins（including mandarin-like hybrids）	中国柑橘（包括杂交品种）	10	1999		
30)	Mango	芒果	2	1999		
31)	Meat（from mammals other than marine mammals）	肉类（除海洋哺乳类外的哺乳类动物）	0.05	2005	（＊）	
32)	Melon（except watermelon）	瓜类（不包括西瓜）	0.5	2005		
33)	Milks	奶类	0.05	2005	（＊）	
34)	Onion，bulb	洋葱头	0.5	2005		
35)	Oranges，sweet，sour（including orange-like hybrids）：several cultivars	橙，甜的，酸的（包括类橙杂交种）	2	1999		
36)	Papaya	番木瓜	5	1999		
37)	Peanut	花生	0.1	1999	（＊）	
38)	Peanut fodder	花生饲料	5	1999		
39)	Pecan	美洲山核桃	0.1	2005	（＊）	

（续）

序号	加工农产品和饲料的英文名	加工农产品和饲料的中文名	最大残留限量量 （mg/kg）	采纳 年份	符号	备注
40)	Peppers, black, white	辣椒，黑色，白色	0.1	2015		
41)	Peppers chili, dried	干辣椒	20	2015		
42)	Peppers, sweet (including pimento or pimiento)	甜椒（包括红辣椒）	1	1999		
43)	Pome fruits	仁果类水果	5	2005		
44)	Potato	马铃薯	0.2	2005		
45)	Poultry meat	家禽肉	0.1	2005		
46)	Poultry, edible offal of	可食用家禽内脏	0.1	2005		
47)	Pumpkins	中国南瓜	0.2	1999		
48)	Spring onion	大葱	10	1999		
49)	Squash, summer	西葫芦	1	1999		
50)	Stone fruits	核果类水果	7	2005		
51)	Strawberry	草莓	5	2001		
52)	Sugar beet	甜菜	0.5	1999		
53)	Sweet corn (corn-on-the-cob)	甜玉米（棒）	0.1	1999	(＊)	
54)	Tomato	番茄	2	2006		
55)	Watermelon	西瓜	1	1999		
56)	Wheat	小麦	1	1999		
57)	Wheat straw and fodder (dry)	小麦秸秆和饲料（干）	25	1999		
58)	Winter squash	笋瓜	0.1	1999		

75. Dodine   多果定

序号	加工农产品和饲料的英文名	加工农产品和饲料的中文名	最大残留限量量 （mg/kg）	采纳 年份	符号	备注
1)	Cherries (includes all commodities in this subgroup)	樱桃（包含此子组中的所有种类）	3	2005		
2)	Nectarine	蜜桃	5	2005		
3)	Peach	桃	5	2005		
4)	Pome fruits	仁果类水果	5	2005		

76. Emamectin benzoate   甲氨基阿维菌素苯甲酸盐

序号	加工农产品和饲料的英文名	加工农产品和饲料的中文名	最大残留限量量 （mg/kg）	采纳 年份	符号	备注
1)	Beans (except broad bean and soya bean)	豆类（蚕豆和黄豆除外）	0.01	2012		
2)	Cos lettuce	长叶莴苣	0.7	2015	(＊)	
3)	Cotton seed	棉籽	0.002	2012		
4)	Edible offal (mammalian)	食用内脏（哺乳动物）	0.08	2012		
5)	Fruiting vegetables other than cucurbits	瓜类蔬菜（不包括葫芦科植物）	0.02	2012		除了蘑菇和甜玉米
6)	Fruiting vegetables, cucurbits	瓜类蔬菜	0.007	2012		
7)	Grapes	葡萄	0.03	2012		
8)	Lettuce (head)	莴笋	1	2012		
9)	Lettuce, leaf	莴苣叶	0.7	2015		
10)	Mammalian fats (except milk fats)	哺乳动物脂肪（牛奶脂肪除外）	0.02	2012		

（续）

序号	加工农产品和饲料的英文名	加工农产品和饲料的中文名	最大残留限量（mg/kg）	采纳年份	符号	备注
11)	Meat (from mammals other than marine mammals)	肉类（除海洋哺乳类外的哺乳类动物）	0.004	2012		
12)	Milks	奶类	0.002	2012		
13)	Mustard greens	芥菜	0.2	2012		
14)	Nectarine	蜜桃	0.03	2012		
15)	Peach	桃	0.03	2012		
16)	Peppers chili, dried	干辣椒	0.2	2012		
17)	Pome fruits	仁果类水果	0.02	2012		
18)	Rape seed	油菜籽	0.005	2015	(＊)	
19)	Tree nuts	树坚果	0.001	2015	(＊)	
77. Endosulfan 硫丹						
1)	Avocado	鳄梨	0.5	2007		
2)	Cacao beans	可可豆	0.2	2007		
3)	Coffee beans	咖啡豆	0.2	2007		
4)	Cotton seed	棉籽	0.3	2007		
5)	Cucumber	黄瓜	1	2007		
6)	Custard apple	南美番荔枝	0.5	2007		
7)	Eggplant	茄子	0.1	2007		
8)	Eggs	蛋类	0.03	2007	(＊)	
9)	Hazelnuts	榛子	0.02	2007	(＊)	
10)	Kidney of cattle, goats pigs and sheep	牛、山羊、猪和绵羊的肾脏	0.03	2007	(＊)	
11)	Litchi	荔枝	2	2007		
12)	Liver of cattle, goats, pigs and sheep	牛、山羊、猪和绵羊的肝脏	0.1	2007		
13)	Macadamia nuts	夏威夷果	0.02	2007	(＊)	
14)	Mango	芒果	0.5	2007		
15)	Meat (from mammals other than marine mammals)	肉类（除海洋哺乳类外的哺乳类动物）	0.2	2007	(fat)	
16)	Melon (except watermelon)	瓜类（不包括西瓜）	2	2007		
17)	Milk fats	乳脂	0.1	2007		
18)	Milks	奶类	0.01	2007		
19)	Papaya	番木瓜	0.5	2007		
20)	Persimmon american	美国柿子	2	2007		
21)	Potato	马铃薯	0.05	2007	(＊)	
22)	Poultry meat	家禽肉	0.03	2007	(＊)	
23)	Poultry, edible offal of	可食用家禽内脏	0.03	2007	(＊)	
24)	Soya bean (dry)	大豆（干）	1	2007		
25)	Soya bean oil, crude	粗制大豆油	2	2007		

（续）

序号	加工农产品和饲料的英文名	加工农产品和饲料的中文名	最大残留限量（mg/kg）	采纳年份	符号	备注
26)	Spices（fruits and berries）	香辛料（水果和浆果类）	5	2005		
27)	Spices（roots and rhizomes）	香辛料（根和根茎类）	0.5	2005		
28)	Spices seeds	香辛料（种子类）	1	2005		
29)	Squash，summer	西葫芦	0.5	2007		
30)	Sweet potato	甘薯	0.05	2007	（＊）	
31)	Tea，green，black（black，fermented and dried）	绿茶，黑茶（黑茶指发酵的和干燥的）	10	2011		
32)	Tomato	番茄	0.5	2003		
78. Endrin　异狄氏剂						
1)	Fruiting vegetables，cucurbits	瓜类蔬菜	0.05	1997	E	
2)	Poultry meat	家禽肉	0.1	1997	E	
79. Esfenvalerate　顺式氰戊菊酯						
1)	Cotton seed	棉籽	0.05	2013		
2)	Eggs	蛋类	0.01	2004	（＊）	
3)	Poultry meat	家禽肉	0.01	2004	（＊）（fat）	
4)	Poultry，edible offal of	可食用家禽内脏	0.01	2004	（＊）	
5)	Rape seed	油菜籽	0.01	2004	（＊）	
6)	Tomato	番茄	0.1	2013		
7)	Wheat	小麦	0.05	2013		
8)	Wheat straw and fodder（dry）	小麦秸秆和饲料（干）	2	2004		
80. Ethephon　乙烯利						
1)	Apple	苹果	5	1997		
2)	Barley	大麦	1	1997		
3)	Barley straw and fodder（dry）	大麦秸秆和饲料（干）	5	1997		
4)	Blueberries	蓝莓	20	1997		
5)	Cantaloupe	哈密瓜	1	2001		
6)	Cherries（includes all commodities in this subgroup）	樱桃（包含此子组中的所有种类）	10	1997		
7)	Chicken eggs	鸡蛋	0.2	1997	（＊）	
8)	Cotton seed	棉籽	2	1997		
9)	Dried grapes（including currants，raisins and sultanas）	葡萄干（包括黑加仑干、提子干和小葡萄干）	5	2003		
10)	Edible offal of cattle，goats，horses，pigs and sheep	牛、山羊、马、猪、绵羊的可食用内脏	0.2	1997	（＊）	
11)	Figs，dried or dried and candied	干无花果、无花果蜜饯	10	1997		
12)	Grapes	葡萄	1	2001		
13)	Hazelnuts	榛子	0.2	1997		

（续）

序号	加工农产品和饲料的英文名	加工农产品和饲料的中文名	最大残留限量（mg/kg）	采纳年份	符号	备注
14）	Meat of cattle，goats，horses，pigs and sheep	牛肉、山羊肉、马肉、猪肉和绵羊肉	0.1	1997	（＊）	
15）	Milk of cattle，goats and sheep	牛奶，山羊奶和绵羊奶	0.05	1997	（＊）	
16）	Peppers	胡椒	5	2001		
17）	Peppers chili，dried	干辣椒	50	2006		
18）	Pineapple	菠萝	2	2001		
19）	Poultry meat	家禽肉	0.1	1997	（＊）	
20）	Poultry，edible offal of	可食用家禽内脏	0.2	1997	（＊）	
21）	Rye	黑麦	1	1997		
22）	Rye straw and fodder（dry）	黑麦秸秆和饲料（干）	5	1997		
23）	Tomato	番茄	2	2001		
24）	Walnuts	核桃	0.5	1997		
25）	Wheat	小麦	1	1997		
26）	Wheat straw and fodder（dry）	小麦秸秆和饲料（干）	5	1997		
81. Ethion 乙硫磷						
1）	Spices（fruits and berries）	香辛料（水果和浆果类）	5	2005		
2）	Spices（roots and rhizomes）	香辛料（根和根茎类）	0.3	2005		
3）	Spices seeds	香辛料（种子类）	3	2005		
82. Ethoprophos 灭线磷						
1）	Banana	香蕉	0.02	2005		
2）	Cucumber	黄瓜	0.01	2005		
3）	Edible offal（mammalian）	食用内脏（哺乳动物）	0.01	2005	（＊）	
4）	Meat（from mammals other than marine mammals）	肉类（除海洋哺乳类外的哺乳类动物）	0.01	2005	（＊）	
5）	Melon（except watermelon）	瓜类（不包括西瓜）	0.02	2005		
6）	Milks	奶类	0.01	2005	（＊）	
7）	Peppers chili，dried	干辣椒	0.2	2005		
8）	Peppers，sweet（including pimento or pimiento）	甜椒（包括红辣椒）	0.05	2005		
9）	Potato	马铃薯	0.05	2005		
10）	Strawberry	草莓	0.02		（＊）	
11）	Sugar cane	甘蔗	0.02	2005		
12）	Sugar cane fodder	甘蔗饲料	0.02		（＊）	
13）	Sweet potato	甘薯	0.05	2005		
14）	Tomato	番茄	0.01	2005	（＊）	
15）	Turnip，garden	园艺萝卜	0.02		（＊）	
83. Ethoxyquin 乙氧喹啉						
1）	pear	梨	3	2009	Po	
2）	pear	梨	3	1997	Po	

（续）

序号	加工农产品和饲料的英文名	加工农产品和饲料的中文名	最大残留限量（mg/kg）	采纳年份	符号	备注
84. Etofenprox 醚菊酯						
1)	Apple	苹果	0.6	2012		
2)	Beans（dry）	豆类（干）	0.05	2012		
3)	Dried grapes（including currants, raisins and sultanas）	葡萄干（包括黑加仑干、提子干和小葡萄干）	8	2012		
4)	Edible offal（mammalian）	食用内脏（哺乳动物）	0.05	2012		
5)	Eggs	蛋类	0.01	2012	（＊）	
6)	Grapes	葡萄	4	2013		
7)	Maize	玉米	0.05	2012	（＊）	
8)	Meat（from mammals other than marine mammals）	肉类（除海洋哺乳类外的哺乳类动物）	0.5	2012	（fat）	
9)	Milks	奶类	0.02	2012		
10)	Nectarine	蜜桃	0.6	2012		
11)	Peach	桃	0.6	2012		
12)	Pear	梨	0.6	2012		
13)	Poultry meat	家禽肉	0.01	2012	（＊）	
14)	Poultry, edible offal of	可食用家禽内脏	0.01	2012	（＊）	
15)	Rape seed	油菜籽	0.01	2012	（＊）	
16)	Rice	稻米	0.01	2012	（＊）	
17)	Rice straw and fodder（dry）	稻草和饲料（干）	0.05	2012		
85. Etoxazole 乙螨唑						
1)	Almond hulls	杏仁皮	3	2011		
2)	Citrus fruits	柑橘类水果	0.1	2011		
3)	Cucumber	黄瓜	0.02	2011		
4)	Edible offal（mammalian）	食用内脏（哺乳动物）	0.01	2011	（＊）	
5)	Grapes	葡萄	0.5	2011		
6)	Hop（dry）	蛇麻草（干）	15	2011		
7)	Meat（from mammals other than marine mammals）	肉类（除海洋哺乳类外的哺乳类动物）	0.01	2011	（＊）（fat）	
8)	Milks	奶类	0.01	2011	（＊）	
9)	Mints	薄荷	15	2011		
10)	Pome fruits	仁果类水果	0.07	2012		
11)	Tea, green, black（black, fermented and dried）	绿茶，黑茶（黑茶指发酵的和干燥的）	15	2011		
12)	Tree nuts	树坚果	0.01	2011	（＊）	
86. Famoxadone 噁唑菌酮						
1)	Barley	大麦	0.2	2005		
2)	Barley straw and fodder（dry）	大麦秸秆和饲料（干）	5	2005		
3)	Cucumber	黄瓜	0.2	2005		

（续）

序号	加工农产品和饲料的英文名	加工农产品和饲料的中文名	最大残留限量（mg/kg）	采纳年份	符号	备注
4)	Dried grapes (including currants, raisins and sultanas)	葡萄干（包括黑加仑干、提子干和小葡萄干）	5	2005		
5)	Edible offal (mammalian)	食用内脏（哺乳动物）	0.5	2005		
6)	Eggs	蛋类	0.01	2005	(＊)	
7)	Grape pomace (dry)	葡萄渣（干）	7	2005		
8)	Grapes	葡萄	2	2005		
9)	Meat (from mammals other than marine mammals)	肉类（除海洋哺乳类外的哺乳类动物）	0.5	2005	(fat)	
10)	Milks	奶类	0.03	2005	F	
11)	Potato	马铃薯	0.02	2005	(＊)	
12)	Poultry meat	家禽肉	0.01	2005	(＊)	
13)	Poultry, edible offal of	可食用家禽内脏	0.01	2005	(＊)	
14)	Squash, summer	西葫芦	0.2	2005		
15)	Tomato	番茄	2	2005		
16)	Wheat	小麦	0.1	2005		
17)	Wheat bran, unprocessed	小麦麸，未加工的	0.2	2005		
18)	Wheat straw and fodder (dry)	小麦秸秆和饲料（干）	7	2005		

87. Fenamidone 咪唑菌酮

序号	加工农产品和饲料的英文名	加工农产品和饲料的中文名	最大残留限量（mg/kg）	采纳年份	符号	备注
1)	Beans (except broad bean and soya bean)	豆类（蚕豆和黄豆除外）	0.8	2015		
2)	Beans, shelled	去壳豆类	0.15	2015		
3)	Cabbages (head)	甘蓝（头）	0.9	2015		
4)	Carrot	胡萝卜	0.2	2015		
5)	Celery	芹菜	40	2015		
6)	Cotton seed	棉籽	0.02	2015	(＊)	
7)	Edible offal (mammalian)	食用内脏（哺乳动物）	0.01	2015	(＊)	
8)	Eggs	蛋类	0.01	2015	(＊)	
9)	Flowerhead brassicas (includes broccoli, Chinese broccoli and cauliflower)	十字花科植物（包括西兰花、中国菜花和花椰菜）	4	2015		
10)	Fruiting vegetables other than cucurbits	瓜类蔬菜（不包括葫芦科植物）	1.5	2015		除了红辣椒、真菌和甜玉米
11)	Fruiting vegetables, cucurbits	瓜类蔬菜	0.2	2015		
12)	Garlic	大蒜	0.15	2015		
13)	Grapes	葡萄	0.6	2015		
14)	Leek	韭菜	0.3	2015		
15)	Lettuce (head)	莴笋	20	2015		
16)	Lettuce, leaf	莴苣叶	0.9	2015		
17)	Meat (from mammals other than marine mammals)	肉类（除海洋哺乳类外的哺乳类动物）	0.01	2015	(＊)(fat)	

（续）

序号	加工农产品和饲料的英文名	加工农产品和饲料的中文名	最大残留限量（mg/kg）	采纳年份	符号	备注
18)	Milk fats	乳脂	0.02	2015		
19)	Milks	奶类	0.01	2015	（＊）	
20)	Onion，bulb	洋葱头	0.15	2015		
21)	Onion，Welsh	威尔士洋葱	3	2015		
22)	Peppers chili	辣椒	4	2015		
23)	Peppers chili，dried	干辣椒	30	2015		
24)	Potato	马铃薯	0.02	2015	（＊）	
25)	Poultry fats	家禽脂肪	0.01	2015	（＊）	
26)	Poultry meat	家禽肉	0.01	2015	（＊）(fat)	
27)	Poultry，edible offal of	可食用家禽内脏	0.01	2015	（＊）	
28)	Shallot	葱	0.15	2015		
29)	Spring onion	大葱	3	2015		
30)	Strawberry	草莓	0.04	2015		
31)	Sunflower seed	葵花籽	0.02	2015	（＊）	
32)	Tomato ketchup	番茄酱	3	2015		
33)	Tomato paste	浓缩番茄酱	4	2015		
34)	Witloof chicory（sprouts）	苦苣（芽）	0.01	2015	（＊）	

88. Fenamiphos 苯线磷

序号	加工农产品和饲料的英文名	加工农产品和饲料的中文名	最大残留限量（mg/kg）	采纳年份	符号	备注
1)	Apple	苹果	0.05	2004	（＊）	
2)	Banana	香蕉	0.05	2004	（＊）	
3)	Brussels sprouts	球芽甘蓝	0.05	2004		
4)	Cabbages（head）	甘蓝（头）	0.05	2004		
5)	Cotton seed	棉籽	0.05	2004	（＊）	
6)	Cotton seed oil，crude	粗制棉籽油	0.05	2004	（＊）	
7)	Edible offal（mammalian）	食用内脏（哺乳动物）	0.01	2004	（＊）	
8)	Eggs	蛋类	0.01	2004	（＊）	
9)	Meat（from mammals other than marine mammals）	肉类（除海洋哺乳类外的哺乳类动物）	0.01	2004	（＊）	
10)	Melon（except watermelon）	瓜类（不包括西瓜）	0.05	2007		
11)	Milks	奶类	0.005	2004	（＊）	
12)	Peanut	花生	0.05	2004	（＊）	
13)	Peanut oil，crude	粗制花生油	0.05	2004	（＊）	
14)	Poultry meat	家禽肉	0.01	2004	（＊）	
15)	Poultry，edible offal of	可食用家禽内脏	0.01	2004	（＊）	

89. Fenarimol 氯苯嘧啶醇

序号	加工农产品和饲料的英文名	加工农产品和饲料的中文名	最大残留限量（mg/kg）	采纳年份	符号	备注
1)	Artichoke，globe	全球朝鲜蓟	0.1	1999		
2)	Banana	香蕉	0.2	1999		
3)	Cattle kidney	牛肾	0.02	1999	（＊）	

（续）

序号	加工农产品和饲料的英文名	加工农产品和饲料的中文名	最大残留限量 (mg/kg)	采纳年份	符号	备注
4）	Cattle liver	牛肝	0.05	1999		
5）	Cattle meat	牛肉	0.02	1999	（＊）	
6）	Cherries (includes all commodities in this subgroup)	樱桃（包含此子组中的所有种类）	1	1999		
7）	Dried grapes (including currants, raisins and sultanas)	葡萄干（包括黑加仑干、提子干和小葡萄干）	0.2	1999		
8）	Grapes	葡萄	0.3	1999		
9）	Hop (dry)	蛇麻草（干）	5	1999		
10）	Melon (except watermelon)	瓜类（不包括西瓜）	0.05	1999		
11）	Peach	桃	0.5	1999		
12）	Pecan	美洲山核桃	0.02	1999	（＊）	
13）	Peppers chili, dried	干辣椒	5	1999		
14）	Peppers, sweet (including pimento or pimiento)	甜椒（包括红辣椒）	0.5	1999		
15）	Pome fruits	仁果类水果	0.3	1999		
16）	Strawberry	草莓	1	1999	T	
17）	Sweet corn fodder	甜玉米饲料	5	1999		
90. Fenbuconazole 腈苯唑						
1）	Almond hulls	杏仁皮	3	2013		
2）	Apricot	杏	0.5	2001		
3）	Banana	香蕉	0.05	1999		
4）	Barley	大麦	0.2	2001		
5）	Barley bran, unprocessed	大麦麸，未加工的	1	2013		
6）	Barley straw and fodder (dry)	大麦秸秆和饲料（干）	3	2001		
7）	Blueberries	蓝莓	0.5	2013		
8）	Cherries (includes all commodities in this subgroup)	樱桃（包含此子组中的所有种类）	1	1999		
9）	Citrus fruits	柑橘类水果	0.5	2014		除了柠檬和酸橙
10）	Citrus oil, edible	可食用柑橘油	30	2014		除了柠檬和酸橙
11）	Citrus pulp (dry)	柑橘渣（干）	4	2014		
12）	Cranberry	蔓越橘	1	2013		
13）	Cucumber	黄瓜	0.2	1999		
14）	Edible offal (mammalian)	食用内脏（哺乳动物）	0.1	2013		
15）	Eggs	蛋类	0.01	2010	（＊）	
16）	Grapes	葡萄	1	1999		
17）	Lemons and limes (including citron)	柠檬和酸橙（包括香木缘）	1	2014		
18）	Lemons and limes, edible oil refined	柠檬和酸橙，精制食用油	60	2014		

（续）

序号	加工农产品和饲料的英文名	加工农产品和饲料的中文名	最大残留限量（mg/kg）	采纳年份	符号	备注
19)	Meat（from mammals other than marine mammals）	肉类（除海洋哺乳类外的哺乳类动物）	0.01	2013		
20)	Melon（except watermelon）	瓜类（不包括西瓜）	0.2	1999		
21)	Milks	奶类	0.01	2010	（*）	
22)	Peach	桃	0.5	2001		
23)	Peanut	花生	0.1	2013		
24)	Peanut fodder	花生饲料	15	2013		
25)	Peppers	胡椒	0.6	2013		
26)	Peppers chili, dried	干辣椒	2	2013		
27)	Plums（including prunes）（including all commodities in this subgroup）	李子（包括李子干）（包括此子组中的所有种类）	0.3	2013		
28)	Pome fruits	仁果类水果	0.5	2013		
29)	Poultry meat	家禽肉	0.01	2010	（*）	
30)	Poultry, edible offal of	可食用家禽内脏	0.01	2010	（*）	
31)	Rape seed	油菜籽	0.05	2001	（*）	
32)	Rye	黑麦	0.1	1999		
33)	Squash, summer	西葫芦	0.05	1999		
34)	Sunflower seed	葵花籽	0.05	1999	（*）	
35)	Sweet corn fodder	甜玉米饲料	1	2013		
36)	Tree nuts	树坚果	0.01	2010	（*）	
37)	Wheat	小麦	0.1	1999		
38)	Wheat straw and fodder（dry）	小麦秸秆和饲料（干）	3	1999		

91. Fenbutatin oxide　苯丁锡

序号	加工农产品和饲料的英文名	加工农产品和饲料的中文名	最大残留限量（mg/kg）	采纳年份	符号	备注
1)	Almond	扁桃仁	0.5	1995		
2)	Banana	香蕉	10	1997		
3)	Cherries（includes all commodities in this subgroup）	樱桃（包含此子组中的所有种类）	10	1997		
4)	Chicken meat	鸡肉	0.05	1995	（*）	
5)	Chicken, edible offal of	可食用的鸡内脏	0.05	1995	（*）	
6)	Citrus fruits	柑橘类水果	5	1995		包括金橘
7)	Citrus pulp（dry）	柑橘渣（干）	25	1995		
8)	Cucumber	黄瓜	0.5	1995		
9)	Edible offal（mammalian）	食用内脏（哺乳动物）	0.2	1997		
10)	Eggs	蛋类	0.05	1995		
11)	Grape pomace（dry）	葡萄渣（干）	100	1995		
12)	Grapes	葡萄	5	1995		
13)	Meat（from mammals other than marine mammals）	肉类（除海洋哺乳类外的哺乳类动物）	0.05	1995	（*）	
14)	Milks	奶类	0.05	1995	（*）	

（续）

序号	加工农产品和饲料的英文名	加工农产品和饲料的中文名	最大残留限量（mg/kg）	采纳年份	符号	备注
15）	Peach	桃	7	1995		
16）	Pecan	美洲山核桃	0.5	1995		
17）	Plums (including prunes) (including all commodities in this subgroup)	李子（包括李子干）（包括此子组中的所有种类）	3			
18）	Pome fruits	仁果类水果	5	1995		
19）	Prunes	梅子	10	1997		
20）	Raisins (seedless white grape var., partially dried)	葡萄干（无核白葡萄变种，部分干燥）	20	1997		
21）	Strawberry	草莓	10	1995		
22）	Tomato	番茄	1	1995		
23）	Walnuts	核桃	0.5	1997		

92. Fenhexamid 环酰菌胺

序号	加工农产品和饲料的英文名	加工农产品和饲料的中文名	最大残留限量（mg/kg）	采纳年份	符号	备注
1）	Almond hulls	杏仁皮	2	2006		
2）	Almond	扁桃仁	0.02	2006	（＊）	
3）	Apricot	杏	10	2006		
4）	Bilberry	越橘	5	2006		
5）	Blackberries	黑莓	15	2006		
6）	Blueberries	蓝莓	5	2006		
7）	Cherries (includes all commodities in this subgroup)	樱桃（包含此子组中的所有种类）	7	2006		
8）	Cucumber	黄瓜	1	2006		
9）	Currants, black, red, white	黑醋栗，红醋栗，白醋栗	5	2006		
10）	Dewberries (including boysenberry and loganberry)	北美洲露莓（包括博伊森莓和罗甘莓）	15	2006		
11）	Dried grapes (includes currants, raisins and sultanas)	葡萄干（包括黑加仑干、提子干和小葡萄干）	25	2006		
12）	Edible offal (mammalian)	食用内脏（哺乳动物）	0.05	2006	（＊）	
13）	Eggplant	茄子	2	2006		
14）	Elderberries	接骨木果	5	2006		
15）	Gherkin	小黄瓜	1	2006		
16）	Gooseberry	醋栗	5	2006		
17）	Grapes	葡萄	15	2006		
18）	Juneberries	唐棣	5	2006		
19）	Kiwifruit	猕猴桃	15	2006		
20）	Lettuce (head)	莴笋	30	2006		
21）	Lettuce, leaf	莴苣叶	30	2006		
22）	Meat (from mammals other than marine mammals)	肉类（除海洋哺乳类外的哺乳类动物）	0.05	2006	（＊）（fat）	
23）	Milks	奶类	0.01	2006	（＊）F	

（续）

序号	加工农产品和饲料的英文名	加工农产品和饲料的中文名	最大残留限量（mg/kg）	采纳年份	符号	备注
24)	Nectarine	蜜桃	10	2006		
25)	Peach	桃	10	2006		
26)	Peppers	胡椒	2	2006		
27)	Plums（including prunes）（including all commodities in this subgroup）	李子（包括李子干）（包括此子组中的所有种类）	1	2006		
28)	Raspberries（red and black）	覆盆子（红色和黑色）	15	2006		
29)	Squash，summer	西葫芦	1	2006		
30)	Strawberry	草莓	10	2006		
31)	Tomato	番茄	2	2006		

93. Fenitrothion 杀螟硫磷

序号	加工农产品和饲料的英文名	加工农产品和饲料的中文名	最大残留限量（mg/kg）	采纳年份	符号	备注
1)	Apple	苹果	0.5	2008		
2)	Cereal grains	谷物	6	2008	Po	
3)	Edible offal（mammalian）	食用内脏（哺乳动物）	0.05	2008	（*）	
4)	Eggs	蛋类	0.05	2008	（*）	
5)	Meat（from mammals other than marine mammals）	肉类（除海洋哺乳类外的哺乳类动物）	0.05	2008	（*）	
6)	Milks	奶类	0.01	2008		
7)	Poultry meat	家禽肉	0.05	2008	（*）	
8)	Rice bran，unprocessed	水稻麸，未加工的	40	2008	PoP	
9)	Soya bean（dry）	大豆（干）	0.01	2008		
10)	Spices（fruits and berries）	香辛料（水果和浆果类）	1	2005		
11)	Spices（roots and rhizomes）	香辛料（根和根茎类）	0.1	2005	（*）	
12)	Spices seeds	香辛料（种子类）	7	2005		
13)	Wheat bran，unprocessed	小麦麸，未加工的	25	2008	PoP	

94. Fenpropathrin 甲氰菊酯

序号	加工农产品和饲料的英文名	加工农产品和饲料的中文名	最大残留限量（mg/kg）	采纳年份	符号	备注
1)	Almond hulls	杏仁皮	10	2015		
2)	Citrus fruits	柑橘类水果	2	2015		
3)	Citrus oil，edible	可食用柑橘油	100	2015		
4)	Coffee beans	咖啡豆	0.03	2015		
5)	Edible offal（mammalian）	食用内脏（哺乳动物）	0.01	2015		
6)	Eggs	蛋类	0.01	2015	（*）	
7)	Mammalian fats（except milk fats）	哺乳动物脂肪（牛奶脂肪除外）	0.03	2015		
8)	Meat（from mammals other than marine mammals）	肉类（除海洋哺乳类外的哺乳类动物）	0.01	2015		
9)	Milks	奶类	0.01	2015		
10)	Peppers	胡椒	1	2015		
11)	Peppers chili，dried	干辣椒	10	2015		
12)	Plums（including prunes）（including all commodities in this subgroup）	李子（包括李子干）（包括此子组中的所有种类）	1	2015		

（续）

序号	加工农产品和饲料的英文名	加工农产品和饲料的中文名	最大残留限量（mg/kg）	采纳年份	符号	备注
13)	Pome fruits	仁果类水果	5	2015		
14)	Poultry fats	家禽脂肪	0.01	2015	（＊）	
15)	Poultry meat	家禽肉	0.01	2015	（＊）（fat）	
16)	Poultry，edible offal of	可食用家禽内脏	0.01	2015	（＊）	
17)	Prunes	梅子	3	2015		
18)	Soya bean（dry）	大豆（干）	0.01	2015		
19)	Strawberry	草莓	2	2015		
20)	Tea，green，black（black，fermented and dried）	绿茶，黑茶（黑茶指发酵的和干燥的）	3	2015		
21)	Tomato	番茄	1	2015		
22)	Tree nuts	树坚果	0.15	2015		

95. Fenpropimorph 丁苯吗啉

序号	加工农产品和饲料的英文名	加工农产品和饲料的中文名	最大残留限量（mg/kg）	采纳年份	符号	备注
1)	Banana	香蕉	2	2003		
2)	Barley	大麦	0.5	2001		
3)	Barley straw and fodder（dry）	大麦秸秆和饲料（干）	5	2001		
4)	Eggs	蛋类	0.01	2001	（＊）	
5)	Kidney of cattle, goats pigs and sheep	牛、山羊、猪和绵羊的肾脏	0.05	2001		
6)	Liver of cattle, goats, pigs and sheep	牛、山羊、猪和绵羊的肝脏	0.3	2001		
7)	Mammalian fats（except milk fats）	哺乳动物脂肪（牛奶脂肪除外）	0.01	2001		
8)	Meat（from mammals other than marine mammals）	肉类（除海洋哺乳类外的哺乳类动物）	0.02	2001		
9)	Milks	奶类	0.01	2001		
10)	Oat straw and fodder（dry）	燕麦秸秆和饲料（干）	5	2001		
11)	Oats	燕麦	0.5	2001		
12)	Poultry fats	家禽脂肪	0.01	2001	（＊）	
13)	Poultry meat	家禽肉	0.01	2001	（＊）	
14)	Poultry，edible offal of	可食用家禽内脏	0.01	2001	（＊）	
15)	Rye	黑麦	0.5	2001		
16)	Rye straw and fodder（dry）	黑麦秸秆和饲料（干）	5	2001		
17)	Sugar beet	甜菜	0.05	2001	（＊）	
18)	Wheat	小麦	0.5	2001		
19)	Wheat straw and fodder（dry）	小麦秸秆和饲料（干）	5	2001		

96. Fenpyroximate 唑螨酯

序号	加工农产品和饲料的英文名	加工农产品和饲料的中文名	最大残留限量（mg/kg）	采纳年份	符号	备注
1)	Avocado	鳄梨	0.2	2014		
2)	Cherries（includes all commodities in this subgroup）	樱桃（包含此子组中的所有种类）	2	2014		

（续）

序号	加工农产品和饲料的英文名	加工农产品和饲料的中文名	最大残留限量（mg/kg）	采纳年份	符号	备注
3）	Citrus fruits	柑橘类水果	0.5	2013		
4）	Common bean（pods and/or imma-ture seeds）	菜豆（豆荚和/或未成熟的种子）	0.4	2014		
5）	Cucumber	黄瓜	0.3	2014		
6）	Dried grapes（including currants, raisins and sultanas）	葡萄干（包括黑加仑干、提子干和小葡萄干）	0.3	2011		
7）	Edible offal（mammalian）	食用内脏（哺乳动物）	0.02	2014		
8）	Fruiting vegetables other than cucur-bits	瓜类蔬菜（不包括葫芦科植物）	0.2	2011		除了甜玉米和蘑菇
9）	Grapes	葡萄	0.1	2011		
10）	Hop（dry）	蛇麻草（干）	10	2003		
11）	Meat（from mammals other than ma-rine mammals）	肉类（除海洋哺乳类外的哺乳类动物）	0.2	2014	(fat)	
12）	Melon（except watermelon）	瓜类（不包括西瓜）	0.05	2011	(*)	
13）	Milks	奶类	0.01	2014	(*)	
14）	Peppers chili, dried	干辣椒	1	2011		
15）	Pome fruits	仁果类水果	0.3	2014		
16）	Potato	马铃薯	0.05	2014		
17）	Prunes	梅子	0.7	2014		
18）	Stone fruits	核果类水果	0.4	2014		除了樱桃
19）	Strawberry	草莓	0.8	2014		
20）	Tree nuts	树坚果	0.05	2011	(*)	

97. Fenthion　倍硫磷

序号	加工农产品和饲料的英文名	加工农产品和饲料的中文名	最大残留限量（mg/kg）	采纳年份	符号	备注
1）	Cherries（includes all commodities in this subgroup）	樱桃（包含此子组中的所有种类）	2	1997		
2）	Citrus fruits	柑橘类水果	2			
3）	Olive oil, virgin	初榨橄榄油	1			
4）	Rice husked	糙米	0.05	1997		
5）	Table olives	餐用橄榄油	1	1997		

98. Fenvalerate　氰戊菊酯

序号	加工农产品和饲料的英文名	加工农产品和饲料的中文名	最大残留限量（mg/kg）	采纳年份	符号	备注
1）	Broccoli, chinese	花菜	3	2013		
2）	Edible offal（mammalian）	食用内脏（哺乳动物）	0.02			
3）	Mango	芒果	1.5	2013		
4）	Meat（from mammals other than ma-rine mammals）	肉类（除海洋哺乳类外的哺乳类动物）	1		(fat)	
5）	Milks	奶类	0.1		F	
6）	Spices（fruits and berries）	香辛料（水果和浆果类）	0.03	2011		
7）	Spices（roots and rhizomes）	香辛料（根和根茎类）	0.05	2011		

（续）

序号	加工农产品和饲料的英文名	加工农产品和饲料的中文名	最大残留限量（mg/kg）	采纳年份	符号	备注
99. Fipronil　氟虫腈						
1)	Banana	香蕉	0.005	2003		
2)	Barley	大麦	0.002	2003	(*)	
3)	Cabbages (head)	甘蓝（头）	0.02	2003		
4)	Cattle kidney	牛肾	0.02	2003		
5)	Cattle liver	牛肝	0.1	2003		
6)	Cattle meat	牛肉	0.5	2003	(fat)	
7)	Cattle milk	牛奶	0.02	2003		
8)	Eggs	蛋类	0.02	2003		
9)	Flowerhead brassicas (includes broccoli, Chinese broccoli and cauliflower)	十字花科植物（包括西兰花、中国菜花和花椰菜）	0.02	2003		
10)	Maize	玉米	0.01	2003		
11)	Maize fodder (dry)	玉米饲料（干）	0.1	2003	dry wt	
12)	Oats	燕麦	0.002	2003	(*)	
13)	Potato	马铃薯	0.02	2003		
14)	Poultry meat	家禽肉	0.01	2003	(*)	
15)	Poultry, edible offal of	可食用家禽内脏	0.02	2003		
16)	Rice	稻米	0.01	2003		
17)	Rice straw and fodder (dry)	稻草和饲料（干）	0.2	2003	dry wt	
18)	Rye	黑麦	0.002	2003	(*)	
19)	Sugar beet	甜菜	0.2	2003		
20)	Sunflower seed	葵花籽	0.002	2003	(*)	
21)	Triticale	小黑麦	0.002	2003	(*)	
22)	Wheat	小麦	0.002	2003	(*)	
100. Flonicamid　氟啶虫酰胺						
1)	Fruiting vegetables, cucurbits	瓜类蔬菜	未制定			
101. Flubendiamide　氟虫双酰胺						
1)	Almond hulls	杏仁皮	10	2011		
2)	Brassicas (cole or cabbage) vegetables, head cabbage, flowerh ead brassicas	十字花科蔬菜（油菜或卷心菜）	4	2011		
3)	Celery	芹菜	5	2011		
4)	Cotton seed	棉籽	1.5	2011		
5)	Edible offal (mammalian)	食用内脏（哺乳动物）	1	2011		
6)	Fruiting vegetables, cucurbits	瓜类蔬菜	0.2	2011		
7)	Grapes	葡萄	2	2011		
8)	Legume vegetable	豆类蔬菜	2	2011		
9)	Lettuce (head)	莴笋	5	2011		
10)	Lettuce, leaf	莴苣叶	7	2011		
11)	Maize	玉米	0.02	2011		

（续）

序号	加工农产品和饲料的英文名	加工农产品和饲料的中文名	最大残留限量（mg/kg）	采纳年份	符号	备注
12)	Meat（from mammals other than marine mammals）	肉类（除海洋哺乳类外的哺乳类动物）	2	2011	(fat)	
13)	Milk fats	乳脂	5	2011		
14)	Milks	奶类	0.1	2011		
15)	Pea hay or pea fodder（dry）	豌豆草或豌豆饲料（干）	40	2011		
16)	Peppers	胡椒	0.7	2011		
17)	Peppers chili, dried	干辣椒	7	2011		
18)	Pome fruits	仁果类水果	0.8	2011		
19)	Pulses	干豆	1	2011		
20)	Soya bean fodder	大豆饲料	60	2011		
21)	Stone fruits	核果类水果	2	2011		
22)	Sweet corn（corn-on-the-cob）	甜玉米（棒）	0.02	2011		
23)	Tea, green, black（black, fermented and dried）	绿茶，黑茶（黑茶指发酵的和干燥的）	50	2011		
24)	Tomato	番茄	2	2011		
25)	Tree nuts	树坚果	0.1	2011		

102. Fludioxonil　咯菌腈

序号	加工农产品和饲料的英文名	加工农产品和饲料的中文名	最大残留限量（mg/kg）	采纳年份	符号	备注
1)	Avocado	鳄梨	0.4	2014		
2)	Beans（dry）	豆类（干）	0.5	2014		
3)	Beans（except broad bean and soya bean）	豆类（蚕豆和黄豆除外）	0.6	2014		绿豆荚和未成熟豆类
4)	Beans, shelled	去壳豆类	0.4	2014		
5)	Blackberries	黑莓	5	2006		
6)	Blueberries	蓝莓	2	2006		
7)	Broccoli	西兰花	0.7	2006		
8)	Cabbages（head）	甘蓝（头）	2	2006		
9)	Carrot	胡萝卜	0.7	2006		
10)	Cereal grains	谷物	0.05	2006	(*)	
11)	Citrus fruits	柑橘类水果	10	2011	Po	
12)	Cotton seed	棉籽	0.05	2006	(*)	
13)	Dewberries（including boysenberry and loganberry）	北美洲露莓（包括博伊森莓和罗甘莓）	5	2006		
14)	Dried herbs	干草药	60	2014		
15)	Edible offal（mammalian）	食用内脏（哺乳动物）	0.05	2006	(*)	
16)	Eggplant	茄子	0.3	2006		
17)	Eggs	蛋类	0.01	2014	(*)	
18)	Fruiting vegetables, cucurbits	瓜类蔬菜	0.5	2014		
19)	Ginseng	人参	4	2014		
20)	Grapes	葡萄	2	2006		

（续）

序号	加工农产品和饲料的英文名	加工农产品和饲料的中文名	最大残留限量（mg/kg）	采纳年份	符号	备注
21)	Herbs	药草	9	2014		
22)	Kiwifruit	猕猴桃	15	2006	Po	
23)	Lettuce（head）	莴笋	10	2006		
24)	Lettuce，leaf	莴苣叶	40	2014		
25)	Mango	芒果	2	2013		
26)	Meat（from mammals other than marine mammals）	肉类（除海洋哺乳类外的哺乳类动物）	0.01	2006	（＊）	
27)	Milks	奶类	0.01	2006		
28)	Mustard greens	芥菜	10	2006		
29)	Onion，bulb	洋葱头	0.5	2006		
30)	Peas（dry）	豌豆（干）	0.07	2006		
31)	Peas（pods and succulent immature seeds）	豌豆（豆荚和未成熟的种子）	0.3	2006		
32)	Peas，shelled（succulent seeds）	去壳豌豆（多汁种子）	0.03	2006		
33)	Peppers	胡椒	1	2014		
34)	Peppers chili，dried	干辣椒	4	2014		
35)	Pistachio nuts	开心果	0.2	2006		
36)	Pome fruits	仁果类水果	5	2007	Po	
37)	Pomegranate	石榴	2	2011	Po	
38)	Potato	马铃薯	5	2014	Po	
39)	Poultry meat	家禽肉	0.01	2014	（＊）	
40)	Poultry，edible offal of	可食用家禽内脏	0.05	2014	（＊）	
41)	Radish	萝卜	0.3	2014		
42)	Radish leaves（including radish tops）	萝卜叶（包括萝卜尖）	20	2014		
43)	Rape seed	油菜籽	0.02	2006	（＊）	
44)	Raspberries（red and black）	覆盆子（红色和黑色）	5	2006		
45)	snap bean（young pods）	带荚豆类	0.6	2014		
46)	Spinach	菠菜	30	2014		
47)	Stone fruits	核果类水果	5	2006	Po	
48)	Straw and fodder（dry）of cereal grains	谷物的稻草和饲料（干）	0.06	2006	（＊）	
49)	Strawberry	草莓	3	2006		
50)	Sweet corn（corn-on-the-cob）	甜玉米（棒）	0.01	2006	（＊）	
51)	Sweet corn fodder	甜玉米饲料	20	2007		
52)	Sweet potato	甘薯	10	2011	Po	
53)	Tomato	番茄	3	2014	Po	
54)	Watercress	水芹菜	10	2006		
55)	Yams	山药	10	2011	Po	

（续）

序号	加工农产品和饲料的英文名	加工农产品和饲料的中文名	最大残留限量 (mg/kg)	采纳年份	符号	备注
103. Fluensulfone　联氟砜						
1)	Fruiting vegetables other than cucurbits	瓜类蔬菜（不包括葫芦科植物）	0.3	2015		除了甜玉米和蘑菇
2)	Fruiting vegetables, cucurbits	瓜类蔬菜	0.3	2015		
3)	Peppers chili, dried	干辣椒	2	2015		
4)	Tomato paste	番茄酱	0.5	2015		
5)	Tomato (dry)	番茄（干）	0.5	2015		
104. Flufenoxuron　氟虫脲						
1)	Edible offal (mammalian)	食用内脏（哺乳动物）	0.05	2015	(＊)	
2)	Mammalian fats (except milk fats)	哺乳动物脂肪（牛奶脂肪除外）	0.05	2015	(＊)	
3)	Meat (from mammals other than marine mammals)	肉类（除海洋哺乳类外的哺乳类动物）	0.05	2015	(＊)	
4)	Milks	奶类	0.01	2015	(＊)	
5)	Oranges, sweet, sour (including orange-like hybrids)：several cultivars	橙，甜的，酸的（包括类橙杂交种）	0.4	2015		
6)	Tea, green, black (black, fermented and dried)	绿茶，黑茶（黑茶指发酵的和干燥的）	20	2015		
105. Flumethrin　氟氯苯菊酯						
1)	Cattle meat	牛肉	0.2	1999	(fat)	以胴体脂肪为基础，MRLs可用于外部动物肉质
2)	Cattle milk	牛奶	0.05	1999	F	以胴体脂肪为基础，MRLs可用于外部动物肉质
106. Flumioxazin　丙炔氟草胺						
1)	Alfalfa fodder	苜蓿饲料	3	2016	dry wt	
2)	Artichoke, globe	全球朝鲜蓟	0.02	2016	(＊)	
3)	Asparagus	芦笋	0.02	2016		
4)	Beans (dry)	豆类（干）	0.07	2016		
5)	Bush berries	灌木浆果	0.02	2016	(＊)	
6)	Cabbages (head)	甘蓝（头）	0.02	2016	(＊)	
7)	Chick-pea (dry)	鹰嘴豆（干）	0.07	2016		
8)	Cotton seed	棉籽	0.01	2016		
9)	Edible offal (mammalian)	食用内脏（哺乳动物）	0.02	2016	(＊)	

（续）

序号	加工农产品和饲料的英文名	加工农产品和饲料的中文名	最大残留限量（mg/kg）	采纳年份	符号	备注
10)	Eggs	蛋类	0.02	2016	（＊）	
11)	Fruiting vegetables other than cucurbits	瓜类蔬菜（不包括葫芦科植物）	0.02	2016	（＊）	除了甜玉米和蘑菇
12)	Fruiting vegetables，cucurbits	瓜类蔬菜	0.02	2016	（＊）	
13)	Grapes	葡萄	0.02	2016	（＊）	
14)	Hay or fodder（dry）of grasses	干草或干草饲料	0.02	2016	（＊）	小麦干草
15)	Lentil（dry）	扁豆（干）	0.07	2016		
16)	Lupin（dry）	羽扇豆（干）	0.07	2016		
17)	Maize	玉米	0.02	2016	（＊）	
18)	Maize fodder（dry）	玉米饲料（干）	0.02	2016	（＊）	
19)	Mammalian fats（except milk fats）	哺乳动物脂肪（牛奶脂肪除外）	0.02	2016	（＊）	
20)	Meat（from mammals other than marine mammals）	肉类（除海洋哺乳类外的哺乳类动物）	0.02	2016	（＊）	
21)	Milks	奶类	0.02	2016	（＊）	
22)	Mints	薄荷	0.02	2016		
23)	Onion，bulb	洋葱头	0.02	2016	（＊）	
24)	Peanut	花生	0.02	2016	（＊）	
25)	Peas（dry）	豌豆（干）	0.07	2016		
26)	Pome fruits	仁果类水果	0.02	2016	（＊）	
27)	Pomegranate	石榴	0.02	2016	（＊）	
28)	Potato	马铃薯	0.02	2016	（＊）	
29)	Poultry fats	家禽脂肪	0.02	2016	（＊）	
30)	Poultry meat	家禽肉	0.02	2016	（＊）	
31)	Poultry，edible offal of	可食用家禽内脏	0.02	2016	（＊）	
32)	Soya bean（dry）	大豆（干）	0.02	2016	（＊）	
33)	Stone fruits	核果类水果	0.02	2016	（＊）	
34)	Sunflower seed	葵花籽	0.5	2016		
35)	Sweet potato	甘薯	0.02	2016	（＊）	
36)	Table olives	餐用油橄榄	0.02	2016	（＊）	
37)	Tree nuts	树坚果	0.02	2016	（＊）	
38)	Wheat	小麦	0.4	2016		
39)	Wheat straw and fodder（dry）	小麦秸秆和饲料（干）	7	2016	dry wt	

107. Fluopicolide 氟啶酰胺

序号	加工农产品和饲料的英文名	加工农产品和饲料的中文名	最大残留限量（mg/kg）	采纳年份	符号	备注
1)	Brussels sprouts	球芽甘蓝	0.2	2010		
2)	Cabbages（head）	甘蓝（头）	7	2011		
3)	Celery	芹菜	20	2011		
4)	Dried grapes（including currants，raisins and sultanas）	葡萄干（包括黑加仑干、提子干和小葡萄干）	10	2010		

（续）

序号	加工农产品和饲料的英文名	加工农产品和饲料的中文名	最大残留限量（mg/kg）	采纳年份	符号	备注
5)	Edible offal (mammalian)	食用内脏（哺乳动物）	0.01	2010	（＊）	
6)	Eggs	蛋类	0.01	2010	（＊）	
7)	Flowerhead brassicas (includes：broccoli，Chinese broccoli and cauliflower)	十字花科植物（包括西兰花、中国菜花和花椰菜）	2	2010		
8)	Fruiting vegetables other than cucurbits	瓜类蔬菜（不包括葫芦科植物）	1	2010		除了蘑菇和甜玉米
9)	Fruiting vegetables，cucurbits	瓜类蔬菜	0.5	2010		
10)	Grape pomace (dry)	葡萄渣（干）	7	2010		
11)	Grapes	葡萄	2	2010		
12)	Leafy vegetables	叶用蔬菜	30	2011		
13)	Meat (from mammals other than marine mammals)	肉类（除海洋哺乳类外的哺乳类动物）	0.01	2010	（＊）(fat)	
14)	Milks	奶类	0.02	2010		
15)	Onion, bulb	洋葱头	1	2010		
16)	Onion，Welsh	威尔士洋葱	10	2010		
17)	Peppers chili, dried	干辣椒	7	2010		
18)	Poultry meat	家禽肉	0.01	2010	（＊）	
19)	Poultry, edible offal of	可食用家禽内脏	0.01	2010	（＊）	
20)	Straw and fodder (dry) of cereal grains	谷物的稻草和饲料（干）	0.2	2010		

108. Fluopyram　氟吡菌酰胺

序号	加工农产品和饲料的英文名	加工农产品和饲料的中文名	最大残留限量（mg/kg）	采纳年份	符号	备注
1)	Asparagus	芦笋	0.01	2015	（＊）	
2)	Banana	香蕉	0.8	2013		
3)	Beans (dry)	豆类（干）	0.07	2013		
4)	Blackberries	黑莓	3	2015		
5)	Broccoli	西兰花	0.3	2015		
6)	Brussels sprouts	球芽甘蓝	0.3	2015		
7)	Cabbages (head)	甘蓝（头）	0.15	2015		
8)	Carrot	胡萝卜	0.4	2013		
9)	Cauliflower	青花菜	0.09	2015		
10)	Cherries (includes all commodities in this subgroup)	樱桃（包含此子组中的所有种类）	0.7	2013		
11)	Chick-pea (dry)	鹰嘴豆（干）	0.07	2013		
12)	Cucumber	黄瓜	0.5	2011		
13)	Dried grapes (including currants, raisins and sultanas)	葡萄干（包括黑加仑干、提子干和小葡萄干）	5	2011		
14)	Eggs	蛋类	0.3	2013		
15)	Garlic	大蒜	0.07	2015		
16)	Grapes	葡萄	2	2011		

（续）

序号	加工农产品和饲料的英文名	加工农产品和饲料的中文名	最大残留限量（mg/kg）	采纳年份	符号	备注
17)	Kidney of cattle, goats pigs and sheep	牛、山羊、猪和绵羊的肾脏	0.5	2013		
18)	Leek	韭菜	0.15	2015		
19)	Lentil（dry）	扁豆（干）	0.07	2013		
20)	Lettuce（head）	莴笋	15	2015		
21)	Lettuce, leaf	莴苣叶	15	2015		
22)	Liver of cattle, goats, pigs and sheep	牛、山羊、猪和绵羊的肝脏	3	2013		
23)	Lupin（dry）	羽扇豆（干）	0.07	2013		
24)	Meat（from mammals other than marine mammals）	肉类（除海洋哺乳类外的哺乳类动物）	0.5	2013		
25)	Milks	奶类	0.3	2013		
26)	Onion, bulb	洋葱头	0.07	2015		
27)	Peaches（including nectarine and apricots）（includes all commodities in this subgroup）	桃（包括油桃和杏桃）（包括本子类的所有种类）	1	2015		
28)	Peanut	花生	0.03	2013		
29)	Plums（including prunes）（including all commodities in this subgroup）	李子（包括李子干）（包括此子组中的所有种类）	0.5	2015		
30)	Pome fruits	仁果类水果	0.5	2013		
31)	Potato	马铃薯	0.03	2013		
32)	Poultry meat	家禽肉	0.2	2013		
33)	Poultry, edible offal of	可食用家禽内脏	0.7	2013		
34)	Rape seed	油菜籽	1	2015		
35)	Raspberries（red and black）	覆盆子（红色和黑色）	3	2015		
36)	Strawberry	草莓	0.4	2013		
37)	Sugar beet	甜菜	0.04	2013		
38)	Tomato	番茄	0.4	2013		
39)	Tree nuts	树坚果	0.04	2013		

109. Flusilazole 氟硅唑

序号	加工农产品和饲料的英文名	加工农产品和饲料的中文名	最大残留限量（mg/kg）	采纳年份	符号	备注
1)	Apricot	杏	0.2	2008		
2)	Banana	香蕉	0.03	2008		
3)	Cereal grains	谷物	0.2	2008		除了水稻
4)	Dried grapes（including currants, raisins and sultanas）	葡萄干（包括黑加仑干、提子干和小葡萄干）	0.3	2008		
5)	Edible offal（mammalian）	食用内脏（哺乳动物）	2	2009		
6)	Eggs	蛋类	0.1	2008		
7)	Grape pomace（dry）	葡萄渣（干）	2	2008		
8)	Grapes	葡萄	0.2	2008		

（续）

序号	加工农产品和饲料的英文名	加工农产品和饲料的中文名	最大残留限量（mg/kg）	采纳年份	符号	备注
9)	Meat（from mammals other than marine mammals）	肉类（除海洋哺乳类外的哺乳类动物）	1	2008	(fat)	
10)	Milks	奶类	0.05	2008		
11)	Nectarine	蜜桃	0.2	2009		
12)	Peach	桃	0.2	2009		
13)	Pome fruits	仁果类水果	0.3	2009		
14)	Poultry meat	家禽肉	0.2	2008		
15)	Poultry, edible offal of	可食用家禽内脏	0.2	2008		
16)	Rape seed	油菜籽	0.1	2008		
17)	Soya bean（dry）	大豆（干）	0.05	2008		
18)	Soya bean hulls	大豆外壳	0.05	2008		
19)	Soya bean oil, refined	精制豆油	0.1	2008		
20)	Straw and fodder（dry）of cereal grains	谷物的稻草和饲料（干）	5	2008		除了水稻
21)	Sugar beet	甜菜	0.05	2008		
22)	Sunflower seed	葵花籽	0.1	2008		
23)	Sweet corn（corn-on-the-cob）	甜玉米（棒）	0.01	2008	(*)	
24)	Sweet corn fodder	甜玉米饲料	2	2008		

110. Flutolanil 氟酰胺

序号	加工农产品和饲料的英文名	加工农产品和饲料的中文名	最大残留限量（mg/kg）	采纳年份	符号	备注
1)	Brassicas（cole or cabbage）vegetables, head cabbage, flowerh ead brassicas	十字花科蔬菜（油菜或卷心菜）	0.05	2014	(*)	
2)	Brassicas leafy vegetables	芸薹属植物叶用蔬菜	0.07	2014		
3)	Edible offal（mammalian）	食用内脏（哺乳动物）	0.5	2014		
4)	Eggs	蛋类	0.05	2004	(*)	
5)	Meat（from mammals other than marine mammals）	肉类（除海洋哺乳类外的哺乳类动物）	0.05	2004	(*)	
6)	Milks	奶类	0.05	2004	(*)	
7)	Poultry meat	家禽肉	0.05	2004	(*)	
8)	Poultry, edible offal of	可食用家禽内脏	0.05	2004	(*)	
9)	Rice bran, unprocessed	水稻麸，未加工的	10	2004		
10)	Rice straw and fodder（dry）	稻草和饲料（干）	10	2004		
11)	Rice, Husked	糙米	2	2004		
12)	Rice, polished	精白米	1	2004		

111. Flutriafol 粉唑醇

序号	加工农产品和饲料的英文名	加工农产品和饲料的中文名	最大残留限量（mg/kg）	采纳年份	符号	备注
1)	Banana	香蕉	0.3	2012		
2)	Coffee beans	咖啡豆	0.15	2012		
3)	Dried grapes（including currants, raisins and sultanas）	葡萄干（包括黑加仑干、提子干和小葡萄干）	2	2013		
4)	Grapes	葡萄	0.8	2013		

（续）

序号	加工农产品和饲料的英文名	加工农产品和饲料的中文名	最大残留限量（mg/kg）	采纳年份	符号	备注
5）	Peanut	花生	0.15	2012		
6）	Peanut fodder	花生饲料	20	2012		
7）	Peppers chili, dried	干辣椒	10	2012		
8）	Peppers, sweet（including pimento or pimiento）	甜椒（包括红辣椒）	1	2012		
9）	Pome fruits	仁果类水果	0.3	2012		
10）	Soya bean（dry）	大豆（干）	0.4	2012		
11）	Wheat	小麦	0.15	2012		
12）	Wheat bran, unprocessed	小麦麸，未加工的	0.3	2012		
13）	Wheat straw and fodder（dry）	小麦秸秆和饲料（干）	8	2012		
112. Fluxapyroxad 氟唑菌酰胺						
1）	Barley	大麦	2	2013		
2）	Barley bran, processed	大麦麸，加工后的	4	2013		
3）	Barley straw and fodder（dry）	大麦秸秆和饲料（干）	30	2013		
4）	Beans（dry）	豆类（干）	0.3	2013		
5）	Beans（except broad bean and soya bean）	豆类（蚕豆和黄豆除外）	2	2013		
6）	Beans, shelled	去壳豆类	0.09	2013		
7）	Chick-pea（dry）	鹰嘴豆（干）	0.4	2013		
8）	Cotton seed	棉籽	0.01	2013	（＊）	
9）	Edible offal（mammalian）	食用内脏（哺乳动物）	0.1	2013		
10）	Eggs	蛋类	0.02	2013		
11）	Fruiting vegetables other than cucurbits	瓜类蔬菜（不包括葫芦科植物）	0.6	2013		除了蘑菇和甜玉米
12）	Lentil（dry）	扁豆（干）	0.4	2013		
13）	Maize	玉米	0.01	2013	（＊）	
14）	Maize fodder（dry）	玉米饲料（干）	15	2013		
15）	Meat（from mammals other than marine mammals）	肉类（除海洋哺乳类外的哺乳类动物）	0.2	2013	（fat）	
16）	Milk fats	乳脂	0.5	2013		
17）	Milks	奶类	0.02	2013		
18）	Oat straw and fodder（dry）	燕麦秸秆和饲料（干）	30	2013		
19）	Oats	燕麦	2	2013		
20）	Oilseed	含油种子	0.8	2013		除了花生和棉花
21）	Pea hay or pea fodder（dry）	豌豆草或豌豆饲料（干）	40	2013	dry wt	
22）	Peanut	花生	0.01	2013		
23）	Peas（dry）	豌豆（干）	0.4	2013		

（续）

序号	加工农产品和饲料的英文名	加工农产品和饲料的中文名	最大残留限量 （mg/kg）	采纳 年份	符号	备注
24)	Peas（pods and succulent immature seeds）	豌豆（豆荚和未成熟的种子）	2	2013		
25)	Peas, shelled（succulent seeds）	去壳豌豆（多汁种子）	0.09	2013		
26)	Peppers chili, dried	干辣椒	6	2013		
27)	Pome fruits	仁果类水果	0.9	2013		
28)	Potato	马铃薯	0.03	2013		
29)	Poultry fats	家禽脂肪	0.05	2013		
30)	Poultry meat	家禽肉	0.02	2013		
31)	Poultry, edible offal of	可食用家禽内脏	0.02	2013		
32)	Prunes	梅子	5	2013		
33)	Rye	黑麦	0.3	2013		
34)	Rye straw and fodder（dry）	黑麦秸秆和饲料（干）	30	2013		
35)	Soya bean（dry）	大豆（干）	0.15	2013		
36)	Soya bean（immature seeds）	大豆（未成熟种子）	0.5	2013		
37)	Soya bean（young pod）	大豆（幼荚）	1.5	2013		
38)	Soya bean fodder	大豆饲料	30	2013	dry wt	
39)	Soya bean hulls	大豆外壳	0.3	2013		
40)	Stone fruits	核果类水果	2	2013		
41)	Sugar beet	甜菜	0.15	2013		
42)	Sweet corn（corn-on-the-cob）	甜玉米（棒）	0.15	2013		
43)	Triticale	小黑麦	0.3	2013		
44)	Triticale straw and fodder（dry）	小黑麦麦秆和饲料（干）	30	2013		
45)	Wheat	小麦	0.3	2013		
46)	Wheat bran, unprocessed	小麦麸，未加工的	1	2013		
47)	Wheat straw and fodder（dry）	小麦秸秆和饲料（干）	30	2013		

113. Folpet　灭菌丹

序号	加工农产品和饲料的英文名	加工农产品和饲料的中文名	最大残留限量 （mg/kg）	采纳 年份	符号	备注
1)	Apple	苹果	10	2006		
2)	Cucumber	黄瓜	1	2003		
3)	Dried grapes（including currants, raisins and sultanas）	葡萄干（包括黑加仑干、提子干和小葡萄干）	40	2006		
4)	Grapes	葡萄	10	2006		
5)	Lettuce（head）	莴笋	50	2006		
6)	Melon（except watermelon）	瓜类（不包括西瓜）	3	2003		
7)	Onion, bulb	洋葱头	1	2003		
8)	Potato	马铃薯	0.1	2003		
9)	Strawberry	草莓	5	2006		
10)	Tomato	番茄	3	2006		

114. Glufosinat（ammonium）　草胺膦

序号	加工农产品和饲料的英文名	加工农产品和饲料的中文名	最大残留限量 （mg/kg）	采纳 年份	符号	备注
1)	Asparagus	芦笋	0.4	2013		

（续）

序号	加工农产品和饲料的英文名	加工农产品和饲料的中文名	最大残留限量 (mg/kg)	采纳年份	符号	备注
2)	Assorted tropical and sub-tropical fruits-edible peel	各种热带和亚热带水果（可食用的果皮）	0.1	2013		
3)	Assorted tropical and sub-tropical fruits-inedible peel	各种热带和亚热带水果（不可食用的果皮）	0.1	2013		除了香蕉和猕猴桃
4)	Banana	香蕉	0.2	2014		
5)	Bean fodder	豆饲料	1	2013		
6)	Blueberries	蓝莓	0.1	2013		
7)	Carrot	胡萝卜	0.05	2013		
8)	Citrus fruits	柑橘类水果	0.05	2013		
9)	Coffee beans	咖啡豆	0.1	2013		
10)	Common bean (dry)	菜豆（干）	0.05	2013		
11)	Common bean (pods and/or immature seeds)	菜豆（豆荚和/或未成熟的种子）	0.05	2013	(*)	
12)	Corn salad	莴苣缬草	0.05	2013		
13)	Cotton seed	棉籽	5	2013		
14)	Currants, black, red, white	黑醋栗，红醋栗，白醋栗	1	2013		
15)	Edible offal (mammalian)	食用内脏（哺乳动物）	3	2014		
16)	Eggs	蛋类	0.05	2013	(*)	
17)	Gooseberry	醋栗	0.1	2013		
18)	Grapes	葡萄	0.15	2013		
19)	Kiwifruit	猕猴桃	0.6	2014		
20)	Lettuce (head)	莴笋	0.4	2013		
21)	Lettuce, leaf	莴苣叶	0.4	2014		
22)	Maize	玉米	0.1	2013		
23)	Maize fodder (dry)	玉米饲料（干）	8	2013		
24)	Meat (from mammals other than marine mammals)	肉类（除海洋哺乳类外的哺乳类动物）	0.05	2013		
25)	Milks	奶类	0.02	2013	(*)	
26)	Onion, bulb	洋葱头	0.05	2013		
27)	Pome fruits	仁果类水果	0.1	2013		
28)	Potato	马铃薯	0.1	2013		
29)	Poultry meat	家禽肉	0.05	2013	(*)	
30)	Poultry, edible offal of	可食用家禽内脏	0.1	2013	(*)	
31)	Prunes	梅子	0.3	2013		
32)	Rape seed	油菜籽	1.5	2013		
33)	Rape seed oil, crude	粗制菜籽油	0.05	2013	(*)	
34)	Raspberries (red and black)	覆盆子（红色和黑色）	0.1	2013		
35)	Rice	稻米	0.9	2013		
36)	Rice straw and fodder (dry)	稻草和饲料（干）	2	2013		

序号	加工农产品和饲料的英文名	加工农产品和饲料的中文名	最大残留限量（mg/kg）	采纳年份	符号	备注
37)	Soya bean（dry）	大豆（干）	2	2015		
38)	Stone fruits	核果类水果	0.15	2013		
39)	Strawberry	草莓	0.3	2013		
40)	Sugar beet	甜菜	1.5	2013		
41)	Sugar beet molasses	甜菜糖蜜	8	2013		
42)	Tree nuts	树坚果	0.1	2013		

115. Glyphosate　草甘膦

序号	加工农产品和饲料的英文名	加工农产品和饲料的中文名	最大残留限量（mg/kg）	采纳年份	符号	备注
1)	Alfalfa fodder	苜蓿饲料	500	2006		
2)	Banana	香蕉	0.05	2006	（＊）	
3)	Barley straw and fodder（dry）	大麦秸秆和饲料（干）	400	2006		
4)	Bean fodder	豆饲料	200	2006		
5)	Beans（dry）	豆类（干）	2	2006		
6)	Cereal grains	谷物	30	2006		除了玉米和水稻
7)	Cotton seed	棉籽	40	2006		
8)	Edible offal（mammalian）	食用内脏（哺乳动物）	5	2006		除了猪
9)	Eggs	蛋类	0.05	2006	（＊）	
10)	Hay or fodder（dry）of grasses	干草或干草饲料	500	2006		
11)	Lentil（dry）	扁豆（干）	5	2012		
12)	Maize	玉米	5	2006		
13)	Maize fodder（dry）	玉米饲料（干）	150	2006		
14)	Meat（from mammals other than marine mammals）	肉类（除海洋哺乳类外的哺乳类动物）	0.05	2006	（＊）	
15)	Milks	奶类	0.05	2006	（＊）	
16)	Oat straw and fodder（dry）	燕麦秸秆和饲料（干）	100	2006		
17)	Pea hay or pea fodder（dry）	豌豆草或豌豆饲料（干）	500	2006		
18)	Peas（dry）	豌豆（干）	5	2006		
19)	pig, edible offal of	可食用的猪内脏	0.5	2006		
20)	Poultry meat	家禽肉	0.05	2006	（＊）	
21)	Poultry, edible offal of	可食用家禽内脏	0.5	2006		
22)	Rape seed	油菜籽	30	2014		
23)	Sorghum straw and fodder（dry）	高粱秸秆和饲料（干）	50	2006		
24)	Soya bean（dry）	大豆（干）	20	2006		
25)	Sugar beet	甜菜	15	2012		
26)	Sugar cane	甘蔗	2	2006		
27)	Sugar cane molasses	甘蔗蜜	10	2006		
28)	Sunflower seed	葵花籽	7	2006		
29)	Sweet corn（corn-on-the-cob）	甜玉米（棒）	3	2012		
30)	Wheat bran, unprocessed	小麦麸，未加工的	20	2006		

（续）

序号	加工农产品和饲料的英文名	加工农产品和饲料的中文名	最大残留限量（mg/kg）	采纳年份	符号	备注
31)	Wheat straw and fodder（dry）	小麦秸秆和饲料（干）	300	2006		

116. Guazatine　双胍盐

序号	加工农产品和饲料的英文名	加工农产品和饲料的中文名	最大残留限量（mg/kg）	采纳年份	符号	备注
1)	Cereal grains	谷物	0.05	1999	（＊）	
2)	Citrus fruits	柑橘类水果	5	1999	Po	

117. Haloxyfop　吡氟氯禾灵

序号	加工农产品和饲料的英文名	加工农产品和饲料的中文名	最大残留限量（mg/kg）	采纳年份	符号	备注
1)	Banana	香蕉	0.02	2010	（＊）	
2)	Beans（dry）	豆类（干）	3	2011		
3)	Beans（except broad bean and soya bean）	豆类（蚕豆和黄豆除外）	0.5	2011		
4)	Chick-pea（dry）	鹰嘴豆（干）	0.05	2011		
5)	Citrus fruits	柑橘类水果	0.02	2011	（＊）	
6)	Coffee beans	咖啡豆	0.02	2010	（＊）	
7)	Cotton seed	棉籽	0.7	2011		
8)	Edible offal（mammalian）	食用内脏（哺乳动物）	2	2011		
9)	Eggs	蛋类	0.1	2011		
10)	Fodder beet	饲用甜菜	0.4	2011		
11)	Grapes	葡萄	0.02	2011	（＊）	
12)	Meat（from mammals other than marine mammals）	肉类（除海洋哺乳类外的哺乳类动物）	0.5	2011	（fat）	
13)	Milk fats	乳脂	7	2011		
14)	Milks	奶类	0.3	2011		
15)	Onion, bulb	洋葱头	0.2	2010		
16)	Peanut fodder	花生饲料	5	2011		
17)	Peas（dry）	豌豆（干）	0.2	2011		
18)	Peas（pods and succulent immature seeds）	豌豆（豆荚和未成熟的种子）	0.7	2011		
19)	Peas, shelled（succulent seeds）	去壳豌豆（多汁种子）	1	2011		
20)	Pome fruits	仁果类水果	0.02	2011	（＊）	
21)	Poultry meat	家禽肉	0.7	2011	（fat）	
22)	Poultry, edible offal of	可食用家禽内脏	0.7	2011		
23)	Rape seed	油菜籽	3	2011		
24)	Soya bean（dry）	大豆（干）	2	2011		
25)	Stone fruits	核果类水果	0.02	2010	（＊）	
26)	Sugar beet	甜菜	0.4	2011		
27)	Sunflower seed	葵花籽	0.3	2011		

118. Heptachlor　七氯

序号	加工农产品和饲料的英文名	加工农产品和饲料的中文名	最大残留限量（mg/kg）	采纳年份	符号	备注
1)	Cereal grains	谷物	0.02	E		
2)	Citrus fruits	柑橘类水果	0.01	E		
3)	Cotton seed	棉籽	0.02	E		

（续）

序号	加工农产品和饲料的英文名	加工农产品和饲料的中文名	最大残留限量（mg/kg）	采纳年份	符号	备注
4)	Eggs	蛋类	0.05	E		
5)	Meat（from mammals other than marine mammals）	肉类（除海洋哺乳类外的哺乳类动物）	0.2	(fat)E		
6)	Milks	奶类	0.006	FE		
7)	Pineapple	菠萝	0.01	E		
8)	Poultry meat	家禽肉	0.2	(fat)E		
9)	Soya bean（immature seeds）	大豆（未成熟种子）	0.02	E		
10)	Soya bean oil，crude	粗制大豆油	0.5	E		
11)	Soya bean oil，refined	精制豆油	0.02	E		

119. Hexythiazox　噻螨酮

序号	加工农产品和饲料的英文名	加工农产品和饲料的中文名	最大残留限量（mg/kg）	采纳年份	符号	备注
1)	Citrus fruits	柑橘类水果	0.5	2010		
2)	Date	枣	2	2010		
3)	Dried grapes（including currants，raisins and sultanas）	葡萄干（包括黑加仑干、提子干和小葡萄干）	1	2010		
4)	Edible offal（mammalian）	食用内脏（哺乳动物）	0.05	2010		
5)	Eggplant	茄子	0.1	2010		
6)	Eggs	蛋类	0.05	2010		
7)	Fruiting vegetables，cucurbits	瓜类蔬菜	0.05	2010		除了西瓜
8)	Grape pomace（dry）	葡萄渣（干）	15	2010		
9)	Grapes	葡萄	1	2010		
10)	Hop（dry）	蛇麻草（干）	3	2012		
11)	Mammalian fats（except milk fats）	哺乳动物脂肪（牛奶脂肪除外）	0.05	2010		
12)	Meat（from mammals other than marine mammals）	肉类（除海洋哺乳类外的哺乳类动物）	0.05	2010	(fat)	
13)	Milk fats	乳脂	0.05	2010		
14)	Milks	奶类	0.05	2010		
15)	Pome fruits	仁果类水果	0.4	2010		
16)	Poultry meat	家禽肉	0.05	2010	（＊）(fat)	
17)	Poultry，edible offal of	可食用家禽内脏	0.05	2010		
18)	Prunes	梅子	1	2010		
19)	Stone fruits	核果类水果	0.3	2010		
20)	Strawberry	草莓	6	2013		
21)	Tea，green，black（black，fermented and dried）	绿茶，黑茶（黑茶指发酵的和干燥的）	15	2012		
22)	Tomato	番茄	0.1	2010		
23)	Tree nuts	树坚果	0.05	2010	（＊）	

120. Hydrogen phosphide　磷化铝

序号	加工农产品和饲料的英文名	加工农产品和饲料的中文名	最大残留限量（mg/kg）	采纳年份	符号	备注
1)	Cacao beans	可可豆	0.01		Po	

（续）

序号	加工农产品和饲料的英文名	加工农产品和饲料的中文名	最大残留限量（mg/kg）	采纳年份	符号	备注
2）	Cereal grains	谷物	0.1		Po	
3）	Dried fruits	蜜饯、果干	0.01		Po	
4）	Dried vegetables	干菜	0.01		Po	
5）	Peanut	花生	0.01		Po	
6）	Spices	香辛料	0.01		Po	
7）	Tree nuts	树坚果	0.01		Po	
121. Imazalil 抑霉唑						
1）	Banana	香蕉	2		Po	
2）	Citrus fruits	柑橘类水果	5		Po	
3）	Cucumber	黄瓜	0.5			
4）	Gherkin	小黄瓜	0.5			
5）	Melon（except watermelon）	瓜类（不包括西瓜）	2	1997	Po	
6）	Persimmon Japanese	日本柿子	2		Po	
7）	Pome fruits	仁果类水果	5	1991	Po	
8）	Potato	马铃薯	5		Po	
9）	Raspberries（red and black）	覆盆子（红色和黑色）	2			
10）	Strawberry	草莓	2			
11）	Wheat	小麦	0.01		（＊）	
12）	Wheat straw and fodder（dry）	小麦秸秆和饲料（干）	0.1			
122. Imazamox 甲氧咪草烟						
1）	Alfalfa fodder	苜蓿饲料	0.1	2015	（＊）	
2）	Beans（dry）	豆类（干）	0.05	2015	（＊）	
3）	Beans（except broad bean and soya bean）	豆类（蚕豆和黄豆除外）	0.05	2015	（＊）	
4）	Edible offal（mammalian）	食用内脏（哺乳动物）	0.01	2015	（＊）	
5）	Eggs	蛋类	0.01	2015	（＊）	
6）	Lentil（dry）	扁豆（干）	0.2	2015		
7）	Mammalian fats（except milk fats）	哺乳动物脂肪（牛奶脂肪除外）	0.01	2015	（＊）	
8）	Meat（from mammals other than marine mammals）	肉类（除海洋哺乳类外的哺乳类动物）	0.01	2015		
9）	Milks	奶类	0.01	2015	（＊）	
10）	Pea hay or pea fodder（dry）	豌豆草或豌豆饲料（干）	0.05	2015	（＊）	
11）	Peanut	花生	0.01	2015	（＊）	
12）	Peas（dry）	豌豆（干）	0.05	2015	（＊）	
13）	Peas，shelled（succulent seeds）	去壳豌豆（多汁种子）	0.05	2015	（＊）	
14）	Poultry fats	家禽脂肪	0.01	2015	（＊）	
15）	Poultry meat	家禽肉	0.01	2015	（＊）	
16）	Poultry，edible offal of	可食用家禽内脏	0.01	2015	（＊）	
17）	Rape seed	油菜籽	0.05	2015	（＊）	

（续）

序号	加工农产品和饲料的英文名	加工农产品和饲料的中文名	最大残留限量（mg/kg）	采纳年份	符号	备注
18)	Rice	稻米	0.01	2015	（*）	
19)	Rice straw and fodder（dry）	稻草和饲料（干）	0.01	2015	（*）	
20)	Soya bean（dry）	大豆（干）	0.01	2015	（*）	
21)	Soya bean fodder	大豆饲料	0.01	2015	（*）	
22)	Sunflower seed	葵花籽	0.3	2015		
23)	Wheat	小麦	0.05	2015	（*）	
24)	Wheat bran, unprocessed	小麦麸，未加工的	0.2	2015		
25)	Wheat germ	小麦胚芽	0.1	2015		
26)	Wheat straw and fodder（dry）	小麦秸秆和饲料（干）	0.05	2015	（*）	
123. Imazapic 甲咪唑烟酸						
1)	Edible offal（mammalian）	食用内脏（哺乳动物）	1	2014		
2)	Eggs	蛋类	0.01	2014	（*）	
3)	Hay or fodder（dry）of grasses	干草或干草料	3	2014		
4)	Maize	玉米	0.01	2014	（*）	
5)	Mammalian fats（except milk fats）	哺乳动物脂肪（牛奶脂肪除外）	0.1	2014		
6)	Meat（from mammals other than marine mammals）	肉类（除海洋哺乳类外的哺乳类动物）	0.1	2014		
7)	Milks	奶类	0.1	2014		
8)	Peanut	花生	0.05	2014	（*）	
9)	Poultry fats	家禽脂肪	0.01	2014	（*）	
10)	Poultry meat	家禽肉	0.01	2014	（*）	
11)	Poultry, edible offal of	可食用家禽内脏	0.01	2014	（*）	
12)	Rape seed	油菜籽	0.05	2014	（*）	
13)	Rice	稻米	0.05	2014	（*）	
14)	Sugar cane	甘蔗	0.01	2014	（*）	
15)	Wheat	小麦	0.05	2014	（*）	
16)	Wheat straw and fodder（dry）	小麦秸秆和饲料（干）	0.05	2014	（*）	
124. Imazapyr 咪唑烟酸						
1)	Edible offal（mammalian）	食用内脏（哺乳动物）	0.05	2014	（*）	
2)	Eggs	蛋类	0.01	2014	（*）	
3)	Lentil（dry）	扁豆（干）	0.3	2014		
4)	Maize	玉米	0.05	2014	（*）	
5)	Mammalian fats（except milk fats）	哺乳动物脂肪（牛奶脂肪除外）	0.05	2014	（*）	
6)	Meat（from mammals other than marine mammals）	肉类（除海洋哺乳类外的哺乳类动物）	0.05	2014	（*）	
7)	Milks	奶类	0.01	2014	（*）	
8)	Poultry fats	家禽脂肪	0.01	2014	（*）	
9)	Poultry meat	家禽肉	0.01	2014	（*）	
10)	Poultry, edible offal of	可食用家禽内脏	0.01	2014	（*）	

（续）

序号	加工农产品和饲料的英文名	加工农产品和饲料的中文名	最大残留限量（mg/kg）	采纳年份	符号	备注
11）	Rape seed	油菜籽	0.05	2014	（＊）	
12）	Sunflower seed	葵花籽	0.08	2014		
13）	Wheat	小麦	0.05	2014	（＊）	
14）	Wheat straw and fodder （dry）	小麦秸秆和饲料（干）	0.05	2014	（＊）	
125. Imidacloprid　吡虫啉						
1）	Almond hulls	杏仁皮	5	2009		
2）	Apple	苹果	0.5	2004		
3）	Apricot	杏	0.5	2004		
4）	Banana	香蕉	0.05	2004		
5）	Barley straw and fodder （dry）	大麦秸秆和饲料（干）	1	2004		
6）	Beans （except broad bean and soya bean）	豆类（蚕豆和黄豆除外）	2	2004		
7）	Berries and other small fruits	浆果及其他小水果	5	2009		除了蔓越莓、葡萄和草莓
8）	Broccoli	西兰花	0.5	2004		
9）	Brussels sprouts	球芽甘蓝	0.5	2004		
10）	Cabbages （head）	甘蓝（头）	0.5	2004		
11）	Cauliflower	青花菜	0.5	2004		
12）	Celery	芹菜	6	2013		
13）	Cereal grains	谷物	0.05	2004		
14）	Cherry，sweet	甜樱桃	0.5	2006		
15）	Citrus fruits	柑橘类水果	1	2013		
16）	Citrus pulp （dry）	柑橘渣（干）	10	2004		
17）	Coffee beans	咖啡豆	1	2009		
18）	Cranberry	蔓越橘	0.05	2007	（＊）	
19）	Cucumber	黄瓜	1	2004		
20）	Edible offal （mammalian）	食用内脏（哺乳动物）	0.3	2009		
21）	Eggplant	茄子	0.2	2004		
22）	Eggs	蛋类	0.02	2009		
23）	Grapes	葡萄	1	2004		
24）	Hop （dry）	蛇麻草（干）	10	2004		
25）	Leek	韭菜	0.05	2004	（＊）	
26）	Lettuce （head）	莴笋	2	2004		
27）	Maize fodder （dry）	玉米饲料（干）	0.2	2004		
28）	Mango	芒果	0.2	2004		
29）	Meat （from mammals other than marine mammals）	肉类（除海洋哺乳类外的哺乳类动物）	0.1	2009		
30）	Melon （except watermelon）	瓜类（不包括西瓜）	0.2	2004		
31）	Milks	奶类	0.1	2009		

（续）

序号	加工农产品和饲料的英文名	加工农产品和饲料的中文名	最大残留限量（mg/kg）	采纳年份	符号	备注
32)	Nectarine	蜜桃	0.5	2004		
33)	Oat straw and fodder (dry)	燕麦秸秆和饲料（干）	1	2004		
34)	Onion, bulb	洋葱头	0.1	2004		
35)	Peach	桃	0.5	2004		
36)	Peanut	花生	1	2009		
37)	Peanut fodder	花生饲料	30	2009		
38)	Pear	梨	1	2004		
39)	Peas (pods and succulent immature seeds)	豌豆（豆荚和未成熟的种子）	5	2009		
40)	Peas, shelled (succulent seeds)	去壳豌豆（多汁种子）	2	2009		
41)	Peppers	胡椒	1	2004		
42)	Peppers chili, dried	干辣椒	10	2006		
43)	Plums (including prunes) (including all commodities in this subgroup)	李子（包括李子干）（包括此子组中的所有种类）	0.2	2004		
44)	Pomegranate	石榴	1	2009		
45)	Poultry meat	家禽肉	0.02	2009		
46)	Poultry, edible offal of	可食用家禽内脏	0.05	2009		
47)	Pulses	干豆	2	2013		除了大豆
48)	Radish leaves (including radish tops)	萝卜叶（包括萝卜尖）	5	2009		
49)	Rape seed	油菜籽	0.05	2004	(＊)	
50)	Root and tuber vegetables	块根和块茎类蔬菜	0.5	2009		
51)	Rye straw and fodder (dry)	黑麦秸秆和饲料（干）	1	2004		
52)	Squash, summer	西葫芦	1	2004		
53)	Strawberry	草莓	0.5	2009		
54)	Sunflower seed	葵花籽	0.05	2009	(＊)	
55)	Sweet corn (corn-on-the-cob)	甜玉米（棒）	0.02	2004	(＊)	
56)	Sweet corn fodder	甜玉米饲料	5	2004		
57)	Tomato	番茄	0.5	2004		
58)	Tree nuts	树坚果	0.01	2009		
59)	Watermelon	西瓜	0.2	2004		
60)	Wheat bran, unprocessed	小麦麸，未加工的	0.3	2004		
61)	Wheat flour	小麦粉	0.03	2004		
62)	Wheat straw and fodder (dry)	小麦秸秆和饲料（干）	1	2004		

126. Indoxacarb 茚虫威

序号	加工农产品和饲料的英文名	加工农产品和饲料的中文名	最大残留限量（mg/kg）	采纳年份	符号	备注
1)	Alfalfa fodder	苜蓿饲料	60	2006		
2)	Apple	苹果	0.5	2006		
3)	Broccoli	西兰花	0.2	2006		
4)	Cabbages (head)	甘蓝（头）	3	2008		

（续）

序号	加工农产品和饲料的英文名	加工农产品和饲料的中文名	最大残留限量（mg/kg）	采纳年份	符号	备注
5)	Cauliflower	青花菜	0.2	2006		
6)	Chick-pea（dry）	鹰嘴豆（干）	0.2	2006		
7)	Cotton fodder（dry）	棉花饲料（干）	20	2006		
8)	Cotton seed	棉籽	1	2006		
9)	Cowpea（dry）	豇豆（干）	0.1	2010		
10)	Cranberry	蔓越橘	1	2010		
11)	Dried grapes（including currants, raisins and sultanas）	葡萄干（包括黑加仑干、提子干和小葡萄干）	5	2006		
12)	Edible offal（mammalian）	食用内脏（哺乳动物）	0.05	2010		
13)	Eggplant	茄子	0.5	2006		
14)	Eggs	蛋类	0.02	2010		
15)	Fruiting vegetables, cucurbits	瓜类蔬菜	0.5	2010		
16)	Grapes	葡萄	2	2006		
17)	Lettuce（head）	莴笋	7	2006		
18)	Lettuce, leaf	莴苣叶	3	2013		
19)	Maize fodder（dry）	玉米饲料（干）	25	2006		
20)	Meat（from mammals other than marine mammals）	肉类（除海洋哺乳类外的哺乳类动物）	2	2010	(fat)	
21)	Milk fats	乳脂	2	2010		
22)	Milks	奶类	0.1	2010		
23)	Mints	薄荷	15	2010		
24)	Mung bean（dry）	绿豆（干）	0.2	2006		
25)	Peanut	花生	0.02	2006	(*)	
26)	Peanut fodder	花生饲料	50	2006		
27)	Pear	梨	0.2	2006		
28)	Peppers	胡椒	0.3	2006		
29)	Potato	马铃薯	0.02	2006		
30)	Poultry meat	家禽肉	0.01	2010	(*) (fat)	
31)	Poultry, edible offal of	可食用家禽内脏	0.01	2010	(*)	
32)	Prunes	梅子	3	2010		
33)	Soya bean（dry）	大豆（干）	0.5	2006		
34)	Stone fruits	核果类水果	1	2010		
35)	Sweet corn（corn-on-the-cob）	甜玉米（棒）	0.02	2006		
36)	Tea, green, black（black, fermented and dried）	绿茶，黑茶（黑茶指发酵的和干燥的）	5	2014		
37)	Tomato	番茄	0.5	2006		

127. Iprodione 异菌脲

1)	Almond	扁桃仁	0.2	1997		

（续）

序号	加工农产品和饲料的英文名	加工农产品和饲料的中文名	最大残留限量（mg/kg）	采纳年份	符号	备注
2）	Barley	大麦	2	1997		
3）	Beans （dry）	豆类（干）	0.1	1997		
4）	Blackberries	黑莓	30	1997		
5）	Broccoli	西兰花	25	1997		
6）	Carrot	胡萝卜	10	1997	Po	
7）	Cherries （includes all commodities in this subgroup）	樱桃（包含此子组中的所有种类）	10	1997		
8）	Common bean （pods and/or immature seeds）	菜豆（豆荚和/或未成熟的种子）	2	1997		
9）	Cucumber	黄瓜	2	1997		
10）	Grapes	葡萄	10			
11）	Kiwifruit	猕猴桃	5			
12）	Lettuce （head）	莴笋	10			
13）	Lettuce，leaf	莴苣叶	25	1997		
14）	Onion，bulb	洋葱头	0.2	1997		
15）	Peach	桃	10	1997		
16）	Pome fruits	仁果类水果	5	1997	Po	
17）	Rape seed	油菜籽	0.5	1997		
18）	Raspberries （red and black）	覆盆子（红色和黑色）	30	1997		
19）	Rice （husked）	糙米	10	1997		
20）	Spices （roots and rhizomes）	香辛料（根和根茎类）	0.1	2005		
21）	Spices seeds	香辛料（种子类）	0.05	2005	（＊）	
22）	Strawberry	草莓	10			
23）	Sugar beet	甜菜	0.1	1997	（＊）	
24）	Sunflower seed	葵花籽	0.5			
25）	Tomato	番茄	5	1999		
26）	Witloof chicory （sprouts）	苦苣（芽）	1			

128. Isopyrazam　吡唑萘菌胺

序号	加工农产品和饲料的英文名	加工农产品和饲料的中文名	最大残留限量（mg/kg）	采纳年份	符号	备注
1）	Banana	香蕉	0.06	2012		
2）	Barley	大麦	0.07	2012		
3）	Barley straw and fodder （dry）	大麦秸秆和饲料（干）	3	2012		
4）	Edible offal （mammalian）	食用内脏（哺乳动物）	0.02	2012		
5）	Eggs	蛋类	0.01	2012	（＊）	
6）	Mammalian fats （except milk fats）	哺乳动物脂肪（牛奶脂肪除外）	0.01	2012	（＊）	
7）	Meat （from mammals other than marine mammals）	肉类（除海洋哺乳类外的哺乳类动物）	0.01	2012	（＊）	
8）	Milk fats	乳脂	0.02	2012		
9）	Milks	奶类	0.01	2012	（＊）	
10）	Poultry fats	家禽脂肪	0.01	2012	（＊）	

（续）

序号	加工农产品和饲料的英文名	加工农产品和饲料的中文名	最大残留限量（mg/kg）	采纳年份	符号	备注
11)	Poultry meat	家禽肉	0.01	2012	(＊)	
12)	Poultry，edible offal of	可食用家禽内脏	0.01	2012	(＊)	
13)	Rye	黑麦	0.03	2012		
14)	Rye straw and fodder（dry）	黑麦秸秆和饲料（干）	3	2012		
15)	Triticale	小黑麦	0.03	2012		
16)	Triticale straw and fodder（dry）	小黑麦麦秆和饲料（干）	3	2012		
17)	Wheat	小麦	0.03	2012		
18)	Wheat bran，unprocessed	小麦麸，未加工的	0.15	2012		
19)	Wheat straw and fodder（dry）	小麦秸秆和饲料（干）	3	2012		

129. Isoxaflutole 异噁唑草酮

序号	加工农产品和饲料的英文名	加工农产品和饲料的中文名	最大残留限量（mg/kg）	采纳年份	符号	备注
1)	Chick-pea（dry）	鹰嘴豆（干）	0.01	2014	(＊)	
2)	Chick-pea fodder	鹰嘴豆饲料	0.01	2014	(＊)	
3)	Edible offal（mammalian）	食用内脏（哺乳动物）	0.1	2014		
4)	Eggs	蛋类	0.01	2014	(＊)	
5)	Maize	玉米	0.02	2014	(＊)	
6)	Maize fodder（dry）	玉米饲料（干）	0.02	2014	(＊)	
7)	Mammalian fats（except milk fats）	哺乳动物脂肪（牛奶脂肪除外）	0.01	2014	(＊)	
8)	Meat（from mammals other than marine mammals）	肉类（除海洋哺乳类外的哺乳类动物）	0.01	2014	(＊)	
9)	Milks	奶类	0.01	2014	(＊)	
10)	Poppy seed	罂粟籽	0.02	2014	(＊)	
11)	Poultry fats	家禽脂肪	0.01	2014	(＊)	
12)	Poultry meat	家禽肉	0.01	2014	(＊)	
13)	Poultry，edible offal of	可食用家禽内脏	0.2	2014		
14)	Sugar cane	甘蔗	0.01	2014	(＊)	
15)	Sugar cane fodder	甘蔗饲料	0.01	2014	(＊)	
16)	Sweet corn（corn-on-the-cob）	甜玉米（棒）	0.02	2014	(＊)	

130. Kresoxim-methyl 醚菌酯

序号	加工农产品和饲料的英文名	加工农产品和饲料的中文名	最大残留限量（mg/kg）	采纳年份	符号	备注
1)	Barley	大麦	0.1	2003		
2)	Cucumber	黄瓜	0.05	2001	(＊)	
3)	Dried grapes（including currants, raisins and sultanas）	葡萄干（包括黑加仑干、提子干和小葡萄干）	2	2001		
4)	Edible offal（mammalian）	食用内脏（哺乳动物）	0.05	2003	(＊)	
5)	Grapefruit	葡萄柚	0.5	2003		
6)	Grapes	葡萄	1	2001		
7)	Mammalian fats（except milk fats）	哺乳动物脂肪（牛奶脂肪除外）	0.05	2003	(＊)	
8)	Meat（from mammals other than marine mammals）	肉类（除海洋哺乳类外的哺乳类动物）	0.05	2003	(＊)	
9)	Milks	奶类	0.01	2003	(＊)	

（续）

序号	加工农产品和饲料的英文名	加工农产品和饲料的中文名	最大残留限量（mg/kg）	采纳年份	符号	备注
10)	Olive oil，virgin	初榨橄榄油	0.7	2003		
11)	Oranges，sweet，sour（including orange-like hybrids）；several cultivars	橙，甜的，酸的（包括类橙杂交种）	0.5	2003		
12)	Pome fruits	仁果类水果	0.2	2003		
13)	Poultry meat	家禽肉	0.05	2003	(＊)	
14)	Rye	黑麦	0.05	2001	(＊)	
15)	Straw and fodder（dry）of cereal grains	谷物的稻草和饲料（干）	5	2001		
16)	Table olives	餐用油橄榄	0.2	2003		
17)	Wheat	小麦	0.05	2001	(＊)	
131. Lindane 林丹						
1)	Barley	大麦	0.01	2004		
2)	Edible offal（mammalian）	食用内脏（哺乳动物）	0.01	2004	(＊)	
3)	Eggs	蛋类	0.01	2004	(＊)	
4)	Maize	玉米	0.01	2004	(＊)	
5)	Meat（from mammals other than marine mammals）	肉类（除海洋哺乳类外的哺乳类动物）	0.1	2004	(fat)	
6)	Milks	奶类	0.01	2004	(＊)	
7)	Oats	燕麦	0.01	2004	(＊)	
8)	Poultry meat	家禽肉	0.05	2004	(fat)	
9)	Poultry，edible offal of	可食用家禽内脏	0.01	2004	(＊)	
10)	Rye	黑麦	0.01	2004	(＊)	
11)	Sorghum	高粱	0.01	2004	(＊)	
12)	Straw and fodder（dry）of cereal grains	谷物的稻草和饲料（干）	0.01	2004	(＊)	
13)	Sweet corn（kernels）	甜玉米粒	0.01	2004	(＊)	
14)	Wheat	小麦	0.01	2004	(＊)	
132. Lufenuron 虱螨脲						
1)	Cucumber	黄瓜	0.09	2016		
2)	Edible offal（mammalian）	食用内脏（哺乳动物）	0.04	2016		
3)	Eggs	蛋类	0.02	2016		
4)	Mammalian fats（except milk fats）	哺乳动物脂肪（牛奶脂肪除外）	0.7	2016		
5)	Meat（from mammals other than marine mammals）	肉类（除海洋哺乳类外的哺乳类动物）	0.7	2016		
6)	Melon（except watermelon）	瓜类（不包括西瓜）	0.4	2016		
7)	Milk fats	乳脂	2	2016		
8)	Milks	奶类	0.1	2016		
9)	Peppers，sweet（including pimento or pimiento）	甜椒（包括红辣椒）	0.8	2012		

（续）

序号	加工农产品和饲料的英文名	加工农产品和饲料的中文名	最大残留限量（mg/kg）	采纳年份	符号	备注
10）	Potato	马铃薯	0.01	2016	（＊）	
11）	Poultry fats	家禽脂肪	0.04	2016		
12）	Poultry meat	家禽肉	0.02	2016	(fat)	
13）	Poultry，edible offal of	可食用家禽内脏	0.02	2016		
14）	Soya bean（dry）	大豆（干）	0.01	2016	（＊）	
15）	Tomato	番茄	0.4	2016		

133. Malathion 马拉硫磷

序号	加工农产品和饲料的英文名	加工农产品和饲料的中文名	最大残留限量（mg/kg）	采纳年份	符号	备注
1）	Apple	苹果	0.5	2006		
2）	Asparagus	芦笋	1	2004		
3）	Beans（dry）	豆类（干）	2	2003		
4）	Beans（except broad bean and soya bean）	豆类（蚕豆和黄豆除外）	1	2004		
5）	Blueberries	蓝莓	10	2004		
6）	Cherries（includes all commodities in this subgroup）	樱桃（包含此子组中的所有种类）	3	2014		
7）	Citrus fruits	柑橘类水果	7	2013		
8）	Cotton seed	棉籽	20	2006		
9）	Cotton seed oil，crude	粗制棉籽油	13	2006		
10）	Cotton seed oil，edible	可食用棉籽油	13	2006		
11）	Cucumber	黄瓜	0.2	2004		
12）	Grapes	葡萄	5	2006		
13）	Maize	玉米	0.05	2006		
14）	Mustard greens	芥菜	2	2004		
15）	Onion，bulb	洋葱头	1	2004		
16）	Peppers	胡椒	0.1	2003		
17）	Peppers chili，dried	干辣椒	1	2006		
18）	Sorghum	高粱	3	2006		
19）	Spices（fruits and berries）	香辛料（水果和浆果类）	1	2005		
20）	Spices（roots and rhizomes）	香辛料（根和根茎类）	0.5	2005		
21）	Spices seeds	香辛料（种子类）	2	2005		
22）	Spices	香辛料	3	2003		
23）	Spring onion	大葱	5	2004		
24）	Strawberry	草莓	1			
25）	Sweet corn（corn-on-the-cob）	甜玉米（棒）	0.02	2004		
26）	Tomato	番茄	0.5	2003		
27）	Tomato juice	番茄汁	0.01	2004		
28）	Turnip greens	萝卜叶	5	2004		
29）	Turnip，garden	园艺萝卜	0.2	2003		
30）	Wheat	小麦	10	2009		

（续）

序号	加工农产品和饲料的英文名	加工农产品和饲料的中文名	最大残留限量（mg/kg）	采纳年份	符号	备注
31)	Wheat bran, unprocessed	小麦麸，未加工的	25	2009		
32)	Wheat flour	小麦粉	0.2	2006		

134. Maleic hydrazide 抑芽丹

序号	加工农产品和饲料的英文名	加工农产品和饲料的中文名	最大残留限量（mg/kg）	采纳年份	符号	备注
1)	Garlic	大蒜	15	2001		
2)	Onion, bulb	洋葱头	15			
3)	Potato	马铃薯	50			
4)	Shallot	葱	15	2001		

135. Mandipropamid 双炔酰菌胺

序号	加工农产品和饲料的英文名	加工农产品和饲料的中文名	最大残留限量（mg/kg）	采纳年份	符号	备注
1)	Broccoli	西兰花	2	2009		
2)	Cabbages (head)	甘蓝（头）	3	2009		
3)	Celery	芹菜	20	2009		
4)	Cucumber	黄瓜	0.2	2009		
5)	Dried grapes (including currants, raisins and sultanas)	葡萄干（包括黑加仑干、提子干和小葡萄干）	5	2009		
6)	Grapes	葡萄	2	2009		
7)	Hop (dry)	蛇麻草（干）	90	2014		
8)	Leafy vegetables	叶用蔬菜	25	2009		
9)	Melon (except watermelon)	瓜类（不包括西瓜）	0.5	2009		
10)	Onion, bulb	洋葱头	0.1	2009		
11)	Peppers	胡椒	1	2009		
12)	Peppers chili, dried	干辣椒	10	2009		
13)	Potato	马铃薯	0.01	2009	(＊)	
14)	Spring onion	大葱	7	2009		
15)	Squash, summer	西葫芦	0.2	2009		
16)	Tomato	番茄	0.3	2009		

136. MCPA-sodium 2甲4氯钠

序号	加工农产品和饲料的英文名	加工农产品和饲料的中文名	最大残留限量（mg/kg）	采纳年份	符号	备注
1)	Barley	大麦	0.2	2013		
2)	Barley straw and fodder (dry)	大麦秸秆和饲料（干）	50	2013		
3)	Edible offal (mammalian)	食用内脏（哺乳动物）	3	2013		
4)	Eggs	蛋类	0.05	2013	(＊)	
5)	Flax-seed	亚麻籽	0.01	2013	(＊)	
6)	Hay or fodder (dry) of grasses	干草或干草饲料	500	2013		
7)	Maize	玉米	0.01	2013	(＊)	
8)	Maize fodder (dry)	玉米饲料（干）	0.3	2013		
9)	Mammalian fats (except milk fats)	哺乳动物脂肪（牛奶脂肪除外）	0.2	2013		
10)	Meat (from mammals other than marine mammals)	肉类（除海洋哺乳类外的哺乳类动物）	0.1	2013		
11)	Milks	奶类	0.04	2013		
12)	Oat straw and fodder (dry)	燕麦秸秆和饲料（干）	50	2013		

（续）

序号	加工农产品和饲料的英文名	加工农产品和饲料的中文名	最大残留限量（mg/kg）	采纳年份	符号	备注
13)	Oats	燕麦	0.2	2013		
14)	Peas（dry）	豌豆（干）	0.01	2013	（＊）	
15)	Poultry fats	家禽脂肪	0.05	2013	（＊）	
16)	Poultry meat	家禽肉	0.05	2013	（＊）	
17)	Poultry, edible offal of	可食用家禽内脏	0.05	2013	（＊）	
18)	Rye	黑麦	0.2	2013		
19)	Barley straw and fodder（dry）	大麦秸秆和饲料（干）	50	2013		
20)	Triticale	小黑麦	0.2	2013		
21)	Triticale straw and fodder（dry）	小黑麦麦秆和饲料（干）	50	2013		
22)	Wheat	小麦	0.2	2013		
23)	Wheat straw and fodder（dry）	小麦秸秆和饲料（干）	50	2013		

137. Meptyldinocap 消螨多

序号	加工农产品和饲料的英文名	加工农产品和饲料的中文名	最大残留限量（mg/kg）	采纳年份	符号	备注
1)	Cucumber	黄瓜	0.07	2011		
2)	Grapes	葡萄	0.2	2011		
3)	Melon（except watermelon）	瓜类（不包括西瓜）	0.5	2011		
4)	Squash, summer	西葫芦	0.07	2011		
5)	Strawberry	草莓	0.3	2011		

138. Mesotrione 硝磺草酮

序号	加工农产品和饲料的英文名	加工农产品和饲料的中文名	最大残留限量（mg/kg）	采纳年份	符号	备注
1)	Asparagus	芦笋	0.01	2015	（＊）	
2)	Bush berries	灌木浆果	0.01	2015	（＊）	
3)	Cane berries	蔓藤类浆果	0.01	2015	（＊）	
4)	Cranberry	蔓越橘	0.01	2015	（＊）	
5)	Edible offal（mammalian）	食用内脏（哺乳动物）	0.01	2015	（＊）	
6)	Eggs	蛋类	0.01	2015	（＊）	
7)	Linseed	亚麻籽	0.01	2015	（＊）	
8)	Maize	玉米	0.01	2015	（＊）	
9)	Meat（from mammals other than marine mammals）	肉类（除海洋哺乳类外的哺乳类动物）	0.01	2015	（＊）	
10)	Milks	奶类	0.01	2015	（＊）	
11)	Millet（including barnyard, bulrush, common, finger, foxtail and little millet）	小米（包括谷子、芦苇、普通小米、人参米、狐尾小米、小米）	0.01	2015	（＊）	
12)	Oats	燕麦	0.01	2015	（＊）	
13)	Okra	秋葵	0.01	2015	（＊）	
14)	Poultry meat	家禽肉	0.01	2015	（＊）	
15)	Poultry, edible offal of	可食用家禽内脏	0.01	2015	（＊）	
16)	Rhubarb	大黄	0.01	2015	（＊）	
17)	Rice	稻米	0.01	2015	（＊）	
18)	Sorghum	高粱	0.01	2015	（＊）	
19)	Soya bean（dry）	大豆（干）	0.03	2015		

（续）

序号	加工农产品和饲料的英文名	加工农产品和饲料的中文名	最大残留限量（mg/kg）	采纳年份	符号	备注
20)	Sugar cane	甘蔗	0.01	2015		
21)	Sweet corn（corn-on-the-cob）	甜玉米（棒）	0.01	2015	（＊）	
139. Metaflumizone 氰氟虫腙						
1)	Brussels sprouts	球芽甘蓝	0.8	2010		
2)	Chinese cabbage（type pack choi）	大白菜（包菜式）	6	2010		
3)	Edible offal（mammalian）	食用内脏（哺乳动物）	0.02	2010	（＊）	
4)	Eggplant	茄子	0.6	2010		
5)	Lettuce（head）	莴笋	7	2010		
6)	Meat（from mammals other than marine mammals）	肉类（除海洋哺乳类外的哺乳类动物）	0.02	2010	（＊）（fat）	
7)	Milk fats	乳脂	0.02	2010		
8)	Milks	奶类	0.01	2010	（＊）	
9)	Peppers	胡椒	0.6	2010		
10)	Peppers chili, dried	干辣椒	6	2010		
11)	Potato	马铃薯	0.02	2010	（＊）	
12)	Tomato	番茄	0.6	2010		
140. Metalaxyl 甲霜灵						
1)	Asparagus	芦笋	0.05			
2)	Avocado	鳄梨	0.2			
3)	Broccoli	西兰花	0.5	1993		
4)	Brussels sprouts	球芽甘蓝	0.2	1991		
5)	Cabbages（head）	甘蓝（头）	0.5	1993		
6)	Cacao beans	可可豆	0.2	1991		
7)	Carrot	胡萝卜	0.05	1991	（＊）	
8)	Cauliflower	青花菜	0.5	1993		
9)	Cereal grains	谷物	0.05		（＊）	
10)	Citrus fruits	柑橘类水果	5		Po	
11)	Cotton seed	棉籽	0.05		（＊）	
12)	Cucumber	黄瓜	0.5	1991		
13)	Gherkin	小黄瓜	0.5	1991		
14)	Grapes	葡萄	1			
15)	Hop（dry）	蛇麻草（干）	10			
16)	Lettuce（head）	莴笋	2	1995		
17)	Melon（except watermelon）	瓜类（不包括西瓜）	0.2			
18)	Onion, bulb	洋葱头	2	1995		
19)	Peanut	花生	0.1			
20)	Peas, shelled（succulent seeds）	去壳豌豆（多汁种子）	0.05		（＊）	
21)	Peppers	胡椒	1			
22)	Peppers chili, dried	干辣椒	10	2006		

序号	加工农产品和饲料的英文名	加工农产品和饲料的中文名	最大残留限量 （mg/kg）	采纳 年份	符号	备注
23)	Pome fruits	仁果类水果	1	1993	Po	
24)	Potato	马铃薯	0.05		（＊）	
25)	Raspberries（red and black）	覆盆子（红色和黑色）	0.2	1991		
26)	Soya bean（dry）	大豆（干）	0.05		（＊）	
27)	Spices seeds	香辛料（种子类）	5	2005		
28)	Spinach	菠菜	2			
29)	Squash，summer	西葫芦	0.2			
30)	Sugar beet	甜菜	0.05		（＊）	
31)	Sunflower seed	葵花籽	0.05		（＊）	
32)	Tomato	番茄	0.5			
33)	Watermelon	西瓜	0.2			
34)	Winter squash	笋瓜	0.2			

141. Methamidophos 甲胺磷

序号	加工农产品和饲料的英文名	加工农产品和饲料的中文名	最大残留限量 （mg/kg）	采纳 年份	符号	备注
1)	Artichoke，globe	全球朝鲜蓟	0.2	2005		
2)	Beans（except broad bean and soya bean）	豆类（蚕豆和黄豆除外）	1	2006		
3)	Cotton seed	棉籽	0.2	2005		
4)	Edible offal（mammalian）	食用内脏（哺乳动物）	0.01	2005	（＊）	
5)	Eggs	蛋类	0.01	2005	（＊）	
6)	Fodder beet	饲用甜菜	0.02	2005		
7)	Meat（from mammals other than marine mammals）	肉类（除海洋哺乳类外的哺乳类动物）	0.01	2005	（＊）	
8)	Milks	奶类	0.02	2005		
9)	Potato	马铃薯	0.05	2005		
10)	Poultry meat	家禽肉	0.01	2005	（＊）	
11)	Poultry，edible offal of	可食家禽内脏	0.01	2005	（＊）	
12)	Rice straw and fodder（dry）	稻草和饲料（干）	0.1	2012		
13)	Rice（husked）	糙米	0.6	2012		
14)	Soya bean（dry）	大豆（干）	0.1	2005		
15)	Spices	香辛料	0.1	2005	（＊）	
16)	Sugar beet	甜菜	0.02	2005		

142. Methidathion 杀扑磷

序号	加工农产品和饲料的英文名	加工农产品和饲料的中文名	最大残留限量 （mg/kg）	采纳 年份	符号	备注
1)	Almonds	杏仁	0.05	1997	（＊）	
2)	Apple	苹果	0.5			
3)	Artichoke，globe	全球朝鲜蓟	0.05	1997	（＊）	
4)	Beans（dry）	豆类（干）	0.1	1997		
5)	Cabbages（head）	甘蓝（头）	0.1	1997		
6)	Cattle fat	牛脂肪	0.02		（＊）	

（续）

序号	加工农产品和饲料的英文名	加工农产品和饲料的中文名	最大残留限量（mg/kg）	采纳年份	符号	备注
7)	Cherries (includes all commodities in this subgroup)	樱桃（包含此子组中的所有种类）	0.2			
8)	Cotton seed	棉籽	1	1997		
9)	Cotton seed oil, crude	粗制棉籽油	2	1997		
10)	Cucumber	黄瓜	0.05	1997		
11)	Edible offal (mammalian)	食用内脏（哺乳动物）	0.02		(＊)	
12)	Eggs	蛋类	0.02		(＊)	
13)	Goat fat	山羊脂肪	0.02	1995	(＊)	
14)	Goat meat	山羊肉	0.02	1995	(＊)	
15)	Goat, edible offal of	可食用的山羊内脏	0.02	1995	(＊)	
16)	Grapefruit	葡萄柚	2	1995		
17)	Grapes	葡萄	1	1999		
18)	Hop (dry)	蛇麻草（干）	5	1995		
19)	Lemons and limes (including citron)	柠檬和酸橙（包括香木缘）	2			
20)	Macadamia nuts	夏威夷果	0.01	1997	(＊)	
21)	Maize	玉米	0.1			
22)	mandarins (including mandarin-like hybrids)	中国柑橘（包括杂交品种）	5			
23)	Meat of cattle, pigs and sheep	牛肉、猪肉和绵羊肉	0.02		(＊)	
24)	Milks	奶类	0.001 mk/kg	1995		
25)	Nectarine	蜜桃	0.2	1997		
26)	Onion, bulb	洋葱头	0.1	1995		
27)	Oranges, sweet, sour (including orange-like hybrids): several cultivars	橙，甜的，酸的（包括类橙杂交种）	2			
28)	Pear	梨	1	1999		
29)	Peas (dry)	豌豆（干）	0.1	1997		
30)	Peas (pods and succulent immature seeds)	豌豆（豆荚和未成熟的种子）	0.1			
31)	Pecan	美洲山核桃	0.05	1997	(＊)	
32)	Pig fat	猪脂肪	0.02		(＊)	
33)	Pineapple	菠萝	0.05			
34)	Plums (including prunes) (including all commodities in this subgroup)	李子（包括李子干）（包括此子组中的所有种类）	0.2			
35)	Potato	马铃薯	0.02		(＊)	
36)	Poultry fats	家禽脂肪	0.02		(＊)	
37)	Poultry meat	家禽肉	0.02		(＊)	
38)	Poultry, edible offal of	可食用家禽内脏	0.02		(＊)	
39)	Radish	萝卜	0.05	1997	(＊)	

（续）

序号	加工农产品和饲料的英文名	加工农产品和饲料的中文名	最大残留限量（mg/kg）	采纳年份	符号	备注
40）	Rape seed	油菜籽	0.1			
41）	Safflower seed	红花籽	0.1	1997		
42）	Sheep fat	绵羊脂肪	0.02	1995	（＊）	
43）	Sorghum	高粱	0.2			
44）	Spices（fruits and berries）	香辛料（水果和浆果类）	0.02	2011		
45）	Spices（roots and rhizomes）	香辛料（根和根茎类）	0.05	2011		
46）	Sugar beet	甜菜	0.05	1997	（＊）	
47）	Sunflower seed	葵花籽	0.5	1997		
48）	Table olives	餐用油橄榄	1	1995		
49）	Tea，green，black（black，fermented and dried）	绿茶，黑茶（黑茶指发酵的和干燥的）	0.5	1997		
50）	Tomato	番茄	0.1			
51）	Walnuts	核桃	0.05	1997	（＊）	

143. Methiocarb 甲硫威

序号	加工农产品和饲料的英文名	加工农产品和饲料的中文名	最大残留限量（mg/kg）	采纳年份	符号	备注
1）	Artichoke，globe	全球朝鲜蓟	0.05	2006	（＊）	
2）	Barley	大麦	0.05	2006	（＊）	
3）	Barley straw and fodder（dry）	大麦秸秆和饲料（干）	0.05	2006		
4）	Brussels sprouts	球芽甘蓝	0.05	2006	（＊）	
5）	Cabbages（head）	甘蓝（头）	0.1	2006		
6）	Cauliflower	青花菜	0.1	2006		
7）	Hazelnuts	榛子	0.05	2006	（＊）	
8）	Leek	韭菜	0.5	2006		
9）	Lettuce（head）	莴笋	0.05	2006	（＊）	
10）	Maize	玉米	0.05	2006	（＊）	
11）	Melon（except watermelon）	瓜类（不包括西瓜）	0.2	2006		
12）	Onion，bulb	洋葱头	0.5	2006		
13）	Pea hay or pea fodder（dry）	豌豆草或豌豆饲料（干）	0.5	2006		
14）	Peas（dry）	豌豆（干）	0.1	2006		
15）	Peas（pods and succulent immature seeds）	豌豆（豆荚和未成熟的种子）	0.1	2006		
16）	Peppers，sweet（including pimento or pimiento）	甜椒（包括红辣椒）	2	2006		
17）	Potato	马铃薯	0.05	2006	（＊）	
18）	Rape seed	油菜籽	0.05	2006	（＊）	
19）	Spices（fruits and berries）	香辛料（水果和浆果类）	0.07	2011		
20）	Spices（roots and rhizomes）	香辛料（根和根茎类）	0.1	2005		
21）	Strawberry	草莓	1	2003		
22）	Sugar beet	甜菜	0.05	2006	（＊）	
23）	Sunflower seed	葵花籽	0.05	2006	（＊）	

（续）

序号	加工农产品和饲料的英文名	加工农产品和饲料的中文名	最大残留限量（mg/kg）	采纳年份	符号	备注
24)	Wheat	小麦	0.05	2006	（＊）	
25)	Wheat straw and fodder (dry)	小麦秸秆和饲料（干）	0.05	2006		

144. Methomyl 灭多威

序号	加工农产品和饲料的英文名	加工农产品和饲料的中文名	最大残留限量（mg/kg）	采纳年份	符号	备注
1)	Alfalfa fodder	苜蓿饲料	20	2005		
2)	Apple	苹果	0.3	2010		
3)	Asparagus	芦笋	2	1991		
4)	Barley	大麦	2	2005		
5)	Bean fodder	豆饲料	10	2005		
6)	Beans (dry)	豆类（干）	0.05	2004		
7)	Beans (except broad bean and soya bean)	豆类（蚕豆和黄豆除外）	1	2004		
8)	Citrus fruits	柑橘类水果	1	2013		
9)	Citrus pulp (dry)	柑橘渣（干）	3	2005		
10)	Common bean (pods and/or immature seeds)	菜豆（豆荚和/或未成熟的种子）	1	2004		
11)	Cotton seed	棉籽	0.2	2004		
12)	Cotton seed, meal	棉籽粕	0.05	2004		
13)	Cotton seed oil, edible	可食用棉籽油	0.04	2004		
14)	Cotton seed, hulls	棉籽壳	0.2	2004		
15)	Edible offal (mammalian)	食用内脏（哺乳动物）	0.02	2004	（＊）	
16)	Eggs	蛋类	0.02	2004	（＊）	
17)	Fruiting vegetables, cucurbits	瓜类蔬菜	0.1	2009		
18)	Grapes	葡萄	0.3	2009		
19)	Lettuce (head)	莴笋	0.2	2009		
20)	Lettuce, leaf	莴苣叶	0.2	2009		
21)	Maize	玉米	0.02	2004	（＊）	
22)	Maize oil, edible	可食玉米油	0.02	2004	（＊）	
23)	Meat (from mammals other than marine mammals)	肉类（除海洋哺乳类外的哺乳类动物）	0.02	2004	（＊）	
24)	Milks	奶类	0.02	2004	（＊）	
25)	Mint hay	薄荷草	0.5	2005		
26)	Nectarine	蜜桃	0.2	2004		
27)	Oats	燕麦	0.02	2004	（＊）	
28)	Onion, bulb	洋葱头	0.2	1991		
29)	Peach	桃	0.2	2004		
30)	Pear	梨	0.3	2009		
31)	Peas (pods and succulent immature seeds)	豌豆（豆荚和未成熟的种子）	5	1991		
32)	Peppers	胡椒	0.7	2005		

（续）

序号	加工农产品和饲料的英文名	加工农产品和饲料的中文名	最大残留限量（mg/kg）	采纳年份	符号	备注
33)	Peppers chili, dried	干辣椒	10	2006		
34)	Plums (including prunes) (including all commodities in this subgroup)	李子（包括李子干）（包括此子组中的所有种类）	1	2004		
35)	Potato	马铃薯	0.02	2004	(*)	
36)	Poultry meat	家禽肉	0.02	2004	(*)	
37)	Poultry, edible offal of	可食用家禽内脏	0.02	2004	(*)	
38)	Rape seed	油菜籽	0.05	2004		
39)	Soya bean (dry)	大豆（干）	0.2			
40)	Soya bean fodder	大豆饲料	0.2	2004		
41)	Soya bean hulls	大豆外壳	1	2004		
42)	Soya bean meal	大豆豆粕	20	2004		
43)	Soya bean oil, crude	粗制大豆油	0.2	2004		
44)	Soya bean oil, refined	精制豆油	0.2	2004		
45)	Spices (fruits and berries)	香辛料（水果和浆果类）	0.07	2011		
46)	Straw, fodder (dry) and hay ofcereal grains and other grass-like plants	稻草、饲料（干）和谷物及其他草状植物干草	10	2004		
47)	Tomato	番茄	1	2009		
48)	Wheat	小麦	2	2005		
49)	Wheat bran, unprocessed	小麦麸，未加工的	3	2005		
50)	Wheat flour	小麦粉	0.03	2005		
51)	Wheat germ	小麦胚芽	2	2005		
52)	Wheat straw and fodder (dry)	小麦秸秆和饲料（干）	5	1991		

145. Methoprene 烯虫酯

序号	加工农产品和饲料的英文名	加工农产品和饲料的中文名	最大残留限量（mg/kg）	采纳年份	符号	备注
1)	Cereal grains	谷物	10	2006	Po	
2)	Edible offal (mammalian)	食用内脏（哺乳动物）	0.02	2006		
3)	Eggs	蛋类	0.02	2006		
4)	Maize oil, crude	玉米原油	200	2006	PoP	
5)	Meat (from mammals other than marine mammals)	肉类（除海洋哺乳类外的哺乳类动物）	0.2	2006	(fat)	
6)	Milks	奶类	0.1	2006	F	
7)	Poultry meat	家禽肉	0.02	2006		
8)	Poultry, edible offal of	可食用家禽内脏	0.02	2006		
9)	Rice hulls	稻壳	40	2006	PoP	
10)	Wheat bran, unprocessed	小麦麸，未加工的	25	2006	PoP	

146. Methoxyfenozide 甲氧虫酰肼

序号	加工农产品和饲料的英文名	加工农产品和饲料的中文名	最大残留限量（mg/kg）	采纳年份	符号	备注
1)	Almond hulls	杏仁皮	50	2005		
2)	Avocado	鳄梨	0.7	2010		
3)	Beans (dry)	豆类（干）	0.5	2010		
4)	Beans, shelled	去壳豆类	0.3	2010		

序号	加工农产品和饲料的英文名	加工农产品和饲料的中文名	最大残留限量（mg/kg）	采纳年份	符号	备注
5)	Blueberries	蓝莓	4	2010		
6)	Broccoli	西兰花	3	2005		
7)	Cabbages（head）	甘蓝（头）	7	2005		
8)	Carrot	胡萝卜	0.5	2010		
9)	Celery	芹菜	15	2005		
10)	Citrus fruits	柑橘类水果	2	2013		
11)	Common bean（pods and/or imma-ture seeds）	菜豆（豆荚和/或未成熟的种子）	2	2010		
12)	Cotton seed	棉籽	7	2005		
13)	Cowpea（dry）	豇豆（干）	5	2010		
14)	Cranberry	蔓越橘	0.7	2010		
15)	Dried grapes（including currants, raisins and sultanas）	葡萄干（包括黑加仑干、提子干和小葡萄干）	2	2005		
16)	Edible offal（mammalian）	食用内脏（哺乳动物）	0.2	2013		
17)	Eggs	蛋类	0.01	2005		
18)	Fruiting vegetables, cucurbits	瓜类蔬菜	0.3	2013		除了西瓜
19)	Grapes	葡萄	1	2005		
20)	Lettuce（head）	莴笋	15	2005		
21)	Lettuce，leaf	莴苣叶	30	2005		
22)	Maize	玉米	0.02	2005	（*）	
23)	Maize fodder（dry）	玉米饲料（干）	60	2005	dry wt	
24)	Mammalian fats（except milk fats）	哺乳动物脂肪（牛奶脂肪除外）	0.3	2013		
25)	Meat（from mammals other than ma-rine mammals）	肉类（除海洋哺乳类外的哺乳类动物）	0.3	2013	（fat）	
26)	Milks	奶类	0.05	2010		
27)	Mustard greens	芥菜	30	2005		
28)	Papaya	番木瓜	1	2010		
29)	Peanut	花生	0.03	2010		
30)	Peanut fodder	花生饲料	80	2010		
31)	Peanut oil，edible	可食用花生油	0.1	2010		
32)	Peas（dry）	豌豆（干）	5	2013		
33)	Peas（pods and succulent immature seeds）	豌豆（豆荚和未成熟的种子）	2	2013		
34)	Peas, shelled（succulent seeds）	去壳豌豆（多汁种子）	0.3	2010		
35)	Peppers	胡椒	2	2005		
36)	Peppers chili, dried	干辣椒	20	2006		
37)	Pome fruits	仁果类水果	2	2005		
38)	Poultry meat	家禽肉	0.01	2005	（*）	

（续）

序号	加工农产品和饲料的英文名	加工农产品和饲料的中文名	最大残留限量（mg/kg）	采纳年份	符号	备注
39)	Poultry, edible offal of	可食用家禽内脏	0.01	2005	(＊)	
40)	Prunes	梅子	2	2005		
41)	Radish	萝卜	0.4	2010		
42)	Radish leaves（including radish tops）	萝卜叶（包括萝卜尖）	7	2010		
43)	Stone fruits	核果类水果	2	2005		
44)	Strawberry	草莓	2	2010		
45)	Sugar beet	甜菜	0.3	2010		
46)	Sweet corn（corn-on-the-cob）	甜玉米（棒）	0.02	2005	(＊)	
47)	Sweet corn fodder	甜玉米饲料	7	2005		
48)	Sweet potato	甘薯	0.02	2010		
49)	Tomato	番茄	2	2005		
50)	Tree nuts	树坚果	0.1	2005		

147. Methyl bromide 溴甲烷

序号	加工农产品和饲料的英文名	加工农产品和饲料的中文名	最大残留限量（mg/kg）	采纳年份	符号	备注
1)	bread and other cooked cereal products	面包及其他焙烤的谷类食品	0.01	1999	(＊)	适用于零售或供消费的商品
2)	Cacao beans	可可豆	5	1999	Po	适用于进口食品，用于磨碎的谷物，被磨碎前后应在空气中暴露1 h
3)	Cereal grains	谷物	5	1999	Po	适用于进口食品，用于磨碎的谷物，被磨碎前后应在空气中暴露1 h
4)	Cacao products	可可产品	0.01	1999	(＊)Po	适用于零售或供消费的商品
5)	Dried fruits	蜜饯、果干	2	1999	Po	适用于进口食品，用于磨碎的谷物，被磨碎前后应在空气中暴露1 h
6)	Dried fruits	蜜饯、果干	0.01	1999	(＊)Po	适用于零售或供消费的商品

（续）

序号	加工农产品和饲料的英文名	加工农产品和饲料的中文名	最大残留限量（mg/kg）	采纳年份	符号	备注
7)	Milled cereals products	精制谷物制品	1	1999	Po	适用于进口食品，用于磨碎的谷物，被磨碎前后应在空气中暴露1 h
8)	Milled cereals products	精制谷物制品	0.01	1999	(＊)Po	适用于零售或供消费的商品
9)	Peanut	花生	0.01	1999	(＊)Po	适用于零售或供消费的商品
10)	Peanut	花生	10	1999	Po	适用于进口食品，用于磨碎的谷物，被磨碎前后应在空气中暴露1 h
11)	Tree nuts	树坚果	0.01	1999	(＊)Po	适用于零售或供消费的商品
12)	Tree nuts	树坚果	10	1999	Po	适用于进口食品，用于磨碎的谷物，被磨碎前后应在空气中暴露1 h

148. Metrafenone 苯菌酮

序号	加工农产品和饲料的英文名	加工农产品和饲料的中文名	最大残留限量（mg/kg）	采纳年份	符号	备注
1)	Barley	大麦	0.5	2015		
2)	Barley straw and fodder（dry）	大麦秸秆和饲料（干）	6	2015	dry wt	
3)	Cucumber	黄瓜	0.2	2015		
4)	Dried grapes（including currants, raisins and sultanas）	葡萄干（包括黑加仑干、提子干和小葡萄干）	20	2015		
5)	Edible offal（mammalian）	食用内脏（哺乳动物）	0.01	2015		
6)	Eggs	蛋类	0.01	2015	(＊)	
7)	Gherkin	小黄瓜	0.2	2015		
8)	Grapes	葡萄	5	2015		
9)	Mammalian fats（except milk fats）	哺乳动物脂肪（牛奶脂肪除外）	0.01	2015	(＊)	
10)	Meat（from mammals other than marine mammals）	肉类（除海洋哺乳类外的哺乳类动物）	0.01	2015	(＊)	

（续）

序号	加工农产品和饲料的英文名	加工农产品和饲料的中文名	最大残留限量（mg/kg）	采纳年份	符号	备注
11)	Milks	奶类	0.01	2015	（＊）	
12)	Mushrooms	蘑菇	0.5	2015		
13)	Oat straw and fodder（dry）	燕麦秸秆和饲料（干）	6	2015	dry wt	
14)	Oats	燕麦	0.5	2015		
15)	Peppers chili	辣椒	2	2015		
16)	Peppers chili，dried	干辣椒	20	2015		
17)	Peppers，sweet（including pimento or pimiento）	甜椒（包括红辣椒）	2	2015		
18)	Poultry fats	家禽脂肪	0.01	2015	（＊）	
19)	Poultry meat	家禽肉	0.01	2015	（＊）	
20)	Poultry，edible offal of	可食用家禽内脏	0.01	2015	（＊）	
21)	Rye	黑麦	0.06	2015		
22)	Rye straw and fodder（dry）	黑麦秸秆和饲料（干）	10	2015	dry wt	
23)	Squash，summer	西葫芦	0.06	2015		
24)	Strawberry	草莓	0.6	2015		
25)	Tomato	番茄	0.4	2015		
26)	Triticale	小黑麦	0.06	2015		
27)	Triticale straw and fodder（dry）	小黑麦麦秆和饲料（干）	10	2015	dry wt	
28)	Wheat	小麦	0.06	2015		
29)	Wheat bran，unprocessed	小麦麸，未加工的	0.25	2015		
30)	Wheat straw and fodder（dry）	小麦秸秆和饲料（干）	10	2015	dry wt	
31)	Wheat wholemeal	小麦全麦	0.08	2015		

149. Myclobutanil 腈菌唑

序号	加工农产品和饲料的英文名	加工农产品和饲料的中文名	最大残留限量（mg/kg）	采纳年份	符号	备注
1)	Beans（except broad bean and soya bean）	豆类（蚕豆和黄豆除外）	0.8	2015		
2)	Brassicas（cole or cabbage）vegetables，head cabbage，flowerh ead brassicas	十字花科蔬菜（油菜或卷心菜）	0.05	2015		
3)	Bulb vegetables	鳞茎类蔬菜	0.06	2015		
4)	Cherries（includes all commodities in this subgroup）	樱桃（包含此子组中的所有种类）	3	2015		
5)	Currants，black，red，white	黑醋栗，红醋栗，白醋栗	0.9	2015		
6)	Dried grapes（including currants，raisins and sultanas）	葡萄干（包括黑加仑干、提子干和小葡萄干）	6	2015		
7)	Edible offal（mammalian）	食用内脏（哺乳动物）	0.01	2015	（＊）	
8)	Eggs	蛋类	0.01	2015	（＊）	
9)	Fruiting vegetables，cucurbits	瓜类蔬菜	0.2	2015		
10)	Grapes	葡萄	0.9	2015		
11)	Hop（dry）	蛇麻草（干）	5	2015		

（续）

序号	加工农产品和饲料的英文名	加工农产品和饲料的中文名	最大残留限量 (mg/kg)	采纳 年份	符号	备注
12)	Leafy vegetables	叶用蔬菜	0.05	2015		
13)	Legume animal feeds	豆科动物饲料	0.2	2015		
14)	Mammalian fats (except milk fats)	哺乳动物脂肪（牛奶脂肪除外）	0.01	2015	(*)	
15)	Meat (from mammals other than marine mammals)	肉类（除海洋哺乳类外的哺乳类动物）	0.01	2015	(*)	
16)	Milks	奶类	0.01	2015	(*)	
17)	Peaches (including nectarine and apricots) (includes all commodities in this subgroup)	桃（包括油桃和杏桃）（包括此子组中的所有种类）	3	2015		
18)	Peppers	胡椒	3	2015		
19)	Peppers chili, dried	干辣椒	20	2015		
20)	Plums (including prunes) (including all commodities in this subgroup)	李子（包括李子干）（包括此子组中的所有种类）	2	2015		
21)	Pome fruits	仁果类水果	0.6	2015		
22)	Poultry fats	家禽脂肪	0.01	2015	(*)	
23)	Poultry meat	家禽肉	0.01	2015	(*)	
24)	Poultry, edible offal of	可食用家禽内脏	0.01	2015	(*)	
25)	Root and tuber vegetables	块根和块茎类蔬菜	0.06	2015		
26)	Straw and fodder (dry) of cereal grains	谷物的稻草和饲料（干）	0.3	2015		
27)	Strawberry	草莓	0.8	2015		
28)	Tomato	番茄	0.3	2015		

150. Novaluron　氟酰脲

序号	加工农产品和饲料的英文名	加工农产品和饲料的中文名	最大残留限量 (mg/kg)	采纳 年份	符号	备注
1)	Beans (dry)	豆类（干）	0.1	2011		
2)	Blueberries	蓝莓	7	2011		
3)	Brassicas (cole or cabbage) vegetables, head cabbage, flowerh ead brassicas	十字花科蔬菜（油菜或卷心菜）	0.7	2011		
4)	Chard	莙荙菜	15	2011		
5)	Common bean (pods and/or immature seeds)	菜豆（豆荚和/或未成熟的种子）	0.7	2011		
6)	Cotton seed	棉籽	0.5	2006		
7)	Edible offal (mammalian)	食用内脏（哺乳动物）	0.7	2011		
8)	Eggs	蛋类	0.1	2011		
9)	Fruiting vegetables other than cucurbits	瓜类蔬菜（不包括葫芦科植物）	0.7	2011		除了甜玉米
10)	Fruiting vegetables, cucurbits	瓜类蔬菜	0.2	2011		

（续）

序号	加工农产品和饲料的英文名	加工农产品和饲料的中文名	最大残留限量（mg/kg）	采纳年份	符号	备注
11)	Meat（from mammals other than marine mammals）	肉类（除海洋哺乳类外的哺乳类动物）	10	2011	(fat)	
12)	Milk fats	乳脂	7	2011		
13)	Milks	奶类	0.4	2011		
14)	Mushrooms	蘑菇	25	2011		
15)	Pome fruits	仁果类水果	3	2006		
16)	Potato	马铃薯	0.01	2006	(*)	
17)	Poultry meat	家禽肉	0.5	2011	(fat)	
18)	Poultry，edible offal of	可食用家禽内脏	0.1	2011		
19)	Prunes	梅子	3	2011		
20)	Soya bean（immature seeds）	大豆（未成熟种子）	0.01	2006	(*)	
21)	Stone fruits	核果类水果	7	2011		
22)	Strawberry	草莓	0.5	2011		
23)	Sugar cane	甘蔗	0.5	2011		
24)	Sweet corn fodder	甜玉米饲料	40	2006		

151. Omethoate 氧乐果

序号	加工农产品和饲料的英文名	加工农产品和饲料的中文名	最大残留限量（mg/kg）	采纳年份	符号	备注
1)	Spices（fruits and berries）	香辛料（水果和浆果类）	0.01	2012		氧乐果的残留来自于乐果
2)	Spices（roots and rhizomes）	香辛料（根和根茎类）	0.05	2012		氧乐果的残留来自于乐果

152. Ortho-phenyl phenol 邻苯基苯酚

序号	加工农产品和饲料的英文名	加工农产品和饲料的中文名	最大残留限量（mg/kg）	采纳年份	符号	备注
1)	Citrus fruits	柑橘类水果	10	2001	Po	
2)	Citrus pulp（dry）	柑橘渣（干）	60	2003	PoP	
3)	Orange juice	橙汁	0.5	2003	PoP	
4)	Pear	梨	20	2003	Po	

153. Oxamyl 杀线威

序号	加工农产品和饲料的英文名	加工农产品和饲料的中文名	最大残留限量（mg/kg）	采纳年份	符号	备注
1)	Carrot	胡萝卜	0.1	2004		
2)	Citrus fruits	柑橘类水果	5			
3)	Cotton seed	棉籽	0.2			
4)	Cucumber	黄瓜	2			
5)	Edible offal of cattle，goats，horses，pigs and sheep	牛、山羊、马、猪和绵羊的可食用内脏	0.02	2004	(*)	
6)	Eggs	蛋类	0.02	2004	(*)	
7)	Meat（from mammals other than marine mammals）	肉类（除海洋哺乳类外的哺乳类动物）	0.02	2004	(*)	

序号	加工农产品和饲料的英文名	加工农产品和饲料的中文名	最大残留限量（mg/kg）	采纳年份	符号	备注
8)	Melon（except watermelon）	瓜类（不包括西瓜）	2			
9)	Milks	奶类	0.02	2004	(*)	
10)	Peanut	花生	0.05	2004		
11)	Peanut fodder	花生饲料	0.2	2004		
12)	Peppers, sweet（including pimento or pimiento）	甜椒（包括红辣椒）	2			
13)	Potato	马铃薯	0.1	2004		
14)	Poultry meat	家禽肉	0.02	2004	(*)	
15)	Poultry, edible offal of	可食用家禽内脏	0.02	2004	(*)	
16)	Spices（fruits and berries）	香辛料（水果和浆果类）	0.07	2011		
17)	Spices（roots and rhizomes）	香辛料（根和根茎类）	0.05	2011		
18)	Tomato	番茄	2			

154. Oxydemeton-methyl 异砜吸硫磷

序号	加工农产品和饲料的英文名	加工农产品和饲料的中文名	最大残留限量（mg/kg）	采纳年份	符号	备注
1)	Barley	大麦	0.02	2006	(*)	
2)	Barley straw and fodder（dry）	大麦秸秆和饲料（干）	0.1	2006		
3)	Cattle fat	牛脂肪	0.05	2006	(*)	
4)	Cauliflower	青花菜	0.01	2006	(*)	
5)	Common bean（dry）	菜豆（干）	0.1	2006		
6)	Cotton seed	棉籽	0.05	2006		
7)	Eggs	蛋类	0.05	2006	(*)	
8)	Kale（including: collards, curly, sootch, thousand-headed kale, not including marrow-stem kele）	羽衣甘蓝（包括无头甘蓝、卷曲羽衣甘蓝、烟熏羽衣甘蓝、千头羽衣甘蓝，不含箭梗甘蓝）	0.01	2006	(*)	
9)	Kohlrabi	大头菜	0.05	2006		
10)	Lemon	柠檬	0.2	2006		
11)	Meat of cattle, pigs and sheep	牛肉、猪肉和绵羊肉	0.05	2006	(*)	
12)	Milks	奶类	0.01	2006	(*)	
13)	Pear	梨	0.05	2006		
14)	Pig fat	猪脂肪	0.05	2006	(*)	
15)	Potato	马铃薯	0.01	2006	(*)	
16)	Poultry fats	家禽脂肪	0.05	2006	(*)	
17)	Poultry meat	家禽肉	0.05	2006	(*)	
18)	Rye	黑麦	0.02	2006	(*)	
19)	Barley straw and fodder（dry）	大麦秸秆和饲料（干）	0.1	2006		
20)	Sheep fat	绵羊脂肪	0.05	2006	(*)	
21)	Sugar beet	甜菜	0.01	2006	(*)	
22)	Wheat	小麦	0.02	2006	(*)	
23)	Wheat straw and fodder（dry）	小麦秸秆和饲料（干）	0.1	2006		

（续）

序号	加工农产品和饲料的英文名	加工农产品和饲料的中文名	最大残留限量（mg/kg）	采纳年份	符号	备注
155. Paraquat　百草枯						
1)	Almond hulls	杏仁皮	0.01	2006	（＊）	
2)	Assorted tropical and sub-tropical fruits-inedible peel	各种热带和亚热带水果（不可食用的果皮）	0.01	2006	（＊）	
3)	Berries and other small fruits	浆果及其他小水果	0.01	2006	（＊）	
4)	Citrus fruits	柑橘类水果	0.02	2006		
5)	Cotton seed	棉籽	2	2006		
6)	Edible offal（mammalian）	食用内脏（哺乳动物）	0.05	2006		
7)	Eggs	蛋类	0.005	2006	（＊）	
8)	Fruiting vegetables other than cucurbits	瓜类蔬菜（不包括葫芦科植物）	0.05	2006		
9)	Fruiting vegetables, cucurbits	瓜类蔬菜	0.02	2006		
10)	Hop（dry）	蛇麻草（干）	0.1	2006		
11)	Leafy vegetables	叶用蔬菜	0.07	2006		
12)	Maize	玉米	0.03	2006		
13)	Maize flour	玉米粉	0.05	2006		
14)	Maize fodder（dry）	玉米饲料（干）	10	2006	dry wt	
15)	Meat（from mammals other than marine mammals）	肉类（除海洋哺乳类外的哺乳类动物）	0.005	2006		
16)	Milks	奶类	0.005	2006	（＊）	
17)	Pome fruits	仁果类水果	0.01	2006	（＊）	
18)	Poultry meat	家禽肉	0.005	2006	（＊）	
19)	Poultry, edible offal of	可食用家禽内脏	0.005	2006	（＊）	
20)	Pulses	干豆	0.5	2006		
21)	Rice	稻米	0.05	2010		
22)	Rice straw and fodder（dry）	稻草和饲料（干）	0.05	2010		
23)	Root and tuber vegetables	块根和块茎类蔬菜	0.05	2006		
24)	Sorghum	高粱	0.03	2006		
25)	Sorghum straw and fodder（dry）	高粱秸秆和饲料（干）	0.3	2006	dry wt	
26)	Soya bean fodder	大豆饲料	0.5	2006	dry wt	
27)	Stone fruits	核果类水果	0.01	2006	（＊）	
28)	Sunflower seed	葵花籽	2	2006		
29)	Table olives	餐用油橄榄	0.1	2006		
30)	Tea, green, black（black, fermented and dried）	绿茶，黑茶（黑茶指发酵的和干燥的）	0.2	2006		
31)	Tree nuts	树坚果	0.05	2006		
156. Parathion　对硫磷						
1)	Spices（fruits and berries）	香辛料（水果和浆果类）	0.2	2005		
2)	Spices（roots and rhizomes）	香辛料（根和根茎类）	0.2	2005		

（续）

序号	加工农产品和饲料的英文名	加工农产品和饲料的中文名	最大残留限量（mg/kg）	采纳年份	符号	备注
3)	Spices seeds	香辛料（种子类）	0.1	2005	（*）	

157. Parathion-methyl　甲基对硫磷

序号	加工农产品和饲料的英文名	加工农产品和饲料的中文名	最大残留限量（mg/kg）	采纳年份	符号	备注
1)	Apple	苹果	0.2	2004		
2)	Beans （dry）	豆类（干）	0.05	1997	（*）	
3)	Cabbages （head）	甘蓝（头）	0.05	2004		
4)	Dried grapes （including currants, raisins and sultanas）	葡萄干（包括黑加仑干、提子干和小葡萄干）	1	2004		
5)	Grapes	葡萄	0.5	2004		
6)	Nectarine	蜜桃	0.3	2004		
7)	Peach	桃	0.3	2004		
8)	Peas （dry）	豌豆（干）	0.3	2004		
9)	Potato	马铃薯	0.05	1997	（*）	
10)	Spices （fruits and berries）	香辛料（水果和浆果类）	5	2005		
11)	Spices （roots and rhizomes）	香辛料（根和根茎类）	3	2005		
12)	Spices seeds	香辛料（种子类）	5	2005		
13)	Sugar beet	甜菜	0.05	1997	（*）	

158. Penconazole　戊菌唑

序号	加工农产品和饲料的英文名	加工农产品和饲料的中文名	最大残留限量（mg/kg）	采纳年份	符号	备注
1)	Cattle meat	牛肉	0.05	1995	（*）	
2)	Cattle milk	牛奶	0.01	1995	（*）	
3)	Cattle, edible offal of	可食用牛内脏	0.05	1995	（*）	
4)	Chicken eggs	鸡蛋	0.05	1995	（*）	
5)	Chicken meat	鸡肉	0.05	1995	（*）	
6)	Cucumber	黄瓜	0.1	1997		
7)	Dried grapes （including currants, raisins and sultanas）	葡萄干（包括黑加仑干、提子干和小葡萄干）	0.5	1997		
8)	Grapes	葡萄	0.2	1997		
9)	Hop （dry）	蛇麻草（干）	0.5	1995		
10)	Melon （except watermelon）	瓜类（不包括西瓜）	0.1	1997		
11)	Nectarine	蜜桃	0.1	1995		
12)	Peach	桃	0.1	1995		
13)	Pome fruits	仁果类水果	0.2	1997		
14)	Strawberry	草莓	0.1	1997		
15)	Tomato	番茄	0.2	1997		

159. Penthiopyrad　吡噻菌胺

序号	加工农产品和饲料的英文名	加工农产品和饲料的中文名	最大残留限量（mg/kg）	采纳年份	符号	备注
1)	Alfalfa fodder	苜蓿饲料	20	2014		
2)	Almond hulls	杏仁皮	6	2014		
3)	Barley	大麦	0.2	2014		
4)	Barley straw and fodder （dry）	大麦秸秆和饲料（干）	80	2014		

（续）

序号	加工农产品和饲料的英文名	加工农产品和饲料的中文名	最大残留限量（mg/kg）	采纳年份	符号	备注
5)	Beans（except broad bean and soya bean）	豆类（蚕豆和黄豆除外）	3	2013		绿豆荚和未成熟豆类
6)	Beans，shelled	去壳豆类	0.3	2013		
7)	Cabbages（head）	甘蓝（头）	4	2014		
8)	Carrot	胡萝卜	0.6	2013		
9)	Celery	芹菜	15	2013		
10)	Cotton gin trash	Cotton gin trash	20	2014		
11)	Cotton seed	棉籽	0.5	2014		
12)	Edible offal（mammalian）	食用内脏（哺乳动物）	0.08	2014		
13)	Eggs	蛋类	0.03	2014		
14)	Flowerhead brassicas（includes broccoli，Chinese broccoli and cauliflower）	十字花科植物（包括西兰花、中国菜花和花椰菜）	5	2013		
15)	Fruiting vegetables other than cucurbits	瓜类蔬菜（不包括葫芦科植物）	2	2013		除了蘑菇和甜玉米
16)	Fruiting vegetables，cucurbits	瓜类蔬菜	0.5	2013		
17)	Leafy vegetables	叶用蔬菜	30	2013		除了芸薹属植物的叶用蔬菜
18)	Maize	玉米	0.01	2014		
19)	Maize flour	玉米粉	0.05	2014		
20)	Maize oil，crude	玉米原油	0.15	2014		
21)	Mammalian fats（except milk fats）	哺乳动物脂肪（牛奶脂肪除外）	0.05	2014		
22)	Meat（from mammals other than marine mammals）	肉类（除海洋哺乳类外的哺乳类动物）	0.04	2014		
23)	Milks	奶类	0.04	2014		
24)	Millet（including barnyard，bulrush，common，finger，foxtail and little millet）	小米（包括谷子、芦苇、普通小米、人参米、狐尾小米、小米）	0.8	2014		
25)	Millet fodder（dry）	小米饲料（干）	10	2014		
26)	Oat straw and fodder（dry）	燕麦秸秆和饲料（干）	80	2014		
27)	Oats	燕麦	0.2	2014		
28)	Onion，bulb	洋葱头	0.7	2013		
29)	Onion，welsh	威尔士洋葱	4	2013		
30)	Pea hay or pea fodder（dry）	豌豆草或豌豆饲料（干）	60	2014		
31)	Peanut	花生	0.05	2014		
32)	Peanut fodder	花生饲料	30	2014		
33)	Peanut oil，edible	可食用花生油	0.5	2014		
34)	Peas（pods and succulent immature seeds）	豌豆（豆荚和未成熟的种子）	3	2013		
35)	Peas，shelled（succulent seeds）	去壳豌豆（多汁种子）	0.3	2013		

（续）

序号	加工农产品和饲料的英文名	加工农产品和饲料的中文名	最大残留限量（mg/kg）	采纳年份	符号	备注
36）	Peppers chili, dried	干辣椒	14	2013		
37）	Pome fruits	仁果类水果	0.4	2014		
38）	Potato	马铃薯	0.05	2013		
39）	Poultry fats	家禽脂肪	0.03	2014		
40）	Poultry meat	家禽肉	0.03	2014		
41）	Poultry, edible offal of	可食用家禽内脏	0.03	2014		
42）	Pulses	干豆	0.3	2013		除了大豆
43）	Radish	萝卜	0.3	2013		
44）	Rape seed	油菜籽	0.5	2014		
45）	Rape seed oil, crude	粗制菜籽油	1	2014		
46）	Rape seed oil, edible	可食用菜籽油	1	2014		
47）	Rye	黑麦	0.1	2014		
48）	Rye straw and fodder (dry)	黑麦秸秆和饲料（干）	80	2014		
49）	Sorghum	高粱	0.8	2014		
50）	Sorghum straw and fodder (dry)	高粱秸秆和饲料（干）	10	2014		
51）	Soya bean (dry)	大豆（干）	0.3	2014		
52）	Soya bean fodder	大豆饲料	200	2014		
53）	Spring onion	大葱	4	2013		
54）	Stone fruits	核果类水果	4	2013		
55）	Strawberry	草莓	3	2013		
56）	Sugar beet	甜菜	0.5	2014		
57）	Sunflower seed	葵花籽	1.5	2014		
58）	Sweet corn (corn-on-the-cob)	甜玉米（棒）	0.02	2013		
59）	Tree nuts	树坚果	0.05	2013		
60）	Triticale	小黑麦	0.1	2014		
61）	Triticale straw and fodder (dry)	小黑麦麦秆和饲料（干）	80	2014		
62）	Turnip greens	萝卜叶	50	2013		
63）	Wheat	小麦	0.1	2014		
64）	wheat bran, processed	小麦麸皮，加工后的	0.1	2014		
65）	Wheat bran, unprocessed	小麦麸皮，未加工的	0.2	2014		
66）	Wheat germ	小麦胚芽	0.2	2014		
67）	Wheat straw and fodder (dry)	小麦秸秆和饲料（干）	80	2014		

160. Permethrin 氯氰菊酯

序号	加工农产品和饲料的英文名	加工农产品和饲料的中文名	最大残留限量（mg/kg）	采纳年份	符号	备注
1）	Alfalfa fodder	苜蓿饲料	100		dry wt	
2）	Almonds	杏仁	0.1			
3）	Asparagus	芦笋	1			
4）	Beans (dry)	豆类（干）	0.1			
5）	Blackberries	黑莓	1			
6）	Broccoli	西兰花	2			

（续）

序号	加工农产品和饲料的英文名	加工农产品和饲料的中文名	最大残留限量（mg/kg）	采纳年份	符号	备注
7)	Brussels sprouts	球芽甘蓝	1			
8)	Cabbages，savoy	皱叶甘蓝	5			
9)	Cabbages（head）	甘蓝（头）	5			
10)	Carrot	胡萝卜	0.1			
11)	Cauliflower	青花菜	0.5			
12)	Celery	芹菜	2			
13)	Cereal grains	谷物	2		Po	
14)	Chinese cabbage（type petsai）	大白菜	5			
15)	Citrus fruits	柑橘类水果	0.5			
16)	Coffee beans	咖啡豆	0.05		(*)	
17)	Common bean（pods and/or immature seeds）	菜豆（豆荚和/或未成熟的种子）	1			
18)	Cotton seed	棉籽	0.5			
19)	Cotton seed oil, edible	可食用棉籽油	0.1			
20)	Cucumber	黄瓜	0.5			
21)	Currants，black，red，white	黑醋栗，红醋栗，白醋栗	2			
22)	Dewberries（including boysenberry and loganberry）	北美洲露莓（包括博伊森莓和罗甘莓）	1			
23)	Edible offal（mammalian）	食用内脏（哺乳动物）	0.1			MRLs 适用于劳力性动物食品
24)	Eggplant	茄子	1			
25)	Eggs	蛋类	0.1			
26)	Gherkin	小黄瓜	0.5			
27)	Gooseberry	醋栗	2			
28)	Grapes	葡萄	2			
29)	Hop（dry）	蛇麻草（干）	50			
30)	Horseradish	山葵	0.5			
31)	Kale（including：collards, curly, sootch, thousand-headed kale, not including marrow-stem kele）	羽衣甘蓝（包括无头甘蓝、卷曲羽衣甘蓝、烟熏羽衣甘蓝、千头羽衣甘蓝，不含箭梗甘蓝）	5			
32)	Kiwifruit	猕猴桃	2			
33)	Kohlrabi	大头菜	0.1			
34)	Leek	韭菜	0.5			
35)	Lettuce（head）	莴笋	2			
36)	Maize fodder（dry）	玉米饲料（干）	100		dry wt	
37)	Meat（from mammals other than marine mammals）	肉类（除海洋哺乳类外的哺乳类动物）	1		(fat)	MRLs 适用于劳力性动物食品

（续）

序号	加工农产品和饲料的英文名	加工农产品和饲料的中文名	最大残留限量（mg/kg）	采纳年份	符号	备注
38)	Melon（except watermelon）	瓜类（不包括西瓜）	0.1			
39)	Milks	奶类	未制定		F	
40)	Mushrooms	蘑菇	0.1			
41)	Peanut	花生	0.1			
42)	Peas, shelled（succulent seeds）	去壳豌豆（多汁种子）	0.1			
43)	Peppers	胡椒	1			
44)	Peppers chili, dried	干辣椒	10	2006		
45)	Pistachio nuts	开心果	0.05		（*）	
46)	Pome fruits	仁果类水果	2			
47)	Potato	马铃薯	0.05		（*）	
48)	Poultry meat	家禽肉	0.1			
49)	Radish, Japanese	萝卜，日本	0.1			
50)	Rape seed	油菜籽	0.05		（*）	
51)	Raspberries（red and black）	覆盆子（红色和黑色）	1			
52)	Sorghum straw and fodder（dry）	高粱秸秆和饲料（干）	20			
53)	Soya bean（dry）	大豆（干）	0.05		（*）	
54)	Soya bean fodder	大豆饲料	50		dry wt	
55)	Soya bean oil, crude	粗制大豆油	0.1			
56)	Spices	香辛料	0.05	2005	（*）	
57)	Spinach	菠菜	2			
58)	Spring onion	大葱	0.5			
59)	Squash, summer	西葫芦	0.5			
60)	Stone fruits	核果类水果	2			
61)	Strawberry	草莓	1			
62)	Sugar beet	甜菜	0.05		（*）	
63)	Sunflower seed	葵花籽	1			
64)	Sunflower seed oil, crude	葵花籽原油	1			
65)	Sunflower seed oil, edible	可食用葵花籽油	1			
66)	Sweet corn（corn-on-the-cob）	甜玉米（棒）	0.1			
67)	Sweet corn fodder	甜玉米饲料	50			
68)	Table olives	餐用油橄榄	1			
69)	Tea, green, black（black, fermented and dried）	绿茶，黑茶（黑茶指发酵的和干燥的）	20			
70)	Tomato	番茄	1			
71)	Wheat bran, unprocessed	小麦麸，未加工的	5		PoP	
72)	Wheat flour	小麦粉	0.5		PoP	
73)	Wheat germ	小麦胚芽	2		PoP	
74)	Wheat wholemeal	小麦全麦	2		PoP	
75)	Winter squash	笋瓜	0.5			

（续）

序号	加工农产品和饲料的英文名	加工农产品和饲料的中文名	最大残留限量 （mg/kg）	采纳 年份	符号	备注
161. Phenthoate 稻丰散						
1)	Spices seeds	香辛料（种子类）	7	2005		
162. Phorate 甲拌磷						
1)	Beans（dry）	豆类（干）	0.05	2006	（＊）	
2)	Coffee beans	咖啡豆	0.05	2006	（＊）	
3)	Common bean（pods and/or immature seeds）	菜豆（豆荚和/或未成熟的种子）	0.05	2006	（＊）	
4)	Cotton seed	棉籽	0.05	2006	（＊）	
5)	Edible offal（mammalian）	食用内脏（哺乳动物）	0.02	2006	（＊）	
6)	Eggs	蛋类	0.05	2006	（＊）	
7)	Maize	玉米	0.05	2006	（＊）	
8)	Maize flour	玉米粉	0.05	2006		
9)	Maize oil，crude	玉米原油	0.1	2006		
10)	Maize oil，edible	可食玉米油	0.02	2006		
11)	Meat（from mammals other than marine mammals）	肉类（除海洋哺乳类外的哺乳类动物）	0.02	2006	（＊）	
12)	Milks	奶类	0.01	2006	（＊）	
13)	Potato	马铃薯	0.3	2013		
14)	Poultry meat	家禽肉	0.05	2006	（＊）	
15)	Sorghum	高粱	0.05	2006	（＊）	
16)	Soya bean（dry）	大豆（干）	0.05	2006	（＊）	
17)	Spices（fruits and berries）	香辛料（水果和浆果类）	0.1	2005		
18)	Spices（roots and rhizomes）	香辛料（根和根茎类）	0.1	2005	（＊）	
19)	Spices seeds	香辛料（种子类）	0.5	2005		
20)	Sugar beet	甜菜	0.05	2006	（＊）	
163. Phosalone 伏杀磷						
1)	Almonds	杏仁	0.1	2001		
2)	Apple	苹果	5	1997		
3)	Hazelnuts	榛子	0.05	2001	（＊）	
4)	Pome fruits	仁果类水果	2	2003		
5)	Spices（fruits and berries）	香辛料（水果和浆果类）	2	2005		
6)	Spices（roots and rhizomes）	香辛料（根和根茎类）	3	2005		
7)	Spices seeds	香辛料（种子类）	2	2005		
8)	Stone fruits	核果类水果	2	2003		
9)	Walnuts	核桃	0.05	2001	（＊）	
164. Phosmet 亚胺硫磷						
1)	Apricot	杏	10	2008		
2)	Blueberries	蓝莓	10	2008		
3)	Cattle meat	牛肉	1	1999	（fat）	

（续）

序号	加工农产品和饲料的英文名	加工农产品和饲料的中文名	最大残留限量（mg/kg）	采纳年份	符号	备注
4)	Citrus fruits	柑橘类水果	3	2013		
5)	Cotton seed	棉籽	0.05	2001		
6)	Cranberry	蔓越橘	3	2015		
7)	Grapes	葡萄	10	1999		
8)	Milks	奶类	0.02	1999		
9)	Nectarine	蜜桃	10	2008		
10)	Peach	桃	10	1999		
11)	Pome fruits	仁果类水果	10	2008		
12)	Potato	马铃薯	0.05	2001	（＊）	
13)	Tree nuts	树坚果	0.2	2004		
165. Picoxystrobin　啶氧菌酯						
1)	Acerola	樱桃	99			
166. Piperonyl butoxide　增效醚						
1)	Cattle kidney	牛肾	0.3	2004		MRLs 适用于劳力性动物食品
2)	Cattle liver	牛肝	1	2004		
3)	Cattle meat	牛肉	5	2004	(fat)	MRLs 适用于劳力性动物食品
4)	Cattle milk	牛奶	0.2	2004		MRLs 适用于劳力性动物食品
5)	Cereal grains	谷物	30	2004	Po	
6)	Citrus fruits	柑橘类水果	5	2004		
7)	Citrus juice	柑橘汁	0.05	2004		
8)	Dried fruits	蜜饯、果干	0.2	2004	Po	
9)	Eggs	蛋类	1	2004		MRLs 适用于劳力性动物食品
10)	Fruiting vegetables, cucurbits	瓜类蔬菜	1	2004		
11)	Kidney of cattle, goats pigs and sheep	牛、山羊、猪和绵羊的肾脏	0.2	2004		除了牛肾
12)	Lettuce, leaf	莴苣叶	50	2004		
13)	Liver of cattle, goats, pigs and sheep	牛、山羊、猪和绵羊的肝脏	1	2004		
14)	Maize oil, crude	玉米原油	80	2004	PoP	
15)	Meat (from mammals other than marine mammals)	肉类（除海洋哺乳类外的哺乳类动物）	2	2004	(fat)	除了牛肉

（续）

序号	加工农产品和饲料的英文名	加工农产品和饲料的中文名	最大残留限量（mg/kg）	采纳年份	符号	备注
16）	Milks	奶类	0.05	2004	F	
17）	Mustard greens	芥菜	50	2004		
18）	Pea hay or pea fodder（dry）	豌豆草或豌豆饲料（干）	200	2004	dry wt	
19）	Peanut，whole	整花生	1	2004		
20）	Peppers	胡椒	2	2004		
21）	Peppers chili，dried	干辣椒	20	2004		
22）	Poultry meat	家禽肉	7	2004	(fat)	MRLs 适用于劳力性动物食品
23）	Poultry，edible offal of	可食用家禽内脏	10	2004		
24）	Pulses	干豆	0.2	2004	Po	
25）	Radish leaves（including radish tops）	萝卜叶（包括萝卜尖）	50	2004		
26）	Root and tuber vegetables	块根和块茎类蔬菜	0.5	2004		除了胡萝卜
27）	Spinach	菠菜	50	2004		
28）	Tomato	番茄	2	2004		
29）	Tomato juice	番茄汁	0.3	2004		
30）	Wheat bran，unprocessed	小麦麸，未加工的	80	2004	PoP	
31）	Wheat flour	小麦粉	10	2004	PoP	
32）	Wheat germ	小麦胚芽	90	2004	PoP	
33）	Wheat wholemeal	小麦全麦	30	2004	PoP	

167. Pirimicarb 抗蚜威

序号	加工农产品和饲料的英文名	加工农产品和饲料的中文名	最大残留限量（mg/kg）	采纳年份	符号	备注
1）	Artichoke，globe	全球朝鲜蓟	5	2007		
2）	Asparagus	芦笋	0.01	2007	(*)	
3）	Berries and other small fruits	浆果及其他小水果	1	2007		除了草莓和葡萄
4）	Brassicas（cole or cabbage）vegetables，head cabbage，flowerh ead brassicas	十字花科蔬菜（油菜或卷心菜）	0.5	2007		
5）	Cereal grains	谷物	0.05	2007		除了水稻
6）	Citrus fruits	柑橘类水果	3	2013		
7）	Edible offal（mammalian）	食用内脏（哺乳动物）	0.01	2007	(*)	
8）	Eggs	蛋类	0.01	2007	(*)	
9）	Fruiting vegetables other than cucurbits	瓜类蔬菜（不包括葫芦科植物）	0.5	2007		除了食用菌和甜玉米
10）	Fruiting vegetables，cucurbits	瓜类蔬菜	1	2007		除了瓜类和西瓜
11）	Garlic	大蒜	0.1	2007		
12）	Kale（including：collards，curly，sootch，thousand-headed kale，not including marrow-stem kele）	羽衣甘蓝（包括无头甘蓝、卷曲羽衣甘蓝、烟熏羽衣甘蓝、千头羽衣甘蓝，不含箭梗甘蓝）	0.3	2007		

（续）

序号	加工农产品和饲料的英文名	加工农产品和饲料的中文名	最大残留限量（mg/kg）	采纳年份	符号	备注
13)	Legume vegetable	豆类蔬菜	0.7	2007		除了大豆
14)	Lettuce（head）	莴笋	5	2007		
15)	Lettuce，leaf	莴苣叶	5	2007		
16)	Meat（from mammals other than marine mammals）	肉类（除海洋哺乳类外的哺乳类动物）	0.01	2007	（＊）	
17)	Melon（except watermelon）	瓜类（不包括西瓜）	0.2	2007		
18)	Milks	奶类	0.01	2007	（＊）	
19)	Onion，bulb	洋葱头	0.1	2007		
20)	Pea hay or pea fodder（dry）	豌豆草或豌豆饲料（干）	60	2007	dry wt	
21)	Peppers chili，dried	干辣椒	20	2006		
22)	Pome fruits	仁果类水果	1	2007		
23)	Poultry meat	家禽肉	0.01	2007	（＊）	
24)	Poultry，edible offal of	可食用家禽内脏	0.01	2007	（＊）	
25)	Pulses	干豆	0.2	2007		除了大豆（干）
26)	Rape seed	油菜籽	0.05	2007		
27)	Root and tuber vegetables	块根和块茎类蔬菜	0.05	2007		
28)	Spices seeds	香辛料（种子类）	5	2005		
29)	Stone fruits	核果类水果	3	2007		
30)	Straw and fodder（dry）of cereal grains	谷物的稻草和饲料（干）	0.3	2007	dry wt	除了水稻的稻草和饲料（干）
31)	Sunflower seed	葵花籽	0.1	2007		
32)	Sweet corn（kernels）	甜玉米粒	0.05	2007		

168. Pirimiphos-methyl 甲基嘧啶磷

序号	加工农产品和饲料的英文名	加工农产品和饲料的中文名	最大残留限量（mg/kg）	采纳年份	符号	备注
1)	Cereal grains	谷物	7	2005	Po	
2)	Edible offal（mammalian）	食用内脏（哺乳动物）	0.01	2005	（＊）	
3)	Eggs	蛋类	0.01	2005		
4)	Meat（from mammals other than marine mammals）	肉类（除海洋哺乳类外的哺乳类动物）	0.01	2005	（＊）	
5)	Milks	奶类	0.01	2005		
6)	Poultry meat	家禽肉	0.01	2005	（＊）	
7)	Poultry，edible offal of	可食用家禽内脏	0.01	2005	（＊）	
8)	Spices（fruits and berries）	香辛料（水果和浆果类）	0.5	2005		
9)	Spices seeds	香辛料（种子类）	3	2005		
10)	Wheat bran，unprocessed	小麦麸，未加工的	15	2005	PoP	

169. Prochloraz 咪鲜胺

序号	加工农产品和饲料的英文名	加工农产品和饲料的中文名	最大残留限量（mg/kg）	采纳年份	符号	备注
1)	Assorted tropical and sub-tropical fruits-inedible peel	各种热带和亚热带水果（不可食用的果皮）	7	2005	Po	

（续）

序号	加工农产品和饲料的英文名	加工农产品和饲料的中文名	最大残留限量 （mg/kg）	采纳 年份	符号	备注
2）	Cereal grains	谷物	2	2005		
3）	Citrus fruits	柑橘类水果	10	2013	Po	
4）	Edible offal（mammalian）	食用内脏（哺乳动物）	10	2005		
5）	Eggs	蛋类	0.1	2005		
6）	Linseed	亚麻籽	0.05	2005	（＊）	
7）	Meat（from mammals other than marine mammals）	肉类（除海洋哺乳类外的哺乳类动物）	0.5	2005	（fat）	
8）	Milks	奶类	0.05	2005	（＊）	
9）	Mushrooms	蘑菇	3	2010		
10）	Peppers（black，white）	辣椒（黑色、白色）	10	2005		
11）	Poultry meat	家禽肉	0.05	2005	（＊）	
12）	Poultry，edible offal of	可食用家禽内脏	0.2	2005		
13）	Rape seed	油菜籽	0.7	2005		
14）	Straw and fodder（dry）of cereal grains	谷物的稻草和饲料（干）	40	2005		
15）	Sunflower seed	葵花籽	0.5	2005		
16）	Sunflower seed oil，edible	可食用葵花籽油	1	2005		
17）	Wheat bran，unprocessed	小麦麸，未加工的	7	2005		
170. Profenofos　丙溴磷						
1）	Cotton seed	棉籽	3	2009		
2）	Edible offal（mammalian）	食用内脏（哺乳动物）	0.05	2009	（＊）	
3）	Eggs	蛋类	0.02	2009	（＊）	
4）	Mango	芒果	0.2	2009		
5）	Mangostan	山竹	10	2009		
6）	Meat（from mammals other than marine mammals）	肉类（除海洋哺乳类外的哺乳类动物）	0.05	2009	（＊）	
7）	Milks	奶类	0.01	2009	（＊）	
8）	Peppers chili	辣椒	3	2012		
9）	Peppers chili，dried	干辣椒	20	2012		
10）	Poultry meat	家禽肉	0.05	2009	（＊）	
11）	Poultry，edible offal of	可食用家禽内脏	0.05	2009	（＊）	
12）	Spices（fruits and berries）	香辛料（水果和浆果类）	0.07	2011		
13）	Spices（roots and rhizomes）	香辛料（根和根茎类）	0.05	2011		
14）	Teas（tea and herb teas）	茶类（茶和草本茶）	0.5	1997		
15）	Tomato	番茄	10	2009		
171. Propamocarb　霜霉威						
1）	Broccoli	西兰花	3	2015		
2）	Brussels sprouts	球芽甘蓝	2	2015		
3）	Cauliflower	青花菜	2	2015		

（续）

序号	加工农产品和饲料的英文名	加工农产品和饲料的中文名	最大残留限量（mg/kg）	采纳年份	符号	备注
4）	Edible offal（mammalian）	食用内脏（哺乳动物）	0.01	2007	（*）	
5）	Eggplant	茄子	0.3	2007		
6）	Eggs	蛋类	0.01	2015	（*）	
7）	Fruiting vegetables，cucurbits	瓜类蔬菜	5	2007		
8）	Leek	韭菜	30	2015		
9）	Lettuce（head）	莴笋	100	2007		
10）	Lettuce，leaf	莴苣叶	100	2007		
11）	Meat（from mammals other than marine mammals）	肉类（除海洋哺乳类外的哺乳类动物）	0.01	2007	（*）	
12）	Milks	奶类	0.01	2007	（*）	
13）	Onion，bulb	洋葱头	2	2015		
14）	Peppers chili，dried	干辣椒	10	2006		
15）	Peppers，sweet（including pimento or pimiento）	甜椒（包括红辣椒）	3	2007		
16）	Potato	马铃薯	0.3	2007		
17）	Poultry fats	家禽脂肪	0.01	2015	（*）	
18）	Poultry meat	家禽肉	0.01	2015	（*）	
19）	Poultry，edible offal of	可食用家禽内脏	0.01	2015	（*）	
20）	Radish	萝卜	1	2007		
21）	Spinach	菠菜	40	2007		
22）	Tomato	番茄	2	2007		
23）	Witloof chicory（sprouts）	苦苣（芽）	2	2007		

172. Propargite 炔螨特

序号	加工农产品和饲料的英文名	加工农产品和饲料的中文名	最大残留限量（mg/kg）	采纳年份	符号	备注
1）	Almond hulls	杏仁皮	50	2004		
2）	Almonds	杏仁	0.1	2004	（*）	
3）	Apple	苹果	3	2004		
4）	Apple juice	苹果汁	0.2	2004		
5）	Beans（dry）	豆类（干）	0.3	2007		
6）	Broad bean（dry）	蚕豆（干）	0.3	2007		
7）	Chick-pea（dry）	鹰嘴豆（干）	0.3	2007		
8）	Citrus fruits	柑橘类水果	3	2004		
9）	Citrus pulp（dry）	柑橘渣（干）	10	2004		
10）	Cotton seed	棉籽	0.1	2004		
11）	Cotton seed oil，edible	可食用棉籽油	0.2	2004		
12）	Dried grapes（including currants，raisins and sultanas）	葡萄干（包括黑加仑干、提子干和小葡萄干）	12	2004		
13）	Edible offal（mammalian）	食用内脏（哺乳动物）	0.1	2004	（*）	
14）	Eggs	蛋类	0.1	2004	（*）	
15）	Grape juice	葡萄汁	1	2004		

（续）

序号	加工农产品和饲料的英文名	加工农产品和饲料的中文名	最大残留限量（mg/kg）	采纳年份	符号	备注
16)	Grape pomace（dry）	葡萄渣（干）	40			
17)	Grapes	葡萄	7	2004		
18)	Hop（dry）	蛇麻草（干）	100	2004		
19)	Lipin（dry）	脂蛋白（干）	0.3	2007		
20)	Maize	玉米	0.1		（＊）	
21)	Maize flour	玉米粉	0.2	2004		
22)	Maize oil，crude	玉米原油	0.7	2004		
23)	Maize oil，edible	可食玉米油	0.5	2004		
24)	Meat（from mammals other than marine mammals）	肉类（除海洋哺乳类外的哺乳类动物）	0.1	2004	（＊） （fat）	
25)	Milks	奶类	0.1	2004	（＊）F	
26)	Orange juice	橙汁	0.3	2004		
27)	Peanut	花生	0.1		（＊）	
28)	Peanut oil，crude	粗制花生油	0.3	2004		
29)	Peanut oil，edible	可食用花生油	0.3	2004		
30)	Potato	马铃薯	0.03	2007		
31)	Poultry meat	家禽肉	0.1	2004	（＊） （fat）	
32)	Poultry，edible offal of	可食用家禽内脏	0.1	2004	（＊）	
33)	Stone fruits	核果类水果	4	2004		
34)	Tea，green，black（black，fermented and dried）	绿茶，黑茶（黑茶指发酵的和干燥的）	5	2004		
35)	Tomato	番茄	2			
36)	Walnuts	核桃	0.3	2007		

173. Propiconazole 丙环唑

序号	加工农产品和饲料的英文名	加工农产品和饲料的中文名	最大残留限量（mg/kg）	采纳年份	符号	备注
1)	Banana	香蕉	0.1	2008		
2)	Barley	大麦	0.2	2008		
3)	Barley straw and fodder（dry）	大麦秸秆和饲料（干）	8	2015		
4)	Coffee beans	咖啡豆	0.02	2008		
5)	Cranberry	蔓越橘	0.3	2008		
6)	Edible offal（mammalian）	食用内脏（哺乳动物）	0.5	2015		
7)	Eggs	蛋类	0.01	2008	（＊）	
8)	Maize	玉米	0.05	2008		
9)	Mammalian fats（except milk fats）	哺乳动物脂肪（牛奶脂肪除外）	0.01	2015	（＊）	
10)	Meat（from mammals other than marine mammals）	肉类（除海洋哺乳类外的哺乳类动物）	0.01	2015	（＊） （fat）	
11)	Meat（from mammals other than marine mammals）	肉类（除海洋哺乳类外的哺乳类动物）	0.01	2008	（＊） （fat）	
12)	Milks	奶类	0.01	2015	（＊）	

（续）

序号	加工农产品和饲料的英文名	加工农产品和饲料的中文名	最大残留限量（mg/kg）	采纳年份	符号	备注
13)	Oat straw and fodder（dry）	燕麦秸秆和饲料（干）	8	2015		
14)	Oranges，sweet，sour（including orange-like hybrids）；several cultivars	橙，甜的，酸的（包括类橙杂交种）	9	2014	Po	
15)	Peach	桃	5	2014	Po	
16)	Pecan	美洲山核桃	0.02	2008	（＊）	
17)	Pineapple	菠萝	0.02	2008	（＊）	
18)	Plums（including prunes）（including all commodities in this subgroup）	李子（包括李子干）（包括此子组中的所有种类）	0.6	2014	Po	
19)	Popcorn	玉米花	0.05	2008		
20)	Poultry meat	家禽肉	0.01	2008	（＊）（fat）	
21)	Rape seed	油菜籽	0.02	2008		
22)	Rye	黑麦	0.02	2008		
23)	Rye straw and fodder（dry）	黑麦秸秆和饲料（干）	15	2015		
24)	Soya bean（dry）	大豆（干）	0.07	2008		
25)	Soya bean fodder	大豆饲料	5	2008		
26)	Sugar beet	甜菜	0.02	2008		
27)	Sugar cane	甘蔗	0.02	2008	（＊）	
28)	Sweet corn（corn-on-the-cob）	甜玉米（棒）	0.05	2008		
29)	Tomato	番茄	3	2014	Po	
30)	Triticale	小黑麦	0.02	2008		
31)	Triticale straw and fodder（dry）	小黑麦麦秆和饲料（干）	15	2015		
32)	Wheat	小麦	0.02	2008		
33)	Wheat straw and fodder（dry）	小麦秸秆和饲料（干）	15	2015		

174. Prothioconazole 丙硫菌唑

序号	加工农产品和饲料的英文名	加工农产品和饲料的中文名	最大残留限量（mg/kg）	采纳年份	符号	备注
1)	Barley	大麦	0.2	2010		
2)	Bush berries	灌木浆果	1.5	2015		
3)	Cranberry	蔓越橘	0.15	2015		
4)	Edible offal（mammalian）	食用内脏（哺乳动物）	0.5	2010		
5)	Fodder（dry）of cereal grains	谷物饲料（干）	5	2010		
6)	Fruiting vegetables，cucurbits	瓜类蔬菜	0.2	2015		除了西瓜
7)	Maize	玉米	0.1	2015		
8)	Maize fodder（dry）	玉米饲料（干）	15	2015		
9)	Meat（from mammals other than marine mammals）	肉类（除海洋哺乳类外的哺乳类动物）	0.01	2010		
10)	Milks	奶类	0.004	2010	（＊）	
11)	Oats	燕麦	0.05	2009		
12)	Peanut	花生	0.02	2009	（＊）	
13)	Peanut fodder	花生饲料	15	2015		

（续）

序号	加工农产品和饲料的英文名	加工农产品和饲料的中文名	最大残留限量（mg/kg）	采纳年份	符号	备注
14)	Popcorn	玉米花	0.1	2015		
15)	Potato	马铃薯	0.02	2015	（*）	
16)	Pulses	干豆	1	2010		除了大豆（干）
17)	Rape seed	油菜籽	0.1	2010		
18)	Rye	黑麦	0.05			
19)	Soya bean（dry）	大豆（干）	0.2	2015		
20)	Straw and fodder（dry）of cereal grains	谷物的稻草和饲料（干）	4	2010		
21)	Sugar beet	甜菜	0.3	2010		
22)	Sweet corn（corn-on-the-cob）	甜玉米（棒）	0.02	2015		
23)	Sweet corn fodder	甜玉米饲料	15	2015		
24)	Triticale	小黑麦	0.05	2009		
25)	Wheat	小麦	0.1	2010		

175. Pymetrozine 吡蚜酮

1)	Acerola	樱桃	未制定			

176. Pyraclostrobin 唑菌胺酯

1)	Alfalfa fodder	苜蓿饲料	30	2012		
2)	Apple	苹果	0.5	2007		
3)	Artichoke，globe	全球朝鲜蓟	2	2012		
4)	Banana	香蕉	0.02	2006	（*）	
5)	Barley	大麦	1	2012		
6)	Beans（dry）	豆类（干）	0.2	2006		
7)	Blackberries	黑莓	3	2012		
8)	Blueberries	蓝莓	4	2012		
9)	Brussels sprouts	球芽甘蓝	0.3	2007		
10)	Cabbages（head）	甘蓝（头）	0.2	2007		
11)	Cantaloupe	哈密瓜	0.2	2007		
12)	Carrot	胡萝卜	0.5	2006		
13)	Cherries（includes all commodities in this subgroup）	樱桃（包含此子组中的所有种类）	3	2015		包含此子组中的所有种类
14)	Citrus fruits	柑橘类水果	2	2013		
15)	Citrus oil，edible	可食用柑橘油	10	2013		
16)	Coffee beans	咖啡豆	0.3	2007		
17)	Dried grapes（including currants，raisins and sultanas）	葡萄干（包括黑加仑干、提子干和小葡萄干）	5	2006		
18)	Edible offal（mammalian）	食用内脏（哺乳动物）	0.05	2006	（*）	
19)	Eggplant	茄子	0.3	2007		

（续）

序号	加工农产品和饲料的英文名	加工农产品和饲料的中文名	最大残留限量（mg/kg）	采纳年份	符号	备注
20)	Eggs	蛋类	0.05	2006	(＊)	
21)	Flowerhead brassicas (includes broccoli Chinese broccoli and cauliflower)	十字花科植物（包括西兰花、中国菜花和花椰菜）	0.1	2007		
22)	Fruiting vegetables，cucurbits	瓜类蔬菜	0.5	2012		
23)	Garlic	大蒜	0.15	2012		
24)	Grapes	葡萄	2	2006		
25)	Hop (dry)	蛇麻草（干）	15	2007		
26)	Kale (including: collards, curly, sootch, thousand-headed kale, not including marrow-stem kele)	羽衣甘蓝（包括无头甘蓝、卷曲羽衣甘蓝、烟熏羽衣甘蓝、千头羽衣甘蓝，不含箭梗甘蓝）	1	2007		
27)	Leek	韭菜	0.7	2007		
28)	Lentil (dry)	扁豆（干）	0.5	2006		
29)	Lettuce (head)	莴笋	2	2007		
30)	Maize	玉米	0.02	2006	(＊)	
31)	Mango	芒果	0.05	2006	(＊)	
32)	Meat (from mammals other than marine mammals)	肉类（除海洋哺乳类外的哺乳类动物）	0.5	2006	(fat)	
33)	Milks	奶类	0.03	2006		
34)	Oats	燕麦	1	2012		
35)	Oilseed except peanut	油料（不包括花生油）	0.4	2012		
36)	Onion，bulb	洋葱头	1.5	2012		
37)	Papaya	番木瓜	0.15	2012		
38)	Pea hay or pea fodder (dry)	豌豆草或豌豆饲料（干）	30	2006		
39)	Peaches (including nectarine and apricots) (includes all commodities in this subgroup)	桃（包括油桃和杏桃）（包括本子类的所有种类）	0.3	2015		
40)	Peanut fodder	花生饲料	50	2006		
41)	Peanut，whole	整花生	0.02	2006	(＊)	
42)	Peas (dry)	豌豆（干）	0.3	2006		
43)	Peas (pods and succulent immature seeds)	豌豆（豆荚和未成熟的种子）	0.02	2007	(＊)	
44)	Peppers	胡椒	0.5	2007		
45)	Pistachio nuts	开心果	1	2006		
46)	Plums (including prunes) (including all commodities in this subgroup)	李子（包括李子干）（包括此子组中的所有种类）	0.8	2015		包含此子组中的所有种类
47)	Potato	马铃薯	0.02	2006	(＊)	
48)	Poultry meat	家禽肉	0.05	2006	(＊)(fat)	

序号	加工农产品和饲料的英文名	加工农产品和饲料的中文名	最大残留限量（mg/kg）	采纳年份	符号	备注
49)	Poultry，edible offal of	可食用家禽内脏	0.05	2006	（＊）	
50)	Radish	萝卜	0.5	2006		
51)	Radish leaves（including radish tops）	萝卜叶（包括萝卜尖）	20	2006		
52)	Raspberries（red and black）	覆盆子（红色和黑色）	3	2012		
53)	Rye	黑麦	0.2	2012		
54)	Sorghum	高粱	0.5	2012		
55)	Soya bean（dry）	大豆（干）	0.05	2007		
56)	Spelt	斯卑尔脱小麦	0.2	2007		
57)	Spring onion	大葱	1.5	2012		
58)	Straw and fodder（dry）of cereal grains	谷物的稻草和饲料（干）	30	2006		
59)	Strawberry	草莓	1.5	2012		
60)	Sugar beet	甜菜	0.2	2006		
61)	Tomato	番茄	0.3	2006		
62)	Tree nuts	树坚果	0.02	2012	（＊）	除了开心果
63)	Triticale	小黑麦	0.2	2012		
64)	Wheat	小麦	0.2	2006		

177. Pyrethrins 除虫菊酯

序号	加工农产品和饲料的英文名	加工农产品和饲料的中文名	最大残留限量（mg/kg）	采纳年份	符号	备注
1)	Cereal grains	谷物	0.3	2004	Po	
2)	Citrus fruits	柑橘类水果	0.05	2003		
3)	Dried fruits	蜜饯、果干	0.2	2003	Po	
4)	Fruiting vegetables，cucurbits	瓜类蔬菜	0.05	2003	（＊）	
5)	Pea hay or pea fodder（dry）	豌豆草或豌豆饲料（干）	1	2003		
6)	Peanut	花生	0.5	2003	Po	
7)	Peppers	胡椒	0.05	2003	（＊）	
8)	Peppers chili，dried	干辣椒	0.5	2006		
9)	Pulses	干豆	0.1	2003	Po	
10)	Root and tuber vegetables	块根和块茎类蔬菜	0.05	2003	（＊）	
11)	Tomato	番茄	0.05	2003	（＊）	
12)	Tree nuts	树坚果	0.5	2006	（＊）Po	

178. Pyrimethanil 嘧霉胺

序号	加工农产品和饲料的英文名	加工农产品和饲料的中文名	最大残留限量（mg/kg）	采纳年份	符号	备注
1)	Almond hulls	杏仁皮	12	2008		
2)	Almonds	杏仁	0.2	2008		
3)	Apricot	杏	3	2008		
4)	Banana	香蕉	0.1	2008		
5)	Carrot	胡萝卜	1	2008		
6)	Cherries（includes all commodities in this subgroup）	樱桃（包含此子组中的所有种类）	4	2008	Po	

（续）

序号	加工农产品和饲料的英文名	加工农产品和饲料的中文名	最大残留限量（mg/kg）	采纳年份	符号	备注
7)	Citrus fruits	柑橘类水果	7	2008	Po	
8)	Common bean（pods and/or immature seeds）	菜豆（豆荚和/或未成熟的种子）	3	2008		
9)	Dried grapes（including currants, raisins and sultanas）	葡萄干（包括黑加仑干、提子干和小葡萄干）	5	2008		
10)	Edible offal（mammalian）	食用内脏（哺乳动物）	0.1	2008		
11)	Field pea（dry）	紫花豌豆（干）	0.5	2008		
12)	Ginseng, dried including red ginseng	干制人参（包括红参）	1.5	2014		
13)	Grapes	葡萄	4	2008		
14)	Lettuce（head）	莴笋	3	2008		
15)	Low growing berries	低增长的浆果	3	2014		
16)	Meat（from mammals other than marine mammals）	肉类（除海洋哺乳类外的哺乳类动物）	0.05	2008	（＊）	
17)	Milks	奶类	0.01	2008		
18)	Nectarine	蜜桃	4	2008		
19)	Onion，bulb	洋葱头	0.2	2008		
20)	Pea hay or pea fodder（dry）	豌豆草或豌豆饲料（干）	3	2008		
21)	Peach	桃	4	2008		
22)	Plums（including prunes）（including all commodities in this subgroup）	李子（包括李子干）（包括此子组中的所有种类）	2	2008		
23)	Pome fruits	仁果类水果	15	2014	Po	
24)	Potato	马铃薯	0.05	2008	（＊）	
25)	Spring onion	大葱	3	2008		
26)	Sweet corn fodder	甜玉米饲料	40	2008		
27)	Tomato	番茄	0.7	2008		
179. Pyriproxifen　吡丙醚						
1)	Cattle meat	牛肉	0.01	2003	（＊）(fat)	
2)	Cattle，edible offal of	可食用牛内脏	0.01	2003	（＊）	
3)	Citrus fruits	柑橘类水果	0.5	2001		
4)	Cotton seed	棉籽	0.05	2003		
5)	Cotton seed oil，crude	粗制棉籽油	0.01	2003		
6)	Cotton seed oil，edible	可食用棉籽油	0.01	2003		
7)	Goat meat	山羊肉	0.01	2003	（＊）(fat)	
8)	Goat，Edible offal of	可食用的山羊内脏	0.01	2003	（＊）	
180. Quinclorac　二氯喹啉酸						
1)	Cranberry	蔓越橘	1.5	2016		
2)	Rhubarb	大黄	0.5	2016		

（续）

序号	加工农产品和饲料的英文名	加工农产品和饲料的中文名	最大残留限量（mg/kg）	采纳年份	符号	备注
181. Quinoxyfen 喹氧灵						
1)	Barley	大麦	0.01	2007	(＊)	
2)	Cherries (includes all commodities in this subgroup)	樱桃（包含此子组中的所有种类）	0.4	2007		
3)	Currant，black	黑醋栗	1	2007		
4)	Edible offal (mammalian)	食用内脏（哺乳动物）	0.01	2007	(＊)	
5)	Eggs	蛋类	0.01	2007	(＊)	
6)	Grapes	葡萄	2	2007		
7)	Hop (dry)	蛇麻草（干）	1	2007		
8)	Lettuce (head)	莴笋	8	2007		
9)	Lettuce，leaf	莴苣叶	20	2007		
10)	Meat (from mammals other than marine mammals)	肉类（除海洋哺乳类外的哺乳类动物）	0.2	2008	(fat)	
11)	Melon (except watermelon)	瓜类（不包括西瓜）	0.1	2007		
12)	Milk fats	乳脂	0.2	2007		
13)	Milks	奶类	0.01	2007		
14)	Peppers	胡椒	1	2007		
15)	Peppers chili，dried	干辣椒	10	2007		
16)	Poultry meat	家禽肉	0.02	2007	(fat)	
17)	Poultry，edible offal of	可食用家禽内脏	0.01	2007		
18)	Strawberry	草莓	1	2007		
19)	Sugar beet	甜菜	0.03	2007		
20)	Wheat	小麦	0.01	2007	(＊)	
182. Quintozene 五氯硝基苯						
1)	Barley	大麦	0.01	2003	(＊)	
2)	Barley straw and fodder (dry)	大麦秸秆和饲料（干）	0.01	2003	(＊)	
3)	Broccoli	西兰花	0.05	2003		
4)	Cabbages (head)	甘蓝（头）	0.1	2003		
5)	Chicken meat	鸡肉	0.1	2003	(＊) (fat)	
6)	Chicken，edible offal of	可食用的鸡内脏	0.1	2003	(＊)	
7)	Common bean (dry)	菜豆（干）	0.02	2003		
8)	Common bean (pods and/or immature seeds)	菜豆（豆荚和/或未成熟的种子）	0.1	2003		
9)	Cotton seed	棉籽	0.01	2003		
10)	Eggs	蛋类	0.03	2003	(＊)	
11)	Maize	玉米	0.01	2003	(＊)	
12)	Maize fodder (dry)	玉米饲料（干）	0.01	2003		
13)	Pea hay or pea fodder (dry)	豌豆草或豌豆饲料（干）	0.05	2003		

（续）

序号	加工农产品和饲料的英文名	加工农产品和饲料的中文名	最大残留限量（mg/kg）	采纳年份	符号	备注
14）	Peanut	花生	0.5	2003		
15）	Peas（dry）	豌豆（干）	0.01	2003		
16）	Peppers chili, dried	干辣椒	0.1	2006		
17）	Peppers, sweet（including pimento or pimiento）	甜椒（包括红辣椒）	0.05	2003	（＊）	
18）	Soya bean（dry）	大豆（干）	0.01	2003	（＊）	
19）	Soya bean fodder	大豆饲料	0.01	2003	（＊）	
20）	Spices（fruits and berries）	香辛料（水果和浆果类）	0.02	2005		
21）	Spices（roots and rhizomes）	香辛料（根和根茎类）	2	2005		
22）	Spices seeds	香辛料（种子类）	0.1	2005		
23）	Sugar beet	甜菜	0.01	2003	（＊）	
24）	Tomato	番茄	0.02	2003		
25）	Wheat	小麦	0.01	2003		
26）	Wheat straw and fodder（dry）	小麦秸秆和饲料（干）	0.03	2003		

183. Saflufenacil 苯嘧磺草胺

序号	加工农产品和饲料的英文名	加工农产品和饲料的中文名	最大残留限量（mg/kg）	采纳年份	符号	备注
1）	Banana	香蕉	0.01	2012		
2）	Barley straw and fodder（dry）	大麦秸秆和饲料（干）	0.05	2012		
3）	Cereal grains	谷物	0.01	2012		
4）	Citrus fruits	柑橘类水果	0.01	2012		
5）	Coffee beans	咖啡豆	0.01	2012		
6）	Cotton seed	棉籽	0.2	2012		
7）	Edible offal（mammalian）	食用内脏（哺乳动物）	0.3	2012		
8）	Grapes	葡萄	0.01	2012		
9）	Maize fodder（dry）	玉米饲料（干）	0.05	2012		
10）	Mammalian fats（except milk fats）	哺乳动物脂肪（牛奶脂肪除外）	0.01	2012		
11）	Meat（from mammals other than marine mammals）	肉类（除海洋哺乳类外的哺乳类动物）	0.01	2012		
12）	Milks	奶类	0.01	2012		
13）	Peas（pods and succulent immature seeds）	豌豆（豆荚和未成熟的种子）	0.01	2012		
14）	Peas, shelled（succulent seeds）	去壳豌豆（多汁种子）	0.01	2012		
15）	Pome fruits	仁果类水果	0.01	2012		
16）	Pulses	干豆	0.3	2013		
17）	Rape seed	油菜籽	0.6	2012		
18）	Sorghum straw and fodder（dry）	高粱秸秆和饲料（干）	0.05	2012		
19）	Soya bean（immature seeds）	大豆（未成熟种子）	0.01	2012		
20）	Stone fruits	核果类水果	0.01	2012		
21）	Sunflower seed	葵花籽	0.7	2012		
22）	Sweet corn	甜玉米	0.01	2012		

（续）

序号	加工农产品和饲料的英文名	加工农产品和饲料的中文名	最大残留限量（mg/kg）	采纳年份	符号	备注
23)	Tree nuts	树坚果	0.01	2012		
24)	Wheat straw and fodder (dry)	小麦秸秆和饲料（干）	0.05	2012		

184. Sedaxane 氟唑环菌胺

1)	Bean fodder	豆饲料	0.01	2015	(＊)	
2)	Cereal grains	谷物	0.01	2015	(＊)	
3)	Edible offal (mammalian)	食用内脏（哺乳动物）	0.01	2013	(＊)	
4)	Eggs	蛋类	0.01	2013	(＊)	
5)	Mammalian fats (except milk fats)	哺乳动物脂肪（牛奶脂肪除外）	0.01	2013	(＊)	
6)	Meat (from mammals other than marine mammals)	肉类（除海洋哺乳类外的哺乳类动物）	0.01	2013	(＊)(fat)	
7)	Milk fats	乳脂	0.01	2013	(＊)	
8)	Milks	奶类	0.01	2013	(＊)	
9)	Pea hay or pea fodder (dry)	豌豆草或豌豆饲料（干）	0.01	2015	(＊)	
10)	Potato	马铃薯	0.02	2015		
11)	Poultry fats	家禽脂肪	0.01	2013	(＊)	
12)	Poultry meat	家禽肉	0.01	2013	(＊)	
13)	Poultry, edible offal of	可食用家禽内脏	0.01	2013	(＊)	
14)	Pulses	干豆	0.01	2015	(＊)	
15)	Rape seed	油菜籽	0.01	2013	(＊)	
16)	Straw, fodder (dry) and hay ofcereal grains and other grass-like plants	稻草、饲料（干）和谷物及其他草状植物干草	0.1	2015		
17)	Sweet corn (corn-on-the-cob)	甜玉米（棒）	0.01	2015	(＊)	

185. Spinetoram 乙基多杀菌素

1)	Beans (except broad bean and soya bean)	豆类（蚕豆和黄豆除外）	0.05	2013		绿豆荚和未成熟豆类
2)	Blueberries	蓝莓	0.2	2013		
3)	Brassicas (cole or cabbage) vegetables, head cabbage, flowerh ead brassicas	十字花科蔬菜（油菜或卷心菜）	0.3	2013		
4)	Celery	芹菜	6	2013		
5)	Edible offal (mammalian)	食用内脏（哺乳动物）	0.01	2009	(＊)	
6)	Eggs	蛋类	0.01	2013	(＊)	
7)	Grapes	葡萄	0.3	2013		
8)	Lettuce (head)	莴笋	10	2009		
9)	Lettuce, leaf	莴苣叶	10	2009		
10)	Meat (from mammals other than marine mammals)	肉类（除海洋哺乳类外的哺乳类动物）	0.2	2009	(fat)	
11)	Milk fats	乳脂	0.1	2009		
12)	Milks	奶类	0.01	2009	(＊)	
13)	Nectarine	蜜桃	0.3	2013		

（续）

序号	加工农产品和饲料的英文名	加工农产品和饲料的中文名	最大残留限量（mg/kg）	采纳年份	符号	备注
14)	Onion, bulb	洋葱头	0.01	2013	(＊)	
15)	Onion, Welsh	威尔士洋葱	0.8	2013		
16)	Oranges, sweet, sour (including orange-like hybrids)；several cultivars	橙，甜的，酸的（包括类橙杂交种）	0.07	2009		
17)	Peach	桃	0.3	2013		
18)	Pome fruits	仁果类水果	0.05	2009		
19)	Poultry fats	家禽脂肪	0.01	2013	(＊)	
20)	Poultry meat	家禽肉	0.01	2013		
21)	Poultry, edible offal of	可食用家禽内脏	0.01	2013	(＊)	
22)	Raspberries (red and black)	覆盆子（红色和黑色）	0.8	2013		
23)	Spinach	菠菜	8	2013		
24)	Spring onion	大葱	0.8	2013		
25)	Sugar beet	甜菜	0.01	2009	(＊)	
26)	Tomato	番茄	0.06	2009		
27)	Tree nuts	树坚果	0.01	2009		

186. Spinosad　多杀菌素

序号	加工农产品和饲料的英文名	加工农产品和饲料的中文名	最大残留限量（mg/kg）	采纳年份	符号	备注
1)	Apple	苹果	0.1	2004		
2)	Blackberries	黑莓	1	2012		
3)	Blueberries	蓝莓	0.4	2012		
4)	Brassicas (cole or cabbage) vegetables, head cabbage, flowerh ead brassicas	十字花科蔬菜（油菜或卷心菜）	2	2004		
5)	Cattle kidney	牛肾	1	2003		MRLs适用于劳力性动物食品
6)	Cattle liver	牛肝	2	2003		MRLs适用于劳力性动物食品
7)	Cattle meat	牛肉	3	2003	(fat)	MRLs适用于劳力性动物食品
8)	Cattle milk	牛奶	1	2004		MRLs适用于劳力性动物食品
9)	Cattle milk fat	牛奶脂肪	5	2005		
10)	Celery	芹菜	2	2003		
11)	Cereal grains	谷物	1	2005	Po	
12)	Citrus fruits	柑橘类水果	0.3	2003		
13)	Cotton seed	棉籽	0.01	2003	(＊)	
14)	Cotton seed oil, crude	粗制棉籽油	0.01	2003	(＊)	

（续）

序号	加工农产品和饲料的英文名	加工农产品和饲料的中文名	最大残留限量（mg/kg）	采纳年份	符号	备注
15)	Cotton seed oil, edible	可食用棉籽油	0.01	2003	（＊）	
16)	Cranberry	蔓越橘	0.02	2012		
17)	Dewberries (including boysenberry and loganberry)	北美洲露莓（包括博伊森莓和罗甘莓）	1	2012		
18)	Dried grapes (including currants, raisins and sultanas)	葡萄干（包括黑加仑干、提子干和小葡萄干）	1	2005		
19)	Edible offal (mammalian)	食用内脏（哺乳动物）	0.5	2005		除了牛
20)	Eggs	蛋类	0.01	2003		
21)	Fruiting vegetables, cucurbits	瓜类蔬菜	0.2	2003		
22)	Grapes	葡萄	0.5	2005		
23)	Kiwifruit	猕猴桃	0.05	2003		
24)	Leafy vegetables	叶用蔬菜	10	2004		
25)	Legume vegetable	豆类蔬菜	0.3	2003		
26)	Maize fodder (dry)	玉米饲料（干）	5	2003		
27)	Meat (from mammals other than marine mammals)	肉类（除海洋哺乳类外的哺乳类动物）	2	2005	（fat）	
28)	Onion, bulb	洋葱头	0.1	2012		
29)	Passion fruit	百香果	0.7	2012		
30)	Peppers	胡椒	0.3	2003		
31)	Peppers chili, dried	干辣椒	3	2006		
32)	Potato	马铃薯	0.01	2003	（＊）	
33)	Poultry meat	家禽肉	0.2	2003	（fat）	
34)	Raspberries (red and black)	覆盆子（红色和黑色）	1	2012		
35)	Soya bean (dry)	大豆（干）	0.01	2003	（＊）	
36)	Spring onion	大葱	4	2012		
37)	Stone fruits	核果类水果	0.2	2003		
38)	Sweet corn (corn-on-the-cob)	甜玉米（棒）	0.01	2003	（＊）	
39)	Tomato	番茄	0.3	2003		
40)	Tree nuts	树坚果	0.07	2012		
41)	Wheat bran, unprocessed	小麦麸，未加工的	2	2005		
42)	Wheat straw and fodder (dry)	小麦秸秆和饲料（干）	1	2003		

187. Spirodiclofen 螺螨酯

序号	加工农产品和饲料的英文名	加工农产品和饲料的中文名	最大残留限量（mg/kg）	采纳年份	符号	备注
1)	Almond hulls	杏仁皮	15	2010		
2)	Avocado	鳄梨	0.9	2015		
3)	Blueberries	蓝莓	4	2015		
4)	Citrus fruits	柑橘类水果	0.4	2010		
5)	Coffee beans	咖啡豆	0.03	2010	（＊）	
6)	Cucumber	黄瓜	0.07	2010		
7)	Currants, black, red, white	黑醋栗，红醋栗，白醋栗	1	2010		

（续）

序号	加工农产品和饲料的英文名	加工农产品和饲料的中文名	最大残留限量（mg/kg）	采纳年份	符号	备注
8)	Dried grapes（including currants, raisins and sultanas）	葡萄干（包括黑加仑干、提子干和小葡萄干）	0.3	2010		
9)	Edible offal（mammalian）	食用内脏（哺乳动物）	0.05	2010	(＊)	
10)	Gherkin	小黄瓜	0.07	2010		
11)	Grapes	葡萄	0.2	2010		
12)	Hop（dry）	蛇麻草（干）	40	2010		
13)	Meat（from mammals other than marine mammals）	肉类（除海洋哺乳类外的哺乳类动物）	0.01	2010	(＊)(fat)	
14)	Milks	奶类	0.004	2010	(＊)	
15)	Papaya	番木瓜	0.03	2010	(＊)	
16)	Peppers, sweet（including pimento or pimiento）	甜椒（包括红辣椒）	0.2	2010		
17)	Pome fruits	仁果类水果	0.8	2010		
18)	Stone fruits	核果类水果	2	2010		
19)	Strawberry	草莓	2	2010		
20)	Sweet corn fodder	甜玉米饲料	4	2010		
21)	Tomato	番茄	0.5	2010		
22)	Tree nuts	树坚果	0.05	2010		
188. Spirotetramate 螺虫乙酯						
1)	Almond hulls	杏仁皮	10	2009		
2)	Artichoke，globe	全球朝鲜蓟	1	2014		
3)	Bush berries	灌木浆果	1.5	2014		
4)	Cabbages（head）	甘蓝（头）	2	2009		
5)	Celery	芹菜	4	2009		
6)	Citrus fruits	柑橘类水果	0.5	2009		
7)	Cotton seed	棉籽	0.4	2012		
8)	Cotton seed，meal	棉籽粕	1	2012		
9)	Cranberry	蔓越橘	0.2	2014		
10)	Dried grapes（including currants, raisins and sultanas）	葡萄干（包括黑加仑干、提子干和小葡萄干）	4	2009		
11)	Edible offal（mammalian）	食用内脏（哺乳动物）	1	2012		
12)	Eggs	蛋类	0.01	2012		
13)	Flowerhead brassicas（includes broccoli, Chinese broccoli and cauliflower）	十字花科植物（包括西兰花、中国菜花和花椰菜）	1	2009		
14)	Fruiting vegetables other than cucurbits	瓜类蔬菜（不包括葫芦科植物）	1	2009		除了红辣椒、真菌和甜玉米
15)	Fruiting vegetables，cucurbits	瓜类蔬菜	0.2	2009		
16)	Grape pomace（dry）	葡萄渣（干）	4	2009		
17)	Grapes	葡萄	2	2009		

（续）

序号	加工农产品和饲料的英文名	加工农产品和饲料的中文名	最大残留限量（mg/kg）	采纳年份	符号	备注
18)	Hop（dry）	蛇麻草（干）	15	2009		
19)	Kiwifruit	猕猴桃	0.02	2012	（＊）	
20)	Leafy vegetables	叶用蔬菜	7	2009		
21)	Legume animal feeds	豆科动物饲料	30	2012		
22)	Legume vegetable	豆类蔬菜	1.5	2012		
23)	Litchi	荔枝	15	2012		
24)	Mango	芒果	0.3	2012		
25)	Meat（from mammals other than marine mammals）	肉类（除海洋哺乳类外的哺乳类动物）	0.05	2012		
26)	Milks	奶类	0.005	2013		
27)	Onion，bulb	洋葱头	0.4	2012		
28)	Papaya	番木瓜	0.4	2012		
29)	Peppers chili	辣椒	2	2009		non-bell
30)	Peppers chili，dried	干辣椒	15	2009		
31)	Pome fruits	仁果类水果	0.7	2009		
32)	Potato	马铃薯	0.8	2009		
33)	Poultry meat	家禽肉	0.01	2012	（＊）	
34)	Poultry，edible offal of	可食用家禽内脏	0.01	2012		
35)	Prunes	梅子	5	2009		
36)	Pulses	干豆	2	2012		除了大豆（干的）
37)	Soya bean（dry）	大豆（干）	4	2012		
38)	Stone fruits	核果类水果	3	2009		
39)	Tree nuts	树坚果	0.5	2009		

189. Sulfoxaflor 氟啶虫胺腈

序号	加工农产品和饲料的英文名	加工农产品和饲料的中文名	最大残留限量（mg/kg）	采纳年份	符号	备注
1)	Barley	大麦	0.6	2013		
2)	Barley straw and fodder（dry）	大麦秸秆和饲料（干）	3	2013		
3)	Beans（dry）	豆类（干）	0.3	2014		
4)	Broccoli	西兰花	3	2013		
5)	Cabbages（head）	甘蓝（头）	0.4	2013		
6)	Carrot	胡萝卜	0.05	2014		
7)	Cauliflower	青花菜	0.04	2013		
8)	Celery	芹菜	1.5	2013		
9)	Cherries（includes all commodities in this subgroup）	樱桃（包含此子组中的所有种类）	1.5	2015		
10)	Cotton seed	棉籽	0.4	2013		
11)	Dried grapes（including currants, raisins and sultanas）	葡萄干（包括黑加仑干、提子干和小葡萄干）	6	2013		
12)	Edible offal（mammalian）	食用内脏（哺乳动物）	0.6	2013		

（续）

序号	加工农产品和饲料的英文名	加工农产品和饲料的中文名	最大残留限量 (mg/kg)	采纳年份	符号	备注
13)	Eggs	蛋类	0.1	2013		
14)	Fruiting vegetables other than cucur-bits	瓜类蔬菜（不包括葫芦科植物）	1.5	2013		除了甜玉米和蘑菇
15)	Fruiting vegetables，cucurbits	瓜类蔬菜	0.5	2013		
16)	Garlic	大蒜	0.01	2013	(＊)	
17)	Grapes	葡萄	2	2013		
18)	Leafy vegetables	叶用蔬菜	6	2013		
19)	Lemons and limes（including citron）	柠檬和酸橙（包括香木缘）	0.4	2015		
20)	Mammalian fats（except milk fats）	哺乳动物脂肪（牛奶脂肪除外）	0.1	2015		
21)	mandarins（including mandarin-like hybrids）	中国柑橘（包括杂交品种）	0.8	2015		
22)	Meat（from mammals other than marine mammals）	肉类（除海洋哺乳类外的哺乳类动物）	0.3	2013		
23)	Milks	奶类	0.2	2013		
24)	Onion，bulb	洋葱头	0.01	2013	(＊)	
25)	Oranges，sweet，sour（including orange-like hybrids）；several cultivars	橙，甜的，酸的（包括类橙杂交种）	0.8	2015		
26)	Peaches（including nectarine and apricots）（includes all commodities in this subgroup）	桃（包括油桃和杏桃）（包括本子类的所有种类）	0.4	2015		
27)	Peppers chili，dried	干辣椒	15	2013		
28)	Plums（including prunes）（including all commodities in this subgroup）	李子（包括李子干）（包括此子组中的所有种类）	0.5	2015		
29)	Pome fruits	仁果类水果	0.3	2015		
30)	Poultry fats	家禽脂肪	0.03	2015		
31)	Poultry meat	家禽肉	0.1	2013		
32)	Poultry，edible offal of	可食用家禽内脏	0.3	2013		
33)	Pummelo and grapefruits（including shaddoch-like hybrids，among others grapefruit）	柚子（包括杂交品种）	0.15	2015		
34)	Rape seed	油菜籽	0.15	2013		
35)	Root and tuber vegetables	块根和块茎类蔬菜	0.03	2013		除了胡萝卜
36)	Soya bean（dry）	大豆（干）	0.3	2013		
37)	Soya bean fodder	大豆饲料	3	2013		
38)	Spring onion	大葱	0.7	2013		
39)	Strawberry	草莓	0.5	2013		
40)	Triticale	小黑麦	0.2	2013		
41)	Wheat	小麦	0.2	2013		

（续）

序号	加工农产品和饲料的英文名	加工农产品和饲料的中文名	最大残留限量（mg/kg）	采纳年份	符号	备注
42)	Wheat straw and fodder（dry）	小麦秸秆和饲料（干）	3	2013		

190. Sulfuryl fluoride　硫酰氟

序号	加工农产品和饲料的英文名	加工农产品和饲料的中文名	最大残留限量（mg/kg）	采纳年份	符号	备注
1)	Bran，unprocessed ofcereal grain（except buckwheat，canihua and quinoa）	未经加工的谷类麸皮（荞麦、一种谷物和藜麦除外）	0.1	2006	Po	
2)	Cereal bran，processed	谷物麸皮，已加工的	0.1	2006	Po	
3)	Cereal grains	谷物	0.05	2006	Po	
4)	Dried fruits	蜜饯、果干	0.06	2006	Po	
5)	Maize flour	玉米粉	0.1	2006	Po	
6)	Maize meal	玉米面	0.1	2006	Po	
7)	Rice，Husked	去壳大米	0.1	2006	Po	
8)	Rice，polished	精白米	0.1	2006	Po	
9)	Rye flour	黑麦粉	0.1	2006	Po	
10)	Rye wholemeal	黑麦全麦	0.1	2006	Po	
11)	Tree nuts	树坚果	3	2006	Po	
12)	Wheat flour	小麦粉	0.1	2006	Po	
13)	Wheat germ	小麦胚芽	0.1	2006	Po	
14)	Wheat wholemeal	小麦全麦	0.1	2006	Po	

191. Tebuconazole　戊唑醇

序号	加工农产品和饲料的英文名	加工农产品和饲料的中文名	最大残留限量（mg/kg）	采纳年份	符号	备注
1)	Apple	苹果	1	2012		
2)	Apricot	杏	2	2012		
3)	Artichoke，globe	全球朝鲜蓟	0.6	2012		
4)	Banana	香蕉	0.05	2012		
5)	Barley	大麦	2	2012		
6)	Barley straw and fodder（dry）	大麦秸秆和饲料（干）	40	2012		
7)	Beans（dry）	豆类（干）	0.3	2012		
8)	Broccoli	西兰花	0.2	2012		
9)	Brussels sprouts	球芽甘蓝	0.3	2012		
10)	Cabbages（head）	甘蓝（头）	1	2012		
11)	Carrot	胡萝卜	0.4	2012		
12)	Cauliflower	青花菜	0.05	2012	（＊）	
13)	Cherries（includes all commodities in this subgroup）	樱桃（包含此子组中的所有种类）	4	2012		
14)	Coffee beans	咖啡豆	0.1	2012		
15)	Cotton seed	棉籽	2	2012		
16)	Cucumber	黄瓜	0.15	2012		
17)	Dried grapes（including currants，raisins and sultanas）	葡萄干（包括黑加仑干、提子干和小葡萄干）	7	2012		
18)	Edible offal（mammalian）	食用内脏（哺乳动物）	0.2	2012		
19)	Eggplant	茄子	0.1	2012		

（续）

序号	加工农产品和饲料的英文名	加工农产品和饲料的中文名	最大残留限量（mg/kg）	采纳年份	符号	备注
20)	Eggs	蛋类	0.05	2012	(＊)	
21)	Elderberries	接骨木果	1.5	2012		
22)	Garlic	大蒜	0.1	2012		
23)	Grapes	葡萄	6	2012		
24)	Hop (dry)	蛇麻草（干）	40	2012		
25)	Leek	韭菜	0.7	2012		
26)	Lettuce (head)	莴笋	5	2012		
27)	Mango	芒果	0.05	2012		
28)	Meat (from mammals other than marine mammals)	肉类（除海洋哺乳类外的哺乳类动物）	0.05	2012	(＊)	
29)	Melon (except watermelon)	瓜类（不包括西瓜）	0.15	2012		
30)	Milks	奶类	0.01	2012	(＊)	
31)	Nectarine	蜜桃	2	2012		
32)	Oats	燕麦	2	2012		
33)	Onion，bulb	洋葱头	0.1	2012		
34)	Papaya	番木瓜	2	2012		
35)	Passion fruit	百香果	0.1	2012		
36)	Peach	桃	2	2012		
37)	Peanut	花生	0.15	2012		
38)	Peanut fodder	花生饲料	40	2012		
39)	Pear	梨	1	2012		
40)	Peppers chili，dried	干辣椒	10	2012		
41)	Peppers，sweet (including pimento or pimiento)	甜椒（包括红辣椒）	1	2012		
42)	Plums (including prunes) (including all commodities in this subgroup)	李子（包括李子干）（包括此子组中的所有种类）	1	2012		除了梅子
43)	Poultry meat	家禽肉	0.05	2012	(＊)	
44)	Poultry，edible offal of	可食用家禽内脏	0.05	2012	(＊)	
45)	Prunes	梅子	3	2012		
46)	Rape seed	油菜籽	0.3	2012		
47)	Rice	稻米	1.5	2012		
48)	Rye	黑麦	0.15	2012		
49)	Rye straw and fodder (dry)	黑麦秸秆和饲料（干）	40	2012		
50)	Soya bean (dry)	大豆（干）	0.15	2012		
51)	Squash，summer	西葫芦	0.2	2012		
52)	Sweet corn (corn-on-the-cob)	甜玉米（棒）	0.6	2012		
53)	Table olives	餐用油橄榄	0.05	2012	(＊)	
54)	Tomato	番茄	0.7	2012		
55)	Tree nuts	树坚果	0.05	2012	(＊)	

(续)

序号	加工农产品和饲料的英文名	加工农产品和饲料的中文名	最大残留限量（mg/kg）	采纳年份	符号	备注
56)	Triticale	小黑麦	0.15	2012		
57)	Wheat	小麦	0.15	2012		
58)	Wheat straw and fodder（dry）	小麦秸秆和饲料（干）	40	2012		
192. Tebufenozide 虫酰肼						
1)	Almond hulls	杏仁皮	30	2004		
2)	Almonds	杏仁	0.05	2004		
3)	Avocado	鳄梨	1	2004		
4)	Blueberries	蓝莓	3	2004		
5)	Broccoli	西兰花	0.5	2004		
6)	Cabbages（head）	甘蓝（头）	5	2004		
7)	Cattle milk	牛奶	0.05	2004		
8)	Citrus fruits	柑橘类水果	2	2013		
9)	Cranberry	蔓越橘	0.5	2004		
10)	Dried grapes（including currants, raisins and sultanas）	葡萄干（包括黑加仑干、提子干和小葡萄干）	2	2004		
11)	Edible offal（mammalian）	食用内脏（哺乳动物）	0.02	2004	（＊）	
12)	Eggs	蛋类	0.02	2004	（＊）	
13)	Grapes	葡萄	2	2004		
14)	Kiwifruit	猕猴桃	0.5	1999		
15)	Leafy vegetables	叶用蔬菜	10	2004		
16)	Meat（from mammals other than marine mammals）	肉类（除海洋哺乳类外的哺乳类动物）	0.05	2004	（fat）	
17)	Milks	奶类	0.01	2004	（＊）	
18)	Mints	薄荷	20	2004		
19)	Nectarine	蜜桃	0.5	2004		
20)	Peach	桃	0.5	2004		
21)	Pecan	美洲山核桃	0.01	2004	（＊）	
22)	Peppers	胡椒	1	2004		
23)	Peppers chili, dried	干辣椒	10	2006		
24)	Pome fruits	仁果类水果	1	1999		
25)	Poultry meat	家禽肉	0.02	2004	（＊）	
26)	Rape seed	油菜籽	2	2004		
27)	Raspberries（red and black）	覆盆子（红色和黑色）	2	2004		
28)	Rice（husked）	糙米	0.1	1999		
29)	Sugar cane	甘蔗	1	2004		
30)	Tomato	番茄	1	2004		
31)	Walnuts	核桃	0.05	1999		
193. Teflubenzuron 氟苯脲						
1)	Brussels sprouts	球芽甘蓝	0.5	1999		

857

（续）

序号	加工农产品和饲料的英文名	加工农产品和饲料的中文名	最大残留限量（mg/kg）	采纳年份	符号	备注
2)	Cabbages（head）	甘蓝（头）	0.2	1999		
3)	Plums（including prunes）（including all commodities in this subgroup）	李子（包括李子干）（包括此子组中的所有种类）	0.1	1999		
4)	Pome fruits	仁果类水果	1	1999		
5)	Potato	马铃薯	0.05	1999	（＊）	
194. Terbufos　特丁硫磷						
1)	Banana	香蕉	0.05	2006		
2)	Coffee beans	咖啡豆	0.05	2006	（＊）	
3)	Edible offal（mammalian）	食用内脏（哺乳动物）	0.05	2006	（＊）	
4)	Eggs	蛋类	0.01	2006	（＊）	
5)	Maize	玉米	0.01	2006	（＊）	
6)	Maize fodder（dry）	玉米饲料（干）	0.2	2006		
7)	Meat（from mammals other than marine mammals）	肉类（除海洋哺乳类外的哺乳类动物）	0.05	2006	（＊）	
8)	Milks	奶类	0.01	2006	（＊）	
9)	Poultry meat	家禽肉	0.05	2006	（＊）	
10)	Poultry，edible offal of	可食用家禽内脏	0.05	2006	（＊）	
11)	Sorghum	高粱	0.01	2006	（＊）	
12)	Sorghum straw and fodder（dry）	高粱秸秆和饲料（干）	0.3	2006	dry wt	
13)	Sugar beet	甜菜	0.02	2006		
14)	Sweet corn（corn-on-the-cob）	甜玉米（棒）	0.01	2006		
195. Thiabendazole　噻苯咪唑						
1)	Avocado	鳄梨	15	2003	Po	
2)	Banana	香蕉	5	1999	Po	
3)	Cattle kidney	牛肾	1	2003		
4)	Cattle liver	牛肝	0.3	2003		
5)	Cattle meat	牛肉	0.1	2001		
6)	Cattle milk	牛奶	0.2	2003		
7)	Citrus fruits	柑橘类水果	7	2013	Po	
8)	Eggs	蛋类	0.1	2001		
9)	Mango	芒果	5	2003	Po	
10)	Mushrooms	蘑菇	60	2005		
11)	Papaya	番木瓜	10	2003.	Po	
12)	Pome fruits	仁果类水果	3	2003	Po	
13)	Potato	马铃薯	15	2003	Po	
14)	Poultry meat	家禽肉	0.05	1999		
15)	Witloof chicory（sprouts）	苦苣（芽）	0.05	1999	（＊）	
196. Thiacloprid　噻虫啉						
1)	Almond hulls	杏仁皮	10	2007		

（续）

序号	加工农产品和饲料的英文名	加工农产品和饲料的中文名	最大残留限量（mg/kg）	采纳年份	符号	备注
2）	Berries and other small fruits	浆果及其他小水果	1	2007		
3）	Cotton seed	棉籽	0.02	2007	（＊）	
4）	Cucumber	黄瓜	0.3	2007		
5）	Edible offal （mammalian）	食用内脏（哺乳动物）	0.5	2007		
6）	Eggplant	茄子	0.7	2007		
7）	Eggs	蛋类	0.02	2007	（＊）	
8）	Kiwifruit	猕猴桃	0.2	2007		
9）	Meat （from mammals other than marine mammals）	肉类（除海洋哺乳类外的哺乳类动物）	0.1	2007		
10）	Melon （except watermelon）	瓜类（不包括西瓜）	0.2	2007		
11）	Milks	奶类	0.05	2007		
12）	Mushrooms	蘑菇	0.5	2007		
13）	Peppers, sweet （including pimento or pimiento）	甜椒（包括红辣椒）	1	2007		
14）	Pome fruits	仁果类水果	0.7	2007		
15）	Potato	马铃薯	0.02	2007	（＊）	
16）	Poultry meat	家禽肉	0.02	2007	（＊）	
17）	Poultry, edible offal of	可食用家禽内脏	0.02	2007	（＊）	
18）	Rape seed	油菜籽	0.5	2007		
19）	Rice	稻米	0.02	2007	（＊）	
20）	Squash, summer	西葫芦	0.3	2007		
21）	Stone fruits	核果类水果	0.5	2007		
22）	Tomato	番茄	0.5	2007		
23）	Tree nuts	树坚果	0.02	2007		
24）	Watermelon	西瓜	0.2	2007		
25）	Wheat	小麦	0.1	2007		
26）	Wheat straw and fodder （dry）	小麦秸秆和饲料（干）	5	2007		
27）	Winter squash	笋瓜	0.2	2007		

197. Thiamethoxam 噻虫嗪

序号	加工农产品和饲料的英文名	加工农产品和饲料的中文名	最大残留限量（mg/kg）	采纳年份	符号	备注
1）	Artichoke, globe	全球朝鲜蓟	0.5	2011		
2）	Avocado	鳄梨	0.5	2015		
3）	Banana	香蕉	0.02	2011	（＊）	
4）	Barley	大麦	0.4	2011		
5）	Barley straw and fodder （dry）	大麦秸秆和饲料（干）	2	2011		
6）	Beans （except broad bean and soya bean）	豆类（蚕豆和黄豆除外）	0.3	2015		
7）	Berries and other small fruits	浆果及其他小水果	0.5	2011		
8）	Brassicas （cole or cabbage） vegetables, head cabbage, flowerh ead brassicas	十字花科蔬菜（油菜或卷心菜）	5	2011		

（续）

序号	加工农产品和饲料的英文名	加工农产品和饲料的中文名	最大残留限量（mg/kg）	采纳年份	符号	备注
9)	Cacao beans	可可豆	0.02	2011	(*)	
10)	Celery	芹菜	1	2011		
11)	Citrus fruits	柑橘类水果	0.5	2013		
12)	Coffee beans	咖啡豆	0.2	2011		
13)	Edible offal (mammalian)	食用内脏（哺乳动物）	0.01	2011	(*)	
14)	Eggs	蛋类	0.01	2011	(*)	
15)	Fruiting vegetables other than cucurbits	瓜类蔬菜（不包括葫芦科植物）	0.7	2011		
16)	Fruiting vegetables, cucurbits	瓜类蔬菜	0.5	2011		
17)	Hop (dry)	蛇麻草（干）	0.09	2015		
18)	Leafy vegetables	叶用蔬菜	3	2011		
19)	Legume vegetable	豆类蔬菜	0.01	2011	(*)	
20)	Maize	玉米	0.05	2011		
21)	Maize fodder (dry)	玉米饲料（干）	0.05	2011		
22)	Mango	芒果	0.2	2015		
23)	Meat (from mammals other than marine mammals)	肉类（除海洋哺乳类外的哺乳类动物）	0.02	2011		
24)	Milks	奶类	0.05	2011		
25)	Mints	薄荷	1.5	2015		
26)	Oilseed	含油种子	0.02	2011	(*)	
27)	Papaya	番木瓜	0.01	2011	(*)	
28)	Pea hay or pea fodder (dry)	豌豆草或豌豆饲料（干）	0.3	2011		
29)	Pecan	美洲山核桃	0.01	2011	(*)	
30)	Peppers chili, dried	干辣椒	7	2011		
31)	Pineapple	菠萝	0.01	2011	(*)	
32)	Pome fruits	仁果类水果	0.3	2011		
33)	Popcorn	玉米花	0.01	2011	(*)	
34)	Poultry meat	家禽肉	0.01	2011	(*)	
35)	Poultry, edible offal of	可食用家禽内脏	0.01	2011	(*)	
36)	Pulses	干豆	0.04	2011		
37)	Root and tuber vegetables	块根和块茎类蔬菜	0.3	2011		
38)	Stone fruits	核果类水果	1	2011		
39)	Sweet corn (corn-on-the-cob)	甜玉米（棒）	0.01	2011	(*)	
40)	Tea, green, black (black, fermented and dried)	绿茶，黑茶（黑茶指发酵的和干燥的）	20	2011		
41)	Wheat	小麦	0.05	2011		
42)	Wheat straw and fodder (dry)	小麦秸秆和饲料（干）	2	2011		

198. Tolclofos-Methyl 甲基立枯磷

序号	加工农产品和饲料的英文名	加工农产品和饲料的中文名	最大残留限量（mg/kg）	采纳年份	符号	备注
1)	Lettuce (head)	莴笋	2	1997		

（续）

序号	加工农产品和饲料的英文名	加工农产品和饲料的中文名	最大残留限量（mg/kg）	采纳年份	符号	备注
2）	Lettuce，leaf	莴苣叶	2	1997		
3）	Potato	马铃薯	0.2	1997		
4）	Radish	萝卜	0.1	1997		
199. Tolfenpyrad 唑虫酰胺						
1）	Tea，green	绿茶	30	2014		
200. Triadimefon 三唑酮						
1）	Apple	苹果	0.3	2008		基于三唑醇的单独使用
2）	Artichoke, globe	全球朝鲜蓟	0.7	2008		基于三唑醇的单独使用
3）	Banana	香蕉	1	2009		基于三唑醇的单独使用
4）	Cereal grains	谷物	0.2	2008		除了玉米和水稻。基于三唑醇和三唑酮的使用
5）	Coffee beans	咖啡豆	0.5	2008		基于三唑醇的单独使用
6）	Currants，black，red，white	黑醋栗，红醋栗，白醋栗	0.7	2008		基于三唑醇的单独使用
7）	Dried grapes (including currants, raisins and sultanas)	葡萄干（包括黑加仑干、提子干和小葡萄干）	1	2015		基于三唑醇的使用
8）	Edible offal (mammalian)	食用内脏（哺乳动物）	0.01	2008	(*)	基于三唑醇和三唑酮的使用
9）	Eggs	蛋类	0.01	2008	(*)	基于三唑醇和三唑酮的使用
10）	Fruiting vegetables other than cucurbits	瓜类蔬菜（不包括葫芦科植物）	1	2009		除了真菌和甜玉米。基于三唑醇和三唑酮的使用
11）	Fruiting vegetables, cucurbits	瓜类蔬菜	0.2	2009		基于三唑醇的单独使用
12）	Grapes	葡萄	0.3	2015		基于三唑醇的使用
13）	Meat (from mammals other than marine mammals)	肉类（除海洋哺乳类外的哺乳类动物）	0.02	2008		基于三唑醇和三唑酮的使用

（续）

序号	加工农产品和饲料的英文名	加工农产品和饲料的中文名	最大残留限量（mg/kg）	采纳年份	符号	备注
14)	Milks	奶类	0.01	2008	（*）	基于三唑醇和三唑酮的使用
15)	Peppers chili, dried	干辣椒	5	2008		基于三唑醇和三唑酮的使用
16)	Pineapple	菠萝	5	2008	Po	基于三唑醇的单独使用
17)	Poultry meat	家禽肉	0.01	2008	（*）	基于三唑醇和三唑酮的使用
18)	Poultry, edible offal of	可食用家禽内脏	0.01	2008	（*）	基于三唑醇和三唑酮的使用
19)	Straw and fodder (dry) of cereal grains	谷物的稻草和饲料（干）	5	2008		除了玉米。基于三唑醇和三唑酮的使用
20)	Strawberry	草莓	0.7	2008		基于三唑醇的单独使用
21)	Sugar beet	甜菜	0.05	2008	（*）	基于三唑醇的单独使用

201. Triadimenol 三唑醇

序号	加工农产品和饲料的英文名	加工农产品和饲料的中文名	最大残留限量（mg/kg）	采纳年份	符号	备注
1)	Apple	苹果	0.3	2008		
2)	Artichoke, globe	全球朝鲜蓟	0.7	2008		
3)	Banana	香蕉	1	2009		
4)	Cereal grains	谷物	0.2	2008		除了玉米和水稻
5)	Coffee beans	咖啡豆	0.5	2008		
6)	Currants, black, red, white	黑醋栗，红醋栗，白醋栗	0.7	2008		
7)	Dried grapes (including currants, raisins and sultanas)	葡萄干（包括黑加仑干、提子干和小葡萄干）	1	2015		基于三唑醇的使用
8)	Edible offal (mammalian)	食用内脏（哺乳动物）	0.01	2008	（*）	
9)	Eggs	蛋类	0.01	2008	（*）	
10)	Fruiting vegetables other than cucurbits	瓜类蔬菜（不包括葫芦科植物）	1	2009		除了真菌和甜玉米
11)	Fruiting vegetables, cucurbits	瓜类蔬菜	0.2	2009		
12)	Grapes	葡萄	0.3	2015		

（续）

序号	加工农产品和饲料的英文名	加工农产品和饲料的中文名	最大残留限量（mg/kg）	采纳年份	符号	备注
13）	Meat（from mammals other than marine mammals）	肉类（除海洋哺乳类外的哺乳类动物）	0.02	2008		
14）	Milks	奶类	0.01	2008	（＊）F	
15）	Peppers chili，dried	干辣椒	5	2008		
16）	Pineapple	菠萝	5	2008	Po	
17）	Poultry meat	家禽肉	0.01	2008	（＊）	
18）	Poultry，edible offal of	可食用家禽内脏	0.01	2008	（＊）	
19）	Straw and fodder（dry）of cereal grains	谷物的稻草和饲料（干）	5	2008		除了玉米
20）	Strawberry	草莓	0.7	2008		
21）	Sugar beet	甜菜	0.05	2008	（＊）	
202. Triazophos　三唑磷						
1）	Cotton seed	棉籽	0.2	2008		
2）	Cotton seed oil，crude	粗制棉籽油	1	2008		
3）	Rice，polished	精白米	0.6	2014		
4）	Soya bean（immature seeds）	大豆（未成熟种子）	0.5	2011		
5）	Soya bean（young pod）	大豆（幼荚）	1	2011		
6）	Spices（fruits and berries）	香辛料（水果和浆果类）	0.07	2011		
7）	Spices（roots and rhizomes）	香辛料（根和根茎类）	0.1	2005		
203. Trifloxystrobin　肟菌酯						
1）	Almond hulls	杏仁皮	3	2006		
2）	Asparagus	芦笋	0.05	2013	（＊）	
3）	Banana	香蕉	0.05	2006		
4）	Barley	大麦	0.5	2006		
5）	Barley straw and fodder（dry）	大麦秸秆和饲料（干）	7	2006		
6）	Brussels sprouts	球芽甘蓝	0.1	2006		
7）	Cabbages（head）	甘蓝（头）	0.5	2006		
8）	Carrot	胡萝卜	0.1	2006		
9）	Celery	芹菜	1	2006		
10）	Citrus fruits	柑橘类水果	0.5	2006		
11）	Citrus pulp（dry）	柑橘渣（干）	1	2006		
12）	Dried grapes（including currants，raisins and sultanas）	葡萄干（包括黑加仑干、提子干和小葡萄干）	5	2006		
13）	Eggplant	茄子	0.7	2013		
14）	Eggs	蛋类	0.04	2006	（＊）	
15）	Flowerhead brassicas（includes broccoli，Chinese broccoli and cauliflower）	十字花科植物（包括西兰花、中国菜花和花椰菜）	0.5	2006		
16）	Fruiting vegetables，cucurbits	瓜类蔬菜	0.3	2006		
17）	Grapes	葡萄	3	2006		

（续）

序号	加工农产品和饲料的英文名	加工农产品和饲料的中文名	最大残留限量（mg/kg）	采纳年份	符号	备注
18)	Hop（dry）	蛇麻草（干）	40	2006		
19)	Kidney of cattle, goats pigs and sheep	牛、山羊、猪和绵羊的肾脏	0.04	2006	(*)	
20)	Leek	韭菜	0.7	2006		
21)	Lettuce（head）	莴笋	15	2013		
22)	Liver of cattle, goats, pigs and sheep	牛、山羊、猪和绵羊的肝脏	0.05	2006		
23)	Maize	玉米	0.02	2006		
24)	Maize fodder（dry）	玉米饲料（干）	10	2006		
25)	Meat（from mammals other than marine mammals）	肉类（除海洋哺乳类外的哺乳类动物）	0.05	2006	(fat)	
26)	Milks	奶类	0.02	2006	(*)	
27)	Olive oil, refined	精制橄榄油	1.2	2013		
28)	Olive oil, virgin	初榨橄榄油	0.9	2013		
29)	Papaya	番木瓜	0.6	2013		
30)	Peanut	花生	0.02	2006	(*)	
31)	Peanut fodder	花生饲料	5	2006		
32)	Peppers, sweet（including pimento or pimiento）	甜椒（包括红辣椒）	0.3	2006		
33)	Pome fruits	仁果类水果	0.7	2006		
34)	Potato	马铃薯	0.02	2006	(*)	
35)	Poultry meat	家禽肉	0.04	2006	(*)(fat)	
36)	Poultry, edible offal of	可食用家禽内脏	0.04	2006	(*)	
37)	Radish	萝卜	0.08	2013		
38)	Radish leaves（including radish tops）	萝卜叶（包括萝卜尖）	15	2013		
39)	Rice	稻米	5	2006		
40)	Rice bran, unprocessed	水稻麸，未加工的	7	2006		
41)	Rice straw and fodder（dry）	稻草和饲料（干）	10	2006		
42)	Stone fruits	核果类水果	3	2006		
43)	Strawberry	草莓	1	2013		
44)	Sugar beet	甜菜	0.05	2006		
45)	Sugar beet molasses	甜菜糖蜜	0.1	2006		
46)	Sugar beet pulp（dry）	甜菜粕（干）	0.2	2006		
47)	Table olives	餐用油橄榄	0.3	2013		
48)	Tomato	番茄	0.7	2006		
49)	Tree nuts	树坚果	0.02	2006	(*)	
50)	Wheat	小麦	0.2	2006		

（续）

序号	加工农产品和饲料的英文名	加工农产品和饲料的中文名	最大残留限量 （mg/kg）	采纳 年份	符号	备注
51)	Wheat bran，unprocessed	小麦麸，未加工的	0.5	2006		
52)	Wheat straw and fodder （dry）	小麦秸秆和饲料（干）	5	2006		
204. Triflumizole　氟菌唑						
1)	Cherries （includes all commodities in this subgroup）	樱桃（包含此子组中的所有种类）	4	2014		
2)	Cucumber	黄瓜	0.5	2014		
3)	Edible offal （mammalian）	食用内脏（哺乳动物）	0.1	2014		
4)	Grapes	葡萄	3	2014		
5)	Hop （dry）	蛇麻草（干）	30	2014		
6)	Mammalian fats （except milk fats）	哺乳动物脂肪（牛奶脂肪除外）	0.02	2014		
7)	Meat （from mammals other than marine mammals）	肉类（除海洋哺乳类外的哺乳类动物）	0.03	2014	(fat)	
8)	Milks	奶类	0.02	2014	(＊)	
9)	Papaya	番木瓜	2	2014		
205. Triforine　嗪胺灵						
1)	Blueberries	蓝莓	0.03	2015		
2)	Edible offal （mammalian）	食用内脏（哺乳动物）	0.01	2015	(＊)	
3)	Eggplant	茄子	1	2015		
4)	Mammalian fats （except milk fats）	哺乳动物脂肪（牛奶脂肪除外）	0.01	2015	(＊)	
5)	Meat （from mammals other than marine mammals）	肉类（除海洋哺乳类外的哺乳类动物）	0.01	2015	(＊)	
6)	Milks	奶类	0.01	2015	(＊)	
7)	Tomato	番茄	0.7	2015		
206. Trinexapac-ethyl　抗倒酯						
1)	Barley	大麦	3	2014		
2)	Barley bran，processed	大麦麸，加工后的	6	2014		
3)	Barley straw and fodder （dry）	大麦秸秆和饲料（干）	0.9	2014	dry wt	
4)	Edible offal （mammalian）	食用内脏（哺乳动物）	0.1	2014		
5)	Eggs	蛋类	0.01	2014	(＊)	
6)	Mammalian fats （except milk fats）	哺乳动物脂肪（牛奶脂肪除外）	0.01	2014	(＊)	
7)	Meat （from mammals other than marine mammals）	肉类（除海洋哺乳类外的哺乳类动物）	0.01	2014	(＊)	
8)	Milks	奶类	0.005	2014	(＊)	
9)	Oat straw and fodder （dry）	燕麦秸秆和饲料（干）	0.9	2014	dry wt	
10)	Oats	燕麦	3	2014		
11)	Poultry fats	家禽脂肪	0.01	2014	(＊)	
12)	Poultry meat	家禽肉	0.01	2014	(＊)	
13)	Poultry, edible offal of	可食用家禽内脏	0.05	2014		
14)	Rape seed	油菜籽	1.5	2014		

韩国"肯定列表"制度（农产品中农药最大残留限量）研究

（续）

序号	加工农产品和饲料的英文名	加工农产品和饲料的中文名	最大残留限量（mg/kg）	采纳年份	符号	备注
15)	Sugar cane	甘蔗	0.5	2014		
16)	Triticale	小黑麦	3	2014		
17)	Triticale straw and fodder（dry）	小黑麦麦秆和饲料（干）	0.9	2014	dry wt	
18)	Wheat	小麦	3	2014		
19)	Wheat bran, unprocessed	小麦麸，未加工的	8	2014		
20)	Wheat straw and fodder（dry）	小麦秸秆和饲料（干）	0.9	2014	dry wt	
207. Vinclozolin 乙烯菌核利						
1)	Spices	香辛料	0.05	2005	（＊）	
208. Zoxamide 苯酰菌胺						
1)	Dried grapes（including currants, raisins and sultanas）	葡萄干（包括黑加仑干、提子干和小葡萄干）	15	2008		
2)	Fruiting vegetables, cucurbits	瓜类蔬菜	2	2010		
3)	Grapes	葡萄	5	2008		
4)	Potato	马铃薯	0.02	2008		
5)	Tomato	番茄	2	2008		

注：（＊）表示达到或接近设定的限度；（fat）表示（对于肉类）MRLs/EMRL 适用于肉类的脂肪；Po 表示 MRLs 适用于食品收获后的处理；dry wt 表示干重；F 表示（对于牛奶）残余物是脂溶性的，奶制品的 MRLs 是根据"食品法典委员会牛奶和奶制品的最高残留限量/额外最高残留限量"中所解释的推导出来的；E 表示（仅对 MRLs）MRLs 是基于无关残基的；T 表示 MRLs/EMRL 是暂时的，不管 ADI 的状态如何，直到所需的信息被提供和评估；PoP 表示（对于加工食品）MRLs 适用于主要食品的收获后处理。

CHAPTER FIVE

第五章

主要作物的农产品质量
安全标准对比

第一节　不同国家和地区葡萄中农药残留限量的分析及对策

　　葡萄作为我国的一种重要的水果，近 20 年来发展迅速，我国葡萄的种植面积和产量多年来保持持续增长[1]，2016 年葡萄栽培总面积为 80.96 万 hm²，居世界第二位，仅次于西班牙；产量达 1 374.5 万 t[2]，自 2010 年以后一直居世界第一位。开放的贸易政策环境为世界各国发展进出口贸易提供了便利的条件，但是在葡萄生产迅速发展的同时，中国葡萄产业的贸易情况却并不乐观。一直以来，中国葡萄国际贸易存在较大的贸易逆差，并且呈现扩大趋势，可见中国虽然已经成为世界葡萄生产大国，但距葡萄贸易强国还有很大的差距。面对日益复杂和严格的农产品检验检疫标准，提高葡萄生产过程中的质量安全显得尤为重要。本节分析了我国与韩国、日本、国际食品法典委员会（Codex Alimentarius Commission，简称 CAC）及欧盟等不同国家和地区葡萄农药残留限量标准，对比其中存在的差异，对指导我国葡萄生产中科学、合理、安全使用农药，提高葡萄的质量安全水平，降低出口贸易风险具有重要意义。

一、不同国家和地区关于葡萄的分类和农药残留限量标准概况

　　目前，各个国家判定农产品和食品的质量安全情况主要依据农药最大残留限量（Maximum Residue Limits，MRLs）。一些国家和地区将葡萄细分为浆果和其他小型水果、葡萄、野生葡萄、酿酒葡萄和鲜食葡萄，其相应的英文名称见表 5-1。

表 5-1　国内外农药残留限量标准中对葡萄的分类

国家和地区	分类来源	类　别	英文名称
中国	《食品中农药最大残留限量》（GB 2763—2019）	浆果和其他小型水果	Berries and other small fruits
		葡萄	Grapes
国际食品法典委员会（CAC）	食典食品农药残留在线数据库	浆果和其他小型水果	Berries and other small fruits
		葡萄	Grapes
日本	肯定列表制度数据库	葡萄	Grapes
韩国	《韩国农药残留肯定列表制度》	葡萄	Grapes
		野生葡萄	Wild grapes
欧盟	欧盟食品农药残留在线数据库	葡萄	Grapes
		鲜食葡萄	Table grapes
		酿酒葡萄	Wine grapes

　　2019 年 8 月 15 日，国家卫生健康委员会、农业农村部及国家市场监督管理总局联合发布了食品安全国家标准《食品中农药最大残留限量》（GB 2763—2019），该标准代替《食品中农药最大残留限量》

（GB 2763—2016），于 2020 年 2 月 15 日实施，食品中农药最大残留限量由原来的 433 种农药、4 140 项限量指标增加至 483 种农药、7 170 项限量指标，限量标准数量首次超过国际食品法典委员会数量，其中有关葡萄的农药限量标准共有 166 种。

韩国 2019 年 10 月发布的《韩国农药残留肯定列表制度》中有关葡萄的 MRLs 共有 208 种。日本《肯定列表制度》中有关葡萄的农药 MRLs 共有 288 种。2018 年 6 月 26 日欧盟农药修订单（EU）2018/832 正式实施，根据欧盟官方网站提供的在线数据库显示，欧盟农药残留限量标准中有关葡萄的农药限量标准共有 486 种。国际食品法典农药残留委员会（Codex Committee on Pesticide Residue, CCPR）是国际食品法典委员会 10 个下属委员会之一，主要承担 CAC 农药残留限量标准的制定和修订。CCPR 制定的农药残留限量标准也是国际食品农产品贸易仲裁的重要参考依据之一。根据 CAC 官方网站提供的在线数据库显示，CAC 农药残留限量标准中有关葡萄的农药限量标准共有 107 种。

二、我国葡萄常见病虫害与农药使用情况

葡萄含有葡萄糖、果酸、矿物质、维生素和氨基酸等营养物质，现代医学研究认为，葡萄还具有抗癌、防癌等功效，是深受消费者喜爱的几大水果之一，在我国栽培广泛。但是，葡萄在种植过程中极易受到外部气候及土壤条件等影响而出现不同程度的病虫害，严重影响葡萄生长发育，降低葡萄产量与品质。

葡萄的主要病害有黑痘病、霜霉病、白粉病、灰霉病、褐斑病和炭疽病等。葡萄的主要虫害有葡萄瘿螨、葡萄短须螨、斑叶蝉、绿盲蝽、烟蓟马等。为保证葡萄的品质和提高产量，在生产过程中需要使用一定剂量的农药。

目前，我国葡萄生产常用的杀虫剂有代森锰锌、氟啶虫胺腈、苦参碱、苦皮藤素和噻虫嗪。常用的杀菌剂主要有石硫合剂、百菌清、甲基硫菌灵、嘧啶核苷类抗菌素、福美双、双胍三辛烷基苯磺酸盐、氢氧化铜、亚胺唑、硫酸铜钙、吡噻菌胺、烯酰吗啉、吡唑醚菌酯等。

三、葡萄常用农药的标准对比

中国、韩国、日本、欧盟和 CAC 对葡萄使用农药的限量标准见表 5－2 所示。中国和韩国的农药限量情况分别参考《食品中农药最大残留限量》（GB 2763—2019）和《韩国农药残留肯定列表制度》（2019 版）。欧盟、日本及 CAC 限量标准分别参考各国相关数据库。

表 5－2　不同国家和地区葡萄常用农药限量标准（mg/kg）

农药中文名	农药英文名	中国	韩国	日本	欧盟	CAC
阿维菌素	Abamectin			0.02	0.01*	0.01
吡氟禾草灵	Fluazifop-butyl		0.2T		0.01*	0.01
百草枯	Paraquat	0.01*	0.05T	0.05	0.02*	0.01
苯嘧磺草胺	Saflufenacil	0.01*	0.03†	0.03	0.03*	0.01
氯丹	Chlordane	0.02		0.02	0.01*	0.02
丙炔氟草胺	Flumioxazine			0.1	0.05*	0.02
氟吡禾灵	Haloxyfop	0.02*		0.05	0.01*	0.02
甲氨基阿维菌素苯甲酸盐	Emamectin benzoate	0.03	0.05	0.1	0.05	0.03
矮壮素	Chlormequat		1		0.05	0.04
杀草强	Amitrole	0.05		0.05	0.05	0.05
敌草腈	Dichlobenil	0.05*	0.05		0.01*	0.05
2,4-滴	2,4-D	0.1	0.5T	0.5	0.1	0.1

（续）

农药中文名	农药英文名	中国	韩国	日本	欧盟	CAC
唑螨酯	Fenpyroximate	0.1	2	1	0.3	0.1
草铵膦	Glufosinate，ammonium	0.1	0.05	0.2	0.15	0.15
涕灭威	Aldicarb	0.02			0.02*	0.2
氟氯氰菊酯	Cyfluthrin		1.0T	1	0.3	0.2
氯氟氰菊酯	Cyhalothrin	0.2	1	1	0.5	0.2
氯氰菊酯	Cypermethrin	0.2	0.5	2	0.5	0.2
溴氰菊酯	Deltamethrin	0.2	0.2	0.7	0.2	0.2
氟硅唑	Flusilazole	0.5	0.3	0.2	0.01*	0.2
消螨多	Meptyldinocap	0.2*	0.1T		1	0.2
戊菌唑	Penconazole	0.2	0.2†	0.2	0.4	0.2
螺螨酯	Spirodiclofen	0.2	1	2	2	0.2
三唑锡	Azocyclotin	0.3		0.3	0.01*	0.3
苯霜灵	Benalaxyl	0.3	0.3	0.2	0.3	0.3
联苯菊酯	Bifenthrin		0.5	2	0.3	0.3
噻草酮	Cycloxydim	0.3*		0.5	0.5	0.3
氯苯嘧啶醇	Fenarimol	0.3	0.3	1	0.3	0.3
灭多威	Methomyl	0.2	1		0.01*	0.3
乙基多杀菌素	Spinetoram	0.3	1	0.5	0.5	0.3
三唑酮	Triadimefon	0.3	0.05	0.5	0.01*	0.3
三唑醇	Triadimenol	0.3	0.5T	0.5	0.3	0.3
啶虫脒	Acetamiprid	2	1	5	0.5	0.5
毒死蜱	Chlorpyrifos	0.5	0.5T	1	0.01*	0.5
敌螨普	Dinocap	0.5 *		0.5	0.02*	0.5
乙螨唑	Etoxazole	0.5	0.5	0.5	0.5	0.5
甲基对硫磷	Parathion-methyl	0.02	0.2T	0.2	0.01*	0.5
多杀霉素	Spinosad	0.5*	0.5	0.5	0.5	0.5
噻虫嗪	Thiamethoxam		1	2	0.4	0.5
丁氟螨酯	Cyflumetofen	0.6	0.6†	3	0.6	0.6
咪唑菌酮	Fenamidone	0.6	0.7	3	0.6	0.6
联苯肼酯	Bifenazate	0.7	1	3	0.7	0.7
噻虫胺	Clothianidin	0.7	2	5	0.7	0.7
氟苯脲	Teflubenzuron			1	0.7	0.7
乙烯利	Ethephon	1	2	1	1	0.8
粉唑醇	Flutriafol	0.8	5	2	0.8	0.8
呋虫胺	Dinotefuran	0.9	5	15	0.9	0.9
腈菌唑	Myclobutanil	1	2	1	1	0.9
氟噻唑吡乙酮	Oxathiapiprolin		1	0.7	0.7	0.9
苯并烯氟菌唑	Benzovindiflupyr		1.0†	1	1	1
噻嗪酮	Buprofezin	1	2	1	1	1
氯虫苯甲酰胺	Chlorantraniliprole	1*	2	2	1	1

（续）

农药中文名	农药英文名	中国	韩国	日本	欧盟	CAC
甲基毒死蜱	Chlorpyrifos-methyl		1	0.2	1	1
腈苯唑	Fenbuconazole	1	1.0T	3	1	1
噻螨酮	Hexythiazox	1	1.0†	2	1	1
吡虫啉	Imidacloprid	1	1	3	1	1
醚菌酯	Kresoxim-methyl	1	5	15	1	1
甲霜灵和精甲霜灵	Metalaxyl and Metalaxyl-M	1	1	1	2	1
杀扑磷	Methidathion	0.05		1	0.02*	1
甲氧虫酰肼	Methoxyfenozide	1	2	1	1	1
抗蚜威	Pirimicarb	1	1.0T	0.5	0.01*	1
噻虫啉	Thiacloprid	1	1	5	0.01*	1
氰霜唑	Cyazofamid	1*	2	10	2	1.5
嘧菌酯	Azoxystrobin	5	3	10	3	2
溴螨酯	Bromopropylate	2	5.0T	2	0.01*	2
四螨嗪	Clofentezine	2	1.0T	2	0.02*	2
噁唑菌酮	Famoxadone	5	2	2	2	2
氟虫双酰胺	Flubendiamide	2*	1	2	2	2
咯菌腈	Fludioxonil	2	5	5	5	2
氟吡菌胺	Fluopicolide	2*	0.7	2	2	2
氟吡菌酰胺	Fluopyram	2*	5	5	1.5	2
茚虫威	Indoxacarb	2	0.5	2	2	2
双炔酰菌胺	Mandipropamid	2*	5	3	2	2
氯菊酯	Permethrin	2	2.0T	5	0.05*	2
吡唑醚菌酯	Pyraclostrobin	2	3	2	1	2
喹氧灵	Quinoxyfen	2	2.0T	2	1	2
螺虫乙酯	Spirotetramat	2*	5	2	2	2
氟啶虫胺腈	Sulfoxaflor	2*	2.0†	2	2	2
虫酰肼	Tebufenozide	2	2.0T	2	3	2
多菌灵	Carbendazim	3	3	3	0.3	3
百菌清	Chlorothalonil	10	5	0.5	3	3
嘧菌环胺	Cyprodinil	20	5	5	3	3
苯醚甲环唑	Difenoconazole	0.5	1	4	3	3
烯酰吗啉	Dimethomorph	5	2	10	3	3
氟吡呋喃酮	Flupyradifurone		3.0†	3	0.8	3
氟唑菌酰胺	Fluxapyroxad		2	3	3	3
肟菌酯	Trifloxystrobin	3	3.0†	5	3	3
氟菌唑	Triflumizole	3*	2	2	0.02*	3
醚菊酯	Etofenprox	4	3	4	5	4
胺苯吡菌酮	Fenpyrazamine		5	10	3	4
嘧霉胺	Pyrimethanil	4	5	10	5	4
啶酰菌胺	Boscalid	5	5	10	5	5

（续）

农药中文名	农药英文名	中国	韩国	日本	欧盟	CAC
二硫代氨基甲酸酯	Dithiocarbamates	5	5	5	5	5
苯丁锡	Fenbutatin oxide	5	5.0T	5	2	5
马拉硫磷	Malathion	8	2.0T	8	0.02*	5
苯菌酮	Metrafenone	5*	5	5	7	5
苯酰菌胺	Zoxamide	5	3	5	5	5
唑嘧菌胺	Ametoctradin	2*	5	25	6	6
戊唑醇	Tebuconazole	2	5.0†	10	0.5	6
氯硝胺	Dicloran	7	10.0T	7	0.01*	7
克螨特	Propargite		10	7	0.01*	7
灭菌丹	Folpet	10	5	10	6	10
异菌脲	Iprodione	10	10	25	0.01*	10
亚胺硫磷	Phosmet	10	10.0T	10	0.05*	10
环酰菌胺	Fenhexamid	15*	3	20	15	15
克菌丹	Captan	5	5	25	0.03*	25
三乙膦酸铝	Fosetyl-aluminium	10*	25	70	100	60
1,1-二氯-2,2-二（4-乙苯）乙烷	1,1-Dichloro-2,2-bis（4-ethylphenyl）ethane				0.01*	
1,3-二氯丙烯	1,3-Dichloropropene				0.01*	
1-甲基环丙烯	1-Methylcyclopropene				0.01*	
萘乙酸	1-Naphthylacetic acid	0.1			0.06*	
2,4,5-涕	2,4,5-T				0.01*	
2,4-滴丁酸	2,4-DB				0.01*	
2-氨基-4-甲氧基-6-甲基-1,3,5-三嗪	2-Amino-4-methoxy-6-（trifluormethyl）-1,3,5-triazine				0.01*	
2-萘氧乙酸	2-Naphthyloxyacetic acid				0.01*	
邻苯基苯酚	2-phenylphenol				0.01*	
3-癸烯-2-酮	3-Decen-2-one				0.1*	
氯苯氧乙酸	4-CPA			0.02		
8-羟基喹啉	8-Hydroxyquinoline				0.01*	
乙酰甲胺磷	Acephate	0.5	2		0.01*	
灭螨醌	Acequinocyl		0.2	0.5	0.3	
乙草胺	Acetochlor				0.01*	
苯并噻二唑	Acibenzolar-S-methyl		2		0.01*	
苯草醚	Aclonifen				0.01*	
氟丙菊酯	Acrinathrin			2	0.05*	
甲草胺	Alachlor			0.01	0.01*	
棉铃威	Alanycarb			2		
艾氏剂	Aldrin	0.05		N.D.	0.01*	
酰嘧磺隆	Amidosulfuron				0.01*	
氯氨吡啶酸	Aminopyralid				0.01*	

韩国"肯定列表"制度（农产品中农药最大残留限量）研究

（续）

农药中文名	农药英文名	中国	韩国	日本	欧盟	CAC
吲唑磺菌胺	Amisulbrom		3	5	0.5	
双甲脒	Amitraz				0.05*	
代森铵	Amobam	5				
敌菌灵	Anilazine				0.01*	
蒽醌	Anthraquinone				0.01*	
杀螨特	Aramite				0.01*	
三氧化二砷	Arsenic trioxide			1		
磺草胺	Asulam				0.05*	
莠去津	Atrazine	0.05		0.02	0.05*	
印楝素	Azadirachtin				1	
四唑嘧磺隆	Azimsulfuron				0.01*	
益棉磷	Azinphos-ethyl				0.02*	
保棉磷	Azinphos-methyl	1	1.0T	2	0.05*	
燕麦灵	Barban				0.01*	
氟丁酰草胺	Beflubutamid				0.02*	
乙丁氟灵	Benfluralin				0.02*	
丙硫克百威	Benfuracarb			0.5		
苄嘧磺隆	Bensulfuron-methyl				0.01*	
灭草松	Bentazone		0.05	0.02	0.03*	
苯噻菌胺	Benthiavalicarb-isopropyl		2	2	0.3	
苯扎氯铵	Benzalkonium chloride				0.1	
苄基腺嘌呤	Benzyladenine			0.02		
甲羧除草醚	Bifenox				0.01*	
双丙氨膦	Bilanafos (bialaphos)			0.02		
生物苄呋菊酯	Bioresmethrin			0.1		
联苯	Biphenyl				0.01*	
双三氟虫脲	Bistrifluron		0.5			
联苯三唑醇	Bitertanol		1.0T	0.05	0.01*	
甲羧除草醚	Bixafen				0.01*	
骨油	Bone oil				0.01*	
溴鼠灵	Brodifacoum			0.001		
无机溴	Bromide ion			20	20	
乙基溴硫磷	Bromophos-ethyl				0.01*	
溴苯腈	Bromoxynil			0.01	0.01*	
糠菌唑	Bromuconazole				0.5	
乙嘧酚磺酸酯	Bupirimate	0.5			1.5	
氟丙嘧草酯	Butafenacil			0.1		
仲丁灵	Butralin				0.01*	
丁草敌	Butylate				0.01*	
硫线磷	Cadusafos	0.02			0.01*	

（续）

农药中文名	农药英文名	中国	韩国	日本	欧盟	CAC
毒杀芬	Camphechlor	0.05 *			0.01*	
敌菌丹	Captafol				0.02*	
甲萘威	Carbaryl		0.5T	1	0.01*	
双酰草胺	Carbetamide				0.01*	
克百威	Carbofuran	0.02	0.05	0.3	0.002*	
一氧化碳	Carbon monoxide				0.01*	
丁硫克百威	Carbosulfan			0.2		
萎锈灵	Carboxin				0.05*	
唑酮草酯	Carfentrazone-ethyl		0.1T	0.1	0.01*	
杀螟丹	Cartap		1.0T	3		
杀螨醚	Chlorbenside				0.01*	
氯炔灵	Chlorbufam				0.01*	
十氯酮	Chlordecone				0.02	
杀虫脒	Chlordimeform	0.01				
虫螨腈	Chlorfenapyr		2	5	0.01*	
杀螨酯	Chlorfenson				0.01*	
毒虫畏	Chlorfenvinphos			0.05	0.01*	
氟啶脲	Chlorfluazuron			1		
氯草敏	Chloridazon				0.1*	
乙酯杀螨醇	Chlorobenzilate				0.02*	
氯化苦	Chloropicrin				0.01*	
绿麦隆	Chlorotoluron				0.01*	
枯草隆	Chloroxuron				0.01*	
氯苯胺灵	Chlorpropham		0.05T		0.01*	
氯磺隆	Chlorsulfuron				0.05*	
氯酞酸甲酯	Chlorthal-dimethyl				0.01*	
氯硫酰草胺	Chlorthiamid				0.01*	
乙菌利	Chlozolinate				0.01*	
环虫酰肼	Chromafenozide		0.7		1.5	
吲哚酮草酯	Cinidon-ethyl				0.05*	
烯草酮	Clethodim				1	
炔草酯	Clodinafop			0.02	0.02*	
异噁草酮	Clomazone			0.02	0.01*	
氯羟吡啶	Clopidol			0.2		
二氯吡啶酸	Clopyralid				0.5	
铜化合物	Copper compounds（copper）				50	
灭菌铜	Copper nonylphenolsulfonate		5			
蝇毒磷	Coumaphos	0.05				
单氰胺	Cyanamide	0.05*			0.01*	
杀螟腈	Cyanophos			0.2		

（续）

农药中文名	农药英文名	中国	韩国	日本	欧盟	CAC
溴氰虫酰胺	Cyantraniliprole	4*		2	1.5	
环丙酸酰胺	Cyclanilide				0.05*	
环溴虫酰胺	Cyclaniliprole		0.5	1	0.01*	
腈吡螨酯	Cyenopyrafen		3			
环氟菌胺	Cyflufenamid		0.5	0.5	0.15	
氰氟草酯	Cyhalofop-butyl				0.02*	
三环锡	Cyhexatin	0.3	0.2T	0.3	0.01*	
霜脲氰	Cymoxanil	0.5	0.5	0.1	0.3	
环丙唑醇	Cyproconazole			0.2	0.2	
灭蝇胺	Cyromazine				0.05*	
茅草枯	Dalapon				0.05*	
丁酰肼	Daminozide				0.06*	
棉隆	Dazomet				0.02*	
胺磺铜	DBEDC			20		
滴滴涕	DDT	0.05		0.2	0.05*	
内吸磷	Demeton	0.02				
甲基内吸磷	Demeton-S-methyl			0.4		
甜菜安	Desmedipham				0.01*	
丁醚脲	Diafenthiuron			0.02		
燕麦敌	Di-allate				0.01*	
二嗪磷	Diazinon		0.05T	0.1	0.01*	
麦草畏	Dicamba				0.05*	
苯氟磺胺	Dichlofluanid	15	15.0T	15		
2,4-滴丙酸	Dichlorprop				0.02*	
敌敌畏	Dichlorvos	0.2	0.05	0.1	0.01*	
禾草灵	Diclofop-methyl				0.05*	
哒菌酮	Diclomezine			0.02		
三氯杀螨醇	Dicofol		1.0T	3	0.02*	
双十烷基二甲基氯化铵	Didecyldimethylammonium chloride				0.1	
狄氏剂	Dieldrin	0.02		N. D.	0.01*	
乙霉威	Diethofencarb		2	5	0.01*	
野燕枯	Difenzoquat			0.05		
除虫脲	Diflubenzuron		2		1	
吡氟酰草胺	Diflufenican				0.01*	
氟吡草腙	Diflufenzopyr			0.05		
二氟乙酸	Difluoroacetic acid				0.15	
双氢链霉素和链霉素	Dihydrostreptomycin and Streptomycin		0.05	0.05		
二甲草胺	Dimethachlor				0.01*	

（续）

农药中文名	农药英文名	中国	韩国	日本	欧盟	CAC
二甲吩草胺	Dimethenamid				0.01*	
噻节因	Dimethipin			0.04	0.05*	
乐果	Dimethoate		1.0T	1	0.01*	
醚菌胺	Dimoxystrobin				0.01*	
烯唑醇	Diniconazole	0.2			0.01*	
地乐酚	Dinoseb				0.02*	
特乐酚	Dinoterb				0.01*	
敌噁磷	Dioxathion				0.01*	
二苯胺	Diphenylamine			0.05	0.05*	
敌草快	Diquat		0.02T	0.03	0.01*	
乙拌磷	Disulfoton			0.05	0.01*	
二氰蒽醌	Dithianon	2*	3	3	3	
敌草隆	Diuron		1.0T	0.05	0.01*	
二硝酚	DNOC				0.01*	
十二环吗啉	Dodemorph				0.01*	
多果定	Dodine		5.0T	0.2	0.01*	
硫丹	Endosulfan			1	0.05*	
异狄氏剂	Endrin	0.05		N. D.	0.01*	
氟环唑	Epoxiconazole	0.5			0.05*	
丙草丹	EPTC			0.1	0.01*	
噻唑菌胺	Ethaboxam		3	10		
乙丁烯氟灵	Ethalfluralin				0.01*	
胺苯磺隆	Ethametsulfuron-methyl				0.01*	
乙硫苯威	Ethiofencarb		5.0T			
乙硫磷	Ethion			0.3	0.01*	
乙嘧酚	Ethirimol				0.5	
乙氧呋草黄	Ethofumesate				0.03*	
灭线磷	Ethoprophos	0.02	0.02T		0.02*	
乙氧喹啉	Ethoxyquin				0.05*	
乙氧磺隆	Ethoxysulfuron				0.01*	
二溴乙烷	Ethylene dibromide			0.01	0.01*	
二氯乙烯	Ethylene dichloride			0.01	0.01*	
环氧乙烷	Ethylene oxide				0.02*	
土菌灵	Etridiazole				0.05*	
苯线磷	Fenamiphos	0.02	0.1T	0.06	0.03	
喹螨醚	Fenazaquin			0.5	0.2	
皮蝇磷	Fenchlorphos				0.01*	
杀螟硫磷	Fenitrothion	0.5 *	0.3	0.2	0.01*	
噁唑禾草灵	Fenoxaprop-ethyl			0.1		
精噁唑禾草灵	Fenoxaprop-P				0.1	

（续）

农药中文名	农药英文名	中国	韩国	日本	欧盟	CAC
苯氧威	Fenoxycarb			0.05	1	
一种新型杀菌剂	Fenpicoxamid				0.01*	
甲氰菊酯	Fenpropathrin	5	0.5T	5	0.01*	
苯锈啶	Fenpropidin				0.01*	
丁苯吗啉	Fenpropimorph			0.05	0.01*	
倍硫磷	Fenthion	0.05	0.2T		0.01*	
三苯锡	Fentin			0.05	0.02*	
氰戊菊酯	Fenvalerate	0.2	1.0T	5	0.3	
氟虫腈	Fipronil	0.02			0.005*	
嘧啶磺隆	Flazasulfuron			0.1	0.01*	
氟啶虫酰胺	Flonicamid		0.7	5	0.03*	
双氟磺草胺	Florasulam				0.01*	
氟啶胺	Fluazinam		0.05	0.5	0.01*	
氟环脲	Flucycloxuron				0.01*	
氟氰戊菊酯	Flucythrinate			2	0.01*	
氟噻草胺	Flufenacet				0.05*	
氟虫脲	Flufenoxuron			2	1	
杀螨净	Flufenzin				0.02*	
氟节胺	Flumetralin				0.01*	
氟吗啉	Flumorph	5*				
氟草隆	Fluometuron			0.02	0.01*	
氟离子	Fluoride ion				2*	
乙羧氟草醚	Fluoroglycofene				0.01*	
氟嘧菌酯	Fluoxastrobin				0.01*	
氟啶磺隆	Flupyrsulfuron-methyl				0.02*	
氟喹唑	Fluquinconazole		1		0.1	
氟咯草酮	Flurochloridone				0.1*	
氯氟吡氧乙酸	Fluroxypyr			0.05	0.01*	
呋嘧醇	Flurprimidole				0.01*	
呋草酮	Flurtamone				0.01*	
氟噻唑菌腈	Flutianil				0.15	
氟酰胺	Flutolanil				0.01*	
氟磺胺草醚	Fomesafen				0.01*	
地虫硫磷	Fonofos	0.01				
甲酰胺磺隆	Foramsulfuron				0.01*	
氯吡脲	Forchlorfenuron	0.05	0.05	0.1	0.01*	
伐虫脒	Formetanate				0.1	
安果	Formothion				0.01*	
噻唑膦	Fosthiazate			0.05	0.02*	
麦穗宁	Fuberidazole				0.01*	

（续）

农药中文名	农药英文名	中国	韩国	日本	欧盟	CAC
糠醛	Furfural				1	
赤霉素	Gibberellin			0.1		
草甘膦	Glyphosate	0.1	0.2	0.5	0.5	
双胍辛乙酸盐	Guazatine				0.05*	
氟氯吡啶酯	Halauxifen-methyl				0.02*	
氯吡嘧磺隆	Halosulfuron-methyl				0.01*	
七氯	Heptachlor	0.01			0.01*	
六氯苯	Hexachlorobenzene			0.01	0.01*	
六六六	Hexachlorocyclohexane	0.05		0.2	0.01*	
己唑醇	Hexaconazole	0.1	0.3		0.01*	
氢氰酸	Hydrogen cyanide			5		
磷化氢	Hydrogen phosphide			0.01		
噁霉灵	Hymexazol			0.5	0.05*	
抑霉唑	Imazalil	5		0.02	0.05*	
甲氧咪草烟	Imazamox				0.05*	
甲咪唑烟酸	Imazapic				0.01*	
咪唑喹啉酸	Imazaquin			0.05	0.05*	
咪唑乙烟酸铵	Imazethapyr ammonium			0.05		
咪唑磺隆	Imazosulfuron				0.01*	
亚胺唑	imibenconazole	3*	0.2	5		
双胍辛胺	Iminoctadine	1*	1	0.5		
吲哚乙酸	Indolylacetic acid				0.1*	
吲哚丁酸	Indolylbutyric acid				0.1*	
碘甲磺隆	Iodosulfuron-methyl				0.01*	
碘苯腈	Ioxynil			0.1	0.01*	
种菌唑	Ipconazole				0.01*	
缬霉威	Iprovalicarb		2	2	2	
氯唑磷	Isazofos	0.01				
水胺硫磷	Isocarbophos	0.05				
甲基异柳磷	Isofenphos-methyl	0.01*				
异丙噻菌胺	Isofetamid		7	10	4	
稻瘟灵	Isoprothiolane			0.02	0.01*	
异丙隆	Isoproturon				0.01*	
吡唑萘菌胺	Isopyrazam			10	0.01*	
异噁酰草胺	Isoxaben		0.05T		0.05	
异噁唑草酮	Isoxaflutole				0.02*	
乳氟禾草灵	Lactofen				0.01*	
高效氯氟氰菊酯	Lambda-cyhalothrin	0.2			0.08	
铅	Lead			1		
环草定	Lenacil			0.3	0.1*	

877

（续）

农药中文名	农药英文名	中国	韩国	日本	欧盟	CAC
雷皮菌素	Lepimectin			0.3		
林丹	Lindane			1	0.01*	
利谷隆	Linuron			0.2	0.01*	
虱螨脲	Lufenuron		2	1	0.01*	
抑芽丹	Maleic hydrazide		40.0T	25	0.2*	
甲氧基丙烯酸酯类杀菌剂	Mandestrobin		5	10	0.01*	
2甲4氯	MCPA		0.05	0.1	0.05*	
2甲4氯丁酸	MCPB			0.2	0.05*	
灭蚜磷	Mecarbam				0.01*	
2甲4氯丙酸	Mecoprop				0.05*	
氯氟醚菌唑	Mefentrifluconazole				0.01*	
嘧菌胺	Mepanipyrim		5	15	2	
甲哌鎓	Mepiquat chloride		0.5	2	0.02*	
灭锈胺	Mepronil			2	0.01*	
汞化合物	Mercury compounds				0.01*	
甲磺胺磺隆	Mesosulfuron-methyl				0.01*	
硝磺草酮	Mesotrione	0.01			0.01*	
氰氟虫腙	Metaflumizone		2.0T		0.05*	
四聚乙醛	Metaldehyde				0.05*	
苯嗪草酮	Metamitron				0.1*	
吡唑草胺	Metazachlor				0.02*	
叶菌唑	Metconazole		2		0.02*	
甲基苯噻隆	Methabenzthiazuron			0.1	0.01*	
虫螨畏	Methacrifos				0.01*	
甲胺磷	Methamidophos	0.05	0.2		0.01*	
甲硫威	Methiocarb			0.1	0.3	
烯虫酯	Methoprene				0.02*	
甲氧滴滴涕	Methoxychlor		14.0T	7	0.01*	
溴甲烷	Methylbromide			20.0T		
异丙甲草胺和精异丙甲草胺	Metolachlor and S-metolachlor				0.05*	
磺草唑胺	Metosulam				0.01*	
代森联	Metriam	5				
嗪草酮	Metribuzin				0.1*	
甲磺隆	Metsulfuron-methyl				0.01*	
速灭磷	Mevinphos		0.5T		0.01*	
弥拜菌素	Milbemectin			0.2	0.02*	
灭蚁灵	Mirex	0.01				
禾草敌	Molinate				0.01*	
久效磷	Monocrotophos	0.03			0.01*	
绿谷隆	Monolinuron				0.01*	

（续）

农药中文名	农药英文名	中国	韩国	日本	欧盟	CAC
灭草隆	Monuron				0.01*	
二溴磷	Naled		0.5T			
敌草胺	Napropamide		0.05T	0.1	0.1	
烟嘧磺隆	Nicosulfuron				0.01*	
烯啶虫胺	Nitenpyram			0.1		
除草醚	Nitrofen				0.01*	
氟草敏	Norflurazon		0.1T	0.1		
氟酰脲	Novaluron		2		0.01*	
呋酰胺	Ofurace		0.3			
氧乐果	Omethoate	0.02	0.01T	1	0.01*	
嘧苯胺磺隆	Orthosulfamuron				0.01*	
氨磺乐灵	Oryzalin		0.05T	0.1	0.01*	
丙炔恶草酮	Oxadiargyl				0.01*	
恶草酮	Oxadiazon				0.05*	
恶霜灵	Oxadixyl		1	1	0.01*	
杀线威	Oxamyl		0.5T		0.01*	
环氧嘧磺隆	Oxasulfuron				0.01*	
喹啉铜	Oxine-copper	3*		1		
咪唑富马酸盐	Oxpoconazole-fumarate			5		
氧化萎锈灵	Oxycarboxin				0.01*	
亚砜磷	Oxydemeton-methyl			0.06	0.01*	
乙氧氟草醚	Oxyfluorfen		0.05	0.05	0.1	
多效唑	Paclobutrazol				0.05	
石蜡油	Paraffin oil				0.01*	
对硫磷	Parathion	0.01	0.3T	0.3	0.05*	
戊菌隆	Pencycuron				0.05*	
二甲戊灵	Pendimethalin		0.05T	0.1	0.05*	
五氟磺草胺	Penoxsulam			0.01	0.01*	
吡噻菌胺	Penthiopyrad		2	10	0.01*	
烯草胺	Pethoxamid				0.01*	
矿物油	Petroleum oils				0.01*	
甜菜宁	Phenmedipham				0.01*	
苯醚菊酯	Phenothrin				0.02*	
稻丰散	Phenthoate			0.02		
甲拌磷	Phorate	0.01		0.05	0.01*	
伏杀硫磷	Phosalone		5.0T		0.01*	
硫环磷	Phosfolan	0.03				
甲基硫环磷	Phosfolan-methyl	0.03*				
磷胺	Phosphamidone	0.05			0.01*	
膦类化合物	Phosphane and phosphide salts				0.01*	

韩国"肯定列表"制度（农产品中农药最大残留限量）研究

（续）

农药中文名	农药英文名	中国	韩国	日本	欧盟	CAC
辛硫磷	Phoxim	0.05		0.02	0.01*	
四唑吡氨酯	Picarbutrazox		2			
氨氯吡啶酸	Picloram				0.01*	
氟吡草胺	Picolinafen				0.01*	
啶氧菌酯	Picoxystrobin	1	5		0.01*	
杀鼠酮	Pindone			0.001		
唑啉草酯	Pinoxaden				0.02*	
增效醚	Piperonyl butoxide		0.2T	8		
甲基嘧啶磷	Pirimiphos-methyl			1	0.01*	
多抗霉素	Polyoxins	10*		0.05		
咪鲜胺	Prochloraz	2	1	0.05	0.05*	
腐霉利	Procymidone	5	2		0.01*	
丙溴磷	Profenofos				0.01*	
环苯草酮	Profoxydim				0.05*	
调环酸钙	Prohexadione calcium				0.01*	
茉莉酮	Prohydrojasmon			0.01		
毒草胺	Propachlor				0.02*	
霜霉威	Propamocarb	2	2		0.01*	
敌稗	Propanil			0.1	0.01*	
噁草酸	Propaquizafop				0.05*	
苯胺灵	Propham				0.01*	
丙环唑	Propiconazole		0.5	0.5	0.3	
丙森锌	Propineb	5			1	
异丙草胺	Propisochlor				0.01*	
残杀威	Propoxur			1	0.05*	
丙苯磺隆	Propoxycarbazone				0.02*	
炔苯酰草胺	Propyzamide		0.1T		0.01*	
碘喹唑酮	Proquinazid				0.5	
苄草丹	Prosulfocarb				0.01*	
氟磺隆	Prosulfuron				0.01*	
丙硫菌唑	Prothioconazole				0.01*	
丙硫磷	Prothiofos			2		
一种杀螨剂	Pyflubumide		0.7	2		
吡蚜酮	Pymetrozine				0.02*	
吡草醚	Pyraflufen ethyl			0.02	0.02*	
磺酰草吡唑	Pyrasulfotole				0.01*	
新型杀菌剂	Pyraziflumid			2		
苄草唑	Pyrazolynate			0.02		
吡菌磷	Pyrazophos				0.01*	
除虫菊素	Pyrethrins		1.0T	1	1	

（续）

农药中文名	农药英文名	中国	韩国	日本	欧盟	CAC
吡菌苯威	Pyribencarb		1	2		
哒螨灵	Pyridaben		2	1	0.5	
三氟甲吡醚	Pyridalyl				0.01*	
哒草特	Pyridate				0.05*	
吡氟喹虫唑	Pyrifluquinazon		0.7	3		
甲氧苯唳菌	Pyriofenone		3	3	0.9	
吡丙醚	Pyriproxyfen		1.0T	0.5	0.05*	
啶磺草胺	Pyroxsulam				0.01*	
喹硫磷	Quinalphos			0.02	0.01*	
二氯喹啉酸	Quinclorac				0.01*	
氯甲喹啉酸	Quinmerac				0.1*	
灭藻醌	Quinoclamine				0.01*	
五氯硝基苯	Quintozene			0.02	0.02*	
喹禾灵	Quizalofop			0.02	0.05*	
苄呋菊酯	Resmethrin			0.1	0.01*	
砜嘧磺隆	Rimsulfuron				0.01*	
鱼藤酮	Rotenone				0.01*	
烯禾啶	Sethoxydim		1.0T	1		
硅噻菌胺	Silthiofam				0.01*	
西玛津	Simazine		0.25T	0.2	0.2	
硅氟唑	Simeconazole		1	0.2		
5-硝基愈创木酚钠	sodium 6-nitroguaiacolate				0.03*	
螺虫酯	Spiromesifen		1	10	0.02*	
螺环菌胺	Spiroxamine			1	0.6	
磺草酮	Sulcotrione				0.01*	
甲磺草胺	Sulfentrazone		0.05T	0.05		
磺酰磺隆	Sulfosulfuron				0.01*	
治螟磷	sulfotep	0.01				
二氧化硫	Sulfur dioxide			10.0T		
硫酰氟	Sulfuryl fluoride				0.01*	
氟胺氰菊酯	Tau-fluvalinate				1	
吡螨胺	Tebufenpyrad		0.5T	0.5	0.6	
四氯硝基苯	Tecnazene			0.05	0.01*	
七氟菊酯	Tefluthrin			0.1	0.05	
环磺酮	Tembotrione				0.02*	
焦磷酸四乙酯	TEPP				0.01*	
吡喃草酮	Tepraloxydim				0.1*	
特草定	Terbacil			0.1		
特丁硫磷	Terbufos	0.01*		0.005	0.01*	
特丁津	Terbuthylazine				0.1	

（续）

农药中文名	农药英文名	中国	韩国	日本	欧盟	CAC
四氟醚唑	Tetraconazole		2	0.5	0.5	
三氯杀螨砜	Tetradifon		2.0T	0.2	0.01*	
氟氰虫酰胺	Tetraniliprole		0.5			
噻菌灵	Thiabendazole	5		3	0.01*	
噻苯隆	Thidiazuron	0.05	0.2			
噻吩磺隆	Thiencarbazone-methyl				0.01*	
禾草丹	Thiobencarb				0.01*	
硫双威	Thiodicarb			5	0.01*	
甲基硫菌灵	Thiophanate-methyl	3			0.1*	
福美双	Thiram	5			0.1*	
嘧啶二酮类非选择性除草剂	Tiafenacil		0.05			
甲基立枯磷	Tolclofos-methyl			0.1	0.01*	
唑虫酰胺	Tolfenpyrad		2.0T			
甲苯氟磺胺	Tolylfluanid	3	2.0T	3	0.02*	
苯唑草酮	Topramezone				0.01*	
三甲苯草酮	Tralkoxydim				0.01*	
野麦畏	Tri-allate			0.1	0.1*	
醚苯磺隆	Triasulfuron				0.05*	
三唑磷	Triazophos				0.01*	
苯磺隆	Tribenuron-methyl				0.01*	
敌百虫	Trichlorfon	0.2		0.5	0.01*	
三氯吡氧乙酸	Triclopyr			0.03	0.01*	
三环唑	Tricyclazole				0.01*	
十三吗啉	Tridemorph			0.05	0.01*	
杀铃脲	Triflumuron			0.02	0.01*	
氟乐灵	Trifluralin		0.05T	0.05	0.01*	
氟胺磺隆	Triflusulfuron				0.01*	
嗪氨灵	Triforine				0.01*	
三甲基锍盐	Trimethyl-sulfonium cation				0.05*	
抗倒酯	Trinexapac-ethyl				0.01*	
灭菌唑	Triticonazole				0.01*	
三氟甲磺隆	Tritosulfuron				0.01*	
磺草灵	Valifenalate		2		0.2	
乙烯菌核利	Vinclozolin		5.0T	5	0.01*	
杀鼠灵	Warfarin			0.001	0.01*	
福美锌	Ziram	5			0.1*	

注：T 表示临时限量标准；＊表示采用最低检出限（LOD）作为限量标准；†表示农产品中农药最大残留限量是根据出口商制定的最大残留限量要求制定的，进口和国产农产品都可以适用相同的最大残留限量；N. D. 表示不得检出。

由表 5-2 可知，在 565 项农药中，中国、韩国、日本、欧盟及 CAC 均使用的农药仅有甲基对硫磷、2,4-滴、唑螨酯、氯氟氰菊酯、氯氰菊酯、戊菌唑、螺螨酯、氯苯嘧啶醇、乙基多杀菌素、三唑酮、三唑醇、氟硅唑、乙螨唑、多杀霉素、苯醚甲环唑、丁氟螨酯、联苯肼酯、呋虫胺和乙烯利等81种，五个国家和地区对农药的种类要求差异极大，共同关注度的比例仅为14.3%。

由表5-3可知，韩国农药限量标准数有208种，其中有112种与我国相同，共同关注度的比例是43.1%。在均有规定的农药中，我国有48种的限量严于韩国，29种的限量松于韩国，与韩国一致的有35种。在韩国葡萄农药限量标准中，限量在≤0.1mg/kg范围的标准数达到14.9%（表5-4），而我国（31.9%）是其2倍多。日本农药MRLs标准在数量上是我国标准总数的1.8倍，我国有但日本没有的农药有44种，日本有但我国没有的农药有166种，可见我国农药MRLs在种类和数量上也远远差于日本。我国和日本共同拥有的农药有122种，共同关注度的比例为36.7%，其中63种农药的限量比日本严格，36种与日本一致，23种比日本宽松。通过表5-4可知，日本农残限量在≤0.1mg/kg范围内的标准数达到34.0%，略高于我国（31.9%）标准数。

表5-3 不同国家和地区葡萄中农药残留限量标准比对

国家和地区	农药残留限量总数（项）	我国与国外均有规定的农药			
		我国与国外均规定的农药总数（种）	我国比国外严格的农药数量（种）	我国与国外一致的农药数量（种）	我国比国外宽松的农药数量（种）
中国	166	—	—	—	—
韩国	208	112	48	35	29
日本	288	122	63	36	23
欧盟	486	146	27	42	77
CAC	107	92	11	71	10

我国与欧盟MRLs标准共有的是146种，我国相对于欧盟缺失的农药种类达到340种，而欧盟相对于我国缺失的仅有20种。我国与欧盟对农药的共同关注度仅为28.7%，我国农药残留限量比欧盟严格的农药只有27种，比欧盟宽松的有77种，有些农药如噻菌灵、甲氰菊酯、腐霉利、氯硝胺和异菌脲的农药残留限量是欧盟的500~1000倍。此外，由表5-4可知，欧盟农药残留限量在≤0.1mg/kg范围内的标准数达到75.7%，远高于我国标准数。我国葡萄农药残留限量标准是CAC的1.55倍，可见我国规定的MRLs标准在数量上大于CAC标准。我国与CAC农药MRLs标准中，92种是均有规定的农药。其中，有71种农药的MRLs一致，10种农药的MRLs比CAC宽松，甲基对硫磷、涕灭威、杀扑磷等11种农药的MRLs比CAC严格。在CAC的葡萄残留限量标准中，限量范围在≤0.1mg/kg的标准数达到12.1%（表5-4），远低于我国（31.9%）标准的比例。

表5-4 不同国家和地区葡萄中农药残留限量标准分类

序号	限量范围（mg/kg）	中国		韩国		日本		欧盟		CAC	
		数量（项）	比例（%）	数量（项）	比例（%）	数量（项）	比例（%）	数量（项）	比例（%）	数量（项）	比例（%）
1	≤0.01	13	7.8	1	0.5	15	5.2	240	49.4	4	3.7
2	0.01~0.1（含0.1）	40	24.1	30	14.4	83	28.8	128	26.3	9	8.4
3	0.1~1（含1）	53	31.9	87	41.8	83	28.8	76	15.6	49	45.8
4	>1	60	36.1	90	43.3	107	37.2	42	8.6	45	42.1

四、葡萄生产和出口的对策建议

随着经济全球化的加快，对中国葡萄产业来说既是机遇也是挑战。目前，我国葡萄产品竞争优势不强，出口面临较大压力，必须采取有效措施提升我国葡萄产业的国际竞争力。我们应该形成标准化和优质栽培理念，提高果品质量和经济效益。必须做到安全化种植，在农药、化肥的使用上，严格按照国家规定适量使用，保证产品安全，积极推广优质栽培模式。

目前，我国国家标准中和葡萄病虫害防治有关的标准及使用的农药情况见表5-5，我国葡萄种植过程中使用的农药种类较多，且农药 MRLs 指标也很多，但却不能覆盖其他贸易国家农药 MRLs 要求。因此，在种植和出口时还应关注进口国的 MRLs 要求，扩大我国农药品种的覆盖面积。此外，还应结合我国葡萄在生产种植过程中农药实际使用情况以及残留情况，尽快建立一套与国际接轨的标准体系，为葡萄生产和出口提供法律依据。

表5-5 与葡萄病虫害防治相关的标准

标准号	标准名称	推荐农药品种
GB/T 8321.5—2006	农药合理使用准则（五）	甲霜灵、代森锰锌
GB/T 8321.6—2000	农药合理使用准则（六）	腐霉利
GB/T 8321.10—2018	农药合理使用准则（十）	醚菌酯、克菌丹、氰霜唑、烯酰吗啉、烯唑醇、氟硅唑、己唑醇、亚胺唑、双胍三辛烷基苯磺酸盐、异菌脲、晴菌唑、咪鲜胺锰盐、丙森锌、嘧霉胺等
NY/T 3413—2019	葡萄病虫害防治技术规程	嘧菌环胺、异菌脲、腐霉利、啶酰菌胺、嘧霉胺、百菌清、己唑醇、代森锰锌等
DB63/T 1474—2016	设施葡萄病虫害防治技术规范	—
DB3205/T 096—2005	鲜食葡萄病虫害综合防治技术规程	—
TZNZ 003—2018	葡萄主要病虫害防治指南	啶酰菌胺、吡唑醚菌酯、戊唑醇、己唑醇、吡丙醚、氟硅唑、噻虫嗪等

【参考文献】

[1] 赵玉山. 我国葡萄产业现状、影响因素及发展建议 [J]. 果农之友，2014 (11)：3-4，27.

[2] 中华人民共和国农业部. 中国农业统计资料 2016 [M]. 北京：中国农业出版社，2016.

第二节 不同国家和地区稻米中农药残留限量的分析及对策

我国是人口大国和稻米消费主要国家。我国在水稻方面已经有了一套完整的种植技术，使我国的水稻无论是在质量方面还是产量方面都位于世界前列。随着国际农产品贸易的深入发展，技术性贸易措施成为各国农产品出口的主要影响因素[1]。本节分析了我国与韩国、日本、国际食品法典委员会及欧盟等不同国家和地区的稻米农药残留限量标准，并找出其中存在的差异，对指导我国水稻生产中科学、合理、安全使用农药，提高稻米的质量安全水平，降低出口贸易风险具有重要意义。

一、不同国家和地区关于稻米的分类和农药残留限量标准概况

目前，各个国家判定农产品和食品的质量安全情况主要依据农药最大残留限量。根据稻米的加工情况，一些国家和地区将稻米细分为稻谷、糙米和精米，其相应的英文名称也有所不同，见表 5-6。

表 5-6 国内外农药残留限量标准中对稻米的分类

国家和地区	分类来源	类别	英文名称
中国	《食品中农药最大残留限量》（GB 2763—2019）	稻谷	—
		大米	—
		糙米	—
国际食品法典委员会（CAC）	食典食品农药残留在线数据库	稻米	Rice
		糙米	Rice，husked
		精米	Rice，polished
日本	肯定列表制度数据库	稻谷	Crops（other cereal grains）
		糙米	Crops［rice（brown rice）］
		精米	Processed foods（milled rice）
韩国	《韩国农药残留肯定列表制度》	稻谷	Cereal grains
		大米	Rice
欧盟	欧盟食品农药残留在线数据库	大米	Rice

2019 年 8 月 15 日，国家卫生健康委员会、农业农村部及国家市场监督管理总局联合发布了食品安全国家标准《食品中农药最大残留限量》（GB 2763—2019），该标准代替《食品中农药最大残留限量》（GB 2763—2016），于 2020 年 2 月 15 日实施，食品中农药最大残留限量由原来的 433 种农药、4 140 项限量指标增加至 483 种农药、7 170 项限量指标，限量标准数量首次超过国际食品法典委员会数量，其中，有关稻米的农药限量标准共有 230 种。

韩国 2019 年 10 月发布的《韩国农药残留肯定列表制度》中有关稻米的农药限量数共有 219 种。日本《肯定列表制度》中有关稻米的农药 MRLs 共有 348 种。2018 年 6 月 26 日欧盟农药修订单（EU）2018/832 正式实施，根据欧盟官方网站提供的在线数据库显示，欧盟农药残留限量标准中有关稻米的农药残留限量标准共有 490 种。国际食品法典农药残留委员会是国际食品法典委员会的 10 个下属委员会之一，主要承担 CAC 农药残留限量标准的制定和修订[2]。CCPR 制定的农药残留限量标准也是国际食品农产品贸易仲裁的重要参考依据之一。根据 CAC 官方网站提供的在线数据库显示，CAC 农药残留限量标准中有关稻米的农药残留限量标准共有 69 种。

二、我国水稻常见病虫害与农药使用情况

水稻在我国的种植历史悠久，在水稻生产过程中，除了受品种、种植技术、气候条件、地理条件以

及自然灾害等因素影响，病虫草危害也是影响水稻产量的主要原因。水稻主要病害是稻瘟病、纹枯病、稻曲病、白叶枯病、恶苗病等[3]。水稻主要虫害是稻飞虱、螟虫、瘿蚊、叶蝉、稻纵卷叶螟等。为保证稻米产品的质量和提高产量，在生产过程中需要使用一定的农药。

目前，我国稻米生产常用的杀虫剂有克百威、噻嗪酮、仲丁威、水胺硫磷、亚胺硫磷、异丙威、氟酰胺、速灭威、苏云金杆菌、乙酰甲胺磷、喹硫磷、敌百虫、甲萘威、辛硫磷、哒嗪硫磷等农药。常用的杀菌剂主要有三环唑、噁霉灵、井冈霉素、多菌灵、甲基硫菌灵、敌磺钠、稻瘟灵、百菌清、三乙膦酸铝、乙蒜素、春雷毒素、福美双、异稻瘟净、代森铵等，这 30 余种农药均为登记农药。

三、稻米常用农药的标准对比

中国、韩国、日本、欧盟和 CAC 对稻米使用农药的残留限量标准如表 5-7 所示。中国和韩国的农药限量情况分别参考《食品中农药最大残留限量》（GB 2763—2019）和《韩国农药残留肯定列表制度》。欧盟、日本及 CAC 限量标准分别参考各国相关数据库。

如表 5-7 所示，在 679 种农药中，中国、韩国、日本、欧盟及 CAC 均有规定的农药仅有艾氏剂、百草枯、倍硫磷、苯醚甲环唑、苯嘧磺草胺、吡虫啉、虫酰肼、稻瘟灵、滴滴涕、狄氏剂等 36 种，五个国家和地区对农药的种类要求差异极大，共同关注度的比例仅为 5.3%。

表 5-7　不同国家和地区稻米常用农药限量标准（mg/kg）

农药中文名	农药英文名	中国	韩国	日本	欧盟	CAC
2,4-滴丁酸	2,4-DB			0.02	0.01*	0.002
灭草松	Bentazone	0.1*	0.05	0.2	0.1	0.01
敌草腈	Dichlobenil	0.01*			0.01*	0.01
除虫脲	Diflubenzuron	0.01			0.01*	0.01
醚菊酯	Etofenprox	0.01	1	0.5	0.01*	0.01
氟虫腈	Fipronil	0.02	0.01	0.01	0.005*	0.01
甲氧咪草烟	Imazamox	0.01*			0.05*	0.01
硝磺草酮	Mesotrione	0.05	0.2	0.01	0.01*	0.01
苯嘧磺草胺	Saflufenacil	0.01*	0.03†	0.03	0.03*	0.01
氟唑环菌胺	Sedaxane	0.01*		0.01	0.01*	0.01
三氟苯嘧啶	Triflumezopyrim			0.01	0.01	0.01
艾氏剂	Aldrin	0.02	0.02T	N. D.	0.01*	0.02
氯丹	Chlordane	0.02	0.02T	0.02	0.01	0.02
狄氏剂	Dieldrin	0.02	0.02T	N. D.	0.01*	0.02
七氯	Heptachlor	0.02	0.02T	0.02	0.01	0.02
乙基多杀菌素	Spinetoram	0.2*		0.1	0.05*	0.02
噻虫啉	Thiacloprid	0.2	0.1	0.1	0.02	0.02
乙草胺	Acetochlor	0.05			0.01*	0.04
氯虫苯甲酰胺	Chlorantraniliprole	0.04*	0.5	0.05	0.4	0.04
倍硫磷	Fenthion	0.05	0.5	0.3	0.01*	0.05
咯菌腈	Fludioxonil	0.05	0.02	0.02	0.01*	0.05
双胍辛乙酸盐	Guazatine				0.05*	0.05
甲咪唑烟酸	Imazapic	0.05			0.05*	0.05

（续）

农药中文名	农药英文名	中国	韩国	日本	欧盟	CAC
吡虫啉	Imidacloprid	0.05	0.2	1	1.5	0.05
甲霜灵	Metalaxyl	0.1	0.05	0.1	0.01*	0.05
百草枯	Paraquat	0.05	0.5T	0.1	0.05	0.05
苯醚甲环唑	Difenoconazole	0.5	0.2	0.2	3	0.07
噻草酮	Cycloxydim	0.09*		0.05	0.09	0.09
2,4-滴	2,4-D		0.05	0.1	0.1	0.1
啶酰菌胺	Boscalid	0.1		0.5	0.15	0.1
克百威	Carbofuran	0.1	0.02	0.1	0.01*	0.1
滴滴涕	DDT	0.05	0.1T	0.2	0.05*	0.1
磷化氢	Hydrogen phosphide			0.1		0.1
咪唑乙烟酸	Imazethapyr			0.2		0.1
硫酰氟	Sulfuryl fluoride	0.1*		0.04	0.05	0.1
虫酰肼	Tebufenozide	2	0.3	0.3	3	0.1
敌敌畏	Dichlorvos	0.2		0.2	0.01*	0.15
呋虫胺	Dinotefuran	5	1	2	8	0.3
除虫菊素	Pyrethrins	0.3	3.0T	3	3	0.3
氟唑菌酰胺	Fluxapyroxad	1*	0.05	3	5	0.4
毒死蜱	Chlorpyrifos	0.5	0.5T	0.1	0.5	0.5
噻虫胺	Clothianidin	0.2	0.1	1	0.5	0.5
甲胺磷	Methamidophos	0.5	0.2		0.01*	0.6
三唑磷	Triazophos	0.05	0.05T	0.05	0.02*	0.6
草铵膦	Glufosinate，ammonium	0.9*	0.05	0.3	0.9	0.9
乙酰甲胺磷	Acephate	1	0.3		0.01*	1
甲萘威	Carbaryl	1		1	0.01*	1
氯氟氰菊酯	Cyhalothrin	1		0.5		1
氟酰胺	Flutolanil	1	1	2	2	1
高效氯氟氰菊酯	Lambda-cyhalothrin	1			0.2	1
多杀霉素	Spinosad	0.5*	0.05	0.1	2	1
稻瘟灵	Isoprothiolane	1	2	10	6	1.5
戊唑醇	Tebuconazole	0.5	0.05	0.05	1.5	1.5
多菌灵	Carbendazim	2	0.5			2
氯氰菊酯	Cypermethrin	2	1.0T	0.9	2	2
溴氰菊酯	Deltamethrin	0.5			1	2
氯菊酯	Permethrin	2	2.0T	2	0.05*	2
咪鲜胺	Prochloraz	0.5	0.02	2	1	2
氟吡菌酰胺	Fluopyram		0.05		0.01*	4
嘧菌酯	Azoxystrobin	0.5	1	0.2	5	5
溴甲烷	Methyl Bromide	5*	50			5
肟菌酯	Trifloxystrobin	0.1		2	5	5
杀螟硫磷	Fenitrothion	1*	0.2	0.2	0.05*	6

（续）

农药中文名	农药英文名	中国	韩国	日本	欧盟	CAC
甲基嘧啶磷	Pirimiphos-methyl	1	1.0T	0.2	0.5	7
二氯喹啉酸	Quinclorac	1	0.05T	5	5	8
异菌脲	Iprodione	10	0.2	3	0.01*	10
烯虫酯	Methoprene	10	5.0T	5	5	10
增效醚	Piperonyl butoxide	30		24		30
无机溴	Bromide ion				50	50
1，1-二氯-2，2-二（4-乙苯）乙烷	1, 1-Dichloro-2, 2-bis （4-ethylphenyl) ethane				0.01*	
1,3-二氯丙烯	1,3-Dichloropropene				0.01*	
1-甲基环丙烯	1-Methylcyclopropene				0.01*	
萘乙酸	1-Naphthylacetic acid	0.1			0.06*	
2,4,5-涕	2,4,5-T				0.01*	
2,4-滴二甲胺盐	2, 4-D-dimethylamine	0.05				
2-氨基-4-甲氧基-6-甲基-1,3,5-三嗪	2-Amino-4-methoxy-6-(trifluormethyl)-1,3,5-triazine				0.001*	
2-萘氧乙酸	2-Naphthyloxyacetic acid				0.01*	
邻苯基苯酚	2-Phenylphenol				0.02*	
3-癸烯-2-酮	3-Decen-2-one				0.1*	
氯苯氧乙酸	4-CPA			0.02		
8-羟基喹啉	8-Hydroxyquinoline				0.01*	
阿维菌素	Abamectin	0.02			0.01*	
灭螨醌	Acequinocyl				0.01*	
啶虫脒	Acetamiprid	0.5	0.3	3	0.01*	
苯并噻二唑	Acibenzolar-S-methyl		0.3	0.1	0.01*	
苯草醚	Aclonifen				0.01*	
氟丙菊酯	Acrinathrin				0.01*	
甲草胺	Alachlor	0.05		0.05	0.01*	
丙硫多菌灵	Albendazole	0.1*				
涕灭威	Aldicarb		0.02T	0.1	0.02*	
涕灭砜威	Aldoxycarb			0.1		
磷化铝	Aluminium phosphide	0.05	0.1			
唑嘧菌胺	Ametoctradin				0.01*	
酰嘧磺隆	Amidosulfuron				0.01*	
氯氨吡啶酸	Aminopyralid				0.01*	
吲唑磺菌胺	Amisulbrom	0.05*		0.05	0.01*	
双甲脒	Amitraz				0.05*	
杀草强	Amitrole				0.01*	
代森铵	Amobam	1				
敌菌灵	Anilazine	0.2			0.01*	
莎稗磷	Anilofos	0.1	0.05T			

（续）

农药中文名	农药英文名	中国	韩国	日本	欧盟	CAC
蒽醌	Anthraquinone				0.01*	
杀螨特	Aramite				0.01	
磺草灵	Asulam				0.05*	
莠去津	Atrazine			0.02	0.05*	
印楝素	Azadirachtin				1	
四唑嘧磺隆	Azimsulfuron		0.1	0.02	0.01*	
益棉磷	Azinphos-ethyl				0.05*	
保棉磷	Azinphos-methyl		0.1T		0.05*	
三唑锡和三环锡	Azocyclotin and cyhexatin				0.01*	
燕麦灵	Barban				0.01*	
氟丁酰草胺	Beflubutamid				0.01*	
苯霜灵	Benalaxyl			0.05	0.05*	
噁虫威	Bendiocarb		0.02T	0.02		
乙丁氟灵	Benfluralin				0.02*	
丙硫克百威	Benfuracarb	0.2		0.2		
呋草磺	Benfuresate		0.1	0.05		
苯菌灵	Benomyl			1	0.01*	
苄嘧磺隆	Bensulfuron-methyl	0.05	0.02	0.1	0.01*	
杀虫磺	Bensultap			0.2		
苯噻菌胺	Benthiavalicarb-isopropyl				0.02*	
苯扎氯铵	Benzalkonium chloride				0.1	
噻霉酮	Benziothiazolinone	0.5*				
双环磺草酮	Benzobicyclon		0.1	0.05		
吡草酮	Benzofenap			0.05		
苯并烯氟菌唑	Benzovindiflupyr			2	0.01*	
高效氯氰菊酯	Beta-cypermethrin	2				
氟吡草酮	Bicyclopyrone				0.02*	
联苯肼酯	Bifenazate				0.02*	
甲羧除草醚	Bifenox		0.05	0.1	0.01*	
联苯菊酯	Bifenthrin			0.05	0.01*	
双丙氨膦	Bilanafos (bialaphos)			0.004		
生物苄呋菊酯	Bioresmethrin			1		
联苯	Biphenyl				0.01*	
双草醚	Bispyribac-sodium	0.1*	0.1	0.1		
联苯三唑醇	Bitertanol			0.1	0.01*	
联苯吡菌胺	Bixafen			0.5	0.01*	
稻瘟散	Blasticidin-S	0.1*				
骨油	Bone oil				0.01*	
溴鼠灵	Brodifacoum			0.0005		
溴敌隆	Bromadiolone				0.01*	

（续）

农药中文名	农药英文名	中国	韩国	日本	欧盟	CAC
溴化物	Bromide			50		
溴丁酰草胺	Bromobutide		0.05	0.7		
乙基溴硫磷	Bromophos-ethyl				0.01*	
溴螨酯	Bromopropylate			0.05	0.01*	
溴苯腈	Bromoxynil			0.2	0.01*	
糠菌唑	Bromuconazole				0.01*	
溴硝醇	Bronopol	0.2*				
乙嘧酚磺酸酯	Bupirimate				0.05*	
噻嗪酮	Buprofezin	0.3	0.5	0.5	0.01*	
丁草胺	Butachlor	0.5	0.1	0.1		
氟丙嘧草酯	Butafenacil			0.02		
抑草磷	Butamifos			0.05		
仲丁灵	Butralin	0.05			0.01*	
丁草敌	Butylate			0.1	0.01*	
硫线磷	Cadusafos	0.02			0.01*	
唑草胺	Cafenstrole		0.05	0.02		
毒杀芬	Camphechlor	0.01*			0.01*	
敌菌丹	Captafol				0.02*	
克菌丹	Captan				0.07*	
双酰草胺	Carbetamide				0.01*	
一氧化碳	Carbon monoxide				0.01*	
四氯化碳	Carbon tetrachloride				0.1	
三硫磷	Carbophenothion		0.02T			
丁硫克百威	Carbosulfan	0.5		0.2		
萎锈灵	Carboxin	0.2	0.05	0.2	0.03*	
唑酮草酯	Carfentrazone-ethyl	0.1	0.1	0.08	0.05*	
环丙酰亚胺	Carpropamide		1	1		
杀螟丹	Cartap	0.1	0.1	0.2		
灭螨猛	Chinomethionate		0.1T			
杀螨醚	Chlorbenside				0.01*	
氯炔灵	Chlorbufam				0.01*	
十氯酮	Chlordecone				0.01*	
杀虫脒	Chlordimeform	0.01				
虫螨腈	Chlorfenapyr				0.02*	
杀螨酯	Chlorfenson				0.01*	
毒虫畏	Chlorfenvinphos		0.05T	0.05	0.01*	
氯草敏	Chloridazon				0.1*	
矮壮素	Chlormequat		0.05		0.01*	
乙酯杀螨醇	Chlorobenzilate		0.02T		0.02*	
氯溴异氰尿酸	Chloroisobromine cyanuric acid	0.2*				

（续）

农药中文名	农药英文名	中国	韩国	日本	欧盟	CAC
氯化苦	Chloropicrin	0.1			0.005*	
百菌清	Chlorothalonil	0.2		0.1	0.01*	
枯草隆	Chloroxuron				0.02*	
氯苯胺灵	Chlorpropham		0.1T	0.02	0.01*	
甲基毒死蜱	Chlorpyrifos-methyl	5*	0.1	0.1	3	
氯磺隆	Chlorsulfuron			0.05	0.1	
氯酞酸甲酯	Chlorthal-dimethyl				0.01*	
氯硫酰草胺	Chlorthiamid				0.01*	
绿麦隆	Chlortoluron				0.01*	
乙菌利	Chlozolinate				0.01*	
环虫酰肼	Chromafenozide		0.5	0.2	0.01*	
吲哚酮草酯	Cinidon-ethyl			0.1	0.05*	
环庚草醚	Cinmethylin			0.1		
醚磺隆	Cinosulfuron	0.1	0.05T			
烯草酮	Clethodim				0.1	
炔草酸	Clodinafop				0.02*	
炔草酯	Clodinafop-propargyl			0.02		
四螨嗪	Clofentezine				0.02*	
异恶草酮	Clomazone	0.02	0.1	0.02	0.01*	
氯甲酰草胺	Clomeprop			0.02		
氯羟吡啶	Clopidol			0.2		
二氯吡啶酸	Clopyralid			2	2	
铜化合物	Copper compounds（copper）				10	
灭菌铜	Copper nonylphenolsulfonate			0.04		
丁香菌酯	Coumoxystrobin	0.2*				
苄草隆	Cumyluron			0.1		
单氰胺	Cyanamide				0.01*	
溴氰虫酰胺	Cyantraniliprole	0.2*	0.05	0.05	0.01*	
氰霜唑	Cyazofamid			0.05	0.02*	
环丙酰草胺	Cyclanilide				0.05*	
环溴虫酰胺	Cyclaniliprole				0.01*	
乙腈菊酯	Cycloprothrin		0.05T	0.05		
环丙嘧磺隆	Cyclosulfamuron	0.1*	0.1	0.1		
环氟菌胺	Cyflufenamid			0.7	0.02*	
氟氯氰菊酯	Cyfluthrin			2	0.02*	
氰氟草酯	Cyhalofop-butyl	0.1*	0.1	0.1	0.01*	
霜脲氰	Cymoxanil				0.01*	
环丙唑醇	Cyproconazole	0.08		0.1	0.1	
嘧菌环胺	Cyprodinil	0.2		0.5	0.02*	
灭蝇胺	Cyromazine				0.05*	

（续）

（续）

农药中文名	农药英文名	中国	韩国	日本	欧盟	CAC
莎草隆	Daimuron			0.1		
茅草枯	Dalapon				0.1	
丁酰肼	Daminozide		0.01		0.06*	
棉隆	Dazomet				0.02*	
胺磺铜	DBEDC			0.5		
甲基内吸磷	Demeton-S-methyl			0.4		
甜菜安	Desmedipham				0.01*	
丁醚脲	Diafenthiuron			0.02		
燕麦敌	Di-allate				0.01*	
二嗪磷	Diazinon	0.1		0.1	0.01*	
麦草畏	Dicamba			0.05	0.3	
苯氟磺胺	Dichlofluanid			0.1		
2,4-滴丙酸	Dichlorprop				0.02*	
双氯氰菌胺	Diclocymet			0.5		
禾草灵	Diclofop-methyl			0.1	0.05*	
哒菌酮	Diclomezine			2		
氯硝胺	Dicloran				0.02*	
三氯杀螨醇	Dicofol			0.02	0.02*	
双十烷基二甲基氯化铵	Didecyldimethylammonium chloride				0.1	
乙霉威	Diethofencarb				0.01*	
野燕枯	Difenzoquat			0.05		
吡氟酰草胺	Diflufenican			0.05	0.01*	
氟吡草腙	Diflufenzopyr			0.05		
二氟乙酸	Difluoroacetic acid				0.3	
双氢链霉素和链霉素	Dihydrostreptomycin and Streptomycin			0.05		
哌草丹	Dimepiperate	0.05*	0.05T			
二甲草胺	Dimethachlor				0.01*	
异戊乙净	Dimethametryn		0.1	0.05		
二甲吩草胺	Dimethenamid			0.01	0.01*	
噻节因	Dimethipin			0.04	0.05*	
乐果	Dimethoate	0.05*		1	0.01*	
烯酰吗啉	Dimethomorph				0.01*	
甲基毒虫畏	Dimethylvinphos		0.1T	0.1		
醚菌胺	Dimoxystrobin				0.01*	
烯唑醇	Diniconazole	0.05			0.01*	
敌螨普	Dinocap				0.05*	
地乐酚	Dinoseb				0.02*	
特乐酚	Dinoterb				0.01*	

（续）

农药中文名	农药英文名	中国	韩国	日本	欧盟	CAC
敌恶磷	Dioxathion				0.01*	
二苯胺	Diphenylamine				0.05*	
敌草快	Diquat	1	0.02T	0.2	0.02*	
乙拌磷	Disulfoton			0.07	0.02*	
二氰蒽醌	Dithianon		0.1T		0.05	
二硫代氨基甲酸酯	Dithiocarbamates		0.05T	0.3	0.05*	
氟硫草定	Dithiopyr		0.05	0.01		
敌草隆	Diuron			0.05	0.01*	
二硝酚	DNOC				0.02*	
十二环吗啉	Dodemorph				0.01*	
多果定	Dodine				0.01*	
毒氟磷	Dufulin	1*				
杀草隆	Dymron		0.05			
敌瘟磷	Edifenphos	0.1	0.2	0.2		
甲氨基阿维菌素苯甲酸盐	Emamectin benzoate	0.02		0.1	0.01*	
硫丹	Endosulfan			0.1	0.05*	
异狄氏剂	Endrin	0.01		N. D.	0.01*	
苯硫膦	EPN			0.02		
氟环唑	Epoxiconazole	0.5	0.3	1	0.1	
茵草敌	Ethyl dipropylthiocarbamate			0.1	0.01*	
戊草丹	Esprocarb		0.1	0.02		
乙丁烯氟灵	Ethalfluralin				0.01*	
胺苯磺隆	Ethametsulfuron-methyl				0.01*	
乙烯利	Ethephon			0.05	0.05*	
乙硫磷	Ethion	0.2			0.01*	
乙虫腈	Ethiprole	0.2		0.2		
乙嘧酚	Ethirimol				0.05*	
乙氧呋草黄	Ethofumesate				0.03*	
灭线磷	Ethoprophos	0.02	0.005T		0.02*	
乙氧喹啉	Ethoxyquin				0.05*	
乙氧磺隆	Ethoxysulfuron	0.05	0.1	0.02	0.01*	
二溴乙烷	Ethylene dibromide		0.5T	0.01	0.01*	
二氯乙烯	Ethylene dichloride			0.06	0.01*	
环氧乙烷	Ethylene oxide				0.02*	
乙蒜素	Ethylicin	0.05*				
乙氧苯草胺	Etobenzanid			0.1		
乙螨唑	Etoxazole				0.01*	
土菌灵	Etridiazole		0.05		0.05*	
恶唑菌酮	Famoxadone				0.01*	
咪唑菌酮	Fenamidone				0.01*	

韩国"肯定列表"制度（农产品中农药最大残留限量）研究

（续）

农药中文名	农药英文名	中国	韩国	日本	欧盟	CAC
敌磺钠	Fenaminosulf	0.5*				
烯肟菌胺	Fenaminstrobin	1*				
苯线磷	Fenamiphos	0.02		0.02	0.02*	
氯苯嘧啶醇	Fenarimol			0.1	0.02*	
喹螨醚	Fenazaquin				0.01*	
腈苯唑	Fenbuconazole	0.1	0.05		0.05*	
苯丁锡	Fenbutatin oxide			0.05	0.01*	
皮蝇磷	Fenchlorphos				0.01*	
解草啶	Fenclorim		0.1T			
环酰菌胺	Fenhexamid				0.01*	
仲丁威	Fenobucarb	0.5	0.5	1		
稻瘟酰胺	Fenoxanil	1	1	1		
噁唑禾草灵	Fenoxaprop-ethyl	-	0.05	0.05	0.1	
精噁唑禾草灵	Fenoxaprop-P	0.1				
苯磺噁唑草	Fenoxasulfone		0.05	0.05		
苯氧威	Fenoxycarb			0.05	0.05*	
一种新型杀虫剂	Fenpicoxamid				0.01*	
甲氰菊酯	Fenpropathrin				0.01*	
苯锈啶	Fenpropidin				0.01*	
丁苯吗啉	Fenpropimorph			0.3	0.01*	
胺苯吡菌酮	Fenpyrazamine				0.01*	
唑螨酯	Fenpyroximate				0.01*	
新型除草剂	Fenquinotrione			0.01		
丰索磷	Fensulfothion			0.1		
三苯锡	Fentin		0.05T	0.1	0.02*	
三苯基乙酸锡	Fentin acetate	0.05*				
四唑酰草胺	Fentrazamide		0.1	0.02		
氰戊菊酯	Fenvalerate		1.0T	2	0.02*	
嘧菌腙	Ferimzone		2	2		
麦草氟甲酯	Flamprop-methyl			0.05		
啶嘧磺隆	Flazasulfuron			0.02	0.01*	
氟啶虫酰胺	Flonicamid	0.1	0.1		0.03*	
双氟磺草胺	Florasulam				0.01*	
氯氟吡啶酯	Florpyrauxifen-benzyl		0.05			
吡氟禾草灵	Fluazifop-butyl				0.01*	
氟啶胺	Fluazinam				0.02*	
氟虫双酰胺	Flubendiamide	0.2*	0.5		0.2	
氟吡磺隆	Flucetosulfuron	0.05*	0.1	0.05		
氟环脲	Flucycloxuron				0.01*	
氟氰戊菊酯	Flucythrinate			0.05	0.01*	

894

（续）

农药中文名	农药英文名	中国	韩国	日本	欧盟	CAC
氟噻草胺	Flufenacet				0.05*	
氟虫脲	Flufenoxuron				0.05*	
杀螨净	Flufenzin				0.02*	
丁虫腈	Flufiprole	0.02*				
氟节胺	Flumetralin				0.01*	
唑嘧磺草胺	Flumetsulam			0.05		
丙炔氟草胺	Flumioxazine				0.02*	
氟草隆	Fluometuron			0.1	0.01*	
氟吡菌胺	Fluopicolide				0.01*	
氟离子	Fluoride ion				2*	
乙羧氟草醚	Fluoroglycofene				0.01*	
氟嘧菌酯	Fluoxastrobin				0.01*	
氟吡呋喃酮	Flupyradifurone			0.05	0.01*	
一种新型杀虫剂	Flupyrimin			0.7		
氟啶磺隆	Flupyrsulfuron-methyl				0.02*	
氟喹唑	Fluquinconazole				0.05*	
氟咯草酮	Flurochloridone				0.1*	
氯氟吡氧乙酸	Fluroxypyr	0.2		0.1	0.01*	
氯氟吡氧乙酸异辛酯	Fluroxypyr-meptyl	0.2				
呋嘧醇	Flurprimidole				0.02*	
呋草酮	Flurtamone				0.01*	
氟硅唑	Flusilazole	0.2		0.2	0.01*	
氟噻唑菌腈	Flutianil				0.01*	
粉唑醇	Flutriafol	0.5			1.5	
灭菌丹	Folpet				0.07*	
氟磺胺草醚	Fomesafen				0.01*	
地虫硫磷	Fonofos	0.05				
甲酰胺磺隆	Foramsulfuron				0.01*	
氯吡脲	Forchlorfenuron				0.02*	
伐虫脒	Formetanate				0.01*	
安硫磷	Formothion				0.01*	
三乙膦酸铝	Fosetyl-aluminium			0.5	2*	
噻唑膦	Fosthiazate				0.02*	
四氯苯酞	Fthalide		1	1		
麦穗宁	Fuberidazole				0.01*	
呋吡菌胺	Furametpyr			0.5		
糠醛	Furfural				1	
草甘膦	Glyphosate	0.1	0.05	0.1	0.1*	
氟氯吡啶酯	Halauxifen-methyl				0.02*	
氯吡嘧磺隆	Halosulfuron-methyl		0.05	0.05	0.01*	

（续）

农药中文名	农药英文名	中国	韩国	日本	欧盟	CAC
吡氟氯禾灵	Haloxyfop				0.01*	
六六六	Hexachlorocyclohexane	0.05	0.02T	0.2		
六氯苯	Hexachlorobenzene			0.03	0.01*	
六六六，α异构体	Hexachlorocyclohexane（HCH），alpha-isomer				0.01*	
六六六，β异构体	Hexachlorocyclohexane（HCH），beta-isomer				0.01*	
己唑醇	Hexaconazole	0.1	0.3		0.01*	
噻螨酮	Hexythiazox				0.5	
氢氰酸	Hydrogen cyanide			20	15	
噁霉灵	Hymexazol	0.1*	0.05	0.5	0.05*	
抑霉唑	Imazalil		0.05T	0.05	0.05*	
咪唑喹啉酸	Imazaquin			0.05	0.05*	
唑吡嘧磺隆	Imazosulfuron		0.1	0.1	0.01*	
氯噻啉	Imidaclothiz	0.1*				
双胍辛胺	Iminoctadine		0.05	0.05		
抗倒胺	Inabenfide		0.05T	0.05		
茚草酮	Indanofan		0.1	0.05		
吲哚乙酸	Indolylacetic acid				0.1*	
吲哚丁酸	Indolylbutyric acid				0.1*	
茚虫威	Indoxacarb	0.1	0.1		0.01*	
碘甲磺隆	Iodosulfuron-methyl				0.01*	
碘苯腈	Ioxynil			0.1	0.01*	
种菌唑	Ipconazole		0.05		0.01*	
三唑酰草胺	Ipfencarbazone		0.05	0.05		
异稻瘟净	Iprobenfos	0.5	0.2	0.2		
缬霉威	Iprovalicarb				0.01*	
氯唑磷	Isazofos	0.05				
水胺硫磷	Isocarbophos	0.05				
异柳磷	Isofenphos		0.05T			
甲基异柳磷	Isofenphos-methyl	0.02*				
异丙噻菌胺	Isofetamid				0.01*	
异丙威	Isoprocarb	0.2	0.3	0.5		
异丙隆	Isoproturon	0.05			0.01*	
吡唑萘菌胺	Isopyrazam			0.2	0.01*	
异噻菌胺	Isotianil		0.1	0.3		
异噁酰草胺	Isoxaben				0.1	
双苯噁唑酸	Isoxadifen-ethyl			0.1		
异噁唑草酮	Isoxaflutole				0.02*	
井冈霉素	Jiangangmycin	0.5				

（续）

农药中文名	农药英文名	中国	韩国	日本	欧盟	CAC
春雷霉素	Kasugamycin	0.1*		0.2		
醚菌酯	Kresoxim-methyl	0.1		5	0.01*	
乳氟禾草灵	Lactofen				0.01*	
一种新型除草剂	Lancotrione sodium			0.01		
环草定	Lenacil				0.1*	
林丹	Lindane			0.3	0.01*	
利谷隆	Linuron			0.1	0.01*	
虱螨脲	Lufenuron				0.01*	
马拉硫磷	Malathion	0.1	0.3T	0.1	8	
抑芽丹	Maleic hydrazide			0.2	0.2*	
甲氧基丙烯酸酯类杀菌剂	Mandestrobin				0.01*	
双炔酰菌胺	Mandipropamid				0.01*	
2甲4氯	MCPA		0.05	0.1	0.05*	
2甲4氯钠	MCPA-sodium	0.05				
2甲4氯异辛酯	MCPA-isooctyl	0.05*				
2甲4氯丁酸	MCPB		0.05	0.1	0.05*	
灭蚜磷	Mecarbam				0.01*	
2甲4氯丙酸	Mecoprop			0.05	0.05*	
氯丙酸	Mecoprop-P		0.01T			
苯噻酰草胺	Mefenacet	0.05*	0.01	0.05		
吡唑解草酯	Mefenpyr-diethyl			0.01		
氯氟醚菌唑	Mefentrifluconazole				0.01*	
磷化镁	Megnesium phosphide	0.05				
嘧菌胺	Mepanipyrim				0.01*	
甲哌鎓	Mepiquat chloride				0.02*	
灭锈胺	Mepronil	0.2*		2	0.01*	
消螨多	Meptyldinocap				0.05*	
汞化合物	Mercury compounds				0.01*	
甲磺胺磺隆	Mesosulfuron-methyl				0.01*	
氰氟虫腙	Metaflumizone	0.1*	0.1		0.05*	
精甲霜灵	Metalaxyl-M	0.1			0.01*	
四聚乙醛	Metaldehyde	0.2*		1	0.05*	
噁唑酰草胺	Metamifop	0.05*	0.05	0.02		
苯嗪草酮	Metamitron				0.1*	
吡唑草胺	Metazachlor				0.02*	
嗪吡嘧磺隆	Metazosulfuron	0.05*	0.05	0.05		
叶菌唑	Metconazole		0.05	5	0.02*	
甲基苯噻隆	Methabenzthiazuron			0.05	0.01*	
虫螨畏	Methacrifos				0.01*	
杀扑磷	Methidathion	0.05	0.01	0.02	0.02*	

（续）

农药中文名	农药英文名	中国	韩国	日本	欧盟	CAC
甲硫威	Methiocarb		0.05T	0.05	0.1*	
灭多威	Methomyl		0.1T	0.5	0.01*	
甲氧滴滴涕	Methoxychlor		2.0T	2	0.01*	
甲氧虫酰肼	Methoxyfenozide	0.1	1	0.1	0.01*	
异丙甲草胺	Metolachlor	0.1	0.1T	0.1	0.05*	
速灭威	Metolcarb		0.05T			
苯氧菌胺	Metominostrobin			0.5		
磺草唑胺	Metosulam				0.01*	
苯菌酮	Metrafenone			0.5	0.01*	
嗪草酮	Metribuzin		0.05T	0.05	0.1*	
甲磺隆	Metsulfuron-methyl	0.05		0.05	0.01*	
速灭磷	Mevinphos				0.01*	
弥拜菌素	Milbemectin				0.02*	
灭蚁灵	Mirex	0.01				
禾草敌	Molinate	0.1	0.05	0.1	0.01*	
久效磷	Monocrotophos	0.02		0.05	0.02*	
绿谷隆	Monolinuron				0.01*	
灭草隆	Monuron				0.01*	
腈菌唑	Myclobutanil				0.02*	
二溴磷	Naled			0.2		
敌草胺	Napropamide				0.05*	
杀螺胺乙醇胺盐	Niclosamide-olamine	0.5*				
烟嘧磺隆	Nicosulfuron				0.01*	
宁南霉素	Ningnanmycin	0.2*				
烯啶虫胺	Nitenpyram	0.1*		0.3		
三氯甲基吡啶	Nitrapyrin			0.1		
除草醚	Nitrofen				0.01*	
氟酰脲	Novaluron				0.01*	
氧乐果	Omethoate		0.01T	1	0.01*	
嘧苯胺磺隆	Orthosulfamuron	0.05*	0.05		0.03	
肟醚菌胺	Orysastrobin		0.3	0.2		
氨磺乐灵	Oryzalin			0.01	0.01*	
丙炔噁草酮	Oxadiargyl	0.02*	0.05	0.05	0.01*	
噁草酮	Oxadiazon	0.05	0.05	0.02	0.05*	
噁霜灵	Oxadixyl		0.1	0.1	0.01*	
杀线威	Oxamyl		0.02T	0.02	0.01*	
环氧嘧磺隆	Oxasulfuron				0.01*	
氟噻唑吡乙酮	Oxathiapiprolin				0.01*	
噁嗪草酮	Oxaziclomefone	0.05	0.1	0.05		
喹啉铜	Oxine-copper			0.1		

898

（续）

农药中文名	农药英文名	中国	韩国	日本	欧盟	CAC
喹菌酮	Oxolinic acid		0.05	0.3		
氧化萎锈灵	Oxycarboxin				0.01*	
亚砜磷	Oxydemeton-methyl			0.02	0.01*	
乙氧氟草醚	Oxyfluorfen	0.05		0.05	0.05*	
多效唑	Paclobutrazol	0.5		0.02	0.01*	
石蜡油	Paraffin oil				0.01*	
对硫磷	Parathion	0.1	0.1T	N.D.	0.05*	
甲基对硫磷	Parathion-methyl	0.2	1.0T	1	0.02*	
戊菌唑	Penconazole			0.05	0.01*	
戊菌隆	Pencycuron		0.3	0.3	0.05*	
二甲戊灵	Pendimethalin	0.1	0.05	0.2	0.05*	
氟唑菌苯胺	Penflufen		0.05	0.05		
五氟磺草胺	Penoxsulam	0.02*	0.1	0.05	0.01*	
吡噻菌胺	Penthiopyrad		0.05	0.8	0.01*	
环戊草酮	Pentoxazone		0.05	0.05		
烯草胺	Pethoxamid				0.01*	
矿物油	Petroleum oils				0.01*	
甜菜宁	Phenmedipham				0.01*	
苯醚菊酯	Phenothrin		0.1T		0.05*	
稻丰散	Phenthoate	0.05	0.05	0.05		
甲拌磷	Phorate	0.05		0.05	0.02*	
伏杀硫磷	Phosalone				0.01*	
甲基硫环磷	Phosfolan-methyl	0.03*				
亚胺硫磷	Phosmet	0.5		0.1	0.05*	
磷胺	Phosphamidone	0.02	0.1T		0.01*	
膦类化合物	Phosphane and phosphide salts				0.05	
辛硫磷	Phoxim	0.05	0.05T	0.05	0.01*	
四氯苯酞	Phthalide	1*				
四唑吡氨酯	Picarbutrazox			0.01		
氨氯吡啶酸	Picloram			.0.2	0.01*	
氟吡草胺	Picolinafen			0.02	0.05*	
啶氧菌酯	Picoxystrobin			0.04	0.01*	
杀鼠酮	Pindone			0.001		
唑啉草酯	Pinoxaden				0.05	
哌草磷	Piperophos			0.05T		
抗蚜威	Pirimicarb	0.05	0.05T	0.3	0.05	
多抗霉素	Polyoxins			0.06		
丙草胺	Pretilachlor	0.1	0.1	0.03		
烯丙苯噻唑	Probenazole	1*	0.1	0.05		

（续）

农药中文名	农药英文名	中国	韩国	日本	欧盟	CAC
咪鲜胺锰盐	Prochloraz-manganese chloride complex	0.5				
腐霉利	Procymidone		1.0T		0.01*	
丙溴磷	Profenofos	0.02			0.01*	
环苯草酮	Profoxydim				0.05*	
调环酸钙	Prohexadione calcium	0.05	0.05	0.2	0.02*	
扑草净	Prometryn	0.05		0.1		
毒草胺	Propachlor	0.05		0.2	0.02*	
霜霉威	Propamocarb	0.1	0.1T	0.1	0.01*	
霜霉威盐酸盐	Propamocarb hydrochloride	0.1				
敌稗	Propanil	2	0.05	2	0.01*	
噁草酸	Propaquizafop				0.05*	
炔螨特	Propargite				0.01*	
苯胺灵	Propham				0.01*	
丙环唑	Propiconazole	0.1	0.7	0.1	1.5	
丙森锌	Propineb	1			0.05*	
异丙草胺	Propisochlor	0.05*			0.01*	
残杀威	Propoxur		0.05T	1	0.05*	
丙苯磺隆	Propoxycarbazone				0.02*	
丙嗪嘧磺隆	Propyrisulfuron	0.05*	0.05	0.05		
炔苯酰草胺	Propyzamide				0.01*	
碘喹唑酮	Proquinazid				0.02*	
苄草丹	Prosulfocarb			0.05	0.01*	
氟磺隆	Prosulfuron				0.01*	
丙硫菌唑	Prothioconazole			0.4	0.01*	
氟啶菌酰羟胺	Pydiflumetofen		0.05			
吡蚜酮	Pymetrozine	0.2	0.05	0.1	0.05*	
双唑草腈	Pyraclonil		0.05	0.05		
吡唑醚菌酯	Pyraclostrobin			1	0.09	
吡草醚	Pyraflufen ethyl			0.05	0.02*	
磺酰草吡唑	Pyrasulfotole			0.08	0.02*	
吡唑特	Pyrazolate		0.1			
苄草唑	Pyrazolynate			0.1		
吡菌磷	Pyrazophos				0.01*	
吡嘧磺隆	Pyrazosulfuron-ethyl	0.1	0.05	0.05		
苄草唑	Pyrazoxyfen		0.05T	0.1		
吡菌苯威	Pyribencarb			0.05	0.2	
嘧啶肟草醚	Pyribenzoxim	0.05*	0.05			

900

（续）

农药中文名	农药英文名	中国	韩国	日本	欧盟	CAC
稗草畏	Pyributicarb		0.05T	0.03		
哒螨灵	Pyridaben	0.1			0.01*	
三氟甲吡醚	Pyridalyl				0.01*	
哒嗪硫磷	Pyridaphenthion		0.2T			
哒草特	Pyridate				0.05*	
环酯草醚	Pyriftalid	0.1	0.1	0.02		
嘧霉胺	Pyrimethanil				0.05*	
嘧草醚	Pyriminobac-methyl	0.1*	0.05	0.05		
嘧氟磺草胺	Pyrimisulfan		0.05	0.05		
吡丙醚	Pyriproxyfen				0.05*	
咯喹酮	Pyroquilon		0.1T	0.2		
啶磺草胺	Pyroxsulam				0.01*	
喹硫磷	Quinalphos	0.2*	0.01T		0.01*	
氯甲喹啉酸	Quinmerac				0.1*	
灭藻醌	Quinoclamine		0.05	0.02	0.02*	
喹氧灵	Quinoxyfen				0.02*	
五氯硝基苯	Quintozene			0.02	0.02*	
喹禾灵	Quizalofop				0.05*	
苄呋菊酯	Resmethrin			0.05	0.02*	
砜嘧磺隆	Rimsulfuron				0.01*	
鱼藤酮	Rotenone				0.01*	
烯禾啶	Sethoxydim			10		
氟硅菊酯	Silafluofen		0.1	0.3		
硫硅菌胺	Silthiofam				0.01*	
西玛津	Simazine				0.01*	
硅氟唑	Simeconazole		0.05	0.1		
西草净	Simetryn	0.05	0.05	0.05		
精异丙甲草胺	S-metolachlor	0.1			0.05*	
萘乙酸钠	Sodium 1-naphthalacitic acid	0.1				
5-硝基愈创木酚钠	Sodium 5-nitroguaiacolate				0.03*	
螺螨酯	Spirodiclofen				0.02*	
螺虫酯	Spiromesifen			0.01	0.02*	
螺虫乙酯	Spirotetramat				0.1*	
螺环菌胺	Spiroxamine			0.3	0.01*	
链霉素	Streptomycin		0.05			
磺草酮	Sulcotrione				0.02*	
甲磺草胺	Sulfentrazone			0.05		
磺酰磺隆	Sulfosulfuron			0.01	0.02*	

（续）

农药中文名	农药英文名	中国	韩国	日本	欧盟	CAC
氟啶虫胺腈	Sulfoxaflor	2*	0.2	1	0.01*	
氟胺氰菊酯	Tau-fluvalinate				0.01*	
吡螨胺	Tebufenpyrad				0.01*	
吡唑特	Tebufloquin		0.2	0.5		
叶枯酞	Tecloftalam		0.5	0.2		
四氯硝基苯	Tecnazene			0.05	0.01*	
氟苯脲	Teflubenzuron				0.01*	
七氟菊酯	Tefluthrin				0.05	
呋喃磺草酮	Tefuryltrione		0.05	0.02		
环磺酮	Tembotrione				0.02*	
焦磷酸四乙酯	TEPP				0.01*	
吡喃草酮	Tepraloxydim				0.1*	
特丁硫磷	Terbufos	0.01*		0.005	0.01*	
特丁津	Terbuthylazine				0.05*	
四氟醚唑	Tetraconazole				0.05	
三氯杀螨砜	Tetradifon				0.01*	
氟氰虫酰胺	Tetraniliprole		0.2			
甲氧噻草胺	Thenylchlor		0.05T	0.1		
噻菌灵	Thiabendazole		0.2T	2	0.01*	
噻虫嗪	Thiamethoxam	0.1	0.1	0.3	0.01*	
噻吩磺隆	Thiencarbazone-methyl			0.05	0.01*	
噻呋酰胺	Thifluzamide	3	0.3	1		
禾草丹	Thiobencarb	0.2	0.05	0.2	0.01*	
杀虫环	Thiocyclam	0.2		0.2		
硫双威	Thiodicarb			0.5	0.01*	
甲基乙拌磷	Thiometon		0.05T			
硫菌灵	Thiophanate			1		
甲基硫菌灵	Thiophanate-methyl	1		1	0.01*	
杀虫双	Thiosultap-disodium	0.2				
杀虫单	Thiosultap-monosodium	0.5				
福美双	Thiram	1			0.1*	
噻酰菌胺	Tiadinil		1	1		
嘧啶二酮类非选择性除草剂	Tiafenacil		0.05			
甲基立枯磷	Tolclofos-methyl	0.05		0.1	0.01*	
氨基甲酸酯类杀菌剂	Tolprocarb			0.3		
甲苯氟磺胺	Tolylfluanid				0.05*	
苯唑草酮	Topramezone				0.01*	
三甲苯草酮	Tralkoxydim			0.02	0.01*	

（续）

农药中文名	农药英文名	中国	韩国	日本	欧盟	CAC
三唑酮	Triadimefon	0.5		0.3	0.01*	
三唑醇	Triadimenol	0.05		0.5	0.01*	
氟酮磺草胺	Triafamone		0.05	0.05		
野麦畏	Tri-allate			0.05	0.1*	
醚苯磺隆	Triasulfuron			0.02	0.05*	
苯磺隆	Tribenuron-methyl			0.1	0.01*	
敌百虫	Trichlorfon	0.1		0.2	0.01*	
三氯吡氧乙酸	Triclopyr	0.3T		0.3	0.3	
氯啶菌酯	Triclopyricarb	2*				
三环唑	Tricyclazole	2	0.7	3	0.01*	
十三吗啉	Tridemorph			0.05	0.01*	
氟菌唑	Triflumizole		0.05	0.05	0.02*	
杀铃脲	Triflumuron			0.05	0.01*	
氟乐灵	Trifluralin	0.05T		0.05	0.01*	
氟胺磺隆	Triflusulfuron				0.01*	
嗪氨灵	Triforine	0.1*	0.01T		0.01*	
三甲基锍盐	Trimethyl-sulfonium cation				0.05*	
抗倒酯	Trinexapac-ethyl			0.6	0.02*	
灭菌唑	Triticonazole			0.05	0.01*	
三氟甲磺隆	Tritosulfuron				0.01*	
烯效唑	Uniconazole	0.1		0.1		
有效霉素	Validamycin			0.06		
磺草灵	Valifenalate				0.01*	
蚜灭磷	Vamidothion			0.05T		
乙烯菌核利	Vinclozolin				0.01*	
杀鼠灵	Warfarin			0.001	0.01*	
噻唑锌	Zinc Thiazole	0.2*				
福美锌	Ziram				0.1*	
苯酰菌胺	Zoxamide				0.02*	

注：T 表示临时限量标准；＊表示采用最低检出限（LOD）作为限量标准；†表示农产品中农药最大残留限量是根据出口商制定的最大残留限量要求制定的，进口和国产农产品都可以适用相同的最大残留限量；N. D. 表示不得检出。

中国和其他国家及地区稻米农药残留限量情况见表 5－8。中国和韩国在稻米上使用的农药种类数相差不多，但两国对农药种类的共同关注度的比例为 36.1％。在均有规定的 119 种农药中，37 种农药的最大残留限量一致，53 种农药残留限量较韩国宽松，29 种农药残留限量较韩国严格。日本在稻米上使用的农药数仅次于欧盟。与日本相比，中国和日本均有规定的农药数量有 145 种，两国对农药种类的共同关注度的比例为 33.5％。其中，45 种农药的最大残留限量一致，49 种农药残留限量较日本宽松，51 种农药残留限量较日本严格。中国和欧盟对农药的种类要求差异较大，共同关注度的比例为 25.9％。与欧盟相比，中国和欧盟均有规定的农药数量有 148 种，其中，22 种农药残留最大限量一致，103 种农药残留限量较欧盟宽松，仅 23 种农药残留限量较欧盟严格；中国和 CAC 对农药种类要求差异较大，共同关注度的比例为 25.1%。与 CAC 相比，我国农药残留限量情况远超于 CAC，但均有规定的农药仅有 60 种，其中，34 种农药残留最大限量一致，12 种农药残留限量较 CAC 宽松，14 种农药残留限量较 CAC 严格。

表 5-8　不同国家和地区稻米中农药残留限量标准比对

国家和地区	农药残留限量总数（项）	我国和国外均有规定的农药			
		我国和国外均规定的农药总数（种）	我国比国外严格的农药数量（种）	我国与国外一致的农药数量（种）	我国比国外宽松的农药数量（种）
中国	230	—	—	—	—
韩国	219	119	29	37	53
日本	348	145	51	45	49
欧盟	490	148	23	22	103
CAC	69	60	14	34	12

　　欧盟是世界上 MRLs 管理最为严格的地区，54.3% 的农药采取了最低检出限（LOD）作为限量标准，超过 0.1 mg/kg 的农药数不足 9%，见表 5-9。CAC 制定的农药残留限量标准是各国进行食品安全管理、食品生产经营以及国际食品农产品贸易仲裁的重要参考依据，在稻米农药残留限量标准中，CAC 制定的 ≤0.01 mg/kg 限量标准数达到 15.9%，因此，可适当将 CAC 标准中我国未设置的农药残留指标纳入到国家标准。在中国、日本、韩国三国稻米农药残留限量标准中，相同点为有 50% 以上的农药残留限量是集中在 0.01~0.1 mg/kg，农药残留限量 ≤0.01 mg/kg 的农药数都不足 9%。

表 5-9　不同国家和地区稻米中农药残留限量标准分类

序号	限量范围（mg/kg）	中国		韩国		日本		欧盟		CAC	
		数量（项）	比例（%）	数量（项）	比例（%）	数量（项）	比例（%）	数量（项）	比例（%）	数量（项）	比例（%）
1	≤0.01	11	4.8	9	4.1	23	6.6	266	54.3	11	15.9
2	0.01~0.1（含 0.1）	126	54.8	151	68.9	195	56.0	182	37.1	25	36.2
3	0.1~1（含 1）	77	33.5	52	23.7	101	29.0	17	3.5	15	21.7
4	>1	16	7.0	7	3.2	29	8.3	25	5.1	18	26.1

四、稻米生产和出口的对策建议

　　在水稻生产过程中农药的不合理使用是影响稻米质量的关键因素，所以在水稻生产种植时，应尽量减少化学农药使用次数，大力推广生物防治和物理防治，减少农药残留。应加强研发和推广具有低毒、安全、环境友好等特点的新型无公害防治产品，以提高稻米的安全性。在保证食品安全与生产质量、产量的情况下，应大力选育优质、高产、抗病虫害的水稻品种[4]。

　　对于出口稻米，控制好源头是降低出口稻米因农药残留等问题被扣留的根本方法。因此，企业及相关主管部门应加强对水稻种植者进行农业良好操作规范和有害生物综合治理的培训工作，提高水稻种植者在质量安全方面的意识，引导和规范水稻种植者严格遵守安全用药规定，如农药的使用次数、用药量和安全间隔期等，并进行残留监控，以便满足不同出口国家和地区的农药残留限量标准要求[5]。

　　目前，我国国家标准、行业标准及浙江省地方标准中和水稻病虫害防治有关的标准及使用的农药情况见表 5-10。我国水稻在种植过程中使用的农药种类较多，且农药 MRLs 指标也很多，但却不能覆盖其他贸易国家农药 MRLs 的要求。因此，在满足生产、安全的情况下，制定稻米农药残留限量标准的同时，我国还应考虑国际贸易市场要求，扩大我国农药品种的覆盖面积，使我国稻米中农药残留有效控制在进口国允许的范围内[2]。此外，也要提高市场信息搜集能力，将被动应对技术性贸易壁垒转变成主动出击。

表 5 - 10　与水稻病虫害防治相关的标准

标准号	标准名称	农　药
GB/T 8321.9—2009	农药合理使用准则	二氯喹啉酸、咪鲜胺、己唑醇、甲基嘧啶磷、杀虫单、氟虫腈等
GB/T 8321.1—2000	农药合理使用准则（一）	克百威、杀螟丹、喹硫磷、四氯苯酞、三环唑、稻瘟灵、丁草胺等
GB/T 8321.2—2000	农药合理使用准则（二）	仲丁威、杀螟硫磷、异丙威、稻丰散、杀虫环、敌瘟磷、春雷霉菌、禾草丹、禾草敌、噁草酮等
GB/T 8321.6—2000	农药合理使用准则（六）	杀螺胺、醚菊酯、灭线磷、四聚乙醛、稻瘟酯、环庚草醚、异丙甲草胺、甲磺隆等
GB/T 8321.3—2000	农药合理使用准则（三）	丙硫克百威、噻嗪酮、异丙威、灭瘟素、氟酰胺、噁霉灵、灭锈胺、甲基硫菌灵、灭草松、哌草丹、乙氧氟草醚等
GB/T 8321.5—2006	农药合理使用准则（五）	丁硫克百威、醚菊酯、氯唑磷、吡啶磺隆、二氯喹啉酸等
GB/T 8321.8—2007	农药合理使用准则（八）	咪鲜胺、福美双、萎锈灵、双草醚、异噁草酮、氰氟草酯、丙草胺等
GB/T 8321.7—2002	农药合理使用准则（七）	吡虫啉、莎稗磷、禾草丹、醚磺隆、环丙嘧磺隆、乙氧磺隆等
GB/T 8321.4—2006	农药合理使用准则（四）	醚菊酯、甲基硫菌灵、禾草丹、苄嘧磺隆等
GB/T 8321.10—2018	农药合理使用准则（十）	阿维菌素、乙酰甲胺磷、杀螟丹、氯虫苯甲酰胺、毒死蜱、吡虫啉、氯噻啉、水胺硫磷、甲氧虫酰肼、丙溴磷、吡蚜酮、噻虫嗪等
NY/T 2156—2012	水稻主要病害防治技术规程	咪鲜胺、二硫氰基甲烷、杀螟丹、乙蒜素、噻枯唑、吡虫啉、吡蚜酮、三环唑、甲基立枯磷、精甲霜灵、代森锰锌、醚菊酯、烯啶虫胺、噻菌铜、叶枯唑、春雷霉素、丙环唑、井冈霉素、噻唑酰胺等
NY/T 2385—2013	水稻条纹叶枯病防治技术规程	噻虫嗪、吡虫啉、吡蚜酮、烯啶虫胺、异丙威、醚菊酯等
NY/T 2386—2013	水稻黑条矮缩病防治技术规程	吡蚜酮、异丙威、噻虫嗪、吡虫啉、烯啶虫胺、醚菊酯、宁南霉素、毒氟磷等
DB33/T 2072—2017	稻田释放赤眼蜂防治稻纵卷叶螟技术规程	三唑酮、噻虫嗪、异丙威、阿维菌素、丙溴磷、三唑磷、丁硫克百威、速灭威、辛硫磷、杀螟硫磷等
DB33/T 220—1998	水稻稻秆潜蝇防治标准	氧乐果、三唑磷、甲胺磷、呋喃丹、甲基异硫磷等

【参考文献】

[1] 李熙善. 韩国对中国农产品的技术性贸易壁垒研究 [D]. 天津：天津工业大学，2018.

[2] 刘婧，安晓宁，王晓明，等. 国内外大米农药残留限量标准比较分析 [J]. 中国稻米，2018，24（1）：11 - 15.

[3] 罗亨强. 水稻病虫害防治中的突出问题及相关对策 [J]. 农技服务，2015（12）：130.

[4] 高杜娟，唐善军，陈友德，等. 水稻主要病害生物防治的研究进展 [J]. 中国农学通报，2019，35（26）：140 - 147.

[5] 王强，章强华，孙彩霞，等. 主要出口农产品质量安全标准及应对关键技术研究 [J]. 农产品质量与安全，2012（1）：14 - 17.

第三节　不同国家和地区大白菜中农药残留限量的分析及对策

大白菜，又称为结球白菜、窝心白菜等，是我国的原产和特产蔬菜，以华北地区为主要产区，全国各地普遍栽培，栽培面积和消费量居各类蔬菜之首[1]。大白菜及其加工产品也是我国主要出口的产品之一，出口国家和地区有韩国、日本、欧盟等。由于政治因素、经济形势、市场原因等，国际技术性贸易壁垒情况日益增多，针对农产品的检验检疫标准也日趋复杂和苛刻，这成为阻碍我国农产品出口的主要影响因素[1]。本节分析我国与韩国和日本、国际食品法典委员会（CAC）及欧盟等不同国家和地区大白菜农药残留限量标准，并找出其中存在的差异，对指导我国大白菜生产中科学、合理、安全使用农药，提高大白菜质量，降低出口贸易风险具有重要意义。

一、不同国家和地区关于大白菜的分类和农药残留限量标准概况

目前，各个国家判定农产品和食品的质量安全情况主要是通过农药最大残留限量。一些国家和地区对大白菜的农药残留限量类别见表 5-11。韩国没有对大白菜（Chinese vegetable）进行农药残留限量规定，而是对其所属的叶类蔬菜进行了残留限量规定。

表 5-11　国内外农药残留限量标准中对大白菜的分类

国家和地区	分类来源	类别	英文名称
中国	《食品中农药最大残留限量》（GB 2763—2019）	蔬菜	—
		叶菜类蔬菜	—
		大白菜	—
国际食品法典委员会（CAC）	食典食品农药残留在线数据库	蔬菜	Vegetables
		叶菜类蔬菜	Leafy vegetables
		大白菜	Chinese cabbage（type pe-tsai）
日本	肯定列表制度数据库	大白菜	Chinese cabbage
韩国	《韩国农药残留肯定列表制度》	叶用蔬菜	Leafy vegetables
		蔬菜	Vegetable
欧盟	欧盟食品农药残留在线数据库	大白菜	Chinese cabbages/pe-tsai

2019 年 8 月 15 日，国家卫生健康委员会、农业农村部及国家市场监督管理总局联合发布了食品安全国家标准《食品中农药最大残留限量》（GB 2763—2019），代替《食品中农药最大残留限量》（GB 2763—2016），于 2020 年 2 月 15 日实施，食品中农药最大残留限量由原来的 433 种农药、4 140 项限量指标增加至 483 种农药、7 170 项限量指标，限量标准数量首次超过国际食品法典委员会数量，其中，有关大白菜的农药残留限量标准共有 116 种。

韩国 2019 年 10 月发布的《韩国农药残留肯定列表制度》对大白菜的农药残留限量规定共有 115 个。日本《肯定列表制度》中有关大白菜的农药 MRLs 共有 263 种。2018 年 6 月 26 日欧盟农药修订单（EU）2018/832 正式实施，根据欧盟官方网站提供的在线数据库显示，欧盟农药残留限量标准中有关辣椒的农药残留限量标准共有 486 种。根据 CAC 官方网站提供的在线数据库显示，CAC 农药残留限量标准中有关大白菜的农药限量标准共有 29 种。

二、我国大白菜常见病虫害与农药使用情况

病虫害是影响大白菜产量和质量的主要原因[2]。大白菜在种植过程中多发的病害有霜霉病、黑斑

病、黑腐病、软腐病、根肿病等，这些常见的病害可能会使大白菜烧心、烂心、烂根等。在大白菜生长各个阶段都存在着多种虫害，主要有菜青虫、甜菜夜蛾、小菜蛾、蚜虫等。为保证大白菜的质量和产量，在生产过程中需要使用农药。

目前，我国登记防治大白菜霜霉病的农药有丙森锌、丙硫唑、三乙膦酸铝、百菌清等；登记防治黑斑病的农药有苯醚甲环唑、戊唑醇、戊唑·噻森铜和嘧啶核苷类抗菌素等；登记防治黑腐病的农药有春雷霉素；登记防治软腐病的农药有噻森铜、氯溴异氰尿酸、噻菌铜和枯草芽孢杆菌等；登记防治根肿病的农药有氟啶胺、氟胺·氰霜唑、氰霜唑和枯草芽孢杆菌等。

登记防治大白菜菜青虫的农药有高效氯氟氰菊酯、高效氯氰菊酯、苦参碱和溴氰菊酯等；登记防治甜菜夜蛾的农药有阿维·氟啶脲、顺氯·茚虫威、虫酰·辛硫磷、甲氨基阿维菌素苯甲酸盐等；登记防治小菜蛾的农药有虫螨腈、阿维菌素、多杀霉素和阿维·辛硫磷等；登记防治蚜虫的农药有啶虫脒、高效氯氟氰菊酯等。

三、大白菜常用农药的标准对比

中国、韩国、日本、欧盟和CAC中对大白菜的农药残留限量标准见表5-12。中国和韩国的农药残留限量情况分别参考《食品中农药最大残留限量》（GB 2763—2019）和《韩国农药残留肯定列表制度》。欧盟、日本及CAC残留限量标准分别参考各国相关数据库。

表5-12 不同国家和地区大白菜常用农药限量标准（mg/kg）

农药中文通用名	农药英文名	中国	韩国	日本	欧盟	CAC
艾氏剂	Aldrin	0.05		0.02	0.01*	0.05
二嗪磷	Diazinon	0.05		0.1	0.05	0.05
狄氏剂	Dieldrin	0.05		0.02	0.01*	0.05
腈菌唑	Myclobutanil	0.05	2	1	0.05	0.05
百草枯	Paraquat	0.05*	0.05T	0.05	0.02*	0.07
敌草腈	Dichlobenil	0.3*			0.01*	0.3
氯氰菊酯	Cypermethrin	2	5	5	1	0.7
毒死蜱	Chlorpyrifos	0.1		1	0.01*	1
联氟砜	Fluensulfone			2		1
噻虫胺	Clothianidin	2	3	2	0.3	2
溴氰菊酯	Deltamethrin	0.5	1	0.5	0.2	2
噻虫嗪	Thiamethoxam	3	5	3	0.02*	3
氯菊酯	Permethrin	5	3.0T	5	0.05*	5
呋虫胺	Dinotefuran	6	0.05T	6		6
氟啶虫胺腈	Sulfoxaflor	6*	5	6	2	6
螺虫乙酯	Spirotetramat	7*	5†	7	7	7
氰霜唑	Cyazofamid		10	15	0.01*	10
多杀霉素	Spinosad	0.5*	5	10	2	10
虫酰肼	Tebufenozide	0.5	10	10	0.5	10
螺虫酯	Spiromesifen		12†		0.02*	15
氯虫苯甲酰胺	Chlorantraniliprole	20*	5	20	20	20
溴氰虫酰胺	Cyantraniliprole	20*	0.05T	3	0.01*	20
双炔酰菌胺	Mandipropamid	25*	5	25	25	25

（续）

农药中文通用名	农药英文名	中国	韩国	日本	欧盟	CAC
氟吡菌胺	Fluopicolide	0.5*	0.07T	30	2	30
吡噻菌胺	Penthiopyrad		15	30	0.01*	30
啶酰菌胺	Boscalid			40	9	40
唑嘧菌胺	Ametoctradin			50	60	50
嘧菌环胺	Cyprodinil		15	1	0.02*	50
氯丹	Chlordane	0.02	0.02T	0.02		0.02*
1,1-二氯-2,2-二（4-乙苯）乙烷	1,1-Dichloro-2,2-bis（4-ethylphenyl）ethane				0.01*	
1,3-二氯丙烯	1,3-Dichloropropene			0.01	0.01*	
1-甲基环丙烯	1-Methylcyclopropene				0.01*	
萘乙酸	1-Naphthylacetic acid				0.06*	
2,4,5-涕	2,4,5-T				0.01*	
2,4-滴	2,4-D	0.2		0.08	0.05*	
2,4-滴钠盐	2,4-D Na	0.2				
2,4-滴丁酸	2,4-DB				0.01*	
2-氨基-4-甲氧基-6-甲基-1,3,5-三嗪	2-Amino-4-methoxy-6-(trifluormethyl)-1,3,5-triazine				0.01*	
2-萘氧乙酸	2-Naphthyloxyacetic acid				0.01*	
邻苯基苯酚	2-Phenylphenol				0.01*	
3-癸烯-2-酮	3-Decen-2-one				0.1*	
氯苯氧乙酸	4-CPA			0.02		
8-羟基喹啉	8-Hydroxyquinoline				0.01*	
阿维菌素	Abamectin	0.05	0.2		0.05	
乙酰甲胺磷	Acephate	1	3.0T	0.2	0.01*	
灭螨醌	Acequinocyl				0.01*	
啶虫脒	Acetamiprid	1	5	0.5	0.01*	
乙草胺	Acetochlor				0.01*	
苯并噻二唑	Acibenzolar-S-methyl			1	0.01*	
苯草醚	Aclonifen				0.01*	
氟丙菊酯	Acrinathrin			5	0.02*	
甲草胺	Alachlor			0.01	0.01*	
棉铃威	Alanycarb			0.1		
涕灭威	Aldicarb	0.03			0.02*	
酰嘧磺隆	Amidosulfuron				0.01*	
氯氨吡啶酸	Aminopyralid				0.01*	
吲唑磺菌胺	Amisulbrom			10	10	0.01*
双甲脒	Amitraz				0.05*	
杀草强	Amitrole				0.01*	
代森铵	Amobam	50				
敌菌灵	Anilazine				0.01*	

（续）

农药中文通用名	农药英文名	中国	韩国	日本	欧盟	CAC
蒽醌	Anthraquinone				0.01*	
杀螨特	Aramite				0.01*	
磺草灵	Asulam				0.05*	
莠去津	Atrazine			0.02	0.05*	
印楝素	Azadirachtin				1	
四唑嘧磺隆	Azimsulfuron				0.01*	
益棉磷	Azinphos-ethyl				0.02*	
保棉磷	Azinphos-methyl	0.5			0.05*	
三唑锡和三环锡	Azocyclotin and cyhexatin				0.01*	
嘧菌酯	Azoxystrobin		20	3	6	
燕麦灵	Barban				0.01*	
氟丁酰草胺	Beflubutamid				0.02*	
苯霜灵	Benalaxyl			0.05	0.05*	
乙丁氟灵	Benfluralin				0.02*	
丙硫克百威	Benfuracarb			1		
苯菌灵	Benomyl			3	0.1*	
苄嘧磺隆	Bensulfuron-methyl				0.01*	
杀虫磺	Bensultap			3		
灭草松	Bentazone		0.2T	0.05	0.03*	
苯噻菌胺	Benthiavalicarb-isopropyl			2	0.01*	
苯扎氯铵	Benzalkonium chloride				0.1	
苯并烯氟菌唑	Benzovindiflupyr				0.01*	
高效氟氯氰菊酯	Beta-cyfluthrin	0.5				
高效氯氰菊酯	Beta-cypermethrin	2				
联苯肼酯	Bifenazate				0.02*	
甲羧除草醚	Bifenox				0.01*	
联苯菊酯	Bifenthrin		2	0.5	0.01*	
双丙氨膦	Bilanafos（bialaphos）			0.02		
生物苄呋菊酯	Bioresmethrin			0.1		
联苯	Biphenyl				0.01*	
联苯三唑醇	Bitertanol		3	0.05	0.01*	
联苯吡菌胺	Bixafen				0.01*	
骨油	Bone oil				0.01*	
溴鼠灵	Brodifacoum			0.001		
溴敌隆	Bromadiolone				0.01*	
溴化物	Bromide			50		
无机溴	Bromide Ion				30	
乙基溴硫磷	Bromophos-ethyl				0.01*	
溴螨酯	Bromopropylate	1.0T		0.5	0.01*	
溴苯腈	Bromoxynil				0.01*	

农药中文通用名	农药英文名	中国	韩国	日本	欧盟	CAC
糠菌唑	Bromuconazole				0.01*	
乙嘧酚磺酸酯	Bupirimate				0.05*	
噻嗪酮	Buprofezin				0.01*	
抑草磷	Butamifos			0.01		
仲丁灵	Butralin				0.01*	
丁草敌	Butylate				0.01*	
硫线磷	Cadusafos	0.02			0.01*	
毒杀芬	Camphechlor	0.05*			0.01*	
敌菌丹	Captafol				0.02*	
克菌丹	Captan			2	0.03*	
甲萘威	Carbaryl	1		1	0.01*	
多菌灵	Carbendazim			3	0.1*	
双酰草胺	Carbetamide				0.01*	
克百威	Carbofuran	0.02		0.5	0.002*	
一氧化碳	Carbon monoxide				0.01*	
三硫磷	Carbophenothion			0.02T		
丁硫克百威	Carbosulfan	0.05		1		
萎锈灵	Carboxin				0.03*	
唑酮草酯	Carfentrazone-ethyl			0.1	0.01*	
杀螟丹	Cartap	3		3		
杀螨醚	Chlorbenside				0.01*	
氯炔灵	Chlorbufam				0.01*	
十氯酮	Chlordecone				0.02	
杀虫脒	Chlordimeform	0.01				
虫螨腈	Chlorfenapyr	2	5	2	0.01*	
杀螨酯	Chlorfenson				0.01*	
毒虫畏	Chlorfenvinphos		0.05T	0.1	0.01*	
氟啶脲	Chlorfluazuron	2	5	0.3		
氯草敏	Chloridazon			0.1	0.1*	
矮壮素	Chlormequat				0.01*	
乙酯杀螨醇	Chlorobenzilate		0.02T		0.02*	
氯溴异氰尿酸	Chloroisobromine cyanuric acid	0.2*				
氯化苦	Chloropicrin				0.005*	
百菌清	Chlorothalonil	5		2	0.01*	
枯草隆	Chloroxuron				0.01*	
氯苯胺灵	Chlorpropham		0.05T		0.01*	
甲基毒死蜱	Chlorpyrifos-methyl			0.1	0.01*	
氯磺隆	Chlorsulfuron				0.05*	
氯酞酸甲酯	Chlorthal-dimethyl			5	0.01*	
氯硫酰草胺	Chlorthiamid				0.01*	

（续）

农药中文通用名	农药英文名	中国	韩国	日本	欧盟	CAC
绿麦隆	Chlortoluron				0.01*	
乙菌利	Chlozolinate				0.01*	
环虫酰肼	Chromafenozide			0.7	0.01*	
吲哚酮草酯	Cinidon-ethyl				0.05*	
烯草酮	Clethodim				1	
炔草酸	Clodinafop				0.02*	
炔草酯	Clodinafop-propargyl			0.02		
四螨嗪	Clofentezine				0.02*	
异噁草酮	Clomazone			0.02	0.01*	
氯羟吡啶	Clopidol			0.2		
二氯吡啶酸	Clopyralid			2	1	
铜化合物	Copper compounds（copper）				20	
灭菌铜	Copper nonylphenolsulfonate			10		
蝇毒磷	Coumaphos	0.05				
单氰胺	Cyanamide				0.01*	
杀螟腈	Cyanophos			0.05		
环丙酰草胺	Cyclanilide				0.05*	
环溴虫酰胺	Cyclaniliprole			5	0.01*	
噻草酮	Cycloxydim			2	3	
环氟菌胺	Cyflufenamid			2	0.02*	
氟氯氰菊酯	Cyfluthrin	0.5	2.0T	2	0.3	
氰氟草酯	Cyhalofop-butyl				0.02*	
氯氟氰菊酯	Cyhalothrin	1	2	1		
霜脲氰	Cymoxanil			0.2	0.01*	
环丙唑醇	Cyproconazole				0.05*	
灭蝇胺	Cyromazine				0.05*	
茅草枯	Dalapon				0.05*	
丁酰肼	Daminozide			0.01	0.06*	
棉隆	Dazomet			0.02	0.03	
胺磺铜	DBEDC			0.5		
二氯异丙醚	DCIP			0.3		
滴滴涕	DDT	0.05		0.2	0.05*	
内吸磷	Demeton	0.02				
甲基内吸磷	Demeton-S-methyl			0.4		
甜菜安	Desmedipham				0.01*	
丁醚脲	Diafenthiuron			0.3		
燕麦敌	Di-allate				0.01*	
麦草畏	Dicamba				0.05*	
苯氟磺胺	Dichlofluanid		15.0T	5		
2,4-滴丙酸	Dichlorprop				0.02*	

韩国"肯定列表"制度（农产品中农药最大残留限量）研究

（续）

农药中文通用名	农药英文名	中国	韩国	日本	欧盟	CAC
敌敌畏	Dichlorvos	0.5		0.1	0.01*	
禾草灵	Diclofop-methyl				0.1	
哒菌酮	Diclomezine			0.02		
氯硝胺	Dicloran				0.01*	
三氯杀螨醇	Dicofol			3	0.02*	
双十烷基二甲基氯化铵	Didecyldimethylammonium chloride				0.1	
乙霉威	Diethofencarb		30		0.01*	
胺鲜酯	Diethyl aminoethyl hexanoate	0.2*				
苯醚甲环唑	Difenoconazole	1			2	
野燕枯	Difenzoquat			0.05		
除虫脲	Diflubenzuron	1	2	1	0.01*	
吡氟酰草胺	Diflufenican				0.01*	
氟吡草腙	Diflufenzopyr			0.05		
二氟乙酸	Difluoroacetic acid				0.02*	
双氢链霉素	Dihydrostreptomycin			0.05		
二甲草胺	Dimethachlor				0.01*	
二甲吩草胺	Dimethenamid				0.01*	
噻节因	Dimethipin			0.04	0.05*	
乐果	Dimethoate	1*		1	0.01*	
烯酰吗啉	Dimethomorph		30	2	3	
醚菌胺	Dimoxystrobin				0.01*	
烯唑醇	Diniconazole		0.3		0.01*	
敌螨普	Dinocap				0.02*	
地乐酚	Dinoseb				0.02*	
特乐酚	Dinoterb				0.01*	
敌噁磷	Dioxathion				0.01*	
二苯胺	Diphenylamine			0.05	0.05*	
敌草快	Diquat		0.05T	0.05	0.01*	
乙拌磷	Disulfoton			0.5	0.01*	
二氰蒽醌	Dithianon			0.5	0.01*	
二硫代氨基甲酸酯	Dithiocarbamates			0.2	0.5	
敌草隆	Diuron			0.05	0.01*	
二硝酚	DNOC				0.01*	
十二环吗啉	Dodemorph				0.01*	
多果定	Dodine			0.2	0.01*	
甲氨基阿维菌素苯甲酸盐	Emamectin benzoate	0.05	0.05	0.1		
甲氨基阿维菌素 B1A	Emamectin benzoate B1A				0.03	
硫丹	Endosulfan		0.05T	0.5	0.05*	
异狄氏剂	Endrin	0.05		N.D.	0.01*	

（续）

农药中文通用名	农药英文名	中国	韩国	日本	欧盟	CAC
氟环唑	Epoxiconazole				0.05*	
茵草敌	Ethyl dipropylthiocarbamate			0.1	0.01*	
S-氰戊菊酯	Esfenvalerate	3			0.02*	
噻唑菌胺	Ethaboxam		15	2		
乙丁烯氟灵	Ethalfluralin				0.01*	
胺苯磺隆	Ethametsulfuron-methyl				0.01*	
乙烯利	Ethephon			0.05	0.05*	
乙硫苯威	Ethiofencarb		5.0T			
乙硫磷	Ethion			0.3	0.01*	
乙嘧酚	Ethirimol				0.05*	
乙氧呋草黄	Ethofumesate				0.03*	
灭线磷	Ethoprophos	0.02	0.05T		0.02*	
乙氧喹啉	Ethoxyquin				0.05*	
乙氧磺隆	Ethoxysulfuron				0.01*	
二溴乙烷	Ethylene dibromide			0.01	0.01*	
二氯乙烯	Ethylene dichloride			0.01	0.01*	
环氧乙烷	Ethylene oxide				0.02*	
醚菊酯	Etofenprox	1	15	5	0.01*	
乙螨唑	Etoxazole				0.01*	
土菌灵	Etridiazole			0.1	0.05*	
噁唑菌酮	Famoxadone	2		0.7	0.01*	
咪唑菌酮	Fenamidone		5	0.5	55	
敌磺钠	Fenaminosulf	0.2*				
苯线磷	Fenamiphos	0.02		0.04	0.02*	
氯苯嘧啶醇	Fenarimol		2	0.5	0.02*	
喹螨醚	Fenazaquin		0.7		0.01*	
腈苯唑	Fenbuconazole				0.05*	
苯丁锡	Fenbutatin oxide		2.0T	0.05	0.01*	
皮蝇磷	Fenchlorphos				0.01*	
环酰菌胺	Fenhexamid		30		0.01*	
杀螟硫磷	Fenitrothion	0.5*			0.01*	
噁唑禾草灵	Fenoxaprop-ethyl			0.1		
精噁唑禾草灵	Fenoxaprop-P				0.1	
苯氧威	Fenoxycarb			0.05	0.05*	
一种新型杀菌剂	Fenpicoxamid				0.01*	
甲氰菊酯	Fenpropathrin	1		3	0.01*	
苯锈啶	Fenpropidin				0.01*	
丁苯吗啉	Fenpropimorph			0.05	0.01*	
胺苯吡菌酮	Fenpyrazamine		0.2T		0.01*	
唑螨酯	Fenpyroximate				0.01*	

（续）

农药中文通用名	农药英文名	中国	韩国	日本	欧盟	CAC
倍硫磷	Fenthion	0.05			0.01*	
三苯锡	Fentin			0.05	0.02*	
氰戊菊酯	Fenvalerate	3	5	3	0.02*	
氟虫腈	Fipronil	0.02		0.1	0.005*	
啶嘧磺隆	Flazasulfuron			0.02	0.01*	
新型喹啉类杀虫杀螨剂	Flometoquin			2		
氟啶虫酰胺	Flonicamid		5	2	0.03*	
双氟磺草胺	Florasulam				0.01*	
精吡氟禾草灵	Fluazifop-P				0.01*	
氟啶胺	Fluazinam	0.2		0.1	0.01*	
氟虫双酰胺	Flubendiamide	10*	0.02T	5	0.01*	
氟环脲	Flucycloxuron				0.01*	
氟氰戊菊酯	Flucythrinate			0.5	0.01*	
咯菌腈	Fludioxonil		15	2	10	
氟噻草胺	Flufenacet				0.05*	
氟虫脲	Flufenoxuron		7	0.5	0.05*	
杀螨净	Flufenzin				0.02*	
氟节胺	Flumetralin				0.01*	
丙炔氟草胺	Flumioxazine				0.02*	
氟草隆	Fluometuron			0.02	0.01*	
氟吡菌酰胺	Fluopyram		0.04T	5	0.7	
氟离子	Fluoride ion				2*	
乙羧氟草醚	Fluoroglycofene				0.01*	
氟嘧菌酯	Fluoxastrobin				0.01*	
氟吡呋喃酮	Flupyradifurone		0.2T	6	0.01*	
氟啶磺隆	Flupyrsulfuron-methyl				0.02*	
氟喹唑	Fluquinconazole				0.05*	
氟咯草酮	Flurochloridone				0.1*	
氯氟吡氧乙酸	Fluroxypyr			0.05	0.01*	
呋嘧醇	Flurprimidole				0.01*	
呋草酮	Flurtamone				0.01*	
氟硅唑	Flusilazole				0.01*	
磺菌胺	Flusulfamide			0.1		
氟噻唑菌腈	Flutianil				0.01*	
氟酰胺	Flutolanil		15	0.07	0.01*	
粉唑醇	Flutriafol				0.01*	
氟胺氰菊酯	Fluvalinate			0.5		
氟噁唑酰胺	Fluxametamide			0.7		
氟唑菌酰胺	Fluxapyroxad		0.02T	4	4	
灭菌丹	Folpet				0.03*	

（续）

农药中文通用名	农药英文名	中国	韩国	日本	欧盟	CAC
氟磺胺草醚	Fomesafen				0.01*	
地虫硫磷	Fonofos	0.01				
甲酰胺磺隆	Foramsulfuron				0.01*	
氯吡脲	Forchlorfenuron				0.01*	
伐虫脒	Formetanate				0.01*	
安硫磷	Formothion				0.01*	
三乙膦酸铝	Fosetyl-aluminium			100	10	
噻唑膦	Fosthiazate		0.5		0.02*	
麦穗宁	Fuberidazole				0.01*	
糠醛	Furfural				1	
草铵膦	Glufosinate，ammonium			0.2	0.03*	
草甘膦	Glyphosate			0.2	0.1*	
双胍辛乙酸盐	Guazatine				0.05*	
氟氯吡啶酯	Halauxifen-methyl				0.02*	
氯吡嘧磺隆	Halosulfuron-methyl				0.01*	
氯化胆碱	Haloxyfop				0.01*	
六六六	Hexachlorocyclohexane	0.05	0.01T	0.2		
七氯	Heptachlor	0.02			0.01*	
六氯苯	Hexachlorobenzene			0.01	0.01*	
六六六，α异构体	Hexachlorocyclohexane（HCH），alpha-isomer				0.01*	
六六六，β异构体	Hexachlorocyclohexane（HCH），beta-isomer				0.01*	
己唑醇	Hexaconazole		0.7		0.01*	
噻螨酮	Hexythiazox		0.05T		0.5	
氢氰酸	Hydrogen cyanide			5		
磷化氢	Hydrogen phosphide			0.01		
噁霉灵	Hymexazol			0.5	0.05*	
抑霉唑	Imazalil			0.02	0.05*	
甲氧咪草烟	Imazamox				0.05*	
甲咪唑烟酸	Imazapic				0.01*	
咪唑喹啉酸	Imazaquin			0.05	0.05*	
咪唑乙烟酸铵	Imazethapyr ammonium			0.05		
唑吡嘧磺隆	Imazosulfuron				0.01*	
氰咪唑硫磷	Imicyafos			0.1		
吡虫啉	Imidacloprid	0.2	3	0.5	0.5	
双胍辛胺	Iminoctadine			0.03		
吲哚乙酸	Indolylacetic acid				0.1*	
吲哚丁酸	Indolylbutyric acid				0.1*	
茚虫威	Indoxacarb		3	1	3	

（续）

（续）

农药中文通用名	农药英文名	中国	韩国	日本	欧盟	CAC
碘甲磺隆	Iodosulfuron-methyl				0.01*	
碘苯腈	Ioxynil			0.1	0.01*	
种菌唑	Ipconazole				0.01*	
异菌脲	Iprodione		20	5	0.01*	
缬霉威	Iprovalicarb		0.03T		0.01*	
氯唑磷	Isazofos	0.01				
水胺硫磷	Isocarbophos	0.05				
异柳磷	Isofenphos					
甲基异柳磷	Isofenphos-methyl	0.01*				
异丙噻菌胺	Isofetamid				0.01*	
稻瘟灵	Isoprothiolane				0.01*	
异丙隆	Isoproturon				0.01*	
吡唑萘菌胺	Isopyrazam			5	0.01*	
异噁酰草胺	Isoxaben				0.02*	
异噁唑草酮	Isoxaflutole				0.02*	
噁唑磷	Isoxathion			0.03		
春雷霉素	Kasugamycin			0.2		
醚菌酯	Kresoxim-methyl		25	2	0.01*	
乳氟禾草灵	Lactofen				0.01*	
高效氯氟氰菊酯	Lambda-cyhalothrin	1			0.3	
环草定	Lenacil			0.3	0.1*	
雷皮菌素	Lepimectin			0.05		
林丹	Lindane			1	0.01*	
利谷隆	Linuron			0.2	0.01*	
虱螨脲	Lufenuron		5	1	0.01*	
马拉硫磷	Malathion	8		2	0.02*	
抑芽丹	Maleic hydrazide		25.0T	0.2	0.2*	
代森锰锌	Mancozeb	50				
甲氧基丙烯酸酯类杀菌剂	Mandestrobin		15	5	0.01*	
2甲4氯	MCPA				0.05*	
2甲4氯丁酸	MCPB				0.05*	
灭蚜磷	Mecarbam				0.01*	
2甲4氯丙酸	Mecoprop				0.05*	
氯氟醚菌唑	Mefentrifluconazole				0.01*	
嘧菌胺	Mepanipyrim				0.01*	
甲哌鎓	Mepiquat chloride				0.02*	
灭锈胺	Mepronil				0.01*	
消螨多	Meptyldinocap				0.05*	
汞化合物	Mercury compounds				0.01*	
甲磺胺磺隆	Mesosulfuron-methyl				0.01*	

（续）

农药中文通用名	农药英文名	中国	韩国	日本	欧盟	CAC
硝磺草酮	Mesotrione				0.01*	
氰氟虫腙	Metaflumizone	6	3	10	7	
甲霜灵	Metalaxyl		5	0.3	0.02*	
精甲霜灵	Metalaxyl-M			0.3	0.02*	
四聚乙醛	Metaldehyde	1*		0.5	0.4	
威百亩	Metam			0.02		
苯嗪草酮	Metamitron				0.1*	
吡唑草胺	Metazachlor				0.6	
叶菌唑	Metconazole		3		0.02*	
甲基苯噻隆	Methabenzthiazuron				0.01*	
虫螨畏	Methacrifos				0.01*	
甲胺磷	Methamidophos	0.05		0.2	0.01*	
杀扑磷	Methidathion	0.05	0.01	0.1	0.02*	
甲硫威	Methiocarb			0.05	0.1*	
灭多威	Methomyl	0.2		2	0.01*	
烯虫酯	Methoprene				0.02*	
甲氧滴滴涕	Methoxychlor			0.01	0.01*	
甲氧虫酰肼	Methoxyfenozide		20	7	0.01*	
溴甲烷	Methyl bromide		30			
敌线酯	Methyl isothiocyanate			0.02		
异丙甲草胺	Metolachlor			0.1	0.05*	
磺草唑胺	Metosulam				0.01*	
苯菌酮	Metrafenone		15		0.01*	
代森联	Metriam	50				
嗪草酮	Metribuzin		0.5T		0.1*	
甲磺隆	Metsulfuron-methyl				0.01*	
速灭磷	Mevinphos				0.01*	
弥拜菌素	Milbemectin				0.02*	
灭蚁灵	Mirex	0.01				
禾草敌	Molinate				0.01*	
久效磷	Monocrotophos	0.03		0.05	0.01*	
绿谷隆	Monolinuron				0.01*	
灭草隆	Monuron				0.01*	
二溴磷	Naled			0.1		
敌草胺	Napropamide			0.1	0.05*	
烟嘧磺隆	Nicosulfuron				0.01*	
除草醚	Nitrofen				0.01*	
氟酰脲	Novaluron			2	0.01*	
氧乐果	Omethoate	0.02		1	0.01*	
嘧苯胺磺隆	Orthosulfamuron				0.01*	

（续）

农药中文通用名	农药英文名	中国	韩国	日本	欧盟	CAC
氨磺乐灵	Oryzalin				0.01*	
丙炔噁草酮	Oxadiargyl				0.01*	
噁草酮	Oxadiazon				0.05*	
噁霜灵	Oxadixyl		0.05T	5	0.01*	
杀线威	Oxamyl		1.0T		0.01*	
环氧嘧磺隆	Oxasulfuron				0.01*	
氟噻唑吡乙酮	Oxathiapiprolin			2	0.01*	
喹啉铜	Oxine-copper			0.7		
喹菌酮	Oxolinic acid			2		
氧化萎锈灵	Oxycarboxin				0.01*	
亚砜磷	Oxydemeton-methyl			0.02	0.01*	
乙氧氟草醚	Oxyfluorfen				0.05*	
土霉素	Oxytetracycline			0.05		
多效唑	Paclobutrazol		2		0.01*	
石蜡油	Paraffin oil				0.01*	
对硫磷	Parathion	0.01		0.3	0.05*	
甲基对硫磷	Parathion-methyl	0.02	1.0T	1	0.01*	
戊菌唑	Penconazole			0.05	0.01*	
戊菌隆	Pencycuron		20		0.05*	
二甲戊灵	Pendimethalin	0.2	0.05T	0.2	0.5	
五氟磺草胺	Penoxsulam				0.01*	
烯草胺	Pethoxamid				0.01*	
矿物油	Petroleum oils				0.01*	
甜菜宁	Phenmedipham				0.01*	
苯醚菊酯	Phenothrin				0.02*	
稻丰散	Phenthoate			0.02		
甲拌磷	Phorate	0.01	0.05T	0.3	0.01*	
伏杀硫磷	Phosalone	1			0.01*	
硫环磷	Phosfolan	0.03				
甲基硫环磷	Phosfolan-methyl	0.03*				
亚胺硫磷	Phosmet	0.5		1	0.05*	
磷胺	Phosphamidone	0.05			0.01*	
膦类化合物	Phosphane and phosphide salts				0.01*	
辛硫磷	Phoxim	0.05		0.02	0.01*	
四唑吡氨酯	Picarbutrazox			2		
氨氯吡啶酸	Picloram				0.01*	
氟吡草胺	Picolinafen				0.01*	
啶氧菌酯	Picoxystrobin		5	2	0.01*	
杀鼠酮	Pindone			0.001		
唑啉草酯	Pinoxaden				0.02*	

（续）

农药中文通用名	农药英文名	中国	韩国	日本	欧盟	CAC
增效醚	Piperonyl butoxide			8		
抗蚜威	Pirimicarb	1	2.0T	2	0.5	
甲基嘧啶磷	Pirimiphos-methyl			1	0.01*	
多抗霉素	Polyoxins			0.1		
烯丙苯噻唑	Probenazole			0.05		
咪鲜胺	Prochloraz			0.05	0.05*	
腐霉利	Procymidone		0.05T		0.01*	
丙溴磷	Profenofos				0.01*	
环苯草酮	Profoxydim				0.05*	
调环酸钙	Prohexadione calcium				0.01*	
毒草胺	Propachlor				0.02*	
霜霉威	Propamocarb	10	25	10	20	
霜霉威盐酸盐	Propamocarb hydrochloride	10				
敌稗	Propanil			0.1	0.01*	
噁草酸	Propaquizafop				0.05*	
炔螨特	Propargite	2			0.01*	
苯胺灵	Propham				0.01*	
丙环唑	Propiconazole			0.05	0.01*	
丙森锌	Propineb	50			0.05*	
异丙草胺	Propisochlor				0.01*	
残杀威	Propoxur			2	0.05*	
丙苯磺隆	Propoxycarbazone				0.02*	
炔苯酰草胺	Propyzamide				0.01*	
碘喹唑酮	Proquinazid				0.02*	
苄草丹	Prosulfocarb				0.01*	
氟磺隆	Prosulfuron				0.01*	
丙硫菌唑	Prothioconazole				0.01*	
丙硫磷	Prothiofos			0.1		
吡蚜酮	Pymetrozine			0.5	0.2	
吡唑硫磷	Pyraclofos			0.1		
吡唑醚菌酯	Pyraclostrobin	5	15	3	1.5	
吡草醚	Pyraflufen ethyl			0.02	0.02*	
磺酰草吡唑	Pyrasulfotole				0.01*	
一种新型杀菌剂	Pyraziflumid			2		
苄草唑	Pyrazolynate			0.02		
吡菌磷	Pyrazophos				0.01*	
除虫菊素	Pyrethrins	1	1.0T	1	1	
吡菌苯威	Pyribencarb			10		
哒螨灵	Pyridaben				0.01*	
三氟甲吡醚	Pyridalyl		15	1	0.01*	

韩国"肯定列表"制度（农产品中农药最大残留限量）研究

（续）

农药中文通用名	农药英文名	中国	韩国	日本	欧盟	CAC
哒草特	Pyridate			0.03	0.05*	
吡氟喹虫唑	Pyrifluquinazon		1			
嘧霉胺	Pyrimethanil		10		0.01*	
嘧螨醚	Pyrimidifen			0.1		
吡丙醚	Pyriproxyfen			0.7	0.05*	
啶磺草胺	Pyroxsulam				0.01*	
喹硫磷	Quinalphos			0.05	0.01*	
二氯喹啉酸	Quinclorac				0.01*	
氯甲喹啉酸	Quinmerac				0.1*	
灭藻醌	Quinoclamine				0.01*	
喹氧灵	Quinoxyfen				0.02*	
五氯硝基苯	Quintozene			0.02	0.02*	
喹禾灵	Quizalofop	0.5			0.4	
精喹禾灵	Quizalofop-P-ethyl			0.3		
喹禾糠酯	Quizalofop-P-tefuryl			0.3		
苄呋菊酯	Resmethrin			0.1	0.01*	
砜嘧磺隆	Rimsulfuron				0.01*	
鱼藤酮	Rotenone				0.01*	
苯嘧磺草胺	Saflufenacil				0.03*	
烯禾啶	Sethoxydim		10.0T	10		
硫硅菌胺	Silthiofam				0.01*	
西玛津	Simazine				0.01*	
精异丙甲草胺	S-metolachlor				0.05*	
5-硝基愈创木酚钠	Sodium 5-nitroguaiacolate				0.03*	
乙基多杀菌素	Spinetoram		1	1	0.05*	
螺螨酯	Spirodiclofen				0.02*	
螺环菌胺	Spiroxamine				0.01*	
链霉素	Streptomycin			0.05		
硫酸链霉素	Streptomycin sesquissulfate	1*				
磺草酮	Sulcotrione				0.01*	
甲磺草胺	Sulfentrazone			0.05		
磺酰磺隆	Sulfosulfuron				0.01*	
治螟磷	Sulfotep	0.01				
硫酰氟	Sulfuryl fluoride				0.01*	
氟胺氰菊酯	Tau-fluvalinate	0.5			0.01*	
戊唑醇	Tebuconazole	7	3		0.02*	
吡螨胺	Tebufenpyrad			0.3	0.01*	
吡唑特	Tebufloquin			0.1		
四氯硝基苯	Tecnazene			0.05	0.01*	

（续）

农药中文通用名	农药英文名	中国	韩国	日本	欧盟	CAC
氟苯脲	Teflubenzuron	0.5	5	0.3	0.01*	
七氟菊酯	Tefluthrin			0.1	0.05	
环磺酮	Tembotrione				0.02*	
焦磷酸四乙酯	TEPP				0.01*	
吡喃草酮	Tepraloxydim				0.1*	
特丁硫磷	Terbufos	0.01*	0.05T	0.005	0.01*	
特丁津	Terbuthylazine				0.05*	
四氟醚唑	Tetraconazole				0.02*	
三氯杀螨砜	Tetradifon			1	0.01*	
噻菌灵	Thiabendazole			2	0.01*	
噻虫啉	Thiacloprid				1	
噻菌铜	Thiediazolecopper	0.1*				
噻吩磺隆	Thiencarbazone-methyl				0.01*	
噻呋酰胺	Thifluzamide		5			
禾草丹	Thiobencarb		0.2T		0.01*	
杀虫环	Thiocyclam			3		
硫双威	Thiodicarb			2	0.01*	
硫菌灵	Thiophanate			3		
甲基硫菌灵	Thiophanate-methyl			3	0.1*	
福美双	Thiram				0.1*	
甲基立枯磷	Tolclofos-methyl			2	0.01*	
唑虫酰胺	Tolfenpyrad	0.5		2		
甲苯氟磺胺	Tolylfluanid				0.02*	
苯唑草酮	Topramezone				0.01*	
三甲苯草酮	Tralkoxydim				0.01*	
四溴菊酯	Tralomethrin			0.5		
三唑酮	Triadimefon			0.1	0.01*	
三唑醇	Triadimenol			0.1	0.01*	
野麦畏	Tri-allate			0.1	0.1*	
醚苯磺隆	Triasulfuron				0.05*	
三唑磷	Triazophos				0.01*	
苯磺隆	Tribenuron-methyl				0.01*	
敌百虫	Trichlorfon	2		0.5	0.01*	
三氯吡氧乙酸	Triclopyr			0.03	0.01*	
三环唑	Tricyclazole		0.05T		0.01*	
十三吗啉	Tridemorph			0.05	0.01*	
肟菌酯	Trifloxystrobin		20	0.5	3	
氟菌唑	Triflumizole		5		0.02*	

（续）

农药中文通用名	农药英文名	中国	韩国	日本	欧盟	CAC
杀铃脲	Triflumuron			0.02	0.01*	
氟乐灵	Trifluralin			0.05	0.01*	
氟胺磺隆	Triflusulfuron				0.01*	
嗪氨灵	Triforine				0.01*	
三甲基锍盐	Trimethyl-sulfonium cation				0.05*	
抗倒酯	Trinexapac-ethyl				0.01*	
灭菌唑	Triticonazole				0.01*	
三氟甲磺隆	Tritosulfuron				0.01*	
有效霉素	Validamycin			0.05		
磺草灵	Valifenalate				0.01*	
乙烯菌核利	Vinclozolin				0.01*	
杀鼠灵	Warfarin			0.001	0.01*	
代森锌	Zineb	50				
福美锌	Ziram				0.1*	
苯酰菌胺	Zoxamide				0.02*	

注：T 表示临时限量标准；* 表示采用最低检出限（LOD）作为限量标准；N. D. 表示不得检出。

在表 5-12 所列的农药中，中国、韩国、日本、欧盟及 CAC 均有规定的农药仅有腈菌唑、百草枯、氯氰菊酯、噻虫胺、溴氰菊酯、噻虫嗪、氯菊酯、氟啶虫胺腈、螺虫乙酯、多杀霉素、虫酰肼、氯虫苯甲酰胺、溴氰虫酰胺、双炔酰菌胺和氟吡菌胺 15 种，五个国家（地区）对农药的种类要求差异极大。此外，杀虫脒、地虫硫磷、氯唑磷、灭蚁灵、治螟磷、内吸磷、硫环磷、蝇毒磷、水胺硫磷、2,4-滴钠盐、高效氟氯氰菊酯、精喹禾灵、高效氯氰菊酯、霜霉威盐酸盐、代森铵、代森锰锌、代森联、代森锌、甲基硫环磷、噻菌铜、氯溴异氰尿酸、胺鲜酯、敌磺钠和硫酸链霉素等 24 种农药只在中国有限量标准。

大白菜自 19 世纪传入日本、欧美等国家和地区，在世界范围内广泛种植。中国、韩国、日本、欧盟及 CAC 的大白菜农药残留限量情况见表 5-13，农药残留限量标准分类见表 5-14。中国在大白菜生产过程中使用的农药种类数少于日本和欧盟，多于 CAC。和韩国相比，中国和韩国均使用的农药有 43 种，其中，中国农药残留限量比韩国严格的有 26 种，比韩国宽松的有 14 种，与韩国一致的有 3 种，为甲氨基阿维菌素苯甲酸盐、氯丹和百草枯。韩国农药残留限量标准＞1 mg/kg 的标准占 61.7%，高于我国（27.6%）。

表 5-13　不同国家和地区大白菜中农药残留限量标准比对

国家和地区	农药残留限量总数（项）	我国和国外均有规定的农药			
		我国与国外均规定的农药总数（种）	我国比国外严格的农药数量（种）	我国与国外一致的农药数量（种）	我国比国外宽松的农药数量（种）
中国	116	—	—	—	—
韩国	115	43	26	3	14
日本	263	71	30	21	20
欧盟	486	82	8	13	61
CAC	29	22	6	15	1

表 5 - 14 不同国家和地区大白菜中农药残留限量标准分类

序号	限量范围 (mg/kg)	中国		韩国		日本		欧盟		CAC	
		数量 (项)	比例 (%)	数量 (项)	比例 (%)	数量 (项)	比例 (%)	数量 (项)	比例 (%)	数量 (项)	比例 (%)
1	≤0.01	9	7.8	3	2.6	13	4.9	284	58.4	0	0.0
2	0.01~0.1 (含 0.1)	35	30.2	24	20.9	96	36.5	155	31.9	6	20.7
3	0.1~1 (含 1)	40	34.5	17	14.8	75	28.5	23	4.7	4	13.8
4	>1	32	27.6	71	61.7	79	30.0	24	4.9	19	65.5

与日本相比，中国和日本均使用的农药有 71 种，其中，中国农药残留限量比日本严格的有 30 种，比日本宽松的有 20 种，与日本一致的有 21 种。有 45 种农药我国规定了最大残留限量标准，而日本没有；有 192 种农药日本规定了最大残留限量标准，我国没有规定。日本农药残留限量标准≤0.1 mg/kg 的标准数量占 41.4%，高于我国（38.0%）。

CAC 只有 7 种农药是我国没有规定残留限量标准的，我国有 94 种农药是 CAC 没有规定残留限量标准的，中国和 CAC 均有规定残留限量的农药有 22 种，其中，6 种比 CAC 限量严格，1 种比 CAC 限量宽松，15 种与 CAC 限量一致，CAC 农药残留限量标准≤0.1 mg/kg 的标准只占 20.7%，高于韩国。

欧盟有 404 种农药是我国没有规定残留限量标准的，我国有 34 种农药是欧盟没有规定残留限量标准的。中国和欧盟均有规定残留限量的农药有 82 种，其中 8 种比欧盟残留限量严格，61 种比欧盟残留限量宽松，13 种与欧盟残留限量一致。欧盟农药残留限量标准≤0.1 mg/kg 的标准高达 90.3%，远高于其他国家和地区。

四、大白菜生产和出口的对策建议

为减少大白菜生长过程中病虫害的发生，种植前应当对大白菜田园的土壤进行消毒，以防存在于土壤中的某些病原和害虫幼卵对大白菜造成影响。此外，要施足底肥，在保证大白菜生长所需营养的同时，增强大白菜对各种病虫害的免疫力。

大白菜种植应当科学、合理。播种前期应尽量避免种植十字花科作物，应与瓜类、茄果类作物进行连作和邻作。种植后也要加强田间监管，及时发现并处理发生的病虫害问题。

我国国家标准中和大白菜病虫害防治有关的标准及农药使用情况见表 5 - 15，我国大白菜在种植过程中使用的农药种类较多，且农药 MRLs 指标也很多，但却不能覆盖其他贸易国家的农药 MRLs 要求。因此在种植和出口时还应关注进口国的 MRLs 要求，扩大我国农药品种的覆盖面积。此外，还应结合我国大白菜在生产种植过程中农药的实际使用情况以及残留情况，尽快建立一套与国际接轨的标准体系，为大白菜生产和出口提供法律依据。

表 5 - 15 与大白菜病虫害防治相关的标准

标准号	标准名称	农 药
GB/T 23416.5—2009	蔬菜病虫害安全防治技术规范 第 5 部分：白菜类	苏云金杆菌、氟啶脲、除虫脲、氟虫脲、硫酸链毒素、新植霉素、多杀霉素、阿维菌素、鱼藤酮、茴蒿素、苦参碱、除虫菊素、霜霉威、三乙膦酸铝、福美双、异菌脲、甲霜灵、代森锰锌、多菌灵、甲基硫菌灵、敌磺钠等
GB/T 23416.1—2009	蔬菜病虫害安全防治技术规范 第 1 部分：总则	甲霜灵・锰锌、伏虫隆、四聚乙醛、阿维菌素、抗蚜威、苦参碱、鱼藤酮、氰戊菊酯、氟胺氰菊酯、甲氰菊酯、顺式氰戊菊酯、溴氰菊酯、顺式氯氰菊酯、三氟氯氰菊酯、氯氰菊酯、氯氟氰菊酯、喹硫磷、伏杀硫磷等

（续）

标准号	标准名称	农　药
GB/T 8321.1—2000	农药合理使用准则（一）	氯氰菊酯、溴氰菊酯、氰戊菊酯、抗蚜威、喹硫磷
GB/T 8321.2—2000	农药合理使用准则（二）	毒死蜱、伏杀硫磷
GB/T 8321.3—2000	农药合理使用准则（三）	顺式氯氰菊酯、氯氟氰菊酯、氯氰菊酯、顺式氰戊菊酯、甲氰菊酯、氟胺氰菊酯
GB/T 8321.4—2006	农药合理使用准则（四）	氟苯脲、二甲戊灵
GB/T 8321.6—2000	农药合理使用准则（六）	鱼藤氰、复硝酚一铵
GB/T 8321.7—2002	农药合理使用准则（七）	四聚乙醛

【参考文献】

[1] 王玮，赵建锋，孙玉东，等．我国大白菜冬贮现状及发展对策 [J]．蔬菜，2018（4）：58-60．

[2] 滕玉艳．关于白菜农药残留的检测及控制技术 [J]．农业与技术，2018，38（10）：53．

924

第四节 不同国家和地区草莓中农药残留限量的分析及对策

草莓为多年生常绿草本植物，属蔷薇科草莓属浆果。草莓色泽鲜艳，果肉多汁，酸甜适口，富含矿物质、膳食纤维、抗坏血酸、花青素和黄酮等多种营养物质，有着"水果皇后"的美誉，深受消费者喜爱[1-2]。草莓生长周期短，兼具食用和观赏价值，同时具有较高的经济价值，是各地发展农村经济、促进农民增收致富的重要经济作物[3]。目前，我国草莓种植面积已达 10.994 万 hm²，年产量 299.8 万 t，是世界上草莓生产和消费的第一大国[4]。中国是世界第一大草莓生产国，产出约占世界的 1/3，但是出口贸易量占比却很低。造成这种现象的主要因素在于许多国家尤其是发达国家对水果的检测标准严格，一旦发现被检测项目不符合标准，就会禁止该产品进入其国内市场，这是我国草莓的出口贸易量占比低的一个主要因素。本节分析了我国与韩国、日本、国际食品法典委员会及欧盟等不同国家和地区的草莓农药残留限量标准，对比其中存在的差异，对指导我国草莓生产中科学、合理、安全使用农药，提高草莓质量安全水平，降低出口贸易风险具有重要意义。

一、不同国家和地区关于草莓的分类和农药残留限量标准概况

目前，各个国家判定农产品和食品的质量安全情况主要是通过农药最大残留限量。一些国家和地区将草莓细分为浆果和其他小型水果、草莓，其相应的英文名称见表 5-16。

表 5-16 国内外农药残留限量标准中对草莓的分类

国家和地区	分类来源	类别	英文名称
中国	《食品中农药最大残留限量》（GB 2763—2019）	浆果和其他小型水果	Berries and other small fruits
		草莓	Strawberry
国际食品法典委员会（CAC）	食典食品农药残留在线数据库	浆果和其他小型水果	Berries and other small fruits
		草莓	Strawberry
日本	肯定列表制度数据库	草莓	Strawberry
韩国	《韩国农药残留肯定列表制度》	草莓	Strawberry
欧盟	欧盟食品农药残留在线数据库	草莓	Strawberry

2019 年 8 月 15 日，国家卫生健康委员会、农业农村部及国家市场监督管理总局联合发布了食品安全国家标准《食品中农药最大残留限量》（GB 2763—2019），该标准代替《食品中农药最大残留限量》（GB 2763—2016），将于 2020 年 2 月 15 日实施，食品中农药最大残留限量由原来的 433 种农药、4 140 项限量指标增加至 483 种农药、7 170 项限量指标，限量标准数量首次超过国际食品法典委员会数量。其中，有关草莓的农药限量标准共有 125 种。

韩国 2019 年 10 月发布的《韩国农药残留肯定列表制度》中有关草莓的农药限量数共有 183 种。日本《肯定列表制度》中有关草莓的农药 MRLs 共有 290 种。2018 年 6 月 26 日欧盟农药修订单（EU）2018/832 正式实施，根据欧盟官方网站提供的在线数据库显示，欧盟农药残留限量标准中有关草莓的农药限量标准共有 484 种。国际食品法典农药残留委员会是国际食品法典委员会的 10 个下属委员会之一，主要承担 CAC 农药残留限量标准的制定和修订。CCPR 制定的农药残留限量标准也是国际食品农产品贸易仲裁的重要参考依据之一。根据 CAC 官方网站提供的在线数据库显示，CAC 农药残留限量标准中有关草莓的农药残留限量标准共有 74 种。

二、我国草莓常见病虫害与农药使用情况

草莓在世界小浆果的栽培面积居于首位，其营养价值高、生长周期短、经济效益高，深受种植户和

消费者的青睐。随着生活水平的提高，人们对绿色、优质和安全食品的需求也在日益增加。草莓多采用设施栽培，连作普遍，病虫害的发生也比较普遍。

草莓主要病害有叶斑病、白粉病、灰霉病、炭疽病等。草莓主要虫害有蚜虫、蓟马、蜗牛、斜纹叶蛾等。为保证草莓的品质和提高产量，生产过程中需要使用一定剂量的农药。

目前，我国草莓生产常用的杀虫剂有联苯肼酯、甲氨基阿维菌素苯甲酸盐、苦参碱、棉隆、吡虫啉和藜芦碱。常用的杀菌剂主要有吡唑醚菌酯、唑醚·啶酰菌、克菌丹、啶酰菌胺、吡唑醚菌酯、戊菌唑、四氟醚唑、粉唑醇、多抗霉素、戊唑醇等，这些农药均为登记农药。

三、草莓常用农药的标准对比

中国、韩国、日本、欧盟和CAC对草莓使用农药的限量标准见表5-17。中国和韩国的农药残留限量情况分别参考《食品中农药最大残留限量》（GB 2763—2019）和《韩国农药残留肯定列表制度》。欧盟、日本及CAC限量标准分别参考各国相关数据库。

表5-17　不同国家和地区草莓常用农药限量标准（mg/kg）

农药中文名	农药英文名	中国	韩国	日本	欧盟	CAC
氯丹	Chlordane	0.02		0.02	0.01*	0.002
百草枯	Paraquat	0.01*		0.05	0.02*	0.01
灭线磷	Ethoprophos	0.02	0.02T		0.02*	0.02
咪唑菌酮	Fenamidone	0.04		0.02	0.04	0.04
敌草快	Diquat	0.05		0.03	0.05	0.05
甲基毒死蜱	Chlorpyrifos-methyl			0.5	0.06	0.06
噻虫胺	Clothianidin	0.07	0.5	0.7	0.02*	0.07
氯氰菊酯	Cypermethrin	0.07	0.5T	2	0.07	0.07
2,4-滴	2,4-D	0.1	0.05T	0.05	0.1	0.1
二嗪磷	Diazinon	0.1		0.1	0.01*	0.1
阿维菌素	Abamectin	0.02	0.1	0.2	0.15	0.15
乙基多杀菌素	Spinetoram		0.2	2	0.2	0.15
氯氟氰菊酯和高效氯氟氰菊酯	Cyhalothrin and lambda-cyhalothrin	0.2	0.1	0.5	0.2	0.2
溴氰菊酯	Deltamethrin	0.2	0.2T	0.2	0.2	0.2
毒死蜱	Chlorpyrifos	0.3	0.3T	0.2	0.3	0.3
唑螨酯	Fenpyroximate	0.8	0.5	0.5	0.3	0.3
吡氟禾草灵	Fluazifop-butyl		0.2T	0.4	0.3	0.3
草铵膦	Glufosinate, ammonium	0.3	0.05	0.5	0.3	0.3
消螨多	Meptyldinocap	0.3*	1		3	0.3
氟吡菌酰胺	Fluopyram	0.4*	3	5	2	0.4
啶虫脒	Acetamiprid	2	1	3	0.5	0.5
烯酰吗啉	Dimethomorph	0.05	2	0.05	0.7	0.5
敌螨普	Dinocap	0.5*		0.5	0.02*	0.5
吡虫啉	Imidacloprid	0.5	0.4†	0.4	0.5	0.5
氟酰脲	Novaluron	0.5	1	2	0.5	0.5
戊菌唑	Penconazole	0.1	2	0.1	0.5	0.5

(续)

农药中文名	农药英文名	中国	韩国	日本	欧盟	CAC
氟啶虫胺腈	Sulfoxaflor	0.5*	0.5	0.5	0.5	0.5
噻虫嗪	Thiamethoxam	0.5	1	2	0.3	0.5
丁氟螨酯	Cyflumetofen	0.6	1	2	0.6	0.6
苯菌酮	Metrafenone	0.6*	5	0.6	0.6	0.6
三唑酮	Triadimefon	0.7		0.5	0.01*	0.7
三唑醇	Triadimenol	0.7		0.1	0.5	0.7
腈菌唑	Myclobutanil	1	1	1	1	0.8
联苯菊酯	Bifenthrin	1	0.5	2	1	1
多菌灵	Carbendazim	0.5	2	3	0.1*	1
氯虫苯甲酰胺	Chlorantraniliprole	1*	1	1	1	1
氯苯嘧啶醇	Fenarimol	1	1	1	0.3	1
马拉硫磷	Malathion	1	0.5T	1	0.02*	1
甲硫威	Methiocarb	1*		1	1	1
氯菊酯	Permethrin	1	1.0T	1	0.05*	1
抗蚜威	Pirimicarb	1	0.5T	0.5	1.5	1
喹氧灵	Quinoxyfen	1		1	0.3	1
噻虫啉	Thiacloprid	1	2	5	1	1
肟菌酯	Trifloxystrobin	1	0.7	1	1	1
氟吡呋喃酮	Flupyradifurone		1.5†	2	0.4	1.5
粉唑醇	Flutriafol	1		2	1.5	1.5
吡唑醚菌酯	Pyraclostrobin	2	1	2	1.5	1.5
联苯肼酯	Bifenazate	2	1	5	3	2
溴螨酯	Bromopropylate	2	5.0T	2	0.01*	2
四螨嗪	Clofentezine	2	2.0T	2	2	2
苯醚甲环唑	Difenoconazole		0.5	2	2	2
甲氰菊酯	Fenpropathrin	2	0.5	5	2	2
抑霉唑	Imazalil	2	2.0T	2	0.05*	2
甲氧虫酰肼	Methoxyfenozide	2	0.7	2	2	2
螺螨酯	Spirodiclofen	2	2.0T	2	2	2
啶酰菌胺	Boscalid	3	5	15	6	3
噻嗪酮	Buprofezin	3		3	0.01*	3
噻草酮	Cycloxydim	3*		0.5	3	3
胺苯吡菌酮	Fenpyrazamine		2	10	3	3
咯菌腈	Fludioxonil	3	2	5	4	3
吡噻菌胺	Penthiopyrad	3*	1	3	3	3
百菌清	Chlorothalonil	5	1	8	4	5
二硫代氨基甲酸酯	Dithiocarbamates		5T	5	10	5
灭菌丹	Folpet	5	3	5	5	5
噻螨酮	Hexythiazox	0.5	1	6	0.5	6
氟唑菌酰胺	Fluxapyroxad		2	7	4	7

（续）

农药中文名	农药英文名	中国	韩国	日本	欧盟	CAC
嘧菌酯	Azoxystrobin	10	1	10	10	10
嘧菌环胺	Cyprodinil	2	1	5	5	10
苯丁锡	Fenbutatin oxide	10	3	10	0.01*	10
环酰菌胺	Fenhexamid	10*	2	10	10	10
异菌脲	Iprodione		10	20	0.01*	10
克菌丹	Captan	15	5	15	1.5	15
无机溴	Bromide Ion			30	30	30
三乙膦酸铝	Fosetyl-aluminium	1		75	100	70
1,1-二氯-2,2-二（4-乙苯）乙烷	1,1-Dichloro-2,2-bis（4-ethylphenyl）ethane				0.01*	
1,3-二氯丙烯	1,3-Dichloropropene			0.01	0.01*	
1-甲基环丙烯	1-Methylcyclopropene				0.01*	
萘乙酸	1-Naphthylacetic acid				0.06*	
2,4,5-涕	2,4,5-T				0.01*	
2,4-滴丁酸	2,4-DB				0.01*	
2-氨基-4-甲氧基-6-甲基-1,3,5-三嗪	2-Amino-4-methoxy-6-(trifluormethyl)-1,3,5-triazine				0.01*	
2-萘氧乙酸	2-Naphthyloxyacetic acid				0.01*	
邻苯基苯酚	2-phenylphenol				0.01*	
3-癸烯-2-酮	3-Decen-2-one				0.1*	
氯苯氧乙酸	4-CPA			0.02		
8-羟基喹啉	8-Hydroxyquinoline				0.01*	
乙酰甲胺磷	Acephate	0.5			0.01*	
灭螨醌	Acequinocyl		1	2	0.01*	
乙草胺	Acetochlor				0.01*	
苯并噻二唑	Acibenzolar-S-methyl			0.2	0.15	
苯草醚	Aclonifen				0.01*	
氟丙菊酯	Acrinathrin		1	0.3	0.02*	
新型杀菌剂	Acynonapyr			2		
甲草胺	Alachlor		0.05	0.01	0.01*	
棉铃威	Alanycarb			2		
涕灭威	Aldicarb	0.02			0.02*	
艾氏剂	Aldrin	0.05		N.D.	0.01*	
唑嘧菌胺	Ametoctradin		0.05		0.01*	
酰嘧磺隆	Amidosulfuron				0.01*	
氯氨吡啶酸	Aminopyralid				0.01*	
吲唑磺菌胺	Amisulbrom		2	0.05	0.01*	
双甲脒	Amitraz				0.05*	
杀草强	Amitrole				0.01*	
代森铵	Amobam	5				

（续）

农药中文名	农药英文名	中国	韩国	日本	欧盟	CAC
敌菌灵	Anilazine				0.01*	
蒽醌	Anthraquinone				0.01*	
杀螨特	Aramite				0.01*	
三氧化二砷	Arsenic trioxide			1		
磺草胺	Asulam				0.05*	
莠去津	Atrazine			0.02	0.05*	
印楝素	Azadirachtin				1	
四唑嘧磺隆	Azimsulfuron				0.01*	
益棉磷	Azinphos-ethyl		0.3T		0.02*	
保棉磷	Azinphos-methyl				0.05*	
三唑锡	Azocyclotin		0.3T		0.01*	
燕麦灵	Barban				0.01*	
氟丁酰草胺	Beflubutamid				0.02*	
苯霜灵	Benalaxyl			0.05	0.05*	
乙丁氟灵	Benfluralin				0.02*	
丙硫克百威	Benfuracarb			0.5		
苄嘧磺隆	Bensulfuron-methyl				0.01*	
灭草松	Bentazone			0.02	0.03*	
苯噻菌胺	Benthiavalicarb-isopropyl		0.3	2	0.01*	
苯扎氯铵	Benzalkonium chloride				0.1	
苯并烯氟菌唑	Benzovindiflupyr				0.01*	
甲羧除草醚	Bifenox				0.01*	
双丙氨膦	Bilanafos（bialaphos）			0.004		
生物苄呋菊酯	Bioresmethrin			0.1		
联苯	Biphenyl				0.01*	
双三氟虫脲	Bistrifluron		0.5			
联苯三唑醇	Bitertanol		1.0T	1	0.01*	
甲羧除草醚	Bixafen				0.01*	
骨油	Bone oil				0.01*	
溴鼠灵	Brodifacoum			0.001		
溴敌隆	Bromadiolone				0.01*	
乙基溴硫磷	Bromophos-ethyl				0.01*	
溴苯腈	Bromoxynil				0.01*	
糠菌唑	Bromuconazole				0.01*	
乙嘧酚磺酸酯	Bupirimate				2	
氟丙嘧草酯	Butafenacil			0.1		
抑草磷	Butamifos			0.05		
仲丁灵	Butralin				0.01*	
丁草敌	Butylate				0.01*	
硫线磷	Cadusafos	0.02	0.07	0.05	0.01*	

（续）

农药中文名	农药英文名	中国	韩国	日本	欧盟	CAC
毒杀芬	Camphechlor	0.05*			0.01*	
敌菌丹	Captafol				0.02*	
甲萘威	Carbaryl		0.5T	7	0.01*	
双酰草胺	Carbetamide				0.01*	
克百威	Carbofuran	0.02	0.1T	0.5	0.005*	
一氧化碳	Carbon monoxide				0.01*	
丁硫克百威	Carbosulfan			5		
萎锈灵	Carboxin				0.03*	
唑酮草酯	Carfentrazone-ethyl			0.1	0.01*	
杀螟丹、杀虫环和杀虫磺	Cartap，Thiocyclam and Bensultap			3		
灭螨猛	Chinomethionate			0.5		
杀螨醚	Chlorbenside				0.01*	
氯炔灵	Chlorbufam				0.01*	
十氯酮	Chlordecone				0.02	
杀虫脒	Chlordimeform	0.01				
虫螨腈	Chlorfenapyr		0.5	5	0.01*	
杀螨酯	Chlorfenson				0.01*	
毒虫畏	Chlorfenvinphos			0.05	0.01*	
氟啶脲	Chlorfluazuron		0.3	0.5		
氯草敏	Chloridazon				0.1*	
矮壮素	Chlormequat				0.01*	
乙酯杀螨醇	Chlorobenzilate				0.02*	
氯化苦	Chloropicrin	0.05*			0.01*	
绿麦隆	Chlorotoluron				0.01*	
枯草隆	Chloroxuron				0.01*	
氯苯胺灵	Chlorpropham		0.05T	0.03	0.01*	
氯磺隆	Chlorsulfuron				0.05*	
氯酞酸甲酯	Chlorthal-dimethyl			2	0.01*	
氯硫酰草胺	Chlorthiamid				0.01*	
乙菌利	Chlozolinate				0.01*	
环虫酰肼	Chromafenozide			0.5	0.01*	
吲哚酮草酯	Cinidon-ethyl				0.05*	
烯草酮	Clethodim		0.05		0.5	
炔草酯	Clodinafop			0.02	0.02*	
异噁草酮	Clomazone			0.02	0.01*	
氯羟吡啶	Clopidol			0.2		
二氯吡啶酸	Clopyralid			1	0.5	
铜化合物	Copper compounds（copper）				5	
灭菌铜	Copper nonylphenolsulfonate			5		

（续）

农药中文名	农药英文名	中国	韩国	日本	欧盟	CAC
蝇毒磷	coumaphos	0.05				
单氰胺	Cyanamide				0.01*	
杀螟腈	Cyanophos			0.2		
溴氰虫酰胺	Cyantraniliprole	4*	0.7		0.5	
溴氰虫酰胺	Cyantraniliprole			1		
氰霜唑	Cyazofamid		0.2	0.7		
氰霜唑	Cyazofamid				0.01*	
环丙酸酰胺	Cyclanilide				0.05*	
环溴虫酰胺	Cyclaniliprole		0.2		0.01*	
腈吡螨酯	Cyenopyrafen		1	3		
环氟菌胺	Cyflufenamid		0.5	0.7	0.04	
氟氯氰菊酯	Cyfluthrin			0.02	0.02*	
氰氟草酯	Cyhalofop-butyl				0.02*	
三环锡	Cyhexatin		0.5T		0.01*	
霜脲氰	Cymoxanil		0.5		0.01*	
环丙唑醇	Cyproconazole			0.5	0.05*	
灭蝇胺	Cyromazine				0.05*	
茅草枯	Dalapon				0.05*	
丁酰肼	Daminozide				0.06*	
棉隆	Dazomet		0.1T	0.02	0.02*	
胺磺铜	DBEDC			20		
滴滴涕	DDT	0.05		0.2	0.05*	
内吸磷	Demeton	0.02				
甲基内吸磷	Demeton-S-methyl			0.4		
甜菜安	Desmedipham				0.01*	
丁醚脲	Diafenthiuron			0.02		
燕麦敌	Di-allate				0.01*	
麦草畏	Dicamba				0.05*	
敌草腈	Dichlobenil				0.01*	
苯氟磺胺	Dichlofluanid	10	10.0T	15		
2,4-滴丙酸	Dichlorprop				0.02*	
敌敌畏	Dichlorvos	0.2	0.05T	0.3	0.01*	
禾草灵	Diclofop-methyl				0.05*	
哒菌清	Diclomezine			0.02		
氯硝胺	Dicloran		10.0T	10	0.01*	
三氯杀螨醇	Dicofol		1.0T	3	0.02*	
双十烷基二甲基氯化铵	Didecyldimethylammonium chloride				0.1	
狄氏剂	Dieldrin	0.02			0.01*	
乙霉威	Diethofencarb			5	5	0.01*

（续）

农药中文名	农药英文名	中国	韩国	日本	欧盟	CAC
野燕枯	Difenzoquat			0.05		
除虫脲	Diflubenzuron		2		0.01*	
吡氟酰草胺	Diflufenican				0.01*	
氟吡草腙	Diflufenzopyr			0.05		
二氟乙酸	Difluoroacetic acid				0.03	
二甲草胺	Dimethachlor				0.01*	
二甲吩草胺	Dimethenamid				0.01*	
噻节因	Dimethipin			0.04	0.05*	
乐果	Dimethoate		1.0T	1	0.01*	
醚菌胺	Dimoxystrobin				0.01*	
烯唑醇	Diniconazole				0.01*	
地乐酚	Dinoseb				0.02*	
呋虫胺	Dinotefuran		2	2		
特乐酚	Dinoterb				0.01*	
敌恶磷	Dioxathion				0.01*	
二苯胺	Diphenylamine			0.05	0.05*	
乙拌磷	Disulfoton			0.05	0.01*	
二氰蒽醌	Dithianon		0.05	0.05	0.01*	
敌草隆	Diuron			0.05	0.01*	
二硝酚	DNOC				0.01*	
十二环吗啉	Dodemorph				0.01*	
多果定	Dodine		5.0T	3	0.01*	
甲氨基阿维菌素 B1A	Emamectin benzoate B1A		0.2	0.1	0.05	
硫丹	Endosulfan		0.2T	0.5	0.05*	
异狄氏剂	Endrin	0.05		N. D.	0.01*	
氟环唑	Epoxiconazole				0.05*	
丙草丹	EPTC			0.1	0.01*	
乙丁烯氟灵	Ethalfluralin				0.01*	
胺苯磺隆	Ethametsulfuron-methyl				0.01*	
乙烯利	Ethephon				0.05*	
乙硫苯威	Ethiofencarb		5.0T			
乙硫磷	Ethion				0.01*	
乙嘧酚	Ethirimol				0.2	
乙氧呋草黄	Ethofumesate				0.03*	
灭线磷	Ethoprophos			0.02		
乙氧喹啉	Ethoxyquin				0.05*	
乙氧磺隆	Ethoxysulfuron				0.01*	
二溴乙烷	Ethylene dibromide			0.01	0.01*	
二氯乙烯	Ethylene dichloride			0.01	0.01*	
环氧乙烷	Ethylene oxide				0.02*	

（续）

农药中文名	农药英文名	中国	韩国	日本	欧盟	CAC
醚菊酯	Etofenprox		1		0.01*	
乙螨唑	Etoxazole		0.5		0.2	
乙螨唑	Etoxazole			0.5		
土菌灵	Etridiazole		0.05	0.2	0.1	
噁唑菌酮	Famoxadone				0.01*	
苯线磷	Fenamiphos	0.02	0.2T	0.3	0.02*	
喹螨醚	Fenazaquin		0.7		1	
腈苯唑	Fenbuconazole		0.5		0.05*	
皮蝇磷	Fenchlorphos				0.01*	
杀螟硫磷	Fenitrothion	0.5*		5	0.01*	
仲丁威	Fenobucarb			2		
噁唑禾草灵	Fenoxaprop-ethyl			0.1		
精噁唑禾草灵	Fenoxaprop-P				0.1	
苯氧威	Fenoxycarb			0.05	0.05*	
一种新型杀菌剂	Fenpicoxamid				0.01*	
苯锈啶	Fenpropidin				0.01*	
丁苯吗啉	Fenpropimorph			1	0.01*	
倍硫磷	Fenthion	0.05	0.2T		0.01*	
三苯锡	Fentin			0.05	0.02*	
氰戊菊酯	Fenvalerate	0.2	1.0T	1	0.02*	
氟虫腈	Fipronil	0.02			0.005*	
啶嘧磺隆	Flazasulfuron			0.1	0.01*	
新型喹啉类杀虫杀螨剂	Flometoquin			2		
氟啶虫酰胺	Flonicamid		1	2	0.03*	
双氟磺草胺	Florasulam				0.01*	
氟啶胺	Fluazinam		5	0.05	0.01*	
氟虫双酰胺	Flubendiamide		1	2	0.2	
氟环脲	Flucycloxuron				0.01*	
氟氰戊菊酯	Flucythrinate			0.05	0.01*	
联氟砜	Fluensulfone			0.5		
氟噻草胺	Flufenacet				0.05*	
氟虫脲	Flufenoxuron		0.3	0.5	0.05*	
杀螨净	Flufenzin				0.02*	
氟节胺	Flumetralin				0.01*	
丙炔氟草胺	Flumioxazine			0.07	0.02*	
氟草隆	Fluometuron			0.02	0.01*	
氟吡菌胺	Fluopicolide				0.01*	
氟离子	Fluoride ion				2*	
乙羧氟草醚	Fluoroglycofene				0.01*	
氟嘧菌酯	Fluoxastrobin			2	0.01*	

农药中文名	农药英文名	中国	韩国	日本	欧盟	CAC
氟啶磺隆	Flupyrsulfuron-methyl				0.02*	
氟喹唑	Fluquinconazole		0.5		0.05*	
氟咯草酮	Flurochloridone				0.1*	
氯氟吡氧乙酸	Fluroxypyr			0.05	0.01*	
呋嘧醇	Flurprimidole				0.01*	
呋草酮	Flurtamone				0.01*	
氟硅唑	Flusilazole		0.5		0.01*	
氟噻唑菌腈	Flutianil		0.3	0.5	0.01*	
氟酰胺	Flutolanil		5	3	0.01*	
氟胺氰菊酯	Fluvalinate			0.7		
氟噁唑酰胺	Fluxametamide		1	1		
氟磺胺草醚	Fomesafen				0.01*	
地虫硫磷	fonofos	0.01				
甲酰胺磺隆	Foramsulfuron				0.01*	
氯吡脲	Forchlorfenuron			0.1	0.01*	
伐虫脒	Formetanate				0.4	
安果	Formothion				0.01*	
噻唑膦	Fosthiazate		0.05	0.05	0.02*	
麦穗宁	Fuberidazole				0.01*	
糠醛	Furfural				1	
赤霉素	Gibberellin			0.1		
草甘膦	Glyphosate	0.1		0.2	0.1*	
双胍辛乙酸盐	Guazatine				0.05*	
氟氯吡啶酯	Halauxifen-methyl				0.02*	
氯吡嘧磺隆	Halosulfuron-methyl				0.01*	
氟吡禾灵	Haloxyfop			0.05	0.01*	
七氯	Heptachlor	0.01			0.01*	
六氯苯	Hexachlorobenzene			0.01	0.01*	
六六六	Hexachlorocyclohexane	0.05		0.2	0.01*	
已唑醇	Hexaconazole		0.3		0.01*	
氢氰酸	Hydrogen cyanide			5		
磷化氢	Hydrogen phosphide			0.01		
噁霉灵	Hymexazol			0.5	0.05*	
甲氧咪草烟	Imazamox				0.05*	
甲咪唑烟酸	Imazapic				0.01*	
咪唑喹啉酸	Imazaquin			0.05	0.05*	
咪唑乙烟酸铵	Imazethapyr ammonium			0.05		
咪唑磺隆	Imazosulfuron				0.01*	
氰咪唑硫磷	Imicyafos		0.05	0.2		
双胍辛胺	Iminoctadine		2	0.5		

（续）

农药中文名	农药英文名	中国	韩国	日本	欧盟	CAC
吲哚乙酸	Indolylacetic acid				0.1*	
吲哚丁酸	Indolylbutyric acid				0.1*	
茚虫威	Indoxacarb		1	1	0.6	
碘甲磺隆	Iodosulfuron-methyl				0.01*	
碘苯腈	Ioxynil			0.1	0.01*	
种菌唑	Ipconazole				0.01*	
缬霉威	Iprovalicarb				0.01*	
氯唑磷	Isazofos	0.01				
水胺硫磷	Isocarbophos	0.05				
甲基异柳磷	Isofenphos-methyl	0.01*				
异丙噻菌胺	Isofetamid		3	4	4	
稻瘟灵	Isoprothiolane				0.01*	
异丙隆	Isoproturon				0.01*	
吡唑萘菌胺	Isopyrazam		0.5	5	0.01*	
异噁酰草胺	Isoxaben				0.05	
异噁唑草酮	Isoxaflutole				0.02*	
噁唑磷	Isoxathion			0.2		
依维菌素	Ivermectin	0.1*				
醚菌酯	Kresoxim-methyl	2	2	5	1.5	
乳氟禾草灵	Lactofen				0.01*	
铅	Lead			1		
环草定	Lenacil			0.3	0.1*	
雷皮菌素	Lepimectin		0.3	0.5		
林丹	Lindane			2	0.01*	
利谷隆	Linuron			0.2	0.01*	
虱螨脲	Lufenuron		0.5	1	0.01*	
抑芽丹	Maleic hydrazide		40.0T	0.2	0.2*	
代森锰锌	Mancozeb	5				
甲氧基丙烯酸酯类杀菌剂	Mandestrobin			3	0.01*	
双炔酰菌胺	Mandipropamid		0.1	5	0.01*	
2甲4氯	MCPA and MCPB			0.05	0.05*	
2甲4氯丁酸	MCPB			0.2	0.05*	
灭蚜磷	Mecarbam				0.01*	
2甲4氯丙酸	Mecoprop				0.05*	
氯氟醚菌唑	Mefentrifluconazole				0.01*	
嘧菌胺	Mepanipyrim		3	10	3	
甲哌鎓	Mepiquat chloride				0.02*	
灭锈胺	Mepronil				0.01*	
汞化合物	Mercury compounds				0.01*	
甲磺胺磺隆	Mesosulfuron-methyl				0.01*	

（续）

农药中文名	农药英文名	中国	韩国	日本	欧盟	CAC
硝磺草酮	Mesotrione	0.01			0.01*	
氰氟虫腙	Metaflumizone		2	0.2	0.05*	
甲霜灵和精甲霜灵	Metalaxyl and Metalaxyl-M		0.2T	7	0.6	
四聚乙醛	Metaldehyde			0.7	0.05*	
苯嗪草酮	Metamitron				0.1*	
吡唑草胺	Metazachlor				0.02*	
叶菌唑	Metconazole		1		0.02*	
甲基苯噻隆	Methabenzthiazuron				0.01*	
虫螨畏	Methacrifos				0.01*	
甲胺磷	Methamidophos	0.05			0.01*	
杀扑磷	Methidathion	0.05		0.2	0.02*	
灭多威	Methomyl	0.2			0.01*	
烯虫酯	Methoprene				0.02*	
甲氧滴滴涕	Methoxychlor		14.0T	7	0.01*	
溴甲烷	Methyl bromide	30*				
代森联	Metiram	5				
异丙甲草胺和精异丙甲草胺	Metolachlor and S-metolachlor				0.05*	
磺草唑胺	Metosulam				0.01*	
嗪草酮	Metribuzin				0.1*	
甲磺隆	Metsulfuron-methyl				0.01*	
速灭磷	Mevinphos		1.0T		0.01*	
弥拜菌素	Milbemectin		0.2	0.2	0.02*	
灭蚁灵	Mirex	0.01				
禾草敌	Molinate				0.01*	
久效磷	Monocrotophos	0.03			0.01*	
绿谷隆	Monolinuron				0.01*	
灭草隆	Monuron				0.01*	
敌草胺	Napropamide		0.05	0.1	0.2	
烟嘧磺隆	Nicosulfuron				0.01*	
烯啶虫胺	Nitenpyram			2		
三氯甲基吡啶	Nitrapyrin		0.2T			
除草醚	Nitrofen				0.01*	
氧乐果	Omethoate	0.02	0.01T	1	0.01*	
嘧苯胺磺隆	Orthosulfamuron				0.01*	
氨磺乐灵	Oryzalin			0.1	0.01*	
丙炔噁草酮	Oxadiargyl				0.01*	
噁草酮	Oxadiazon				0.05*	
噁霜灵	Oxadixyl			1	0.01*	
杀线威	Oxamyl		2.0T	0.02	0.01*	
环氧嘧磺隆	Oxasulfuron				0.01*	

（续）

农药中文名	农药英文名	中国	韩国	日本	欧盟	CAC
氟噻唑吡乙酮	Oxathiapiprolin				0.01*	
喹啉铜	Oxine-copper			0.1		
喹菌酮	Oxolinic acid		5			
咪唑富马酸盐	Oxpoconazole-fumarate			5		
氧化萎锈灵	Oxycarboxin				0.01*	
亚砜磷	Oxydemeton-methyl			1	0.01*	
乙氧氟草醚	Oxyfluorfen				0.05*	
多效唑	Paclobutrazol				0.01*	
石蜡油	Paraffin oil				0.01*	
对硫磷	Parathion	0.01	0.3T	0.3	0.05*	
甲基对硫磷	Parathion-methyl	0.02	0.2T	0.2	0.01*	
戊菌隆	Pencycuron		2		0.05*	
二甲戊灵	Pendimethalin		0.05	0.05	0.05*	
五氟磺草胺	Penoxsulam				0.01*	
烯草胺	Pethoxamid				0.01*	
矿物油	Petroleum oils				0.01*	
甜菜宁	Phenmedipham				0.3	
苯醚菊酯	Phenothrin				0.02*	
甲拌磷	Phorate	0.01		0.05	0.01*	
伏杀硫磷	Phosalone				0.01*	
硫环磷	Phosfolan	0.03				
甲基硫环磷	Phosfolan-methyl	0.03*				
亚胺硫磷	Phosmet			0.1	0.05*	
磷胺	Phosphamidone	0.05	0.2T		0.01*	
膦类化合物	Phosphane and phosphide salts				0.01*	
辛硫磷	Phoxim	0.05		0.02	0.01*	
四唑吡氨酯	Picarbutrazox		0.05			
氨氯吡啶酸	Picloram				0.01*	
氟吡草胺	Picolinafen				0.01*	
啶氧菌酯	Picoxystrobin			2	0.01*	
杀鼠酮	Pindone			0.001		
唑啉草酯	Pinoxaden				0.02*	
增效醚	Piperonyl butoxide			8		
甲基嘧啶磷	Pirimiphos-methyl		1.0T	1	0.01*	
多抗霉素	Polyoxins			0.1		
咪鲜胺	Prochloraz		2	1	0.05*	
腐霉利	Procymidone	10	10	5	0.01*	
丙溴磷	Profenofos				0.01*	
环苯草酮	Profoxydim				0.05*	
调环酸钙	Prohexadione calcium			2	0.15	

（续）

农药中文名	农药英文名	中国	韩国	日本	欧盟	CAC
毒草胺	Propachlor				0.02*	
霜霉威	Propamocarb		0.1T	0.1	0.01*	
敌稗	Propanil			0.1	0.01*	
喔草酯	Propaquizafop				0.05*	
克螨特	Propargite		7.0T		0.01*	
苯胺灵	Propham				0.01*	
丙环唑	Propiconazole			1	0.01*	
丙森锌	Propineb	5			0.05*	
异丙草胺	Propisochlor				0.01*	
残杀威	Propoxur			1	0.05*	
丙苯磺隆	Propoxycarbazone				0.02*	
炔苯酰草胺	Propyzamide				0.01*	
碘喹唑酮	Proquinazid				1.5	
苄草丹	Prosulfocarb				0.05	
氟磺隆	Prosulfuron				0.01*	
丙硫菌唑	Prothioconazole				0.01*	
丙硫磷	Prothiofos			0.3		
氟啶菌酰羟胺	Pydiflumetofen		2			
一种杀螨剂	Pyflubumide		2	1		
吡蚜酮	Pymetrozine		0.5	2	0.3	
吡草醚	Pyraflufen ethyl				0.02*	
磺酰草吡唑	Pyrasulfotole				0.01*	
一种新型杀菌剂	Pyraziflumid		2	3		
苄草唑	Pyrazolynate			0.02		
吡菌磷	Pyrazophos				0.01*	
除虫菊素	Pyrethrins		1.0T	1	1	
吡菌苯威	Pyribencarb		0.5	5		
哒螨灵	Pyridaben		1	2	0.9	
三氟甲吡醚	Pyridalyl		2	5	0.01*	
哒草特	Pyridate				0.05*	
吡氟喹虫唑	Pyrifluquinazon			2		
嘧霉胺	Pyrimethanil	7	3.0†	10	5	
嘧螨醚	Pyrimidifen			0.3		
甲氧苯啶菌	Pyriofenone		2	2		
吡丙醚	Pyriproxyfen		1	0.3	0.05*	
啶磺草胺	Pyroxsulam				0.01*	
喹硫磷	Quinalphos			0.02	0.01*	
二氯喹啉酸	Quinclorac				0.01*	
氯甲喹啉酸	Quinmerac				0.1*	
灭藻醌	Quinoclamine				0.01*	

（续）

农药中文名	农药英文名	中国	韩国	日本	欧盟	CAC
五氯硝基苯	Quintozene			0.02	0.02*	
喹禾灵	Quizalofop		0.05T	0.05	0.05*	
苄呋菊酯	Resmethrin			0.1	0.01*	
砜嘧磺隆	Rimsulfuron				0.01*	
鱼藤酮	Rotenone				0.01*	
苯嘧磺草胺	Saflufenacil				0.03*	
烯禾啶	Sethoxydim		0.05	10		
硅噻菌胺	Silthiofam				0.01*	
西玛津	Simazine		0.25T	0.2	0.01*	
硅氟唑	Simeconazole		0.3	3		
5-硝基愈创木酚钠	Sodium 5-nitroguaiacolate				0.03*	
多杀霉素	Spinosad		1	1	0.3	
螺虫酯	Spiromesifen		2	2	1	
螺虫乙酯	Spirotetramat	1.5*	3	10	0.4	
螺环菌胺	Spiroxamine				0.01*	
链霉素	Streptomycin		0.05			
磺草酮	Sulcotrione				0.01*	
甲磺草胺	Sulfentrazone			0.6		
磺酰磺隆	Sulfosulfuron				0.01*	
治螟磷	Sulfotep	0.01				
硫酰氟	Sulfuryl fluoride				0.01*	
氟胺氰菊酯	Tau-fluvalinate				0.5	
戊唑醇	Tebuconazole		0.5		0.02*	
虫酰肼	Tebufenozide			1	0.05*	
吡螨胺	Tebufenpyrad		0.5	1	1	
四氯硝基苯	Tecnazene			0.05	0.01*	
氟苯脲	Teflubenzuron		1	1	0.01*	
七氟菊酯	Tefluthrin		0.05	0.1	0.05	
环磺酮	Tembotrione				0.02*	
焦磷酸四乙酯	TEPP				0.01*	
吡喃草酮	Tepraloxydim				0.1*	
特草定	Terbacil			0.1		
特丁硫磷	Terbufos	0.01		0.005	0.01*	
特丁津	Terbuthylazine				0.05*	
四氟醚唑	Tetraconazole	3	1	2	0.2	
三氯杀螨砜	Tetradifon		2.0T	1	0.01*	
氟氰虫酰胺	Tetraniliprole		0.7			
噻菌灵	Thiabendazole		3.0T	3	0.01*	
噻吩磺隆	Thiencarbazone-methyl				0.01*	
噻呋酰胺	Thifluzamide		0.5			

韩国"肯定列表"制度（农产品中农药最大残留限量）研究

农药中文名	农药英文名	中国	韩国	日本	欧盟	CAC
禾草丹	Thiobencarb				0.01*	
硫双威	Thiodicarb			1	0.01*	
甲基硫菌灵	Thiophanate-methyl				0.1*	
福美双	Thiram	5			10	
甲基立枯磷	Tolclofos-methyl		0.2T	0.1	0.01*	
唑虫酰胺	Tolfenpyrad			3		
甲苯氟磺胺	Tolylfluanid	5	3.0T	5	0.02*	
苯唑草酮	Topramezone				0.01*	
三甲苯草酮	Tralkoxydim				0.01*	
野麦畏	Tri-allate			0.1	0.1*	
醚苯磺隆	Triasulfuron				0.05*	
三唑磷	Triazophos		0.05T		0.01*	
苯磺隆	Tribenuron-methyl				0.01*	
敌百虫	Trichlorfon	0.2		1	0.01*	
三氯吡氧乙酸	Triclopyr			0.03	0.01*	
三环唑	Tricyclazole				0.01*	
十三吗啉	Tridemorph			0.05	0.01*	
氟菌唑	Triflumizole	2*	2	1	0.02*	
杀铃脲	Triflumuron			0.02	0.01*	
氟乐灵	Trifluralin			0.05	0.01*	
氟胺磺隆	Triflusulfuron				0.01*	
嗪氨灵	Triforine	1*	2	2	0.01*	
三甲基锍盐	Trimethyl-sulfonium cation				0.05*	
抗倒酯	Trinexapac-ethyl				0.01*	
灭菌唑	Triticonazole				0.01*	
三氟甲磺隆	Tritosulfuron				0.01*	
烯效唑	Uniconazole			0.1		
有效霉素	Validamycin			0.05		
磺草灵	Valifenalate				0.01*	
乙烯菌核利	Vinclozolin		10.0T	10	0.01*	
杀鼠灵	Warfarin			0.001	0.01*	
福美锌	Ziram	5			0.1*	
苯酰菌胺	Zoxamide				0.02*	

注：T 表示临时限量标准，* 表示采用最低检出限（LOD）作为限量标准。† 表示农产品中农药最大残留限量是根据出口商制定的最大残留限量要求制定的，进口和国产农产品都可以适用相同的最大残留限量；N.D. 表示不得检出。

在表 5-17 所列的农药中，中国、韩国、日本、欧盟及 CAC 均使用的农药仅有毒死蜱、草铵膦、唑螨酯、氟吡菌酰胺、噻虫嗪、戊菌唑、吡虫啉、氟啶虫胺腈、氟酰脲、啶虫脒、烯酰吗啉、苯菌酮等 48 种，五个国家（地区）对农药的种类要求差异极大。

由表 5-18 可知，韩国农药限量标准数有 183 种，其中有 70 种与我国相同。在均有规定的农药中，

25 种农药的残留限量严于韩国，30 种农药的残留限量松于韩国，一致的有 15 种。在韩国葡萄农药残留限量标准中，残留限量≤0.1 mg/kg 的标准数达到 15.3%（表 5-19），远少于我国（40.0%）标准数。日本农药 MRLs 标准在数量上是我国标准总数的 2.3 倍，我国有但日本没有的农药有 35 种，日本有但我国没有的农药有 200 种，可见我国在农药的种类或数量上也远远差于日本。我国和日本共有的农药残留限量有 90 种，其中 42 种农药残留限量比日本严格，29 种与日本一致，18 种比日本宽松。通过表 5-19 可知，日本农药残留限量≤0.1 mg/kg 的标准数达到 32.4%，少于我国（40.0%）。

表 5-18 不同国家和地区草莓中农药残留限量标准比对

国家和地区	各国农药残留限量总数（项）	我国和国外均有规定的农药			
		我国与国外均规定的农药总数（种）	我国比国外严格的农药数量（种）	我国与国外一致的农药数量（种）	我国比国外宽松的农药数量（种）
中国	125	—	—	—	—
韩国	183	70	25	15	30
日本	290	90	42	29	18
欧盟	484	107	13	38	56
CAC	74	64	8	51	5

我国与欧盟 MRLs 标准共有的是 107 种，我国相对于欧盟缺失的农药种类达到 377 种，而欧盟相对于我国缺失的仅有 18 种。我国农药残留限量比欧盟严格的农药只有 13 种，比欧盟宽松的有 56 种。此外，由表 5-19 可知欧盟农药残留限量≤0.1 mg/kg 的标准数达到 81.6%，远高于我国（40.0%）。我国草莓农药残留限量标准是 CAC 的 1.7 倍，可见我国规定的 MRLs 标准在数量上大于 CAC 标准。我国与 CAC 农药 MRLs 标准中，64 种是均有规定的农药，其中，有 51 种农药的 MRLs 一致，5 种农药的 MRLs 比 CAC 宽松，阿维菌素、烯酰吗啉、戊菌唑、多菌灵、噻螨酮、粉唑醇、嘧菌环胺和三乙膦酸铝等 8 种农药的 MRLs 比 CAC 严格。在 CAC 葡萄的农药残留限量标准中，限量范围≤0.1 mg/kg 的标准数达到 13.5%（表 5-19），远低于我国（40.0%）。

表 5-19 不同国家和地区草莓中农药残留限量标准分类

序号	限量范围（mg/kg）	中国		韩国		日本		欧盟		CAC	
		数量（项）	比例（%）	数量（项）	比例（%）	数量（项）	比例（%）	数量（项）	比例（%）	数量（项）	比例（%）
1	≤0.01	12	9.6	1	0.5	13	4.5	255	52.7	2	2.7
2	0.01～0.1（含 0.1）	38	30.4	27	14.8	81	27.9	140	28.9	8	10.8
3	0.1～1（含 1）	38	30.4	96	52.5	98	33.8	54	11.2	34	45.9
4	>1	37	29.6	59	32.2	98	33.8	35	7.2	30	40.5

四、草莓生产和出口的对策建议

近年来，我国草莓的种植面积和产量呈现逐年增长的趋势，成为世界上草莓种植大国之一。但是，目前我国草莓主要以内销为主，出口量在总产量中占比不大。主要原因是我国检测标准尚未和国际接轨，发达国家对水果的检测标准更为严格，由此形成的绿色壁垒，限制了草莓的出口。为了提高草莓的品质，需要从育苗技术、土壤消毒、病虫害防治、套种技术等方面形成规范化管理。值得注意的是，在病虫害防治过程中，某些种植户通过增加农药的使用量来提高经济效益，造成农药残留量超标，严重影响了草莓的品质。在草莓病虫害防治过程中，我们应该严格遵循"预防为主、综合防治"的原则，优先选用农业、物理和生物等防控措施，必要时使用化学防治。使用农药时，应该按照"生产必须、防治有效、安全为先、风险最小"的原则，优先选用草莓上已登记、或有农药残留限量标准、或在同类作物上登记的农药品种。

目前，在我国国家标准中与草莓病虫害防治有关的标准及使用的农药情况见表5-20，我国草莓种植过程中使用的农药种类较多，且农药MRLs指标也很多，但却不能覆盖其他贸易国家的农药MRLs要求。因此，在种植和出口时还应关注进口国的MRLs要求，扩大我国农药品种的覆盖面积。此外，还应结合我国草莓在生产种植过程中农药的实际使用情况以及残留情况，尽快建立一套与国际接轨的标准体系，为草莓生产和出口提供法律依据。

表5-20　与草莓病虫害防治相关的标准

标准号	标准名称	农　药
GB/T 8321.9—2009	农药合理使用准则（九）	溴甲烷
GB/T 8321.9—2018	农药合理使用准则（十）	啶酰菌胺、氯化苦、醚菌酯、四氟醚唑
DB41/T 1044—2015	设施草莓病虫害绿色防控技术规范	多抗霉素、除虫菊酯、苦参碱、多杀霉素、氢氧化铜、乙蒜素、乙基多杀菌素等
T/ZAQSAP 002—2016	大棚草莓主要病虫防治用药指南	棉隆、代森锰锌、苯醚甲环唑、氟菌唑、克菌丹、乙基多杀菌素、氯虫苯甲酰胺等

【参考文献】

[1] 曹丽艳，罗晓程，王建春，等. 哈密设施草莓病虫害的发生与防治 [J]. 北方园艺，2016（14）：60-61.
[2] 杨雪峰，王绎，随洋，等. 设施草莓种苗基质繁育技术 [J]. 北方园艺，2018（13）：197-200.
[3] 雷家军. 我国草莓生产现状及展望 [J]. 中国果树，2001（1）：52-54.
[4] 智雪萍，董飞. 新疆设施草莓高架基质栽培技术 [J]. 北方果树，2015（5）：19-21.

第五节 不同国家和地区辣椒中农药残留限量的分析及对策

我国是世界第一大辣椒（含甜椒）生产国与消费国，我国鲜食辣椒的种植面积和总产量都居世界第一位[1]。但近年来屡被曝光的农药残留超标事件严重影响了我国辣椒产业在国际市场上的发展。本节分析了我国与韩国、日本、国际食品法典委员会及欧盟等不同国家及地区的辣椒农药残留限量标准，并找出其中存在的差异，对指导我国辣椒生产中科学、合理、安全使用农药，提高辣椒质量安全水平，降低出口贸易风险具有重要意义。

一、不同国家和地区关于辣椒的分类和农药残留限量标准概况

目前，各个国家判定农产品和食品的质量安全情况主要是通过农药最大残留限量。一些国家和地区对辣椒的名称和分类有所不同，见表 5-21。

表 5-21 不同国家和地区农药残留限量标准中对辣椒的分类

国家和地区	分类来源	类别	英文名称
中国	《食品中农药最大残留限量》（GB 2763—2019）	辣椒	—
		甜椒	—
		茄果类蔬菜	—
国际食品法典委员会（CAC）	食典食品农药残留在线数据库	辣椒	Peppers/Peppers chili
		甜椒	Peppers，sweet（including pimento or pimiento）
日本	肯定列表制度数据库	辣椒	Pimento（sweet pepper）
韩国	《韩国农药残留肯定列表制度》	辣椒	Chili pepper
		甜椒	Sweet pepper
		辣椒	Pepper
欧盟	欧盟食品农药残留在线数据库	甜椒	Sweet peppers/Bell peppers

2019 年 8 月 15 日，国家卫生健康委员会、农业农村部及国家市场监督管理总局联合发布了食品安全国家标准《食品中农药最大残留限量》（GB 2763—2019），替代《食品中农药最大残留限量》（GB 2763—2016），于 2020 年 2 月 15 日实施，食品中农药最大残留限量由原来的 433 种农药、4 140 项限量指标增加至 483 种农药、7 170 项限量指标，限量标准数量首次超过国际食品法典委员会数量，其中，有关辣椒的农药限量标准共有 157 种。

韩国 2019 年 10 月发布的《韩国农药残留肯定列表制度》中有关辣椒的农药限量数共有 237 种。日本《肯定列表制度》中有关辣椒的农药 MRLs 共有 273 种。2018 年 6 月 26 日欧盟农药修订单（EU）2018/832 正式实施，根据欧盟官方网站提供的在线数据库显示，欧盟农药残留限量标准中有关辣椒的农药限量标准共有 482 种。根据 CAC 官方网站提供的在线数据库显示，CAC 农药残留限量标准中有关辣椒的农药残留限量标准共有 68 种。

二、我国辣椒常见病虫害与农药使用情况

辣椒在我国各地广泛栽培，辣椒的主要病害是立枯病、炭疽病、疫病、猝倒病、青枯病、灰霉病、病毒病和根腐病等，主要虫害是蚜虫、潜叶蝇、烟叶蛾、小地老虎和烟青虫等。

目前，我国辣椒生产登记使用的杀虫剂有代森锰锌、辛硫磷、高效氯氰菊酯、吡虫啉、敌百虫、阿维菌素、哒螨灵、双甲脒、溴螨酯、三唑锡等，杀菌剂有井冈霉素、噁唑菌酮、氟噻唑吡乙酮、啶氧菌

酯、丁吡吗啉、霜脲氰、甲霜灵、精甲霜灵、百菌清、二氰蒽醌、吡唑醚菌酯、烯酰吗啉、氟啶胺、宁南霉素、丙森锌、氟唑菌酰胺等。

三、辣椒常用农药的残留限量标准对比

中国、韩国、日本、欧盟和CAC对辣椒使用农药的限量标准见表5-22。中国和韩国的农药限量情况分别参考《食品中农药最大残留限量》（GB 2763—2019）和《韩国农药残留肯定列表制度》。欧盟、日本及CAC农药残留限量标准分别参考各国相关数据库。

表5-22 不同国家和地区辣椒常用农药限量标准（mg/kg）

农药中文名	农药英文名	中国	韩国	日本	欧盟	CAC
阿维菌素	Abamectin	0.02	0.2	0.5	0.07	0.005
二嗪磷	Diazinon	0.05	0.05	0.1	0.05	0.05
灭线磷	Ethoprophos	0.02	0.02	0.05	0.05	0.05
除虫菊素	Pyrethrins	0.05	1.0T	1	1	0.05
五氯硝基苯	Quintozene	0.1		0.05	0.02*	0.05
吡唑萘菌胺	Isopyrazam		2		0.09	0.09
马拉硫磷	Malathion	0.5	0.1	0.5	0.02*	0.1
高效氟氯氰菊酯	Beta-cyfluthrin	0.2				0.2
氟氯氰菊酯	Cyfluthrin	0.2	1	5	0.3	0.2
敌螨普	Dinocap	0.2*		0.2	0.02*	0.2
唑螨酯	Fenpyroximate	0.2	1		0.3	0.2
戊菌唑	Penconazole		0.3T	0.05	0.2	0.2
螺螨酯	Spirodiclofen	0.2	5	0.2	0.2	0.2
茚虫威	Indoxacarb	0.3	1	1	0.3	0.3
多杀霉素	Spinosad	1*	0.5	2	2	0.3
肟菌酯	Trifloxystrobin	0.5	2	0.5	0.4	0.3
乙基多杀菌素	Spinetoram		0.5	0.7	0.5	0.4
联苯菊酯	Bifenthrin	0.5	1	0.5	0.5	0.5
甲萘威	Carbaryl	0.5	0.4†	5	0.01*	0.5
乐果	Dimethoate	0.5*	1.0T	1	0.01*	0.5
氯苯嘧啶醇	Fenarimol	0.5	1.0T	0.5	0.02*	0.5
吡唑醚菌酯	Pyraclostrobin	0.5	1	1	0.5	0.5
螺虫酯	Spiromesifen		3	3	0.5	0.5
腈苯唑	Fenbuconazole	0.6	0.5	0.6	0.6	0.6
氰氟虫腙	Metaflumizone		1	5	1	0.6
氟虫双酰胺	Flubendiamide	0.7*	1	3	0.2	0.7
灭多威	Methomyl	0.2	5	0.7	0.04	0.7
氰霜唑	Cyazofamid		2	1	0.01*	0.8
虱螨脲	Lufenuron		1	1	0.8	0.8
苯醚甲环唑	Difenoconazole	1	1	2	0.9	0.9
氟吡呋喃酮	Flupyradifurone		1.5†	2	0.9	0.9
保棉磷	Azinphos-methyl	1	0.3T		0.02*	1

（续）

农药中文名	农药英文名	中国	韩国	日本	欧盟	CAC
甲基毒死蜱	Chlorpyrifos-methyl			0.5	1	1
二硫代氨基甲酸酯	Dithiocarbamates		7	1	5	1
甲氰菊酯	Fenpropathrin	1	0.5	2	0.01*	1
咯菌腈	Fludioxonil	1	3	5	1	1
粉唑醇	Flutriafol	1		1	1	1
吡虫啉	Imidacloprid	1	1	3	1	1
双炔酰菌胺	Mandipropamid	1*	5	2	1	1
甲霜灵	Metalaxyl	0.5	1	2	0.5	1
氯菊酯	Permethrin	1	1.0T	3	0.05*	1
喹氧灵	Quinoxyfen	1		1	0.02*	1
戊唑醇	Tebuconazole	2	3	1	0.6	1
虫酰肼	Tebufenozide	1	1	1	1	1
噻虫啉	Thiacloprid	1	1	5	1	1
噻嗪酮	Buprofezin	2	3	2	0.01*	2
多菌灵	Carbendazim	2	5	3	0.1*	2
毒死蜱	Chlorpyrifos		1	0.5	0.01*	2
氯氰菊酯	Cypermethrin	0.5	0.5	2	0.5	2
环酰菌胺	Fenhexamid	2*	5	2	3	2
甲硫威	Methiocarb	2*		2	0.2	2
甲氧滴滴涕	Methoxychlor		14.0T	7	0.01*	2
苯菌酮	Metrafenone	2*	2	2	2	2
杀线威	Oxamyl	2*	5.0T	2	0.01*	2
增效醚	Piperonyl butoxide	2	0.2T	2		2
螺虫乙酯	Spirotetramat	2*	2	10	2	2
联苯肼酯	Bifenazate	3	3	2	3	3
除虫脲	Diflubenzuron	3	2	0.7	0.01*	3
胺苯吡菌酮	Fenpyrazamine		3		3	3
氟吡菌酰胺	Fluopyram	2*	3	4	3	3
腈菌唑	Myclobutanil	3	1	1	0.5	3
丙溴磷	Profenofos	3	2		0.01*	3
霜霉威	Propamocarb	2	5	3	3	3
咪唑菌酮	Fenamidone	4	1	1	1	4
百菌清	Chlorothalonil	5	5	7	0.01*	7
乙磷铝	Fosetyl-al		3	0.5	130	7
噻草酮	Cycloxydim			0.05	9	9
无机溴	Bromide ion				30	20
1,1-二氯-2,2-二（4-乙苯）乙烷	1,1-Dichloro-2,2-bis（4-ethylphenyl）ethane				0.01*	
1,3-二氯丙烯	1,3-Dichloropropene			0.01	0.01*	
1-甲基环丙烯	1-Methylcyclopropene				0.01*	

（续）

农药中文名	农药英文名	中国	韩国	日本	欧盟	CAC
萘乙酸	1-Naphthylacetic acid				0.06*	
2,4,5-涕	2,4,5-T				0.01*	
2,4-滴	2,4-D	0.1	0.1T	0.08	0.05*	
2,4-滴钠盐	2,4-D Na	0.1				
2,4-滴丁酸	2,4-DB				0.01*	
2-氨基-4-甲氧基-6-甲基-1,3,5-三嗪	2-Amino-4-methoxy-6-(trifluormethyl)-1,3,5-triazine				0.01*	
2-萘氧乙酸	2-Naphthyloxyacetic acid				0.01*	
邻苯基苯酚	2-phenylphenol		10.0T	10	0.01*	
3-癸烯-2-酮	3-Decen-2-one				0.1*	
氯苯氧乙酸	4-CPA			0.02		
8-羟基喹啉	8-Hydroxyquinoline				0.01*	
乙酰甲胺磷	Acephate	1	3	0.05	0.01*	
灭螨醌	Acequinocyl		2	2	0.01*	
啶虫脒	Acetamiprid	0.2	2	1	0.3	
乙草胺	Acetochlor				0.01*	
苯并噻二唑	Acibenzolar-S-methyl		1	1	0.01*	
苯草醚	Aclonifen				0.02*	
氟丙菊酯	Acrinathrin		1	0.7	0.02*	
甲草胺	Alachlor		0.2		0.01*	
棉铃威	Alanycarb			0.1		
涕灭威	Aldicarb	0.03			0.02*	
艾氏剂	Aldrin	0.05		0.02	0.01*	
唑嘧菌胺	Ametoctradin		2	2	2	
酰嘧磺隆	Amidosulfuron				0.01*	
氯氨吡啶酸	Aminopyralid				0.01*	
吲唑磺菌胺	Amisulbrom		1	3	0.01*	
双甲脒	Amitraz	0.5	1		0.05*	
杀草强	Amitrole				0.01*	
敌菌灵	Anilazine				0.01*	
蒽醌	Anthraquinone				0.01*	
杀螨特	Aramite				0.01*	
磺草灵	Asulam				0.05*	
莠去津	Atrazine			0.02	0.05*	
印楝素	Azadirachtin				1	
四唑嘧磺隆	Azimsulfuron				0.01*	
嘧菌酯	Azoxystrobin	2	2	3	3	
燕麦灵	Barban				0.01*	
氟丁酰草胺	Beflubutamid				0.02*	
苯霜灵	Benalaxyl		1	0.05	0.2	

（续）

农药中文名	农药英文名	中国	韩国	日本	欧盟	CAC
乙丁氟灵	Benfluralin				0.02*	
丙硫克百威	Benfuracarb			1		
苯菌灵	Benomyl			3	0.1*	
苄嘧磺隆	Bensulfuron-methyl				0.01*	
灭草松	Bentazone		0.2T	0.5	0.03*	
苯噻菌胺	Benthiavalicarb-isopropyl		2		0.01*	
苯扎氯铵	Benzalkonium chloride				0.1	
苯并烯氟菌唑	Benzovindiflupyr			2	1	
高效氯氰菊酯	Beta-cypermethrin	0.5				
甲羧除草醚	Bifenox				0.01*	
双丙氨膦	Bilanafos（bialaphos）			0.004		
生物苄呋菊酯	Bioresmethrin			0.1		
联苯	Biphenyl				0.01*	
双三氟虫脲	Bistrifluron		2			
联苯三唑醇	Bitertanol		0.7	0.05	0.01*	
联苯吡菌胺	Bixafen				0.01*	
骨油	Bone oil				0.01*	
啶酰菌胺	Boscalid	3	3	10	3	
溴鼠灵	Brodifacoum			0.001		
溴敌隆	Bromadiolone				0.01*	
溴化物	Bromide			150		
乙基溴硫磷	Bromophos-ethyl				0.01*	
溴螨酯	Bromopropylate		1.0T	0.5	0.01*	
溴苯腈	Bromoxynil				0.01*	
糠菌唑	Bromuconazole				0.01*	
乙嘧酚磺酸酯	Bupirimate				2	
抑草磷	Butamifos			0.05		
仲丁灵	Butralin	0.05			0.01*	
丁草敌	Butylate				0.01*	
硫线磷	Cadusafos	0.02	0.05	0.01	0.01*	
毒杀芬	Camphechlor	0.05*			0.01*	
敌菌丹	Captafol				0.02*	
克菌丹	Captan	5	5	0.02	0.03*	
双酰草胺	Carbetamide				0.01*	
克百威	Carbofuran	0.02	0.05	0.5	0.002*	
一氧化碳	Carbon monoxide				0.01*	
三硫磷	Carbophenothion			0.02T		
丁硫克百威	Carbosulfan	0.1		1		
萎锈灵	Carboxin				0.03*	
唑酮草酯	Carfentrazone-ethyl			0.1	0.01*	

（续）

农药中文名	农药英文名	中国	韩国	日本	欧盟	CAC
杀螟丹	Cartap		0.3	3		
灭螨猛	Chinomethionate			3		
氯虫苯甲酰胺	Chlorantraniliprole	0.6*	1	1	1	
杀螨醚	Chlorbenside				0.01*	
氯炔灵	Chlorbufam				0.01*	
氯丹	Chlordane	0.02	0.02T	0.02	0.01*	
十氯酮	Chlordecone				0.02	
杀虫脒	Chlordimeform	0.01				
虫螨腈	Chlorfenapyr		1	1	0.01*	
杀螨酯	Chlorfenson				0.01*	
毒虫畏	Chlorfenvinphos		0.05T	0.1	0.01*	
氟啶脲	Chlorfluazuron		0.5	1		
氯草敏	Chloridazon			0.1	0.1*	
矮壮素	Chlormequat				0.01*	
乙酯杀螨醇	Chlorobenzilate		0.02T		0.02*	
氯溴异氰尿酸	Chloroisobromine cyanuric acid		5*			
氯化苦	Chloropicrin				0.005*	
枯草隆	Chloroxuron				0.01*	
氯苯胺灵	Chlorpropham		0.05T		0.01*	
氯磺隆	Chlorsulfuron				0.05*	
氯酞酸甲酯	Chlorthal-dimethyl			3	0.01*	
氯硫酰草胺	Chlorthiamid				0.01*	
绿麦隆	Chlortoluron				0.01*	
乙菌利	Chlozolinate				0.01*	
环虫酰肼	Chromafenozide		2	1	0.01*	
吲哚酮草酯	Cinidon-ethyl				0.05*	
烯草酮	Clethodim			1	0.5	
炔草酯	Clodinafop-propargyl			0.02	0.02*	
四螨嗪	Clofentezine				0.02*	
异噁草酮	Clomazone		0.05T	0.05	0.01*	
氯羟吡啶	Clopidol			0.2		
二氯吡啶酸	Clopyralid				0.5	
噻虫胺	Clothianidin	0.05	2	3	0.04	
铜化合物	Copper compounds（copper）				5	
灭菌铜	Copper nonylphenolsulfonate			10		
蝇毒磷	Coumaphos	0.05				
单氰胺	Cyanamide				0.01*	
杀螟腈	Cyanophos			0.05		
溴氰虫酰胺	Cyantraniliprole	1*	1	2	1.5	
环丙酰草胺	Cyclanilide				0.05*	

（续）

农药中文名	农药英文名	中国	韩国	日本	欧盟	CAC
环溴虫酰胺	Cyclaniliprole		1		0.01*	
腈吡螨酯	Cyenopyrafen		3	1		
环氟菌胺	Cyflufenamid		0.3	1	0.04	
丁氟螨酯	Cyflumetofen		1	5		
氰氟草酯	Cyhalofop-butyl	0.6			0.02*	
氯氟氰菊酯	Cyhalothrin	0.2	0.5	1		
三环锡	Cyhexatin		0.5T		0.01*	
霜脲氰	Cymoxanil	0.2	0.5	0.2	0.01*	
环丙唑醇	Cyproconazole			0.05	0.05*	
嘧菌环胺	Cyprodinil	0.5	2.0T	0.5	1.5	
灭蝇胺	Cyromazine			1	1.5	
茅草枯	Dalapon				0.05*	
丁酰肼	Daminozide		0.01		0.06*	
棉隆	Dazomet		0.1T	0.1	0.1	
胺磺铜	DBEDC			5		
滴滴涕	DDT	0.05		0.2	0.05*	
溴氰菊酯	Deltamethrin	0.2	0.2	0.3	0.2	
内吸磷	Demeton	0.02				
甲基内吸磷	Demeton-S-methyl			0.4		
甜菜安	Desmedipham				0.01*	
丁醚脲	Diafenthiuron			0.02		
燕麦敌	Di-allate				0.01*	
敌草腈	Dichlobenil	0.01*				
苯氟磺胺	Dichlofluanid	2	2.0T	15		
2,4-滴丙酸	Dichlorprop				0.02*	
敌敌畏	Dichlorvos	0.2	0.05	0.1	0.01*	
禾草灵	Diclofop-methyl				0.05*	
哒菌酮	Diclomezine			0.02		
氯硝胺	Dicloran				0.01*	
三氯杀螨醇	Dicofol		1.0T	1	0.02*	
双十烷基二甲基氯化铵	Didecyldimethylammonium chloride				0.1	
狄氏剂	Dieldrin	0.05		0.02	0.01*	
乙霉威	Diethofencarb		1	5	0.01*	
野燕枯	Difenzoquat			0.05		
吡氟酰草胺	Diflufenican				0.01*	
氟吡草腙	Diflufenzopyr			0.05		
二氟乙酸	Difluoroacetic acid				0.15	
双氢链霉素和链霉素	Dihydrostreptomycin and Streptomycin			0.3		

（续）

农药中文名	农药英文名	中国	韩国	日本	欧盟	CAC
二甲草胺	Dimethachlor				0.01*	
二甲酚草胺	Dimethenamid		0.05		0.01*	
噻节因	Dimethipin			0.04	0.05*	
烯酰吗啉	Dimethomorph	3	5	1	1	
醚菌胺	Dimoxystrobin				0.01*	
烯唑醇	Diniconazole				0.01*	
地乐酚	Dinoseb				0.02*	
呋虫胺	Dinotefuran	0.5	2	3		
特乐酚	Dinoterb				0.01*	
敌噁磷	Dioxathion				0.01*	
二苯胺	Diphenylamine			0.05	0.05*	
敌草快	Diquat	0.01	0.05T	0.05	0.01*	
乙拌磷	Disulfoton			0.5	0.01*	
二氰蒽醌	Dithianon	2*	2	2	0.6	
敌草隆	Diuron			0.05	0.01*	
二硝酚	DNOC				0.01*	
十二环吗啉	Dodemorph				0.01*	
多果定	Dodine			0.2	0.01*	
甲氨基阿维菌素苯甲酸盐	Emamectin benzoate	0.02	0.2	0.2		
甲氨基阿维菌素 B1A	Emamectin benzoate B1A				0.02	
硫丹	Endosulfan		0.1T	0.5	0.05*	
异狄氏剂	Endrin	0.05	0.05T	N. D.	0.01*	
氟环唑	Epoxiconazole				0.05*	
茵草敌	Ethyl dipropylthiocarbamate			0.1	0.01*	
S-氰戊菊酯	Esfenvalerate	0.2			0.05	
噻唑菌胺	Ethaboxam		2			
乙丁烯氟灵	Ethalfluralin		0.05		0.01*	
胺苯磺隆	Ethametsulfuron-methyl				0.01*	
乙烯利	Ethephon	5		5	0.05*	
乙硫苯威	Ethiofencarb		5.0T			
乙硫磷	Ethion			0.3	0.01*	
乙嘧酚	Ethirimol				0.1	
乙氧呋草黄	Ethofumesate				0.03*	
乙氧喹啉	Ethoxyquin				0.05*	
乙氧磺隆	Ethoxysulfuron				0.01*	
二溴乙烷	Ethylene dibromide			0.01	0.01*	
二氯乙烯	Ethylene dichloride			0.01	0.01*	
环氧乙烷	Ethylene oxide				0.02*	
醚菊酯	Etofenprox		2	5	0.01*	
乙螨唑	Etoxazole		0.3		0.01*	

（续）

农药中文名	农药英文名	中国	韩国	日本	欧盟	CAC
土菌灵	Etridiazole		0.05	0.1	0.1	
噁唑菌酮	Famoxadone	3	5	4	0.01*	
苯线磷	Fenamiphos	0.02	0.2T		0.04	
喹螨醚	Fenazaquin		2		0.5	
苯丁锡	Fenbutatin oxide		2.0T	1	0.01*	
皮蝇磷	Fenchlorphos				0.01*	
杀螟硫磷	Fenitrothion	0.5*	0.5		0.01*	
仲丁威	Fenobucarb			2		
噁唑禾草灵	Fenoxaprop-ethyl		0.05	0.1		
精噁唑禾草灵	Fenoxaprop-P				0.1	
苯氧威	Fenoxycarb			0.05	0.05*	
一种新型杀菌剂	Fenpicoxamid				0.01*	
苯锈啶	Fenpropidin				0.01*	
丁苯吗啉	Fenpropimorph			0.05	0.01*	
倍硫磷	Fenthion	0.05			0.01*	
三苯锡	Fentin			0.05	0.02*	
氰戊菊酯	Fenvalerate	0.2	2	0.5	0.05	
氟虫腈	Fipronil	0.02	0.05		0.005*	
啶嘧磺隆	Flazasulfuron			0.02	0.01*	
新型喹啉类杀虫杀螨剂	Flometoquin			2		
氟啶虫酰胺	Flonicamid		2	3	0.3	
双氟磺草胺	Florasulam				0.01*	
嘧螨酯	Fluacrypyrim		3.0T			
吡氟禾草灵	Fluazifop-butyl		1.0T			
精吡氟禾草灵	Fluazifop-P-butyl				0.01*	
氟啶胺	Fluazinam	3	3		0.01*	
氟环脲	Flucycloxuron				0.01*	
氟氰戊菊酯	Flucythrinate	0.2		0.05	0.01*	
联氟砜	Fluensulfone		0.2	0.7		
氟噻草胺	Flufenacet				0.05*	
氟虫脲	Flufenoxuron		1	1	0.5	
杀螨净	Flufenzin				0.02*	
氟节胺	Flumetralin				0.01*	
丙炔氟草胺	Flumioxazine				0.02*	
氟草隆	Fluometuron			0.02	0.01*	
氟吡菌胺	Fluopicolide	0.1*	1	2	1	
氟离子	Fluoride ion				2*	
乙羧氟草醚	Fluoroglycofene				0.01*	
氟嘧菌酯	Fluoxastrobin				0.01*	
氟啶磺隆	Flupyrsulfuron-methyl				0.02*	

（续）

农药中文名	农药英文名	中国	韩国	日本	欧盟	CAC
氟喹唑	Fluquinconazole		2		0.05*	
氟啶草酮	Fluridone			0.1		
氟咯草酮	Flurochloridone				0.1*	
氯氟吡氧乙酸	Fluroxypyr			0.05	0.01*	
呋嘧醇	Flurprimidole				0.01*	
呋草酮	Flurtamone				0.01*	
氟硅唑	Flusilazole		1		0.01*	
嗪草酸甲酯	Fluthiacet-methyl		0.05			
氟噻唑菌腈	Flutianil		0.5		0.01*	
氟酰胺	Flutolanil		1	0.7	0.01*	
氟噁唑酰胺	Fluxametamide		1	2		
氟唑菌酰胺	Fluxapyroxad	0.6*	1	0.7	0.6	
灭菌丹	Folpet		5		0.03*	
氟磺胺草醚	Fomesafen				0.01*	
地虫硫磷	Fonofos	0.01				
甲酰胺磺隆	Foramsulfuron				0.01*	
氯吡脲	Forchlorfenuron				0.01*	
伐虫脒	Formetanate				0.01*	
安硫磷	Formothion				0.01*	
噻唑膦	Fosthiazate		0.05	0.1	0.02*	
麦穗宁	Fuberidazole				0.01*	
糠醛	Furfural				1	
草铵膦	Glufosinate, ammonium		0.05	0.2	0.03*	
草甘膦	Glyphosate		0.2	0.1	0.1*	
双胍辛乙酸盐	Guazatine				0.05*	
氟氯吡啶酯	Halauxifen-methyl				0.02*	
氯吡嘧磺隆	Halosulfuron-methyl			0.05	0.01*	
吡氟氯禾灵	Haloxyfop				0.01*	
六六六	Hexachlorocyclohexane	0.05	0.01T	0.2		
七氯	Heptachlor	0.02			0.01*	
六氯苯	Hexachlorobenzene			0.01	0.01*	
六六六，α 异构体	Hexachlorocyclohexane, alpha-isomer				0.01*	
六六六，β 异构体	Hexachlorocyclohexane, beta-isomer				0.01*	
己唑醇	Hexaconazole		0.3		0.01*	
噻螨酮	Hexythiazox		2	1	0.5	
氢氰酸	Hydrogen cyanide		5	5		
磷化氢	Hydrogen phosphide			0.01		
噁霉灵	Hymexazol	1*	0.05T	0.5	0.05*	

（续）

农药中文名	农药英文名	中国	韩国	日本	欧盟	CAC
抑霉唑	Imazalil		0.5T	0.5	0.05*	
甲氧咪草烟	Imazamox				0.05*	
甲咪唑烟酸	Imazapic				0.01*	
咪唑喹啉酸	Imazaquin			0.05	0.05*	
咪唑乙烟酸铵	Imazethapyr ammonium			0.05		
唑吡嘧磺隆	Imazosulfuron				0.01*	
氰咪唑硫磷	Imicyafos		0.1	0.7		
双胍辛胺	Iminoctadine		2	0.02		
吲哚乙酸	Indolylacetic acid				0.1*	
吲哚丁酸	Indolylbutyric acid				0.1*	
碘甲磺隆	Iodosulfuron-methyl				0.01*	
碘苯腈	Ioxynil			0.1	0.01*	
种菌唑	Ipconazole				0.01*	
异菌脲	Iprodione	5	5	10	0.01*	
缬霉威	Iprovalicarb		1		0.01*	
氯唑磷	Isazofos	0.01				
水胺硫磷	Isocarbophos	0.05				
甲基异柳磷	Isofenphos-methyl	0.01*				
异丙噻菌胺	Isofetamid		7		3	
稻瘟灵	Isoprothiolane				0.01*	
异丙隆	Isoproturon				0.01*	
异噻菌胺	Isotianil		2			
异噁酰草胺	Isoxaben				0.02*	
异噁唑草酮	Isoxaflutole				0.02*	
春雷霉素	Kasugamycin	0.1*		0.2		
醚菌酯	Kresoxim-methyl		2	2	0.8	
乳氟禾草灵	Lactofen				0.01*	
高效氯氟氰菊酯	Lambda-cyhalothrin	0.2			0.1	
环草定	Lenacil			0.3	0.1*	
雷皮菌素	Lepimectin		0.5	0.1		
林丹	Lindane			2	0.01*	
利谷隆	Linuron			0.2	0.01*	
抑芽丹	Maleic hydrazide		25.0T	0.2	0.2*	
代森锰锌	Mancozeb	10				
甲氧基丙烯酸酯类杀菌剂	Mandestrobin		5		0.01*	
2 甲 4 氯	MCPA				0.05*	
2 甲 4 氯丁酸	MCPB				0.05*	
灭蚜磷	Mecarbam				0.01*	
2 甲 4 氯丙酸	Mecoprop				0.05*	
氯氟醚菌唑	Mefentrifluconazole				0.01*	

（续）

农药中文名	农药英文名	中国	韩国	日本	欧盟	CAC
嘧菌胺	Mepanipyrim		0.5	5	1.5	
甲哌鎓	Mepiquat chloride				0.02*	
灭锈胺	Mepronil				0.01*	
消螨多	Meptyldinocap				0.05*	
汞化合物	Mercury compounds				0.01*	
甲磺胺磺隆	Mesosulfuron-methyl				0.01*	
硝磺草酮	Mesotrione				0.01*	
精甲霜灵	Metalaxyl-M	0.5			0.5	
四聚乙醛	Metaldehyde				0.05*	
苯嗪草酮	Metamitron				0.1*	
吡唑草胺	Metazachlor				0.02*	
叶菌唑	Metconazole		1		0.02*	
甲基苯噻隆	Methabenzthiazuron				0.01*	
虫螨畏	Methacrifos				0.01*	
甲胺磷	Methamidophos	0.05	1	0.03	0.01*	
杀扑磷	Methidathion	0.05	0.01	0.1	0.02*	
烯虫酯	Methoprene				0.02*	
甲氧虫酰肼	Methoxyfenozide	2	1	3	2	
溴甲烷	Methylbromide		30			
异丙甲草胺	Metolachlor		0.05	0.1	0.05*	
磺草唑胺	Metosulam				0.01*	
代森联	Metriam	10				
嗪草酮	Metribuzin		0.5T	0.5	0.1*	
甲磺隆	Metsulfuron-methyl				0.01*	
速灭磷	Mevinphos				0.01*	
弥拜菌素	Milbemectin		0.1	0.2		
灭蚁灵	Mirex	0.01				
禾草敌	Molinate				0.01*	
久效磷	Monocrotophos	0.03		0.05	0.01*	
绿谷隆	Monolinuron				0.01*	
灭草隆	Monuron				0.01*	
敌草胺	Napropamide		0.1	0.1	0.1	
烟嘧磺隆	Nicosulfuron				0.01*	
烟碱	Nicotine			2		
烯啶虫胺	Nitenpyram			0.5		
除草醚	Nitrofen				0.01*	
氟酰脲	Novaluron	0.7	0.7	0.7	0.6	
氧乐果	Omethoate	0.02	0.01T	1	0.01*	
嘧苯胺磺隆	Orthosulfamuron				0.01*	
氨磺乐灵	Oryzalin				0.01*	

（续）

农药中文名	农药英文名	中国	韩国	日本	欧盟	CAC
丙炔噁草酮	Oxadiargyl				0.01*	
噁草酮	Oxadiazon		0.1T		0.05*	
噁霜灵	Oxadixyl		2	5	0.01*	
环氧嘧磺隆	Oxasulfuron				0.01*	
氟噻唑吡乙酮	Oxathiapiprolin		0.7	0.5	0.01*	
喹菌酮	Oxolinic acid		3	3		
氧化萎锈灵	Oxycarboxin				0.01*	
亚砜磷	Oxydemeton-methyl			0.4	0.01*	
乙氧氟草醚	Oxyfluorfen				0.05*	
多效唑	Paclobutrazol				0.01*	
石蜡油	Paraffin oil				0.01*	
百草枯	Paraquat	0.05*	0.1T	0.05	0.02*	
对硫磷	Parathion	0.01	0.3T	0.3	0.05*	
甲基对硫磷	Parathion-methyl	0.02	1.0T	1	0.01*	
戊菌隆	Pencycuron		0.05		0.05*	
二甲戊灵	Pendimethalin		0.05		0.05*	
五氟磺草胺	Penoxsulam				0.01*	
吡噻菌胺	Penthiopyrad	2*	3	3	2	
烯草胺	Pethoxamid				0.01*	
矿物油	Petroleum oils				0.01*	
申嗪霉素	Phenazino-1-carboxylic acid	0.1*				
甜菜宁	Phenmedipham				0.01*	
苯醚菊酯	Phenothrin				0.02*	
甲拌磷	Phorate	0.01		0.3	0.01*	
伏杀硫磷	Phosalone		1.0T		0.01*	
硫环磷	Phosfolan	0.03				
甲基硫环磷	Phosfolan-methyl	0.03*				
亚胺硫磷	Phosmet			1	0.05*	
磷胺	Phosphamidone	0.05			0.01*	
膦类化合物	Phosphane and phosphide salts				0.01*	
辛硫磷	Phoxim	0.05	0.05	0.02	0.01*	
四唑吡氨酯	Picarbutrazox		2			
氨氯吡啶酸	Picloram				0.01*	
氟吡草胺	Picolinafen				0.01*	
啶氧菌酯	Picoxystrobin	0.5	1		0.01*	
杀鼠酮	Pindone			0.001		
唑啉草酯	Pinoxaden				0.02*	
抗蚜威	Pirimicarb	0.5	2.0T	1	0.5	
甲基嘧啶磷	Pirimiphos-methyl		0.5T	1	0.01*	
多抗霉素	Polyoxins			0.05		

（续）

农药中文名	农药英文名	中国	韩国	日本	欧盟	CAC
烯丙苯噻唑	Probenazole		0.07	0.05		
咪鲜胺	Prochloraz	2	3	1	0.05*	
咪鲜胺锰盐	Prochloraz-manganese chloride complex	2				
腐霉利	Procymidone	5	5	5	0.01*	
环苯草酮	Profoxydim				0.05*	
调环酸钙	Prohexadione calcium				0.01*	
毒草胺	Propachlor				0.02*	
霜霉威盐酸盐	Propamocarb hydrochloride	2				
敌稗	Propanil			0.1	0.01*	
噁草酸	Propaquizafop		0.05		0.05*	
克螨特	Propargite				0.01*	
苯胺灵	Propham				0.01*	
丙环唑	Propiconazole		1		0.01*	
丙森锌	Propineb	2			1	
异丙草胺	Propisochlor				0.01*	
残杀威	Propoxur			2	0.05*	
丙苯磺隆	Propoxycarbazone				0.02*	
炔苯酰草胺	Propyzamide				0.01*	
碘喹唑酮	Proquinazid				0.02*	
苄草丹	Prosulfocarb				0.01*	
氟磺隆	Prosulfuron				0.01*	
丙硫菌唑	Prothioconazole	0.2*			0.01*	
氟啶菌酰羟胺	Pydiflumetofen		2			
一种杀螨剂	Pyflubumide		1	1		
吡蚜酮	Pymetrozine		2	2	3	
吡唑硫磷	Pyraclofos		1.0T	0.05		
吡草醚	Pyraflufen ethyl		0.05T		0.02*	
磺酰草吡唑	Pyrasulfotole				0.01*	
新型杀菌剂	Pyraziflumid			5		
苄草唑	Pyrazolynate			0.02		
吡菌磷	Pyrazophos				0.01*	
吡菌苯威	Pyribencarb		2	2		
哒螨灵	Pyridaben	2	5	3	0.01*	
三氟甲吡醚	Pyridalyl		2	2	2	
哒草特	Pyridate				0.05*	
吡氟喹虫唑	Pyrifluquinazon		0.5	1		
嘧霉胺	Pyrimethanil		1		2	
甲氧苯啶菌	Pyriofenone		2	1		
吡丙醚	Pyriproxyfen		0.7	3	1	

（续）

农药中文名	农药英文名	中国	韩国	日本	欧盟	CAC
啶磺草胺	Pyroxsulam				0.01*	
喹硫磷	Quinalphos			0.05	0.01*	
二氯喹啉酸	Quinclorac				0.01*	
氯甲喹啉酸	Quinmerac				0.1*	
灭藻醌	Quinoclamine				0.01*	
喹禾灵	Quizalofop				0.4	
苄呋菊酯	Resmethrin			0.1	0.01*	
砜嘧磺隆	Rimsulfuron				0.01*	
鱼藤酮	Rotenone				0.01*	
苯嘧磺草胺	Saflufenacil		0.02T		0.03*	
烯禾啶	Sethoxydim		0.05	10		
硫硅菌胺	Silthiofam				0.01*	
西玛津	Simazine				0.01*	
硅氟唑	Simeconazole		2			
5-硝基愈创木酚钠	sodium 5-nitroguaiacolate				0.03*	
螺环菌胺	Spiroxamine				0.01*	
链霉素	Streptomycin		2			
磺草酮	Sulcotrione				0.01*	
甲磺草胺	Sulfentrazone			0.05		
磺酰磺隆	Sulfosulfuron				0.01*	
治螟磷	Sulfotep	0.01				
氟啶虫胺腈	Sulfoxaflor	1.5*	0.5	2	0.4	
硫酰氟	Sulfuryl fluoride				0.01*	
氟胺氰菊酯	Tau-fluvalinate				0.01*	
吡螨胺	Tebufenpyrad		0.5		0.01*	
丁基嘧啶磷	Tebupirimfos		0.05			
四氯硝基苯	Tecnazene			0.05	0.01*	
氟苯脲	Teflubenzuron		0.2		1.5	
七氟菊酯	Tefluthrin		0.05		0.05	
环磺酮	Tembotrione				0.02*	
焦磷酸四乙酯	TEPP				0.01*	
吡喃草酮	Tepraloxydim				0.1*	`
特丁硫磷	Terbufos	0.01*	0.05	0.005	0.01*	
特丁津	Terbuthylazine				0.05*	
四氟醚唑	Tetraconazole		1	0.3	0.1	
三氯杀螨砜	Tetradifon		1.0T	1	0.01*	
氟氰虫酰胺	Tetraniliprole		2			
噻菌灵	Thiabendazole			2	0.01*	
噻虫嗪	Thiamethoxam	1	1	1	0.7	
噻吩磺隆	Thiencarbazone-methyl				0.01*	

韩国"肯定列表"制度（农产品中农药最大残留限量）研究

（续）

农药中文名	农药英文名	中国	韩国	日本	欧盟	CAC
噻呋酰胺	Thifluzamide		0.05			
禾草丹	Thiobencarb		0.05		0.01*	
硫双威	Thiodicarb			0.7	0.01*	
甲基硫菌灵	Thiophanate-methyl	2		3	0.1*	
福美双	Thiram	2			0.1*	
嘧啶二酮类非选择性除草剂	Tiafenacil		0.05			
甲基立枯磷	Tolclofos-methyl			2	0.01*	
唑虫酰胺	Tolfenpyrad			3		
甲苯氟磺胺	Tolylfluanid	2	2.0T	2	0.02*	
苯唑草酮	Topramezone				0.01*	
三甲苯草酮	Tralkoxydim				0.01*	
三唑酮	Triadimefon	1	0.5T	0.3	0.01*	
三唑醇	Triadimenol	1		1	0.5	
野麦畏	Tri-allate			0.1	0.1*	
醚苯磺隆	Triasulfuron				0.05*	
唑蚜威	Triazamate		0.05T			
三唑磷	Triazophos		0.05T		0.01*	
苯磺隆	Tribenuron-methyl				0.01*	
敌百虫	Trichlorfon	0.2		1	0.01*	
三氯吡氧乙酸	Triclopyr			0.03	0.01*	
三环唑	Tricyclazole		3.0T		0.01*	
十三吗啉	Tridemorph			0.05	0.01*	
氟菌唑	Triflumizole		1	3	0.02*	
杀铃脲	Triflumuron			0.02	0.01*	
氟乐灵	Trifluralin	0.05	0.05T	0.1	0.01*	
氟胺磺隆	Triflusulfuron				0.01*	
嗪铵灵	Triforine		2	3	0.01*	
三甲基锍盐	Trimethyl-sulfonium cation				0.05*	
抗倒酯	Trinexapac-ethyl				0.01*	
灭菌唑	Triticonazole				0.01*	
三氟甲磺隆	Tritosulfuron				0.01*	
磺草灵	Valifenalate		2		0.01*	
乙烯菌核利	Vinclozolin		3.0T	3	0.01*	
杀鼠灵	Warfarin			0.001	0.01*	
辛菌胺	Xinjunan	0.2*				
代森锌	Zineb	10				
福美锌	Ziram	10			0.1*	
苯酰菌胺	Zoxamide		0.3	0.3	0.02*	

注：T表示临时限量标准；*表示采用最低检出限（LOD）作为限量标准；†表示农产品中农药最大残留限量是根据出口商制定的最大残留限量要求制定的，进口和国产农产品都可以适用相同的最大残留限量；N.D.表示不得检出。

958

在表 5-22 所列的农药中,中国、韩国、日本、欧盟及 CAC 均有规定的农药仅有阿维菌素、联苯肼酯、联苯菊酯、噻嗪酮、甲萘威、多菌灵、百菌清、氟氯氰菊酯、氯氰菊酯、二嗪磷、苯醚甲环唑、除虫脲、乐果、灭线磷、咪唑菌酮、氯苯嘧啶醇等 42 种,五个国家和地区对农药的种类要求差异极大。

中国、韩国、日本、欧盟及 CAC 关于辣椒农药残留限量情况见表 5-23,农药残留限量标准分类见表 5-24。中国在辣椒生产过程中使用的农药种类数少于韩国、日本及欧盟,多于 CAC。和韩国相比,中国和韩国均使用的农药有 102 种,其中中国农药残留限量比韩国严格的有 49 种,宽松的有 22 种,与韩国一致的有 31 种,两国对农药种类的共同关注度的比例为 34.9%。有 55 种农药我国规定了最大残留限量标准,而韩国没有;有 135 种农药韩国规定了最大残留限量标准,我国没有规定。韩国农药残留限量标准分类中,≤0.1 mg/kg 的标准占比为 22.4%,低于我国(33.8%)。

表 5-23 不同国家和地区辣椒中农药残留限量标准比对

国家和地区	农药残留限量总数(项)	我国与国外均有规定的农药			
		我国与国外均规定的农药总数(种)	我国比国外严格的农药数量(种)	我国与国外一致的农药数量(种)	我国比国外宽松的农药数量(种)
中国	157	—	—	—	—
韩国	237	102	49	31	22
日本	273	112	62	27	23
欧盟	482	126	11	28	87
CAC	68	52	7	38	7

表 5-24 不同国家和地区辣椒中农药残留限量标准分类

序号	限量范围(mg/kg)	中国		韩国		日本		欧盟		CAC	
		数量(项)	比例(%)	数量(项)	比例(%)	数量(项)	比例(%)	数量(项)	比例(%)	数量(项)	比例(%)
1	≤0.01	11	7.0	4	1.7	12	4.4	255	52.9	1	1.5
2	0.01~0.1(含0.1)	42	26.8	49	20.7	75	27.5	139	28.8	6	8.8
3	0.1~1(含1)	60	38.2	97	40.9	100	36.6	59	12.2	38	55.9
4	>1	44	28.0	87	36.7	86	31.5	29	6.0	23	33.8

与日本相比,中国和日本均使用的农药有 112 种,其中,中国农药残留限量比日本严格的有 62 种,宽松的有 23 种,与日本一致的有 27 种。有 45 种农药我国规定了最大残留限量标准,而日本没有;有 161 种农药日本规定了最大残留限量标准,我国没有规定。日本农药残留限量标准中,≤0.1 mg/kg 的标准数量占 31.9%,低于我国。

CAC 只有 16 种农药是我国没有规定残留限量标准的,我国有 105 种农药是 CAC 没有规定残留限量标准的。中国和 CAC 均有规定残留限量的农药有 52 种,其中 7 种比 CAC 限量严格,7 种比 CAC 限量宽松,38 种与 CAC 限量一致。在 CAC 农药残留限量标准≤0.1 mg/kg 的标准只占 10.3%,远低于其他国家和地区。

欧盟有 356 种农药是我国没有规定残留限量标准的,我国有 31 种农药是欧盟没有规定残留限量标准的。中国和欧盟均有规定残留限量的农药有 126 种,其中,11 种比欧盟残留限量严格,87 种比欧盟残留限量宽松,28 种与欧盟残留限量一致。在欧盟农药残留限量标准≤0.1 mg/kg 的标准高达 81.7%,远高于其他国家和地区。

四、辣椒生产和出口的对策建议

与国外辣椒品种比较,我国辣椒在整齐度、抗病性、产量等方面存在一定差距[4]。因此,应加快优良品种培育和劣势品种的淘汰，且建立优良辣椒高效栽培集成技术体系和技术规程，实现苗木育苗标准化，栽培管理标准化，努力提升我国辣椒品质。

《蔬菜病虫害安全防治技术规范　第2部分：茄果类》（GB/T 23416.2—2009）中防治辣椒病虫害所使用的农药有新植霉素、苏云金杆菌、阿维菌素、苦参碱、除虫菊素、甲基硫菌灵、多菌灵、甲基立枯磷、噁霜灵、水杨菌胺、敌磺钠、代森锰锌、异菌脲、霜霉威、嘧霉胺等。我国辣椒在种植过程中使用的农药种类较多，农药 MRLs 指标也很多，但与其他国家和地区相比还是有一定差距。因此，在种植和出口时应关注进口国的 MRLs 要求。

【参考文献】

［1］郇志博，罗金辉，谢德芳. 南方五省辣椒农药残留膳食暴露风险评估［J］. 植物护，2019，45（3）：96-101.

［2］姚甲伦. 辣椒病虫害发生特点及防治技术［J］. 乡村科技，2019（33）：105-106.

［3］廖锦钰，刘勇，张德咏，等. 辣椒常见病虫害及其防治方法［J］. 长江蔬菜，2019（20）：78-80.

［4］李宁，王飞，姚明华，等. 国内外辣椒种质资源表型性状多样性及相关性分析［J］. 辣椒杂志，2015，13（1）：8-13.

第六节 不同国家和地区玉米中农药残留限量的分析及对策

玉米是世界主要粮食作物和全球贸易中重要的产品。我国的玉米栽培面积、总产量和出口量居世界第二位。在我国，从事与玉米生产和出口相关的人数达上亿人，玉米出口直接关系到我国的出口创汇和广大企业和从业者的经济利益。国际技术性贸易壁垒情况日益增多，针对农产品的检验检疫标准也日趋复杂和苛刻，成为阻碍各国农产品出口的主要影响因素[1]。本节分析我国与韩国和日本、国际食品法典委员会及欧盟等不同国家和地区的玉米农药残留限量标准，并找出其中存在的差异，对指导我国玉米生产中科学、合理、安全使用农药，提高玉米质量安全水平，降低出口贸易风险具有重要意义。

一、不同国家和地区关于玉米的分类和农药残留限量标准概况

目前，各个国家判定农产品和食品的质量安全情况主要是通过农药最大残留限量。一些国家和地区将玉米细分为谷物、玉米和鲜食玉米，其相应的英文名称见表 5-25 所示。

表 5-25 国内外农药残留限量标准中对玉米的分类

国家和地区	分类来源	类别	英文名称
中国	《食品中农药最大残留限量》（GB 2763—2019）	旱粮类	—
		玉米	—
		鲜食玉米	—
国际食品法典委员会（CAC）	食典食品农药残留在线数据库	谷物	Cereal grains
		甜玉米	Sweet corn
		玉米	Maize
日本	肯定列表制度数据库	谷物	Crops（other cereal grains）
		玉米	Crops［corn（maize, including pop corn and sweet corn）］
韩国	《韩国农药残留肯定列表制度》	谷物	Cereal grains
		玉米	Maize
欧盟	欧盟食品农药残留在线数据库	玉米	Maize/corn

2019 年 8 月 15 日，国家卫生健康委员会、农业农村部及国家市场监督管理总局联合发布了食品安全国家标准《食品中农药最大残留限量》（GB 2763—2019），替代《食品中农药最大残留限量》（GB 2763—2016），于 2020 年 2 月 15 日实施，食品中农药最大残留限量由原来的 433 种农药、4 140 项限量指标增加至 483 种农药、7 170 项限量指标，限量标准数量首次超过国际食品法典委员会数量，其中，有关玉米的农药限量标准共有 162 种。

韩国 2019 年 10 月发布的《韩国农药残留肯定列表制度》中有关玉米的农药残留限量数共有 164 种。而在日本《肯定列表制度》中有关玉米的农药 MRLs 共有 298 种。2018 年 6 月 26 日欧盟农药修订单（EU）2018/832 正式实施，根据欧盟官方网站提供的在线数据库显示，欧盟农药残留限量标准中有关玉米的农药限量标准共有 494 种。国际食品法典农药残留委员会是国际食品法典委员会的 10 个下属委员会之一，主要承担 CAC 农药残留限量标准的制定和修订[2]。CCPR 制定的农药残留限量标准也是国际食品农产品贸易仲裁的重要参考依据之一。根据 CAC 官方网站提供的在线数据库显示，CAC 农药残留限量标准中有关玉米的农药残留限量标准共有 90 种。

二、我国玉米常见病虫害与农药使用情况

玉米在我国的种植历史悠久，在生产过程中，除了受品种、种植技术、气候条件和地理条件以及自然灾害等因素影响外，病虫草危害也是影响玉米品质的主要原因。玉米主要病害是条斑病、粗缩病、青枯病、黑穗病等。玉米主要虫害是玉米螟、黏虫、蓟马、蚜虫、棉铃虫、地下害虫等。为保证玉米产品的质量和提高产量，生产过程中需要使用一定剂量的农药。

目前，我国玉米生产常用的杀虫剂有乙酰甲胺磷、甲基异柳磷、辛硫磷、哒嗪硫磷、马拉硫磷、亚胺硫磷、杀虫双、克百威、毒死蜱、唑螨酯、氯虫苯甲酰胺、噻虫嗪、高效氯氟氰菊酯、呋虫胺等。常用的杀菌剂主要是代森铵、戊唑醇、咯菌腈、精甲霜灵、灭菌唑、吡唑醚菌酯、苯醚甲环唑、灭菌唑等，这些农药均为登记农药。

三、玉米常用农药的标准对比

中国、韩国、日本、欧盟和 CAC 对玉米使用农药的限量标准见表 5 - 26 所示。中国和韩国的农药限量情况分别参考《食品中农药最大残留限量》（GB 2763—2019）和《韩国农药残留肯定列表制度》。欧盟、日本及 CAC 限量标准分别参考各国相关数据库。

表 5 - 26　不同国家和地区玉米常用农药限量标准（mg/kg）

农药中文通用名	农药英文名	中国	韩国	日本	欧盟	CAC
灭草松	Bentazone	0.2*	0.05	0.2	0.2	0.01
溴氰虫酰胺	Cyantraniliprole				0.01*	0.01
环丙唑醇	Cyproconazole	0.01		0.1	0.1	0.01
麦草畏	Dicamba	0.5	0.01†	0.5	0.5	0.01
敌草腈	Dichlobenil	0.01*			0.01*	0.01
苯醚甲环唑	Difenoconazole	0.1	0.05	0.01	0.05*	0.01
精二甲吩草胺	Dimethenamid-P	0.01			0.01*	0.01
唑螨酯	Fenpyroximate			0.01	0.01*	0.01
氟虫腈	Fipronil	0.1		0.02	0.005*	0.01
氟吡菌酰胺	Fluopyram				0.02	0.01
氟吡呋喃酮	Flupyradifurone		0.05†	0.05	0.01*	0.01
粉唑醇	Flutriafol			0.01	0.01*	0.01
氟唑菌酰胺	Fluxapyroxad	0.01*	0.15†	0.2	0.01*	0.01
甲咪唑烟酸	Imazapic	0.01		0.01	0.01*	0.01
林丹	Lindane	0.01	0.01T	0.3	0.01*	0.01
2 甲 4 氯	MCPA	0.05		0.1	0.05*	0.01
硝磺草酮	Mesotrione	0.01	0.2	0.01	0.01*	0.01
吡噻菌胺	Penthiopyrad	0.01*		0.02	0.01	0.01
啶氧菌酯	Picoxystrobin		0.015†	0.04	0.01*	0.01
五氯硝基苯	Quintozene	0.01	0.01T	0.01	0.02*	0.01
苯嘧磺草胺	Saflufenacil	0.01*	0.03†	0.03	0.03*	0.01
氟唑环菌胺	Sedaxane	0.01*		0.01	0.01*	0.01
乙基多杀菌素	Spinetoram		0.05T		0.05*	0.01
氟苯脲	Teflubenzuron			0.01	0.01*	0.01

（续）

农药中文通用名	农药英文名	中国	韩国	日本	欧盟	CAC
特丁硫磷	Terbufos	0.01*		0.01	0.01*	0.01
乙草胺	Acetochlor	0.05	0.05†	0.05	0.01*	0.02
艾氏剂	Aldrin	0.02	0.02T	N.D.	0.01*	0.02
嘧菌酯	Azoxystrobin	0.02	0.02†	0.05	0.02	0.02
氟吡草酮	Bicyclopyrone		0.02†	0.03	0.02*	0.02
甲萘威	Carbaryl	0.02	1.0T	0.1	0.5	0.02
氯虫苯甲酰胺	Chlorantraniliprole	0.02*	0.05	0.6	0.02	0.02
氯丹	Chlordane	0.02	0.02T	0.02		0.02
噻虫胺	Clothianidin	0.02	0.02†	0.1	0.02*	0.02
氯氟氰菊酯	Cyhalothrin	0.02	0.05	0.04		0.02
二嗪磷	Diazinon	0.02		0.02	0.01*	0.02
狄氏剂	Dieldrin	0.02	0.02T	N.D.	0.01*	0.02
氟虫双酰胺	Flubendiamide	0.02*	0.05	0.05	0.02	0.02
丙炔氟草胺	Flumioxazine		0.02†	0.02	0.02*	0.02
七氯	Heptachlor	0.02	0.02T	0.02	0.01	0.02
异噁唑草酮	Isoxaflutole	0.02*	0.02†	0.02	0.02*	0.02
乙拌磷	Isulfoton	0.02		0.02	0.02*	0.02
高效氯氟氰菊酯	Lambda-cyhalothrin	0.02			0.02	0.02
灭多威	Methomyl	0.05	0.05T	0.02	0.02*	0.02
甲氧虫酰肼	Methoxyfenozide	0.02	0.03†	0.02	0.02*	0.02
吡唑醚菌酯	Pyraclostrobin		0.02†	0.02	0.02*	0.02
螺虫酯	Spiromesifen		0.01†	0.02	0.02*	0.02
肟菌酯	Trifloxystrobin	0.02	0.02†	0.05	0.02	0.02
百草枯	Paraquat	0.1	0.1T	0.1	0.02*	0.03
2,4-滴	2,4-D	0.05	0.05†	0.05	0.05*	0.05
涕灭威	Aldicarb	0.05	0.05T	0.05	0.05	0.05
联苯菊酯	Bifenthrin	0.05	0.05†	0.05	0.05*	0.05
克百威	Carbofuran	0.05	0.05	0.05	0.01*	0.05
丁硫克百威	Carbosulfan	0.1		0.05		0.05
毒死蜱	Chlorpyrifos	0.05	0.05†	0.1	0.05	0.05
醚菊酯	Etofenprox	0.05	0.1	0.3	0.01*	0.05
咯菌腈	Fludioxonil	0.05	0.02T	0.05	0.01*	0.05
双胍辛乙酸盐	Guazatine				0.05*	0.05
咪唑烟酸	Imazapyr	0.05	0.05†	0.05	0.05*	0.05
吡虫啉	Imidacloprid	0.05	0.01†	0.05	0.1	0.05
马拉硫磷	Malathion	0.5	2.0T	2	8	0.05
甲霜灵	Metalaxyl	0.05	0.05T	0.05	0.02*	0.05
甲硫威	Methiocarb	0.05*	0.05	0.05	0.1*	0.05
甲拌磷	Phorate	0.05	0.05T	0.05	0.05	0.05
抗蚜威	Pirimicarb	0.05	0.05T	0.05	0.05	0.05

（续）

农药中文通用名	农药英文名	中国	韩国	日本	欧盟	CAC
丙环唑	Propiconazole	0.05	0.05	0.2	0.05	0.05
硫酰氟	Sulfuryl fluoride	0.05*	0.05T	0.05	0.05	0.05
噻虫嗪	Thiamethoxam	0.05	0.05	0.7	0.05	0.05
啶酰菌胺	Boscalid	0.1	0.05†	0.1	0.15	0.1
滴滴涕	DDT	0.1	0.1T	0.2	0.05*	0.1
草铵膦	Glufosinate, ammonium	0.1*	0.05†	0.1	0.1	0.1
磷化氢	Hydrogen phosphide			0.1		0.1
咪唑乙烟酸	Imazethapyr			0.08		0.1
炔螨特	Propargite		0.1T	0.1	0.01*	0.1
丙硫菌唑	Prothioconazole	0.1*	0.1T	0.4	0.1	0.1
噻草酮	Cycloxydim	0.2*		0.05	0.2	0.2
氟硅唑	Flusilazole	0.2		0.01	0.01*	0.2
氯氰菊酯	Cypermethrin	0.05	0.05T	0.2	0.3	0.3
除虫菊素	Pyrethrins	0.3	3.0T	3	3	0.3
多杀霉素	Spinosad	1*	1.0†	2	2	1
螺虫乙酯	Spirotetramat		3.0T	2	0.1*	1.5
溴氰菊酯	Deltamethrin	0.2	0.1	0.02	2	2
氯菊酯	Permethrin	2	0.05T	2	0.05*	2
咪鲜胺	Prochloraz	2		2	0.05*	2
草甘膦	Glyphosate	1	5.0T	5	1	5
溴甲烷	Methyl Bromide	5*	50			5
杀螟硫磷	Fenitrothion	5*	0.2T	0.2	0.05*	6
甲基嘧啶磷	Pirimiphos-methyl		5.0T	1	0.5	7
烯虫酯	Methoprene		5.0T	5	5	10
增效醚	Piperonyl butoxide	30	30†	24		30
无机溴	Bromide ion				50	50
1,1-二氯-2,2-二（4-乙苯）乙烷	1,1-Dichloro-2,2-bis（4-ethylphenyl）ethane				0.01*	
1,3-二氯丙烯	1,3-Dichloropropene				0.01*	
1-甲基环丙烯	1-Methylcyclopropene				0.01*	
萘乙酸	1-Naphthylacetic acid	0.05			0.06*	
2,4,5-涕	2,4,5-T				0.01*	
2,4-滴丁酯	2,4-D butylate	0.05				
2,4-滴钠盐	2,4-D Na	0.05				
2,4-滴丁酸	2,4-DB			0.02	0.01*	
2,4-滴异辛酯	2,4-D-ethylhexyl	0.1*				
2-氨基-4-甲氧基-6-甲基-1,3,5-三嗪	2-Amino-4-methoxy-6-（trifluormethyl)-1,3,5-triazine				0.001*	
2-萘氧乙酸	2-Naphthyloxyacetic acid				0.01*	
邻苯基苯酚	2-Phenylphenol				0.02*	

（续）

农药中文通用名	农药英文名	中国	韩国	日本	欧盟	CAC
3-癸烯-2-酮	3-Decen-2-one				0.1*	
氯苯氧乙酸	4-CPA			0.02		
8-羟基喹啉	8-Hydroxyquinoline				0.01*	
阿维菌素	Abamectin		0.05T		0.01*	
乙酰甲胺磷	Acephate	0.2	0.5T	0.3	0.01*	
灭螨醌	Acequinocyl				0.01*	
啶虫脒	Acetamiprid		0.3T	0.2	0.01*	
苯并噻二唑	Acibenzolar-S-methyl				0.01*	
苯草醚	Aclonifen				0.01*	
氟丙菊酯	Acrinathrin				0.01*	
甲草胺	Alachlor	0.2	0.2	0.02	0.01*	
涕灭砜威	Aldoxycarb			0.05		
磷化铝	Aluminium phosphide	0.05	0.1		0.05*	
唑嘧菌胺	Ametoctradin				0.01*	
莠灭净	Ametryn			0.05		
氨唑草酮	Amicarbazone	0.05*				
酰嘧磺隆	Amidosulfuron				0.01*	
氯氨吡啶酸	Aminopyralid				0.05	
吲唑磺菌胺	Amisulbrom				0.01*	
双甲脒	Amitraz	0.5			0.05*	
杀草强	Amitrole				0.01*	
代森铵	Amobam	0.1				
敌菌灵	Anilazine				0.01*	
蒽醌	Anthraquinone				0.01*	
杀螨特	Aramite				0.01	
磺草灵	Asulam				0.05*	
莠去津	Atrazine	0.05		0.2	0.05*	
印楝素	Azadirachtin				1	
四唑嘧磺隆	Azimsulfuron				0.01*	
益棉磷	Azinphos-ethyl				0.05*	
保棉磷	Azinphos-methyl			0.2T	0.05*	
三唑锡和三环锡	Azocyclotin and Cyhexatin				0.01*	
燕麦灵	Barban				0.01*	
氟丁酰草胺	Beflubutamid				0.01*	
苯霜灵	Benalaxyl			0.05	0.05*	
噁虫威	Bendiocarb			0.05		
乙丁氟灵	Benfluralin				0.02*	
丙硫克百威	Benfuracarb	0.05		0.05		
苯菌灵	Benomyl			0.7	0.01*	
解草嗪	Benoxacor			0.01		

（续）

（续）

农药中文通用名	农药英文名	中国	韩国	日本	欧盟	CAC
苄嘧磺隆	Bensulfuron-methyl				0.01*	
杀虫磺	Bensultap			0.2		
苯噻菌胺	Benthiavalicarb-isopropyl				0.02*	
苯扎氯铵	Benzalkonium chloride				0.1	
苯丙烯氟菌唑	Benzovindiflupyr		0.01†	0.02	0.02	
高效氯氰菊酯	Beta-cypermethrin	0.05				
联苯肼酯	Bifenazate				0.02*	
甲羧除草醚	Bifenox		0.05T	0.1	0.01*	
双丙氨膦	Bilanafos（bialaphos）			0.004		
生物苄呋菊酯	Bioresmethrin			1		
联苯	Biphenyl				0.01*	
双三氟虫脲	Bistrifluron		0.05			
联苯三唑醇	Bitertanol		0.05T	0.05	0.01*	
联苯吡菌胺	Bixafen			0.5	0.01*	
骨油	Bone oil				0.01*	
溴鼠灵	Brodifacoum			0.000 5		
溴敌隆	Bromadiolone				0.01*	
溴化物	Bromide			80		
乙基溴硫磷	Bromophos-ethyl				0.01*	
溴螨酯	Bromopropylate			0.05	0.01*	
溴苯腈	Bromoxynil	0.1		0.2	0.1	
辛酰溴苯腈	Bromoxynil octanoate	0.05*				
糠菌唑	Bromuconazole				0.01*	
乙嘧酚磺酸酯	Bupirimate				0.05*	
噻嗪酮	Buprofezin				0.01*	
丁草胺	Butachlor	0.5	0.1T			
氟丙嘧草酯	Butafenacil			0.02		
仲丁灵	Butralin				0.01*	
丁草敌	Butylate			0.1	0.01*	
硫线磷	Cadusafos	0.02			0.01*	
毒杀芬	Camphechlor	0.01*			0.01*	
敌菌丹	Captafol				0.02*	
克菌丹	Captan	0.05	0.05T	0.01	0.07*	
多菌灵	Carbendazim	0.5	0.5	0.7	0.01*	
双酰草胺	Carbetamide				0.01*	
一氧化碳	Carbon monoxide				0.01*	
四氯化碳	Carbon tetrachloride				0.1	
三硫磷	Carbophenothion		0.02T			
萎锈灵	Carboxin	0.2	0.2T	0.2	0.03*	
唑酮草酯	Carfentrazone-ethyl		0.1T	0.08	0.05*	

（续）

农药中文通用名	农药英文名	中国	韩国	日本	欧盟	CAC
杀螟丹	Cartap		0.1T	0.2		
杀螨醚	Chlorbenside				0.01*	
氯炔灵	Chlorbufam				0.01*	
十氯酮	Chlordecone				0.02	
杀虫脒	Chlordimeform	0.01				
虫螨腈	Chlorfenapyr		0.05	0.05	0.02*	
杀螨酯	Chlorfenson				0.01*	
毒虫畏	Chlorfenvinphos		0.05T	0.05	0.01*	
氯草敏	Chloridazon				0.1*	
矮壮素	Chlormequat	5	5.0T		0.01*	
乙酯杀螨醇	Chlorobenzilate		0.02T		0.02*	
氯化苦	Chloropicrin	0.1			0.005*	
百菌清	Chlorothalonil	5		0.01	0.01*	
枯草隆	Chloroxuron				0.02*	
氯苯胺灵	Chlorpropham		0.05T	0.05	0.01*	
甲基毒死蜱	Chlorpyrifos-methyl	5*	0.1T	7	0.05	
氯磺隆	Chlorsulfuron			0.05	0.1	
氯酞酸甲酯	Chlorthal-dimethyl			3	0.01*	
氯硫酰草胺	Chlorthiamid				0.01*	
绿麦隆	Chlortoluron	0.1			0.01*	
乙菌利	Chlozolinate				0.01*	
环虫酰肼	Chromafenozide			0.05	0.01*	
吲哚酮草酯	Cinidon-ethyl			0.1	0.05*	
烯草酮	Clethodim		0.05T	0.2	0.1	
炔草酸	Clodinafop				0.02*	
炔草酯	Clodinafop-propargyl			0.02		
四螨嗪	Clofentezine				0.02*	
异噁草酮	Clomazone			0.02	0.01*	
氯羟吡啶	Clopidol			0.2		
二氯吡啶酸	Clopyralid	1	3.0T	2	2	
铜化合物	Copper compounds（copper）				10	
灭菌铜	Copper nonylphenolsulfonate			0.04		
单氰胺	Cyanamide				0.01*	
氰草津	Cyanazine	0.05				
氰霜唑	Cyazofamid				0.02*	
环丙酰草胺	Cyclanilide				0.05*	
环溴虫酰胺	Cyclaniliprole		0.05		0.01*	
环氟菌胺	Cyflufenamid			0.7	0.02*	
氟氯氰菊酯	Cyfluthrin		0.01T	2	0.05*	
氰氟草酯	Cyhalofop-butyl				0.01*	

农药中文通用名	农药英文名	中国	韩国	日本	欧盟	CAC
霜脲氰	Cymoxanil				0.01*	
嘧菌环胺	Cyprodinil			0.5	0.02*	
灭蝇胺	Cyromazine				0.05*	
茅草枯	Dalapon				0.05*	
丁酰肼	Daminozide		0.01		0.06*	
棉隆	Dazomet				0.02*	
胺磺铜	DBEDC			10		
甲基内吸磷	Demeton-S-methyl			0.4		
甜菜安	Desmedipham				0.01*	
丁醚脲	Diafenthiuron			0.02		
燕麦敌	Di-allate				0.01*	
苯氟磺胺	Dichlofluanid			5		
2,4-滴丙酸	Dichlorprop				0.02*	
敌敌畏	Dichlorvos	0.2	0.05T	0.2	0.01*	
禾草灵	Diclofop-methyl			0.1	0.05*	
哒菌酮	Diclomezine			0.02		
氯硝胺	Dicloran				0.02*	
三氯杀螨醇	Dicofol			3	0.02*	
双十烷基二甲基氯化铵	Didecyldimethylammonium chloride				0.1	
乙霉威	Diethofencarb				0.01*	
胺鲜酯	Diethyl aminoethyl hexanoate	0.2*				
野燕枯	Difenzoquat			0.05		
除虫脲	Diflubenzuron	0.2	0.05		0.01*	
吡氟酰草胺	Diflufenican			0.05	0.01*	
氟吡草腙	Diflufenzopyr			0.05		
二氟乙酸	Difluoroacetic acid				0.3	
二甲草胺	Dimethachlor				0.01*	
二甲酚草胺	Dimethenamid		0.1	0.03	0.01*	
噻节因	Dimethipin			0.04	0.05*	
乐果	Dimethoate	0.5*	0.1T	1	0.01*	
烯酰吗啉	Dimethomorph				0.01*	
醚菌胺	Dimoxystrobin				0.01*	
烯唑醇	Diniconazole	0.05	0.05T		0.01*	
敌螨普	Dinocap				0.05*	
地乐酚	Dinoseb				0.02*	
呋虫胺	Dinotefuran		1.0T	0.5		
特乐酚	Dinoterb				0.01*	
敌噁磷	Dioxathion				0.01*	
二苯胺	Diphenylamine			0.05	0.05*	

（续）

农药中文通用名	农药英文名	中国	韩国	日本	欧盟	CAC
敌草快	Diquat	0.05	0.1T	0.05	0.02*	
乙拌磷	Disulfoton		0.02T	0.02	0.02*	
二氰蒽醌	Dithianon				0.01*	
二硫代氨基甲酸酯	Dithiocarbamates		0.1†	0.1	0.05*	
敌草隆	Diuron		1.0T	0.7	0.01*	
二硝酚	DNOC				0.02*	
十二环吗啉	Dodemorph				0.01*	
多果定	Dodine				0.01*	
甲氨基阿维菌素苯甲酸盐	Emamectin benzoate		0.05T	0.1		
甲氨基阿维菌素 B1A	Emamectin benzoate B1A				0.01*	
硫丹	Endosulfan			0.1	0.05*	
异狄氏剂	Endrin	0.01		N. D.	0.01*	
氟环唑	Epoxiconazole	0.1	0.3T	1	0.1	
茵草敌	Ethyl dipropylthiocarbamate			0.1	0.01*	
S-氰戊菊酯	Esfenvalerate	0.02			0.02*	
乙丁烯氟灵	Ethalfluralin				0.01*	
胺苯磺隆	Ethametsulfuron-methyl				0.01*	
乙烯利	Ethephon	0.5		0.5	0.05*	
乙硫苯威	Ethiofencarb		1.0T			
乙硫磷	Ethion				0.01*	
乙嘧酚	Ethirimol				0.05*	
乙氧呋草黄	Ethofumesate				0.03*	
灭线磷	Ethoprophos	0.05	0.02T		0.02*	
乙氧喹啉	Ethoxyquin				0.05*	
乙氧磺隆	Ethoxysulfuron				0.01*	
二溴乙烷	Ethylene dibromide		0.5T	0.01	0.01*	
二氯乙烯	Ethylene dichloride			0.06	0.01*	
环氧乙烷	Ethylene oxide				0.02*	
乙螨唑	Etoxazole				0.01*	
土菌灵	Etridiazole			0.1	0.05*	
噁唑菌酮	Famoxadone				0.01*	
咪唑菌酮	Fenamidone				0.01*	
苯线磷	Fenamiphos	0.02		0.02	0.02*	
氯苯嘧啶醇	Fenarimol			0.1	0.02*	
喹螨醚	Fenazaquin				0.01*	
腈苯唑	Fenbuconazole				0.05*	
苯丁锡	Fenbutatin oxide			0.05	0.01*	
皮蝇磷	Fenchlorphos				0.01*	
环酰菌胺	Fenhexamid				0.01*	
噁唑禾草灵	Fenoxaprop-ethyl			0.01		

（续）

农药中文通用名	农药英文名	中国	韩国	日本	欧盟	CAC
精噁唑禾草灵	Fenoxaprop-P-ethyl				0.1	
苯氧威	Fenoxycarb			0.05	0.05*	
一种新型杀菌剂	Fenpicoxamid				0.01*	
甲氰菊酯	Fenpropathrin				0.01*	
苯锈啶	Fenpropidin				0.01*	
丁苯吗啉	Fenpropimorph			0.3	0.01*	
胺苯吡菌酮	Fenpyrazamine				0.01*	
丰索磷	Fensulfothion		0.1T	0.1		
倍硫磷	Fenthion				0.01*	
三苯锡	Fentin			0.05	0.02*	
氰戊菊酯	Fenvalerate	0.02	2.0T	2	0.02*	
麦草氟甲酯	Flamprop-methyl			0.05		
啶嘧磺隆	Flazasulfuron			0.02	0.01*	
氟啶虫酰胺	Flonicamid	0.7	0.1T		0.03*	
双氟磺草胺	Florasulam				0.01*	
精吡氟禾草灵	Fluazifop-P-butyl				0.01*	
氟啶胺	Fluazinam				0.02*	
氟环脲	Flucycloxuron				0.01*	
氟氰戊菊酯	Flucythrinate	0.2	0.05T	0.05	0.01*	
氟噻草胺	Flufenacet			0.05	0.05*	
氟虫脲	Flufenoxuron		0.05	0.05	0.05*	
氟哒嗪草酯	Flufenpyr-ethyl			0.01		
杀螨净	Flufenzin				0.02*	
氟节胺	Flumetralin				0.01*	
唑嘧磺草胺	Flumetsulam	0.05		0.05		
氟烯草酸	Flumiclorac pentyl			0.01		
氟草隆	Fluometuron			0.1	0.01*	
氟吡菌胺	Fluopicolide				0.01*	
氟离子	Fluoride ion				2*	
乙羧氟草醚	Fluoroglycofene				0.01*	
氟嘧菌酯	Fluoxastrobin				0.01*	
氟啶磺隆	Flupyrsulfuron-methyl				0.02*	
氟喹唑	Fluquinconazole				0.05*	
氟啶草酮	Fluridone			0.1		
氟咯草酮	Flurochloridone				0.1*	
氯氟吡氧乙酸	Fluroxypyr	0.5		0.1	0.05*	
氯氟吡氧乙酸异辛酯	Fluroxypyr-meptyl	0.5				
呋嘧醇	Flurprimidole				0.02*	
呋草酮	Flurtamone				0.01*	
嗪草酸甲酯	Fluthiacet-methyl	0.05*		0.01		

（续）

农药中文通用名	农药英文名	中国	韩国	日本	欧盟	CAC
氟噻唑菌腈	Flutianil				0.01*	
氟酰胺	Flutolanil				0.01*	
氟胺氰菊酯	Fluvalinate			0.05		
灭菌丹	Folpet				0.07*	
氟磺胺草醚	Fomesafen				0.01*	
地虫硫磷	Fonofos	0.05				
甲酰胺磺隆	Foramsulfuron				0.01*	
氯吡脲	Forchlorfenuron				0.02*	
伐虫脒	Formetanate				0.01*	
安硫磷	Formothion				0.01*	
乙磷铝	Fosetyl-al			0.5	2*	
噻唑膦	Fosthiazate				0.02*	
麦穗宁	Fuberidazole				0.01*	
糠醛	Furfural				1	
解草噁唑	Furilazole			0.01		
氟氯吡啶酯	Halauxifen-methyl				0.02*	
氯吡嘧磺隆	Halosulfuron-methyl	0.05		0.05	0.01*	
吡氟氯禾灵	Haloxyfop				0.01*	
六六六	Hexachlorocyclohexane	0.05	0.02T	0.2		
六氯苯	Hexachlorobenzene			0.03	0.01*	
六六六，α异构体	Hexachlorocyclohexane, alpha-isomer				0.01*	
六六六，β异构体	Hexachlorocyclohexane, beta-isomer				0.01*	
己唑醇	Hexaconazole			0.2T	0.01*	
噻螨酮	Hexythiazox			0.02†	0.5	
氢氰酸	Hydrogen cyanide			20	15	
噁霉灵	Hymexazol			0.02	0.05*	
抑霉唑	Imazalil			0.05T	0.05	0.05*
甲氧咪草烟	Imazamox				0.05*	
铵基咪草啶酸	Imazamox-ammonium			0.05		
咪唑喹啉酸	Imazaquin			0.05	0.05*	
唑吡嘧磺隆	Imazosulfuron				0.01*	
双胍辛胺	Iminoctadine			0.05	0.02	
吲哚乙酸	Indolylacetic acid				0.1*	
吲哚丁酸	Indolylbutyric acid				0.1*	
茚虫威	Indoxacarb			0.05	0.02	0.01*
碘甲磺隆	Iodosulfuron-methyl			0.03	0.01*	
碘苯腈	Ioxynil			0.1	0.01*	
种菌唑	Ipconazole	0.01*			0.01*	

（续）

农药中文通用名	农药英文名	中国	韩国	日本	欧盟	CAC
异菌脲	Iprodione			10	0.01*	
缬霉威	Iprovalicarb				0.01*	
水胺硫磷	Isocarbophos	0.05				
异柳磷	Isofenphos		0.02T	0.02		
甲基异柳磷	Isofenphos-methyl	0.02*				
异丙噻菌胺	Isofetamid				0.01*	
稻瘟灵	Isoprothiolane				0.01*	
异丙隆	Isoproturon				0.01*	
吡唑萘菌胺	Isopyrazam		0.05T		0.01*	
异噁酰草胺	Isoxaben				0.1	
双苯噁唑酸	Isoxadifen-ethyl			0.09		
噁唑磷	Isoxathion			0.03		
醚菌酯	Kresoxim-methyl			5	0.01*	
乳氟禾草灵	Lactofen				0.01*	
环草定	Lenacil				0.1*	
雷皮菌素	Lepimectin			0.05		
利谷隆	Linuron		0.05	0.2	0.01*	
虱螨脲	Lufenuron		0.05T	0.05	0.01*	
抑芽丹	Maleic hydrazide			1	0.2*	
代森锰锌	Mancozeb	1				
甲氧基丙烯酸酯类杀菌剂	Mandestrobin				0.01*	
双炔酰菌胺	Mandipropamid				0.01*	
2甲4氯丁酸	MCPB			0.02	0.05*	
灭蚜磷	Mecarbam				0.01*	
2甲4氯丙酸	Mecoprop			0.05	0.05*	
吡唑解草酯	Mefenpyr-diethyl			0.01		
氯氟醚菌唑	Mefentrifluconazole				0.01*	
嘧菌胺	Mepanipyrim				0.01*	
甲哌鎓	Mepiquat chloride				0.02*	
灭锈胺	Mepronil			2	0.01*	
消螨多	Meptyldinocap				0.05*	
汞化合物	Mercury compounds				0.01*	
甲磺胺磺隆	Mesosulfuron-methyl				0.01*	
氰氟虫腙	Metaflumizone		0.05	0.2	0.05*	
精甲霜灵	Metalaxyl-M	0.05		0.05	0.02*	
四聚乙醛	Metaldehyde		0.05T	0.2	0.05*	
苯嗪草酮	Metamitron				0.1*	
吡唑草胺	Metazachlor				0.02*	
叶菌唑	Metconazole		0.02†	0.02	0.1	

(续)

农药中文通用名	农药英文名	中国	韩国	日本	欧盟	CAC
甲基苯噻隆	Methabenzthiazuron			0.1	0.01*	
虫螨畏	Methacrifos				0.01*	
甲胺磷	Methamidophos	0.05	0.05T	0.2	0.01*	
杀扑磷	Methidathion	0.05	0.01	0.1	0.02*	
甲氧滴滴涕	Methoxychlor		2.0T	7	0.01*	
异丙甲草胺	Metolachlor	0.1	0.1	0.1	0.05*	
磺草唑胺	Metosulam				0.01*	
苯菌酮	Metrafenone			0.5	0.01*	
嗪草酮	Metribuzin	0.05	0.05T	0.1	0.1*	
甲磺隆	Metsulfuron-methyl			0.02	0.01*	
速灭磷	Mevinphos				0.01*	
弥拜菌素	Milbemectin				0.02*	
灭蚁灵	Mirex	0.01				
禾草敌	Molinate				0.01*	
久效磷	Monocrotophos	0.02	0.05T		0.02*	
绿谷隆	Monolinuron				0.01*	
灭草隆	Monuron				0.01*	
腈菌唑	Myclobutanil	0.02			0.02*	
二溴磷	Naled			0.2		
敌草胺	Napropamide				0.05*	
烟嘧磺隆	Nicosulfuron	0.1	0.3	0.1	0.01*	
烟碱	Nicotine			2		
三氯甲基吡啶	Nitrapyrin		0.1T	0.1		
除草醚	Nitrofen				0.01*	
氟酰脲	Novaluron		0.05T	0.7	0.01*	
氧乐果	Omethoate	0.05	0.01T	2	0.01*	
嘧苯胺磺隆	Orthosulfamuron				0.01*	
氨磺乐灵	Oryzalin			0.01	0.01*	
丙炔噁草酮	Oxadiargyl				0.01*	
噁草酮	Oxadiazon				0.05*	
噁霜灵	Oxadixyl		0.1T	0.1	0.01*	
杀线威	Oxamyl		0.05T	0.05	0.01*	
环氧嘧磺隆	Oxasulfuron				0.01*	
氟噻唑吡乙酮	Oxathiapiprolin				0.01*	
喹啉铜	Oxine-copper			0.1		
氧化萎锈灵	Oxycarboxin				0.01*	
亚砜磷	Oxydemeton-methyl			0.3	0.01*	
乙氧氟草醚	Oxyfluorfen		0.05†	0.05	0.05*	
多效唑	Paclobutrazol		0.05T		0.01*	
石蜡油	Paraffin oil				0.01*	

（续）

农药中文通用名	农药英文名	中国	韩国	日本	欧盟	CAC
对硫磷	Parathion	0.1	0.1T	0.3	0.05*	
甲基对硫磷	Parathion-methyl	0.02	1.0T	1	0.02*	
戊菌唑	Penconazole			0.05	0.01*	
戊菌隆	Pencycuron				0.05*	
二甲戊灵	Pendimethalin	0.1	0.2	0.2	0.05*	
五氟磺草胺	Penoxsulam				0.01*	
环戊草酮	Pentoxazone			0.05		
烯草胺	Pethoxamid				0.01*	
矿物油	Petroleum oils				0.01*	
甜菜宁	Phenmedipham				0.01*	
苯醚菊酯	Phenothrin				0.05*	
稻丰散	Phenthoate		0.05	0.02		
伏杀硫磷	Phosalone				0.01*	
甲基硫环磷	Phosfolan-methyl	0.03*				
亚胺硫磷	Phosmet	0.05	0.05T	0.05	0.05*	
磷胺	Phosphamidone		0.1T		0.01*	
膦类化合物	Phosphane and phosphide salts				0.7	
辛硫磷	Phoxim	0.1	0.05T	0.05	0.01*	
氨氯吡啶酸	Picloram			0.2	0.2	
氟吡草胺	Picolinafen			0.02	0.05*	
杀鼠酮	Pindone			0.001		
唑啉草酯	Pinoxaden				0.02*	
氟嘧磺隆	Primisulfuron-methyl			0.02		
咪鲜胺锰盐	Prochloraz-manganese chloride complex	2				
腐霉利	Procymidone	5			0.01*	
丙溴磷	Profenofos		0.03T		0.01*	
环苯草酮	Profoxydim				0.05*	
调环酸钙	Prohexadione calcium			0.1	0.02*	
扑草净	Prometryn	0.02	0.2T	0.02		
毒草胺	Propachlor			0.05	0.02*	
霜霉威	Propamocarb				0.01*	
敌稗	Propanil			0.2	0.01*	
噁草酸	Propaquizafop				0.05*	
苯胺灵	Propham				0.01*	
丙森锌	Propineb	0.1			0.05*	
异丙草胺	Propisochlor	0.1*	0.05T		0.01*	
残杀威	Propoxur			0.5	0.05*	
丙苯磺隆	Propoxycarbazone				0.02*	
炔苯酰草胺	Propyzamide				0.01*	

（续）

农药中文通用名	农药英文名	中国	韩国	日本	欧盟	CAC
碘喹唑酮	Proquinazid				0.02*	
苄草丹	Prosulfocarb			0.05	0.01*	
氟磺隆	Prosulfuron			0.01	0.01*	
吡蚜酮	Pymetrozine		0.05T		0.05*	
双唑草腈	Pyraclonil			0.05		
吡草醚	Pyraflufen ethyl			0.02	0.02*	
磺酰草吡唑	Pyrasulfotole			0.08	0.02*	
苄草唑	Pyrazolynate			0.02		
吡菌磷	Pyrazophos				0.01*	
哒螨灵	Pyridaben				0.01*	
三氟甲吡醚	Pyridalyl			0.05	0.01*	
哒草特	Pyridate			0.03	0.05*	
吡氟喹虫唑	Pyrifluquinazon		0.05T	0.2		
嘧霉胺	Pyrimethanil				0.01*	
吡丙醚	Pyriproxyfen				0.05*	
啶磺草胺	Pyroxsulam				0.01*	
喹硫磷	Quinalphos			0.05	0.01*	
二氯喹啉酸	Quinclorac			0.8	0.01*	
氯甲喹啉酸	Quinmerac				0.1*	
灭藻醌	Quinoclamine				0.02*	
喹氧灵	Quinoxyfen				0.02*	
喹禾灵	Quizalofop				0.05*	
苄呋菊酯	Resmethrin			0.1	0.02*	
砜嘧磺隆	Rimsulfuron	0.1		0.1	0.01*	
鱼藤酮	Rotenone				0.01*	
烯禾啶	Sethoxydim		0.2T	0.2		
硫硅菌胺	Silthiofam				0.01*	
西玛津	Simazine	0.1	0.25T	0.3	0.01*	
硅氟唑	Simeconazole			0.05		
精异丙甲草胺	S-metolachlor	0.1			0.05*	
萘乙酸钠	Sodium 1-naphthalacitic acid	0.05				
5-硝基愈创木酚钠	Sodium 5-nitroguaiacolate				0.03*	
螺螨酯	Spirodiclofen				0.02*	
螺环菌胺	Spiroxamine			0.3	0.01*	
磺草酮	Sulcotrione	0.05*			0.05*	
甲磺草胺	Sulfentrazone		0.15T	0.2		
磺酰磺隆	Sulfosulfuron			0.01	0.02*	
氟啶虫胺腈	Sulfoxaflor		0.08T	0.2	0.01*	
氟胺氰菊酯	Tau-fluvalinate				0.1	
戊唑醇	Tebuconazole		0.5†	0.6	0.02*	

（续）

农药中文通用名	农药英文名	中国	韩国	日本	欧盟	CAC
虫酰肼	Tebufenozide				0.05*	
吡螨胺	Tebufenpyrad				0.01*	
四氯硝基苯	Tecnazene			0.05	0.01*	
七氟菊酯	Tefluthrin			0.1	0.05	
环磺酮	Tembotrione				0.02*	
焦磷酸四乙酯	TEPP				0.01*	
吡喃草酮	Tepraloxydim				0.1*	
特丁津	Terbuthylazine	0.1			0.1	
四氟醚唑	Tetraconazole				0.05	
三氯杀螨砜	Tetradifon			5	0.01*	
噻菌灵	Thiabendazole			0.05	0.01*	
噻虫啉	Thiacloprid				0.01*	
噻酮磺隆	Thiencarbazone-methyl	0.05*				
噻吩磺隆	Thiencarbazone-methyl	0.05		0.05	0.01*	
禾草丹	Thiobencarb		0.1	0.03	0.01*	
杀虫环	Thiocyclam			0.2		
硫双威	Thiodicarb			0.02	0.01*	
硫菌灵	Thiophanate			0.7		
甲基硫菌灵	Thiophanate-methyl			0.7	0.01*	
杀虫双	Thiosultap-disodium	0.2				
福美双	Thiram	0.1			0.1*	
嘧啶二酮类非选择性除草剂	Tiafenacil		0.05			
甲基立枯磷	Tolclofos-methyl			0.1	0.01*	
甲苯氟磺胺	Tolylfluanid				0.05*	
苯唑草酮	Topramezone	0.05*			0.01*	
三甲苯草酮	Tralkoxydim			0.02	0.01*	
四溴菊酯	Tralomethrin			0.02		
三唑酮	Triadimefon	0.5	0.1T	0.1	0.01*	
三唑醇	Triadimenol	0.5	0.05T	0.1	0.01*	
野麦畏	Tri-allate			0.05	0.1*	
醚苯磺隆	Triasulfuron			0.02	0.05*	
三唑磷	Triazophos	0.05	0.05T	0.05	0.02*	
苯磺隆	Tribenuron-methyl			0.05	0.01*	
敌百虫	Trichlorfon			0.1	0.01*	
三氯吡氧乙酸	Triclopyr			0.03	0.01*	
三环唑	Tricyclazole				0.01*	
十三吗啉	Tridemorph			0.05	0.01*	
氟菌唑	Triflumizole			0.5	0.02*	
杀铃脲	Triflumuron			0.05	0.01*	
氟乐灵	Trifluralin	0.05	0.05T	0.05	0.01*	

（续）

农药中文通用名	农药英文名	中国	韩国	日本	欧盟	CAC
氟胺磺隆	Triflusulfuron				0.01*	
嗪氨灵	Triforine	0.1*	0.01T		0.01*	
三甲基锍盐	Trimethyl-sulfonium cation				0.05*	
抗倒酯	Trinexapac-ethyl			0.6	0.02*	
灭菌唑	Triticonazole			0.05	0.01*	
三氟甲磺隆	Tritosulfuron				0.01*	
磺草灵	Valifenalate				0.01*	
乙烯菌核利	Vinclozolin				0.01*	
杀鼠灵	Warfarin			0.001	0.01*	
福美锌	Ziram				0.1*	
苯酰菌胺	Zoxamide				0.02*	

注：T表示临时限量标准；＊表示采用最低检出限（LOD）作为限量标准；†表示农产品中农药最大残留限量是根据出口商制定的最大残留限量要求制定的，进口和国产农产品都可以适用相同的最大残留限量；N.D.表示不得检出。

在表5-26所列的农药中，中国、韩国、日本、欧盟及CAC均有规定的农药仅有2,4-滴、乙草胺、涕灭威、艾氏剂、嘧菌酯、灭草松、联苯菊酯、啶酰菌胺、甲萘威、克百威、氯虫苯甲酰胺、毒死蜱和噻虫胺等50种，五个国家和地区对农药的种类要求差异极大。

由表5-27可知，韩国农药限量标准数有164种，其中，有95种与我国相同。在均有规定的农药中，24种的残留限量严于韩国，26种的残留限量松于韩国，残留限量一致的有45种。在韩国玉米农药残留限量标准中，残留限量≤0.1 mg/kg的标准数达到77.4%（表5-28），略高于我国（75.9%）。

表5-27 不同国家和地区玉米中农药残留限量标准比对

国家和地区	农药残留限量总数（项）	我国与国外均有规定的农药			
		我国与国外均有规定的农药总数（种）	我国比国外严格的农药数量（种）	我国与国外一致的农药数量（种）	我国比国外宽松的农药数量（种）
中国	162	—	—	—	—
韩国	164	95	24	45	26
日本	298	110	42	47	21
欧盟	494	129	16	52	61
CAC	90	70	4	56	10

我国有但日本没有的农药有52种，日本有但我国没有的农药有188种。我国和日本共同拥有的农药有110种。其中，42种农药的残留限量比日本严格，47种与日本一致，21种比日本宽松。由表5-28可知，日本农药残留限量≤0.1 mg/kg的标准数达到69.1%，低于我国标准数。

我国与欧盟MRLs标准共有的是129种，我国相对于欧盟缺失的农药种类达到365种，而欧盟相对于我国缺失的仅有33种。我国农药残留限量比欧盟严格的农药只有16种，比欧盟宽松的有61种，有些农药如杀螟硫磷、腐霉利的农药残留限量是欧盟的500倍。此外，由表5-28可知，欧盟农药残留限量≤0.1 mg/kg的标准数达到94.7%，远高于我国标准数。

我国玉米农药残留限量标准是CAC的1.8倍，可见我国规定的MRLs标准在数量上远远大于CAC标准。我国与CAC农药MRLs标准中，70种是均有规定的农药。其中，有56种农药的MRLs一致，10种农药的MRLs比CAC宽松，氯氰菊酯、溴氰菊酯、杀螟硫磷和草甘膦等4种农药的MRLs比CAC严格。在CAC的玉米农药残留限量标准中，残留限量范围≤0.1 mg/kg的标准数达到82.2%

韩国"肯定列表"制度（农产品中农药最大残留限量）研究

（表 5-28），高于我国标准。

表 5-28　不同国家和地区玉米中农药残留限量标准分类

序号	限量范围（mg/kg）	中国		韩国		日本		欧盟		CAC	
		数量（项）	比例（%）	数量（项）	比例（%）	数量（项）	比例（%）	数量（项）	比例（%）	数量（项）	比例（%）
1	≤0.01	17	10.5	11	6.7	30	10.1	261	52.8	25	27.8
2	0.01~0.1（含 0.1）	106	65.4	116	70.7	176	59.1	207	41.9	49	54.4
3	0.1~1（含 1）	29	17.9	25	15.2	66	22.1	15	3.0	5	5.6
4	>1	10	6.2	12	7.3	26	8.7	11	2.2	11	12.2

四、玉米生产和出口的对策建议

不合理使用农药、化肥等是影响玉米品质的主要因素，因此，可在种植过程中采用作物轮作、作物残茬覆盖、少免耕等措施来改善玉米种植的生态环境，抑制杂草及病虫害。此外，在玉米生产过程中还应建立严格的玉米生产农药残留监测体系与管理机构，在一些玉米农药残留超标的产区，还制定相应的法规以约束农药的使用量。同时也应大力研究病虫害综合防治技术，加快抗病虫害玉米品种的培育。

目前，我国国家标准中和玉米病虫害防治有关的标准及使用的农药情况见表 5-29，我国玉米种植过程中使用的农药种类较多，且农药 MRLs 指标也很多，但却不能覆盖其他贸易国家的农药 MRLs 要求。因此，在种植和出口时还应关注进口国的 MRLs 要求，扩大我国农药品种的覆盖面积。此外，还应结合我国玉米在生产种植过程中农药实际使用情况以及残留情况，尽快建立一套与国际接轨的标准体系，为玉米生产和出口提供法律依据。

表 5-29　与玉米病虫害防治相关的标准

标准号	标准名称	农药
GB/T 23391.1—2009	玉米大、小斑病和玉米螟防治技术规范　第 1 部分：玉米大斑病	多菌灵、百菌清、稻瘟净、克瘟散、代森锰锌、代锰·腈菌唑等
GB/T 23391.3—2009	玉米大、小斑病和玉米螟防治技术规范　第 3 部分：玉米螟	敌敌畏、敌百虫、氰戊菊酯、溴氰菊酯、辛硫磷、水胺硫磷等
GB/T 23391.2—2009	玉米大、小斑病和玉米螟防治技术规范　第 2 部分：玉米小斑病	敌菌灵、代森锰锌、百菌清等
GB/T 8321.2—2000	农药合理使用准则（二）	氰草津、氟乐灵等
GB/T 8321.6—2000	农药合理使用准则（六）	克百威、S-氰戊菊酯、噻吩磺隆等
GB/T 8321.8—2007	农药合理使用准则（八）	乙草胺、异丙草胺等
GB/T 8321.4—2006	农药合理使用准则（四）	烯唑醇、二甲戊灵、麦草畏、溴苯腈等
GB/T 8321.10—2018	农药合理使用准则（十）	顺式氯氰菊酯、克百威、敌敌畏、高效氯氟氰菊酯、辛硫磷等

【参考文献】

[1] 李熙善. 韩国对中国农产品的技术性贸易壁垒研究 [D]. 天津：天津工业大学，2018.
[2] 赵亚玲. 玉米农药残留标准体系建设现状分析及建议 [J]. 农家参谋，2019（4）：80.

第七节　不同国家和地区紫苏中农药残留限量的分析及对策

紫苏（*Perilla frutescens* L.）是种唇形花科一年生草本植物，主要分布于中国、日本、韩国、印度尼西亚和俄罗斯等国家。紫苏在我国种植历史悠久，分布范围广泛。紫苏全身是宝，其叶、梗、果均可入药。紫苏富含丰富特有的活性物质和丰富的营养成分，如挥发油、黄酮、迷迭香酸、氨基酸、维生素、矿物质、脂肪酸等，新鲜的叶片，可凉拌，可与鱼片搭配，或在做汤时用于调味等。随着人们饮食多样化和保健意识的增强，紫苏的市场前景更加广阔。目前，已广泛应用于药物、油料、香料、食品等方面。

紫苏是我国优良的特色出口创汇蔬菜，主要供应韩国、日本等市场。随着国际农产品贸易的深入发展，技术性贸易壁垒成为影响其出口的主要因素。本节分析我国与韩国、日本、国际食品法典委员会（CAC）及欧盟等不同国家和地区紫苏农药残留限量标准，并找出其中存在的差异，对指导我国紫苏生产中农药使用，降低出口贸易风险具有重要意义。

一、不同国家和地区关于紫苏叶的分类和农药残留限量标准概况

紫苏是一种药食同源的产品，在我国常用作中药，在日本、欧盟等国常用作香料。受饮食习惯等的影响，紫苏叶在各国的食品分类难以整齐划一。

我国2019年8月15日发布的食品安全国家标准《食品中农药最大残留限量》（GB 2763—2019）将紫苏叶归到叶类调味料，规定了磷化氢、氯菊酯、乙酰甲胺磷、保棉磷和乙烯菌核利5种农药的残留限量标准；日本、欧盟及CAC都没有专门针对紫苏作出农药限量标准的规定，CAC对紫苏的农药残留限量参照香草（Herbs），共有灭草松、嘧菌环胺、嘧菌酯、咯菌腈4种农药的残留限量规定，欧盟参照Herbs（others），共有487种农药的残留限量标准，日本参照Other herbs，规定了284种农药的残留限量标准（表5-30）。

韩国2017年11月发布的《韩国农药残留肯定列表制度》将紫苏叶归到叶类蔬菜中，对其共有硫线磷、甲氨基阿维菌素苯甲酸盐、杀螟硫磷、氟禾草灵、土菌灵等104种农药的残留限量规定，其中，针对紫苏叶的农药有62种。在2019年10月发布的农药残留限量标准中，紫苏叶的农药残留限量增加至182个（表5-30），其中，针对紫苏叶的农药有128种。此外，吲唑磺菌胺、腈吡螨酯和甲氨基阿维菌素苯甲酸盐3种农药的限量发生了变化，吲唑磺菌胺的残留限量由10 mg/kg变为20 mg/kg，腈吡螨酯的残留限量由7 mg/kg变为30 mg/kg，甲氨基阿维菌素苯甲酸盐的残留限量由0.05 mg/kg变为0.7 mg/kg。

二、我国紫苏常见病虫害与农药使用情况

紫苏在我国栽培历史悠久，分布地区广泛。在浙江，紫苏主要种植在丽水、金华、杭州、衢州、湖州等地。紫苏的生产种植一般可以分为育苗、整地施肥、分苗定植、管理、采摘收获等阶段。受气候条件和地理条件的影响，病虫害时有发生。常见病害有猝倒病、锈病、白粉病、斑枯病等，常见虫害有红蜘蛛、野螟、蚜虫、银纹夜蛾等。为保障紫苏产品的质量和提高产量，在生产过程中需要使用一定剂量的农药。

目前，防治紫苏猝倒病的常用农药为代森锰锌、多菌灵、甲霜灵、百菌清和烯酰吗啉等；防治锈病的常用农药为三唑酮、丙环唑、硫磺等；防治白粉病的常用农药为三唑酮、多·硫、甲基硫菌灵等；防治斑枯病的常用农药为代森锌、百菌清、苯醚甲环唑、甲霜·锰锌、代森锰锌、多菌灵、甲基硫菌灵等；防治红蜘蛛的常用农药为炔螨特、哒螨灵等；防治野螟的常用农药为氰戊菊酯、敌百虫等，防治蚜虫的常用农药为抗蚜威、溴氰菊酯、高效氯氟氰菊酯、氰戊菊酯等，防治银纹夜蛾的常用农药为溴氰菊

酯、高效氯氟氰菊酯、敌百虫等。

三、紫苏常用农药的限量标准对比

中国、韩国、日本、欧盟和CAC对紫苏叶使用农药的残留限量标准见表5-30。中国和韩国的农药限量情况分别参考《食品中农药最大残留限量》（GB 2763—2019）和《韩国农药残留肯定列表制度》。欧盟、日本及CAC限量标准分别参考各国相关数据库。

表 5-30　不同国家和地区紫苏常用农药限量标准（mg/kg）

农药中文名	农药英文名	中国	韩国	日本	欧盟	CAC
灭草松	Bentazone		0.2T	2	10	0.1
咯菌腈	Fludioxonil		40	40	20	9
嘧菌环胺	Cyprodinil		15	50	40	40
嘧菌酯	Azoxystrobin		20	70	70	70
1,1-二氯-2,2-二（4-乙苯）乙烷	1,1-Dichloro-2,2-bis（4-ethylphenyl）ethane				0.01*	
1,3-二氯丙烯	1,3-Dichloropropene			0.01	0.02*	
1-甲基环丙烯	1-Methylcyclopropene				0.02*	
萘乙酸	1-Naphthylacetic acid				0.1*	
2,4,5-涕	2,4,5-T				0.02*	
2,4-滴	2,4-D			0.08	0.1*	
2,4-滴丁酸	2,4-DB			0.2	0.02*	
2-氨基-4-甲氧基-6-甲基-1,3,5-三嗪	2-Amino-4-methoxy-6-(trifluormethyl)-1,3,5-triazine				0.01*	
2-萘氧乙酸	2-Naphthyloxyacetic acid				0.02*	
邻苯基苯酚	2-Phenylphenol			20	0.02*	
3-癸烯-2-酮	3-Decen-2-one				0.1*	
氯苯氧乙酸	4-CPA			0.1		
8-羟基喹啉	8-Hydroxyquinoline				0.01*	
阿维菌素	Abamectin		0.7	0.03	0.02*	
乙酰甲胺磷	Acephate	0.2	3.0T		0.02*	
灭螨醌	Acequinocyl		30	10	0.01*	
啶虫脒	Acetamiprid		10	5	3	
乙草胺	Acetochlor				0.02*	
苯并噻二唑	Acibenzolar-S-methyl			1	0.3	
苯草醚	Aclonifen				0.8	
氟丙菊酯	Acrinathrin		5	15	0.02*	
甲草胺	Alachlor		0.2T		0.02*	
棉铃威	Alanycarb			0.1		
涕灭威	Aldicarb				0.02*	
艾氏剂	Aldrin			0.1	0.01*	
唑嘧菌胺	Ametoctradin		0.05T	40	20	
酰嘧磺隆	Amidosulfuron				0.02*	
氯氨吡啶酸	Aminopyralid				0.01*	

（续）

农药中文名	农药英文名	中国	韩国	日本	欧盟	CAC
吲唑磺菌胺	Amisulbrom		20	20	0.01*	
双甲脒	Amitraz				0.05*	
杀草强	Amitrole				0.02*	
敌菌灵	Anilazine				0.02*	
蒽醌	Anthraquinone				0.02*	
杀螨特	Aramite				0.01*	
磺草灵	Asulam			0.5	0.1*	
莠去津	Atrazine			0.02	0.05*	
印楝素	Azadirachtin				1	
四唑嘧磺隆	Azimsulfuron				0.02*	
益棉磷	Azinphos-ethyl				0.02*	
保棉磷	Azinphos-methyl	0.5			0.05*	
三唑锡和三环锡	Azocyclotin and Cyhexatin				0.02*	
燕麦灵	Barban				0.02*	
氟丁酰草胺	Beflubutamid				0.05*	
苯霜灵	Benalaxyl			0.3	0.05*	
噁虫威	Bendiocarb			0.05		
乙丁氟灵	Benfluralin				0.05*	
丙硫克百威	Benfuracarb			1		
苯菌灵	Benomyl			3	0.1*	
苄嘧磺隆	Bensulfuron-methyl				0.02*	
杀虫磺	Bensultap			3		
苯噻菌胺	Benthiavalicarb-isopropyl		10		0.02*	
苯扎氯铵	Benzalkonium chloride				0.1	
苯丙烯氟菌唑	Benzovindiflupyr				0.02*	
六六六	Hexachlorocyclohexane		0.01T			
联苯肼酯	Bifenazate		7	40	0.05*	
甲羧除草醚	Bifenox				0.02*	
联苯菊酯	Bifenthrin		10	4	0.02*	
双丙氨膦	Bilanafos (bialaphos)			0.01		
生物苄呋菊酯	Bioresmethrin			0.1		
联苯	Biphenyl				0.1	
联苯三唑醇	Bitertanol		3	0.3	0.02*	
联苯吡菌胺	Bixafen				0.01*	
骨油	Bone oil				0.01*	
啶酰菌胺	Boscalid		30	40	50	
溴鼠灵	Brodifacoum			0.001		
溴敌隆	Bromadiolone				0.01*	
溴化物	Bromide			500		
无机溴	Bromide ion				50	

（续）

农药中文名	农药英文名	中国	韩国	日本	欧盟	CAC
溴丁酰草胺	Bromobutide		0.05T			
乙基溴硫磷	Bromophos-ethyl				0.02*	
溴螨酯	Bromopropylate		1.0T	0.5	0.01*	
溴苯腈	Bromoxynil				0.02*	
糠菌唑	Bromuconazole				0.02*	
乙嘧酚磺酸酯	Bupirimate				0.05*	
噻嗪酮	Buprofezin			3	0.02*	
抑草磷	Butamifos			0.05		
仲丁灵	Butralin				0.02*	
丁草敌	Butylate				0.02*	
硫线磷	Cadusafos	0.05		0.5	0.01*	
毒杀芬	Camphechlor				0.02*	
敌菌丹	Captafol				0.05*	
克菌丹	Captan			0.05	0.06*	
甲萘威	Carbaryl	0.5T		10	0.02*	
多菌灵	Carbendazim	20		3	0.1*	
双酰草胺	Carbetamide				0.02*	
克百威	Carbofuran			0.5	0.02*	
一氧化碳	Carbon monoxide				0.01*	
三硫磷	Carbophenothion		0.02T			
丁硫克百威	Carbosulfan			1		
萎锈灵	Carboxin				0.06*	
唑酮草酯	Carfentrazone-ethyl			2	0.01*	
杀螟丹	Cartap		3.0T	3		
灭螨猛	Chinomethionate			0.2		
氯虫苯甲酰胺	Chlorantraniliprole		10	25	20	
杀螨醚	Chlorbenside				0.01*	
氯炔灵	Chlorbufam				0.02*	
氯丹	Chlordane		0.02T	0.02	0.01*	
十氯酮	Chlordecone				0.02	
虫螨腈	Chlorfenapyr		7	10	0.02*	
杀螨酯	Chlorfenson				0.01*	
毒虫畏	Chlorfenvinphos		0.05T	0.5	0.02*	
氟啶脲	Chlorfluazuron		2	2		
氯草敏	Chloridazon			0.1	5	
矮壮素	Chlormequat				0.01*	
乙酯杀螨醇	Chlorobenzilate		0.02T		0.02*	
氯化苦	Chloropicrin				0.01*	
百菌清	Chlorothalonil		5.0T	2	0.02*	
枯草隆	Chloroxuron				0.02*	

（续）

农药中文名	农药英文名	中国	韩国	日本	欧盟	CAC
氯苯胺灵	Chlorpropham		0.05T		0.02*	
毒死蜱	Chlorpyrifos		0.2	1	0.02*	
甲基毒死蜱	Chlorpyrifos-methyl		0.2T	0.03	0.02*	
氯磺隆	Chlorsulfuron				0.05*	
氯酞酸甲酯	Chlorthal-dimethyl			10	0.02*	
氯硫酰草胺	Chlorthiamid				0.02*	
绿麦隆	Chlortoluron				0.02*	
乙菌利	Chlozolinate				0.02*	
环虫酰肼	Chromafenozide		15	15	0.01*	
吲哚酮草酯	Cinidon-ethyl				0.05*	
烯草酮	Clethodim				0.5	
炔草酸	Clodinafop				0.05*	
炔草酯	Clodinafop-propargyl			0.02		
四螨嗪	Clofentezine				0.02*	
异噁草酮	Clomazone			0.05	0.15	
氯羟吡啶	Clopidol			0.2		
二氯吡啶酸	Clopyralid			5	3	
噻虫胺	Clothianidin		7	10	1.5	
铜化合物	Copper compounds（copper）				20	
灭菌铜	Copper nonylphenolsulfonate			10		
单氰胺	Cyanamide				0.01*	
溴氰虫酰胺	Cyantraniliprole		15	20	0.02*	
氰霜唑	Cyazofamid		10	15	0.02*	
环丙酰草胺	Cyclanilide				0.1*	
环溴虫酰胺	Cyclaniliprole		10		0.02*	
噻草酮	Cycloxydim			2	0.2	
腈吡螨酯	Cyenopyrafen		30	30		
环氟菌胺	Cyflufenamid		2		0.02*	
丁氟螨酯	Cyflumetofen		40	0.05		
氟氯氰菊酯	Cyfluthrin		0.05	2	0.02*	
氰氟草酯	Cyhalofop-butyl				0.05*	
氯氟氰菊酯	Cyhalothrin		3	0.5		
三环锡	Cyhexatin		30			
霜脲氰	Cymoxanil		7	19	0.02*	
氯氰菊酯	Cypermethrin		15	6	2	
环丙唑醇	Cyproconazole			0.02	0.05*	
灭蝇胺	Cyromazine			10	15	
茅草枯	Dalapon				0.05*	
丁酰肼	Daminozide		0.01		0.1*	
棉隆	Dazomet			0.1	0.02*	

(续)

农药中文名	农药英文名	中国	韩国	日本	欧盟	CAC
胺磺铜	DBEDC			5		
滴滴涕	DDT			0.5	0.05*	
溴氰菊酯	Deltamethrin		2	0.5	2	
甲基内吸磷	Demeton-S-methyl			0.4		
甜菜安	Desmedipham				0.02*	
丁醚脲	Diafenthiuron			0.02		
燕麦敌	Di-allate				0.02*	
二嗪磷	Diazinon			0.2	0.02*	
麦草畏	Dicamba				4	
敌草腈	Dichlobenil				0.02*	
苯氟磺胺	Dichlofluanid		15.0T	5		
氯硝胺	Dichloran			20	0.02*	
2,4-滴丙酸	Dichlorprop				0.05*	
敌敌畏	Dichlorvos		2.0T	0.1	0.01*	
禾草灵	Diclofop-methyl			0.1	0.05*	
哒菌酮	Diclomezine			0.02		
三氯杀螨醇	Dicofol			3	0.02*	
双十烷基二甲基氯化铵	Didecyldimethylammonium chloride				0.1	
狄氏剂	Dieldrin			0.1	0.01*	
乙霉威	Diethofencarb			20	0.02*	
苯醚甲环唑	Difenoconazole		7	35	4	
野燕枯	Difenzoquat			0.05		
除虫脲	Diflubenzuron		2	10	0.02*	
吡氟酰草胺	Diflufenican				0.02*	
氟吡草腙	Diflufenzopyr			0.05		
二氟乙酸	Difluoroacetic acid				0.04	
双氢链霉素	Dihydrostreptomycin			0.05		
二甲草胺	Dimethachlor				0.02*	
异戊乙净	Dimethametryn		0.1T			
二甲吩草胺	Dimethenamid		0.05T	0.01	0.01*	
噻节因	Dimethipin			0.04	0.1*	
乐果	Dimethoate			1	0.02*	
烯酰吗啉	Dimethomorph		20	20	10	
醚菌胺	Dimoxystrobin				0.02*	
烯唑醇	Diniconazole		0.3		0.02*	
敌螨普	Dinocap				0.05*	
地乐酚	Dinoseb				0.05*	
呋虫胺	Dinotefuran		30	25		
特乐酚	Dinoterb				0.02*	

农药中文名	农药英文名	中国	韩国	日本	欧盟	CAC
敌恶磷	Dioxathion				0.02*	
二苯胺	Diphenylamine			0.05	0.05*	
敌草快	Diquat		0.05T	0.2	0.02*	
乙拌磷	Disulfoton			0.5	0.02*	
二氰蒽醌	Dithianon				0.01*	
二硫代氨基甲酸酯	Dithiocarbamates			0.2	5	
敌草隆	Diuron			0.05	0.02*	
二硝酚	DNOC				0.02*	
十二环吗啉	Dodemorph				0.01*	
多果定	Dodine			1	0.02*	
甲氨基阿维菌素苯甲酸盐	Emamectin benzoate		0.7	0.5		
甲氨基阿维菌素 B1A	Emamectin benzoate B1A				1	
硫丹	Endosulfan		0.05T	0.5	0.05*	
异狄氏剂	Endrin			0.01	0.01*	
氟环唑	Epoxiconazole				0.05*	
茵草敌	Ethyl dipropylthiocarbamate			0.1	0.01*	
噻唑菌胺	Ethaboxam		15			
乙丁烯氟灵	Ethalfluralin		0.05T		0.01*	
胺苯磺隆	Ethametsulfuron-methyl			0.02	0.01*	
乙烯利	Ethephon			0.05	0.05*	
乙硫苯威	Ethiofencarb		5.0T			
乙硫磷	Ethion			0.3	0.01*	
乙嘧酚	Ethirimol				0.05*	
乙氧呋草黄	Ethofumesate				0.05*	
灭线磷	Ethoprophos		0.05	0.02	0.02*	
乙氧喹啉	Ethoxyquin				0.1*	
乙氧磺隆	Ethoxysulfuron				0.02*	
二溴乙烷	Ethylene dibromide			0.01	0.01*	
二氯乙烯	Ethylene dichloride			0.01	0.01*	
环氧乙烷	Ethylene oxide				0.05*	
醚菊酯	Etofenprox		15	0.7	3	
乙螨唑	Etoxazole		0.1T	30	0.02*	
土菌灵	Etridiazole		0.1	0.1	0.05*	
恶唑菌酮	Famoxadone		1.0T	2	0.02*	
咪唑菌酮	Fenamidone		5	5	60	
苯线磷	Fenamiphos			0.5	0.02*	
氯苯嘧啶醇	Fenarimol		2	0.5	0.02*	
喹螨醚	Fenazaquin		3		0.01*	
腈苯唑	Fenbuconazole				0.05*	
苯丁锡	Fenbutatin oxide		2.0T	0.05	0.02*	

（续）

农药中文名	农药英文名	中国	韩国	日本	欧盟	CAC
皮蝇磷	Fenchlorphos				0.01*	
环酰菌胺	Fenhexamid		30	30	50	
杀螟硫磷	Fenitrothion		0.05	0.1	0.02*	
仲丁威	Fenobucarb		0.05T			
稻瘟酰胺	Fenoxanil		0.5T			
噁唑禾草灵	Fenoxaprop-ethyl			0.1		
精噁唑禾草灵	Fenoxaprop-P-ethyl				0.1	
苯氧威	Fenoxycarb			0.05	0.05*	
一种新型杀菌剂	Fenpicoxamid				0.02*	
甲氰菊酯	Fenpropathrin		0.3T	3	0.01*	
苯锈啶	Fenpropidin				0.02*	
丁苯吗啉	Fenpropimorph			0.05	0.02*	
胺苯吡菌酮	Fenpyrazamine		20		0.02*	
唑螨酯	Fenpyroximate		7	2	0.02*	
倍硫磷	Fenthion				0.01*	
三苯锡	Fentin			0.08	0.05*	
氰戊菊酯	Fenvalerate		5	1	0.05*	
嘧菌腙	Ferimzone		0.7T			
氟虫腈	Fipronil				0.005*	
啶嘧磺隆	Flazasulfuron			0.02	0.02*	
氟啶虫酰胺	Flonicamid		7	16	6	
双氟磺草胺	Florasulam				0.02*	
吡氟禾草灵	Fluazifop-butyl		0.05	0.4		
精吡氟禾草灵	Fluazifop-P-butyl				0.02	
氟啶胺	Fluazinam				0.05*	
氟虫双酰胺	Flubendiamide		15	25	0.01*	
氟环脲	Flucycloxuron				0.02*	
氟氰戊菊酯	Flucythrinate			0.5	0.02*	
联氟砜	Fluensulfone			20		
氟噻草胺	Flufenacet				0.05*	
氟虫脲	Flufenoxuron		10	10	0.05*	
杀螨净	Flufenzin				0.05*	
氟节胺	Flumetralin				0.01*	
丙炔氟草胺	Flumioxazine				0.05*	
氟草隆	Fluometuron			0.02	0.01*	
氟吡菌胺	Fluopicolide		1.0T	30	9	
氟吡菌酰胺	Fluopyram		2.0T	4	8	
氟离子	Fluoride ion				2*	
乙羧氟草醚	Fluoroglycofene				0.01*	
氟嘧菌酯	Fluoxastrobin				0.02*	

（续）

农药中文名	农药英文名	中国	韩国	日本	欧盟	CAC
氟吡呋喃酮	Flupyradifurone		15		0.03	
氟啶磺隆	Flupyrsulfuron-methyl				0.05*	
氟喹唑	Fluquinconazole				0.05*	
氟咯草酮	Flurochloridone				0.1*	
氯氟吡氧乙酸	Fluroxypyr			0.05	0.02*	
呋嘧醇	Flurprimidole				0.02*	
呋草酮	Flurtamone				0.02*	
氟硅唑	Flusilazole				0.02*	
磺菌胺	Flusulfamide			0.1		
氟噻唑菌腈	Flutianil				0.02*	
氟酰胺	Flutolanil		15	10	0.02*	
粉唑醇	Flutriafol				0.02*	
氟唑菌酰胺	Fluxapyroxad		15	30	3	
灭菌丹	Folpet				0.06*	
氟磺胺草醚	Fomesafen				0.01*	
甲酰胺磺隆	Foramsulfuron				0.02*	
氯吡脲	Forchlorfenuron				0.02*	
伐虫脒	Formetanate				0.02*	
安硫磷	Formothion				0.02*	
三乙膦酸铝	Fosetyl-aluminium			100	75	
噻唑膦	Fosthiazate		0.5	0.1	0.02*	
麦穗宁	Fuberidazole				0.02*	
糠醛	Furfural				1	
赤霉素	Gibberellin			0.3		
草铵膦	Glufosinate, ammonium		0.05T	0.5	0.04	
草甘膦	Glyphosate			0.2	0.1*	
双胍辛乙酸盐	Guazatine				0.05*	
氟氯吡啶酯	Halauxifen-methyl				0.05*	
氯吡嘧磺隆	Halosulfuron-methyl			0.05	0.01*	
吡氟氯禾灵	Haloxyfop				0.02*	
七氯	Heptachlor				0.01*	
六氯苯	Hexachlorobenzene			0.01	0.01*	
六六六，α异构体	Hexachlorocyclohexane, alpha-isomer				0.01*	
六六六，β异构体	Hexachlorocyclohexane, beta-isomer				0.01*	
己唑醇	Hexaconazole			0.7	0.02*	
噻螨酮	Hexythiazox			5.0T	1	0.5
氢氰酸	Hydrogen cyanide			5.0T	5	
磷化氢	Hydrogen phosphide	0.01			0.07	

（续）

（续）

农药中文名	农药英文名	中国	韩国	日本	欧盟	CAC
噁霉灵	Hymexazol		0.05T	0.5	0.05*	
抑霉唑	Imazalil			0.02	0.05*	
甲氧咪草烟	Imazamox				0.1*	
氨基咪草啶酸	Imazamox-ammonium			0.1		
甲咪唑烟酸	Imazapic				0.01*	
咪唑喹啉酸	Imazaquin			0.05	0.05*	
咪唑乙烟酸铵	Imazethapyr ammonium			0.1		
唑吡嘧磺隆	Imazosulfuron				0.02*	
吡虫啉	Imidacloprid		7	15	2	
双胍辛胺	Iminoctadine		5.0T	0.1		
吲哚乙酸	Indolylacetic acid				0.1*	
吲哚丁酸	Indolylbutyric acid				0.1*	
茚虫威	Indoxacarb		20	12	2	
碘甲磺隆	Iodosulfuron-methyl				0.02*	
碘苯腈	Ioxynil			0.1	0.02*	
种菌唑	Ipconazole				0.01*	
异稻瘟净	Iprobenfos		0.2T			
异菌脲	Iprodione		20	20	0.02*	
缬霉威	Iprovalicarb		0.03T		0.02*	
异柳磷	Isofenphos			0.1		
异丙噻菌胺	Isofetamid				20	
稻瘟灵	Isoprothiolane		0.2T		0.01*	
异丙隆	Isoproturon				0.02*	
吡唑萘菌胺	Isopyrazam				0.01*	
异噁酰草胺	Isoxaben				0.05	
异噁唑草酮	Isoxaflutole				0.05*	
噁唑磷	Isoxathion			0.05		
醚菌酯	Kresoxim-methyl		25	30	0.02*	
乳氟禾草灵	Lactofen				0.02*	
高效氯氟氰菊酯	Lambda-cyhalothrin				0.7	
环草定	Lenacil			0.3	0.1*	
雷皮菌素	Lepimectin		0.7	2		
林丹	Lindane			2	0.01*	
利谷隆	Linuron		0.05T	0.2	0.02*	
虱螨脲	Lufenuron		7	5	0.02*	
马拉硫磷	Malathion			2	0.02*	
抑芽丹	Maleic hydrazide		25.0T	30	0.2*	
甲氧基丙烯酸酯类杀菌剂	Mandestrobin		15	40	0.01*	
双炔酰菌胺	Mandipropamid		25	25	10	
2甲4氯	MCPA		0.05T	0.1	0.05*	

（续）

农药中文名	农药英文名	中国	韩国	日本	欧盟	CAC
2甲4氯丁酸	MCPB			0.06	0.05*	
灭蚜磷	Mecarbam				0.02*	
2甲4氯丙酸	Mecoprop				0.05*	
氯氟醚菌唑	Mefentrifluconazole				0.02*	
嘧菌胺	Mepanipyrim				0.02*	
甲哌鎓	Mepiquat chloride				0.05*	
灭锈胺	Mepronil				0.02*	
消螨多	Meptyldinocap				0.05*	
汞化合物	Mercury compounds				0.03	
甲磺胺磺隆	Mesosulfuron-methyl				0.02*	
硝磺草酮	Mesotrione			0.01	0.02*	
氰氟虫腙	Metaflumizone		5	40	0.05*	
甲霜灵	Metalaxyl		5	2	3	
精甲霜灵	metalaxyl-M			2	3	
四聚乙醛	Metaldehyde				2	
威百亩	Metam			0.1		
苯嗪草酮	Metamitron				0.1*	
吡唑草胺	Metazachlor				0.1*	
叶菌唑	Metconazole		3		0.05*	
甲基苯噻隆	Methabenzthiazuron				0.01*	
虫螨畏	Methacrifos				0.02*	
甲胺磷	Methamidophos				0.02*	
杀扑磷	Methidathion		0.01	0.1	0.02*	
甲硫威	Methiocarb				1	
灭多威	Methomyl			5	0.02*	
烯虫酯	Methoprene				0.05*	
甲氧滴滴涕	Methoxychlor			7	0.01*	
甲氧虫酰肼	Methoxyfenozide		30	30	4	
碘甲烷	Methyl iodide			0.05		
敌线酯	Methyl isothiocyanate			0.1		
溴甲烷	Methylbromide			30		
异丙甲草胺	Metolachlor		0.05T	0.1	0.05*	
磺草唑胺	Metosulam				0.02*	
苯菌酮	Metrafenone		15		0.02*	
嗪草酮	Metribuzin		0.5T	0.08	0.1*	
甲磺隆	Metsulfuron-methyl				0.02*	
速灭磷	Mevinphos				0.01*	
弥拜菌素	Milbemectin		0.5	5	0.05*	
禾草敌	Molinate				0.02*	
久效磷	Monocrotophos			0.1	0.02*	

（续）

农药中文名	农药英文名	中国	韩国	日本	欧盟	CAC
绿谷隆	Monolinuron				0.02*	
灭草隆	Monuron				0.02*	
腈菌唑	Myclobutanil	20	1		0.05	
二溴磷	Naled			0.1		
敌草胺	Napropamide	0.05T	0.1		0.05*	
烟嘧磺隆	Nicosulfuron				0.02*	
烟碱	Nicotine			2	0.4	
烯啶虫胺	Nitenpyram			3		
除草醚	Nitrofen				0.01*	
氟酰脲	Novaluron			25	0.01*	
氧乐果	Omethoate			1	0.02*	
嘧苯胺磺隆	Orthosulfamuron				0.01*	
氨磺乐灵	Oryzalin				0.02*	
丙炔噁草酮	Oxadiargyl				0.02*	
噁草酮	Oxadiazon				0.05*	
噁霜灵	Oxadixyl	0.1T	5		0.01*	
杀线威	Oxamyl	1.0T	1		0.02*	
环氧嘧磺隆	Oxasulfuron				0.02*	
氟噻唑吡乙酮	Oxathiapiprolin			15	0.02*	
喹啉铜	Oxine-copper			0.3		
喹菌酮	Oxolinic acid			2		
氧化萎锈灵	Oxycarboxin				0.02*	
亚砜磷	Oxydemeton-methyl			0.3	0.02*	
乙氧氟草醚	Oxyfluorfen		0.05T		0.05*	
多效唑	Paclobutrazol		5		0.02*	
石蜡油	Paraffin oil				0.01*	
百草枯	Paraquat		0.05T	0.05	0.02*	
对硫磷	Parathion			0.4	0.05*	
甲基对硫磷	Parathion-methyl		1.0T	1	0.02*	
戊菌唑	Penconazole			0.05	0.02*	
戊菌隆	Pencycuron		20		0.05*	
二甲戊灵	Pendimethalin		0.05T		0.6	
五氟磺草胺	Penoxsulam				0.02*	
吡噻菌胺	Penthiopyrad		15	50	0.01*	
环戊草酮	Pentoxazone		0.05T			
氯菊酯	permethrin	0.05	3.0T	3	0.05*	
烯草胺	Pethoxamid				0.02*	
矿物油	Petroleum oils				0.01*	
甜菜宁	Phenmedipham				0.02*	
苯醚菊酯	Phenothrin		0.05T		0.05*	

（续）

农药中文名	农药英文名	中国	韩国	日本	欧盟	CAC
甲拌磷	Phorate		0.05	1	0.02*	
伏杀硫磷	Phosalone				0.02*	
亚胺硫磷	Phosmet			1	0.05*	
磷胺	Phosphamidone				0.01*	
磷类化合物	Phosphane and phosphide salts				0.015	
辛硫磷	Phoxim		0.05	0.02	0.01*	
四唑吡氨酯	Picarbutrazox			15		
氨氯吡啶酸	Picloram				0.01*	
氟吡草胺	Picolinafen				0.02*	
啶氧菌酯	Picoxystrobin		25		0.02*	
杀鼠酮	Pindone			0.001		
唑啉草酯	Pinoxaden				0.02*	
增效醚	Piperonyl butoxide			50		
抗蚜威	Pirimicarb		2.0T	3	0.02*	
甲基嘧啶磷	Pirimiphos-methyl			1	0.02*	
多抗霉素	Polyoxins			0.3		
烯丙苯噻唑	Probenazole			0.05		
咪鲜胺	Prochloraz		50	5	5	
腐霉利	Procymidone		0.05T		0.02*	
丙溴磷	Profenofos				0.05	
环苯草酮	Profoxydim				0.05*	
调环酸钙	Prohexadione calcium				0.02*	
扑草净	Prometryn			4		
毒草胺	Propachlor				0.05*	
霜霉威	Propamocarb		25		30	
敌稗	Propanil			0.1	0.02*	
噁草酸	Propaquizafop			0.05	0.2	
炔螨特	Propargite				0.02*	
苯胺灵	Propham				0.02*	
丙环唑	Propiconazole		0.05T		0.02*	
丙森锌	Propineb				0.05*	
异丙草胺	Propisochlor				0.02*	
残杀威	Propoxur			2	0.05*	
丙苯磺隆	Propoxycarbazone				0.05*	
炔苯酰草胺	Propyzamide				0.2	
碘喹唑酮	Proquinazid				0.02*	
苄草丹	Prosulfocarb				0.05	
氟磺隆	Prosulfuron				0.02*	
丙硫菌唑	Prothioconazole				0.02*	
丙硫磷	Prothiofos			0.2		

（续）

农药中文名	农药英文名	中国	韩国	日本	欧盟	CAC
一种杀螨剂	Pyflubumide			25		
吡蚜酮	Pymetrozine		0.5	0.3	3	
吡唑硫磷	Pyraclofos			0.5		
吡唑醚菌酯	Pyraclostrobin		20	29	2	
吡草醚	Pyraflufen ethyl				0.02*	
磺酰草吡唑	Pyrasulfotole				0.01*	
苄草唑	Pyrazolynate			0.02		
吡菌磷	Pyrazophos				0.02*	
除虫菊素	Pyrethrins		1.0T	1	1	
吡菌苯威	Pyribencarb		3			
哒螨灵	Pyridaben			0.7	0.02*	
三氟甲吡醚	Pyridalyl		15	30	0.01*	
哒草特	Pyridate			10	0.05*	
吡氟喹虫唑	Pyrifluquinazon		1			
嘧霉胺	Pyrimethanil		10		20	
吡丙醚	Pyriproxyfen		0.2T	2	0.05*	
啶磺草胺	Pyroxsulam				0.01*	
喹硫磷	Quinalphos			0.05	0.02*	
二氯喹啉酸	Quinclorac			0.5	0.02*	
氯甲喹啉酸	Quinmerac				0.5	
灭藻醌	Quinoclamine				0.02*	
喹氧灵	Quinoxyfen				0.02*	
五氯硝基苯	Quintozene			0.02	0.05*	
喹禾灵	Quizalofop				0.4	
精喹禾灵	Quizalofop-P-ethyl			2		
喹禾糠酯	Quizalofop-P-tefuryl			2		
苄呋菊酯	Resmethrin			0.1	0.02*	
砜嘧磺隆	Rimsulfuron				0.02*	
鱼藤酮	Rotenone				0.01*	
苯嘧磺草胺	Saflufenacil				0.03*	
烯禾啶	Sethoxydim		0.3	10		
硫硅菌胺	Silthiofam				0.02*	
西玛津	Simazine			0.05	0.01*	
硅氟唑	Simeconazole		0.05T	30		
精异丙甲草胺	S-metolachlor				0.05*	
5-硝基愈创木酚钠	Sodium 5-nitroguaiacolate				0.06*	
乙基多杀菌素	Spinetoram		2	8	4	
多杀菌素	Spinosad		5	10	0.05*	
螺螨酯	Spirodiclofen		15T		0.02*	
螺虫酯	Spiromesifen		30	45	0.02*	

（续）

农药中文名	农药英文名	中国	韩国	日本	欧盟	CAC
螺虫乙酯	Spirotetramat		3	15	4	
螺环菌胺	Spiroxamine				0.02*	
链霉素	Streptomycin					
磺草酮	Sulcotrione				0.1*	
甲磺草胺	Sulfentrazone			0.3		
磺酰磺隆	Sulfosulfuron				0.02*	
氟啶虫胺腈	Sulfoxaflor		15	6	0.02*	
硫酰氟	Sulfuryl fluoride			0.5	0.01*	
氟胺氰菊酯	Tau-fluvalinate				0.01*	
戊唑醇	Tebuconazole		15	2	2	
虫酰肼	Tebufenozide		10	20	0.05*	
吡螨胺	Tebufenpyrad		5		0.02*	
丁基嘧啶磷	Tebupirimfos		0.05			
四氯硝基苯	Tecnazene			0.05	0.02*	
氟苯脲	Teflubenzuron		5		0.02*	
七氟菊酯	Tefluthrin		0.2	0.5	0.05	
环磺酮	Tembotrione				0.02*	
焦磷酸四乙酯	TEPP				0.01*	
吡喃草酮	Tepraloxydim				0.1*	
特草定	Terbacil			0.05		
特丁硫磷	Terbufos		0.5	0.1	0.01*	
特丁津	Terbuthylazine				0.05*	
四氟醚唑	Tetraconazole		15		0.02*	
三氯杀螨砜	Tetradifon				0.01*	
氟氰虫酰胺	Tetraniliprole			15		
噻菌灵	Thiabendazole			2	0.02*	
噻虫啉	Thiacloprid		20	1	5	
噻虫嗪	Thiamethoxam		10	5	0.02*	
噻吩磺隆	Thiencarbazone-methyl				0.02*	
噻呋酰胺	Thifluzamide		5			
禾草丹	Thiobencarb		0.2T		0.02*	
杀虫环	Thiocyclam			3		
硫双威	Thiodicarb			5	0.02*	
硫菌灵	Thiophanate			3		
甲基硫菌灵	Thiophanate-methyl			3	0.1*	
福美双	Thiram				0.1*	
噻酰菌胺	Tiadinil		1.0T			
甲基立枯磷	Tolclofos-methyl		0.05T	2	0.02*	
甲苯氟磺胺	Tolylfluanid				0.05*	
苯唑草酮	Topramezone				0.01*	

韩国"肯定列表"制度（农产品中农药最大残留限量）研究

（续）

农药中文名	农药英文名	中国	韩国	日本	欧盟	CAC
三甲苯草酮	Tralkoxydim				0.02*	
四溴菊酯	Tralomethrin			0.5		
三唑酮	Triadimefon		0.1T	1	0.02*	
三唑醇	Triadimenol		3.0T	1	0.02*	
野麦畏	Tri-allate			0.1	0.1*	
醚苯磺隆	Triasulfuron				0.05*	
三唑磷	Triazophos				0.01*	
苯磺隆	Tribenuron-methyl				0.02*	
敌百虫	Trichlorfon			0.5	0.02*	
三氯吡氧乙酸	Triclopyr			0.03	0.02*	
三环唑	Tricyclazole		0.2T		0.02*	
十三吗啉	Tridemorph			0.05	0.02*	
肟菌酯	Trifloxystrobin		20	4	15	
氟菌唑	Triflumizole		5	0.5	0.05*	
杀铃脲	Triflumuron			0.02	0.02*	
氟乐灵	Trifluralin			0.2	0.02*	
氟胺磺隆	Triflusulfuron				0.02*	
嗪氨灵	Triforine			25	0.01*	
三甲基锍盐	Trimethyl-sulfonium cation				0.05*	
抗倒酯	Trinexapac-ethyl				0.02*	
灭菌唑	Triticonazole				0.01*	
三氟甲磺隆	Tritosulfuron				0.01*	
有效霉素	Validamycin			0.05		
磺草灵	Valifenalate				0.01*	
乙烯菌核利	Vinclozolin	0.05*		5	0.02*	
杀鼠灵	Warfarin			0.001	0.01*	
福美锌	Ziram				0.1*	
苯酰菌胺	Zoxamide		3.0T		30	

注：T 表示临时限量标准，* 表示采用最低检出限（LOD）作为限量标准。

　　我国紫苏的农药最大残留限量与国外存在较大的差距，见表 5-30。我国规定的农药种类数量比 CAC 多 1 种，极少于欧盟、日本与韩国。与 CAC 相比，没有共同使用的农药；与韩国相比，氯菊酯和乙酰甲胺磷是共同使用的农药；与日本相比，磷化氢、氯菊酯和乙烯菌核利是共同使用的农药；与欧盟相比，氯菊酯、乙酰甲胺磷、保棉磷和乙烯菌核利是共同使用的农药。

　　从表 5-30 的对比情况也可以看出，欧盟对紫苏的农药残留限量标准比较严格，残留限量低于（含等于）检出限（LOD）的标准有 85 项，占 17.5%；在 0.01~0.1 mg/kg 的标准有 335 项，占 68.8%。日本对紫苏的农药残留限量标准也比较严格，残留限量≤0.01 mg/kg 的标准有 11 项，占 3.9%；在 0.01~0.1 mg/kg（包含 0.1 mg/kg）的标准有 85 项，占 29.9%。韩国对紫苏的农药残留限量较不严格，残留限量≤0.1 mg/kg 的标准有 44 项，占总限量标准的 24.1%。

四、紫苏生产和出口的对策建议

在农产品生产过程中不合理使用农药是影响产品质量的关键因素，因此，在紫苏生产基地要推行农业良好操作规范和有害生物的综合治理。可通过合理轮作、悬挂黄板、使用防虫网、灯光诱杀等防治技术减少病虫害发生，从根本上减少化学农药的使用，确保紫苏的生产安全及贸易畅通。此外，要真正实现从源头上进行控制，应对出口企业基地的广大农户进行多次技术指导和培训，只有实现有效的源头管理，才能达到真正的源头控制。

目前，我国国家标准中和紫苏病虫害防治有关的标准及使用的农药情况见表5-31。我国紫苏产品的农药残留限量标准很少，因此，使用农药时，应了解出口国的农药限量标准。按照规避风险的原则，应选择国外残留限量标准比较宽泛的农药品种，谨慎选择国外没有规定残留限量标准的农药。

表5-31 与紫苏病虫害防治相关的标准

标准号	标准名称	农 药
GB/T 23416.6—2009	蔬菜病虫害安全防治技术规范 第6部分：绿叶菜类	苏云金杆菌、氟啶脲、灭幼脲、除虫脲、氟虫脲、阿维菌素、苦参碱、除虫菊素、多杀霉素、多菌灵、福美双、代森锰锌、敌敌畏、腐霉利、甲基硫菌灵、苯醚甲环唑、甲基立枯磷、甲霜灵、敌磺钠、三唑酮、丙环唑等
GB/T 8321.2—2000	农药合理使用准则（二）	毒死蜱、伏杀硫磷
GB/T 8321.3—2000	农药合理使用准则（三）	顺式氯氰菊酯、氯氟氰菊酯、氯氰菊酯、顺式氰戊菊酯、甲氰菊酯、氟胺氰菊酯
GB/T 8321.4—2006	农药合理使用准则（四）	氟苯脲、二甲戊灵
GB/T 8321.6—2000	农药合理使用准则（六）	鱼藤氰
GB/T 8321.7—2002	农药合理使用准则（七）	四聚乙醛

第八节 不同国家和地区枸杞中农药残留限量的分析及对策

枸杞为我国常用大宗中药材。枸杞营养及保健功能逐渐得到国外消费者的认可，因此，新兴市场不断增加，出口整体呈现逐年递增的趋势。枸杞的进出口贸易长期表现为顺差，出口占绝大数比重，进口占的比重非常小。技术性贸易措施是枸杞产品主要的影响因素。本节分析了我国与韩国和日本、国际食品法典委员会及欧盟等不同国家和地区枸杞农药残留限量标准，并找出其中存在的差异，对指导我国枸杞生产中科学、合理、安全使用农药，降低出口贸易风险具有重要意义。

一、不同国家和地区枸杞农药残留限量标准概况

我国枸杞的农药残留限量参考食品安全国家标准《食品中农药最大残留限量》（GB 2763—2019），共规定了 67 种农药的限量标准，其中，只在鲜枸杞中有规定的为 60 种，鲜枸杞和干枸杞中均有规定的为 6 种，只在干枸杞中有规定的为 1 种。韩国枸杞的农药残留限量参照 2019 年 10 月发布的《韩国农药残留肯定列表制度》中的数据，共有 27 种限量标准，其中，只在鲜枸杞中有规定的为 3 种，鲜枸杞和干枸杞中均有规定的为 8 种，只在干枸杞中有规定的为 16 种。日本、欧盟和 CAC 分别参考各自的数据库，日本有 210 种农药残留限量标准；欧盟有 479 种农药残留限量标准，CAC 有 18 种农药残留限量标准。

二、我国枸杞常见病虫害与农药使用情况

枸杞种植时会遭受多种病虫害的危害，如枸杞炭疽病主要危害果实，枸杞灰斑病、白粉病主要危害叶片，枸杞根腐病主要危害植株根部及茎基部，此外还有黑果病、青霉病、裂果病等。枸杞在生长时期的虫害较多，主要有枸杞瘿螨、蚜虫、负泥虫以及斑须蝽等，虫害主要危害叶片、嫩梢、花蕾、花瓣和幼果等幼嫩部位，通过啃食肉质组织或吸食汁液导致植株生长受阻、生长缓慢，树势衰弱，最后影响产量和品质。

目前，我国枸杞生产登记使用的杀虫剂有呋虫·噻虫嗪、乙螨唑、唑螨酯、哒螨灵、阿维菌素、苦参碱、氟硅唑、高效氯氰菊酯、藜芦碱、印楝素和吡虫啉等 11 种。杀螨剂有哒螨灵、阿维菌素、唑螨酯、甲基硫菌灵、乙螨唑和哒螨·乙螨唑等 6 种。杀菌剂有硫黄、蛇床子素、嘧菌酯、吡唑醚菌酯、苯甲·咪鲜胺、苯甲·醚菌酯、香芹酚、戊唑醇、苯醚甲环唑、丙环唑、甲基硫菌灵、氟硅唑和十三吗啉等 13 种。

三、枸杞常用农药的标准对比

中国、韩国、日本、欧盟和 CAC 对枸杞使用农药的残留限量标准见表 5－32。

表 5－32 不同国家和地区枸杞常用农药限量标准（mg/kg）

农药中文通用名	农药英文名	中国	韩国	日本	欧盟	CAC
百草枯	Paraquat	0.01*		0.05	0.02*	0.01
氯丹	Chlordane	0.02		0.02	0.01*	0.02
噻虫胺	Clothianidin	0.07	1	0.2	0.01*	0.07
2,4-滴	2,4-D	0.1		0.1	0.1	0.1
氯氟氰菊酯	Cyhalothrin	0.5	2	0.5	0.01*	0.2
噻虫嗪	Thiamethoxam	0.5		0.5	0.01*	0.5
保棉磷	Azinphos-methyl	1			0.05*	1

（续）

农药中文通用名	农药英文名	中国	韩国	日本	欧盟	CAC
多菌灵和苯菌灵	Carbendazim and Benomyl	1		3	0.1*	1
氯虫苯甲酰胺	Chlorantraniliprole	1*		3	1	1
抗蚜威	Pirimicarb	1		0.5	1	1
噻虫啉	Thiacloprid	1		5	1	1
啶虫脒	Acetamiprid	1		2	0.01*	2
嘧菌酯	Azoxystrobin	5	10	5	5	5
吡虫啉	Imidacloprid	5	5	4	5	5
氟唑菌酰胺	Fluxapyroxad			7	0.01*	7
嘧菌环胺	Cyprodinil	10		10	3	10
倍硫磷	Fenthion	0.05			0.01*	10
无机溴	Bromide ion			20	5	20
1,1-二氯-2,2-二（4-乙苯）乙烷	1,1-Dichloro-2,2-bis（4-ethylphenyl）ethane				0.01*	
1,3-二氯丙烯	1,3-Dichloropropene				0.01*	
1-甲基环丙烯	1-Methylcyclopropene				0.01*	
萘乙酸	1-Naphthylacetic acid				0.06*	
2,4,5-涕	2,4,5-T				0.01*	
2,4-滴丁酸	2,4-DB				0.01*	
2-氨基-4-甲氧基-6-甲基-1,3,5-三嗪	2-Amino-4-methoxy-6-(trifluormethyl)-1,3,5-triazine				0.01*	
2-萘氧乙酸	2-Naphthyloxyacetic acid				0.01*	
邻苯基苯酚	2-Phenylphenol				0.01*	
3-癸烯-2-酮	3-Decen-2-one				0.1*	
氯苯氧乙酸	4-CPA			0.02		
8-羟基喹啉	8-Hydroxyquinoline				0.01*	
阿维菌素	Abamectin	0.1			0.01*	
乙酰甲胺磷	Acephate	0.5			0.01*	
灭螨醌	Acequinocyl				0.01*	
乙草胺	Acetochlor				0.01*	
苯并噻二唑	Acibenzolar-S-methyl			0.2	0.01*	
苯草醚	Aclonifen				0.01*	
氟丙菊酯	Acrinathrin				0.02*	
甲草胺	Alachlor				0.01*	
棉铃威	Alanycarb			2		
涕灭威	Aldicarb	0.02			0.02*	
艾氏剂和狄氏剂	Aldrin and Dieldrin	0.05		0.06	0.01*	
唑嘧菌胺	Ametoctradin				0.01*	
酰嘧磺隆	Amidosulfuron				0.01*	
氯氨吡啶酸	Aminopyralid				0.01*	
吲唑磺菌胺	Amisulbrom				0.01*	

（续）

农药中文通用名	农药英文名	中国	韩国	日本	欧盟	CAC
双甲脒	Amitraz				0.05*	
杀草强	Amitrole				0.01*	
敌菌灵	Anilazine				0.01*	
蒽醌	Anthraquinone				0.01*	
杀螨特	Aramite				0.01*	
磺草灵	Asulam				0.05*	
莠去津	Atrazine			0.02	0.05*	
印楝素	Azadirachtin				1	
四唑嘧磺隆	Azimsulfuron				0.01*	
益棉磷	Azinphos-ethyl				0.02*	
三唑锡和三环锡	Azocyclotin and Cyhexatin	2.0T	0.1		0.01*	
燕麦灵	Barban				0.01*	
氟丁酰草胺	Beflubutamid				0.02*	
苯霜灵	Benalaxyl			0.05	0.05*	
乙丁氟灵	Benfluralin				0.02*	
丙硫克百威	Benfuracarb			0.5		
苄嘧磺隆	Bensulfuron-methyl				0.01*	
灭草松	Bentazone			0.02	0.03*	
苯噻菌胺	Benthiavalicarb-isopropyl				0.01*	
苯扎氯铵	Benzalkonium chloride				0.1	
苯并烯氟菌唑	Benzovindiflupyr			1	0.01*	
联苯肼酯	Bifenazate			7	0.02*	
甲羧除草醚	Bifenox				0.01*	
联苯菊酯	Bifenthrin			1	0.01*	
双丙氨膦	Bilanafos（bialaphos）			0.004		
生物苄呋菊酯	Bioresmethrin			0.1		
联苯	Biphenyl				0.01*	
联苯三唑醇	Bitertanol			0.05	0.01*	
甲羧除草醚	Bixafen				0.01*	
骨油	Bone oil				0.01*	
啶酰菌胺	Boscalid	10		10	15	
溴鼠灵	Brodifacoum			0.001		
乙基溴硫磷	Bromophos-ethyl				0.01*	
溴螨酯	Bromopropylate			2	0.01*	
溴苯腈	Bromoxynil				0.01*	
糠菌唑	Bromuconazole				0.05*	
乙嘧酚磺酸酯	Bupirimate				0.05*	
噻嗪酮	Buprofezin				0.05*	
氟丙嘧草酯	Butafenacil			0.1		
仲丁灵	Butralin				0.01*	

（续）

农药中文通用名	农药英文名	中国	韩国	日本	欧盟	CAC
丁草敌	Butylate				0.01*	
硫线磷	Cadusafos	0.02			0.01*	
毒杀芬	Camphechlor	0.05*			0.01*	
敌菌丹	Captafol				0.02*	
克菌丹	Captan			0.01	0.03*	
甲萘威	Carbaryl			7	0.01*	
双酰草胺	Carbetamide				0.01*	
克百威	Carbofuran	0.02		0.3	0.01*	
一氧化碳	Carbon monoxide				0.01*	
丁硫克百威	Carbosulfan			0.2		
萎锈灵	Carboxin				0.05*	
唑酮草酯	Carfentrazone-ethyl			0.1	0.01*	
杀螟丹	Cartap			3		
杀螨醚	Chlorbenside				0.01*	
氯炔灵	Chlorbufam				0.01*	
十氯酮	Chlordecone				0.01*	
杀虫脒	Chlordimeform	0.01				
虫螨腈	Chlorfenapyr		2		0.01*	
杀螨酯	Chlorfenson				0.01*	
毒虫畏	Chlorfenvinphos			0.05	0.01*	
氯草敏	Chloridazon				0.1*	
矮壮素	Chlormequat				0.01*	
乙酯杀螨醇	Chlorobenzilate				0.02*	
氯化苦	Chloropicrin				0.01*	
百菌清	Chlorothalonil			10	0.01*	
绿麦隆	Chlorotoluron				0.01*	
枯草隆	Chloroxuron				0.01*	
氯苯胺灵	Chlorpropham				0.01*	
毒死蜱	Chlorpyrifos			1	0.01*	
甲基毒死蜱	Chlorpyrifos-methyl			0.05	0.01*	
氯磺隆	Chlorsulfuron				0.05*	
氯酞酸甲酯	Chlorthal-dimethyl				0.01*	
氯硫酰草胺	Chlorthiamid				0.01*	
乙菌利	Chlozolinate				0.01*	
环虫酰肼	Chromafenozide				0.01*	
吲哚酮草酯	Cinidon-ethyl				0.05*	
烯草酮	Clethodim				0.1	
炔草酸	Clodinafop			0.02	0.02*	
四螨嗪	Clofentezine				0.02*	
异噁草酮	Clomazone			0.02	0.01*	

（续）

农药中文通用名	农药英文名	中国	韩国	日本	欧盟	CAC
氯羟吡啶	Clopidol			0.2		
二氯吡啶酸	Clopyralid				0.5	
铜化合物	Copper compounds（copper）				5	
灭菌铜	Copper nonylphenolsulfonate			5		
蝇毒磷	Coumaphos	0.05				
单氰胺	Cyanamide				0.01*	
杀螟腈	Cyanophos			0.2		
溴氰虫酰胺	Cyantraniliprole	4*			0.01*	
氰霜唑	Cyazofamid				0.01*	
环丙酸酰胺	Cyclanilide				0.05*	
环溴虫酰胺	Cyclaniliprole			0.05	0.01*	
噻草酮	Cycloxydim				0.05*	
环氟菌胺	Cyflufenamid				0.02*	
氟氯氰菊酯	Cyfluthrin			0.02	0.02*	
氰氟草酯	Cyhalofop-butyl				0.02*	
霜脲氰	Cymoxanil			4	0.01*	
氯氰菊酯	Cypermethrin	2	5	0.5	0.05*	
环丙唑醇	Cyproconazole			0.5	0.05*	
灭蝇胺	Cyromazine				0.05*	
茅草枯	Dalapon				0.05*	
丁酰肼	Daminozide				0.06*	
棉隆	Dazomet				0.02*	
胺磺铜	DBEDC			20		
滴滴涕	DDT	0.05		0.5	0.05*	
溴氰菊酯	Deltamethrin		2		0.6	
内吸磷	Demeton	0.02				
甲基内吸磷	Demeton-S-methyl			0.4		
甜菜安	Desmedipham				0.01*	
丁醚脲	Diafenthiuron			0.02		
燕麦敌	Di-allate				0.01*	
二嗪磷	Diazinon			0.2	0.01*	
麦草畏	Dicamba				0.05*	
敌草腈	Dichlobenil				0.01*	
苯氟磺胺	Dichlofluanid			7		
氯硝胺	Dichloran			20		
敌敌畏	Dichlorvos	0.2		0.1	0.01*	
禾草灵	Diclofop-methyl				0.05*	
哒菌酮	Diclomezine			0.02		
氯硝胺	Dicloran				0.01*	
三氯杀螨醇	Dicofol			3	0.02*	

（续）

农药中文通用名	农药英文名	中国	韩国	日本	欧盟	CAC
双十烷基二甲基氯化铵	Didecyldimethylammonium chloride				0.1	
乙霉威	Diethofencarb				0.01*	
苯醚甲环唑	Difenoconazole		7		0.1	
野燕枯	Difenzoquat			0.05		
除虫脲	Diflubenzuron				2	
吡氟酰草胺	Diflufenican				0.01*	
氟吡草腙	Diflufenzopyr			0.05		
二氟乙酸	Difluoroacetic acid				0.02*	
二甲草胺	Dimethachlor				0.01*	
二甲吩草胺	Dimethenamid				0.01*	
噻节因	Dimethipin			0.04	0.05*	
乐果	Dimethoate			1	0.01*	
烯酰吗啉	Dimethomorph				0.01*	
醚菌胺	Dimoxystrobin				0.01*	
烯唑醇	Diniconazole				0.01*	
敌螨普	Dinocap				0.02*	
地乐酚	Dinoseb				0.02*	
呋虫胺	Dinotefuran			0.2		
特乐酚	Dinoterb				0.01*	
敌恶磷	Dioxathion				0.01*	
二苯胺	Diphenylamine			0.05	0.05*	
敌草快	Diquat			0.03	0.01*	
乙拌磷	Disulfoton			0.05	0.01*	
二氰蒽醌	Dithianon				0.01*	
二硫代氨基甲酸酯	Dithiocarbamates		5	10	5	
敌草隆	Diuron			0.05	0.01*	
二硝酚	DNOC				0.01*	
十二环吗啉	Dodemorph				0.01*	
多果定	Dodine			0.2	0.01*	
甲氨基阿维菌素苯甲酸盐	Emamectin benzoate		0.1	0.1	0.01*	
硫丹	Endosulfan			0.5	0.05*	
异狄氏剂	Endrin	0.05		0.01	0.01*	
氟环唑	Epoxiconazole				0.05*	
茵草敌	Ethyl dipropylthiocarbamate			0.1	0.01*	
乙丁烯氟灵	Ethalfluralin				0.01*	
胺苯磺隆	Ethametsulfuron-methyl				0.01*	
乙烯利	Ethephon			2	0.05*	
乙硫磷	Ethion			0.3	0.01*	
乙嘧酚	Ethirimol				0.05*	

（续）

农药中文通用名	农药英文名	中国	韩国	日本	欧盟	CAC
乙氧呋草黄	Ethofumesate				0.03*	
灭线磷	Ethoprophos	0.02			0.02*	
乙氧喹啉	Ethoxyquin				0.05*	
乙氧磺隆	Ethoxysulfuron				0.01*	
二溴乙烷	Ethylene dibromide			0.01	0.01*	
二氯乙烯	Ethylene dichloride			0.01	0.01*	
环氧乙烷	Ethylene oxide				0.02*	
醚菊酯	Etofenprox		1		0.01*	
乙螨唑	Etoxazole				0.01*	
土菌灵	Etridiazole				0.05*	
噁唑菌酮	Famoxadone			10	0.01*	
咪唑菌酮	Fenamidone				0.01*	
苯线磷	Fenamiphos	0.02		0.02	0.02*	
氯苯嘧啶醇	Fenarimol		0.2T	1	0.02*	
喹螨醚	Fenazaquin				0.01*	
腈苯唑	Fenbuconazole			0.3	0.05*	
苯丁锡	Fenbutatin oxide			1	0.05*	
皮蝇磷	Fenchlorphos				0.01*	
环酰菌胺	Fenhexamid			15	0.01*	
杀螟硫磷	Fenitrothion	0.5*	2		0.01*	
噁唑禾草灵	Fenoxaprop-ethyl			0.1	0.1	
苯氧威	Fenoxycarb			2	0.05*	
一种新型杀菌剂	Fenpicoxamid				0.01*	
甲氰菊酯	Fenpropathrin	5		5	0.01*	
苯锈啶	Fenpropidin				0.01*	
丁苯吗啉	Fenpropimorph			0.05	0.01*	
胺苯吡菌酮	Fenpyrazamine			5	0.01*	
唑螨酯	Fenpyroximate	0.5		0.5	0.01*	
三苯锡	Fentin			0.05	0.02*	
氰戊菊酯	Fenvalerate	0.2		1	0.02*	
氟虫腈	Fipronil	0.02			0.005*	
嘧啶磺隆	Flazasulfuron			0.1	0.01*	
氟啶虫酰胺	Flonicamid		5		0.03*	
双氟磺草胺	Florasulam				0.01*	
吡氟禾草灵	Fluazifop-butyl				0.1	
氟啶胺	Fluazinam		15		0.01*	
氟虫双酰胺	Flubendiamide				0.01*	
氟环脲	Flucycloxuron				0.01*	
氟氰戊菊酯	Flucythrinate			0.05	0.01*	
咯菌腈	Fludioxonil			5	0.01*	

（续）

农药中文通用名	农药英文名	中国	韩国	日本	欧盟	CAC
联氟砜	Fluensulfone			0.5		
氟噻草胺	Flufenacet				0.05*	
氟虫脲	Flufenoxuron				0.05*	
杀螨净	Flufenzin				0.02*	
氟节胺	Flumetralin				0.01*	
丙炔氟草胺	Flumioxazine			0.02	0.02*	
氟草隆	Fluometuron			0.02	0.01*	
氟吡菌胺	Fluopicolide				0.01*	
氟吡菌酰胺	Fluopyram			7	3	
氟离子	Fluoride ion				2*	
乙羧氟草醚	Fluoroglycofene				0.01*	
氟嘧菌酯	Fluoxastrobin				0.01*	
氟吡呋喃酮	Flupyradifurone				0.01*	
氟啶磺隆	Flupyrsulfuron-methyl				0.02*	
氟喹唑	Fluquinconazole				0.05*	
氟咯草酮	Flurochloridone				0.1*	
氯氟吡氧乙酸	Fluroxypyr			0.05	0.01*	
呋嘧醇	Flurprimidole				0.01*	
呋草酮	Flurtamone				0.01*	
氟硅唑	Flusilazole				0.01*	
氟噻唑菌腈	Flutianil				0.01*	
氟酰胺	Flutolanil				0.01*	
粉唑醇	Flutriafol				0.01*	
灭菌丹	Folpet				0.03*	
氟磺胺草醚	Fomesafen				0.01*	
地虫硫磷	Fonofos	0.01				
甲酰胺磺隆	Foramsulfuron				0.01*	
氯吡脲	Forchlorfenuron			0.1	0.01*	
伐虫脒	Formetanate				0.01*	
安硫磷	Formothion				0.01*	
三乙膦酸铝	Fosetyl-aluminium			70	2*	
噻唑膦	Fosthiazate			0.05	0.02*	
麦穗宁	Fuberidazole				0.01*	
糠醛	Furfural				1	
草铵膦	Glufosinate，ammonium			1	0.03*	
草甘膦	Glyphosate	0.1		0.2	0.1*	
双胍辛乙酸盐	Guazatine				0.05*	
氟氯吡啶酯	Halauxifen-methyl				0.02*	
氯吡嘧磺隆	Halosulfuron-methyl			0.05	0.01*	
吡氟氯禾灵	Haloxyfop			0.05	0.01*	

（续）

农药中文通用名	农药英文名	中国	韩国	日本	欧盟	CAC
六六六	Hexachlorocyclohexane	0.05			0.01*	
七氯	Heptachlor	0.01			0.01*	
六氯苯	Hexachlorobenzene			0.01	0.01*	
六六六，β异构体	Hexachlorocyclohexane, beta-isomer				0.01*	
已唑醇	Hexaconazole				0.01*	
噻螨酮	Hexythiazox				0.5	
氢氰酸	Hydrogen cyanide			5		
磷化氢	Hydrogen phosphide			0.01		
噁霉灵	Hymexazol			0.5	0.05*	
抑霉唑	Imazalil			0.02	0.05*	
甲氧咪草烟	Imazamox				0.05*	
甲咪唑烟酸	Imazapic				0.01*	
咪唑喹啉酸	Imazaquin			0.05	0.05*	
咪唑乙烟酸铵	Imazethapyr ammonium			0.05		
唑吡嘧磺隆	Imazosulfuron				0.01*	
双胍辛胺	Iminoctadine		3	0.5		
吲哚乙酸	Indolylacetic acid				0.1*	
吲哚丁酸	Indolylbutyric acid				0.1*	
茚虫威	Indoxacarb		10		0.8	
碘甲磺隆	Iodosulfuron-methyl				0.01*	
碘苯腈	Ioxynil			0.1	0.01*	
种菌唑	Ipconazole				0.01*	
异菌脲	Iprodione			25	0.01*	
缬霉威	Iprovalicarb				0.01*	
氯唑磷	Isazofos	0.01				
水胺硫磷	Isocarbophos	0.05				
甲基异柳磷	Isofenphos-methyl	0.01*				
异丙噻菌胺	Isofetamid			4	0.01*	
稻瘟灵	Isoprothiolane				0.01*	
异丙隆	Isoproturon				0.01*	
吡唑萘菌胺	Isopyrazam				0.01*	
异噁酰草胺	Isoxaben				0.05	
异噁唑草酮	Isoxaflutole				0.02*	
醚菌酯	Kresoxim-methyl			1	0.01*	
乳氟禾草灵	Lactofen				0.01*	
环草定	Lenacil			0.3	0.1*	
林丹	Lindane			0.3	0.01*	
利谷隆	Linuron			0.2	0.05*	
虱螨脲	Lufenuron				0.01*	

（续）

农药中文通用名	农药英文名	中国	韩国	日本	欧盟	CAC
马拉硫磷	Malathion			8	0.02*	
抑芽丹	Maleic hydrazide			0.2	0.2*	
甲氧基丙烯酸酯类杀菌剂	Mandestrobin				0.01*	
双炔酰菌胺	Mandipropamid				0.01*	
2甲4氯和2甲4氯丁酸	MCPA and MCPB			0.2	0.05*	
灭蚜磷	Mecarbam				0.01*	
2甲4氯丙酸	Mecoprop				0.05*	
氯氟醚菌唑	Mefentrifluconazole				0.01*	
嘧菌胺	Mepanipyrim				0.01*	
甲哌鎓	Mepiquat chloride				0.02*	
灭锈胺	Mepronil				0.01*	
消螨多	Meptyldinocap				0.05*	
汞化合物	Mercury compounds				0.01*	
甲磺胺磺隆	Mesosulfuron-methyl				0.01*	
硝磺草酮	Mesotrione	0.01		0.01	0.01*	
氰氟虫腙	Metaflumizone				0.05*	
甲霜灵和精甲霜灵	Metalaxyl and Metalaxyl-M			0.7	0.01*	
四聚乙醛	Metaldehyde				0.05*	
苯嗪草酮	Metamitron				0.1*	
吡唑草胺	Metazachlor				0.02*	
叶菌唑	Metconazole			0.4	0.02*	
甲基苯噻隆	Methabenzthiazuron				0.01*	
虫螨畏	Methacrifos				0.01*	
甲胺磷	Methamidophos	0.05			0.01*	
杀扑磷	Methidathion	0.05		0.2	0.02*	
甲硫威	Methiocarb			0.05	0.2	
灭多威	Methomyl	0.2		1	0.01*	
烯虫酯	Methoprene				0.02*	
甲氧滴滴涕	Methoxychlor			7	0.01*	
甲氧虫酰肼	Methoxyfenozide				0.01*	
异丙甲草胺和精异丙甲草胺	Metolachlor and S-metolachlor				0.05*	
磺草唑胺	Metosulam				0.01*	
苯菌酮	Metrafenone				0.01*	
嗪草酮	Metribuzin				0.1*	
甲磺隆	Metsulfuron-methyl				0.01*	
速灭磷	Mevinphos				0.01*	
弥拜菌素	Milbemectin				0.02*	
灭蚁灵	Mirex	0.01				
禾草敌	Molinate				0.01*	
久效磷	Monocrotophos	0.03			0.01*	

(续)

农药中文通用名	农药英文名	中国	韩国	日本	欧盟	CAC
绿谷隆	Monolinuron				0.01*	
灭草隆	Monuron				0.01*	
腈菌唑	Myclobutanil			0.5	0.02*	
敌草胺	Napropamide			0.1	0.1	
烟嘧磺隆	Nicosulfuron				0.01*	
烟碱	Nicotine			2		
除草醚	Nitrofen				0.01*	
氟酰脲	Novaluron		5		0.01*	
氧乐果	Omethoate	0.02		1	0.01*	
嘧苯胺磺隆	Orthosulfamuron				0.01*	
氨磺乐灵	Oryzalin			0.08	0.01*	
丙炔噁草酮	Oxadiargyl				0.01*	
噁草酮	Oxadiazon				0.3	
噁霜灵	Oxadixyl			1	0.01*	
杀线威	Oxamyl				0.01*	
环氧嘧磺隆	Oxasulfuron				0.01*	
氟噻唑吡乙酮	Oxathiapiprolin				0.01*	
喹啉铜	Oxine-copper			1		
咪唑富马酸盐	Oxpoconazole-fumarate			5		
氧化萎锈灵	Oxycarboxin				0.01*	
亚砜磷	Oxydemeton-methyl			0.02	0.01*	
乙氧氟草醚	Oxyfluorfen				0.05*	
多效唑	Paclobutrazol			0.3	0.5	
石蜡油	Paraffin oil				0.01*	
对硫磷	Parathion	0.01		0.5	0.05*	
甲基对硫磷	Parathion-methyl	0.02		0.2	0.01*	
戊菌唑	Penconazole			0.2	0.01*	
戊菌隆	Pencycuron				0.05*	
二甲戊灵	Pendimethalin		0.05	0.05	0.05*	
五氟磺草胺	Penoxsulam				0.01*	
吡噻菌胺	Penthiopyrad			3	0.01*	
氯菊酯	Permethrin	2		2	0.05*	
烯草胺	Pethoxamid				0.01*	
矿物油	Petroleum oils				0.01*	
甜菜宁	Phenmedipham				0.01*	
苯醚菊酯	Phenothrin				0.02*	
甲拌磷	Phorate	0.01		0.05	0.01*	
伏杀硫磷	Phosalone				0.01*	
硫环磷	Phosfolan	0.03				
甲基硫环磷	Phosfolan-methyl	0.03*				

（续）

农药中文通用名	农药英文名	中国	韩国	日本	欧盟	CAC
亚胺硫磷	Phosmet			0.1	2	
磷胺	Phosphamidone	0.05			0.01*	
膦类化合物	Phosphane and phosphide salts				0.01*	
辛硫磷	Phoxim	0.05		0.05	0.01*	
氨氯吡啶酸	Picloram				0.01*	
氟吡草胺	Picolinafen				0.01*	
啶氧菌酯	Picoxystrobin				0.01*	
杀鼠酮	Pindone			0.001		
唑啉草酯	Pinoxaden				0.02*	
增效醚	Piperonyl butoxide			8		
甲基嘧啶磷	Pirimiphos-methyl			1	0.01*	
咪鲜胺	Prochloraz			0.05	0.05*	
腐霉利	Procymidone				0.01*	
丙溴磷	Profenofos				0.01*	
环苯草酮	Profoxydim				0.05*	
调环酸钙	Prohexadione calcium				0.01*	
毒草胺	Propachlor				0.02*	
霜霉威	Propamocarb				0.01*	
敌稗	Propanil			0.1	0.01*	
噁草酸	Propaquizafop				0.05*	
炔螨特	Propargite				0.01*	
苯胺灵	Propham				0.01*	
丙环唑	Propiconazole			1	0.01*	
丙森锌	Propineb				0.05*	
异丙草胺	Propisochlor				0.01*	
残杀威	Propoxur			1	0.05*	
丙苯磺隆	Propoxycarbazone				0.02*	
炔苯酰草胺	Propyzamide				0.01*	
碘喹唑酮	Proquinazid				0.02*	
苄草丹	Prosulfocarb				0.01*	
氟磺隆	Prosulfuron				0.01*	
丙硫菌唑	Prothioconazole			2	0.01*	
吡蚜酮	Pymetrozine				0.02*	
吡唑醚菌酯	Pyraclostrobin		5	1	3	
吡草醚	Pyraflufen ethyl			0.02	0.02*	
磺酰草吡唑	Pyrasulfotole				0.01*	
苄草唑	Pyrazolynate			0.02		
吡菌磷	Pyrazophos				0.01*	
除虫菊素	Pyrethrins			1	1	
哒螨灵	Pyridaben	3			0.5	

（续）

农药中文通用名	农药英文名	中国	韩国	日本	欧盟	CAC
三氟甲吡醚	Pyridalyl		20		0.01*	
哒嗪硫磷	Pyridaphenthion		0.2T			
哒草特	Pyridate				0.05*	
嘧霉胺	Pyrimethanil	3		5	5	
甲氧苯啶菌	Pyriofenone			2		
吡丙醚	Pyriproxyfen			1	0.05*	
啶磺草胺	Pyroxsulam				0.01*	
喹硫磷	Quinalphos			0.02	0.01*	
二氯喹啉酸	Quinclorac			2	0.01*	
氯甲喹啉酸	Quinmerac				0.1*	
灭藻醌	Quinoclamine				0.01*	
喹氧灵	Quinoxyfen			1	2	
五氯硝基苯	Quintozene			0.02	0.02*	
喹禾灵	Quizalofop			0.05	0.05*	
苄呋菊酯	Resmethrin			0.1	0.01*	
砜嘧磺隆	Rimsulfuron				0.01*	
鱼藤酮	Rotenone				0.01*	
苯嘧磺草胺	Saflufenacil				0.03*	
烯禾啶	Sethoxydim			1		
硫硅菌胺	Silthiofam				0.01*	
西玛津	Simazine			0.2	0.01*	
5-硝基愈创木酚钠	Sodium 5-nitroguaiacolate				0.03*	
乙基多杀菌素	Spinetoram			0.7	0.4	
多杀霉素	Spinosad			1	1.5	
螺螨酯	Spirodiclofen			1	0.1	
螺虫酯	Spiromesifen		3	2	0.02*	
螺虫乙酯	Spirotetramat	1.5*		3	0.7	
螺环菌胺	Spiroxamine				0.01*	
磺草酮	Sulcotrione				0.01*	
甲磺草胺	Sulfentrazone			0.05		
磺酰磺隆	Sulfosulfuron				0.01*	
治螟磷	Sulfotep	0.01				
氟啶虫胺腈	Sulfoxaflor				0.01*	
硫酰氟	Sulfuryl fluoride			0.5	0.01*	
氟胺氰菊酯	Tau-fluvalinate				0.5	
戊唑醇	Tebuconazole		10	2	1.5	
虫酰肼	Tebufenozide			3	0.05*	
吡螨胺	Tebufenpyrad			2	1.5	
四氯硝基苯	Tecnazene			0.05	0.01*	
氟苯脲	Teflubenzuron				0.01*	

（续）

农药中文通用名	农药英文名	中国	韩国	日本	欧盟	CAC
七氟菊酯	Tefluthrin			0.1	0.05	
环磺酮	Tembotrione				0.02*	
焦磷酸四乙酯	TEPP				0.01*	
吡喃草酮	Tepraloxydim				0.1*	
特草定	Terbacil			0.1		
特丁硫磷	Terbufos	0.01		0.005	0.01*	
特丁津	Terbuthylazine				0.05*	
四氟醚唑	Tetraconazole			0.3	0.2	
三氯杀螨砜	Tetradifon			1	0.01*	
噻菌灵	Thiabendazole			3	0.01*	
噻吩磺隆	Thiencarbazone-methyl				0.01*	
禾草丹	Thiobencarb				0.01*	
硫双威	Thiodicarb			1	0.01*	
甲基硫菌灵	Thiophanate-methyl				0.1*	
福美双	Thiram				0.1*	
甲基立枯磷	Tolclofos-methyl			0.1	0.01*	
甲苯氟磺胺	Tolylfluanid			0.5	0.02*	
苯唑草酮	Topramezone				0.01*	
三甲苯草酮	Tralkoxydim				0.01*	
三唑酮	Triadimefon		0.2	0.2	0.01*	
三唑醇	Triadimenol			0.5	0.01*	
野麦畏	Tri-allate			0.1	0.1*	
醚苯磺隆	Triasulfuron				0.05*	
三唑磷	Triazophos				0.01*	
苯磺隆	Tribenuron-methyl				0.01*	
敌百虫	Trichlorfon	0.2		0.5	0.01*	
三氯吡氧乙酸	Triclopyr			0.03	0.01*	
三环唑	Tricyclazole				0.01*	
十三吗啉	Tridemorph			0.05	0.01*	
肟菌酯	Trifloxystrobin			2	3	
氟菌唑	Triflumizole				0.02*	
杀铃脲	Triflumuron			0.02	0.01*	
氟乐灵	Trifluralin			0.05	0.01*	
氟胺磺隆	Triflusulfuron				0.01*	
嗪氨灵	Triforine		0.5		0.01*	
三甲基硫盐	Trimethyl-sulfonium cation				0.05*	
抗倒酯	Trinexapac-ethyl				0.01*	
灭菌唑	Triticonazole				0.01*	
三氟甲磺隆	Tritosulfuron				0.01*	
磺草灵	Valifenalate				0.01*	

（续）

农药中文通用名	农药英文名	中国	韩国	日本	欧盟	CAC
乙烯菌核利	Vinclozolin			5	0.01*	
杀鼠灵	Warfarin				0.01*	
福美锌	Ziram				0.1*	
苯酰菌胺	Zoxamide				0.02*	

注：T表示临时限量标准，＊表示采用最低检出限（LOD）作为限量标准。

在表5-32所列的农药中，中国、韩国、日本、欧盟及CAC均有规定的农药仅有噻虫胺、氯氟氰菊酯、吡虫啉和嘧菌酯4种，五个国家和地区对农药的种类要求差异极大。

中国与其他国家和地区枸杞农药残留限量情况见表5-33。中国和韩国在枸杞上使用的农药种类数相差不多。日本在枸杞上使用的农药种类数次于欧盟。与日本相比，中国和日本均有规定的农药数量有39种，其中，13种农药的最大限量一致，6种农药限量较日本宽松，20种农药限量较日本严格。中国和欧盟对农药的种类要求差异最大。与欧盟相比，中国和欧盟均有规定的农药数量有56种，其中，15种农药的最大残留限量一致，37种农药残留限量较欧盟宽松，仅4种农药残留限量较欧盟严格；中国和CAC对农药的种类要求差异不大。与CAC相比，我国农药残留限量情况远超于CAC，但均有规定的农药仅有16种，其中，13种农药的最大残留限量一致，1种农药残留限量较CAC宽松，2种农药残留限量较CAC严格。

表5-33 不同国家和地区枸杞中农药残留限量标准比对

国家和地区	农药残留限量总数（项）	我国与国外均有规定的农药			
		我国与国外均规定的农药总数（种）	我国比国外严格的农药数量（种）	我国与国外一致的农药数量（种）	我国比国外宽松的农药数量（种）
中国	67	—	—	—	—
韩国	27	6	5	1	0
日本	210	39	20	13	6
欧盟	479	56	4	15	37
CAC	18	16	2	13	1

欧盟是世界上MRLs管理最为严格的地区，60.3%的农药采取了最低检出限（LOD）作为限量标准，＞0.1 mg/kg的农药数为8%，见表5-34。在枸杞农药残留限量标准中，CAC制定的≤0.01 mg/kg的限量标准数仅有5.6%，日本制定的≤0.01 mg/kg的限量标准数仅有5.2%，韩国制定的≤0.01 mg/kg的限量标准数为0，我国制定的≤0.01 mg/kg的限量标准数为17.9%（表5-34）。

表5-34 不同国家和地区枸杞中农药残留限量标准分类

序号	限量范围（mg/kg）	中国		韩国		日本		欧盟		CAC	
		数量（项）	比例（%）	数量（项）	比例（%）	数量（项）	比例（%）	数量（项）	比例（%）	数量（项）	比例（%）
1	≤0.01	12	17.9	0	0.0	11	5.2	289	60.3	1	5.6
2	0.01~0.1（含0.1）	29	43.3	2	7.4	74	35.2	152	31.7	3	16.7
3	0.1~1（含1）	15	22.4	7	25.9	71	33.8	19	4.0	7	38.9
4	＞1	11	16.4	18	66.7	54	25.7	19	4.0	7	38.9

四、枸杞生产和出口的对策建议

从国内外标准对比来看，我国枸杞中农药残留限量标准多于CAC，远少于日本和欧盟。目前，不同国家和地区对枸杞的质量提出了越来越严格的要求，在一定程度上制约了我国枸杞的出口。因此，要加强枸杞的质量安全研究和风险评估，完善和建立枸杞及其制品出口标准，从根本上解决枸杞出口面临的贸易壁垒问题。CAC制定的农药残留限量标准是各国进行食品安全管理、食品生产经营以及国际食品农产品贸易仲裁的重要参考依据，对CAC有标准的项目应当严格按照CAC标准执行。此外，枸杞进出口不在于量的扩充，而在于质的提高。要采取绿色栽培种植，进行病虫害防治，减少农药残留[3]；提高枸杞产品科技含量，研发高附加值产品。

【参考文献】

［1］严海霞，郭洁．中宁枸杞病虫害防治技术研究［J］．农业与技术，2019，39（21）：117-118.

［2］周永锋，满润，陈新来，等．甘肃枸杞病虫防控策略及技术［J］．林业科技通讯，2019（4）：34-36.

［3］马金平，王佳，陈彦珍，等．枸杞病虫害绿色安全防控技术研究［J］．宁夏林业，2019（1）：70-75.

第九节　不同国家和地区人参中农药残留限量的分析及对策

人参是我国最重要的传统中药材之一，近年来，国内外市场对人参的需求量日益增多。根据联合国 COMTRADE（UN Commodity Trade Statistics Database）数据库的统计，中国、韩国、加拿大、美国不仅是参类产品的主要生产国，还是参类产品的主要消费市场。从参类产品国际贸易历史来看，我国人参及相关产品曾经在国际贸易中具有绝对优势，但受资源和产品质量的限制，贸易地位逐渐被韩国高丽参（人参的加工品）取代。由于近年市场需求量的剧增，再加上人参生长周期较长且对生长环境要求苛刻，人工种植的人参成了市场上最重要的产品来源，但是，由于忽视环境保护以及过量使用农药，导致农药严重超标，影响了人参的质量，阻碍了我国人参进一步走向世界的步伐。因此，本节分析我国与韩国、日本、国际食品法典委员会及欧盟的人参农药残留限量标准，并找出其中存在的差异，对指导我国人参生产中科学地使用农药，降低出口贸易风险具有重要意义。

一、不同国家和地区人参农药残留限量标准概况

我国人参的农药限量参考食品安全国家标准《食品中农药最大残留限量》（GB 2763—2019），共规定了 20 种农药残留限量标准。韩国人参的农药残留限量参照 2019 年 10 月发布的《韩国农药残留肯定列表制度》中的数据，共有 125 种限量标准。日本、欧盟和 CAC 分别参考各自的数据库，日本有 211 种残留限量标准；欧盟有 480 种残留限量标准，CAC 有 29 种残留限量标准。

二、我国人参常见病虫害与农药使用情况

人参为多年生生物，病害主要分为地上部病害和地下部病害，病害类型主要分为侵染性病害和非侵染性病害。侵染性病害是由病菌侵染造成的，非侵染性病害是由于田间管理不当或自然灾害造成的损伤。人参地上部侵染性病害主要有黑斑病、疫病、炭疽病、褐斑病、猝倒病；人参地下部侵染性病害主要有菌核病、锈腐病、立枯病、根腐病、细菌性烂根等。人参的主要虫害有蝼蛄、金针虫、蛴螬、地老虎和草地螟等。

目前，我国人参登记使用农药主要有多抗霉素、多菌灵、氟吗·唑菌酯、嘧菌环胺、多黏类芽孢杆菌、氟菌·肟菌酯、噻虫·咯·霜灵、精甲·噁霉灵、烯酰吗啉、双炔酰菌胺、嘧菌酯、氟啶胺、哈茨木霉菌、王铜、苯醚甲环唑、枯草芽孢杆菌、代森锰锌、咯菌腈、丙环唑、霜脲·锰锌、噻虫嗪等 30 多种。

三、人参常用农药的标准对比

中国、韩国、日本、欧盟和 CAC 对人参使用农药的残留限量标准见表 5-35。

表 5-35　不同国家和地区人参常用农药限量标准（mg/kg）

农药中文通用名	农药英文名	中国	韩国	日本	欧盟	CAC
氯氰菊酯	Cypermethrin		0.1	0.05	0.1	0.01
高效氯氟氰菊酯	Lambda-cyhalothrin		0.05	0.5	0.01	0.01
氯虫苯甲酰胺	Chlorantraniliprole		0.05	0.08	0.02	0.02
氯丹	Chlordane	0.1		0.02	0.02	0.02
氟啶虫胺腈	Sulfoxaflor		0.05	0.05	0.05	0.03
肟菌酯	Trifloxystrobin		0.1	0.1	0.05	0.03

（续）

农药中文通用名	农药英文名	中国	韩国	日本	欧盟	CAC
联苯菊酯	Bifenthrin		0.5	0.05	0.1	0.05
溴氰虫酰胺	Cyantraniliprole			0.2		0.05
百草枯	Paraquat			0.05	0.05	0.05
抗蚜威	Pirimicarb			0.5	0.05	0.05
除虫菊素	Pyrethrins			1	0.5	0.05
腈菌唑	Myclobutanil			1	0.05	0.06
苯醚甲环唑	Difenoconazole	0.5	0.5	0.2	20	0.08
艾氏剂和狄氏剂	Aldrin & Dieldrin	0.05	0.01T	0.1	0.02	0.1
嘧菌酯	Azoxystrobin	1	0.1	1	0.3	0.1
萘乙酸	1-Naphthylacetic acid				0.1	0.15
戊唑醇	Tebuconazole		0.5	0.6	0.15	0.15
噻虫胺	Clothianidin		0.2	0.2	0.05	0.2
百菌清	Chlorothalonil		0.1	1	0.05	0.3
二硫代氨基甲酸酯	Dithiocarbamates		0.3	1	1.5	0.3
噻虫嗪	Thiamethoxam		0.1	0.3	0.05	0.3
保棉磷	Azinphos-methyl				0.1	0.5
吡虫啉	Imidacloprid		0.05	0.4	0.05	0.5
增效醚	Piperonyl butoxide			0.5		0.5
胺苯吡菌酮	Fenpyrazamine		0.5		0.7	0.7
氟吡呋喃酮	Flupyradifurone			0.9	0.05	0.7
啶酰菌胺	Boscalid		0.3	2	3	2
联氟砜	Fluensulfone			4		3
咯菌腈	Fludioxonil		0.5	5	4	4
1,1-二氯-2,2-二（4-乙苯）乙烷	1,1-Dichloro-2,2-bis（4-ethylphenyl）ethane				0.1	
1,3-二氯丙烯	1,3-Dichloropropene			0.01	0.05	
1-甲基环丙烯	1-Methylcyclopropene				0.05	
2,4,5-涕	2,4,5-T				0.05	
2,4-滴	2,4-D			0.08	0.1	
2,4-滴丁酸	2,4-DB				0.05	
2-氨基-4-甲氧基-6-甲基-1,3,5-三嗪	2-Amino-4-methoxy-6-（trifluormethyl)-1,3,5-triazine				0.01	
2-萘氧乙酸	2-Naphthyloxyacetic acid				0.05	
邻苯基苯酚	2-Phenylphenol			20	0.05	
3-癸烯-2-酮	3-Decen-2-one				0.1	
氯苯氧乙酸	4-CPA			0.02		
8-羟基喹啉	8-Hydroxyquinoline				0.01	
阿维菌素	Abamectin		0.05		0.05	
乙酰甲胺磷	Acephate				0.05	
灭螨醌	Acequinocyl				0.02	

（续）

农药中文通用名	农药英文名	中国	韩国	日本	欧盟	CAC
啶虫脒	Acetamiprid		0.1	0.2	0.05	
乙草胺	Acetochlor				0.05	
苯并噻二唑	Acibenzolar-S-methyl				0.05	
苯草醚	Aclonifen				0.05	
氟丙菊酯	Acrinathrin				0.05	
甲草胺	Alachlor		0.05T		0.05	
棉铃威	Alanycarb			0.1		
涕灭威	Aldicarb				0.05	
磷化铝	Aluminium phosphide		0.1	0.01		
唑嘧菌胺	Ametoctradin		0.05		0.01	
酰嘧磺隆	Amidosulfuron				0.05	
氯氨吡啶酸	Aminopyralid				0.02	
吲唑磺菌胺	Amisulbrom		0.3		0.01	
双甲脒	Amitraz		0.05		0.1	
杀草强	Amitrole				0.05	
代森铵	Amobam	0.3				
敌菌灵	Anilazine				0.05	
蒽醌	Anthraquinone				0.02	
杀螨特	Aramite				0.1	
磺草灵	Asulam				0.1	
莠去津	Atrazine			0.02	0.1	
印楝素	Azadirachtin				0.01	
四唑嘧磺隆	Azimsulfuron				0.05	
益棉磷	Azinphos-ethyl				0.05	
三唑锡和三环锡	Azocyclotin and Cyhexatin				0.05	
燕麦灵	Barban				0.05	
氟丁酰草胺	Beflubutamid				0.05	
苯霜灵	Benalaxyl		0.05	0.05	0.1	
乙丁氟灵	Benfluralin				0.1	
苄嘧磺隆	Bensulfuron-methyl				0.05	
灭草松	Bentazone			0.05	0.1	
苯噻菌胺	Benthiavalicarb-isopropyl				0.05	
苯扎氯铵	Benzalkonium chloride				0.1	
苯并烯氟菌唑	Benzovindiflupyr				0.05	
联苯肼酯	Bifenazate				0.1	
甲羧除草醚	Bifenox				0.05	
双丙氨膦	Bilanafos（bialaphos）			0.004		
生物苄呋菊酯	Bioresmethrin			0.1		
联苯	Biphenyl				0.05	
联苯三唑醇	Bitertanol			0.05	0.05	

（续）

农药中文通用名	农药英文名	中国	韩国	日本	欧盟	CAC
联苯吡菌胺	Bixafen				0.01	
骨油	Bone oil				0.01	
溴鼠灵	Brodifacoum			0.001		
溴化物	Bromide			40		
无机溴	Bromide ion				70	
乙基溴硫磷	Bromophos-ethyl				0.05	
溴螨酯	Bromopropylate			0.5	0.05	
溴苯腈	Bromoxynil				0.05	
糠菌唑	Bromuconazole				0.05	
乙嘧酚磺酸酯	Bupirimate				0.05	
噻嗪酮	Buprofezin	0.07			0.05	
丁草胺	Butachlor	0.1T				
抑草磷	Butamifos			0.03		
仲丁灵	Butralin				0.05	
丁草敌	Butylate				0.05	
硫线磷	Cadusafos	0.05			0.01	
毒杀芬	Camphechlor				0.05	
敌菌丹	Captafol				0.1	
克菌丹	Captan	0.1		0.01	0.1	
甲萘威	Carbaryl			0.5	0.05	
多菌灵和苯菌灵	Carbendazim and Benomyl	0.2		3	0.1	
双酰草胺	Carbetamide				0.05	
克百威	Carbofuran	0.05		0.5	0.05	
一氧化碳	Carbon monoxide				0.01	
萎锈灵	Carboxin				0.05	
唑酮草酯	Carfentrazone-ethyl			0.1	0.02	
环丙酰菌胺	Carpropamide	1.0T				
杀螟丹、杀虫环和杀虫磺	Cartap，Thiocyclam and Bensultap			3		
杀螨醚	Chlorbenside				0.1	
氯炔灵	Chlorbufam				0.05	
十氯酮	Chlordecone				0.02	
虫螨腈	Chlorfenapyr	0.1		0.2	0.05	
杀螨酯	Chlorfenson				0.1	
毒虫畏	Chlorfenvinphos			0.4	0.05	
氯草敏	Chloridazon			0.1	0.1	
矮壮素	Chlormequat				0.05	
乙酯杀螨醇	Chlorobenzilate				0.1	
氯化苦	Chloropicrin				0.025	
绿麦隆	Chlorotoluron				0.05	

（续）

农药中文通用名	农药英文名	中国	韩国	日本	欧盟	CAC
枯草隆	Chloroxuron				0.05	
氯苯胺灵	Chlorpropham			0.01	0.05	
毒死蜱	Chlorpyrifos		0.05T	0.5	0.05	
甲基毒死蜱	Chlorpyrifos-methyl		0.05T	0.03	0.05	
氯磺隆	Chlorsulfuron				0.05	
氯酞酸甲酯	Chlorthal-dimethyl			5	0.05	
氯硫酰草胺	Chlorthiamid				0.05	
乙菌利	Chlozolinate				0.05	
环虫酰肼	Chromafenozide				0.02	
吲哚酮草酯	Cinidon-ethyl				0.1	
烯草酮	Clethodim		0.05	0.1	0.1	
炔草酸	Clodinafop				0.1	
四螨嗪	Clofentezine				0.05	
异噁草酮	Clomazone			0.02	0.05	
氯羟吡啶	Clopidol			0.2		
二氯吡啶酸	Clopyralid				5	
铜化合物	Copper compounds（copper）				100	
灭菌铜	Copper nonylphenolsulfonate			10		
单氰胺	Cyanamide				0.01	
杀螟腈	Cyanophos			0.05		
氰霜唑	Cyazofamid		0.3	0.09	0.05	
环丙酸酰胺	Cyclanilide				0.1	
环溴虫酰胺	Cyclaniliprole				0.05	
噻草酮	Cycloxydim			0.5	7	
环氟菌胺	Cyflufenamid				0.05	
氟氯氰菊酯	Cyfluthrin		0.1	0.1	0.1	
氰氟草酯	Cyhalofop-butyl				0.1	
霜脲氰	Cymoxanil		0.2		0.1	
环丙唑醇	Cyproconazole				0.05	
嘧菌环胺	Cyprodinil		2	2	1.5	
灭蝇胺	Cyromazine				0.1	
茅草枯	Dalapon				0.1	
丁酰肼	Daminozide				0.1	
棉隆	Dazomet		0.1	0.1	0.02	
胺磺铜	DBEDC			0.5		
滴滴涕	DDT	0.2	0.02T	0.2	0.5	
溴氰菊酯	Deltamethrin		0.05	0.2	0.3	
甲基内吸磷	Demeton-S-methyl			0.4		
甜菜安	Desmedipham				0.05	
丁醚脲	Diafenthiuron			0.02		

(续)

农药中文通用名	农药英文名	中国	韩国	日本	欧盟	CAC
燕麦敌	Di-allate				0.05	
二嗪磷	Diazinon			0.5	0.05	
麦草畏	Dicamba				0.05	
敌草腈	Dichlobenil				0.05	
苯氟磺胺	Dichlofluanid			15		
氯硝胺	Dichloran			10		
2,4-滴丙酸	Dichlorprop				0.1	
敌敌畏	Dichlorvos			0.1	0.02	
禾草灵	Diclofop-methyl				0.05	
哒菌酮	Diclomezine			0.02		
氯硝胺	Dicloran				0.05	
三氯杀螨醇	Dicofol			3	0.1	
双十烷基二甲基氯化铵	Didecyldimethylammonium chloride				0.1	
乙霉威	Diethofencarb		0.3		0.05	
野燕枯	Difenzoquat			0.05		
除虫脲	Diflubenzuron				0.05	
吡氟酰草胺	Diflufenican				0.05	
氟吡草腙	Diflufenzopyr			0.05		
二氟乙酸	Difluoroacetic acid				0.1	.
双氢链霉素和链霉素	Dihydrostreptomycin and Streptomycin			0.05		
二甲草胺	Dimethachlor				0.05	
二甲吩草胺	Dimethenamid				0.05	
噻节因	Dimethipin			0.04	0.1	
乐果	Dimethoate			1	0.05	
烯酰吗啉	Dimethomorph		3		0.05	
醚菌胺	Dimoxystrobin				0.05	
烯唑醇	Diniconazole		0.05		0.05	
敌螨普	Dinocap				0.1	
地乐酚	Dinoseb				0.1	
呋虫胺	Dinotefuran		0.05	1		
特乐酚	Dinoterb				0.05	
敌恶磷	Dioxathion				0.05	
二苯胺	Diphenylamine			0.05	0.05	
敌草快	Diquat			0.05	0.05	
乙拌磷	Disulfoton			0.5	0.05	
二氰蒽醌	Dithianon		0.2		0.01	
敌草隆	Diuron			0.05	0.05	
二硝酚	DNOC				0.05	

（续）

农药中文通用名	农药英文名	中国	韩国	日本	欧盟	CAC
十二环吗啉	Dodemorph				0.01	
多果定	Dodine			0.2	0.05	
甲氨基阿维菌素苯甲酸盐	Emamectin benzoate		0.05	0.1	0.02	
硫丹	Endosulfan			0.2	0.1	
异狄氏剂	Endrin		0.01T	0.01	0.1	
氟环唑	Epoxiconazole				0.05	
茵草敌	Ethyl dipropylthiocarbamate			0.1	0.05	
噻唑菌胺	Ethaboxam		0.2			
乙丁烯氟灵	Ethalfluralin		0.05T		0.01	
胺苯磺隆	Ethametsulfuron-methyl				0.02	
乙烯利	Ethephon			0.05	0.1	
乙硫磷	Ethion			0.3	0.05	
乙嘧酚	Ethirimol				0.05	
乙氧呋草黄	Ethofumesate				0.1	
灭线磷	Ethoprophos		0.05T		0.02	
乙氧喹啉	Ethoxyquin				0.1	
乙氧磺隆	Ethoxysulfuron				0.05	
二溴乙烷	Ethylene dibromide			0.01	0.02	
二氯乙烯	Ethylene dichloride			0.01	0.02	
环氧乙烷	Ethylene oxide				0.1	
醚菊酯	Etofenprox		0.05		0.01	
乙螨唑	Etoxazole				0.05	
土菌灵	Etridiazole		3	0.1	0.05	
噁唑菌酮	Famoxadone		0.05		0.05	
咪唑菌酮	Fenamidone			0.15	0.05	
苯线磷	Fenamiphos			0.2	0.05	
氯苯嘧啶醇	Fenarimol			0.5	0.05	
喹螨醚	Fenazaquin				0.01	
腈苯唑	Fenbuconazole				0.05	
苯丁锡	Fenbutatin oxide			0.05	0.1	
皮蝇磷	Fenchlorphos				0.1	
环酰菌胺	Fenhexamid		0.3		0.05	
杀螟硫磷	Fenitrothion		0.05T		0.05	
仲丁威	Fenobucarb		0.05T			
精噁唑禾草灵	Fenoxaprop-P-ethyl			0.1	0.1	
苯氧威	Fenoxycarb			0.05	0.05	
一种新型杀菌剂	Fenpicoxamid				0.05	
甲氰菊酯	Fenpropathrin		0.2T		0.02	
苯锈啶	Fenpropidin				0.05	
丁苯吗啉	Fenpropimorph			0.05	0.05	

（续）

农药中文通用名	农药英文名	中国	韩国	日本	欧盟	CAC
唑螨酯	Fenpyroximate				0.05	
倍硫磷	Fenthion				0.05	
三苯锡	Fentin			0.1	0.1	
氰戊菊酯	Fenvalerate			0.5	0.1	
嘧菌腙	Ferimzone		0.7			
氟虫腈	Fipronil				0.005	
嘧啶磺隆	Flazasulfuron			0.02	0.05	
氟啶虫酰胺	Flonicamid			0.6	0.1	
双氟磺草胺	Florasulam				0.05	
吡氟禾草灵	Fluazifop-butyl			1	4	
氟啶胺	Fluazinam		0.7	0.3	3	
氟虫双酰胺	Flubendiamide			0.3	0.02	
氟环脲	Flucycloxuron				0.05	
氟氰戊菊酯	Flucythrinate			0.05	0.05	
氟噻草胺	Flufenacet				0.05	
氟虫脲	Flufenoxuron		0.05T	0.2	0.05	
杀螨净	Flufenzin				0.1	
氟节胺	Flumetralin				0.05	
丙炔氟草胺	Flumioxazine				0.1	
氟草隆	Fluometuron			0.02	0.02	
氟吡菌胺	Fluopicolide			0.1	0.02	
氟吡菌酰胺	Fluopyram			0.07	0.4	2.5	
氟离子	Fluoride ion				10	
乙羧氟草醚	Fluoroglycofene				0.02	
氟嘧菌酯	Fluoxastrobin				0.05	
氟啶磺隆	Flupyrsulfuron-methyl				0.1	
氟喹唑	Fluquinconazole			0.2	0.05	
氟啶草酮	Fluridone			0.1		
氟咯草酮	Flurochloridone				0.1	
氯氟吡氧乙酸	Fluroxypyr			0.05	0.05	
呋嘧醇	Flurprimidole				0.05	
呋草酮	Flurtamone				0.05	
氟硅唑	Flusilazole			0.07	0.05	
磺菌胺	Flusulfamide			0.1		
氟噻唑菌腈	Flutianil				0.05	
氟酰胺	Flutolanil			1	0.05	
粉唑醇	Flutriafol				0.05	
氟噁唑酰胺	Fluxametamide			0.05		
氟唑菌酰胺	Fluxapyroxad			0.3	1	2	
灭菌丹	Folpet				0.1	

（续）

（续）

农药中文通用名	农药英文名	中国	韩国	日本	欧盟	CAC
氟磺胺草醚	Fomesafen				0.05	
甲酰胺磺隆	Foramsulfuron				0.05	
氯吡脲	Forchlorfenuron				0.05	
伐虫脒	Formetanate				0.05	
安硫磷	Formothion				0.05	
三乙膦酸铝	Fosetyl-aluminium		2	50	500	
噻唑膦	Fosthiazate		0.05	0.2	0.05	
麦穗宁	Fuberidazole				0.05	
糠醛	Furfural				1	
草铵膦	Glufosinate，ammonium		0.05	0.1	0.1	
草甘膦	Glyphosate		0.2T	0.2	2	
双胍辛乙酸盐	Guazatine				0.05	
氟氯吡啶酯	Halauxifen-methyl				0.1	
氯吡嘧磺隆	Halosulfuron-methyl				0.02	
吡氟氯禾灵	Haloxyfop				0.05	
七氯	Heptachlor	0.05			0.1	
六氯苯	Hexachlorobenzene	0.1		0.01	0.02	
六六六，α异构体	Hexachlorocyclohexane（HCH），alpha-Isomer	0.2	0.02T		0.01	
已唑醇	Hexaconazole		0.5		0.05	
噻螨酮	Hexythiazox				0.05	
氢氰酸	Hydrogen cyanide			5		
噁霉灵	Hymexazol	1*	0.05	0.5	0.05	
抑霉唑	Imazalil			0.02	0.1	
甲氧咪草烟	Imazamox				0.1	
甲咪唑烟酸	Imazapic				0.01	
咪唑喹啉酸	Imazaquin			0.05	0.05	
咪唑乙烟酸铵	Imazethapyr ammonium			0.05		
唑吡嘧磺隆	Imazosulfuron				0.05	
氰咪唑硫磷	Imicyafos			0.03		
双胍辛胺	Iminoctadine		0.1	0.05		
吲哚乙酸	Indolylacetic acid				0.1	
吲哚丁酸	Indolylbutyric acid				0.1	
茚虫威	Indoxacarb		0.05		0.05	
碘甲磺隆	Iodosulfuron-methyl				0.05	
碘苯腈	Ioxynil			0.1	0.05	
种菌唑	Ipconazole				0.02	
异菌脲	Iprodione		0.2	5	2	
缬霉威	Iprovalicarb		0.1		0.05	
异丙噻菌胺	Isofetamid		0.2		0.05	

（续）

农药中文通用名	农药英文名	中国	韩国	日本	欧盟	CAC
稻瘟灵	Isoprothiolane				0.01	
异丙隆	Isoproturon				0.05	
吡唑萘菌胺	Isopyrazam			0.2	0.01	
异噁酰草胺	Isoxaben				0.02	
异噁唑草酮	Isoxaflutole				0.1	
噁唑磷	Isoxathion			0.05		
春雷霉素	Kasugamycin			0.2		
醚菌酯	Kresoxim-methyl	0.1	0.2	0.2	0.05	
乳氟禾草灵	Lactofen				0.05	
环草定	Lenacil			0.3	0.1	
林丹	Lindane		0.01	1	0.01	
利谷隆	Linuron			1	0.1	
虱螨脲	Lufenuron				0.05	
马拉硫磷	Malathion			0.5	0.02	
抑芽丹	Maleic hydrazide			30	0.5	
代森锰锌	Mancozeb	0.3				
甲氧基丙烯酸酯类杀菌剂	Mandestrobin		0.2		0.05	
双炔酰菌胺	Mandipropamid		0.1		0.02	
2甲4氯和2甲4氯丁酸	MCPA and MCPB				0.1	
灭蚜磷	Mecarbam				0.05	
2甲4氯丙酸	Mecoprop				0.1	
氯氟醚菌唑	Mefentrifluconazole				0.05	
嘧菌胺	Mepanipyrim				0.05	
甲哌鎓	Mepiquat chloride				0.1	
灭锈胺	Mepronil				0.05	
消螨多	Meptyldinocap				0.1	
汞化合物	Mercury compounds				0.02	
甲磺胺磺隆	Mesosulfuron-methyl				0.05	
硝磺草酮	Mesotrione				0.05	
氰氟虫腙	Metaflumizone		0.3	0.3	0.1	
甲霜灵和精甲霜灵	Metalaxyl and Metalaxyl-M		0.5	0.4	0.05	
四聚乙醛	Metaldehyde		0.05		0.1	
苯嗪草酮	Metamitron				0.1	
吡唑草胺	Metazachlor				0.1	
叶菌唑	Metconazole		1		0.1	
甲基苯噻隆	Methabenzthiazuron				0.05	
虫螨畏	Methacrifos				0.05	
甲胺磷	Methamidophos				0.05	
杀扑磷	Methidathion			0.1	0.1	
甲硫威	Methiocarb			0.05	0.1	

农药中文通用名	农药英文名	中国	韩国	日本	欧盟	CAC
灭多威	Methomyl				0.05	
烯虫酯	Methoprene				0.1	
甲氧滴滴涕	Methoxychlor			7	0.1	
甲氧虫酰肼	Methoxyfenozide		0.2	0.5	0.05	
代森联	Metiram	0.3				
异丙甲草胺和精异丙甲草胺	Metolachlor and S-metolachlor		0.05T	0.05	0.05	
磺草唑胺	Metosulam				0.05	
苯菌酮	Metrafenone		0.1		0.05	
嗪草酮	Metribuzin			0.5	0.1	
甲磺隆	Metsulfuron-methyl				0.05	
速灭磷	Mevinphos				0.02	
弥拜菌素	Milbemectin				0.1	
禾草敌	Molinate				0.05	
久效磷	Monocrotophos			0.05	0.05	
绿谷隆	Monolinuron				0.05	
灭草隆	Monuron				0.05	
敌草胺	Napropamide		0.05T		0.05	
烟嘧磺隆	Nicosulfuron				0.05	
烟碱	Nicotine				0.5	
除草醚	Nitrofen				0.02	
氟酰脲	Novaluron		0.05		0.01	
氧乐果	Omethoate			1	0.05	
嘧苯胺磺隆	Orthosulfamuron				0.01	
氨磺乐灵	Oryzalin				0.05	
丙炔噁草酮	Oxadiargyl				0.05	
噁草酮	Oxadiazon				0.05	
噁霜灵	Oxadixyl			5	0.02	
杀线威	Oxamyl			0.2	0.05	
环氧嘧磺隆	Oxasulfuron				0.05	
氟噻唑吡乙酮	Oxathiapiprolin		0.15		0.05	
喹啉铜	Oxine-copper			0.3		
喹菌酮	Oxolinic acid			0.2		
氧化萎锈灵	Oxycarboxin				0.05	
亚砜磷	Oxydemeton-methyl			0.02	0.05	
乙氧氟草醚	Oxyfluorfen		0.05T		0.05	
多效唑	Paclobutrazol				0.02	
石蜡油	Paraffin oil				0.01	
对硫磷	Parathion			0.3	0.1	
甲基对硫磷	Parathion-methyl			1	0.05	
戊菌唑	Penconazole			0.1	0.05	

（续）

农药中文通用名	农药英文名	中国	韩国	日本	欧盟	CAC
戊菌隆	Pencycuron		0.7		0.05	
二甲戊灵	Pendimethalin			0.2	0.5	
五氟磺草胺	Penoxsulam				0.05	
吡噻菌胺	Penthiopyrad		0.7	0.6	0.02	
氯菊酯	Permethrin			0.1	0.1	
烯草胺	Pethoxamid				0.05	
矿物油	Petroleum oils				0.01	
甜菜宁	Phenmedipham				0.05	
苯醚菊酯	Phenothrin				0.05	
稻丰散	Phenthoate		0.05T	0.1		
甲拌磷	Phorate		0.05T	0.3	0.05	
伏杀硫磷	Phosalone				0.05	
亚胺硫磷	Phosmet			1	0.1	
磷胺	Phosphamidone				0.02	
磷类化合物	Phosphane and phosphide salts				0.02	
辛硫磷	Phoxim			0.02	0.1	
四唑吡氨酯	Picarbutrazox		1			
氨氯吡啶酸	Picloram				0.01	
氟吡草胺	Picolinafen				0.05	
啶氧菌酯	Picoxystrobin		0.3		0.05	
杀鼠酮	Pindone			0.001		
唑啉草酯	Pinoxaden				0.05	
甲基嘧啶磷	Pirimiphos-methyl			1	0.05	
多抗霉素	Polyoxins			0.3		
咪鲜胺	Prochloraz		0.3	0.05	0.2	
腐霉利	Procymidone			0.2	0.05	
丙溴磷	Profenofos				0.05	
环苯草酮	Profoxydim				0.1	
调环酸钙	Prohexadione calcium				0.05	
扑草净	Prometryn			0.5		
毒草胺	Propachlor				0.1	
霜霉威	Propamocarb			0.5	0.05	
敌稗	Propanil			0.1	0.05	
噁草酸	Propaquizafop				0.05	
克螨特	Propargite				0.05	
苯胺灵	Propham				0.05	
丙环唑	Propiconazole	0.1	0.05T	0.3	0.05	
丙森锌	Propineb	0.3			0.1	
异丙草胺	Propisochlor				0.05	
残杀威	Propoxur			2	0.1	

（续）

农药中文通用名	农药英文名	中国	韩国	日本	欧盟	CAC
丙苯磺隆	Propoxycarbazone				0.1	
炔苯酰草胺	Propyzamide				0.05	
碘喹唑酮	Proquinazid				0.05	
苄草丹	Prosulfocarb			1	0.05	
氟磺隆	Prosulfuron				0.05	
丙硫菌唑	Prothioconazole				0.05	
吡蚜酮	Pymetrozine				0.1	
吡唑硫磷	Pyraclofos			0.1		
吡唑醚菌酯	Pyraclostrobin		2	0.5	0.1	
吡草醚	Pyraflufen ethyl				0.1	
磺酰草吡唑	Pyrasulfotole				0.02	
苄草唑	Pyrazolynate			0.02		
吡菌磷	Pyrazophos				0.05	
吡菌苯威	Pyribencarb		0.5	0.7		
哒螨灵	Pyridaben				0.05	
三氟甲吡醚	Pyridalyl			0.3	0.02	
哒草特	Pyridate				0.05	
吡氟喹虫唑	Pyrifluquinazon		0.05			
嘧霉胺	Pyrimethanil	1.5	1	1	1.5	
吡丙醚	Pyriproxyfen				0.05	
啶磺草胺	Pyroxsulam				0.02	
喹硫磷	Quinalphos			0.05	0.05	
二氯喹啉酸	Quinclorac				0.05	
氯甲喹啉酸	Quinmerac				0.1	
灭藻醌	Quinoclamine				0.05	
喹氧灵	Quinoxyfen				0.05	
五氯硝基苯	Quintozene	0.1	0.1T	0.02	0.1	
喹禾灵	Quizalofop			0.1	1	
苄呋菊酯	Resmethrin			0.1	0.05	
砜嘧磺隆	Rimsulfuron				0.05	
鱼藤酮	Rotenone				0.02	
苯嘧磺草胺	Saflufenacil				0.03	
硫硅菌胺	Silthiofam				0.05	
西玛津	Simazine			10.0T	0.05	
硅氟唑	Simeconazole		0.7			
5-硝基愈创木酚钠	Sodium 5-nitroguaiacolate				0.15	
乙基多杀菌素	Spinetoram		0.05		0.1	
多杀霉素	Spinosad			0.2	0.1	
螺螨酯	Spirodiclofen				0.05	
螺虫酯	Spiromesifen				0.02	

（续）

农药中文通用名	农药英文名	中国	韩国	日本	欧盟	CAC
螺虫乙酯	Spirotetramat		0.05	0.05	0.1	
螺环菌胺	Spiroxamine				0.05	
磺草酮	Sulcotrione				0.1	
甲磺草胺	Sulfentrazone			0.05		
磺酰磺隆	Sulfosulfuron				0.05	
硫酰氟	Sulfuryl fluoride				0.02	
氟胺氰菊酯	Tau-fluvalinate			0.02	0.01	
虫酰肼	Tebufenozide			0.3	0.1	
吡螨胺	Tebufenpyrad				0.05	
丁嘧硫磷	Tebupirimfos		0.05			
四氯硝基苯	Tecnazene			0.05	0.05	
氟苯脲	Teflubenzuron		0.2T		0.05	
七氟菊酯	Tefluthrin		0.1	0.1	0.7	
环磺酮	Tembotrione				0.05	
焦磷酸四乙酯	TEPP				0.02	
吡喃草酮	Tepraloxydim			0.2	0.1	
特丁硫磷	Terbufos		0.05	0.005	0.01	
特丁津	Terbuthylazine				0.05	
四氟醚唑	Tetraconazole				0.02	
三氯杀螨砜	Tetradifon			1	0.05	
噻菌灵	Thiabendazole			2	0.05	
噻虫啉	Thiacloprid		0.1		0.02	
噻吩磺隆	Thiencarbazone-methyl				0.05	
噻呋酰胺	Thifluzamide		1			
禾草丹	Thiobencarb			0.02	0.05	
硫双威	Thiodicarb			0.5	0.05	
甲基硫菌灵	Thiophanate-methyl				0.1	
福美双	Thiram	0.3			0.2	
甲基立枯磷	Tolclofos-methyl		1	2	0.05	
甲苯氟磺胺	Tolylfluanid		0.2T		0.1	
苯唑草酮	Topramezone				0.02	
三甲苯草酮	Tralkoxydim				0.05	
三唑酮	Triadimefon			0.1	0.05	
三唑醇	Triadimenol			0.1	0.05	
野麦畏	Tri-allate			0.1	0.1	
醚苯磺隆	Triasulfuron				0.1	
三唑磷	Triazophos				0.02	
苯磺隆	Tribenuron-methyl				0.05	
敌百虫	Trichlorfon			0.5	0.05	
三氯吡氧乙酸	Triclopyr			0.03	0.05	

（续）

农药中文通用名	农药英文名	中国	韩国	日本	欧盟	CAC
三环唑	Tricyclazole				0.05	
十三吗啉	Tridemorph			0.05	0.05	
氟菌唑	Triflumizole	0.1	0.5		0.1	
杀铃脲	Triflumuron			0.02	0.05	
氟乐灵	Trifluralin			1	0.05	
氟胺磺隆	Triflusulfuron				0.05	
嗪氨灵	Triforine				0.05	
三甲基锍盐	Trimethyl-sulfonium cation				0.05	
抗倒酯	Trinexapac-ethyl				0.05	
灭菌唑	Triticonazole				0.02	
三氟甲磺隆	Tritosulfuron				0.05	
有效霉素	Validamycin					
磺草灵	Valifenalate			0.05	0.02	
乙烯菌核利	Vinclozolin				0.05	
杀鼠灵	Warfarin			0.001	0.01	
代森锌	Zineb	0.3				
福美锌	Ziram	0.3			0.2	
苯酰菌胺	Zoxamide				0.05	

注：T表示临时限量标准，*表示采用最低检出限（LOD）作为限量标准。

在表5-35所列的农药残留限量标准中，中国、韩国、日本、欧盟及CAC均有规定的农药仅有苯醚甲环唑、艾氏剂和狄氏剂、嘧菌酯3种，五个国家和地区对农药的种类要求差异极大。

中国和其他国家及地区人参农药残留限量情况见表5-36。中国和CAC在人参上使用的农药种类数相差不多。在均有规定的4种农药中，氯丹、苯醚甲环唑和嘧菌酯的农药残留限量较CAC宽松，艾氏剂和狄氏剂的农药残留限量较CAC严格。此外，由表5-37可知，CAC农药残留限量标准≤0.1 mg/kg的标准达51.7%，远高于我国（35.0%）。

表5-36 不同国家和地区人参中农药残留限量标准比对

国家和地区	农药残留限量总数（项）	我国与国外均有规定的农药			
		我国与国外均规定的农药总数（种）	我国比国外严格的农药数量（种）	我国与国外一致的农药数量（种）	我国比国外宽松的农药数量（种）
中国	20	—	—	—	—
韩国	125	10	1	2	7
日本	211	11	3	2	6
欧盟	480	16	3	2	11
CAC	29	4	1	0	3

韩国在人参上使用的农药数次于日本，与韩国相比，中国和韩国均有规定的农药数量是10种，其中，苯醚甲环唑和五氯硝基苯的限量标准一致，艾氏剂和狄氏剂、嘧菌酯、滴滴涕、丙环唑、噁霉灵、嘧霉胺和六六六的α异构体7种农药的残留限量标准比韩国宽松，醚菌酯的残留限量标准比韩国严格。

韩国农药残留限量标准≤0.1 mg/kg 的标准达 57.6%（表 5-37），低于欧盟。

表 5-37 不同国家和地区人参中农药残留限量标准分类

序号	限量范围（mg/kg）	中国		韩国		日本		欧盟		CAC	
		数量（项）	比例（%）	数量（项）	比例（%）	数量（项）	比例（%）	数量（项）	比例（%）	数量（项）	比例（%）
1	≤0.01	0	0.0	3	2.4	13	6.2	30	6.3	2	6.9
2	0.01~0.1（含0.1）	7	35.0	69	55.2	89	42.2	415	86.5	13	44.8
3	0.1~1（含1）	12	60.0	47	37.6	87	41.2	17	3.5	11	37.9
4	>1	1	5.0	6	4.8	22	10.4	18	3.8	3	10.3

日本在人参上使用的农药种类数次于欧盟。与日本相比，中国和日本均有规定的农药数量有 11 种，这 11 种农药中，嘧菌酯和滴滴涕的残留限量标准一致，艾氏剂和狄氏剂、丙环唑和醚菌酯的残留限量标准比日本严格，噁霉灵、嘧霉胺、苯醚甲环唑、五氯硝基苯、氯丹和六氯苯 6 种农药的残留限量标准比日本宽松。日本农药残留限量标准≤0.1 mg/kg 的标准达 48.4%（表 5-37），高于我国（35.0%）。

欧盟是世界上农药残留限量管理最为严格的地区，与欧盟相比，中国和欧盟均有规定的农药数量有 16 种，其中，嘧霉胺和五氯硝基苯的残留限量标准一致，滴滴涕和苯醚甲环唑的残留限量标准严于欧盟，艾氏剂和狄氏剂、丙环唑、醚菌酯、嘧菌酯、噁霉灵、氯丹、六氯苯、七氯、丙森锌、福美双、福美锌和六六六的 α 异构体 12 项农药的残留限量标准较欧盟宽松。欧盟农药残留限量标准≤0.1 mg/kg 的标准高达 92.8%（表 5-37），远高于其他国家和地区。

四、人参生产和出口的对策建议

中医药传统经验认为，园参和林下山参的质量存在较大差异，因此，林下山参的发展是我国参类产业的核心竞争优势。因此应该采取措施，大力发展林下山参和提高园参的品质[3]。

从国内外标准对比来看，我国人参中农药残留限量标准少于 CAC，更远少于韩国、日本和欧盟。日本、欧盟和韩国是我国人参出口主要国家和地区，各个国家和地区对人参产品的质量提出了越来越严格的要求，严重制约了我国人参的出口。一方面，对残留限量较为严格的农药使用时应慎重，甚至尽量不使用；相对于不严格的农药可以适当使用。另一方面，应当加强对人参的质量安全研究和风险评估，完善我国农药残留限量标准体系。

【参考文献】

[1] 胡鑫，沈亮，胡志刚，等. 农田栽培人参无公害病虫害防治研究进展 [J/OL]. 中国现代中药，2020，22（3）：452-460.

[2] 张淑梅，高建兴. 浅析人参的栽培管理与病虫害防治技术 [J]. 农业与技术，2014，34（10）：127-128.

[3] 张刊. 园参和林下参种植及个案分析 [J]. 乡村科技，2016（21）：9.

第十节　不同国家和地区鸡肉中农药残留限量的分析及对策

　　动物源食品是人类食品结构的重要组成部分，所占比重越来越大，其安全性越来越被广大消费者关注。近年来，动物性食品因兽药残留、农药残留和其他有毒有害物质超标的食品安全事件时有发生，不仅影响了消费者的身体健康，还给畜牧业生产和正常的国际贸易带来了较大的影响[1-3]。

　　鸡肉与猪肉、牛肉、羊肉等相比，具有蛋白质含量高，脂肪和胆固醇含量低，价格低等特点，深受国内外消费者的喜爱。近年来，我国肉鸡产业呈现了快速增长趋势，鸡肉产量从 1996 年的 833 万 t 增至 2018 年的 1 215 万 t，是世界上第二大鸡肉生产国，但我国鸡肉生产与出口贸易的发展相比却极不相称。目前，我国年出口鸡肉为 40 万 t 左右，其中，出口的熟制鸡肉占总量的 55% 左右，冷冻生鲜鸡肉占 45%。我国鸡肉大部分出口至亚洲的国家和地区，如冷冻生鲜鸡肉主要出口至香港，熟制鸡肉主要出口至日本[4]。

　　因此，保障我国鸡肉产品的质量安全具有非常重要的意义。公众对动物源食品中兽药残留和微生物污染关注得多，但对农药残留关注度不高。动物源食品中的农药残留主要来源于饲料和环境污染，通过"除害剂—农作物—饲料—动物"食物链传递[5-7]。因为不直接与动物源食品接触，中间涉及多个生产环节，容易被人们忽视。在这种现状和思维影响下，不管是生产者、还是监管者，对动物源食品中的农药残留均存在认识不足和重视不够的问题，导致农药残留问题现状不清、存在问题得不到解决。本节通过对鸡肉产品中农药残留限量标准的比对研究，探索我国相关标准的差距和不足，并提出初步的对策和建议。

一、不同国家/地区鸡肉农药残留限量标准概况

　　我国食品安全国家标准《食品中农药最大残留限量》（GB 2763—2019），规定了鸡肉中 84 种农药的残留限量；韩国鸡肉的农药残留限量参考 2019 年 10 月发布的《韩国农药残留肯定列表制度》[8]，共有 51 种限量标准；日本[9]、欧盟[10]和 CAC[11]分别参考各自的数据库，分别规定了 217 种限量、453 种限量、150 种限量，具体见表 5-38。

表 5-38　不同国家和地区鸡肉中农药限量标准（mg/kg）

农药中文通用名	农药英文名	中国	韩国	日本	欧盟	CAC
丁苯吗啉	Fenpropimorph	0.01		0.01	0.01*	0.005
林丹	Lindane	0.05	2.0（f）	0.7	0.01*	0.005
百草枯	Paraquat	0.005*		0.05		0.005
乙酰甲胺磷	Acephate		0.1	0.01	0.02*	0.01
啶虫脒	Acetamiprid	0.01		0.01	0.02*	0.01
氯氨吡啶酸	Aminopyralid	0.01*			0.01*	0.01
嘧菌酯	Azoxystrobin	0.01		0.01	0.01*	0.01
苯并烯氟菌唑	Benzovindiflupyr	0.01*		0.01	0.01*	0.01
氟吡草酮	Bicyclopyrone				0.01*	
联苯肼酯	Bifenazate	0.01*		0.01	0.02*	
联苯三唑醇	Bitertanol	0.01		0.01	0.01*	0.01
百菌清	Chlorothalonil	0.01*			0.01*	0.01
毒死蜱	Chlorpyrifos	0.01	0.01（f）	0.08	0.01*	0.01

（续）

农药中文通用名	农药英文名	中国	韩国	日本	欧盟	CAC
甲基毒死蜱	Chlorpyrifos-methyl	0.01	0.05	0.05	0.1	0.01
噻虫胺	Clothianidin	0.01		0.02	0.01*	0.01
氟氯氰菊酯	Cyfluthrin	0.01*		0.2	0.05	0.01
环丙唑醇	Cyproconazole			0.01	0.05*	0.01
嘧菌环胺	Cyprodinil	0.01*		0.01	0.02*	0.01
敌敌畏	dichlorvos	0.01*	0.05	0.05		0.01
苯醚甲环唑	Difenoconazole	0.01		0.01	0.1	0.01
二甲酚草胺	Dimethenamid			0.01	0.01*	0.01
噻节因	Dimethipin	0.01	0.01	0.01		0.01
烯酰吗啉	Dimethomorph			0.01	0.01*	0.01
敌草快	Diquat	0.05*	0.05	0.05	0.05*	0.01
二氰蒽醌	Dithianon			0.01	0.01*	0.01
醚菊酯	Etofenprox	0.01*		0.02	0.01*	0.01
噁唑菌酮	Famoxadone	0.01*		0.01	0.01*	0.01
咪唑菌酮	Fenamidone	0.01*			0.01*	0.01
苯线磷	Fenamiphos	0.01*		0.01	0.02*	0.01
腈苯唑	Fenbuconazole		0.05	0.01	0.05*	0.01
甲氰菊酯	Fenpropathrin		0.02（f）	0.05		0.01
氰戊菊酯	Fenvalerate	0.01		0.01	0.02*	0.01
氟虫腈	Fipronil	0.01*		0.01	0.005*	0.01
咯菌腈	Fludioxonil			0.01	0.01*	0.01
联氟砜	Fluensulfone					0.01
氟吡菌胺	Fluopicolide	0.01*		0.01	0.01*	0.01
粉唑醇	Flutriafol			0.05	0.01*	0.01
甲氧咪草烟	Imazamox			0.01	0.01*	0.01
甲咪唑烟酸	Imazapic			0.01	0.01*	0.01
咪唑烟酸	Imazapyr	0.01*		0.01	0.05*	0.01
咪唑乙烟酸铵	Imazethapyr ammonium			0.1		0.01
茚虫威	Indoxacarb			0.01	0.01*	0.01
异丙噻菌胺	Isofetamid				0.01*	0.01
吡唑萘菌胺	Isopyrazam	0.01*		0.01	0.01*	0.01
异噁唑草酮	Isoxaflutole			0.01	0.02*	0.01
双炔酰菌胺	Mandipropamid				0.02*	0.01
硝磺草酮	Mesotrione				0.01*	0.01
甲胺磷	Methamidophos	0.01		0.01	0.01*	0.01
甲氧虫酰肼	Methoxyfenozide		0.01†	0.01	0.01*	0.01
苯菌酮	Metrafenone	0.01*		0.01	0.01*	0.01
腈菌唑	Myclobutanil		0.1	0.01	0.01*	0.01
喹菌酮	Oxolinic acid			0.03		0.01
二甲戊灵	Pendimethalin				0.01*	0.01

（续）

农药中文通用名	农药英文名	中国	韩国	日本	欧盟	CAC
啶氧菌酯	Picoxystrobin			0.01	0.01*	0.01
抗蚜威	Pirimicarb			0.1	0.01*	0.01
甲基嘧啶磷	Pirimiphos-methyl	0.01		0.01	0.01*	0.01
霜霉威	Propamocarb	0.01		0.01	0.02	0.01
丙环唑	Propiconazole	0.01	0.05	0.04	0.01*	0.01
丙硫菌唑	Prothioconazole				0.01*	0.01
苯嘧磺草胺	Saflufenacil				0.01*	0.01
氟唑环菌胺	Sedaxane			0.01		0.01
乙基多杀菌素	Spinetoram		0.01†	0.01	0.01	0.01
螺虫乙酯	Spirotetramat	0.01*			0.01*	0.01
氟苯脲	Teflubenzuron			0.01	0.05	0.01
噻虫嗪	Thiamethoxam	0.01		0.01	0.01*	0.01
三唑酮	Triadimefon	0.01*	0.05	0.05	0.01*	0.01
三唑醇	Triadimenol	0.01*		0.05	0.01*	0.01
三氟苯嘧啶	Triflumezopyrim				0.01*	0.01
抗倒酯	Trinexapac-ethyl				0.01*	0.01
乙草胺	Acetochlor				0.01*	0.02
苯并噻二唑	Acibenzolar-S-methyl			0.02	0.02*	0.02
联苯吡菌胺	Bixafen			0.02	0.02*	0.02
啶酰菌胺	Boscalid	0.02		0.02	0.01*	0.02
氯虫苯甲酰胺	Chlorantraniliprole	0.01*		0.02	0.01*	0.02
虫螨腈	Chlorfenapyr			0.01		0.02
溴氰虫酰胺	Cyantraniliprole			0.02	0.02	0.02
二嗪磷	Diazinon	0.02*	0.02	0.02	0.02	0.02
麦草畏	Dicamba	0.02*		0.02	0.02	0.02
呋虫胺	Dinotefuran	0.02*		0.02	0.02	0.02
乙拌磷	Disulfoton		0.02	0.02	0.02	0.02
乙烯利	Ethephon			0.1	0.05*	0.02
丙炔氟草胺	Flumioxazine				0.02*	0.02
氟唑菌酰胺	Fluxapyroxad			0.02	0.02	0.02
抑霉唑	Imazalil			0.02	0.05*	0.02
吡虫啉	Imidacloprid	0.02*		0.02	0.05*	0.02
醚菌酯	Kresoxim-methyl	0.05*	0.05	0.05	0.05*	0.02
虱螨脲	Lufenuron			0.01	0.02*	0.02
灭多威	Methomyl	0.02*			0.01*	0.02
烯虫酯	Methoprene			0.1	0.05*	0.02
氟草敏	Norflurazon					0.02
唑啉草酯	Pinoxaden			0.06		0.02
喹氧灵	Quinoxyfen	0.02		0.01	0.2	0.02
螺虫酯	Spiromesifen				0.01*	0.02

（续）

农药中文通用名	农药英文名	中国	韩国	日本	欧盟	CAC
虫酰肼	Tebufenozide	0.02		0.02	0.05*	0.02
噻虫啉	Thiacloprid	0.02*		0.02	0.01*	0.02
一种新型杀线虫剂	Tioxazafen					0.02
唑嘧菌胺	Ametoctradin			0.03	0.03*	0.03
灭草松	Bentazone	0.03*		0.05	0.02*	0.03
噻草酮	Cycloxydim	0.03			0.05*	0.03
敌草腈	Dichlobenil				0.01*	0.03
硫丹	Endosulfan	0.03		0.1	0.05*	0.03
吡氟禾草灵	Fluazifop-butyl			0.04	0.02	0.03
吡噻菌胺	Penthiopyrad	0.03*		0.03	0.01*	0.03
矮壮素	Chlormequat	0.04*		0.05	0.05	0.04
肟菌酯	Trifloxystrobin			0.04	0.04	0.04
2,4-滴	2,4-D	0.05*	0.05	0.05	0.05*	0.05
多菌灵	Carbendazim	0.05	0.1	0.09	0.05*	0.05
丁硫克百威	Carbosulfan	0.05		0.05		0.05
四螨嗪	Clofentezine	0.05*	0.05	0.05	0.05*	0.05
除虫脲	Diflubenzuron	0.05*	0.05	0.05	0.01*	0.05
乐果	Dimethoate	0.05*	0.05	0.05		0.05
乙虫腈	Ethiprole					0.05
苯丁锡	Fenbutatin oxide	0.05	0.05	0.05	0.02*	0.05
杀螟硫磷	Fenitrothion	0.05		0.05	0.01*	0.05
氟酰胺	Flutolanil			0.05	0.05*	0.05
草铵膦	Glufosinate，ammonium	0.05*		0.05	0.05	0.05
草甘膦	Glyphosate		0.1	0.05	0.05*	0.05
噻螨酮	Hexythiazox	0.05*		0.05	0.05	0.05
2甲4氯和2甲4氯丁酸	MCPA and MCPB	0.05*		0.1	0.1*	0.05
亚砜磷	Oxydemeton-methyl			0.02	0.01*	0.05
戊菌唑	Penconazole		0.05	0.05	0.05	0.05
甲拌磷	Phorate	0.05		0.05	0.05	0.05
咪鲜胺	Prochloraz	0.05*		0.05	0.1*	0.05
丙溴磷	Profenofos	0.05		0.05	0.05	0.05
吡唑醚菌酯	Pyraclostrobin	0.05*		0.05	0.05*	0.05
二氯喹啉酸	Quinclorac			0.05		0.05
戊唑醇	Tebuconazole			0.05	0.1*	0.05
特丁硫磷	Terbufos	0.05*	0.05	0.05	0.01*	0.05
噻菌灵	Thiabendazole	0.05		0.05	0.05	0.05
氯氰菊酯	Cypermethrin	0.1	0.05	0.05	0.1	0.1
灭蝇胺	Cyromazine	0.1*	0.05	0.1	0.01*	0.1
溴氰菊酯	Deltamethrin			0.1	0.02*	0.1
二硫代氨基甲酸酯	Dithiocarbamates			0.1	0.05*	0.1

（续）

农药中文通用名	农药英文名	中国	韩国	日本	欧盟	CAC
异狄氏剂	Endrin		1	0.05	0.05	0.1
氟啶虫酰胺	Flonicamid			0.03	0.1	0.1
氯菊酯	Permethrin	0.1	0.1	0.1	0.05*	0.1
克螨特	Propargite	0.1	0.1 (f)	0.1	0.01*	0.1
五氯硝基苯	Quintozene	0.1	0.1	0.01	0.01*	0.1
艾氏剂和狄氏剂	Aldrin and Dieldrin	0.2	0.2 (f)	0.2	0.2	0.2
烯草酮	Clethodim			0.2	0.2	0.2
氟硅唑	Flusilazole	0.2	0.01	0.2	0.02*	0.2
七氯	Heptachlor	0.2	0.2 (f)		0.2	0.2
多杀菌素	Spinosad	0.2		0.1	0.2	0.2
滴滴涕	DDT		0.3 (f)	0.3	1	0.3
氯丹	Chlordane	0.5	0.5 (f)	0.08	0.05*	0.5
氟酰脲	Novaluron	0.5		0.1	0.5	0.5
吡氟氯禾灵	Haloxyfop			0.01	0.01*	0.7
氟啶虫胺腈	Sulfoxaflor	0.1*	0.1†	0.1	0.1	0.7
氟吡呋喃酮	Flupyradifurone				0.01*	0.8
氟吡菌酰胺	Fluopyram			0.5	1.5	1.5
1，1-二氯-2，2-二（4-乙苯）乙烷	1，1-Dichloro-2，2-bis（4-ethylphenyl）ethane				0.01*	
1,3-二氯丙烯	1,3-Dichloropropene				0.02*	
1-甲基环丙烯	1-Methylcyclopropene				0.01*	
萘乙酸	1-Naphthylacetic acid				0.06*	
2,4,5-涕	2,4,5-T				0.01*	
2,4-滴丁酸	2,4-DB			0.05	0.05*	
2-氨基-4-甲氧基-6-甲基-1,3,5-三嗪	2-Amino-4-methoxy-6-（trifluormethyl）-1,3,5-triazine				0.01*	
2-萘氧乙酸	2-Naphthyloxyacetic acid				0.01*	
邻苯基苯酚	2-Phenylphenol				0.01*	
3-癸烯-2-酮	3-Decen-2-one				0.1*	
8-羟基喹啉	8-Hydroxyquinoline				0.01*	
阿维菌素	Abamectin				0.01*	
灭螨醌	Acequinocyl				0.01*	
苯草醚	Aclonifen				0.01*	
氟丙菊酯	Acrinathrin				0.01*	
甲草胺	Alachlor			0.02	0.01*	
涕灭威	Aldicarb				0.01*	
烯丙菊酯	Allethrin			0.04		
酰嘧磺隆	Amidosulfuron				0.02*	
吲唑磺菌胺	Amisulbrom				0.01*	
双甲脒	Amitraz				0.05*	

（续）

农药中文通用名	农药英文名	中国	韩国	日本	欧盟	CAC
杀草强	Amitrole				0.01*	
敌菌灵	Anilazine				0.01*	
蒽醌	Anthraquinone				0.01*	
杀螨特	Aramite				0.01*	
磺草灵	Asulam				0.02*	
莠去津	Atrazine			0.02		
印楝素	Azadirachtin				0.01*	
四唑嘧磺隆	Azimsulfuron				0.02*	
益棉磷	Azinphos-ethyl				0.01*	
保棉磷	Azinphos-methyl				0.01*	
三唑锡和三环锡	Azocyclotin and Cyhexatin				0.01*	
燕麦灵	Barban				0.01*	
氟丁酰草胺	Beflubutamid				0.01*	
苯霜灵	Benalaxyl			0.5	0.05*	
噁虫威	Bendiocarb		0.05	0.05		
乙丁氟灵	Benfluralin				0.02*	
丙硫克百威	Benfuracarb			0.5		
苄嘧磺隆	Bensulfuron-methyl				0.01*	
苯噻菌胺	Benthiavalicarb-isopropyl				0.01*	
苯扎氯铵	Benzalkonium chloride				0.1	
甲羧除草醚	Bifenox				0.01*	
联苯菊酯	Bifenthrin	0.05 (f)	0.05	0.05*		
生物苄呋菊酯	Bioresmethrin			0.5		
联苯	Biphenyl				0.01*	
骨油	Bone oil				0.01*	
溴鼠灵	Brodifacoum			0.001		
溴敌隆	Bromadiolone				0.01*	
溴化物	Bromide			50		
无机溴	Bromide ion				0.05*	
乙基溴硫磷	Bromophos-ethyl				0.01*	
溴螨酯	Bromopropylate			0.05	0.01*	
溴苯腈	Bromoxynil			0.06	0.05*	
糠菌唑	Bromuconazole				0.02*	
乙嘧酚磺酸酯	Bupirimate				0.05*	
噻嗪酮	Buprofezin				0.01*	
氟丙嘧草酯	Butafenacil			0.01		
仲丁灵	Butralin				0.01*	
丁草敌	Butylate				0.01*	
丁羟茴香醚	Butylhydroxyanisol			0.02		
硫线磷	Cadusafos				0.01*	

（续）

农药中文通用名	农药英文名	中国	韩国	日本	欧盟	CAC
毒杀芬	Camphechlor				0.01*	
敌菌丹	Captafol				0.01*	
克菌丹	Captan				0.03*	
甲萘威	Carbaryl	0.5	0.5		0.05*	
双酰草胺	Carbetamide				0.01*	
克百威	Carbofuran			0.08	0.01*	
一氧化碳	Carbon monoxide				0.01*	
萎锈灵	Carboxin				0.03*	
唑酮草酯	Carfentrazone-ethyl			0.05		
氯杀螨	Chlorbenside				0.05*	
氯草灵	Chlorbufam				0.01*	
十氯酮	Chlordecone				0.2	
杀螨酯	Chlorfenson				0.05*	
毒虫畏	Chlorfenvinphos				0.01*	
氟啶脲	Chlorfluazuron			0.02		
氯草敏	Chloridazon				0.05*	
乙酯杀螨醇	Chlorobenzilate				0.1*	
氯化苦	Chloropicrin				0.01*	
绿麦隆	Chlorotoluron				0.02*	
枯草隆	Chloroxuron				0.02*	
氯苯胺灵	Chlorpropham				0.05*	
氯磺隆	Chlorsulfuron				0.01*	
氯酞酸甲酯	Chlorthal-dimethyl			0.05	0.01*	
氯硫酰草胺	Chlorthiamid				0.01*	
乙菌利	Chlozolinate				0.01*	
环虫酰肼	Chromafenozide				0.01*	
吲哚酮草酯	Cinidon-ethyl				0.1*	
炔草酸	Clodinafop			0.05	0.02*	
异噁草酮	Clomazone				0.01*	
二氯吡啶酸	Clopyralid			0.1	0.05*	
解草酯	Cloquintocet-mexyl			0.1		
铜化合物	Copper compounds（copper）				5	
单氰胺	Cyanamide				0.01*	
氰霜唑	Cyazofamid				0.01*	
环丙酸酰胺	Cyclanilide				0.01*	
环溴虫酰胺	Cyclaniliprole				0.01*	
环氟菌胺	Cyflufenamid				0.03*	
氰氟草酯	Cyhalofop-butyl				0.01*	
氯氟氰菊酯	Cyhalothrin			0.02	0.01*	
霜脲氰	Cymoxanil				0.01*	

（续）

农药中文通用名	农药英文名	中国	韩国	日本	欧盟	CAC
丁酰肼	Daminozide				0.06*	
甜菜安	Desmedipham				0.05*	
丁醚脲	Diafenthiuron			0.02		
燕麦敌	Di-allate				0.01*	
2,4-滴丙酸	Dichlorprop				0.02*	
禾草灵	Diclofop-methyl			0.05	0.01*	
氯硝胺	Dicloran				0.01*	
三氯杀螨醇	Dicofol			0.1	0.1	
双十烷基二甲基氯化铵	Didecyldimethylammonium chloride			0.05	0.1	
乙霉威	Diethofencarb				0.01*	
野燕枯	Difenzoquat			0.05		
吡氟酰草胺	Diflufenican				0.02*	
二氟乙酸	Difluoroacetic acid				0.05	
二甲草胺	Dimethachlor				0.01*	
醚菌胺	Dimoxystrobin				0.03*	
烯唑醇	Diniconazole				0.01*	
敌螨普	Dinocap				0.05*	
地乐酚	Dinoseb				0.02*	
特乐酚	Dinoterb				0.01*	
敌杀磷	Dioxathion				0.01*	
二苯胺	Diphenylamine			0.01	0.05*	
敌草隆	Diuron				0.05*	
二硝酚	DNOC				0.02*	
十二环吗啉	Dodemorph				0.01*	
多果定	Dodine				0.01*	
敌瘟磷	Edifenphos		0.2			
甲氨基阿维菌素苯甲酸盐	Emamectin benzoate			0.0005	0.01*	
氟环唑	Epoxiconazole			0.01	0.01*	
茵草敌	Ethyl dipropylthiocarbamate			0.05	0.02*	
乙丁烯氟灵	Ethalfluralin				0.01*	
胺苯磺隆	Ethametsulfuron-methyl			0.02	0.01*	
乙硫苯威	Ethiofencarb		0.02			
乙硫磷	Ethion		0.2 (f)		0.01*	
乙嘧酚	Ethirimol				0.05*	
乙氧呋草黄	Ethofumesate				0.03*	
灭线磷	Ethoprophos				0.01*	
乙氧喹啉	Ethoxyquin				0.05*	
乙氧磺隆	Ethoxysulfuron				0.01*	
二氯乙烯	Ethylene dichloride			0.1	0.1*	

（续）

农药中文通用名	农药英文名	中国	韩国	日本	欧盟	CAC
环氧乙烷	Ethylene oxide				0.02*	
乙螨唑	Etoxazole			0.01	0.01*	
土菌灵	Etridiazole			0.1	0.05*	
乙嘧硫磷	Etrimfos		0.02			
氯苯嘧啶醇	Fenarimol			0.02	0.02*	
喹螨醚	Fenazaquin				0.01*	
环酰菌胺	Fenhexamid				0.05*	
仲丁威	Fenobucarb			0.01		
精噁唑禾草灵	Fenoxaprop-P			0.01	0.05	
苯氧威	Fenoxycarb				0.05*	
一种新型杀菌剂	Fenpicoxamid				0.01*	
苯锈啶	Fenpropidin				0.02*	
胺苯吡菌酮	Fenpyrazamine				0.01*	
唑螨酯	Fenpyroximate				0.01*	
倍硫磷	Fenthion				0.05*	
三苯锡	Fentin			0.05	0.02*	
嘧啶磺隆	Flazasulfuron				0.01*	
双氟磺草胺	Florasulam				0.01*	
氟啶胺	Fluazinam				0.01*	
氟虫双酰胺	Flubendiamide				0.01*	
氟环脲	Flucycloxuron				0.01*	
氟氰戊菊酯	Flucythrinate			0.05	0.01*	
氟噻草胺	Flufenacet				0.05*	
氟虫脲	Flufenoxuron				0.05*	
杀螨净	Flufenzin				0.02*	
氟甲喹	Flumequine			0.5	0.4	
氟氯苯菊酯	Flumethrin			0.01		
氟节胺	Flumetralin				0.01*	
氟烯草酸	Flumiclorac pentyl			0.01		
氟离子	Fluoride ion				1	
氟嘧菌酯	Fluoxastrobin				0.02*	
新型杀虫剂	Flupyrimin			0.03		
氟啶磺隆	Flupyrsulfuron-methyl				0.02*	
氟喹唑	Fluquinconazole			0.02	0.02	
氟咯草酮	Flurochloridone				0.05*	
氯氟吡氧乙酸	Fluroxypyr			0.05	0.01*	
呋嘧醇	Flurprimidole				0.01*	
呋草酮	Flurtamone				0.01*	
氟噻唑菌腈	Flutianil				0.01*	
灭菌丹	Folpet				0.05*	

（续）

农药中文通用名	农药英文名	中国	韩国	日本	欧盟	CAC
氟磺胺草醚	Fomesafen				0.01*	
甲酰胺磺隆	Foramsulfuron				0.01*	
氯吡脲	Forchlorfenuron				0.01*	
伐虫脒	Formetanate				0.01*	
安硫磷	Formothion				0.01*	
三乙膦酸铝	Fosetyl-aluminium				0.5*	
麦穗宁	Fuberidazole				0.01*	
糠醛	Furfural				1	
双胍辛乙酸盐	Guazatine				0.05*	
氟氯吡啶酯	Halauxifen-methyl				0.02*	
六氯苯	Hexachlorobenzene			0.2	0.005*	
六六六，α异构体	Hexachlorocyclohexane, alpha-isomer				0.01*	
六六六，β异构体	Hexachlorocyclohexane, beta-isomer				0.01*	
磷化氢	Hydrogen phosphide			0.01		
噁霉灵	Hymexazol				0.05*	
咪唑喹啉酸	Imazaquin				0.05*	
唑吡嘧磺隆	Imazosulfuron				0.02*	
吲哚乙酸	Indolylacetic acid				0.1*	
吲哚丁酸	Indolylbutyric acid				0.1*	
碘甲磺隆	Iodosulfuron-methyl			0.01	0.02*	
碘苯腈	Ioxynil				0.01*	
异菌脲	Iprodione			0.5	0.01*	
缬霉威	Iprovalicarb				0.05*	
异柳磷	Isofenphos	0.02				
稻瘟灵	Isoprothiolane				0.01*	
异丙隆	Isoproturon				0.02*	
异噁酰草胺	Isoxaben				0.01*	
乳氟禾草灵	Lactofen				0.01*	
环草定	Lenacil				0.1*	
利谷隆	Linuron			0.05	0.01*	
马拉硫磷	Malathion				0.02*	
抑芽丹	Maleic hydrazide				0.05	
甲氧基丙烯酸酯类杀菌剂	Mandestrobin				0.01*	
灭蚜磷	Mecarbam				0.01*	
2甲4氯丙酸	Mecoprop			0.05		
氯氟醚菌唑	Mefentrifluconazole			0.05	0.015	
嘧菌胺	Mepanipyrim				0.01*	
甲哌鎓	Mepiquat chloride				0.05*	

（续）

农药中文通用名	农药英文名	中国	韩国	日本	欧盟	CAC
消螨多	Meptyldinocap				0.05 *	
汞化合物	Mercury compounds				0.01	
甲磺胺磺隆	Mesosulfuron-methyl			0.01	0.02 *	
氰氟虫腙	Metaflumizone				0.02	
甲霜灵和精甲霜灵	Metalaxyl and Metalaxyl-M			0.05	0.01 *	
四聚乙醛	Metaldehyde				0.01 *	
苯嗪草酮	Metamitron				0.05 *	
吡唑草胺	Metazachlor				0.05 *	
叶菌唑	Metconazole				0.02 *	
甲基苯噻隆	Methabenzthiazuron				0.05 *	
虫螨畏	Methacrifos		0.01		0.01 *	
杀扑磷	Methidathion	0.02	0.02	0.02	0.02 *	
甲硫威	Methiocarb		0.05		0.05 *	
甲氧滴滴涕	Methoxychlor			0.01	0.01 *	
异丙甲草胺和精异丙甲草胺	Metolachlor and S-metolachlor				0.01 *	
磺草唑胺	Metosulam				0.01 *	
嗪草酮	Metribuzin			0.4	0.1 *	
甲磺隆	Metsulfuron-methyl				0.01 *	
弥拜菌素	Milbemectin				0.02 *	
禾草敌	Molinate				0.01 *	
久效磷	Monocrotophos		0.02			
绿谷隆	Monolinuron				0.01 *	
灭草隆	Monuron				0.01 *	
敌草胺	Napropamide				0.01 *	
烟嘧磺隆	Nicosulfuron				0.02 *	
除草醚	Nitrofen				0.01 *	
氧乐果	Omethoate			0.05		
嘧苯胺磺隆	Orthosulfamuron				0.01 *	
氨磺乐灵	Oryzalin				0.01 *	
丙炔噁草酮	Oxadiargyl				0.01 *	
噁草酮	Oxadiazon				0.05 *	
噁霜灵	Oxadixyl				0.01 *	
杀线威	Oxamyl	0.02 *		0.02	0.01 *	
环氧嘧磺隆	Oxasulfuron				0.01 *	
氟噻唑吡乙酮	Oxathiapiprolin				0.01 *	
氧化萎锈灵	Oxycarboxin				0.01 *	
乙氧氟草醚	Oxyfluorfen			0.01	0.05 *	
多效唑	Paclobutrazol				0.01 *	
石蜡油	Paraffin oil				0.01 *	
对硫磷	Parathion			0.05	0.05 *	

（续）

农药中文通用名	农药英文名	中国	韩国	日本	欧盟	CAC
甲基对硫磷	Parathion-methyl				0.01*	
戊菌隆	Pencycuron				0.05*	
五氟磺草胺	Penoxsulam				0.01*	
烯草胺	Pethoxamid				0.01*	
矿物油	Petroleum oils				0.01*	
苯敌草	Phenmedipham				0.05*	
苯醚菊酯	Phenothrin				0.05*	
伏杀硫磷	Phosalone				0.01*	
亚胺硫磷	Phosmet				0.1	
膦类化合物	Phosphane and phosphide salts				0.01*	
辛硫磷	Phoxim				0.025	
氨氯吡啶酸	Picloram			0.05	0.2	
氟吡草胺	Picolinafen				0.02*	
腐霉利	Procymidone				0.01*	
调环酸钙	Prohexadione calcium				0.01*	
毒草胺	Propachlor				0.02*	
敌稗	Propanil			0.01	0.01*	
噁草酸	Propaquizafop				0.05*	
苯胺灵	Propham				0.01*	
异丙草胺	Propisochlor				0.01*	
残杀威	Propoxur			0.03	0.05*	
丙苯磺隆	Propoxycarbazone				0.05*	
炔苯酰草胺	Propyzamide				0.01*	
碘喹唑酮	Proquinazid				0.01*	
苄草丹	Prosulfocarb				0.01*	
氟磺隆	Prosulfuron			0.05	0.02*	
吡蚜酮	Pymetrozine				0.01*	
吡草醚	Pyraflufen ethyl				0.02*	
磺酰草吡唑	Pyrasulfotole			0.02	0.01*	
吡菌磷	Pyrazophos				0.01*	
除虫菊酯	Pyrethrins			0.2	0.05*	
哒螨灵	Pyridaben				0.05*	
三氟甲吡醚	Pyridalyl				0.01*	
哒草特	Pyridate			0.2	0.05*	
嘧霉胺	Pyrimethanil				0.05*	
吡丙醚	Pyriproxyfen				0.05*	
啶磺草胺	Pyroxsulam				0.01*	
喹硫磷	Quinalphos				0.01*	
氯甲喹啉酸	Quinmerac				0.05*	
灭藻醌	Quinoclamine				0.02*	

韩国"肯定列表"制度（农产品中农药最大残留限量）研究

（续）

农药中文通用名	农药英文名	中国	韩国	日本	欧盟	CAC
喹禾灵	Quizalofop			0.02	0.05*	
苄呋菊脂	Resmethrin			0.1	0.02*	
砜嘧磺隆	Rimsulfuron				0.02*	
鱼藤酮	Rotenone				0.01*	
氟硅菊酯	Silafluofen			0.1		
硫硅菌胺	Silthiofam				0.01*	
西玛津	Simazine			0.02	0.01*	
5-硝基愈创木酚钠	sodium 5-nitroguaiacolate				0.03*	
螺螨酯	Spirodiclofen				0.01*	
螺环菌胺	Spiroxamine				0.05	
磺草酮	Sulcotrione				0.01*	
磺酰磺隆	Sulfosulfuron			0.005	0.02*	
氟胺氰菊酯	Tau-fluvalinate				0.01*	
吡螨胺	Tebufenpyrad				0.01*	
四氯硝基苯	Tecnazene			0.05	0.01*	
七氟菊酯	Tefluthrin			0.001	0.05	
环磺酮	Tembotrione				0.01*	
吡喃草酮	Tepraloxydim			0.1	0.1*	
特丁津	Terbuthylazine				0.05*	
四氟醚唑	Tetraconazole			0.02	0.02*	
三氯杀螨砜	Tetradifon				0.05*	
噻吩磺隆	Thiencarbazone-methyl					
禾草丹	Thiobencarb			0.03	0.01*	
硫双威	Thiodicarb			0.02	0.01*	
甲基硫菌灵	Thiophanate-methyl				0.05*	
甲基立枯磷	Tolclofos-methyl				0.01*	
甲苯氟磺胺	Tolylfluanid				0.05*	
苯唑草酮	Topramezone				0.01*	
三甲苯草酮	Tralkoxydim				0.01*	
野麦畏	Tri-allate			0.1	0.05*	
醚苯磺隆	Triasulfuron				0.05*	
三唑磷	Triazophos				0.01*	
苯磺隆	Tribenuron-methyl				0.01*	
敌百虫	Trichlorfon			0.01	0.01*	
三氯吡氧乙酸	Triclopyr			0.1	0.01*	
三环唑	Tricyclazole				0.01*	
十三吗啉	Tridemorph			0.05	0.01*	
氟菌唑	Triflumizole			0.02	0.01*	
杀铃脲	Triflumuron			0.01	0.01*	
氟乐灵	Trifluralin				0.01*	

（续）

农药中文通用名	农药英文名	中国	韩国	日本	欧盟	CAC
氟胺磺隆	Triflusulfuron				0.01*	
嗪氨灵	Triforine				0.01*	
三甲基锍盐	Trimethyl-sulfonium cation				0.05*	
灭菌唑	Triticonazole			0.05	0.01*	
三氟甲磺隆	Tritosulfuron				0.01*	
磺草灵	Valifenalate				0.01*	
乙烯菌核利	Vinclozolin	0.05		0.05	0.01*	
杀鼠灵	Warfarin			0.001	0.01*	
苯酰菌胺	Zoxamide				0.01*	

注：T 表示临时限量标准；* 表示采用最低检出限（LOD）作为限量标准；† 表示农产品中农药最大残留限量是根据出口商制定的最大残留限量要求制定的，进口和国产农产品都可以适用相同的最大残留限量；（f）表示脂肪基础（脂肪组织或脂肪切块肉中的残留含量）。

二、鸡肉中农药残留限量比对分析

（一）农药种类的差异

在表 5-38 所列的 497 种农药中，中国、韩国、日本、欧盟及 CAC 均有规定的农药仅有二嗪磷、甲基毒死蜱、丙环唑、苯丁锡、氯氰菊酯、三唑酮、敌草快、醚菌酯、2,4-滴等 22 种，五个国家和地区规定的农药种类有较大的差异。

（二）不同国家和地区农药残留限量比对分析

在鸡肉中，不同国家和地区的农药残留限量比对情况见表 5-39，农药残留限量标准分类见表 5-40。

中国在鸡肉上规定的农药残留限量数量略高于韩国，两国均有残留限量规定的农药 28 种。19 种农药的残留限量一致，6 种比韩国严格，3 种比韩国宽松。我国鸡肉中农药残留限量在 0.01 mg/kg 以下的比例为 42.9%，高于韩国（11.8%）。

日本在鸡肉上规定的农药残留限量数量是中国的 2.6 倍，中国和日本均有残留限量规定的农药有 78 种。其中，55 种农药的残留限量一致，17 种比日本严格，6 种比日本宽松。我国鸡肉中农药残留限量在 0.01 mg/kg 以下的比例高于日本（30.0%）。

欧盟在鸡肉上规定的农药残留限量数量是中国的 5.4 倍，中国和欧盟均有残留限量规定的农药有 79 种。其中，44 种农药的残留限量一致，17 种比欧盟严格，18 种比欧盟宽松。我国鸡肉中农药残留限量在 0.01 mg/kg 以下的比例低于欧盟（53.6%）。

CAC 在鸡肉上规定的农药残留限量数量是中国的 1.8 倍，均有残留限量规定的农药有 82 种。76 种农药的残留限量一致，4 种比欧盟严格，2 种比 CAC 宽松。我国鸡肉中农药残留限量在 0.01 mg/kg 以下的比例略低于 CAC（46.0%）。

表 5-39 不同国家和地区鸡肉中农药残留限量比对

国家和地区	农药残留限量总数（项）	我国与国外均有规定的农药			
		我国与国外均规定的农药总数（种）	我国比国外严格的农药数量（种）	我国与国外一致的农药数量（种）	我国比国外宽松的农药数量（种）
中国	84	—	—	—	—
韩国	51	28	6	19	3
日本	217	78	17	55	6
欧盟	453	79	17	44	18
CAC	150	82	2	76	4

表 5-40　不同国家和地区农药残留限量标准分类

序号	限量范围（mg/kg）	中国		韩国		日本		欧盟		CAC	
		数量（项）	比例（%）	数量（项）	比例（%）	数量（项）	比例（%）	数量（项）	比例（%）	数量（项）	比例（%）
1	≤0.01	36	42.9	6	11.8	65	30.0	243	53.6	69	46
2	0.01～0.1（含0.1）	42	50	36	70.6	134	61.8	195	43.0	69	46
3	0.1～1（含1）	6	7.1	8	15.7	17	7.8	13	2.9	11	7.3
4	>1	0	0	1	1.9	1	0.5	2	0.5	1	0.7

三、结论和建议对策

（一）结论

我国鸡肉产品中农药最高残留限量标准，主要存在两方面的问题：一是规定的农药品种偏少，与欧盟、日本等发达国家和地区有较大的差距；二是品种老，没有覆盖生产中的常用农药。

（二）建议对策

（1）加强鸡肉产品中农药残留的监测和风险评估。对鸡肉产品中的农药残留开展持续监测，并开展风险评估，明确我国鸡肉产品中农药残留及风险。

（2）加强鸡肉产品中农药最大残留限量的制定。在监测和风险评估基础上，参照 CAC 等标准，加强鸡肉产品中农药最大残留限量的制定，确保覆盖常用的农药品种。

（3）开发和推广鸡肉产品质量安全控制技术，降低鸡肉产品中的农药残留。应从食物链整体考虑，开发降低饲料和环境中农药残留的技术和措施，以降低鸡肉产品中农药残留量。

【参考文献】

[1] 关超. 我国动物性食品安全存在的问题及对策 [J]. 现代农业科技，2015，9：305-306.

[2] 彭剑虹. 我国动物源食品质量安全问题、危害及其监管对策 [J]. 世界标准化与质量管理，2004，2（2）：42-45.

[3] 董耀勇. 我国动物源性食品安全现状存在问题及发展对策 [J]. 当代畜牧，2012，8：1-3.

[4] 李宗泰，李华. 中国鸡肉食品出口竞争力分析 [J]. 北京农学院学报，2016，31（1）：98-101.

[5] 蔡江，吴回丽，齐德生. 饲料中农药残留问题的研究 [J]. 饲料世界，2003，113（11）：55-56.

[6] 史卫军，梁嘉，朱崧琪，等. 浅谈香港食物内除害剂残余规例对供港动物源性食品的影响及对策 [J]. 中国畜牧杂志，2014，50（18）：18-22.

[7] 杨霞. 我国动物源性食品安全存在的问题浅析 [J]. 轻工科技，2012，166（9）：26-28.

[8] 韩国食品药品管理局. http://www.foodnara.go.kr.

[9] 日本肯定列表动物源食品农兽药残留数据库. http://db.ffcr.or.jp/front/food_group_comp.

[10] 欧盟农药残留数据库. http://ec.europa.eu/food/plant/pesticides/eu-pesticides-database/public/? event＝product.selection&language＝EN.

[11] 国际食品法典委员会（CAC）农药残留数据库. http://www.fao.org/fao-who-codexalimentarius/codex-texts/dbs/pestres/commodities/en/.

图书在版编目（CIP）数据

韩国"肯定列表"制度（农产品中农药最大残留限量）研究 / 浙江省农业科学院编著 . —北京：中国农业出版社，2020.9
ISBN 978 - 7 - 109 - 27431 - 0

Ⅰ.①韩⋯　Ⅱ.①浙⋯　Ⅲ.①农产品—农药允许残留量—研究—韩国　Ⅳ.①S481

中国版本图书馆 CIP 数据核字（2020）第 196372 号

中国农业出版社出版
地址：北京市朝阳区麦子店街 18 号楼
邮编：100125
责任编辑：王庆敏　阎莎莎
版式设计：王　晨　责任校对：周丽芳
印刷：中农印务有限公司
版次：2020 年 9 月第 1 版
印次：2020 年 9 月北京第 1 次印刷
发行：新华书店北京发行所
开本：880mm×1230mm　1/16
印张：65.75
字数：2020 千字
定价：380.00 元